新能源发电厂厂址选择与总图运输设计

武一琦　主编

中国电力出版社
CHINA ELECTRIC POWER PRESS

内 容 提 要

本书系统地介绍了风电场、太阳能光伏、太阳能光热、生物质发电、储能、综合能源发电6种常见的新能源发电厂厂址选择与总图运输设计的基本原则和设计方法，主要内容是结合新能源发电项目的自身特点，根据风资源和太阳能资源的评估与分析结果，提出做好宏观选址、微观选址、交通运输及总平面布置等的基本内容和要求，也包括了生物质发电厂的厂址选择、总体规划、总平面布置、竖向布置、交通运输、管线综合布置、厂区绿化等多项工作内容。

本书突出实用性，较全面地介绍了总图运输专业在新能源发电厂厂址选择与总图运输设计中最常用、最需要的技术知识和技术要领，同时还附有新能源发电厂厂址选择、总体规划、各个功能分区的模块及总平面布置、竖向布置、管线综合布置、绿化规划等工程设计实例。本书汇总了大量的常用数据、公式和图表，供总图运输设计人员快速查阅。本书还参考了相关的现行的国家标准和行业标准，给出了总图运输专业应遵循的技术标准。

本书是一部系统地概括新能源发电厂总图运输专业主要设计技术内容的综合性工具书，可供从事新能源发电厂总图运输专业的设计人员和有关工程技术人员、投资方、监理人员以及有关的高等院校师生参考。

图书在版编目（CIP）数据

新能源发电厂厂址选择与总图运输设计/武一琦主编．—北京：中国电力出版社，2024.10
ISBN 978-7-5198-8605-9

Ⅰ．①新…　Ⅱ．①武…　Ⅲ．①新能源-发电厂-选址　②新能源-发电厂-总图运输设计　Ⅳ．①TM62
中国国家版本馆CIP数据核字（2024）第025394号

审图号：GS京（2024）1678号

出版发行：中国电力出版社
地　　址：北京市东城区北京站西街19号（邮政编码100005）
网　　址：http://www.cepp.sgcc.com.cn
责任编辑：谭学奇（010-63412218）　董艳荣
责任校对：黄　蓓　王海南　马　宁　郝军燕
装帧设计：王红柳
责任印制：吴　迪

印　　刷：三河市万龙印装有限公司
版　　次：2024年10月第一版
印　　次：2024年10月北京第一次印刷
开　　本：787毫米×1092毫米　16开本
印　　张：46.5
字　　数：1124千字
印　　数：0001—1000册
定　　价：260.00元

编委会成员

主 编 武一琪

序言

我国风能、太阳能等新能源资源十分丰富，大力发展新能源发电是建设新型能源体系、构建新型电力系统、实现“碳达峰、碳中和”战略目标的重要举措。在新能源发电多场景下的厂址选择和总图运输设计方面，面临诸多新问题需要解决。针对风电场、光伏发电站、光热发电厂、生物质发电厂、储能电站等不同的厂（站）址选择和总图运输设计，本书编写团队在总结已经投运工程建设经验的基础上，对相关问题进行了深入研究，完成了本书的编写工作。

针对新能源电站的特殊性，《新能源发电厂厂址选择与总图运输设计》共分为6篇，分别从风电场、太阳能光伏发电站、太阳能光热发电厂、生物质发电厂、储能电站、综合能源发电6种应用场景进行论述，对新能源发电厂（站）的设计、建设、运维具有一定的指导意义。

厂址选择和总平面布置是新能源发电厂设计工作的重要组成部分，是一项综合性很强的技术工作，需要从全局出发，满足各个方面的要求，需要与有关专业密切配合，共同研究完成。新能源发电厂厂址选择要认真落实科学发展观，贯彻国家对新能源工程建设项目的一系列政策，要符合国民经济和社会发展规划、行业规划和国土空间规划，满足地区能源项目合理布局和环境保护以及安全的要求，保护社会公众利益。总平面布置不仅要重视各个工艺系统的合理性，而且要论证其经济性，要进行多方面的技术经济比较，以选择用地少、投资省、建设速度快、运行费用低和有利生产、方便职工生活的最合理方案。

随着我国实施能源转型的进程，新能源发电装机比重将不断增大。《新能源发电厂厂址选择与总图运输设计》一书将为新能源发电工程的设计和建设工作提供很好的参考。

全国工程勘察设计大师

2024年9月

前言

随着我国提出2030年前实现碳达峰、2060年前实现碳中和两个宏伟目标的逐步实施，电力发电行业也逐步由常规的燃烧化石能源向可再生能源转变。我国风能、太阳能等新能源资源十分丰富，大力发展新能源是建设新型能源体系，实现“碳达峰、碳中和”目标的战略举措。

新能源发电厂不同于传统的火力发电厂，其厂址选择与总图运输设计是一种开放的、更加多元化的设计工作。《新能源发电厂厂址选择与总图运输设计》分别从风电场、太阳能光伏、太阳能光热、生物质发电、储能、综合能源发电6种常见的新能源发电类型进行介绍，主要内容是结合新能源发电项目的自身特点，根据风资源和太阳能资源的评估与分析结果，提出做好宏观选址、微观选址、交通运输及总平面布置等的基本内容和要求；本书也包括了生物质发电厂的厂址选择、总体规划、总平面布置、竖向布置、交通运输、管线综合布置、环境与绿化等多项工作内容。

厂址选择与总图运输设计是一项政策性和技术性很强的综合性工作，是发电工程基本建设工作的重要组成部分。厂址选择是否最优、厂区总平面与竖向布置是否合理、交通运输是否便捷、管线规划是否顺畅，对项目投资、建设速度、运行维护的经济性和安全性、环境保护、施工组织以及电厂的扩建前景都有决定性的影响。实践证明，凡是重视前期工作，风资源和太阳能资源的评估与分析结果准确，宏观选址、微观选址、交通运输等工作做得细致，厂址选得好，总平面布置工艺系统合理、布置紧凑的，不仅有利于工程建设的实施，而且可以降低工程投资，获得较大的经济效益。无数经验和教训证明，厂址选择中遗留的先天性问题，后天是很难克服和改正的，因此，要完成好发电厂的基本建设任务，就必须按照基本建设程序，扎扎实实地做好前期论证工作，择优选择厂址，做好厂区总平面布置的多方案比较和优化设计。

本书是在借鉴《火力发电厂厂址选择与总图运输设计》(2006版)和《火力发电厂总图运输设计》(2019版)的基础上，按照风电场、太阳能光伏、太阳能光热、生物质发电以及储能项目的相关规程规范中涉及总图运输设计专业的相关内容规定，结合我国近年来学习先进技术，强化创新意识，提高发电厂总平面布置设计水平的成果，对目前我国已建和在建的具有代表性的风电场、太阳能光伏、太阳能光热的宏观选址、微观选址、交通运输和总平面布置，以及生物质发电和储能、综合能源项目的总体规划、厂区总平面布置及各功能分区平面布置的实际工程进行的归纳和总结，体现了我国新能源发电工艺系统的水平以及各功能分区平面布置的特点，客观反映了我国新能源发电厂总图运输设计中的优化设计成果以及存在的问题，并给予科学、合理的评价。

本书系统地介绍了新能源发电厂总图运输设计的基本原则和设计内容，涵盖了发电厂厂址选择、总体规划、总平面布置、竖向设计、管线规划与设计、交通运输、绿化规划等主要工作内容、设计要点及深度等，以突出总图运输设计要求为主，辅以简明、扼要、通俗、易懂的工艺系统流程说明，同时还附有新能源发电厂各个功能分区的模块及总平面布置的设计实例，汇总了大量的常用数据、公式和图表，供总图运输设计人员快速查阅，将对新能源发电厂总图运输设计起到非常重要的指导和借鉴作用，是从事新能源发电厂总图运输专业的设计人员、有关工程技术人员、投资方、监理人员以及高等院校相关专业师生理想的工具书。

本书共分六篇，由武一琦任主编。

第一篇 风电场由贾利杰、温国标、塔拉、王晴勤、李利飞、周川、秦波、毕明君、车利军、胡跃升、宿东升、蔡君嘉良、刘玄、赵明明编写；

第二篇 太阳能光伏由薛晶晶、李鹏、贾利杰、陈建宏、赵明明编写；

第三篇 太阳能光热由彭兢、石涛、武一琦、房广善、郑凯、陈建宏编写；

第四篇 生物质发电由张彬、龙剑锋、郭剑辉、张成伟、杨治明、朱驰、翟晓娜、尹乃玉、刘伟、黄用世编写；

第五篇 储能由陆鑫、李学法、张荆编写；

第六篇 综合能源发电由刘海波、李永辉、张荆、塔拉编写。

全书由武一琦统稿、审核。

本书的编写工作始于2021年7月，历时近3年，编者在对我国近年来风力发电、太阳能光伏与光热发电、生物质发电、储能以及综合能源发电等大量具有代表性工程项目进行归纳总结的基础上，完成初稿、修改稿，并按审核意见进行了修改和完善。编者都是全国各电力设计院的中青年技术骨干和专家，他们既要克服新冠病毒疫情带来的影响，又要完成日常繁忙的生产任务，同时还要利用业余时间进行写作。本书中不仅纳入了他们多年来积累的实践经验，而且也体现了他们的奉献精神。

由于编者水平所限，疏误与不足之处在所难免，恳请各位读者批评指正。

《新能源发电厂厂址选择与总图运输设计》编委会

2024年7月

序言
前言

目录

第一篇　风电场

第二篇　太阳能光伏

目录

目录

第五篇　储能

目录

第六篇　综合能源发电

第一篇 风电场

第一章
概述

风能作为地球上重要的可再生能源之一，具有储藏量巨大、可再生、分布广、无污染的特性，是我国乃至世界可再生能源开发利用的重点，是我国履行“争取于2030年前达到碳排放峰值，努力争取在2060年前实现碳中和”目标的重要手段。

进行风力发电场的总图运输设计，首先要了解风能、了解风力发电设备、了解风电场的建设情况与未来发展趋势，才能清晰地认识总图专业在风电设计行业，在风电场设计、投资、建设、运营全过程中的地位和作用。

第一节　风力发电技术发展概况

风能就是空气的动能，是指风所负载的能量，风能的大小决定于风速和空气的密度。地球上和大气中，由于各区域接收到的太阳辐射能和放出的长波辐射能是不同的，因此，在各区域的温度也不同，这就造成了气压的差别。大气便由气压高的地方向气压低的地方流动。因为水平方向的大气流动就是风，所以风的能量是由太阳辐射能转化来的。

人类利用风能，通过风力发电设备，将风能转化为机械能再转化成电能的过程就是风力发电技术的核心工作原理。

一、风能

全球的风能约为2.74×10^9MW，其中可利用的风能为2×10^7MW，比地球上可开发利用的水能总量还要大10倍。我国可探明风能理论储量约为3.23×10^6MW，内陆可开发利用的约为2.53×10^5MW，近海可利用风能约为7.5×10^5MW。

风能的利用主要分为两大类。

（1）直接方式：即直接利用风能驱动设备，如风力提水车、风力磨坊等。

（2）间接方式：即风力发电。

二、风能利用潜力

目前，风力发电是风能利用的主要形式，受到各国的高度重视，并且正在飞速发展。风力发电设备与传统火力发电设备有很大区别，风力发电不需冷却水，使用风力发电可使公用水系统用水减少17%；风力发电无需燃烧燃料，更不会产生辐射和空气污染；另外，从经济的角度讲，风力仪器要比太阳能仪器便宜90%多。我国风能储量相当大，分布面广，甚至比水能还丰富。合理利用风能，既能解决目前能源短缺的压力，又能解决环境污染问题。风能还是极为清洁高效的能源。每10MW风电入网可节约3.73t煤炭，同时减少排放粉尘0.498t、CO_2 9.35t、NO_x 0.049t和SO_2 0.078t。

2022年我国全年能源消费总量为54.1亿t标准煤，人均全年能源消费量为3832kg标准煤，低于世界平均水平。其中天然气、水电、核电、风电、太阳能发电等清洁能源消费量占能源消费总量的25.9%，较2021年上升0.4个百分点。我国的风力资源极为丰富，绝大多数地区的平均风速都在3m/s以上，特别是东北、西北、西南高原和沿海岛屿，平均风速更大；有的地方，一年1/3以上的时间都是大风天。在这些地区，发展风力发电前景广阔。

三、风力发电原理

风力发电的原理是利用风力带动风车叶片旋转，再透过增速机将旋转的速度提升，来促使发电机发电。风力发电机组大体上可分风轮、发电机和塔筒三部分。风轮是把风的动能转变为机械能的重要部件，它由若干只叶片组成。当风吹向浆叶片时，桨叶片上产生气动力驱动风轮转动产生机械动能。通过发电机将机械动能转化为电能。塔筒是风轮和发电机的下部支撑部件。

第二节　国内外风力发电开发建设概况

自19世纪末人类研制成功了风力发电机组，并建成了世界上第一座风力发电站后，一个多世纪以来，世界各国纷纷研制了各种类型的风力发电设备，风力发电的重要意义受到国际社会的普遍关注与高度重视，风力发电的学术研究和推广普及工作取得了相当大的进展，并且由于社会发展及人类生存的需要，人类对能源的需求也越来越大，因此全世界都在寻求更加高能效、低能耗的新型能源。从20世纪70年代以来，各国政府和国际组织都相继投入大量资金用于新能源的开发，寻求经济的、可持续发展的道路。其中风力发电技术相对成熟、成本相对较低且资源丰富，受到各国的普遍重视，并得到巨大发展。

一、国外风力发电发展现状

随着国际社会对于能源安全、碳中和等议题的关注，利用发展绿色可再生能源已成为各国共识。为了引导扶持本国绿色能源产业的发展，各国纷纷出台新能源专项法规政策。数据显示，2013年全球风电累计装机容量为299GW，2022年增至906GW，十年间增长了203%。其中，陆上风电装机规模842GW，海上风电装机规模64GW。主要国家风电发展规划及政策详见表1-1，2013—2022年全球风电累计装机容量详见图1-1。2022年全球风电累计细分结构详见图1-2。

表1-1　主要国家风电发展规划及政策

国家	政　策
德国	2021年修订《德国可再生能源法》和《德国海上风能法》，2030年前，德国陆上风电、海上风电及太阳能光伏发电的装机容量将分别增加71GW、20GW和100GW
美国	到2030年部署30GW的海上风电装机容量——相对于在2020年的水平上增加1000倍
丹麦	在2022年开始北海能源岛的招标过程，能源岛将与200个大型海上风力涡轮机相连
英国	《绿色工业革命10点计划》提出到2030年，英国要实现风力发电量翻两番，达到40GW

从全球风电累计装机容量的区域分布来看，亚洲地区继续引领全球风电发展，2022全球年底新增77.6GW，其中亚太地区风电新增装机容量达43.46GW，占全球的比重达

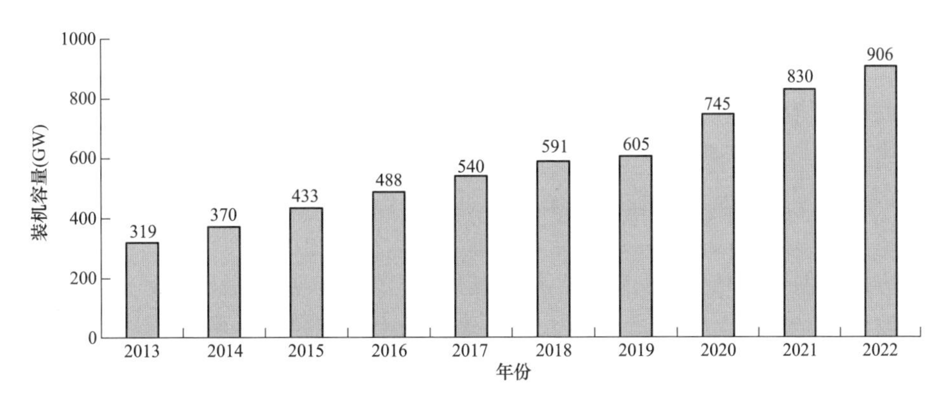

图 1-1　2013—2022 年全球风电累计装机容量（GW）
（资料来源：《2023 全球风能报告》GWEC）

56%；欧洲风电新增装机容量 19.4GW，占比 25%；北美风电新增装机容量 9.31GW，占比 12%；拉美、非洲、中东地区风电新增装机容量 5.43GW，占比 7%。2022 年全球风电区域新增装机规模详见图 1-3。

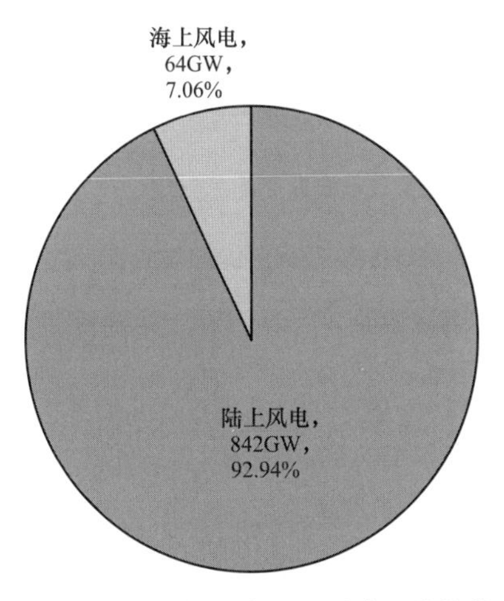

图 1-2　2022 年全球风电累计细分结构
（资料来源：《2023 全球风能报告》GWEC）

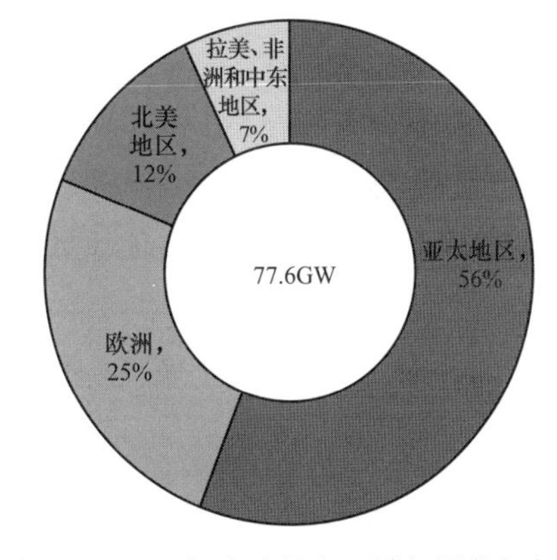

图 1-3　2020 年全球风电区域新增装机规模
（资料来源：《2023 全球风能报告》GWEC）

二、国内风力发电建设概况

我国 1955 年左右开始研制风力发电装置，20 世纪 80 年代初期成立了全国性的风能专业委员会，20 世纪 90 年代中期开始扩大风力发电的建设规模，最大单机容量为 1500kW。1993 年我国风电总装机容量为 1.71 万 kW，2021 年底总装机容量已达到 30 015 万 kW，是 2020 年底欧盟风电总装机的 1.4 倍，是美国的 2.6 倍，已连续 12 年稳居全球第一。伴随装机容量的巨大增长，风力发电机组技术也取得了长足进步，采用变速恒频、变桨距技术取代恒速、定桨距技术，同时各种海上风电技术也逐渐成熟，产品已走向市场。

截至 2021 年底，风电占全国电源装机比例约 13%，发电量占全社会用电量比例约 7.5%。与此同时，我国风电技术创新能力也快速提升，已具备大兆瓦级风电整机、关键核心大部件自主研发制造能力，建立形成了具有国际竞争力的风电产业体系。

随着全球“碳达峰，碳中和”目标提出，风力发电已被视作“双碳”目标下最成熟且性价比最高的新能源类别。

2021年10月，国务院《关于印发2030年前碳达峰行动方案的通知》（国发〔2021〕23号）中指出：“大力发展新能源。全面推进风电、太阳能发电大规模开发和高质量发展，坚持集中式与分布式并举，加快建设风电和光伏发电基地。加快智能光伏产业创新升级和特色应用，创新‘光伏＋’模式，推进光伏发电多元布局。坚持陆海并重，推动风电协调快速发展，完善海上风电产业链，鼓励建设海上风电基地。积极发展太阳能光热发电，推动建立光热发电与光伏发电、风电互补调节的风光热综合可再生能源发电基地。因地制宜发展生物质发电、生物质能清洁供暖和生物天然气。探索深化地热能以及波浪能、潮流能、温差能等海洋新能源开发利用。进一步完善可再生能源电力消纳保障机制。到2030年，风电、太阳能发电总装机容量达到12亿kW以上。”

《关于征求2021年可再生能源电力消纳责任权重和2022—2030年预期目标建议的函》，在2021年目标的基础上，要求各省非水可再生能源电力消纳权重年均提升1.5%左右，并遵循“只升不降”原则。近年来国内风电行业政策法规详见表1-2。

表1-2　　近年来国内风电行业政策法规

颁布时间	颁布单位	行业政策法规
2020年	财政部、发展改革委、国家能源局	《关于促进非水可再生能源发电健康发展的若干意见》
2020年	财政部、发展改革委、国家能源局	《关于〈关于促进非水可再生能源发电健康发展的若干意见〉有关事项的补充通知》
2020年	国家能源局	《关于2020年风电、光伏发电项目建设有关事项的通知》
2020年	国家能源局综合司	《关于开展风电开发建设情况专项监管的通知》
2020年	国家能源局	《关于发布〈2020年度风电投资监测预警结果〉和〈2019年度光伏发电市场环境监测评价结果〉的通知》
2020年	国家能源局	《关于贯彻落实“放管服”改革精神优化电力业务许可管理有关事项的通知》
2020年	发展改革委、国家能源局综合司	《关于公布2020年风电、光伏发电平价上网项目的通知》
2020年	发展改革委、国家能源局	《关于做好2020年能源安全保障工作的指导意见》
2021年	国务院	《国务院关于加快建立健全绿色低碳循环发展经济体系的指导意见》
2021年	国家能源局	《关于征求2021年可再生能源电力消纳责任权重和2022—2030年预期目标建议的函》
2021年	国家能源局	《关于2021年风电、光伏发电开发建设有关事项的通知（征求意见稿）》
2021年	国务院	《2030年前碳达峰行动方案》

2022年，全国风电新增并网装机3763万kW。截至2022年底，全国风电累计装机容量达36 544万kW，同比增长11.2%，连续13年稳居世界首位。其中，陆上风电累计装机3.35亿kW、海上风电累计装机3046万kW。

2013—2022 年中国风电累计、新增装机容量详见图 1-4。2022 年中国风电细分结构详见图 1-5。

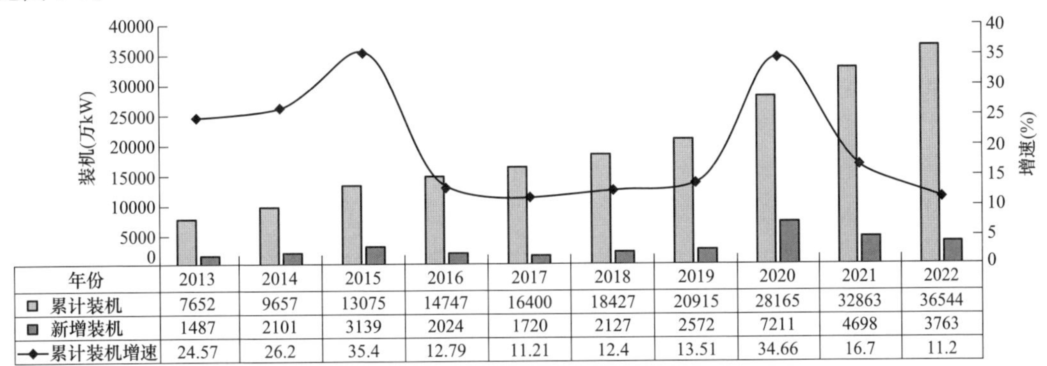

年份	2013	2014	2015	2016	2017	2018	2019	2020	2021	2022
累计装机	7652	9657	13075	14747	16400	18427	20915	28165	32863	36544
新增装机	1487	2101	3139	2024	1720	2127	2572	7211	4698	3763
累计装机增速	24.57	26.2	35.4	12.79	11.21	12.4	13.51	34.66	16.7	11.2

图 1-4　2013—2022 年中国风电累计、新增装机容量

［资料来源：《中国能源大数据报告（2023）》中国电力企业联合会］

据《2022 年中国风电吊装容量统计简报》，2022 年国内有新增装机的风电开发企业 200 多家，其中累计装机容量占比靠前的前 10 家分别是国家能源投资集团有限责任公司、国家电力投资集团有限公司、中国华能集团有限公司、中国大唐集团有限公司、中国广核集团有限公司、中国华电集团有限公司、华润电力控股有限公司、中国长江三峡集团有限公司、中国电力建设股份有限公司、北京天润新能投资有限公司。截至 2022 年底，上述 10 家企业在国内风电累计装机容量占比分别为 13.0%、9.4%、9.3%、7.0%、6.0%、5.9%、4.5%、3.6%、3.3%、2.8%。风电场开发商前 10 企业情况详见表 1-3。

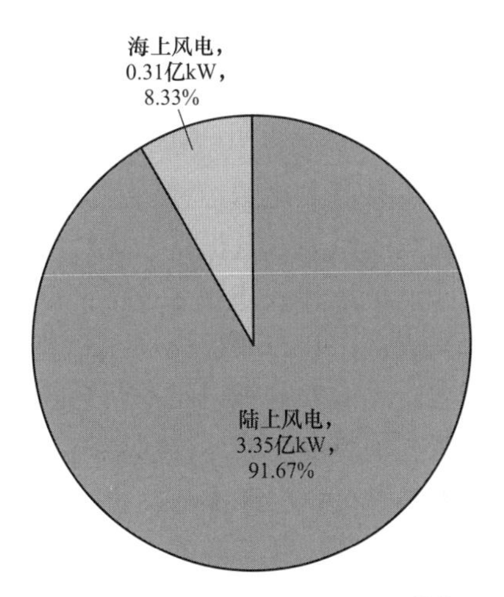

图 1-5　2022 年中国风电细分结构

［资料来源：《中国能源大数据报告（2023）》中电联］

表 1-3　　风电场开发商前 10 企业情况（资料来源：中国电力企业联合会）

排序	发电集团（投资）公司名称	2022 新增装机容量（万 kW）	2022 年累计装机容量（万 kW）	2022 年累计装机容量占比（%）
1	国家能源投资集团有限责任公司	299	5136	13.0
2	国家电力投资集团有限公司	505	3710	9.4
3	中国华能集团有限公司	434	3681	9.3
4	中国大唐集团有限公司	170	2763	7.0
5	中国广核集团有限公司	325	2380	6.0
6	中国华电集团有限公司	277	2328	5.9
7	华润电力控股有限公司	181	1779	4.5
8	中国长江三峡集团有限公司	205	1408	3.6
9	中国电力建设股份有限公司	128	1324	3.3
10	北京天润新能投资有限公司	135	1089	2.8

第三节 风电设备行业的发展现状

风力发电被认为是向低碳能源发电过渡的最有前途的技术之一。自 2006 年以来，全球风电累计装机容量平均每年以 22%的速度增长。10 年前仅限于西欧、美国、印度和中国的风力发电设备现在已经广泛安装于 100 多个国家和地区。当今的能源市场中，越来越多的国家出台了风电行业的支持政策，风电行业商业化以每年 20%的复合增速增长。

一、国际风电产业现状

经济可行的风力发电技术的创新推动了市场的繁荣，数十年的创新研究已经使得风力发电机组能够在不同的风力条件下运行，包括低风速和极限风速。近年来，随着风电产业的迅猛增长，风电企业对政府财政支持的依赖度越来越低，并且已经有实力在越来越多的地区与传统能源竞争。

20 世纪 50 年代，丹麦工程师 Johannes Juul 开始制造试验性风力发电机组，Juul 开创性地用（异步）交流发电机将风力发电机组与电网连接起来，建造了稳定的三叶风力发电机组，Gedser 风力发电机组成为全球标准。随着技术的不断改进，为陆上风力开发开辟了许多以前没有商业化的领域。

更便宜的风力发电机组、更智能的操作和维护、更低的财务成本和性能更好的设备结合起来降低了风力发电的成本，2007 年，风力发电机组每瓦成本为 1.32 欧元；到 2018 年，每瓦成本为 0.86 欧元。从 20 世纪 80 年代初至今的数据，可以总结出每增加一倍的生产能力，风力发电机组成本就会降低 10.7%的大致规律。新的风力发电机组模型的不断进步也扩大了风电经济运行区域的范围，这意味着，低风速或开发困难地区即使暂时被判定为开发不经济，但在不久的将来，随着技术的变革，之前的判定将不断被重新评估，未来可能成为经济可开发区域。

二、我国风电设备行业发展现状

我国风电设备行业的发展始于 20 世纪中期，最初的风力发电目的是为海岛和偏远山村解决电力输送问题，当时的主要着重点在于建设离网小型发电机组。经过 20 年的探索研究在 20 世纪 70 年代末期，我国的研究重点偏向于建设并网风电示范电厂。1986 年，我国在并网发电方面迈出了里程碑式的一步，山东荣成的马兰风力发电厂建立，标志着我国并网发电由理论转化为实践。随后我国风力发电厂的风电总装机容量建设逐渐从 100kW 级扩容到 10MW，直至 1996 年我国推出“乘风计划”“双加工程”“国债风电项目”，我国风力发电设备产业正式进入规模发展阶段。

2013 年我国开始特许风电行业招标，政府大力支持风电行业发展，加大力度调整能源结构，以及一系列风电电价的利好政策都在推动着风电行业的健康发展。

2017 年全国的弃风限电情况大幅改善，弃风率为 12.0%，较 2016 年下降了约 5 个百分点。据中国风能协会披露，2016 年全国风电新增装机容量为 23.4GW，同比下降 24%，2017 年全年风电新增装机容量约为 19.5GW，同比下降约 17%。到 2024 年，风电新增并网量预计将达到 4.4 亿 kW。虽然我国风力发电设备制造行业发展迅猛，但是在电力系统中风力发电的占比仍较小，对于一些风电行业发展成熟的国家，如丹麦、德国等还有一定的距离，我国风电设备行业发展空间很大。

国内陆上风电场鸟瞰图如图 1-6 所示；国内海上风电场鸟瞰图如图 1-7 所示。

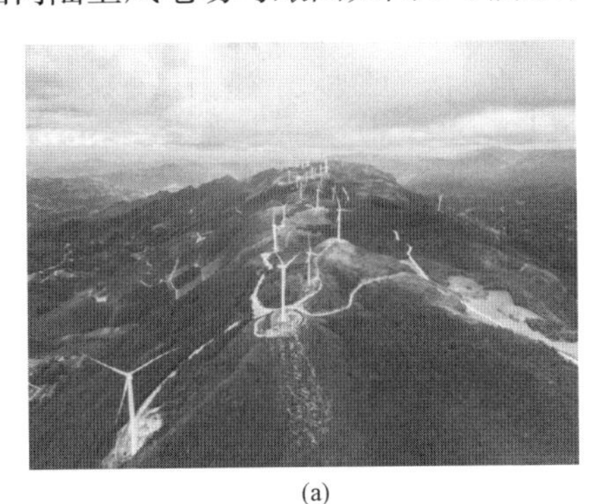

(a)

(b)

图 1-6 国内陆上风电场鸟瞰图

(a) 示例一；(b) 示例二

(a)

(b)

图 1-7 国内海上风电场鸟瞰图

(a) 示例一；(b) 示例二

第四节 风力发电机组基本构造

风力发电是依靠风以一定的速度和攻角流过桨叶，使风轮获得旋转力矩而转动，风轮通过主轴连接齿轮箱，经齿轮箱增速后带动发电机发电。

风力发电机组主体由塔筒、机舱、叶片构成。其中机舱内部包括齿轮箱、制动闸、发电机、配电装置和管理系统。风力发电机组基本构造图见图 1-8；风力发电机组机舱构造图见图 1-9。

（1）机舱：包括齿轮箱、发电机。维护人员可以通过风力发电机组塔进入机舱。

（2）叶片：捉获风，并将风力传送到转子轴心。

（3）轴心：转子轴心附着在风力发电机组的低速轴上。

（4）低速轴：风力发电机组的低速轴将转子轴心与齿轮箱连接在一起。轴中有用于液压系统的导管，来激发空气动力闸的运行。

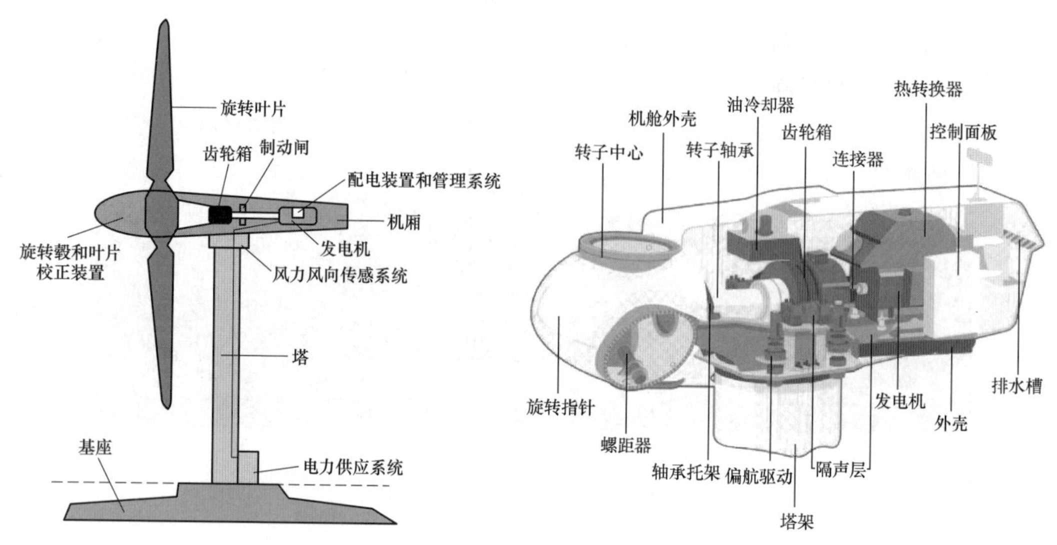

图 1-8 风力发电机组基本构造图

图 1-9 风力发电机组机舱构造图

(5) 齿轮箱：齿轮箱一边是低速轴，它可以将高速轴的转速提高至低速轴的 50 倍。

(6) 高速轴及其机械闸：高速轴以高速运转，并驱动发电机。它装备有紧急机械闸，用于空气动力闸失效时或风力发电机被维修时使用。

(7) 发电机：通常被称为感应电动机或异步发电机。

(8) 偏航装置：借助电动机转动机舱，以使转子正对着风。偏航装置由电子控制器操作，电子控制器可以通过风向标来感觉风向。通常，在风改变其方向时，风力发电机一次只会偏转几度。

(9) 电子控制器：包含一台不断监控风力发电机状态的计算机，并控制偏航装置。为防止任何故障（即齿轮箱或发电机的过热），该控制器可以自动停止风力发电机的转动，并通过电话调制解调器来呼叫风力发电机操作员。

(10) 液压系统：用于重置风力发电机组的空气动力闸。

(11) 冷却元件：包含一个风扇，用于冷却发电机。此外，它包含一个油冷却元件，用于冷却齿轮箱内的油。一些风力发电机组具有水冷发电机。

(12) 塔：风力发电机组塔载有机舱及转子。通常高的塔具有优势，因为离地面越高，风速越大。塔筒可以为管状，也可以为格子状。管状的塔对于维修人员更为安全，因为他们可以通过内部的梯子到达塔顶。格状塔的优点在于它造价较低。

(13) 风速计及风向标：用于测量风速及风向。

(14) 尾舵：常见于水平轴上风向的小型风力发电机组（一般在 10kW 及以下），位于回转体后方，与回转体相连。其主要作用一为调节风力发电机组转向，使风力发电机组正对风向；二是在大风的情况下使风力发电机组机头偏离风向，以达到降低转速、保护风力发电机组的作用。

(15) 风力发电机组基础：其是风力发电机组的固定端，与塔筒一起将风力发电机组竖立在高空，是保证风力发电机组正常发电的重要组成部分。

第五节 总图运输专业主要工作内容

新能源风电项目中，总图运输专业设计是在保证风电场生产，满足风电场发电工艺要求和施工、运行和设备运输要求的前提下，结合场地的自然条件，合理地确定拟建风力发电机组、风电箱式变压器、建筑物和构筑物，交通运输线路，管线，绿化美化，环评、水保等设施的平面位置，使各设施成为统一的有机整体，并与国土空间总体规划相协调，使风电场施工期、运行期的人流、物流设备、设施在空间上妥切组合，在时间上适当连接，在费用上经济节省，在环境上舒适安全，以使风力发电企业获得最高的经济效益和完美的发电工艺组织的综合性学科。

总图运输专业的具体工作内容一般包含以下几个部分。

1. 风电场场址选择

风电场场址选择是风电场建设的前期工作和首要任务，直接影响风电场的建设成败及发电效益。风电场场址选择主要分为宏观选址和微观选址。

宏观选址是指在一个较大范围内，对气象、地理、经济、电网、环保等多方面进行综合考察后，选择一个或多个备选场址的过程。

微观选址是指在备选场址中进行遴选，并结合现场实际情况进一步确定风力发电机组和升压站具体位置的过程。

风电场场址选择综合性、政策性强，应统筹考虑，由多方协作配合完成。

2. 风电场交通运输设计

风电场交通运输设计是风电场总图设计中最重要的一部分。它是针对风电场大部件运输（超高、超宽、超重、超长）的特点，经过对运输车辆选择、运输方案确认，最终完成道路设计的综合性设计工作。

道路设计主要为风电场建设期的施工及设备运输、运营期检修维护服务，它以界定点来区分场外道路和场内道路。界定点为等级道路至新建施工检修道路的连接点。

场外道路多为国道、省道等级公路，场外道路重点工作在大部件的运输方案设计。大部件运输方案中，大部件设备厂家经场外道路采用平板车运输至转场位置后二次倒运至风电场，运输前要办理通行许可证，超出规定尺寸大部件还需要提交车货总体外廓尺寸轮廓图和护送方案，车轮平均轴载不得超限。

场内道路多为新建道路，需合理规划，综合现有路网分布、风力发电机组机位及安装平台布置等确定进场口，尽可能利用既有道路，避让场区内的敏感分布因素，避免新增占用土地资源，减少居民聚集地穿越，少占耕地、林地。路基填料和路面材料选择时，因地适宜，就地取材。

合理选择确定场内道路的设计平面指标、纵断面指标和边坡坡度，综合道路坡度、车组重量和性能、设备重量参数，考虑运输车辆的载重、路基承载力、路面压实度、路面材料、安全距离等多方面因素选择取舍，坚持地质选线，避开地质灾害区域。

同时，道路设计要牢固树立生态环保意识，根据项目特点、项目建设对水土流失的影响、区域自然条件、项目功能分区等特点，以及不同场地的水土流失特征、土地整治后的发展利用方向、水土流失防治重点等因素，对风场区域划分水土流失防治区，分区域进行植被恢复。

3. 风电场总体规划与设计

风电场总平面区别于其他类型发电厂的本质特点为它由“分散的点”“集中的面”和“相连的线”组成。“分散的点”主要有风力发电机组和风力发电机组变压器，“集中的面”主要有变（配）电站和吊装平台，“相连的线”主要有道路、集电线路和送电线路。风电场总体规划布置的核心就是在场址选择的基础上处理好总平面布置和微观选址的相互关系和“点”“线”“面”的相互作用关系。

风电场总体规划与设计从整体空间上可分为外部环境与内部环境。外部环境的主要工作内容为国土空间规划、“三条控制线”、军事设施、通信设施、矿产资源、机场净空以及其他各类保护地和林地草地等土地性质各类限制性因素的落实。内部环境的主要工作内容，根据范畴可分为场区和站区两大部分，根据性质可分为总平面布置、竖向布置、管线布置、地坪及绿化四大部分。场区部分的规划与设计所涉及对象有变（配）电站、风力发电机组、机组变压器、风力发电机组吊装平台、风电场道路（包括进场道路、进站道路、检修道路、施工道路）、渣土场、集电线路和送出线路等；站区部分的规划与设计所涉及对象有电气设施、生产辅助设施、生活设施等。

风电场总体规划与设计首先是充分认识项目内外环境之间的相互作用关系，其次为处理好内部环境的各因素之间的矛盾。整体空间角度上分析、论证场区和站区之间布局的合理性，总平面布置、竖向布置、管线布置、地坪及绿化之间相接的科学性。

4. 风电场施工组织设计

风电场施工组织设计是对风电工程实行科学管理的重要手段，用以指导风电场施工组织与管理、施工准备与实施、施工控制与协调、资源的配置与使用等全面性的技术、经济文件，是施工活动全过程的指导性文件。

风电场施工组织设计涉及设备运输车辆及运输方案确定、工程进度计划的安排、施工场地平面布置、施工方案的确定、施工机具准备、施工工序总体安排等内容。

通过施工组织设计，可以根据具体工程的特定条件，拟定大型风电设备的运输路线及方案，确定各分项工程的施工方案，确定施工顺序、施工方法、技术组织措施，可以保证拟建工程按照预定的工期完成，并可以在开工前了解所需资源的数量及其使用的先后顺序，合理安排施工现场布置。因此施工组织设计应能从施工全局出发，充分反应客观实际，统筹安排施工有关的各个方面，合理地布置施工现场，确保文明施工，安全施工。

5. 风电场投资建设运营管理

风电场投资建设运营管理根据项目的推进分为了项目预立项阶段、项目立项阶段、工程启动准备阶段、工程建设阶段与生产运维阶段五个部分。

（1）项目预立项阶段工作重点在资源评估，它是判断风电场资源禀赋的首要工作，是微观选址和机组选型工作最重要的前提。本阶段的目标为客观评价项目资源情况，锁定投资价值。本阶段对应设计工作中的风电场规划报告和风资源评估报告。

（2）项目立项阶段工作重点在于风险排查与合规性手续办理是项目开发过程中的核心内容，不仅需要总图专业要知道什么因素应该避让，还要清楚知道每一项风险因素避让的技术原因和行业政策。本阶段的目标为项目进入省级建设计划或取得核准。本阶段对应设计工作中的风电场可行性研究报告。

（3）工程启动准备阶段工作主要为初步设计、招标采购、开工前合规性手续的办理。本阶段的目标是满足项目开工条件。本阶段对应设计工作中的风电场初步设计或招标设计。

（4）工程建设阶段工作主要是抓好项目进度、成本、安全三大管理。本阶段的目标是项目顺利实现并网投运。本阶段对应设计工作中的风电场施工图设计和工程竣工阶段的风电场竣工图设计。

（5）生产运维阶段工作主要是抓好项目运营期间的发电量目标管理。本阶段的目标为如何安全、稳定、高效地实现电厂收益。

本章旨在设计师可以站在投资方的视角，系统性、完整性地认识风电场从开发到建设、到运营的全过程；发挥总图专业在项目规划、项目全局认识上的优势，帮助投资方更长远、更准确地做出项目的决策。

第二章
陆上风电场

陆上风电具有分布广泛、资源差异明显的特点，是新能源发展的先行区域，目前，陆上风电场的建设已覆盖了全国各省。与海上风电项目相比，陆上风电项目的设计工作标准化程度更高，深挖设计降本需求更迫切，相关法律法规、规程规范、相关政策较为完善。对于总图专业设计人员来说，工作贯穿于项目建设全过程中，具体包括场址选择、交通运输、陆上风电场总体规划与设计、陆上风电场施工组织设计。

第一节　场　址　选　择

在风电场的建设过程中，风电场场址选择的重要性日益凸显，直接决定了一个风电场的发电能力和经济效益。风电场场址选择分为宏观选址和微观选址两个阶段，宏观选址是指在一个较宽泛的范围内，综合考虑气象、地理、经济、电网、环保等条件，初步挑选出一个或多个适合风电项目开发备选场址的过程；微观选址是指在备选场址中进一步筛选，并结合现场踏勘最终确定风力发电机组排布方案和升压站具体位置的过程。风电场场址选择是一项系统且复杂的工作，应统筹考虑各种因素的影响，使风电场发电效益最大化。

一、宏观选址

（一）风电场宏观选址的基本概念

陆上风电场的宏观选址即风电场整体场址的选择。是指在一个较大的范围内，通过对若干备选场址的风能资源、电网接入、电量消纳、交通运输、地形地貌、地质条件和社会经济、营商环境等多个方面进行综合分析和比较，最终确定拟建风电场建设地点的过程，是决定企业能否通过开发风电项目达到盈利目的的关键。

（二）风电场宏观选址的基本原则

1. 风能资源丰富，风能品质良好

风电场建设最基本的条件是要有能量丰富、风向稳定的风能资源。风力发电机组轮毂高度处年平均风速一般应达到 5m/s，年平均风能密度一般应达到 $150W/m^2$；场区范围内，主风向与主风能方向应尽量稳定和一致，以利于风力发电机组的布置；风速的日变化与月变化较小，风功率输出稳定，尽量降低对电网造成的冲击；湍流强度不宜过大，以减轻风力发电机组的振动和磨损，降低机组故障率，延长机组寿命。

2. 符合国家相关产业政策及地方发展规划

拟建场址在符合国家相关新能源产业政策的前提下，还要满足地方发展规划要求，不能与其他项目有冲突，提前避让公益林地、军事设施、矿产资源、旅游景区、生态红线、文物保护等敏感区域。

3. 满足并网要求

为使所发电量能就地、就近消纳，减少输电损失，降低送出成本，陆上风电场场址宜选择在经济较发达、电力负荷较集中、用电需求较大的区域；深入研究电网容量、电压等级、负荷特性、网架结构、发展规划等情况，确保风电场的建设规模与电网相匹配。

4. 交通便利

拟建场址宜靠近已有的铁路、公路，以满足风力发电机组、塔筒、施工吊装机械的大件运输和进场要求，减少道路部分投资。

5. 气象、地质条件好，工程安全系数高

为避免和减少气象、地质灾害造成的破坏，应选择水文地质条件简单、地震烈度小的场址。作为风力发电机组塔筒基础持力层的岩层或土层，应厚度大、变化小、土质均匀，承载力满足国家规范要求。前期还应搜集拟建场址所在地区的常年性气象和地质资料。

6. 地形地貌简单，具备施工安装条件

拟建场址的地形地貌应尽量简单，主风向上场地尽量平整、开阔，输电线路、建（构）筑物、地下管线、坟墓等障碍物少，以满足设备材料堆放、机组吊装、现场施工要求，且方便后期运维管理。

7. 满足环保要求

陆上风电场选址时应避开主要的鸟类迁徙通道、动物栖息地或繁殖区、自然保护区等，减少对鸟类及其他物种的影响；尽可能远离居民区、学校、企业等，防止风力发电机组运行噪声、叶片光影闪烁扰民；结合地方部门要求，尽量减少对林地、耕地、牧场等的占用。

8. 满足投资回报要求

满足其他条件的前提下，应选择投资、建设和运营成本最低的场址进行开发，资本金回报率需满足开发企业的内部要求。

（三）风电场宏观选址的主要步骤

1. 区域初选

先在一个较大的范围内，如一个省或一个县，初步规划几个可能进行风电场开发的区域。主要途径有以下几种。

（1）参考风能资源分布图。中国气象科学研究院牵头绘制了全国风能资源分布图，按有效风功率密度对全国进行了风能资源区划分，可结合该图初步划定拟开发区域。

（2）结合地形图。地形图上可以直观判定大概率发生较高平均风速的一些典型区域，例如山脊走向与主风向平行的隘口或峡谷；整体海拔高的地形，如台地、高原等；较突出、四周无遮挡的山脊、山包等。地形图精度越高，判断结果越准确。

（3）咨询相关部门。国家气象局已组织过 4 次全国风能资源详查，建立了国家风能资源数据库；各大主要风电开发地区也已基本完成风能资源调查统计和风电项目开发规划。可向各省市的国家发展和改革委员会新能源处、国家电网公司发展策划部、国家能源局监管办公室、气象局气象服务中心、新能源设计咨询单位（如省级电力设计院的新能源部门）等进行咨询。

（4）参考已投运电场。目前全国已建成大量风电场，优质风电资源已被优先开发。部分已建风电场附近还有未开发完毕的区域，可考虑作为备选场址。收集拟开发建设区域内或附近由地方政府或其他企事业单位设立的测风设施已有测风数据，结合这些风电场的实际运行情况、风资源评估报告、可行性研究报告等，判断在周边开发新风电项目的可行性，是寻找备选场址的捷径。

（5）使用覆盖拟开发区域的再分析数据。目前业内已有多种基于全球气象及地理信息数据的再分析数据，可以方便地查到拟开发区域的参考年平均风速、风向等信息，再结合以往项目经验，对查到的参考风速进行适当折减后，最终可得出拟选场区较准确的风能资源情况。再分析数据为新能源发电项目提供了高可靠性的数据支持，可帮助使用者迅速锁定风能资源丰富区，实现风电项目的快速宏观选址和高效的开发投资决策。目前参考性较强的再分析数据源有 MERRA2 数据、ERA5 数据、NNRP 数据、FreeMeso 平台、格林威治平台等。再分析数据源示例图（FreeMeso 平台用户界面）详见图 2-1。

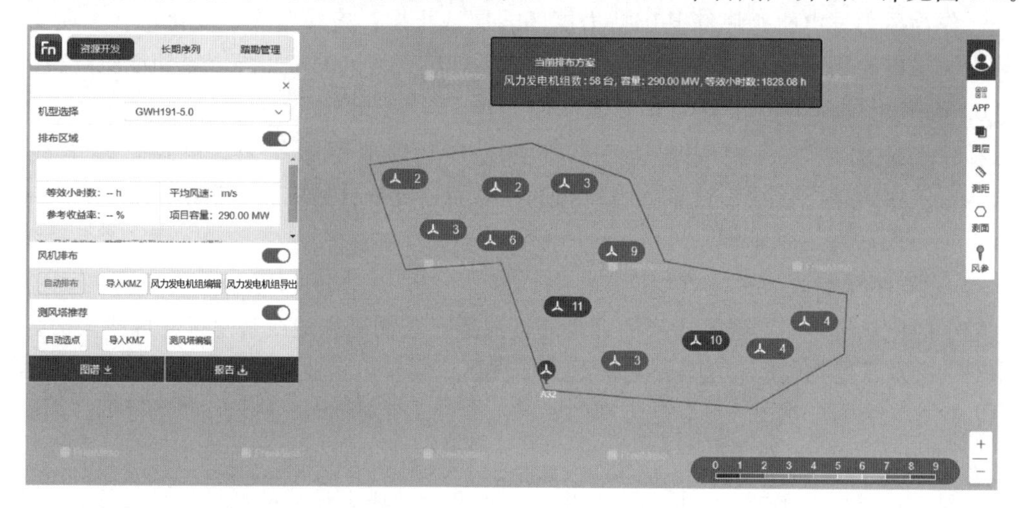

图 2-1 再分析数据源示例图（FreeMeso 平台用户界面）

综合使用以上各种途径，预选出一个或多个风能资源较丰富的备选场址。

2. 资料收集

备选场址范围选定后，项目公司和地方政府签订风电项目开发协议，获准开展风电项目前期工作，收集整理备选场址的相关资料，为后续备选场址的比较提供依据。不同地区和不同项目所需资料存在差别，收资清单内容如表 2-1 所示。

表 2-1 收资清单内容

序号	资料名称	主要内容	资料提供单位
1	国土空间规划图	风电场范围内及周边区域的城乡规划与用地性质	市/县自然资源局
2	矿产分布图卫星航片	风电场范围内及周边区域矿产分布情况	
3	卫星航片	风电场范围内及周边区域地表地物分布	
4	地形图	风电场范围内 1∶10 000 或 1∶50 000 等高线	
5	林地属性图	风电场范围内及周边区域林地分布情况	市/县自然资源局
6	区域风电项目规划报告	风电项目概况及远期规划	市/县发展改革委
7	地方志	记述地方情况和历史	

续表

序号	资料名称	主要内容	资料提供单位
8	自然保护区范围图	风电场范围内及周边区域自然保护区分布情况	市/县环保局
9	水源地、环境敏感点等生态分布图	国家保护物种（动植物）迁徙、栖息、繁殖地	
10	电力系统规划文件（含报告和电网地理接线图）	电力系统概况及远期规划	市电力公司
11	水文气象资料	地方常规气象要素和长期测站记录的风速风向数据	市/县气象局
12	不涉及军事的证明资料	项目建设不涉及军事设施的回函	市/县武装部
13	旅游保护资料	旅游保护范围及远期规划	市/县文化和旅游局
14	文物景区证明	现存文物和景区相关资料	市/县文物局
15	行政边界资料	县界、市界、省界资料	市自然资源局
16	净空资料	机场净空、电磁干扰区限高要求	民航局空管局

3. 选址方案初步规划

在进行宏观选址外业工作，即现场踏勘之前，需要先开展宏观选址内业工作，即室内选址工作，主要是结合从市/县政府各部门收集到的资料、地图软件、数字化规划云平台等工具，初步分析各备选场址的风资源特性，对风力发电机组排布方案、测风塔位置、升压站位置、风电场道路等做初步规划。

4. 现场考察

内业工作完成后，为核实现场条件，项目公司应尽快组织人员到各拟选场址进行实地考察。主要考察内容为土地林地可用性、地形条件、地质、植被、现场障碍物、是否与其他项目冲突、电网情况、交通运输条件，初步判断风力发电机组排布方案、测风塔位置等内业工作成果的合理性和可行性，并做好拍照记录工作，方便后期调整。

5. 场址比选

现场考察完成后，综合比较各备选场址的风能资源条件及其他建设条件，对风能资源较差、接入工程造价高、土地征用难度大、场址已有其他规划等的场址进行排除，即可确定一个或若干个拟选场址。

6. 风能资源测量

确定拟选厂址后，开展立塔测风工作。测风塔的设立直接关系到后续微观选址、机组选型、发电量计算等结果的准确性，是风电项目前期开发最重要的工作之一。因此，应严格按照 GB/T 18709《风电场风能资源测量方法》、NB/T 31147《风电场工程风能资源测量与评估技术规范》等指导文件的具体要求，在前期立塔测风阶段给予足够的投入，测风塔的数量、传感器配置、安装位置、测风时长均应满足国家标准要求。

测风塔的位置，设计方一定要在开展内业工作时，在地形图上先进行预选。尤其是山地风电场，要根据场区的地形情况、海拔，分不同区域布置测风塔，使每座测风塔都能具备该区域的代表性。室内选址完成后，项目公司应尽快联系当地政府相关部门，与设计

图 2-2 测风塔实物图

方、测风塔厂家工作人员一起到实地进行踏勘，复核室内选址的合理性，必要时根据现场情况进行调整，共同确定测风塔最终的安装位置。测风塔实物图详见图 2-2。

各测风塔安装完成后，测风塔厂家需提供测风塔安装报告，业主方应严格按照相关规范要求进行验收。测风塔及测风设备投入运行后，经常会因为缺电、沙尘、积冰、电缆磨损、雷击或其他人为因素造成设备故障，导致数据缺失或异常；用无线方式接收数据的，还要保证按时向通信公司缴费。项目公司需安排专人负责测风数据的管理工作，及时发现问题，必要时到现场检查仪器。

测风塔安装完成，表明宏观选址阶段工作已结束。

风电场的宏观选址是一项复杂的工作，涉及水文气象、自然地理、经济技术、社会政治、环境保护等诸多方面，需要平衡各方面因素的作用，使风电场未来发电效益最大化，在风电场选址中起到决定性作用。项目公司在进行实际选址时应进行深入细致的调查研究，把前期工作做扎实，确保工程项目能够顺利推进。

二、微观选址

（一）风电场微观选址的基本概念

风电场的微观选址，即风力发电机组和升压站位置的确定。是指在宏观选址的基础上，利用收集到的测风数据开展详细的风能资源评估工作，结合地形、地貌、交通等因素，在拟选场址中进一步对风力发电机组进行排布、优化的过程，以论证宏观选址的可行性和资源的优劣势，是直接影响整个风电场经济效益的关键。

国内外经验教训表明，因风电场微观选址失误造成的发电量损失和增加的补救费用，远大于对风电场场址进行详细勘查的花费。微观选址不仅直接影响每台风力发电机组的发电量，还关系到风力发电机组的安全、场内道路工程量、施工安装难度、集电线路长度等方面，应高度重视。

微观选址的前提是风电场测风时长和数据质量满足要求，且风电场可研阶段的工作、场区 1∶2000 地形图测绘及风力发电机组招标等工作均已完成。具备以上条件后，即可开展微观选址工作。

（二）微观选址的基本原则

1. 风力发电机组微观选址的基本原则

（1）满足用地合规性。

1）土地。2019 年 11 月，中共中央办公厅、国务院办公厅印发了《关于在国土空间规划中统筹划定落实三条控制线的指导意见》，“三条控制线”即生态保护红线、永久基本农田、城镇开发边界。风电场工程项目建设用地要严格避让“三条控制线”，不得以任何方式占用。除了核对机位选址与国土空间规划中“三条控制线”的关系之外，还需对照机位所在市、县的土地利用规划，说明项目机位占用土地的类型，确认未占用城镇建设用地，同时再次确认未占用基本农田。

微观选址阶段风力发电机组点位调整频繁，业主方宜尽量以签保密协议等方式，从国土部门获取当地《土地利用规划图》《基本农田分布图》《生态红线分布图》等资料供设计方参考使用，避免频繁去国土部门查询图纸，费时费力，耽误项目整体进度。

2）规划。机位选址还要与城乡空间、交通、市政、综合防灾等专项规划比对协调。其中，城乡空间规划需要核对机位选址是否与地方规划方案相符合，防止影响项目的核准、审批；交通规划需要明确进出风电场址的交通线路是否可行或风力发电机组选址是否与规划中的等级道路冲突；市政规划需要确认风电场能否就近接入电网，是否需要扩建间隔，是否与当地的电力规划相符合；综合防灾规划需要将风电场的防灾措施纳入整个县市的综合防灾专项规划当中。

3）边界。为避免行政边界不清和征地补偿纠纷等问题，风力发电机组选址时要尽量避免跨越县级及以上的行政区划边界，同时少跨越乡镇级及以下的行政边界。

山地区域的行政边界经常以山脊中心线为分界，而该类地区往往海拔较高，风资源条件较好，在山区风电选址时可以多留意；同时在风力发电机组选址时可考虑尽量集中在特定乡镇中，避免出现一个乡镇里只选有一两个风力发电机组点位的情况，可大大降低项目后期的协调难度。

4）林草。风电项目对风能资源需求较高，而山地、丘陵地区因其海拔、地形对风速的影响相对于平原地区具有较高的开发价值，但在这些地区开发风电项目往往涉及林地的使用问题。风力发电机组选址时，宜尽量避让林地区域，实在无法避让时需依法办理使用林地的手续，不得未批先占、少批多占、拆分报批，以其他名义骗取使用林地行政许可，不得野蛮施工破坏林地、林木，施工结束后应及时恢复林业生产条件。

在山地区域，林地和生态红线保护范围往往成片出现，林地要素和生态红线范围对风力发电机组选址的影响占主导地位，而不同地方政府对风电项目开发时占用林地的政策有所不同，因此风电项目，尤其是山地风电项目在选址时，建议提前到当地林草局确认当地风电项目开发可利用的林地属性。

5）军事设施。风力发电机组选址时，应提前调查风电场周边有否存在可能受项目干扰的军事设施，如雷达站、通信站、军用机场、军事基地等，以免妨碍军事设施的正常运行。具体的避让距离和相关要求，以当地武装部开具的书面文件为准。

由于军事问题涉密，所以军事因素通常对项目具有颠覆性影响，选址前应提前到当地武装部进行报备，按有关部门规定和要求调整项目建设区域，确保项目取得军事支持性文件。

6）文物。《中华人民共和国文物保护法》规定：“建设工程选址，应当尽可能避开不可移动文物；因特殊情况不能避开的，对文物保护单位应当尽可能实施原址保护”。风力发电机组选址时要提前做好文物调查工作，不得影响文物保护单位安全及其环境。

现场踏勘时，很多不起眼的建构筑物都有可能是文物，比如山区里遗存的旧村落、残石断墙，可能是古寨、寨墙；遇到关口、烽火台时，周边的山脊线往往也在文物保护范围内，要主动避让。

7）压覆矿产资源。2010 年 9 月 8 日，自然资源部公布《关于进一步做好建设项目压覆重要矿产资源审批管理工作的通知》（国土资发〔2010〕137 号），强调“凡建设项目实施后，导致其压覆区内已查明的重要矿产资源不能开发利用的，都应按本通知规定报批。未经批准，不得压覆重要矿产资源”，该通知扩大了重要矿产资源的范围，同时对于压覆审批程序、补偿范围等内容作出了更加具体的规定。

风电项目选址时要提前查明项目场址周边的矿区分布图，明确避让距离，尽量避免与矿业权的区域范围重叠，合理避让矿业权，如果不能避让要提前协商合理补偿，避免后期争议。

8）饮用水水源保护区。饮用水水源保护区一般划分为一级保护区和二级保护区，各省的饮用水水源保护条例细则有所不同，但在一级保护区内，新建、改建、扩建与供水设施和保护水源无关的建设项目都是被禁止的。二级保护区看地方要求，部分地区政策可能放缓，风电项目选址时若有涉及，要提前做好环评工作，开工建设前应拿到环评审批。

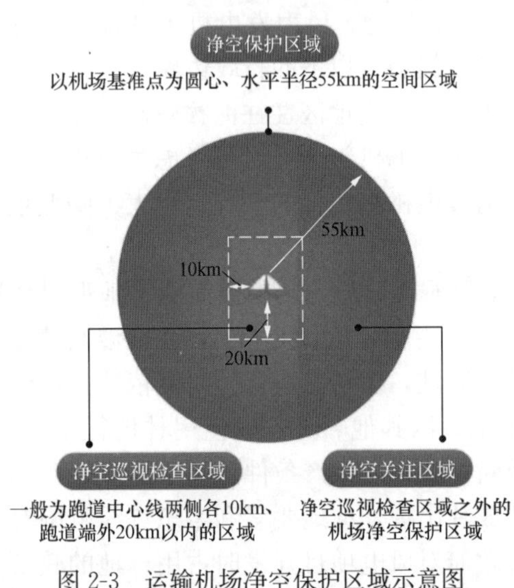

图 2-3　运输机场净空保护区域示意图

9）机场净空。机场净空是指机场周边对障碍物有限制要求的区域，以保证飞机在起飞和降落等低高度飞行时没有地面障碍物来妨碍导航和飞行。目前陆上风力发电机组主流机型的运行最高点（塔筒高度＋叶轮半径）已与机场净空高度产生冲突，为保障飞机运行安全，在风力发电机组选址时要提前规避，主动向机场主管部门报备。民航局《运输机场净空保护管理办法》（民航规〔2022〕35 号）规定的净空保护区域如图 2-3 所示。

因机场净空范围较广，风力发电机组选址时不仅要关注项目所在地的机场建设情况，还要留意周边县、市是否有运营或规划中的机场。此外，有可能遇到机场扩建规划问题，风力发电机组选址时要积极征求机场建设方的意见，共同维护民航净空安全，避免后期发生风力发电机组拆除事件。

（2）满足风能利用要求。

1）风力发电机组尽量布置在高风能区。满足用地合规性的前提下，尽量在场区范围内风功率密度高的区域布置风力发电机组，使得后期风力发电机组并网运行后保证较高的产能。原则上单台风力发电机组的年等效满负荷发电小时数不低于 1800h。

2）尽量减小风力发电机组尾流。当风经过一台上风向的风力发电机组后，受阻力影响，使得下风向的风力发电机组接收的风力降低，这就是尾流效应。风力发电机组之间的尾流不仅会导致输出功率大幅减少，还会加速零部件耗损，影响风力发电机组的安全运行。要减小尾流效应的影响，应适当增加风力发电机组之间的间距。在地形平坦且地类属性简单的地区，垂直于主风向可按 3 倍叶轮直径设置风力发电机组间距，平行于主风向可按 5 倍叶轮直径设置风力发电机组间距；复杂地形场址在此基础上，机位布置可根据主风向和山脊走势进行适当调整和优化。

用相关软件模拟计算后，全场每台风力发电机组的尾流损失不宜高于风力发电机组设备供应商规定的限制值，且全场风力发电机组平均尾流损失系数宜小于或等于6%，单机尾流损失系数宜小于或等于8%。

3）最大风速、湍流、荷载。风电场所有机位经风力发电机组设备厂家复核安全性后，均应满足荷载设计的相关技术要求。所有机位的拟装轮毂高度的50年一遇10min最大风速和湍流强度均应低于项目招标采购的风力发电机组设计标准。超出风力发电机组设计标准的机位风力发电机组设备厂家需进行安全校核，并提交载荷校验报告。

4）远离障碍物。在风电场中有时会存在高大突出的障碍物，风经过障碍物后同样会产生尾流，降低风力，影响风力发电机组对风能的利用，甚至可能会危害风力发电机组运行的安全性。尾流的强弱与障碍物体积有关，机组安装高度至少应为障碍物高度的2倍，如障碍物在上风向，则机组安装高度至少为障碍物高度的5倍；与障碍物的距离至少为障碍物高度的5～10倍。

（3）对周边环境影响小。

1）倒塔。目前叶片断裂、塔筒倒塌已经不是风电行业内存在的偶然现象了，原因有可能来自叶片、塔筒本身，也可能是因为系统因素、人为因素、综合因素等。大叶片、高塔筒等技术进步是大势所趋，为避免人员伤亡及建（构）筑物受损，风力发电机组选址时要充分考虑倒塔的可能性。GB 51096—2015《风力发电场设计规范》中提到："风力发电机组的塔筒中心与公路、铁路、机场、输电线路、通信线路、天然气石油管线等设施的避让距离宜大于轮毂高度与叶轮半径之和的1.5倍"，该规范给出了风力发电机组倒塔距离的推荐值，选址时可参照此规范对周边障碍物提前进行避让。

通常来说，机场净空距离远大于该推荐值，建议避让机场的距离以机场净空距离为准；对于35kV及以上电压等级的输电线路和三级及以上等级的公路，建议尽量按照该推荐值进行避让；10kV及以下电压等级的输电线路，通信线路，四级及以下等级的公路，如果现场实在无法避让，可考虑提前与相关部门协调报备，从风力发电机组吊装作业安全考虑，避让距离不小于50m，且保证叶片不扫到架空线路。

2）甩冰。风力发电机组的覆冰问题是风电行业发展的一大考验。三北（西北、华北和东北）地区是我国陆上风电装机最集中的区域，这些地区在冬春两季受冷空气影响，风力发电机组叶片很可能会产生覆冰现象；在东南沿海地区和云贵高原等地，由于水汽充足，在冻雨或雨夹雪等特殊天气时，风力发电机组叶片也容易产生覆冰现象。风力发电机组叶片覆冰不仅会影响发电量，同时随着温度升高，附着在叶片上的冰块可能会被甩出，损害周围建（构）筑物和车辆，造成风电场工作人员和周边居民的财产损失，甚至人员伤亡。

在风力发电机组选址时需要考虑甩冰的风险，尤其是在易于覆冰的地区，在倒塔距离的基础上，不仅要充分留好安全裕量，后期还要设置围栏和警告标志，以保护现场工作人员、周边居民和临时进入者。

3）噪声。风力发电机组产生噪声主要有两种，一种是机舱内发电机传动链产生的机械噪声，另一种是叶片旋转扫过空气气流时产生的噪声。机组在输出功率为1/3额定功率时，产生的噪声等效声功率级应小于或等于110dB(A)；在对噪声有要求和限制的敏感区域内，风力发电机组综合排放的噪声应符合该区域所执行的相关标准的规定，按经批准的环境影响报告表和1类声环境功能区（昼间55dB，夜间45dB）确定噪声避让距离（两者标准不同时执行较高者）。

即使采取各种降噪措施，风力发电机组噪声往往仍然无法避免，风速较大的情况下四、五百米范围内夜间噪声依然有可能超标；即使能达标，这种非自然频率性的声音还是有可能让周围居民无法入眠，因此在风力发电机组选址时，宜尽可能远离周边敏感建筑物（医院、学校、机关、居民点等），避免后期发生投诉事件。

4）光影闪烁。在太阳光的入射方向下，风力发电机组高速旋转的叶片投射到周边居民住宅的玻璃窗户上，会产生闪烁的光影，造成光影污染；风力发电机组的光影影响范围取决于太阳高度角，太阳高度角越大，光影越短；太阳高度角越小，光影越长。光影影响距离是指风力发电机组可能对周边居民住宅产生光影污染的最大距离。

在风力发电机组选址时，风力发电机组距离周边居民区除了要考虑倒塔影响，还要综合考虑噪声和光影的影响，因此宜尽可能远离居民点。具体避让距离以经批准的环境影响报告为准。

5）坟墓。部分农村地区没有规划齐全的公墓，习惯将已故亲友的墓地放在自家耕地里或山上，风力发电机组预选的位置偶尔会与之冲突。多数人认为坟墓周围有风力发电机组、铁塔等会影响坟墓的风水，协商迁坟难度较大、代价较高。因此，风力发电机组选址时宜尽量远离坟墓，考虑风力发电机组吊装作业安全，风力发电机组避让坟墓的距离宜不小于50m，尽可能避免出现风力发电机组压坟的情况。

6）视觉上尽量美观。风力发电机组选址时要考虑与周边景观一致协调，与主风能方向平行的方向上要成列，垂直的方向上要成行；行间平行，列距相等；行距大于列距发电效果较好，等距布置视觉效果较好，但追求视觉上的美观会损失一部分发电量，要做一定的取舍。

实际风力发电机组排布过程中，因存在各种限制性因素，需要根据场址的具体地形情况进行规划，如场址内有连续山脊，就顺着山脊的走势排布风力发电机组；如场址内地形较平坦，排布时可考虑采用较有几何规则的布置方式。

（4）工程造价低，施工难度小。

1）风力发电机组尽量集中布置。集中布置可以充分利用土地，在相同区域内安装更多的风力发电机组，满足装机容量需求；其次，集中布置还能减少集电线路和场内道路长度，降低场内线损，从而使工程造价降低。集中布置的原则与减小风力发电机组尾流的原则相矛盾，因此需要在矛盾中寻求最优的选型排布方案。随着平价、大基地时代的到来，整个行业都在不断优化风电场的机型配置与排布方案，以期获得最优的发电效益。

2）满足风力发电机组运输、安装条件。平原风电项目满足这一原则相对较容易，重点考虑的是在运输和安装过程中，如何躲避风电场周边密集的村庄和建（构）筑物。山地风电项目则要根据中标机型所需的运输机械和安装机械的要求，保证新建/改建道路有足够的宽度、坡度和转弯半径使运输机械能到达所选机位，降低工程在道路运输上的投资；同时尽量选择保证机位附近有足够的场地摆放叶片、塔筒和进行吊装作业，减少风力发电机组平台开挖土石方量。

2. 升压站微观选址的基本原则

（1）满足用地合规性。与风力发电机组选址原则相同，升压站用地同样要合规，不得占用永久基本农田，避让景区、自然保护区、文物保护区、人文遗址、坟墓、行政边界、矿区、军事设施等，节约用地，不占或少占耕地，避免或减少砍伐林地和破坏自然地貌；升压站站址距导航台、地震台、铁路信号等设施应符合现行国家有关标准，且满足当地飞机场净空要求。

升压站选址时可优先考虑采用荒地、坡地或已施工过的废弃平台，如旧厂房、采石场等，可大大减少工程土石方量。

（2）便于出线接入电网。升压站选址时，还应综合考虑未来的出线方向。确定拟接入的变电站，或参照接入系统批复的结果，升压站在整个风电场区中的位置应尽量靠近接入方向，减少送出线路部分的投资。另外，需要统一规划各级电压的出线走廊，避免或减少架空线路之间的交叉跨越。

（3）水文地质条件良好。升压站的高程不宜过低，防止因降水过多而发生内涝，站址至少应高于百年一遇洪水位；若升压站在山区，海拔也不宜过高，防止出现冬季下雪封山的情况，且不利于站区防雷。

升压站选址要避开活动断裂带，处于地质结构简单、地震基本烈度小、土质均匀的地段，地面无采空塌陷的风险，无影响场地稳定的重大不良地质作用。

（4）工程造价低，施工难度小。

1）使场区内集电线路总长度较短。风电场升压站及场内的集电线路，用来汇集风力发电机组所发电量。应根据风力发电机组的整体排布情况，尽量在场区中部选择升压站站址，减少线路总长度，以减少线损，降低线路部分投资。必要时可考虑采用同塔双回的布线方式。

2）场址平坦开阔。升压站应选在相对平缓、开阔的场地上，以满足升压站的总平面布置要求，减少挖填土石方量，同时方便集电线路进出。

3）交通便利。升压站应选择交通相对便利的区域，有利于后期施工时大型设备、材料的运输，同时减少进站道路投资；后期便于风电场生产人员的日常生活和工作。

4）用水用电方便。提前考察升压站站址的地下水位等情况，优先选择后期生产和生活用水方便、站用电源的接引工程量较小的站址。若各备选升压站站址均无可接引的用水、用电方案，再结合现场情况考虑选择打井取水或车辆运水、施工电源等方案。

（三）微观选址的主要步骤

1. 室内选址

室内选址，即微观选址内业工作，是在测绘图的基础上通过风资源评估软件模拟风电场的风能资源情况，再计算尾流损失、发电量等各项指标，模拟可研阶段的风力发电机组排布方案，规划升压站站址、吊装平台及道路路径。

（1）再次明确场区内限制性因素，确认可用范围。在可研阶段，项目公司会对风电场区范围内的限制性因素进行初步排查，此时需要再次复核并确认，降低后期风力发电机组发生移位的风险。

明确政府备案的采矿区和探矿区、生态红线、基本农田、保护林地、景区、自然保护区、动物保护区、文物保护区、军事管控区、行政边界等范围，在风力发电机组布置时提前规避；同时注意避开 1∶2000 地形图上显示已有的敏感因素，如高压线路、坟墓、河流、建（构）筑物等。

（2）绘制风能资源图谱。按规范要求处理好各测风塔的满年测风数据后，结合地形图、地表粗糙度和障碍物等，应用 WT、WindFarmer、WAsP 等风资源评估软件，绘制出场区范围及周边区域预装轮毂高度的风能资源图谱，为风力发电机组排布提供依据。软件计算模拟出的风能资源图谱示例图详见图 2-4。

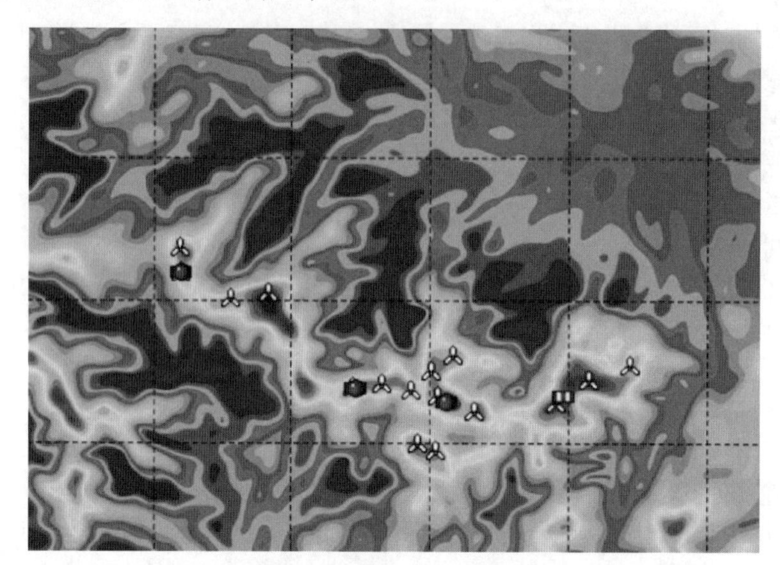

图 2-4　软件计算模拟出的风能资源图谱示例图

为保证计算模拟的精度，风场范围内采用 1∶2000 数字化地形图，同时在实测地形图外接 1∶10 000 等高线，在计算范围外扩至少 5km，充分考虑场区外地形或周边风电场对场区内的风资源影响。

（3）优化风力发电机组排布，拟定布置方案。风资源设计人员按照中标风力发电机组厂家提供的风力发电机组参数，在可研版机位的基础上，结合风能资源图谱，进一步调整、优化，形成机位初步方案。排布过程中，不仅要追求全场发电效果最佳，还要兼顾风力发电机组的运行安全、施工安装、交通运输、集电线路长度、限制性因素制约、视觉美观等。

本阶段应挑选出场区内所有可布机位，并明确主选机位点、备选机位点及备选机位点的推荐顺序，保证现场查勘时至少有 10%左右的备选机位，满足风电场装机容量需求。

（4）升压站站址、吊装平台及道路路径规划。机位初步方案确定后，总图、道路设计人员参照可研版升压站位置，根据定标风力发电机组机型资料及相关规范要求等，规划升压站站址、吊装平台及场内道路路径，满足电能送出、风力发电机组吊装、箱式变压器摆放、大件运输等的需要，形成升压站选址、风力发电机组吊装及场内道路路径的初步方案。升压站选址数量应不低于 3 个，方便到现场进行比选。

2. 现场踏勘

微观选址内业工作完成后，需要到实地进行踏勘，通过现场定位，对地形图中未反映出或不准确的障碍物进行躲避和调整。

（1）参与人员。由业主方组织，设计方（设计、勘测）、施工方、风力发电机组设备供货商一起到现场进行实地勘察，逐一复核风力发电机组与升压站选址、吊装平台与道路路径规划等方案的合理性，以满足后期建设需求。

（2）现场调整。综合多项限制性因素，根据现场条件对初步方案进行微调，剔除有颠覆性影响的点位。设计方在现场主要关注是否有地形图中未反映出或不准确的障碍物，规划的进场及场内道路是否合理、是否有足够的吊装场地、是否有线路交叉跨越现象等；施工方在现场主要关注是否有点位无法协调，能否满足建设条件；风力发电机组厂家在现场主要关注机位道路两边的房屋、跨越道路的高压线路及农村电网是否影响风力发电机组的运输，风力发电机组与周边居民点之间是否留有足够的距离，初步判断机位的安全性等。

（3）形成踏勘记录。到达预选点位附近并根据现场情况微调后，用相机、无人机等拍摄并记录各点位的周边详细情况，用 GPS 设备、定位桩、喷漆等方式标记坐标，采用专业的测绘定位仪器完成现场定点工作。现场微观选址所定机位点坐标要与地形图上所定机位点坐标保持高度一致，尽可能减小误差，保证理论发电量的最优化。

现场踏勘结束时形成踏勘记录，包含可用机位、升压站坐标表，需要业主方、设计方、施工方、风力发电机组厂家多方签字，对踏勘结果予以确认。

3. 方案复核

现场踏勘时，往往会根据现场情况对风力发电机组点位、升压站位置进行微调，需要对调整后的坐标进行合规性、安全性、合理性复核。

（1）合规性复核。现场踏勘后，业主方要到当地国土、林业等职能部门，再次落实调整后经多方确认的机位、升压站坐标，确认坐标合规性，避免因地类属性导致的设计方案修改。

（2）安全性复核。踏勘结束后，风力发电机组厂家需要复核所有风力发电机组点位的机组荷载和安全性，有意见及时与设计方沟通并做出调整。

（3）合理性复核。设计方根据风力发电机组厂商反馈的意见，及时对风力发电机组排布方案做出调整，重新计算评估各风力发电机组点位的发电量等指标，防止因机位调整导致发电量大幅降低的情况出现。

（4）确定方案。根据微观选址现场踏勘后的成果，结合职能部门的反馈意见、设计方和风力发电机组厂家的配合结果，确定风电场的可用机位及升压站坐标方案，并经业主方、设计方、施工方、设备厂家多方共同确认。

坐标方案确认后，设计方在初步方案的基础上进行修改、完善，评估场区风能资源情况，规划进场道路方案、吊装平台、内部道路路径，编制风电场微观选址报告。风力发电机组厂家需要编制微观选址复核报告、风力发电机组噪声评估报告和风力发电机组载荷适用性分析报告。

4. 方案评审

设计方完成微观选址报告，风力发电机组厂家完成微观选址复核报告、风力发电机组噪声评估报告和风力发电机组载荷适用性分析报告后，业主方应组织一次正式的微观选址专题评审会，确认以下内容。

（1）微观选址方案是否已规避各项敏感制约因素。

（2）风资源评估和计算的准确性。

(3) 机组安全性。

(4) 机位和升压站的征地可行性。

(5) 风力发电机组平台、道路路径、集电线路规划的合理性和工程可行性。

审查结束后，业主方、审查专家等针对微选报告结果出具审查意见，设计方、风力发电机组厂家按照审查意见对方案进行修改完善，并提交收口版报告。至此，微观选址阶段工作结束。

陆上风电场的微观选址是在已完成宏观选址的前提下，结合现场情况，考虑风力发电机组的运行安全、施工安装、交通运输、集电线路长度、限制性因素制约、视觉美观等因素，进一步对风力发电机组进行排布、优化的过程，直接影响整个风电场的经济效益，是风电场选址中的关键环节。微观选址是一项细致的工作，需要多方配合、共同完成、多次筛选和确认，以保证方案的可行性，避免或减少后期工程施工时的调整。

第二节 交 通 运 输

陆上风电场交通运输是针对风电场大部件（超高、超宽、超重、超长）的特点、车组重量和性能、设备重量参数、场区地形地质情况，合理选择确定道路的路径和设计指标的综合性工作。

在风力发电机组运输前，合理选择路径，统筹考虑各种因素取舍，坚持地质选线，避开地质灾害区域，尽可能利用既有道路，避让场区内的敏感分布因素，避免新增占用土地资源，减少居民聚集地穿越，少占耕地、林地，确定适宜的风场道路运输指标，因地制宜，就地取材。

牢固树立生态环保意识，根据项目特点、项目建设对水土流失的影响、区域自然条件、项目功能分区等特点，以及不同场地的水土流失特征、土地整治后的发展利用方向、水土流失防治重点等因素，对风场区域划分水土流失防治区，分区域进行植被恢复。

一、道路设计标准

(一) 风电场道路分类

风电场工程道路要满足风电场建设期的施工及设备运输、运营期检修维护的要求。

风电场工程道路根据使用阶段可划分为施工道路与检修道路；根据运输功能可划分为进场道路、场内道路与进站道路。场内道路根据运输任务可划分为干线道路与支线道路。进场道路、进站道路应按照干线道路标准设计，检修道路宜由施工道路改造形成。风电场道路分类如表 2-2。

表 2-2　　风电场道路分类

功能划分	类别		备注
使用阶段	施工道路	检修道路	
运输功能	进场道路	场内道路/进站道路	
运输任务	干线道路	支线道路	

风电场道路以界定点作为分界，是风电场场外道路与场内道路的分界点；场外道路一

般指设备制造厂至界定点的道路，由国家高速公路网、国省道、县道等组成。场内道路是界定点以内的道路，由乡道、村村通道路及以下等级构成，含场内自建道路、进站道路、进场道路等。

（二）道路横断面及建筑限界

风电场工程道路采用整体式路基，路基宽度为车道宽度与两侧路肩宽度之和。未加宽路段参照表 2-3 执行，曲线加宽要根据车辆参数计算后确定，后期检修道路车道宽度不要小于 3.5m。场内道路路基宽度如表 2-3。

表 2-3　　场内道路路基宽度　　m

道路等级		路基宽度	车道宽度	单侧路肩宽度
干线道路	一般值	6.00	5.00	0.50
	极限值	5.50	5.00	0.25
支线道路	一般值	5.00	4.00	0.50
	极限值	4.50	4.00	0.25

施工期设置的错车道宽度不要小于 7.5m，有效长度不要小于 20m，过渡段长度不要小于 10m。错车道坡度不要大于 5%。要在不大于 500m 的距离内选择有利地点设置错车道。

道路的建筑限界内不应有任何障碍物侵入。

道路车道的净空高度要根据运输车辆总高的最大值确定，并考虑 0.2～0.5m 安全距离。凹形竖曲线上方设有跨线构造物时，要满足运输车辆有效净高的要求。设置超高的路段，上缘边界线要与超高横坡平行，两侧边界线要与路面超高横坡垂直。侧向宽度最小值可取 0.25m。建筑限界顶角宽度应与侧向宽度相等。道路建筑限界如图 2-5 所示。

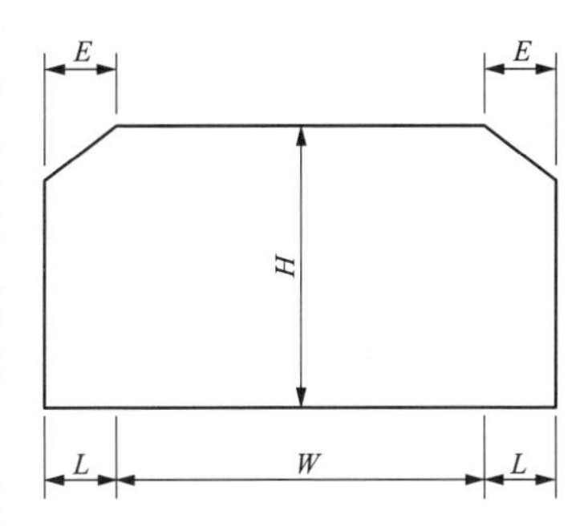

图 2-5　道路建筑限界
W—车货总宽最大值；
L—侧向宽度，取 0.25m；
E—建筑限界顶角宽度，$E=L$；
H—净空高度

风电场道路与公路、铁路、管线等交叉要符合下列规定。

(1) 与铁路、高速公路等封闭性交通路线交叉要采用立体交叉。

(2) 与各级非封闭公路、乡村道路等交叉采用平面交叉。

(3) 与石油、燃气、电力、通信等各种管线交叉时，道路距管线之间的安全距离及防护要求要满足相应的行业标准要求。

(4) 道路从架空送电线路下穿过时，要从导线最大弧垂与杆塔间通过，并使送电线路导线与公路交叉处的距路面的垂直距离要大于或等于表 2-4 的规定最小值。

表 2-4　　架空送电线路导线距路面最小垂直距离

架空送电线路标称电压（kV）	35～110	154～220	330	500	750
距路面最小垂直距离（m）	7.0	8.0	9.0	14.0	19.5

（三）平纵线形设计

1. 平面设计

在风电场建设过程中，叶片的长度尺寸和塔筒分段长度尺寸及运输车型及运输方式的选择是确定道路平面线形设计的关键因素。

风力发电设备尺寸为非常规尺寸，超长尺寸、超宽尺寸较多，需要特种车辆进行运输，在平面转弯时需要对加宽类型区分外弯与内弯，相比普通的小型运输车辆，风电场设备的尺寸决定了其设备转弯的特殊性，扫尾、车辆选择都有区别。

将车辆前进方向转弯的外侧为山体等无法避开的障碍物的弯道定义为内弯；车辆前进方向转弯时外侧没有山体、房屋等无法避让的障碍物的弯道定义为外弯。如全挖断面弯道和转弯外侧为挖方时定义为内弯；全填方断面和转弯外侧为填方时定义为外弯。

一般来说，当叶片采用液压举升车进行运输时，道路的转弯加宽由最长一段塔筒来确定，根据塔筒的长度分别计算内弯和外弯的加宽宽度。当叶片采用长途运输车运输时，道路的内弯加宽考虑内侧侵占时由叶片车决定。外弯道路加宽量由塔筒车决定，弯道外侧扫尾半径由叶片车决定。山地项目受地形、林地分布、生态环境影响，多采用叶片举升车，半径的加宽控制选择以塔筒运输作为主要控制因素。圆曲线最小半径见表2-5。

表2-5　圆曲线最小半径　m

设计条件		叶片采用平板半挂车运输		塔筒采用平板半挂车运输		塔筒采用后轮转向车运输	
		内弯	外弯	内弯	外弯	内弯	外弯
圆曲线最小半径	一般值	50	40	35	30	30	25
	极限值	40	35	30	25	25	20

圆曲线加宽值要根据道路宽度、圆曲线半径、牵引车轴距、挂车轴距、车宽、后悬长度等参数计算确定。

圆曲线半径小于100m时要在曲线上设置超高，圆曲线最大超高值不要超过4%。超高横坡度等于路拱坡度时，采用将外侧车道绕路中线旋转，直至超高横坡值；超高横坡度大于路拱坡度时，绕内侧车道边缘旋转。超高过渡段长度不要小于10m。

2. 纵断面设计

纵断面由直线和竖曲线两种线形组成，直线的上坡和下坡用坡度和水平长度表示。在直线的坡度转折处要设置竖曲线，竖曲线线形可采用圆曲线或二次抛物线。

最大纵坡：新建干线道路最大纵坡一般不大于12%，支线道路最大纵坡一般不大于15%。最大纵坡确需增大时应进行论证，且不要超过表2-6的规定。道路纵坡不要小于0.3%。横向排水不畅的路段或长路堑路段，道路纵坡采用平坡或小于0.3%时，边沟要进行纵向排水设计。

表2-6　最大纵坡及最小纵坡

最大纵坡（%）	干线道路		支线道路	
	上坡	下坡	上坡	下坡
	15	12	18	15

续表

最大纵坡（%）	海拔（m）		
	3000～4000	4000～5000	5000 以上
	12	11	10
最小纵坡（%）	0.3		

道路连续上坡或下坡时，道路不同纵坡最大坡长及最小坡长见表 2-7。最大坡长之间设置缓和坡段。缓和坡段的纵坡一般不大于 3%，条件受限制时不要大于 5%，道路纵坡的最小坡长不要小于 40m。道路竖曲线最小半径与竖曲线长度见表 2-8。

表 2-7　道路不同纵坡最大坡长及最小坡长

纵坡坡度（%）		5～7	8～11	12～14	15～18
最大坡长（m）	一般值	600	300	150	100
	极限值	1200	600	300	200
最小坡长（m）		40			

注　“一般值”为正常情况下的采用值；“极限值”为条件受限制时可采用的值。

表 2-8　道路竖曲线最小半径与竖曲线长度　m

项目	凸形竖曲线最小半径	凹形竖曲线最小半径	竖曲线长度
一般值	200	300	50
极限值	100	200	20

注　1.“一般值”为正常情况下的采用值；“极限值”为条件受限制时可采用的值。
2. 叶片采用平板半挂车、塔筒采用低底板半挂车运输时，应根据运输尺寸进行校验。

3. 线形要求

平面线形要连续均衡，并与地形相适应，与周围环境相协调。要避免小半径圆曲线与陡坡相重合的线形。纵断面线形要平顺、圆滑、视觉连续。连续下坡路段的纵坡设计，除要符合不同纵坡值最大坡长规定外，还要考虑下坡方向的行驶安全。路线平面采用小半径曲线且转角大于 90°时纵坡值不要大于 5.5%，条件受限时不要大于 8%。线形组合设计要避免平面、纵断面、横断面的最不利值相互组合的设计。

（四）路基、路面

1. 路基

路基需要满足稳定性和承载力的要求，设计前需充分调查收集风电场区域沿线的地质条件、水文条件、填筑材料、地形地貌等资料，合理确定路基填土高度、支挡防护和特殊路基的处置方案，加强排水，并考虑土石方的平衡，进行经济技术比较。

（1）路基压实度。良好的路基压实度是获得稳定路基最经济最有效的方法。经过碾压压实，土质路基孔隙率减小，其各项指标（渗透系数、塑性变形、毛细水上升高度）都能得到有效改善，路基承载力有效提升；石质路基形成嵌锁结构，内摩擦力增加，相互挤压形成稳定结构。

压实标准是以压实度来表示，指路基材料压实后的干密度与该材料的最大干密度（标准干密度）之比。标准击实试验有重型击实方法和轻型击实方法。

（2）路基填料。填方路基应分层铺筑、均匀压实，填料经过试验确认后方能填筑。每一层填料的规格、压实度和CBR（加州承载比）值必须满足要求，当填料无法满足规范要求时，必须采取适当的处理措施或换填符合要求的土。

填方路基宜选用级配较好的砾类土、砂类土，最大粒径不得超过150mm。

腐殖土、淤泥、软土等不能作为填方用土，在填筑路基前应清除地表杂草、树根及表面腐殖土。填方路段地面横坡陡于1∶5时，应挖成台阶，宽度不小于1.0m，阶底应有2%～4%的倒坡。

液限大于50、塑性指数大于26的土，以及含水量超过规定的土，不能直接作为路堤填料。需要应用时，必须采用满足设计要求的技术措施，经检查合格后方可使用。每层填土最大松铺厚度要根据现场压实试验确定，一般最大松铺厚度不大于30cm，也不小于10cm，压实层的表面应整平并做成路拱。土的压实度应控制在接近最佳含水量进行。施工过程中对土的含水量必须严加控制、及时测定、随时调整。路基压实度及填料要求见表2-9。

表2-9　路基压实度及填料要求表

填挖类型		路面底面以下深度（cm）	路基压实度（重型，%）	填料最小强度（CBR，%）	填料最大粒径（cm）
填方路段	上路床	0～30	≥95	6	10
	下路床	30～80	≥95	4	10
	上路堤	80～150	≥94	3	15
	下路堤	150以下	≥92	2	15
零填及挖方路段		0～30	≥95	6	

（3）边坡坡率。山地区的道路边坡的选择对于道路的土石方平衡及后期次生地质灾害的预防尤为重要，当地质条件比较好时，土质边坡高度不超过20m，石质边坡高度不超过30m，超过此高度需要进行高填路堤、深挖路堑的工点专项设计，并进行稳定性计算。

1）填方边坡。对于一般的路基边坡坡率，边坡高度控制在20m以下，边坡分级高度可采用6～8m，分级设置分级平台，平台宽度在1m左右。位于水下的浸水路段边坡坡率不宜大于1∶1.75。

填方路基根据填土材料的粒径可将填料划分为巨粒土、粗粒土、细粒土，粗粒土和细粒土（粒径＜60mm）上部高度（$H \leqslant 8$m）边坡坡率采用1∶1.5，下部高度（$H \leqslant 12$m）采用1∶1.75；巨粒土（粒径＞60mm，$H \leqslant 8$m）边坡坡率采用1∶1.3，下部高度（$H \leqslant 12$m）采用1∶1.5。

粗中砂的高度不宜超过12m，边坡坡率采用1∶1.5。填方路堤边坡高度及坡率表见表2-10。

表 2-10　　填方路堤边坡高度及坡率表

填料类别		边坡最大高度（m）			边坡坡率		
		全部高度	上部高度	下部高度	全部高度	上部高度	下部高度
细粒土	黏性土、粉性土	20	8	12	—	1∶1.5	1∶1.75
	砂性土	20	8	12	—	1∶1.5	1∶1.75
粗粒土	砾石土、粗砂、中砂	12	—	—	1∶1.5	—	—
巨粒土	漂（块）石土、碎石土、卵石土	20	12	8	—	1∶1.5	1∶1.75
石质路基	不易风化的石块	20	8	12	—	1∶1.3	1∶1.5
	填石路堤，粒径＜25cm	20	6	14	—	1∶1.25～1∶1.33	1∶1.5
	填石路堤，粒径＞25cm	20	—	—	1∶1	—	—

2）挖方边坡。在进行边坡坡率选择时，根据地勘资料和现场测绘裸露岩石土层剖面，初步判断稳定边坡坡率，在尽量不增加特殊加固措施的前提下，减少对自然边坡植被的破坏。对于岩石边坡，野外初步判断风化破碎的程度，可根据目测裂缝开裂程度、次生矿物成分、锤击初步划分为强风化、中风化、弱风化和微风化岩石四类，选择适宜的边坡坡率。

挖方土质边坡一般控制在 20m，石质边坡一般控制在 30m 以内，边坡顶面外侧做好截水沟，坡脚设置边沟，分级平台和坡面做好排水设计，截水沟内的汇水不再汇入边沟内。挖方路堑边坡高度及坡率见表 2-11。

表 2-11　　挖方路堑边坡高度及坡率表

<table>
<tr><th>边坡类型</th><th colspan="2">土石类别</th><th>边坡最大高度（m）</th><th colspan="3">边坡坡率不陡于</th></tr>
<tr><td rowspan="6">土质边坡</td><td colspan="2">一般土</td><td>20</td><td colspan="3">1∶0.5</td></tr>
<tr><td colspan="2">黏土、粉质黏土、塑性指数＞3 的粉土</td><td>20</td><td colspan="3">1∶1</td></tr>
<tr><td colspan="2">黄土及类黄土</td><td>20</td><td colspan="3">1∶0.1</td></tr>
<tr><td>中砂、粗砂、砾砂</td><td>中密及以上</td><td>20</td><td colspan="3">1∶1.5</td></tr>
<tr><td rowspan="2">碎石土、卵石土、圆砾土、角砾土</td><td>胶结和密实</td><td>20</td><td colspan="3">1∶0.5～1∶0.75</td></tr>
<tr><td>中密</td><td>20</td><td colspan="3">1∶1.0</td></tr>
<tr><td rowspan="9">石质边坡</td><td>边坡岩体类型</td><td>边坡分级高度 H(m)</td><td>30</td><td>未分化、微风化</td><td>弱风化</td><td>强风化</td></tr>
<tr><td rowspan="2">Ⅰ</td><td>$H<15$</td><td rowspan="2">30</td><td>1∶0.1～1∶0.3</td><td>1∶0.1～1∶0.3</td><td>—</td></tr>
<tr><td>$15\leqslant H\leqslant 30$</td><td>1∶0.1～1∶0.3</td><td>1∶0.3～1∶0.5</td><td>—</td></tr>
<tr><td rowspan="2">Ⅱ</td><td>$H<15$</td><td rowspan="2">30</td><td>1∶0.1～1∶0.3</td><td>1∶0.3～1∶0.5</td><td>—</td></tr>
<tr><td>$15\leqslant H\leqslant 30$</td><td>1∶0.3～1∶0.5</td><td>1∶0.5～1∶0.75</td><td>—</td></tr>
<tr><td rowspan="2">Ⅲ</td><td>$H<15$</td><td rowspan="2">30</td><td>1∶0.3～1∶0.5</td><td>1∶0.5～1∶0.75</td><td>—</td></tr>
<tr><td>$15\leqslant H\leqslant 30$</td><td>—</td><td>—</td><td>—</td></tr>
<tr><td rowspan="2">Ⅳ</td><td>$H<15$</td><td rowspan="2">30</td><td>1∶0.5～1∶1</td><td>1∶0.75～1∶1</td><td></td></tr>
<tr><td>$15\leqslant H\leqslant 30$</td><td>—</td><td>—</td><td>—</td></tr>
</table>

2. 路面

路面设计遵循因地制宜、合理选材、利于养护、节约投资，并符合路面强度、稳定性、平整度等要求的原则；根据当地的公路交通量及公路的使用任务、性质，并结合沿线的气候、水文、地质、筑路材料分布特征、实践经验、施工和养护条件，通过技术经济比较做出符合使用要求，并与环境条件相适应的经济合理的路面设计。

考虑风电场道路特点及使用要求，路面等级多选择中低级路面，路面结构多采用泥结碎石、级配碎石、级配砾石、块石、山皮石、宕渣等，路面材料遵循因地制宜、就地取材的原则。路面等级及面层类型见表 2-12。

表 2-12　　路面等级及面层类型

项目	路面等级			
	高级路面	次高级路面	中级路面	低级路面
面层类型	水泥混凝土	沥青贯入碎石、沥青贯入砾石	泥结碎石	粒料加固土、砂砾石
	沥青混凝土	沥青碎石表面处置、沥青砾石表面处置	级配碎石、级配砾石	
	热拌沥青碎石	半整齐块石	不整齐块石	

进场道路及场内道路一般段落：

(1) 采用泥结碎石、级配碎石、级配砾石作为面层时，面层厚度一般为 15～30cm，当地质条件较好时厚度可适当减小，但不要小于 10cm，设置 2～3cm 砂砾、细石作为磨耗层。

(2) 不整齐块石路面厚度宜为 20～40cm，石块高度宜为 14～20cm，要铺砌在砂或其他透水性材料的垫层上。

(3) 粒料加固土路面，利用当地砂砾、未筛分碎石等材料加固土路面，厚度一般为 10～20cm，不另设磨耗层。

过水量不大的宽浅河沟处，要设置过水路面。过水路面的长度要大于现有河沟的过流宽度，过渡应平缓，防止设备车托底，路面可采用水泥混凝土路面。

路拱横坡要根据路面等级及路面类型确定，场区道路可采用双向路拱横坡，采用高级路面、次高级路面时路拱横坡取 1.5%～2%；采用中级路面时路拱横坡取 2%～3%；采用低级路面时路拱横坡取 3%～4%。多雨或降雨强度较大地区要取高值，干旱地区要取低值。用单向直线形路拱时，路拱坡度可采用 1%～3%。路肩横坡要与路拱横坡相同，必要时可增大 1%～2%。

（五）桥涵

桥梁、隧道要根据风电场工程道路的性质、使用要求和发展需要，按安全、适用、经济和美观的要求设计；必要时应进行永久和临时方案比选，确定合理的方案。

公路桥涵荷载可分为公路—Ⅰ级和公路—Ⅱ级荷载，由车辆荷载和车道荷载组成，风电场整体交通量小，参考四级公路采用公路—Ⅱ级荷载。

车道荷载用于桥梁的整体性结构分析计算，车辆荷载主要用于桥梁的结构局部分析计算和挡墙、桥台、挡墙土压力的分析计算。

大件运输的最大轴载可参照 GB 1589《汽车、挂车及汽车列车外廓尺寸、轴荷及质量限值》执行。

涵洞可分为管涵、盖板涵、箱涵等形式，涵洞孔径、跨径要符合表 2-13 中的规定。涵洞孔径选择，可依据表 2-14 采用。

表 2-13　　涵洞孔径、跨径

序号	涵洞形式	孔径、跨径（m）
1	管涵	0.50、0.60、0.75、0.80、1.00、1.25、1.50、2.00
2	盖板涵	1.00、1.50、2.00、2.50、3.00、4.00、5.00
3	箱涵	1.50、2.00、2.50、3.00、4.00、5.00

表 2-14　　涵洞孔径选择

序号	涵洞条件	孔径选择（m）
1	无淤积的灌溉渠	≥0.50、0.60、0.75
2	排洪涵洞	≥1.00
3	15m<涵洞长度 L≤30m	≥1.00
	30m<涵洞长度 L≤60m	≥1.25
	涵洞长度 L>60m	≥1.50

圆管涵涵底纵坡一般不大于 3%，盖板涵、箱涵涵底纵坡一般不大于 5%。当涵底纵坡大于 5%时，涵底宜采用齿状基础或出口设置为扶壁式。当涵底纵坡大于 10%时，洞身及基础应分段做成阶梯形，前后两节涵洞盖板的搭接高度不要小于其厚度的 1/4。涵洞进、出口应采取防冲刷及消能措施。

二、场外道路设计

场外道路主要是指设备制造厂至界定点之间的大部件运输所采用的道路。一般由国家高速公路网和国省干线、县道构成，场外道路运输时一般采用平板车运输，运输至转场位置后，采用叶片举升车等二次倒运至风电场。

转场地点一般设置在高速收费站出口位置，选择空旷的临时荒地作为临时堆场，便于风力发电机组部件的临时存贮和转场，同时有效减少沿途道路、通信、电力设施的拆改成本。受地形地质条件的限制，同时伴随着风力发电机组容量的增大、风力发电机组部件的重量和叶片长度不断加长、山地运输和平原区拆改和加宽工程量的增加，采用叶片举升车二次倒运比较常见，场外道路一般由厂家负责运输，包括通行许可证办理、道路拆改工程。

分界点的位置可由建设单位和厂家运输单位考虑实际运输条件、管理需求，根据合同协商确定。

路勘手续办理：风力发电机组运输车上路前办理大件运输许可，根据交通部颁发的《超限运输车辆行驶公路管理规定》，提交申请材料，委托具有资质的物流运输单位进行运输，填写运单，上报货物的名称、规格、重量等相关信息。

申请部门：向公路管理机构申请公路超限运输许可，根据运输的区域向该区域的公路管理机构提出申请；跨省运输时，向运输出发起运地的省级公路管理部门提交申请，跨省大件运输并联许可，需要运输途经的各省份，由起运地的公路管理机构统一组织协调。

申请时提交材料包括公路超限运输申请表、承运人的道路运输经营许可证、经办人的身份证件和授权委托书、车辆行驶证等，风力发电机组大部件一般超长超宽，当车货总高度从地面算起超过 4.5m，或者总宽度超过 3.75m，或者总长度超过 28m，或者总质量超过 100t，需要提交车货总体外廓尺寸信息的轮廓图和护送方案。

运输时，大件运输车辆需要按照特定的路线和速度在许可的时间内行驶，途经桥梁或结构物需要加宽改造时，优先采取临时措施，利于后期的拆除和回收，优先选用桥梁技术评定等级较高的路径，无可选路径必要时搭建临时便桥或便道进行。

应注意，运输时采用平板车运输的平均轴载不得超限，否则影响许可证的办理。车辆的标准尺寸参照规范执行，详见 GB 1589《汽车、挂车及汽车列车外廓尺寸、轴荷及质量限值》。

三、场内道路设计

（一）路径选择

在进行风电场道路路径选线前，需要收集基础资料，基础资料包括但不限于：各种大比例高精度的场区测绘地形图；沿线区域的地质及水文资料；各种土地资源敏感因素的分布图（如基本农田、公益林、基本草原、采矿区、探矿区、文物、水源保护区及生态红线等）；项目区域的道路、航空、管线等规划图，在设计时还要同步收集项目的路勘报告和环评、水土保持方案批复等。

场内道路路径规划时综合现有路网分布、风力发电机组机位及安装平台布置等确定进场口，尽可能利用既有道路，避让场区内的敏感分布因素，避免新增占用土地资源，减少居民聚集地穿越，少占耕地、林地，路基填料和路面材料选择时，因地制宜，就地取材。风电场根据地形可简要划分为平原微丘区和山地区。

（1）平原微丘区风电场路径选择时，路网比较发达，对外交通条件较好，路径尽可能利用既有道路，如有现有机耕道砂石路可利用为最佳，水泥混凝土道路和沥青道路利用时要考虑后期损毁补偿，在路径选择时要慎重，综合经济比选后确定。路径规划时选择合理的路基填土高度，加强排水避免内涝；尽量契合农田的布局，减少切割农田，避免三角地的产生；软弱地基换填可开展先导试验段，就地取材进行路基处理；合理避让各种控制因素，有利于农田灌溉，减少灌溉水渠的交叉，减少对农田水利设施的干扰。平原区取料比较困难，尽量就地取材，合理利用工业矿渣、建筑粒料，注意环境保护；丘陵区要统筹考虑场内道路、平台、基础开挖的土石方量，移挖作填，达到场内整体的土石方平衡，避免新建取土场、弃渣场。

（2）山地风电场分界点至风电场一般道路条件复杂，进场道路需根据风力发电机组设备尺寸和运输车辆要求进行改建，改建需符合公路主管部门的要求，合理组织施工，确保社会车辆通行需求。

路径规划选址时坚持地质选线，避开各种已有规划区域，尤其是山地林地植被较为发育，避开国家及地方公益林、乔木林地，风力发电机组大多位于山脊上，选择平缓顺直的分水岭作为主要规划路径，路径不能偏离分水岭方向过远，避免高差来回起伏，控制垭口较低时选择山脊两侧合适地形、地质较好的阳坡布设引线。山脊线路径选择应重点关注控制垭口和侧坡的选择。

控制垭口选择：选择控制垭口是山脊线选择的关键。当分水岭方向顺直，地形平缓时，每个垭口都可暂定为控制点；地形起伏较大，各垭口高差较大、变化频繁，将低垭口作为路径选择的控制点；在有支脉横隔的情况下，并排相距不远的几个垭口中选择与前后联系较好的垭口；选择垭口应综合考虑分水岭两侧山坡的布线条件，通过侧坡选择和试坡布线。

侧坡选择：分水岭的侧坡是山脊线的主要布线地带，要选择条件较好的那一侧，以取得平纵线形好、工程量小、路基稳定的效果。坡面整齐、横坡平缓、地质情况好、无支脉横隔的向阳山坡较为理想。

当高差较大需要布设回头曲线时，回头曲线一般宜设置在地质条件良好、横坡较缓的鞍部或山包、平坦坡面位置处。曲线半径不应小于 20m，最大纵坡不宜大于 5.5%。

山地区域道路，降雨频繁，道路边坡的灾害治理源于水的处理不到位，应适当加大道路路边沟和涵洞的截面尺寸。对于路径无法避免的地质条件较差段落，边坡开挖较高的段落采取一定的支挡防护措施。根据地形的陡峭程度，选择合理的横断面布置形式（半填半挖、全挖），优化细化平纵横，减少高填深挖路段。西北某山地风电场路径规划如图 2-6 所示。

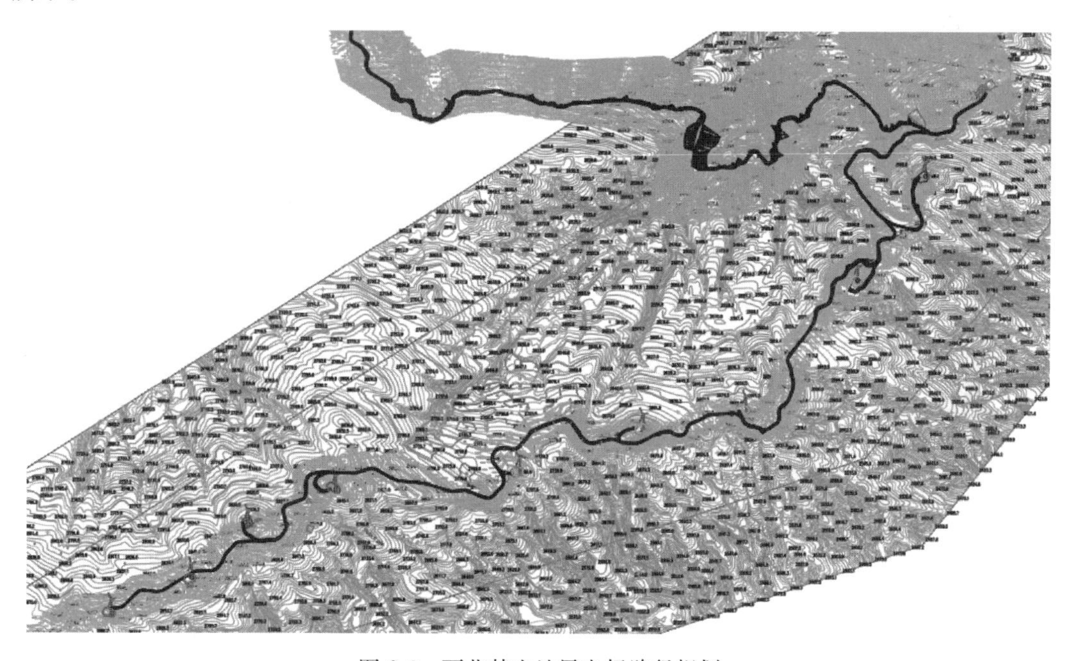

图 2-6 西北某山地风电场路径规划

山地风电场风力发电机组大多位于山脊，道路路径尽量选择山脊线布线，不要偏离分水岭或者总路线过远，在平面不能过于迂回曲折，尽量顺直、减少弯道，避免路径过长，上下山脊线的要有合适的地形可以展线，避免较大纵坡坡度。

（二）设计指标选取

在风电场建设过程中，叶片的长度尺寸和塔筒分段长度尺寸及运输车型及运输方式的选择是确定道路平面线形设计的关键因素。

风力发电设备尺寸为非常规尺寸，超长尺寸、超宽尺寸较多，需要特种车辆进行运输，在平面转弯时需要对加宽类型区分外弯与内弯，相比普通的小型运输车辆，风电场设备的尺寸决定了其设备转弯的特殊性，扫尾、车辆选择都有区别。

一般来说，当叶片采用叶片举升车进行运输时，道路的转弯加宽由最长一段塔筒来确定，根据塔筒的长度分别计算内弯和外弯的加宽宽度。当叶片采用长途运输车运输时，道路的内弯加宽考虑内侧侵占时由叶片车决定。外弯道路加宽量由塔筒车决定，弯道外侧扫尾半径由叶片车决定。

影响车辆最小转弯半径的因素有车辆轴距、车板宽度、后轮转向等因素，因运输风电设备的长度不同，车辆轴距无法统一，将风电设备运输车辆类型划分为后轮转向车辆和非后轮转向车辆，平面半径在选择时应区分内弯和外弯，收集车辆参数和设备的参数进行转弯半径加宽计算，应充分考虑运输车辆的载重、路基承载力、路面压实度、路面材料、安全距离等多方面因素。

国外有车轮轨迹模拟软件，和实际相差比较接近，并对小半径及特殊位置、回头曲线处单独验算确定，对困难特殊路段进行模拟分析。

公路三类加宽按照铰接列车计算，所采用的铰接车代表车型的轴距偏小，使得半径小于 50m 时计算值偏小，半挂车计算的半径小于 100m 范围内加宽值明显较大，不利于山区的运输；后轮转向半挂车由于其性能提升，车长不再受限，在小于 100m 半径范围转弯加宽相比半挂车减小一半以上，能大幅度减小山区的运输成本，降低运输困难，同时由于其后轮转向特性也使得转弯性能大幅提升，计算值与轴距较短的铰接列车计算值接近。风电场塔筒运输如图 2-7 所示。

图 2-7 风电场塔筒运输

山地项目叶片采用前举升、后举升、变桨结合的方式进行运输，塔筒运输采用半挂车或带后轮转向的方式进行运输，半径加宽由塔筒车来确定。

对于大部件运输，需结合道路坡度、车组重量和性能、设备重量等因素综合考虑选择具备足够牵引力的运输车辆，尤其是极限最大纵坡的选择应结合牵引车的马力、地面附着系数计算确定，当坡度超过 14%时，一般需要牵引车进行牵引。在保证成本测算合适、经济条件下，路面宜选用水泥硬化路面，混凝土硬化路段相比土路路面有更大的运输能力。

路基边坡坡率的选择也尤为重要，道路线性带状区域，占地较多，合理的边坡坡率对于占地和后期地质灾害的减小至关重要，根据地勘报告和规范中的坡率表进行选取。

（三）路基处理及支护工程

软土地基的常用处理方法有换填法、强夯法、反压护道法、砂垫层法、堆载预压法、砂井法、塑料板排水法、水泥搅拌桩法、碎石挤密桩法、加筋土法等，风电场建设周期短，成本低，软土地基处理综合考虑优先选用强夯法，当工期较紧时优先选用当地材料换填处理。

路基支挡结构主要为了承载路堤或路堑的侧向土压力，收缩坡脚，减少占地，稳固道路开挖建设带来的不稳定边坡体，形式多样，如挡土墙、抗滑桩、锚杆框架梁、预应力锚索等结构。

根据土质类型、岩石风化破碎程度选择合适的边坡，设置合理的支挡防护措施。尽量减少支挡防护结构物的布设，放缓边坡，当地形陡峭时，调绘现有地质剖面，对于顺层无法避让时采用上述措施处理。

不稳定的强风化岩体应及时清除，再进行锚固，由上至下施工，结合岩质设置坡面防护，及时封闭坡面，做好防水处理，避免水进入对岩体结构性质发生变化。

（四）水土保持复绿工程

应根据项目特点、项目建设对水土流失的影响、区域自然条件、项目功能分区等特点，以及不同场地的水土流失特征、土地整治后的发展利用方向、水土流失防治重点等因素，对风电场区域划分水土流失防治区。一般可划分为风力发电机组平台防治区、升压站防治区、集电线路防治区、道路工程防治区和施工生产生活防治区、弃渣场防治区 6 个防治分区。

按照“预防为主，保护优先”的原则，根据不同施工区特点，建立分区防治措施体系，工程措施、临时措施和植物措施有机结合，相辅相成，以形成完整的水土保持防护体系。工程水土流失防治措施体系表见表 2-15。

表 2-15　工程水土流失防治措施体系表

分区	措施类型	设计措施
风力发电机组平台防治区	工程措施	表土剥离、覆土平整
	植物措施	栽植乔木、植草绿化
	临时措施	编制袋装土拦挡、临时覆盖、沉砂池、截排水措施等
升压站（开关站）防治区	工程措施	站内排水管、碎石压盖
	植物措施	绿化美化
	临时措施	临时覆盖
集电线路防治区	工程措施	表土剥离、覆土平整
	植物措施	植草绿化
	临时措施	临时堆土覆盖
道路工程防治区	工程措施	表土剥离、覆土平整
	植物措施	栽植乔木、植草绿化
	临时措施	编制袋装土拦挡、临时覆盖、沉砂池、截排水措施等

续表

分区	措施类型	设计措施
施工生产生活防治区	工程措施	表土剥离、覆土平整
	植物措施	栽植乔木、植草绿化
	临时措施	编制袋装土拦挡、临时覆盖
弃渣场防治区	工程措施	表土剥离、覆土平整、拦渣墙
	植物措施	栽植乔木、植草绿化
	临时措施	编制袋装土拦挡、临时覆盖、沉砂池、截排水措施等

1. 风力发电机组平台防治区

吊装平台占用耕地区域时，在施工前清除表层腐殖土并集中堆放；恢复时清理碎石，全面整地复耕，占用林地栽植乔木，林下撒播乔灌草籽，占用荒草地时仅撒播草籽即可。

表土剥离厚度可根据现场腐殖土的平均厚度确定，并在平台位置集中堆放，采用临时编织袋装土进行临时拦挡，表面覆盖防尘网或者用彩条布覆盖，防止冲刷流失。根据现场地形注意地表径流汇水对开挖区域的影响，设置临时排水沟、临时拦挡、挡土围堰、沉砂池、截排水措施。

2. 道路防治区

道路主要为带状线性工程，表土剥离时集中堆放，地形起伏不大时，可在道路沿线条状堆放或选择每隔一定距离合适位置集中堆放；地形受限时，可运至平台区域临时堆放。山地区域的道路复绿重点是上下边坡的复绿措施，需要根据土石比例、边坡高度、边坡坡率和区域水文情况选择事宜的复绿措施，一般土质边坡，上边坡坡率缓于1∶0.5及以下时，可采用撒播或穴播草籽，下边坡撒播草籽，乔木栽植可采用当地适宜草种和树种。

边坡坡率陡于1∶0.5和石质边坡时，可考虑栽植爬藤植物复绿，边坡不高时在一级边坡坡脚采用在坡脚栽植爬藤等攀爬植物，当边坡高度较高时，结合边坡主体防护措施，采用专业喷播机械挂网喷播恢复。

3. 集电线路防治区

集电线路主要防止区域为塔基及其临时占地和电缆占地，恢复措施包括表土剥离和表土回覆，集电线路施工周期较短，可根据工期长短进行临时拦挡措施及其他覆盖措施。

4. 升压站（开关站）防治区

升压站的复绿措施主要为站内生活区的绿化和站外边坡的复绿。

5. 弃渣场防治区

弃渣场应结合地形、地质和水文条件，结合既有的沟渠等设施综合考虑，避免压占河道或改变原有的过水断面造成新的淤积或冲刷，当选择沟谷或坡面作为弃渣场时需设置合理的截排水措施。

弃渣场主要为现场基础开挖及平台开挖和道路挖余土方集中堆砌地点，后期恢复时，弃渣场的防治措施，包括上游的截排水措施，弃渣场的布置不影响现场原有地形的排水和不降低原有过水断面，一般要在上游及边坡顶部设置截水沟，在边坡两侧设置排水沟或急流槽，同时在下游及区域设置拦渣墙收坡脚，设置沉砂池消能，降低冲刷和水土流失。复绿措施包括回填表土，土地整治，栽植乔木或撒播、乔灌草籽。耕地一般覆土厚度为30～55cm、林地覆土厚度为20～45cm、草地覆土厚度为15～25cm。

6. 施工生产生活防治区

施工生产生活区，优先选用开阔、平整的荒地作为临时驻地，搭建钢筋加工厂、临时拌合站等，生产生活区分开，可选择升压站附近，也可根据项目所在区域临时租用可用合适场地。

（五）排水工程

平原区要保证路基的最小填土高度，填土高度是指路面顶面标高至原地面的高度，为保持路基干燥，利于排水，一般砂性土为0.3～0.5m，黏性土为0.4～0.7m，粉性土为0.5～0.8m。

山区地质灾害的防治主要在于水的引导与排出。

调查绘制水系情况，通过大比例带状测绘地形图和现场踏勘，结合汇水面积和水系特征布设涵洞等排水设施，道路边沟排水沟可与道路纵断采用相同坡度，但要核查是否存在淤积，否则要进行排水设计。平原区多采用圆管涵，山区条件允许优先采用盖板涵。涵洞出口位置做好涵底铺砌和跌水，避免出口位置掏空。

做好截排水措施，封闭坡顶或坡面，避免降雨进入边坡土体或软弱面，引起结构面承载力变化，路堑边坡外设置截水措施，做好坡面排水，防止坡面冲刷；截水沟一般设置在挖方坡顶5m以外，长度一般不超过500m，可设置多道，截水沟的汇水要及时排入自然沟渠或桥涵位置处，尽量避免排入边沟，坡面较陡峭时设置急流槽，坡脚设置跌水或沉砂池消能减小冲刷；边沟的设置可以综合汇水面积和碎落台合并设置，采用宽浅型边沟，保证行车安全，减小占地。

四、风电场场内外道路各个阶段设计内容及深度

（一）可行性研究阶段

可行性研究阶段主要是根据初步的风力发电机组点位情况，收集场内区域内所有敏感性因素及资料、测绘资料，初步判别运输方式和进场的运输路径，规划场内路径，判断路径的可行性与通达性，尽量选择施工建设难度小、拆迁难度小、成本相对较低的路径。

可行性研究阶段对于道路工程师来说，主要考虑路径方案走廊带的选择，初判道路进场方案和场内道路规划情况，确定道路布设的基本原则、道路和平台主要方案及风电场整体占地情况。

（1）了解风电场区域的自然条件，如地形、地质条件。

（2）了解风电场区域内的路网情况，根据主要设备的重量、尺寸提出满足设备运输的道路设计标准，初步拟定对外交通运输方案。

★（3）收集风电场范围内的各种敏感因素及风险识别情况。

风电场设计输入至关重要，前期需要输入资料较多，根据目前的风电场常规避让因素和类别，常用的地类核查资料如下。

1）基本农田。

2）基本草原。

3）不可占用林地，包括但不限于国家一级公益林、二级公益林、地方一级公益林、二级公益林、不可占用乔木林地等。

4）矿产压覆，包括各类矿产采矿区、探矿区范围。

5）生态红线。

6）一级、二级水源地。

7）文物遗址保护区，点状的文物应明确禁建区域或者避让半径和范围。

8）军事保护区、点状军事点应明确禁建区域或者避让半径和范围。

9）河流湖泊保护区、红线区、黄线缓冲区、蓄洪滞洪区。

10）自然保护区，各类森林、湿地保护区，核心区、缓冲区范围。

11）机场净空保护区，航空净空高度要求等。

12）交通规划，各类高速、省道等规划范围廊道。

13）政府、规划、国土其他各类规划区、保护区。

14）是否存在路径跨界的情况。

（4）初步规划场内的道路路径。选定进场和场内交通线路的规划、布置和标准，计算并提出工程量。

（5）根据初步方案判断是否设置弃土场。

（6）工程征用地，包括永久用地和临时用地。永久用地包括风力发电机组基础、箱式变压器基础、升压站、集电线路铁塔、道路等，临时用地包括施工临时驻地、吊装平台、道路及集电线路施工临时用地等。

（7）初步判断场内道路应设置的防护措施，如挡土墙、排水沟等。

★（8）出具可研道路相关路径方案、占地情况和风电场总平面布置图。

★（9）风电场的整体征占地情况，包括永久用地和临时用地。

其中标注★：可研阶段重点关注方面。

（二）初步设计阶段

初步设计阶段，风电场道路设计应初步确定道路的路径方案、平纵横方案、道路场内外界定点、大件运输加宽方案、路基排水、防护工程方案、风力发电机组吊装平台面积、水土保持恢复措施等。

在此阶段，道路工程师需要重点关注道路主要方案及工程量，需要达到以下深度和要求。

（1）收集更为详尽的输入资料。

1）全场 1∶2000 的地形测绘图，吊装平台 1∶500 比例测绘图。

2）收集风电场区域内的勘察资料，复杂山地专项地勘。

3）项目的环评批复、水土保持报告及批复。

4）微观选址报告。

5）路勘运输报告。

（2）根据微观选址报告，进行路径的多方案比较，排查相应的风险因素、敏感因素，调整并初步确定道路路径方案。

（3）根据设备尺寸、路勘运输方式初步确定道路加宽控制因素，确定大件运输加宽标准。

（4）初步确定道路平纵设计方案，确定道路路基的标准横断面，计算相应的道路土石方主要工程量。

（5）初步确定道路沿线的截排水设施方案、位置段落、结构形式及尺寸。

（6）初步确定道路沿线的防护工程方案，如挡墙等防护工程的位置段落、结构形式和尺寸。

（7）初步确定路面的结构方案、类型及主要厚度尺寸。

（8）初步确定各种桥涵的结构物、过水路面、钢便桥等位置、结构类型及主要尺寸。

（9）初步确定不良地质及特殊性岩土区域的特殊路基设计处理方案及相应段落位置、处理深度。

（10）初步确定沿线路基取土、弃土方案，弃土可容纳方量。

（11）初步确定场内外界定点，风电场场内沿线的拆迁建筑物及电力、电信等设施的数量。

（12）初步确定风力发电机组吊装平台的尺寸和标高。

（13）根据水土保持方案批复和报告，初步确定道路的水土保持措施方案。

（14）初步确定复杂项目的试验段落区域。

（三）施工图设计阶段

施工图设计阶段，应根据初步设计阶段确定的路径方案，进一步优化道路设计，主要是优化平面、纵断面、横断面线形，确保路基桥涵方案合理，土方工程量整体平衡，工程设计方案最优，包括但不限于确定道路的平面、纵断面、横断面方案，道路加宽标准值，路基排水尺寸位置及形式，路基防护工程位置及方式，桥涵位置及形式，风力发电机组吊装设计方案，弃土场的位置及防护措施，水土保持恢复措施，复杂方案及特殊工程设计等。

在此阶段，道路工程师需要整体全盘考虑，坚持地质选线，减少道路穿越不良地质和高填深挖区段，结合地质情况合理调整线形，确定路基处理方案和路基防护措施，保证土方整体平衡。此阶段，需要达到以下设计深度和要求。

（1）收集更为详尽的输入资料。

1）全场 1∶2000 的地形测绘图、吊装平台 1∶500 比例测绘图；旧路改建 1∶1000 的地形测绘图或者横断面测量，特殊加宽位置 1∶500 比例测绘图。

2）收集风电场区域内的勘察资料，复杂山地具体段落范围的专项地勘。

3）项目的环境影响评价及批复、水土保持报告及批复。

4）微观选址报告最终版。

5）路勘运输报告最终版。

（2）根据设备尺寸、路勘运输方式确定道路加宽控制因素，确定大件设备运输道路加宽标准，计算不同半径角度转弯时的具体的道路加宽标准值。

（3）根据初步设计阶段确定的路径方案，优化道路设计，根据横断面情况微调平面线形和纵断面设计，确保整体工程设计方案最优，工程量合理。

（4）根据沿线的地质情况或专项地勘和横断面情况，分段确定合理的边坡坡率、填挖方高度，挡墙设置位置段落，计算土石方主要工程量。

（5）根据横断面和纵断面情况，确定道路沿线的截排水设施方案、位置段落、结构形式及尺寸。

（6）根据道路横断面图，确定道路沿线的防护工程方案，如挡墙等防护工程的位置、结构形式和尺寸。

（7）根据沿线地形、地质，分区域确定路面的结构方案、类型及厚度尺寸。

（8）根据道路沿线地形汇水面，结合截排水汇水情况，确定各种桥涵的结构类型及主要尺寸、过水路面、钢便桥等位置。

（9）根据现场踏勘和地质勘察，确定不良地质及特殊性岩土区域的特殊路基相应段落位置范围、埋置深度及设计处理方案。

（10）沿线路基土石方工程量尽可能综合平衡；当不能平衡时，要确定沿线路基土方调配和挖余土方量情况，确定取土、弃土方案，按照弃土场少量多点设置的原则，减少弃方运距。

（11）根据路径方案最终确定场内外界定点，风电场场内沿线的拆迁建筑物及电力、电信等设施的数量。

（12）确定风力发电机组吊装平台的角点坐标、放坡坐标、平台平整标高，根据叶片对地距离、叶尖位置核查叶片是否有扫略山体风险。

（13）根据水土保持报告和批复意见，确定各区域的水土保持方案，道路带状区域、吊装平台、弃土场范围的水土保持恢复方案，如草籽种类、撒播密度、乔灌木栽植密度、栽植位置等。

（14）确定复杂项目的典型段落试验区域，形成标准处理方案。

（15）特殊方案或复杂方案工程点设计图，如高填深挖边坡支护结构设计、加固方案设计等。

第三节　陆上风电场总体规划与设计

风电场总平面规划区别于其他类型发电厂的本质特点是它由“分散的点”“集中的面”和“相连的线”组成。“分散的点”主要有风力发电机组和风力发电机组变压器，“集中的面”主要有变（配）电站和吊装平台，“相连的线”主要有道路、集电线路和送电线路。风电场总平面布置首先是正确认识“点”“线”“面”的特征，其次是处理好其相互作用关系。

相比火力发电厂，风电场总平面布置与场址选择，特别是微观选址的互动关系更密切。首先，“点”位，即风力发电机组机位是微观选址时确定，在总平面布置时确定好塔筒门方位和机组变压器的相互位置即可，但实际工程中常会发生因“线”的选择而修改“点”位的反向工作流程。其次，“线”是总平面布置的重点，“线”布置的合理性是微观选址和整个总平面布置成功的关键点。也可以从另一个角度上认识风电场总平面布置特点，即变（配）电站区可视为火力发电厂的“厂区”，而把风力发电机组视为火力发电厂的煤源点、水源点、灰场等“厂外设施”。

因此，风电场总体规划布置的核心就是在场址选择的基础上处理好总平面布置和微观选址的相互关系和“点”“线”“面”的相互作用关系。同时，风电场总体规划布置应符合以下规程规范的要求。

（1）GB 3096《声环境质量标准》。

（2）GB 50003《砌体结构设计规范》。

（3）GB 50014《室外排水设计标准》。

（4）GB 50016《建筑设计防火规范》。

（5）GB 50025《湿陷性黄土地区建筑标准》。

（6）GB 50059《35kV～110kV 变电站设计规范》。

（7）GB 50061《66kV 及以下架空电力线路设计规范》。

（8）GB 50067《汽车库、修车库、停车场设计防火规范》。

（9）GB 50089《民用爆炸物品工程设计安全标准》。

（10）GB 50112《膨胀土地区建筑技术规范》。

（11）GB 50143《架空电力线路、变电所对电视差转台、转播台无线电干扰防护间距标准》。

（12）GB 50154《地下及覆土火药炸药仓库设计安全规范》。

（13）GB 50187《工业企业总平面设计规范》。

（14）GB 50201—2012《土方与爆破工程施工及验收规范》。

（15）GB 50201—2014《防洪标准》。

（16）GB 50217《电力工程电缆设计标准》。

（17）GB 50229《火力发电厂与变电站设计防火标准》。

（18）GB 50253《输油管道工程设计规范》。

（19）GB 50330《建筑边坡工程技术规范》。

（20）GB 50352《民用建筑设计统一标准》。

（21）GB 50545《110kV～750kV 架空输电线路设计规范》。

（22）GB 50763《无障碍设计规范》。

（23）GB 51048《电化学储能电站设计规范》。

（24）GB 51096《风力发电场设计规范》。

（25）GB 55007《砌体结构通用规范》。

（26）GB 55031《民用建筑通用规范》。

（27）GB 55037《建筑防火通用规范》。

（28）GB/T 50942《盐渍土地区建筑技术规范》。

（29）GB/T 51071《330kV～750kV 智能变电站设计规范》。

(30) GB/T 51072《110(66)kV～220kV 智能变电站设计规范》。
(31) GB/T 51121《风力发电工程施工与验收规范》。
(32) GBJ 22《厂矿道路设计规范》。
(33) DL/T 796《风力发电场安全规程》。
(34) DL/T 1071《电力大件运输规范》。
(35) DL/T 5056《变电站总布置设计技术规程》。
(36) DL/T 5103《35kV～220kV 无人值班变电站设计规程》。
(37) DL/T 5143《变电站和换流站给水排水设计规程》。
(38) DL/T 5218《220kV～750kV 变电站设计技术规程》。
(39) DL/T 5384《风力发电工程施工组织设计规范》。
(40) DL/T 5484《电力电缆隧道设计规程》。
(41) DL/T 5498《330kV～500kV 无人值班变电站设计技术规程》。
(42) DL/T 5510《智能变电站设计规划规定》。
(43) DL/T 5520《变电工程施工组织大纲设计导则》。
(44) NB 31089《风电场设计防火规范》。
(45) NB/T 10087《陆上风电场工程施工安装技术规程》。
(46) NB/T 10101《风电场工程等级划分及设计安全标准》。
(47) NB/T 10103《风电场工程微观选址技术规范》。
(48) NB/T 10208《陆上风电场工程施工安全技术规范》。
(49) NB/T 10209《风电场工程道路设计规范》。
(50) NB/T 10219《风电场工程劳动安全与职业卫生设计规范》。
(51) NB/T 31106《陆上风电场工程安全文明施工规范》。
(52) CJJ 82《园林绿化工程施工及验收规范》。
(53) CJJ/T 292《边坡喷播绿化工程技术标准》。
(54) GA 838《小型民用爆炸物品储存库安全规范》。
(55) JGJ 180《建筑施工土石方工程安全技术规范》。
(56) SY/T 0317《盐渍土地区建筑规范》。
(57) T/CEC 373《预制舱式磷酸铁锂电池储能电站消防技术规范》。

一、总体布置基本原则

(1) 按照规划容量，结合地形地貌、工程地质、水文气象、土地性质、交通运输、风能资源分布、接入系统方案等因素，从总体上对风电场总平面进行统筹规划，以本期为主，兼顾远期。

(2) 总平面布置符合土地、林地、草原等政策，满足各类安全距离。

(3) 合理利用现有道路、线路、变电站等设施，使风电场内、外各种条件衔接合理。

(4) 变（配）电站、风场道路、集电线路工程与风力发电机组排布相互兼顾，使工艺流程顺畅、整体效果良好、降低工程造价。

(5) 变（配）电站、风力发电机组吊装平台、风电场道路、集电线路和送出线路等布置应因地制宜、因势利导，充分利用现有地形，避免高填深挖，破坏生态。

（6）风电场进场（站）道路应根据风电场位置、站址位置、交通运输、场区检修道路布置等要素合理确定。进场道路宽度需与工程规模、大件运输方案相适应，进站道路宜与变（配）电站的电压等级相适应。

（7）场区检修道路应根据交通运输、风力发电机组布置、站址位置等要素合理确定，并兼顾场区集电线路布置、吊装平台布置。

（8）风力发电机组吊装平台布置应根据风力发电机组及其风力发电机组变压器布置、风力发电机组运输及吊装方案、场区集电线路布置、场区检修道路布置等要素合理确定。

（9）场区集电线路布置应根据工程容量、风力发电机组及风力发电机组变压器位置、变（配）电站站址位置、集电线路输送距离、场区检修道路布置、安全距离等要素合理确定。

（10）总平面布置应节约集约用地，采取节地措施，提高土地利用率，应符合现行《电力工程项目建设用地指标（风电场）》(建标〔2011〕209号）的有关规定，可利用《新能源发电（陆上风电、光伏）用地计算分析软件》（2021电规协评字27号）进行计算并分析优化。

二、总平面布置

风电场总平面总体上包括场区总平面布置和变（配）电站总平面布置。场区总平面布置应统筹规划变（配）电站、风力发电机组、机组变压器、风力发电机组吊装平台、风电场道路、集电线路和送出线路等的布置；变（配）电站总平面布置应统筹站外输电线路的接入和送出、交通组织，完成站内建（构）筑物和设备的布置。

（一）场区总平面布置

场区总平面布置主要涉及风力发电机组及风力发电机组变压器、道路及吊装平台、集电线路的布置，应根据机位排布、地形地质、水文气象、电能汇集和送出等因素，进行统一规划。

（1）确定风力发电机组塔筒门方位时需要考虑风力对塔筒门开闭和固定造成的影响和塔筒内灌风以及塔筒的受力影响。尽量避免塔筒门开口方向与主导风向平行，当主导风向和次主导风向呈180°时，塔筒门方位宜垂直于主导风向。

（2）风力发电机组变压器位置应根据风力发电机组位置、风力发电机组吊装平台等要素合理确定，并兼顾集电线路和检修道路布置，宜布置在风力发电机组和集电线路终端塔之间，以减少电缆长度，尽量避免电缆穿越检修道路。机组变压器宜布置在安装平台的边缘区域，避免影响风力发电机组的吊装。当机组变压器采用干式变压器时，可以布置在风力发电机组塔筒内或风力发电机组基础上；采用油浸式变压器时，机组变压器距离塔筒不应小于10m，当存在困难确实难以满足距离要求时，可以在机组变压器和塔筒之间设置防火墙。

（3）吊装平台尽量选择地形平坦、地质稳定、吊装方便、运输便利、周围干扰吊装因素较少区域，根据风力发电机组部件尺寸和吊装方案，并结合地形、地质、道路、集电线路方位等条件合理确定安装平台的尺寸和布置。

(4) 吊装平台布置时宜将主吊布置在地基可靠的区域，尽量避免布置在填方区或其他地基不稳的区域。主吊站位区域的基础承载力要求应满足风力发电机组安全起吊要求，当通过原土夯实不满足承载力要求时，应当对平台地面进行处理，提高承载力。

(5) 道路与吊装平台应衔接顺畅，为施工期间的土建施工、设备安装、物流运输和运行期间的检修维护提供便利条件。

(6) 集电线路与风电场道路要统筹规划，当工程量合理时集电线路尽量沿道路布置，以便对环境的扰动降至最低，且便于集电线路的施工检修。铁塔与道路边缘距离应当大于5m，当集电线路地埋敷设时，宜沿道路布置，尽量避免敷设于道路下面。

(7) 集电线路、杆塔等布置要考虑风力发电机组的偏航、叶片的振颤、带电安全距离、风偏、安全余量等因素，与风力发电机组保持足够的距离。当叶尖最小离地高度小于杆塔或者线路的高度时，应满足下式，即

$$D_{min} > D_h + D_Z + D_d + D_p + D_a \tag{2-1}$$

式中 D_{min}——风力发电机组中心至集电线路杆塔或线路的最小水平距离；

D_h——风力发电机组在静态下，风力发电机组中心至叶尖的水平距离；

D_Z——风力发电机组在振颤状态下，叶尖偏离原有位置的最大水平距离；

D_d——裸导线的带电安全距离；

D_p——导线的风偏距离；

D_a——安全余量，宜大于5m。

(二) 变(配)电站总平面布置

变(配)电站总平面布置一般包括低压配电区、变压器区、高压配电区、动态无功装置区、主控楼、服务楼、仓库及车库、润滑油库、危废库、生活用水处理区、污水及废水处理区。上述建(构)筑物一般分别布置在配电装置区域和运行管理区域两大独立区域，其中低压配电区、变压器区、高压配电区、动态无功装置区一般布置在配电装置区域，其余的布置在运行管理区域。

1. 重视外部条件、融入整场规划

变(配)电站总平面应根据各风力发电机组机位方位、集电线路的汇集点、所接入系统变电站或中转其他风电场变(配)电站方位、社会公路和风电场检修道路进行整体规划布置，使进出线路线和进站道路路径顺畅，避免进线之间和进出线相互交叉，减少输电线路和道路相互交叉。

2. 工艺流程顺畅、布置分区合理

配电装置区域和运行管理区域之间宜采取分隔措施，站内建(构)筑物宜集中或联合布置，提高场地利用率，并应注重空间组合和群体协调。

变(配)电站主要工艺流程集中在配电装置区域，其建(构)筑物和设备应结合进出线间隔和方向进行布置，应使主变压器、无功补偿装置至各配电装置的连接导线顺直短捷，避免和减少线路交叉跨越。

运行管理区域工艺流程上主要考虑巡视便利和上下水顺畅合理因素。主控楼宜布置在便于运行人员巡视检查、方便同时观察到各个配电装置区域、避开噪声影响和方便连接进站大

门的位置，并考虑减少电缆长度。深井泵房、生活消防水泵房、蓄水池等生活用水设施按工艺流程集中布置在主控楼和服务楼附近；地埋式生活污水处理装置、化粪池、杂用水池等污水及废水处理设施按工艺流程集中布置在主控楼附近隐蔽处或布置在站前区边缘地带。生活用水设施和宜污水及废水处理设施分开布置，其最小净距应满足现行国家标准的相关规定，化粪池与地下取水构筑物的净距不得小于30m，埋地式生活饮用水贮水池周围10m内不得有化粪池、污水处理构筑物、渗水井、垃圾堆放点等污染源，生活饮用水水池（箱）周围2m内不得有污水管和污染物，化粪池池外壁距其他建筑物外墙不宜小于5m。

危废库、润滑油库等宜联合布置，并宜布置在运输方便的边缘地段。当设置柴油发电机时，其布置宜避免对主控通信楼（室）产生噪声和振动影响，宜靠近站用交流配电室布置。当站区采用强排水时，雨水泵站宜布置在站区场地较低的边缘地带。

3. 远近规划结合、留有发展余地

风电场变（配）电站往往在后期承接风电场扩建容量或其他风电场的中转送出任务，因此总平面布置不宜堵死扩建的可能，并使站区总平面布置尽量规整。扩建、改建的变（配）电站宜充分利用、改造既有建（构）筑物和设施，尽量减少拆迁，避免施工对已建设施的影响。

4. 结合自然条件、因地制宜布置

在兼顾进出线规划顺畅、工艺布置合理的前提下，变（配）电站总平面应结合自然地形布置，尽量减少土（石）方量。当站区地形高差较大时，可采用台阶式布置。

主控楼、服务楼、配电装置室、主变压器等大型建（构）筑物和设备宜布置在土质均匀、地基可靠的地段。位于膨胀土地区的变（配）电站，对变形有严格要求的建（构）筑物，宜布置在膨胀土埋藏较深、胀缩等级较低或地形较平坦的地段；位于湿陷性黄土地区的变（配）电站，主要建（构）筑物宜布置在地基湿陷等级低的地段。当主要生产建（构）筑物和设备构（支）架靠近边坡布置时，应注意边坡的稳定及坡面处理。

办公和生活建筑物宜有良好的朝向、自然通风和采光条件，宜避免西晒；有风沙、积雪及严寒地区，宜采取措施减少不利影响。地埋式生活污水处理装置、化粪池、杂用水池等污水及废水处理设施宜布置在主控楼和服务类全年最小频率风向的上风侧。

5. 符合防火规定、确保安全生产

变（配）电站总平面布置应严格执行GB 55037《建筑防火通用规范》、GB 50016《建筑设计防火规范》以及与其最新版对应的GB 50229《火力发电厂与变电站设计防火标准》、NB 31089《风电场设计防火规范》的有关规定。总图设计人员要全面了解全站各建（构）筑物在生产或储存物品过程中各自的火灾危险性及其应达到的耐火等级，保证建（构）筑物、仓库及其他设施之间的防火距离。为了防止火灾和爆炸事故的蔓延和扩大，在总平面布置中，应本着“预防为主、防消结合”的原则，采取必要的措施。

（1）火灾危险性分类。火灾危险性不同的建（构）筑物在总平面布置中的要求也不同。按照生产和储存物品过程中的火灾危险性，变（配）电站常见的建（构）筑物的火灾危险性分类及其最低耐火等级应按表2-16执行。涉及表2-16以外的建（构）筑物时，其火灾危险性及耐火等级应符合GB 50016《建筑设计防火规范》的有关规定。

表 2-16　　变（配）电站内建（构）筑物的火灾危险性分类及其耐火等级

<table>
<tr><th>序号</th><th colspan="2">建（构）筑物名称</th><th>火灾危险性</th><th>最低耐火等级</th></tr>
<tr><td>1</td><td colspan="2">主控通信楼（室）</td><td>丁</td><td>二级</td></tr>
<tr><td>2</td><td colspan="2">继电器室</td><td>丁</td><td>二级</td></tr>
<tr><td>3</td><td colspan="2">电缆夹层、电缆隧道</td><td>丙</td><td>二级</td></tr>
<tr><td rowspan="3">4</td><td rowspan="3">配电装置室</td><td>单台设备充油量 60kg 以上</td><td>丙</td><td>二级</td></tr>
<tr><td>单台设备充油量 60kg 及以下</td><td>丁</td><td>二级</td></tr>
<tr><td>无含油电气设备</td><td>戊</td><td>二级</td></tr>
<tr><td rowspan="3">5</td><td rowspan="3">户外配电装置</td><td>单台设备充油量 60kg 以上</td><td>丙</td><td>二级</td></tr>
<tr><td>单台设备充油量 60kg 及以下</td><td>丁</td><td>二级</td></tr>
<tr><td>无含油电气设备</td><td>戊</td><td>二级</td></tr>
<tr><td rowspan="2">6</td><td rowspan="2">变压器室</td><td>油浸式</td><td>丙</td><td>一级</td></tr>
<tr><td>气体或干式</td><td>丁</td><td>二级</td></tr>
<tr><td rowspan="2">7</td><td rowspan="2">电容器室</td><td>有可燃性介质</td><td>丙</td><td>二级</td></tr>
<tr><td>干式</td><td>丁</td><td>二级</td></tr>
<tr><td rowspan="2">8</td><td rowspan="2">电抗器室</td><td>油浸式</td><td>丙</td><td>二级</td></tr>
<tr><td>干式铁芯型</td><td>丁</td><td>二级</td></tr>
<tr><td rowspan="3">9</td><td rowspan="3">电池室</td><td>铅酸（铅炭）电池、液流电池</td><td>丙</td><td>二级</td></tr>
<tr><td>锂离子电池</td><td>乙</td><td>一、二级</td></tr>
<tr><td>钠硫电池</td><td>甲</td><td>一级</td></tr>
<tr><td rowspan="3">10</td><td rowspan="3">屋外电池预制舱（柜）</td><td>铅酸电池、液流电池</td><td>丙</td><td>二级</td></tr>
<tr><td>锂离子电池</td><td>乙</td><td>一、二级</td></tr>
<tr><td>钠硫电池</td><td>甲</td><td>一级</td></tr>
<tr><td>11</td><td colspan="2">事故油池</td><td>丙</td><td>一级</td></tr>
<tr><td>12</td><td colspan="2">生活、消防、污水、雨水泵房及水处理室</td><td>戊</td><td>二级</td></tr>
<tr><td>13</td><td colspan="2">雨淋阀室、泡沫消防设备间</td><td>戊</td><td>二级</td></tr>
<tr><td rowspan="2">14</td><td rowspan="2">检修备品仓库</td><td>有含油设备</td><td>丁</td><td>二级</td></tr>
<tr><td>无含油设备</td><td>戊</td><td>二级</td></tr>
<tr><td>15</td><td colspan="2">柴油发电机室</td><td>丙</td><td>二级</td></tr>
<tr><td>16</td><td colspan="2">电锅炉房</td><td>丁</td><td>二级</td></tr>
<tr><td>17</td><td colspan="2">汽车库</td><td>丁</td><td>二级</td></tr>
<tr><td>18</td><td colspan="2">生活建筑（办公室、宿舍、厨房、餐厅）</td><td>—</td><td>二级</td></tr>
<tr><td>19</td><td colspan="2">警传室</td><td>—</td><td>二级</td></tr>
</table>

注　除本表规定的建（构）筑物外，其他建（构）筑物的火灾危险性及耐火等级应符合 GB 50016《建筑设计防火规范》的有关规定。

（2）防火间距。防止着火建（构）筑物在一定时间内引燃相邻建（构）筑物，便于消防扑救，建（构）筑物之间要设置一定的安全距离，即防火间距。变（配）电站内常见的建（构）筑物及设施之间的防火间距不应小于表 2-17 的规定。

表 2-17　　变（配）电站内建（构）筑物及设备之间的最小间距　　m

建（构）筑物名称			丙、丁、戊类生产建筑		生活建筑		屋外配电装置		电池室		屋外电池预制舱（柜）		可燃介质电容器（棚）	事故油池	站内道路（路边）
			单、多层		单、多层		每组断路器油量（t）		铅酸（铅炭）电池、液流电池	锂离子电池	铅酸（铅炭）电池、液流电池	锂离子电池			
			一、二级	三级	一、二级	三级	<1	≥1	一、二级	一、二级					
丙、丁、戊类生产建筑	单、多层	一、二级	10	12	10	12	—	10	10	12	10	20	10	5	无出口时 1.5；有出口但不通行汽车时 3；有出口且通行车辆时根据车型确定
		三级	12	14	12	14			12	14		25			
生活建筑	单、多层	一、二级	10	12	6	7	10		10	25	15	25	15	10	
		三级	12	14	7	8	12		12		20	30	20	12	
屋外配电装置	每组断路器油量（t）	<1	—		10	12	—		—	10	5	10	10	5	1
		≥1	10						10						
油浸式变压器、油浸式电抗器	单台设备油量 V(t)	$5 \leq V \leq 10$	10		15	20	油量为 2500kg 及以上的屋外油浸式变压器或高压电抗器与油量为 600kg 以上的带油电气设备之间间距不应小于 5m		10	25	10	25	10	5	1
		$10 < V \leq 50$			20	25									
		$V > 50$			25	30									
电池室	铅酸（铅炭）电池、液流电池	一、二级	10	12	10	12	—	10	10	12	10	20	10	5	无出口时 1.5；有出口但不通行汽车时 3；有出口且通行车辆时根据车型确定
	锂离子电池	一、二级	12	14	25		10		12	12	25	25	10	5	

续表

建（构）筑物名称		丙、丁、戊类生产建筑		生活建筑		屋外配电装置		电池室		屋外电池预制舱（柜）		可燃介质电容器（棚）	事故油池	站内道路（路边）
		单、多层		单、多层		每组断路器油量（t）		铅酸（铅炭）电池、液流电池	锂离子电池	铅酸（铅炭）电池、液流电池	锂离子电池			
		一、二级	三级	一、二级	三级	<1	≥1	一、二级	一、二级					
屋外电池预制舱（柜）	铅酸（铅炭）电池、液流电池	10		15	20	5		10	25	—	15	5	5	1
	锂离子电池	20	25	25	30	10		20	25	15	—	10	5	1
可燃介质电容器（棚）		10		15	20	10		15	20			—	5	1
事故油池		5		10	12	5		5	5	5	5	5	—	1
围墙		—		—		—		—		1	5	—	1	1

注 1. 建（构）筑物防火间距应按相邻建（构）筑物外墙的最近水平距离计算，如外墙有凸出的可燃或难燃构件时，则应从其凸出部分外缘算起；变压器之间的防火间距应为相邻变压器外壁的最近水平距离；变压器与带油电气设备的防火间距应为变压器和带油电气设备外壁的最近水平距离；变压器与建筑物的防火间距应为变压器外壁与建筑物外墙的最近水平距离。

2. 屋外配电装置间距应为设备外壁的最近水平距离。

3. 屋外配电装置与其他建（构）筑物的间距除注明者外，均以构架上部边缘计算。当继电器室布置在屋外配电装置场内时，其间距由工艺确定。

4. 单台油量为2500kg及以上的屋外油浸变压器之间、油浸电抗器之间、集合式电容器之间无防火墙时，其防火净距不应小于下列数值：35kV为5m；66kV为6m；110kV为8m；220kV和330kV为10m；500kV和750kV为15m。

5. 表内未规定最小间距的以“—”，该间距可根据工艺布置或通行需要确定。

6. 围墙与丙、丁、戊类生产建筑或与站内生活建筑的间距，在满足消防要求的前提下可不限。

变（配）电站站内建（构）筑物及设施之间的防火间距在执行表 2-17 规定的同时，还应遵守下列规定。

1）两座厂房相邻较高的一面外墙为防火墙时，或相邻两座高度相同的一、二级耐火等级建筑中的相邻任一侧外墙为防火墙且屋顶的耐火极限不小于 1.0h，其防火间距不限。但甲类厂房之间不应小于 4m。

2）两座一、二级耐火等级厂房，当相邻较低一面外墙为防火墙且较低一座厂房的屋顶无天窗，屋盖耐火极限不低于 1.0h 时；或当相邻较高一面外墙的门窗等开口部位设置甲级防火门、窗或防火分隔水幕或按相应要求设有防火卷帘时，甲、乙类厂房之间的防火间距不应小于 6.0m；丙、丁、戊类厂房之间的防火间距不应小于 4.0m。

3）两座丙、丁、戊类建筑物相邻两面的外墙均为非燃烧体且无外露的燃烧体屋檐，当每面外墙上的门窗洞口面积之和各不超过该外墙面积的 5%且门窗洞口不正对开设时，其间距可减少 25%。

4）单、多层戊类厂房之间及与戊类仓库的防火间距可按表 2-17 的规定减少 2.0m。

5）油浸变压器或可燃介质电容器等电气设备与建筑物的间距不应小于 10m；当设备外轮廓投影范围外侧各 3m 内的上述建筑物外墙为防火墙，在上述防火墙无门、窗、洞口和通风孔时，其间距可小于 5.0m；在上述防火墙上设有甲级防火门，变压器高度以上设有防火窗时，其间距不应小于 5m。

6）变（配）电站站内建筑物与站区围墙外相邻建筑的间距应满足相应建筑的防火间距要求。

7）当储能装置采用预制舱式磷酸铁锂电池时，电池预制舱应集中布置，且应单层布置，与其他功能区域分开。当采用防火墙时，电池预制舱与丙、丁、戊类生产建筑的防火间距不限。当储能装置采用其他类型电池时，其与其他建（构）筑物的防火间距应满足相关国家标准的规定。

8）设置中控室、办公室、休息室等人员出入的预制舱式，需满足建筑防火间距要求。仅布置电气设备的预制仓应满足配电装置防火间距要求。

（三）围墙和出入口

围墙设置范围、形式应结合地形地貌、工程地质、水文气象等因素确定，满足节约用地、安全保卫、噪声防护要求，并注重美观、与周围环境和谐融洽。当风力发电机组周围人、畜活动较多时，应在风力发电机组和机组变压器周围设置隔离围栏。高填挖区段道路两侧根据实情应设置防护围墙。风电场主要的围墙和出入口均在变（配）电站站区，其应满足下来要求。

（1）变（配）电站站区围墙宜采用不低于 2.3m 高的实体围墙，若有治安反恐防范要求时其高度不低于 2.5m。当有景观要求时，围墙可采用装饰性围墙；当有噪声治理要求时，围墙高度可根据需要确定。站区配电装置区域和运行管理区域之间宜设置 1.8m 高围栅，以适应生产和生活分隔要求。站内电气设备周围根据其布置和运行要求，需要时设置围栅。

（2）站区实体围墙应设伸缩缝，伸缩缝间距不宜大于 15m。在围墙高度及地质条件变化处应设置沉降缝。

（3）变（配）电站站区围墙处可设一个供消防车辆进出的出入口，出入门宜靠近运行管理区设置，并宜面向当地主要道路，便于引接进站道路。

（4）站区大门如有标识墙及警卫传达室，可对其进行适当艺术处理，并与站前区建筑物相协调。站区大门宜采用轻型电动门，门宽应满足站内大型设备的运输要求，大门高度不宜低于1.5m。无人值守变（配）电站宜设实体大门，大门高度不宜低于1.8m。

三、竖向布置

竖向布置的任务是确定建（构）筑物和设施与场地高程的关系，主要根据地形地质、水文气象、工艺要求等，合理确定场地、建（构）筑物、各类设备和设施、道路的设计标高和场地排水坡向，合理选择土方工程、挡护工程的形式和其详细设计。陆上风电场的竖向布置主要涉及范围为吊装平台（风力发电机组、机组变压器）和变（配）电站站区，主要内容为防洪标准、竖向设计、场地排水、土石方工程和场地平整及相应的支护设施。

（一）防洪标准

陆上风电场的防洪标准主要涉及风力发电机组和变（配）电站，机组变压器防洪标准随风力发电机组标准即可。根据风力发电机组地基基础设计级别考虑风力发电机组场地地坪防洪标准，其防洪标准见表2-18。风力发电机组场地地坪标高宜高于设计洪（潮）水位或历史最高内涝水位，当无法满足上述水位要求时，经过经济比较后，可低于设计高水位，但需要增加相关措施防止基础和电气设施安全受到影响。风力发电机组变压器等电气设备底标高，应按风力发电机组场地地坪防洪标准加相应的安全超高0.5m确定，并应高于最高内涝水位，当受江、河、湖、海的风浪影响时，标高还应加相应重现期的浪爬高。变（配）电站场地设计标高或防洪措施应根据其电压等级确定防洪标准，按表2-19进行确定，并符合下列规定。

（1）当场地标高低于设计高水（潮）位或虽高于设计高水（潮）位，但受波浪影响时，变（配）电站应设置防洪堤或采取其他可靠的措施。对受潮汐影响的滨海风力发电场变（配）电站，其防洪堤或防浪堤的顶标高按设计高水（潮）位加50年一遇波列、累积频率1%浪爬高和0.5m的安全超高确定。江、河、湖旁的风电场变（配）电站，其防洪堤的顶标高高于设计高水（潮）位加安全超高0.5m，当受浪、潮影响时，再加50年一遇的浪爬高。

（2）对位于内涝地区的风电场变（配）电站，防涝围堤的顶标高按表2-19重现期的内涝水位加0.5m的安全超高确定。当难以确定重现期的内涝水位时，可采用历史最高内涝水位。当受浪、潮影响时，再加50年一遇的浪爬高。

（3）山区风电场变（配）电站有防排山洪的措施，防排设施按重现期的山洪设计。

（4）防洪措施宜在首期工程中按规划容量统一规划，可分期实施。

表2-18　风力发电机组场地地坪的防洪标准

地基基础设计级别	单机基础、轮毂高度和地基类型	防洪标准［重现期（年）］
甲	单机容量大于2.5MW，轮毂高度大于90m，复杂地质条件或软土地基	50年一遇的高水（潮）位
乙	介于甲级、丙级之间	
丙	单机容量小于1.5MW，轮毂高度小于70m，且简单岩土地基	30年一遇的高水（潮）位

注　场地地坪的防洪设计，参照NB/T 10101《风电场工程等级划分及设计安全标准》的要求。

表 2-19　　风力发电场变（配）电站的防洪标准

变（配）电站电压等级（kV）	防洪标准［重现期（年）］
＞220	100 年一遇的高水（潮）位
＝220	50～100 年一遇的高水（潮）位
＜220	50 年一遇的高水（潮）位

（二）竖向设计

从工程设计范畴来讲，竖向设计合理性是决定一个工程对生态的影响程度的最关键因素，加之风电场涵盖的空间尺度相比其他类型发电工程都要大，因此竖向设计在风电场生态环境中占有重要位置。风电场竖向设计要把顺应自然、利用自然、装点自然放在首要位置，聚焦工程与生态的相互影响，引入绿色环保的品质思维，以求最小的区域改变，保证与周边生态环境的协调。

风电场的竖向设计结合自然环境、地形地质、水文气象、防洪标准、交通运输、土石方量、地基处理及边坡防护等因素，应使本期工程和扩建时的土石方工程、地基处理、边坡防护、生产运行等费用综合最少，最大程度降低对环境的扰动，做到与周围环境和谐融洽。宜做到工程的土石方综合平衡，当填、挖方量达到平衡有困难时，要落实渣土场地，并宜与工程所在地的其他渣土工程相结合。

鉴于风电场单体工程用地范围较小，首先选用平坡式设计，山区风电场在满足工艺要求的前提下，结合现场实际的地形条件，可采用阶梯式布置，相邻台阶的连接根据场地条件、岩土工程和运输方式等因素确定，经比较可采用挡土墙、护坡或自然放坡，尽量避免深挖高填并确保边坡的稳定。台阶坡顶至建（构）筑物的距离，应考虑建（构）筑物基础侧压力对边坡、挡墙的影响确定，且不应小于 2.5m。台阶坡脚至建（构）筑物的距离，应结合采光、通风、排水及开挖基槽对边坡、挡土墙的稳定性要求确定，且不应小于 2.0m。竖向设计标示方法通常情况下采用设计标高法（箭头法）即可，遇到形式复杂或要求严格的竖向设计时可采用设计等高线法和断面法进一步明示场地竖向数据。

吊装平台竖向设计需综合考虑机位所在处自然环境和地形地质因素，满足防洪排洪及风力发电机组设备吊装要求，并与场内道路设计相适应。变（配）电站竖向设计需综合考虑站址自然环境和地形地质因素和站区整体布置格局，满足防洪排洪及站区排水要求，应使进站道路顺畅衔接。综合考虑站内外（包括进站道路、基槽余土、防排洪设施等）土（石）方合理的前提下，变（配）电站应首先考虑自身土（石）方综合平衡，并使站区场地平整土（石）方量最小。

变（配）电站主要生产建筑物的室内零米设计标高宜高出室外地坪 0.15～0.3m。对于湿陷性黄土地区，建筑室内零米标高应高出室外地坪 0.45m。站内外道路连接点标高的确定应便于行车和排水。站区出入口的路面标高宜高于站外路面标高。如无法满足，应有防止雨水流入站内的措施。

（三）场地排水

风力发电机组场地区域排水宜采用地面自然散流排渗，坡度应根据设备布置、土质条件、排水方式确定，纵向坡度宜采用 0.5%～2%，从机位处向外排水。若有可靠排水措施时，可小于0.5%。不影响吊装情况下，局部最大坡度可以放大至6%，但应采取防冲刷措施。

变（配）电站场地排水应与建（构）筑物的布置、道路形式、场地和场地的雨水口的设置相适应，并按当地降雨量和场地土层条件等因素来确定，当无条件自流排放时应设雨水泵房采用强排。户外配电装置场地排水应畅通，高出地面的电缆沟、巡视小道，宜设置排水渡槽或雨水口等措施。

山区挡土墙、边坡坡顶应设截水沟，截水沟距坡顶的距离不宜小于5.0m，当土质良好、边坡较低或对截水沟进行加固时，距离可减少到2.5m。渣土场外围汇水面积较大时，应设置防排洪系统。结合地形条件进行边坡修护等支护防护措施，同时需在周边设置排水沟，排洪沟尽量利用天然沟道并力求顺直。

湿陷性黄土地区、盐渍土地区、膨胀土地区等特殊地质的场地排水设计符合下列规定。

（1）场地排水设计以排洪通畅、排水顺畅、不积水为前提。

（2）建（构）筑物周围6m内场地设计坡度不宜小于2%，当为不透水地面时，可适当减小。

（3）建（构）筑物周围6m范围以外的场地设计坡度以及道路和截（排）水明沟纵向坡度不宜小于0.5%。

（4）排水设施均需采取防渗措施。

（5）低洼地区或场地坡度较小区域需做防水地面。

（四）土石方工程

风电场土石方工程涉及变（配）电站、吊装平台、道路、防洪设施，具体的工程量包括变（配）电站、吊装平台、弃渣场场平土（石）方量，道路工程、防洪设施、挡护设施土（石）方量，各类建（构）筑物和设施设备基槽余土、各类场地的换填量。风电场宜分期、分区考虑场区土石方量平衡，后期工程土石方不宜在前期工程中一起施工，但应考虑后期开挖对前期工程生产运行的影响。场地平整填料的质量应符合GB 50007《建筑地基基础设计规范》要求，土方回填应填筑压实，填方应分层碾压，分层厚度不宜超过500mm，并应根据使用功能确定压实系数，场地填方最小压实系数应符合表2-20的规定。湿陷性黄土地区，在建筑物周围6m内应平整场地，当为填方时，应分层夯（或压）实，其压系数不得小于0.95；当为挖方时，在自重湿陷性黄土场地，表面夯（或压）实后宜设置150～300mm厚的灰土面层，其压实系数不得小于0.95。

表2-20　场地填方最小压实系数

填土地点		最小压实系数
预留建设区或成片绿化区		0.85
填方高度小于5m		0.93
填方高度大于5m	上层，0～5m	0.93
	下层，大于5m	0.90

注 1. 利用填土做建（构）筑物地基时，其填土质量应符合GB 50007《建筑地基基础设计规范》有关规定。
2. 压实系数宜按照重型击实实验法确定。
3. 当填料为碎石类土时，夯填度不应大于0.9。
4. 当采用强夯施工时应根据试验确定强夯参数。

当场地有放坡条件且无不良地质作用时，宜采用自然放坡，并应符合 GB 50330《建筑边坡工程技术规范》的有关规定。坡率允许值按下列条件确定。

（1）当山体整体稳定、地质条件良好、土质（岩石）比较均匀时，挖方边坡宜按表 2-21 和表 2-22 确定。

表 2-21　　岩石开挖边坡坡度允许值

边坡岩体类型	风化程度	坡度允许值（高宽比）		
		$H<8$m	8m$\leqslant H<$15m	15m$\leqslant H<$25m
Ⅰ类	未（微）风化	1∶0.00～1∶0.10	1∶0.10～1∶0.15	1∶0.15～1∶0.25
	中等风化	1∶0.10～1∶0.15	1∶0.15～1∶0.25	1∶0.25～1∶0.35
Ⅱ类	未（微）风化	1∶0.10～1∶0.15	1∶0.15～1∶0.25	1∶0.25～1∶0.35
	中等风化	1∶0.15～1∶0.25	1∶0.25～1∶0.35	1∶0.35～1∶0.50
Ⅲ类	未（微）风化	1∶0.25～1∶0.35	1∶0.35～1∶0.50	—
	中等风化	1∶0.35～1∶0.50	1∶0.50～1∶0.75	—
Ⅳ类	中等风化	1∶0.50～1∶0.75	1∶0.75～1∶1.00	—
	强风化	1∶0.75～1∶1.00	—	—

注　1. H 为边坡高度。
2. 边坡岩体分类按 GB 50330《建筑边坡工程技术规范》中的有关规定划分。
3. Ⅳ类强风化包括各类风化程度的极软岩。
4. 全风化岩体可按土质边坡坡率取值。

表 2-22　　土质边坡坡度允许值

边坡土的类别	状态	坡度允许值（高宽比）	
		坡高小于 5m	坡高为 5～10m
碎石土	密实	1∶0.35～1∶0.50	1∶0.50～1∶0.75
	中密	1∶0.50～1∶0.75	1∶0.75～1∶1.00
	稍密	1∶0.75～1∶1.00	1∶1.00～1∶1.25
黏性土	坚硬	1∶0.75～1∶1.00	1∶1.00～1∶1.25
	硬塑	1∶1.00～1∶1.25	1∶1.25～1∶1.50

注　1. 碎石土的充填物为坚硬或硬塑状态的黏性土。
2. 对于砂土或充填物为砂土的碎石土，其边坡坡度允许值应按砂土或碎石土的自然休止角确定。

（2）对于由填土压实而形成的整体稳定的新边坡，当符合表 2-23 的要求时，可不设置支挡结构。位于斜坡上的填土，应验算其稳定性。当自然地面坡度大于 20%时，应采取防止填土沿坡面滑动的措施，并应避免雨水沿斜坡排泄。

表 2-23　　压实填土的边坡允许值

填料类别	坡度允许值（高宽比）		压实系数
	坡高小于 8m	坡高为 8～15m	
碎石、卵石	1∶1.25～1∶1.50	1∶1.50～1∶1.75	0.94～0.97
砂夹石（碎石、卵石占全重 30%～50%）	1∶1.25～1∶1.50	1∶1.50～1∶1.75	
土夹石（碎石、卵石占全重 30%～50%）	1∶1.25～1∶1.50	1∶1.50～1∶2.00	
粉质黏土、黏粒含量 ≥10%的粉土	1∶1.50～1∶1.75	1∶1.75～1∶2.25	

四、管线布置

风电场管线布置内容包括风电场集电线路和变（配）电站站区管线。

（一）风电场集电线路

风电场集电线路包括风力发电机组与机组变压器之间集电线路和机组变压器与变（配）电站之间的各回路集电线路（常规说的集电线路均指各回路集电线路）。风力发电机组与机组变压器之间一般都采用一机一变的单元接线方式，其集电线路一般都采用直埋电缆敷设方式，布置时应注意风力发电机组集电线路出口与箱式变压器低压侧接口的对应，使线路顺畅短捷。集电线路有架空集电线路和直埋电缆两种敷设方式，应首选架空敷设，对设计风速超过35m/s、覆冰严重、对景观要求比较高的地区或对架空敷设有政策限制地区，可采用直埋敷设或采用架空与直埋相结合的敷设方式。

集电线路电压等级一般采用35kV或10kV，单回集电线路容量应低于25MW。集电线路路线选择时应充分考虑地形地貌、工程地质、水文地质等因素，尽量避开险恶地形及不良地质地段、不良水文区域、风口地带、高陡边坡挡墙以及其他严重影响安全运行的地区，避免大档距、大高差、相邻档距相差悬殊地段。经经济技术比选合理时，集电线路宜沿已有的道路、新建场内道路路径进行敷设，并与道路同步施工，减少对周边环境的破坏。集电线路与已有公共设施或架空线路交叉时，根据现场地形合理选择交叉点以降低交叉跨越难度。集电线路尽量避免横穿公路及道路、河流、成片树林、吊装平台。

集电线路不应跨越易燃易爆危险区域，应符合GB 50016《建筑设计防火规范》的有关规定，与甲、乙类厂房（仓库）、可燃材料堆垛等的最小水平距离应符合表2-24的规定。在最大计算弧垂和最大风偏的情况下，集电线路导线与交叉跨越物和附近设施的最小垂直距离和最小水平距离需分别符合表2-25和表2-26的规定。

表2-24　集电线路与甲、乙类厂房（仓库）、可燃材料堆垛的最小水平距离

名称	架空线路
甲、乙类厂房（仓库），甲、乙类液体储罐，液化石油气储罐，可燃、助燃气体储罐	1.5倍杆塔高度
地下甲、乙类液体储罐、可燃气体储罐	0.75倍杆塔高度
丙类液体储罐	1.2倍杆塔高度
地下丙类液体储罐	0.6倍杆塔高度

表2-25　集电线路导线与交叉跨越物的最小垂直距离

项目	最小垂直距离（m）		备注
	10kV线路	35kV线路	
建（构）筑物	3	4	
公路及道路	7	7	当跨越高速公路或一级公路时，按70℃计算弧垂
树木（自然生长高度）	3	4	
防护林带	3	3.5	
果木、经济作物、灌木	1.5	3	

续表

项目	最小垂直距离（m）		备注
	10kV 线路	35kV 线路	
河流（不通航）	至最高洪水位 3； 冬季至冰面 5	至最高洪水位 3； 冬季至冰面 5	
电力线（导线或地线）	2	3	
通信线（Ⅰ～Ⅲ）	2	3	
铁路		至轨顶 7.5； 至电气轨顶 11.5	

表 2-26　　集电线路导线与附近设施的最小水平距离

项目	最小水平距离（m）		备注
	10kV 线路	35kV 线路	
公路及道路	0.5	交叉：8，极限 5； 平行：1 倍杆塔高	国道不应小于 20m，省道不应小于 15m，乡道不应小于 5m
河流（不通航）	1 倍杆塔高	1 倍杆塔高	
电力线（导线或地线）	1 倍杆塔高，极限 2.5	1 倍杆塔高，极限 5	
通信线（Ⅰ～Ⅲ）	1 倍杆塔高，极限 2	1 倍杆塔高，极限 4	
铁路	交叉：5； 平行：1 倍杆塔高＋3m	交叉：30； 平行：1 倍杆塔高＋3m	

（二）变（配）电站站区管线

变（配）电站主要的站区管线布置一般都采用直埋、沟（隧）道等敷设方式，有些特殊情况下也采用架空等其他敷设方式。一般情况下各类工艺管线均采用直埋敷设方式；电力电缆、通信电缆等一般情况下采用沟（隧）道敷设方式，特殊情况下可采用架空、地下排管、地面槽盒敷设方式。

地下管线、沟（隧）道，宜布置在建（构）筑物至道路之间空地，宜平行于道路或建（构）筑轴线布置，不宜平行布置在道路路面下，不应布置在建（构）筑物基础压力影响范围内。自建（构）筑物向道路侧管线布置顺序宜为电力电缆、给水管、排水管、消防水管、雨水管、照明及通信电缆。管线之间、管线与沟（隧）道、管道与道路应减少交叉，交叉时宜垂直交叉。地下管线交叉时，排水管应布置在给水管下；地下管线与沟（隧）道交叉时，地下管线应在沟（隧）道下面穿行，不宜横穿沟（隧）道，若无法避免时，应采取绝缘措施；电缆沟（隧）道内不应穿越可燃、易燃、易爆管线。当地下管线横穿道路，管顶至路面顶标高不足 0.5m 时，应加设保护套管，保护套管应与道路同步进行施工，保护套管应伸出道路路肩外至少 1m。地下管线宜敷设于冻土层以下，但尽量减少埋深。地下管线在布置中产生矛盾时宜按有压的让无压的、管径小的让管径大的、柔性的让刚性的、工程量小的让工程量大的、新建的让原有的、施工检修方便的让不方便的、临时的让永久的等原则避让。位于湿陷性黄土、膨胀土、盐渍土地区的地下管线、沟（隧）道敷设方案应符合 GB 50025《湿陷性黄土地区建筑标准》、GB 50112《膨胀土地区建筑技术规范》、GB/T 50942《盐渍土地区建筑技术规范》中的有关规定。地下管线与建（构）筑物之间和地下管线之间最小水平距离要求详见表2-27、表2-28。

表2-27　地下管线与建（构）筑物之间的最小水平距离　m

项目	建（构）筑物基础外缘	道路	围墙基础外缘	高压电力杆塔或铁塔基础外缘	照明杆柱中心线	排水沟外缘
给水管	1.0～2.5①	0.8～1.0	1.0	0.8～1.5	0.5～1.0	0.8
排水管	1.5	0.8	1.0	1.2	0.8	0.8
直埋电缆	0.6	1.0	0.5	4.0	0.5	1.0
电缆沟（排管）	1.5	0.8	1.0	1.2	0.8	1.0
事故油管	3.0	1.5	1.0	2.0	1.0	1.0

注　1. 表列间距均自管外壁、沟外壁或防护设施外缘或最后一根电缆算起；道路为城市型时，自路面边缘算起；为公路型时，自路肩边缘算起。

2. 如管道中心标高位于基础埋深以下时，应单独进行压力影响计算，并采取有效措施。

①　当管径小于200mm时采用1.0，反之采用2.5。

表2-28　地下管线之间的最小水平距离　m

项目	给水管	排水管	直埋电缆	电缆沟（排管）	事故油管
给水管	—	1.0	1.0	1.0～1.2①	1.0
排水管	1.0	—	1.0	1.0	1.0
直埋电缆	1.0	1.0	—	0.5	1.0
电缆沟（排管）	1.0～1.2①	1.0	0.5	—	1.0
事故油管	1.0	1.0	1.0	1.0	—

注　1. 生活饮用水管距离生产生活污水管的间距不应小于1.5m。

2. 110kV以上直埋电缆，按此表增加50%。

①　当管径小于200mm时采用1.0，反之采用1.2。

站区内电缆沟应考虑车辆通行、场地排水、检修便利性等因素，可采用埋地敷设或电缆沟沟壁高出场地设计标高0.1～0.15m。埋地敷设时，沟盖板覆土为0～0.5m。电缆与站外挡墙护坡交叉时，应考虑统一施工，便于检修，宜采用通行或半通行隧道、电缆桥架、槽盒等形式；当采用隧道形式时，宜在站内外合适位置设置安全孔，孔壁宜高出场地地面标高0.15m，同时应加设盖板。

电缆沟（隧）道宜采用自流排水，并应设置纵横向排水坡度，其纵向排水坡度不宜小于0.5%，困难时不应小于0.3%；横向坡度宜为1.5%～2%。沟（隧）内有利于排水的地点及最低点处设置集水坑，集水坑内水可采用人工定期排水方式抽取，条件允许时尽量通过排水管排至站外、集水井或渗水井内。集水坑内坑底标高应高于集水井内排水管出口标高200～300mm。沟（隧）道应设置防水抗渗措施，并根据结构类型、工程地质、水文气象等条件设置伸缩缝。

五、地坪及绿化

根据风电场所在地域的生态环境特点，因地制宜、有利生产生活、经济合理的原则进行场地的地坪硬化及绿化设计，并应组成点、线、面相结合，功能明确，布置合理的景观体系。

（一）地坪硬化

风力发电机组吊装期间因吊装场地承载力不符合要求而进行地坪硬化处理，风电场地坪硬化主要集中在变（配）电站区。变（配）电站运行管理区域内应综合人员活动、车辆室外停放、设备临时堆放和检修、站前区景观要求、升旗台等活动场地要求进行场地硬化；配电装置区域内场地硬化主要考虑设施巡视、操作、检修要求及绝缘要求，宜采用碎石、卵石、灰土封闭等地坪，涉及地面绝缘的地坪铺砌材料和范围由工艺专业确定。变（配）电站内建（构）筑物及设施周围涉及消防的场地硬化应满足消防车的承载力要求。

（二）绿化设计

绿化应根据地区特点因地制宜，根据当地土质、自然条件及植物的生态习性合理选择草种、树种，并与周围环境相协调，尽量保留原有的绿地、树木。绿化设计应有利于加固坡地堤岸、稳定土壤、防止水土流失，减轻灰尘和噪声污染、净化空气、保护环境、改善卫生条件，调节气温、湿度、日晒，抵御风沙、改善场区气候、美化环境、创造良好的工作和生活环境；不应妨碍生产操作、设备检修、交通运输、管线敷设和维修、消防作业、建筑物采光和通风；应避免因浇灌而影响建（构）筑物地基及边坡的稳定性。

变（配）电站绿化应与站区总平面布置、竖向布置、管线布置一同综合考虑、统筹安排，在布置时既要注意绿化效果，又要满足站区运行要求。在不增加用地的前提下对站内无覆盖保护的场地进行绿化处理，以满足水土保持和改善站区运行环境，宜充分利用站前区建筑物旁、路旁及其他空闲场地进行绿化。主入口、站前区附近宜配置观景性和美化效果好的常绿树种、花卉，以美化站区环境。进出线下的绿化应满足带电安全距离要求。沿道路布置的行道树、绿篱和花草是站区绿化的重要环节，布置时注意不要阻挡安全行车视距。站内消防道路两侧绿化树木不能影响消防作业。站区绿化用地率宜控制在20%以内。树木与建（构）筑物和地下管线的最小间距要求见表2-29。

表2-29　树木与建（构）筑物和地下管线的最小间距　m

序号	树木与建（构）筑物和地下管线名称		最小间距	
			至乔木中心	至灌木丛中心
1	建筑物外墙	有窗	3.0～5.0	1.5
2		无窗	2.0	1.5
3	挡土墙内和墙角外		2.0	0.5
4	高2m及以上的围墙		2.0	1.0
5	道路路面边缘		1.0	0.5
6	排水明沟边缘		1.0	0.5
7	人行道边缘		0.5	0.5
8	给水、排水管		1.5	不限
9	电缆		2.0	0.5
10	电杆中心		2.0～3.0	不限

场内道路、吊装平台、渣土场等区域绿化结合水土保持措施进行，不单独列入绿化计

算指标。风电场道路边坡、吊装平台及边坡、弃土场、集电线路及临时场地区域，绿化设计与主体工程设计相衔接，原则上利用主体工程已有设施和施工条件。

一般风电场道路路基内侧边坡3m及以下高度的边坡宜采用栽植藤本植物及灌木的方式进行绿化，大于3m但小于6m高度的边坡宜采用坡脚碎落台加宽栽植乔木、灌木及藤本植物的方式进行绿化，6m及以上高度的边坡宜采用喷薄植灌草或三维植被网等方式进行绿化；路基外侧边坡宜采取的绿化护坡方式有框格梁植草绿化、撒播植灌草绿化、喷播植灌草绿化、三维植被网绿化。具体绿化植物的选择应结合当地气候条件选择相适应性的植物，几种常用道路边坡绿化适用条件可参考表2-30。

表2-30　常用道路边坡绿化适用条件表

序号	类型	适用条件
1	框格梁植草绿化	（1）土质或强风化岩质边坡； （2）建议坡比宜为1∶1.0～1∶1.5； （3）边坡自身应稳定
2	喷薄植灌草绿化	（1）土质边坡； （2）建议坡比宜为1∶1.5～1∶2.0
3	三维植被网绿化	（1）土质或强风化岩质边坡； （2）建议坡比宜为1∶1.25～1∶1.5
4	TBS植被绿化	（1）冲刷轻微的灰岩、砂、泥岩、卵（砾）石土等路堑边坡； （2）建议坡比宜缓于1∶0.3，边坡自身应稳定
5	挖沟挂网喷播植草绿化	（1）建议坡比宜缓于1∶1的泥、岩边坡； （2）边坡自身应稳定； （3）软质岩应易于人工开挖，且易风化并含有植物生长的矿物元素

吊装平台区域绿化以撒播灌草籽绿化为主，平台四周可适当栽植低矮乔木或灌木。吊装平台边坡宜撒播灌草籽、种植灌木等进行绿化护坡。吊装平台绿化时植被高度应考虑叶片对地安全距离要求。

渣土场的边坡、顶部平台应进行绿化美化，并防止水土流失。应根据弃渣土的成分确定是否需客土或覆盖原表土，宜选择当地树（草）种，草种需抗逆性强、地上部较矮、根系发达、生长迅速、能在短期内覆盖坡面、越年生或多年生、适应粗放管理、能产生适量种子、种子易得且成本合理。对降水较少的地区，应根据实际情况布设排灌设施。

地埋式集电线路宜采用根系发育较弱的植被或灌草复绿。

施工期间应有选择地保护原生植被，有条件时可对高大乔木移栽，原表土应保护剥离，留待后期绿化施工使用。风电场施工临时建（构）筑物拆除后，施工场地等临时占地区域应根据原地类及时进行植被恢复。林地、草地恢复宜采用适宜当地生长的乔灌木幼苗或草种。

第四节　陆上风电场施工组织设计

风电场施工组织设计是对风电工程实行科学管理的重要手段，用以指导风电场施工组织与管理、施工准备与实施、施工控制与协调、资源的配置与使用等全面性的技术、经济文件，是施工活动全过程的指导性文件。

风电场施工组织设计涉及设备运输车辆及运输方案确定、工程进度计划的安排、施工场地平面布置、施工方案的确定、施工机具准备、施工工序总体安排等内容。

通过施工组织设计，可以根据具体工程的特定条件，拟定大型风电设备的运输路线及方案，确定各分项工程的施工方案，确定施工顺序、施工方法、技术组织措施，可以保证拟建工程按照预定的工期完成，并可以在开工前了解所需资源的数量及其使用的先后顺序，合理安排施工现场布置。因此施工组织设计应能从施工全局出发，充分反应客观实际，统筹安排施工有关的各个方面，合理地布置施工现场，确保文明施工，安全施工。

一、设备运输车辆及方案

风电场风力发电机组设备包括叶片、机舱、轮毂及塔筒。每一个部件都属于普通公路运输的超限物件，需要采用专业车辆进行运输。考虑风力发电机组设备特殊性，目前，国内建设的山地风电场，一般都采用半挂车结合大功率牵引车，完成风力发电机组大件运输任务。

（一）牵引车

半挂牵引车为风力发电机组设备运输的动力来源。牵引车的功率等性能直接影响到风力发电机组运输车辆的爬坡性能。市面上半挂牵引车种类繁多，按牵引总质量分从10～300t不等，按生产厂家分国产车和进口车。

1. 国产牵引车

经过多年发展国产牵引车性能优良、产品线丰富，已基本能满足山地风电场超重大件设备运输的要求。

国内使用常见的国产车型有陕汽生产的德龙F3000、一汽解放生产的J6P系列、东风汽车生产的天龙系列、北汽福田生产的欧曼GTL6系列、中国重汽生产的HOWOT 7H系列等。

2. 进口牵引车

国内使用的常见进口车型有意大利依维柯Stralis Hi-Way重卡和Trakker重卡、瑞典沃尔沃FH16系列重卡、德国MAN TGX系列重卡等。国内外常见牵引车详情表见表2-31，进口牵引车牵引力大，故障率低，但价格较高，维护、维修费用较大。

表2-31　　国内外常见牵引车详情表

序号	车辆制造厂家	产品型号及名称	整备质量（kg）	标定载质量（kg）
国产标定载质量10～15t车型				
1	中国第一汽车集团公司	CA1160P21K2L6T1型平头6×4载货汽车	10 300	10 450
2	中国重型汽车集团公司	ZZ1204FJ2型载货汽车	9860	10 500
3	湖北三环专用汽车有限公司	STQ1141型载货汽车	9800	10 000
4	中汽商用汽车有限公司	ZQZ9131 L半挂车	3200	10 000
5	天津劳尔工业有限公司	LR9160TJZ半挂车	3980	12 500
6	沈阳三山汽车工业集团联营公司	HSB9190D低平板半挂车	4000	12 000

续表

序号	车辆制造厂家	产品型号及名称	整备质量(kg)	标定载质量(kg)
国产标定载质量10～15t车型				
7	锦州汽车改装厂	JQC9181型半挂车	4428	14 252
8	淮阴市汽车改装厂	HYG9130W半挂车	4428	14 252
9	连云港东堡专用车有限公司	LY9135半挂车	3350	13 000
10	扬州盛达特种车有限公司	YZT9160L型半挂车	3800	12 500
11	丽水市南明专用汽车有限公司	LSY9134型半挂车	3430	12 000
12	安徽江淮扬天汽车股份有限公司	CXQ9133型半挂车	3290	12 000
13	安徽开乐汽车股份有限公司	FQ9147型半挂车	4250	13 500
14	潍坊宝利汽车有限公司	WFG9161型半挂车	3980	12 100
15	山东临清迅力特种汽车有限公司	LZQ9131型半挂车	3300	12 000
16	山东鲁峰专用汽车有限责任公司	ST9134型半挂车	3300	12 000
17	山东东岳专用汽车制造有限公司	SDZ9140半挂车	5500	12 000
18	中国重型汽车集团泰安五岳专用汽车有限公司	TAZ9130型半挂车	3300	12 000
19	驻马店市华骏车辆有限公司	ZCZ9130半挂车	3810	12 000
20	湖北汽车挂车厂	HBG9130D型低平板半挂车	5600	10 000
国产标定载质量15～25t车型				
21	东风汽车有限公司	EQ9150TJZ半挂车	4400	17 000
22	南京春兰汽车制造有限公司	NCL1200DP型柴油载货汽车	9510	15 000
23	北京市威腾专用汽车有限公司	BWG9152型半挂车	4740	20 000
24	北京环达汽车装配有限公司	BJQ9170型半挂车	5500	17 500
25	长春汽车改装有限责任公司	YSL9191型运输半挂车	5650	18 000
26	淮阴市汽车改装厂	HYG9211 JLE半挂车	6200	20 000
27	连云港东堡专用车有限公司	LY9150半挂车	3750	15 000
28	扬州通华专用车股份有限公司	THT9130型半挂车	3465	20 000
29	安徽开乐汽车股份有限公司	FQ9160型半挂车	6070	20 000
30	山东梁山通亚汽车制造有限公司	STY9160型半挂车	3950	20 200
31	山东鲁峰专用汽车有限责任公司	ST9150型半挂车	5200	16 000
32	威海开发区汽车改装有限公司	WQY9161半挂车	5500	17 000
33	驻马店市华骏车辆有限公司	ZCZ9150半挂车	5460	19 000
34	随州市华威专用汽车制造有限公司	SGZ9260型半挂车	6860	21 720
国产标定载质量25t以上车型				
35	中国第一汽车集团公司	CA4250P66K24T1AlEX型平头6×4半挂牵引汽车	9800	39 005
36	东风汽车有限公司	DFL4180A2型半挂牵引车	7100	25 100

续表

序号	车辆制造厂家	产品型号及名称	整备质量（kg）	标定载质量（kg）
国产标定载质量 25t 以上车型				
37	东风汽车有限公司	EQ4196L 半挂牵引车	7100	37 800
38	北京福田戴姆勒汽车有限公司	BJ4259SMFKB-2	8805	40 000
39	包头北方奔驰重型汽车有限责任公司	ND4250W422JJ	9300	46 100
40	北京市威腾专用汽车有限公司	BWG9210 型低平板半挂车	5100	26 000
41	中汽商用汽车有限公司	ZQZ9240B 低平板半挂车	8900	31 100
42	锦州汽车改装厂	JQC9313 型半挂车	7400	30 000
43	淮阴市汽车改装厂	HYG9240 半挂车	5800	30 000
44	扬州盛达特种车有限公司	YZT9231 L 型半挂车	5500	30 000
45	温州专用汽车总厂	WZ9190 型半挂车	6560	26 000
46	安徽开乐汽车股份有限公司	FQ9263 型半挂车	5985	30 000
47	青岛中汽特种汽车有限公司	QDT9381 型半挂车	9180	32 000
48	中国重型汽车集团泰安五岳专用汽车有限公司	TAZ9400 型半挂车	9700	30 400
49	新疆专用汽车有限责任公司	XZC9480 型半挂车	11 450	37 000
50	湖北三江航天万山特种车辆有限公司	WS4250 重型液压组合牵引汽车	28 000	103 200
进口标定载质量 40t 以上车型				
51	德国戈尔德霍弗（Goldhofer）公司	THP/SL25 全液压组合平板挂车	—	250 000
52	法国尼古拉工业公司	PH665 型平板车	—	200 000
53	德国奔驰	2636AS 型	11 900	65 000
54	德国奔驰	4850 型	18 000	100 000
55	沃尔沃	FH 16	10 821	49 000
56	德国索埃勒（SCHEUERLE）特种车辆有限公司	INTER COMBI	—	213 700
57	德国卡马克（KAMAG）运输设备有限公司	U1607	—	136 000
58	意大利 COMETTO	SLINEE D'ASSI	—	220 000
59	日本神钢电机（SHINKO）	PDE-120	—	120 000
60	TCM	P110	—	110 000

（二）运输方式

1. 普通平板车运输

该运输方式一般采用普通抽拉式半挂车运输风力发电机组叶片，该车的特点就是可以纵向伸缩来适应不同长度的叶片运输，可以从厂家直接运输到风力发电机组机位，但是整车超长转弯难度大。普通平板车运输见图 2-8 所示。

图 2-8 普通平板车运输

2. 特种车运输

该运输方式一般采用一种叶片举升-旋转-液压后轮转向的特种叶片运输车。该特种车在行驶途中可以通过液压控制将叶片产生举升、自身 360°旋转，避让运输途中的各种制约障碍（山体边坡、树木、房屋、桥梁、隧道等），由此可以大幅减少叶片运输车体总长，提高弯道通过性能。特种车辆运输叶片详见图 2-9 所示。

图 2-9 特种车辆运输叶片

3. 特种车运输相比普通平板车运输的劣势

由于高速公路及大部分等级公路的限制，风力发电机组设备在国家公共交通路网上只能采用普通平板车运输。因此山地风电场采用特种车运输时需在靠近风电场场区附近选择一合适的地点设置中途转运场。参考以往的山地风电项目情况，一个装机容量 50MW 的风电场，如果采用特种运输，则运输费用需增加约 350 万元。

叶片在举升后高度增加到 30m 以上对沿线净高要求增大，相比普通平板车运输会增加移出限高物（如横跨公路电缆、管道、树枝等）工程量。

由于叶片在举升后导致车体重心升高，不利于运输稳定，需要在车头安置配重块，同时要避开大风天气运输。

二、施工场地布置

（一）施工场地平面布置

工程场地布置按照生活区、生产设施作业区共两部分进行规划、实施（由业主指定）。

1. 布置原则

（1）根据“有利生产、方便生活、紧凑合理、安全防火和保护环境”的原则，结合工程实际情况，进行现场安排。

（2）风电场区域施工平面图布置，是根据现场交通条件、材料供应来源、供电接口等因素进行综合考虑的。

（3）合理组织交通运输，使施工的各个阶段能做到道路畅通、运输方便，设备材料堆放场地安排合理，避免反向运输和二次搬运。

（4）按施工职能分片划分，尽量减少施工交叉作业。

2. 生活临建布置

租用当地民房，满足该工程办公和施工人员的居住。

3. 生产临建布置

工程拟分别设置钢筋堆放加工场、周转材料场、设备堆放场等生产临建设施。

（二）力能供应

1. 施工用水

根据DL/T 5384《风力发电工程施工组织设计规范》规定，施工总用水量应按直接施工用水、施工机械用水、生活用水和消防用水四部分分别计算。根据现场条件，布置一辆水车拉水，解决施工、消防用水。设置1间水房解决生活用水。

2. 施工用电

生活用电及钢筋加工场等施工用电为租用临建处的民用电源，线路、风力发电机组基础、箱式变压器基础及风力发电机组吊装现场施工用电现场采用20kW发电机供电。

3. 其他：供气及储油

工程所用氧气、乙炔均在当地采购，瓶装分散供应。

采用标准储油罐，采取遮阳及维护措施，专人负责管理，定期检查消防设施。

三、施工方案

（一）施工技术及资料准备

工程一经中标，应立即成立工程项目经理部及其相关职能部门，确定项目经理及各部门主要负责人，并由项目经理主持，根据工程特点和现场前期调查情况，制定工程施工准备阶段的各项工作及实施方案。施工技术及资料准备工作一览表详见表2-32。

表 2-32 准备工作一览表

序号	工作内容	责任部门	备　注
1	建立机构	项目管理中心	
2	施工准备	工程部	
3	制定各项管理制度	综合管理部	各部门协作
4	施工机具、通信设施配置、转运	物资管理部	工程部配合
5	前期人员进场、选点、临建、搅拌站架设	工程部	各部门协作
6	施工资料准备	工程部	安全监察部配合
7	施工人员、特种工培训、交底	工程部	各部门协作
8	自购材料询价、定合格供方，签订供应合同	物资管理部	各部门协作
9	编制施工组织设计、作业指导书	工程部	工程部、安全监察部配合
10	编制项目职业安全健康管理方案	安全监察部	工程部、综合部配合
11	编制项目环境管理方案	安全监察部	工程部、综合部配合
12	编制项目质量计划和质量检验计划	质量监察部	工程部、安全监察部配合

其中，重点工作包含：

（1）对工程所在地的自然条件、经济技术条件进行分析，综合业主招标的要求，考虑图纸出图时间、设备及材料到场时间等因素，以及对工期、安全、质量、资金、统计、人力资源方面要求，合理地编制工程施工进度计划，安排工期及各项施工资源。

（2）组织技术人员熟悉、审查施工图纸和有关设计资料，根据施工验收规范、有关技术规定及招标文件中的有关规定，对施工中可能出现的问题进行预测分析，做到提前准备。

（3）针对工程要求标准高、工期紧的特点，确保施工人员整体素质及专业技能满足工程施工需要，保证施工质量，必须进行各种形式的培训学习。

（二）材料准备

材料、构（配）件、制品、机具和设备是保证施工顺利进行的物资基础，这些物资的准备工作必须在工程开工之前进行。根据各种物资的需用量计划，分别落实货源，组织运输和安排储备，使其保证连续施工的需要。

（1）根据施工进度编制材料购买计划。

（2）根据施工预算，编制材料使用计划，落实主要材料。

（3）提前做好主要建筑材料周、月进场计划报监理审批工作。

（4）根据施工总进度计划控制主要建筑材料、半成品及设备料进场时间。

（5）做好各种材料（含甲供材料）进场验货、见证取样、检验、试验报验及资料收取移交、保管、使用工作。

（三）施工机具准备

投入的主要施工机械设备表见表 2-33。

表 2-33　　主要施工机械设备表

序号	机械或设备名称	型号规格	数量	国别产地	制造年份	额定功率(kW)、生产能力	施工机械到场时间	备注
一	自由设备							
1	搅拌站	HZS90	2	中国	2014	90m³/h	2017年12月	或采用商混
2	汽车式起重机	SCA2600	1	中国	2015		2018年3月	
3	汽车式起重机	70t	2	中国	2015		2018年3月	
4	汽车式起重机	50t	1	中国	2015		2018年3月	
5	工程指挥车		2	中国	2015		2017年12月	
6	混凝土泵车	46m	1	中国	2013		2017年12月	
7	水准仪	DS30	4	中国	2015		2017年12月	
8	变压器变比测试仪	DK201	1	中国	2014		2018年5月	
9	直流高压发生器	ZGS300	1	中国	2015		2018年5月	
10	变压器	DK203	1	中国	2015		2018年5月	
11	回路电阻测试仪	HLY	1	中国	2014		2018年5月	
12	接地绝缘电阻表		1	中国	2015		2018年5月	
13	绝缘电阻表		1	中国	2016		2018年5月	
二	计划购置的机械设备							
1	钢筋切断机	J3GY-400A	2	中国	2017		2017年12月	
2	钢筋弯曲机	D40型	3	中国	2017		2017年12月	
3	直螺纹套丝机	40型	2	中国	2017		2017年12月	
4	直流电焊机	380	2	中国	2017		2017年12月	
5	发电机	5kW	3	中国	2017		2017年12月	
6	振捣器	GPZ/GPZW	5	中国	2017		2017年12月	
7	切割机	HLQ-12	2	中国	2017		2017年12月	
三	计划租用的设备							
1	装载机	CG50	2	中国	2016		2017年12月	
2	挖掘机	320	3	中国	2016		2017年12月	
3	随车起重运输车	8t	1	中国	2016		2017年12月	
4	罐车	12m³	6	中国	2013		2017年12月	
5	汽车式起重机	SCC6500C	1	中国	2014		2018年3月	

（四）施工工序总体安排

某工程根据招标文件要求工期，公司计划首先进行场内集电线路的施工，风力发电机组基础及箱式变压器基础同步施工，吊装平台随后施工，安装施工紧随吊装平台施工，风力发电机组基础一旦达到吊装条件，立即进行风力发电机组安装。将风力发电机组及箱式变压器基础施工，划分为若干流水施工段，统筹调配，确保混凝土的合理供应。根据施工进度计划确保设备材料的进场，土建施工交通运输、安全质量等环节，满足里程碑计划。

（五）吊装平台施工方案

风力发电机组基础施工完毕并经回填后即可修建吊装平台，修建方法为以基础为中心在靠近道路位置修建，并与施工道路平缓顺接。同时以基础顶标高为参照点，对高于基础顶面 30cm 的区域进行挖方，对低于基础顶面 30cm 的区域进行填方。使平台整体标高之差不大于 30cm，地表夯实无虚土（素土分层回填夯实压实系数不小于 0.94；素土取自风力发电机组基础基槽余土），保证吊装机械运行安全。

（六）风力发电机组基础施工方案

1. 风力发电机组基础主要施工步骤

定位放线→机械挖土石方→人工清理修正→基槽验收→垫层混凝土施工→放线→锚栓件安装→基础钢筋绑扎→预埋管、接地线安装→支模→验收→基础混凝土施工→混凝土养护、混凝土内部温控监测→拆模→基础外观验收→土方回填→锚栓件整度复核→中间交接。

施工准备与施工测量如下。

（1）根据风力发电机组机位地形和机位坐标，测定基础中心点，同时将高程引测至稳定且不易破坏的区域。

（2）混凝土浇筑完毕拆模后，项目部应立即组织观测，加强保护措施，防止机械人员及其他物体等意外碰撞、毁坏标识，测量数据应及时填入观测手簿，其数据不允许涂改，保持数据的原始性、真实性。

（3）观测数据、观测时间均应详细记录。

2. 土（石）方工程

根据施工现场坐标控制点，包括基线和水平基准点，定出基础轴线，再根据轴线定出基坑开挖线。利用白灰进行放线。灰线、轴线经复核检查无误后方可进行开挖施工。某工程地质条件良好，采用挖机开挖。基础开挖时，及时在开挖好的基础四周加设防护栏杆并有醒目标识。

土方开挖采取以机械施工开挖为主、人工配合为辅的方法。基坑开挖按照沿基础结构尺寸每边各加宽 0.5m 进行，基坑开挖边坡系数采用 1：0.4，施工过程中要控制好基底标高，并预留 300mm 厚的基底土层，人工清底。开挖的土方按照工程指定的地点及要求进行堆放。土方开挖示意图详见图 2-10。

图 2-10 土方开挖示意图

对于基础底面以下有孤石、漂石应予以清除或采用免爆机破除至基础底面以下150mm，然后以砂石褥垫层回填至基础素混凝土垫层底，应保证砂石褥垫层厚度不小于150mm。每边超出基础垫层边沿不小于500mm；砂石垫层压实系数不小于0.95，超挖的部位严禁采用虚土填平，浇筑垫层前将表面浮土清除干净。基础清槽示意图详见图2-11。

图2-11　基础清槽示意图

（1）截桩。基础为桩基基础，打完的桩头的截除禁止使用大锤强行敲击管桩，要使用锯桩器切割。管桩的标准高度偏差要小于0.1m。锯桩器由电动切割机和抱箍组成，抱箍由两个螺旋的半圆连接，由两块横向短筋和均布钻孔的钢板连接，钻孔用来固定切割机。电动机也螺旋连接在抱箍上，使用手柄截割桩头，割桩时要多换几个方向并连续加水。

（2）垫层施工。

1）垫层模板采用标准钢模板，以ϕ10以上钢筋紧靠模板竖向嵌入地基夹住模板，实现模板稳固，中点做灰饼控制标高。

2）垫层混凝土采用商混站集中搅拌、罐车运输到基位入仓、平板振捣器振捣，一次成形，尽量不留置施工缝。

3）垫层浇筑时注意按锚栓件安装图，留设地脚螺栓支撑架的埋件，埋件中心尺寸偏差不大于5mm，平整度不大于2mm。

4）垫层浇筑时应按钢筋安装尺寸及架立需求，埋设架立短钢筋。

垫层施工示意图详见图2-12。

图2-12　垫层施工示意图

3. 锚栓件安装及固定

(1) 下锚板安装。

1) 预应力锚栓基础组合件交接时要对到货上下锚板内外孔径、孔位置度、锚板厚度、螺孔数量、焊缝外观、防腐质量、板材材料证明等附件进行检查。

2) 对成套到货组合件上下锚板要进行标识，锚栓组合件在运输过程中采用可靠的防护措施，避免损伤组合件及防腐面。锚栓组合件露天存放时，下面要放置枕木，防止雨水浸泡，要用防雨布进行遮盖。

3) 下锚板组装后，应对锚栓孔环直径进行复测。一般情况复测方法为取连接板处螺栓孔通过锚板圆心测量直径，取垂直于连接处方向螺栓孔每个半圆测量不少于2点，位置与连接板处螺栓孔位置夹角为90°。下锚板安装前，根据预应力锚栓式风力发电机组基础图纸要求，核对安装下锚板的预埋件数量、尺寸和位置是否正确。

4) 根据现场地质条件选择50t起重机，将下锚板吊起后缓缓移动到预埋件上方300mm处停住，先将下锚板支撑螺栓对应穿入下锚板上的支撑螺栓孔内，下锚板上下各放置一颗螺母，在下锚板下面的螺母上加一个垫片。内外支撑螺栓对准预埋件后，吊车将下锚板放置在预埋件上，根据设计图纸下锚板上面到预埋件上表面的距离为220mm，下锚板中心应对应基础中心，同心度允许偏差为5mm。

5) 待测量工具检验合格后，将下锚板支撑螺栓与对应的预埋件焊接牢固，焊脚高度不小于6mm。

6) 调节支撑螺栓，使下锚板达到图纸设计标高，且下锚板的水平度不超过3mm。

(2) 锚栓准备工作。基础锚栓分为定位锚栓和普通锚栓。

将基础锚栓全部摆放整齐，并在锚栓的下端（平头端）拧上发黑的半螺母，然后将中间层热缩管套入锚栓（套入长度根据具体项目来定，原则上长度不小于半螺母上表面至上锚板底面的距离），再把两端热缩管套在中间热缩管上（要保证在混凝土浇筑后热缩管在半螺母上表面至上锚板底面满布，目的是分离开混凝土与锚栓，以便于后期顺利进行张拉工序）。在8处定位锚栓上根据设计图纸进行对称尼龙螺母安装，共计8处16个尼龙调平螺母，锚栓顶端距尼龙螺母上表面距离为250mm。

(3) 上锚板安装。

1) 上锚板组装完毕后，需进行检测，主要复测连接处是否符合规范要求，若有错位现象需重新进行连接调整。用吊车将上锚板吊起到一定高度，在靠近基坑边的一侧上、下站人，然后在上锚板的螺栓孔上均布对称穿上16根定位锚栓，锚栓穿入上锚板后带上临时钢螺母。

2) 定位锚栓穿好后，吊车慢慢吊起上锚板和定位锚栓，移至下锚板正上方，把定位锚栓穿入对应的下锚板螺栓孔内，在下锚板下方垫上垫片后拧紧螺母（不得用错防腐螺母）。下锚杆必须全部带上垫片，螺母拧紧力矩要求为300N·m。

3) 其余普通锚栓的安装方法：锚栓上端先穿入上锚板，另一端（已安装半螺母）穿入下锚板，同样的方法加好垫片，拧紧螺母（发黑螺母）。螺母拧紧力矩要求为300N·m。

注：锚栓穿入下锚板后，下锚板下方应全部垫上垫片（发黑垫片），同时下方的螺母拧紧力矩要求为300N·m，不得遗漏。下锚板下方局部垫层浇筑前应进行隐蔽工程验收，经监理验收签证、确认合格（无遗漏且拧紧）后方可浇筑。

（4）锚栓组合件的调整和固定。

1）在风力发电机组基础外侧每 90°位置定一桩，然后用装有螺栓的拖拉绳将上锚板和桩连接，调节四个方向上的螺栓，使上、下锚板同心（以上、下锚板螺栓孔的中心线为基准，用经纬仪测垂直度，共测 4 个点，每 90°一个点，使上、下锚板同心度允许偏差满足≤3mm）。

2）上、下锚板同心后，调整上锚板的水平度：测量定位锚栓处上锚板上的水平度，调节尼龙螺母和临时钢螺母，使上锚板上平面达到图纸设计标高，上锚板水平度应满足≤1.5mm（混凝土浇筑前）。调整结束后，用酒精喷灯加热 PVC 套管端口处的热缩管，使其收缩封堵 PVC 套管和锚栓的间隙。

3）锚栓上端露出上锚板长度应满足设计长度。

4）调整结束后，用 4 根钢筋（两个方向、每个方向为十字形）加强锚栓组合件。钢筋上端与上锚板焊钉焊接，并在 4 根钢筋的交汇点焊接牢固，加强锚栓组合件的整体稳定性。锚栓组合件安装质量评定标准详见表 2-34，锚栓安装示意图详见图 2-13。

表 2-34　锚栓组合件安装质量评定标准

序号	检验项目	检验标准	备注
1	下锚板与基础中心同心度	≤5mm	相对偏差
2	上、下锚板同心度	≤3mm	相对偏差
3	下锚板水平度	≤3mm	
4	锚栓上端露出锚板长度	Lmm±1.5mm	
5	上锚板水平度（浇筑前）	≤1.5mm	
6	上锚板水平度（浇筑后）	≤2mm	

图 2-13　锚栓安装示意图

4. 钢筋加工、制作、安装

（1）施工顺序：钢筋放样→放样结果确认→钢筋批量下料加工→座环定位放线→座环复验、加固牢固→底层第一层钢筋安装→底层第二层钢筋安装→顶层钢筋架立安装→顶层坡面、侧壁钢筋安装→基础钢筋安装→自检、报验→隐蔽验收。

（2）钢筋加工。

1）钢筋在加工场集中加工制作。钢筋下料应按施工图纸及规范要求进行放样，按照钢筋配料单进行配料加工，下料单要通过技术负责人审核后试做，调整无误后，大量加工。对于特殊部位钢筋，先进行现场放样，无误后批量下料加工。

2）钢筋加工顺序：钢筋进场→取样、试验→钢筋放样→切断配料→弯曲成型→堆放（并挂牌标识）。

3）钢筋下料单中应注明每一组钢筋的所在部位，便于施工人员根据绑扎实际情况下料。

4）严格掌握钢筋下料尺寸，精确计算钢筋下料长度和控制弯起角度，经复核无误后批量进行加工。钢筋加工半成品应分机分组挂牌，分类、分机码放、堆放整齐，由专人管理并按要求领料，按预先确定的编号位置分批运输和安装，装卸时严禁抛投钢筋。

5）钢筋在现场使用平板车由加工场地运至安装作业点，装车时，分规格放稳，捆绑牢固。

（3）钢筋安装。

1）锚栓件安装、校验、加固牢固、逐级检验无误后，开始钢筋安装。ϕ25 及以上钢筋连接采用滚压直螺纹接头。ϕ25 以下钢筋安装全部采用搭接绑扎。

2）第一步：绑扎底板第一层钢筋，底层钢筋保护层用 50mm 厚混凝土垫块支撑；第二部：绑好底层钢筋后铺钢筋马登，再铺设底板上层钢筋网，保证绑扎支撑牢固、可靠；第三步：安装顶层钢筋架立筋；第四部：顶层坡面、侧壁钢筋安装；第五步：基础承台钢筋安装，同时将预埋件安装到位、加固牢固。钢筋网片用 22 号绑扎丝双股逐点绑扎，绑扎率为 100%。

3）底板钢筋安装穿筋时，必须注意钢筋严禁碰撞座环地脚螺栓、套管及座环加固位置，尤其座环内的钢筋安装时必须严格控制，采用环形钢筋按两半加工，座环地脚螺栓、套管采取包裹防护。

4）钢筋绑扎结束后，必须对地脚螺栓进行复核，调整地脚螺栓的中心线、标高、平面度误差均满足设计和规范要求后，进行加固，并将调整螺栓点焊牢固。钢筋绑扎示意图详见图 2-14。

图 2-14　钢筋绑扎示意图

（4）钢筋直螺纹连接。

1）检查各种加工机械设备是否完好，以备使用，在操作前，检修完好，保证正常运转，并符合安全规定。

2）熟识图纸，核对半成品钢筋的级别、直径、尺寸和数量是否与料牌相符，如有错漏，应纠正增补。

3）钢套筒进场时，原材料试验单与出厂合格证必须齐全、有效。

4）准备好扭力扳手、管钳、量规（含牙形规、卡规、塞规）等工具。

5）操作工人必须经过专门培训，上岗资质证书齐全、有效。

6）施工工序：钢筋下料→钢筋套丝→接头试件试验→钢筋连接→质量检查。

7）施工方法。

a. 钢筋下料只准用钢筋切断机或砂轮锯，下料时，钢筋端面与钢筋轴线垂直，端头不得弯曲，不得出现马蹄形。

b. 套丝机必须用水溶性切削冷却润滑液，不得用机油润滑。

c. 钢筋套丝质量用牙形规与卡尺检查，钢筋的牙形必须与牙形规相吻合，其直径必须在卡规上标出的允许误差之内。

d. 钢筋连接：连接套规格与钢筋规格一致，并将钢筋螺纹丝头上的杂物或锈蚀，用钢丝刷清除。将带有连接套的钢筋拧到待接钢筋上，然后用力矩扳手将两个钢筋丝头在套筒中间位置相互顶紧。

e. 连接完的接头必须用油漆作上标记，以防漏拧。

8）质量要求。

a. 直螺纹套筒出厂合格证、检验报告必须齐全、有效。连接套筒表面无裂纹，螺牙饱满，无其他缺陷。使用前，连接套筒两端的孔，必须用塑料布封堵，防止污染、锈蚀。

b. 钢筋连接作业前及钢筋连接过程中。应对每批钢筋接头进行见证随机抽样，连接件送试验单位进行抗拉伸、抗折检验。试件数量，每种规格接头，每 500 个为一批，不足 500 个也作为一批。每批做 3 个试件，每根试件长度不小于 600m。

c. 用力矩扳手按表 2-35 规定的紧头拧紧力矩值抽检接头的施工质量。抽检数量：梁、柱构件按接头数量为 15%，且每个构件的接头抽检数量不得少于一个接头。抽查接头的拧紧力矩值必须全部合格。直螺纹钢筋接头拧紧力矩值详见表 2-35。

表 2-35　直螺纹钢筋接头拧紧力矩值

钢筋直径（mm）	16～18	20～22	25	28	32	36～40
拧紧力矩（N·m）	100	200	250	280	320	350

d. 直螺纹接头的外露丝扣不得超过 1 个完整扣，否则应重新拧紧接头或进行加固处理。

9）其他注意事项。

a. 钢筋在套丝前，必须对钢筋规格及外观质量进行检查，如发现钢筋端头弯曲，必须先进行调直处理。

b. 钢筋套丝，操作前应先调整好定位尺的位置，并按照钢筋规格配以相对应的加工导向套。对钢筋要分次车削到规定的尺寸，以保证丝扣精度，避免损坏梳刀。

5. 模板工程

风力发电机组基础设计为圆形，基础模板采用定型成品加工钢模板，根据基础直径尺寸均分成若干块圆弧板，并用螺栓连接拼接。分块运到现场后，待风力发电机组基础钢筋验收完毕，采用螺栓连接拼接。然后采用多道钢丝绳绑扎模板加固，并在模板外侧间距不大于1m加斜向支撑件。箱式变压器基础采用木模板。

（1）准备工作。

1）确定模板平面布置、组装形式、连接点大样，计算出模板周转使用数量。

2）模板支设前，必须对钢筋、预埋管线、预埋铁件进行检查，保证尺寸、位置、标高、数量均正确再进行支模。

3）模板支设前，先用经纬仪投出基础的中心线，再根据中心线，定出基础的边线，用红油漆标好三角，以便于模板的安装和校正。用水准仪把水平标高引测到模板安装位置。

（2）模板支设。

1）承台模板采用悬空模板，安装前应先焊制悬空模板架立筋，然后再按模板安装方案进行承台模板安装、加固。模板加固校正后，必须支撑牢固，截面尺寸在验收规范的允许误差之内。模板拼缝要严密，接缝间贴双面胶带，胶带黏结牢固并刮腻子处理，以防漏浆。

2）为保证混凝土表面光洁，模板在使用前必须均匀涂刷模板油，不得漏涮，不得污染钢筋。

模板加固剖面图详见图2-15，模板支设施工示意图详见图2-16。

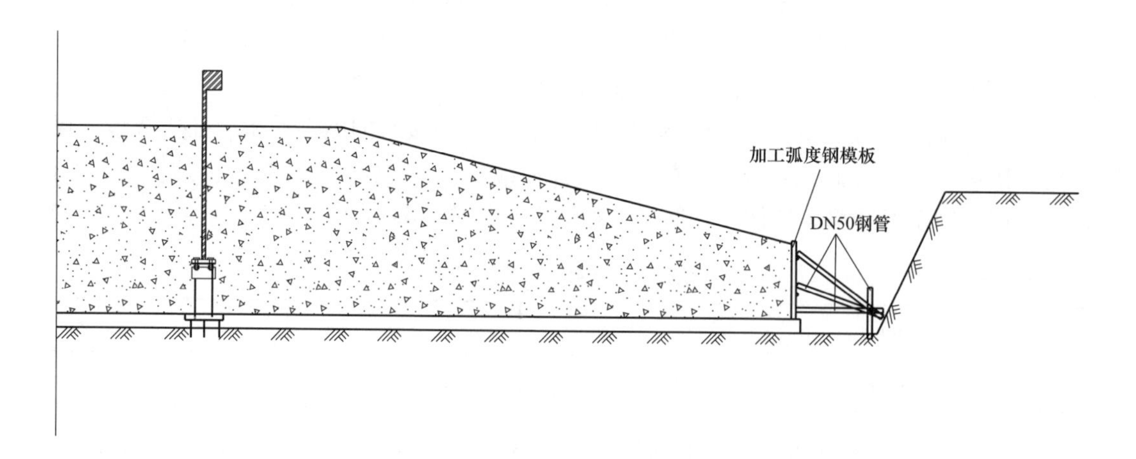

图2-15　模板加固剖面图

（3）模板拆除。在混凝土强度能保证侧表面及棱角不因拆除模板而受损时方可拆模；若冬季为保证混凝土质量和保温要求，钢模板应在72h后拆除。

图 2-16 模板支设施工示意图

6. 混凝土工程

（1）混凝土施工前准备。

1）告知商混站（设计及要求混凝土的各项参数，对人员进行技术交底），计算不同级配浇筑方量。

2）运输道路畅通。

3）检查施工机具是否良好。

4）检查电源、电缆线及电动设备等要良好。

5）组织施工人员及时到现场并进行技术交底。

6）混凝土运输车应明确标注混凝土标号：基础混凝土为 C40。

基础混凝土浇筑示意图详见图 2-17。

图 2-17 基础混凝土浇筑示意图（以泵车为例）

（2）混凝土施工。风力发电机组基础为大体积混凝土，为保证施工质量，合理优化配合比，主要采取以下措施。

1）采用低热水泥：如普通硅酸盐水泥。

2）掺加粉煤灰，降低水化热，改善和易性。

3）使用高性能减水剂，提高和易性，降低水灰比，并根据招标技术要求在混凝土中掺加适量螺旋形增强纤维材料，防止混凝土抗裂。

4）风力发电机组基础大体积混凝土浇筑：风力发电机组基础浇筑采取由中心开始，由里向外、以环状螺旋方式逐步扩大半径、分层、一次连续浇筑的方法。分层厚度控制在 30min。根据混凝土拌合、运输能力和气温情况及时调整混凝土浇筑范围，每层浇筑时间控制在 30min 左右。随着浇筑范围的逐步扩大，环进周长不断增大，工作面展开的增速应尽量缩小，以确保浇筑速度与混凝土供应到位的情况相适应，避免临空混凝土超过初凝期限，形成“冷缝”。

5）两台混凝土浇筑：应在下部混凝土浇筑 30min 后进行，下部混凝土浇筑应超过基础颈部 20cm，两台混凝土浇筑时振捣棒应插入下部混凝土 15cm，然后分层浇筑到设计承台顶标高。

6）温控：在基础同一径向上，上、中、下三个高程上各设置3处测温点，埋设测温线（电子测温仪专用），监测风力发电机组基础的表面温度、内部温度、底面温度。在混凝土浇筑过程中和混凝土养护期间，24h安排专人跟班进行测温记录。

7）基础斜坡面浇筑到顶后，采用坡度尺及预设控制点进行坡度修正，提浆后先压光一遍，初凝后实行二次压抹。

8）浇筑混凝土期间，现场还需配备钢筋工1名、木工2名、电工1名、测量工1名及技术人员1名，及时解决浇筑中出现的相关问题，监视螺栓及埋管情况。现场与商混站随时电话沟通，确保混凝土处于受控状态。

9）浇筑过程中，在搅拌站设专人对坍落度进行检测、控制，并按规定留置混凝土试块。

10）浇筑班组严格执行交接班制度，落实责任，做好施工记录（记录交接时的分层分段情况、间隔时间、试块留置），确保混凝土连续浇筑质量。

11）养护：混凝土终凝后，应根据天气情况及时覆盖塑料薄膜，上面再加一层毛毡，及时洒水湿润；混凝土的养护要设专人日夜三班养护，要经常检查养护情况，保持混凝土湿润；及时做好养护记录，并根据实际情况调整养护措施。风力发电机组基础养护示意图详见图2-18。

图2-18　风力发电机组基础养护示意图

（七）箱式变压器基础施工

箱式变压器基础采用一次施工到顶，模板采用木模板，钢筋在预制场集中制作加工，机械运输，现场人工绑扎，混凝土浇筑自底板处分层连续浇筑，不产生施工缝。

1. 施工流程

定位放线→模板→垫层施工→钢筋制作安装→模板安装（含防爆墙）→混凝土浇筑→模板拆除→验收。

2. 垫层施工

混凝土运到现场后要及时浇筑，严防混凝土发生离析，混凝土振捣采用平板振捣器，混凝土必须要振捣密实，表面用铝合金刮尺刮平，然后用铁抹子抹平。严格控制垫层标高和平整度。

3. 放线与高程控制

垫层施工完后，将垫层表面清理干净，根据风力发电机组基础中心定位箱式变压器的控制桩，用钢尺将基础纵横轴线引入并测设在垫层上，以红油漆标在垫层面上，沿边口均匀做上红油漆标号，每条轴线均应双向控制，以便校核。为减少高程控制误差，由专业测量人员将风力发电机组基础处的相对高程转测到垫层上。

4. 钢筋施工

（1）检查钢筋品种、质量、规格、数量是否满足施工要求及设计要求。

（2）钢筋制作要严格按图纸和钢筋翻样表进行，并合理利用材料，降低成本。

（3）所有主筋均应按设计要求垫好预制垫块，控制保护层厚度。

（4）钢筋绑扎前，要核对成品钢筋的型号、规格、直径、尺寸和数量是否正确；钢筋表面应平直、洁净，不得有损伤，带有油渍、片状老锈和麻点的钢筋严禁使用。

（5）钢筋绑扎采用20号镀锌铁丝绑扎，按图纸要求控制好间距，绑扎要牢固，不得有缺扣、松扣现象。

（6）钢筋接头采用闪光对焊，设置在同一构件内的焊接接头应相互错开。在任一焊接接头中心至长度为钢筋直径D的35倍且不小于500mm的区段内，同一根钢筋不得有两个接头。

5. 模板施工

（1）箱式变压器基础模板采用木模板，采用内拉外支法施工，基础角部、模板接缝处用双面胶条粘贴，确保板缝密封不漏浆。

（2）预埋件的固定：尺寸比较小的埋件，在模板安装前采用M4螺栓将其直接固定在模板上；尺寸比较大的埋件，将埋件预先固定在钢筋上，然后在埋件上焊接固定好固定螺栓，复测螺栓位置后再在模板上钻孔，然后再安装模板，并将埋件固定螺母收紧。埋件的周边应贴上海绵条，固定埋件的螺栓要充分收紧，防止埋件凹入混凝土中。同时，埋件安装前，应预先检查埋件的表面平整度，发现变形的，应进行矫正，并用手提砂轮机将埋件周边的毛刺磨平。

6. 混凝土工程施工

（1）施工准备。

1）对水泥、粗细骨料、外加剂等均严格要求。应进行专项配合比设计和坍落度选定，所有材料均应定生产厂家、进货渠道，以保证和满足混凝土具有良好的施工性能和一致的外观色泽。

2）混凝土配合比经试验室确定并下发，配合比通知单与现场使用材料相符。

3）模板支设牢固、稳定，标高、尺寸等符合设计要求，模板缝隙超过规定时，要堵塞严密。

4）模板内杂物要清理干净。

5）常温时，混凝土浇筑前，提前适量浇水湿润，但不得有积水。

6）浇筑前，做好与上道工序的交接工作，办理隐蔽验收手续，待确定模板工程、钢筋、预埋件安装合格，即可进行混凝土浇筑。

（2）施工方法。

1）工艺流程：作业准备→混凝土搅拌（商混站）→混凝土运输→混凝土浇筑、振捣→养护。

2）混凝土搅拌。

a. 根据测定的砂、石含水率，调整配合比中的用水量，雨天应增加测定次数。

b. 根据搅拌机每盘各种材料用量及车皮重量，分别固定好水泥、砂、石各个磅秤的标量。磅秤应定期核验、维护，以保证计量的准确。计量精度：水泥及掺合料为±2%，骨料为±3%，水、外加剂为±2%。搅拌机棚应设置混凝土配合比标牌。

c. 正式搅拌前搅拌机先空车试运转，正常后方可正式装料搅拌。

d. 砂、石、水泥必须严格按需要用量严格计量。

e. 投料顺序：石子→水泥（掺合料/外加剂）→砂子→水。

f. 搅拌第一盘混凝土，可在装料时适当少装一些石子或适当增加水泥和水量。

g. 混凝土搅拌时间：每盘不少于 2min。

h. 混凝土坍落度，一般控制在 6～8cm，每台班应测两次。

3）混凝土运输：

a. 根据工程结构特点、混凝土浇筑量、运距、现场道路情况选择 2 辆混凝土罐车进行混凝土运输。

b. 现场运输道路应坚实、平坦，防止造成混凝土分层离析，并应根据浇筑情况。

c. 混凝土以搅拌机卸出后到浇筑完毕的延续时间，当混凝土为 C25、气温高于 25℃时不得大于 40min。

4）混凝土浇筑、振捣：

a. 基础分层、分段连续浇筑完成，不留施工缝，每层厚度不大于 30cm。顺序从低处开始，沿长边方向自一端向另一端推进，也可采用中间向两边或两边向中间推进，保持混凝土沿基础全高均匀上升。另外，还可以采用踏步式分层推进，推进长度为 1.0～1.5m。浇筑时，要在下一层混凝土初凝前浇捣上一层混凝土，并将表面泌水及时排出。

b. 施工应特别注意事项：

a）浇筑混凝土时，防止振捣器或其他器具碰撞预埋件和管线。

b）施工中注意除按规范要求留置试块外，还应留置 2 组供拆模和养护参考混凝土强度的试块。

c）认真做好混凝土施工记录。混凝土严格执行试验室出具的配合比。

d）混凝土浇筑完毕后，必须按规范要求设专人进行认真养护，以确保混凝土的强度要求。

5）混凝土养护。

a. 为防止混凝土早期失水和产生干缩裂缝，从而导致混凝土强度降低，在混凝土浇筑完毕后，应及时进行养护。

b. 拆模前养护。

a）混凝土应在浇筑完毕后 2h 内对混凝土加以覆盖和养护。养护时间不少于 14 天。

b）浇水次数以保持混凝土在整个养护期间始终处于湿润状态为度。当气温大于 35℃左右时，每 2h 浇水 1～2 次。

c. 拆模后的养护：

a）拆模后要立即进行养护，在混凝土成型的 7d 内要始终保持表面湿润。

b）混凝土成型 7d 后，可间断性浇水养护至 15d。

（八）风力发电机组设备安装施工方案

某工程拟安装 35 台 H120-2.0MW 风力发电机组及配套设备，轮毂高度为 100m，叶轮直径为120m，单机容量为2000kW，总装机容量为70MW。

本次施工范围主要包括：①35台风力发电机组塔架、机舱、轮毂、叶片和附件卸车，设备到货清洗验收；②塔架下段、塔筒中下段、塔筒中段，塔筒中上段、塔筒上段的吊装；③机舱吊装；④三片叶片和轮毂的地面组装和吊装；⑤塔基控制柜的安装；⑥塔筒外部人梯、内部爬梯安装；⑦塔筒接地；⑧风力发电机组吊装完成后，机舱、塔架内的安装（包括全部塔筒内电缆敷设连接、导电轨预留段连接、接地等）。

1. 施工特点及机械配置分析

某工程安装35台H20-2.0MW风力发电机组。这种机型最重件就是机舱，重量约为89t，附加电缆、工器具等约为90t，采用型号为1台SCC6500履带式起重机为主吊车。起重机为108m主臂加12m风力发电臂工况，18m作业半径时，额定起重量为105t，满足工程设备安装要求。

（1）风力发电机组下段塔架吊装及机舱卸货主吊使用1台SAC2600汽车式起重机，辅助吊使用1台70t汽车式起重机完成吊装工作。

（2）叶轮组装工作使用1台70汽车式起重机和1台50t汽车式起重机完成。

（3）叶轮吊装工作使用1台SCC6500履带式起重机和1台70t汽车式起重机完成。

（4）设备卸货工作使用1台SAC2600汽车式起重机和两台70t汽车式起重机完成。

（5）设备技术参数。风力发电机组设备主要技术参数如下。

H120-2.0MW风力发电机组由叶轮、发电机、机舱、塔筒、电气部分等主要部件组成。H120-2.0MW机组塔筒技术参数详见表2-36，H120-2.0MW机组设备主要技术参数详见表2-37。

表2-36 H120-2.0MW机组塔筒技术参数

机型			H120-2.0MW
轮毂高度方案（m）			100
基础形式			锚栓式
筒体（自下而上）	1	长度（mm）	10 925
		重量（kg）	51 731.55
	2	长度（mm）	17 091
		重量（kg）	51 376.76
	3	长度（mm）	21 370
		重量（kg）	51 007.53
	4	长度（mm）	23 410
		重量（kg）	43 056.22
	5	长度（mm）	24 465
		重量（kg）	31 682.91
	合计	长度（mm）	97 261
		重量（kg）	228 854.97
塔筒附件重量（kg）			8332.63

表 2-37 H120-2.0MW 机组设备主要技术参数

序号	部件名称	数量（套）	长×宽×高（cm×cm×cm）		质量（kg）		厂家名称	发运地点	运输方式
			包装	未包装	包装	未包装			
1	机舱	35	1080×410×400	1070×400×390	约 89 000	约 87 000	中国船舶重工集团海装风电股份有限公司	海装生产基地	汽车
2	轮毂及导流罩	35	435×490×410	425×480×360	约 22 000	约 21 000		海装生产基地	汽车
3	叶片	105	5860×281.3×300	5860×221.5×388	约 12 800	约 12 000		叶片厂家	汽车

2. 施工机械及吊装工机具准备

（1）SCC6500 履带式起重机 1 台。

（2）SAC2600 型 260t 汽车式起重机 1 台。

（3）70t 汽车式起重机 2 台。

（4）50t 汽车式起重机 1 台。

（5）小货车 2 辆。

（6）30kW 和 20kW 柴油发电机各 2 台，汽油发电机 2 台。

（7）液压扳手 10 台。

（8）泡沫 1500mm×1200mm×600mm（35kg）50 块。

（9）道路：通往安装现场的道路要清理平整，路面须适合运输卡车、拖车和主吊车的移动和停放。松软的土地上应铺设厚木板/钢板等，防止车辆下陷。

（10）基础：风力发电机组基础已施工完毕。安装前，混凝土基础应有足够的养护期，且各项技术指标均合格。

（11）吊装机械、吊索具，施工人员及设备等项，应具备施工条件。

（12）检查安全技术交底、施工方案和措施落实到位。

（13）基础法兰面应可靠防腐，并在安装时清理干净。

（14）根据现场条件，工程管理部制定货物运输计划、吊装方案和现场布置方案。

（15）在安装前，应对所有的设备进行检查，核对货物的装箱单。如果发现异常情况，应立即报告主管人员，制定处理措施。

3. 风力发电机组吊装施工工序总体安排

（1）现场设备卸车、验收。

（2）变频器、电控柜安装。

（3）塔架下段安装。

（4）塔架中下段安装。

（5）塔架中段安装。

（6）塔架中上段安装。

（7）塔架上段安装。

（8）风力发电机组机舱安装。

（9）风力发电机组叶轮组装。

（10）风力发电机组叶轮安装。

（11）风力发电机组内电气安装。

（12）风力发电机组设备卸货。

1）塔架卸车。

a. 塔架卸货使用两台 70t 汽车式起重机，各使用一根 30t×20m 扁平吊带（共两根）卸车。

b. 设备运输车辆到了现场必须服从现场指挥人员指挥，停在指定位置后进行卸货。

c. 使用吊带进行搬运，避免损坏塔架防腐层。

d. 塔架卸货前，使用编织袋装好软土或细沙垫在离塔架法兰往里 30cm 的位置，支撑处用装好软土或细沙的编织袋多垫两个，防止塔架滚动。塔架应放置在锚栓附近，注意各段摆放次序、间距及上法兰方向。

e. 塔架轴线方向与主风向同向，塔架并排摆放，为了便于吊装每段塔架的上法兰应靠近主吊车，尽量减少主吊车的移动。

f. 塔架在现场停放要距离地面至少 5～10cm，避免塔架外壁油漆损坏。

g. 塔架卸货完毕后，进行全面的质量验收并做记录。塔架卸车示意图如图 2-19 所示。

图 2-19 塔架卸车示意图

h. 塔架卸车工机具。

2）机舱卸车。

a. 机舱运输车辆到了施工现场，停在锚栓件附近指定位置。

b. 机舱使用 1 台 260t 汽车式起重机卸车。

c. 机舱卸车时，要确保地面的承重力，否则，需用枕木支撑来减少单位面积的载荷，同时要求不能损坏运输工装。取下机舱运输防水布，叠放并存储好，以便运回设备制造厂；选定的汽车式起重机就位；打开机舱罩天窗并安装机舱吊装工装，在机舱机架平台吊耳 A、B、C、D 4 处分别安装 35t 卸扣和 40t 双眼吊带，检查吊具与内部设备不得有干涉，吊车稍微起吊使机舱脱离运输车板，开走运输汽车，然后缓慢放置机舱，拆卸 35t 卸扣和 40t 双眼吊带。

d. 机舱起吊卸车前，为了避免机舱旋转摆动碰到吊车损坏机舱外壳，使用两根 20m 左右的尼龙绳捆在机头和机尾可靠位置，设专人拉住。

e. 机舱卸车准备工作完毕后，起重指挥人员指挥车起吊。机舱起升到离车板平面

30cm 左右在起重指挥人员的指挥下，运输车辆从机舱底下离开。

f. 机舱卸车工机具。

3）轮毂卸车。

a. 轮毂卸车使用一台 70t 汽车式起重机。

b. 轮毂卸车离锚栓件 40m 左右，便于组装叶轮和主吊便于叶轮吊装的位置。

4）叶片卸车。

a. 叶片使用一台 70t 及一台 50t 汽车式起重机双机配合卸车。

b. 卸车前，叶片在车上进行外观质量验收并做记录。

c. 双机配合叶片卸车时必须双机动作一致，叶片保持平衡，避免出现叶片质量事故。

d. 叶片卸货时，使用尼龙吊带将叶片卸到预先指定的地方，起吊时应根据叶片的重心位置调整吊点到合适的距离，注意吊绳与叶片的后缘部位应安放叶片护具，摆放时应注意现场近期内的主风向，以免造成倒塌。

e. 叶片卸货，应选择专用软吊带，叶片采用 10t×12m 的吊带起吊叶片。

f. 起吊前，应在叶片的叶根和叶片主体靠近端面处适当位置固定保护绳索，在起吊过程中，设专人拉住保护绳索，用于控制叶片移动。

g. 叶片存放时，要保证叶片螺栓孔口封闭，防止叶片螺栓孔内进入石沙等杂物。

h. 叶片摆放在预先指定的地方，不能影响塔架、机舱的吊装。

图 2-20 叶片摆放示意图

i. 为防止叶片倾翻，摆放时应注意现场近期内的主风向，叶片顺风放置，且叶片根部呈迎风（主风向）状态，必要时用沙袋对叶片进行加固或采取有效措施，防止叶片随意摆动、损伤。叶片摆放示意图详见图 2-20。

j. 放置地势一定要选择较平坦的地方，若出现凸凹不平，则需要进行回填或开挖。如是沙土地或其他土质松软地，应夯实前支架及后支架摆放区域，避免前、后支架下陷，叶片不能接触地面，否则会损坏叶片。

k. 如果场地呈一定程度的坡度，且坡度方向与主风向一致，则顺风放；如果坡度力向与主风向不一致，让叶片的放置方向在风向和坡度方向上稍受力，以此来使叶片放置稳固。

l. 叶尖部位保护支架与叶片接触部位应进行必要的保护，叶尖部位的接触支架轮廓尽量与叶片保持最大接触，叶片和支架之间应放置适当的保护材料（如软橡胶垫、纤维毯等），避免叶片损坏。

4. 塔架安装

（1）塔底柜支架及塔底柜安装。在塔架吊装前应将塔底柜支架组合好，用吊车将电控柜和变频器安装到支架平台上，用螺栓将柜体固定牢固。吊装过程要注意柜体的安全，严格按照中船重工 H20-2.0MW 风力发电机组技术要求施工。

（2）塔架下段安装。

1）塔架下段吊装前，塔内清理干净。

2）清理塔架法兰和法兰上的螺栓孔，除去上面的毛刺。

3）检查塔架筒体是否变形：分别测量两个相互垂直方向的直径。

4）检验锚板的水平误差，水平度偏差小于或等于 2mm。

5）安装吊具：安装塔架专用吊具在塔架下段上法兰上，安装辅助吊耳到下法兰上。

6）下法兰上绑三根导向绳（均布）。塔架下段吊具安装示意图详见图 2-21。

图 2-21　塔架下段吊具安装示意图

7）塔架下段使用 1 台 SCC6500 履带式起重机主吊和一台 70t 汽车式起重机辅助吊装完成安装工作。塔架下段吊装示意图详见图 2-22。

图 2-22　塔架下段吊装示意图

8）塔架连接螺栓从法兰下面朝上穿入安装，螺母与垫片平面超法兰面安装。

9）塔架外爬梯安装，螺栓紧固。

10）连接螺栓力矩值按照设备厂家要求进行紧固。

（3）塔架中下段安装。

1）塔架中段使用 1 台 SCC6500 履带式起重机、辅助吊一台 70t 汽车式起重机双机配合完成吊装工作。

2）塔架中下段吊装前，塔内清理干净。

3）塔架法兰的清理。清理塔架法兰和法兰上的螺栓孔，除去上面的毛刺。塔架中段吊具安装示意图详见图 2-23，塔架中段吊装示意图详见图 2-24。

4）塔架中下段与塔架下段对接，上下两段的爬梯应对接精准。

图 2-23　塔架中段吊具安装示意图

图 2-24　塔架中段吊装示意图

5）塔架连接螺栓，从法兰孔朝上穿入，螺母、垫片平面朝法兰面进行安装。

6）塔架中段与塔架下段连接螺栓力矩值按照设备厂家要求进行紧固。

（4）塔架中段安装。

1）塔架中段使用主吊 1 台 SCC6500 履带式起重机、辅助吊一台 70t 汽车式起重机双机配合完成吊装工作。

2）塔架中段吊装前，塔内清理干净。

3）塔架法兰的清理。清理塔架法兰和法兰上的螺栓孔，除去上面的毛刺。

4）塔架中段与塔架中下段对接，上下两段的爬梯应对接精准。

5）塔架连接螺栓，从法兰孔朝上穿入，螺母、垫片平面朝法兰面进行安装。

6）塔架中段与塔架中下段连接螺栓力矩值按照设备厂家要求进行紧固。

（5）塔架中上段安装。

1）塔架中上段吊装方法和塔架中段吊装方法相同。

2）清洁塔架上段各法兰表面。

3）将放在中段上平台上的连接螺栓涂抹 MoS_2 后摆放在相应安装孔附近，配套用双垫片、螺母也应作对应摆放。

4）在梯子上绑好辅助安全绳。将机舱与塔筒连接螺栓、螺母、垫片，电动扳手及导电轨放在上段上平台上，固定好；塔架中段吊装示意图详见图 2-25。

（6）塔架上端吊装。

1）两台吊车缓缓提起上段塔架，完全成竖直状态后，拆下“上段下法兰吊耳”。

图 2-25　塔架中段吊装示意图

2）移动至高于中上段上法兰上方 10mm 处。

3）对称装上几个螺栓，放下筒体，装上所有螺栓，并用电动扳手预紧。

4）松开上法兰吊耳螺栓，组合后吊车将其吊至地面。

5）调整好液压扳手的力矩，对角线方向紧固下法兰螺栓。螺栓力矩分三次打到技术要求的力矩值。

6）塔架上段与塔架中上段对接，上下两段的爬梯应对接精准。

7）塔架连接螺栓从法兰下面朝上穿入安装，螺母与垫片平面超法兰面安装。

8）塔架上段与塔架中上段连接螺栓力矩值按照设备厂家要求进行紧固。

5. 机舱安装

（1）风速仪、风向标和支架安装。

1）安装风向标和风速仪支架必须是机舱在地面放置时进行，注意风向标和风速仪支架的方向，安装准确。

2）风速仪、风向标安装时，方向必须准确、牢固。风速仪支架及风向标、风速仪安装示意图详见图 2-26。

图 2-26　风速仪支架及风向标、风速仪安装示意图

（2）机舱安装。

1）机舱吊装前，将机舱与叶轮连接的螺栓、垫片都放在机舱内部固定好。

2）机舱吊装前，机舱法兰上的油、灰尘清理干净。

3）机舱前侧和后侧安装两根 ϕ20×120m 左右的麻绳，预防机舱起吊过程中旋转碰到吊车主臂，出现质量和安全事故，并设专人拉住控制机舱的旋转。

图 2-27 机舱吊装示意图

4）机舱吊装使用一台 1 台 SCC6500 履带式起重机主吊完成。机舱吊装示意图如图 2-27 所示。

6. 叶轮安装

（1）叶轮组装。

1）轮毂组装使用一台 70t 汽车式起重机和一台 1 台 SCC6500 履带式起重机完成。

2）将双头螺栓旋入叶片法兰内，螺栓涂 MoS_2。

3）将需用的螺栓、垫圈、螺母、MoS_2 放在轮毂内备用。

4）用吊带兜住叶片，用吊车吊起叶片。

5）对正标记位置，进行组对。

6）使用液压扳手（加长套筒），分三次力矩上紧螺栓，达到技术要求数据值。

7）叶片力矩完成后若不吊装则须将叶片旋转成 90°角。

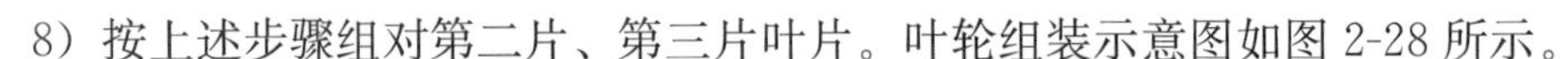

8）按上述步骤组对第二片、第三片叶片。叶轮组装示意图如图 2-28 所示。

图 2-28 叶轮组装示意图

（2）叶轮吊装。

1）叶轮吊装使用 1 台 SCC6500 履带式起重机主吊，一台 70t 汽车式起重机辅助吊装完成。

2）叶轮吊装，首先将专用吊具安装牢固，然后用两根 25t 圆形吊带、两个 25t Ω 形卡环与主吊吊钩连接。

3）使用 10t×12m 吊带一根、叶片护具一个，在叶片叶尖方向指定的位置安装牢固后辅助吊吊钩连接。叶轮吊装示意图如图 2-29 所示。

4）在第 3 个叶片上安装吊带，应尽量拉紧吊带，防止吊带向上滑动，损坏叶片，后

图 2-29 叶轮吊装示意图

缘用护具保护。

5）在主吊钩上拴一根导向绳，在叶轮处于竖直状态时，把垂下来的绳在下方的叶片上绕几圈，叶轮与发电机安装孔对准时朝减少上开口的方向拽紧，便于安装。

6）吊车同时起吊，主吊车慢慢向上，辅助吊车配合将叶轮由水平状态慢慢倾斜，并保证叶尖不能接触到地面。待垂直向下的叶尖完全离开地面后，辅助吊车脱钩，拆除叶片护具，由主吊车将叶轮起吊至轮毂高度。

7）机舱中的安装人员通过对讲机与吊车保持联系，指挥吊车缓缓平移，轮毂法兰接近机舱轴法兰时停止。

8）松开低速锁定，调整高速轴刹车制动螺栓，松开高速轴刹车，缓缓转动高速轴调整主轴位置，牵引绳配合吊车使两个叶轮导向螺栓穿入主轴法兰孔，锁紧高速轴刹车。

9）安装轮毂与主轴螺栓，上半圈螺栓按规定力矩紧固后，松开高速轴刹车，旋转叶轮，紧固下半圈螺栓。轮毂与主轴螺栓紧固完成后，拆掉叶轮吊具，安装人员由机舱顶部前出口进入轮毂，安装 3 个叶尖油管到主轴法兰处的四通上。

10）用绑扎带将叶尖油管固定到叶尖油管固定支架上。

11）安装叶轮转速传感器，注意：传感器与主轴锁定盘的距离保持在 3～5mm。

12）叶轮吊装后，带螺栓紧固一定程度后方可摘钩。

7. 电气安装

（1）电缆敷设。

1）放线。电缆在塔筒内敷设示意图如图 2-30 所示。

2）电缆固定。电缆在塔筒内固定示意图如图 2-31 所示。

3）预留弧度。电缆在塔筒内预留弧度示意图如图 2-32 所示。

（2）电缆接线端子压接（动力电缆、接地电缆）。

1）按接线端子进线孔的长度，在电缆端头剥出相应长度的线芯。

2）端子进口部分应倒角，若无倒角，需用圆锉或刮刀修锉，使其形成一倒角。

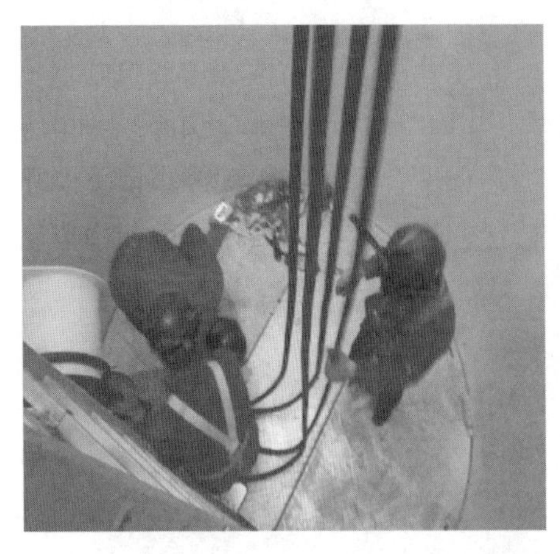

图 2-30 电缆在塔筒内敷设示意图

图 2-31 电缆在塔筒内固定示意图

3）涂导电膏，将线芯放至端子后，用压线钳压接两道。

4）用绝缘胶带、色带处理端子处。电缆在塔筒内连接示意图详见图 2-33。

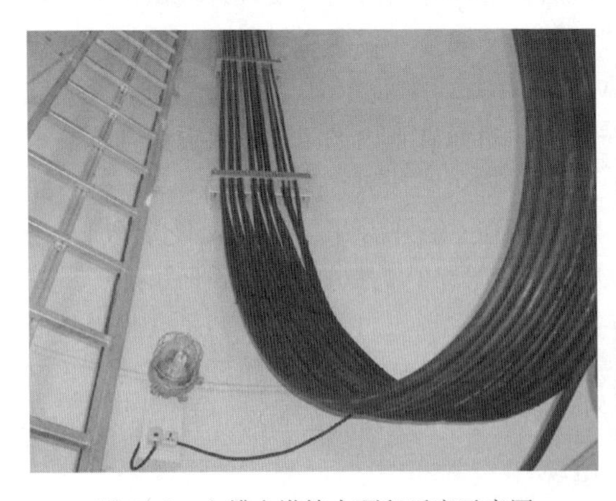

图 2-32 电缆在塔筒内预留弧度示意图

图 2-33 电缆在塔筒内连接示意图

四、工程进度计划

工程进度计划表（建议工期）详见表 2-38。

表 2-38　　工程进度计划表（建议工期）

序号	节点	完成时间
1	首台风力发电机组基础浇灌第一罐混凝土	首年 3 月 20 日
2	首台风力发电机组机组开始吊装	首年 5 月 1 日
3	全部风力发电机组吊装完	首年 8 月 30 日
4	集电线路及箱式变压器安装完	首年 8 月 28 日
5	全部风力发电机组机组并网发电	首年 9 月 30 日
6	全部风力发电机组通过 240h 考核	首年 10 月 31 日

（一）进度计划保证措施

为保证工期，必须对关键工序进行控制，因此制定保证工期的措施如下。

（1）开工前，对工程做充分组织和技术准备，编制完善的施工计划，做到工序流程科学合理，衔接紧密；施工人员分工明确，各尽其责，以保证工程顺利进行。

（2）加强与项目法人、设计单位的联系、沟通，保证设备供货，做好设备及材料从交接地点到现场的运输工作，如出现设备材料不能及时供货时，应尽快与项目法人联系，并合理调整工序及工期，保证工程顺利进行。

（3）充分协调好地方关系，文明施工，及时解决地方矛盾，确保施工渠道畅通无阻。

（4）利用微机信息处理系统，对工程工期、质量、安全、统计、财务、文件等科学管理，提高管理效率。

（5）充分保证工程对人员、设备、资金等方面的需求，加强材料管理，及时安排材料采购、检验、提货、运输、储存、保障供应，避免误工。

（6）在工程中全面贯彻 GB/T 19002《质量管理体系 GB/T 19001—2016 应用指南》（ISO/TS 9002），避免出现质量问题，保证施工顺利进行。

（7）加强培训工作，针对某工程特点，组织职工参加技术培训，提高业务素质，使之胜任工程要求。

（8）严格按照施工进度计划开展工作，根据工程中实际情况，用网络计划控制、调整、指导施工，实行网络动态管理，建立完善的工程质量、安全控制系统，实行工作前、工作中、工作后的有效控制。

（9）技术、质检、安检人员深入现场，及时解决施工中存在的问题，加快施工进度。

（10）采用先进的科学管理方法，编制施工进度网络计划，以工期总体控制为前提，用关键线路控制施工进度。必须组织阶段性计划，每一阶段必须坚持按计划完成。组织立体交叉流水作业，实行小节拍流水作业，增加工作面，实行工期动态管理，保证施工计划管理。

（11）做好劳动力的组织工作，随各阶段施工随时进行调整，灵活调动，形成动态管理。根据施工阶段劳动力的需要计划，及时安排劳动力进场。

（12）在施工中应努力保证资金和材料的供应，并建立定期的协调会制度，及时解决施工生产中出现的有关问题。认真编制材料需用计划，短缺材料及早准备，保证某工程的材料供应。

(13) 配备足够的混凝土搅拌、运输、浇筑机械及备用发电机，确保工程不因机械设备不足而窝工。施工机械设备的正常运转，是保证施工周期的重要因素。加强机械设备的维修保养，配备易损零部件，出现故障，及时组织抢修。合理组织施工，充分发挥机械设备的使用潜力，以提高机械设备的利用率。

(14) 施工现场实行统一安排、统一平衡进度，建立每周一次的现场各专业协调联席会制度，及时解决交叉作业施工中存在的问题，排除各种影响施工进度的因素。

(15) 切实改进施工工艺，努力提高工效，优先考虑采用机械化施工，以进一步提高劳动效率。合理安排施工、统一调度，充分发挥施工人员主观能动性，采用平面、立体交叉施工方法，确保施工任务的顺利完成。

(二) 施工项目进度控制系统

项目经理部为实现有效的进度控制，首先要建立进度实施、控制的科学组织系统和严密的工作，然后依据施工项目进度控制目标体系，对施工的全过程进行系统控制。正常情况下，进度实施系统应发挥监测、分析职能并循环运行，即随施工活动的进行，信息管理系统会不断地对施工实际进度的偏差进行调控，分析偏差产生原因，以及对后续施工和对总工期的影响，必要时，可利用进度控制目标留有余地的弹性特点，对原计划进度作出相应的调整，提出纠正偏差方案和实施的技术、经济、合同的保证措施，以及取得相关单位支持与配合的协作措施，确认切实可行后，将调整后的新进度计划输入到进度实施系统，施工活动继续在控制下运行，当新的偏差出现后，再重复上述过程，直到施工项目全部完成。

(三) 施工进度控制措施

(1) 将总进度计划张贴挂墙，使有关施工人员明确自己分管的分项工程施工的时间。

(2) 旬、月度生产计划的编制，必须以施工总进度计划为依据。各期计划的编制必须逐级保证，即旬度计划保证月计划实现，月计划须确保各单位工程施工总进度计划实现。

(3) 保证实现施工总进度计划的措施。

1) 根据施工总进度计划编制各时期的较为详细的实施作业计划，用以向参加施工班组下达任务。

2) 根据施工总计划和实施作业计划，编制各个时期的各种资源供应量计划。

3) 后勤供应情况是各个时期计划检查的重点。在定期召开的计划会议和调度会议上，后勤供应管理人员应详细汇报供应情况。

4) 在向班组布置任务或签订承包合同时，要对完成任务提出时间要求，并实施作业计划。

5) 各时期要编制实施作业计划方案，在施工过程中定期检查和协调各单位的配合关系。

6) 要经常和定期检查计划实施情况，包括工程形象进度、资源供应管理工作进展。在实施过程中，如偏离计划，应分析原因，果断地进行调度，确保关键工序计划执行。

7) 精心组织，精心施工，拟定切实可行的施工进度计划，要层层分解落实，做到既有长远计划，又有短期目标，将总计划分成若干个流水段控制目标，各控制目标都要详细排列单独计划，环环紧扣不松懈，计划要讲究科学性、合理性和可行性。同时继续贯彻使用日历网络法，明确时间参数和日历的关系，特别是“最迟必须完成时间”必须要保证确保既定计划的实现。

（四）施工进度具体实施

（1）根据工程需要，提前配备足够钢材、钢模等周转材料，同时配备齐全的垂直运输机械和施工机械，既缩短工期，又大量节约人力，也加快了工程进度。

（2）根据工程进度计划控制点，投入充足的劳力，必要时加班加点，甚至日夜连续作业。

（3）启用经济杠杆保证和促进工程进度计划的实现，奖提前、罚延期。

（4）注意机械设备事前检查维修，使用时能正常运转，派专人跟踪检查，使用结束后，注意检修、保养。

（5）在劳力、物力方面安排要富余，让计划有提前的余地。

（6）向全体施工人员进行广泛宣传，以增强责任感、荣誉感，激励斗志，使他们全力以赴到工程建设中去。

第三章 海上风电场

海上风电具有资源丰富、发电利用小时数相对较高、技术相对成熟的特点，是新能源发展的前沿领域，是我国沿海省份可再生能源中最具规模化发展潜力的领域。与陆上风电项目相比，海上风电项目的选址由陆地转移到了海洋。对于总图专业设计人员来说，海洋是个全新的领域，目前国家海洋建设的相关政策、规范和规划正在不断完善中。总图专业设计人员在进行海上风电场选址、规划时，一方面要遵守现有的海洋相关政策、规范和规划，另一方面也要加强与海洋相关部门和审查单位沟通，本着节约集约用海的原则，对项目进行优化。随着我国第一批海上风电项目的陆续投产，我国在海上风电项目的场址选择、总体规划、微观选址、总平面布置以及施工组织设计等方面积累了一定的经验和教训。

第一节　海上风电场场址选择与总体规划

海上风电场选址及规划是海上风电项目建设的首要任务，选址及规划是根据场址区域自然条件和建场条件，从风能资源、海域使用、接入系统、环境保护、功能区划等多方面进行分析、筛查，力求遴选出的风电场址满足资源条件、技术可行、经济合理及环境影响较小等要求。

海上风电场选址及规划工作是工程设计中的一个重要组成部分，是一项综合性、政策性很强的工作，需要由各相关专业共同协作才能完成。总体规划工作要有全局观念，要从工程建设的合理性，工程技术的先进性，工程投资的经济性，技术发展的可行性，工程施工的便利性、安全性等方面进行全面衡量、综合考虑，要处理好总体和局部、近期和远期的关系，综合各种因素合理规划场址，协调好与场址区域相关各方的关系，与周边环境相适应。

一、场址选择及总体规划的基本原则

海上风电项目进行场址选择及规划设计时要遵循以下设计原则。

（1）海上风电场的建设要以节约和集约利用海域资源为原则，要满足当下最新法律、法规及规章对应的用海要求。

（2）分析海上风电场区域风况特征，在平均风速、风功率密度等风况参数优越、风能资源丰富的区域选址。

（3）海上风电场场址选择要符合海洋功能区划、海岛保护规划、海洋生态红线以及海洋环境保护规划的要求，优先选择在海洋功能区划中已明确兼容风电的功能区布置，一般不得占用港口航运区、海洋保护区或保留区等功能区；海洋功能区划中没有明确兼容风电功能的，应当严格科学论证与海洋功能区划的符合性，不得损害所在功能区的基本功能，

避免对国防安全和海上交通安全等产生影响，并与其他用海相协调。

海上风电场具有占用海域面积大、立体化用海（海底、海面和海面领空）、风电场群（一片区域有多个海上风电场）和网络化用海（海底电缆纵横交错）的特征，导致海域利用的破碎和排他性，因此海上风电开发需寻找适合的用海位置，并与其他用海相协调。

（4）海上风电场需要按照生态文明建设要求，统筹考虑开发强度和资源环境承载能力，原则上应在离岸距离不少于10km、滩涂宽度超过10km时海域水深不能少于10m的海域布局。在各种海洋自然保护区，海洋特别保护区，自然历史遗迹保护区，重要渔业水域，河口，海湾，滨海湿地，鸟类迁徙通道、栖息地等重要、敏感和脆弱生态区域，以及划定的生态红线区内不能规划布局海上风电场。

目前在海洋功能区划中基本没有明确海上风电工程的使用区域，在不占用自然保护区的前提下，海上风电场一般位于农渔业区，并做到不损坏农渔区的基本使用功能，如果在自然保护区周边开发建设的海上风电场，不能对保护区产生影响。当对保护区有影响时必须进行专题论证，分析海上风电场对保护区的影响程度。

海上风电场对海洋生物的影响主要有风力发电机组噪声和振动噪声，另外风力发电机组的电磁辐射可能会令海洋生物产生迷途。风力发电机组噪声主要考虑运营期的风力发电机组（结构）的影响。风力发电机组噪声经水面折射、反射后，对海洋生物影响不大，噪声对海洋生物的影响范围，以其衰减到海洋噪声本底值为准；因此可以考虑以此来评价风力发电机组与敏感区的距离关系。噪声敏感动物的实验结果表明风力发电机组振动噪声对石首科的影响较大，如大黄鱼、小黄鱼等。

海上风电场虽然一般位于农渔业区，但会影响到渔船的捕鱼活动以及近海的渔业养殖空间，直接影响到渔民的利益，为了减轻与渔业作业和资源的矛盾，建议海上风电场尽量避开重要渔业保护区，特别是施工时间，尽量避开海洋鱼类产卵高峰期。

海上风电场如果处于候鸟迁移路线和保护区附近时，据有关研究表明，鸟类在不良天气状况下会与风力发电机组碰撞造成伤害和死亡，电磁场会扰乱干扰鸟类方向感，可能会使候鸟迷途，风力发电机组叶片反射阳光会刺伤鸟类眼睛，风力发电机组也可能会让候鸟不敢在附近海域降落，影响当地鸟类繁殖、筑巢和觅食，导致鸟类不得不离开栖息地。因此，海上风电要尽量避开鸟类保护区，避免在候鸟迁移路线上。

（5）海上风电场不要压覆重要矿产资源。

（6）海上风电场要避开军事用海区，并符合国防安全的要求。

（7）海上风电场要与已有海底管道、光缆、电缆、海上平台等海洋工程设施保持安全防护距离。

（8）海上风电场要与锚地和航路保持安全距离，同时要避免对附近航路船舶的磁罗经、雷达、甚高频通信（VHF）、船舶自动识别系统（AIS）以及岸基雷达站和AIS、海岸电台的信号造成影响，满足雷达探测的要求，当不能避免时，要进行专题论证。

通过调研和分析国内已建和在建的海上风电场的运行和通航论证专题报告，并且通过咨询国家海事局以及相关的省市海事主管部门，海上风电场与锚地和航道的安全距离较难确定。结合国内外的一些研究资料理论数据和通航论证的评价方法，风电场至航道按照航道有效宽度的2～3倍控制；与港外航路按照船型进行评价，可按照不小于2 n mile控制；考虑船舶无动力漂移距离，与锚地的距离按照不小于1km和船型的3～5倍船型长度控制，具体计算原则要满足《海上风电场选址通航安全分析技术指南（试行）》（海通航函〔2021〕1608号）的要求。

（9）海上风电场场址不能选在海底滑坡、发震断裂地带以及地震基本烈度为9度以上的地震区，并宜避开海底地形复杂区域。

（10）海上风电场选址要考虑海洋水文、灾害性气候条件和不良地质条件等对风电场的不利因素。

（11）海上风电场工程总体布置还要符合下列要求。

1）场区方位，要结合海洋功能区划和建场区的外部条件及场址制约因素，因地制宜地确定。场区外形不宜强求方正。场区位置要处于地质构造相对稳定的地段，并避开活动性大断裂区。

2）根据海上风电场建设规模、离岸距离、海底电缆登陆点及路由、接入系统条件、海洋水文气象条件、海床条件、集电方案、运行检修和投资等因素，确定海上升压站位置和数量。

3）根据岸线规划、海底电缆路由、接入系统及送出线路路径、运维码头、风电场运行值班等因素，确定陆上变电站、集控中心以及海底电缆登陆点位置。

4）根据风电场位置、航运条件及建设条件等因素，确定运维和施工基地位置。

5）满足施工期船机设备通道和运行维护船舶通道的要求。

6）结合陆上变电站、集控中心、运维基地规划确定辅助和附属设施位置，并应满足交通运输要求。

（12）相邻的两个海上风电场场区之间宜留有风能资源恢复带。

两个海上风电场工程场区之间宜留有风能资源恢复带，用于减小两个相邻风电场之间的相互影响。该条带可用于通航及作为其他邻近项目的海底电缆通道。根据已建项目的经验，两个海上风电场之间的风能资源恢复带宽度一般不小于3km。

（13）海上升压站潮位设计重现期为100年，风力发电机组基础、运维码头的潮位设计重现期为50年。受江、河、海、湖风浪潮影响的区域要设置可靠的防洪措施，其场地标高、基础顶标高、码头面标高或防洪堤、防浪墙的顶标高按设计洪、潮位加50年一遇波列、累积频率1%的浪爬高和0.5m的安全超高。

陆上变电站、集控中心的洪水、潮位设计标准如表3-1所示。

表3-1　站址防洪（潮）标准

工程等别	规划容量（MW）	电压等级（kV）	重现期
Ⅰ	≥300	110、220	50～100年一遇
Ⅱ	<300 ≥100	110、220	50～100年一遇
Ⅲ	<100	110及以下	30～50年一遇

（14）海上风电项目宜采取连片规模化方式开发建设。除因避让航道等情形以外，宜集中布置，不能随意分块。规划建设海上风电项目较多的地区，风电场要集中布局，统一规划海上送出工程输电电缆通道和登陆点，集约节约利用海域和海岸线资源。

（15）海底电缆穿越其他开发利用活动海域时，海底电缆要适当增加埋深，避免用海活动的相互影响。在符合《海底电缆管道保护规定》（中华人民共和国国土资源部令 2004 第 24 号）且利益相关者协调一致的前提下，可以探索分层确权管理。

二、场址选择与总体规划

海上风电场场址选择与总体规划要在充分调查研究和掌握现场资料的基础上，深入进行前期工作研究，使建场外部条件落实到位，各方面的因素考虑得全面，主次因素把握得当，能够准确把握选址重点，则风电场后期建设就可获得投资省、建设快、运行费用低、收益高的效果。

具体而言，要做好场址选择与总体规划，首先要做好以下几方面工作。

（1）掌握相关的法律、法规、产业政策、规程规范等。

（2）熟练掌握并能够灵活运用总图运输专业理论知识，具有综合分析、把握设计重点、优化设计方案的技能。

（3）熟悉海上风电场主要生产工艺流程，了解各主要专业的技术方案、布置形式及具体要求。

（4）与相关利益方进行充分的沟通，了解建设方关于项目建设的想法及意见。

（5）深入现场切实做好调查研究，充分收集、掌握建厂相关资料。

（6）要培养全局观点、动态观点，对工程设计进行全方位把握，提升综合考虑问题的能力。

（一）场址选择与总体规划内容

场址选择与总体规划主要在宏观选址阶段进行风电场的选址及风电场各系统的综合规划。

海图和地形图是风电场规划设计各阶段均需要的基础资料，在进行场址选择与总体规划前需收集不小于 1∶250 000 的海图和 1∶50 000 的地形图，当受条件限制无法收集到高精度海图和地形图时，根据具体情况也可以低于 1∶250 000 海图及陆域交通图等代替。

根据各阶段内容深度特点，场址选择与总体规划在图纸中主要表示以下内容。

（1）场址具体位置（边界坐标）、标注场址（海上风电场）名称。示意风力发电机组及场内测风塔的初步布置。

（2）拟选登陆点与陆上集控中心站址规划。

（3）风电场高压送出海底电缆海域段路由规划，标注送出电压等级。

（4）登陆点至陆上集控中心段输电线路走廊规划。

（5）接入变电站位置，高压输电线路出线走廊规划，标注出线电压等级。

（6）风电场工程建设及其附近海域航道（水道）及习惯航路规划。

（7）风电场工程建设及其附近海域港口、锚地规划。

（8）风电场工程建设及其附近海域海洋保护区和生态红线规划。

（9）风电场工程建设及其附近海域海洋倾倒区、特殊利用区和保留区规划。

（10）登陆点区域岸线利用及保护规划。

（11）风电场工程建设及其附近海域油气田及其管线规划。

（12）风电场工程建设及其附近海域电力、电信、通信光缆规划。

（13）海上施工码头及后方施工基地区用地范围规划。

(14) 陆上集控中心施工区及生活区用地范围规划。

(15) 场址技术指标表，包括涉海面积，总用海面积及风力发电机组基础、海上升压站及海底电缆等分项用海面积，陆上用地面积，单位用海装机容量指标等。

(二) 场址选择与规划步骤及具体要求

场址选择与规划是一项综合性的工作，需要在掌握可靠的基础资料基础上，结合规程规范及工艺系统要求进行，宜遵循以下步骤。

1. 基础资料收集

基础资料根据其特性分为一般性基础资料和常用基础资料。一般性基础资料与工程项目密切相关，因项目的不同而不同，具有很强的针对性，是进行场址选择与总体规划的基本资料；常用基础资料具有广泛的适用性，是进行场址选择的辅助资料，多为相关行业规程、规范、条例中与风电场设计相关的一些数据、规定，场址选择与总体规划应该遵照执行。

(1) 一般性基础资料。一般性基础资料的收集要结合工程项目，以做好选址规划为原则，从实际出发，减少盲目性。

一般性基础资料收资提纲见表 3-2。

表 3-2　一般性基础资料收资提纲

序号	项目	内　　容
1	地理位置	场址所在地的位置、地域名称
2	风资源资料	拟选址区域内风能资源观测数据（风速和风向梯度观测、气温、气压、湿度）。在工程阶段，需收集场址范围内至少连续 1 年的现场风能资源观测数据，收集的有效数据完整率应不低于 90%
3	气象资料	参证测站（尽量为海洋测站）气象资料及灾害记录，热带气旋资料
4	电力系统	规划风电场所在地区的能源资源及开发状况、电力系统现状及发展规划
5	海洋气象	海洋观测站基本情况（位置、高程、仪器等）和不少于连续 20 年的年极值波浪（波高、周期、波向、波型）、年极值潮位（高、低潮位）资料或已有波浪、潮位资料整编成果。 若受海冰影响，应收集相关海冰资料，包括最大浮冰块水平尺度、浮冰漂流速度和方向、冰厚、海冰堆积高度等
6	海底管线	场址海域及其附近的海底电缆、光缆 、油气管线、建（构）筑物现状分布及规划资料
7	海域情况	行政隶属关系、矿产资源分布情况、海岛保护规划、海岸规划，海洋主体功能区规划及海洋功能区划、海洋经济发展规划、海上风电工程规划或发展规划
8	土地情况	土地利用总体规划、城市规划（总体规划、分区规划、控制性详细规划及专项规划国土空间规划资料）等
9	自然环境与环境保护	风景名胜保护区、自然保护区级别及范围，生态红线区划，以及其他环保部门对风电场的具体要求
10	文物古迹	文物古迹级别、范围及对风电场建设的限制要求
11	机场、电台、通信装置、地震台、军事设施	机场、电台、通信装置、地震台、军事设施级别、范围及对风电场建设的限制要求
12	已有发电设施、变电站	已有发电设施机组容量及主要工艺方案，已有变电站（规划变电站）位置、电压等级、进线情况，电厂出线走廊可能路径

续表

序号	项目	内　　容
13	地形图	风电场所在海域1：250 000以上海图、风电场涉及陆上区域1：50 000以上地形图。条件受限，海图比例要求可适当减小比例要求
14	油气田	场址附近油气田种类、分布范围，近远期开采规划
15	洪水、内涝	当地市镇防洪标准，设计水位标高，历史洪水、内涝情况，当地防洪（涝）措施
16	海洋海岸	海岸标高，频率为1%（或2%）的高潮位，重现期为50年累积频率1%的浪爬高，当地挡潮防浪设施状况及规划； 海陆分界线定位
17	陆域综合交通	场址所在区域综合交通情况，包括铁路、公路等
18	海上交通	船舶航路规划及最近一年海域交通流量监测资料； 场址附近的船只类型和航行路线，包括习惯航路、定线制航路、水道等。航道里程、航道宽度与深度、允许通行船只的吨位及吃水深度。现通航船只吨位、形式、尺寸及吃水深度
19	港口与锚地	风电场周边港口、锚地基本情况等； 码头地点、装卸设施的能力、后方可利用场地等； 锚地等级、类别、规模、尺寸
20	施工条件	结合港口考虑施工场地的可能区位、码头吨位等； 现有铁路、公路、水运技术条件利用的可能性； 管桩及升压站等设施的制作基地
21	供水水源	江河湖海岸线情况［冲刷、淤积、水深及已有水工建（构）筑物、岸线规划］，专用水源情况（位置、标高、取排水口拟建位置）
22	人防与军事意见	当地人防部门、军事部门对风电场建设的要求
23	搬迁工程	陆上集控中心站址范围内建（构）筑物类型与数量、高低压输电线路、通信线路、坟墓、渠道、果木、树林等数量，拆除与搬迁条件
24	审查意见	本项目相关部门的审查纪要或审查意见

（2）常用基础资料。

1）机场净空及导航台相关规定。在机场附近规划建场时，应当遵守机场净空的规定，满足MH 5001《民用机场飞行区技术标准》的相关要求。不能修建超出规定的高大建（构）筑物。同时还要满足GB 6364《航空无线电导航台（站）电磁环境要求》中关于机场导航台、定向台对周围环境的要求，不能修建影响机场通信、导航的设施。

2）海底光缆的相关规定

根据YD 5018《海底光缆数字传输系统工程设计规范》，海底光缆相关要求如下。

a. 海底光缆线路路由选择。当所选择的海底光缆线路路由与其他海缆路由平行时，两条平行海缆之间的距离不能小于2n mile，与其他设施的距离需要复核国家的相关规定。

b. 海底光缆的敷设和工程设计要求。

a）深海区域使用深海型（无铠装）海底光缆。

b）浅海区域及登陆部分使用铠装型海底光缆。

c）在需要特别保护的地段可采用加粗钢丝铠装型或使用双层铠装型及特殊保护型海底光缆。

d）登陆部分的海底光缆要进行埋设处理，埋设深度根据工程的实际情况和要求确定，但一般小于 2m。

e）海底光缆在浅海地区一般采用埋设方式，埋设深度要按照工程的具体要求、海缆需要保护的程度和海底的地质情况等综合考虑，一般要求在我国大陆架 100m 水深之内的海底光缆的埋设深度不小于 3m，100～200m 水深之类的海底光缆的埋设深度不小于 2m。

2. 内业选址

基于海上风电场场址位置位于海域的特殊性，拟选场址海域场址信息的可达性、可视性均较陆上风电场选址苛刻，因此相较于陆上风电场选址，海上风电场内业选址更为重要及关键。

根据初步收集的基础资料，在现场踏勘、收资之前，先在已有的海图（比例尺 1∶50 000～1∶250 000）、场址区域海洋功能区划图、交通规划图等资料的基础上，根据规程规范，结合各地区能源发改等单位要求，在海图上进行初步的场址选择及总体规划，标出可能选址的位置，对场址方位、登陆点位置、送出海底电缆路由、陆上集控中心站址等进行初步规划。

3. 现场踏勘及资料收集

场址选择与总体规划与场址区域自然条件密切相关，现场踏勘及资料收集是做好选址规划的基础。鉴于海上风电场地理位置的特殊性，现场踏勘主要以登陆点及陆上集控中心的踏勘为主。

现场踏勘前根据已收集的基础资料及业内选址的工作情况，列出收资提纲。现场踏勘时尽可能携带地形图（或规划图、交通图），以对现场情况进行核对、修正、标注。

现场踏勘应做到“一看二问三记”。

“看”主要指细致观察场址区域地形地貌、地物特征、场址周围环境、场址周边设施等，以获得对登陆点及站址区域外部建厂条件的直观认识，强化设计人员对于项目建设的理解；其次，将在现场实地观察获得的外部建厂条件信息，与业内选厂阶段进行的初步规划方案进行比较，调整规划方案，使项目建设与周边环境结合得更好；再者，还要对已收集的基础资料进行核对、修正，特别要注意地形图的核对，因地形图测量时间常常较久远，出现图纸与现状不符的现象在所难免，要及时进行修正，当地形图与场址现状差别较大时，后期可通过实地测量来修正地形图。总之，保证基础资料的完整性及时效性，是做好选址及总体规划的基本前提。

“问”主要指通过沟通和询问了解基础资料没有提供的内容，如当地政府相关部门对于项目选址的意见，从土地利用、海域使用、城市规划的角度而言对项目建设有无特殊要求，场址周边设施现状及规划情况等。

“记”则是对现场了解的内容进行及时梳理、记录、标注，以便于后期查阅、补充、使用。

基础资料的完整性及时效性直接影响场址选择与总体规划的优劣，现场踏勘的目的就是为了提高基础资料的完整性及时效性。如果经现场踏勘资料收集不齐全，应将收资提纲提供给建设方，请建设方协助收集。

4. 初步确定场址范围

综合考虑规划风电场的风能资源、工程地质、土建工程布置、交通运输及施工安装条件，在风能资源分布图及海图上分析具备风电开发价值的区域，拟定风电场场址范围，并绘制各规划风电场场址范围图。

确定场址用地范围是一个非常复杂的工作，根据已收集的资料、现场踏勘情况，将影响场址布置的因素、不确定的因素在海图（地形图）上进行标识，特别要注意场址海域附近锚地、航道、生态红线、保护区、海底管线等以及陆上场址区域周边的河流、基本农田、高速铁路、高压输电线路、通信塔、布置有易燃易爆液体有害气体厂房或仓库、易燃易爆输气或输油管线、地下矿藏等，根据法律、法规、规程、规范、产业政策、地方规定等，针对外部建厂条件，逐项分析，对于上述影响场址选择与总体规划的因素，尽可能按照相关规定避让或采取相应措施，以生产安全、工艺顺畅、投资少、运行费用低为原则，初步确定场址范围。

在场址初步确定后，宜通过相关层级行政主管单位通过正式函件的形式或正式审查会审查意见的方式，将初定场址呈送相关海事、海洋、港口及军事等相关职能部门，并获取相应回函或审查意见。

在总体规划阶段，根据海上风电场初步布置方案，通过开展通航安全影响评估、海域使用论证、送出电缆桌面路由报告等专题的方式，进一步落实场址外部条件及用海范围。

5. 总体规划

在分析落实建厂外部条件的基础上，根据初步确定的场址位置，对海上风电场进行全场总体规划。全场总体规划要在场址选择审查意见的指导下进行，结合电厂外部建厂条件，根据场地自然条件、工程地质条件、海洋功能区划、城镇或工业园区规划、各组件运输方式、接入变电站位置、人流物流方向、海上交通运输流量、厂外管线路径等，结合法律、法规、规程、规范等相关要求，进行总体规划，特别要注意：

（1）风力发电机组排列布置的格局。风电场通过每台风力发电机组把风能转化为电能，风经过风力发电机组转轮后速度下降并产生紊流，沿着下风向一定距离后才能消除前一台风力发电机组对风速的影响。海平面由于粗糙度小，风力发电机组的尾流扩散小，影响距离长，因此前排风力发电机组对后排风力发电机组的尾流影响相对陆地大。

在布置风力发电机组时，应充分考虑风力发电机组之间相互的尾流影响，确定各风力发电机组的间距，把尾流影响控制在合理范围内。风力发电机组间距的变大会使风力发电机组间的尾流影响降低，但同时也会降低对风能资源的利用率，增加机组间电缆的长度，增大电量损耗。

在布置风力发电机组之前，需根据风力发电机组的制造水平、技术成熟程度和价格、产品可靠性及运行维护的方便程度，综合考虑海上风电场的自然环境、风况特征、风电场运输和安装条件，并结合风电场接入电网有关技术要求，确定某工程场址适用的机型。

在基本确定适用机型的基础上，风力发电机组排列需考虑场址周边情况。若场址周边近期无规划风电场址，则仅针对单个场址的风力发电机组排布候选区域，生成排布方案；若场址毗邻或周边已规划其他风电场址，则需要考虑不同场址间的相互影响，同时针对多个场址的风力发电机组排布候选区域生成综合性的排布方案。

根据场区内风资源分布特点，结合场区风向频率和风能方向频率等风资源分布特点确定，避开障碍物影响区域，充分利用风电场盛行风向进行布置，初步确定最佳朝向范围，划定粗略的阵列方位角，并初步选择风力发电机组间距进行布置。在规划的用海范围内，应尽可能在主导风向上加大风力发电机组行间距的同时，降低出现多排风力发电机组的结果。

风力发电机组排列布置更具体的内容详见本章第二节。

（2）海上升压站位置的确定。海上升压站的设置需根据风电场位置、总体规模、送出模式等因素确定。

离岸距离较近的风电场，在综合比较用海条件、送出通道可得性等技术经济指标后，可能采用不设置海上升压站的方式，通过风力发电机组集电海缆直接接入陆上集控中心的方式送出。

多个场址或者总体规模较大的单个大型海上风电场场址，在对送出方式、送出通道可得性及用海条件等因素进行分析后，可采用多个风电场联合设置大型换流站的方式，通过大容量集中直流送出。

由于国家对于海上风电场场址的规定及节约和集约用海的指导方针，采用风力发电机组集电海缆直接送出的方式已基本不可行。设置大型换流站，对于单个风电场开发成本较高，此类方式相对较少。

对于现阶段绝大多数海上风电场，为降低海底电缆的整体投资，在海上升压站布置上要考虑尽量缩短 220kV 送出海底电缆及 35kV/66kV 风力发电机组间集电海底电缆的长度，即升压站应设置在风电场中心或靠近陆地侧；为便于运维船只进入，升压站与运维船只码头间的可通航水域距离应尽量缩短。

（3）登陆点及陆上集控中心位置的确定。海底电缆登陆点与陆上集控中心的位置紧密联系，两者相互影响、相互制约。在尽量减少海底电缆迂回占用海洋资源的原则下，根据场址对应陆域岸线分布类型、地质类别及规划用地性质等确定登陆点的位置，并就近确定集控中心站址。

陆上集控中心站址布置还需考虑登陆点与其之间的进线通道及站址与接入系统变电站之间的送出通道。

（4）送出海底电缆路由的确定。根据起点-场址及终点-登陆点的相对位置，结合海洋功能区划、海底地形及地质情况、海底障碍物（如沉船）及预选海域能流及波能方向，初步选定技术上可行，经济上合理的送出海底电缆路由。

（5）施工基地的确定。海上风电场包括海上施工部分及陆上施工部分，施工现场覆盖范围较广，周边条件复杂。陆上区域可达性较好，施工条件优越、技术成熟；海上施工条件要求相对较高，后方场地、施工码头、施工窗口期条件均较陆上复杂，是海上风电场总体规划的重要一环。

施工基地要满足陆运货物中转、海上施工补给和风力发电机组设备、结构件及其他大件货物临时堆放以及风力发电机组组装等功能的要求。风力发电机组施工及安装的方式决定施工码头、船舶停靠泊位以及后方场地的大小及类型，施工基地的选址需根据施工安装方式布置在海上风电场场址周边有合适码头资源及后方场地、海陆运连接方便的区域。

6. 确定总体规划方案及装机容量

总体规划设计各个步骤之间不是完全独立，而是相互联系、相互影响的，进行格局规划要考虑外部设施，外部设施又会影响布置格局，好的总体规划设计必然要经过多次反复优化，多方案对比后以确定最优的总体规划方案。

根据总体规划方案，提出典型风电场机组布置原则，并对典型风电场进行风力发电机组初步布置，按节约和集约用海的原则，提出装机容量系数，并据此估算风电场的装机容量。

根据技术方案估算的规划装机容量要充分体现风力发电机组的当前制造水平和发展趋势，并符合相关法规及规章的最新要求。

海上风电场工程等别应根据装机容量和升压站电压等级分为三等，见表 3-3。

表 3-3　　海上风电场等别划分表

工程等别	工程规模	装机容量（MW）	升压站电压等级（kV）
Ⅰ	大型	≥300	110、220
Ⅱ	中型	<300 ≥100	110、220
Ⅲ	小型	<100	110 及以下

海上风电场工程等别参照 FD 002《风电场工程等级划分及设计安全标准》制定，当风电场分期建设时，按一座升压站对应的总装机容量来划分工程等别。

7. 场址技术经济指标

计算场址不同方案对应的“场址技术经济指标”，并在全厂总体规划图中予以列出。

用海计算要满足 HY/T 124《海籍调查规范》的要求。

（1）用海方式范围界定方法。共分为六大类用海类型。其中海上风电机组用海主要属于构筑物用海中的透水构筑物用海。

透水构筑物用海以构筑物及其防护设施垂直投影的外缘线为界。有安全防护要求的透水构筑物用海在透水构筑物及其防护设施垂直投影的外缘线基础上，以外扩不小于 10m 的保护距离为界。

（2）各类型综合界址界定方法。共分为九大类用海类型。海上风电属于工业用海中电力工业用海。

电力工业用海包括以下用海方式，其界址界定方法如下。

1）水下发电设施用海，以发电设施外缘线外扩 50m 距离为界，见图 3-1。

2）海上风电项目用海，单个风力发电机组塔架以塔架中心点为圆心，中心点至塔架基础最外缘点外扩 50m 为半径的圆为界，多个风力发电机组塔架，范围为所有单个风力发电机组所占海域范围之和，见图 3-2。

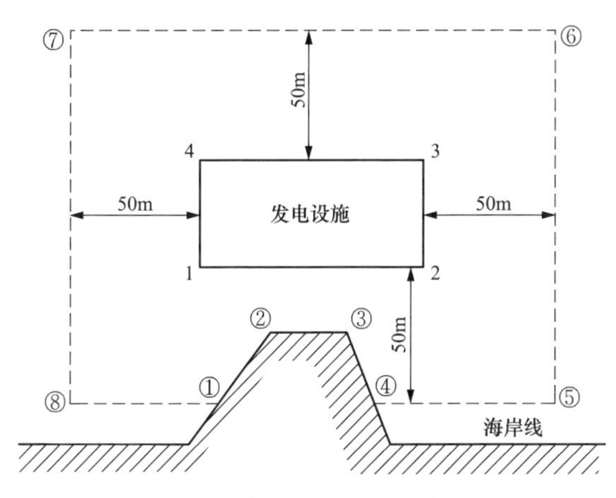

图 3-1　水下发电设施用海图

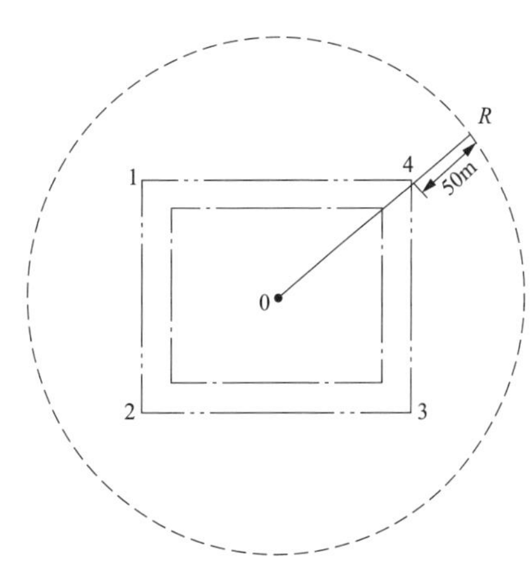

图 3-2　海上风力发电机组用海图

3）海上风力发电使用的海底电缆，以电缆管道外缘线向两侧外扩 10m 距离为界，见图 3-3。

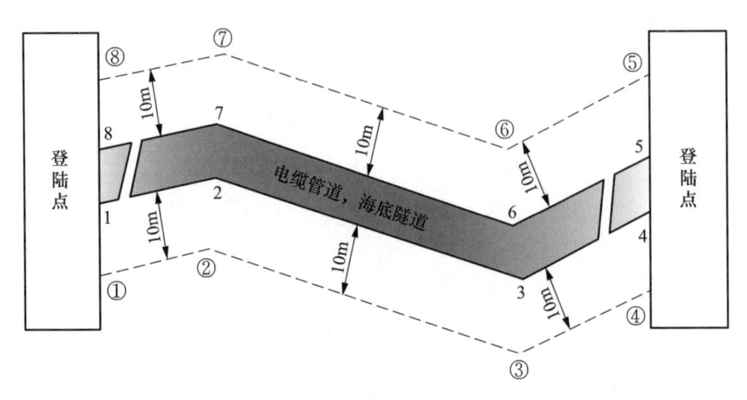

图 3-3　海底电缆用海图

注：1. 折线①-②-③-④-4-5-⑤-⑥-⑦-⑧-8-1-①围成的区域为本宗海的范围。其中电缆管道属海底电缆管道用海，用途为海底电缆管道；海底隧道属跨海桥梁、海底隧道用海，用途为海底隧道。

2. 折线 1-2-3-4 和 5-6-7-8 为电缆管道或海底隧道及其防护设施的外缘连线；折线①-②-③-④和⑤-⑥-⑦-⑧为电缆管道或海底隧道及其防护设施的外缘连线向两侧平行外扩 10m 的边线。

三、场址选择与总体规划中要注意的问题

（一）地形图的收集及信息

具有一定特性的地形图属于涉密测绘成果，总图运输设计人员应按照涉密测绘成果保密管理规定，认真履行岗位职责，不能以任何方式泄露国家秘密。

1. 地形图的收集

收集下列基础测绘地理信息时，需要向国家测绘地理信息局提出申请。

（1）全国统一的一、二等平面控制网、高程控制网的数据、图件。

（2）国家 1∶500 000、1∶250 000、1∶100 000、1∶50 000、1∶25 000 基本比例尺地图、影像图和数字化产品。

（3）国家基础航空摄影所获取的数据、影像等资料，以及获取基础地理信息的遥感资料。

（4）国家基础测绘地理信息数据。

收集下列基础测绘地理信息时，需要向所属行政区域测绘地理信息主管部门提出申请。

1）所属行政区域内统一的三、四等平面控制网、高程控制网的数据、图件。

2）所属行政区域内的 1∶10 000、1∶5000、1∶2000 等国家基本比例尺地图、影像图和数字化产品。

3）行政区域内的基础测绘地理信息数据。

（5）风力发电场坐标系统要与工程所在地的海事、海洋、国土、规划、水利等部门采用的坐标系统一致。工程所在地使用地方高程系统的，要与国家高程点联测，并计算出两个高程系统之间的换算关系。

由于海上风电场兼具海上、陆上两个特点，所收集的坐标及高程系统往往需要多套。海上各部门及用户习惯采用球面坐标系统或称大地坐标系统，常用经纬度表示。陆上区域的习惯坐标系统为平面坐标系统或称为格网系统，常用XY表示。

2. 涉密测绘地理信息

测绘地理信息多数属于涉密资料，使用时需严格遵照《中华人民共和国保守国家秘密法》的相关规定执行，切实保证涉密信息的安全。

（二）海洋生态红线区相关规定

海洋生态红线区指为维护海洋生态健康与生态安全，以重要海洋生态功能区、海洋生态敏感区和海洋生态脆弱区为保护重点而划定的实施严格管控、强制性保护的区域。根据海域生态环境特征，一般可划分为以下类别。

（1）海洋保护区。

（2）重要河口生态系统。

（3）重要滨海湿地。

（4）重要渔业海域。

（5）特别保护海岛。

（6）自然景观与历史文化遗迹。

（7）重要砂质岸线及邻近海域。

（8）沙源保护海域。

（9）重要滨海旅游区。

（10）珍稀濒危物种集中分布区。

（11）红树林。

（12）珊瑚礁等。

根据保护的限制可以将保护区分为禁止类和限制类保护区。

对于禁止类保护区实行严格的禁止与保护，禁止围填海，禁止一切损害海洋生态的开发活动；海洋自然保护区的核心区和缓冲区，海洋特别保护区的重点保护区和预留区作为海洋生态红线区的禁止类，按照《中华人民共和国自然保护区条例》和《海洋特别保护区管理办法》的相关要求，实行严格保护，禁止实施改变区内自然生态条件的生产活动和任何形式的工程建设活动。

对于限制类保护区除禁止围填海以外，可在保护海洋生态的前提下，限制性地批准对生态环境没有破坏的公共或公益性涉海工程等项目建设。海洋自然保护区的实验区、海洋特别保护区的资源恢复区和适度利用区、重要河口、重要滨海湿地、特别保护海岛、自然景观与历史文化遗迹、珍稀濒危物种集中分布区、重要滨海旅游区、重要砂质岸线及邻近海域、沙源保护海域、重要渔业海域、红树林、珊瑚礁、海草床红线区作为海洋生态红线区的限制类。

限制类的总体管控措施如下。

1）禁止围填海；

2）禁止采挖海砂；

3）不得新增入海陆源工业直排口；

4）严格控制河流入海污染物排放，海洋生态红线区陆源入海直排口污染物排放达标率达100%；

5）控制养殖规模，鼓励生态化养殖；

6）对已遭受破坏的海洋生态红线区，实施可行的整治修复措施，恢复原有生态功能；

7）实行海洋垃圾巡查清理制度，有效清理海洋垃圾。

海上风电场的场址要避让禁止类和限制类保护区，海底电缆路由要避让禁止类保护区，宜避让限制类保护区，如果实在避不开限制类保护区，要取得相关部门的意见及确认。

（三）周边设施对总体规划的影响

（1）对于场址区域周边有已建或已规划等其他场址的工程，需充分分析论证周边场址建设对某工程的影响，尤其是风力发电机组尾流、送出电缆路由通道的影响。

（2）对于场址周边有航道或者习惯航路的工程，需收集通行船舶的型号、尺寸、频率及习惯信息，必要时进行通航影响专题论证。

（3）对于场址周边有引航、候泊、检验检疫及避台等大型锚地的工程，需了解锚地停泊船舶的信息，包括船型、吨位、动力及锚地周边的水深、海流等信息进行适当避让，必要时可结合周边航道等统一进行相关专题论证。

（4）海上风电场场址涉海面积大，存在影响海陆空军事设施的可能，尤以对海上相关设施影响较为普遍，需在前期选址及总体规划阶段充分取得相关部门意见及确认，避免对总体规划甚至整个场址产生较大可能的颠覆性影响。

（四）与陆上城市规划和海上海洋功能区划等相关规划的关系

海上风电场工程具有海上陆上的双重特性。海上的场址及送出海底电缆需与海洋功能区划及海洋生态红线协调，在落实排他性用海功能之后，争取将海上风电场址纳入海洋功能区划中的功能用海中。同时，还需落实场址距离最近陆域海陆分界边界的现状及规划信息。

陆上集控中心站址与常规电厂或变电站类似，需根据土地利用总体规划、城市相关规划（最好为控制性详细规划）、周边工矿企业、乡村分布情况等，落实项目建设用地边界。

陆上集控中心站址为了登陆电缆接入的短捷，一般拟选址在靠近岸线区域，此区域在沿海发达地区多数位于繁华景观廊道附近或在次发达地区则多数为各类海产养殖区，用地均寸土寸金，无论对于站址还是登陆海底电缆通道都需要事前落实用地。尤其在多个工程集中统一登陆的情况下，通道的畅通与否严重制约工程的进度甚至站址的可行性。

在以往工程中曾出现前期阶段用地落实不到位，导致设计方案后期出现大的调整，严重影响工程进度，如：

1）某项目登陆点位于大湾区滨海景观廊道附近，前期初步在登陆点区域就近确定陆上集控中心站址，而在项目后续设计中发现近 2km 的岸线后方无法找到站址可用场地，初选站址颠覆，最终陆上集控中心设置在离登陆点 3km 外的用地上。

2）位于工业园区、港区的项目要符合该区域总体规划的要求，某项目位于港区内，由于前期工作不到位，站址占用了仓储区的位置，使得该项目总体规划不符合港区总体规划的要求，导致后期设计方案改动。

3）某市海域规划选址多个海上风电场址，为了集约节约用海，通过论证规定送出海底电缆统一集中登陆，多个工程在同一登陆点附近区域规划陆上集控中心。站址用地落实却忽略了电缆通道的规划容量，十多回先后建设的送出电缆需要接至站区，通道预留不足，导致后建工程送出电缆卡在最后 1km 难以建设。

4）海上风电场前期工作时场址满足“双十”规定，由于场址最近陆域的海陆分界边界填海工程，陆域向外海移动上百米，导致风电场场址与最新的陆域距离不足 10km，后期通过多方论证及调整方能满足相关部门要求。

（五）本期与远期规划的关系

风电场建设规模明确后，要立足将本期总体规划设计做到：方案合理、施工运行条件好、投资少、效益好，不能因为考虑远期规划，而大幅度增加本期工程建设投资或运行费用，更不能因为考虑远期规划造成本期工程总体规划不合理。在总体规划时，在控制工程投资的前提下，合理预留扩建的场地及通道。

（六）单位间的联系配合

对项目建设单位另行委托其他设计院设计的单项工程，如送出海底电缆工程、灯光及助航标识、港口码头等，主体设计院要对单项工程设计进行全过程协调、把控，避免后期因单项工程设计方案，引起电厂总体规划设计方案的调整或大的改动。

四、工程实例

某海上风电场位于我国南海海域，规划装机容量为 350MW，规划用海面积为 56km^2。南侧规划有其他场址，该规划场址规模及用海面积与本工程相同。本工程场址最近段距离陆域约 12km，最远端距离陆域约 25km，水深介于 16～29m 之间。

本项目一期建设 245MW，共布置 35 台 7.0MW 的风力发电机组，并设置 220kV 海上升压站一座，陆上开关站一座。

本工程采用两回 220kV 的送出海底电缆，由海上升压站送至陆域登陆点，再通过陆上电缆沟的方式，送至陆上开关站的 GIS 楼。

风力发电机组之间的集电海底电缆采用 35kV，共 9 回，将风力发电机组产生电能输送至 220kV 海上升压站。某海上风电场总体规划图详见图 3-4。

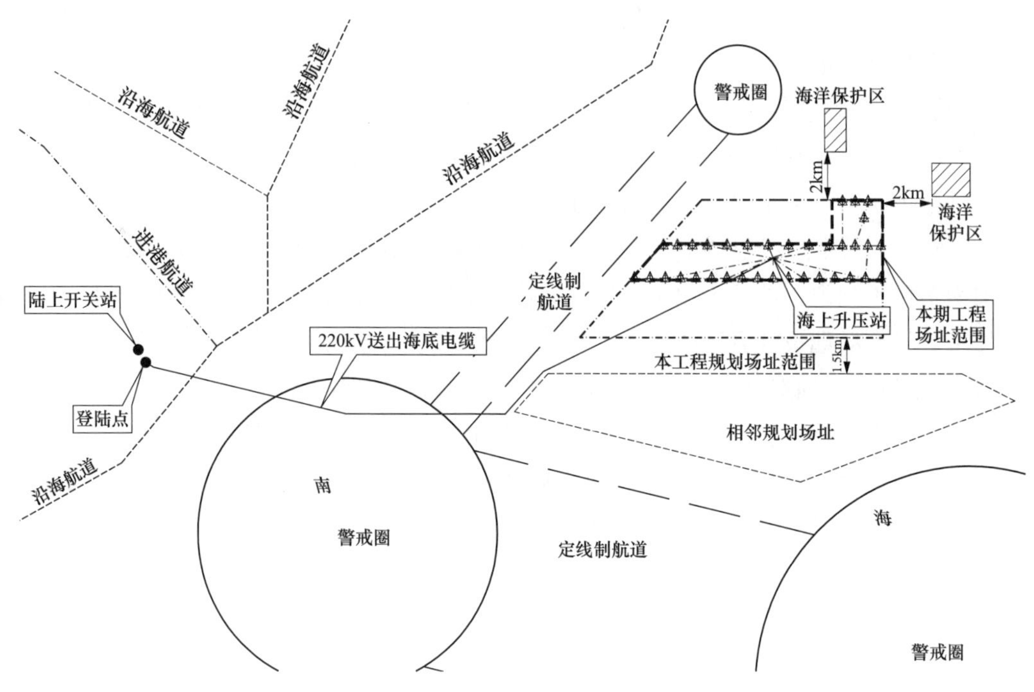

图 3-4　某海上风电场总体规划图

第二节　海上风电场微观选址

海上风电场微观选址是依据已选定的主机机型与风电场海域范围，根据工程海域的风资源、水文、海床、地质等现场资料，进行优化排布，并最终确定每台机组坐标位置的过程。海上风电场的微观选址工作，应在保证风力发电机组安全的前提下，取得工程经济性和集约节约用海的平衡。

相对于陆上风电场，海上风电场无地形起伏和植被的影响。但海上机组的尾流衰减更慢、影响距离更长，因此海上风电场现场的风资源评估与尾流计算对于海上风电场微观选址至关重要。另外，出于保证发电效益、方便后期运维、利于海缆布设与美观等方面的考虑，目前海上风电场微观选址方案多以阵列式排布为主。

一、现场测风塔

开展海上风电场风资源评估与微观选址工作，最重要的资料就是现场测风塔的测风数据。根据 GB/T 51308《海上风力发电场设计标准》的要求，海上风电场都要设置测风塔。

海上测风塔的测量参数包括风速、风向、温度、大气压、湿度等。测风塔的测量高度宜高于预装风力发电机组轮毂高度。

测风塔的数量和位置需要根据海上风电场的范围、位置及周边环境的影响等因素综合考虑。通常对于潮间带及潮下带滩涂风电场的测风塔控制半径不宜超过 5km，其他海上风电场测风塔控制范围不宜超过 10km。为避免周围环境对测风塔实测数据的影响，测风塔安装点周围要开阔，避开桥梁、海上钻井平台、海岛等障碍物，与障碍物距离要大于 30

倍障碍物的高度。

目前常用的海上测风塔为海上自立铁塔，并布置接触性传感器开展测风工作，如图 3-5 所示。为防止自立铁塔对测风传感器造成的塔影影响，每个测风层至少设立两套独立的风速、风向传感器，两套传感器各自的支臂朝向可根据当地冬季、夏季的主导风向设置。在选择接触性测风传感器时，风速、风向传感器要满足以下精度要求。

（1）风速传感器：测量范围宜为 0～70m/s，分辨率不超过 0.1m/s，测量误差小于±0.5m/s，启动风速小于 0.5m/s。

（2）风向传感器：测量范围为 0°～360°，分辨率不超过 0.5°，测量误差小于±1°，启动风速小于 0.5m/s。

一些深水区海上风电场的前期测风工作，基于工期或建设成本的考虑，也有采用激光雷达等遥感式测风，如图 3-6 所示。采用激光雷达测风时，可采用固定式基础，也可以采用漂浮式基础。选用遥感式测风设备，仪器要满足精度、稳定性和可靠性的要求，分辨率不大于 0.1m/s，测量误差不超过±0.3m/s，风向精度为±2°，数据采样率小于 3s，观测盲区不宜大于 40 m。建议在正式测风前与自立铁塔的接触性测风设备进行同步对比观测，确保设备满足精度要求。

图 3-5　固定式海上测风塔实物图

图 3-6　漂浮式海上激光雷达实物图

目前风电场测风数据的收集、传输一般采用自动方式，同时还可以远程监控。因此，在风电场测风运行期间，要随时注意测风数据、测风设备运行、数据传输是否正常，一旦发现异常，要及时进行处理。

二、风资源评估

风资源评估是海上风电场主机选型、机位排布、发电量效益计算以及基础结构设计等工作的重要依据，对风电场的经济性与安全性都有着重要影响，是海上风电场微观选址最重要的前置工作之一。

（一）测风数据的处理

在开展风资源评估之前，要对收集到的现场测风数据开展数据验证与处理工作。

数据的验证主要对提取的测风数据进行检查，判断其完整性和合理性，挑选出不合理的、可疑的数据以及漏测的数据，对其进行适当的修补处理，从而整理出较实际合理的完整数据以供进一步分析处理。

通常数据验证工作要在测风数据提取后立即进行。检验后列出所有可疑的数据和漏测的数据及其发生时间。对可疑数据进行再判断，从中挑选出符合实际的有效数据放回原数据中。按照海上风电场相关规范的设计要求，现场测风的有效数据完整率要达到90%以上。有效数据完整率按下式计算，即

$$有效数据完整率=\frac{应测数目-缺测数目-无效数据数目}{应测数目}\times 100\% \tag{3-1}$$

式中 应测数目——测量期间预期应记录的数目；

缺测数目——没有记录到的数目；

无效数据数目——确认为不合理的数目。

对于无效数据与缺测数据，需要进行数据插补。风速数据插补可选用廓线法、线性相关法和相关比值法。短期观测数据插补的参照数据与方法的选用要符合GB/T 37523《风电场气象观测资料审核、插补与订正技术规范》的规定。

经过数据的验证与处理后，整理出至少连续一周年完整的风电场逐时测风数据。

由于风资源年际变化影响，现场测风塔的观测时段往往不是当地平风年的风资源情况。因此，在收集现场测风数据后，还要根据附近长期气象、海洋参证站的测风数据，对现场测风数据进行长年代订正，将现场测风数据订正为一套反映风电场长期平均水平的代表年风况数据。

（二）风资源特征参数计算

1. 风速

平均风速是反映风资源情况的重要参数，它是最直观简单表示风能大小的指标之一。平均风速可以是小时平均风速、月平均风速或年平均风速，平均风速的计算公式为

$$\overline{v}=\frac{1}{n}\sum_{i=1}^{n}v_i \tag{3-2}$$

式中 $\overline{v}$——平均风速；

n——统计时间内统计的次数；

v_i——统计时间的风速。

通常除需要计算各高度层的平均风速外，还需要统计分析风速的年变化和日变化。风速年变化是风速在一年内的变化，可以看出一年中各月风速的大小。风速的日变化是指风速不同时段平均风速的变化趋势。

2. 风切变指数

在近地层中，风速随高度有显著的变化，通常用风切变指数来反映风速随高度的变化情况。风电场的风切变指数要根据测风塔不同高度相同安装方向的实测风速资料计算确定，计算公式为

$$a=\frac{\lg(v_2/v_1)}{\lg(z_2/z_1)} \tag{3-3}$$

式中　a——风切变指数；

v_1——高度 z_1 的风速，m/s；

v_2——高度 z_2 的风速，m/s。

3. 风功率密度

风功率密度是气流垂直通过单位面积（风轮面积）的风能，它是表征一个地方风能资源多少的指标。风功率密度按下式计算，即

$$D_{\mathrm{WP}}=\frac{1}{2n}\sum_{i=1}^{n}(\rho)(v_i^3) \tag{3-4}$$

式中　D_{WP}——平均风功率密度，W/m²；

n——在设定时段内的记录数；

ρ——空气密度；

v_i——第 i 记录的风速值。

4. 湍流强度

湍流是指风速、风向及其垂直分量的迅速扰动或不规律性，是重要的风况特征。气流中的湍流不但减少了可被利用的风能，而且增大了风力发电机组的疲劳荷载，对风力发电机组性能和寿命有直接影响。湍流强度按下式计算，即

$$I_{\mathrm{t}}=\frac{\sigma}{v} \tag{3-5}$$

式中　I_{t}——湍流强度；

σ——10min 风速标准偏差，m/s；

v——10min 平均风速，m/s。

5. 风向频率玫瑰图

依据现场测风塔获取的不同高度层的风向数据，可以绘制风向玫瑰图。风向玫瑰图是表示风在不同方向分布的图，海上风电工程中，通常将其分成 16 个等分扇区，以代表不同的风向。风向玫瑰图可以确定主导风向，对于海风电场风力发电机组位置排列起到关键的作用。

某海区风向玫瑰图如图 3-7 所示。

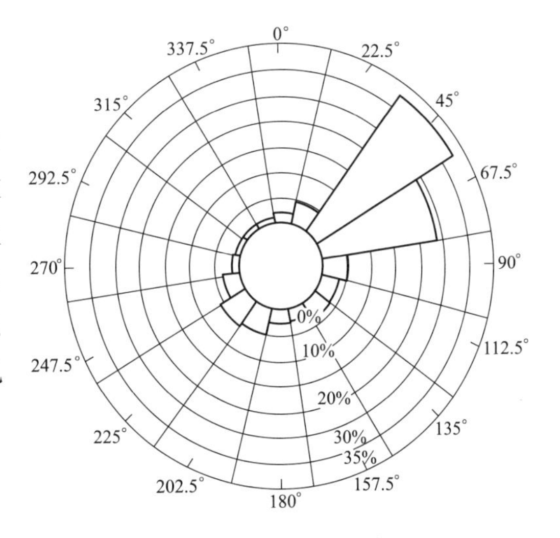

图 3-7　风向玫瑰示意图

6. 设计风速

50 年一遇的设计最大风速（10min 平均）和极大阵风风速（3s）是风力发电机组选型的重要依据，也是机组荷载计算的重要输入。50 年一遇极大阵风风速可由 50 年一遇设计最大风速乘以阵风系数得到。

风电场预装风力发电机组轮毂高度 50 年一遇 10min 平均最大风速可由以下方法计算得到。

(1) 当采用气象参证站年最大风速推算时，要首先计算气象站 50 年一遇最大风速，再结合区域大风调查，建立气象站与风电场预装风力发电机组轮毂高度大风时段的风速相关关系，推算风电场预装风力发电机组轮毂高度 50 年一遇 10min 平均最大风速。

(2) 当采用风电场所在地 50 年一遇基本风压值推算时，气象站和测风塔大风时段相关系数不小于 0.7。风电场离地 10m 高 50 年一遇 10min 平均最大风速按下式计算，即

$$v_0=\sqrt{2000W/\rho} \tag{3-6}$$

式中 v_0——10m 高度 50 年一遇 10min 平均最大风速，m/s；

W——风电场所在地 50 年一遇基本风压，kN/m^2；

ρ——气象站的多年平均空气密度，kg/m^3。

再采用利用风切变推算风电场预装风力发电机组轮毂高度 50 年一遇 10min 平均最大风速。

(3) 当采用极端风速模型推算时，风电场预装风力发电机组轮毂高度 50 年一遇 10min 平均最大风速按下式计算，即

$$v_{e50max}(z)=1.25\times v_{e1max}(z) \tag{3-7}$$

$$v_{hubmax}=v_{e50max}(z)\times\left(\frac{z_{hub}}{z}\right)^{0.11} \tag{3-8}$$

式中 z——参考风速高度，m；

v_{e1max}——高度 z 处 1 年一遇 10min 平均最大风速，m/s；

v_{e50max}——高度 z 处 50 年一遇 10min 平均最大风速，m/s；

z_{hub}——风电场预装风力发电机组轮毂高度，m；

v_{hubmax}——风电场预装风力发电机组轮毂高度处 50 年一遇 10min 平均最大风速，m/s。

受热带气旋影响的海上风电场，还要分析热带气旋移动路径、强度、影响时段、最大风速及变化特性，绘制热带气旋移动路径示意图。受热带气旋影响严重的海域宜进行热带气旋专题研究。

7. 威布尔分布

通常用威布尔分布来描述风速分布的统计模型。威布尔分布是泊松三类分布的特殊形式。在威布尔分布中，风速的变化由两个函数来描述，即概率密度函数与累积分布函数。

概率密度函数 [$f(v)$] 表示风在给定的速度 v 下的时间百分比，其表示公式为

$$f(v)=\frac{k}{c}\left(\frac{v}{c}\right)^{k-1}e^{-(v/c)k} \tag{3-9}$$

式中 k——威布尔分布的形状参数；

c——威布尔分布的尺度参数。

风速 v 的累积分布函数 $F(v)$ 表示风速小于或等于 v 的时间百分比，是概率密度函数分布的积分，表示公式为

$$F(v)=1-e^{-(v/c)k} \tag{3-10}$$

三、风电场微观选址工作内容

(一) 基础资料整理

海上风电场微观选址需根据工程海域的风资源、水文、海床、地质等现场资料，将选

定的主机机型，按照规定的风场范围和容量进行优化排布，并最终确定每台机组的坐标位置。为此，需要提前收集和整理以下机组资料。

1. 风资源评估数据

根据风资源评估的要求，整理轮毂高度处的风资源资料，包括风速及风向序列、风速频率分布、风向频率及风能密度方向分布、空气密度、湍流强度、风速-风向联合频率分布、湍流强度-风向联合频率分布等风能资源评估资料。

2. 风力发电机组资料

根据海上风电场主机选型的成果，确定风电场选用的主机机组，并收集风力发电机组的基础资料。包括机组额定功率、叶轮直径、轮毂高度、功率曲线、推力系数等。

3. 风电场勘测资料

需收集海上风电场址角点坐标、工程地质资料、海底地形资料、工程物探资料等风电场勘察测绘的相关资料。收集海上风电场现场潮位、海洋、波浪、海床演变及海洋冲刷等海洋水文资料。

4. 限制性条件

收集可能影响海上风电场风力发电机组位置的其他限制资料。包括海底不良地质作用、海底管线分布、周边环境保护区、周边其他风电场的范围与风力发电机组布置、航道、沉船或锚地等。

（二）微观选址的基本原则

在开展海上风电微观选址时，可以通过以下基本原则进行风力发电机组排布，来选择适当的风力发电机组机位。

（1）在进行风力发电机组排布时，要充分遵循集约用海、节约用海的原则，风力发电机组机位不得超出海上风电场规定的边界范围。

（2）风力发电机组机位的选择，需与其他用海相协调，避让海洋倾倒区、航道航路、锚地、军事用海区、环境保护区以及水下管线区域。同时要避开不良地质区、海底沉船区或其他不适合建造风力发电机组的海洋区域。

（3）通常情况下宜采用阵列形式排布风力发电机组，合理布设行、列距，使得风电场排布方案满足风力发电机组安全性和工程经济性的要求。

（4）在微观选址过程中，要进行不同布置方案比选，经综合技术经济比较后确定推荐的布置方案。在排布过程中，不同方案的尾流大小是影响风电场发电效益和安全性最重要的因素。另外，不同排布方案中海缆长度的变化、水深与地质条件的影响等，也可能对风电场的微观选址方案造成影响。

（三）风电场尾流

因为风力发电机组从风中吸收能量发电，经过风力发电机组的气流，能量相对于之前降低，风速减小，湍流增强，该部分气体所在区域即称为风力发电机组尾流区，如图 3-8 所示。

在风力发电机组后面的尾流被考虑为一个比风力发电机组直径大的风速减小区域。风速的减小直接与风力发电机组的升力有关，因而决定了从气流中吸收的能量。由于在尾流和自由气流之间风速梯度和对流会引起附加的切变湍流，这样会有助于周边的气流和尾流之间的动量转换。因此，尾流和尾流周围的气流开始混合，并且混合区域向尾流中心扩

图 3-8 丹麦 Horns Rev 海上风电场尾流观测图

散。同时，向外扩散使尾流的宽度增大。通过这种方式，逐渐消除了尾流速度的差异，并且使尾流变得更宽，直到这个气流在下游远处完全恢复为止，这种现象发生的程度也取决于大气湍流的等级。

由于风力发电机组功率与风速的三次方成正比，所以当风速有一个微小变化时，功率就有一个很大的影响；由于风力发电机组尾流效应的发展是在整个风电场范围内的，风电场中相邻的两台风力发电机组的尾流相遇时会产生效果的叠加，风力发电机组尾流效应的存在将减少下游风力发电机组的出力。另外，尾流效应对下游风力发电机组使用寿命也有一定的影响，由于风力发电机组尾流效应增加空气的湍流程度，所以处于风力发电机组尾流区域中的风力发电机组风轮在尾流涡流中运行，空气来流除自身的切变外又加上湍流的影响使风力发电机组叶片受到的升力、阻力的不均匀性在叶片长度上增大。增大的风轮叶片的内应力，影响叶轮的使用寿命。因此，风电场布置时要尽量减少风力发电机组尾流效应对其下游风力发电机组的影响。

通常利用尾流模型计算风力发电机组下游风速的影响，常用的尾流模型有以下几种。

1. Jensen(Park) 模型

Jensen(Park) 模型由丹麦 RisØ 可再生能源实验室的 Katic 等人提出，假定尾流影响区是圆锥形，且沿截面均匀分布；尾流影响区域随距离增加而呈线性扩张，尾流风速衰减为线性恢复。尾流风速衰减的计算公式为

$$\delta_{\mathrm{v}}=v_0\frac{1-\sqrt{1-C_{\mathrm{T}}}}{1+2kx/D_{\mathrm{h}}^2} \tag{3-11}$$

式中 δ_{v}——尾流风速衰减；

v_0——上风向风速；

C_{T}——推力系数；

k——尾流衰减常数，对于海上风电场一般取 0.04；

x——下风向距离；

D_{h}——叶轮直径。

2. Larsen 模型

Larsen 是基于 Prandtl 湍流边界层方程组构建的模型，由湍流边界层方程和相似性假设推导而得。

$$\delta v=\frac{1}{9}(C_{\mathrm{T}}A_{\mathrm{r}}x^{-2})^{\frac{1}{3}}\left\{r^{\frac{3}{2}}(3C_1^2C_{\mathrm{T}}A_{\mathrm{r}}x)^{-1/2}-\left(\frac{35}{2\pi}\right)^{3/10}(3C_1^2)^{-1/5}\right\}^2 \tag{3-12}$$

$$R_{\mathrm{nb}}=\max[1.08D,\ 1.08D+21.7D(I_{\mathrm{a}}-0.05)]$$

$$A_{\mathrm{r}}=\pi D^2/4$$

$$C_1=(D/2)^{5/2}(C_{\mathrm{T}}A_{\mathrm{r}}x_0)^{-5/6}$$

$$x_0=9.5D/(2R_{95}/D)^3-1$$

$$R_{95}=0.5[R_{\mathrm{nb}}+\min(h,\ R_{\mathrm{nb}})]$$

式中 C_{T}——推力系数；

D——叶轮直径；

r——风力发电机组盘面后方计算位置处至风力发电机组轮毂轴线的径向距离；

h——风力发电机组轮毂高度；

I_{a}——轮毂高度处的环境湍流强度。

3. 黏性涡流模型

采用涡漩黏性理论求解 N-S 方程，从而求得流场各相关参数，得到二维轴对称涡漩黏性理论的尾流模型，该模型考虑了自由空气和风力发电机组运行对风轮后风速的湍流影响，风速沿截面方向非均匀分布。计算模型中，风力发电机组的尾流区域划分为三部分：近尾流区、中间过渡区和远尾流区。

4. Fuga 模型

Fuga 模型为丹麦 RisØ 可再生能源实验室的 Ott 等人专门为海上风电场开发的尾流模型，该模型采用线性化 CFD 方法，假定海面气流不可压缩，并且为顶盖驱动流（liddriven flow）；同样采用涡漩黏性湍流闭合假设来求解 N-S 方程；采用致动盘模型来模拟风力发电机组对气流施加的拖曳力项 f。

Fuga 模型在海面大气边界层模拟中采用了 Monin-Obukhov 相似性理论，依据大气稳定度分别为不稳定（U）、中性（N）、稳定（S）等多种状态，分别计算出不同的尾流结果。

5. Actuator Disk 驱动盘模型

风力发电机组风轮绕轴旋转，产生气动力，从流体微团的角度来看，流体微团感受到的是动量的变化，actuator disk 驱动盘模型通过在 Navier-Stokes 方程中添加体积力动量源项来体现风轮的作用。而代替风轮作用的体积力则借鉴动量叶素（BEM）理论的气动力计算模型，由风轮所在位置的流场信息以及叶片几何外形信息、翼型性能数据来获得，再将这些力以体积力动量源项的方式均匀分布在风轮平面上，来体现风轮对流场的作用，最后求解带有体积力动量源项的不可压 N-S 方程，获得尾流流场。

$$f=\frac{F}{\pi^{\frac{3}{2}}\varepsilon^3}\mathrm{e}^{[-(r/\varepsilon)^2]} \tag{3-13}$$

式中 f——体积力动量源项；

F——驱动盘处的力；

r——驱动盘位置到施加力点的距离，当 $r=2.15$ 时，函数衰减到其最大值的 1%；

ε——湍流耗散率。

（四）风力发电机组点位排布

基于上文所述的基础资料与风力发电机组排布原则，可以在宏观选址确定的小区域中，开展风力发电机组排布工作，并计算考虑尾流影响的各台风力发电机组的发电量情况。通过经济比选，最终确定海上风电场各风力发电机组点位位置。

本文给出四种常用的排布方法供参考。

（1）采用主导风能方向排布法可包括下列步骤。

1）输入基础资料。

2）根据风能密度方向分布资料，选出频率最高的风向扇区作为主导风能方向扇区。

3）以主导风能方向扇区的中间值为基准方向，风力发电机组的机位垂直于基准方向排列。

4）剔除位于海上风电场址外以及限制性区域内的机位，调整行、列间距，得到满足规划容量的候选排布方案。

5）逐一计算各个候选排布方案的发电量和等效湍流强度，输出满足机组安全性要求且发电量最高的排布方案。

6）基准方向左偏或者右偏一个扇区，重复3)～4)，输出满足机组安全性要求且发电量最高的排布方案。

（2）采用等间距排布方可包括下列步骤。

1）输入基础资料。

2）定义机位排布的基本单元，每4个机位组成1个平行四边形的基本单元。

3）按照基本单元形式排列风力发电机组的机位，相邻基本单元的方向与间距保持一致。

4）剔除位于海上风电场址外以及限制性区域内的机位，调整基本单元的方向与间距，得到满足规划容量的候选排布方案。

5）逐一计算各个候选排布方案的发电量和等效湍流强度，输出满足机组安全性要求且发电量最高的排布方案。

（3）变间距排布法可在等间距排布法的候选排布方案基础上应用，包括下列步骤。

1）输入基础资料。

2）根据所选排布方案各行机位的尾流损失分布，挑选平均尾流损失最高的行，沿基本单元的长边方向增加该行与相邻行的间距。

3）根据所选排布方案各列机位的尾流损失分布，挑选各行中尾流损失最高的机位，沿基本单元的短边方向增加该机位与相邻机位的间距。

4）剔除位于海上风电场址外以及限制性区域内的机位，调整间距，得到满足规划容量的新排布方案。

5）逐一计算各个新排布方案的发电量和等效湍流强度，输出满足机组安全性要求且发电量最高的排布方案。

（4）应用自适应排布法可包括下列步骤。

1）输入基础资料。

2）选择尾流模型。

3）根据风力发电机组叶轮直径资料与风能密度方向分布资料，设置机位间的最小间距。

4）根据限制性区域资料，设置计算机程序算法的实际作用区域。

5）设置迭代计算步数，应用计算机程序算法，计算每步迭代结果的发电量，迭代结束并输出发电量最高的排布方案。

通过以上排布方式可获得不同的风力发电机组排布方案，对比不同排布方法的经济性时，要保持输入的基础资料与限制性因素排查结果一致，并最终选择最优的排布方案。

第三节 海上风电场总平面布置

海上风电场总平面布置是海上风电场总体设计工作中具有重要意义的组成部分，是在已确定的场址的基础上，对场址总体规划中的各部分内容进行深化布置。

海上风电场总平面布置需结合当地自然条件和工程特点，在满足安全运行、施工检修和环境保护等主要方面的条件下，因地制宜地综合各种因素，统筹安排全场主要设施的布置，从而为风电场的安全生产、方便管理、降低工程投资、节约集约用海与用地创造条件。随着我国海上风电场从电价补贴逐渐进入到平价上网阶段，在风电场总平面布置与设计方面已逐渐积累了一定的经验和教训。

一、总平面布置的基本原则和要求

海上风电场总平面布置需要从全局出发，深入现场，调查研究，收集必要的基础资料，全面地、辩证地对待各种工艺系统要求，主动地与有关设计专业密切配合，共同研讨。从实际情况出发，因地制宜，进行多方面的技术经济比较，以选择占海（地）少、投资省、建设快、周期短、运行费用低和有利生产、方便生活的最合理方案。

（1）场区总平面布置要按规划容量和本期建设规模，统一规划、分期建设。对场址周边已有或已规划其他场址的工程，要充分考虑相互关系，减少已建、扩建工程对本期工程生产的影响。

（2）风力发电场总平面布置、海上升压站的布置、集电线路布置、测风塔的布置，要与风力发电机组布置相协调。

（3）总平面布置要以风力发电机组布置为中心，综合考虑风电场发电量和风力发电机组间的相互影响，兼顾场区集电线路、风力发电机组施工运输及安装条件等制约因素影响，合理安排、因地制宜地进行布置。

（4）坚持节约集约用海，严格控制用海面积，单个海上风电场风力发电机组外缘边线包络海域面积原则上每10万kW控制在16km^{2}左右，除因避让航道等情形以外，均应采用集中布置，不能随意分块。

（5）全场风力发电机组间集电线路路径要求最优，减少或避免交叉，缩短电缆长度。

（6）海上升压站宜布置在综合地质条件良好、电缆线路较优、交通运输方便的区域。

（7）陆上集控中心宜采用联合建筑布置，节约用地。

二、风电场总平面布置

海上风电场的总平面布置包括风力发电机组、海上升压站、陆上集控中心、风力发电机组间集电海底电缆、送出海底电缆、施工及运维基地等。

（一）风力发电机组

1. 风力发电机组布置要符合的要求

（1）风力发电机组布置时要遵循节约和集约用海的原则，根据风力发电机组安全性、工程经济性，经多方案比较确定用海面积。

（2）对涉及利用无居民海岛的海上风电项目，要集约节约用岛，减少对无居民海岛生态环境影响，风力发电机组平面布局要符合无居民海岛功能区划和保护与利用规划的要求。

（3）风力发电机组布置要满足与海底管道、光缆、电缆、锚地、航路的安全距离。

（4）风力发电机组布置要计入海底地形、海床条件和海洋水文条件。

（5）根据场区内风资源分布特点，充分利用风电场盛行风向进行布置，合理选择风力发电机组间距。

（6）布置时既要尽量避免风力发电机组之间的尾流影响，又要减小风力发电机组之间的海缆长度，以降低配套工程投资和场内输变电损耗。

（7）对不同的布置方案，要按整个风电场发电量最大、兼顾各单机发电量的原则进行优化。

（8）为了便于施工、运行维护和降低工程投资，同一风电场内的同期工程，尽量选用型号与单机容量相同的风力发电机组。

（9）风力发电机组布置要避开不良海底地质条件区域布置。

2. 风力发电机组的布置

（1）风力发电机组的布置需满足"双十"规定，即《国家海洋局关于进一步规范海上风电用海管理的意见》（国海规范〔2016〕6号）中规定：不应将风电机组布置在离岸距离不少于10km、滩涂宽度超过10km时海域水深不得少于10m的海域。风力发电机组布置总容量与总用海面积之比应满足不大于100MW/16km^{2}的面积要求。

分期建设的大型风电场，在外部条件相同的情况下，本期风力发电机组宜布置在主导风向的上风向，避免扩建机组对已建机组的经济、技术及安全等多方面的影响。

（2）风力发电机组平面布置要符合无居民海岛功能区划和保护与利用规划的要求，对于在领海基点所在无居民海岛及其周围海域的风电场，要避免在领海基点周围1km范围内布置风力发电机组。

（3）风电场边界线附近的风力发电机组布置需充分考虑邻近风电场的合理退让，并与外部敏感因素如航道、礁石等保持充足的间距。

（4）经过多方案优化布置的风力发电机组需在保证全场平均尾流较优的基础上，进一步微调单个尾流较大风力发电机组的点位，保证单机尾流在机组性能安全范围内。

（5）风力发电机组的详细布置方案需根据点位钻孔的地勘资料对微观选址结果进行进一步复核。

（二）海上升压站的布置

海上升压站上部模块平面布置有配电装置、二次设备、电抗器、主变压器及散热器、GIS配电设备等；还有配套的站用变电及配电系统、应急柴油发电机系统、消防系统、通风系统、通信系统等公用系统。

1. 海上升压站的布置原则

（1）根据海床条件、海底地形、海洋水文以及场内风力发电机组、集电海底电缆及送出海底电缆布置等因素，通过技术经济比较后确定。

（2）宜靠近登陆点，送出海底电缆不宜与场内集电海底电缆交叉。

（3）便于运维船舶靠泊和运行维护人员的登入。

（4）当有直升机起降需求时，要符合直升机起降的场地要求。

（5）满足安全、消防、防火、人员逃生和救生以及防止污染的需要。

2. 海上升压站组块形式

海上升压站设备重量大、尺寸大，电缆繁多，结合既有国内外建设经验和项目功能特点，上部组块结构形式可选用单层平台＋设备舱室、多层平台＋设备舱室、平台与设备舱室结构独立或结合成整体等多种形式。单层平台一般为空间钢桁架，单层平台＋设备舱室，平面尺寸增加，重心容易偏移使吊装难度加大，且对基础结构产生一定的不利影响；多层平台多采用带支撑的钢框架，设备舱室为钢板或带肋钢板结构，顶部屋面设置坡度用于排水。三种形式对比见表 3-4。

表 3-4　　海上升压站组块结构形式表

层数	优　势	劣　势
单层	（1）如有电缆甲板，则可实现电缆安装先于上部平台结构安装。 （2）变压器与开关设备在同一平面，电气接线较为顺畅。 （3）简化了 OSS 平台的建造过程。 （4）OSS 平台中设备布置更为简化	（1）结构平面尺寸变大，对吊装能力有更高的要求。 （2）单层甲板刚度较小，易产生变形。 （3）OSS 平台上生活区处于火灾风险区。 （4）结构形心与重心偏差较大，不适合采用单桩形式的下部支撑结构
双层	（1）与单层相比，减小了结构平面尺寸，降低了安装难度。 （2）生活区可置于远离火灾风险区的位置	（1）结构平面尺寸仍然较大，限制了安装船的作业范围。 （2）需要更复杂的建造过程。 （3）结构建造同时需完成设备布置以及调试
多层	（1）平面尺寸缩小，适合采用单桩形式的下部支撑结构。 （2）最小结构平面尺寸，安装最为便利（不考虑起吊高度限制的情况下）。 （3）若受起吊高度限制，可设计成多次吊装，海上完成层间拼接	（1）需要最大的起吊高度。 （2）由于甲板数量多，需要更复杂的建造过程。 （3）结构建造同时需完成设备布置以及调试。 （4）限制了低层甲板设备的移除和更换
小结	随着施工建造能力的增强，一般多采用带支撑的钢框架多层平台结构方案	

注　OSS 为海上升压站上部组块。

3. 海上升压站布置

海上升压站站址布置在充分考虑布置原则的基础上，要重点考虑海上升压站的运输、安装及维护的便利性。尤其针对地形变化较大场址，要结合升压站运输及安装需求，优化升压站站址区位。

经过经济比选站址的具体定位后，进一步确定平台方位。平台方位的确定关系到平台直升机甲板、靠船设施、逃生系统、海管、电缆和立柱的布置设计，必须综合考虑平台所在海域常年主导风向、主导表层海流（海浪）方向以及本海域已建平台方位等因素。

（1）布置靠船件。根据主导表层海流方向确定平台的主要靠船设施布置位置，使得靠船免受主要逼近海流的影响，并有助于避免停泊船只撞击平台。靠船件布置宜采用对称布置靠船方式。平台靠船采取侧靠和顶靠 2 种方式，船舶船头朝向与海水的主流向宜大致相同和相逆，尤以逆流靠泊以减少撞击力为宜。可借鉴海洋石油平台停靠经验，建议渤海、东海海域的升压站平台采用顶靠方式，南海海域采用侧靠或者顶靠方式。

（2）救生艇逃生系统的布置。救生艇的布置设计也要考虑主导表层海流方向，使事故发生时推下的救生艇可尽快随流远离平台。根据海上固定平台安全规则，有人驻守平台需要配备救生艇，该装置包括刚性全封闭耐火救生艇、吊艇架、起艇机及登乘甲板等。救生艇要能容纳平台总人数，且救生艇存放处具有足够的甲板面积供乘员集合登乘。救生艇装置的存放处至少要设有尽可能远离的两个通道，应急时能保证人员顺利登乘。同时，登乘地点和通往登乘地点的通道、楼梯以及出口要设有足够的照明和应急照明。无人驻守平台上可不设置救生艇装置。目前海上升压站按照“无人值守”原则设计，实际项目中考虑前期调试以及后期运维需要，海上升压站平台一般设置应急避难间或者临时住宿房间，一般也设救生艇逃生系统。

（3）直升机平台设置。通常情况下直升机甲板布置在上风向。根据 MH 5013《民用直升机场飞行场地技术标准》要求，并结合海上平台安全规则规范进行设计，布置包括直升机甲板、边界灯及照明、标志、通信导航和安全设施。

（4）平面布置要把握电气主变电系统、公用系统、直升机平台、临时用房等关系。主变电系统是平面布置的核心，而主变压器又是变电系统的核心，故宜将主变压器布置在平台的中心位置，而配套的散热器、35kV 配电设备、GIS 设备、其他公用设备等将围绕主变压器布置。

（5）平面布置需要特别关注防火防爆的安全，主变压器集油罐、公用系统的柴油罐、蓄电池室及其出入口和通风口等区域为危险区，布置上尽量远离含有引火源和引爆源的区域；不同功能的设备特别是主变压器、站用变压器及接地变压器、应急电源等，分区布置并用防火壁进行分隔，保证系统的冗余度。

（6）平面布置时宜充分利用主风向，使危险区逸出的可燃气体进入含有引爆源区域的可能性减至最低；临时生活间宜布置于上风向，当万一发生火灾或爆炸时，不能使烟气带入避难和登艇处所；平面布置时还要考虑主导流向，靠船及护舷设施布置在运维船靠泊有利的流向上。

（7）平面布置宜根据场址所在海况、气候特点等因素，合理确定站内外疏散通道布置根据经济技术分析，确定是采用舾装中 T 形、H 形的站内疏散通道布置或利用各个舱室之间作为脱险及检修通道，外走廊和通过处所之间的疏散门的布置方式见图 3-9 和图 3-10。

（三）陆上集控中心布置

陆上集控中心作为海上风电场配套建设的陆地设施，起到由海转陆的重要衔接作用，

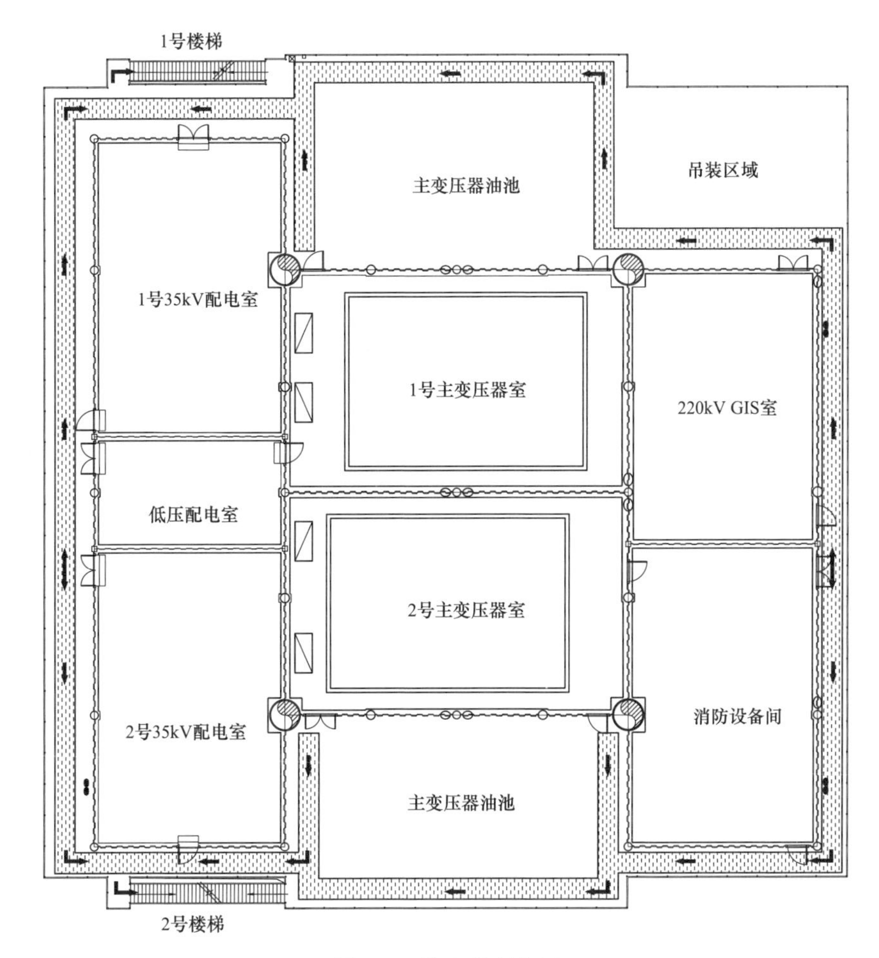

图 3-9　外走廊型布置

其功能主要包括运维集控、储存检修、应急发电、无功补偿、升降变压、电缆转换以及综合办公等。作为发电侧与电网侧中间的重要转换枢纽。相比起传统陆上建设电厂的配电装置，海上风电场一般分海上升压站和陆上集控中心两级设置，海上升压站将风力发电机组发出的电能升压后由高压海底电缆送至陆域侧，陆上集控中心则布置为了减少升压站平台尺寸、不宜设置在海上升压站的大型设备，如无功补偿，以及更适合陆上设置的人员办公、运维集控等。

1. *总平面布置*

陆上集控中心建设一般包括 GIS 设备、无功补偿设施、电抗器及变压器、柴油发电机、综合办公楼、检修楼、仓库及危废间、宿舍及食堂、生活消防水池及泵房，以及污水处理等设施。

陆上集控中心站址宜尽量靠近登陆点布置，便于电缆进线以及运维监控，除此之外其功能及设置与电网变电站较为相似。

站址布置要根据工艺技术、运行、施工和扩建需要，结合生活需求、站址自然条件按最终规模规划，近远结合，以近为主，宜根据建设需要分期征用土地。生产区、进站道

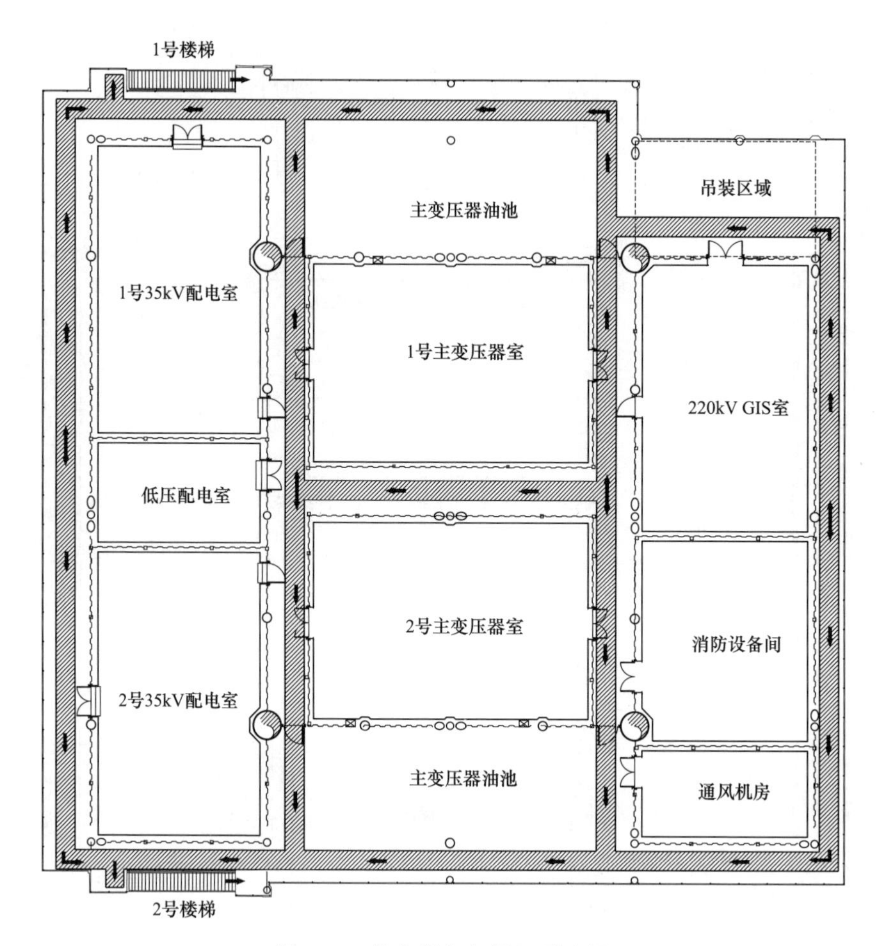

图 3-10　外走廊＋内部 H 形布置

路、进出线走廊、终端塔位、水源地、给排水设施、排洪和防洪设施等要统筹安排、合理布局。

GIS 设备及无功补偿设施宜合并联合布置，节约与集约用地，其站内位置宜靠近进、出电缆路由通道，减少站内沟道管线用地。

站内主要建（构）筑物如 GIS 楼、变压器与电抗器以及配电装置楼等宜布置在土质均匀、地基承载力较高的地段。

站内主要生产及辅助建筑宜根据建筑的性质、使用功能要求集中或联合布置。在兼顾出线顺畅、工艺布置合理的前提下，尽可能结合自然地形布置，减少土石方工程量。

站内各建（构）筑物之间的最小间距要满足 GB 50016《建筑设计防火规范》及 GB 50229《火力发电厂与变电站设计防火标准》的相关规定。除此之外，陆上集控中心站内布置，也要符合变电站设计的相关规范要求。

陆上集控中心总平面布置实例见图 3-11。

2. 竖向布置

陆上集控中心的洪水、潮位设计标准应符合表 3-5 的规定。受江、河、海、湖风浪影响的区域要设置防洪设施，其顶高程还要计入浪爬高和安全超高。

表 3-5 陆上集控中心洪水、潮位设计标准

工程等别	装机容量（MW）	电压等级（kV）	重现期
Ⅰ	≥300	110、220	50～100 年一遇
Ⅱ	<300 ≥100	110、220	50～100 年一遇
Ⅲ	<100	110 及以下	50 年一遇

注 1. 220kV 电压等级的陆上变电站和集控中心取 100 年一遇。
2. 运维基地与陆上变电站、集控中心在一个区域布置时，与陆上变电站、集控中心的防洪标准一致。

站址竖向设计要与总平面布置同时进行，且与站址外现有和规划的道路、排水系统、周围场地标高等相协调，宜采用平坡式或阶梯式。站区场地设计标高要根据变电站的电压等级确定。站区竖向布置要合理利用自然地形，根据工艺要求，站区总平面布置格局，土、石方平衡及交通运输，场地土性质，场地排水等条件综合考虑，因地制宜确定竖向布置形式、总平面布置方位，并使场地排水路径短捷。

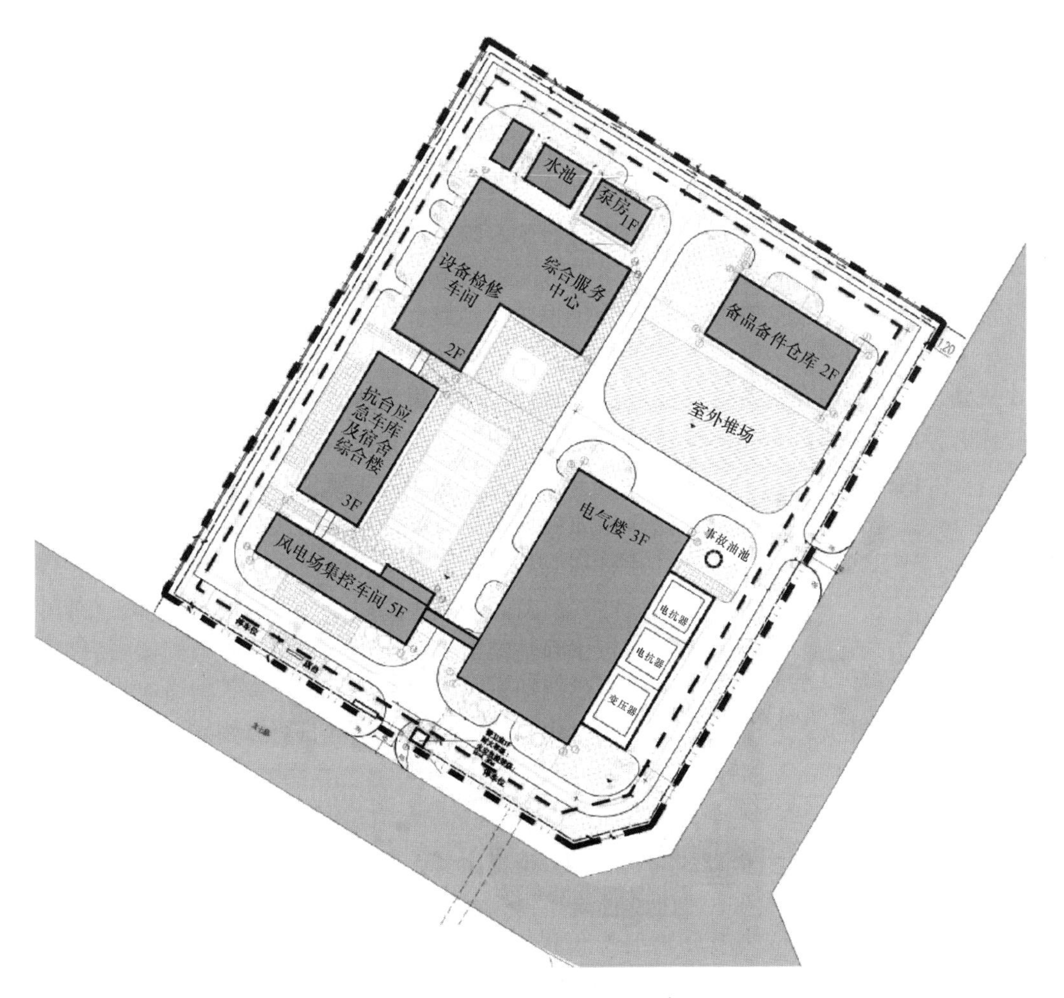

图 3-11 陆上集控中心总平面布置

（四）海底电缆布置

海上风电场海底电缆路由布置可分为风力发电机组间集电海底电缆路由和高压送出海底电缆路由两大部分。而高压送出海底电缆路由可以细分为高压送出海底电缆海上段、登陆点、高压送出海底（陆地）电缆陆域段三个部分。

根据海底工程地质条件、海洋水文气象环境、习惯航路、锚地、地震安全性、腐蚀环境、海洋规划和开发活动等因素，综合分析其对海底电缆管道施工、运行及维护可能的影响，最终确定海底电缆路由规划方案。

1. 设计原则

（1）海底电缆路由要与其他用海相协调，宜避开海洋环境敏感区、重要矿产资源区、重要捕捞作业区、海洋倾倒区、习惯航路、锚地和军事区。

（2）要避开海底地形急剧变化的地区、自然或人工障碍物，宜选择海底地形平缓的沙质或泥质的稳定海床。

（3）要避开活动断层、滑坡、崩塌等不良地质作用区域。

（4）宜避开对电缆造成腐蚀损害的腐蚀污染区。

（5）规划建设多个海上风电项目的地区，要统一规划上岸电缆路由和登陆点，节约利用海域和岸线资源。

（6）海底电缆的锚固装置要布置在地质稳定的浅滩、岸边，结构牢固的混凝土或钢结构平台上。

（7）海底电缆的埋深要满足国家和地方相关法律法规的要求，结合路由勘察结果、通航安全影响论证结论和海床地质条件确定。

2. 风力发电机组间集电海底电缆

从风力发电机组布置及可靠性等方面考虑，风力发电机组间集电海底电缆可以考虑链形、环形、星形及分段等几种形式。

（1）链形。

1）优点：电缆总长度小，投资低。

2）缺点：损耗稍大。

（2）环形。

1）优点：可靠性稍高。

2）缺点：电缆截面偏大，投资高。

（3）星形。

1）优点：某台或某段风力发电机组及海缆故障不影响其他机组运行，可靠性稍高。

2）缺点：要根据机组布置情况进行分组，难度大，投资较高。

（4）分段。可靠性有所提高，增加投资较少。

风力发电机组之间的集电海底电缆布置根据既有风力发电机组布置方案及升压站位置，成组布置。在结合场区地质条件特点及施工机组性能及施工难度的基础上，根据现有电气设备性能及参数要求，考虑各回路功率分布平衡，对成组布置的集电海底电缆进行拓扑分析，使得电缆不交叉重叠，力求总长最优。同时，需考虑送出海底电缆及规划有远期点线路布置的通道。

3. 高压送出海底电缆海域段

一般情况下，高压送出海底电缆以登陆点为界，可分成海上段和陆域段两个部分。从海上升压站（换流站）——登陆点为海上段部分；登陆点至集控中心为陆域段部分。

高压送出海底电缆路由从需将海上升压站（换流站）的电能通过线路送至登陆点，最终接入集控中心。在海上这一段路由绝大部分位于规划场址范围外，一般在可研阶段编制预选路由的桌面报告，报告在获得相关部门批复同意后作为用海审查批复的前置条件。

在桌面路由报告批复后，实施阶段根据最终确定的海底电缆选型方案，对路由区域进行路由勘察设计，最终确定高压海底电缆的路由布置。

（1）登陆点选址。海底电缆路由在海上升压站确定的基础上，首先需对登陆点进行选址。登陆点选址要满足下列要求。

1）符合海洋经济发展规划和岸线利用规划的要求。

2）避开滑坡、崩塌、泥石流和地面塌陷等不良地质作用区域，宜选择在场地和海岸相对稳定、工程地质条件较好的、不易被冲刷的岸滩地区。

3）宜避开对电缆造成腐蚀损害的污染区。

4）选择在利于施工维护的海岸。

5）宜靠近陆上集控中心，减少电缆转换及陆域段长度。

（2）路由区海洋开发活动评估。路由布置需考虑与海洋其他开发活动相协调，在桌面报告及勘察路由阶段排除相关干扰。

路由布置需与所在海域最新海洋功能区划相协调，针对所经过区域管理要求，包括海域使用管理与海洋环境保护等方面，确保路由敷设不影响沿线区域海洋功能区的使用，做到与其兼容。

路由布置需避让港口、航道及锚地，确需穿越航道时，尽量避免平行航道布置，与航道交越时尽量垂直，并根据航道级别及所航行的船舶参数确定相应的埋深及保护措施。

减少乃至避免与海底其他管线都交越。海底管线主要以燃气管线、燃油管线、通信光缆及其他海底电缆为主。路由布置时尽量减少交越点及交越长度，与其平行布置时需间隔足够的施工操作空间。

路由布置要减少对海洋渔业诸如人工鱼礁、海产增养殖区的干扰。同时针对所在海域特有保护动、植物如对海龟、中华白海豚等特殊保护区，需要进行专题研究，并在施工前获取相关保护区主管部门同意。

路由布置需协调海洋倾废区、倾倒区、海沙开采区的关系，避免从其区域内穿越，鉴于上述区域使用过程中容易超出固定范围的实际情况，尽量远离。

针对海岛附近海域及临岸海域，岸边旅游区度假区、泳场，红树林保护区，垂钓区，海上观光区的，路由布置要结合现状及规划进行避让。

路由布置在完成初步布置后，要及时与军方进行沟通，以避开军事设施及军事活动区域。

(3) 路由方案确定。根据上述信息，提出不同路由方案进行比选，结合路由勘察成果，从方案与海洋功能区划及相关规划的符合性、环境资源影响及补偿、对国防的影响、施工难易程度、自然条件及区域地质稳定性和协调性等方面进行对比，并尽量减少路由总长度及路由拐点数量，最终确定环境影响小、补偿低、施工便利、经济性好的方案。

4. 高压送出海底（陆地）电缆陆域段

海底电缆陆域段与陆上送出电缆沟布置原则相近，最大的区别在于电缆的类型及所处的区域。

登陆点与陆上集控中心的距离远近决定了该段路由的长度。距离较短时一般直接采用海底电缆敷设，相比陆上电缆，海底电缆尺寸较大，转弯半径要求较高，散热量较大，但不怕泡水。距离较长时，常将海缆转换成陆缆后布置，增设转换井。

该段电缆通道一般位于临海区域，需与岸线规划、所在区域城市规划相协调，在一般情况无法单独征用的条件下，要尽早与规划部门协调，纳入相关道路或管线廊道规划中。

陆域段电缆通道布置的形式有电缆沟、直埋、电缆隧道、顶管、架空等多种。由于该段电缆所处滨海区域的特性，其最常采用形式为电缆沟。电缆通道形式优缺点见表3-6。

表 3-6　电缆通道形式优缺点

形式	优点	缺点	适用场景
电缆沟	(1) 易满足当地规划景观要求。 (2) 便于日常检修与维护。 (3) 安全性高，满足海缆散热需求	(1) 占地较大。 (2) 线路可用廊道紧张	绝大部分地段
直埋	(1) 敷设简单，占地较少。 (2) 易于施工	(1) 安全性较低。 (2) 散热性不佳	部分用地紧张地段，一般较少采用
电缆隧道	(1) 安全性高，对地面建（构）筑物影响较小。 (2) 可规划多回路电缆	(1) 造价高，施工难度较大。 (2) 管径较大，廊道宽度较高	多回路集中统一送出廊道
顶管	对地面建（构）筑物影响较小	(1) 施工费用相对较高。 (2) 散热性不佳	多用于地面建（构）筑物复杂地段

（五）施工及运维基地布置

施工及运维基地宜结合布置，运维基地还可与其他项目合设或成片区集中设置。

1. 运维基地

单个的中小型项目较少单独设置运维基地，日常运维人员一般以陆上集控中心为基地，大件运维检修则依靠设备厂家完成。随着海上风电建成项目的增加，海上风电运维市场潜力巨大，运维基地日趋成为一个独立的综合性的公共服务设施而存在。

海上风电场的运维内容主要包括风力发电机组、塔筒和风力发电机组基础、海上升压站、海底电缆等设备日常巡检、定期维护以及故障处理，配备专用维修工具，以及运维施工船等交通工具。

海上风电运维作业类型主要分为日常巡检、定期维护、故障处理。

（1）运维基地的功能。根据运维基地的定位可以分为区域性运维基地及项目型运维基地，基地内可根据需要布置运维码头、直升机基地、集约化办公区、物流转运中心、装备配套中心、维修中心、备品备件仓库、信息培训中心、监控与数据中心和海事应急救援等多种功能。

（2）运维基地选址。运维基地的选址需按照以海定陆的原则，根据海上风电场址资源相匹配，在场址密集、规划容量大的区域就近设置。

不同类型定位的基地要根据其服务半径的能力进行选址。区域性的运维基地根据运维母船（航速 30 节）及 SA365N 型直升机的航速（巡航速度能达到 240km/h，即 4km/min，续航时间为 3h，可以覆盖最远为 720km），考虑往返需求，以 300km 为宜。

项目型的运维基地，为方便运维人员进出风电场，减少停机时间，从而增加发电量，港口和风电场之间的交通时间控制在 1.5～2h 之内为宜，即将交通船靠泊码头布置在距各风电场的距离在 40n mile 以内，项目型运维基地与区域性运维基地之间也形成有效的 1.5～2h 到达圈，达到功能完善与可达性高的互补。

运维基地最重要的基础设施为运维码头，选址时需考虑合适的码头条件，以及充足的后方集疏场地，并宜靠近海上风电相关产业规划及配套建设较为完整、齐备的区域。

2. 施工基地

施工基地的布置说明见本章第四节。

三、 风电场总平面布置实例

某海上风电场位于我国南海海域，规划装机容量为 300MW，规划用海面积为 50.4km^2，最外围风力发电机组中心连线包络涉海面积约为 44.5km^2，单位容量为 14.8km^2/100MW。本工程场址最近段距离陆域约 10km，最远端距离陆域约 22km，水深介于－13～－21m 之间。本工程共布置 55 台 5.5MW 的抗台风力发电机组，并设置 220kV 海上升压站一座、陆上集控中心一座。风力发电机组基础均采用单桩基础，海上升压站布置采用人性化的外廊＋H 型内廊布置方式，便于南海区域台风较多、气候环境复杂的特点。本工程采用两回 220kV 的送出海底电缆，由海上升压站送至陆域登陆点，再通过陆上电缆沟的方式，送至陆上开关站的 GIS 楼。220kV 海底电缆路由长度约为 16.6km，路由穿越航道区域埋深不小于 5.5m，路由海域均不涉及礁石。海底电缆陆域段采用电缆的敷设方式，长度约为 3.1km，电缆在锚固井由海缆转换成陆缆。

风力发电机组之间的集电海底电缆采用 35kV，共 12 回，将风力发电机组产生电能输送至 220kV 海上升压站，详见图 3-12。

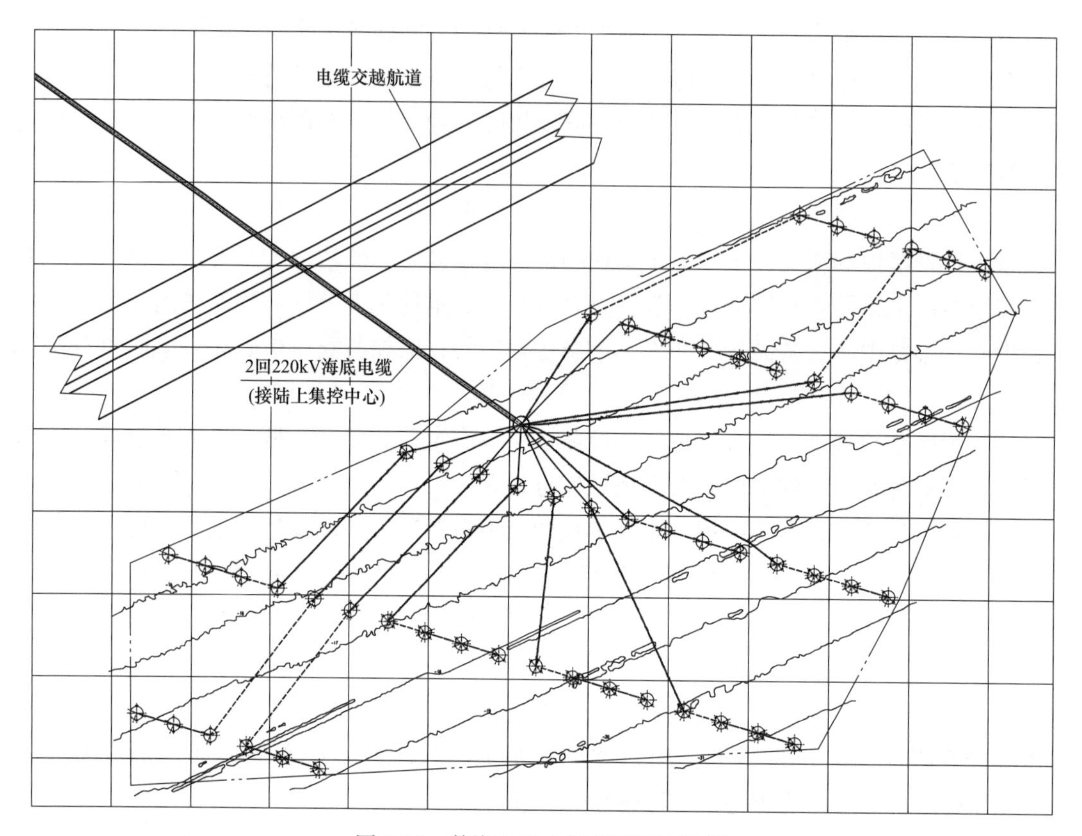

图 3-12 某海上风电场总平面布置图

第四节 海上风电场施工组织设计

海上风电场工程施工组织设计要根据工程地形、地质、海洋环境条件、风电场工程布置和建筑物结构特点，比选研究提出施工交通运输、主体工程施工、施工总布置等方案。

海上风电场工程施工按施工环境可分为海上项目施工和陆上项目施工。其中，海上项目施工主要包括风力发电机组基础施工、风力发电机组安装、场内集电海缆敷设、送出海缆敷设和海上升压站施工等，部分离岸较远的海上风电场项目，还有海上换流站施工和直流送出海缆敷设等。陆上项目施工主要包括大型钢结构制作、陆上集控中心建筑安装等，部分采用直流送出的海上风电场项目，还包括陆上换流站施工。

海上风电场施工组织设计，需要依据设计原则、技术要求，结合工程条件及特点，采用科学合理的方法，对海上风电场的主要施工项目的施工方案进行比选研究。

一、遵循的设计原则

（一）施工总布置设计原则

海上风电场工程海上施工多处于无掩护的外海作业，施工条件恶劣。综合考虑工程规模、施工方案、工期及造价等因素，施工总布置规划遵照如下原则。

（1）总布置要遵循因地制宜、有利生产、方便生活、环境友好、节约资源、易于管理、安全可靠、经济合理、分散与集中相结合的原则。

（2）总布置力求协调紧凑，节约用地，最大限度地减少对当地群众生产、生活的不利影响，避让文物古迹和环境保护敏感对象。

（3）充分考虑海上气象条件、水文条件及地质条件对工程实施难度的影响，遵循“水下施工尽量转化为水上施工、水上施工尽量转化为陆上施工”的施工原则。

（4）结合主要施工项目及工程量，统筹考虑不同施工单项的施工方案，统一布置。

（5）临建设施的规模和容量按施工总进度及施工强度的需要进行规划设计，力求布置紧凑、合理、便于使用，规模精简，以降低工程造价。

（6）为保证工程顺利、快速、安全地施工，场内施工道路要畅通、可靠，工程施工期间，各施工区和施工基地实施封闭管理。

（7）根据工程特点，施工基地集中布置，现场施工逐点进行，各风力发电机组施工工作面均利用可移动施工平台流水线施工作业。

（8）充分考虑周边现有航道、锚地、码头等海上交通设施的分布情况，充分考虑运距及运输过程中不可估计的风险。

（二）施工总进度计划设计原则

编制施工总进度计划的主要原则及依据如下。

（1）严格执行基本建设程序，遵循国家法律、法规和有关标准。

（2）对于地质条件复杂、气候条件恶劣或受潮水位制约的工程，工期安排适当留有余地。充分考虑海上风电场址的地理位置、地质条件、气候条件、海洋水文条件等，同时充分考虑恶劣自然条件对海上施工的影响，制定海上工程停工标准，并充分利用施工窗口期（每年3—10月）提高建设效率。

（3）根据海洋水文、气象等自然条件并结合施工设备选型，分析海上有效施工天数，重点研究风力发电机组基础施工及风力发电机组安装等关键项目的施工进度计划。

（4）单项工程施工进度与总进度相互协调，施工程序前后兼顾、衔接合理、干扰少、施工均衡。

（5）充分考虑风力发电机组订购、制造及供货周期的影响，合理安排好机组调试、启动和试运行工期。

（6）按照当前平均先进水平合理安排工期。考虑施工总布置规划、风力发电机组基础及风力发电机组安装施工工序，选用平均先进水平的施工设备和工艺，做到资源配置均衡。

（7）根据风力发电机组分期分批建设依次投产的特点，合理安排风力发电机组基础施工和风力发电机组安装施工程序，提高早投产的经济效益。

（8）抓住关键线路，突出重点，优化资源配置，充分体现均衡施工的原则。

（三）施工交通运输设计原则

结合海上风电场工程实际情况，以施工主基地港口作为场内外交通运输的分界点，施工期内的外来物资至港口的交通运输称为对外交通运输，港口风电场工程施工现场以及现场内部各工区、生产生活区之间的交通称为场内交通运输。

（1）场外交通运输按照以下原则。

1）可靠的原则：风力发电机组设备部件大部分采用轻型环保材料制作，属易损材质，加之运输尺寸巨大，对运输可靠性要求很高，因此需要针对风力发电机组设备厂家生产基地的地理位置，协调规划多方向、可靠度高的对外交通路线；交通设施的设计标准、运输方案的选择需满足物资运输的可靠性要求。

2）协调的原则：认真研究周边港口工程等大型设备在施工期内的物资运输方式与路线，充分利用周边大型工程已经建设完成的配套交通设施，减少工程在交通运输设施上的投资。

3）重点优先的原则：研究运输方案中制约工程施工运输的关键内容，先期解决，为风电场工程的交通运输创造先期条件。

（2）对于场内交通方案规划除需要遵守以上基本原则外，同时还需要遵循以下原则。

1）多样化的原则：场内交通运输负责工程建设的全部物资运输工作，不仅包括运输难度大的风力发电机组设备部件，同时包括运输强度大的生产、生活办公类等物资，各种施工物资对于交通运输的要求各有差异，因此场内运输的模式需要考虑多种运输模式共存的方式，既保证运输的强度又要保证运输的可靠性。

2）陆上升压站工程，同时包括陆域环境下的集控中心工程，两者之间对场内交通运输提出的要求各不相同，需要对于不同运输环境下的运输方案均具有良好的适应性。

二、施工条件

施工条件是海上风电场工程施工组织设计的重要依据之一，编制海上风电场工程施工组织设计之前，要结合工程的施工特点和主要工程技术问题，收集工程相关施工条件，包括工程条件、交通运输条件、施工供应条件、自然条件等。

（一）工程条件

工程条件包括工程概况、工程规模、工程特点及工程平面布置图等。

（二）交通运输条件

施工交通运输部分包括场外交通运输方案和场内交通运输方案。场内交通运输系统要以便捷的方式与场外交通衔接。

工程前期阶段，需要调查收集工程所在区域的场内外交通运输条件和运输能力，附近港口、码头分布及航运条件。海上风电场工程的交通运输条件主要包括航道、港口码头、公路、铁路等，制定施工运输方案之前，需要充分调研、收集工程所在地的港口码头、航道、铁路、高速公路、国道、县道信息，尤其是港口码头信息的收集，要包括码头概况、运营性质、距工程场址的距离、自然条件的可用性等。

根据设备特性、运输要求及工程所在区域运输条件，经技术经济比较，提出合理的场外交通运输路线、运输设备配置；根据风电场布置、运输量、运输强度及工程所在区域运输条件，经技术经济比较，提出场内主要运输路线、运输设备配置；当现有条件不满足场内、外运输条件时，提出新建、改建或者加固交通运输设施的方案；提出遭遇恶劣天气状况时的规避路线及避风港口、锚地等；制定的运输方案要满足有关部门对工程海域及拟定航线的通航管理要求。

（三）施工供应条件

海上风电项目施工供应条件主要包括风力发电机组基础构件、风力发电机组部件、海上升压变电站组件、海底电缆等主要设备物资的来源和供应条件。

海上风电项目建设所需的设备，一般由设备供应商安排发货和运输、车（船）板交货，供货渠道顺畅。

海上风电项目建设所需的物资材料主要为钢材、混凝土、油料等，由于海上风电项目一般位于沿海经济发达地区，上述建筑材料的建材市场均具有较大规模，为工程施工提供了相对便利的供应条件。

（1）钢材：海上风电项目中用量最大的建筑材料一般是钢材，主要有板材、型材和钢筋等，板材和型材等大宗钢材的采买一般是从国内钢铁企业订货，一般情况下国内产能充足；钢筋及零星钢材的采买，也可以在工程邻近城市的钢铁市场进行。

（2）油料：工程施工的船舶、机械等所耗用的油料，可直接从工程所在地的油料供应公司购买运输至施工现场，或者从补给码头直接购买。

（3）混凝土：海上风电项目的陆上集控中心等建（构）筑物，规模一般不大，工程所需水泥及砂石骨料的消耗量一般不大，宜从工程所在地周边市县直接采买商品混凝土，直接运输至施工现场。

（4）其他零星材料：可就近从场址或基地周边建材市场采买。

（5）灌浆材料：某工程所需的高强灌浆材料所需量较小，采用外购方式的方案。

海上风电项目一般具有非常便利的海运、陆运条件，各种设备、建筑材料和物资供应充足，能够满足工程建设需要。

（四）自然条件

海上风电项目建设依据的自然条件主要包括气象条件、水文条件、工程地质条件周边海域已有的光缆、电缆、管道等。

1. 气象条件

一般通过调研场址周边的国家气象站获取，收集多年历史气象统计资料，包括气温、降雨量、风况（风速、风向）、热带气旋、雷暴、雾、相对湿度等，其中热带气旋资料包括影响风电场区域的热带气旋移动路径、强度、影响时段、最大风速及变化特性等历史资料。

2. 水文条件

一般通过调研场址周边的水文观测站获取，收集多年历史水文统计资料，包括潮汐特征、海浪、海流、表层水温、盐度等。规范规定，海上风电场项目建设需要开展工程所在海域的潮位、波浪、海流的周年观测，以及风电场场址海域代表季节的大中小潮完整潮周期的海流观测等工作，获取项目建设所需的第一手资料。

工程场区潮位资料包括平均海平面、设计高低水位、逐日潮汐表等。

三、海上主体工程施工

海上风电场工程需要海上进行的主体工程施工主要有风力发电机组基础施工、风电机组安装、海上升压站基础施工、上部组块吊装、集电海缆及送出海缆施工等。海上主体工程施工多属于超长、超大结构件的施工，对施工设备的要求很高，施工方案需要重点做好船机设备的研究和选择工作。船机设备的性能，直接影响风力发电机组的选型和基础设计、施工工序与施工方法、施工进度、施工安全及工程造价等，配套完整的施工设备能力，是提高施工水平的关键因素。

海上施工作业环境恶劣，施工效率低下，因此要根据工程海域的海洋环境与地质资料、基础结构特征、风力发电机组设备参数等，按照技术可行、施工便利、经济合理的原则进行不同方案比选，尽量减少海上作业的内容，降低海上施工难度，制定完善的施工组织方案。

（一）风力发电机组基础施工

风力发电机组基础施工方案与基础设计方案密切相关。以下分别介绍海上风电工程常见的单桩基础、导管架基础、高桩承台基础、吸力桶基础的主要施工步骤。

1. 钢结构建造

风力发电机组基础钢结构加工制作属于专业的海洋钢结构建造项目，其对生产厂家的生产能力及加工制作质量控制要求较高，此类厂家在沿海各省市分布数量较多。大型海洋钢结构加工厂主要分布在广东广州、深圳、珠海、阳江、汕尾，福建福州、漳州，浙江宁波，上海，江苏南通、盐城、连云港，山东青岛、烟台、东营，河北秦皇岛、唐山，天津，辽宁大连等地。某大型钢结构建造基地效果图见图 3-13。

图 3-13　某大型钢结构建造基地效果图

2. 单桩基础

单桩基础的施工步骤主要包括钢结构建造和运输，稳桩平台安放，钢管桩起吊、调平，垂直度检查，沉桩至设计高程，验收，见图 3-14、图 3-15。

图 3-14 大直径单桩基础运输图片

图 3-15 大直径单桩基础就位图片

3. 导管架基础

导管架基础的施工步骤主要包括钢结构建造和运输，稳桩平台安放，钢管桩起吊、调平，沉桩至设计高程，导管架吊装，水下灌浆，验收，见图 3-16、图 3-17。

图 3-16 导管架运输图片

图 3-17 四桩导管架基础结构就位图片

4. 高桩承台基础

高桩承台基础的施工步骤主要包括钢结构建造和运输、钢管桩起吊、沉桩至设计高程、支立模板、混凝土封底、钢筋绑扎、水上浇筑混凝土、验收，见图 3-18。

5. 吸力桶基础

吸力桶基础的施工步骤主要包括钢结构建造和运输，整体起吊、调平，水平度检查，负压沉贯至设计高程，验收，见图 3-19。

图 3-18　高桩承台基础施工图片

图 3-19　吸力桶导管架基础结构施工图片

风力发电机组基础施工所需的船机设备主要有起重船、液压打桩锤、运输船、抛锚艇等，所选的船机设备要适应工程海域的海洋水文环境，符合设计和施工要求，生产能力满足施工强度要求。

（二）风力发电机组安装

海上风力发电机组设备安装一般可分为整体安装和分体安装两类，风力发电机组设备安装方案要根据风力发电机组设备各部特征、施工环境、海上运输距离、陆上设备装配场地和装运码头条件，经技术经济比较后确定。

整体安装方案基本一般分为陆上（岸边）拼装、海上整机平台运输以及整体就位安装 3 个步骤。陆上（岸边）拼装需要利用码头后方的陆域（或码头前沿）作为拼装作业场地，风力发电机组运输驳船靠泊于拼装码头前，用吊机或履带式起重机将多节塔筒依次起吊安装于驳船工装上，接着再依次吊装机舱、轮毂及叶片（或叶轮）来完成风力发电机组的拼装工作。风力发电机组整机拼装完成后，再利用专用运输船将风力发电机组整机拖至机位就位，见图 3-20。

海上分体吊装方案是将风力发电机组各组件各自完成自身的预组装后，运至风电场机位，在现场依次进行塔筒、机舱、轮毂与叶片组合件的安装。采用液压升降系统支腿顶升的自升式平台船是为了避免船只受涌浪的影响，达到稳定的作业工况，实现静对静吊装作业的目的，该方法受风浪、潮汐影响小，吊装定位精确，但对海床地质要求较高。在目前大部分的海上风电场建设中，往往采用风力发电机组分体安装方式，此种安装方式类似于陆上风力发电机组安装，见图 3-21。

图 3-20　风力发电机组整体吊装施工图片

图 3-21　风力发电机组分体吊装施工图片

海上风力发电机组安装方案优缺点对比详见表 3-7。

表 3-7　　海上风力发电机组安装方案优缺点对比

方案	描述	优点	缺点
整体安装	风力发电机组岸上组装，采用专用运输驳船进行运输，采用双臂架变幅式起重船起吊、安装	（1）施工安装效率一般。 （2）采用专用驳船运输，运输效率高。 （3）国内该级别起重船较多，多工作面实施较为容易。 （4）运输与安装并行。 （5）更适用于单个施工窗口期长的海况	（1）船只作业受涌浪影响大。 （2）需要对运输驳船进行专门改造。 （3）需要单个施工窗口期长的海况，对海况要求高。 （4）每个吊装工作面均需要一套软着陆系统，吊装前准备流程较分体稍显复杂，且针对该法兰直径级别无现成软着陆系统，需重新设计、建造。 （5）需占用较大的堆场面积以及配备专用泊位用作风力发电机组靠岸组装，租地面积大，耗时长，费用高

续表

方案	描述	优点	缺点
分体安装	采用自升式平台船在现场依次进行塔筒、机舱、轮毂与叶片组合件的安装	(1) 风力发电机组塔筒、机舱等部件海上运输方便，安全。 (2) 船只作业受涌浪影响小。 (3) 海上作业施工受天气影响相对较小，间接提高了效率。 (4) 租地需求小，也可配合机位交货	(1) 海上施工周期长，船只费用高。 (2) 水深限制自升式平台船只的施工作业。 (3) 对海床地质要求较高

风力发电机组安装所需的船机设备主要有起重船、运输船、抛锚艇等，所选的船机设备要适应工程海域的海洋水文环境，符合设计和施工要求，生产能力满足施工强度要求。深远海风电场起吊装备宜选用具备动力定位系统的自升式起重船。

(三) 海上升压站施工

海上升压站的施工内容包括钢结构制作、基础施工、上部组块安装三大部分。

一般来说，海上升压站主要施工工艺流程为钢结构加工与制作→电气设备安装、调试→导管架沉放→钢管桩沉桩施工→上部平台安装→电气设备联动调试。

海上升压站基础施工与风力发电机组导管架基础施工类似。

海上升压站上部组块宜在陆上基地内完成全部设备安装、调试后，整体运输至站址位置安装就位；可采用滑移或者吊装等方案装船；可采用吊装或者浮托法安装就位，见图3-22。

海上升压站施工所需的船机设备主要有起重船、液压打桩锤、运输船、抛锚艇等，所选的船机设备要适应工程海域的海洋水文环境，符合设计和施工要求，见图3-23。

图3-22 海上升压站上部组块运输图片

图3-23 海上升压站上部组块吊装、安装图片

海上升压站作为首批风力发电机组投产的一个关键节点，对于需要尽早进行首批风力发电机组发电的情况下，一般考虑在项目开始9～10个月之后完成海上升压站的吊装，海上升压站的安装制造过程一定需要提前进行准备工作以及备料，在项目开始的时候就开始建造海上升压站的上部组块，把设备的到货时间与钢结构加工时间有机地结合起来，升压

站吊装完成之后，尽快完成电气调试，使之具备倒送电的条件。

（四）海缆敷设施工

海底电缆敷设施工方案一般根据海底勘测资料、海床演变分析成果、电缆类型和数量等因素确定。海缆敷设主要包括风力发电机组与风力发电机组之间、风力发电机组与海上升压站之间的集电海缆，海上升压站与陆上集控中心之间的送出海缆。海缆深埋敷设施工可以分为施工准备、海缆敷设、后续保护和电缆试验四个主要阶段。

送出海缆敷设施工一般工艺如下：码头接缆，运至施工现场，试航，扫海，敷设牵引钢缆，始端登陆，海缆敷设，岸滩登陆，穿（爬）堤，质量验收，详见图 3-24 和图 3-25。

图 3-24 海底电缆始端登岸

图 3-25 海底电缆登风力发电机组平台施工

集电海缆敷设施工一般工艺如下：码头接缆，运至施工现场，试航，扫海，敷设牵引钢缆，始端登陆，海缆敷设，终端登陆，质量验收。

海底电缆敷设施工船舶的选择要考虑动力缆盘装载量、甲板面积、船舶稳定性，要满足电缆长度、重量、弯曲半径、盘绕半径和作业海域等要求；近海海域可选平底船，登陆段宜坐滩施工；开阔海域可选有锚泊系统的船舶；不利于锚泊定位的海域，要选择有动力定位功能的船舶。

四、 施工总布置

海上风电场工程的建设具有内容较为分散、工作内容差异性较大的特点。不同的工程内容，其对施工总布置的需求有差异性，需要进行区别化设计。

海上风电场工程的陆上工程设施，以工业与民用建筑为主，其施工建设，宜对各类临建设施进行集中化布置。对于海上工程设施的建设，需要合理比选施工场地。施工总布置要遵循因地制宜、有利生产、方便生活、环境友好、节约资源、经济合理的原则，满足工程建设和运行管理的要求。主要施工场地和临时设施的防洪、防潮标准要根据工程规模、施工进度安排、海洋水文特性等因素，在5～20年重现期内分析采用。

海上风电场工程的施工总布置包括海上施工部分和陆上施工部分，施工现场覆盖范围较广，周边条件复杂。结合工程条件及施工条件，工程施工期间一般规划2个施工基地和4大施工作业区。其中，2个施工基地分别是施工主基地和施工辅助基地；4大施工作业区分别是海上风电场施工区、主送出海缆施工区、陆上集控中心施工区、钢结构加工制作区。

（一）施工场地初选

综合考虑功能与要求，海上风电场工程的施工主基地内主要设置仓库、风力发电机组设备堆场及指挥中心办公室、生活区等。要采用相对集中的布置方式，并满足防洪、防潮、防火、安全、卫生和环保要求。

施工主基地的布置要结合工程前期开展的现场勘查工作，宜布置在风电场周边的大型港区，码头岸线后方宜具备较大的可租用陆域面积。编制施工组织计划时，要详细描述施工主基地现状情况。施工辅助基地宜布置在风电场周边的小型渔港，且宜结合陆上集控中心统一布置，该基地主要负责承担海上风电场施工的补给及海上施工人员的交通运输。

以下是一个施工基地的实例（见图3-26和图3-27）。

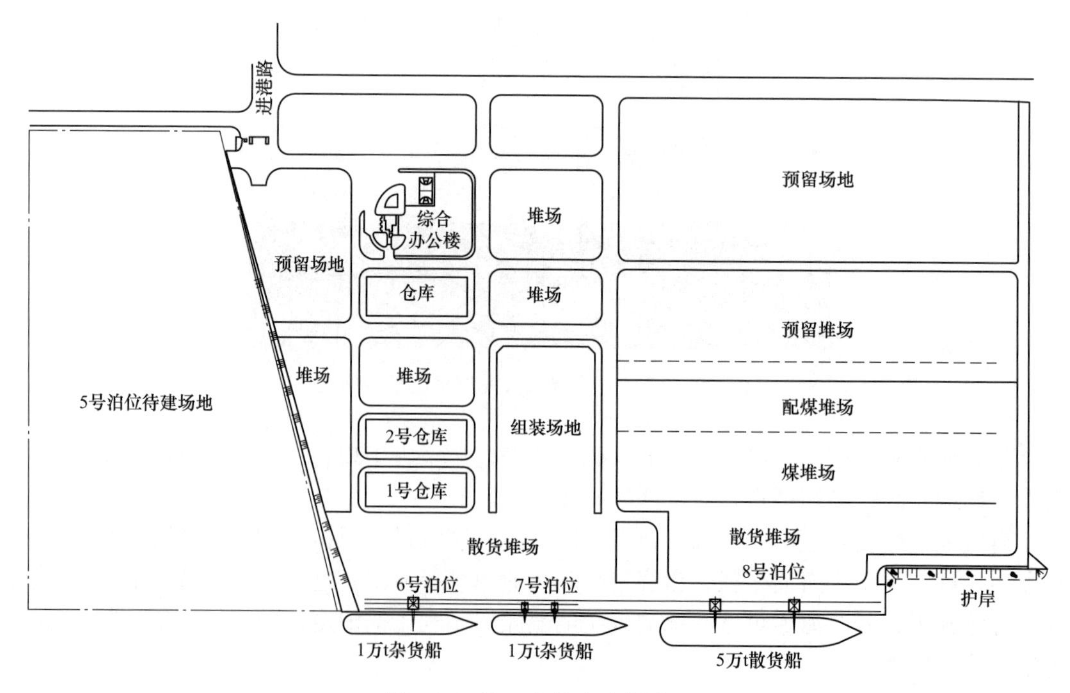

图3-26　施工主基地示意图一

施工主基地拟布置在风电场周边的Y港港区，Y港港区已建成经营性码头9个，最大

图 3-27 施工主基地示意图二

泊位为5万t级，年通过能力近1000万t。现有10 000t级通用泊位2个，长308m；1000t级油气泊位1个，长228m；35 000t级粮食泊位（结构按50 000t级设计）1个，长度为300m；10 000t级粮食泊位1个，长度为180m；35 000t级煤炭专用码头1个，长度为300m；50 000t级通用泊位2个，长度为510m和50 000t级航道。建议进一步整合利用码头岸线资源，打造集海上风电指挥、风力发电机组组装、后期补给、重大件维护为一体的区域综合性基地。

施工辅助基地主要负责承担海上风电场施工的补给及海上施工人员的交通运输，位于工程场址附近的H渔港。该港口离集控中心和海上风电场厂区均较近，是省级中心渔港之一，能满足中小型交通船及补给船的靠泊。

（二）施工场地分区规划

海上风电场工程按照施工空间位置主要划分4大施工区，分别是海上风电场施工区、送出海缆施工区、陆上集控中心施工区、钢结构加工制作区。

（1）海上风电场施工区：此施工区为本风电场建设过程中最重要的一个施工区域，是海上施工项目，施工难度、施工区域面积是所有施工区中最大的。此区域内的施工项目主要有风力发电机组基础施工、风力发电机组安装施工、升压站基础施工、升压站上部结构安装施工、集电海缆敷设五大施工项目。

（2）送出海缆施工区：此施工区为海上施工项目，主要包含送出海缆敷设施工、海缆登陆施工、陆上锚固井施工、陆上接头井施工等。

（3）陆上集控中心施工区：此施工区主要指陆上集控中心的施工区域，其施工项目主要有集控中心土建施工、集控中心站设备及电气安装及站内附属工程等。

（4）钢结构加工制作区：此施工区主要指风力发电机组塔筒、风力发电机组基础钢结构、海上升压站钢结构及钢管桩的加工厂。按照前期工作调研的成果，合理布置本工程钢结构的加工制造场地。

（三）施工主基地建设方案

施工主基地要具有良好的交通条件，其建设方案根据堆存设备材料的技术要求、服务对象、场地条件等综合研究确定。物资仓库宜与施工作业区结合布置，设备堆存场地宜与风力发电机组设备拼装场地结合布置。

1. 大件堆存与储运基地

按照风力发电机组分体安装相结合的安装方案考虑，风力发电机组堆存场地均位于施工主基地，风力发电机组堆存场地主要有塔筒作业区、机舱、轮毂作业区以及风力发电机组叶片堆放区。如果风力发电机组安装采用分体风力发电机组安装方式，为充分利用好海上每一个风力发电机组吊装窗口期，保证每个风力发电机组窗口期的风力发电机组设备供应，同时考虑工程海域海况，施工主基地宜暂存 5 套风力发电机组设备，计划占地 25 000m²，具体见表 3-8。

表 3-8 风力发电机组堆存拼装区面积规划表

序号	区域	面积（m²）
1	码头泊位作业区	5000
2	主机、轮毂堆放区	3000
3	叶片堆存区	10 000
4	塔筒、轮毂堆放区	3000
5	附件堆放	2000
6	机械停放区	2000
总计		25 000

2. 陆上拼装场地

按照风力发电机组整体安装方案考虑，风力发电机组堆存及拼装场地均位于施工主基地，风力发电机组堆存及拼装场地主要有塔筒作业区、机舱、轮毂作业区、风力发电机组叶片堆放区及整机拼装场地。如果风力发电机组安装采用整体安装方式，为充分利用好海上每一个风力发电机组整体吊装窗口期，保证每个风力发电机组窗口期的风力发电机组供应，同时考虑工程海域海况，施工主基地宜暂存 15 套风力发电机组设备，同时规划两个拼装作业面，平面示意图如图 3-28 所示。

风力发电机组堆存拼装区面积规划见表 3-9。

表 3-9 风力发电机组堆存拼装区面积规划表

序号	区域	面积（m²）	备注（按照 15 套主机堆存考虑）
1	码头组装区	12 040	35m×350m[35m 为码头区域作业区域宽度，350m（实际长度 344m）为计划区域码头长度，考虑“单进双出”三泊位设计]
2	叶轮拼装区	35 000	
3	叶片堆存区	18 000	
4	塔筒机舱轮毂堆放	9000	
5	附件堆放	2000	
6	道路及道路排水	34 000	双向设计，双轨至后场，后场单轨横向运输
7	机械停放区	2000	150t 小型汽车式起重机、履带式起重机共 3 台，约用地 500m²；平板车、汽车 8 台，约用地 1500m²
8	钢结构附件堆存区	14 000	钢管桩、附属结构、运输架等构件存放
总计		126 040	

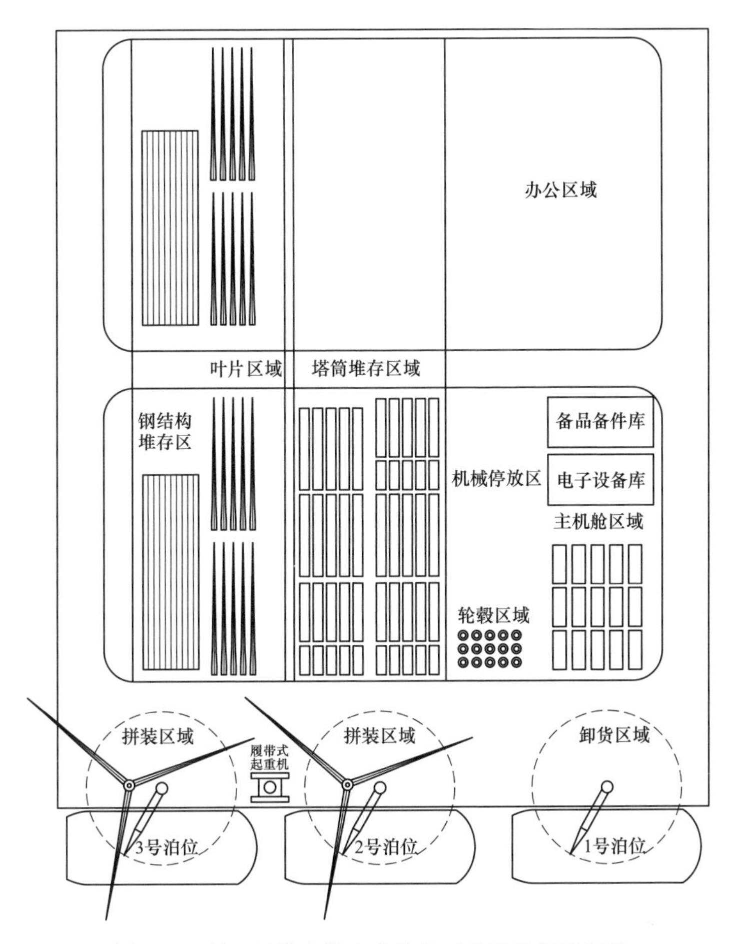

图 3-28　基于整体安装方案的施工基地规划示意图

3. 办公生活临建

按照工程实施规划，工程施工期间规划 2 个施工基地，按照施工基地的功能及拟施工的施工项目，基地内的办公及生活临建设施各不相同，办公及生活设施配置见表 3-10。

表 3-10　　施工基地办公及生活设施配置表　　m^2

项目	占地面积	办公区建筑面积	生活区建筑面积
施工主基地	3000	1200	2800
施工辅助基地	2000	800	1800
合计	5000	2000	4600

其中施工主基地办公及生活楼租用港区周边现有生活楼与办公楼或临时搭建；而辅助施工基地办公及生活临建主要采用新建彩板房结构，考虑防风防台，建筑层数原则上不超过两层。

4. 水、电及通信系统

按照工程实施规划，工程施工期间规划 2 个施工基地及 4 大施工作业区。现针对上述施工基地及施工区内的水电供应方式阐述如下。

海上风电场工程施工主基地用水一般从市政供水管网接驳，采用 DN80 供水管，供水管长度根据工程实际情况确定，海上风电场工程一般无用水量较大的施工项目，总用水量按照消防用水量需求计算，施工主基地总面积小于 250 000m^2，因此项目的总用水量暂定为 $Q=10$L/s。

海上风电场工程施工主基地总用电负荷约为 2000kW，考虑用电设备的负载率、同时率及相关参数，计算得出施工主基地的总用电容量为 600kVA，因此一般直接接入附件 380V 供电电网；或者在基地内设置配电房一座，内设 10kV/0.38kV 箱式变压器一台，容量为 800kVA，进线电源从基地附近 10kV 供电电网接驳，各作业点按需要设置二级或三级配电箱。

海上施工用电及用水：现场施工和生活用水均使用船舶储存的饮用水。

施工辅助基地主要负责承担施工补给及交通运输船的靠泊，水电需求量较小。施工期间用水可从附近市政现有供水管网接驳，用电可考虑从附近 380V 供电电网接入。

海上风电场施工区的施工用水主要依靠供水船进行供给，施工用电主要依靠工程船舶的自发电或配备的移动式柴油发电机解决。

送出海缆施工区内的施工项目主要为海缆敷设施工项目。施工可以利用海水辅助海缆敷设，施工用电主要依靠海缆敷设船的自备发电机供应。

陆上集控中心施工区的施工用水直接从周边现有供水管路引接，用电可考虑从附近 380V 供电电网接入。

钢结构加工制作区位于已经建成的大型钢结构加工厂内，工厂内水电供应条件完善，本工程实施期间不再考虑钢结构加工制作区的水电供应。

海上风电场工程的施工通信方式主要为有线通信及无线通信两种。有线通信包括固定电话通信、有线互联网络、闭路电视等三种方式，无线通信包括卫星电话、移动手机网络、无线互联网络、对讲机等。

海上风电场工程的施工基地及施工工区相对分散，空间范围跨度较大，因此拟采用无线通信与有限通信相结合的方式。本工程的施工基地全部接入有线互联网络、闭路电视。各施工区内部主要采用对讲机进行通信，不同施工区之间的通信主要依靠移动电话。

五、 施工总进度

随着国内海上风电场工程的建设规模不断扩大，其施工技术水平与大型施工装备也在快速发展，尤其是大型施工装备在近几年内处于一个建造高峰期，为提高海上风电场工程的施工效率奠定了基础，因此编制施工进度的工作需要充分调查并考虑国内施工组织管理水平的提高和施工装备快速发展的实际情况。施工总进度要根据工程特点、工程规模、技术难度，依据施工组织管理水平和施工装备特点进行编制。

海上风电场工程施工工期分为工程筹建期、施工准备期和主体工程施工期。其中，施工准备期是从准备工程正式开工至主体工程基础施工前的工期，主体工程施工期是从主体工程基础施工开始至全部风力发电机组具备投产条件的工期。施工总工期是施工准备期与主体工程施工期之和。

（一）工程筹建期

工程筹建期是指海上风电场工程正式开工之前为承包商进场创造条件所需的时间。工程筹建期工作主要包括办理施工用海手续、用地手续，工程招投标、场外交通工程、风力发电机组等主要设备采购等。

（二）施工准备期

施工准备期是指海上风电场工程从准备工程正式开工至主体工程开工前的工期。施工准备期的工作主要包括场地平整，场内交通工程，施工供电，施工供水，施工通信及生产、办公、生活设施等影响项目关键进度的施工临时工程。

（三）主体工程施工期

主体工程施工期是指从海上基础施工开始至风力发电机组安装、升压变电站安装、送出线路和集电线路敷设等全部主体工程完工为止的全部工期。

海上风电场工程主体工程施工进度安排要纵观全局、统筹兼顾，妥善协调风力发电机组基础施工与风力发电机组安装、关键项目与一般项目之间的关系，力求施工均衡、资源配置平衡。风力发电机组基础施工和风力发电机组安装是主体工程施工中的重要内容，同时也是上下工序关联密切的关键工作，部分大型船机设备会在两项工作中交叉使用，因此主体工程的施工工期需要重点研究施工资源的合理需求预分配，平衡关键项目与一般项目的关系。施工资源要根据工程总体计划、施工方案进行配置。通用型船舶设备要根据其功能与服务内容进行资源集中配置。

1．风力发电机组基础施工进度

基础施工进度要综合考虑海洋环境条件、地质条件、结构形式、施工方案、基础结构加工制造能力及总进度要求等因素研究确定。基础施工进度安排要重点分析施工设备的施工能力，有效施工时段、天数及施工强度，合理确定工期。风力发电机组基础的施工进度与施工装备的性能有较大的关联性，能力优越的施工装备可较大幅度地提高基础施工效率，因此施工进度的分析需要在施工装备能力与效率研究的基础上开展。

2．风力发电机组安装施工进度

海上风电场工程风力发电机组安装施工进度要根据施工海域的海洋环境条件、地质条件、风力发电机组设备陆上拼装工艺、海上现场安装能力等因素研究确定。风力发电机组安装施工进度安排要重点分析施工设备的施工能力、有效施工时段、天数及施工强度，合理确定工期。风力发电机组拼装场地的改造时间，可以并入风力发电机组设备安装工程的整体工期内。

3．海上升压站施工进度

海上升压变电站施工进度要综合考虑海洋环境条件、地质条件、施工设备及总进度要求等因素研究确定。海上升压变电站上部组块施工进度安排要考虑设备供货、土建与设备安装交叉衔接等因素，合理确定工期。

4．海底电缆敷设施工进度

海底电缆敷设施工进度要根据海洋环境条件、地质条件、海缆敷设方案及总进度要求等因素研究确定。场内集电线路的海缆敷设施工进度要与风力发电机组安装进度相协调。

（四）施工关键路径

海上风电场工程一般按回路分批并网发电，第一批风力发电机组投产发电施工关键线路径：施工进场准备→场地平整、临时道路→生产、生活设施→升压站基础工程施工→升压站主体工程制作、安装→电气设备安装与调试→一期风力发电机组投产发电。

关键路径上的重要施工项目是风力发电机组基础施工和风力发电机组安装，海上风电场工程机位较分散，导致打桩船和安装船需要频繁移位，一般考虑多工作面进行施工，缩短施工总时间，同时要采取可靠措施，确保基础和机组设备的供应。

陆上集控中心、海底电缆敷设及海上升压站的施工皆属重要施工项目，其虽不处在关键施工线路上，但其进度却影响风电场调试的开始时间，施工期间需重点控制上述项目的施工进度。

工程全部竣工投产的关键路径：施工进场准备→场地平整、临时道路→生产、生活设施→首批风力发电机组基础沉桩、灌浆→首批风力发电机组安装→剩余风力发电机组安装→剩余风力发电机组调试→风电场调试→全部风力发电机组投产发电。

第四章
风电场投资建设运营管理

风电场投资建设运营管理根据项目的建设进度分为项目预立项阶段、项目立项阶段、工程启动准备阶段、工程建设阶段与生产运维阶段五个部分。

项目预立项阶段工作重点在资源评估，它是判断风电场资源禀赋的龙头工作，是微观选址和机组选型工作最重要的前提，目标为客观评价项目资源情况，锁定投资价值。该阶段对应设计工作中的风电场规划报告和风资源评估报告。

项目立项阶段工作重点在于风险排查与合规性手续办理，是项目开发过程中的核心内容，总图专业人员不仅要了解什么因素应该避让，还要清楚知道每一项风险因素避让的技术原因和行业政策。该阶段的目标为使项目进入省级建设计划或取得核准。本阶段对应设计工作中的风电场可行性研究报告。

工程启动准备阶段工作主要为初步设计、招标采购、开工前合规性手续的办理。该阶段的目标是满足项目开工条件。本阶段对应设计工作中的风电场初步设计或招标设计。

工程建设阶段工作主要是抓好项目进度、成本、安全。该阶段的目标是项目顺利实现并网投运。本阶段对应设计工作中的风电场施工图设计和风电场竣工图设计。

生产运维阶段工作主要是抓好项目运营期间的发电量目标管理。本阶段的目标为如何安全、稳定、高效地实现电厂收益。

本章的内容旨在使总图运输专业设计人员能够站在投资方的视角，系统性、完整性地认识风电场从开发到建设、到运营的全过程。发挥总图专业在项目规划、设计及项目全局认识上的优势，帮助投资方更长远、更准确地做出项目决策。

第一节　项目预立项阶段

风电场项目预立项阶段以项目宏观选址作为起点，以建设方决策开展项目前期工作作为阶段成果。

本阶段的目标：

(1) 宏观选址确定拟开发区域，并与当地政府签订开发协议。

(2) 根据周边测风塔实测数据或中尺度数据初步测算资源情况，确定投资价值。

(3) 启动场区内测风塔设立及后续风资源评估。

(4) 启动测绘和前期选址工作。

(5) 进行项目投资匡算、收益率评审并决策，确定释放开发阶段各项工作的资金定额。

项目预立项阶段风资源评估工作流程图 4-1。

风电场是否具有投资建设的价值，关键是要评估风电场的总体效益，而总体效益的考核指标主要包括社会效益和经济效益。对风电场项目而言，经济效益的优劣取决于包括设

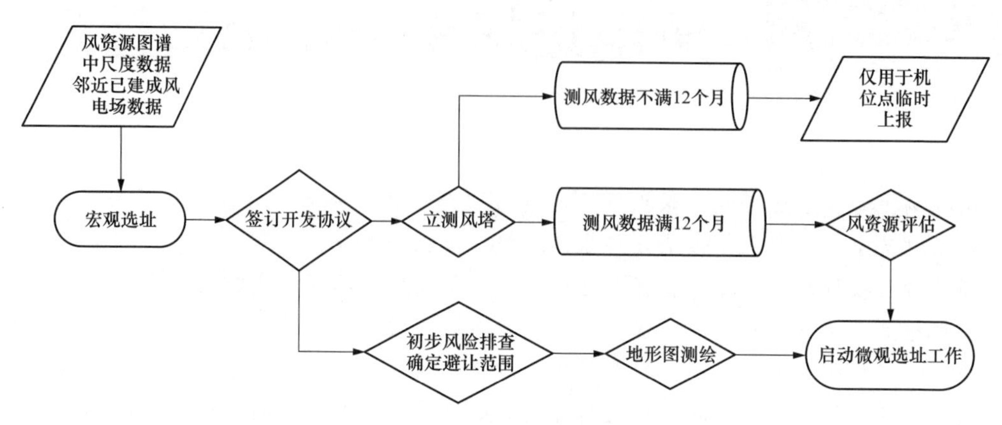

图 4-1　项目预立项阶段风资源评估工作流程图

备材料价格和电价等在内的社会经济情况、项目的建场条件。社会经济发展情况是宏观的，设备材料价格和电价等因素在项目预立项阶段只能根据当期的实际情况进行分析，而建场条件的优劣是相对的，是可以通过技术经济比选分析的。因此，在项目预立项阶段如何做好影响项目各类复杂因素的风险分析和排查、比选，落实好相关的建场条件是非常关键的工作。

项目完成初步的风险排查后，经过匡算，收益率满足投资方标准，且不存在颠覆性影响的风险条件下，投资企业会按照各自企业的启动标准，审核资料的合规性，通过相应的决议。

总图专业在风电项目预立项阶段重点工作如下。

（一）委托地形图测绘

作为总图运输设计专业，在开展地形图测绘或购买地形图时要为项目开发建设单位做好咨询服务工作，要对地形图使用范围、测绘内容、测绘的重点和特殊项目、地形图比例尺等作出合理的、明确的要求。条件允许时，尽可能要求在项目可行性研究阶段前进行地形图的测绘工作。对于地形复杂、周围环境复杂、制约性因素较多的场址，地形图作为设计工作的基础资料，对项目方案的可行性和合理性、投资的优劣性等起到关键支撑作用。

（二）前期微观选址工作（机组招标前）

根据本阶段已搜集到的敏感因素和避让区域，结合风资源、地形情况，经过现场踏勘，开展前期的微观选址工作。重点落实项目区域所在位置项目的可布置机位数量、位置，道路、平台通行条件和设置条件，为后续机型比选、项目规模容量确认、办理下一步合规性手续提供必要条件。

第二节　项目立项阶段

风电项目立项阶段以项目全面取得各部门选址意见函并决策开展项目前期工作作为起

点，以项目取得核准文件和全部支持性文件作为本阶段成果。

本阶段目标：

(1) 入选省内年度开发建设计划。

(2) 根据当地政府的核准政策，取得全部的核准前支持性批复文件。

(3) 取得政府核准书面文件。

一、总图运输专业在项目立项阶段应发挥的作用

作为设计咨询单位总图运输设计专业，在项目立项阶段应为项目开发单位提供有效的咨询服务工作。总图运输设计应立足于项目总体规划，通过科学的、合理的技术经济方案比选，提出项目建设可能存在的各项制约因素和风险，从项目建设的必要性、项目实施的可行性、项目运行的稳定性、项目投资收益的合理性等方面为立项提出合理的依据和正确的推荐结论。

总图运输设计专业应结合地区总体规划，以及地区各类资源条件，对项目开发单位拟开发建设区域、容量、时序等提出合理化建议，配合做好开发建设项目总体方案设想，为项目开发单位开展工作确立正确的方向。

作为项目可行性研究报告编制单位总图运输设计专业，配合在土地预审、规划选址意见、项目核准等各个环节提供相关的资料并完成报告的编制、审查工作，做好项目立项阶段咨询服务工作。

二、总图专业在项目立项阶段重点工作

(一) 可行性研究报告编制与评审工作

由建设单位委托咨询单位，通过有关资料和数据的收集、分析以及实地调研等工作，完成对项目技术方案、经济、环境、市场等方面的最终论证和分析预测，提出该项目是否具有投资价值以及如何开发建设的可行性意见，确定风电场的建设方案，编制项目可行性研究报告，编制的主要内容应符合 NB/T 31105《陆上风电场工程可行性研究报告编制规程》。

总图运输专业在设计咨询单位中担负着项目总体规划的任务，在项目立项阶段，总图专业要不断配合项目开发单位进行方案规划、方案评审、公司本部及上级公司方案汇报、方案修改确认等一系列设计咨询工作，配合项目开发单位的土地预审、规划选址意见、项目核准相关资料提交工作，参加项目可行性研究报告和专项报告的审查会议。

可行性研究报告作为申请项目核准所需的必要材料，一般经项目公司和所属投资主体的审查后，报送至地方政府投资主管部门。

(二) 进入省级风电建设计划

项目投资主体应密切关注省内平价报送/优选/竞价方案公布及投标动态，积极开展方案投标材料准备工作，根据地方政府要求，总图专业应及时配合项目投资主体上报项目申报所需材料，并做好相关进度跟进，争取将项目列入年度开发建设方案中的项目名单或目录。

（三）项目核准

项目入围省级风电开发建设方案后，风电项目建设单位根据国家和地方政府主管部门的相关政策要求，委托具有相应资质的第三方机构编制核准所必需的专题报告，总图专业应及时配合第三方单位完成项目土地预审与规划选址意见等专题报告或核准申报手续资料的填报，支持项目投资主体取得相应的批复文件。

风电项目建设单位在取得核准所必需的支持性批复文件后，连同评审确认后的项目可行性研究报告，报送至具有核准权限的地方政府投资主管部门申请核准。经审批通过后，取得核准批复文件。

第三节　工程启动准备阶段

工程启动准备阶段以项目取得核准和全部支持性文件作为起点，以项目取得开工文件作为本阶段成果。

本阶段目标：

（1）开展项目微观选址工作。

（2）办理核准后各个专项合规性手续。

（3）取得项目建设用地批复和不动产权证。

（4）编制完成工程招标设计与其他专项工程设计。

（5）完成招标、定标与商务合同签订。

（6）取得开工手续。

一、总图专业在项目工程启动准备阶段应发挥的作用

总图专业在可研和初步设计中作为信息汇总专业，集中了风电场内所有要素的坐标信息和占地信息。在项目工程启动准备阶段应配合建设单位办理各项合规性手续时提供关键项目信息，同时应根据建设单位在办理合规性过程中反馈的具体避让信息修整设计方案，做到方案经济性、功能性、合规性的统一。

风电场永久用地和临时用地划分原则和占地面积应遵守《电力工程项目建设用地指标（风电场）》（建标〔2011〕209号）。风电场永久用地包括风力发电机组占地、箱式变压器占地、永久道路部分、集电线路杆塔占地、变电站或开关站占地。风电场临时用地包括临时施工道路及吊装平台占地、电缆直埋占地、施工临时占地等。部分省份和地区对集电线路杆塔占地在行政条例上主张杆塔占地“以租代征”，不占用建设用地指标，但需按照永久用地进行赔偿。此类情况，需根据项目和地方具体情况执行。

二、总图专业在项目工程启动准备阶段重点工作

（一）微观选址（机组招标后）

风力发电机组的选型及布置一般是在项目可行性研究阶段完成的工作，根据区域地理环境、风能资源适宜性、安全等级、安装运输条件、运行检修条件等因素经技术经济比选后确定。

此阶段微观选址不同于前期微观选址工作，是在项目建设单位完成风力发电机组招标后开展的一项工作，是确定具体机型后的更具体的微观选址工作，此项工作是在项目核准

之后、初步设计或施工图设计之前进行的。风力发电机组招标机型及微观选址布置方案应以中标机型相关资料为依据，通过专业的计算机软件进行优化布置和比选，并且进行现场踏勘，落实每一个推荐机位的各项建设条件和制约性因素，最终确定可满足项目装机容量的推荐机位和备用机位。微观选址成果宜与最终的可行性研究报告结论相一致，否则会给后期项目实施带来一定的困难或增加部分工作量。

作为总图专业，要与资源专业共同做好配合工作，尽可能在可行性研究阶段把机型比选和机组布置工作做细、做实，把可行性研究阶段和微观选址阶段能够很好结合。条件允许时可将风力发电机组位置的确认提前至可研阶段，使后期微观选址与最终的可行性研究报告成果尽可能一致，以便减少项目建设单位在取得土地手续后发生不必要的调整和变更工作。

（二）核准后置支持性文件的办理

项目建设单位应及时办理核准后置支持性文件，确保项目早日具备开工条件。核准后置支持性文件包括但不限于电力接入批复，环评批复，水土保持方案批复，预安评备案批复，地灾备案批复，压矿批复，社稳备案，文物、军事批复，林地批复，砍伐证文件等。

电力接入批复是当地电力公司授予项目接入许可的重要凭证，是总图专业选择项目升压站或开关站位置、占地、出线方向等最重要的输入条件。省级电网企业出具的项目具备接网和消纳的意见是项目申请列入年度建设方案的前提文件。风电项目建设企业应根据国家和地方电力公司的相关政策要求，确定电力接入系统批复文件的办理流程和时间节点。

项目环境影响评价报告、水土保持报告编制的主要依据是项目可行性研究报告成果，环境影响评价报告、水土保持报告中同样也需明确描述风力发电机组容量、数量、每个机位的坐标。随着不同省市区政府部门的不同要求及土地政策的收紧，对项目实施阶段机位变更有着严格的要求，若机型、机位布置方案发生重大变更，需重新办理环境影响评价报告、水土保持报告审批变更手续。部分省份需要变更核准文件。

其他合规性手续，是项目避让因素的依据，是总图专业在开展设计时重要的输入条件。

（三）取得项目建设用地批复

在项目完成核准且取得使用林地审核同意书后（若涉及林地），建设单位按照建设用地批复办理要求，开展土地组卷工作，并逐级上报，直至取得项目建设用地批复。

总图专业应复核在设计方案中的项目占地信息与土地组卷信息是否保持一致。

（四）取得不动产证（土地证）

在项目取得建设用地批复后，土地性质变更为了建设用地，但土地的权属依然属于国家，项目建设单位要根据土地出让（或划拨）流程规定，配合当地政府开展交易工作，并办理不动产权证。

作为总图专业，在建设单位办理项目用地规划、工程规划、征地手续的过程中，应做好配合服务工作，提供建设单位在办理过程中所需的与项目设计相关的各类有关资料，主要工作包括：

（1）提供总平面布置图、施工组织设计平面布置图和相关的技术指标、说明文件等，配合建设单位完成用地规划许可证、工程规划许可证、施工许可证等手续的办理工作。以上 3 项手续是项目开工前必备手续。

（2）提供项目征地图和相关的用地面积指标、说明文件等，配合建设单位开展项目征（租）地工作。

（3）配合施工单位完成施工组织设计和现场临时设施的布置。

（4）配合做好项目实施阶段与总图专业相关的其他服务工作。

三、初步设计、工程专项设计及招标工程量的确认

不同地区、不同企业要求开展风电场工程初步设计的目的主要有两个：

第一，满足地区电网主管部门的要求。编制风电场工程初步设计报告或升压站或开关站初步设计报告，地区电网主管部门或委托的第三方咨询机构对初步设计报告进行审查，确定项目与电力系统相关的技术方案和参数指标，为后续风电场工程施工图设计提供依据。

第二，满足企业建设工程项目管理的要求。大部分企业在建设工程项目管理中都要求有风电场工程初步设计阶段，一般是在风力发电机组等主要设备招标后开展此项工作。通过对初步设计成果的评审，最终确定项目相关的技术方案和工程量、项目投资概算及财务评价成果，为下阶段开展施工及设备材料招标、执行概算的确定做准备工作。

一般情况下，在初步设计成果工程量的基础上编制施工招标工程量清单，这就要求初步设计方案要明确、设计深度要足够、工程量要准确。作为总图运输设计专业，应按照设计委托合同要求做好对应专业的设计工作，确保本专业的设计成果符合相应的深度要求，对应工程量的全面性、准确性满足施工招标的需要。

（1）初步设计文件应满足：

1）满足有关部门对初步设计专项审查的要求。

2）满足主要辅助设备的采购要求。

3）满足业主控制建设投资的要求。

4）满足业主进行施工准备的要求。

5）设计文件具体深度要求应满足各建设单位风电工程初步设计内容及深度规定，一般要求：应确定风电场风力发电机组总体布置方案、集电系统、升压站系统、建（构）筑物、交通道路等设计方案以及主要经济和新能源指标，提出主要设备材料清单和概算部分，并可作为施工图设计的依据。

（2）工程专项设计咨询包括但不限于以下：

1）送出线路设计。

2）取得《建筑工程文物行政许可证》的前置相关报告。（各地不同）

3）环境影响评价报告。

4）水土保持报告。

5）地质灾害报告。

6）压覆矿产报告。

7）规划选址报告。

8）勘测定界报告。

9）防洪评价报告。

10）接入系统报告。

四、风险排查(招标前详查)

此阶段与第一次风险排查内容是一致的，需要取得正式的批复和回函，是以文件获取作为风险排查对象的工作，项目风险排查任务表详见表 4-1。

表 4-1　　项目风险排查任务表

序号	资料分类	主要项目资料名称	取得时间	文件号
1	指标可研类文件	列入年度建设计划的文件		
2		项目核准文件/项目备案文件		
3		可行性研究报告		
4		送出线路可研报告		
5		送出线路核准文件		
6	土地类文件	土地权属证书/土地租赁文件		
7		用地预审意见		
8		规划选址意见		
9		土地勘测定界技术报告书（勘界报告）		
10	电网类文件	接入电网的初步意见		
11		接入系统报告		
12		接入系统评审意见		
13	项目本体单项批复类文件	林业局批复意见		
14		环评批复函		
15		水土保持方案书批复函		
16		地质灾害评估登记表		
17		矿藏压覆评估报告审查意见		
18		节能登记表/节能评估审批意见		
19		安全评估报告批复意见		
20		文物局批复意见		
21		社会稳定性批复意见		
22		占用军事设施的审查意见		
23		自然生态保护区批复		
24		防洪评价报告批复		

当新能源项目外送线路为自建时，外送线路开工前还需要具备路径协议、核准文件、其他必备的支持性文件。外送线路手续清单详见表 4-2。

表 4-2 外送线路手续清单

序号	重要性	类别	备注
1	必备	核准类	核准批复
2		选址选线类	城乡规划行政主管部门出具的路径批复意见或建设工程规划许可证
3		压矿类	省、市、县国土部门出具的线路是否压矿的意见
4			如明确压覆矿产，需提供矿业主管部门的书面意见及相关协议
5		环评类	环评批复
6		水保类	水保批复
7	涉及需办理	跨越类	跨越（穿越）通航河道、泄洪河道的，提供航道、水利主管部门同意建设的书面意见
8			线路跨越重要河流堤坝保护范围内的，需提供水利部门的防洪评价意见
9			跨越（穿越）省级以上道路的，提供交通、路政等主管部门同意建设的书面意见
10			跨越（穿越）石油天然气管线的，提供相关主管部门同意建设的书面意见
11			线路跨越塌陷区的，需提供国土部门的地灾评估报告评审意见
12			跨越（穿越）森林、防护林、成片经济林木的，提供林业部门同意建设的书面意见，并核实是否穿越生态红线
13			跨越（穿越）或毗邻军事设施、军事保护区等敏感区或跨越军事光缆的，提供相关权属方（管理方）同意建设的书面意见及相关协议
14			跨越（穿越）风景名胜区、自然保护区、饮用水源保护区等环境敏感区的，提供相关权属方（管理方）同意建设的书面意见及相关协议，并核实是否穿越生态红线
15			线路跨越民房及厂房的，需提供产权方的相关跨越协议
16			项目青苗赔偿、动拆迁和补偿方案及相关协议
17			民用航空、文物等其他需要利益相关方（管理方）提供同意建设的书面意见及相关协议

五、招标与定标

1. 法律依据

(1)《中华人民共和国招标投标法》。

(2)《中华人民共和国招标投标法实施条例》。

2. 招标分类

(1) 公开招标。其是指招标人以招标公告的方式邀请不特定的法人或者其他组织投标。

(2) 邀请招标。其是指招标人以投标邀请书的方式邀请特定的法人或者其他组织投标。

3. 招标公告编写

招标项目的招标公告，应当载明以下内容。

（1）招标项目名称、内容、范围、规模、资金来源。

（2）投标资格能力要求，以及是否接受联合体投标。

（3）获取资格预审文件或招标文件的时间、方式。

（4）递交资格预审文件或投标文件的截止时间、方式。

（5）招标人及其招标代理机构的名称、地址、联系人及联系方式。

（6）潜在投标人访问电子招标投标交易平台的网址和方法。

（7）其他依法应当载明的内容。

4. 招标的基本流程

招标过程通常需要招标准备、发标、投标、开标、评标、定标 6 个过程。招标基本流程图详见图 4-2。

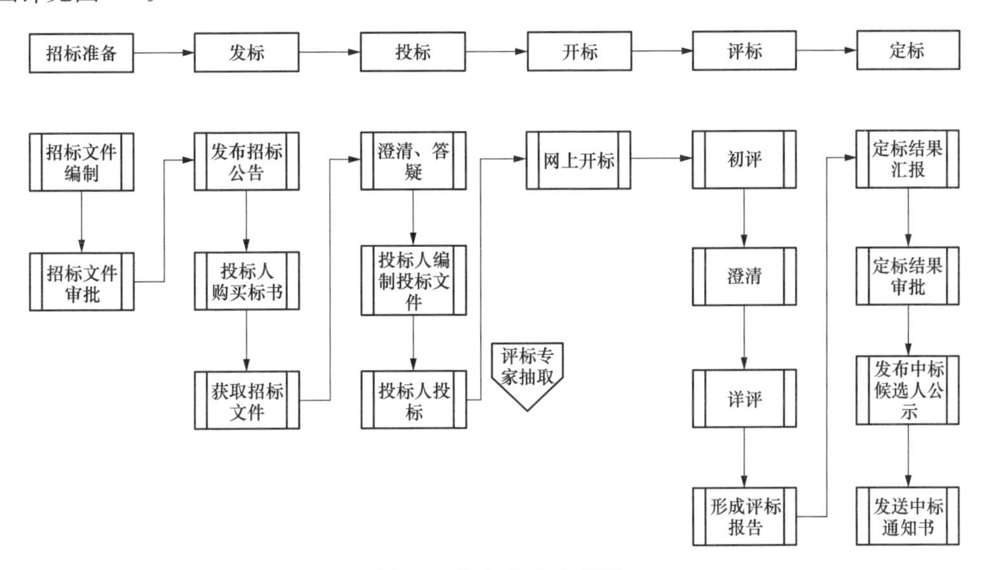

图 4-2 招标基本流程图

六、工程建设各项合同签订

由于建设工程项目的规模和特点的差异，不同项目的合同类别、数量可能会有较大的差别，风电场工程建设合同主要包括勘察合同、设计合同、施工承包合同、物资采购合同、工程监理合同、咨询合同、代理合同等。根据《中华人民共和国合同法》，勘察合同、设计合同、施工承包合同、物资采购合同属于建设工程合同，工程监理合同、咨询合同、代理合同等属于委托合同。

各项合同在订立过程中应对合同的具体内容和有关条款展开谈判或评审，谈判或评审的主要内容有合同内容和范围的确认；有关技术要求、技术规范和技术方案；合同价格条款、合同价格调整条款、合同款支付方式的条款；合同期限、工期、服务期、维修期、质保期等；合同条件中其他特殊条款。

各项合同的计价方式主要有单价合同、总价合同、成本加酬金合同，单价合同又分为固定单价合同和变动单价合同，总价合同又分为固定总价合同和变动总价合同。计价方式的选择是合同风险管理的一项重要工作，选择正确的、合理的计价方式将会大大降低合同在执行过程中可能存在的风险，因此，每个标段对应的合同计价方式应根据工程特点、结合计价方式的特点和适用条件合理确定。

通常风电场建设工程合同会分为三类合同模式：EPC总承包模式、PC承包模式、平行发包模式。

第四节　工程建设阶段

工程建设阶段工作主要是抓好项目进度、成本、安全。本阶段的目标是项目顺利实现并网投运。本阶段对应设计工作中的风电场施工图设计和风电场竣工图设计。

本阶段目标：

（1）做好开工前的准备工作。

（2）工程建设过程中对工程进度、成本、安全质量目标进行管理。

（3）实现工程并网、验收，并移交生产。

一、施工准备阶段（施工方的现场准备、设计院的施工图等）

施工准备的主要管理工作包括项目公司组建和人员配备、落实报批手续、资金筹措、设计资料交付、主要设备和主要参建单位确定、征地拆迁完成和生产生活临建设施建成、工程项目管理策划、施工组织总设计的编制与审查、工程管理制度的建设、工程总体目标策划、管理信息系统建设、开工条件考评等工作。

工程开工前，结合工程实际，编制项目公司各阶段组织机构方案、岗位设置，履行报批手续。开工前工程管理人员配备到位。项目公司要积极落实工程报批的各种合规性手续。

项目部监督、完善施工现场“四通一平”（水通、电通、路通、通信通、场地平整）工作，并配合承包单位现场踏勘。

1. 施工用电准备

对于升压站或开关站工程施工，应根据施工现场用电设备装机容量、最大用电负荷、以及将来风电场投运后作为升压站或开关站的备用电源等情况综合考虑进行电源设计，选用合适容量变压器，并进行合理布置，最终申请电网公司供电管理部门批准后安装使用。对于施工现场分散施工，零星用电，如果附近没有电网供电可采用相应容量的移动式柴油发电机组供电。

2. 施工用水准备

施工用水应与风电场建成后的永久性供水工程结合在一起考虑，风电场的永久性供水工程包括钻井、输水管道、压力供水等，应安排在开工前进行。若现场不具备建设永久性供水工程条件，需联系并协调好就地取水点，采用车辆拉水来解决生活、施工需求。无论采用何种供水方式，现场提供的水质必须检验合格，满足施工及生活用水需求。

3. 交通道路准备

风电场建设阶段的道路应与风电场规划中的永久性道路统一规划考虑。

运输道路应满足在风电场建设施工阶段大型机械及车辆超限（超长、超高、超宽）情况下的通过要求（参考风力发电机组、塔筒等厂家提供的道路要求技术资料）。风电场风力发电机组道路以及从风电场进入升压站道路设计标准不同，风力发电机组道路一般对原自然地表土进行简单处理，能够满足大件运输要求即可。升压站进站道路一般做永久性的沥青路面或混凝土路面。

4. 通信准备

通信主要包括电话和互联网，一般采用永临结合的方式，与当地电信部门办理相关业务或签订长期合同。

5. 施工场地平整

风力发电机组基础平台施工应考虑机组安装时塔筒设备、风力发电机组设备、吊装机械的安全摆放及设备组装所需的场地要求，可参考风力发电机组制造商提供的安装手册中风力发电机组安装场地技术文件，并按图纸要求进行场地平整。

设计单位应按照进度要求提供施工图纸，参加项目公司组织的施工图纸会审，并按合同约定进行设计交底、派驻工地设计代表等。

二、工程进度管理

1. 工程进度管理原则

工程进度以 PDCA 循环的方式对风电工程项目建设进度进行全过程、全方位、多层次的动态管理。项目进度管理是计划、实施、检查、处理的动态循环过程，应不断滚动、更新。

工程进度 PDCA 管理的方法：

（1）计划阶段。编制项目一级、二级进度计划。

（2）实施阶段。编制三级进度计划。做好实际进度记录，掌握现场进度实际情况。调度各种资源与进度的配合调度，保障工程顺利进行。

（3）进度检查。主要包括实际进度与计划进度对比、是否存在偏差，分析存在偏差的原因，计划的调整及采取的措施。

（4）处理。总结经验，并使之标准化、制度化转入下一个管理循环。

2. 进度管理的内容

工程进度管理是与工程安全、质量、投资相关的控制体系。建设工程项目中代表不同利益方的项目管理都有进度控制的任务，但是其控制的目标和时间范畴并不相同。

建设单位进度控制的任务是控制整个项目实施阶段的进度，包括控制设计准备阶段的工作进度、设计工作进度、施工进度、物资采购工作进度，以及项目动工前准备阶段的工作进度。

设计单位进度控制的任务是依据设计任务委托合同，对设计工作进度的要求控制设计工作进度，尽可能使设计工作的进度与招标、施工和物资采购等工作进度协调。设计进度计划主要是各设计阶段的设计图纸出图计划，出图计划是设计单位进度控制的依据，也是建设单位控制设计进度的依据。

工程现场进度控制目标及关键里程碑节点主要包括道路开工、完工时间；风力发电机组基础开工、完工时间；风力发电机组吊装开工、完工时间；升压站开工、完工（倒送电）时间；集电线路开工、完工时间；送出线路开工、完工时间；机组完成并网时间；项目移交生产时间；竣工验收完成时间。工程现场建设进度管理主要关键节点逻辑图详见图4-3。

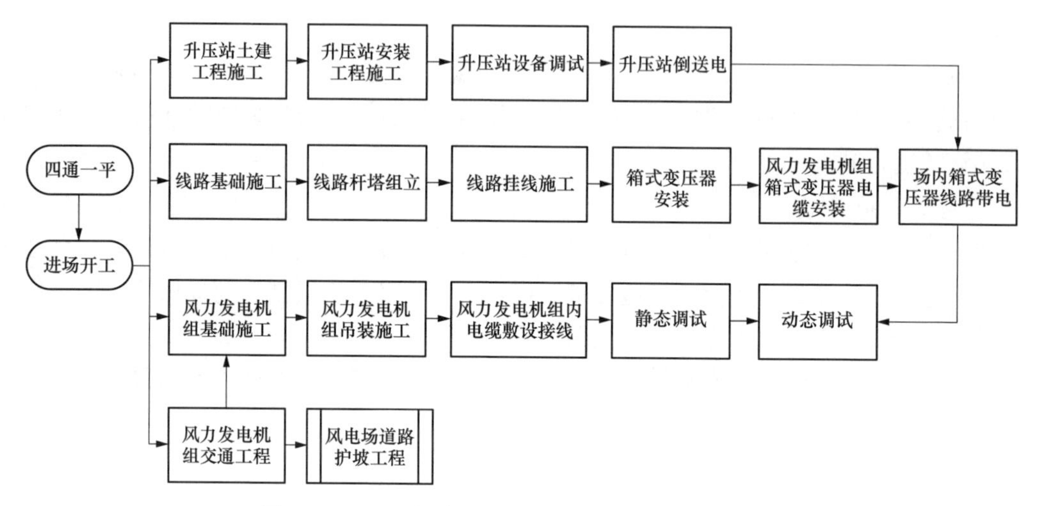

图 4-3　工程现场建设进度管理主要关键节点逻辑图

三、工程成本管理

工程成本管理是与工程安全、质量、进度相关的控制体系。建设工程项目中代表不同利益方的各参建单位项目管理都有成本管理的任务，但是其控制的重点和成本目标并不相同。各项目管理组织应建立项目全面成本管理制度，明确职责分工和业务关系，把成本管理目标分解到各项技术和管理过程中。

成本管理的任务包括成本计划编制、成本控制、成本核算、成本分析、成本考核。成本管理的成效应从多方面采取措施实施管理，通常将采取的措施划分为组织措施、技术措施、经济措施和合同措施。

从建设过程考虑，项目成本通过项目造价管理去具体实施，它的范围包括初步设计概算及执行概算管理、施工图预算管理、进度款管理、设计变更预算管理、结算、竣工决算。其主要规程规范如下。

(1)《国家电网公司输变电工程初步设计管理办法》。

(2)《国家电网公司 220kV 输变电工程初步设计复核工作管理办法（试行)》。

(3)《电力工程建设概（预）算定额》。

(4)《电网工程建设预算编制与计算标准》。

(5)《关于试行国家电网公司输变电工程估算概算基础资料通用格式的通知》。

(6)《建筑安装工程费用项目组成》(建设部建标〔2003〕206 号)。

(7)《电力工程建设概（预）算定额》。

(8)《电网工程建设预算编制与计算标准》。

(9)《基本建设项目竣工财务决算管理暂行办法》。

四、工程安全管理

建设工程应建立健全工程安全质量管理制度，落实工程安全质量主体责任，强化工程安全质量监管，提高工程项目安全质量管理水平，通过建立各项安全质量生产管理制度体系规范建设工程参与各方的安全质量生产行为。

现行正在执行的主要安全生产管理制度包括安全生产责任制度、安全生产许可证制度、政府安全生产监督检查制度、安全生产教育培训制度、安全措施计划制度、特种作业人员持证上岗制度、专项施工方案专家论证制度、安全检查制度、生产安全事故报告和调查处理制度、“三同时”制度、安全预评价制度、工伤和意外伤害保险制度。

质量管理是在质量方面指挥和控制组织的协调活动，包括建立和确定质量方针和质量目标，并在质量管理体系中通过质量策划、质量保证、质量控制和质量改进等手段来实施全部质量管理职能，从而实现质量目标。

建设工程项目的建设单位、勘察单位、设计单位、施工单位、工程监理单位都要依法对建设工程安全质量负责，尤其要突出建设单位首要责任和落实施工单位主体责任。

作为勘察、设计单位，在建设工程项目安全质量管理方面应对下列重点工作进行控制：应依法在取得相应资质等级许可的范围内承揽工程，并不得转包或者违法分包所承揽的工程；必须按照工程建设强制性标准进行勘察、设计；勘察单位提供的地质、测量、水文等勘察成果必须真实、准确；设计单位应当根据勘察成果文件进行设计，设计文件应当符合国家规定的设计深度要求，注明工程合理使用年限，并对设计质量负责；设计文件中选用的建筑材料、建筑构配件、设备质量必须符合国家现行规定的标准；设计单位应当就审查合格的施工图设计文件向施工单位作出详细说明。

作为建设单位，项目部安全管理范围主要包括项目安全策划管理、项目安全风险管理、项目安全文明施工管理、项目安全性评价管理、项目分包安全管理、项目应急安全管理、项目安全检查管理等。

五、工程的并网、验收与移交生产（含质保验收、竣工结算等）

（一）风电项目并网发电

风电场并网前，升压站和风电场相应的建（构）筑和安装、调试工程已完工并验收合格，试运需要的建筑和安装工程的记录等资料齐全，生产准备工作已经完成，并取得并网许可文件，通过当地电网公司的验收，经电力建设质量监督机构监检合格。

风电场并网首先应协调当地电网公司进行升压站反送电。送电前，建设单位应组织当地电网公司调度、计量、通信、远动等相关专业对风电场升压站及送出工程进行验收，验收合格后配合电网公司调度部门编制风电场升压站启动方案。升压站反送电应严格按照审批的启动方案进行操作。升压站反送电成功后可进行单机调试和分系统调试、单机试运和分系统试运、机组 240h 试运行。

（二）风电项目的验收及移交生产

风电场全部机组 240h 试运行合格后，一般由施工单位向建设单位提交完整的竣工资料和竣工验收报告，并且符合竣工验收各项条件。建设单位收到建设工程竣工报告后，应当及时组织设计单位、施工单位、调试单位、工程监理单位、生产运营等有关单位进行竣工验收。

风电场项目竣工验收合格后，方可移交生产。风电场项目移交生产应组建移交生产验收委员会或移交生产验收组，主要负责主持工程移交生产验收交接工作，对遗留问题责成有关单位限期处理，办理交接签证手续，签署工程移交生产验收交接书。

按照《中华人民共和国消防法》规定，应当申请消防验收的风电场工程，建设单位应当向住房和城乡建设主管部门申请消防验收，未经验收或者消防验收不合格的，禁止投入使用；其他建设单位自行组织消防验收的风电场，在验收后应当报住房和城乡建设主管部门备案，住房和城乡建设主管部门依法抽查不合格的，应当停止使用，经整改、复查合格后方可继续使用。

风电场项目竣工后，建设单位应当按照国务院环境保护行政主管部门、水行政主管部门规定的标准和程序，委托具有相应资质的行业第三方机构开展风电场项目竣工环境保护验收调查报告表的编制及验收、水土保持监测及水土保持验收。建设单位还应委托具有相应资质的行业第三方机构开展风电场项目安全验收评价报告的编制及评审、职业病危害控制效果评价报告的编制。

（三）风电项目竣工结算

风电场项目竣工后，建设单位应当根据施工图纸及说明书、国家颁发的施工验收规范和质量检验标准及时进行验收，验收合格的，应当进行工程竣工结算。承包方应当在约定的期限内提交竣工结算文件，建设单位可直接进行竣工结算文件审查，也可以委托具有相应资质的工程造价咨询机构进行审查。对于国有资金投资建设的风电场项目，建设单位应当委托具有相应资质的工程造价咨询机构对竣工结算文件进行审查，并在收到竣工结算文件后的约定期限内向承包方提出由工程造价咨询机构出具的竣工结算文件审查意见。

风电场项目质量保证期限和质量保证金的额度应以合同约定的条款执行，并应符合国家现行相关规定。工程竣工结算文件经发承包双方签字确认的，应当作为支付工程竣工结算价款和质量保证金的依据，并当作为工程决算的依据。

设计单位应按照合同和有关规定编制并提交竣工图。

本阶段的风电项目竣工结算阶段流程图见图 4-4。

（四）重点工作

工程并网、验收与移交生产过程主要涉及以下几项重点任务，办理时需实施的要点如下。

1. 电力质监

（1）法律法规依据：《建设工程质量管理条例》《电力工程质量监督管理规定》《电力工程质量监督实施管理程序》。

（2）电力质监的范围：陆上风电场电力质监一般为三次，分别如下。

1）风电场首次及土建工程质量监督检查；

2）风电场变电站受电和首批风力发电机组并网前质量监督检查；

3）风电场整套启动试运行阶段质量监督检查。

2. 并网手续

各地电网公司在具体并网手续中各有不同，主要的流程包括以下几项。

（1）并网申请与受理。

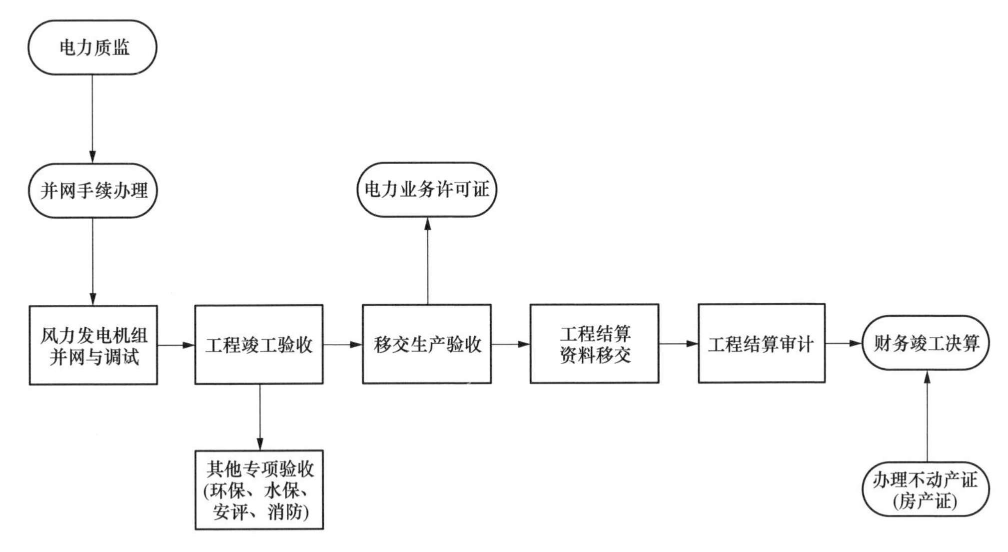

图 4-4　风电项目竣工结算阶段流程图

（2）项目资料报送与审核。

（3）调度命名。

（4）并网协调会。

（5）并网调度协议。

（6）购售电合同。

（7）二次联调。

（8）并网验收。

3. 主体工程验收与其他专项验收

风电场工程验收，除风电场内主体工程验收外，还包含以下专项验收。

（1）环评验收。

（2）水保验收。

（3）安全设施验收。

（4）消防验收。

（5）职业卫生验收。

4. 电力业务许可证办理

根据《中华人民共和国行政许可法》《电力监管条例》和有关法律、行政法规的规定，在中华人民共和国境内从事电力业务，应当按照《电力业务许可证管理规定》的条件、方式取得电力业务许可证。除电监会规定的特殊情况外，任何单位或者个人未取得电力业务许可证，不得从事电力业务。本许可所称电力业务，是指发电、输电、供电业务。其中，供电业务包括配电业务和售电业务。

根据《国家能源局关于加强发电企业许可监督管理有关事项的通知》规定：新建发电机组在完成启动试运行时间点后三个月内，必须取得电力业务许可证（发电类），逾期未取得电力业务许可证（发电类）的，不得发电上网，拒不执行的，由派出能源监管机构依法予以处理。风电场作为电源项目应办理电力业务许可证-发电业务。

第五节 生产运维阶段

生产运维阶段工作主要是抓好项目运营期间的发电量目标管理。本阶段的目标为如何实现安全、稳定、高效地实现电厂收益。

一、发电量目标的确认与考核

发电量的考核一般分为对生产运维单位的考核和对设备厂商的考核。对生产运维单位的考核通常情况下是上级主管部门根据风电场评估结论、设备厂商承诺的保证发电量和实际运行情况等因素确定的年度考核指标进行考核，对设备厂商的考核一般以设备厂商投标文件和设备合同里明确的考核项目和考核指标进行考核。

对生产运维单位考核的指标包括运行管理、设备管理、备品备件和工器具管理、文明生产管理、发电量指标完成情况，考核可按照季度考核、年度评价的原则进行。不同的企业对发电量目标的确认和考核项目、指标、计划等的确认不同，考核应以考核实施细则制定的项目、指标、计划为依据，根据考核结果对生产运维单位及相关责任人进行奖惩，对考核提出的反馈信息和建议进行整改落实。

对设备厂商的考核应全面考核机组的各项性能和技术经济指标。在机组性能考核阶段内，由生产运维单位和设备厂商运维人员共同全面负责机组安全运行和正常维修。对风力发电机组可利用率、故障率、发电量、发电小时数等指标按照合同约定的标准执行，根据运行结果对设备厂商进行奖惩，对考核提出的反馈信息和建议进行整改落实。

二、运维成本管理

风电场生产运维单位应制定完善的生产运营管理制度，采用先进的技术手段和精细化的管理方法，严格控制项目生产运营成本。

严格执行定岗定编制度，按照项目容量合理设置生产岗位、精准配备生产人员。规范用工管理，杜绝不必要的人工支出。进一步加强生产管理，推进生产运营标准化建设工作，合理划分岗位职责，减少多头管理，提高劳动效率。优化运行方式，不断降低生产过程中的电耗、水耗等指标，有效降低综合厂用电率，着力提高生产效率。合理储备备品备件和易耗品，减少资金占用，降低运营材料成本。通过日常维护、隐患排查等有效手段，提高设备可靠性，减少机会电量损失、设备损坏损失。

严格控制技术改造和大小修项目费用，从项目立项的必要性、可行性、合理性进行审查把关。批准下达的技术改造和大小修项目费用，不得挪作他用。

设备保险是有效降低设备损坏后修理费用和发电量损失的重要方法，生产运维单位可考虑生产运营项目购买财产一切险、机械损失险等保险，尽量转移风险。

三、运维安全管理

风电场生产运维安全管理工作是生产经营工作的中心，风电场应制定全面的安全管理制度、配备必要的安全管理人员、投入所需的安全管理费用。风电场在生产运维过程中应完善安全管理制度，落实安全主体责任，强化安全监督，同时，应加强风电场运维安全管理工作，落实安全管理教育工作，规范各级人员安全生产行为，提高风电场安全管理人员专业管理水平，增强风电场工作人员的安全意识，加强对安全生产的考核。

安全监督检查制度是消除隐患、防止事故、改善生产条件的重要手段，是企业安全生产管理工作的一项重要内容。风电场生产运维单位各级安全主管部门应加强对风电场运维的安全监督检查工作，监督生产运维单位相关安全管理制度的执行情况、安全生产中存在的安全隐患、对查出的安全隐患的整改落实情况等。风电场生产运维单位各级管理人员应开展日常巡回检查、专业性检查、季节性检查、节假日前后的安全检查，班组进行自查、交接检查、不定期检查等。

对于风电场各级管理运维人员而言，在工作中应严格执行各公司制定的各项管理制度，尤其要做好工作票管理、交接班管理。

根据《电力安全工作规程》，工作票是为保证电力生产设备检修工作顺利进行，保护和保障人身及设备安全而使用的一种具有严格执行流程和规范、必须经过一定的审批和批准手续的针对检修中应做的安全措施文件。因此，风电场现场进行安装、检修、试验、调试、检查、测量和施工等工作时必须办理工作票。风电场生产运维单位应注重工作票的实施和管理标准化、规范化和程序化工作，相关人员应严格按照工作票管理制度履行职责、参加培训和资格考试。

运维人员交接班是风电场生产运维安全管理工作的重点，风电场应制定科学、合理的交接班管理制度并严格执行，交接班管理制度应对交接班制度主要原则、倒班方式、交接班人员、交接班时间、交接班内容、交接班流程等内容作出全面的规定，交接班管理制度应包含班前、班后会，保证生产工作的连续、安全。运维人员的交接班必须做到严谨、周密、严肃认真、上下衔接，交接时必须进行整队交接，交接形式以书面文字为准。

风电场生产运维单位主管部门应对工作票制度、运维人员交接班制度的执行情况进行定期的指导、监督、检查、考核，全面提高风电场运维安全管理水平。

参 考 文 献

[1] 许昌，朝星星，薛飞飞，等．风电场微观尺度空气动力学——基本理论与应用［M］．北京：中国水利水电出版社，2018.

[2] 胡斌．海上风电升压站平台总体设计探讨［J］．广东造船，2018（1）：35-36.

[3] 李健．超大型集装箱船海上安全航行与避让［J］．航海技术，2014（5）：8-9.

[4] 吴培华．风电场宏观和微观选址技术分析［J］．科技情报开发与经济，2006，16（15）：154-155.

[5] 杨珺，张闯，孙秋野，等．风电场选址综述［J］．太阳能学报，2012（33）：136-144.

[6] 王赟．浅谈风电场微观选址设计［J］．水电与新能源，2017（7）：73-75.

[7] 张钧．风电场微观选址与总图运输设计优化［J］．武汉大学学报，2011（S1）：2-5.

[8] 钟素梅．风电场的机组选型与场址选址工作探讨［J］．中国西部科技，2011，10（6）：45-46.

[9] 鲁倩．复杂地形风电场风机布置的探讨［J］．上海电力，2008（6）：513-515.

[10] 连捷．风电场风能资源评估及微观选址［J］．电力勘测设计，2007（2）：71-73.

[11] 白绍桐．风电场微观选址工作的探讨［J］．华北电力技术，2008，30（3）：73-76.

[12] 张巨瑞．风电场微观选址的研究与分析［J］．华北电力技术，2013（11）：63-66.

[13] 沈宏涛．山区风资源特点和风电场选址方法［J］．电力建设，2013，34（12）：92-96.

[14] 中国电力企业联合会．2023—2024年度全国电力供需形势分析预测报告［EB/OL］．［2024-01-30］. https：//www. cec. org. cn/detail/index. html？ 3-330280.

第二篇 太阳能光伏

第五章 概述

当今世界能源的需求与日俱增，同时环保和可持续性也成为全球范围内的热门话题。在稳步推进实现“双碳”目标的背景下，我国光伏产业正呈现出高质量发展的态势，通过新技术的开发和应用带来成本下降，使得光伏发电逐步拥有了和传统化石能源相竞争的成本优势，且光伏发电具有可再生性、环境友好、安全可靠、系统简单、工期短、见效快等优势。据国家能源局最新数据显示，截至2023年6月底，中国光伏发电装机容量4.7亿kW，连续8年位居全球第一，可见光伏发电已发展为推动我国能源变革的重要引擎。

本章简要介绍光伏发电技术发展概况、光伏设备发展现状、国内外光伏发电建设情况，以及国家相关政策调整及发展趋势的变化，并对总图运输专业在光伏发电项目中的主要工作内容进行了梳理。

第一节　光伏发电技术发展概况

光伏发电技术的历史可以追溯到1839年，法国科学家贝克雷尔发现光照能使半导体材料的不同部位之间产生电位差，该现象后来被称为光生伏特效应，简称光伏效应。到了1931年，朗格首次提出了用“光伏效应”制造“太阳能电池”实现光能转化为电能。终于在1954年，美国科学家恰宾和皮尔松在美国贝尔实验室首次制成了实用的单晶硅太阳能电池，诞生了将太阳光能转换为电能的实用光伏发电技术。我国也于1957年，将太阳能电池成功应用于人造卫星和太空航行器等领域。1978年美国建成100kW地面光伏发电站，标志着光伏发电技术进入商业化应用阶段。1990年，我国在西藏建设了第一个10kW光伏发电站。此后，随着光伏发电技术的发展、光伏组件性能的不断提升和成本不断的降低，光伏发电技术的应用范围逐渐扩大，从山区农户、沙漠戈壁到城市建筑的屋顶和墙面，从小型光伏发电单体项目到大型综合基地电站。

光伏发电是根据光生伏特效应原理，利用太阳电池将太阳光能直接转化为电能。其既可独立使用，也可并网发电。光伏发电系统主要由光伏组件、控制器、逆变器等部分组成，如图5-1所示。它们主要由电子元器件构成，不涉及机械部件。

太阳能光伏发电分为独立光伏发电、并网光伏发电。

独立光伏发电也叫离网光伏发电，主要由太阳能电池组件、控制器、蓄电池组成，若要为交流负载供电，还需要配置交流逆变器。独立光伏发电站包括边远地区的村庄供电系统、太阳能户用电源系统、通信信号电源、阴极保护、太阳能路灯等各种带有蓄电池的可以独立运行的光伏发电系统。

并网光伏发电系统就是太阳能组件产生的直流电经过并网逆变器转换成符合市电电网要求的交流电之后直接接入公共电网。并网光伏发电站分为集中式光伏发电站和分布式光伏发电站。集中式光伏发电站的典型特点在于大量组件的集中发电，其通过规模效应可以

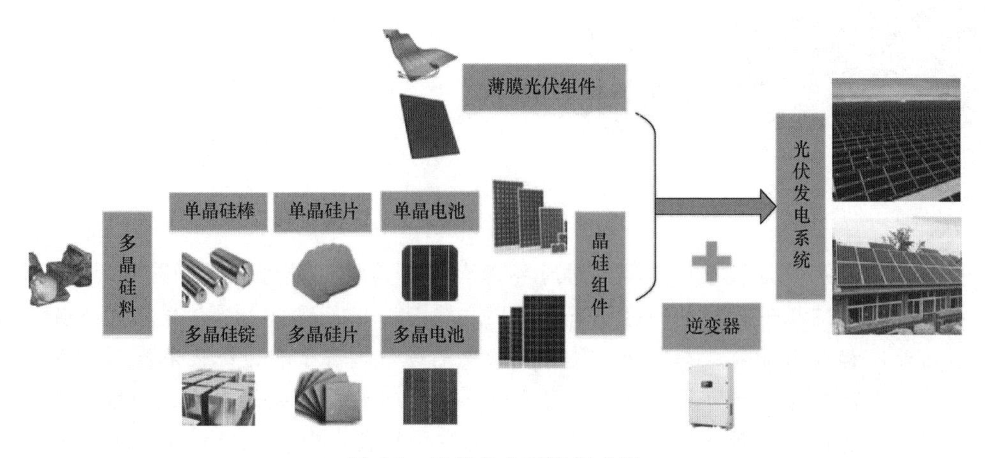

图 5-1 光伏发电系统组成图

有效降低单瓦发电成本，从而在光伏发展初期保证各方的经济收益，但具有投资规模大、建设周期长、用地面积广等弊端。分布式光伏发电站的典型特点则在于使用相对少量的组件实现分布式发电，其主要位于靠近用电的位置，可以及时满足当地用户小规模的电能需求，并将多余发电输入公共电网，具有投资小、建设快、用地面积小、安全性高、环保、政策支持力度大等优势，而主要缺点则在于单瓦发电成本高于集中式光伏发电系统。

第二节 光伏设备的发展现状

光伏发电技术的主要工艺流程是光伏组件利用光电转换原理使太阳辐射的光通过半导体物质转变为电能。光伏组件是光伏发电技术中最主要也是最重要的组成部分。

自 2020 年我国提出二氧化碳排放力争于 2030 年前达到峰值，努力争取 2060 年前实现碳中和的目标以来，光伏行业快速高质量发展、技术迭代层出不穷，光伏行业总体上处于快速增长的态势。提高光电转换效率、降低生产成本是光伏行业发展的重中之重。光伏组件通过直接增大硅片面积，可降低光伏产业链各环节的加工成本，从而降低光伏发电度电成本，使其电价更有竞争优势。根据 CPIA 统计，2022 年 156.75mm 尺寸硅片占比由 2021 年的 5.00%下降为 0.5%，2024 年或将淡出市场；166mm 尺寸硅片占比由 2021 年的 36.00%降至 15.50%，且未来市场占比将进一步减少；2022 年 182mm 和 210mm 尺寸硅片合计占比由 2021 年的 45.00%迅速增长至 82.80%，未来其占比仍将快速扩大。硅片尺寸变化趋势如图 5-2 所示。

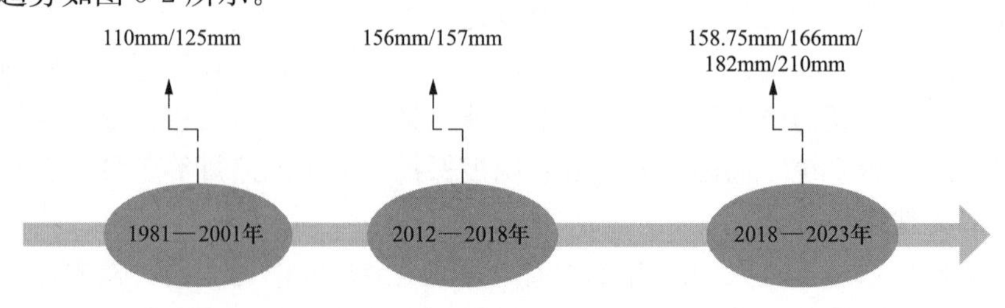

图 5-2 硅片尺寸变化趋势图

除了硅片尺寸的变化，市场上代表着各类工艺技术路线的光伏组件也有了更多的选择。根据 CPIA 对 2021—2030 各种组件技术平均转化效率变化的预测，随着 PERC 组件转换效率逐渐提高并接近其理论极限，N 型组件技术所拥有的效率优势，将会成为组件技术的主要发展路线之一。N 型组件主要包括 TOPCon 单晶组件、异质结组件及 IBC 组件，其中 TOPCon 组件的生产与当前主流的 PERC 组件产线存在部分兼容的环节，新增投资较低，未来几年成为市场主流技术路线的概率较大。作为理论转换效率更高的组件技术，HJT 组件则面临着机遇与挑战，配合低温银浆国产化等产业发展后，HJT 组件成本有望降低，并缩小与 PERC 组件及 TOPCon 组件的成本差距。光伏组件是光伏系统中投资占比最高、影响最大的部分。目前，我国光伏产业正通过技术创新塑造高质量发展新优势，新技术的开发和应用带来成本下降，使得光伏逐步拥有了和传统化石能源相竞争的成本优势。

第三节　国内外光伏发电建设情况

随着全球可再生能源的兴起，光伏发电正以较快的速度发展，成为一种重要的可再生能源发电技术。据国际光伏发电总量统计，从 2011 年至今，全球发电容量累计增加超过 5000GWh，而 2023 年全球发电容量预计将突破 60 000GWh，可见全球对光伏发电项目的建设热情及其高涨。

一、国外光伏发电发展现状

根据欧洲光伏协会发布的数据，2022 年欧盟 27 国新增光伏装机 41.4GW，同比增幅接近 50%，预计 2026 年光伏年新增装机量将逼近 120GW。其中，德国 2022 年以 7.9GW 的新增装机量位居首位；其次是西班牙，新增装机容量 7.5GW。德国在 2023 年新增光伏装机容量约为 14GW。西班牙和意大利紧随其后，分别新增 8.2GW 和 4.8GW。

根据 Fitch 援引巴西矿业和能源部的统计数据，巴西光伏总装机容量在 2022 年达到了 22GW，新增容量为 9.0GW，新增装机容量同比大幅增长了 73.3%。

根据 Fitch 及美国能源信息署（EIA）的统计数据，2022 年，日本光伏装机容量达到了 77.6GW，同比增长 4.4%，新增光伏装机容量为 3.1GW。

根据印度光伏咨询机构 JMK 的调研数据，2022 年，印度安装了 13.96GW 的太阳能光伏系统，同比增长近 40%。

2017—2023 年全球光伏新增装机容量趋势图如图 5-3 所示。

二、国内光伏发电发展现状

根据国家能源局数据，2022 年中国光伏新增装机 87.41GW，同比大幅增长 59.3%，增速提高了 45%，分布式光伏成为光伏装机的重要增长点；中国光伏行业协会统计 2023 年国内新增光伏装机容量为 216.88GW，预计 2024 年国内新增光伏装机容量为 190～220GW。现阶段，我国光伏发电站开发呈现与沙漠、戈壁、荒漠、农业、养殖业、矿业、生态治理、建筑、交通等相融合的多元化发展趋势，开辟了各种与光伏行业结合应用的新模式。国内光伏发电站鸟瞰图如图 5-4 所示。

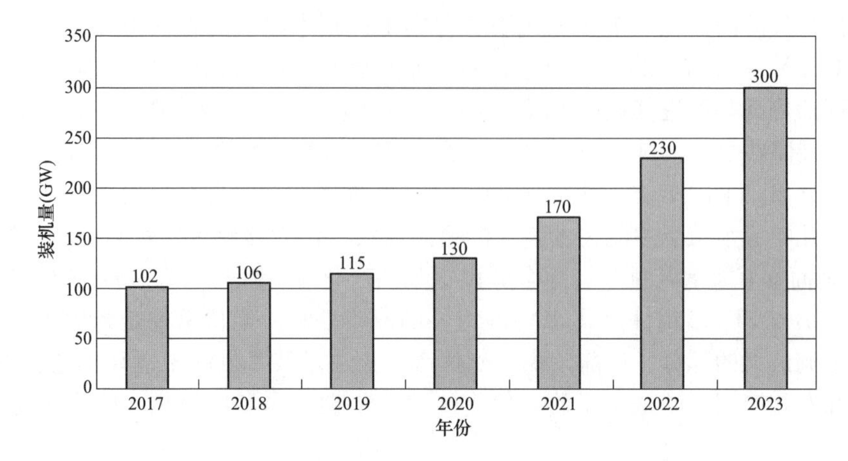

图 5-3 2017—2023 年全球光伏新增装机容量趋势图

图 5-4 国内光伏发电站鸟瞰图

考虑国内风光大基地建设、分布式光伏整县推进、能耗双控增加绿电需求以及海外市场的恢复，预计“十四五”“十五五”均是光伏发电产业的重要发展时期。2017—2023 年中国光伏装机容量趋势如图 5-5 所示。

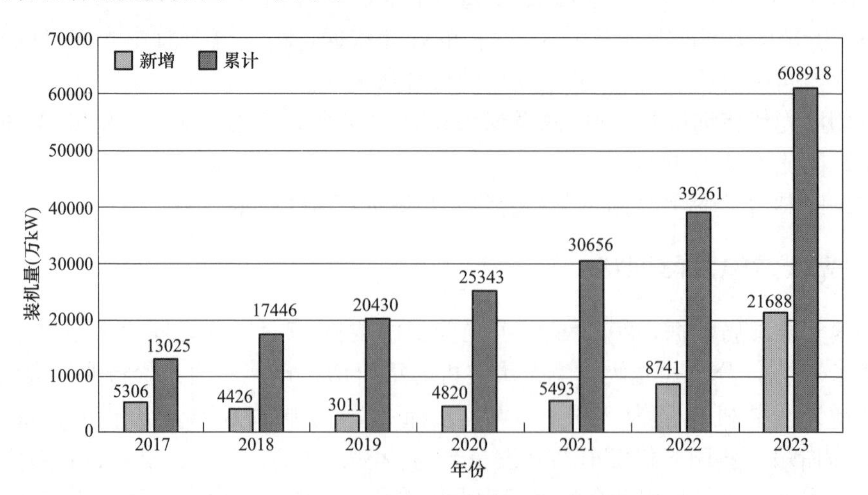

图 5-5 2017—2023 年中国光伏装机容量趋势图

从2020年我国逐步提出“碳中和、碳达峰”行动目标，构建双碳目标“1＋N”政策体系，打造以新能源为主体的新型电力系统，光伏行业迈入大规模平价、低价上网，绿电交易的新征程。国家能源局出台了多项光伏发电相关政策，其中包括多能互补一体化及源网荷一体化大基地政策、保障性及市场化政策、整县推进分布式光伏政策等，其对光伏项目均产生了很大的影响。

我国多次发文明确新能源在未来电力系统中的主体地位，强调构建新型电力系统的必要性及重要性。要构建清洁低碳安全高效的能源体系，控制化石能源总量，着力提高利用效能，实施可再生能源替代行动，深化电力体制改革，构建以新能源为主体的新型电力系统。全球的零碳转型、低碳发展已是大势所趋，全球各个经济领域、各行各业都要实行低碳化和绿色化，光伏发电作为新能源发电的主力军在其中将发挥重要作用。

2021年4月，国家能源局在《关于2021年风电、光伏发电开发建设有关事项的通知（征求意见稿）》，提出2021年，全国风电、光伏发电量占全社会用电量的比重达到11％左右，后续逐年提高，到2025年达到16.5％左右。

此外，国家能源局印发了《国家能源局综合司关于报送整县（市、区）屋顶分布式光伏开发试点方案的通知》，要求各省能源主管积极上报本省试点方案，并要求做到分布式光伏“宜建尽建”与“应接尽接”。由此，全国掀起整县光伏试点推进新浪潮。9月，国家能源局下发整县光伏开发试点名单，全国共有31个省、市、自治区（含新疆兵团）的676个县进行了报送，且这些县多分布在山东、江苏、福建等日照充足的地区。

因此，展望未来，我国光伏发电的发展趋势如下。

第一，光伏是新型电力系统中不可或缺的一部分，随着储能技术的发展，光伏＋储能将成为主流发展方向。

第二，随着国家双碳目标的提出，结合集中式光伏发电站占地面积大的特点，积极推进以沙漠、戈壁、荒漠、主要流域及采煤沉陷区、废弃矿区等地区为重点的大型多能互补一体化项目，光伏基地项目开发是光伏发电站发展的主要方向之一。

第三，源网荷储一体化项目将为光伏发电项目的消纳提供更多的空间。

第四，推进光伏分布式化开发，整县屋顶分布式光伏项目将进一步提升分布式光伏的占比。

第五，“光伏＋”项目将持续拓展开发应用场景，如光伏发电＋建筑、农业、渔业、牧业、环保、交通、通信等多领域融合发展。

第四节　总图运输专业主要工作内容

在光伏发电项目大规模投资开发建设中，总图运输专业发挥了非常重要的作用。总图运输设计是在满足光伏发电工艺、施工要求的条件下，结合可用土地情况、自然条件等因素，综合进行光伏项目选址，合理确定光伏场区、变电站及其相关的道路、管线等平面位置，主要工作内容分为光伏场区和变电站两部分。

1. 光伏场区及变电站选址

光伏场区及变电站选址是光伏项目建设的重中之重，直接影响了光伏项目的规模、效益及施工难易程度。选址是对土地性质、地形地貌、气象、电网及周边敏感因素等多方面进行综合考察后，并对场址进行现场踏勘，最终确定项目选址的过程。

2. 光伏场区及变电站总体规划

光伏场区及变电站总体规划首先是对项目的总体规模、建设时序、地理位置、交通等外部条件充分了解后，对光伏场区和变电站之间的规划布局、总平面布置、竖向布置、道路及管线布置等进行合理整体规划的过程。

3. 光伏场区总平面及竖向布置

光伏场区总平面布置原则是合理利用原有地形，宜采用随坡就势的布置方式，不改变土地现状，不进行大面积整平，尽量减少对自然地面的破坏，减少水土流失，节省投资。光伏场区应布置紧凑，箱式变压器布局合理，节省电缆，便于后期运行维护。根据支架的尺寸、倾角及间距结合地形综合考虑布置场内道路。在光伏发电站总平面布置中，应在光伏阵列布置、箱式变压器位置布置、集电线路布置等方面进行优化，同时提高土地使用率。

4. 光伏场区道路布置

光伏场区的道路应尽量使用原有道路，采用由原有路就近引接的方式，尽量减少新建道路，避让场区内的敏感分布因素，避免新增占用土地资源，减少居民聚集地穿越，少占耕地、林地。路基填料和路面材料选择时，因地适宜，就地取材。

5. 变电站总平面及竖向布置

根据变电站站址的地形条件及工艺布置，变电站宜分为生产区和生活区两个部分。生活区主要布置有综合楼及附属建（构）筑物等。综合楼宜布置在站前区的中部，视野开阔，方便管理；生产区应便于各级电压等级之间进线连接，出线方便。配电装置区宜设有环行道路和大门相通，便于设备运输、安装、检修和消防车辆通行。变电站生活区和生产区用围栏进行分隔，布置应合理紧凑，各级电缆引接方便，节约占地。光伏项目的变电站一般面积较小应避免高填方及深挖方，整个站区竖向布置排水的原则宜采用散排方式，通过围墙泄水孔排出站外。

6. 光伏项目施工组织设计

光伏项目施工组织设计主要包括施工力能供应、施工场地平面布置、施工方案的确定、施工机具准备、施工工序、工程进度计划的安排等内容。施工组织设计应从施工角度出发，充分考虑项目的施工难点、自然条件等客观实际情况，统筹安排施工相关的各个方面，确保文明施工、安全施工。

7. 光伏项目投资建设运营管理

光伏项目投资建设运营管理根据项目的推进分为项目预立项阶段、项目立项阶段、工程启动准备阶段、工程建设阶段与生产运维阶段五个部分。

项目预立项阶段工作重点在资源评估，它是判断资源禀赋的龙头工作；项目立项阶段工作重点在于风险排查与合规性手续办理，是项目开发过程中的核心内容；工程启动准备阶段工作主要为初步设计、招标采购、开工前合规性手续的办理；工程建设阶段工作主要是抓好项目进度、成本、安全三大管理；生产运维阶段工作主要是抓好项目运营期间的发电量目标管理。

总图运输设计是一项政策性和技术综合性很强的工作，是光伏发电项目中解决关键性因素——用地问题的主要专业，是光伏发电项目中不可或缺的专业。光伏发电项目的选址和总平面布置是否合理对项目的可行性、经济性及安全性都有决定性的作用。实践证明，前期工作扎实、近远期规划合理、选址考虑充分、总平面布置合理紧凑的项目，后续工作开展就顺利，投资省、建设快，并获得较好的经济效益。同时在一些设计院，总图运输专业与光资源专业进行了融合发展，因此，总图运输专业除了以上需要完成光伏场区与变电站选址、总体规划、总平面及竖向布置、交通运输、施工组织设计等工作外，还需熟悉并掌握太阳能资源评估及光伏设备选型工作。

第六章

太阳能资源评估及光伏设备选型

考虑目前越来越多的总图运输专业设计人员在项目设计中需要了解与掌握太阳能资源及光伏设备选型等内容，本章简要介绍太阳能资源评估、光伏组件、逆变器、光伏支架的选型项工作内容。

第一节　太阳能资源评估

一、我国太阳能资源与分布

太阳能是太阳内部连续不断的核聚变反应产生的能量。太阳的基本结构是一个炽热气体构成的球体，主要由氢和氦组成，其中氢占80%、氦占19%。据测算太阳的表面温度可达6000K，太阳以电磁波的形式不断地把大量的能量向宇宙空间发射。这种能量传播的过程称为太阳辐射。其中很少一部分能量可到达地球，这部分功率仅为其总辐射功率［约为3.828×10^{26}kW（数据来源：1. Statistical Review of World Energy 2016；2. Sun Fact Sheet National Aeronautics and Space Administration)］的22亿分之一。到达地球大气层的太阳能（约1.74×10^{14} kW）约30%被大气层反射，23%被大气层吸收，47%到达地球表面，其功率大致为8.18×10^{13} kW，相当于6×10^{9} t标准煤燃烧产生的功率。

地球所接收到的太阳辐射能量仅仅只是太阳总辐射能量的22亿分之一，但却是地球表面各种活动的主要能量源泉。由于地球各地接收太阳能的不均匀，产生了风、雪、雨、雾等天气的变化。风能、石油、煤炭、天然气、生物能等归根结底也都源于太阳能，都是广义上的太阳能。

太阳能对生命产生和维持也具有非常重要的意义，主要体现在以下几个方面。

（1）为生命的诞生和维持创造了必要的条件。一是太阳辐射维持了地球表面温度，使地球长期处于一种温暖适宜的温度。二是为植物光合作用提供了能量来源。

（2）太阳辐射是地球表层能量的主要来源。太阳辐射在地球的不均匀分布，造成了地球表面不同区域间的热量差异。例如：热带一年中太阳可以直射，获得的热量最多；寒带太阳高度很低，并且有长时间的极夜，因此获得的能量最少。这种热量的差异产生了大气循环系统、地表水循环系统等。如果没有太阳，也就没有空气流动、水的循环，地球将只有无尽的黑暗。

（3）太阳辐射为人类的生产和生活提供能量。人们对太阳辐射作用最直接的感受来自对太阳辐射的直接利用。例如：晾晒衣服、太阳灶、太阳能热水器、太阳能干燥器、太阳房、太阳能发电等。

（一）太阳能资源的优点

1. 取之不尽，用之不竭

太阳能来自太阳自身消耗质量的核聚变反应。太阳是太阳系的中心天体，占太阳系总体质量的99.86%。科学家根据理论模型推算，按照目前太阳消耗质量的速度，太阳的寿命约为100亿年，目前太阳大约为46亿岁，正处于稳定期，剩下的核聚变反应原料可以维持约50亿年之久。对于人类存在的年代来说，太阳能是取之不尽，用之不竭的。

2. 清洁安全低碳

太阳能像其他洁净能源一样，其开发利用过程几乎不产生污染。太阳能光伏发电技术在发电过程中，几乎不会产生废渣、废水、废气排除，不产生噪声，同时也不会产生有毒有害物质，没有核辐射等隐患。太阳能光热发电技术在发电过程中，也基本不产生污染。

根据中国资源综合利用协会可再生能源专业委员会与国际环保组织绿色和平发布《中国光伏产业清洁生产研究报告》，光伏发电的能量回收周期仅为1.3年，而其使用寿命为25年，也就是说在约24年里光伏发电都是零碳排放。从发电的全过程计算，光伏发电的CO_2的排放量只是化石能源的1/20～1/10。

3. 总量丰富

从我国可开发的资源蕴含量来看，比较公认的数字是2.1万亿kW。年总辐射量大于3780MJ/m^2的地区占国土面积的96%以上。我国陆地表面每年接收到的太阳辐射相当于1.7万亿t标准煤。

（二）太阳能资源的缺点

1. 能量密度低

虽然太阳能巨大，但是其广泛分布于地球表面，因此太阳能的能量密度低。根据世界气象组织1981年发布的数值，地球大气层外日地平均处的直接辐照度为（1367±7）W/m^2，此值被称为太阳常数。地面因为受大气层折损等影响，通常太阳辐射强度会低于太阳常数。

2. 周期性

太阳辐射的周期性是由地球自身的自转以及围绕太阳公转产生的。

3. 随机性

地球表面接收到的太阳辐射受云、雾、雨、雪、雾霾和沙尘等因素的影响。这些因素的随机性决定了太阳辐射的随机性。

（三）我国太阳能资源分布

我国属太阳能资源丰富的国家之一，全国总面积2/3以上地区年日照时数大于2000h，年辐射量在1400kWh/m^2以上。总体呈现“高原大于平原、西部干燥区大于东部湿润区”的分布特点。其中，青藏高原最为丰富，年总辐射量超过1800kWh/m^2。部分地区甚至超过2000kWh/m^2。四川盆地资源相对较低，存在低于1000kWh/m^2的区域。

我国甘肃西南部、内蒙古西部、青海西部、西藏中西部以及四川西部等地年水平面总辐射量超过1750kWh/m^2，太阳能资源最丰富。

新疆大部、内蒙古大部、青海中东部、甘肃中部、宁夏、山西北部、山西中北部、西藏东部、云南、海南西部等地年水平面总辐射量为1400～1750kWh/m^2，太阳能资源很丰富。

西北东南部、内蒙古东北部、黑龙江大部、吉林大部、山西南部、河北中南部、北京、天津、黄淮、江淮、江汉、江南及华南大部年水平面总辐射量为1050～1400kWh/m²，太阳能资源丰富。

四川东部、重庆、贵州中北部、湖南中西部及湖北西南部年水平面总辐射量不足1050kWh/m²，为太阳能资源一般区。

全国太阳辐射总量等级和区域分布见表6-1。

表6-1　全国太阳辐射总量等级和区域分布表

名称	年总量		年平均辐照度（W/m²）	占国土面积（%）	主要地区
	（MJ/m²）	（kWh/m²）			
最丰富带	≥6300	≥1750	约≥200	约22.8	内蒙古额济纳旗以西、甘肃酒泉以西、青海100°E以西大部分地区、西藏94°E以西大部分地区、新疆东部边缘地区、四川甘孜部分地区
很丰富带	5040～6300	1400～1750	160～200	约44.0	新疆大部、内蒙古额济纳旗以东大部、黑龙江西部、吉林西部、辽宁西部、河北大部、北京、天津、山东东部、山西大部、陕西北部、宁夏、甘肃酒泉以东大部、青海东部边缘、西藏94°E以东、四川中西部、云南大部、海南
较丰富带	3780～5040	1050～1400	120～160	约29.8	内蒙古50°N以北、黑龙江大部、吉林中东部、辽宁中东部、山东中西部、山西南部、陕西中南部、甘肃东部边缘、四川中部、云南东部边缘、贵州南部、湖南大部、湖北大部、广西、广东、福建、江西、浙江、安徽、江苏、河南
一般带	<3780	<1050	<120	约3.3	四川东部、重庆大部、贵州中北部、湖北110°E以西、湖南西北部

注　来源：国家能源局。

二、影响太阳能资源的因素

地表水平面接收到的太阳总辐射量受大气质量、当地纬度、大气气象条件和海等因素影响。

1. 大气质量

大气质量为太阳光线穿过地球大气的路径与太阳光线在天顶方向时穿过大气路径之比，用AM（Air Mass）表示。对于一个理想的均匀大气，可通过式（6-1）计算得到，即

$$AM=\frac{1}{\cos\theta} \tag{6-1}$$

式中　θ——太阳光线与天顶方向的夹角，如图6-1所示。

在大气质量$AM=1$时，晴朗天气条件下到达海平面的直接辐照度E_b从太阳常数减少

到约 1000W/m²。对通常的 AM 值，E_b与 AM 的拟合关系可以用式（6-2）表示，即

$$E_b = B_0 \times 0.7^{AM^{0.678}} \tag{6-2}$$

式中　B_0——太阳常数，(1367±7)W/m²。

当太阳辐射进入地球大气后，光谱成分也受到了影响。图 6-2 给出了 AM0 光谱分布（地外大气层外日地平均距离处接收到的太阳辐射的光谱）和 AM1.5 光谱分布（倾角为 37°、朝向正南的方阵面上接收到的总辐射的光谱）。若将该 AM1.5 光谱在整个波长范围内对功率密度进行积分，结果约为 970W/m²。将图 6-2 中 AM1.5 光谱分布都乘以系数 1000/970 之后的光谱是现阶段划分光伏产品等级的标准；该光谱用于光伏器件的标准测试。

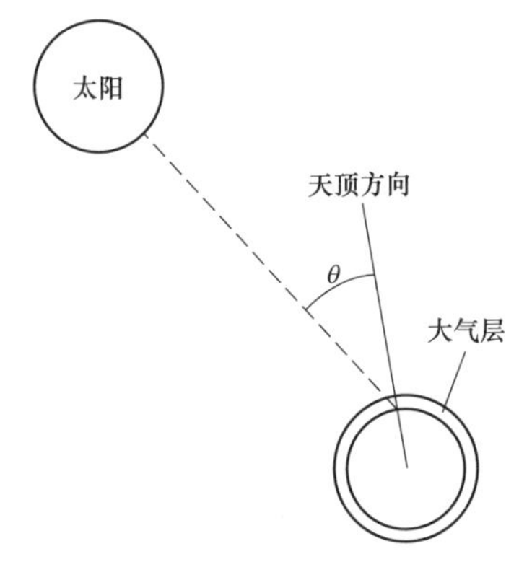

图 6-1　太阳光线与天顶方向夹角示意图

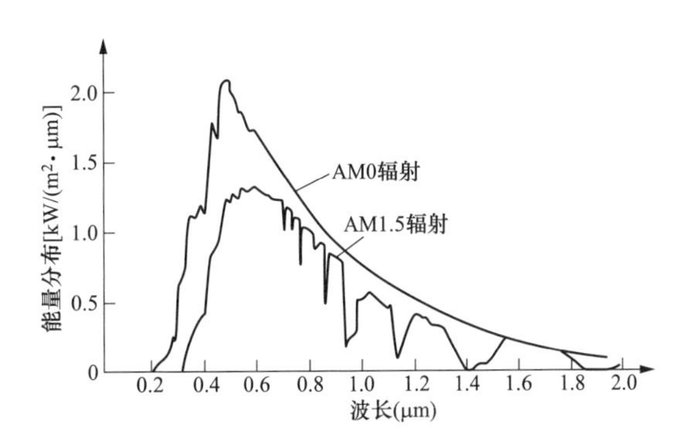

图 6-2　AM0 和 AM1.5 时的光谱分布图

2. 纬度

地球自转的同时围绕太阳公转，地球的自转轴与其公转的轨道面成 66°34′的倾斜。因此，出现一年中太阳对地球的直射点在地球的南回归线与北回归线之间周期变化。对于北半球：在春分和秋分时，太阳直射赤道；在夏至时，太阳直射北回归线；在冬至时，太阳直射南回归线。

根据余弦定律，即任意平面上的辐照度同该平面法线与入射角之间的夹角的余弦成正比，若不考虑其他因素的影响，纬度的绝对值越大，则地表水平面接收到的年总辐射量越低。

3. 大气气象条件

大气气象条件对地表水平面接收到的总辐射量的影响因子主要有云量、气溶胶、水汽和大气分子。

云层是太阳光在大气中衰减和产生散射的一个重要原因。积云或出现低空体积较大的云层，能够有效阻挡太阳光。卷云或稀薄的高处云层对阳光的阻挡就不那么有效了。在完全阴云时，没有直接辐射，到达地球表面的只有散射辐射。需要注意的是，在某些情况下，地面接收到的总辐射度可能会大于太阳常数，这是由于它不仅直接接收到了太阳的辐射，还接收到了某些云层反射的太阳辐射。

4. 海拔

海拔对地表接收到的太阳总辐射量的影响首先体现在由于海拔差异而引起的云量变化

上；若在晴朗无云的条件下，海拔的变化对地表接收到辐射的影响体现在大气透明度系数上。在晴朗无云天气下，海拔越高，大气透明度系数越大，地表接收到的太阳总辐射越大。

三、数据基本要求及处理

在光伏发电项目设计中采用的太阳能资源数据至关重要。太阳能资源数据分为长期数据和短期实测数据。

（一）长期数据

长期数据指时间序列在10年以上、至少具备水平面总辐射逐月值的数据，数据质量需符合GB/T 34325《太阳能资源数据准确性评判方法》中的要求，月值数据有效完整率需达到100%。长期数据通常以30年为宜，特殊情况下达不到要求时，需至少收集10年数据。

长期数据包括国家级辐射站长期实测数据、参证气象站长期计算数据、格点化长期计算数据。选择的优先级顺序为国家级辐射站长期实测数据、参证气象站长期计算数据、格点化长期计算数据。

1. 国家级气象辐射观测站

我国进行太阳辐射观测的气象站根据观测项目的多少，分为一级站、二级站和三级站。一级站的观测项目有总辐射、直接辐射、散射辐射、反射辐射和净全辐射，二级站的观测项目有总辐射和净全辐射，而三级站的观测项目只有总辐射。随着光伏发电站建设的高速发展，近几年各省在部分原先没有辐射观测项目的气象站陆续增加了辐射观测项目。

地面气象辐射观测数据正常需从当地的气象部门获取，在条件不具备的情况下可以从以下两种途径获得。

（1）《中国建筑热环境分析专用气象数据集》。该数据集以中国气象信息中心气象资料室提供的全国270个地面气象站台多年的实测气象数据为基础，通过分析、整理、补充源数据以及合理的插值计算，获得了全国270个台站的建筑热环境分析专用气象数据集。其数据包括根据观测资料整理出的设计用室外气象参数，以及由实测数据生成的动态模拟分析用逐时气象参数。通过该数据集可以查得全国270个气象站的典型气象年的逐时总辐射，直接辐射数据。

（2）METEONORM软件。METEONORM软件为商业收费软件，其数据来源于全球能量平衡档案馆（Global Energy Balance Archive）、世界气象组织（WMO/OMM）和瑞士气象局等权威机构，其数据库包含有全球7750个气象站的辐射数据。我国98个气象辐射观测站中的大部分均被该软件的数据库收录。此外，该软件还提供其他无气象辐射观测资料的任意地点的通过插值等方法获得的多年平均各月辐射量。

2. 参证气象站长期计算数据

在收集太阳能资源的过程中，会发现光伏发电站开发区域附近的参考气象站无总辐射观测项目但有日照时数观测项目，GB/T 37526《太阳能资源评估方法》给出了由日照数据计算总辐射的方法，具体过程如下。

假设A气象站只有日照时数观测数据、无总辐射数据，B是离A最近的、气候条件最为相似的有总辐射观测数据的气象站。

根据气候学的研究，某地的月日照时数 n 和月总辐射 Q_M 之间存在线性关系，即

$$Q_M = Q_0\left(a + b\frac{n}{N}\right) \tag{6-3}$$

式中　Q_M——月太阳总辐射量，MJ/m^2；

Q_0——月天文太阳总辐射量，MJ/m^2；

a、b——经验系数，无量纲数；

n——该月的实际日照时数；

N——该月可能的日照时数，可由当地纬度计算，$N=\frac{24}{\pi}\omega_0$。

Q_0 可由下式计算获得，即

$$Q_0 = \sum_{n=1}^{M} Q_n \tag{6-4}$$

$$Q_n = \frac{TI_0}{\pi\rho^2}(\omega_0\sin\varphi\sin\delta + \cos\varphi\cos\delta\sin\omega_0) \tag{6-5}$$

式中　M——所计算的月的天数，如 1 月为 31 天；

Q_n——观测点日天文太阳总辐射量，MJ/m^2；

T——时间周期，为 24×60min；

I_0——常数，为 0.0820，$MJ/(m^2\cdot min)$；

ρ——日地距离系数，无量纲；

ω_0——日出，日落时角，单位：rad；

φ——地理纬度，rad；

δ——太阳赤纬，rad。

因为 A、B 两站距离较近，气候条件相似，近似认为两站 a、b 值相同。先由 B 站点求得各月 a、b 值。

具体方法：利用若干组历年该月总辐射及日照时数，得到若干组 $\left(\frac{n}{N},\frac{Q_M}{Q_0}\right)$，对这些点进行线性相关，得到该月的 a、b 值。利用相同的方法得到全年各月的 a、b 值。

然后，根据已求得的 a、b 值利用式（6-3）计算得到 A 气象站历年各月总辐射量。

3. 格点化长期计算数据

基于卫星遥感反演、数值模拟或其他方法，计算得到一定区域内的格点化长序列太阳辐射数据。现在应用较多的数据库有 Solargis 辐射数据库、NASA 辐射数据库、PVGIS 数据库、Meteonorm 卫星数据库等。

由于采用的计算模型差异，针对不同的气候类型，不同数据库的准确度差异较大。在采用格点化长期计算数据时，需根据经验选择更为合理的数据。对于国内项目需满足 GB/T 34325 中的要求，并说明空间分辨率和计算误差等内容。

（二）短期实测数据

1. 观测要求

在光伏发电站尤其是大型光伏发电站站址处宜设置太阳能辐射现场观测站，观测内容需包括总辐射量，包括法向直接辐射量、水平面直接辐射量、散射辐射量、日照时数、日

照百分率、最大辐照度、气温、湿度、风速、风向等。

对于固定倾角的光伏发电站，宜增加组件倾角斜面总辐射量观测；对于采用跟踪系统的光伏发电站，宜增加跟踪受光面总辐射量观测；对于采用聚光技术的光伏发电站，宜增加法向直接辐射量观测。

数据需包括太阳能资源各要素至少 1 年的连续、完整数据，数据记录需至少包括小时值，小时值的有效数据完整率需不低于 95%，且连续缺测时间不宜超过 3 天。

太阳辐射现场观测站在站址选择、观测设备、运行维护等方面需符合 GB/T 31156《太阳能资源测量 总辐射》、GB/T 33698《太阳能资源测量 直接辐射》、GB/T 33699《太阳能资源测量 散射辐射》、GB/T 35231《地面气象观测规范 辐射》、GB/T 19565《总辐射表》、QX/T 20《直接辐射表》的要求。

2. 实测数据处理

对于获得的实测数据需进行合理性、完整性检验。对于缺测、不合理数据需进行数据插补。

（三）合理性检验

数据合理性检验主要根据数据的合理范围参考值、数据之间的相关性等条件甄别出不合理数据。主要检验参数见表 6-2。更多参考值可参见 GB/T 37526 相关内容。

表 6-2　数据合理性检验表

序号	要素	气候学界限
1	小时平均辐照度 GHI_h	$0 \leqslant GHI_h < 1600W/m^2$ 白天不为 0 1h 变化范围小于 $800W/m^2$
2	日辐照量 GHR_d	$0 \leqslant GHR_d < (1+20\%) \times GHR_{d,max}$ $GHR_{d,max}$为水平面总辐射最大可能辐照量，根据纬度计算得到
3	日照时数小时累计值 H_h	$0 \leqslant H_h \leqslant 1h$

（四）完整性检验

数据数量需等于预期记录的数据数量。数据的时间序列需符合预期的开始时间、结束时间，中间需连续。按照式（6-6）计算数据完整率，即

$$r_{ED} = \frac{N_0 - N_1 - N_i}{N_0} \times 100\% \tag{6-6}$$

式中　r_{ED}——有效数据完整率；

N_1——没有太阳辐射数据记录的数目；

N_i——确认为不合理太阳辐射数据的数目；

N_0——预期应记录的数据数目。

（五）数据插补

将不合理数据剔除后，连同缺测时次一起进行数据插补，插补后的太阳能资源各要素小时值的有效数据率达到 100%。如果不能达到 100%，则需在分析太阳能资源总量时，说明缺测数据可能产生的误差。

若有备用的或可供参考的传感器同期记录数据，经过分析处理，可替换已确认为无效

的数据或填补缺测的数据。

若没有备用的或可供参考的传感器同期记录数据，则从实测数据序列中选择与缺测或不合理数据时刻最近、天气现象相同、有实测数据的时刻进行插补。

缺测时刻太阳辐射各要素的计算见式（6-7），即

$$\frac{R_1}{R_2}=\frac{E_1}{E_2} \tag{6-7}$$

式中　R_1——缺测时刻的太阳辐射各要素；

R_2——有实测数据时刻的太阳辐射各要素；

E_1——缺测时刻的地外水平面太阳辐射；

E_2——有实测数据时刻的地外水平面辐射。

（六）代表年选择

当只具有长序列数据时，可结合当地的气候变化特点，挑选最近10年以上、年际变化较小的时间区间作为代表年时间序列确定的时间区间。确定时间区间后，可采取气候平均法选择或者生成代表年数据。

具体做法：在长序列数据中，选择一个完整的小气候周期，10～30年区间作为代表年确定的时间区间。在10～30年的时间区间中，计算各月辐射量平均值，根据计算的平均值，选择其中最接近平均值的某一年数据或者最接近平均值的月构成一个组合年数据，或者利用平均值构成一个组合年数据，作为场区辐射的代表年数据。

当具有短期数据时，可以利用长期数据中与短期数据的同期数据与短期数据进行比较，可利用比值法或相关法将短期数据修正为代表年数据。也可利用短期数据修正长序列数据，修正后的长序列数据中选择代表年数据。

（七）数据分析

针对代表年数据一般需要编制以下图表。

（1）太阳总辐射和日照的年际变化曲线图。

（2）代表年太阳总辐射和日照的月际变化曲线图。

（3）代表年太阳总辐射和日照的日内变化曲线图。

（4）气象参证站和工程地点同期观测的太阳总辐射和日照月际变化、日内变化对比图。

四、评估内容

太阳能资源评估一般根据太阳水平面总辐射评估以下几个方面的内容。

1. 太阳能资源总量及丰富程度等级

太阳总辐射年辐照量划分为四个等级：最丰富（A）、很丰富（B）、丰富（C）、一般（D），其划分标准见表6-3。

表6-3　太阳总辐射年辐照量等级表

等级名称	分级阈值［kWh/(m^2·a)］	分级阈值［MJ/(m^2·a)］	等级符号
最丰富	GHR≥1750	GHR≥6300	A
很丰富	1400≤GHR<1750	5040≤GHR<6300	B

续表

等级名称	分级阈值 [kWh/(m²·a)]	分级阈值 [MJ/(m²·a)]	等级符号
丰富	1050≤GHR<1400	3780≤GHR<5040	C
一般	GHR<1050	GHR<3780	D

注　GHR 表示总辐射年辐照量，采用多年平均值（一般取 30 年平均）。

2. 太阳能资源年变化特征及稳定度等级

太阳能资源年变化特征及稳定度划分为四个等级：很稳定（A）、稳定（B）、一般（C）、欠稳定（D），其划分标准见表 6-4。

表 6-4　　稳定度等级表

等级名称	分级阈值	等级符号
很稳定	$GHRS_w$≥0.47	A
稳定	0.36≤$GHRS_w$<0.47	B
一般	0.28≤$GHRS_w$<0.36	C
欠稳定	$GHRS_w$<0.28	D

注　$GHRS_w$表示稳定度，计算$GHRS_w$时，首先计算总辐射各月平均日辐照量的多年平均值（一般取 30 年平均），然后求最小值与最大值之比。

3. 太阳能资源直射比等级

采用代表年数据，计算年水平面直接辐照量、年水平面散射辐照量和直射比评价太阳能资源等级。太阳能资源直射比（DHRR）等级见表 6-5。

表 6-5　　太阳能资源直射比（DHRR）等级表

等级名称	分级阈值	等级符号	等级说明
很高	DHRR≥0.6	A	直接辐射主导
高	0.5≤DHRR<0.6	B	直接辐射较多
中	0.35≤DHRR<0.5	C	散射辐射较多
低	DHRR<0.35	D	散射辐射主导

注　DHRR 表示直射比，计算 DHRR 时，首先计算代表年水平面直接辐照量和总辐照量，然后求二者之比。

第二节　光伏设备选型

一、光伏组件技术发展概况

光伏组件是光伏发电站中最重要的器件。光伏组件由一定数量的光伏电池封装构成。其结构一般包括铝边框、光伏玻璃、EVA 胶膜、电池片、背板、接线盒等，如图 6-3 所示。其中光伏电池是最为重要的部分，是光伏发电系统中实现太阳能向电能转换的核心。

随着技术的进步和发展，为了追求更高的转换效率，各个研究院所、企业尝试了多种技术路线。目前主流的光伏电池技术路线发展如图 6-4 所示。

按光伏电池的类型划分，光伏电池主要分为晶硅电池和薄膜电池。

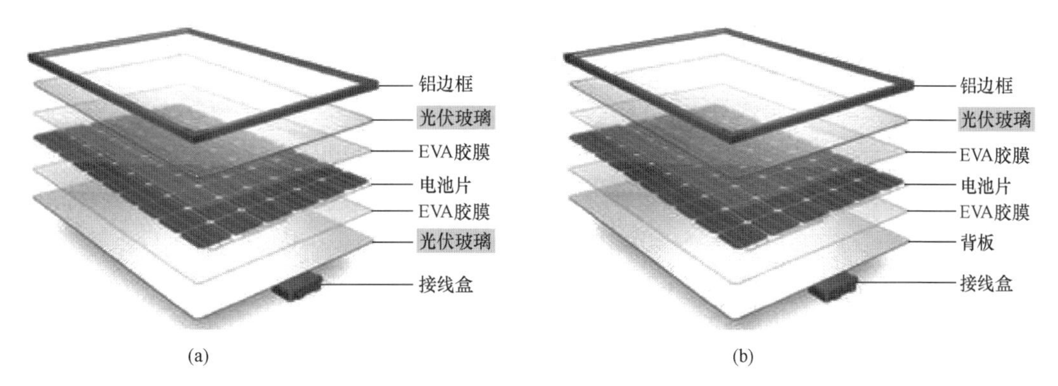

图 6-3 光伏组件结构图（来源：网络公开资料）
（a）晶硅双面组件结构；（b）晶硅单面组件结构

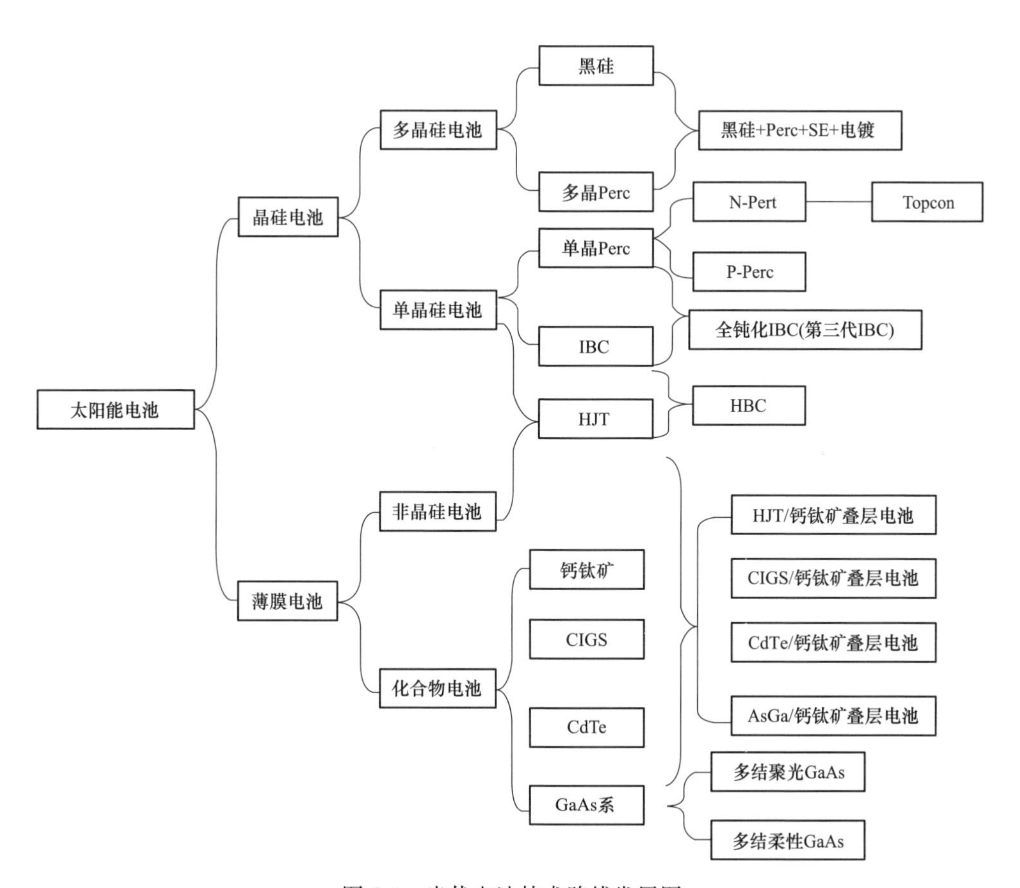

图 6-4 光伏电池技术路线发展图

其中薄膜电池可分为非晶硅薄膜电池和化合物薄膜电池。化合物薄膜电池中包括钙钛矿系电池、铜铟镓硒（CIGS）电池、碲化镉（CdTe）电池和砷化镓（GaAs）电池。薄膜电池一般具有柔性、弱光性能强等优点。部分成熟的技术路线已经有完善的产品，在一些生活场景中得到了应用。例如：光伏瓦、共享单车供电板等。一些薄膜电池具有高透光的特点，可以与建筑结合，应用于光伏建筑一体化（BIPV）场景。

新型薄膜电池理论转换效率高，弱光性能好，但还存在生产工艺复杂、生产成本高、电池稳定性差、性价比低等问题。目前还处在实验室研究阶段，或者作为厂家的技术储备，还未形成完整的产业链。未来，随着技术的成熟，新型钙钛矿系薄膜电池、GaAs 薄膜电池等有望与晶硅电池结合，形成叠层电池，进一步提高光电转换效率。

晶硅电池分为多晶硅电池和单晶硅电池。多晶硅电池因为生产成本低一度占据主流光伏组件市场。近些年来，随着技术进步，单晶硅电池优化了生产工艺，大幅降低了生产成本，同时电池效率得到了快速提升。单晶硅电池与多晶硅电池价格差异迅速拉近。电池生产厂家纷纷改进产线，单晶硅电池产量得到了快速提升。目前，基于单晶硅电池的光伏组件占据了市场绝对主流地位，多晶硅电池还保持少量的市场份额。

技术进步是永恒的追求，而技术的快速迭代也构成了光伏电池设备的核心驱动力。围绕两个重要目标：更高转换效率、更低度电成本。厂家通过不同技术路线，不断改进提高组件的光电转化效率，推动光伏发电行业不断前进。

（一）光伏电池技术发展

1. PERC

PERC（Passivated Emitter and Rear Contact）技术，即发射极钝化和背面接触技术，利用特殊材料在电池片背面形成钝化层作为背反射器，增加长波光的吸收，同时增加 P－N 极间的电势差，降低电子复合，提高光电转换效率，同时具有更好的弱光响应，电池结构如图 6-5 所示。在 P 型单晶硅上 PERC 可以实现 1%的效率提升，多晶硅上可以实现 0.6%的效率提升。是目前的主流技术。

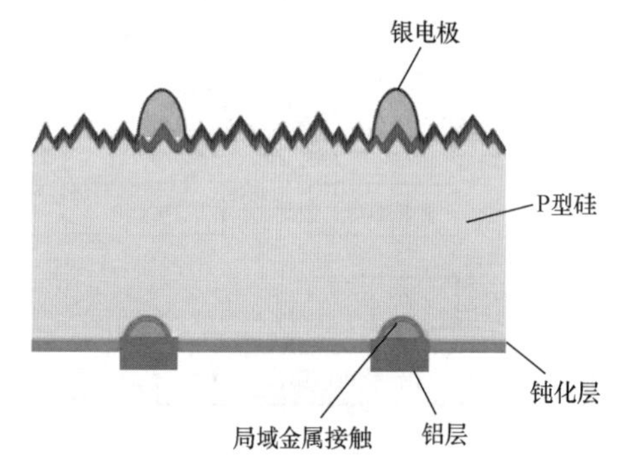

图 6-5　PERC 电池结构示意图

2. TOPCon

TOPCon（Tunnel Oxide Passivating Contacts）技术，即隧穿氧化层钝化接触技术。该技术由德国夫琅禾费太阳能系统研究所（Fraunhofer-ISE）在 2013 年提出。该技术在电池背面制备一层超薄的隧穿氧化层和一层高掺杂的多晶硅薄层，两者共同形成了钝化接触结构，该结构为硅片的背面提供了良好的表面钝化，超薄氧化层可以使多子电子隧穿进入多晶硅层同时阻挡少子空穴复合，进而电子在多晶硅层横向传输被金属收集，从而极大地降低了金属接触复合电流，提升了电池的开路电压和短路电流。

TOPCon 技术与现有产线兼容性高，相比 PERC 效率提升 1%～1.5%，可延展现有设备使用寿命，预计将成为 3～5 年内大规模推广的应用。

3. HJT

本征薄膜异质结（Heterojunction with Intrinsic Thin Layer，HJT）通过在 P-N 结之间插入本征非晶硅层进行表面钝化来提高转化效率，电池结构如图 6-6 所示。最早由日本三洋（Sanyo）公司于 1990 年研发。

HJT 是在晶体硅上沉积非晶硅薄膜，综合了晶体硅电池与薄膜电池的优势，具备以下优点。

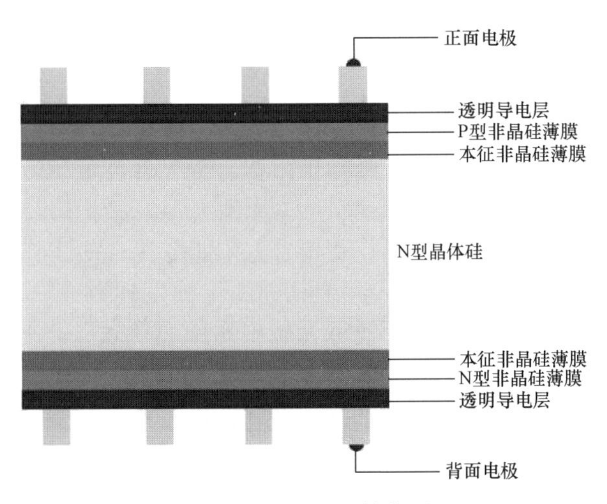

图 6-6　HJT 电池结构图

（1）一般 HJT 理论转化效率或超 28%，远高于 PERC 电池。

（2）工艺流程更简化，降本空间更大。HJT 为低温工艺。低温工艺一方面利于薄片化和减少热损伤；另一方面，降低了工艺能源消耗，降低硅片、非硅成本。同时，HJT 只需要 4 道工艺，相比于 PERC(8 道工艺）和 TOPCon(9～12 道工艺）成本更低。

（3）光致衰减更低。HJT 电池 10 年衰减率小于 3%，25 年下降仅为 8%，衰减速度远低于 PERC 和 TOPCon 电池。

（4）温度系数低，稳定性高。HJT 电池在常见的户外应用场景中具有更高的发电效率。

（5）双面率更高。HJT 为双面对称结构。双面率有望提升至 93%～98%，远高于 PERC 电池和 TOPCon 电池的 80%。

（6）HJT 技术可作为平台技术，与其他先进工艺叠加，有望进一步提高转化效率。

HJT 异质结是全新的生产工艺，理论上具备弯道超车的机会。随着设备、技术的不断成熟，HJT 技术将和 TOPCon 技术、IBC（包括 HBC、TBC）竞争下一代主流技术路线。

4. IBC/HBC/TBC 技术

IBC 电池指交叉背接触电池。1975 年，Schwartz 和 Lammert 第一次提出背接触式光伏电池概念。IBC 太阳电池最显著的特点是 P－N 结和金属接触都处于太阳电池的背部，前表面彻底避免了金属栅线电极的遮挡，结合前表面的金字塔绒面结构和减反层组成的陷光结构，能够最大限度地利用入射光，减少光学损失，具有更高的短路电流。同时，背部采用优化的金属栅线电极，降低了串联电阻。

HBC 技术、TBC 技术是 IBC 技术与 HJT 技术和 TOPCon 技术结合产生。充分吸收新技术的优点。HBC 具备最高转换效率的发展潜力，迅速吸引了大批研发机构和企业进行研究，成为最热门的技术路线之一。

目前，IBC 电池成本是普通电池成本的 2 倍左右，这制约了 IBC 电池的大规模应用。随着我国一线光伏制造商的加入，以及新型工艺和新型材料的开发，IBC 电池将沿着提高电池转换效率、降低电池制造成本的方向继续向前发展。IBC 太阳电池的商业化应用和推广，有着广泛的前景。

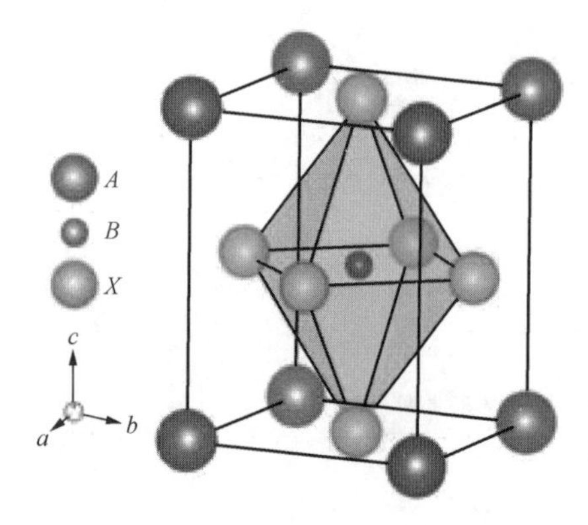

图 6-7 钙钛矿晶体结构图

5. 钙钛矿型太阳能电池

钙钛矿型太阳能电池（Perovskite Solar Cells）是利用钙钛矿型的有机金属卤化物半导体作为吸光材料的太阳能电池，属于第三代太阳能电池，也称作新概念太阳能电池。钙钛矿晶体结构见图 6-7。

自 2009 年被发现以来，凭借成本低、柔性好及可大面积印刷等优点，受到了人们的广泛关注。在过去的十年里，关于钙钛矿电池的研究发展迅猛，其光电转化效率已从最初的 2.2%迅速飙升到目前的 26.7%，接近硅基太阳能电池的水平。钙钛矿电池的吸光性和电荷传输效率良好，具有巨大的开发潜力，因此被光伏产业界寄予厚望。

钙钛矿晶体为 ABX3 结构，一般为立方体或八面体结构。其中 A 为有机阳离子，B 为金属离子，X 为卤素基团。钙钛矿电池的基本构造通常为衬底材料/导电玻璃/电子传输层（二氧化钛）/空穴传输层（钙钛矿吸收层）/金属阴极。根据结构类型不同，又可分为介孔结构钙钛矿电池和平面异质结钙钛矿电池。

钙钛矿电池目前主要处于实验室研究阶段，未来的研究方向主要集中在以下 4 个方面。

（1）提高电池转换效率。转换效率是衡量太阳能电池的性能最重要的指标，也是太阳能电池发展始终不懈的追求。

（2）提高太阳能电池的稳定性。有机金属卤化物钙钛矿材料在潮湿环境和光照条件下稳定性较差，容易发生分解，造成电池效率下降甚至失效，因此除不断提升转换效率外，目前很多研究也致力于提高太阳能电池的稳定性。钙钛矿电池的稳定性受到温度、湿度等多种环境因素的制约。改善钙钛矿电池的稳定性有两种思路：一种是提高钙钛矿材料本身的稳定性，另一种是寻找合适的传输层材料使电池与环境隔绝，抑制钙钛矿材料的分解。

（3）实现钙钛矿电池的环境友好性。如何避免使用铅等对环境不友好的重金属，同时兼顾高的转换效率也是目前面临的重大挑战。目前用其他元素替换铅通常要以降低电池效率为代价，寻找更合理的方式解决含铅带来的环境问题，使钙钛矿太阳能电池可回收、可再生，对实际产业化同样重要。基于此，通过改善钙钛矿层与其他传导层间的界面性能，寻找更高效的电子/空穴传输材料，电池转换效率仍有非常大的提升空间，同时也可以使太阳能电池的稳定性得到改善。实现钙钛矿材料的无铅化，也成为钙钛矿太阳能电池最终能否被公众接受、实现广泛应用的关键因素之一。

（4）大规模量产工艺。现今钙钛矿应用最广的为旋涂法，但是旋涂法难于沉积大面积、连续的钙钛矿薄膜，故还需对其他方法进行改进，以期能制备高效的大面积钙钛矿太阳电池，便于以后的商业化生产。

（二）电池尺寸的发展

随着电池制备设备的发展，更大电池片的厚度不断降低，良品率不断提升。更大电池片是产业进步的方向，电池片尺寸发展如图 6-8 所示。对于组件生产环节，更大的电池尺寸意味着更少的切割、封装成本。对于光伏发电站建设，更大的电池片意味着更少的支架、线缆及建设成本。对比常规组件，大硅片组件可降低度电成本 3%～4%。

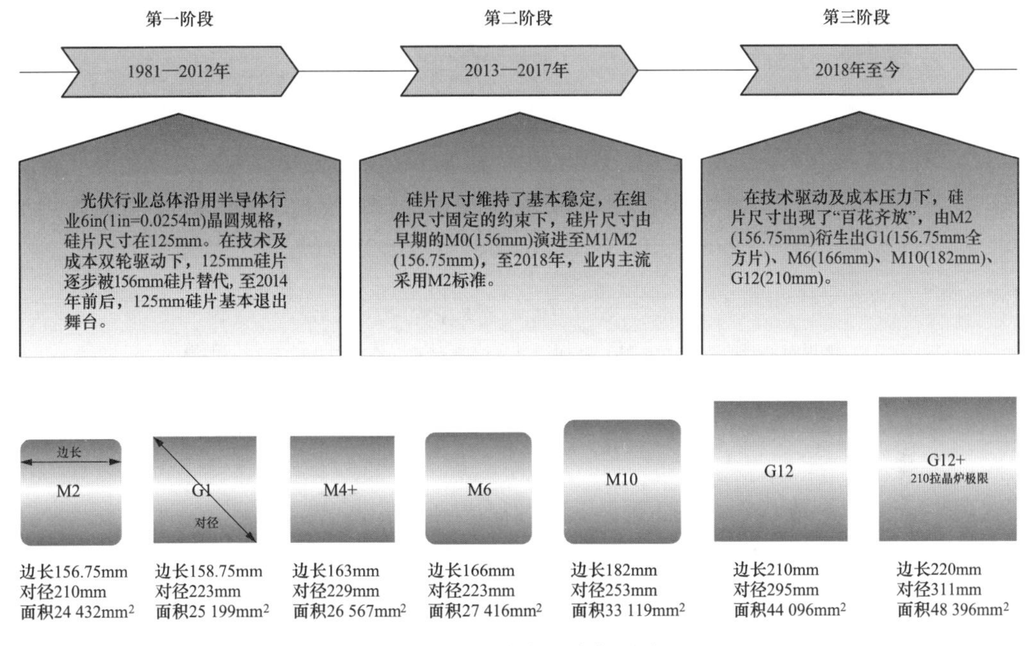

图 6-8　电池片尺寸发展图

由于产线调整以及成本测算等因素，目前主流电池厂家选择了不同的 182mm 电池或者 210mm 电池作为主要技术革新路线。未来一段时间内，2 种电池尺寸将长期处于竞争、共存的状态。2021 年以来，182/210mm 电池逐渐代替了 166mm 电池的生产线，占据了市场主要份额。

在光伏组件层面，光伏组件各主流厂商在组件尺寸、安装孔位等方面逐渐达成一致，形成团体标准。光伏组件尺寸见表 6-6。

表 6-6　　光伏组件尺寸表

项目	144 片 182 组件	132 片 210 组件
团体标准尺寸（mm）	2278×1134	2384×1303

（三）光伏封装技术

1. 双面组件

双面组件顾名思义就是正、反面都能发电的组件，双面组件吸收太阳光示意如图 6-9 所示。当太阳光照到双面组件的时候，会有部分光线被周围的环境反射到双面组件的背面，这部分光可以被电池吸收，从而对电池的光电流和效率作出贡献。

1994 年 Moehlecke 等在第一届世界光伏会议上介绍了双面太阳电池结构，该电池装换效率达到了 19.1%，背面转换效率为 18.1%。世界各国研究人员陆续在钝化、丝网印刷、掺杂扩散等技术方面取得进展，实现了双面组件的工业化生产，目前量产的双面组件结构如图 6-10 所示。

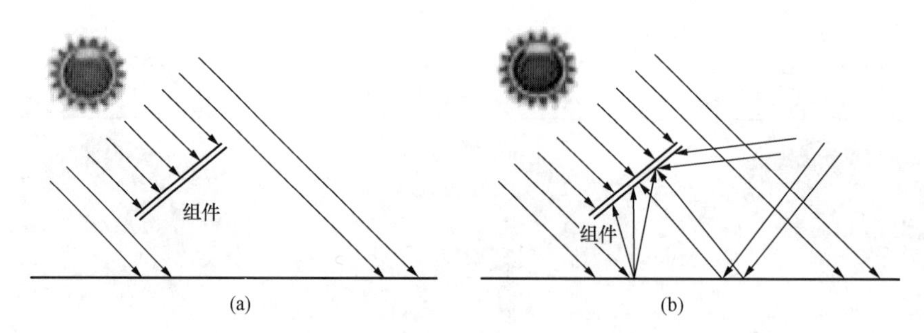

图 6-9　双面组件吸收太阳光示意图

(a) 常规组件吸收直射光；(b) 双面组件吸收直射光、地面反射光、空间散射光

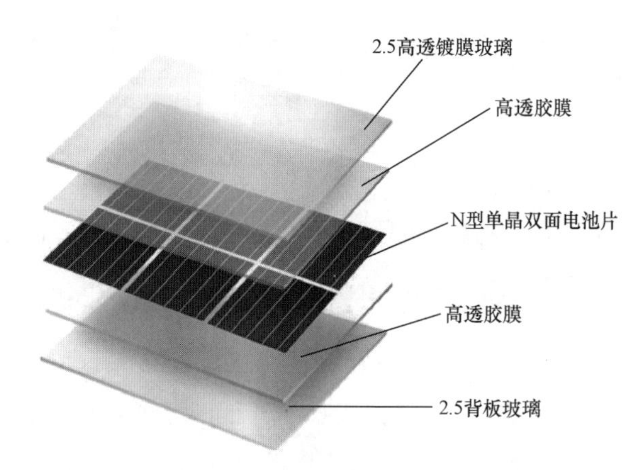

图 6-10　N 型双面组件组装结构图

根据电池的封装技术可分为双面双玻组件、双面（带边框）组件，其中双面双玻组件采用双层玻璃＋无边框结构，双面（带边框）组件采用透明背板＋边框形式。

双面组件具有以下特点。

(1) 背面可发电。双面光伏组件背面能利用来自地面等的反射光发电，地面反射率越高，电池背面接收的光线越强，发电效果越好。常见的地面反射率有草地为 15%～25%、混凝土为 25%～35%、湿雪为 55%～75%。双面光伏组件在草地上应用能使发电量提高 8%～10%，而在雪地上最高可使发电量提高 30%。

(2) 密封性能好。双面光伏组件背面封装用透明玻璃代替了传统背板材料。由于玻璃透水率几乎为零，不需要考虑水汽进入组件导致的功率下降的问题，因此该类组件环境适应性更强，适用于建设在潮湿、较多酸雨或盐雾大的地区的光伏发电站。

(3) 安装方式灵活。由于组件正面和背面均能接收太阳光发电，在垂直放置条件下发电效益是一般组件的 1.5 倍以上，而且受安装方向的影响较小，适用于安装方式受限制的场合，如护栏、隔音墙等。

(4) 特殊的支架形式。常规组件安装支架会遮挡组件背面，不仅减少背面光线，而且会造成电池片间串联失配，影响发电效率。因此，双面组件需尽量减少支架背面遮挡，支架形式多为类镜框模式。

(5) 组件电流较大。双面组件的功率增益基本来自背面受光带来的电流增益，峰值功率电流将大于仅有单面发电的组件。以某型号组件测试参数为例，当考虑背面增益后，峰值电流由 12.82A 增长为 16.02A，增加了 25.0%。

(6) 冬季组件融雪快。常规组件在冬天被雪覆盖后，若积雪不能被及时清理，组件在持续低温环境中很容易结冰，不但影响发电效率还可能对组件造成损失。而双面组件在正面被雪覆盖后，因组件背面可接收来自雪地的反射光而发电发热，加快了积雪的融化和滑落，可提高发电量。

(7) 系统弱光响应好。因为双面组件中的电池材料质量好，钝化效果好，所以导致长波响应好，阳光利用更充分。同时，组件双面均可以接收太阳辐射，因此在早晚等传统组件因光照较弱不能发电的时段，双面组件可以有效接收来自地面反射、空气漫反射等光线，达到发电启动，整个系统呈现出良好的弱光响应特点。

(8) 系统寿命长。双面组件通常采用双面玻璃封装，在组件中代替了易于老化的有机背板材料，因此双面组件厂家保障使用寿命较原背板组件的 25 年延长至 30 年。

2. 多主栅技术

采用多主栅技术封装的光伏组件，增加了栅线对电流的收集能力，同时降低了内损，并减少了遮光面积，有效受光面积增大，使得组件功率至少提升一个档位（5W）。

3. 半片

半片电池技术是通过将标准规格电池片用激光均割成为两片，对切后连接起来的技术。整个组件的电池片随之被分为两组，每组包含串联连接的 60 个半片电池片。组成一个完整的 120 片组件，从而可将通过每根主栅的电流降低为原来的 1/2，内部损耗降低为整片电池的 1/4，进而提升组件功率。

半片电池片为标准电池片对半均割后得到，如图 6-11 所示。因此，其内部的电流减少一半。随着电流的减少，电池内部的功率损耗降低。而功率损耗通常与电流的平方成比例，因此整个组件的功率损耗减小至 1/4（$P_{loss}=RI^2$，其中 R 是电阻，I 是电流）。降低半片电池片功率损耗，可使其具有更大的填充因数、更高的转化效率，也就能获得更大发电量，尤其是在高辐射的环境中。组件具有较大的填充因数，意味着其内部串联电阻较小，其内部的电流损耗也较小。

图 6-11　半片组件

4. 叠瓦

作为主流高效组件技术之一的叠片技术目前受到广泛关注。传统组件电池片之间采用汇流条连接结构，大量汇流条的使用，增加了组件内部的损耗，降低了组件转换效率，同时单片电池片的差异在串联结构下，反向电流对组件影响会增加，从而产生热斑效应，损坏组件甚至影响整个光伏系统的运转。

叠片组件利用切片技术将栅线重新设计的电池片切割成合理图形的小片，将每小片叠加排布，焊接制作成串，再经过串并联排版后层压成组件。这样使得电池以更紧密的方式互相连接，在相同的面积下，叠片组件可以放置多于常规组件13%以上的电池片，并且由于此组件结构的优化，采用无焊带设计，大大减少了组件的线损，大幅度提高了组件的输出功率。

5 . MWT

MWT 采用激光打孔、背面布线的技术消除了正面电极的主栅线，正面电极细栅线搜集的电流通过孔洞中的银浆引到背面，从而有效减少了正面栅线的遮光，提高了转化效率，同时降低了银浆的耗量和金属电极-发射极界面的载流子复合损失。

（四）当前光伏组件技术趋势

1. 主流组件功率

2021 年，主流单晶电池组件普遍采用 PERC 技术、半片技术、多主栅技术，基于182mm 电池片的组件（144 片版型）标称功率可达到 530～550W 之间，组件光电转换效率能达到 20.7%～21.1%。基于 210mm 电池片的组件（132 片版型）标称功率可达到640～660W，组件光电转换效率为 20.8%～21.2%。

未来随着 N 型组件的采用、TOPCon 等技术的推广应用，组件功率有望继续提升。

2. 单/双面组件市场占比

2021 年，双面组件广泛应用于大型地面电站、水上光伏发电站、农光互补项目等。对于地面反射率低、距地高度近的项目单面组件还占有一定的市场份额。随着下游应用端对于双面组件发电增益的认可，以及安装方式的逐步优化，双面发电组件的应用规模可能会不断扩大。

但单面组件因为成本优势，仍然占据着工商业分布式光伏、户用光伏的市场。

二、光伏组件选型

光伏组件是光伏发电站中投资占比最大、影响最大的设备。合理的光伏组件选型有利于项目的开发、建设和运维，为业主带来长期、稳定的收益。不合理的光伏组件选型则会造成土地资源浪费、工程建设工期推迟、项目运维成本高等恶劣影响，进而影响项目收益，甚至造成亏损。

光伏组件的选型需充分考虑项目特点、当地气候环境以及市场价格、厂家供货能力等因素。需选择技术先进、稳定可靠、价格合理的产品。光伏组件长期位于户外恶劣环境中，对于一些特殊地区组件选型需特别注意环境因素的影响。

1. 高湿度、有盐雾地区

我国存在大量的水面、海滨等闲置土地，随着光伏项目的开发，在高湿度、高盐雾地区的光伏发电站越来越多。

在高湿度、高盐雾的地区建议选择双面双玻光伏组件。双面双玻光伏组件不再采用光伏背板。玻璃的透水率几乎为 0，解决了水汽进入组件诱发 EVA 胶膜水解的问题。同时，双面组件降低了 PID 衰减，耐候性更强，对于水面或高盐雾地区具有更好的适配性。

根据相关研究，水面上的电站采用双面组件比常规组件的系统效率高1%～2%。随着光伏发电站运行时间增加，这种差异更为明显。高盐雾地区（例如：海岛、海岸等）双面组件比常规组件的系统效率高2%～2.5%。

2. 低辐照、弱光多的地区

对于我国一些低辐照、弱光多的地区建议选择弱光性能强的光伏组件。主流技术路线中，N型TOPCon组件具备低衰减和良好的弱光性能响应。

3. 戈壁、荒漠地区

我国北方地区戈壁、荒漠广布，而这些地区一般太阳辐射资源较好，现在已有大规模的光伏项目。这些地区的特点是日照强度大、昼夜温差大、沙尘多、环境恶劣。对于这些地区的光伏发电站组件选型需注意选择防沙尘性能好的具有自清洁图层的光伏组件。并且由于正午时间，日照强度大，还应该注意选择功率温度系数低的组件。

4. 多冰雪地区

多冰雪地区冬季漫长，而且多降雪。光伏组件上的降雪如果不及时处理将损失很多发电量。双面组件背面可以接收太阳能辐射，在积雪天气下，可以通过背面发电的方式加热光伏组件，从而使光伏正面的积雪融化。同时，长期积雪大大提高了光伏组件背面接收到的太阳辐射，增加了很多发电量。因此，对于长期积雪地区，建议选用双面电池。

三、光伏逆变器技术发展概述

光伏逆变器（PV inverter或Solar inverter）是将直流电转换为具有稳定电压和频率的交流电的电子设备。除了交直流转换，逆变器一般还可以利用最大功率点跟踪技术从光伏组件中最大限度地获取功率。逆变器是光伏发电系统中的关键设备，其选型对于光伏发电站的系统效率和可靠性具有决定性的作用。

逆变器按照使用条件不同，可分为离网型逆变器和并网型逆变器。其中并网逆变器又可以分为组串逆变器、集中逆变器和集散逆变器，如图6-12所示。组串逆变器按照类型分可分为户用组串逆变器和大型电站型组串逆变器。

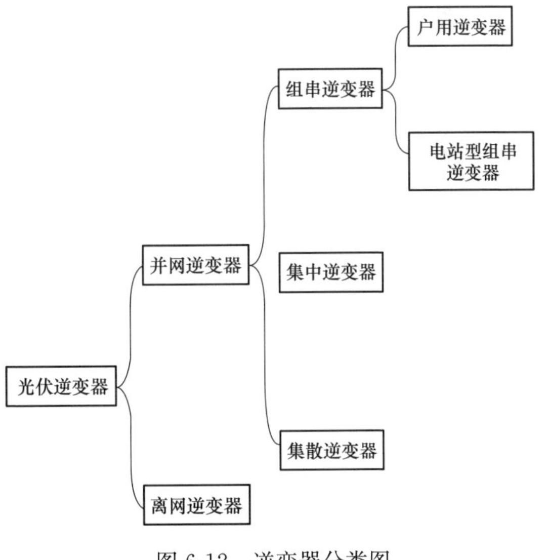

图6-12　逆变器分类图

户用组串逆变器一般用于BIPV、BAPV或者小型屋顶电站等光伏系统中，一般功率等级为1～30kW。这类逆变器的终端用户是个人、家庭，因此逆变器的外观设计美观，体积小巧，安装方便，整机质量轻、做工细腻，界面直观。这类逆变器主要向着智能化、光储一体化发展。

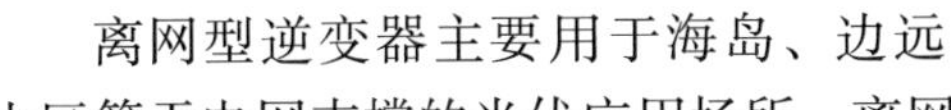
离网型逆变器主要用于海岛、边远山区等无电网支撑的光伏应用场所。离网逆变器最重要的特性是需要具备黑启动能力。离

网逆变器通常和储能电池、柴油发电机等组成小型微电网系统。这类逆变器的发展方向主要为光伏一体化、逆变升压一体化、智能化等。

兆瓦级光伏发电站的逆变器一般为电站型组串逆变器（简称组串逆变器）、集中逆变器或者集散式逆变器。集散式逆变器是在集中逆变器的基础上，吸取了组串逆变器的优点，配备具有多路 MPPT 的汇流箱，得到更优的性能。近年来，随着组串逆变器价格降低，集散逆变器的优势不再明显，慢慢退出了市场。

目前，光伏逆变器市场仍然以集中式逆变器和组串式逆变器为主。2022 年，组串式逆变器依然占据主要地位，占比为 78.3%，集中式逆变器占比为 20%，集散式逆变器占比约为 1.7%。

1. 组串式逆变器

组串式逆变器是基于模块化的概念，将少量光伏组串连接至逆变器的直流输入端，完成直流电转换为交流电的设备。可安装于光伏支架上，也可做独立基础安装。

组串逆变器常见的输出功率有 100kW、125kW、175kW、196kW、225kW 等，以 225kW 型号为例，每台逆变器拥有 12 路 MPPT，MPPT 的工作电压范围为 500～1500V，额定输出电压为 3/PE、800V AC。一个 3.15MW 的光伏发电单元通常需要配置 14 台组串逆变器。

组串逆变器的主要优点：组串逆变器采用模块化设计，少量组串接入一个 MPPT，减少了组串间差异（阴影遮挡，组件不均匀衰减等）带来的发电量损失；组串逆变器 MPPT 电压范围宽、发电时间长；组串逆变器的体积小、质量轻，方案适应性更好，可根据地形灵活配置，无需土建基础，在各种应用中都能够简化施工。故障次数少，单个故障对发电量的影响小，并且故障后更换时间一般仅需半天；具备多路 MPPT，发电量一般要比集中式高出 2%以上；减少直流线缆长度，去除直流汇流主动规避直流传输带来的安全和防护问题；自耗电低，电磁辐射小。

2. 集中式逆变器

集中式逆变器是将很多光伏组串经过汇流后连接到逆变器直流输入端，集中完成将直流电转换为交流电的设备。集中式逆变器体积较大，目前多采用集装箱式安装，也可采用室内立式安装。

集中逆变器常见的输出功率为 500kW、1000kW、1250kW 或者更大。集中逆变器转换效率目前已能做到大于 99%，中国效率为 98.2%，每台逆变器具有 1 路 MPPT。

集中逆变器的主要优点：逆变器数量少，便于管理；逆变器集成度高，功率密度大，成本低；逆变器各种保护功能齐全，逆变器经变压器隔离解耦，无谐波风险，电站安全性高。部分产品具有无功补偿功能，可以代替部分 SVG 设备；支持较大的超配比例。

四、逆变器选型

结合 GB/T 19964《光伏电站接入电力系统的技术规定》及其他相关规范的要求，逆变器的选型主要考虑以下技术指标。

1. 转换效率高

逆变器转换效率越高，则光伏发电系统的转换效率越高，系统总发电量损失越小，系统经济性也越高。因此在单台额定容量相同时，应选择效率高的逆变器。一般要求大容量逆变器在额定负载时效率不低于95%，在逆变器额定负载10%的情况下，也要保证90%（大功率逆变器）以上的转换效率。逆变器转换效率包括最大效率和中国效率，中国效率是对不同功率点效率的加权，这一效率更能反映逆变器的综合效率特性。而光伏发电系统的输出功率是随日照强度不断变化的，因此选型过程中应选择中国效率高的逆变器。

2. 直流输入电压范围宽

太阳电池组件的端电压随日照强度和环境温度变化，逆变器的直流输入电压范围宽，可以将日出前和日落后太阳辐照度较小的时间段的发电量加以利用，从而延长发电时间，增加发电量。如在落日余晖下，辐照度小电池组件温度较高时电池组件工作电压较低，如果直流输入电压范围下限低，便可以增加这段时间的发电量。

3. 最大功率点跟踪

太阳电池组件的输出功率随时变化，因此逆变器的输入终端电阻应能自适应于光伏发电系统的实际运行特性，随时准确跟踪最大功率点，保证光伏发电系统的高效运行。

4. 输出电流谐波含量低，功率因数高

光伏发电站接入电网后，并网点的谐波电压及总谐波电流分量需满足GB/T 14549《电能质量公用电网谐波》的规定，光伏发电站谐波主要来源是逆变器，因此逆变器必须采取滤波措施使输出电流能满足并网要求。要求谐波含量低于3%，逆变器功率因数接近于1。

5. 具有低电压耐受能力

GB/T 19964《光伏电站接入电力系统的技术规定》要求大型和中型光伏发电站需具备一定的耐受电压异常的能力，避免在电网电压异常时脱离，引起电网电源的损失。这就要求所选并网逆变器具有低电压耐受能力。

6. 系统频率异常响应

GB/T 19964《光伏电站接入电力系统的技术规定》要求大型和中型光伏发电站需具备一定的耐受系统频率异常的能力。

7. 可靠性和可恢复性

逆变器需具有一定的抗干扰能力、环境适应能力、瞬时过载能力，如在一定程度过电压情况下，光伏发电系统应正常运行；过负荷情况下，逆变器需自动向光伏电池特性曲线中的开路电压方向调整运行点，限定输入功率在给定范围内；故障情况下，逆变器必须自动从主网解列。

系统发生扰动后，在电网电压和频率恢复正常范围之前逆变器不允许并网，且在系统电压频率恢复正常后，逆变器需要经过一个可调的延时时间后才能重新并网。

8. 具有保护功能

根据电网对光伏发电站运行方式的要求，逆变器需具有交流过电压、欠电压保护，超频、欠频保护，防孤岛保护，短路保护，交流及直流过电流保护，过载保护，反极性保护，高温保护等保护功能。

9. 监控和数据采集

逆变器需有多种通信接口进行数据采集并发送到主控室，其控制器还需有模拟输入端口与外部传感器相连，测量日照和温度等数据，便于整个电站数据处理分析。

10. 抗PID效应功能

考虑光伏组件运行参数、品质参差不齐，组件运行环境的多样化，依靠组件自身的抗PID能力存在一定的风险，因此在进行系统设计时需要在逆变器侧考虑一定的抗PID效应的能力，以提高系统的安全可靠性，保障系统的发电性能。

11. 智能运维能力

光伏发电站朝着无人值守、智慧运维方向发展。逆变器是实现电站智慧化的最重要组成部分。在智慧光伏发电站建设中，逆变器需具备智能运维、智能监控、智能传输等能力。

因此，逆变器设备选型需根据项目地特点，优先选择MPPT数量多、中国效率高、直流输入范围大、故障率低、电网参数友好的逆变器。

一般认为同等水平的集中逆变器、组串逆变器相比，平地光伏项目中组串逆变器可提高系统效率1%～3%。山地光伏项目由于地形复杂，组串逆变器可以提高系统效率3%～7%。

五、光伏支架选型

在光伏并网系统的设计中，光伏组件方阵的安装形式对系统接收到的太阳能辐射量有很大的影响，从而影响系统的发电能力。

光伏支架有固定式和自动跟踪式两种形式。自动跟踪系统包括单轴跟踪系统和双轴跟踪系统。单轴跟踪系统以固定的倾角从东往西跟踪太阳的轨迹，双轴跟踪系统可以随着太阳轨迹的季节性升高而变化。自动跟踪系统增加了光伏支架接受的太阳能辐射量，与固定支架相比，不同跟踪系统对发电量的影响不同，主要受当地的纬度、气象条件、跟踪系统的类型、跟踪系统的跟踪精度等因素的影响。

与最佳倾角的固定式安装相比，水平单轴跟踪的发电量提升了5%～15%，双轴跟踪的发电量提升了15%～20%。其中，在低纬度地区（北纬8°和24°27′），水平单轴对发电量的提升效果较好，而在高纬度地区的效果相对较差，斜单轴和双轴对发电量的提升效果较好。采用跟踪式时，项目发电量将会有较大提高。

除发电量外，还需考虑各种运行方式的可靠性、设备价格水平、建成后维护费用及故障率等因素。不同运行方式的技术优劣性比较见表6-7。

表6-7　　不同运行方式的技术优劣性比较表

项目	发电量相对提高	支架成本提高	光伏发电系统成本提高	支架故障维护量
固定式	1	1	1	基本没有
固定可调式（半年调）	4.5%	4.3%	3.87%	少量
水平单轴	8.3%	10.0%	9%	少量
斜单轴（倾纬度角）	19.7%	23.0%	20.7%	较多
双轴跟踪	24.0%	63.0%	56.7%	较多

固定可调式系统对发电量提高有限。跟踪系统虽然发电量有较为明显的提高，尤其是双轴跟踪系统。但是，跟踪系统的成本、支架故障维护率比固定式系统会大幅提高。

（一）支架的结构形式

光伏组件支架基础形式主要包括混凝土条形基础、混凝土独立基础、预制钢筋混凝土桩基础、螺旋钢桩基础、钢筋混凝土钻孔灌注桩基础等形式。需结合项目实际地形、地质情况进行选择，基础形式比选如下。

1. 混凝土条形基础

混凝土条形基础埋深相比混凝土独立基础埋深较浅，主要通过自重抵抗风荷载产生的光伏支架倾覆力矩，埋深初拟 0.3m（需根据项目情况确定），基础选用 C30 钢筋混凝土。该基础形式对场地平整度要求较高，抗拔和抗倾覆主要靠基础自重提供，混凝土方量较大，且不适合地势复杂的山地光伏项目。

2. 混凝土独立基础

混凝土独立基础埋深相比混凝土条形基础埋深较深，主要通过基础自重和基础上的覆土自重共同抵抗风荷载产生的上拔力，初拟基础尺寸为 0.6m×0.6m，埋深为 0.8m（需根据项目情况确定），基础选用 C30 钢筋混凝土。采用此基础形式，施工周期较长，土石方开挖较大，施工作业面较大，对施工区破坏严重，尤其是在生态恢复能力较差的光伏地区，选用局限性更大。

3. 预制钢筋混凝土桩基础

预制钢筋混凝土桩基础形式与钢筋混凝土钻孔灌注桩受力原理相同，初拟尺寸采用直径 300mm（需根据项目情况确定），C30 钢筋混凝土。采用此基础形式，施工简单、快捷，但造价相比钢筋混凝土钻孔灌注桩要高，光伏支架立柱与基础桩预留埋件采用焊接连接，施工相比螺栓连接较为复杂。

4. 螺旋钢桩基础

螺旋钢桩初拟尺寸为 1600mm（长）×D76mm（桩径）（需根据项目情况确定）。该基础形式施工速度快、无需场地平整、无土方开挖量、最大限度保护场区植被，且场地易恢复原貌，方便调节上部支架，可随地势调节支架高度，但用钢量较大，造价较高，且不适用于岩石地基。

5. 钢筋混凝钻孔灌注桩基础

初拟桩径 300mm，每个组串布置 4 根单桩，初拟长度 2.5m、地上 0.5m、地下 2m（需根据项目情况确定）。该基础形式施工过程简单、速度较快、节约材料、造价较低，对基础适用范围较广。

一般来说，条形基础与独立基础施工周期较长、工程量较大、环境破坏严重，已较少使用；预制钢筋混凝土桩基础的造价偏高；螺旋钢桩用钢量较大、造价较高。目前，组件支架基础多采用钢筋混凝土钻孔灌注桩基础。

（二）支架距离地面高度

光伏支架距离地面的高度是支架设计的重要组成部分。一般项目的光伏支架距离地面的高度应充分考虑场址植被生长的情况，场址可能出现的洪水、内涝水位设防标准和当地最大的积雪深度等。对于渔光互补、牧光互补或者农光互补项目，除了上述内容外，还需要考虑渔业、牧业、农业生产需求。像渔光互补项目要考虑渔业作业船只、人员的通行、工作；牧光互补项目应调研牧业养殖的类别和品种，光伏支架高度的设计应尽量保证动物不对组件造成损害；对于农光互补项目，则应该调研农业生产方式，保障农机具的作业要求，以及植物的采光要求。

第七章 集中式光伏发电站

集中式光伏发电站是利用国家沙漠、戈壁、荒漠等土地建设光伏发电站，发电直接并入公共电网，由电网统一调配向用户供电。这种电站具有投资大、建设周期相对较长、用地面积大的特点。本章主要通过对光伏发电站站址选择、光伏发电站总图设计、升压站选址及总图设计三个方面的知识梳理，使总图运输专业人员更好地了解集中式光伏发电站的专业设计内容，并帮助总图运输专业人员解决在集中式光伏发电站项目设计中遇到的问题。

第一节　光伏发电站站址选择

光伏发电站站址选择是一项综合性工作，一般和国家政策息息相关，作为发电系统中不可分割的一部分，光伏发电站选址的合理性对后期的建设投资和运行有着重要的影响。与火电、核电以及水电等发电类型相比，光伏发电的特点是需要较大安装面积，输入能量完全依赖自然条件，因此，其选址工作对自然条件和基础设施条件有较大依赖性，既要考虑项目建设的交通和电力等基础设施条件，又要考虑日照辐射资源、其他气象条件以及土地资源。

一、光伏发电站站址选择的基本要求

1. 站址选择的一般原则

光伏发电站在站址选择阶段需要与地方政府相关部门进行充分沟通，同时还要进行一定的直接测量和自然资源数据的收集分析等工作。确定选址的原则是使项目建设在各类条件上都具备可行性，考虑合理的能量回收期以及投资收益，使得项目既取得符合可再生能源发展初衷所要求的环保、社会效益，又为项目的投资经济性提供优越条件，这也是有利于可再生能源长久发展的重要推动因素。

光伏发电站在站址选择阶段通常要遵循如下原则。

(1) 拟建地面积充足，土地成本较低，地块尽量较为规整、集中。

(2) 拟建地附近生产生活设施齐全，生活用电、用水、用气方便。

(3) 拟建地附近用电负荷较大，利于就地消纳光伏发电。

(4) 拟建地附近有变电站或输电线路，并有备用间隔或有条件输出光伏发电的设施。

(5) 拟建地附近居民成分简单，社会治理稳定，地上附着物不多或将来赔偿较少。

(6) 拟建地政府对新能源产业，特别是光伏发电产业的支持力度大。

(7) 拟建地附近历年来无地震、水灾、泥石流等较大自然灾害，地质结构稳定。

(8) 拟建地地势平缓、开阔，土质结构稳定。

(9) 拟建地附近上风向无大型冶炼、化工、火电、石化等产生大量粉尘和烟雾等污染

性企业。

2. 站址选择需要注意的事项

(1) 建设光伏发电站必须符合国家及地方政策和经济发展规划，必须获得地方政府（市、县、乡镇等）的积极支持和认可，并承诺在产业政策等方面给予一定优惠，对项目开发和建设运行中遇到的重大问题给予积极协调。光伏发电站的选址需要考虑地方未来发展趋势及规划，接近城镇的变电站，还需要考虑正在迅速发展的城镇化问题。

(2) 场址的土地性质应为未利用土地，即非基本农田、非林业用地、非绿化用地、未利用荒地及非其他项目规划用地等，推荐使用如沙漠、荒漠及戈壁等。在选址时需与当地政府相关部门确认上述土地性质相关信息。在申请项目指标前，力争取得项目场址的土地协议，防止后续因土地不能落实造成项目无法落地。需要通过当地政府了解场址区域土地的所有权和使用情况，了解土地的征地价格和租赁价格。

(3) 对项目场址的地质灾害可能进行初步判断，避开易发生滑坡、泥石流、采空区、岩溶发育区、地震断裂地带等地质不良区域。

(4) 需到政府相关部门初步了解压覆矿产、文物等情况，并取得相关支持性文件。

(5) 山地光伏结合土地属性，宜优先选择坡向向南的山坡，坡度以不大于35°为宜，并适当避开山体遮挡、沟壑发育的区域。

(6) 与农业、林业相结合的光伏发电站，需结合所在地自然条件、农林作物的生长特性和生长规律合理选择站址。

(7) 湖泊、水面光伏发电站，需根据所在地岩土构成、水深水流、冰冻、风速、波浪等自然条件，综合考虑施工安全性和运行可靠性等进行选择。

二、光伏发电站站址选择的基本内容

光伏发电项目的选址工作可分为两个阶段：项目预可行性研究阶段的选址工作和项目可行性研究阶段的选址工作。项目选址获得审查批复通过后，选址工作基本已经完成，项目将进入下一设计阶段。

光伏发电站规模大小一般可按项目的额定容量进行划分，见表7-1。

表7-1 光伏发电站规模划分

光伏发电站规模	额定容量（MW）
小型光伏发电站	≤6
中型光伏发电站	6～30
大型光伏发电站	＞30

1. 预可行性研究阶段的选址内容

光伏发电项目在预可行性研究阶段的选址工作主要是对具体的选址区域进行基本评估，确定是否存在地质灾害、不可克服的工程障碍、明显的阳光遮挡、土地使用价格超概算等，导致选址不适合建设光伏发电站的重大影响因素；针对选址的初步勘测结果进行装机容量规划，提出方案设想；对所提方案进行实施估算和经济性评价。因此，预可行性研究阶段需要对选址场地进行地形测绘和岩土初勘，但并不需要方案进行图纸设计。

2. 可行性研究阶段的选址内容

可行性研究阶段的选址工作，可认为是对预可行性研究时的选址工作的论证，包括项目对环境的影响评价、水土保持方案、地质灾害论证、压覆矿产和文物情况的论证等选址咨询工作，该阶段需要对选址进行土地详勘，并对方案设想进行设计计算，提供相应图纸，为项目实施方案作出投资概算和经济性评价。

三、光伏发电站站址选择相关资料及数据的收集

1. 太阳能资源

优先考虑在太阳能资源丰富地区进行光伏发电站选址，选址地点需进行现场的太阳能辐射测量，或取得该地区历史上日照辐射气象数据，如果没有相关测量数据，则可通过调研走访或了解相近有同类数据的地区的情况作为参考，因为全球各个地区的日照条件至少都有描述性记录，此类记录都可作为日照资源的参考评估数据。

一般情况下，如能取得一年以上的太阳能辐射资料，对光伏发电项目选址工作即可作为判断依据，参照 GB/T 42766《光伏并网电站太阳能资源评估规范》中太阳能资源评估的参考判据，以峰值日照小时数为指标，进行并网发电适宜程度评估。

2. 土地利用规划资料

站址的土地性质为未利用土地，即非基本农田、非林业用地、非绿化用地等不可占用及非其他项目规划用地推荐使用沙漠、荒漠和戈壁的。在选址时需与当地政府相关部门确认上述土地性质的基本信息。另外，最终确定的选址需得到当地环保部门的环境评价认可。

3. 电力系统及输送

大规模地面光伏发电选址地点通常比较偏僻，因此必须考虑光伏发电项目的电力输送条件，如项目选址距离拟接入电力系统的变电站相对较远，则对项目投资经济性产生负面影响的因素有输电线路造价高、输电线路沿线的电量损失等。而接入电力系统电压等级与上述因素直接相关。因此在选址工作期间，需要与当地电网公司（或供电公司）充分沟通，对列入选址备选地点周边可用于接入的变电站的容量、预留间隔和电压等级等进行详细了解，为将来进行项目接入系统设计提供详细的输入条件。

此外，光伏发电站选址地的土地使用价格、地方政府对此类项目建设初投资或电价采取何种补贴政策等因素，同样会影响整个项目建设的投资经济性。

4. 地形及地质资料

光伏发电站选址的地形和地质情况因素包括选址地形的朝向、坡度起伏程度、岩壁及沟壑等地表形态面积占可选址总面积的比例、地质灾害隐患、冬季冻土深度、一定深度地表的岩层结构以及土质的化学特性等。

为保证选址的有效性，需对选址进行初步地质勘测。

（1）地形因素影响光伏发电的组件方阵朝向、阴影遮挡等。

（2）地表形态直接影响支架基础的施工方案，从而影响土建的施工难度和成本。

（3）塌陷等潜在地质灾害直接影响光伏组件方阵的设备安全性，例如：如当地为已开发的地下浅层矿区，且经评估在 15 年内发生大面积塌陷概率超过 35%，则需要慎重考虑

此地作为光伏发电选址的可行性。

5. 水文气象资料

搜集初选光伏发电站站址的周围气象站历史观测数据，主要包括各月日照资源、海拔、风速及风向、平均风速及最大风速、相对湿度、年降雨量、气温及极端最低气温、最高气温、全年平均雷暴次数以及其他如冰雹、沙尘暴、大雪等灾害性天气的统计结果等。拟选址地的水文条件包括短时最大降雨量、积水深度、洪水水位、排水条件等。上述因素直接影响光伏系统的支架系统、支架基础的设计以及电气设备安装高度。

（1）积水深度高，则组件以及其他电气设备的安装高度就要适当增高。

（2）洪水水位影响支架基础的安全性能。

（3）排水条件差，则导致基础甚至金属支架长期浸水，影响使用性能。

6. 交通运输资料

地面光伏发电项目进行选址，则需要对施工阶段大型施工设备进出场地，大型设备如大功率逆变器、升压变压器等的运输考虑交通运输条件。例如，虽然有的潜在选址地点符合设计要求，但大型设备可能无法运输，必须要新修满足大型运输机械进出要求的便道才能进行施工，则必须考虑修路的费用是否决定项目整体投资经济性的可行性。一般来说，地面光伏发电项目基本采用公路运输，需在项目前期考虑运输路径的合理性，考虑公路等级、路面宽度和结构、道路坡度、转弯半径、交叉位置的道路净空等。

7. 施工条件

结合拟建光伏发电站选址点，需收集并考虑的施工条件有：

（1）施工场地拟布置位置、面积大小、地形、地物、占地情况。

（2）现有公路运输技术条件，利用的可能性大件、重件的运输尺寸及运输质量、运输路径、运输限界及运输车辆。

（3）地方建筑材料砖、灰、砂、石的产地、规格、产量、出厂价格、运输条件（运距、道路情况）以及供应的可能性。

（4）当地现有的施工技术力量及技术水平。

（5）施工用水、电可提供的地点、距离、数量及可靠性等。

8. 其他

光伏发电站选址还需收集和考虑大气质量因素，包括空气透明度、空气内悬浮尘埃的量及物理特性、盐雾等具有腐蚀性的因素。这些因素会影响光伏发电组件种类的选择、光伏发电的系统发电量，以及组件及支架的使用寿命等。

第二节　光伏发电站总平面布置

本节主要介绍常规光伏（平地、山地）、渔光互补、农光互补光伏发电站总平面布置的相关内容。常规平地光伏发电站具有场地平坦、总体布置集中、交通顺畅、施工便捷等特点；常规山地光伏发电站具有地表起伏不定、场地利用范围不规则、方阵布置分散、受敏感性因素干扰大、道路交通条件复杂、施工难度大等特点；渔光互补电站具有方阵布置集中、空间利用率高、经济社会效益较好、检修难度较大等特点；农光互补电站具有方阵布置集中、土地利用率高、经济社会效益较好等特点。

一、光伏发电站站区总平面布置

光伏发电站总平面布置综合性比较强，往往要从全局出发，统筹兼顾，不仅需要和各个专业密切配合，而且要结合每个工程的实际特点来分析，并宜进行方案比较，选择有利运行、节省投资、便于施工的最合理布置方案。

1. 站区总平面布置的基本原则

(1) 光伏发电站的站区布置需根据发电站的生产、施工和生活需要，结合站址区域自然条件和规划建设容量进行布置。

(2) 站区布置需对站区场地条件、交通运输、出线走廊等进行研究，做到因地制宜、统筹规划、近远期相结合。

(3) 光伏发电站的站区布置需贯彻“节约用地”的原则，通过优化布置，严格控制站区生产用地、生活区用地和施工用地的面积；用地范围需根据建设和施工的需要按规划容量合理确定，并宜分期、分批征用和租用。

(4) 与农牧业、渔业相结合的光伏发电站的光伏方阵需综合考虑种植、养殖工艺需要进行布置，满足农作物种植及畜牧业和渔业养殖过程中，农作物、水产养植物对光照需求，以及农业生产机械作业、禽畜活动、渔业养殖和捕捞等对空间的需求。

(5) 农光、林光、渔光互补项目光伏方阵布置还需满足工程所在地政府相关机构下发的用地管理及建设一系列要求。

2. 站区总平面布置的一般要求

(1) 站内建构筑物需结合日照方位进行布置，做到工艺流程合理、布置合理紧凑；辅助、附属建筑和行政管理建筑宜采用联合布置。

(2) 需合理利用现场地形，利于运营生产管理及维护，便于电气接线，并尽量减少电缆长度，减少电能损耗。

(3) 站区内外、生产与生活、生产与施工之间相互协调，减少相互交叉和干扰。

(4) 站区平面布置需做到方便施工，结合安装容量要有利于扩建。

(5) 站区平面布置需满足站内设备运输、安装和运行维护的要求，交通运输方便。

(6) 站区平面布置需考虑降低工程造价，减少运行费用，提高经济效益。

(7) 站区平面布置需合理避让原有建（构）筑物、架空线路及塔杆、各种障碍物，减少对其影响或者拆迁等。

(8) 站区平面布置需满足现行规程、规范及规定相关要求。

3. 站区总平面布置的基本内容

光伏发电站总平面布置主要内容涉及光伏方阵的布置和设计、站内集电线路的连接、箱式变压器的布置、站内检修运输道路的布置、站区安全防护设施的设置及升压站布置等。

(1) 光伏方阵：将光伏组件在电气上按一定方式连接在一起，并按一定规律进行排布、安装后构成的直流发电单元，主要包含光伏组件、组件串等。

(2) 交流集电线路：在分散逆变、集中并网的光伏发电系统中，将各个光伏组件串输出的电能，经汇流箱汇流至逆变器，并通过逆变器输出端汇集到发电母线的直流和交流输电线路。

（3）箱式变压器：是一种将中压开关设备、变压器、低压配电设备按照一定接线方案组合成一体的成套配电设备。

（4）站内道路及通道：沿箱式变压器修建的可供站内运输、检修的道路或者通道。

（5）安全防护设施：指防洪、防雷、防火、防触电以及光伏发电站的边界安防设施等。

（6）升压站：光伏发电站配套建设的升压站或开关站及辅助设施区。

二、光伏发电站站区竖向布置

太阳能光伏发电具有单位容量占地面积大、相对场平工程量较大的特点，故光伏发电站区竖向设计与总平面布置应统一考虑，通过压缩占地、优化竖向布置方式，以节约用地，减少场平工程量，达到降低工程造价的目的。

（一）站区竖向布置的基本要求

光伏发电的竖向设计就是将站区自然地形加以改造平整，进行竖向布置，使改造后的设计地面满足防洪、防涝、场地排水、光伏发电等使用要求。

（1）竖向设计要因地制宜，结合自然地形就地取材。

（2）满足工艺流程需要及建（构）筑物的使用功能要求。

（3）结合地势避免深挖高填，减少土石方量及运量，尽量做到填挖方平衡。

（4）满足设施运输、设备检修、消防等要求。

（5）满足与工程建设、使用相关的地质、水文条件，解决场地排水问题，并防止水土流失。

（6）满足建（构）筑物基础埋深、工程管线敷设的要求。

（二）站区竖向布置方式

一般来说，光伏发电站竖向布置有以下几种方式。

1. 平坡式布置

平坡式竖向布置，是把场地处理成接近于自然地形的一个或几个坡向的整平面，整平面之间连接平缓，无显著的坡度，高差变化较小。适用于场地较为平坦、自然坡度不大于3%的区域。

2. 台阶式布置

台阶式布置，是由集合高差较大的不同整平面相连接而成的，在其连接处一般设置挡土墙或护坡等构筑物。台阶式布置需根据场地的自然地理特征、功能分区、内外交通组织、建筑密度和建（构）筑物的占地尺寸等因素合理确定。适用于场地起伏较大、场地条件受限、自然坡度大于3%的区域。

3. 混合式布置

混合式布置是混合运用上述两种形式进行的竖向布置方式，根据使用要求和地形特点，把建设用地分为几个区域，以适应自然地形的复杂变化。

地面（含农光互补）、山地（含林光互补）光伏发电站竖向布置一般采用“随坡就势”

的布置方式，尽量不改变自然地面现状，不进行大面积场平，局部坑沟就地填平即可，尽量减少对自然地面的破坏，减少水土流失，并节省投资。池塘、湖泊、水域等水上光伏竖向布置满足工艺要求即可，基本不存在场地平整事宜。

（三）站区场地设计标高的确定

光伏发电站场地设计标高需以场地自然地形情况为基础，同时需考虑工程场址处洪水位标高，结合土石方挖填平衡来合理确定防洪水位。

根据GB 50797《光伏发电站设计规范》的相关规定，光伏发电站防洪等级及防洪标准如表7-2所示。

表7-2　光伏发电站防洪等级及防洪标准

防洪等级	规划容量（MW）	防洪标准（重现期）
Ⅰ	＞500	≥50年一遇的高水（潮）位
Ⅱ	≤500	≥30年一遇的高水（潮）位

当光伏区场地不受洪水位影响时，设计标高重点考虑土石方综合平衡即可；当光伏区地面低于区域洪水位时，需采取有效的防排洪措施；当不设置防排洪措施时，光伏区建（构）筑物、电气设备底标高需按照GB 50797《光伏发电站设计规范》相关章节规定内容执行。

（四）站区场地排水

地面、山地光伏发电站的光伏区场地排水为了减少对土壤扰动，一般利用自然地形，结合现状排水条件宜采用自然散排。

有特殊要求的场地，可采用明沟排水。明沟宜沿光伏区道路、光伏支架间布置，明沟形式及断面大小可根据暴雨强度经水力计算确定，采取合理的高宽比，明沟起点深度不宜小于0.3m，纵坡不宜小于0.3%。

（五）站区场地平整及土石方工程

光伏发电站占地面积较大，往往不做大规模平整，一般采用“随坡就势”方案，局部坑沟就地填平，结合道路工程做到整体填挖平衡，易于检修运输，便于排水。

三、光伏发电站站区管线、沟道设计

1. 站区管线、沟道设计的基本原则

（1）光伏区工艺管线、管沟宜沿道路布置，一般敷设在道路行车部分之外。

（2）光伏区内集电电缆不应与其他管道同沟敷设。

（3）管沟、地下管线与建筑物、道路及其他管线的水平距离以及管线交叉时的垂直距离，需根据地下管线和管沟的埋深、建筑物的基础构造及施工、检修等因素来确定。

2. 站区管线、沟道的分布及布置方式

光伏发电站场区管线、管沟较少，主要为电气集电电缆和雨水排水明沟等。

集电电缆敷设方式一般可分为直埋敷设、穿管敷设及电缆桥架敷设等。敷设方式需视工程条件、环境特点及电缆的类型数量等因素，因地制宜，在满足运行可靠维护方便的同时，考虑经济合理性。

对于无地表不均匀沉降、腐蚀性低等地质条件良好地区优先采用直埋敷设，有利于降低工程投资和防止电缆火灾。对于农光、林光互补电站，优先采用电缆桥架敷设，减少开挖量，减小对环境的破坏；对于地下水丰富和地质条件较差地区，优先采用穿管敷设，有利于保护电缆。

四、光伏发电站站区道路设计

光伏发电站场区道路需结合方阵布置，选择合适的路径，做到道路贯穿场区的同时，又不占用利于布置太阳电池板的南向坡等地形；还需保证道路可到达方阵区内的每一座逆变器及箱式变压器，方便后期的检修与维护。

1. 站区道路设计一般要求

光伏区场内道路的布置需结合地形、地质条件、升压变电站位置及施工总布置等统筹规划。

道路布置需重点查明控制场内交通的地质条件，充分研究项目所在区域的工程地质灾害评价、环境影响评价报告及水土保持方案，合理绕避活动断裂带、大型滑坡、泥石流等重大地质灾害多发区；尽可能避免压矿，尽量避免穿越采空区，以减少资源占用，降低工程难度和工程造价。

场内道路的选线坚持“因地制宜”的原则。场内交通走向需与地形、景观、环境等相协调，同时注意线形的连续与均衡性，并同纵断面、横断面相互配合。

2. 站区场外道路设计

光伏发电站进场道路需与场址周围现有公路相连接，其连接宜短捷且方便行车，站内外联系方便，尽量避免与铁路线的交叉。

场外道路路面宽度宜与相衔接的道路一致，宜采用 6m；次干道（环行道路）宽度宜采用 4m。主、次干道的转弯半径需满足消防车转弯的要求，并需满足设备运输的通行要求。

路面一般采用级配碎石、泥结碎石路面等。

3. 站区场内道路设计

光伏站区内道路设计一般要考虑以下内容。

（1）光伏区道路宜优先选取不利于布置方阵区的北向坡或东（西）向坡进行布置，并充分利用现有道路，采用分散就近引接的方式，尽量减少新建道路工程量。

（2）道路布置宜贯穿场区，结合光伏方阵的划分、逆变器及箱式变压器的安装位置进行选线，主要沿箱式变压器修建，考虑各逆变器之间的连接，并充分利用光伏支架之间的间距来布置。

（3）为方便施工期及运营期车辆运输，道路需尽量形成环线；不能形成环线的，需在道路末端设置回车平台。

（4）对场区有排水要求的场址，道路位置可结合截（排）水沟并线布置。

（5）道路走向需结合电气集电线路走向，以满足在缩短集电线路路径的前提下方便集电线路（直埋壕沟、槽盒等）沿道路进行布设，方便后期维护检修。

（6）光伏区道路的纵向坡度结合地形设计，以满足设备运输、检修和施工要求及运行管理的需要。

场内检修道路尽量成环形布置，道路宽度一般不小于4.0m，道路转弯半径不小于9.0m，最大纵坡一般不大于14%，路面结构一般采用水泥混凝土、级配碎石、泥结碎石路面。

五、光伏发电站站区安全防护设计

光伏发电站一般为无人或少人值守站，为了保证光伏发电站的安全运行，通常需设置安全防护设施，一般包括站区围栏、站区控制系统等。

1. 站区围栏设计

光伏发电站站区围栏能有效隔离场区与外界，以防止普通人员进入，从而避免产生意外伤害，通过围栏起到保护光伏场区的作用。

一般在光伏方阵区周围设置，可采用铁丝网围栏，高度为1.8m。在易发生偷盗的场地，可在围栏上加装刺绳及连通低压交流电。

2. 站区控制系统设计

光伏发电站站区控制系统一般包含入侵报警系统、视频监控系统、出入口控制系统等。

第三节　变电站选址与设计

变电站是对电压和电流进行变换，接受电能及分配电能的场所，是光伏发电系统的重要组成部分。本节主要介绍变电站站址选择、总平面及竖向布置等内容。

一、变电站站址选择的基本要求及内容

光伏发电站内的变电站作用是将光伏区发出的电能升压后馈送到高压电网中，其站址选择是一项综合性很强的工程，站址选择是否正确，对于后续的基建投资、建设速度、运行的经济性和安全性有着十分重要的作用。

（一）站址选择的基本要求

1. 符合电网系统规划，尽量靠近负荷中心

变电站站址的选择必须适应电力系统发展规划和布局的要求，尽可能地接近主要用户，靠近负荷中心。这样既减少了输配电线路的投资和电能的损耗，也降低了造成事故的概率，同时也可避免由于站址远离负荷中心而带来的其他问题。

2. 符合用地政策并做到集约和节约用地

节约集约利用土地是我国的基本国策，变电站站址的选择要尽可能提高土地的利用率，需避让基本农田、林地、生态保护区、旅游开发区、风景区、矿产资源、文物、军事、河湖水域等用地。凡有荒地可以利用的，不得占用耕地；凡有差地可以利用的，不得占用良田。

3. 地质条件较好的区域

选址阶段的工程地质勘测内容主要是研究和解决站址稳定性和建站的可行性，查明地质构造、岩性、水文地质条件等，并对站址的稳定性作出基本评价和正确的评估。由于变电站设施造价较高，若发生地震、滑坡、泥石流、地陷等灾害，将是国家资产的损坏。

4. 选择出线走廊较为开阔的地带

变电站站址选择需便于各级电压线路的引进和引出。变电站的进出线在变电站附近时，往往需要集中在一起架设，其所占的范围和路径的通道称为线路走廊。对于电压在110kV及以上的大、中型变电站，在变电站周围需有一定宽度的空地，以利于线路的引进和引出，故进出线走廊需与站址选择同时确定。

5. 尽量避开污秽地段

变电站站址需尽量避开污秽地段，因污秽地段的各种污秽物严重影响着变电站电气设备运行的可靠性。其对电气设备危害的程度与污染物的导电性、吸水性、附着力、气象条件、污染物的数量、比重及与污染源的距离有密切联系。

6. 注重环境保护和人文影响

变电站在后期运行过程中，所产生的废水、污水、噪声、电磁辐射等对人和动物均有一定的影响，故站址需尽量避免设在人员密集的地方，且一般宜设在城市乡镇人员活动较少的区域，在前期选址时必须取得环保部门的同意。

7. 交通运输较为便利的地段

站址需尽可能选择在已有或规划的铁路、公路等交通线附近，以减少交通运输的投资，加快建设和降低运输成本。站址选择还需考虑施工时设备材料的运输，特别需考虑大型设备，如主变压器等大件的运输方案，以及运行时抢修、维护的道路。

（二）站址选择应注意的事项

（1）变电站内设施基本都属于带电体，选址时要远离易燃区和易爆区，易燃易爆区域危险性较大，两者任一出现事故都可能引发次生危害。

（2）近年水涝、洪灾频发，变电站的位置需避开低洼地带，以防被洪水或暴雨的积水淹没；同时避开易发生滑坡、泥石流、山洪等区域。

（3）变电站选址时要符合城乡建设规划发展的需要，不仅要考虑近期建设的合理性，还要保证长远发展，为远期发展预留一定的场地，处理好变电站的远景发展和近期建设的关系。

（4）站址选择尽量减少既有设施的拆迁，如房屋、电力线路、地下光缆等。

（三）站址选择相关资料及数据的收集

1. 土地总体规划资料

变电站站址的土地性质一般为可用于工业项目的土地，即非基本农田、非矿产文物、非河湖水域、非机场通信、非军事等不可占用土地及非其他项目规划用地。在选址时需与当地政府相关部门确认拟选站址的土地性质、规划条件等基本信息。另外，站址还需得到当地环保部门的环境评价认可。

2. 电力出线规划资料

变电站站址选择时应考虑所在地区的电力系统远景规划及后续发展，满足不同电压等级的出线条件，预留相对应的出线走廊，结合现状，避免和已有输电线路相互交叉，减少跨越。选址期间需要搜集相关电力输电规划资料，并与当地供电公司进行沟通，对列入备选站址周边可用于接入的枢纽变电站的规划容量、预留间隔和电压等级等进行详细了解，为后续接入系统设计提供输入条件。

3. 地形及地质资料

变电站站址选择时应搜集所选站址区域的地形、地质条件相关信息，采用内业和外业相结合的方式，记录存在或易发生滑坡、泥石流、采空区、明和暗的河塘、岸边冲刷区、易发生滚石的地段、塌陷区和地震断裂地带等不良地质构造的区域，并进行相应安全距离的避让，以避免不良的地质条件对变电站后续的运行和使用产生影响。

4. 水文气象资料

变电站站址选择时应搜集所选站址地的水文条件，主要包括短时最大降雨量、积水深度、洪水水位、排水条件等；搜集所在地区的气象数据，主要包括风速及风向、平均风速及最大风速、年降雨量、气温及极端最低气温、最高气温、全年平均雷暴次数以及沙尘暴、大雪等灾害性天气的统计结果等。

其中，站址区域的防洪涝、排水条件尤其重要。站址处于山地区域时一般不受洪水影响，但要考虑上游是否存在山洪的隐患；站址处于平原区域时要考虑洪水和内涝，当靠近江河海边时，除洪水、内涝外还要考虑高潮位和浪爬高的影响。此外，在一些地势低洼地区还存在滞洪、泄洪区域，在这种区域内选址时需结合洪评报告考虑其设计方案和工程量的相互影响。

5. 交通运输资料

变电站（陆上）站内设施、设备的运输基本采用公路运输方式，在选址时需要考虑进站道路引接的便捷性，对施工阶段的大型施工设备、变压器等大件的进出场要充分考虑其交通运输条件，如运输路径的合理性、公路等级、路面宽度和结构、道路坡度、转弯半径、交叉位置的道路净高、路障等。在项目前期要搜集所在地的交通规划相关资料，必要时进行现场踏勘，梳理清楚交通现状，并做好相应的记录。

6. 施工条件

结合拟建变电站选址地点，需收集并考虑的施工条件如下。

（1）施工场地拟布置位置、面积大小、地形、地物、占地情况。

（2）现有公路运输技术条件，利用的大件、重件的运输尺寸及运输质量、运输路径、运输限界及运输车辆。

（3）地方建筑材料（钢材、水泥、砂石等）的产地、规格、产量、出厂价格、运输条件以及供应的可能性。

（4）施工用水、电可提供的地点、距离、数量及可靠性等。

7. 其他

变电站选址还需收集和考虑一定的大气质量因素，如污秽、盐雾等地区，必要时采取相应的防护措施。

二、变电站总体规划

1. 总体规划基本原则

变电站总体规划是在拟建变电站的场地上，对变电站的站区、进出线走廊、进站道路、供排水点、防排洪设施、终端塔位、施工操作性、扩建条件等项目用地进行安排、布置。按照“满足工艺要求、安全运行、经济合理、有利管理、方便生活”的原则，在技术经济论证的基础上，进行合理布局与全面规划。

一般来说，应注意如下要求及相关事项。

（1）总体规划需结合所在地城镇规划统筹考虑，尽量避免与邻近民居、工企业及设施的相互干扰。位于城镇规划区范围内，变电站的规划布置主要依据规划部门提供的控制性详规确定。

（2）总体规划需结合自然条件按最终规模统筹规划，近远期结合，以近期为主。分期建设时，需根据项目发展要求，合理分期征用土地。

（3）变电站周围交通需满足大件设备的运输要求。

（4）变电站的出线区域需开阔，没有高大设施干扰，出线方向需顺直，避免迂回往返。

（5）变电站防排洪需结合现有规范统筹考虑，对于山区等特殊地形地貌的变电站，其总体规划需考虑地形、山体稳定、边坡开挖、洪水及内涝的影响。

2. 总体规划设计内容

总体规划一般采用以下方法和步骤。

第一步，在已取得的项目地形图、地质资料、进出线路径规划、城镇及工业区规划图的基础上着手进行规划。

第二步，先标出站区位置及范围，再依次标出进出线方位，进站道路接引点和路径；站区主要的出入口位置；取排水点位置；生活区位置等。

第三步，现场勘探，调查研究，协调各方关系，根据实际情况进行必要的调整和补充。

变电站总体规划设计一般有如下内容。

（1）总平面规划。主要协调和解决全站建（构）筑物、道路在平面位置布局上的相对关系和相对位置。

（2）竖向规划布置。主要解决站区各建（构）筑物、道路、场地的设计标高及其在竖向上的相互关系。

（3）管线、沟道规划布置。全面统筹安排站区地下设施。

（4）道路规划布置。合理确定站内、外道路之间的综合关系，满足运行、检修、施工运输要求。

（5）场地处理。根据不同功能分区的性质，采取不同的场地处理方式。

三、变电站总平面布置

1. 总平面布置的基本原则

（1）变电站总平面布置需按最终规模进行规划设计，根据项目发展要求，不排除扩建的可能。

（2）在满足总体规划要求的前提下，使站内工艺布置合理，功能分区明确，交通便利，节约用地。

（3）站区布置宜在兼顾出线规划顺畅、工艺布置合理的前提下，尽量结合自然地形布置，尽量减少土（石）方量。

（4）总平面布置时宜将近期建设的建（构）筑物集中布置，以利分期建设和节约用地；主要生产及辅助（附属）建筑宜集中或联合布置。

(5) 改、扩建的变电站宜充分利用原有建（构）筑物和设施，尽量避免拆迁，减少对已建设施的影响。

(6) 站区总平面布置尽量规整，重要建（构）筑物、主变压器等大型设备宜布置在土质均匀、地基条件较好的地段。

(7) 变电站总平面布置时，站区建（构）筑物的火灾危险性及耐火等级、防火间距等需满足相关规范的要求。

2. 总平面布置的主要内容

变电站是改变电压的场所，总平面布置主要是协调和解决站内建（构）筑物、设备、道路、围墙及围栏等在平面布局上的相对关系和位置，使其合规合理。

变电站站内设施一般包括综合楼、配电楼、变压器、事故油池、配电装置（室）、无功补偿装置、滤波支路、联合水泵房及水池、汽车库及材料备品库、污水处理装置等。根据使用性质一般分为生产区和生活区，生产区主要是一些电气设施设备[如配电楼、变压器、事故油池、配电装置（室）等]，生活区主要是有人员出入或活动的场所（如综合楼、水泵房及水池、汽车库及材料备品库、污水处理装置等）。

变电站内的电气设备主要分为一次设备和二次设备。一次设备指直接生产、输送、分配和使用电能的设备，主要包括变压器、高压断路器、隔离开关、母线、避雷器、电容器、电抗器等。二次设备是指对一次设备和系统的运行工况进行测量、监视、控制和保护的设备，它主要由包括继电保护装置、自动装置、测控装置、计量装置、自动化系统以及为二次设备提供电源的直流设备。

变电站站区周围需要设置围墙，一般采用不低于 2.3m 高实体围墙，位于城市的变电站或对站区环境有要求的变电站，可采用花格围墙或其他装饰性围墙。

变电站一般只设置一个出入口，出入口的围墙大门一般采用轻型自动电动伸缩门，大门宽度需满足站内大型设备的运输要求，高度不宜低于 1.5m。根据电气设施设备的布置和要求，在生产区与生活区之间会设置围栏，围栏一般采用简易铁丝网围栏，高度不低于 1.8m。

3. 总平面布置主要指标

变电站总平面布置的技术经济指标，需结合工程的具体情况来计列。一般变电站总平面布置技术经济指标主要项目如表 7-3 所示。

表 7-3　　变电站总平面布置技术经济指标

序号	名　称	单 位	数 量	备 注
1	站址总用地面积	m^2		
1.1	站区围墙内用地面积	m^2		
1.2	进站道路用地面积	m^2		
1.3	站外供水设施用地面积	m^2		
1.4	站外排水设施用地面积	m^2		
1.5	站外防（排）洪设施用地面积	m^2		

续表

序号	名称		单位	数量	备注
1.6	其他用地面积		m^2		
2	进站道路长度		m		
3	站外供水管长度		m		
4	站外排水管长度		m		
5	站内主电缆沟长度（600mm×600mm 以上）		m		
6	站内外挡土墙面积		m^2		
7	站内外护坡面积		m^2		
8	站址土（石）方量	挖方（−）	m^3		
		填方（+）	m^3		
8.1	站区场地平整	挖方（−）	m^3		
		填方（+）	m^3		
8.2	进站道路	挖方（−）	m^3		
		填方（+）	m^3		
8.3	建（构）筑物基槽余土		m^3		
8.4	站址土方综合平衡	挖方（−）	m^3		
		填方（+）	m^3		
9	站内道路面积		m^2		
10	户外配电装置场地铺砌地面面积		m^2		
11	总建筑面积		m^2		
12	站区围墙长度		m		
13	站内绿化面积		m^2		

四、变电站竖向布置

(一) 站区竖向布置的基本要求

竖向布置（或称垂直设计、竖向设计）是对场地的自然地形及建（构）筑物进行垂直方向的高程（标高）设计，将场地地形进行竖直方向的调整，充分利用和合理改造自然地形，选择合理的设计标高，使之满足建设项目的使用功能和经济、安全和景观等方面的要求，成为适宜工程建设的建筑场地。

一般竖向布置的要求有：

(1) 变电站竖向设计需与总平面布置同时进行，需考虑站址外现有或规划道路、排水系统、周围场地的标高情况等，使之与总平面布置相协调。

(2) 变电站站区竖向布置时宜合理利用自然地形，尽量保持原地貌不做大的改变，结合工艺要求、土石方、场地排水、交通运输等，因地制宜选择竖向布置形式。

(3) 站区建（构）筑物室外竖向设计标高需结合防洪要求、土石方工程量合理确定。

(4) 扩建、改建变电站的竖向布置需与原有站区竖向布置保持协调，并充分利用原有的排水设施。

（二）站区竖向布置形式

变电站竖向布置一般可分为平坡式布置、阶梯式布置和混合式布置三种形式。

1. 平坡式布置

平坡式布置即把场地处理成接近自然地形的一个或几个坡向的整平面，其间连接无显著高度变化。平坡式布置的特点是场区场地各主要整平面连接处的坡度与标高都是平缓的连接，这种形式有利于生产运输联系、管网敷设。但当场地的自然地形坡度较大时，采用平坡式布置往往土石方量较大。适用于站址场地较为平坦、自然坡度不大于3%的区域。

2. 阶梯式布置

阶梯式布置即由几个标高差较大的不同整平面相连接而成。阶梯式布置的特点是在场区场地各主要整平面的连接处有陡坡、高差大，平面连接处往往需设置边坡或挡墙，但需考虑将相关功能相邻近建筑物及设施布置在同一阶梯内。这种布置方式相对来说可节约一定的土石方量，但道路运输与管网敷设条件差。一般适用于站址自然地形坡度在3%以上的场地。

3. 混合式布置

混合式布置是混合运用上述两种形式进行的竖向布置方式，根据使用要求和地形特点，把建设用地分为几个区域，以适应自然地形的复杂变化。

升压站占地面积往往都不大，基本采用平坡式布置就能满足要求。一般情况下，位于平原、丘陵的变电站多采用平坡布置，位于山地的变电站一般结合地形条件合理确定。

（三）站区设计标高的确定

变电站场地设计标高的确定通常考虑的因素如下。

（1）场地土方工程量最小，并尽量使填挖方量达到或接近平衡；若场区设计有边坡，还需考虑边坡土方量。

（2）需考虑和变电站规模相匹配的洪水位或历史最高内涝水位，保证不受洪水影响。当变电站位于江、河、湖岸附近并受风浪影响时，还需考虑2%的风浪爬高和0.5m的安全超高。

（3）场地设计标高需保证交通运输方便，还需与站内外道路、取排水设施等连接点的标高相呼应。

当场地设计标高确定后，站内建（构）筑物室内零米标高，一般宜高于室外地面设计标高150～300mm，并需根据地质条件考虑建筑物后期沉降的影响，有特殊要求的建（构）筑物，室内外高差需满足工艺专业要求。

（四）站区排水

变电站站区排水是场区竖向布置的一个重要内容，是指将变电站场区内的地面雨水顺利排出站外。变电站场地坡向要有利于变电站内、外排水系统的连接，并且尽量与原地形坡向一致。

站区排水方式一般分为有组织排水和无组织排水（散排）。

1. 有组织排水

有组织排水是将场地、屋面等划分成若干个排水分区，按一定的排水坡度把雨水沿一定方向有组织地导排至相关集水设施，再将其排出站外。

2. 无组织排水

无组织排水（也叫自然散排）是指场地雨水通过自然坡度依靠重力自流至区域外。这种方式不需任何排水设施，适用于雨量小、土壤渗水性强，且场地面积较小的地区。

变电站场地排水方式一般根据所在地区情况选择，具体排水方式可分为明沟排水、暗管排水或道路及场地排水。

（1）明沟排水：指的是沿道路两侧或一侧修建排水沟的排水方式。排水沟又分为不带盖板式的明沟和带盖板式的排水暗沟。排水沟设置时需尽量减少交叉，当必须交叉时宜为正交，若斜交时交叉角不应小于45°，排水沟宜作护面处理，其断面及形式需根据水力计算确定。一般情况下，排水沟起点深度不应小于0.2m，纵坡宜与道路纵坡一致且不宜小于0.3%，湿陷性黄土地区不应小于0.5%。当排水沟纵坡较大时，需设置跌水或急流槽，但其位置不宜设在明沟转弯处。

（2）暗管排水：指的是通过路侧雨水篦、排水管道相连通而组成地下排水系统的方式，通常包含排水干管、支管、检查井、雨水口 、连接管等设施。采用这种排水方式时，雨水口需位于汇水集中的地段，雨水口的形式、数量和布置需按汇水面积范围内的流量、雨水口的泄水能力、道路纵坡、路面种类等因素确定；管道的断面大小需根据雨水的流量大小计算确定。雨水口布置时间距宜为20～50m，当道路纵坡大于2%时，雨水口间距可按大于50m考虑；当道路交叉口为最低标高时，需增设雨水口。

（3）道路及场地排水：指雨水通过道路及场地坡度排至站外的方式。当采用这种道路及场地散流排水时，可在变电站排水侧围墙下部留有足够的排（泄）水孔，使其排水方便，排水孔宜设防护网，多雨地区还需在设有排水孔的站外侧设置妥善的排水和防冲刷设施。

（五）站区场地平整及土石方工程

场地平整是指通过挖高填低，将原始地面改造成满足人们生产、生活需要的场地平面。变电站场地平整一般在开工之前的“三通一平”阶段，以初步设计阶段确定的场地设计标高为依据来进行。

场地平整及土石方工程一般注意事项有：

（1）站区场地平整时挖方需考虑一定的松散系数，土（石）方量宜达到挖、填方总量基本平衡。

（2）场地平整宜分期、分区进行，需考虑适当的经济运距，尽量避免和减少场内土方的二次倒运。

（3）站区土（石）方量受条件限制不能达到挖、填方总量平衡时，需选择合理的弃土或取土场地；取土时还需落实土源、运距、相关价格。

（4）站区场地平整一般指的是初平，初平的标高一般低于场地设计标高300～500mm，若采用最终设计标高平整时，需考虑场内建（构）筑物、道路、管沟、围墙、场地及基础换填等基槽余土量。

（5）站区场地的平整范围，需以站区围墙外1～2m为界；当站外设置边坡时，在填方地段需平整至坡脚，挖方地段需平整至坡顶。

（6）场地平整填料的质量需符合有关规范要求，填方需分层碾压密实，分层厚度为300mm左右，本期建设地段压实系数不应小于0.94，近期预留地段压实系数不应小于0.85。

(7) 站区场地平整坡度需满足排水要求，当采用自然散排时，场地坡度一般为0.5%～2%；当有可靠的排水措施时，场地坡度可小于0.5%。

(8) 土石方工程量需根据自然地形情况和竖向布置计算，计算方法有方格网法、断面法、三角网法、平均高程法，常用的是方格网土方计算法。当采用方格网法计算时，对于丘陵、山区站址方格网尺寸宜为10m×10m～20m×20m；对于平原地区站址方格网尺寸宜为20m×20m～40m×40m。

五、变电站管线综合布置

1. 站内管线综合布置的基本原则

管线规划布置需遵循“工艺流程合理，运行安全，路径短捷，节省用地，便于施工维修”的原则。具体内容如下：

(1) 管线需按规划容量统一规划，近远期结合，集中布置，并留有足够的管廊宽度，便于扩建。

(2) 管线布置需满足工艺要求，流程短捷、适当集中，便于施工和检修。

(3) 管线敷设方式结合工艺要求、自然条件及场地条件等综合考虑。

(4) 管线布置宜与道路或建筑红线相平行，宜布置在道路行车部分之外。主要管线需布置在用户较多的道路一侧，或将管线分类布置在道路两侧。

(5) 管线布置中需考虑“压力宜让自流，管径小的宜让管径大的，柔性宜让刚性，新建宜让原有”原则。

(6) 扩建、改建站需充分利用原有地下管线（沟道），新增地下管线（沟道）不应影响原有地下管线（沟道）的使用。

(7) 站区地下管线（沟道）之间或者与建（构）筑物基础、道路之间的间距需满足相关规范要求。

2. 站内管线分类及分布

变电站内管线、沟道较少，一般常见的有生活给水管、生活排水管、消防给水管、事故油管、电缆沟、排水沟等。

生活给水管、生活排水管位于综合楼周围；消防给水管沿站内道路敷设，并呈环形布置；事故油管为重力自流管，布置在变压器周围，和事故油池联通；电缆沟根据需要布置在建（构）筑物周围；排水沟沿道路布置。

3. 站内管线布置方式及要求

管线布置可采取直埋、沟（隧）道及架空三种敷设方式。规划布置时需根据当地自然条件、管内介质特性、管径、工艺流程以及施工与维护等因素和技术要求经比较后确定。

变电站内管线、沟道较少，基本全部采用地下敷设（直埋）的方式。

地下管线穿越站内道路时，管顶至道路路面结构层底面的垂直净距一般不应小于0.5m，当不能满足时需加防护套管，其两端需伸出路边不小于1m。

变电站内户外配电装置场地的电缆沟沟壁宜高于场地设计标高100～150mm。电缆沟宜采用自流排水，内部需做必要的防水措施处理，沟道底面需设置纵、横向排水坡度，其纵向坡度不宜小于0.3%，横向坡度一般为1.5%～2%，并需在沟道内有利排水的地点及最低点设集水坑和排水管。

道路侧排水沟断面及形式需根据水力计算确定，起点深度不宜小于0.3m，纵坡不宜小于0.3%；过道路段排水沟宜采用钢筋混凝土盖板或暗涵结构。

六、变电站道路设计

变电站道路设计需根据运行、检修、消防和大件设备运输等要求，结合站区总平面布置、竖向布置、站外道路状况、自然条件和当地发展规划等因素综合确定。

站内外道路的平面布置、纵坡及设计标高需协调一致，相互衔接。

1. 变电站进站道路设计

变电站进站道路需坚持节约用地的原则，从站址周围既有道路引接，做到不占或少占耕地，同时贯彻因地制宜、就地取材的原则。进站道路路线选取时宜绕避地质不良地段、地下活动采空区，不压占地下矿藏资源，并不宜穿越无安全措施的危险地段，需有良好的防洪、排水措施。

变电站进站道路一般采用公路型，当变电站位于城市时，宜采用城市型道路。路面一般采用水泥混凝土路面，也可以采用沥青路面。

常规变电站的进站道路宽度可根据电压等级确定，如表7-4所示。

表7-4　　变电站电压等级与进站道路宽度表

变电站的电压等级（kV）	进站道路宽度（m）
110及以下	4.0
220	4.5
330及以上	6.0

为满足大件设备运输车辆的爬坡要求，进站道路的最大限制纵坡一般不大于6%。变电站站区大门口的进站道路宜位于直线段，直线段长度需根据运输情况和地形条件来确定。

2. 变电站站内道路设计

变电站站内道路包括围墙内所有运输、消防、检修、人行通道和建筑物引道，根据功能分区及不同的使用功能，主要分为以下几类。

（1）运输干道：主要包括主变压器运输通道及高压电抗器运输通道，主要行驶运输主变压器及高压电抗器的大型平板车，需要承受较重的压力和荷载。

（2）消防通道：全站及重点消防设备周围，在有条件的情况下均需布置环形的消防通道，要求满足消防车的行驶需求。

（3）检修道路：主要用于建设期设备的安装及运行期的检修工作，同时包括运营期巡视及维护设备的作用，包括变电装置区域内的相间道路。

（4）建筑引道：建筑物出入口与站内其他道路连接的通道，用于搬运物品及行人通过。

变电站站内道路的设计，在满足GBJ 22《厂矿道路设计规范》有关规定的前提下，还需符合下列要求。

（1）需满足生产、运输、设备安装、运行检修、消防及环境卫生的要求。

（2）需与站外道路连接方便、短捷。

（3）宜与区内主要建筑物轴线平行或垂直，宜呈环形布置。

（4）需与竖向设计相协调，有利于场地及道路的雨水排除。

（5）施工道路宜与永久性道路相结合。

变电站站内道路一般采用城市型道路。当采用公路型时，路面标高宜高于场地设计标高 100mm 。路面一般采用水泥混凝土路面，也可以采用沥青路面。

变电站站内道路宽度可根据变电站电压等级来确定，见表 7-5。但兼做消防通道的道路宽度不应小于 4.0m。

表 7-5　变电站电压等级与站内道路宽度表

变电站等级（kV）	道路宽度（m）
110	4.0
220	4.5
330 及以上	5.5

变电站需根据生产、生活和消防的需要在各建（构）筑物周围设置环形道路，如设环行道路确有困难时，其四周仍需有尽端式道路或通道，并增设回车道或回车场，回车场的面积不应小于 12m×12m。

站内道路转弯半径需根据行车要求确定，一般不应小于 7m，兼做消防通道的道路转弯半径不应小于 9m，主干道的转弯半径需根据通行大型平板车的技术性能确定。330kV 及 500kV 变电站主干道的转弯半径为 7～9m；750kV 电抗器运输道路的转弯半径不宜小于 9m，主变压器运输道路的转弯半径不宜小于 12m。

站内道路所采用的路拱形式宜为直线型，路拱坡度为 1.0%～2.0%。道路的纵坡不宜大于 6 %，山区变电站或受条件限制的地段可加大至 8%，但需要考虑相应的防滑措施。

变电站需根据运行巡视和操作需要设置站内巡视道路，并结合地面电缆沟的布置确定。巡视道路需因地制宜、就地取材，合理选择路面材料，也可采用与站内道路相同的路面材料，路面宽度宜为 0.6～1.0m。站内建（构）筑物的车间人行道宽度需与车间大门宽度相适应。

七、变电站站内场地处理及绿化规划

1. 站内场地处理方式及要求

变电站围墙内用地分为建（构）筑物用地、道路设施用地、绿化设施用地、铺砌设施用地等。其中，铺砌场地包含广场铺砌场地和户外配电装置区域铺砌。

广场铺砌场地主要包含停车场、综合楼前广场、检修操作场地，可采取铺设植草砖、混凝土分仓硬化、人行步道砖等。植草砖和人行步道砖需根据当地相关企业生产的砖规格来设计，下部地基需整平并铺设灰土或碎（砾）石基层；混凝土分仓周边硬化尺寸宜为 3.0～5.0m，分仓缝内可用沥青填充。

户外配电装置区域场地宜采用混凝土铺砌块、级配碎石、卵石、灰土封闭等地坪铺砌，厚度可为80～150mm。若电气设备需要进行巡视、操作和检修，宜根据工艺要求在需要操作的范围内采用铺砌地面，铺砌材料和范围由工艺专业确定，并遵循经济实用、就地取材的原则。

2. 站内绿化规划布置及要求

绿化布置需根据变电站的规划容量、生产特点、总平面及地下设施布置、环境保护、美化要求和当地自然条件，因地制宜地统筹规划。

绿化布置需在不增加用地的前提下，对变电站内无覆盖保护的场地进行绿化处理，充分利用场区场地和道路两侧进行绿化，以满足水土保持和改善站区运行环境的需要；绿化不应妨碍生产操作、设备检修、交通运输、管线敷设和维修；不应影响消防作业和建（构）筑物的采光、通风。

绿化所用植被、灌木、草皮等需因地制宜，从实际出发，根据当地土质、自然条件及植物的生态习性恰当地选用当地的树种，合理选择绿化方案。

第八章 分布式光伏发电站

2014 年 1 月，国家电网公司在《关于分布式电源并网服务管理规则的通知》（营销〔2014〕174 号）中提出两种类型的分布式电源：第一类：10kV 以下电压等级接入，且单个并网点总装机容量不超过 6MW 的分布式电源。第二类：35kV 电压等级接入，年自发自用大于 50%的分布式电源，或 10kV 电压等级接入且单个并网点总装机容量超过 6MW，年自发自用电量大于 50%的分布式电源。

2014 年 9 月，国家能源局在《关于进一步落实分布式光伏发电有关政策的通知》（国能新能〔2014〕406 号）中提出，利用建筑屋顶及附属场地建设的分布式光伏发电项目，在项目备案时可选择“自发自用、余电上网”或“全额上网”中的一种模式。在地面或利用农业大棚等无电力消费设施建设、以 35kV 及以下电压等级接入电网（东北地区 66kV 及以下）、单个项目容量不超过 2 万 kW 且所发电量主要在并网点变电台区消纳的光伏发电站项目，纳入分布式光伏发电规模指标管理，执行当地光伏发电站标杆上网电价，电网企业按照《分布式发电管理暂行办法》的第十七条规定及设立的“绿色通道”，由地级市或县级电网企业按照简化程序办理电网接入并提供相应并网服务。

因此，分布式光伏发电站通常是指利用分散式资源，装机规模较小的、布置在用户附近的发电系统，它一般接入低于 35kV 或更低电压等级的电网。分布式光伏发电站特指采用光伏组件，将太阳能直接转换为电能的分布式光伏发电站系统。

本章主要介绍分布式光伏发电站站址选择及总平面布置两个方面的内容，并提出在分布式光伏项目设计中总图运输专业人员应该注意的问题。

第一节　分布式光伏发电站站址选择

分布式光伏发电站选址主要涉及地面型、渔光、农光、牧光等和安装在建筑物上的光伏发电站的选址。其选址方式同样要满足各类光伏发电站选址要求。地面型、渔光、农光光伏发电站的选址除需靠近用户外，其余与集中式电站基本一致，均需考虑太阳能资源、用地类型、电力系统输送、地形及地质、水文气象、交通运输等方面的因素。本节主要介绍安装在建筑物上的光伏发电站的选址需要考虑的因素。

一、分布式光伏发电站的特点及分类

（一）分布式光伏发电站的特点

分布式光伏发电站具有距离用户近、接入电压等级低、输出功率小、投资少、建设地点灵活的特点。分布式光伏发电站的特点如图 8-1 所示。

1. 位于用户侧附近

分布式光伏发电站提倡就近发电，就近并网，就近使用的原则，同时距离用户近还解

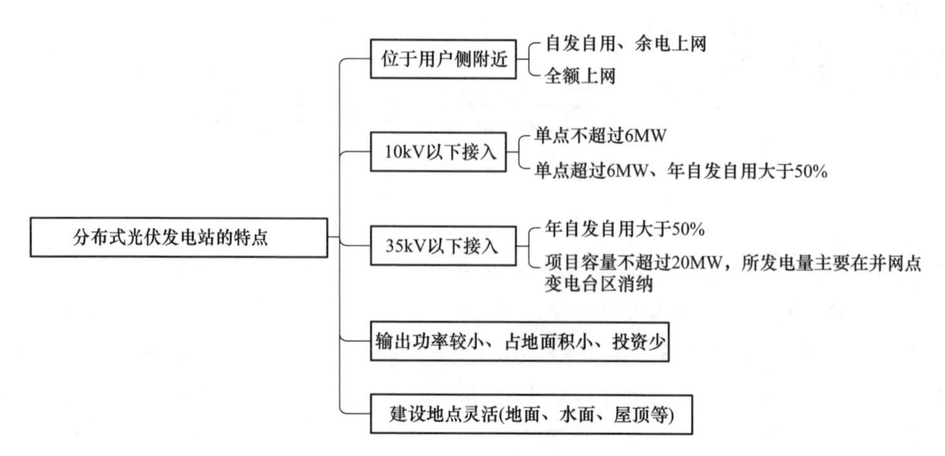

图 8-1 分布式光伏发电站的特点

决了电力在升压及长途运输中的损耗问题，其能源利用率高，可选择“自发自用、余电上网”或“全额上网”中的模式。

2. 接入电压等级低

目前分布式光伏发电站需接入电网，或与电网一起为附近的用户供电，所发电力一般直接接入低压配电网或 35kV 及以下中高压电网中。根据相关规定，当采用 10kV 以下电压等级接入时，单个并网点总装机容量不可超过 6MW，如超过 6MW，则年自发自用电量需大于 50%；当采用 35kV 电压等级接入时，装机容量不可超过 20MW，且年自发自用电量需大于 50%。

3. 输出功率较小

一般单个分布式光伏发电站的容量在几百千瓦到几兆瓦。但电站容量的大小对发电效率的影响很小，因此对其经济性的影响也很小，同时分布式光伏发电站自发自用部分电价较为理想，也极少存在弃风弃光现象，所以分布式光伏发电站的投资收益率并不比大型光伏发电站低。

4. 建设地点灵活

分布式光伏发电站能充分利用建筑物屋顶进行布置，光伏组件还可以直接代替传统的墙面和屋顶建筑材料。同时因项目容量较小，利用零散边角的土地、水面等均可进行布置建设。

（二）分布式光伏发电站的分类

分布式光伏发电站根据其安装位置分为地面型、渔光、农光、牧光等和安装在建筑物上的光伏发电站，安装在建筑物上的光伏发电站分为以下两种类型。

分布式光伏发电站安装位置分类如图 8-2 所示。

（1）光伏建筑一体化（BIPV）：与建筑物同时设计、同时施工和安装并与建筑物形成完美结合的太阳能光伏发电系统，也称为“构建型”和“建材型”太阳能光伏建筑。它作为建筑物外部结构的一部分，既具有发电功能，又具有建筑构件和建筑材料的功能，甚至还可以提升建筑物的美感，与建筑物形成完美的统一体。

（2）在现有建筑上安装光伏发电站（BAPV）：附着在建筑物上的太阳能光伏发电系

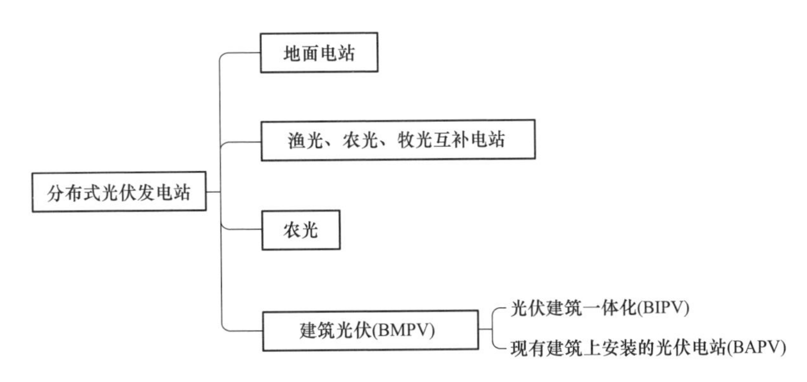

图 8-2　分布式光伏发电站安装位置分类

统，也称为“安装型”太阳能光伏建筑。它的主要功能是发电，与建（构）筑物功能不发生冲突，不破坏或削弱原有建筑物的功能，但建筑物必须能够承受光伏组件本身自重以及由于风荷载作用在光伏组件上引起的附加竖向和水平作用力。

二、太阳能资源及气候条件

（1）衡量分布式光伏项目开发可行性最基本的条件是光资源的优劣，光资源区域的选择可根据已有的太阳能资源分布图、拟选址区域周边气象站多年测光数据评估成果，筛选出光资源条件较好的区域。除项目地区光资源条件外，还需注意项目周围高大建（构）筑物、输电线路及山体等物体产生的遮挡阴影影响。

（2）项目所在地的气候条件对发电量的影响较为直接，尤其是极端温度、大风、沙尘、雷暴、积雪和冰雹等条件。在选址时尽量避开上述灾害天气频发的地区，以降低后续运营维护成本。

（3）空气质量及洁净度对发电量也有较大的影响，空气中的灰尘除了影响太阳能辐射外，有些还会沉淀在光伏组件表面，严重时会产生热斑效应，从而降低组件的发电效率及寿命。同时空气中的盐雾也会对光伏支架、光伏组件有不良影响。

三、分布式屋顶光伏的选择

1. 屋顶的类型

分布式屋顶光伏项目需尽量选取房屋产权清晰、屋顶结构满足要求、屋顶面积大、用电负荷大、电网供电价格高的区域。屋顶的来源有多种可能：工业厂房、商业建筑、行政办公楼、医院、学校、居民住宅、交通枢纽及各类场馆等，其优缺点如表 8-1 所示。

表 8-1　各种建筑物屋顶类型及优缺点

场址类型	优点	缺点
工业厂房	（1）单体面积大，集中成片。 （2）用电负荷大、稳定，白天的用电负荷曲线与光伏出力特点相匹配，可实现自发自用为主。 （3）工业用电电价高，项目收益好	（1）部分企业积极性不高。 （2）工业厂房部分彩钢瓦屋顶使用年限长、磨损严重，需更换或加固屋顶结构。 （3）部分厂房多家股东，产权不明晰

续表

场址类型	优点	缺点
商业建筑	(1) 商业用电电价高，项目收益好。 (2) 用电负稳定，且用电负荷曲线与光伏出力特点相匹配，可实现自发自用为主	(1) 单体面积较少，屋顶设有电梯及暖通设施，项目规模小。 (2) 部分商业建筑多家股东，产权不明晰，沟通成本高
行政办公楼	(1) 归政府所有，沟通协调便捷。 (2) 用电负荷曲线与光伏出力特点基本匹配，可实现自发自用为主	(1) 单体面积较少，可开发容量小。 (2) 用电电价低、负荷低，项目预期收益较低
医院	(1) 沟通协调便捷。 (2) 用电负荷大、稳定，且用电负荷曲线与光伏出力特点相匹配，可实现自发自用为主	部分屋顶装有太阳能热水器、电梯及暖通设施，单体可用面积小，可开发容量小
学校	(1) 沟通协调便捷。 (2) 用电负荷曲线与光伏出力特点基本匹配，自发自用效率较高	(1) 用电负荷小。 (2) 用电电价低，项目预期收益较低
居民住宅	住宅小区总体可利用面积大	(1) 太阳能热水器普及率高，水箱、电梯、暖通设备多，单体可用面积小，分布较为分散，建设成本高。 (2) 涉及住户业主多，难以协调统一。 (3) 居民用电电价低，项目预期收益低。 (4) 用电负荷曲线与光伏出力特点不匹配，自发自用效率低
交通枢纽	(1) 单体面积大，屋顶结构状况较好。 (2) 沟通协调便捷。 (3) 用电负荷大、稳定，且用电负荷曲线与光伏出力特点相匹配，可实现自发自用为主	(1) 对项目美感要求高。 (2) 单体面积大，但部分建（构）筑物为穹顶，建设成本高。 (3) 限制性因素较多，需充分考虑交通枢纽的自身特点
各类场馆	(1) 单体面积大，屋顶结构状况较好。 (2) 沟通协调便捷。 (3) 部分场馆用电负荷曲线与光伏出力特点相匹配	(1) 对项目美感要求高。 (2) 单体面积大，但部分建（构）筑物为穹顶，建设成本高。 (3) 部分场馆用电负荷曲线与光伏出力特点匹配性较差，用电负荷不稳定，导致项目收益不稳定
物流仓储	(1) 单体面积大，屋顶结构状况较好。 (2) 部分仓库用电负荷曲线与光伏出力特点相匹配，项目收益较好	(1) 部分企业积极性不高。 (2) 部分仓库用电负荷低，项目收益较差。 (3) 部分彩钢瓦屋顶使用年限长、磨损严重，需更换或加固屋顶结构。 (4) 部分仓库多家股东，产权不明晰

2. 屋顶的高度

太高的建（构）筑物屋顶风荷载较大、消防条件差、施工难度大、搬运费用高、建设成本高、运行成本费用高，因此不建议在高层建筑上开发光伏项目，可选择高度适中、便于建设运维的建（构）筑物屋顶。

3. 最小屋顶面积

屋顶的可利用面积直接决定了项目规模的大小，而规模效应直接影响项目的投资、运行成本和收益。考虑屋顶可用面积时，要充分考虑建筑物造型、屋顶构筑物和设备的遮挡，如女儿墙、广告牌、中央空调、电梯检修、水箱和太阳能热水器等。通常情况下，年份越久的屋顶因被多方占用，可利用面积的比例较小。因此建议按照最小的组串式逆变器容量估算项目的最小屋顶面积，以对屋顶进行筛选使用，这样可以保证充分利用组串式逆变器容量，以获取最低的度电成本。

4. 屋顶的类型

常见的屋顶类型分混凝土和彩钢瓦两种，根据屋顶的不同对光伏布置基础方案、倾角选择、间距设置、容量及发电小时数等方面的影响不同，需要关注的重点也不同，两种类型的屋顶设置光伏的对比情况如表 8-2 所示。

表 8-2　　不同类型屋顶光伏对比表

类别	混凝土屋顶	彩钢瓦屋顶
基础方案	压块、整体框架式等	卡件等
倾角选择	一般按照最佳倾角或略低设置	一般按照屋顶原有倾角设置
间距设置	间距大，按阴影遮挡计算	间距小，只留走线、检修通道
容量及发电小时数	同等面积时容量小，满发小时数高	同等面积时容量大，满发小时数低
注意事项	原有的防水措施、消防	瓦型、朝向、消防

5. 屋顶的年限

混凝土屋顶的使用年限较长，一般情况下能保证光伏发电站 25 年的运营期；而彩钢瓦的使用年限一般在 15 年左右，这样就需要考虑列入电站转移费用，并根据实际情况计列屋顶加固费用。同时对于 BAPV 项目的屋顶的实际承载力情况等还需进行实际检测后根据检测报告情况使用。

6. BIPV 的应用场景

相对于 BAPV 多布置在屋顶来说，BIPV 的应用形式更加多样化、智能化和美观化，可用于屋顶、幕墙、遮阳、温室等场景。BIPV 是将光伏组件作为建筑材料的一部分，具备建筑材料严苛的性能指标和各项属性，同时满足发电的要求。光伏组件作为建筑构件集成到建筑上，与建筑物同时设计、同时施工、同时安装，图 8-3 所示为 BIPV 项目施工现场照片。其对屋顶选择的原则与 BAPV 基本一致，不同的是 BIPV 是光伏与建筑的深度融合，应用场景更为广阔。

一般来说，BIPV 主要适配金属屋面（如轻钢屋顶）的钢结构厂房，光伏组件与金属屋面板版型的完美适配，可达到既美观又提升装机容量的效果。相对来说，与混凝土和柔

图 8-3 某燃机电站主厂房 BIPV 项目施工现场照片

性屋面建筑适配性并不高。同时，对于有透光要求的商业建筑等，光伏幕墙也是一个很好的选择。

四、电网接入条件

分布式光伏项目接入电网可选择“自发自用、余电上网”或“全额上网”中的一种模式。全额上网实行平价上网，自发自用部分的电价可由分布式光伏项目开发企业与场地或屋顶权属人进行商谈确定。无论采用哪种模式均需考虑接入电力系统的条件。

1. 接入方式和电压等级

国家能源局已对分布式地面光伏发电站项目限定了“以 35kV 及以下电压等级接入电网、单个项目容量不超过 2 万 kW、所发电量主要在并网点变电台区消纳”等几个条件，即场址选择时需在较短距离内有 35kV 电压等级的接入间隔，且该间隔变电台区具有一定容量的消纳能力，能够满足分布式光伏发电站项目所发电量的消纳，且线路越短，线损越小，经济效益越好。

分布式光伏发电站的接入方式分单点接入和多点接入；电压等级一般分 380V、10kV 和 35kV。对于不同接入方式、电压等级，电网公司的管理规定是不一样的，如以 380 V 接入的项目，接入系统方案等同于接入电网意见函；以 35kV、10kV 接入的项目，则要分别获得接入系统方案确认单、接入电网意见函，根据接入电网意见函开展项目备案和工程设计等工作，并在接入系统工程施工前，要将接入系统工程设计相关资料提交客户服务中心，根据其答复意见开展工程建设等后续工作。

2. 电价

据公开电价信息统计，全国居民生活用电平均电价约为 0.5107 元/kWh，其中，上海最高为 0.617 元/kWh，云南最低为 0.36 元/kWh。

目前，大部分工厂的用电电价都十分复杂，尖峰、峰、平、谷时段电价不同，另外还有一些基金、备用容量费等，需要与建设单位逐项核算清楚，才能得出项目收益。而对于一般工商业用电现行电度电价不满 1kV 电压等级下，全国平均电价约为 0.7591 元/kWh，其中，吉林最高，为 0.8864 元/kWh；青海最低，为 0.5791 元/kWh。10kV 电压等级下，全国平均电价约为 0.7402 元/kWh，其中，吉林最高，为 0.8714 元/kWh；青海最低，为

0.5741元/kWh。35kV电压等级下，全国平均电价约为0.7205元/kWh，其中，吉林最高，为0.8564元/kWh；蒙西最低，为0.5443元/kWh。

2021年光伏项目全面去补贴进入了平价时代，因此全国光伏项目电价指导价在0.2423～0.4529元/kWh，但是部分地区对分布式光伏还有鼓励政策及补贴，因此从电价上来看分布式光伏发电站的发展前景较好。

3. 负荷曲线

“自发自用、余电上网”模式的分布式光伏发电站与集中式光伏发电站最大的不同是要考量自用部分的负荷曲线。通常来说，分布式光伏项目的出力曲线与用户的负荷曲线拟合的越好，则项目自发自用的部分越多，结算电价相比平价要高，项目收益也就越好。如某项目分布式光伏发电站出力与负荷曲线拟合情况如图8-4所示，当光伏发电站的出力曲线大于负荷曲线时，意味着多余的分布式光伏发电站有部分电能将送入电网，如图8-4中10～16h所示；当负荷曲线始终大于光伏发电站的出力曲线时，表示分布式光伏发电站以自发自用为主，不向电网输送电能，如图8-4中除10～16h外时段所示。因此，负荷曲线对分布式光伏发电站的选址、容量及项目的收益起着关键性的作用。“自发自用、余电上网”的光伏发电站向电网输送电能较少，证明自发自用电能越多，那么项目对电网冲击也就减弱了。另外，从收益角度来看，自发自用的部分结算电价要高于平价上网，同时还享受分布式光伏发电站的电价补贴政策，在同等条件下，比“全额上网”模式的项目收益要好。

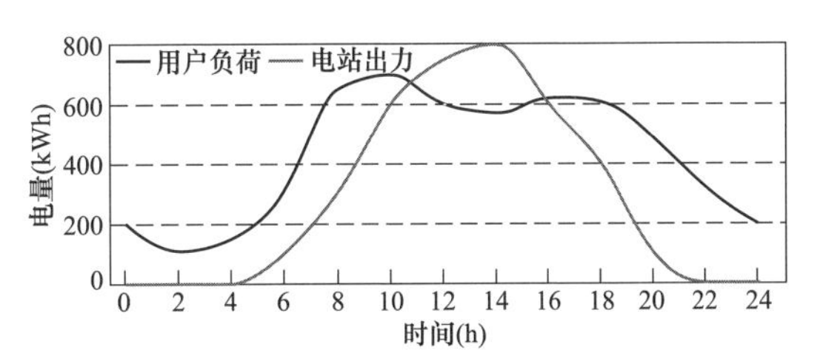

图8-4　某项目电站出力与负荷曲线图

通过以上分析可知，分布式光伏发电站的建设规模需要在充分考虑了用户的负荷特性、节假日安排、接入系统、电压等级、综合电价等多重因素后确定。

第二节　分布式光伏发电站总平面布置

近来，随着分布式光伏相关政策的推动，分布式光伏发电站的建设热火朝天，适合建设分布式光伏发电站的土地及屋顶资源越来越少，对分布式光伏发电站的总平面布置也要求越来越高，本节主要介绍安装在建筑物上的分布式光伏发电站的总平面布置需要注意的几个要求。

一、满足规划的要求

光伏系统与建筑一体化项目需满足当地总体规划、控制性详细规划及修建性详细规划的要求，其规划设计需综合考虑建筑场地条件、建筑功能、当地的气候特征及太阳能资源条件等因素，确定建筑的布局、朝向、间距、群体组合和空间环境，并同时考虑满足光伏系统设计和安装的技术要求。

当建筑物位于不同风貌区内需配置光伏系统时，需满足不同分区的建筑风貌管控要求，光伏系统的安装位置、安装高度与色彩等需与所在分区的整体风貌格局相协调，满足规划对建筑物的要求。

还需要统筹考虑城市肌理、建筑高度和建筑轮廓等，对配置光伏系统的屋顶形式、材料、色彩等进行精细设计，并需符合相关规划部门要求，提升建筑第五立面的整体品质。

除了以上规划外，还需综合考虑当地新能源的发展规划、电力系统并网基础设施、区域电网消纳电量的能力等因素。

二、建筑物的使用要求

当进行分布式光伏发电站总平面布置时需结合建筑的功能、外观、安装场地及周围环境条件，合理选择光伏系统类型及组件的色彩等。光伏系统设计与建筑设计各专业需密切配合，共同确定光伏系统各组成部分在建筑中的位置。光伏系统不能影响安装部位的建筑功能，并需与建筑外观相协调，使之成为建筑的有机组成部分。

如在原有建筑上增设或改造光伏系统时，需进行建筑结构安全、光伏系统的电气安全复核，并需满足光伏安装屋面的防水、排水、保温、防雷和防火等相关功能要求和建筑节能、美观要求，同时还要兼顾光伏系统的检修与维护要求。

无论是光伏系统与建筑一体化还是在原有建筑物上配置光伏系统，都不可降低建筑本身或相邻建筑的建筑日照标准。还需注意对光伏构件可能引起建筑群体间的二次辐射进行预测，对可能造成的光污染采取相应的措施。

同时建筑物配置光伏系统还需考虑建筑物的安全问题，光伏系统配置时不可对建筑物形体完整性构成破坏，光伏组件不可跨越建筑变形缝设置。在安装光伏组件的建筑部位，需要设置防止光伏组件损坏、坠落的安全防护措施。光伏系统还需注意施工安装严谨、运维到位、清理及时、保持通风降温，不可因光伏系统而引发建筑物火灾。

三、满足光伏发电站的要求

在建筑物屋面、阳台、平台、外墙面及建筑幕墙等位置配置光伏系统时需符合国家及当地的现行规范、标准的要求。

光伏系统布置时需尽量避免建筑物周围的环境景观、绿植及建筑物的投影等对光伏组件的遮挡，需避开暖通、电梯系统、女儿墙等构件布置，需设置便于人工检修、运维、清洗的安全通道，通常通道的宽度不小于500mm。

光伏系统中的电气设备既可布置于建筑物内也可布置于室外，控制机房可采用天然采光、通风，当不具备条件时，需采用机械通风措施。

在安装光伏组件的建筑物部位需采取必要的安全防护措施，光伏组件不可设置为可开启窗扇。采用螺栓连接的光伏组件，需采用防松、防滑措施；采用挂接或插接的光伏组件，需采用防脱、防滑的措施。

光伏发电站的布置要求分为以下几类。

1. 平屋面光伏组件安装

在建筑物平屋面上安装光伏组件需考虑以下因素。

（1）光伏组件安装如可以按最佳倾角进行设计，可提高项目的发电量，但是也会因间距大造成容量降低的问题，所以倾角的选择需综合考虑。当光伏组件的安装倾角小于10°时，其遮光间距已经很小，这时需考虑设置运维检修通道，通常通道宽度不小于500mm。

（2）支架安装型光伏方阵中光伏组件的间距需尽可能地满足冬至日不遮挡太阳光的要求，以得到最大发电量提升项目收益率。

（3）平屋面场地较好，光伏组件多采用固定式或可调节式安装支架。

（4）在建筑屋面上安装光伏组件，不可选择对屋面排水功能有影响的基座形式和安装方式，还需综合考虑尽量保持建筑物屋面原有的用途。

（5）光伏组件周围屋面、检修通道、屋面出入口和光伏方阵之间的人行通道上部需铺设屋面保护层。

（6）直接构成建筑屋面面层的建材型光伏组件，除了保障屋面排水的畅通外，安装基层还需具有一定的刚度，以保证屋面的持久性。

（7）光伏组件的引线穿过平屋面处需预埋防水套管，并需做防水密封处理；防水套管需在平屋面防水层施工前埋设完毕。

2. 坡屋面光伏组件安装

在坡屋面上安装光伏组件需考虑以下因素。

（1）坡屋面光伏大多沿屋面布置，倾角与坡屋面坡度保持一致，多采用顺坡镶嵌或顺坡架空安装方式。

（2）顺坡镶嵌在坡屋面上的光伏方阵或光伏构件与屋面材料连接部位需做好防水构造处理，且不得降低屋面整体的保温、隔热、防水等功能。

（3）顺坡架空安装的光伏方阵与屋面之间的垂直距离需满足安装和散热间隙的要求，一般光伏组件与屋面间需留有不小于100mm的通风间隙。

（4）如果是建材型光伏组件，则需具备作为坡屋面材料的特性，满足作为屋面的各种要求。

3. 阳台或平台栏板光伏组件设置

在阳台或平台栏板设置光伏组件需考虑以下因素。

（1）安装在阳台或平台栏板上的光伏组件也期望获得适当的倾角，既安全美观又可以获得较高的发电量。

（2）安装在阳台或平台栏板上的光伏组件支架需与主体结构上的连接件可靠连接，保证安全，不可发生坠落的情况。

（3）在阳台或平台栏板安装光伏组件时属于高空作业，需采取保护人身安全的防护措施。

4. 墙面光伏组件安装

在墙面上安装光伏组件需考虑以下因素。

（1）光伏组件支撑结构需与墙面结构可靠连接，不可发生坠落的情况。

（2）光伏组件与墙面的连接要保证建（构）筑物的基本用途，不能影响墙体的保温构造和节能效果。

（3）对安装在墙面上提供遮阳功能的光伏构件，需符合室内遮阳系数的要求。

5. 光伏幕墙方阵设计

光伏幕墙方阵设计需考虑以下因素。

（1）需选用建材型光伏构件。

（2）光伏构件尺寸与幕墙分格尺寸需相互协调，光伏构件表面颜色、质感需与幕墙协调统一。

（3）光伏幕墙需要满足幕墙的基本功能，不可降低整体建筑幕墙的抗风压性能、水密性能、气密性能、平面内变形性能、空气隔声性能、耐撞击性能等要求。

（4）光伏幕墙系统不可降低墙体和整体围护结构的保温节能效果。

（5）光伏幕墙设计需符合组件的散热要求。

（6）需考虑设置光伏运维、检修、清洗的设施与通道。

（7）光伏幕墙支撑结构体系设计需符合电气布线的安全和维护要求，对室内可透光位置如采光顶、透光幕墙、发电窗等，需兼顾玻璃采光性能，还需考虑隐藏线缆和接线盒，符合美观和安全的要求。

（8）光伏幕墙的结构安全和防火性能需符合规范的要求。

（9）由建材型光伏构件构成的雨篷、檐口和采光顶，需符合建筑相应部位的刚度、强度、排水功能及防止空中坠物的安全要求。

第九章 光伏发电站投资建设运营管理

总图运输专业的工作除了光伏发电站设计内容以外，在项目开发前期和施工建设前还需要协助建设单位进行一些资料准备和现场考察，因此，也需要对业主单位负责的项目预立项阶段、项目立项阶段、工程启动准备阶段、工程建设阶段等投资建设运营管理工作的流程有所了解。

第一节　项目预立项阶段

本阶段以项目签订开发协议作为起点，以建设方决策开展项目前期工作，并完成项目公司注册作为阶段成果。

本阶段目标：

(1) 确定拟开发区域，并与当地政府签订开发协议。

(2) 利用卫星数据，评估地区光资源价值。

(3) 落实建场条件，确定项目选址范围。

(4) 进行风险排查，确定项目规模。

(5) 项目评审并决策，完成项目公司注册。

一、光资源评估

目前，光伏项目资源评估通常采用两个途径：

1) 公开的卫星数据参考利用已有的全国辐照强度图谱。

2) 周边已建成的光伏发电站实际数据。

二、初步风险排查

本阶段风险排查是基于光伏项目所在区域，重点落实三个方面的因素：土地类的避让区域、是否具备电力系统接入条件、能源交易价格。地面光伏发电站的风险排查内容见表9-1。

表 9-1　　地面光伏发电站风险排查内容

类别	名称	说明
土地条件	基本农田	落实避让范围
	一般农用地	包含园地、林地、草地、坑塘水面等。落实避让范围
	水利相关避让	水利设施避让。对河道、湖泊、水源地、泄洪区域等避让政策
	规划信息	土地规划中未来有无冲突区域

续表

类别	名称	说　明
土地条件	跨界	对跨县、跨市边界的识别和避让
	生态红线	生态红线、自然保护区、国家公园等避让要求
	林地	国家防护林、公益林避让，对天然牧草地、砍伐指标的了解
	压矿	对开采区、拟开采区、探矿权等区域的避让政策
接入条件	周边有无接入条件	有无已建变电站，有无接入间隔，有无规划系统站，接入站电压等级、接入距离，可接入容量等信息
能源价格	交易电价	项目所在地光伏上网电价或能源管理协议中的能源交易价格
其他	军事	落实军事保护区、军事设施避让要求
	文物	文物保护区避让区域
	税务	落实城镇土地使用税和耕地占用税的缴费金额

屋顶分布式光伏发电项目主要落实建筑条件、接入条件、能源价格三个主要条件。屋顶分布式光伏发电站风险排查内容见表9-2。

表9-2　屋顶分布式光伏发电站风险排查内容

类别	名称	说　明
建筑条件	建筑物不动产证	落实建筑物权属。土地证、房产证或其他可证明建筑物权属的文件
	建筑物屋顶荷载评估	建筑物结构安全评估，是否可以承重光伏载荷
	建筑物内要求	建筑厂房对防火、漏电、漏水等因素的要求
接入条件	场区内接入条件	场区内配电网接线图、接入点、可接入容量，有无电缆沟、电缆桥架，配电室有无扩建
能源价格	交易电价	项目所在地光伏上网电价或能源管理协议中的能源交易价格

三、公司注册

项目完成初步的风险排查后，经过匡算收益率满足投资方标准且不存在颠覆性影响的风险条件下，投资企业会按照各自企业的启动标准，审核资料的合规性，通过相应的决议。并安排进行确认项目公司注册信息，推进办理项目公司工商注册等事宜。

第二节　项目立项阶段

本阶段以项目公司注册为起点，以项目进入省级项目建设计划并取得光伏项目备案作为阶段成果。

本阶段目标：

（1）完成地形图测绘。

（2）签署土地/屋顶租赁合同，锁定土地/屋顶。

（3）申请进入省级新能源建设计划。

（4）完成光伏项目备案。

一、地形图测绘

针对集中式地面光伏发电站项目：平原地区光伏项目推荐使用1∶2000地形图测绘，山地及复杂地形光伏项目推荐使用1∶1000地形图测绘。在地形图测绘完成后，需在图上作业，完成对光伏场区的布置方案和升压站站址选择等工作。

针对屋顶分布式光伏发电站项目：需要搜集建筑物屋面图纸、建筑物结构图纸、建筑物所在园区场区规划总图、园区或建筑物配电网接线图纸，并经过现场踏勘落实建筑物结构和屋顶的实际情况，可采用无人机航拍测绘或人工长卷尺实测，确定屋顶有无图纸上未标记的附属设施和设备。

二、签署土地/屋顶租赁协议

根据实际可用土地范围/屋顶范围，与土地/建筑物的权属方，签订土地租赁合同，确认土地价格和支付方式。

三、申请进入省级建设计划

参照国家能源局《关于2021年风电、光伏发电开发建设有关事项的通知》（国能发新能〔2021〕25号）和各地方政府的实际要求，完成项目申报前的前置性材料的办理，如电力消纳意见、土地使用意见、林地使用意见及不涉及生态红线等。具体需办理的意见条目，以当地政府主管部门的实际要求为准。

在进行具体申报时，各省总体要求大体相同，具体执行上根据各省的实际情况在细节上有所不同。以河北省2021年政策为例，根据河北省发展改革委《关于做好2021年风电、光伏发电开发建设有关事项的通知》（冀发改能源〔2021〕885号）的要求，河北省光伏发电保证性规模增量项目优选评分参考标准见表9-3。

表9-3　河北省光伏发电保证性规模增量项目优选评分参考标准

序号	一级指标	二级指标	需提供的佐证文件
1	投融资能力（10分）	企业总资产（10分）	由企业集团公司出具企业总资产及负债率情况说明，并附近3年经审计的根据中国会计准则编制的财务报表及2020年度财务快报（至少包括企业总资产、资产负债率、利润表和现金流量表），并加盖公章
2	开发业绩（10分）	国内、省内投产业绩（10分）	由企业集团公司出具投资建设风电项目情况说明，并附已建成项目的核准文件，均需加盖公章，若企业合资建设项目，须提供股权比例证明

续表

序号	一级指标	二级指标	需提供的佐证文件
3	前期工作（45分）	可行性研究报告（5分）	申报主体提供可行性研究报告，并由编制单位和申报主体加盖公章
		土地落实情况（15分）	申报主体提供拐点坐标情况说明，并加盖申报主体盖章；提供自由土地（水域）证明或与土地（水域）使用权所有者签订的租赁合同或协议
		用地支持性文件情况（20分）	申报主体提供市自然资源部门的意见
		利用现有送出通道（5分）	申报主体提供具有相应电压等级管理权限电网公司出具的意见
4	项目示范（25分）	配置储能装置（10分）	申报主体出具相关承诺函，并加盖公章
		组件（5分）	申报主体出具相应组件的承诺函，并加盖公章
		逆变器（5分）	申报主体出具相应逆变器的承诺函，并加盖公章
		土地综合利用示范性（5分）	提供申报主体编制的土地综合利用方案，并提供县级以上相应部门的支持性意见
5	其他（10分）	各市自主（10分）	
6	否决项	失信黑名单	列入失信联合惩治对象名单的企业，取消参评资格
		项目用地条件不落实	未提供市自然资源部门用地意见的项目，取消参评资格
		提供虚假材料	查实存在弄虚作假的，取消参评资格
		申报区域存在冲突	根据用地支持性文件判定，不同项目存在用地交叉的，取消相关项目参评资格

从表9-1分析可以发现，光伏项目对市一级用地意见十分重视，到达了一票否决的地步。从得分的权重上来看，在申报过程中提供土地相关的租赁协议，市一级自然资源部门的意见权重最高，两项合计35分，是真正拉开各个申报主体得分的主要因素。

四、项目备案

项目进入省级建设计划后，可去当地投资主管部门完成备案，开展备案工作前的合规性手续办理工作。

各省备案的要求不同，通常来讲，光伏发电站项目的投资主体提出备案申请时，需提供项目实施方案（主要包括规划选址、太阳能资源测评、建设规模、建设条件论证、电力送出条件和电力消纳分析）、项目场址使用或租用协议、省级电网企业出具的并网审核意见、项目单位营业执照及其他相关文件。

对于光伏项目，大部分省份已将备案权限进一步下放至地（市）或县（区）级。其中，大部分省份分布式光伏发电站的备案权限已下放到了县（区）一级。

第三节　工程启动准备阶段

本阶段以光伏项目取得备案为起点，以项目完成全部开工手续为本阶段成果。

本阶段目标：

（1）合规性手续办理。

（2）土地手续办理。

（3）光伏土地复合利用方案评审与实施。

（4）招标定标与合同签订。

（5）开工手续办理（工程三证）。

一、合规性手续办理

支持性文件包括但不限于电力接入批复、环评批复、水保批复、安全预评价备案批复、地灾备案批复、压矿批复、社会稳定评价报告备案、文物、军事设施、批复文件等。

其中，电力接入批复是电网公司授予项目电力接入许可的重要凭证。项目公司需及时委托具有相应资质的第三方机构编制项目的接入系统方案、电能质量分析报告，完成后提交至当地电网公司或其指定机构（一般是当地电网下属经济技术研究院）开展评审，并最终取得电力公司出具的评审意见批复文件。当光伏发电站外线工程是企业自建时，在办理接入批复阶段，即需着手办理外线接入工程占地的前期各项审批，使得项目可以在计划的时间内开展外线施工。

二、土地手续办理

光伏项目占地分两部分，光伏区为临时用地，升压站场区为永久用地。

在项目列入省级可再生能源发电项目清单后，需适时开展光伏项目的深度可研工作，包括光伏场区排布、升压站设计及集电线路等全部设计后，确定项目永久用地与临时用地红线。对于场区土地使用林地或其他允许建设光伏的土地情况，需按照林地、草地等土地使用手续办理要求和各地方政府的审批权限，开展手续办理，直至取得场区使用林地审核同意书面文件。

在正式施工之前，场区范围内，若需要进行林木采伐，需至当地林业部门，办理林木采伐许可证，并负责林地补偿、缴纳植被恢复费及相关基础性支持手续，涉及占用草地或其他土地的，按照使用草地等管理规定进行办理。

针对光伏项目永久用地，在取得使用林地审核同意书后，需按照建设用地批复办理要求，开展土地组卷和上报工作，直至取得项目建设用地批复。

三、综合土地利用方案评审与实施

当光伏项目涉及“农光”“林光”“牧光”等光伏复合型项目时，需明确土地复合利用方案。且此类复合型项目需注意政府对农业、林业、牧业的相关方案的验收要求。

以农光互补光伏项目为例，编制光伏土地复合利用方案通常需要明确：拟进行农业种植的方案、日照要求、亩产数据，项目组织与进度安排、效益分析等，报告编制的同时就提出农作物对光伏组件对地距离的要求、光伏阵列前后排的间距要求等信息。随着农光互补项目的增多，越来越多的地方政府在行政文件中会直接提出农光互补项目组件对地的距离和前后排间距要求。

四、招标定标与合同签订

光伏项目整体建设内容相对简单，招标方案通常以 EPC 总承包或 PC 总承包的方式进行。

五、工程三证的办理

光伏发电项目仅在升压站区为永久用地，即需要办理不动产证。工程三证相关工作仅针对升压站区进行。

第四节　工程建设阶段

本阶段以光伏发电站项目取得全部开工手续为起点，以项目完成并网并实现竣工验收为本阶段成果，介绍光伏发电站主要工作内容和光伏项目工程进度管理。

一、本阶段主要工作内容

（1）施工准备。
（2）工程进度管理。
（3）工程造价管理。
（4）工程安全管理。
（5）工程的并网、验收与移交生产。

二、光伏项目工程进度管理

光伏项目的工程进度同样是以 PDCA 循环的方式对光伏工程项目建设进度进行全过程、全方位、多层次的动态管理。项目进度管理是计划、实施、检查、处理的动态循环过程，需不断滚动、更新。

光伏项目进度控制目标及关键里程碑节点主要包括开工令完成时间，主要施工图设计完成时间；主要设备、施工招标完成时间；土地、林地手续完成时间；道路开工、完工时间；光伏区基础开工、完工时间；光伏组件安装工作开工、完工时间，升压站开工、完工（倒送电）时间，集电线路开工、完工时间，送出线路开工、完工时间，项目倒送电时间，机组完成并网时间、完成 240h 时间，项目移交生产时间，水保、环保验收完成时间，竣工验收完成时间。

光伏发电站工程管理主要关键节点逻辑框图如图 9-1 所示。

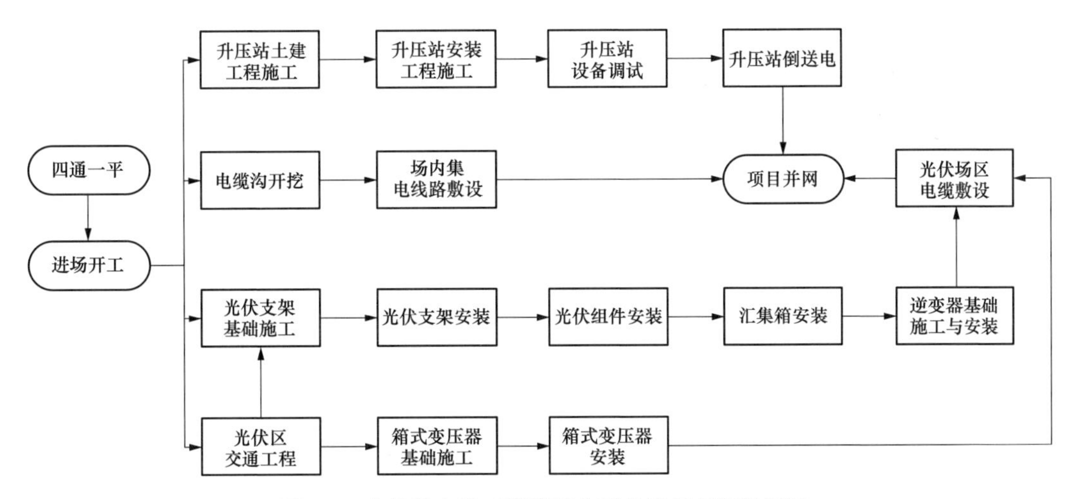

图 9-1　光伏发电站工程管理主要关键节点逻辑框图

第十章 光伏发电工程实例

本章主要介绍几个光伏发电项目工程的具体设计实例，内容涉及集中式山地光伏项目、集中式农光互补光伏及某火力发电厂分布式光伏项目、某机场分布式光伏项目。以期帮助大家对各种光伏发电项目实例的设计思路、技术应用等有一个系统的认识。

第一节　集中式光伏案例

［实例一］　本实例将以某集中式光伏项目工程为基础，简要介绍光伏发电站设计过程中的一系列步骤、相关要求及注意事项。

一、工程概况

该光伏发电项目位于河北省承德市丰宁满族自治县境内，项目场址距离丰宁县城直线距离约 82km，项目规划建设总容量为 100MW，一次建成，光伏区通过 35kV 集电线路接入项目区域南侧直线距离约 16km 处某 220kV 升压站。

二、建设条件

1. 场地条件

工程场址区域地形、地貌属于中低山丘陵，地形起伏较大，场区内冲沟较为发育，海拔在 1500～1700m 之间，现场照片如图 10-1 所示。场址所处区域属于中温带半湿润半干旱大陆性季风型高原山地气候，昼夜温差大，春季风多干旱，夏季湿热多雨，秋季天高气爽，冬季寒冷干燥。

图 10-1　光伏区场地现场照片

场址区域不存在压覆矿产，不涉及军事设施，不涉及自然保护区，不涉及基本农田、林地、生态红线等敏感性因素。

光伏区地势较高，且远离河流，经水文专业分析，工程场址区域不受 50 年一遇洪水位影响。

2. 太阳能资源

由于未收集到现场实测辐射数据，项目站址处太阳能资源选用 Meteonorm 数据作为评判依据。推算，场址区域年总辐射量为 1618.8kWh/m² （即 5820.48MJ/m²），位于年辐射量为 5040～6300MJ/m² 之间。根据 GB/T 37526《太阳能资源评估方法》，该场区属于太阳能资源很丰富区，太阳能辐射等级为 B 类地区。

场址区年均日辐射量为 4.43kWh/m²/日，逐月平均日水平面总辐射量最大为 6.35kWh/m²/日、最小为 1.97kWh/m²/日。水平面总辐射稳定度 GHRS＝1.97/6.35＝0.310。根据 GB/T 37526《太阳能资源评估方法》，水平面总辐射稳定度等级为一般，属于 C 类。

3. 交通运输

光伏区场址南侧约 40km 处有 G95 高速通过，站址西侧约 6km 处有国道 G239 通过，东侧邻近邻 X508 县道，周边村村通道路交错，交通运输较为便利。

三、总平面布置

1. 光伏区总平面布置

本项目额定容量为 100MW，全部采用 535W 单晶电池组件，共安装组件 214 968 块，实际安装容量为 115.007 88MW。

光伏方阵阵列的布置考虑因素有合理利用现场地形；利于运营生产管理及维护；便于电气接线；尽量减少电缆长度，减少电能损耗。由于地形限制整个光伏阵列区布置较为分散，由 30 个 3.125MW 发电单元、2 个 2MW 发电单元、1 个 2.25MW 发电单元组成。光伏支架采用固定式支架方案，每个 3.125MW 发电单元布置 259 组支架共 6734 块光伏组件，每个 2.25MW 发电单元布置 174 组支架共 4524 块光伏组件，每个 2MW 发电单元布置 162 组支架共 4212 块光伏组件。光伏区全采用组串式逆变器，箱式变压器位于发电单元中心以减少电缆长度，降低线损，同时箱式变压器紧邻检修道路，方便安装检修，项目光伏区总平面布置图如图 10-2 所示。

光伏区施工检修道路充分利用现有道路，采用分散就近引接的方式，尽量减少新建道路工程量，满足运行、检修和施工要求。光伏发电站内的施工检修道路主要沿逆变器、箱式变压器修建，并充分利用光伏支架之间的间距，站内道路宽度为 4m，路面按路基全宽进行铺筑。道路采用碎石土路面，面层厚度根据光伏场区地质条件进行确定，承载力较低的土质路基采用 200mm 厚碎石土面层，承载力较高的碎石及岩质路基采用 100mm 厚碎石土面层。道路的横向坡度为 1.5%，纵向坡度结合地形设计，满足设备运输及运行管理的需要，检修道路如在施工期内出现损坏，需及时对损坏路段进行恢复。当道路跨越场区内冲沟时，设置直埋涵管，涵管尺寸可结合冲沟规模确定；根据地形结合现场实际，挖方段及部分填方段设排水沟，将水引入涵洞或既有沟渠，避免对路基形成危害。

光伏区地势较高，不受 50 年一遇洪水位影响，总平面布置时已对场址区域已有冲沟进行了避让。竖向布置采用“随坡就势”布置方式，不改变自然地面现状，不进行大面积

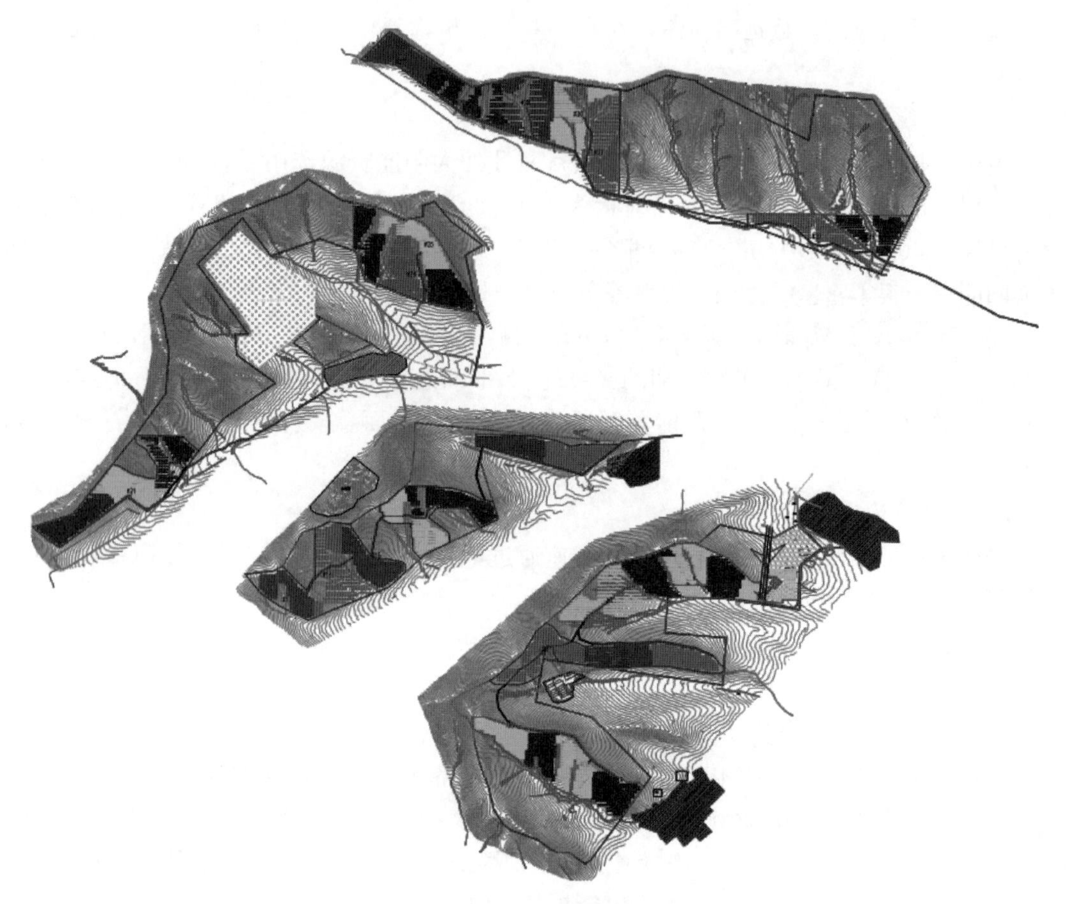

图 10-2　光伏区总平面布置图

场平，局部坑沟就地填平即可。尽量减少对自然地面的破坏，减少水土流失，节省投资，场地排水考虑采用自然散排。

该工程在光伏区外围设有围栏，采用 1.8m 高的简易镀塑钢丝网围栏。

光伏区总平面布置的技术经济指标主要项目见表 10-1。

表 10-1　　光伏区总平面布置的技术经济指标主要项目

序号	名　称	单位	数量	备注
1	总安装容量	MW	115.007 88	直流侧容量
2	总用地面积	m^2	2 068 220	
2.1	光伏区围栏内用地面积	m^2	2 025 620	
2.2	施工临建区用地面积	m^2	6000	
2.3	围栏外道路用地面积	m^2	36 600	
3	光伏区道路长度	m	16 500	
4	光伏区围栏长度	m	27 500	

2. 升压站总平面布置

由于该项目出线接至南侧约 16km 处某 220kV 升压站，该 220kV 升压站为扩建站，故无需新建太多设施。

本次扩建部分仅包含220kV出线间隔1个、库房1座。站区平面布置时需拆除原升压站西南侧部分围墙及站外护坡，扩建区域平面布置与原站区平面布置方案相结合，220kV出线间隔紧邻2号主变压器进线间隔向西扩建，库房布置在扩建区域西北侧。

升压站扩建区域竖向布置与原站区竖向布置方案保持一致，保证站内排水顺畅，不改变原排水设计。

升压站扩建区域道路宽度为4.5m，路面均采用混凝土路面，公路型，转弯半径不小于9m，面层采用水泥混凝土路面，厚度为180mm；基层采用水泥稳定碎石，厚度为200mm；底基层采用碎石，厚度为300mm；配电装置区除设备支架周围操作场地作混凝土面层外，均采用碎石铺装。

升压站站区围墙采用实体砖围墙，高度为2.3m。

四、光伏阵列运行方式及发电量计算

1. 光伏阵列方位角和倾角

方位角就是太阳光线在地平面上投影和地平面上正南方向线之间的夹角。它表示太阳光线的水平投影偏离正南方向的角度，取正南方向为起始点（即0°），向西为正，向东为负。一般情况下，方阵朝向正南（即方阵垂直面与正南的夹角为0°）时，太阳电池发电量是最大的。综合考虑，本设计方案中方阵方位角选为0°，即朝向正南。考虑该项目地形条件较为复杂，综合考虑地形条件和安装容量要求，实际安装方位角需结合地形条件、阵列安装方式等确定。

该工程中，光伏组件采用固定支架安装，方位角取0°，即面对正南方向。要进行光伏方阵布置，需要计算固定支架的最佳倾角。

当电池板与太阳辐射光线垂直时，电池板接收辐射量最大，发电量也最大。根据太阳对地运动规律，太阳在南北回归线往返运动，电池板与太阳辐射光线成垂直状态的对地倾斜角度与工程所在的地理纬度有直接关系。根据工程地理纬度采用PVsyst软件进行计算，得出该项目不同倾角对应的辐射量，如表10-2所示。

表10-2　不同倾角对应的辐射量表

倾角（°）	辐射量［kWh/(m²·y)］
30	1960.9
31	1965.2
32	1969.2
33	1972.6
34	1975.5
35	1978.0
36	1980.0
37	1981.7
38	1982.7
39	1983.2
40	1983.3
41	1982.8

根据表 10-2 统计数据，项目场址处 40°时倾斜面上年总辐射量最大，为最大辐射量倾角。本着提升发电量原则，在此间距条件下，适当降低倾角，可降低前后排组件的近阴影遮挡损失，同时也会降低组件倾斜面接收到的辐射量和增大入射角损失，降低的损失大于增大的损失，总体对提升发电量有益。经过 PVsyst 仿真优化，该项目最佳安装倾角为 35°。

2. 光伏阵列间距计算

在光伏组件方阵布置安装时，如果方阵前面有树木或建筑物等遮挡物，其阴影会挡住方阵的阳光，所以必须首先计算遮挡物阴影的长度，以确定方阵与遮挡物之间的最小距离。对于多排安装的方阵，必须在前后排方阵之间保持一定的距离，以免前排方阵挡住后排方阵的阳光，因此需要确定前后排方阵之间的最小距离。

对于遮挡物阴影的长度，一般确定的原则是，冬至日真太阳时 09:00—15:00 之间，后排的光伏电池方阵不应被遮挡。影长 D 计算公式为

$$D = L\cos\beta + L\sin\beta \times (0.707\tan\phi + 0.4338)/(0.707 - 0.4338\tan\phi) \tag{10-1}$$

式中 ϕ——当地地理纬度；

β——阵列倾角；

L——阵列倾斜面长度。

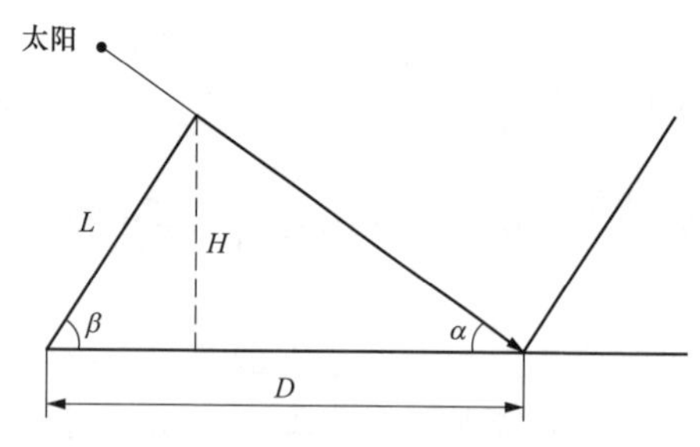

图 10-3 投影公式参数关系示意图

投影公式参数关系示意如图 10-3 所示。

该项目拟采用 535W 单晶电池组件，26 块组件为一个串联，两个串组件双排竖向布置在一个支架上。支架采用固定倾角 35°倾角安装。

该项目为山地光伏项目。山地组件前后排间距设计采用三维仿真软件计算得到，总平面布置也采用三维仿真软件布置。首先，对场区进行遮挡阴影计算；在满足冬至日真太阳时 09:00－15:00 不遮挡的区域进行布置，其次选择 30°坡度范围内可布置；最终根据不同坡度，结合支架尺寸计算得到满足组件前后排冬至日真太阳时 09:00－15:00 不遮挡的阵列间距。

3. 发电量计算

根据斜面辐射量、安装容量、系统总效率等数据，可预测本光伏发电站的发电量。

光伏发电站发电量计算公式为

$$G = W \times t \times \eta \tag{10-2}$$

式中 G——光伏并网电站年发电量，kWh；

W——光伏并网电站安装容量；

t——年峰值日照小时数；

η——光伏系统总效率。

峰值日照时数 t 计算公式为

$$t = HT/T_0 \tag{10-3}$$

式中 HT——倾斜面年总太阳辐射，kWh/m^2；

T_0——标准太阳辐射强度，1000W/m^2（电池组件标准测试条件）。

该工程采用高效单晶组件，单片峰值功率为 535W，共安装 214 968 块电池组件。光

伏发电站实际安装容量为115.007 88MW。

根据PVsyst仿真模拟计算，固定支架35°倾角，方位角为0°（朝南）安装情况下，斜面上的太阳辐射量为1978kWh/m^2。

光伏场区配置2台2MW升压变压器，1台2.25MW升压变压器，30台3.125MW升压变压器，总额定容量为100MW。DC∶AC为1∶1.15。

理论发电量=额定容量×峰值利用小时数=115.007 88MW×1978h≈227 485.59MWh

并网光伏发电系统的能量转换主要包括能量来源环节、能量转化环节、能量输出环节等。上述各环节中均存在不同的能量损失。能量来源环节的主要损失为不可利用的太阳辐射损失（包括早晚阴影遮挡引起的损失及光线通过玻璃的反射、折射损失）、灰尘积雪遮挡损失等。能量转化环节的主要损失为由于电池组件质量缺陷或者不匹配造成的损失、温度影响损失等。能量输出环节的主要损失为欧姆损失（直流、交流线路，保护二极管，线缆接头等）、逆变器效率损失、变压器效率损失以及系统故障及维护损耗等。

对于处在不同地区的特定的并网光伏发电系统，上述损失各不相同。根据当地太阳能资源特点和气候特征及PVsyst建模模拟结果，该工程光伏组件综合系统效率测算各项结果见表10-3。

表10-3　光伏组件综合系统效率测算各项结果

效率	各分项	数值
光伏阵列效率η_1	（1）低辐照损失	0.20%
	（2）阴影损失	2.00%
	（3）IAM损失	0.58%
	（4）污秽损失	2.50%
	（5）温度影响	0.08%
	（6）组件功率偏差损失	−1.00%
	（7）组件一致性失配损失（MTTP处损失）	1.00%
	（8）组件到逆变器压降失配损失（MTTP处损失）	0.5%
	合计	94.24%
低压系统效率η_2	（9）低压直流线损	1.50%
	（10）逆变器效率和MPPT追踪效率	1.60%
	（11）低压交流线损	3.00%
	（12）系统自耗电	0.02%
	（13）系统不可利用率（故障定期检修等情况造成的损失）	1.00%
	合计	93.06%
子阵升压系统效率η_3	（14）箱式变压器升压损失	1.10%
	（15）光伏集电线路交流线损的影响因素	1.34%
	合计	97.57%
并网系统效率η_4	（16）并网系统效率的影响因素（升压站）	96.70%
并网系统效率η_5	（17）并网系统效率的影响因素（送出线路）	99.50%
系统总效率（$\eta=\eta_1\eta_2\eta_3\eta_4\eta_5$）		82.34%

该工程采用高效单晶单面组件，单片峰值功率为535W。通过搜集光伏组件厂家相关资料，组件暂按首年衰减率2%，之后每年衰减率0.55%考虑。

根据表10-4计算结果，在总额定容量100MW情况下，超配比例为1∶1.15时，整个光伏发电站25年综合年均上网电量为171 203MWh，25年总上网电量为4 280 071MWh，25年年年均等效利用小时数为1488.6h，首年等效利用小时数为1596h。

表10-4 光伏发电站逐年发电量计算结果表

年	光伏发电站上网电量（MWh）	直流侧等效利用小时数（h）
1	183 565	1596
2	182 535	1587
3	181 505	1578
4	180 475	1569
5	179 445	1560
6	178 414	1551
7	177 384	1542
8	176 354	1533
9	175 324	1524
10	174 293	1515
11	173 263	1507
12	172 233	1498
13	171 203	1489
14	170 173	1480
15	169 142	1471
16	168 112	1462
17	167 082	1453
18	166 052	1444
19	165 022	1435
20	163 991	1426
21	162 961	1417
22	161 931	1408
23	160 901	1399
24	159 870	1390
25	158 840	1381
25年平均	171 203	1488.6
25年总发电量	4 280 071	

［实例二］ 本实例将以某集中式农光互补项目工程为基础，简要介绍农光互补电站设计过程中的一系列步骤、相关要求及注意事项。

一、工程概况

海南某 100MW 农光互补光伏发电项目位于海南省屯昌县境内，站址地类在林业内属于一般耕地与有林地，小部分区域为旱地与其他园地，拟利用面积约 1830 亩（1 亩＝6.6667×10²m²）。项目总规划容量为 100MW，新建一座 110kV 升压站，配套建设容量 25MW/50MWh 储能电站，通过 1 回 110kV 线路送至某 110kV 升压站。

二、建设条件

1. 场地条件

该工程场址处于相对稳定地区，光伏阵列区所在区域地形地貌主要为沉积岩剥蚀准平原地貌，高程 34～89m，地形稍有起伏。场址所处区域属热带季风气候，气候特征是春常有干旱，夏高温高湿，夏秋多台风，冬凉有阴雨。光伏区场地现场照片如图 10-4 所示。

图 10-4　光伏区场地现场照片

场址范围区域构造稳定性较好，不压矿，场地范围内无岩溶和土洞，也未发现滑坡、崩塌及泥石流等不良地质作用及地质灾害。

光伏场址区域地势较高，周边无河流湖泊，站址不受洪水影响。

2. 太阳能资源

由于未收集到现场实测辐射数据，项目站址处太阳能资源选用 Meteonorm 数据作为评判依据。经推算，场址区年总辐射量为 1558.2kWh/m²，位于年辐射量为 1400～1750kWh/m² 之间。根据 GB/T 37526《太阳能资源评估方法》，该场区属于太阳能资源很丰富带，太阳能辐射等级为 B 类地区。场址区 4—8 月辐射量相对较大，其他月份辐射量相对较小；其中 5 月辐射量最大，12 月辐射量最小。

场址区年均日辐射量为 4.26kWh/(m²·日)，逐月平均日水平面总辐射量最大为 5.53kWh/(m²·日)，最小为 2.63kWh/(m²·日)。水平面总辐射稳定度 GHRS＝2.63/5.53＝0.476。根据 GB/T 37526《太阳能资源评估方法》，水平面总辐射稳定度等级为稳定，属于A类。

3. 交通运输

光伏区场址西侧约3.3km处有G224国道通过，南侧邻近邻079乡道，周围邻近村村通道路，交通运输较为便利。

三、总平面布置

1. 光伏区总平面布置

该项目实际安装容量为100.0098MW，交流侧并网额定容量为78.4MW，全部采用550W双面半片组件，共布置5051串，共181 836块光伏组件。

由于该项目为给光互补项目，结合海南省关于光伏发电项目用地管理的相关要求，光伏方阵布设在农用地上，对土地不应形成实际压占、不应改变地表形态、不影响农业生产；新建的农光互补项目的光伏方阵桩基列间距应不小于3.5m，行间距应不小于2.5m；场内道路用地需合理布局，可按农村道路管理，宽度不得超过4m。该项目采用架高光伏发电支架，架高支架顶部采用光伏组件覆盖，底部种植高效农作物，光伏农业一体化并网发电，将太阳能发电、现代农业种植、高效设施农业相结合，一方面光伏系统可运用农地直接低成本发电，另一方面由于太阳电池可间隔布置或采用一定透光率较高光伏组件，使得植物生长所需要的主要光源可以穿透，达到当地自然环境和场区设施有机的结合。

光伏方阵阵列共包含24个3.9996MW单元和1个4.0194MW单元。每个3.9996MW光伏发电单元布置202串（接入16台196kW组串式逆变器，其中6台接12串，10台接13串），布置7272块光伏组件；每个4.0194MW光伏发电单元布置203串（接入16台196kW组串式逆变器，其中5台接12串，11台接13串），布置7308块光伏组件。光伏场区总平面布置图如图10-5所示。

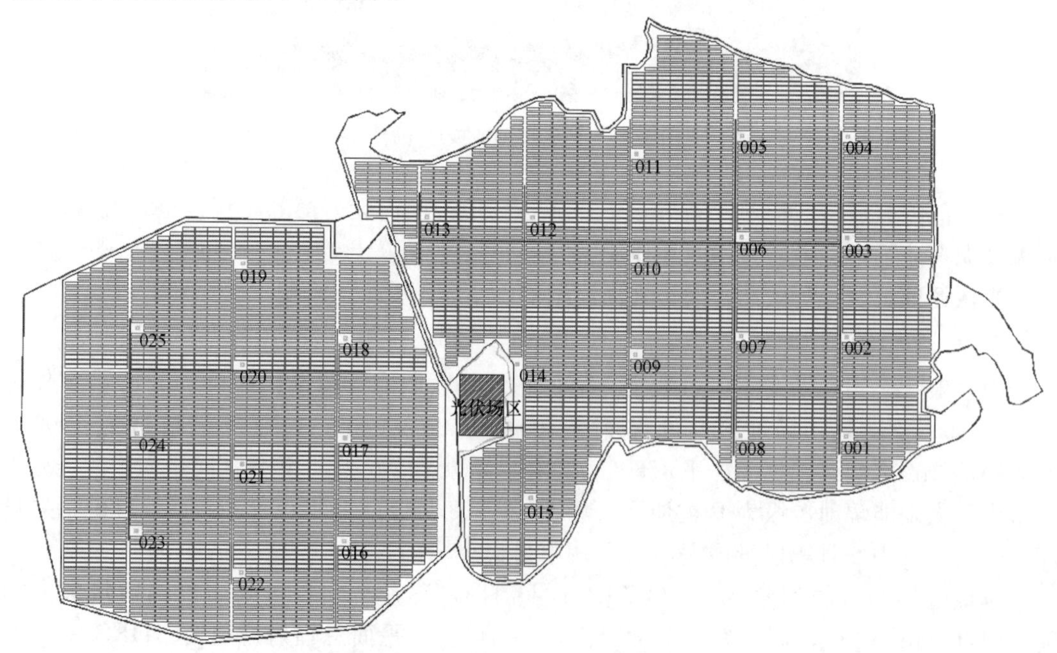

图10-5 光伏场区总平面布置图

光伏区施工检修道路需充分利用现有道路，采用分散就近引接的方式，尽量减少新建道路工程量，并满足运行、检修和施工要求。进站道路由附近乡路引接至光伏站区及升压站。为方便光伏板施工、箱式变压器安装检修、运行，尽量利用周边已有的道路，场内新建施工检修道路仅通向箱式变压器位置，不设置环形通道。为方便巡视检修，场区内施工检修道路路面宽 4m，两侧各做 0.25m 的路肩，道路转弯半径不小于 6m，采用泥结碎石道路，同时对原有不足 3m 的土路进行加宽改建，改建至道路宽约 4m，同样采用泥结碎石道路路面。

该工程场址区域地势较高，周边无河流湖泊，站址不受洪水影响，光伏区竖向布置采用随坡就势的布置方式，不改变自然地面现状，不进行大面积场平，局部坑沟就地填平，场地排水考虑自然散排。

光伏区周边设置热镀锌钢丝网围栏，围栏高度为 1.8m，并在围栏上设置 4.5m 宽简易围栏门方便运维检修。

光伏区总平面布置的技术经济指标主要项目见表 10-5。

表 10-5　　光伏区总平面布置的技术经济指标主要项目

序号	名　称	单位	数量	备注
1	总安装容量	MW	100.0098	直流侧容量
2	总用地面积	m^2	911 800	
2.1	光伏区围栏内用地面积	m^2	899 000	
2.2	施工临建区用地面积	m^2	10 000	
2.3	围栏外道路用地面积	m^2	2800	
3	光伏区道路长度	m	5750	
4	光伏区围栏长度	m	6100	

2. 升压站总平面布置

该项目新建 1 座 110kV 升压站，拟建设 1 台主变压器，光伏场区以 35kV 集电电缆线路接入该升压站，以 1 回 110kV 架空输电线路送出。

升压站站址位于光伏场区西侧、已有乡村道路北侧，为整个光伏发电站的集控中心，整个站区分为管理区及变电区两部分，其中变电区与管理区之间设铁艺围栏。管理区布置于站区南侧，管理区内主要布置有综合楼、一体化消防泵站房、生活污水设施。变电区布置于站区中间位置，主要包含电气楼、主变压器、事故油池、户外配电装置区、SVG 成套装置等，储能区位于变电区北侧位置，独立成区。升压站总平面布置如图 10-6 所示。

升压站考虑采用平坡式竖向设计，室内外高差按照 300mm 考虑。

升压站进站道路从东侧光伏区道路引接至南侧既有道路，考虑从进站大门至升压站区域的便利和美观，将进站道距离升压站处 50m 设为 6m 宽混凝土道路。站内道路本着方便检修、巡视、消防、便于分区管理的原则进行设计，采用城市型道路，水泥混凝土路面。主要道路路面宽度为 4m，转弯半径为 7m。内设巡视小道，宽度为 1.0～1.5m，有些部分利用电缆沟作为巡视小道。站区道路根据消防和工艺需求，设环形道路，故电气设备的安装、检修及消防均能满足要求。

站区主要管线及沟道有电缆沟、生活给水管、生活污水管、消防水管等。电缆沟主要

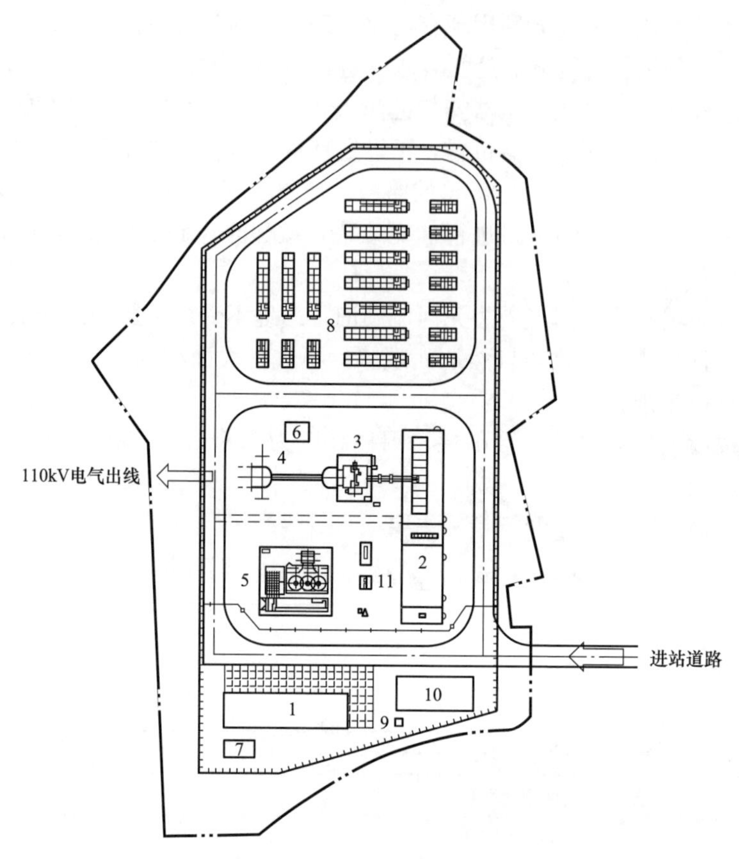

图 10-6　升压站总平面布置图

1—综合楼；2—电气楼；3—主变压器；4—屋外 GIS；5—无功补偿装置；6—事故油池；7—生活污水处理设施；8—储能设施；9—深井；10—一体化消防给水泵房；11—站用变压器及接地变压器

采用钢筋混凝土沟道，生产区电缆沟沟壁高出地面 0.1m。全站电缆沟纵向放坡均按 5‰ 设坡，电缆沟内的积水大部分通过电缆沟排水管流入沟外的雨水井，沟内局部区域雨水不能流入雨水井的地方，沟外设置集水井，集水井内的雨水由移动泵抽出。其他管线均采用直埋方式。

升压站绿化主要布置在生活区附近，主要配置一些低矮灌木及应季花卉，空余地采用草皮加以覆盖，利用灌木花草以达到净化空气，降低场地辐射热、减少噪声。草的品种选用耐践踏、再生力强的当地绿植，以达到整体环境美化。

升压站站区四周采用 240mm 厚砖围墙，高 2.2m。大门采用新型、轻巧的电动伸缩门，长为 12.0m，高为 1.80m。

四、光伏阵列运行方式及发电量计算

1. 光伏阵列方位角和倾角

方位角就是太阳光线在地平面上投影和地平面上正南方向线之间的夹角。它表示太阳光线的水平投影偏离正南方向的角度，取正南方向为起始点（即 0°），向西为正，向东为负。一般情况下，方阵朝向正南（即方阵垂直面与正南的夹角为 0°）时，太阳电池发电量是最大的。综合考虑，本设计方案中方阵方位角选为0°，即朝向正南。考虑该项目地形条件较为复杂，综合考虑地形条件和安装容量要求，实际安装方位角需结合地形条件、阵列安装方式等确定。

该工程中，光伏电池板支撑采用固定支架，方位角取0°，即面对正南方向。要进行光伏方阵布置，需要计算固定支架的最佳倾角。通过PVsyst软件进行模拟计算得出不同倾角对应的光伏组件斜面受到的光辐射大小模拟结果，见表10-6。

表10-6　不同倾角对应的光伏组件斜面光辐射量

倾角(°)	7	8	9	10	11	12	13	14	15
斜面辐射量(MJ/m^2)	5704.5	5711.0	5717.5	5724.0	5728.2	5732.5	5733.5	5734.4	5734.3

通过模拟计算，当倾角为14°时，此时斜面辐射量达到最大，但该模型未考虑多排阵列前后遮挡的影响，需要对倾角进行优化设计，优化设计可以在满足规范要求的09:00—15:00光伏阵列相互不发生遮挡基础上，同时适当降低组件倾角以延长组件每天无遮挡时间段，使组件倾斜面上全年接收的辐照量增大。

通过分析，光伏组件的倾角越小，对应的支架耗材约少，所以适当地降低组件倾角，可以减少项目建设的度电成本。综上分析，最终取本工程的最佳倾角为8°。

2. 光伏阵列间距计算

在光伏组件方阵布置安装时，如果方阵前面有树木或建筑物等遮挡物，其阴影会挡住方阵的阳光，所以必须首先计算遮挡物阴影的长度，以确定方阵与遮挡物之间的最小距离。对于多排安装的方阵，必须在前后排方阵之间保持一定的距离，以免前排方阵挡住后排方阵的阳光，因此需要确定前后排方阵之间的最小距离。

对于遮挡物阴影的长度，一般确定的原则是，冬至日真太阳时09:00—15:00之间，后排的光伏电池方阵不应被遮挡。影长计算公式见式（10-1）。投影公式参数关系示意如图10-2所示。

通过计算可得出，前后排之间不存在高程变化情况下，两排方阵中心间隔D不小于7.3m布置，此时后排净间距为2.56m，满足海南省农光互补项目，前后两排的光伏组件的净间距不小于2.5m要求，也满足满足人员检修通行的需要。

3. 发电量计算

根据斜面辐射量、安装容量、系统总效率等数据，可预测本光伏发电站的发电量。

光伏发电站发电量计算公式见式（10-2）、式（10-3）。

该工程采用双面半片组件，单片峰值功率为550W。根据电池组件的相关参数，进行串、并联计算，确定36块为一串。

根据光伏区地块特点，该工程推荐采用1种容量的箱式变压器（3150kVA），共包含24个3.9996MW单元、1个4.0194MW单元。该工程共布置5051串、共181 836块光伏组件，实际安装容量为100.0098MW，交流侧并网额定容量为78.4MW。

根据PVsyst仿真模拟计算，采用固定支架倾角为8°时，轴斜面上的太阳辐射约为1586.4kWh/m^2，换算成峰值小时数为1586.4h。

理论发电量＝安装容量×峰值利用小时数＝100.0098MW×1586.4h≈158 656MWh。

太阳能光伏发电系统效率包括光伏组件的匹配损失，温度损失，交、直流低压系统损耗，逆变器效率，变压器及电网损耗效率等。在组件、逆变器、线缆等各设备性能相对较好的条件下，并采取定期组件清洗等良好的运维措施等情况下，该工程光伏组件综合系统效率估算结果见表 10-7。

表 10-7　光伏组件综合系统效率估算结果

效率	各分项	数值
光伏阵列效率 η_1	（1）低辐照损失	0.10%
	（2）阴影损失	3.10%
	（3）IAM 损失	0.50%
	（4）污秽损失	2.00%
	（5）温度影响	3.10%
	（6）组件功率偏差损失	−0.20%
	（7）组件一致性失配损失（MTTP 处损失）	1.00%
	（8）组件到逆变器压降失配损失（MTTP 处损失）	0.10%
	合计	90.64%
低压系统效率 η_2	（9）低压直流线损	1.00%
	（10）逆变器转换效率（逆变器运行损失和逆变器过载损失）	2.00%
	（11）低压交流线损	1.25%
	（12）系统自耗电	0.01%
	（13）系统不可利用率（故障定期检修等情况造成的损失）	1.00%
	合计	94.84%
子阵升压系统效率 η_3	（14）箱式变压器升压损失	1.10%
	（15）光伏集电线路交流线损的影响因素	1.25%
	合计	97.66%
并网系统效率 η_4	（16）并网系统效率的影响因素（升压站）	96.70%
系统总效率（$\eta=\eta_1\eta_2\eta_3\eta_4$）		81.18%

该工程采用双面半片组件，背面增益暂按 3%考虑，经计算，系统总的综合效率为 83.62%。根据厂家提供资料，光伏组件暂按照首年衰减率不高于 2.0%，之后每年衰减率不高于 0.45%，20 年生命周期内衰减率不高于 10.55%。

根据计算结果，整个光伏发电站直流侧总安装容量为 100.0098MW，25 年综合年均上网电量为 122 850.4MWh，25 年总上网电量为 3 071 258.8MWh，直流侧首年等效利用小时数为 1300h，25 年年均等效利用小时数为 1228h。

第二节　分布式光伏案例

［实例一］　该实例将以一个火力发电厂分布式光伏项目工程为基础，简要介绍分布式光伏发电站设计过程中的一系列步骤、相关要求及注意事项。

1. 工程概况

该项目利用某火力发电厂现有屋顶进行分布式光伏建设。场区周边路网建设发达，运输条件非常便利。场区拟布置光伏板分别布置于机炉维修间、综合办公楼、基建办公楼、材料库、危险品库、工具库、单身公寓、公寓楼、行政办公楼的屋面上。

2. 太阳能资源

根据气象站及 Solargis 及 Meteonorm 两个数据源数据分析，该项目所在地的太阳能资源稳定度为 0.8，太阳能资源稳定度等级为 B 等级。光伏场区年总辐射量为 4937.6 $MJ/(m^2 \cdot a)$，根据 GB/T 37526《太阳能资源评估方法》确定的标准，光伏发电系统所在地区属于“资源丰富”区接近“资源很丰富”区。

3. 总平面布置

该项目分别布置于机炉检修间、危险品库、材料库、工具库、综合办公楼、基建办公楼、单身公寓、行政办公楼、公寓楼。其中机炉检修间、危险品库、材料库、工具库等为预制混凝土板屋面；综合办公楼、基建办公楼、单身公寓、行政办公楼、公寓楼等为现浇钢筋混凝土板屋面；由于所有建筑物在设计时均未考虑后期铺设屋顶光伏的荷载，且建筑物已服役 20 余年，钢筋保护层厚度等耐久性措施遭受雨雪等自然现象的影响，存在与原有图纸发生变化的可能，因此需要建设单位在施工图阶段前，委托具有资质的第三方单位对房屋进行整体评价（含检测加固方案），并进行相应加固。本项目布置时考虑了女儿墙遮挡、空调外机、太阳能热水器、广告牌及通风口的影响，在对以上因素进行避让后进行总平面布置，总平面布置方案如图 10-7 所示。

本次新增箱式变压器位于相关建（构）筑物周边绿地上，新增电气设备布置于建（构）筑物电子设备间内。场区内现有道路可满足该项目施工、运维要求。场区光伏电缆原则上按直埋的方式进行敷设。考虑该场区已建成并投入正常使用，为将建设分布式光伏对场区的影响降到最低，该次光伏电缆敷设尽可能利用场区原有电缆沟；对于需要跨路的地方，加快施工速度，并覆盖钢板保证场区道路通畅。

4. 光伏阵列运行方式及发电量计算

考虑建筑物屋顶安装空间有限，与跟踪式支架相比，固定式支架后期检修维护量小，节省占地。因此，该工程按全部采用固定式支架方式。利用 Solargis 的光资源数据及 PVsyst 软件可以计算最佳倾角的取值。倾角在 36°左右时，方阵面上捕获的总辐射最大。但屋顶可安装光伏组件的面积是有限的，随着光伏方阵倾角的增加，阵列间距随之增大，可装机容量随之减小。为了在有限的屋顶面积内提高装机容量，提高项目收益，同时考虑实际屋顶的形式和结构，该次设计考虑适当调低倾角。该工程建筑物屋顶均为上人屋面，综合考虑排布容量和发电量，将方阵倾角暂定为 10°。

固定式光伏阵列通常成排安装，一般要求在冬至影子最长时，两排光伏阵列之间的距离要保证 09:00—15:00 之间前排不对后排造成遮挡。

固定式布置的光伏方阵间距可根据式（10-1）进行计算。

该站站址的纬度约为北纬 39.88°，经计算，前后排单元光伏阵列中心线间距稍微放大为 6.8m。因此，混凝土平屋面前后排光伏阵列中心线间距按 6.8m 进行布置。

考虑光伏组件的光电转换效率会随着时间的推移而降低，根据建设单位标准要求的组

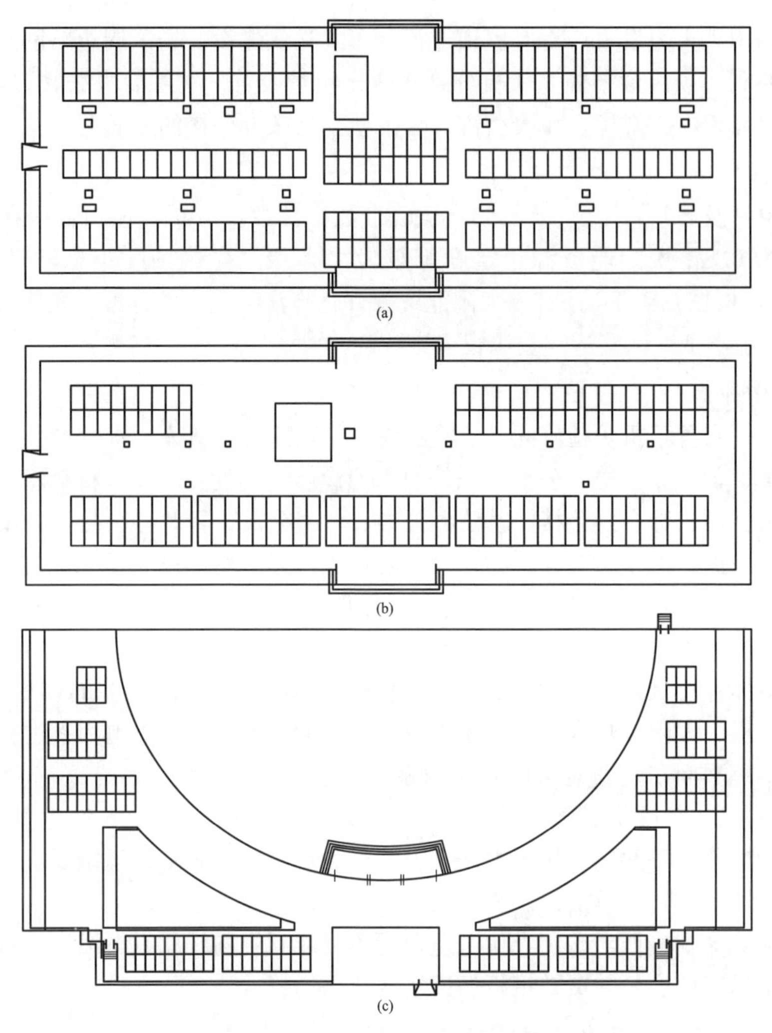

图 10-7 各建筑物屋顶光伏布置图
(a) 公寓楼；(b) 行政办公楼；(c) 基建办公楼

件质量保证：首年 2%，之后至第 25 年每年不高于 0.55%。按上述衰减系数进行光伏发电站各年的发电量计算，计算结果：光伏发电站 25 年平均年发电量为 762.4MWh。25 年平均年等效利用小时数为 1136.8h。

［实例二］ 该实例将以某机场分布式光伏项目工程为基础，简要介绍分布式光伏发电站设计过程中的一系列步骤、相关要求及注意事项。

一、工程概况

该项目利用某机场货运区、东跑道、公务机区三块区域（包含 7 个建筑物屋顶上及 1 条跑道区域）建设分布式光伏项目，装机总容量为 5.61MW。某机场分布式光伏项目卫星图如图 10-8 所示。

某机场分布式光伏发电项目在选址时充分考虑了多项安全因素，经过了机场、空管、规划和某机场各设计方的项目审查，并取得了机场分布式光伏发电项目立项报告评估专家组意见，同意该项目实施。根据项目审查意见，在设计时要综合考虑项目各项安全、规划容量、示范及景观作用、电缆走线路径、综合控制集成等因素。确保项目建成后完全满足民航安全要求，满足某机场电能质量要求和机场未来规划和路径需求，确保项目切实可行。

图 10-8　某机场分布式光伏项目卫星图

二、太阳能资源

根据气象站及 Solargis 及 Meteonorm 两个数据源数据分析，该项目所在地太阳能稳定度为 0.402，根据太阳能资源稳定度划分标准，该地区属太阳能资源稳定区域。

太阳能资源丰富程度等级见表 10-8。该项目所在地年总辐射量为 4937.6 MJ/(m^2 • a)，属于资源丰富地区。

表 10-8　太阳能资源丰富程度等级

太阳总辐射年总量	资源丰富程度
≥1750kWh/(m^2 • a)	资源最丰富
≥6300MJ/(m^2 • a)	
1400～1750kWh/(m^2 • a)	资源很丰富
5040～6300MJ/(m^2 • a)	

续表

太阳总辐射年总量	资源丰富程度
1050～1400kWh/(m^2·a)	资源丰富
3780～5040MJ/(m^2·a)	
＜1050kWh/(m^2·a)	资源一般
＜3780MJ/(m^2·a)	

三、总平面布置

项目场区建（构）筑物较多，屋顶面积相对开阔，适宜屋顶分布式光伏的建设，但是该项目是新建机场的配套工程，故该项目的原则是不影响新机场运行的范围内，尽可能地进行分布式光伏发电布置。在跑道区域铺设光伏，铺设范围为东跑道靠南 105m 范围外一直到红线的边界范围内。部分屋顶存在有周围建筑物的遮挡，设计时需予已考虑和避让。该工程仅需新建部分地面光伏、分布式光伏、3 台箱式变压器（跑道区 2 台，公务机区 1 台）。同时，在货运区的光伏按照 400V 低压接入考虑，直接接入该建筑物的低压配电盘。逆变器按照 400V 直接选取。跑道区地面光伏升压到 10kV 由跑道接到航站楼。公务机区按照 10kV 并网，就近接入公务机区。某项目货运区光伏组件布置如图 10-9 所示。

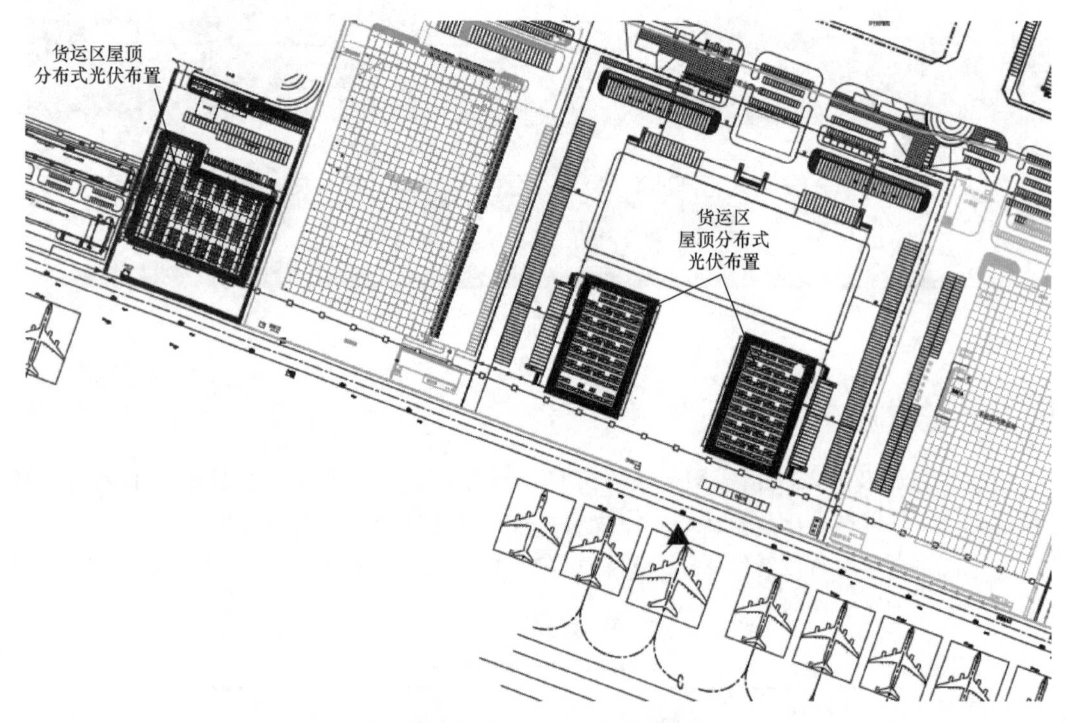

图 10-9　某项目货运区组件布置图

该项目场址周边交通便捷，场址范围内还有规划的机场道路，运输条件非常便利。

1. 女儿墙及其他障碍物的避让

对于公务机区和货运区，参照建筑图纸女儿墙及其他建筑物高度，按照冬至日

09:00—15:00 不产生遮挡的原则，进行了阴影避让。公务机区和货运区的采光窗、屋顶通气孔等也做了避让。

2. 检修通道设置

为了运维检修方便，在进行光伏组件布置时需留有检修通道。跑道区域利用前后排间隔作为东西向检修通道，同时方阵间预留 0.5m 作为南北向检修通道。公务机区和货运区充分利用阴影区域作为检修通道，同时方阵间也依据具体情况留一定间隔作为检修通道。

3. 光伏组件间距

光伏组件布置于彩钢瓦屋面，随彩钢瓦坡度布置，前后排可以不留间距。

屋顶组串式逆变器、交流汇流箱布置在女儿墙附近，条件不允许的区域也可视情况落地安装。

4. 电气设备布置及电缆敷设

本工程拟采用 10kV、400V 两个电压等级，共 14 个回路（4 路 10kV、10 路 380V）分别接入相应区域内的高、低压配电装置。光伏组件至组串式逆变器的电缆主要采用沿支架敷设的方式。货运区组串逆变器至交流汇流箱采用槽盒敷设方式。

货运区装机容量约 2.03MW。国际货运站 2 布置了 11 台 1×50kW 的 400V 逆变器，国际货运站 3 分别布置了 14 台 1×50kW 的 400V 逆变器，国内货运站布置了 14 台 1×50kW 的 400V 逆变器，分别经交流汇流箱汇流后，接入各自货运站零米的低压配电间。分布式光伏组串式逆变器、交流汇流箱均单列布置于屋顶，壁挂式安装于支架上。

分布式光伏场采用电缆槽盒及穿管的方式沿光伏支架敷设至组串逆变器及交流汇流箱，交流汇流箱出口通过低压电力电缆敷设至各自货运站零米的低压配电间，沿途尽可能利用已有电缆竖井或桥架等电缆通道，过路及没有电缆通道的位置采用镀锌钢管穿管敷设。

本分布式光伏发电项目中，场区光伏电缆原则上按直埋的方式进行敷设。考虑到该项目已建成并投入正常使用，为将建设分布式光伏对场区的影响降到最低，本次光伏电缆敷设尽可能利用场区原有电缆沟；对于需要跨路的地方，加快施工速度，并覆盖钢板保证场区道路通畅。

四、光伏阵列运行方式及发电量计算

除了考虑常规光伏设计因素外，在机场布置分布式光伏还需考虑以下两个因素。

1. 电磁影响

由于机场范围内有许多雷达设施，因此机场范围内的全部设施的电磁辐射值必须在规范要求的范围内。该工程所采用的光伏组件经过国际第三方机构的检验，光伏组件在工作条件下和一般状态下的电磁辐射均是可忽略，机场满足 GB 6364《航空无线电导航台（站）电磁环境要求》和 GB 8702《电磁辐射防护规定》和 GB 9175《环境电磁波卫生标准》的最高要求。

2. 光污染

针对光伏电池组件和光伏支架进行了光学反射测试，在理论论证后进行了现场铺设试验，并经过了 3 个月的现场验证最终取得了民航局的许可文件。在取得许可文件后，对于拟安装区域实地充分测试太阳能光伏组件的特性，对拟安装的光伏组件 BRDF 模型计算得到的反射亮度在该地区 1 年内任何时刻明显小于限制值，确保安装光伏发电站将不会影响航空安全。

3. 运行方式

该工程部分光伏位于建筑物彩钢瓦屋顶，采用夹具固定方式；部分光伏位于跑道外围，基于机场安全要求，光伏组件需尽量贴近地面，因此也采用固定式支架。

跑道部分地形平坦，方位角选择为 0°。屋顶部分，因为屋顶均为彩钢瓦屋面，采用夹具安装，所以方位角随屋面坡度，其方位角见表 10-9。

表 10-9　　组件布置方位角表

区域	方位角（°）	区域	方位角（°）
国内货运站南侧	20	国内货运站北侧	－160
国际货运站 2 西侧	110	国际货运站 2 东侧	－70
国际货运站 3 西侧	110	国际货运站 3 东侧	－70

考虑光伏组件的光电转换效率会随着时间的推移而降低，结合实际情况，按首年衰减 3%、次年起每年衰减 0.7%、运营期 25 年进行考虑。计算得出：光伏发电站 25 年平均年发电量为 220 万 kWh，25 年平均年等效利用小时数为 1096.4h。

参　考　文　献

[1] 李钟实，等．太阳能分布式光伏发电系统设计施工与运维手册．2 版［M］．北京：机械工业出版社，2021.
[2] 周志敏，纪爱华，等．分布式光伏发电系统工程设计与实例［M］．北京：中国电力出版社，2018.
[3] 李付林．影响光伏电站选址布局的因素分析［J］．经济研究导刊．2019，36-0021-02：21-22.
[4] 王满艺．基于复杂山地的光伏电站总图设计［J］．建筑设计．2018，04-0016-03：16-17.
[5] 徐振兴．大型并网光伏发电站选址分析［J］．物流工程与技术．2016，41（067）：67-68.

第三篇　太阳能光热

第十一章
概述

太阳能资源是自然界中取之不尽、用之不竭的能源。太阳能光热发电（concentrating solar power，CSP）是将太阳能转换成热能，通过聚光器跟踪太阳，将直接辐射光聚焦并反射至吸热器上，加热吸热器内的传热流体，直接与水换热产生高温、高压的蒸汽，从而驱动汽轮发电机组发电的系统；热能也可以被储存在储罐中，在需要发电的时候释放热能进行发电。光热发电最主要的技术优势是通过配置储热系统，机组的发电功率稳定可靠，不受光照强度变化的影响，可以实现连续24h发电，并具有优良的调节性能。

光热发电作为一种集发电与储能于一身的可再生能源发电方式，与风力发电和光伏发电相比，具有机组出力稳定可靠、运行调节灵活的技术优势。特别是通过设置储热系统后，光热发电机组可以替代燃煤发电机组，承担基本负荷或高峰负荷，可以显著提高可再生能源电力比重，增强电力系统消纳可再生能源电力的能力，减少弃风、弃光造成的损失，向电网提供清洁、稳定、可调的优质电力；同时也可以有效减少高比例风电和光伏接入的电力系统对储能电站容量的需求。光热发电对提高可再生能源发电比重以及在我国的能源转型中发挥重要的作用。

发展光热发电符合我国能源发展战略，对我国实现碳减排和一次能源结构调整以及“碳达峰、碳中和”的目标具有重要现实意义。我国西部、西北部地区太阳能直接辐射资源丰富，土地广阔，可供开发的土地为沙漠、戈壁、荒漠，具备建设大规模光热发电基地的良好自然条件。

2016年，国家能源局印发了《国家能源局关于建设太阳能热发电示范项目的通知》(国能新能〔2016〕223号)，公布20个光热发电项目入选示范项目名单，合计装机容量135万kW。首批20个光热发电示范项目名单的发布推动了我国光热发电技术产业化发展，也带动了相关企业通过自主创新突破了多项光热发电的核心技术，2018年部分项目落地运营拉动了我国太阳能光热发电装机容量的增长。截至2022年，我国光热发电累计装机规模已达588MW，在全球光热发电累计装机容量中占8.3%。

第一节　太阳能热发电技术发展概况

太阳能资源是一种清洁可再生的理想能源，在未来社会能源战略中占有重要地位。目前太阳能发电技术主要有光伏发电技术和光热发电技术。光伏发电技术利用的是太阳全辐射能，采用光-电转换的形式，将太阳能转化为电能。光热发电技术利用的是太阳直接辐射能，采用光-热-电的形式，通过聚集太阳直接辐射获得热能，并将热能转化为高（中）温高压蒸汽驱动汽轮机组发电。通过配置储热系统，光热发电技术可以实现24h连续稳定发电。

根据太阳能直接辐射聚焦方式的不同，可以将光热发电技术形式分为塔式、槽式、线性菲涅尔式和碟式4种形式，如图11-1所示。

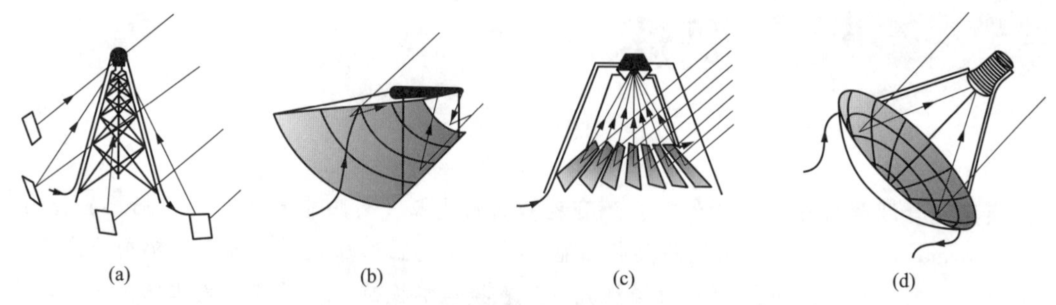

图11-1 光热发电技术的四种聚焦方式
(a) 塔式；(b) 槽式；(c) 线性菲涅尔式；(d) 碟式

塔式光热发电技术是一种点聚焦形式的光热发电形式，其主要技术原理是利用众多的定日镜跟踪太阳，将太阳的直接辐射反射到吸收塔顶部的吸热器上进行聚焦，加热吸热器内的传热工质，常用的传热工质有熔盐、水等，传热工质将热量传递给水，产生过热蒸汽，驱动汽轮机发电机组发电。

槽式光热发电技术是一种线聚焦形式的光热发电技术，其主要原理是利用槽型抛物面反射镜，将太阳直接辐射聚焦到玻璃真空集热管上，加热集热管中的吸热介质，常用的吸热介质为导热油，也在尝试用熔盐，再利用吸热介质的热能通过蒸汽发生器产生过热蒸汽，推动汽轮机做功发电。

线性菲涅尔式光热发电技术是槽式光热发电技术的一种简化，该技术采用长条形平面反射镜代替槽式抛物面镜，结构相对简单，构成线性菲涅尔式聚光集热器。线性菲涅尔式光热发电技术与槽式一样，采用一维跟踪系统，控制系统较为简单，常用的吸热介质为水，近期国内外一些公司正在研发采用熔盐作为吸热介质，但是线性菲涅尔系统的聚焦比较小，因此温度提升受到限制，聚光集热效率较低。

碟式光热发电技术利用碟状抛物面镜将入射太阳光聚集到集热器的焦点处，传热工质（氢气或氦气）流经集热器吸收太阳能量转化为热能，驱动斯特林机运转，并带动发电机发电。

槽式、塔式、线性菲涅尔式和碟式四种光热发电技术的主要参数对比详见表11-1。目前商业化应用较多的主要是槽式和塔式光热发电技术，线性菲涅尔式光热发电技术也有商业应用，而碟式光热发电技术由于其特点更适合分布式布置，目前还没有进行规模化建设。

表11-1　　　槽式、塔式、线性菲涅尔式和碟式光热发电技术对比表

项目	槽式	塔式	线性菲涅尔式	碟式
聚焦方式	线聚焦	点聚焦	线聚焦	点聚焦
技术成熟度	商业化应用	商业化应用	商业化应用	商业化应用
吸热介质	导热油/熔盐	熔盐	水工质/熔盐	氢气或氦气
吸热介质最高温度（℃）	393	566	450	850
容量（MW）	10～200	10～150	10～200	0.01～0.4

续表

项目	槽式	塔式	线性菲涅尔式	碟式
聚焦比	80～100	300～1000	70～80	1000～3000
年均光电效率（%）	10～15	15～18	10～15	20～35
峰值光-电效率（%）	约25	约25	18	约30
光热效率（%）	30～40	30～40	30～40	30～40
最长储热时间（h）	10	15	16	不能
动力循环及条件	蒸汽朗肯循环 11MPa/381℃/381℃	蒸汽朗肯循环 11.5MPa/540℃/540℃	蒸汽朗肯循环 10MPa/383℃/383℃	斯特林循环

目前，我国已对包括塔式太阳能热发电技术、槽式太阳能热发电技术、线性菲涅尔太阳能热发电技术、碟式太阳能热发电技术等各种类型的太阳能热发电技术进行研究，并已建成多项塔式、槽式、线性菲涅尔太阳能热发电工程。

第二节 各种光热发电技术主要工艺流程

光热发电利用的是太阳直接辐射能。垂直于太阳辐射方向的平面上（正对太阳的平面）单位面积直射辐射功率称为太阳法向直射辐照度（Direct Normal Irradiance，DNI，单位为 W/m^2）。一年内瞬时太阳法向直射辐照度的总和称为年太阳法向直射辐照量[Direct Normal Irradiation，DNI，单位为 $kWh/(m^2 \cdot a)$]。

光热发电技术是通过反射镜聚集太阳的直接辐射获得热能，再将热能转化为机械能驱动发电机发电。光热发电技术最重要的优势是具备储热系统，在白天日照条件下，将获得的部分热能储存在储热装置中，可在无日照时段利用储热发电以满足电网要求。

聚焦太阳直接辐射并转化为热能是光热发电的关键过程，这一过程被称之为聚光集热。光热发电主要有槽式、塔式、线性菲涅尔式和碟式4种聚光集热方式。由于碟式光热发电系统尚不能配置储热系统，更适合分布式建设，因此，国内目前尚无碟式光热发电项目投入商业运行。

一、槽式光热发电技术工艺流程

抛物面槽式光热发电技术简称槽式光热发电技术，是一种线聚焦形式的光热发电技术。在槽式光热发电系统中，由集热器的反射镜将太阳光反射聚焦于真空集热管，加热真空集热管中的传热介质至一定温度，再利用传热介质的热能加热水，从而产生蒸汽驱动汽轮发电机组发电，如图11-2所示。

槽式光热发电系统主要由聚光集热系统、储换热系统、蒸汽发生系统和发电系统组成，典型的配置储热系统的槽式导热油光热发电系统示意图如图11-3所示。聚光集热系统由阵列成回路的集热器连接组成，主要负责吸收太阳辐射能量并转化为热能传递给导热油（或熔盐等传热介质）。导热油在集热场中由293℃被加热至393℃，再利用导热油通过由过热器、再热器、蒸发器和预热器组成的蒸汽发生系统加热给水，产生10MPa/383℃左右的高压蒸汽，驱动汽轮发电机组发电。当聚光集热系统提供的热量超出发电系统所需的

图 11-2 槽式光热发电技术

热量时，可通过油盐换热器将导热油的热量传递给熔盐，储存至储热系统中。在没有光照或光照强度不满足稳定发电出力时段，可以通过油盐换热器将储热系统中存储的热量再传递给导热油，实现光热发电机组的稳定出力。

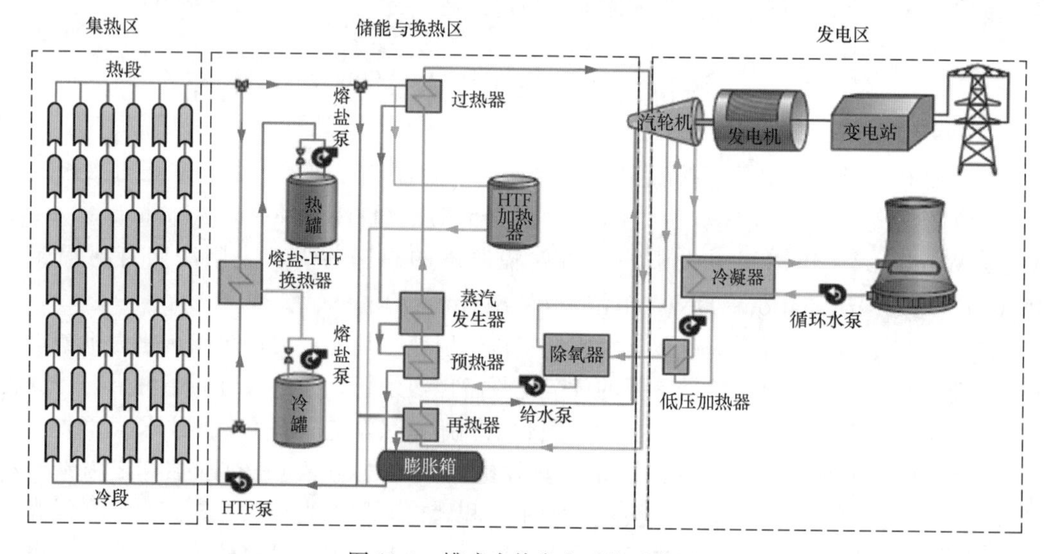

图 11-3 槽式光热发电系统示意图

二、塔式光热发电技术工艺流程

塔式光热发电技术是一种点聚焦形式的光热发电系统，其主要技术原理是利用众多的定日镜跟踪太阳，将太阳的直接辐射反射到吸收塔顶部的吸热器上，加热吸热器内的传热介质，传热介质将热量传递给水，产生过热蒸汽，驱动汽轮机发电机组发电。以熔盐为传热介质的塔式光热发电技术是目前主流的发展方向，如图 11-4 所示。

塔式熔盐光热发电系统由聚光集热系统、储热系统、蒸汽发生系统及发电系统组成。图 11-5 所示为塔式熔盐太阳能光热发电系统示意图，定日镜将太阳直接辐射反射至吸热塔顶端的吸热器上，将 290℃的熔盐工质升温至 565℃后进入储热系统的热熔盐罐中，再通过热熔盐泵将热熔盐罐中的热盐打入蒸汽发生系统与给水进行换热，产生 14MPa/550℃左右的高温、超高压蒸汽进入汽轮发电机组做功发电。高温熔盐放热后温度降低到 290℃左右，回到冷盐储罐。熔盐再通过冷盐泵打入吸热器进行加热循环。

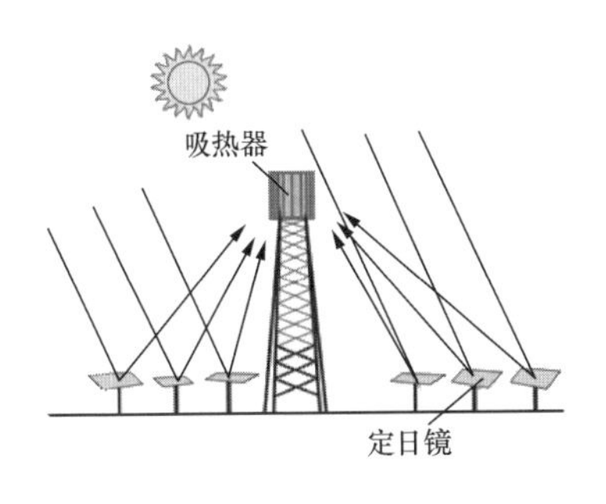

图 11-4　塔式光热发电技术

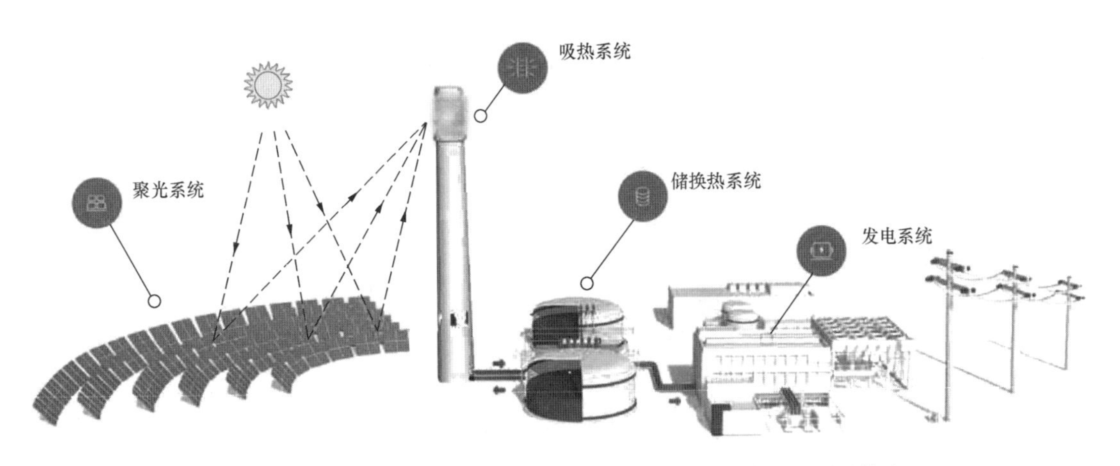

图 11-5　塔式熔盐太阳能光热发电系统示意图（图片来源：可胜技术）

三、线性菲涅尔式光热发电技术工艺流程

线性菲涅尔式光热发电技术是槽式光热发电技术的一种简化，该技术采用长条形一级平面反射镜代替槽式抛物面镜，由二级反射镜和集热管组合为线性菲涅尔太阳能接收器。线性菲涅尔式光热发电技术原理如图 11-6 所示，通过跟踪太阳运动，一级反射镜将太阳光聚集到固定二级反射镜和集热管上，二级反射镜同样将太阳光反射到集热管上，加热集热管中的吸热介质，再利用吸热介质的热能通过蒸汽发生系统产生过热蒸汽，或直接加热吸热器中的水产生过热蒸汽，推动汽轮机做功发电。线性菲涅尔式光热发电技术一般采用水工质作为传热介质，近期国内外一些公司正在研发采用熔盐作为传热介质的线性菲涅尔式光热发电技术，该技术传热介质与储热介质为同一介质，系统简单。

线性菲涅尔式光热发电技术与槽式一样，采用一维跟踪系统，控制系统较为简单，但聚光集热效率较低。线性菲涅尔式光热发电技术平面镜的制造相对于抛物面镜更为简单，因此线性菲涅尔聚光器的成本较低。

四、槽式、塔式及线性菲涅尔式光热发电技术对比分析

槽式光热发电技术作为最成熟的技术形式，其运行可靠性和项目经济性已经在世界范围内几十余个商业化光热发电厂中得到了证明。从国际光热发电项目投标结果来看，槽式

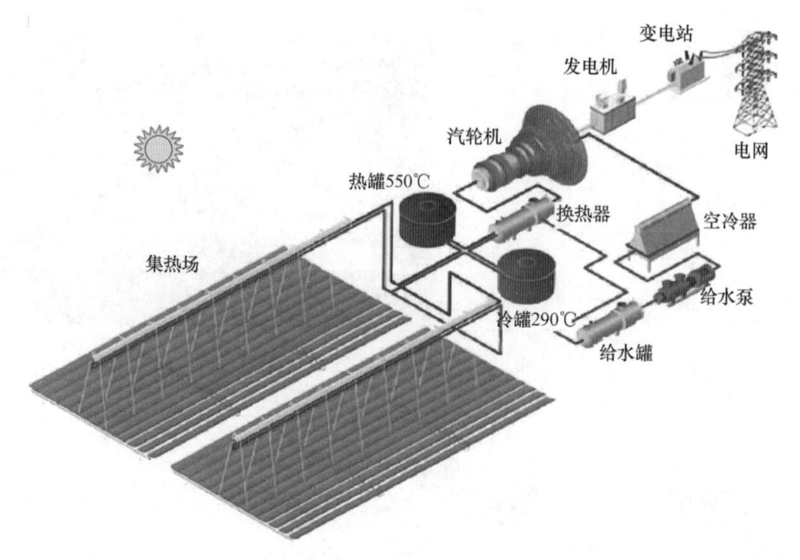

图 11-6 熔盐线性菲涅尔式太阳能热发电系统示意图（图片来源：兰州大成）

光热发电项目的成本电价比塔式熔盐光热发电项目低，但对场地坡度要求相对塔式光热发电技术较高，系统也相对复杂。受导热油温度的限制，槽式光热发电项目汽轮机入口蒸汽参数目前还不能超过 400℃，槽式光热发电技术蒸汽参数的进一步提高还需商业化槽式硅油或熔盐光热发电项目的验证。

塔式熔盐光热发电技术具有光电效率较高、传/储热采用同一工质、系统相对简单、运行方式更为灵活、场地坡度要求低等优点，受到投资单位的青睐。但由于目前熔盐塔式商业化电站相对还少，运营经验相对不足，还需不断积累经验以保障电站达产率以适应未来大规模发展的需要。

线性菲涅尔式光热发电技术和槽式光热发电技术相比，可以有效避免镜面间遮挡，布置更为紧凑，土地利用率高，镜面更易于清洗，传热介质管路连接密封问题更易解决。但线性菲涅尔式光热发电技术镜场余弦效率损失较大，镜场光热效率相比槽式光热发电技术更低，吸热介质一般采用水工质，大容量储热技术带来挑战，且大型商业化电站极少，未来仍需技术不断提升和发展。

槽式、塔式和线性菲涅尔式三种光热发电技术的主要参数对比详见表 11-2。

表 11-2　　槽式、塔式和线性菲涅尔式三种光热发电技术的主要参数对比表

项目	槽式（导热油）	塔式（熔盐）	塔式（蒸汽）	线性菲涅尔
最大单机容量（MW）	200	150	133	100
技术成熟度	商业化应用	商业化应用	商业化应用	应用示范
聚焦方式	线聚焦	点聚焦	点聚焦	线聚焦
聚光倍数（倍）	80～100	300～1000	300～1000	＜200
吸热介质	导热油	熔盐	水工质	水工质
吸热介质最高温度（℃）	393	566	566	450
汽轮机额定进汽参数（MPa/℃/℃）	11/381/381	11.5/540/540	16.3/540/480	约 10/450/

续表

项目	槽式（导热油）	塔式（熔盐）	塔式（蒸汽）	线性菲涅尔
最长储热时间（h）	10/6（熔盐）	15/8（熔盐）	2（蒸汽）	16（混凝土）
光电峰值效率（%）	约 25	约 25	约 24	约 18
光电平均效率（%）	10～15	15～18	15～17	10～15

五、光热发电机组与燃煤发电机组的运行特性对比

光热发电系统一般都配置储热系统，从而实现连续稳定出力。以西班牙 Gemasolar 电厂 20MW 机组为例，该机组配置了长达 15h 的熔盐储热系统。通过对机组配置储热系统，Gemasolar 电厂可实现 24h 连续稳定发电。

表 11-3 所示为光热发电机组与燃煤发电机组的运行特性对比表。与燃煤发电机组相比，光热发电系统出力更具灵活性，具有启停时间短、最低运行负荷低等优点，使得光热发电机组具有更好的调节性能。光热发电通过配置储热系统，可以承担基本负荷或高峰负荷。在有光照的情况时，光热发电机组可以将太阳能资源以热能的形式储存在储罐中，在没有光照的情况下，通过储热系统发电，满足晚高峰电力负荷需求。光热发电可增强电力系统消纳可再生能源电力的能力，减少弃风、弃光造成的损失，向电网提供清洁、稳定、可调的优质电力。

表 11-3　　光热发电机组与燃煤发电机组运行特性对比

项目内容	光热发电	燃煤发电
负荷调节范围（%）	20～100	50～100
蒸汽发生器升温速率	允许 10℃/min	锅炉点火初期 1.5℃/min，允许 5℃/min
汽轮机启动时间（0%～100%负荷，min）	20～60（热态-冷态）	60～240（热态-冷态）
机组负荷变化率	阶跃负荷变化：±10%额定出力/min； 50%额定出力以上：±5%额定出力/min； 50%额定出力以下：±3%/min	阶跃负荷变化：±10%额定出力/min； 50%额定出力以上：±5%额定出力/min； 50%～30%额定出力：±3%额定出力/min

第三节　国内外太阳能热发电建设情况

一、国外太阳能热发电建设情况

（一）国外太阳能热发电总体现状

1950 年，苏联设计并建造了世界上第一座塔式太阳能热发电的小型试验站。20 世纪 70 年代，由于石油危机带来传统能源价格飙升，许多发达工业国家将目光转向光热发电，并将光热发电技术作为开发重点。1981 年，法国、德国和意大利等 9 个欧洲国家在意大利西西里岛联合建成了世界首座并网运行的 1MW 太阳能塔式光热发电厂；1982 年，美国在加州南部 Barstow 沙漠建成了 10MW 的大型太阳能塔式光热发电厂（Solar One）；日本、

西班牙、以色列、澳大利亚等国也相继建成了不同形式的试验和示范电站，从而促进了太阳能热发电技术的不断发展。在1981—1991年间，全世界建造了多座兆瓦级太阳能热发电站，包括美国的SEG SI～IX机组354MW太阳能热电站及Nevada Solar One 64MW机组。2000年后，西班牙的Andasol 1号机及2号机100MW机组、PS10及PS20塔式太阳能热电站等陆续投产。

自2007年底到2012年，全球光热发电装机以年增长率43%的较快速度增长，新建装机容量主要来源于西班牙和美国，这主要得益于西班牙在2004年和2007年颁布的光热发电电价补贴政策和美国2006年出台的能源部贷款担保计划和太阳能投资税收减免政策（ITC）。2012年西班牙政府迫于财政危机取消了对新建光热发电厂的上网电价补贴政策和原有光热发电厂辅助燃气发电部分的电价补贴，同时加征7%的能源税，这对西班牙光热发电产业产生了巨大冲击，2013年后，西班牙基本没有新增光热发电装机。2011年美国光伏企业Solyndra破产，导致美国能源部5亿多美元债务无法追回，可再生能源项目的贷款担保支持计划当年被迫中止。

由于太阳能光热发电在新能源发电中提升稳定性、可靠性的作用逐渐凸显，全球各国加快光热产业的发展。根据国家太阳能光热产业技术创新战略联盟综合统计，2022年底，全球太阳能热发电累计装机容量约为7050MW（含美国运行30年后退役的槽式电站），如图11-7所示。

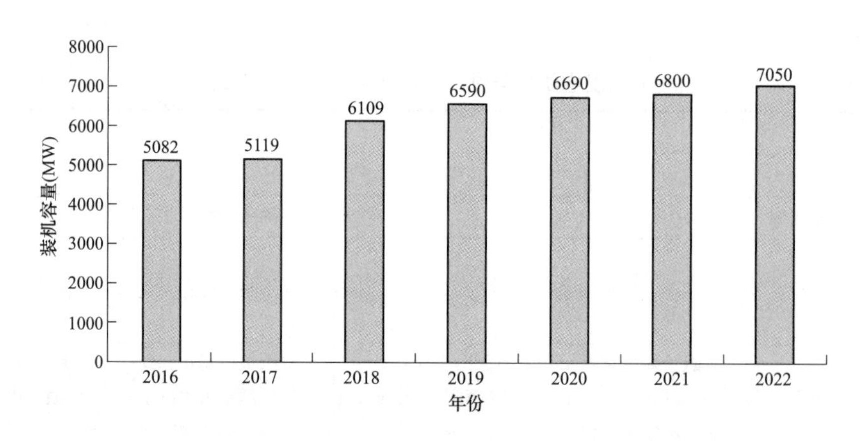

图11-7 2016—2022年全球光热发电累计容量统计装机容量变化

数据来源：国家太阳能光热产业技术创新战略联盟《2022中国太阳能热发电行业蓝皮书》。

光热发电技术首先在欧美市场得到发展，2021年，西班牙光热装机容量约占全球35.33%，位居世界第一；其次美国光热装机规模占全球27.21%。全球光热发电装机主要分布在西班牙、美国、摩洛哥、南非、中国、印度、以色列和阿联酋等国家。此外，阿尔及利亚、埃及、澳大利亚、伊朗、阿曼、意大利、丹麦、泰国、智利、德国、土耳其、加拿大和法国也有兆瓦级的光热发电机组在运行。

槽式光热因其较低的成本投入在早期项目中为主流，成熟较早，专利多为欧美垄断，目前历史装机量较大。塔式集热系统储热容量更大，投资成本较高，目前以塔式电站为主流。线性菲涅尔式发电效率较低，碟式仅用于空间太阳能电站，占比较低。根据统计，全球范围内槽式占比约为77%，塔式约为20%，线性菲涅尔式约为3%。

（二）国外太阳能热发电典型项目概况

1. 西班牙 Andasol-1 槽式导热油光热发电项目

西班牙 Andasol-1 槽式导热油光热发电项目装机容量为 50MW，是世界首个配置熔盐储热的大型光热发电项目，也是欧洲第一个商业化运行的槽式导热油光热发电项目，于 2008 年 11 月投产。该项目位于 ALDIERE 市、GRANADA 区，设置 158 个集热器回路，采用双罐熔盐储热系统，储热时长 7.5h（储热容量可满足汽轮发电机组额定功率运行 7.5h），导热油最高工作温度为 393℃，用地面积为 200hm^2，该项目总平面布置如图 11-8 所示。有关数据见表 11-4。

图 11-8　西班牙 Andasol-1 光热发电项目总平面布置图

表 11-4　西班牙 Andasol-1 50MW 槽式光热发电项目有关数据

项目	有关数据
装机容量	50MW
发电类型	槽式（占地面积 200hm^2）
地理位置	ALDIERE 市、GRANADA 区
太阳辐照量（DNI）	2136kWh/(m^2·a)
集热场采光面积	510 210m^2
集热器组件数量	624 个（每个组件长 144m，158 个回路）
储热系统	7.5h（双罐，直径为 36m，高为 14m；熔盐 28 500t）
传热介质	导热油 Dowtherm A（工作温度为 293～393℃）
汽轮机额定进汽参数	10MPa/383℃/383℃
年均光电效率	16%
投运日期	2008 年 11 月 26 日
世界上首个安装熔盐储热系统的大型光热发电项目	

2. 美国 Solana 槽式导热油光热发电项目

美国 Solana 槽式导热油光热发电项目是目前全球最大的导热油槽式光热发电厂，装机容量为 280MW（2×140MW），也是美国首个配置熔盐储热的光热发电厂，电厂总投资额高达 20 亿美元。该电厂于 2013 年 10 月投运，配装两个各 140MW 的汽轮发电机组，储热时长 6h。电厂由 3200 组槽式集热器组成，每组集热器中有 28 块反射镜将阳光反射到集热管上，导热油最高工作温度达 390℃，总平面布置如图 11-9 所示，有关数据见表 11-5。

图 11-9 美国 Solana 槽式导热光热发电项目总平面布置图

表 11-5 美国 Solana 2×140MW 槽式光热发电项目有关数据

项目	有关数据
机组容量	280MW（2×140MW）
发电类型	槽式（占地面积 780hm²）
地理位置	美国亚利桑那州
集热阵列	3232 个
总采光面积	220 万 m²
集热管	Schott PTR 70
传热介质	导热油 Therminol VP-1（工作温度为 293～393℃）
储热	6h 熔盐
汽轮机参数	2×140MW，进汽参数 10MPa/383℃/383℃（西门子）
投运时间	2013 年 10 月
世界最大的槽式电厂，美国首个配熔盐储热的光热发电厂	

3. 摩洛哥 Noor Ouarzazate 光热发电项目

摩洛哥 Noor Ouarzazate 光热发电项目是全球在建规模最大的槽式、塔式光热发电混合项目，总装机容量达到 510MW，总平面布置图如图 11-10 所示。

Noor Ⅰ采用槽式技术，装机容量为 160MW，于 2013 年开始建设，2015 年 11 月并网投入运行，目前为约 40 万居民提供电力。

图 11-10 摩洛哥 Noor Ouarzazate 光热发电项目总平面布置

Noor Ⅱ采用槽式技术，装机容量为 200MW，Noor Ⅱ槽式光热发电厂采用了 Sener-Trough2 大开口槽式集热器，建设 425 个集热回路，储热时长 7h，全厂共计安装了 652 800面反射镜，是全球在运行的单机装机容量最大的槽式电厂。2018 年 1 月 10 日，Noor Ⅱ槽式光热发电项目首次并网一次成功。目前，经过逐步提高产能至 200MW 最高负荷后，Noor Ⅱ项目已经达到商业化运行水平。

Noor Ⅲ采用塔式技术开发，装机容量为 150MW，塔高 248m，是目前世界上已建成单机容量最大的配置熔盐储热系统的商业化光热发电电厂。该项目采用大型定日镜，单台定日镜面积为 178m^2，电厂总采光面积约为 131.72 万 m^2，并配置 8h 储热系统。有关数据见表 11-6。

表 11-6　　摩洛哥 Noor Ouarzazate 光热发电综合体项目有关数据

项目	有关数据	
设计装机	Ⅱ期 200MW	Ⅲ期 150MW
聚光集热方式	槽式	塔式
地理位置	瓦尔扎扎特	瓦尔扎扎特
太阳法向直接辐射（DNI）	2635kWh/(m^2 · a)	2635kWh/(m^2 · a)
集热场	集热场回路 425	吸热塔塔高 248m
储热系统	7h	8h
投运日期	2018 年 1 月	2018 年 12 月
其他	目前世界上单机容量最大的槽式光热发电厂	目前世界上单机容量最大的塔式光热发电厂

4. 美国 Crescent Dunes 新月沙丘熔盐塔式光热发电项目

美国 Crescent Dunes 新月沙丘熔盐塔式光热发电项目装机规模 110MW，如图 11-11 所示，有关数据见表 11-7。该电厂配 10h 储热系统，首次在百兆瓦级规模上成功验证了熔盐塔式技术的可行性，而成为光热发电发展史上重要的里程碑。电厂共计安装 10 347 台定日镜，单台定日镜的采光面积约 115.7m^2，总采光面积约 120 万 m^2，反射镜由 Flabeg 供货，总投资额 8 亿美元。2016 年 2 月正式并网发电并实现了 110MW 的满功率输出，预计年发电量达 50 万 MWh，足够供应 75 000 户普通家庭的日常用电需求，与装机容量相同的光伏电厂或无储热塔式水工质光热发电厂相比，年发电量约是其两倍之多。熔盐吸热器是熔盐塔式光热发电技术的关键设备，根据 SolarReserve 公司介绍，9 个月内其吸热器可用率达到 100%，吸热器运行情况良好。

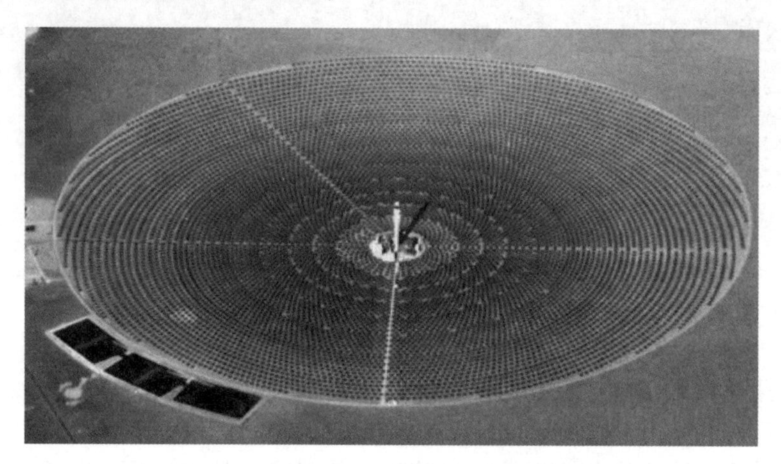

图 11-11 美国 Crescent Dunes 新月沙丘熔盐塔式光热发电项目

表 11-7 美国 Crescent Dunes 新月沙丘熔盐塔式光热发电项目有关数据

项目	有关数据
设计装机	110MW
聚光集热方式	塔式（占地面积 676hm^2）
地理位置	美国内华达州
太阳法向直接辐射量（DNI）	2685kWh/(m^2·a)
定日镜	单个面积 115.7m^2，10 347 个
总采光面积	1 197 148m^2
吸热塔高	195m
吸热介质	熔盐（工作温度为 288～566℃）
汽轮机进汽参数	11.5MPa/540℃/540℃
储热系统	10h 熔盐双罐储热
投运时间	2011 年 9 月开工，2015 年 9 月投产运行
世界首个百兆瓦级熔盐塔式电站	

5. 西班牙 Gemasolar 熔盐塔式光热发电项目

世界上第一座实现 24h 连续发电的商业化太阳能光热发电厂——西班牙 Gemasolar 塔式电厂同样采用了熔盐吸热/熔盐储热技术，如图 11-12 所示，有关数据见表 11-8。装机容量 19.9MW，2011 年 3 月正式发电，总投资 2.3 亿欧元。镜场面积约 30 万 m^2，每面定日镜面积 $120m^2$，储热时间为 15h，年均光电效率约 16.6%。Gemasolar 电厂的 24h 连续运行体现了熔盐塔式技术的先进性，是光热发电有能力取代火力发电等常规电力作为基础支撑电源的证明。

图 11-12　西班牙 Gemasolar 熔盐塔式光热发电项目

表 11-8　西班牙 Gemasolar 熔盐塔式光热发电项目有关数据

项目	有关数据
设计装机	20MW
EPC 提供商	UTEC. T. Solar Tres
系统形式	塔式（占地面积 $195hm^2$）
地理位置	西班牙塞维利亚
太阳法向直接辐射量（DNI）	$2172kWh/(m^2 \cdot a)$
单套定日镜面积	$120m^2$
总采光面积	$304\ 750m^2$（2650 个定日镜，占地面积 $185hm^2$）
吸热塔高	140m
传热介质	熔盐（290～565℃）
蒸汽参数	14MPa/540℃/540℃
储热	15h（熔盐，双罐）
投运日期	2011 年 3 月
世界上第一座实现 24h 连续发电的商业化太阳能光热发电厂	

二、国内太阳能热发电建设概况

（一）国内太阳能热发电总体现状

自 20 世纪 90 年代起，借鉴国外光热发电技术的建设和运行经验，国内相关科研机构开始了有关光热发电技术的研究工作。经行业的共同努力，我国光热发电技术研究和装备产品得到快速发展，获得了一批创新性和标志性的研究成果。

1. 我国太阳能热发电行业发展主要历程

2006年11月，《“十一五”国家高技术研究发展计划（863计划）》先进能源技术领域“太阳能热发电技术及系统示范”重点项目成功立项。项目共有5个课题。2012年7月，项目通过验收。

2009年10月，《国家重点基础研究计划（973计划）》提出“高效规模化太阳能热发电的基础研究”项目正式启动。2014年9月通过科技部验收。

2012年5月，兰州大成自主研发的200kW槽式+线性菲涅尔聚光太阳能光热发电试验系统并网发电。

2012年7月，国家能源局在《太阳能发电发展“十二五”规划》中提出，2015年光热发电装机达到100万kW。

2012年8月，我国首座1MW塔式太阳能热发电实验电站在北京延庆首次成功发电。

2013年7月，青海中控德令哈10MW光热示范工程并网发电。

2013年10月，1MW太阳能线性菲涅尔式热电联供项目在西藏开工建设。

2014年7月，1MW太阳能槽式热发电系统在北京延庆开工建设。

2014年8月，首航投资开发的敦煌10MW熔盐塔式光热发电项目在敦煌开工建设。

2015年10月，兰州大成1MW屋顶线性菲涅尔式太阳能热电联供电站建成投产。

2015年11月，水电水利规划设计总院牵头，联合电力规划设计总院和国家太阳能光热产业技术创新战略联盟共同开展了太阳能热发电示范项目评审工作。

2016年8月，国家发展和改革委员会在《关于太阳能热发电标杆上网电价政策的通知》（发改价格〔2016〕1881号）中明确，国家能源局2016年组织实施的太阳能热发电示范项目标杆上网电价为每千瓦时1.15元（含税）。2018年12月31日以前全部投运的太阳能热发电项目执行上述标杆上网电价。

2016年9月，国家能源局在《关于建设太阳能热发电示范项目的通知》（国能新能〔2016〕223号）中确定，第一批太阳能热发电示范项目共20个，总计装机容量134.9万kW。

2016年11月，国家发展和改革委员会、国家能源局发布《电力发展“十三五”规划》，提出2020年光热发电装机达到500万kW。

2016年12月，首航敦煌10MW熔盐塔式太阳能热发电项目一次并网发电成功。

2018年10—12月，中广核德令哈50MW槽式、首航敦煌100MW塔式、青海中控德令哈50MW塔式光热示范电站并网发电。

2019年9—12月，中电建共和50MW塔式、兰州大成50MW线性菲涅尔式、中能建哈密50MW塔式光热示范电站，以及鲁能海西州多能互补示范项目50MW塔式电站并网发电。

2020年1月，内蒙古乌拉特100MW槽式光热示范电站并网发电。

2021年6月，国家发展和改革委员会办公厅在发至国家能源局综合司《关于落实好2021年新能源上网电价政策有关事项的函》中明确：对国家能源局确定的首批光热发电示范项目，于2021年底前全容量并网的，上网电价继续按每千瓦时1.15元执行，之后并网的示范项目中央财政不再补贴。

2021 年 10 月，国务院在《关于印发 2030 年前碳达峰行动方案的通知》（国发〔2021〕23 号）中提出：积极发展太阳能光热发电，推动建立光热发电与光伏发电、风电互补调节的风光热综合可再生能源发电基地。

2021 年 11 月，三峡恒基能脉瓜州“10 万 kW 光热＋20 万 kW 光伏＋40 万 kW 风电”项目启动场平建设。

2022 年 3 月，国家发展和改革委员会、国家能源局在《“十四五”现代能源体系规划》中提出：加快推进以沙漠、戈壁、荒漠地区为重点的大型风电光伏基地项目建设。积极发展太阳能热发电；因地制宜建设天然气调峰电站和发展储热型太阳能热发电，在青海、新疆、甘肃、内蒙古等地区推动太阳能热发电与风电、光伏发电配套发展，联合运行。

2022 年 3 月，国家能源局在《关于印发〈2022 年能源工作指导意见〉的通知》（国能发规划〔2022〕31 号）中提出：扎实推进在沙漠、戈壁、荒漠地区的大型风电光伏基地中，建设光热发电项目。

2022 年 3 月，金塔中光太阳能“10 万 kW 光热＋60 万 kW 光伏”项目启动场平等建设。

2022 年 5 月，国务院办公厅转发国家发展改革委、国家能源局《关于促进新时代新能源高质量发展的实施方案》（国办函〔2022〕39 号）中提出：鼓励西部等光照条件好的地区使用太阳能热发电作为调峰电源。

2022 年 6 月，国家发展改革委、国家能源局、财政部、自然资源部、生态环境部、住房和城乡建设部、农业农村部、中国气象局、国家林业和草原局在联合发布的《“十四五”可再生能源发展规划》中提出：有序推进长时储热型太阳能热发电发展。……在青海、甘肃、新疆、内蒙古、吉林等资源优质区域，发挥太阳能热发电储能调节能力和系统支撑能力，建设长时储热型太阳能热发电项目，推动太阳能热发电与风电、光伏发电基地一体化建设运行。

2022 年 8 月，工业和信息化部、财政部、商务部、国务院国有资产监督管理委员会、国家市场监督管理总局在联合发布的《关于印发加快电力装备绿色低碳创新发展行动计划的通知》（工信部联重装〔2022〕105 号）中提出：推进火电、水电、核电、风电、太阳能、氢能、储能、输电、配电及用电等 10 个领域电力装备绿色低碳发展。积极发展太阳能光热发电，推动建立光热发电与光伏、储能等多能互补集成。

2022 年 9 月，中核玉门新奥“10 万 kW 光热＋40 万 kW 光伏＋20 万 kW 风电”项目启动建设。

2022 年 9 月，国家电投河南公司新疆鄯善“90 万 kW 光伏＋10 万 kW 光热”一体化项目开始临建场地浇筑。

2022 年 10 月，国家能源局在发布的《关于印发〈能源碳达峰碳中和标准化提升行动计划〉的通知》中提出：抓紧完善沙漠、戈壁、荒漠地区大型风电光伏基地建设有关技术标准。建立完善光伏发电、光热发电标准体系。

2022 年 10 月，国家市场监管总局、国家发展和改革委员会、工业和信息化部、自然资源部、生态环境部、住房城乡建设部、交通运输部、中国气象局、国家林草局在联合发布的《关于印发建立健全碳达峰碳中和标准计量体系实施方案的通知》（国市监计量发

〔2022〕92号）中提出：开展塔式、槽式、菲涅尔式等形式光热发电设备安装、调试、运行、检修、维护、监造、性能、评估等标准，以及二氧化碳超临界机组、特殊介质机组标准研究。

2022年11月，中国能建哈密“光（热）储”1500MW多能互补一体化绿电示范项目（光热150MW）动工。

2. 国内已经建成投运的光热发电项目

2016年9月，国家能源局发布第一批光热发电示范项目的名单，确定上网电价为1.15元/kWh，并要求各示范项目原则上应在2018年底前建成投产。第一批光热发电示范项目的启动，使我国光热发电步入全面、快速发展的重要阶段。截至2022年底，我国已建成投运的光热发电项目约588MW，表11-9所示为国内已经建成投运的光热发电项目。

表11-9 国内已经建成投运的光热发电项目一览表

序号	年份	项目名称	储能时长（h）	备注
1	2013	青海中控德令哈10MW塔式光热发电厂	2	
2	2016	首航敦煌10MW熔盐塔式光热发电厂	15	
3	2018	中广核德令哈50MW导热油槽式示范项目	9	
4	2018	首航高科敦煌100MW熔盐塔式示范项目	11	
5	2018	青海中控德令哈50MW熔盐塔式示范项目	7	
6	2019	中电建青海共和50MW熔盐塔式示范项目	6	
7	2019	中电工程哈密50MW熔盐塔式示范项目	13	
8	2019	兰州大成敦煌50MW熔盐线性菲涅尔示范项目	15	
9	2019	鲁能海西州50MW熔盐塔式多能互补示范项目	12	
10	2020	乌拉特中旗100MW导热油槽式示范项目	10	
11	2021	玉门鑫能50MW二次反射塔式项目	9	调试

第一批光热发电示范项目的开展，有效提高了国内光热发电行业的装备制造、设计集成和建设调试水平。随着国内第一批光热发电示范项目的推进，形成了完整的光热发电产业链，设备和材料的国产化率达到了90%以上。国内光热发电设计、建设、调试以及运行维护水平也得到了大幅度提高，并开始参与国际光热发电市场竞争。摩洛哥努奥二期工程200MW槽式光热发电机组和努奥三期工程150MW熔盐塔式光热发电项目分别为目前世界上单机最大的槽式光热发电项目和塔式光热发电项目，由我国山东电建三公司承担了联合总承包工作；阿联酋迪拜950MW太阳能光热光伏混合发电项目（由1×100MW熔盐塔式光热发电项目、3×200MW导热油槽式光热发电项目和250MW光伏发电项目组成）为全球最大装机规模光热发电项目，中国丝路基金参与投资该项目，中国工商银行、中国银行和中国农业银行等中资银行提供超过70%的贷款融资，上海电气电站集团承担总承包工作，国内多家设计单位和设备厂家参与建设工作；中国葛洲坝集团国际工程有限公司和浙江中控太阳能技术有限公司获得了希腊MINOS 50MW熔盐塔式光热发电项目的联合总承包合同，中国光热发电产业将以“技术+设备+工程”模式走出国门。随着第一批光热示范项目的深入实施，光热发电工程设计、设备制造、安装、运行维护及性能验收等相关标准陆续编制，国家、行业和团体相关标准也已随之陆续出台，填补国内标准的空白。

（二）国内太阳能热发电示范项目概况

为推动我国太阳能热发电技术产业化发展，2016年9月，国家能源局印发《关于建设太阳能热发电示范项目的通知》（国能新能〔2016〕223号），确定第一批太阳能热发电示范项目共计20个，总计装机容量134.9万kW，分别分布在青海省、甘肃省、内蒙古自治区、新疆维吾尔自治区、河北省。

太阳能热发电示范项目是我国首次大规模开展的太阳能热发电示范工程。截至2022年底，并网发电的示范项目共计9个，总容量55万kW；其中，塔式6个、槽式2个、线性菲涅尔式1个。

通过光热发电示范项目的实施，我国已完全掌握了拥有完整知识产权的聚光、吸热、储换热、发电等核心技术，高海拔、高寒地区的设备环境适应性设计技术，以及电站建设与运营技术，为后续光热发电技术大规模发展奠定了坚实基础。下面简要介绍一下我国目前已经建成投运的8个示范项目的基本情况。

1. 中广核德令哈50MW槽式光热发电厂

中广核德令哈50MW槽式光热发电厂位于青海省德令哈市西出口光伏（热）产业园区，是国家首批光热发电示范项目中最早开工、最早建成的项目。项目场址海拔3000m，极端低温零下30℃，为全球首个高寒、高海拔大型槽式光热发电厂。项目由中广核集团太阳能开发有限公司投资建设。如图11-13、图11-14所示。

图11-13 中广核德令哈50MW槽式光热发电项目（一）

图11-14 中广核德令哈50MW槽式光热发电项目（二）

该项目装机规模 50MW，建设一套 50MW 规模的中温、高压、一次再热的湿冷汽轮发电机组，汽轮机进口蒸汽参数为 10MPa/381℃/381℃。采用抛物面槽式导热油光热发电技术，建设 190 个槽式集热器标准回路，设置一套双罐熔盐储热系统，储热容量为 1300MWh，储热系统储热时长为 9h。项目有关数据见表 11-10。

表 11-10　　　　中广核德令哈 50MW 槽式光热发电项目

项目	有关数据
发电类型	槽式（占地面积 250hm^2）
地理位置	青海省德令哈市
太阳法向直接辐射	1976kWh/(m^2 · a)
总采光面积	62 万 m^2
回路数	190
典型年发电量	1.975 亿 kWh
储热时间	9h
汽轮机额定进汽参数	10MPa/381℃/381℃
投产时间	2018 年 10 月

2015 年 8 月，该项目主体工程开挖；2015 年 9 月，第一罐混凝土浇筑；2016 年 6 月，汽机房封顶；2017 年 8 月 31 日，厂用电带电；2018 年 6 月 30 日，一次带电并网；2018 年 9 月 30 日，实现带储能多种模式的联合发电；2018 年 10 月 10 日正式商业运行。

2. 首航高科敦煌 100MW 塔式光热发电厂

首航高科敦煌 100MW 塔式光热发电厂是我国首座百兆瓦级塔式光热发电厂，站址位于甘肃省敦煌市七里镇西光电产业园。该项目由首航高科能源技术股份有限公司自主研发及投资建设。如图 11-15、图 11-16 所示。

图 11-15　首航敦煌 10MW+100MW 熔盐塔式光热发电厂（图片来源：首航高科）

图 11-16　首航敦煌 10MW+100MW 熔盐塔式光热发电厂（图片来源：首航高科）

该项目装机规模为 100MW，汽轮机进汽参数为 12.6MPa/550℃/550℃；定日镜场总采光面积 138.1138 万 m^2，吸热塔高约 260m，聚光集热系统定日镜和吸热器由首航高科自主设计和制造。储热系统储热时长 11h，熔盐约 3 万 t，熔盐储罐高度为 15m，冷罐直径为 37.4m，热罐直径为 39.2m，项目有关数据见表 11-11。

表 11-11 首航高科敦煌 100MW 熔盐塔式光热发电项目

项目	有关数据
发电类型	塔式（占地面积 745hm^2）
地理位置	甘肃省敦煌市
太阳辐照量（DNI）	1777kWh/(m^2·a)
装机容量	100MW
年发电量	295GWh
单个定日镜面积	115.7m^2
定日镜总采光面积	1 381 138m^2
吸热介质	熔盐（工作温度为 290～565℃）
吸热塔高度	229.25m
储热系统	11h（双罐熔盐储热）
汽轮机额定进汽参数	12.6MPa/550℃/550℃
设计点光电转换效率	22.07%
投产日期	2018 年 12 月

该项目于 2015 年 11 月开工奠基；2017 年 3 月，进入场地平整、核心装备采购、主体工程建设阶段；2017 年 11 月，吸热塔结构封顶；2018 年 5 月，土建完成进入安装阶段；2018 年 11 月，进入调试阶段；2018 年 12 月 28 日，正式并网发电。

3. 青海中控德令哈 50MW 塔式熔盐光热发电项目

青海中控德令哈 50MW 塔式熔盐光热发电厂位于青海省德令哈市西出口光伏（热）产业园区。由青海中控太阳能发电有限公司投资建设。项目采用浙江可胜技术股份有限公司自主研发并完全拥有知识产权的塔式熔盐光热发电核心技术，95%以上的设备实现了国产化。电站总体设计、储换热系统工艺包技术、聚光集热系统设备、系统调试及运维指导全部由可胜技术提供，如图 11-17 所示。

图 11-17 青海中控德令哈 10MW（2 座 5MW）+50MW 塔式光热发电厂（图片来源：可胜技术）

该项目装机 50MW，定日镜场采光总面积约 52 万 m^2，吸热塔高约 200m，储热系统储热时长约 7h，项目有关数据见表 11-12。

表 11-12　　青海中控德令哈 50MW 熔盐塔式光热发电项目有关数据

项目	有关数据
发电类型	塔式（占地面积 270hm²）
地理位置	青海省德令哈市
太阳辐照量（DNI）	2022kWh/(m²·a)
装机容量	50MW
年发电量	146GWh
单个定日镜面积	20m²
定日镜总采光面积	520 000m²（26 000×20m²）
吸热介质	熔盐（工作温度 290～565℃）
吸热塔高度	200m
储热系统	7h（双罐熔盐储热）
汽轮机额定进汽参数	13MPa/540℃/540℃
年均光电效率	14.5%
投产日期	2018 年 12 月

该项目于 2017 年 4 月开始进行场地平整施工，储罐、吸热塔土建施工；2017 年 7 月，吸热塔基础开挖，储罐基础开工；2017 年 7 月，发电区主厂房顺利封顶；2017 年 11 月，完成土建主体工程施工；2018 年 5 月，吸热塔顺利结顶，完成储罐施工；2018 年 10 月，吸热器全部 32 片吊装完成，完成入口和出口缓冲罐吊装；2018 年 12 月 26 日，汽轮机冲转一次成功；2018 年 12 月 30 日，正式并网投运。2019 年 4 月 17 日，实现机组满负荷运行。

4. 青海中电建共和 50MW 塔式光热发电厂

青海中电建共和 50MW 塔式光热发电厂位于青海省海南州共和县光伏园区内，是中国电建集团首个自行投资、设计、建设、运行的光热发电工程。如图 11-18、图 11-19 所示。

图 11-18　青海中电建共和 50MW 塔式光热发电厂项目（一）

图 11-19　青海中电建共和 50MW 塔式光热发电厂项目（二）

该项目装机规模 50MW，汽轮机选用超高压一次中间再热、8 级凝汽式直接空冷汽轮机；采用 $20m^2$ 的定日镜，共 30 016 面，吸热塔高约 193m。储热系统储热时长 6h。项目有关数据见表 11-13。

表 11-13　　青海中电建共和 50MW 塔式光热发电厂项目有关数据

项目	有关数据
发电类型	塔式（占地面积 $212hm^2$）
地理位置	青海省海南州共和县
太阳辐照量（DNI）	1900kWh/(m^2·a)
装机容量	50MW
年发电量	157GWh
单个定日镜面积	$20m^2$
定日镜总采光面积	600 $320m^2$
吸热介质	熔盐（工作温度 290～565℃）
吸热塔高度	193m
储热系统	6h（双罐熔盐储热）
投产日期	2019 年 9 月

该项目于 2017 年 6 月开工奠基，2018 年 3 月开工建设，2019 年 9 月 19 日正式并网发电。

5. 鲁能格尔木多能互补工程 50MW 塔式光热发电厂

鲁能格尔木多能互补工程 50MW 塔式光热发电厂位于青海省海西州格尔木市以东 27km。该项目由鲁能青海格尔木新能源有限公司投资建设。如图 11-20、图 11-21 所示。

该项目装机规模 50MW，定日镜场总采光面积 61 万 m^2，吸热塔高 188m，储热系统储热时长 12h。项目有关数据见表 11-14。

图 11-20 鲁能格尔木多能互补工程 50MW 塔式光热发电厂（一）

图 11-21 鲁能格尔木多能互补工程 50MW 塔式光热发电厂（二）

表 11-14 鲁能格尔木多能互补工程 50MW 塔式光热发电厂有关数据

项目	有关数据
发电类型	塔式（占地面积 426.7hm^2）
地理位置	青海省格尔木市
太阳辐照量（DNI）	1898.2kWh/(m^2·a)
装机容量	50MW
单个定日镜面积	138.6m^2
定日镜总采光面积	61 万 m^2
吸热介质	熔盐（工作温度 290～565℃）
吸热塔高度	147.4m
储热系统	双罐熔盐储热，12h
年均光电效率	17.53%
投产日期	2019 年 9 月

该项目于2017年6月开工，2018年11月吸热塔结构封顶；2019年1月土建完成进入安装阶段；2019年9月19日正式并网发电。

6. 中电工程哈密50MW塔式光热发电厂

中电工程哈密50MW塔式光热发电厂是我国首批光热示范项目之一，电站位于新疆维吾尔自治区哈密市伊吾县淖毛湖境内，是新疆维吾尔自治区首个光热发电项目。项目由中国能源建设集团投资有限公司投资建设。如图11-22、图11-23所示。

图11-22　中电工程哈密50MW塔式光热发电厂（一）

图11-23　中电工程哈密50MW塔式光热发电厂（二）

该项目装机规模50MW，主蒸汽参数为12.6MPa/550℃；定日镜场总采光面积69万m^2，吸热器中心标高为200m；储热系统储热时长13h，储热容量为1516MWh，配置2台高温熔盐储罐，1台低温熔盐储罐。项目有关数据见表11-15。

表 11-15 中电工程哈密 50MW 塔式光热发电厂项目有关数据

项目	有关数据
发电类型	塔式（占地面积 $274hm^2$）
地理位置	新疆维吾尔自治区哈密市伊吾县
太阳辐照量（DNI）	$2015kWh/(m^2 \cdot a)$
装机容量	50MW
年发电量	198GWh
单个定日镜面积	$48.5m^2$
定日镜总采光面积	69 万 m^2
吸热介质	熔盐（工作温度 290～565℃）
吸热器中心标高	200m
储热系统	13h（熔盐储热）
主蒸汽参数	12.6MPa/550℃
年均光电效率	15.5%
投产日期	2019 年 12 月

项目于 2017 年 9 月正式开工，2019 年 12 月 29 日一次并网成功。

7. 兰州大成敦煌 50MW 线性菲涅尔式光热发电厂

兰州大成敦煌 50MW 线性菲涅尔式光热发电厂是我国首批光热示范项目，是世界上第一座熔盐线性菲涅尔式光热发电厂。电站位于甘肃省敦煌市七里镇西光电产业园。项目采用兰州大成具有自主知识产权的线性菲涅尔聚光集热技术。如图 11-24、图 11-25 所示。

图 11-24 兰州大成敦煌 50MW 线性菲涅尔式光热发电厂（一）

项目装机规模 50MW，主蒸汽参数为 12.2MPa/538℃；采用熔盐作为集热、传热和储热的统一介质，储热时长 15h，储热容量为 1807MWh。兰州大成敦煌 50MW 线性菲涅尔式光热发电厂有关数据见表 11-16。

图 11-25 兰州大成敦煌 50MW 线性菲涅尔式光热发电厂（二）

表 11-16 兰州大成敦煌 50MW 线性菲涅尔式光热发电厂有关数据

项目	有关数据
发电类型	线性菲涅尔式（占地面积 261.5hm²）
地理位置	甘肃省敦煌市
太阳辐照量（DNI）	1777kWh/(m²·a)
装机容量	50MW
年发电量	214GWh
集热回路	80 个
集热面积	1 270 000m²
集热器入口/出口温度	290℃/550℃熔盐
储热系统	15h（双罐熔盐储热）
主蒸汽参数	12.2MPa/538℃
投产日期	2019 年 12 月

项目于 2018 年 6 月开工，2019 年 12 月 31 日并网发电。

8. 中船新能乌拉特 100MW 槽式光热发电厂

中船新能乌拉特 100MW 槽式光热发电厂是我国首批太阳能发电示范项目，站址位于内蒙古巴彦淖尔市乌拉特中旗。该项目是目前我国单体规模最大、储热时间最长的槽式光热示范项目。项目由中国船舶新能源公司设计、建设、调试和运维。如图 11-26 所示。

该项目装机规模 100MW，建设一台 100MW 中温高压一次再热发电机组，采用抛物面槽式导热油光热发电技术，建设 352 个槽式集热器标准回路，设置两套双罐熔盐储热系统，储热容量为 1GWh，储热系统储热时长 10h。项目有关数据见表 11-17。

图 11-26 中船新能乌拉特 100MW 槽式光热发电厂

表 11-17 中船新能乌拉特 100MW 槽式光热发电厂有关数据

项目	有关数据
发电类型	槽式（占地面积 493.5hm^2）
地理位置	内蒙古巴彦淖尔市乌拉特中旗
太阳法向直接辐射	2067kWh/(m^2 · a)
总采光面积	115.1 万 m^3
回路数	352
典型年发电量	3.92 亿 kWh
储热时间	10h
投产时间	2020 年 12 月

项目于 2018 年 6 月正式启动，2020 年 1 月首次并网发电。

（三）我国在建的太阳能热发电项目

2021 年，国务院在《关于印发 2030 年前碳达峰行动方案的通知》（国发〔2021〕23 号）文件中明确：积极发展太阳能光热发电，推动建立光热发电与光伏发电、风电互补调节的风光热综合可再生能源发电基地。

2022 年 5 月 30 日，国务院办公厅在转发国家发展改革委、国家能源局《关于促进新时代新能源高质量发展的实施方案》的文件中提出，创新新能源开发利用模式，加快推进以沙漠、戈壁、荒漠地区为重点的大型风电光伏基地建设。

根据国家太阳能光热产业技术创新战略联盟统计，在国家相关政策的指导和支持下，目前在我国太阳能法向直接辐射资源丰富地区采用多能互补一体化建设模式，各省、自治区政府公布的预计将在 2024 年前投产的大型风电光伏基地项目、新能源市场化并网以及直流外送等项目名单中配置的太阳能热发电项目共计 29 个，总装机容量约 330 万 kW。其中，青海省列入名单的光热发电项目 9 个，总装机容量 130 万 kW；甘肃省 5 个，光热发电总装机容量 51 万 kW；新疆维吾尔自治区 13 个，光热发电总装机容量 135 万 kW；吉林省 2 个，光热发电总装机容量 20 万 kW。

国家太阳能光热产业技术创新战略联盟统计的各地列入名单的太阳能热发电装机容量

及项目数量如图 11-27 所示。

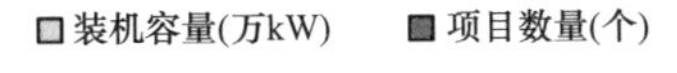

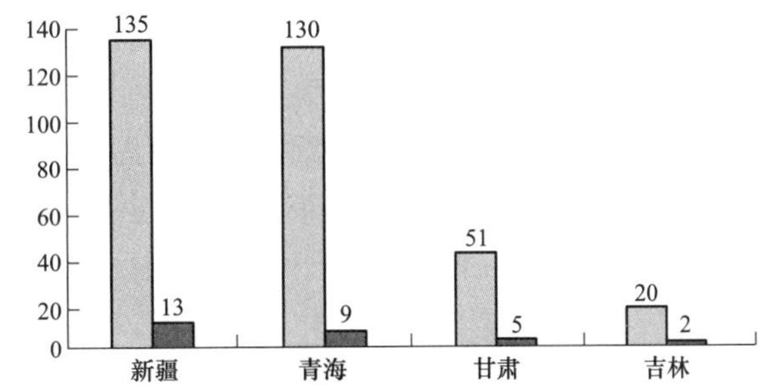

图 11-27　各地列入名单的太阳能热发电装机容量及项目数量

（统计制图：国家太阳能光热产业技术创新战略联盟）

（四）我国光热发电技术发展趋势

光热发电作为一种新兴的、清洁的可再生能源，可以向电网提供清洁、稳定、可调的优质电力，有利于实现用清洁的电能替代常规化石能源；采用光热发电技术可减少同期 CO_2 等废气的排放，并且在其运行期间没有固体废弃物产生，对于保护生态环境，实现和谐社会都具有积极意义。

“大容量-高参数-长周期储热-低成本”的光热发电系统是未来 5～20 年技术发展的方向，关键技术的研究主要集中在以下几个方面。

（1）提高发电效率，主要是提高系统的运行温度，从而提高汽轮发电机的效率；同时，提高反射镜的反射能力和吸热部件的吸热能力。

（2）降低镜场的成本，主要是通过设计优化，降低单元部件成本。

（3）减少电厂自身的能耗，即电厂用水量以及厂用电消耗。

在系统设计方面，配置储热系统是必要的。光热发电通过配置储热系统，能够保持出力稳定运行，在供电高峰期替代火电机组，这一点是风电和光伏无法比拟的。如果储热系统容量足够大，机组可实现 24h 连续发电，这样机组既增加发电量，还可以减少启停，增加设备寿命，提高经济性，减小运行维护的成本。

从光热发电集热技术形式看，塔式熔盐光热发电技术和槽式光热发电技术较为成熟、可靠，仍将为技术发展的主流，线性菲涅尔式光热发电技术有待进一步技术提升和商业化电站应用。

槽式导热油技术由于其运行业绩多、技术较为成熟、控制系统相对简单，在未来 5～20 年的光热市场中仍将占有重要地位；槽式集热器的开口弦长有增大的趋势，有利于提高光热效率，减少回路阵列，降低结构重量，减少土建基础和部件；采用硅油等新型传热介质的槽式光热发电技术，提升传热介质运行温度，降低凝固温度，有利于提高储热密度，降低储热成本，同时，可提高汽轮机进汽参数，提高发电效率；槽式熔盐技术由于具有传热与储热采用同一工质、传热介质温度高、控制系统相对简单等特点，未来将有一定的技术发展和应用前景。

熔盐塔式光热发电技术具有传热与储热采用同一工质、传热系统简单、易实现再热、光电效率较高、储热容量大、易实现机组连续运行等突出特点，越来越受到青睐；塔式定日镜面积尚未出现统一趋势，大型和小型定日镜同步发展，力争进一步降低定日镜成本；固体颗粒吸热器和超临界 CO_2 吸热器处于实验研发阶段，有望进一步提高吸热器出口参数，提高光热发电系统效率；超临界 CO_2 布雷顿循环技术采用 CO_2 作为工作介质，在封闭的布雷顿循环中做功。不用水做工质，可显著降低电厂的耗水量，非常适用于干旱缺水地区的光热发电厂，是当前国际上的研究热点，美国能源部已制造出 10MW 超临界 CO_2 循环样机。

线性菲涅尔式光热发电技术由于反射镜和集热管相对独立，且一级反射镜阵列水平放置，平面镜关于转动轴对称，镜场的风载比槽式系统要小得多，因此，镜场基架设计简单，所用材料的质量轻、成本低。线性菲涅尔式光热发电技术集热管不再采用裸管，真空集热管成为主流。水工质线性菲涅尔式光热发电技术配置混凝土储热项目和熔盐线性菲涅尔式光热发电项目在国内尚处于商业化项目建设阶段。

光热发电技术还具有多元化应用方向，如生物质燃料复合发电系统、天然气复合发电系统等：生物质燃料复合发电技术比较适合于DNI值较低但生物质资源较丰富的地区，白天太阳光照较好时采用光热发电，晚间或太阳光照条件不佳时采用生物质发电，可实现24h持续发电；在天然气资源丰富的地区采用太阳能一天然气混合式发电方式，既环保节能，又充分利用丰富的太阳能，达到优势互补作用。

第四节　总图运输专业主要工作内容

总图运输专业在光热发电项目中的主要工作内容有厂址选择、全厂总体规划、厂外交通运输、厂区总平面布置、厂区竖向设计、厂区综合管线设计、厂区道路设计、厂区绿化规划等项设计工作。光热发电项目前期论证工作和设计阶段的不同，其工作内容深度也有所不同。

初步可行性研究阶段，主要根据国家可再生能源中长期发展规划、当地国土空间规划，结合太阳能资源、土地资源、水资源等，对城乡规划、土地利用、交通运输、接入系统、环境保护和水土保持等建厂外部条件进行论证，初步落实厂址场地、交通运输等建厂外部条件。

可行性研究阶段，主要依据初步可行性研究报告及其评审意见，根据国家可再生能源中长期发展规划、当地国土空间规划，结合太阳能资源、土地资源、水资源等，对城乡规划、土地利用、交通运输、接入系统、环境保护和水土保持等建厂外部条件做进一步论证，并落实厂址场地、交通运输等建厂外部条件。同时要对厂区总平面规划布置提出初步方案设想。

初步设计阶段，主要依据可行性研究报告及其评审意见，结合太阳能资源、土地资源、水资源、交通运输、接入系统、环境保护和水土保持等建厂外部条件，与各专业协调配合，做好进厂道路、厂区总平面布置、竖向布置、管线综合设计、厂内道路设计、绿化规划等设计工作。

施工图设计阶段，主要依据初步设计及其评审意见，配合各专业做好厂区总平面布置、竖向布置、管线综合设计、厂内道路设计、绿化设计等具体工程实施方案的设计工作。

下面简述总图运输专业在光热发电项目中各项工作所包含的基本内容。

一、厂址选择

光热发电项目的厂址选择主要是考虑太阳能资源、土地资源和水资源三个重要的资源因素；在进行厂址选址时，要根据国家和地方可再生能源中长期发展规划，结合当地国土空间规划、交通运输网络、水资源、接入系统、环境保护和水土保持、文物保护、矿产资源、机场、军事设施等方面的要求，开展厂址选择工作。

光热发电厂厂址选择的详细内容和要求见下述第十二章厂址选择。

二、全厂总体规划

光热发电项目全厂总体规划的主要工作内容也分为外部规划与内部布置。

外部规划的主要工作内容为结合当地太阳能资源、国土空间规划、水资源、接入系统、交通运输网络、环境保护和水土保持、文物保护、矿产资源、机场、军事设施等方面的要求，以及其他各类保护地和林地草地等各类限制性因素，说明厂址与邻近城镇、工业企业的关系，电厂规划容量、用地类型及用地规模，做好厂址的用地范围、防排洪规划、进厂道路的引接及路径、补给水源及管线的走向、电厂出线及出线走廊规划、天然气运输方案、施工区和施工单位生活区的规划布置方案，以及环境保护等方面所采取的措施等，提出全厂用地规模、拆迁工程量、土石方工程量以及进厂道路和补给水管线长度等厂址主要技术经济指标。

内部布置的主要工作内容为厂区总平面布置、竖向布置、管线布置、道路布置以及绿化等。厂区内的规划与设计所涉及的对象有集热场区、发电区、厂前建筑区、道路（包括进厂道路、检修道路、施工道路）和送出线路等。

三、交通运输

光热发电厂厂外交通运输设计的主要内容，根据电厂规划容量和本期建设规模，结合城镇体系或工业园区规划、交通运输网络及发展规划、厂址自然条件等因素，做好进厂道路的引接位置以及道路路径等交通运输设计。

光热发电厂厂区道路主要包括集热场区和发电区内的道路，可采用水泥混凝土路面或沥青混凝土路面；由集热场至发电区的主要道路一般按三级厂矿道路标准建设，路面宽度为6.0m；发电区内的道路路面宽度为4.0～6.0m。

光热发电厂集热场内检修道路路面宽度宜为4.0m，可采用中、低级路面。

光热发电厂交通运输的内容详见第十六章交通运输。

四、厂区总平面布置

光热发电厂厂区总平面布置是在全厂总体规划的基础上，根据太阳能资源、厂区自然地形与地质条件、交通运输网络等外部条件，综合考虑满足光热发电厂生产工艺流程、有利施工、安全运行、检修维护等要求进行合理布置。

光热发电厂厂区总平面布置的主要内容：厂区总平面布置按功能要求进行分区，一般分为集热场区、发电区和其他设施区；集热场区和发电区一般按单元布置。目前，我国已经建成的光热发电厂的集热场分为塔式、槽式、线性菲涅尔式。

光热发电厂厂区总平面布置的内容详见第十三章厂区总平面布置。

五、厂区竖向设计

光热发电厂厂区竖向设计主要内容：根据规划容量和建设规模确定的防洪标准，做好防洪（涝）设计；厂区竖向布置要根据工艺系统要求、总平面布置格局、交通运输、雨水排放方向、土石方工程量平衡等综合考虑，因地制宜地确定竖向布置形式。

光热发电厂竖向布置形式、设计标高的确定、场地排水方案以及土石方工程量计算等详见第十四章厂区竖向布置。

六、厂区管线综合布置

光热发电厂厂区管线综合布置的主要内容：塔式槽式、线性菲涅尔式太阳能热发电厂要根据集热器回路布置，做好集热场与发电区之间的传热介质管线布置；并做好发电区内各种管线的布置。

集热场区与发电区的管线、管架及沟道采用的主要设计原则：厂区管线和电缆以架空或低支墩敷设方式为主、地下直埋为辅。

光热发电厂厂区管线布置的详细内容和要求详见第十五章厂区管线综合布置。

七、厂区绿化规划

光热发电厂厂区绿化规划的主要内容：在厂前公共建筑区、空冷凝汽器区、主厂房区、水务设施区等辅助与附属设施区域的周围进行绿化，合理选用树种；提出厂区绿化用地面积及厂区绿地率。

第十二章 厂址选择

太阳能热发电厂的厂址选择是建设前期的重要环节，是一项政策性、技术性和经济性都很强的综合性工作，需要考虑的地域范围大、影响因素多、工艺系统复杂、协调部门广、内容广泛而复杂，涉及国家政策、地方经济发展、技术方案等多方面的因素，体现出政策性、全面性、长远性、综合性的特点。

太阳能光热发电厂的厂址选择工作，将直接影响电厂的投资和建设进度，厂址选择中遗留的先天性原则问题，在电厂的建设和运行阶段是很难克服和改正的。因此，厂址选择中要把握政策观、全局观、长远观，将经济效益、社会效益和环境效益、近期利益和长远利益统一起来。

第一节　厂址选择的基本原则

太阳能光热发电厂的厂址选择除遵循国家和地方政策法规外，还要落实厂址的各项外部条件，涉及多方面的内容，如电力系统、太阳能资源、辅助能源供应、水源、交通及大件设备运输、环境保护、出线走廊、地形、地质、地震、水文、气象、用地与拆迁、施工以及周边企业对电厂的影响等因素，通过拟定初步方案和全面的技术经济比较与分析，对厂址条件进行论证和评价。

太阳能光热发电厂的厂址选择，需要遵循以下设计原则。

(1) 厂址选择要符合国家可再生能源中长期发展规划、国土空间规划、接入系统、水源供应、交通运输、环境保护和水土保持、矿产资源、文物保护、海洋保护、军事设施、机场净空等方面的要求。

(2) 厂址最好选择在年太阳法向直接辐射照度不小于 1600kWh/m^2 且太阳能资源稳定的地区。

(3) 厂址应利用沙漠、戈壁、荒漠、劣地及非耕地，不可占用永久基本农田，减少拆迁及人口迁移，并保持原有水系、植被。

(4) 厂址宜选择在地貌简单、地形平缓且适宜建厂的地区，尽可能避开自然地形复杂、场地坡度大、周边有高大山体的地区。

(5) 厂址一般选择在不受洪水或内涝威胁的地段，不可避免时，需采取有效的防洪、排涝措施。

(6) 厂址附近要有便利和经济的交通运输条件，与厂外公路的连接要便捷、工程量小。

(7) 厂址要满足接入电力系统的出线走廊条件。

(8) 厂址要保证有可靠、落实的供水水源。

(9) 厂址选择还要避开生态保护红线，有严重放射性物质污染的影响区和潜在危险源区，军事设施，空气经常受悬浮物严重污染的地区，对飞机起落、机场通信、雷达导航等有影响的区域，重要矿产资源；塔式太阳能热发电厂厂址还要避开鸟类栖息区和候鸟迁徙路线。

（10）厂址不能选择在强烈岩溶发育、滑坡、泥石流的地区或发震断裂地带。

（11）厂址要避开地质灾害易发区、采空区影响范围；无法避开时，需进行地质灾害危险性评估工作，综合评价地质灾害危险性程度，提出建设场地适宜性的评价意见，并采取相应的防范措施。

（12）厂址要避开其他工业企业排出的废气、废水、废渣、有害物质的影响。

第二节　厂址选择的主要内容

太阳能光热发电厂在厂址选择过程中与其他电厂考虑的主要因素有所不同，即太阳能光热发电厂主要应该考虑：太阳能资源、气象条件、光污染、场地条件、水源、交通运输等相关方面。本节将以太阳能资源、气象条件、光污染、场地条件、水源等作为主要内容，提出厂址选择的相关要求。

一、太阳能资源

光热发电时利用聚光器将太阳辐射能汇集，生成高密度的能量，然后由工作流体将其转换为热能，再利用热能发电的方式。根据聚光方式的不同，主要分为四类：塔式、槽式、线性菲涅尔式和碟式。但无论以上哪种方式，主要利用太阳法向直接辐射，而不是总辐射资源。这一点与光伏发电有明显区别。

太阳法向直接辐射（direct normal irradiance，DNI）是太阳能光热发电系统的主要能量来源，对光热发电厂的装机容量、产出量及收益具有决定性的影响。因此，在光热发电厂选址过程中要充分考虑厂址的太阳法向直接辐射资源情况。

我国直接辐射资源的分布基本特征是根据地势的高低起伏，呈现出西高东低的阶梯状分布特点，也反映出主要山脉的走向。直接辐射量最强的主要区域位于青藏高原上，最大直接辐射量超过了1900kWh/m^2，并由此向东北方向延伸到河西走廊、内蒙古一带，向东扩展到横断山脉。这些地区或是由于海拔较高，或是由于气候干燥，使得全年直接辐射较强。低值区主要分布在四川盆地及其周边地区直到整个长江中下游一带，其中四川盆地为低值区，图12-1为中国太阳能法向直接辐射量分布示意图。

按照光照资源丰富程度，我国将太阳能资源划分为Ⅰ、Ⅱ、Ⅲ、Ⅳ类四个区域，见表12-1。

我国有十分丰富的太阳能资源，其中内蒙古西部、甘肃省、青海省和新疆维吾尔自治区（含兵团）以及西藏自治区均位于太阳能直接辐射资源极丰富带，直接辐射量超过1750kWh/m^2，这四个省区具备大规模建设光热发电基地的光照资源条件。

太阳能光热发电厂厂址应选择在太阳法向直接辐射资源丰富、稳定的区域。太阳能资源情况直接影响项目的收益，为了降低风险，提高资源评估的准确性，应收集周边地区长时间的气象数据、实测数据、卫星观测数据等，对厂址的太阳能资源进行综合、全面的评估。

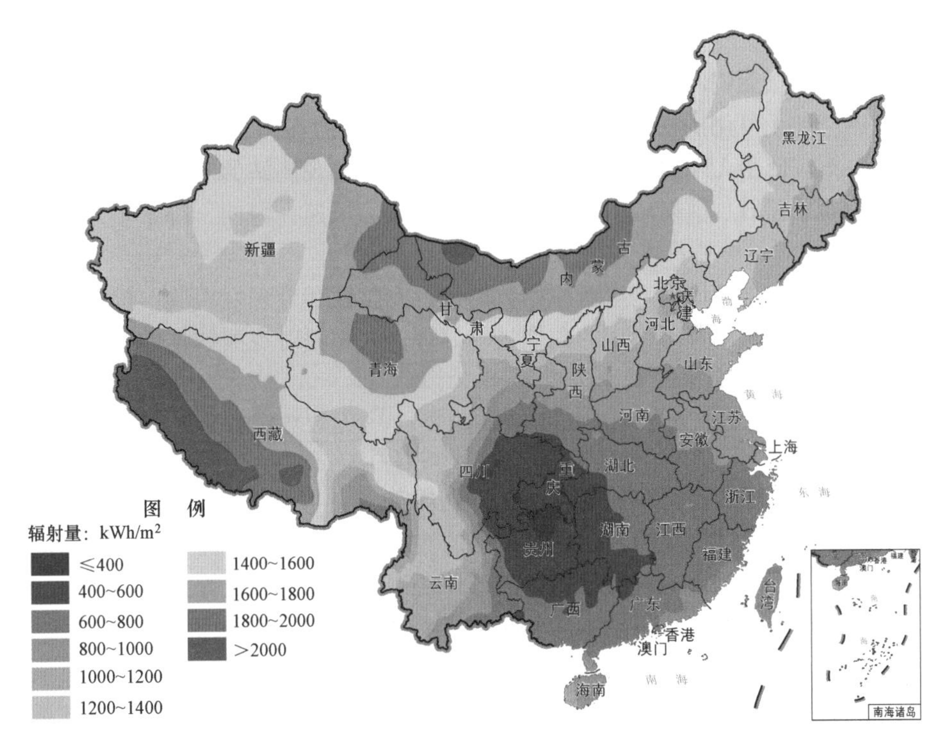

图 12-1　中国太阳能法向直接辐射量分布示意图

审图号：GS 京〔2024〕1678 号。

表 12-1　　太阳能直接辐射资源丰富程度等级

名称	符号	指标 [kWh/(m²·a)]	占国土面积 (%)	地　区
极丰富带	Ⅰ	≥1750	17.4	西藏大部分、新疆南部，以及青海、甘肃和内蒙古的西部
很丰富带	Ⅱ	1400～1750	42.7	新疆大部、青海和甘肃东部、宁夏、陕西、山西、河北、山东东北部、内蒙古东部、东北西南部、云南、四川北部
丰富带	Ⅲ	1050～1400	36.3	黑龙江、吉林、辽宁、安徽、江西、陕西南部、内蒙古东北部、河南、山东、江苏、浙江、湖北、湖南、福建、广东、广西、海南东部、四川、贵州、西藏东南角、台湾
一般带	Ⅳ	<1050	3.6	四川中部、贵州北部、湖南西北部

工程区域附近若有代表性辐射参证站时，应收集最近连续 10 年以上逐年各月法向直射辐照量、水平面总辐照量、散射辐照量、日照时数、日照百分率等资料，以及与现场观测站同期至少 1 个完整年的逐小时的观测资料。当工程区域没有可利用的辐射参证站时，需收集工程区域有代表性的长序列再分析资料，包括与厂址现场观测站同期逐小时数据。

目前我国气象部门有长期观测记录的气象辐射站点共98个，其中有直接辐射的一级辐射观测站点也只有17个。由于我国太阳辐射观测站点少，有直接辐射观测的气象辐射站点更少，工程地点无资料情况较为普遍。

如果光热厂址无可用的法向直接辐射实测数据，还需在拟选厂址设立光热气象观测站，观测年限不应低于1个完整年。现场太阳能光热气象观测站的观测资料应包括法向直接辐射、水平面总辐射、散射辐射、气温、相对湿度、风速、风向、降水量、气压等实测资料。

太阳辐射观测数据使用前，应对原始数据进行完整性和合理性检验，检查出缺测数据和不合理数据，并对缺测及不合理的数据进行处理。太阳辐射观测数据的有效数据完整率需达到90%以上。有效数据完整率按以下公式计算，即

$$\text{有效数据完整率}=\frac{\text{应测数目}-\text{缺测数目}-\text{无效数据数目}}{\text{应测数目}}\times 100\% \tag{12-1}$$

太阳辐射观测数据的检验和处理需符合下列规定。

（1）观测数据完整性检验需包括观测数据的实时观测时间顺序需与预期的时间顺序相同；按某时间顺序实时记录的观测数据量需与预期记录的数据量相等。

（2）观测数据合理性检验包括太阳辐射观测数据的气候学界限值检查、一致性检查、变化范围检查，并符合GB/T 37526《太阳能资源评估方法》的规定。

（3）太阳辐射观测数据经完整性和合理性检验后，需对其中不合理和缺测的数据进行插补或替换，形成至少1个连续完整年的逐小时太阳辐射观测数据。数据插补需符合GB/T 37526《太阳能资源评估方法》的规定。

在收集到足够的资料以后，根据现场太阳能光热气象观测站的短期实测数据，对工程区域再分析资料或附近代表性辐射参证站长期实测资料进行数据订正和反演，生成一套具有代表性的、长序列的太阳能光热气象辐射数据系列。

目前分析太阳能资源典型年的方法有典型气象年法、气候平均法、正态拟合的概率最大法、频率（数）最大法、滑动平移法、真实年代表年法和EVA法等。光热项目较为常用的是典型气象年法。

典型气象年法，即对比所选月份法向直接辐射的逐年累积分布函数与长序列累积分布函数的接近程度，挑选出12个具有代表性的“典型月”组成一个“理想”气象年。而“典型月”的选取需要考虑各个气象要素在大气环境中所占的权重，分析的气象要素需尽可能代表大气环境的整体变化特征。

二、气象条件

良好的气象条件，充足的日照、丰富的太阳能资源，对提高太阳能光热发电厂的发电量是有积极作用的，其中对太阳能热发电影响中较大的气象因素是空气质量、风速和云状况。

（一）空气质量

厂址选择时，需要关注厂址所在区域空气质量、沙尘、大气扩散条件和周边有无可能产生污染的项目。

塔式太阳能光热发电厂利用定日镜将太阳射线聚集到吸热塔上，定日镜场的光学效率

是和发电量密切相关的；如果电厂所在环境恶劣或者受空气中灰尘的影响，将导致定日镜的反射率损失加大，使集热系统效率下降，电厂的发电量减少。槽式反射镜由于面朝天工作，反射率将会下降的更快一些。

除太阳直射光外，到达地面的散射光主要是来自大气气溶胶对太阳光的散射会对光热发电厂产生不利影响。对于太阳能光热发电厂还需要考虑大气透过率，大气透过率与当地扬沙的程度有关。

经过统计研究，年中度污染以上天数（AQI≥150）大于100天的城市及城市周边区域空气污染对光气候数据的影响较大，导致DNI会有明显下降，不适合作为光热发电厂的厂址。

在厂址选择的过程中，尽量避开空气经常受污染的区域；如有必要，需要评估厂址受粉尘污染影响的风险，还需对厂址区域的大气气溶胶（AOD）进行监测。

（二）云状况

对于太阳能光热发电厂而言，云遮天气不能忽视，有云天气是影响发电量的主要因素。在有云天气下，为适应云的变化，吸热器频繁启停会使弃光率增加，直接影响发电量。

云量的多少除和所在地区大的气候条件有关外，还与局部小气候有很大的关系，尽量避免局部对流条件地区。如我国西部某项目，厂址所在地标高约为3020m，北侧为海拔约4000m的高山和群山，北侧山区的气候变化多样，厂址受局部小气候的影响较大，波及厂址区域，多云和多雨天气出现的概率较大，在一定程度上影响发电量。

我国多云区域主要在西南东部、东北东部、新疆西北部，西南的云贵川地区、华南、江南等地云量非常多，年平均总云量超过65%，这些地方云量多主要与西南季风、水汽供应充足和高原的动力作用有关。云量偏少区域位于北方干旱区域，包括新疆北部、内蒙古东部、东北西部、华北北部、青藏高原等。

厂址选择时要关注云量及局部小气候对太阳能热发电厂的影响，有条件时，厂址尽量远离山脉。

（三）风速分析

风速不是影响光热发电厂选址的主要因素，但在极端条件下的强风对电厂某些部件强度设计有很大影响，而且风速也是影响太阳能热发电有效发电时数和发电效率以及设备运行可靠性的重要指标之一。最大工作风速增大，定日镜结构或集热器成本提高，但系统运行时间增多，发电量相对增加。因此，需要根据当地的上网电价，合理确定最大工作风速。

综上所述，太阳能热发电厂宜选择在年均风速、最大风速相对较小的区域建设，否则风速过大，会导致镜场的支撑结构成本增加，减少电厂的年运行时间，使电厂平均效率下降。

三、光污染

太阳能光热发电厂对周边环境的影响相对较小，主要为光污染。

光污染是继废气、废水、废渣和噪声等污染之后的一种新的环境污染源，主要包括白亮污染、人工白昼污染和彩光污染。过量的光辐射会对人类生活、生产环境、生态造成不良影响。太阳能热发电厂的光污染主要为白亮污染，其中塔式太阳能热发电厂更为突出，定日镜的反射光和吸热器的集中光束会形成一个很亮的光斑，会形成一定的光污染。光污染的主要影响有眩光、对高空飞行影响、对地面交通影响和对鸟类影响等方面。

眩光的强度随距离增加而减少，在近场外，光的辐射照度最高，达到 $6W/cm^2$，随着距离的增加，其值逐渐减少。其中，对高空环境产生影响的主要光源来自吸热器两侧因备用定日镜聚焦产生反射光，吸热器散射的光与之相比要小很多。在各种情况下，由于备用定日镜处于放置状态，备用定日镜反射的光聚焦的光点也会围绕吸热器放置产生圆环。

对鸟类等生物的影响，鸟类具有趋光性，对于塔式太阳能热发电厂，定日镜的反射光和吸热器的集中光束会形成一个很亮的光斑，会形成一定的光污染，这可能会对电厂所在地区的鸟类生活造成影响，候鸟也会因为光污染影响而迷失方向。

为减少光热发电厂对周边的环境影响，在塔式光热发电厂选址时，尽可能避开鸟类栖息区和候鸟类迁徙路线。

四、场地条件

（一）土地利用

太阳能热发电厂是通过将太阳能转化为热能发电的电厂，聚光集热系统都是各种类型的光热发电厂的重要组成部分；聚光集热系统具有规模大、用地面积大的特点。因此，相对于其他类型的发电厂，太阳能热发电厂需要占用更多的土地资源。

太阳能热发电厂的厂址用地，必须遵守国家相应的土地政策，优先考虑沙漠、戈壁、荒漠，及非农业用地，避免占用农业用地、林地等。在我国西部、西北部地区，太阳能法向直接辐射资源丰富，土地空置率高的沙漠、戈壁、荒漠地区是建设太阳能热发电厂的最佳选择之一。

2013 年 7 月美国 NRNL 公开发布的《美国太阳能发电厂土地使用要求》中对太阳能光伏和太阳能光热项目的用地进行分析和对比，表 12-2 所示为美国光伏和光热用地项目概况统计表，其中的光热项目选取当时美国的 25 个项目，其中线性菲涅尔项目 1 个、碟式 1 个。

表 12-2　美国光伏和光热项目用地概况统计表　hm^2/MW

项目	光伏项目			光热项目			
技术路线	固定式	单轴跟踪	双轴跟踪	塔式	槽式	碟式	线性菲涅尔式
用地面积	3.04	3.36	3.28	4.05	3.846	4.05	1.9

从表 12-2 中数据可以看出规模化、商业化运行的塔式太阳能光热发电厂的单位容量用地面积较同规模的光伏用地要大。

太阳能光热发电厂用地面积与项目所在区域的 DNI 值、地形条件、储热时长、集热场性能等都有着很大的关系；装机容量相同的光热发电厂，在不同储热时长条件下，用地面积也会有所不同。

太阳能热发电厂的用地面积初估如下：槽式太阳能 $3\sim4hm^2/MW$，塔式太阳能 $4\sim5hm^2/MW$，线性菲涅尔太阳能 $1\sim2hm^2/MW$。

太阳能热发电用地面积也可根据年发电量进行估算，即

$$A=\frac{5\times W}{\mathrm{DNI}\times\eta} \tag{12-2}$$

式中 DNI——年均法向直接辐射量值，kWh/(m² · a)；

η——光电效率，即太阳能热发电年平均光电效率；

W——年发电量（装机容量×利用小时数），kWh；

A——用地面积，按采光面积进行计算，m²

（二）地形条件

太阳能光热发电厂除用地面积大外，对厂址地形也有较常规电厂特殊之处。

由于厂址面积太大，为追求效益最大化，降低工程初投资，原则上塔式太阳能热发电厂的场地不进行大范围的场地平整，只是对局部起伏较大的区域进行部分场地平整。

但对槽式和线性菲涅尔式的太阳能光热发电厂来说，其对地形的敏感度偏高，地形的坡度需要满足集热器回路中导热介质流速的要求。通常槽式和线性菲涅尔式电厂需要对场地进行大范围的平整，以满足集热场系统要求，由此带来很大的土方工程量。

地形坡度对太阳能光热发电厂而言，是需要总图设计人员在进行厂址选址时值得关注的。根据经验数据，集热器焦线方向的最大坡度：槽式太阳能光热为1%～2%，塔式太阳能光热为2%～4%，线性菲涅尔太阳能光热不大于4%，碟式太阳能光热则没有要求。

因此，厂址选择时尽量选择在地势较平坦区域。在北半球，厂址应尽量选择在地形北高南低的区域。另外，为不降低集热场的反射强度，厂址应开阔，周边不应有高大的山体和建筑物，尽可能地减少集热场的阴影损失。

五、水源

我国规模运行的光热发电厂大多集中在太阳能资源丰富的地区，这些地区基本上在北方地区，气候干旱，雨量稀少，大多数处于水资源条件极度匮乏的区域，因此，水资源条件也将成为光热发电厂厂址选择的重要因素之一。

太阳能热发电厂站区用水通常由生产用水和生活用水组成。生产用水主要有补给水、设备冷却水、镜面冲洗水、消防用水等。目前，大多数的光热发电厂主机和辅机冷却系统采用空冷，耗水量大幅度下降。

塔式和槽式太阳能热发电厂设计规范中的设计耗水指标详见表12-3。

表12-3 太阳能热发电厂设计规范中的设计耗水指标表 m³/(s · GW)

序号	冷却方式	＜50MW	≥50MW
1	淡水循环冷却系统	≤1.20	≤1.00
2	直流冷却系统、海水循环冷却系统	≤0.18	≤0.12
3	空冷系统	≤0.20	≤0.15

注 表中当机组冷却方式采用空冷时，设计耗水指标是以辅机设备冷却采用湿式冷却水系统进行计算的。

从以上数据可以看出，太阳能热发电厂的耗水指标相对较小，如果主机和辅机都采用空冷方式，还会更小，塔式太阳能热发电厂耗水指标相对槽式光热要小些。虽然如此，在厂址选择中，电厂的水源仍要可靠、落实。同时在确定水源的供水能力时，要考虑当地农业、工业和其他用水情况及水利规划对水源变化的影响。

第三节 厂址选择的政策支持

自2012年7月开始，国家能源局就在《太阳能发电发展“十二五”规划》中明确提出，我国要在2015年实现光热发电装机容量达到100万kW的目标。随后，国家能源局又在2016年9月印发的《关于建设太阳能热发电示范项目的通知》（国能新能〔2016〕223号）中，明确了我国第一批20个太阳能热发电示范项目，总计装机容量为134.9万kW。紧接着国家发展和改革委员会、国家能源局又于2016年11月在《电力发展“十三五”规划》中提出我国“十三五”末期光热发电装机目标为500万kW。

2012—2023年，国务院、国家发展和改革委员会、国家能源局以及国家各个部门先后颁布了许多有关光热发电项目发展和建设的文件，这些文件的发布为我国大规模开展太阳能光热发电项目的实施提供了有利的政策保障。

一、可再生能源相关政策

2021年以来国务院、国家能源局等部门不断推出涵盖光热发电在内的一系列指导性意见，如《2030年前碳达峰行动方案》文件中明确，积极发展太阳能光热发电，推动建立光热发电与光伏发电、风电互补调节的风光热综合可再生能源发电基地，助力光热发电与风电、光伏的融合发展、联合运行，以及储热型太阳能热发电的发展。

2022年3月，国家在颁布的相关政策中更强调了扎实推进在沙漠、戈壁、荒漠地区的大型风电光伏基地中，建设光热发电项目。积极发展太阳能光热发电，推动建立光热发电与光伏、储能等多能互补集成。抓紧完善沙漠、戈壁、荒漠地区大型风电光伏基地建设有关技术标准。建立完善光伏发电、光热发电标准体系。

2022年3月22日，国家发展改革委、国家能源局联合印发《“十四五”现代能源体系规划》。规划指出，“十四五”时期要加快推动能源绿色低碳转型。坚持生态优先、绿色发展，壮大清洁能源产业，实施可再生能源替代行动，推动构建新型电力系统，促进新能源占比逐渐提高，推动煤炭和新能源优化组合。增强电源协调优化运行能力方面，将因地制宜建设天然气调峰电站和发展储热型太阳能热发电，推动气电、太阳能热发电与风电、光伏发电融合发展、联合运行。灵活调节电源方面，按照规划，“十四五”时期将在青海、新疆、甘肃、内蒙古等地区推动太阳能热发电与风电、光伏发电配套发展。

2022年5月30日，国务院办公厅转发国家发展改革委、国家能源局《关于促进新时代新能源高质量发展实施方案》。方案中指出，完善调峰调频电源补偿机制，加大煤电机组灵活性改造、水电扩机、抽水蓄能和太阳能热发电项目建设力度，推动新型储能快速发展。鼓励西部等光照条件好的地区使用太阳能热发电作为调峰电源。

2022年6月1日，国家发展改革委等九部委在联合印发的《“十四五”可再生能源规划》中指出，提升可再生能源存储能力方面，将有序推进长时储热型太阳能热发电发展。推进关键核心技术攻关，推动太阳能热发电成本明显下降。在青海、甘肃、新疆、内蒙古、吉林等资源优质区域，发挥太阳能热发电储能调节能力和系统支撑能力，建设长时储热型太阳能热发电项目，推动太阳能热发电与风电、光伏发电基地一体化建设运行，提升新能源发电的稳定性、可靠性。

2023年4月，国家能源局综合司在《关于推动光热发电规模化发展有关事项的通知》（国能综通新能〔2023〕28号）中提出，结合沙漠、戈壁、荒漠地区新能源基地建设，尽快落地一批光热发电项目。积极开展光热规模化发展研究工作，推动光热发电项目规模化、产业化发展；力争“十四五”期间，全国光热发电每年新增开工规模达到300万kW左右。这意味着我国光热发电规模化发展拉开序幕。

借着推动光热发电规模化发展的东风，还需要鼓励有条件的省份和地区尽快研究出台财政、价格、土地等支持光热发电规模化发展的配套政策，提前规划百万千瓦、千万千瓦级光热发电基地，率先打造光热产业集群。内蒙古、甘肃、青海、新疆等光热发电重点省份（自治区）能源主管部门要积极推进光热发电项目规划建设，根据研究成果及时调整相关规划或相关基地实施方案，统筹协调光伏、光热规划布局，合理布局或预留光热厂址，在本省新能源基地建设中同步推动光热发电项目规模化、产业化发展。充分发挥光热发电在新能源占比逐渐提高的新型电力系统中的作用，推动光热发电实现关键一跃。光热发电行业相关政策汇总见表12-4。

表12-4　光热发电行业相关政策汇总

发布时间	政策名称	发布单位	主要内容
2023年4月	国家能源局综合司关于推动光热发电规模化发展有关事项的通知	国家能源局	积极开展光热规模化发展研究工作。内蒙古、甘肃、青海、新疆等光热发电重点省份能源主管部门要积极推进光热发电项目规划建设，根据研究成果及时调整相关规划或相关基地实施方案，统筹协调光伏、光热规划布局，合理布局或预留光热厂址，在本省新能源基地建设中同步推动光热发电项目规模化、产业化发展，力争“十四五”期间，全国光热发电每年新增开工规模达到300万kW左右
2023年4月	2023年能源工作指导意见	国家能源局	大力发展风电太阳能发电。推动第一批以沙漠、戈壁、荒漠地区为重点的大型风电光伏基地项目并网投产，建设第二批、第三批项目，积极推动光热发电规模化发展
2022年10月	关于印发建立健全碳达峰碳中和标准计量体系实施方案的通知	国家市场监管总局、国家发展改革委等九部门	开展塔式、槽式、菲涅尔式等形式光热发电设备安装、调试、运行、检修、维护、监造、性能、评估等标准，以及二氧化碳超临界机组、特殊介质机组标准研究。研究制定中高温太阳能热利用系列标准
2022年10月	能源碳达峰碳中和标准化提升行动计划	国家能源局	抓紧完善沙漠、戈壁、荒漠地区大型风电伏基地建设有关技术标准。建立完善光伏发电、光热光电标准体系
2022年8月	科技支撑碳达峰碳中和实施方案（2022—2030年）	科技部、国家发展改革委、工业和信息化部等九部门	研发高可靠性、低成本太阳能热发电与热电联产技术，突破高温吸热传热储热关键材料与装备
2022年8月	加快发电装备绿色低碳创新发展行动计划的通知	工业和信息化部、财政部、商务部、国家院国有资产监督管理委员会、国家市场监督管理总局	推进火电、水电，核电、风电、太阳能、氢能、储能、输电、配电及用电等10个领域电力装备绿色低碳发展，积极发展太阳能光热发电，推动建立光热发电与光伏、储能等多能互补集成

续表

发布时间	政策名称	发布单位	主要内容
2022年6月	“十四五”可再生能源发展规划	国家发展改革委、国家能源局、财政部等九部门	有序推进长时储热型太阳能热发电发展。推进关键核心技术攻关，推动太阳能热发电成本明显下路。在青海、甘素、新疆、内蒙古、吉林等资源优质区域，发挥太阳能热发电储能调节能力和系统支撑能力，建设长时储热型太阳能热发电项目，推动太阳能热发电与风电、光伏发电基地一体化建设运行，提升新能源发电的稳定性、可靠性。推进光热发电工程施工技术与配套装备创新，研发光热发电厂集成技术
2022年5月	关于促进新时代新能源高质量发展的实施方案	国家发展改革委、国家能源局	加快构建适应新能源占比逐渐提高的新型电力系统。全面提升电力系统调节能力和灵活性。完善调峰调频电源补偿机制，加大谋电机组灵活性改造、水电扩机、抽水蓄能和太阳能热发电项目建设力度，推动新型储能快速发展。研究储能成本回收机制。鼓励西部等光照条件好的地区使用太阳能热发电作为调峰电源
2022年4月	“十四五”能源领域科技创新规划	国家能源局、科学技术部	集中攻关开展热化学转化和热化学储能材料研究，探索太阳能热化学转化与其他可再生能源互补技术，研发中温太阳能驱动热化学燃料转化反应技术，研制兆瓦级太阳能热化学发电装置；应用推广开发光热发电与其他新能源多能互补集成系统，发掘光热发电调峰特性，推动光热发电在调峰、综合能源等多场景应用
2022年3月	2022年能源工作指导意见	国家能源局	积极探索作为支撑、调节性电源的光热发电示范。扎实推进在沙漠、戈壁、荒漠地区的大型风电光伏基地中，建设光热发电项目
2022年3月	“十四五”现代能源体系规划	国家发展改革委、国家能源局	积极发展太阳能热发电；增强电源协调优化运行能力，因地制宜建设天然气调峰电站和发展储热型太阳能热发电，在青海、新疆、甘肃、内蒙古等地区推动太阳能热发电与风电、光伏发电配套发展，联合运行
2022年3月	“十四五”市场监管科技发展规划	国家市场监管总局	研发氢能、油气、光热发电等重要产业领域场景高适应性检测监测技术及装备
2022年2月	关于完善能源绿色低碳转型体制机制和政策措施的意见	国家发展改革委、国家能源局	完善灵活性电源建设和运行机制。发挥太阳能热发电的调节作用，完善支持灵活性煤电机组、天然气调峰机组、水电、太阳能热发电和储能等调节性电源运行的价格补前机制
2021年10月	2030年前碳达峰行动方案	国务院	在能源绿色低碳转型行动方面指出，将积极发展太阳能光热发电，推动建立光热发电与光伏发电、风电互补调节的风光热综合可再生能源发电基地。同时，《通知》在推进绿色低碳科技创新行动方面则明确，要加快先进适用技术研发和推广应用，其中包含推进熔盐储能供热和发电示范应用

注 摘自中商情报网 www. ASKCI. com。

二、用地政策

《中华人民共和国土地管理法》第54条规定，建设单位使用国有土地，应当以出让等有偿使用方式取得；但是：

（1）国家机关用地和军事用地。

（2）城市基础设施用地和公益事业用地。

（3）国家重点扶持的能源、交通、水利等基础设施用地。

（4）法律、行政法规规定的其他用地。

这四类建设用地，经县级以上人民政府依法批准，可以以划拨方式获得。

由此来看，对项目开发而言，以划拨方式获得土地相对出让方式获得土地要经济得多。光热发电厂恰恰也符合上述第三条规定，但具体获得方式是出让还是划拨，其决定权在县级及以上人民政府土地管理部门。目前来看，对光热项目用地执行划拨方式并不太多，同一地级市下的不同县级地域，其土地政策差异也较大。

在实际项目开发操作中，光热发电厂址是否在工矿区范围内，是衡量是否需要缴纳土地使用税的主要标准。值得关注的是，由于城市、县城、建制镇、工矿区的具体征税范围是由各省、自治区、直辖市人民政府划定的。因此，即使在项目立项或建设阶段光热发电厂未落入城镇工矿区，不属于土地使用税的征收范围，但省一级地方政府通过调整城镇工矿区的所辖范围，仍然可使其具备征税条件。

对于耕地占用税，项目在实际操作中往往以草原补偿费的方式征收。我国在太阳能法向直接辐射资源丰富、适宜建设光热发电厂的西部和西北部地区项目用地，基本为沙漠、戈壁、荒漠，而并非耕地，但因厂址内长草，一般都被界定为草原。一大片地上长了两三棵草也被定义为草原，来征收草原补偿费，是不合理。但要根据当地的国土空间规划确定的土地类型来确定土地性质。实践证明，建设光热发电厂的集热场区域对植被恢复有益无害。针对此问题，如不能从国家政策层面予以解决，恐难改变。

另据了解，对于光热发电厂的集热场、储热区和发电区，产生的土地费用也有所不同，储热区和发电区因对地表产生较大改变，常常被定义为永久性占地征收税费；集热场因未对地表产生较大影响，产生的土地成本相对更少些。如玉门地区的光热发电项目，集热场一般采用划拨方式，每年需要按1元/m^2的标准缴纳土地使用税，发电区和储热区一般采用出让方式。目前首批示范项目的30年土地出让金标准约为29.8元/m^2。

第十三章 厂区总平面布置

太阳能光热发电厂厂区总平面布置是发电厂整个设计工作中具有重要意义的一个组成部分，是在已确定厂址的基础上，根据电厂生产工艺流程要求，结合当地自然条件和工程特点，在满足防火防爆、安全运行、施工检修和环境保护等主要方面的条件下，因地制宜地综合各种因素，统筹安排全厂建（构）筑物的布置，从而为光热发电厂的安全生产、方便管理、节约集约用地、降低工程投资创造条件。随着我国第一批示范项目的陆续建成投产，在太阳能光热发电厂总平面布置与设计方面已逐渐积累了一定的经验。

第一节　厂区总平面布置基本原则及要求

太阳能光热发电厂厂区总平面布置需要从全局出发，深入现场，调查研究，收集必要的基础资料，全面地、辩证地对待各种工艺系统要求，主动地与有关设计专业密切配合，共同研讨。从实际情况出发，因地制宜，进行多方面的技术经济比较，以选择工艺系统合理、用地少、投资省、建设快、运行费用低和有利生产、方便生活的最合理方案。

太阳能光热发电厂厂区总平面布置，需要根据电厂的生产、施工和生活的需要，结合厂址及其附近地区的自然条件和建设规划，对厂区供排水设施、交通运输、出线走廊等进行研究，立足近期，远近结合，统筹规划。

一、总平面布置的基本原则

（1）厂区总平面布置要在全厂总体规划的基础上，以近期为主，兼顾远期，满足发电厂生产工艺流程、安全运行和检修维护的要求。

（2）根据太阳能资源、厂区地形、设备特点、运行模式、施工及检修要求等合理布置厂区总平面。

（3）厂区以工艺流程合理为原则，结合各生产设施及工艺系统的要求，合理紧凑、因地制宜地布置，满足防火、防爆、环境保护、职业安全和职业卫生的要求。

（4）厂区按功能要求进行分区布置，集热场和发电区通常按单元布置。

（5）塔式太阳能热发电厂的发电区通常布置在集热场中部的吸热塔周边；采用多个吸热塔的发电厂，发电区也通常布置在集热场的中部。

（6）线性聚焦式太阳能光热发电厂的发电区一般布置在集热场的中部，或根据工艺系统要求和自然地形条件，布置在集热场地势较低处。

（7）厂区内建（构）筑物的平面布置和空间组合要合理紧凑，建（构）筑物不宜对集热场产生阴影遮挡。

（8）吸热塔、汽机房、蒸汽发生器、熔盐储罐、导热油储罐、冷却设施等主要生产建（构）筑物布置在土质均匀、地基承载力较高的区域。

(9) 生产过程中有易燃或爆炸危险的建（构）筑物和储存易燃、可燃、有害物质的仓库，需要单独成区布置，远离人员集中区域。

(10) 厂区总平面布置要采取节约用地措施，提高土地利用率。

(11) 改建、扩建发电厂的设计要充分利用和改造现有设施，减少改建、扩建工程施工对生产的影响及原有建筑、设施的拆迁。

二、总平面布置的具体要求

(一) 重视外部条件，完善总体规划

太阳能光热发电厂厂区总平面布置需根据确定的建厂外部条件（包括水源、接入变电站、道路、天然气管线、辅助能源管线以及国土空间规划等），在总体规划的指导下进行。在进行厂区总平面布置的过程中，要进一步落实和完善总体规划，使之达到经济合理、有利生产、方便生活的目的。

(二) 工艺流程合理

太阳能光热发电厂的总平面布置，首先要满足生产工艺流程的要求，力求生产作业线简捷，使各种工程管线和交通线路短捷通顺，避免迂回运输，尽可能减少交叉。合理地布置工艺系统，是做好总平面布置的基础和关键。

由于要确保集热场效率的最大化和最优化，目前集热场和发电区均按单元布置，这样有利于工艺系统设计及优化，减少能量损失，提高发电效率，节省土地。各个功能单元以工艺系统合理为原则，边界清晰、明确，分区间可采用道路分隔。

太阳能光热发电厂的发电区和集热场的布置应满足工艺要求，合理规划厂区内路网及进厂道路，确保交通运输方便；合理利用自然地形、地质条件。

(三) 布置紧凑合理，注重节约集约用地

太阳能热发电厂用地面积较其他项目用地要更多，总平面布置应贯彻国家相关方针政策，在满足生产和安全等要求的前提下，节省基建投资，降低运行费用，进一步加强土地管理，保护和开发土地资源，合理利用土地。厂区总平面布置需严格贯彻节约集约用地的原则，通过优化，控制全厂生产用地、生活区用地和施工用地的面积，用地范围需要根据建设和施工的要求，按规划容量确定，宜分期、分批征用。总平面布置可以采取以下措施。

(1) 分区合理、明确。发电厂有较多的建（构）筑物和各种设施，可根据它们的生产特点、卫生和防火要求、运行管理方式、货运量与运输方式、动力的需要程度以及人流的多少等进行合理分区，并按区进行合理的规划和布置，这样便于合理组织生产过程，缩短各种工程管线和运输线路，保证必要的卫生与防火间距，明确人流车流，创造较好的建筑群体，以达到改善运行管理条件、节省投资和节约用地的目的。

太阳能光热发电厂厂区总平面布置需要按功能分区进行布置，将同一或相近功能系统的各项设施布置在一个区域内，不仅有利于节约集约用地，而且便于生产管理。分区内各设施的合理布置，可缩短工程管线的长度，减少工程费用。

太阳能光热发电厂厂区按功能要求进行分区，可分为集热场、发电区和其他设施区。发电区由储换热区域、蒸汽发生器区域、汽轮机区、辅助加热区等组成。其他设施区则按照项目不同条件，包括厂前区、蒸发塘区、汇集站区、天然气调压站区等。

（2）布置紧凑适当。总平面布置要考虑布置紧凑，但要适当，不要盲目追求过高的建筑系数和利用系数，集热场内的布置要考虑用地的经济性和集热效率的双重平衡。发电区内主要生产建（构）筑物，应围绕汽机房或吸热塔（若有）集中布置，这样可取得明显的经济效果。

（3）简化工艺流程。合理、可靠而又简单的工艺系统是做好总平面设计的重要前提，也是节约用地的有效途径。例如：发电区内配电装置采用屋内式或GIS（六氟化硫气体绝缘）等。总平面设计人员要根据工程特点和具体情况，主动与有关工艺专业充分协商、积极配合。

（4）联合多层或成组布置。对于太阳能光热发电厂而言，发电区尤其是塔式光热发电厂的用地十分紧张，将一些性质相近或生产工艺相关联的建（构）筑物毗邻或采取联合多层布置如高压配电室、电控楼宜与汽机房毗邻布置，水预处理、废水处理、消防设施等整合集中布置，可有效地解决发电区用地紧张的问题。

（四）符合防火防爆要求，确保安全生产

厂区总平面布置要严格执行GB 50016《建筑设计防火规范》的有关规定。总图设计人员应全面了解全厂各建（构）筑物在生产或储存物品的过程中各自的火灾危险性及其应达到的耐火等级。保证建（构）筑物、仓库和其他设施之间的防火距离。为了防止火灾和爆炸事故的蔓延和扩大，在总平面布置中，应本着预防为主的原则，采取必要的防护措施。

1. 火灾危险性分类

火灾危险性不同的生产厂房和库房，在总平面布置中的要求也不同。发电厂各建（构）筑物在生产过程中的火灾危险性分类及其最低耐火等级按表13-1执行。

表13-1　建（构）筑物在生产过程中的火灾危险性分类及其最低耐火等级

序号	建筑物名称	生产过程中火灾危险性	最低耐火等级
1	汽机房	丁	二级
2	吸热塔	丁	二级
3	蒸汽发生器	丁	二级
4	集热器回路	丙	—
5	定日镜	戊	—
6	熔盐区电控室	丁	二级
7	导热油配电间	丁	二级
8	熔盐原料储存间	甲	二级
9	熔盐储罐	戊	—
10	导热油膨胀罐、溢流罐	乙	—
11	导热油泵房	乙	二级
12	液化天然气储罐	甲	—
13	组装车间	戊	二级
14	蒸发塘	戊	二级

注　1. 除本表规定的建（构）筑物外，其他建（构）筑物的火灾危险性及耐火等级应符合GB 50016《建筑设计防火规范》的有关规定，火灾危险性应按火灾危险性较大的物品确定。
2. 导热油配电间、熔盐区电控室，当未采取防止电缆着火后延燃的措施时，火灾危险性应为丙类。

2. 厂区总平面布置防火分区

厂区需要划分重点防火区域。重点防火区域的划分及区域内的主要建（构）筑物如表13-2所示。

表13-2 重点防火区域的划分及区域内的主要建（构）筑物

重点防火区域	区域内主要建（构）筑物
主厂房区	包括汽机房、除氧间、靠近汽机房的各类油浸变压器、集中控制楼
配电装置区	配电装置的带油电气设备、网络控制楼或继电器室
启动锅炉房	启动锅炉
熔盐加热区	熔盐初熔加热炉、防凝加热炉
导热油设施区	导热油膨胀罐、溢流罐、导热油泵房
辅助燃料储存区	天然气调压站、液化石油气储罐
消防水泵房区	消防水泵房、蓄水池
材料库区	一般材料库、特殊材料库、材料棚库

3. 建（构）筑物间距要求

太阳能光热发电厂各建（构）筑物的布置要符合防火间距的要求，符合国家GB 50016《建筑设计防火规范》、GB 50229《火力发电厂与变电站设计防火标准》、DL/T 5032《火力发电厂总图运输设计规范》的有关规定；电厂各建（构）筑物的间距还要符合表13-3的规定。

表13-3 太阳能光热发电厂各建（构）筑物的最小间距 m

<table>
<tr><th rowspan="3">序号</th><th rowspan="3" colspan="3">建筑物名称</th><th rowspan="3">天然气调压站</th><th rowspan="3">导热油泵房</th><th colspan="2">导热油膨胀罐、溢流罐</th></tr>
<tr><th colspan="2">罐区总容量 $V(m^3)$</th></tr>
<tr><th>$200 \leqslant V < 1000$</th><th>$1000 \leqslant V < 5000$</th></tr>
<tr><td rowspan="2">1</td><td rowspan="2">丙、丁、戊类建（构）筑物耐火等级</td><td rowspan="2">单、多层</td><td>一、二级</td><td>12</td><td>12</td><td>20</td><td>25</td></tr>
<tr><td>三级</td><td>14</td><td>14</td><td>25</td><td>30</td></tr>
<tr><td>2</td><td colspan="3">屋外配电装置</td><td rowspan="2">25</td><td rowspan="2">25</td><td rowspan="2">40</td><td rowspan="2">50</td></tr>
<tr><td>3</td><td colspan="3">主变压器或屋外厂用变压器</td></tr>
<tr><td>4</td><td colspan="3">机械通风冷却塔</td><td>25</td><td>20</td><td>25</td><td>30</td></tr>
<tr><td>5</td><td colspan="3">天然气调压站</td><td>—</td><td>12</td><td>25</td><td>30</td></tr>
<tr><td>6</td><td colspan="3">导热油泵房</td><td>12</td><td>—</td><td>10</td><td>10</td></tr>
<tr><td rowspan="2">7</td><td rowspan="2">导热油膨胀罐、溢流罐罐区总容量 $V(m^3)$</td><td colspan="2">$200 \leqslant V < 1000$</td><td>25</td><td>10</td><td rowspan="2" colspan="2">①</td></tr>
<tr><td colspan="2">$1000 \leqslant V < 5000$</td><td>30</td><td>10</td></tr>
<tr><td rowspan="2">8</td><td rowspan="2">厂内道路</td><td colspan="2">主要</td><td>10</td><td>10</td><td>15</td><td>15</td></tr>
<tr><td colspan="2">次要</td><td>5</td><td>5</td><td>10</td><td>10</td></tr>
<tr><td>9</td><td colspan="3">围墙</td><td>5</td><td>5</td><td colspan="2">6</td></tr>
</table>

注 1. 表中导热油膨胀罐、溢流罐与导热油泵房的间距按卧式罐确定。

2. 与屋外配电装置的最小间距应从构架上部的边缘算起。

3. 熔盐储罐与丙、丁、戊类二级、三级建筑物的最小间距不宜小于20m；熔盐储罐之间的间距应按工艺要求执行；熔盐储罐与导热油储罐的最小间距应为相邻储罐中较大罐直径的1.0倍，且不应小于30m。

4. 其他建（构）筑物之间的间距应满足GB 50229《火力发电厂与变电站设计防火标准》、DL/T 5032《火力发电厂总图运输设计规范》的有关规定。

① 应按GB 50074《石油库设计规范》的有关规定执行。

第二节 集热场布置

集热场是太阳能光热发电厂中的重要组成部分，是区别其他发电技术路线的重要子系统，也是电厂中占地最大的部分，对于50MW级及以上装机规模的电厂，其投资占整个电站投资约60%，是电厂中最大的成本构成。集热场布置的好坏直接影响到电厂的集热效率、发电量和投资的经济性。

集热场布置应结合发电厂地理位置、场地条件、设备特点、运行模式、集热场年效率等因素，进行综合技术经济比较后确定。集热场应分区布置，满足工艺、消防、检修要求，同时应兼顾发电厂的布置及出线要求。

一、塔式太阳能光热发电厂集热场布置

塔式太阳能热发电厂集热场由吸热塔和定日镜场组成。定日镜场的主要设计内容有定日镜场数量设计、定日镜布置方式和定位设计以及吸热塔位置和高度设计。

（一）吸热塔

吸热塔一般由吸热塔本体和吸热器组成。常见的吸热塔结构形式有混凝土结构形式和钢结构形式。吸热器是吸收太阳辐射并将其转换为热能的装置，直接接受定日镜场反射的太阳辐射，是塔式光热系统中的核心部件。吸热器可以采用外置式或腔式两种形式，西班牙PS10电站和我国八达岭电站采用腔式吸热器；西班牙GemaSolar电站采用外置式吸热器。吸热器工质可采用熔盐或水/水蒸气。

吸热塔的位置和高度与定日镜余弦效率、遮挡和阴影效率以及大气透射率有一定的关系。位于北半球，在北回归线以北的电厂，太阳大部分时间或全部时间在定日镜场南侧，吸热塔以北的定日镜场余弦效率远高于吸热塔南边的定日镜场，因此吸热塔通常位于定日镜场的中部偏南的位置，北镜场定日镜数量多于南定日镜场，有利于定日镜场效率的提升。

吸热塔高度受多方面因素的影响，常规10MW机组，塔高为80m左右；50MW机组，塔高在200m左右；100～150MW机组，塔高在240m左右。增加塔高对提升余弦效率、遮挡和阴影效率都有影响，从而可以显著提升定日镜场效率。通常装机规模越大、储能时长越长、定日镜数量越多的电厂，吸热塔的高度越高。但吸热塔高度越高，将增加吸热塔成本、泵扬程与成本。因此，吸热塔在定日镜场中的定位和高度需要根据集热场设计点各项效率优化计算及经济化优化计算后来确定。

目前塔式太阳能光热发电厂对于太阳光的聚焦和反射多采用一次反射，即通过定日镜场将太阳辐射聚集到距离地面一定高度的吸热器上，获取热量的传热介质通过管道将输送热能到地面储热系统。采用这种布置的吸热塔，随着吸热塔高度的增加，吸热器外表面对流热损变大，热量损失较大；吸热器高空布置，管道较长，热量从吸热器到地面进行管道输送，存在热量损失，热效率较低；同时需配置高扬程循环泵，吸热塔建设成本高，运行期间厂用电增加。

为了弥补一次反射系统的不足，出现了二次反射系统。两者之间，最主要的不同是吸热器位于地面，塔架上布置二次反射装置，将太阳光经定日镜反射到二次反射装置，再经

二次反射装置聚焦位于地面的吸热器上。这一系统中，光线传播距离较一次反射系统增加，降低了定日镜场的集热效率，但输热管道的距离却相对缩短，能有效地降低单个吸热塔的高度；这两个系统的能量传递方式不同，能量损失也有所不同，各有特点。

我国首批光热示范项目中的玉门鑫能光热熔盐 50MW 塔式太阳能热发电项目采用的是二次反射技术，二次反射塔采用钢结构三立柱支撑、离散化旋转双曲面反镜，反射镜口径为 70m，镜面面积为 3200m^2，整体钢结构总重约 800t。其作用是将定日镜反射来的太阳光二次反射给塔底的吸热器。每个集热子系统设置一套吸热器，布置在二次反射塔底部，可以直接吸收经二次反射镜反射下来的太阳能，吸热器直径为 7.6m，高度约为 11m，四周设有防风墙及结构支撑。吸热器内有约 130t 熔盐。

（二）定日镜场

定日镜场通常由成百上千甚至更多的定日镜组成，通过各自独立的控制系统连续跟踪太阳能的辐射能，并将能量聚焦至塔顶的吸热器上，以热能的形式加以利用。

定日镜由反射镜、支架、基座和跟踪装置等部件构成。反射镜可以采用玻璃镜、张力金属膜反射镜；支架一般采用钢框架结构或钢板结构；基座可分为独柱式、圆形底座式、连杆结构式等；跟踪装置驱动可采用涡轮蜗杆或推杆等方式。定日镜的形状也是多种多样，有方形、圆形、多边形等。

目前常用定日镜的面积分为大、中、小三种尺寸。不同面积的定日镜有着不同的优势，如小定日镜在运输、安装、调试方面的成本更低，建设周期短，支撑结构钢材耗量低，其单位镜面直接成本相对较低；镜面光斑小，对风压的要求低。而大定日镜则具有镜子数量少、所需的控制设备少、节省设备成本等优势。根据项目的不同特点和要求，不同尺寸的定日镜均在项目中有应用的实例。

大定日镜面积通常大于 100m^2，如摩洛哥 NOOR3 项目的定日镜面积为 178m^2，首航节能敦煌 100MW 熔盐项目的定日镜面积为 115.72m^2。

中定日镜面积通常在 50m^{2}左右，如中电工程哈密 50MW 塔式光热项目的定日镜面积为 48.5m^2。

小定日镜面积基本在 20～30m^2，国内以可胜技术为代表，如中控德令哈 50MW 塔式、中电建共和 50MW 熔盐塔式项目，定日镜面积为 20m^2。

1. 定日镜场的布置形式

定日镜场按定日镜的排列方式可分为直线型阵列式布置、圆形（或环形）布置、辐射网格布置、Campo 布置及仿生布置等，如图 13-1 所示。

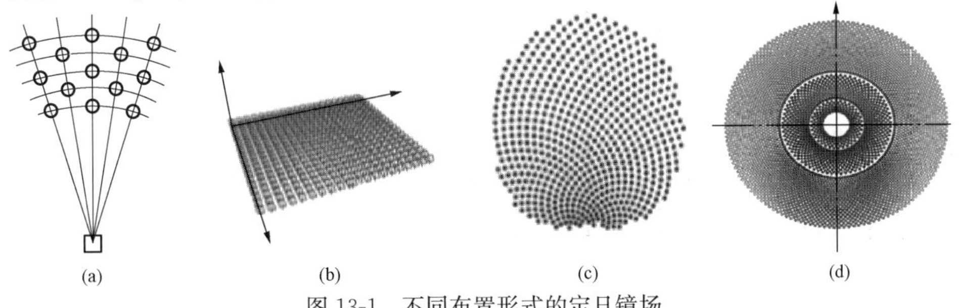

图 13-1 不同布置形式的定日镜场

（a）辐射布置；（b）矩形布置；（c）仿生布置；（d）环形布置

定日镜场按吸热塔设置可分为单塔定日镜场和多塔定日镜场两大类。目前国内大多数的塔式太阳能光热发电厂采用的为单塔定日镜场布置，也有个别项目采用双塔双定日镜场布置，如图13-2所示。

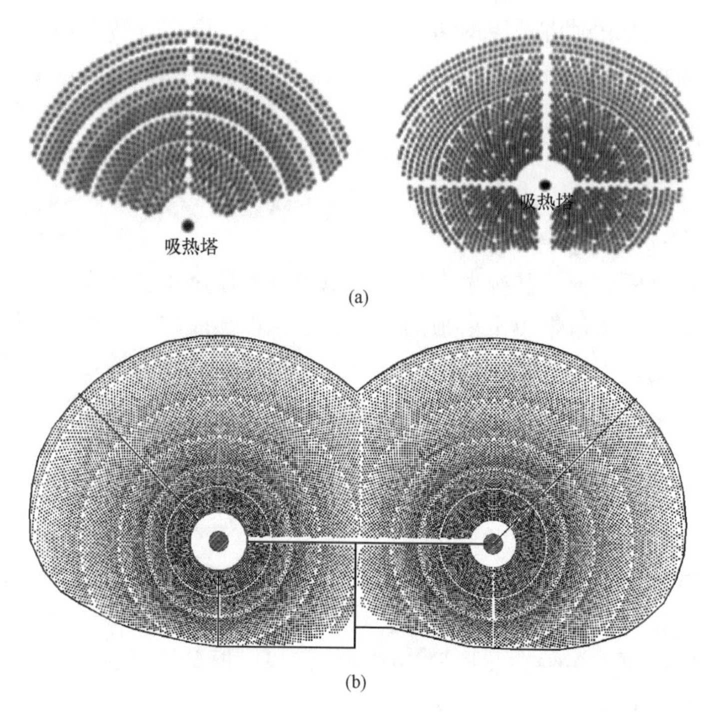

图13-2 定日镜场布置示意图

(a) 单塔—定日镜场；(b) 双塔—定日镜场

直线型阵列式布置的定日镜场是定日镜在多条平行直线上进行排布，每行上的定日镜位于同一直线上，相邻行之间的定日镜东西交错布置，同一行上的定日镜镜间距相等，这种布置的优点是可以尽量利用土地面积，但镜场的阴影遮挡损失相对较大，直线型阵列式布置通常在定日镜场规模小，土地面积受限时采用，如青海中控太阳能德令哈10MW塔式光热发电厂的定日镜场。

圆形（或环形）布置的定日镜场，是定日镜以吸热塔为圆心的同心圆环排布，相邻圆环之间的定日镜按照半径交错排布，每一面定日镜均处于交错状态，这种布局可以比较好地解决直线型布置东西两侧阴影遮挡损失高的问题。圆形（或环形）布置以西班牙Gemasolar电站、美国CrescentDunes等电站为代表。

辐射网格布置形式是为解决圆形（或环形）定日镜场布置时距离吸热塔较远的定日镜阴影遮挡效率低而提出的，是对圆形（或环形）布置形式的改进，目前在国内外20MW级规模以上塔式太阳能光热发电厂的定日镜场设计中是最多采用的布置形式。其优点是避免了定日镜处对相邻后环上定日镜的反射光线受正前方造成的光学阻挡。第一镜环的半径与吸热塔高度有关，其他环的半径则根据与相邻环之间的径向间距大小确定。辐射网格布置形式的镜环间距及镜环内定日镜间距可以根据不同边界条件要求进行调整，在土地利用和镜场效率之间实现灵活设计而达到平衡。

Campo 布置形式是一种类圆形布置，定日镜场布置由南向北定日镜环向间距逐渐变大，这种布置适当地增加了北镜场镜环之间的距离，减少南镜场中远距离定日镜镜环之间的距离，增加了南镜场的余弦效率。但 Campo 布置形式仍然无法解决由于区域变化时，由定日镜数目骤增引起的局部区域阴影遮挡损失的增加。

仿生布置形式可以使相同土地面积上的定日镜随着镜塔距离的增加，逐渐连续地减少，从而降低距离吸热塔的距离较远的定日镜的阴影遮挡损失，是对 Campo 布置形式的改进。

由于 Campo 布置形式和仿生式布置中定日镜的排布和间距的不规律性，定位可行性差，给定日镜的施工和维护造成极大的不便，这两种布置形式目前在国内外应用很少。

2. 定日镜场布置要求

定日镜场的设计是塔式太阳能光热发电系统设计的重要环节。塔式太阳能光热发电厂中定日镜场的投资一般占整个太阳能热发电系统总投资的 40%～50%，因此针对定日镜场的优化设计可为降低投资成本和发电成本提供条件。定日镜场通常分为北向聚光场和环绕聚光场两种方式。

定日镜场设计与定日镜场的效率密切相关，定日镜布局、吸热塔高度等都会对定日镜场效率产生影响。定日镜场围绕吸热塔周围布置，要充分利用地形条件，降低阴影和遮挡损失。同时也需要考虑地形地貌以及对当地植被、动物的保护要求。

定日镜场需要按定日镜场年效率最佳为首要原则来布置定日镜，这时要考虑吸热塔的高度、定日镜与吸热塔的距离、各排定日镜间的遮挡和阴影来确定每个定日镜的位置。

定日镜场需要根据工艺、消防、检修要求，对定日镜场进行分区布置，还要兼顾发电区的布置及出线要求。定日镜的布置间距应保证相邻定日镜旋转过程中不发生碰撞，不与地面和植被发生碰撞，并留有一定的安全间隙。也要考虑控制器接地、防雷，线缆之间的交叉。线缆的布置应考虑清洗车辆的通行。

电厂的用地面积、形状和成本将影响定日镜场布置方式的选择。设计时需要针地土地成本和定日镜场成本综合性，经济比较后确定定日镜的间距与布局，实现土地利用率与定日镜场效率最佳平衡。土地成本低且面积不受限时，可以适当加大定日镜的间距，以减少遮挡和阴影损失，从而减少定日镜的总数量，降低综合成本。当用地面积受限或土地成本高时，可以采取适当减少定日镜的间距，提高吸热塔高度等方式。另外，地形也会对定日镜场效率产生影响，在北半球，北高南低的场地对提升定日镜场的整体余弦效率是非常有益的。

二、槽式太阳能光热发电厂集热场布置

槽式太阳能光热发电厂集热场由集热器回路及传热介质管线组成，是太阳辐射能转为传热载体热能的核心部分。集热器回路由若干个集热器组合（solar collector assembly，SCA）组成，每个 SCA 又由若干个集热器单元（solar collector elements，SCE）和其中的驱动塔组成。

（一）集热器回路

槽式太阳能光热发电厂的集热单元如图 13-3 所示，主要包括抛物面反射镜、吸热管、支撑系统和集热器阵列之间连接的管道回路。反射镜和吸热管是太阳能转变为热能的重要

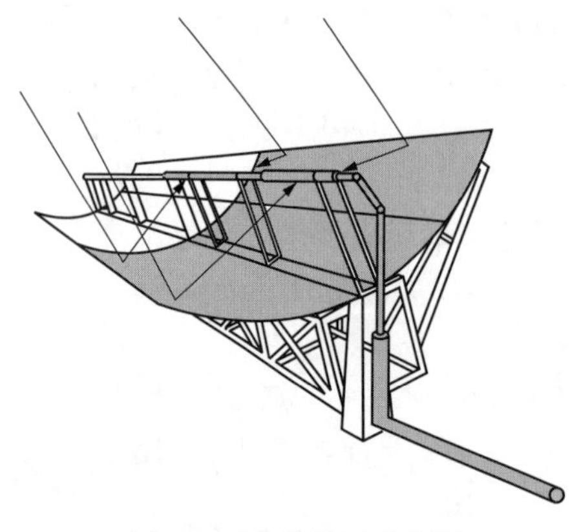

图 13-3 集热单元示意图

部件，聚焦线上吸热器表面带有选择性涂层的金属管外部由一层透射率高的同心玻璃管包围，其中间密封维持环形真空。

槽式太阳能热发电集热器支架的结构形式一般为轻型钢结构，用于支撑集热管及反射镜。集热器支架的结构形式对刚度要求较高，任何支架形状的偏差均会导致聚光系统的光学效率损失，同时也要保证其在风荷载下几何变形较小。集热器支架的主要形式可分为扭矩箱式、扭矩管式和空间框架结构 3 种形式，见图 13-4。

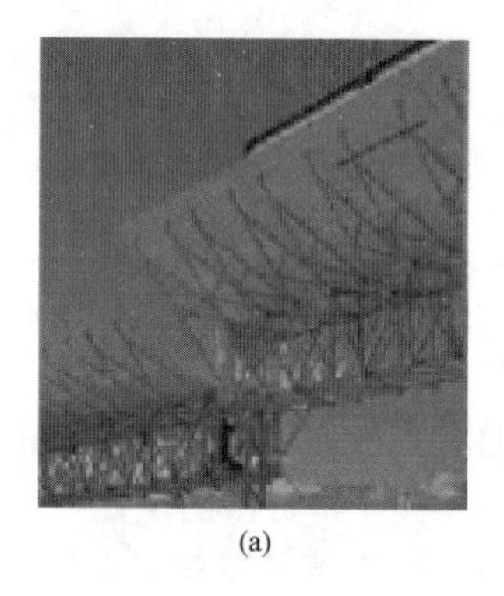

(a)

(b)

(c)

图 13-4 集热器支架形式

(a) 扭矩箱式；(b) 扭矩管式；(c) 空间框架

集热器组合 SCA 的尺寸和支架类型，不同公司的尺寸大小不尽相同。表 13-4 列出目前不同厂家的 SCA 组件的尺寸。

表 13-4 集热器 SCA 组件的尺寸表

集热器	LS-2	LS-3	Euro Trough	ENEA	SGX-2	SENER Trough	Helio Trough	Sky Trough	Siemens LS6	Untimate Trough	ST 8.2
形式	扭矩管	V形框架	扭矩箱	扭矩管	空间框架	扭矩管+冲压支臂	扭矩管	空间框架	扭矩管	扭矩箱	空间框架
开口尺寸（m）	5	5.7	5.76	5.76	5.77	5.76	6.77	6	5.77	7.51	8.2
SCA 长度（m）	47	99	100/150	100	100/150	150	191	115	150	246.7	143.26/163.93
单元长度（m）		12	12	12.5	12	12	19.1	14	12	24.5	14/16
焦距（m）	1.49	1.71	1.71	1.8		1.7	1.7	1.71	1.71	2.38	2.235
集热管直径（m）	0.07	0.07	0.07	0.07	0.07	0.07	0.09	0.08	0.07	0.09	0.09

集热器回路长度取决于集热组合 SCA 的长度及数量，不同型号的集热器，回路长度不同范围从 200～1000m 不等，具体的集热器回路长度根据电厂设计条件，使集热器回路温升满足设计要求的原则来确定，集热器回路及其组件示意如图 13-5 所示。

在集热器回路长度确定的情况下，回路间距主要考虑太阳遮挡情况、DNI 值、太阳倍数、占地面积、集热器槽口宽度、追踪角度和集热器设备价格等因素，经过优化计算后确定。

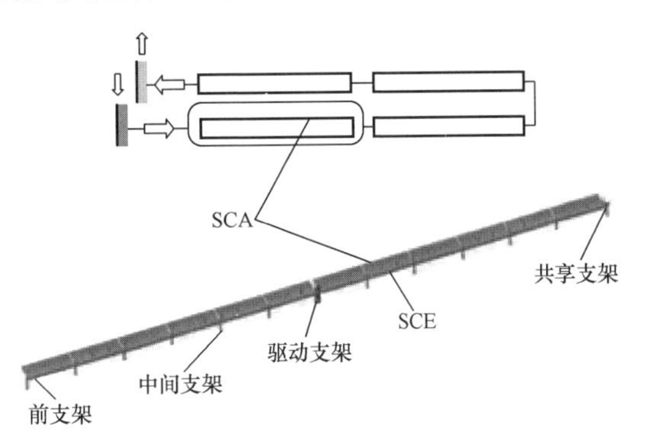

图 13-5　集热器回路及其组件示意图

集热场中集热器回路数的确定主要由发电量及储能小时数确定，在电厂的特定设计条件下，集热场有理论最佳回路数量。如果用地大小不受限制，可以实现最佳回路数量；在满布的情况下，选择实现相对较多，接近最佳回路数量的布置。

集热场中每排集热器回路的长度可根据工作流体的温度和当地的环境温度来定，通过技术经济比较后确定。长的集热器需要场地平整代价较大，对集热器的轴向安装精度要求也较高。

（二）集热场布置形式

集热场的布置主要是考虑集热场效率和集热场内流体传输的问题，其布置优化还涉及法向直接辐射强度 DNI、太阳倍数、可利用土地面积以及集热器系统价格等因素，通过成本优化确定。

一般的槽式太阳能集热系统对跟踪精度的要求一般，多采用单轴跟踪，这样设备结构简单，可节省制造和维修的成本。集热器回路布置有焦线南北向、东西水平轴跟踪和焦线东西向、南北水平轴跟踪两种形式。与东西水平轴跟踪方式相比，南北水平轴跟踪方式下的集热器输出较大，但夏季和冬季的输出差别较大，因此若需要集热器冬季能量输出最大，应选取东西水平轴跟踪方式；而若以夏季利用为主，则应选取南北水平轴跟踪方式。

太阳能光热发电厂追求的年辐照多，发电量多，因此规模化、商业化的槽式太阳能热发电厂以东西水平轴跟踪方式为主，集热场回路采用南北向焦线，集热器回路在东西向母管两侧对称布置，两侧集热器回路共用 1 个母管（冷、热），起到缩短管道长度、减少热损耗、平衡压损、降低投资的效果。

集热器回路的间距确定与集热器的开口尺寸、追踪角度等因素有关，在达到有效法向直接辐照度集热器开始追踪太阳时，阴影面积需要低于 50%。

集热场布置形式，在场地条件许可时，尽量采取近似正方形布置，但通常由于场地边界的不同，集热场会有正方形、长方形、多边形等不同形式。集热场应根据场地形状、集热器朝向、回路数量及其形式进行分区布置。

集热场布置根据集热母管布置形式有典型的 C 型和 H 型，详见图 13-6。

（三）集热场布置要求

集热场的布置要满足传热介质工艺流程的要求，结合集热器的特点做到布局紧凑适当，集热器之间的传热管道连接整齐，阀门便于操作、维护，减少设备与管道之间的交叉

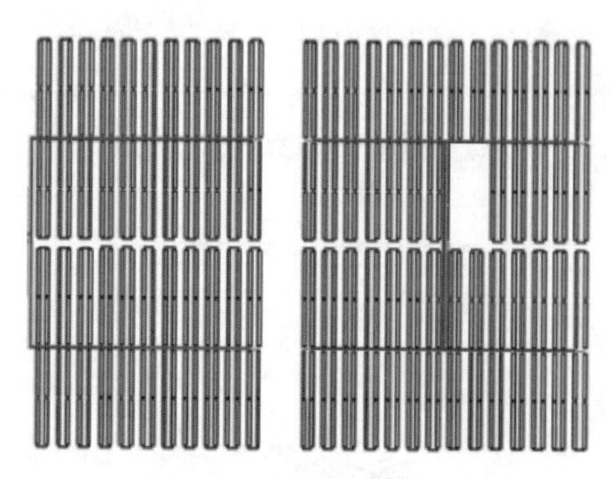

图 13-6 集热场布置形式

布置，尽量避免倒流及增加工程量。

当场地用地不受限制，集热场南北向用地长度与回路长度的组合可以匹配时，需要重点考虑工艺布置合理。理想的场地南北向尺寸为集热器回路长度与南北向相邻回路间距之和的整数倍，且最好是偶数倍。但在实际的工程中，理想尺寸的场地并不是很多，在这种情况下，为尽量做到集热场母管流量平衡，尽可能做到以下几点。

（1）南北向集热器回路分区尽量偶数排列，确不满足时，也可采用奇数排列分区。

（2）集热场的南北向和东西向尺寸宜接近，不宜相差太多。

（3）当南北向场地受限不能满足一个完整集热器回路布置时，也可局部改变回路布置，从回路中的集热单元处断开并列布置，以充分利用场地。

集热场布置时还需要考虑当地风沙的影响，极端条件下的强风会对电厂某些部件强度设计带来很大的影响，是影响太阳能光热发电有效小时数和发电效率以及设备运行可靠性的重要因素。为减少极端条件下风沙对集热器的影响，通常根据气象条件，经技术经济比较后，在集热场的周边采取防风沙措施，包括设置防风防沙网、提高集热场外排集热器结构和种植防风林等方法。其中采用防风防沙网时，需考虑厂址区域的气象条件，与集热器的间距要符合集热器启动和退出跟踪时产生的阴影面积小于50%，防风防沙网需要采用不易撕裂、不易脱落的产品。

摩洛哥努奥二期项目全年主导风向主要是东北风和西南风，且集热器主要受力面在东西 2 个方向，但是为保证 SCA 的稳定性，该项目在四个方向均设置了防风防沙网。防风防沙网的设置通常是连续的，在通长范围内保持高度不变。

三、线性菲涅尔式太阳能光热发电厂集热场布置

线性菲涅尔式太阳能光热发电厂集热场由集热器回路及传热介质管线组成。集热器支架应根据当地气象条件选用材料和结构形式，满足地震、风载、雪载等要求。支架强度、刚度应满足聚光与跟踪精度要求。

集热器的结构形式分为水平布置形式和倾斜布置形式，如图 13-7 所示。一般情况下，水平布置形式采取南北轴布置方式，倾斜布置形式采取东西轴布置方式。在我国布置集热器时，采取水平布置南北轴布置方式，集热器夏季的得热量要明显高于冬季的得热量；采取倾斜布置南北轴布置方式时，集热器一年四季中夏季的热量较为均衡。

线性菲涅尔式光热发电厂典型的布置形式是集热场南北布置，集热管安装在镜场中心有一定高度的支架上，多组平面镜单元绕其中轴翻转，将太阳光反射到与其平行的中间吸热器中。这种形式吸热器与反射镜分离，跟踪太阳时只需水平旋转反射镜即可，减少了跟踪装置的负荷。线性菲涅尔式光热发电厂的集热场布置要求基本与槽式光热发电厂的集热场布置相同；值得指出的是，根据工艺系统管线布置的需要，当考虑管线内介质依靠重力自流至储存设施区域时，应当注意管线的竖向设计标高与自然地形、地势条件的协调性。

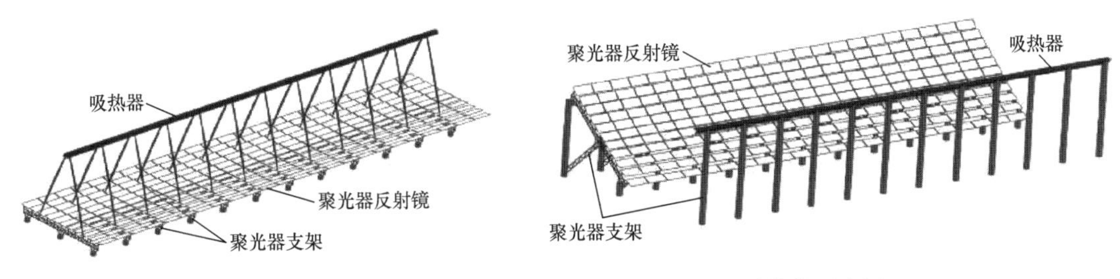

图 13-7　水平布置和倾斜布置菲涅尔式集热回路结构示意图

第三节　发电区布置

太阳能光热发电厂的发电区是光热发电厂中重要的生产区域，通常由储换热区、蒸汽发生器区、汽机房、集中控制室和有关设施组成的相对集中的区域。

一、发电区布置基本原则

（1）不同类型的光热发电厂的发电区内有不同的建（构）筑物和各种设施，发电区的布置要根据不同的生产特点、工艺要求、运行检修要求、卫生和防护要求进行合理的分区紧凑布置，合理组织生产过程，缩短各种工程管线。

（2）发电区的总平面布置应与集热场和全厂总体规划相协调，保证工艺流程顺畅、外部道路引接便捷。功能相互关联的各分区需要就近布置，方便检修巡视和管理，管线短捷。

（3）发电区的布置应根据设备和系统功能的要求，采用集中、合并布置，功能分区明确、系统连接简捷。汽机房和除氧间宜集中布置。换热与储热区域及辅助加热区宜紧凑布置，并靠近汽机房。

（4）发电区的布置应便于运行和检修，并符合防火、防爆、防潮、防尘、防冻等要求。

（5）发电区内建（构）筑物的平面布置和空间组合要紧凑合理，建（构）筑物高度尽量避免对集热场产生阴影和遮挡。汽机房、熔盐罐、冷却设施等主要生产建（构）筑物要布置在土质均匀、地基承载力较高区域。

（6）发电区总平面布置要采取节地措施，提高土地利用率。

二、各功能分区布置

（一）储换热区

太阳能光热发电厂为增加年利用率、调峰能力和错峰运行能力，实现聚光集热系统和发电系统解耦运行，以及在天气条件发生变化时提供缓冲，使发电量均匀分布，提高电厂对电网调度需求的适应能力或错峰运行能力，我国第一批太阳能光热发电示范项目要求配置 4h 以上的储热容量。目前我国在建或计划建设的商业化太阳能热发电站的储热容量多在 9～12h 之间。

储热及换热系统在电厂设计中，在满足技术要求的前提下，系统尽可能简单。

根据热能存储方式的不同，有显热储热、潜热储热、复合储热和化学反应储热等方式。显热储热是通过提高储热介质的温度来实现热能存储，是这几种方式中最简单、技术最成熟、被广泛应用于太阳能光热发电的高温储热方式。目前，储热技术主要有水蒸气储热、混凝土储热、斜温层储热、熔盐储热等，其中：蒸汽储热在太阳热发电中少有应用；混凝土储热处于研究和试验阶段；斜温层储热在太阳热发电中也有应用和示范。

太阳能光热发电厂中的储热系统可分为主动型和被动型。主动型储热系统所用的储热介质通常是流体，储热介质在太阳能吸热器、蒸汽发生器等换热设备中进行强迫对流换热。被动型储热系统通常为双介质系统，储热介质自身不在换热设备中进行强迫对流换热，而是通过传热流体的热量传递实现充热和放热。

主动型直接储热系统有直接蒸汽储热系统和双罐直接储热系统。现阶段太阳能光热发电厂的储热系统主要为使用熔盐为储热介质的双罐储热系统，该系统是目前技术最成熟，应用最广泛的储热系统，根据储热介质参与换热过程的不同，双储罐储热系统又分为主动型直接储热系统和主动型间接储热系统。主动型直接储热系统中的储热介质是电厂中的传热流体，主要应用在以熔盐为吸热传热流体的塔式、槽式电厂直接储热系统；主动型间接储热系统中的储热介质仅进行热量存储和释放，而不具有吸热器中传热流体的功能，主要应用在以导热油为吸热传热流体的槽式电厂间接储热系统。

双储罐直接储热系统包含一个热储罐和一个冷储罐，温度较低的传热流体和储热介质存在冷储罐中，加热后温度较高的传热流体和储热介质存储在热储罐中。双罐间接储热系统中，传热流体和储热介质采用的是两种不同的流体介质，能量不是直接存储在传热流体中，而是有另外一种流体作为储热介质，两者之间的换热通过专门的换热器来实现，储热系统中的能量是靠传热流体通过换热器传到储热介质中。以槽式导热油光热发电厂为例，传热流体是导热油，储热介质是熔盐，充热时，来自集热场的高温导热油进入导热油—熔盐换热器中，冷储罐中的熔盐从相反方向进入换热器，传热流体和储热介质在换热器中进行热交换，导热油被冷却之后回到集热场继续参与循环，而熔盐被加热存储到热罐中。放热过程导热油和熔盐进入换热器的方向与充热过程相反，热量从熔盐传递给导热油，为汽轮机提供能量。

在直接储热系统中，由于传热流体和储热介质是同一种介质，因此在充热过程中，所有的传热流体都被加成高温流体进入储热罐中，一部分流体进入换热系统加热水工质产生蒸汽进行发电，其余的高温流体继续存储起来。放热时热罐中的高温流体进入换热系统加热蒸汽进行发电，放热后温度较低的传热流体回冷罐中存储起来以备下次使用。

当传热流体与储热介质采用相同介质时，将会大大简化系统的复杂程度，如以蒸汽为吸热介质且同时采用蒸汽储热器存储热量的西班牙 PS10、PS20，南非 KhiSolarOne 电站；以及采用熔盐作为吸热介质和储热介质的美国 SolarReserve 电站、中电工程哈密光热发电厂、兰州大成敦煌线性菲涅尔光热发电厂等。

1. 储热介质及传热介质性质

太阳能光热发电厂的传热介质有熔盐、水、导热油等多种形式。本节将以熔盐为储热介质、导热油为传热流体进行论述。

(1) 熔盐性质。美国率先使用熔盐作为太阳能热发电的传热蓄热工质，在美国 Solar-Two 太阳能实验电站上取得了很好的效果。

太阳能光热发电厂中采用的熔盐，主要为二元盐和三元盐，其中二元盐为60%的硝酸钠（$NaNO_3$）和40%的硝酸钾（KNO_3）混合物；三元盐为53%硝酸钾+40%亚硝酸钠+7%硝酸钠组成的混合硝酸盐。其中要求硝酸盐纯度大于99%，杂质含量要求为亚硝酸盐低于0.2%，氯化物低于0.03%，碳酸盐低于0.05%，硫酸盐低于0.15%，氢氧根碱低于0.04%，高氯化物低于0.04%，钙、镁都低于0.04%，不溶物低于0.06%。目前太阳能光热发电厂大范围采用的多以二元盐为主。

形成熔融态的熔盐其固态大部分为离子晶体，在高温下熔化后形成离子熔体，具有高温稳定性，在较宽范围内的低蒸汽压、低黏度、高热稳定性、高对流传热系数、传热性能好。

太阳能热发电厂所用的熔盐是盐类的熔融态液体，是由金属阳离子和非金属阴离子所组成的熔融体，将固态无机盐硝酸钾、硝酸钠，加热到其熔点以上形成液态，正负离子靠库仑力相互作用。不论二元盐还是三元盐，其组成成分高温成液态后，其成分都会发生变化，形成一种新型混合共晶熔盐物质，二元盐的熔点为220℃。进入太阳能热发电厂的最终熔盐产品不是硝酸钾单体，也不是硝酸钠单体，而是两者按照一定比例复配后形成的混合共晶盐。高温熔盐溢出后，在正常大气环境中，很快就会凝固，基本上不存在火灾危险性。熔盐的性质是稳定的，不具有燃烧性。表13-5列出不同种类熔盐性质。

表 13-5　不同种类熔盐性质

性质		Solar Salt	Hitec	Hitec XL
组成	KNO_3（%）	40	53	7
	$NaNO_2$（%）		40	
	$NaNO_3$（%）	60	7	45
	$Ca(NO_3)_2$（%）			48
熔点（℃）		220	142	120
最高使用温度（℃）		600	535	500
300℃下的特性	密度（kg/m^3）	1899	1640	1992
	黏度（Pa·s）	3.26×10^{-3}	3.16×10^{-3}	6.37×10^{-3}
	热容［J/(kg·K)］	1495	1560	1447

熔盐有一定的腐蚀性，要考虑熔盐泄漏时引起的防腐问题。

需要注意的是，熔盐的获得通常可采取现场融合或厂家融合好后再运输进厂，对于现场融合硝酸钾、硝酸钠需要通过运输进厂，并需要在厂内进行储存，由于两类物质属于甲类，所以需要按照危险化学用品运输，并办理相关手续；厂内熔盐原料储存间的火灾危险性为甲类，需要严格执行 GB 50016《建筑设计防火规范》的要求。

(2) 导热油性质。目前已投运的商业运行槽式发电厂，大多数的传热介质采用导热油。

导热油又称为热载体油，是用于间接传递热量的一类热稳定性较好的专用油品。20

世纪 30 年代，陶氏化学在全球首次生产出联苯和联苯醚导热油，最早商业化应用于 1980 年美国的 SEGS 槽式太阳能热发电厂上，目前联苯一联苯醚仍然是槽式光热系统中最常用的传热介质。目前，也有项目采用有机硅油作为传热介质。

联苯和联苯醚低熔混合物型导热油是由 26.5%的联苯和 73.5%的联苯醚组成，熔点为 12℃，其使用温度范围为 15～400℃。此类产品因为苯环上没有与烷烃基侧链连接，而在有机热载体中耐热性最佳。这种凝点（12.3℃）低熔混合物，在常温下，沸腾温度在 256～258℃范围内使用比较经济。表 13-6 列出几种不同类型导热油的性质。

表 13-6　　导热油的性质

三种导热油品牌	Dowtherm A	Therminol VP-1	Manto Mantherm K2
组分	联苯/联苯醚共晶混合物	联苯/联苯醚共晶混合物	联苯/联苯醚共晶混合物
结晶点（℃）	12	12	12
沸点（常压）（℃）	257	257	257
闪点（℃）	113	124	124
着火点（℃）	118	127	129
自燃点（℃）	599	621	621
密度（25℃）（kg/m^3）	1056	1060	1044～1066
准临界温度（℃）	497	499	499
准临界压力（MPa）	3.134	3.31	3.28

导热油在使用过程由于加热系统的局部过热，易发生热裂解反应，生成易挥发及较低闪点的低聚物，低聚物间发生聚合反应生成不熔的高聚物，不仅阻碍油品的流动，降低热传导效率，同时会造成管道局部过热变形、炸裂的可能，有潜在的危险性。

导热油是较易燃烧的物质，SEGS1 电站曾因导热油燃烧导致系统受到重大损失。对于有机硅导热油而言，德国某检测认证机构于 2014 年出具的一份关于 Helisol®5 有机硅导热油的燃烧测试报告显示，与常规联苯和联苯醚导热油相比，Helisol®5 有机硅导热油在燃烧后，其焰心周围会很快被析出的二氧化硅包围，形成一道防火墙，防止导热油爆炸，导致整个系统损毁，而常规联苯和联苯醚一旦局部燃烧，将很难控制其蔓延。

2. 储换热区布置

储换热区是由储热设备、换热设备和相关设施组成的相对集中的区域，是电厂中重要的生产区域，关系到整个系统运行的稳定性和可靠性。对于太阳能光热发电厂，当传热介质和储热介质不同时，则储热区和换热区均单独布置，这种情况以导热油为传热介质的槽式太阳能热发电厂为主；当传热介质和储热介质为同一介质时，则储热区、换热区布置在同一区域，这种情况以熔盐塔式电厂和熔盐槽式电厂为主。

太阳能光热发电厂熔盐储热系统用于存储熔盐，主要设备包括高低温熔盐储罐、熔盐泵组、蒸汽发生器以及上述设备的附属设备。储热区为太阳能热发电厂特有的区域，其布置有一定的特点。

对于不同类型的太阳能光热发电厂，储热区在厂区的位置也不尽相同。槽式及线性菲涅尔热发电厂的储热区要和换热区布置在同一区域，且相互靠近；塔式太阳能热发电厂的储热区，要靠近吸热塔布置。储热区通常布置在发电区，但也有例外，如采用二次反射项目或采用多个吸热塔的塔式太阳能光热发电项目。

（1）熔盐储罐区。

储热区中的熔盐储罐是储热区中的重要设备，它是立式拱圆柱形罐体，与大气相连通，用于存放熔盐，储罐分为热罐和冷罐两种。热罐的工作温度约为560℃，冷罐的工作温度约为295℃，具体的数值与蒸汽发生器出口蒸汽压力和设备设计有关。从已运行的太阳能光热发电厂的经验来看，热罐是最易发生故障的设备，热罐运行中会有较大的热膨胀、热压力。如果熔盐储罐泄漏，将导致整个发电厂无法正常运行，需停机维修。据公开信息，2016年10月，美国新月沙丘电站发生了一起小规模的熔盐罐熔盐泄漏事故，导致该电站暂时停运，由该事故导致的售电经济损失预计在400万美元以上，8个月后恢复发电运行；位于西班牙塞维利亚Gemasolar光热发电厂，因熔盐热罐发生事故而导致电站停运数月有余。

熔盐储罐的配置多成对出现，即一个高温储罐、一个低温储罐。近年来，针对熔盐储罐配置和布置形式也不断有新的尝试，将一个大的熔盐储罐分为两个储罐，即采用3个储罐，即储热系统一个低温储罐，两个高温储罐，并已成功应用到国内某50MW塔式光热发电厂中。这种方案平面布置占地面积较大，且初始投资较高，但此配置形式大大降低了高温热罐的制造难度，减少了泄漏风险，若一个高温热罐发生泄漏，另一个高温热罐仍可以继续运行，无需停机，能够有效减少电厂的经济损失。

熔盐泵组分低温熔盐泵和高温熔盐泵以及蒸汽发生器调温泵，通常布置在储罐上部的泵支撑平台上。

熔盐储罐区适合露天布置，应独立区域进行布置。储罐整体爆裂的可能性小，局部爆裂泄漏的熔盐遇冷很快凝固，但为限制泄漏危害性的进一步扩大，需要在周边设置不燃性实体防护堤或下沉式布置。防护堤的高度不应小于1m，堤内有效容积不应小于堤内最大单罐容量。

太阳能光热发电厂所需的熔盐，根据电厂的装机容量、储热规模、熔盐的数量从几千吨至几万吨不等。

熔盐采取现场融合时，其原料硝酸钾、硝酸钠需要堆放在电站内，由于这两类物质的火灾危险均属于甲类，应储存于阴凉、通风、干燥、独立的区域。熔盐临时储存区需要远离热源、电源、火源及产生火花的环境，防止雨淋、受潮、受热，同时避免阳光直射。

熔盐临时储存最好在室内，并密封，防止原料粉尘等随风飘散，污染空气。当原料没有条件储存室内时，需要露天堆放，其堆放场要有防爆措施，原料最好有成品包装并远离主要设施区。堆放场地上部宜设置顶棚，防止阳光下直射和雨水冲刷，避免原料变质，污染环境。

典型的塔式和槽式太阳能光热发电厂的储热区布置示意图如图13-8～图13-10所示。

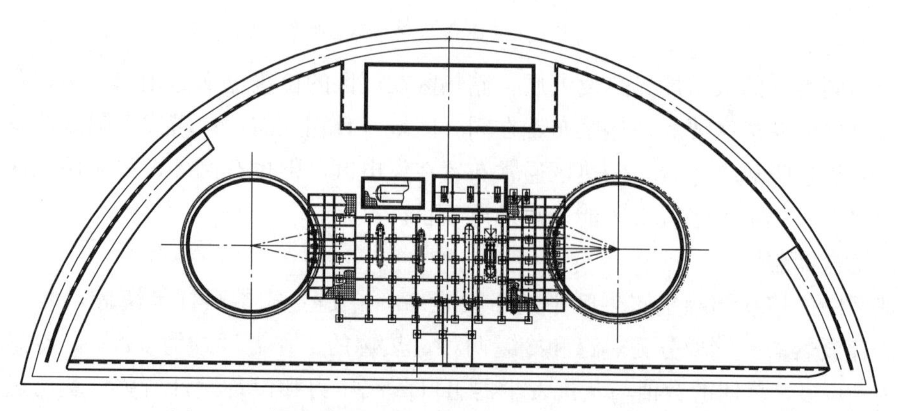

图 13-8 典型塔式太阳能光热发电厂储热区平面示意图

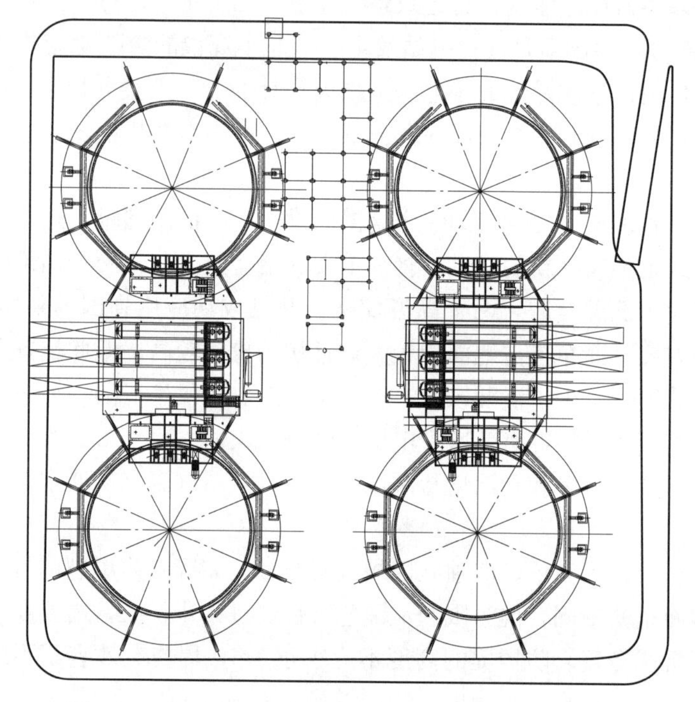

图 13-9 典型槽式太阳能光热发电厂储热区平面示意图

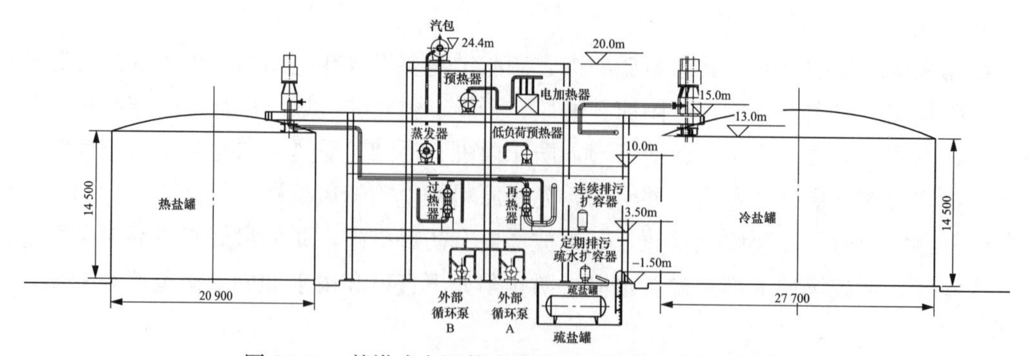

图 13-10 某塔式太阳能光热发电厂储热区剖面示意图

（2）蒸汽发生器区。蒸汽发生器（SGS）是一组换热器，主要设备包括过热器、再热器、蒸发器（含汽包）和预热器，是将集热场收集的热量传递给高压给水，产生过热蒸汽驱动汽轮发电机组产生电能。蒸汽发生器平台布置一般有同层布置和分层布置两种布置形式。同层布置是将蒸汽发生器中的每个换热器均布置在同一层。换热器设备管道、阀门和仪表较集中，减少管道及电伴热用量，同时也便于运行监视。分层布置，可将预热器、蒸发器和过热器及再热器布置在不同的高度平台，换热器间的管道柔性较好，对设备接口推力小，且有利于设备、管道排盐。蒸汽发生器一般可采用露天或半露天布置。当采用室内布置时，可考虑与其功能建筑联合布置。

针对塔式太阳能光热发电厂储热区域冷热熔盐罐体及蒸汽发生器布置的不同，布置格局有以下几种方式。

1）蒸汽发生器布置在冷热储罐之间的平台。该布置为目前国内热发电厂储换热区域的最常见的布置形式，该方案占地面积较小，且初始投资低，如图 13-11 所示。

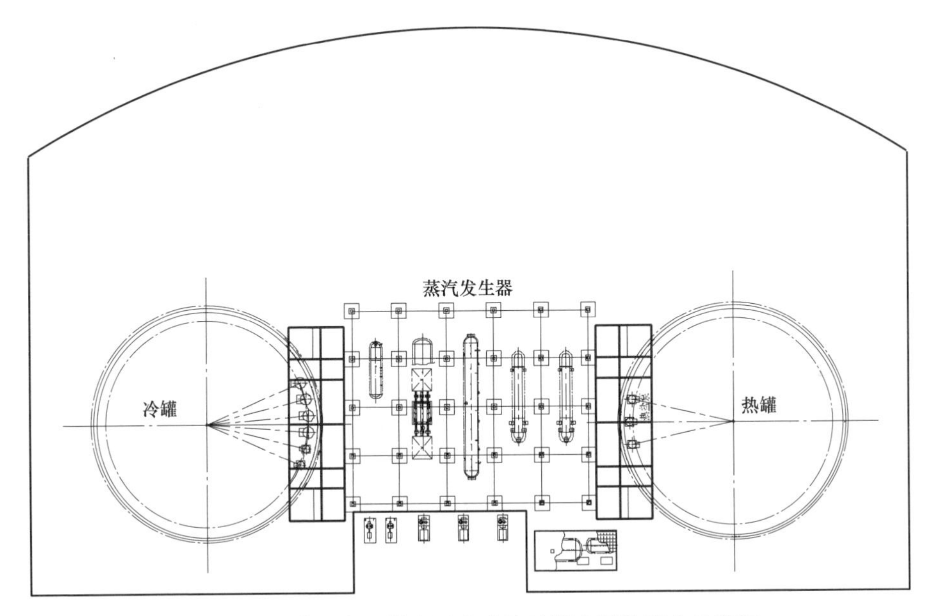

图 13-11 蒸汽发生器布置在冷热储罐之间的平台示意图

2）蒸汽发生器贴近汽机房布置。将蒸汽发生器从冷热储罐之间移出，贴近汽机房布置，减少了与主厂房汽水管道的长度，减少管道热损耗及压降，有利于提高汽轮机效率，增加发电量，不足之处在于会少量增加土建费用及熔盐管道的电伴热费用，其布置示意如图 13-12 所示。

（3）导热油设施区。导热油设施区通常由导热油膨胀罐、导热油泵及防凝泵、导热油溢流罐及溢流回收泵、导热油缓冲罐及导热油耗散系统容器等组成，如图 13-13 所示。

根据工艺要求，各设施的布置原则如下。

1）热传输介质的进口和出口位置应靠近储热区或蒸汽发生器。

2）缓冲罐宜靠近蒸汽发生器布置。

3）导热油膨胀及溢流罐、缓冲罐的布置要节省占地、缩短连接管道、方便操作维护。

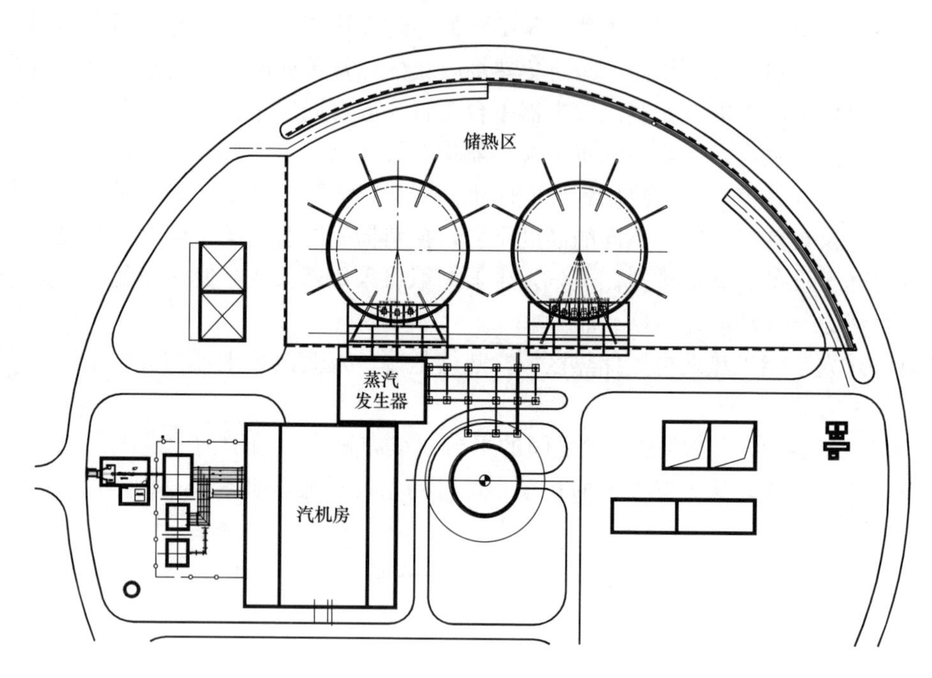

图 13-12 蒸汽发生器靠近汽机房布置示意图

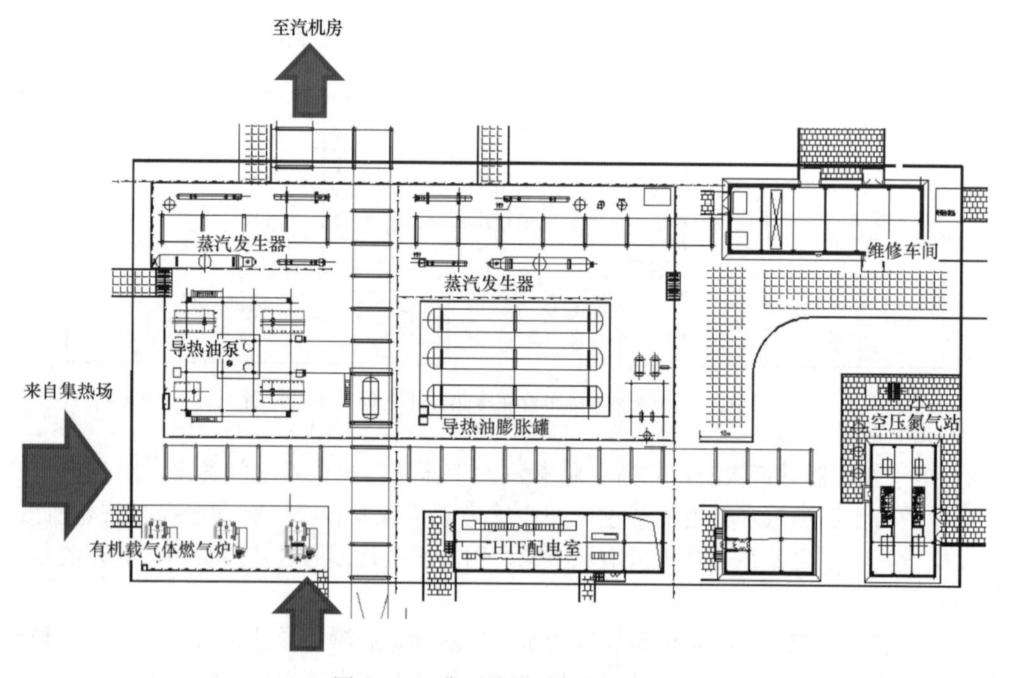

图 13-13 典型导热油设施区布置

（二）汽轮机区布置

汽轮发电机组是发电区中的重要设施，应根据工艺要求，布置在发电区的适中位置。对于塔式太阳能光热发电厂而言，汽轮发电机组宜采用单元制，汽轮发电机组容量宜与集热和储热系统容量相协调。汽机房一般为封闭建筑，特殊情况下根据工艺要求也可露天布置。汽轮机有轴向排汽、侧向排汽和垂直向下排汽三种形式，当汽轮机采取轴向排汽和侧向排汽时，汽轮机应低位布置，当汽轮机为垂直向下排汽时，汽轮机应高位布置。

目前国内项目，受地域条件影响，汽机房均为封闭形式，汽轮机和发电机的检修场地在厂房内，同时考虑电缆短捷，也多采用将电气集中控制室与汽机房毗邻的布置形式，也有的项目将化水车间和汽机房毗邻布置，如中广核德令哈50MW槽式光热项目。

国外项目有将汽轮机露天布置，如摩洛哥NOOR2和NOOR3项目，但汽轮机和发电机周边要有足够的检修场地。

（三）冷却设施区布置

太阳能光热发电厂的冷却设施有主机采用湿冷的，如中广核德令哈50MW槽式项目；也有主机采用空冷的，如中控德令哈50MW塔式项目、中电工程哈密50MW塔式项目和摩洛哥NOOR2和NOOR3项目等。

主机采用湿冷时，考虑发电区的用地有限，多采用机械通风湿冷塔。

主机采用空冷时，大多数的项目均采用直接空冷，但也有项目采用自然通风空冷系统，如位于南非的KhiSolarOne塔式50MW电站，采用SPX公司空冷系统，利用吸热塔作为风筒，散热器布置在平台，这是世界上首个应用于太阳能热发电厂的大规模自然通风冷却塔。

主机采用直接空冷时，直接空冷平台的位置受汽轮机排汽方向的制约，空冷平台的布置应与汽机房和吸热塔（塔式时）相协调。汽机房和空冷平台的布置通常有两种布置形式：汽轮机侧向排汽时，空冷排汽管道垂直于汽轮机轴线方向，此种情况下空冷平台布置在汽机房的A排外侧；汽轮机为轴向排汽时，空冷平台沿汽轮机轴线方向布置，排汽管道与汽轮机轴线方向同向，空冷平台布置在汽机房侧面。

与常规火电机组不同的是，太阳能光热发电厂没有较大的散热设备和建筑且大部分建筑物高度均较低。空冷平台对热风的敏感度不及常规火电机组，空冷平台布置时，迎风面宜垂直于夏季的盛行风向，其朝向选择更具灵活性。

（四）电气构筑物区布置

太阳能光热发电厂中的电气构筑物主要有主变压器、厂用高压变压器及配电装置等。目前，太阳能光热发电厂单机容量不大，国外有的项目达到280MW，国内目前装机容量多为50MW或100MW，配电装置的等级不高，通常为110kV单回出线。变压器和配电装置的布置相对灵活，一般布置在汽机房A排外侧或侧面。由于发电区内的用地有限，配电装置基本上采用GIS布置；为避免出线对集热场的影响，出线多采用电缆通过集热场区。

变压器区对于不同的汽轮机排汽方式，布置也有所区别。

1. 汽轮机侧向排汽

对于单机容量相对较小的塔式光热发电厂（例如50、100MW），空冷平台本身的高度不高，通常达到13～15m就可以满足系统要求。此时，如果将变压器布置在空冷平台下，不能满足防火要求，根据GB 50229《火力发电厂与变电站设计防火标准》中明确要求空冷平台下方的变压器水平轮廓外 2m 投影范围内的空冷平台承重构件的耐火极限不应低于 1h，从而增加了初期土建投资和后期运行费用。此种布置方式，现阶段考虑防火隔离措施实施难度较大，通常的做法是将电气构筑物设备挪至空冷平台范围外进行布置，但需要增加相应数量电气母线的长度。

2. 汽轮机轴向排汽

当汽轮机为轴向排汽时，空冷平台和电气构筑物围绕汽机房呈 L 形布置，两者之间相互布置不会产生影响，利于发电区的总平面布置。

（五）水处理及供水设施区

水处理及供水设施区主要包括工业、消防及生活蓄水池及泵房、化学水处理车间。在工业水源不满足处理要求的情况下，需要设置净水车间。太阳能光热发电厂采用空冷系统时，单机容量小于 50MW，设计耗水指标基本上不大于 0.20m^3/(s·GW)；单机容量大于或等于 50MW，设计耗水指标基本上不大于 0.15m^3/(s·GW)，水处理及供水设施区可考虑合并贴建方案。

三、发电区布置形式

不同技术路线的太阳能光热发电厂的发电区位置和布置要求均有所不同。塔式太阳能光热发电厂的发电区通常布置在吸热塔周边，多塔的项目和二次反射项目，发电区则需要布置在各个集热子单元外的能量均衡处。考虑传热介质流量均衡，槽式及线性菲涅尔电厂的发电区一般布置在集热场的中部。

（一）塔式光热发电厂发电区布置形式

塔式光热发电厂发电区是围绕吸热塔进行布置，由于吸热塔附近定日镜的集热效率相较其他区域要好，因此各个项目的发电区用地都是在满足工艺要求的前提下，尽量减少用地范围，布置形式也是采取节省用地的圆形布置或近圆形布置，也有个别项目采用矩形或不规则形状布置。

塔式太阳能光热发电厂中发电区的用地面积：容量 50MW 项目发电区占地面积为 4.0～4.5hm^2，容量 100MW 项目发电区占地面积为 4～5hm^2。

1. 圆形布置

圆形布置为目前国内塔式光热发电区总平面布置的主流方案，该布置主要原则是各个生产设施围绕吸热塔布置成正圆形。吸热塔位于整个圆心位置。汽机房、储换热设施、吸热塔三者就近布置，电气构筑物区、水工构筑物区、化水建（构）筑物区及辅助设施区均布置在汽机房周围，如图 13-14 所示。

圆形布置的特点是发电区轮廓形状有利于外侧集热场定日镜的布置，但对于发电区总平面布置本身而言，由于建（构）筑物形状多为矩形，造成了许多三角区域，可用地面积没有得到最大化利用，一定程度上造成土地浪费。

2. 矩形布置及不规则布置

矩形及不规则布置即发电区轮廓形状为规则的矩形或不规则。吸热塔一般布置在整个区域中部，汽机房及储换热构筑物就近布置在其周围。电气设施、水工设施、化学水设施区及辅助设施区根据工艺管线便捷的原则可自由布置，如图 13-15、图 13-16 所示。

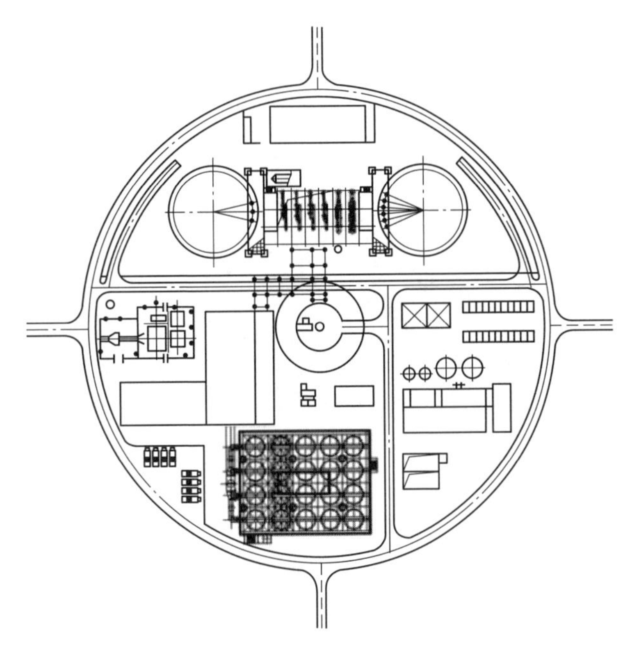

图 13-14　圆形布置发电区示意图

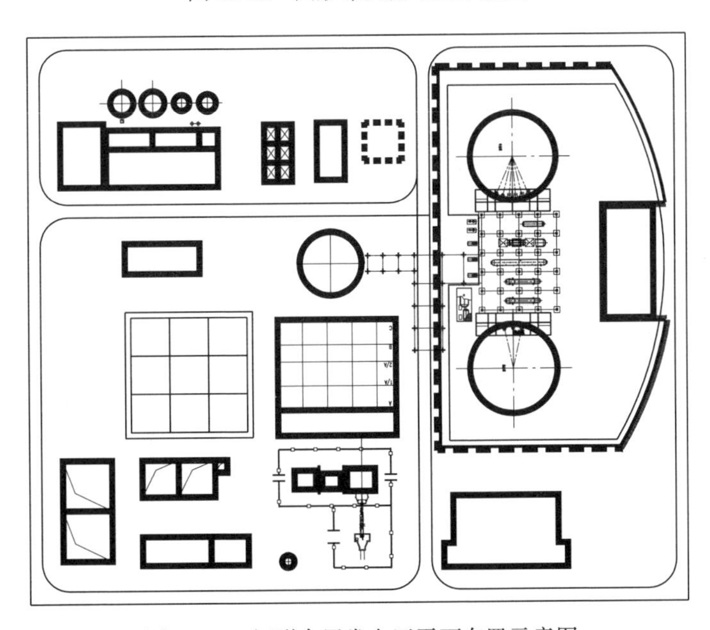

图 13-15　矩形布置发电区平面布置示意图

矩形及不规则布置的优点是发电区的可用地面积得到了充分利用，功能分区明显，运行检修便捷，不足之处在于影响外侧集热场定日镜布置，在一定程度上影响集热场效率。

（二）槽式及线性菲涅尔光热发电厂发电区布置形式

槽式及线性菲涅尔太阳能热发电厂的发电区通常布置在集热场中部的狭长地带，其位置要以进入储换热区的传热介质管线流量尽可能平衡为原则。

一般将储换热区域布置在集热场中部位置，主要是为了母管流量均衡，减少母管至发电区部分的换热管道长度，降低热损耗。为节省四大管道（主蒸汽管道、再热热段管道、

图 13-16　不规则布置发电区示意图

再热冷段管道、主冷水管道）长度，汽机房毗邻储、换热区域布置，汽机房正对蒸汽发生系统，汽机房与蒸汽发生系统之间管道采用管架连接。

典型的发电区布置分为两类，一类为电厂的传热介质和储热介质相同，同为熔盐，此时发电区内储换热区布置在同一处，汽机房靠近储热区布置，如图 13-17 所示；另一类电厂的传热介质为导热油（含硅油），储热介质为熔盐，布置依次为储热区→换热区→汽机房，如图 13-18 所示。

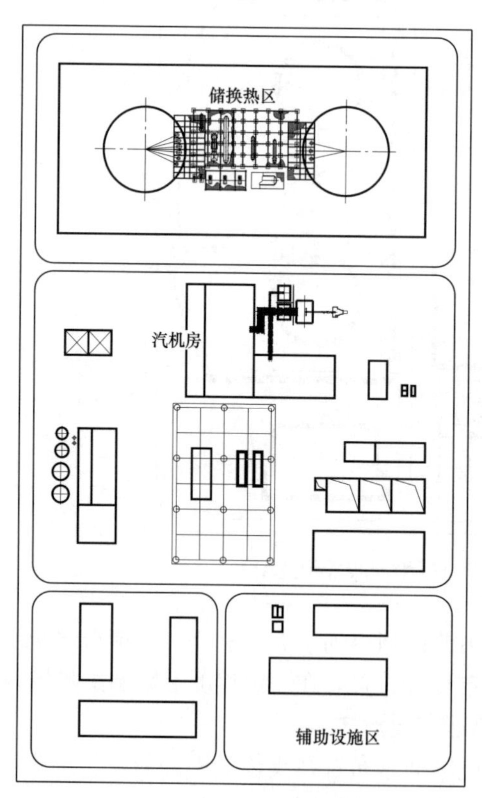

图 13-17　典型发电区布置一

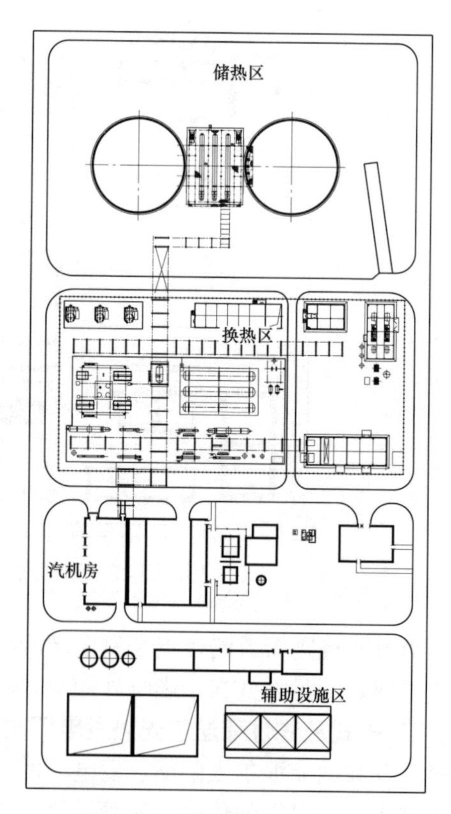

图 13-18　典型发电区布置二

第四节　其他设施布置

太阳能光热发电厂的其他设施区包括厂前建筑、辅助燃料区、蒸发塘、组装车间等设施，各设施的布置应根据项目特点和要求，因地制宜进行布置。

一、厂前建筑布置

厂前及辅助设施区一般主要由生产行政综合楼、夜班宿舍、食堂及浴室楼、汽车库、材料库、检修间、警卫室、废水处理装置和采暖加热站组成，一般布置在厂区出入口处，便于车辆及人员的交通运输。

厂前建筑应符合电厂的总体规划，各建筑物的平面与空间组合应与周围环境相协调，应满足功能要求，利于管理，可以按照不同功能和使用要求组成多功能的多层联合建筑，生产行政综合楼宜布置在厂内外联系均方便的地段。

厂前及辅助设施区的位置较为灵活。塔式太阳能光热发电厂由于发电区面积有限，厂前一般独立布置，位于厂区的出入口处，如中电工程哈密塔式 50MW 光热项目、中控德令哈一期、二期以及摩洛哥 NOOR3 等项目。

槽式太阳能光热发电厂的厂前可与发电区合并设置，如金钒阿克塞 50MW 项目、常州龙腾玉门槽式 50MW 项目等，通常布置在发电区内进厂方向。厂前也可单独成区布置，布置在厂外，如中广核德令哈 50MW 项目将厂前布置在厂区东侧的实验基地内。

二、辅助燃料区布置

太阳能光热发电厂中的机组启动、寒冷地区冬季厂区采暖、熔盐初始熔化设备等需要设置辅助加热系统；在恶劣条件集热场长期不运行时，也需要辅助燃料锅炉投运进行防凝。太阳能光热发电厂中的辅助燃料一般可选用天然气、液化天然气、液化石油气或燃油作为燃料，若项目附近有其他热源时，也可以就近引接。辅助燃料的选择需要综合考虑燃料来源、运行成本及大气排放标准等因素。

辅助燃料区主要包括辅助燃料锅炉、辅助加热燃料储存设施（储油罐、天然气调压站或液化天然气储罐）及输送设施。辅助燃料系统及布置应符合以下要求。

（1）辅助燃料一般邻近发电区集中布置，同时兼顾辅助燃料的输送便利。

（2）辅助燃料系统多采用单元制。

（3）辅助燃料储存设施需要单独布置，启动锅炉房靠近汽机房及蒸汽发生区布置；导热油防凝锅炉靠近导热油区，熔盐炉宜靠近储热区布置。

（4）当辅助燃料采用天然气时，可采用液化天然气罐车运输进厂或管道直接引接进厂，根据厂址条件经技术经济比较后确定。液化天然气罐装车数量需要根据运输距离、罐车容量、电厂天然气日最大消耗量等因素确定。

（5）天然气采用液化天然气罐车运输进厂时，电厂需要设置卸气装置、厂内储存系统和气化系统，厂内储存系统的容量需要满足当地最恶劣天气条件下的电站供暖要求。液化天然气储存释放区布置应单独布置，远离散发火花的地点或位于明火、散发火花地点最小频率风向的上风侧，周边需要设置环形消防车道，符合 GB 50028《城镇燃气设计规范》

中的有关规定。

(6) 厂区内的天然气管道及调压站需要符合 GB 50183《石油天然气工程设计防火规范》和 GB 50028《城镇燃气设计规范》中的有关规定。

三、蒸发塘布置

蒸发塘是利用日照、风等自然作用处理废水处理流程最后留下的高浓度含盐水的区域。

为使太阳能光热发电厂的运行尽量做到节能、环保、节约用水、经济用水及零排放，电厂会针对不同的废水水质进行分类处理。自清洗过滤器及超滤装置的反洗排水和蒸汽发生器冲洗排水为含悬浮物较高的废水，可以经统一处理后进行综合利用。但一级反渗透系统浓排水含盐量较高，经处理浓缩后的高含盐废水需要排至蒸发塘进行自然蒸发晾晒。

蒸发塘区一般布置在厂区较低处，以利于从发电区产生的废水自流至蒸发塘或减小压头。受蒸发效率要求，一般蒸发塘有效水深较浅，用地面积较大，通过自然蒸发处理高浓度盐水，因此蒸发塘的布置要避免蒸发过程中水雾对电厂建（构）筑物、集热场及人员的影响，布置时需要尽量远离发电区等人流较为集中的区域，避免窝风对蒸发效果的影响。一般将蒸发塘布置在集热场最小频率风向的上风侧，并靠近整个厂区的边缘布置，和集热场保持一定的间距。

塔式太阳能光热发电厂，由于发电区面积有限，蒸发塘区通常独立布置在定日镜场外的地势较低处。塔式太阳能光热发电厂蒸发塘距周边定日镜的间距根据定日镜的高度及形式而确定，但不宜小于 30m。

由于槽式及线性菲涅尔太阳能光热发电厂集热场单元模块化布置要求较高，发电区内可以利用的土地空间相对较大，在不产生负面影响的前提下，也可以将蒸发塘布置在发电区。

国内外槽式太阳能热发电厂蒸发塘大多数位于集热场外，如摩洛哥 NOOR2 项目、南非 KaXu Solar One，以及我国目前在建的金钒阿克塞、常州玉门龙腾等项目。但也有槽式太阳能光热发电厂，将蒸发塘区布置在集热场中部的发电区，如中广核德令哈 50MW 槽式项目。

四、组装车间布置

组装车间在施工期属于施工临建的一部分，如果电厂建成后需要拆除，则组装车间的位置没有固定要求，可单独布置在集热场外，也可在发电区中布置，只要满足定日镜或集热组件安装运输要求即可。如果电厂建成后组装车间保留，一般将组装车间布置在电厂内，按永久建筑考虑。总之，组装车间宜靠近厂区主要通道，利于施工和运输。

塔式太阳能光热发电厂组装车间及场地面积，根据定日镜的形式和尺寸来确定。某 50MW 塔式太阳能光热发电厂组装车间示意如图 13-19 所示，由两个镜面组装场地和一个定日镜组装场地组成，并成十字交叉布置，布置在定日镜场外。

槽式太阳能光热发电厂组装车间的大小需要根据集热器组件单元 SCE 的尺寸和组装生产线的数量确定。摩洛哥努奥二期光热项目组装车间尺寸为 115m×225m，中广核德令哈 50MW 槽式太阳能热发电厂组装车间尺寸为 135m×43m，为两条组装线。以上两个项目的组装车间均布置在发电区附近。集热器组装车间外有一定的场地，存放镜面和组装好的支架。

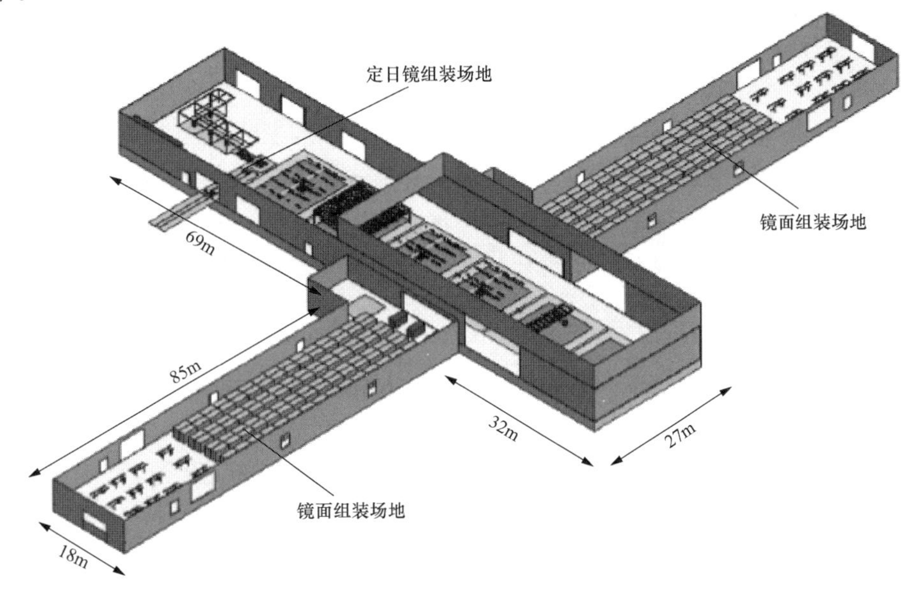

图 13-19 某 50MW 塔式太阳能光热发电厂组装车间示意图

第十四章
厂区竖向布置

厂区竖向布置的主要任务是确定建筑、设施与地面高程关系，主要根据厂区地形、工程地质和水文地质、水文气象、工艺要求等，确定厂区内场地、建（构）筑物、道路、挡土墙（边坡）的设计标高及场地排水设计。近年来，在厂区竖向布置和场地排水设计方面也积累了一定的经验。

第一节　竖向布置基本原则及要求

太阳能光热发电厂厂区占地面积大，厂区竖向布置在满足电厂安全经济生产、施工要求条件下，应充分利用厂址地形、地质、水文等自然条件，在保证集热场效率的前提下尽可能因地制宜地进行竖向布置，减少土石方、边坡、地基处理和排水构筑物工程费用，保护厂区周边原有植被，防止水土流失。

一、厂区竖向布置基本原则

（1）厂区竖向设计需要满足电厂安全生产和施工、方便运行管理、节约投资、保护环境与生态。

（2）厂区竖向布置需要根据工艺要求、总平面布置格局、交通运输、雨水排放方向、土石方平衡等综合考虑，因地制宜地确定竖向布置形式。

（3）厂区竖向设计需考虑集热场效率，要与自然地形地势相协调，顺应自然地形，避免出现高挡土墙、高边坡，减少工程建设对厂址区域原有地形、地貌的破坏，充分利用原有厂外排水系统。

（4）厂区竖向设计需尽可能减少土石方工程量和取土、弃土用地。

二、厂区竖向布置一般要求

（1）太阳能光热发电厂的防洪标准按不同的分区进行设计，厂区场地设计标高要考虑相对应的场地防洪标准。发电区防洪标准见表14-1。吸热塔的防洪（涝）标准应与发电区的防洪（涝）标准一致。

表14-1　　发电区防洪标准

发电区容量（MW）	防洪标准（重现期）
≥400	≥100年一遇的高水（潮）位
<400	≥50年一遇的高水（潮）位

注　1. 当场地标高低于设计高水（潮）位或虽高于设计高水（潮）位，但受波浪影响时，需要设置防洪（浪）堤或采取其他可靠的防洪（浪）措施。
2. 内涝地区发电厂的防涝围堤顶标高需要按本表的规定加0.5m的安全超高确定；当难以确定内涝水位时，可采用历史最高内涝水位；如有排涝设施时，需按设计内涝水位加0.5m的安全超高确定。
3. 太阳能热发电厂受周围水库溃坝形成的洪水影响时，需要采取相应的工程措施。
4. 防排洪设施要在初期工程中按规划容量统一规划，分期实施。

线性聚焦式太阳能热发电厂的集热场、塔式太阳能热发电厂的定日镜场防洪标准不能低于50年一遇的高水（潮）位；其他独立区域的防洪（涝）标准不能低于50年一遇的高水（潮）位。

（2）太阳能热发电厂的场地标高要按规范的规定满足对应的防洪要求，发电区的场地标高要高于周边集热场区标高，汽机房、吸热塔散水标高要高于设计高水（潮）位0.5m，发电区的其他区域场地标高不低于表14-1的规定；当采取其他满足要求的可靠防洪措施时，场地标高可适当低于设计高水（潮）位。

（3）厂区竖向布置需要合理利用地形，降低基础处理和场地平整工程量。

1）塔式太阳能光热发电厂的定日镜场，除地势起伏大的区域外，不进行大范围的场地平整，土石方宜填方量、挖方量平衡。

2）线性聚焦式太阳能热发电厂的集热场场地设计坡度及坡向需要根据集热器回路布置、传热介质流速要求和场地平整工程量综合比较后确定。

3）厂区场地的最小坡度及坡向要以地面水顺畅排除为原则。

（4）厂区竖向布置要充分利用和保护天然排水系统及植被，边坡开挖需防止滑坡、塌方。

（5）厂区场地排水系统需要统筹规划、分区设计。

1）山区或丘陵地区的太阳能热发电厂，在厂区边界处要有防止山洪流入厂区内的截、排水设施。

2）集热场汇水避免对发电区的冲刷。

3）发电区、储热区、热传输设施区内含油设备或建（构）筑物需要设独立的排水管、排水沟和处理池，与雨水排水系统分开。

4）厂区场地的最小坡度及坡向以能较快排除地面水为原则，与建筑物、道路及场地的雨水窨井、雨水口的设置相适应，并按当地降雨量和场地土层条件等因素来确定。

（6）施工场地和临建设施的防洪标准要结合工程规模、建设工期、厂址水文特性、不同洪水标准产生的危害程度等因素，在5～20年重现期范围内确定。

三、影响竖向布置的主要因素

影响太阳能光热发电厂竖向布置的因素较多，如洪水位、地形和地质条件、工艺要求、交通运输要求、土建工程费用、施工的强度和速度、湿陷性黄土以及膨胀土地区的特殊要求等，实际工作中应根据工程特点进行竖向设计。

（一）防排洪措施

根据太阳能光热发电厂的特点，采取适宜的防排洪措施是工程项目需重点关注的内容。当厂区受洪（涝）影响时，可考虑在厂区周边布置防排洪措施，如修建排洪渠、挡水围堤和挡水围墙等，具体方式根据当地地形条件和洪水量大小合理确定。

但当厂区周边防排洪措施工程量大，经过技术经济比较后，塔式太阳能热发电厂定日镜场和线性聚焦式太阳能热发电厂集热场场地标高可以考虑按洪水不淹没定日镜场及集热器电气控制设备进行确定，定日镜及集热器的基础需采取有效的防护措施。

（二）工艺布置要求与地形、地质条件

不同的太阳能光热发电厂的工艺布置对地形条件要求不同，随之也带来不同的竖向布

置要求。厂区竖向布置，尤其是集热场的竖向布置对电厂的运行经济性有密切的关系，要以集热场的效率最优为前提；地形、地质条件也将直接影响到厂区的竖向布置形式、建（构）筑物基础的埋深、建筑地面和场地标高的确定。

塔式太阳能光热发电厂对地形的敏感度相对小些，对地形条件要求相对较弱，可适应地形起伏不大、用地形状多变的场地。通常采用平坡式布置形式，只对场地内局部冲沟、土丘或其他起伏不平，坡度大于7%的区域进行局部场平。

塔式太阳能光热发电厂吸热塔场地标高的确定受多重因素的影响，应结合地形、太阳能资源、集热场效率等因素综合确定，要以集热场计算结果为主要依据。

槽式太阳能光热发电厂的竖向布置与场地条件、集热器聚焦方向的坡度和传热介质的要求都有密切关系。槽式太阳能光热发电厂集热场场地最大设计坡度、最小设计坡度和坡向要根据集热器回路中传输介质要求和集热场传输介质母管布置进行确定。

考虑集热场效率，在场地条件允许时，北半球应优先采用北高南低的竖向布置方案。场地条件无法实现北高南低，或由此带来大量的土石方、边坡工程量时，厂区竖向布置需结合集热量、发电量、土方及边坡工程量等因素进行综合分析，经技术经济比较后确定。

（三）场地排水要求

太阳能光热发电厂的场地排水设计是竖向设计的主要工作。对于塔式太阳能光热发电厂而言，如何利用好场地内的天然排水系统，是需要重点考虑的内容。而对于槽式太阳能光热发电厂，竖向设计的主要工作是如何使地形与工艺布置相适应，土石方工程量、基础处理和边坡处理工程量最少，交通运输便捷。

第二节　竖向布置方式

太阳能光热发电厂竖向布置应根据总平面布置统一考虑，设计等高线宜沿自然地形等高线布置，并综合考虑场地地形、地基处理、场地排水、土石方工程量、交通运输、工艺和施工要求等因素，因地制宜地确定竖向布置形式；由于太阳能光热发电厂的厂区占地面积较大，如果按照常规项目全厂平整，则会造成巨大的土石方工程量，因此通常太阳能光热发电厂分别按照发电区和集热场两个区域进行竖向设计。

一、发电区竖向布置方式

发电区场地面积相对较小，通常自然地形坡度小于3%时采用平坡式布置，自然地形坡度大于3%时采用阶梯式布置，台阶纵轴线应沿自然地形等高线布置，场地设计坡向宜与地形坡向一致，阶梯高差应按工艺、交通运输、地形，结合土石方量、地基处理及边坡支护、介质输送等因素综合比较确定；当自然地形坡度较大时，汽机房区、熔盐储换热区、附属设施区、冷却水设施区，可布置在不同台阶上。为了防止储热区熔盐罐泄漏时高温熔盐向其他区域溢散，一般采用下沉式布置，高差不宜超过3m。

二、集热场竖向布置方式

（一）塔式太阳能光热发电厂集热场竖向布置方式

我国太阳能丰富的区域受纬度影响，定日镜场布置时南北向坡度对定日镜前后间距影响较为明显，一般坡度每增加3%，定日镜间距增加1m左右，对厂区用地及布置影响较大。

塔式太阳能光热发电厂定日镜区域占地面积大、用地形状多变，为节省土石方工程量，在厂址地形条件较好的情况下，定日镜区域原则上不进行场平设计；当厂址范围内局部有冲沟、土丘或其他起伏坡度较大时，需对这些局部区域进行场平；当厂址场地条件较差，如场地坡度太大、场地内有较多深沟或陡坎，或场地整体坡度不大但布满各种土丘或洼地等时，需要做整体场平。

塔式太阳能光热发电厂定日镜场竖向布置通常根据定日镜场技术方提出的要求进行设计，同时要兼顾考虑清洗车辆的走行要求，定日镜区域场地最大坡度宜控制在7%以内。

（二）槽式太阳能光热发电厂竖向布置方式

(1) 槽式太阳能光热发电厂集热场最大设计坡度、最小设计坡度和坡向要根据集热器回路中传输介质要求和集热场传输介质母管布置进行确定，太阳光线直射集热器时太阳能利用效率最高，在太阳北回归线以北的地区集热器北高南低时利用效率最高，考虑集热器为真空玻璃管，传热介质的自重压力及设备的模块化设计，目前理论上集热器厂家允许集热器焦线方向的最大坡度不应大于3.5%，但实际工程中最大的一般采取3%，最终的设计坡度需结合集热器安装的最大倾角确定。

(2) 槽式太阳能光热发电厂传热介质目前有熔盐、导热油和硅油三种，由于三种介质工作温度和流动性不同，形成对集热场场地坡度的两种不同要求。

当集热场采用熔盐为传热介质时，应保证熔盐管道不小于0.7%，确保停机或事故状态时管道中熔盐的放空，防止其凝固；对太阳北回归线以北的地区，厂区尽量选择在北高南低且南北向各集热回路的坡度不宜超过2%的场地，防止连接管较低一侧的阀门及连接管道承受的液体压力过大；场地东西向设计坡度尽量和自然地形坡度一致，减少土石方工程量。

当集热场采用导热油（联苯-联苯醚导热油或硅油）为传热介质时，集热器回路南北焦线方向的坡度宜一般小于1.5%，个别为2.2%，目前最大设计坡度为3.5%。

(3) 通常槽式太阳能光热发电厂当场地南北向坡度大于1.5%、东西向坡度大于3%或集热场自然地形坡度与集热管焦线方向坡度要求不一致时，需要对集热场地形进行场地平整，这时多会形成阶梯式布置。

当场地地形北高南低时，根据地形坡度不同、传热介质不同，竖向设计南→北向坡度一般采取0.3%～3%（采用熔盐为传热介质时不小于0.7%）。

当场地地形南高北低时，若集热器沿着地势南高北低布置时余弦损失加大，集热器效率下降很大，经济效益较差，这时需要进行多方案经济比较后确定场地各方向整平坡度。

从工艺方面看，集热场场地东西向坡度最理想的为0°。但自然界基本找不到这样的场地，场坪要求高，工程量大，且对于槽式太阳能光热发电厂这样大的场地竖向设计来讲场地排水非常不利；槽式太阳能光热发电厂东西向场平坡度一般根据土方和热、冷介质管道，以及泵的运行及经济效益等综合考虑，宜控制在0.3%～3%，特别是对南高北低的场地，因为南北向场平坡度限制的非常小，所以东西向场平坡度值选择大一点比较有利于场地排水；场地的最小坡度及坡向应以能排除地面水为原则。

(4) 槽式太阳能光热发电厂集热场内台阶的划分应结合地形、土方工程量、边坡支护、管道连接以及集热器回路要求等因素综合比较后确定；通常采用一个完整的回路为一个台阶，也可采用半个回路为一个台阶，但半个回路较一个回路要增加一定的管路长度和阀门数量，管路流体平衡也较一个回路复杂，在场地坡度不是很大时，应尽量避免使用。集热场内相邻台阶的连接宜采用边坡形式，当场地条件受限时，经技术经济比较也可采用挡土墙。

第三节　场 地 排 水

太阳能光热发电厂占地范围很大，合理的厂区场地排水系统设计直接影响电厂建设初投资及运行成本的高低。

一、场地排水设计原则和要求

（1）场地排水系统的设计需要根据竖向设计、工程地质、气象条件、环境状况等因素，分区设计，统筹考虑。

（2）集热场区汇水要避免对发电区的冲刷。

（3）场地雨水排除方式要根据不同工艺区域防洪标准、降雨量、地形、地质、地面植被等具体条件确定，使地面雨水能够快速排除，保证建（构）筑物及设备的安全。

（4）发电区含油设备（设施）要设独立的排水系统，与雨水系统分开。

（5）场地排水分区排放，合理选择排水方式；优先采用地面自然散流渗排方式，也可采用雨水明沟、暗沟（管）、散排多种形式相结合的排水方式。

（6）塔式太阳能热发电厂定日镜场要结合地形条件，分区排放，充分利用天然排水通道进行场地雨水排放。

（7）槽式太阳能热发电厂集热场通常采用自然散排方式，当无法采用自然散排时，一般采用明沟排放方式，阶梯布置的集热场，每个台阶要有独立的排水系统。

二、场地排水设计

（一）场地排水方式选择

根据太阳能光热发电厂厂址地域气候特性，考虑厂内不同装置区的布置特点，结合降雨量、地质、竖向布置等工程实际情况，对排水方式进行选择。排水方式一般可分为暗管排水、明沟排水、自然散排（地面渗排）。

项目前期工作中需要针对当地的气候特点、工程地质等情况进行充分调查，收集相关资料及数据，提出切实可行的场地排水方案，如采用明沟排水等需修筑构筑物工程量巨大时，初期投资概算中需单独计列相关费用。项目施工图阶段结合水文资料、场地详勘资料、降雨资料和场地地形条件等，通过计算和一定的排水效果模拟，合理选择排水方式。鉴于太阳能光热发电厂具有用地面积大的特点，不合理的排水方式或由于考虑节省初投资而降低排水设计标准的情况，将会给项目的安全运行带来巨大隐患。

1. 暗管排水方式

暗管排水方式是发电区应用最为广泛的。暗管排水主要应用在建筑屋面排水及不宜采用砌筑沟道的过路部分。

2. 明沟排水方式

明沟排水方式是在场地上有组织地设置排水明沟，通过沟道收集地面雨水，并通过沟道分散或集中排至场外的排水方式。

太阳能光热发电厂由于厂址区域气候特点的原因，一般选址在常年干旱少雨、蒸发量较大的地区，综合已投产项目的设计经验，全厂尤其是槽式集热场主干沟道及分支沟道可采用明沟排水方式，局部采用明沟排水与暗管排水、自然散排（地面渗排）方式相结合的排水方式。

3. 自然散排（地面渗排）方式

自然散排（地面渗排）方式是厂区场地不设置任何排水设施，充分利用地形坡度、场地渗透和蒸发，对厂内地面建（构）筑物及室外设备不构成冲刷影响的均衡分散排水。

太阳能光热发电厂集热场面积大，一般处于常年干旱少雨、蒸发量大的地区，场地多砂土具备自然散排（地面渗排）条件。综合场地特点，光热项目集热场区域，尤其是塔式光热发电厂的定日镜场，当场地地质条件适宜时，最适用于自然散排（地面渗排）方式。当瞬时雨量大时，场地土壤含水饱和，地面雨水可通过地表坡度排至厂内分支雨水明沟，经主干雨水明沟汇集后排出厂外。

（二）设计重现期和排水计算

1. 雨水计算流量

我国目前采用恒定均匀流推理公式，即用式（14-1）计算雨水设计流量。恒定均匀流推理公式基于以下假设：降雨在整个汇水面积上的分布是均匀的，降雨强度在选定的降雨时段内均匀不变，汇水面积随集流时间增长的速度为常数。因此，推理公式适用于较小规模排水系统的计算，当应用于较大规模排水系统的计算时会产生较大误差。太阳能光热发电厂的场地面积较大，当汇水面积大于 $2km^2$ 时，应考虑区域降雨和地面渗透性能的时空分布不均匀性和管网汇流过程等因素，采用数学模型法确定雨水设计流量。

$$Q=q\phi f \tag{14-1}$$

式中 Q——雨水设计流量，L/s；

q——设计暴雨强度，$L/(s\cdot hm^2)$；

ϕ——径流系数；

f——汇水面积，hm^2。

2. 径流系数

综合径流系数可根据表 14-2 规定的径流系数，通过地面种类加权平均计算得到，也可按表 14-3 的规定取值，并应核实地面种类的组成和比例。

表 14-2 径流系数

地面种类	ϕ
各种屋面、混凝土和沥青路面	0.85～0.95
大块石铺砌路面和沥青表面各种的碎石路面	0.55～0.65
级配碎石路面	0.40～0.50
干砌砖石和碎石路面	0.35～0.40
非铺砌土路面	0.25～0.35
公园或绿地	0.10～0.20

表 14-3 综合径流系数

区域情况	ϕ
城镇建筑密集区	0.60～0.70
城镇建筑较密集区	0.45～0.60
城镇建筑稀疏区	0.20～0.45

3. 设计暴雨强度

设计暴雨强度应按式（14-2）计算，即

$$q=167A_1(1+C\lg P)/(t+b)^n \tag{14-2}$$

式中 q——设计暴雨强度，L/(s·hm²)；

A_1、C、b、n——参数，根据统计方法进行计算确定；

P——设计重现期，年；

t——降雨历时，min。

在具有 20 年以上自动雨量记录的地区，排水系统设计暴雨强度公式应采用年最大值法，并按 GB 50014《室外排水设计标准》的有关规定编制。

4. 雨水管渠设计重现期

雨水管渠设计重现期应根据汇水地区性质、城镇类型、地形特点和气象特点等因素确定，经技术经济比较后酌情按照 GB 50014—2021《室外排水设计标准》中表 4.1.3 的规定取值，并明确相应的设计降雨强度。在同一雨水系统中可采用不同重现期。

雨水管渠的设计降雨历时应按式（14-3）计算，即

$$t=t_1+t_2 \tag{14-3}$$

式中 t——降雨历时，min；

t_1——地面集水时间，视距离长短、地形坡度和地面铺盖情况而定，一般采用 5～15min；

t_2——管渠内雨水历时时间，min。

当沿程有旁侧入流时，第一段管沟的平均流速可用该段管沟的末断面流速乘折减系数 0.75 计算，其余各段可用上、下端断面流速的平均值计算。

三、排水构筑物设计

（一）排水明沟

在进行排水明沟设计时，首先需要根据厂区总平面布置、竖向布置及道路布置对沟道走向进行合理规划，确定排水明沟的平面布置方案，再结合工程实际情况（如地表植被、场地土质情况等）对沟道断面形式、材质进行选择，最后通过水力计算得出沟道的断面尺寸。为便于设计人员使用及参考，特将明沟的布置、断面形式、材料选用及计算等相关设计要求归纳如下。

1. 布置要求

（1）排水明沟一般平行于建筑物、道路，在光热项目中按照集热场分区平行布置在分区台阶边缘。

（2）水流路径短捷，光热项目场地汇水面积大，末端明沟水流量大，与排水口宜直接连通排放，降低因排水不畅造成的内涝风险。

（3）通常排水明沟沿道路或功能分区周边布置，尽量减少与道路、导热油管道的交叉，必须交叉时宜为正交，斜交时的交叉角不小于45°。

（4）砌筑明沟的转弯处，其中心线转弯半径不小于设计水面宽度的2.5倍；土质明沟不小于设计水面宽度的5倍。

（5）明沟纵坡不小于0.2%，较大时应设置跌水或急流槽，其位置尽量避开明沟转弯处。

（6）排水沟道穿越道路时不建议采用涵管形式，水土保持不到位的区域，过路处易造成水面壅水，形成厂区内涝。过路段采用有盖板的矩形排水沟时，盖板直接承受车辆荷载，需要选用相应荷载的盖板，并且盖板与道路相接处确保平整。

过路整体浇筑钢筋混凝土箱涵，注意处理好箱涵上部路面面层与箱涵顶部连接的问题。

（7）厂区地表土为砂土时，施工结束后尽快恢复地表植被，防止水土流失；沟道内易沉积砂土，需专人定期清理。

（8）坡顶截水沟道沟顶向外铺砌不小于0.5m，防止水流冲刷沟底及沟侧面，造成沟道基底土流失。

（9）当厂区由于竖向布置，排水口设置过少时，建议排水口采用排水明沟直排，防止暴雨天气时厂区内涝。在砂土区，建议减少设置集水井，暴雨时易堵塞，造成壅水。

（10）设置在土质、软质岩、全风化及强风化硬质岩石地段的边沟、截水沟、排水沟，需要采取防渗处理措施。

2. 断面形式

太阳能光热发电厂场地汇水面积大，明沟内汇集水流量大，因此排水明沟断面可选用梯形和矩形断面。沟深需大于计算水深加0.2m，沟的起点深度不小于0.4m。矩形沟底及梯形沟底宽不小于0.4m。

3. 沟道材质

（1）土沟：可用于沟内水流速较低、无防冲刷与防渗要求的地段。其投资省，但断面尺寸大，易淤积，维修工作量大，不适于永久工程。尤其是地表为砂土的区域，厂内雨水排水不适宜采用土沟。

（2）石砌沟：用于流速超过土沟允许极限或为减少断面尺寸、减少渗水路段，适用于厂区、施工区排水；缺点是厂区内沟道长度过大时，施工较复杂，施工工期长。

（3）混凝土沟：施工速度快，施工工期短，可用于水流速度过大或防渗要求高的地段，适用于厂区、施工区排水；也可采用预制沟道加快施工速度。

4. 铺砌明沟

（1）梯形明沟：梯形明沟的铺砌材料一般为干砌片石、浆砌片石，当流量过大或防水要求较高时宜采用混凝土铺筑。浆砌片石沟或干砌片石沟宜采用Mu20以上片石。浆砌片石梯形明沟采用M5水泥砂浆砌筑。干砌片石明沟一般用于无防渗要求地段，应设置垫层，垫层采用10cm厚的C15混凝土。混凝土沟采用C25混凝土，并设置10cm厚的垫层，明沟边坡一般采用1∶1～1∶1.5。梯形明沟断面见图14-1。混凝土明沟每隔10m、浆砌片石明沟每隔15m，设置伸缩缝，缝宽为2cm，用沥青麻丝填塞，表面用水泥砂浆抹平。

当场地汇入水流对沟道坡顶造成冲刷危险时，应由坡顶向外铺砌 0.4～1m。

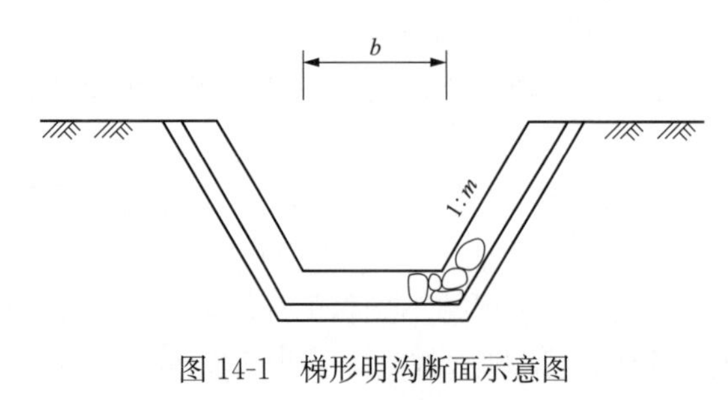

图 14-1　梯形明沟断面示意图

当排水沟道过路时，建议采用整体浇筑钢筋混凝土箱涵的形式，并且过路部分沟道截面应不小于两侧梯形沟道截面，以免形成壅水的情况，同时关注场地地面绿化情况，避免水土流失。当沟宽度改变时，宜设置渐变段，其长度一般为沟宽的 5～20 倍。过路箱涵平面示意见图 14-2。

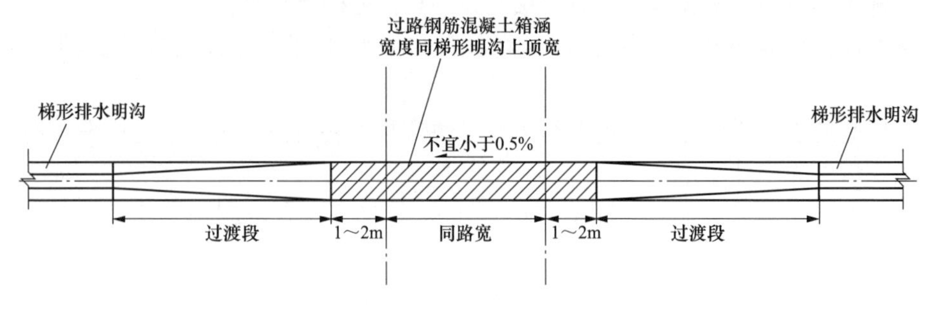

图 14-2　过路箱涵平面示意图

(2) 矩形明沟。矩形明沟的铺砌材料一般采用浆砌片石或混凝土。矩形明沟断面示意见图 14-3。

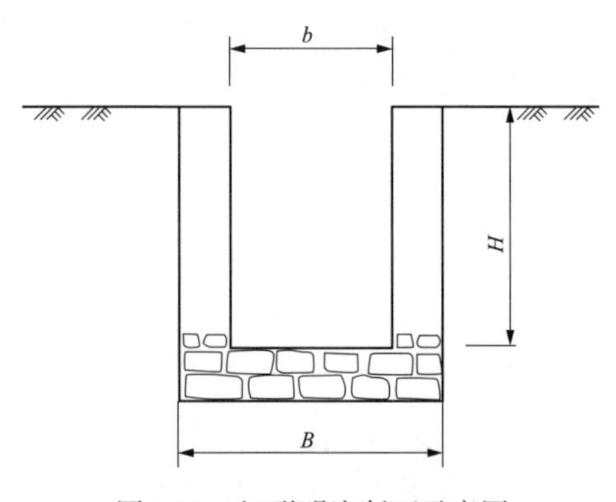

图 14-3　矩形明沟断面示意图

(3) 截水明沟。当厂区地面径流量大或受洪水威胁时，需要在厂区外设置截水明沟，防止地面汇流流入厂区。一般禁止将截水沟接入厂区排水系统。当地面汇流不大或设置截水沟有困难时，也可设置挡水墙。厂外截水沟断面示意见图 14-4。

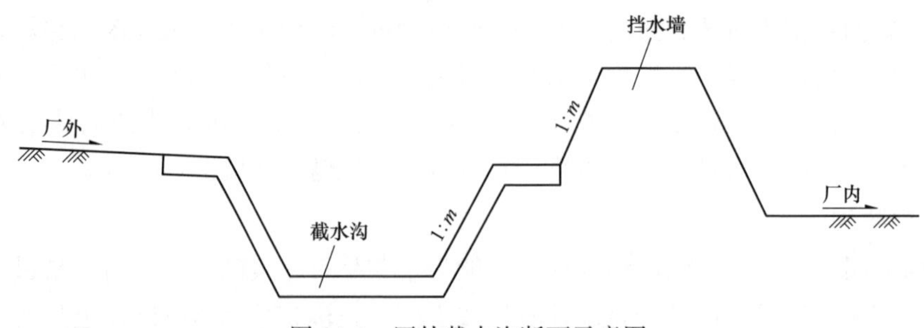

图 14-4　厂外截水沟断面示意图

为了便于维护和清理，截水沟一般采用浆砌片石铺砌，砌筑砂浆强度等级不应低于 M7.5，片石强度等级不低于 MU30。截水沟的底宽和顶宽不宜小于 500mm，可采用梯形或矩形截面，其沟底纵坡不宜小于 0.3%。

截水沟宜结合地形进行布设，其位置应尽可能选择在地形较为平坦、地质良好的挖方地段，并使水流以最短捷的路径排出。截水沟排水口不应与厂区内沟道排水口相互影响。

截水沟转弯时的中心线转弯半径不宜小于沟内水面宽度的5～10倍。当截水沟宽度改变时，宜设置渐变段，其长度一般为沟宽的10～20倍。截水明沟断面示意见图14-5。

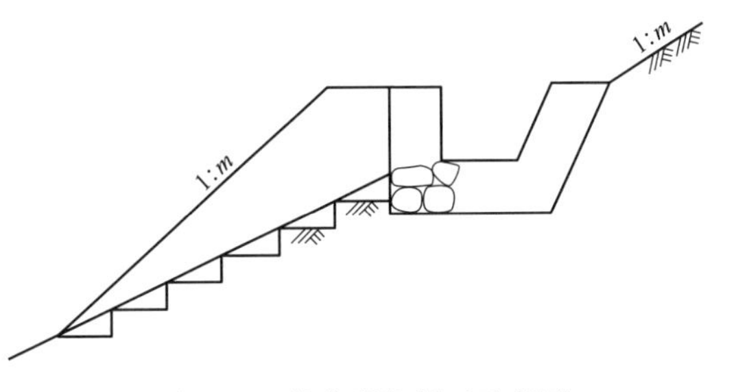

图14-5　截水明沟断面示意图

5. 排水明沟的水力计算

对于具有规则形状断面与较缓坡度，且两者均无急剧变化的一般排水沟，其水力计算可采用明渠匀速流的基本公式，见式（14-4）。不同形式明沟断面水力要素可按表14-4进行计算。

$$Q=\omega v \tag{14-4}$$

$$v=C\sqrt{Ri} \tag{14-5}$$

$$R=\omega/\rho \tag{14-6}$$

$$C=R^{\gamma}/n \tag{14-7}$$

式中　Q——流量，m^3/s；

ω——水流断面的面积，m^2；

v——水流断面的平均流速，m/s；

C——流速系数；

R——水流断面的水力半径，m；

i——水力坡降，以小数计，在匀速流的情况下与沟底纵坡和水面坡度相同；

ρ——过流断面上流体与固体壁面接触的周界线长度，称为湿周；

γ——与R、n有关的指数，$\gamma=2.5\sqrt{n}-0.13-0.75\sqrt{R}(\sqrt{n}-0.10)$；

n——粗糙系数，见表14-5。

表14-4　明沟断面水力要素计算公式

断面形式	示意图	水流断面面积ω	湿周ρ	水力半径R
矩形	0.2　h　b	$\omega=bh$	$\rho=b+2h=\frac{\omega}{h}+2h$	$R=\frac{\omega}{\rho}=\frac{\omega}{b+2h}$
对称梯形	0.2　1:m　h　b	$\omega=bh+mh^2$	$\rho=b+2h\sqrt{1+m^3}$ $=\frac{\omega}{h}+(2\sqrt{1+m^3}-m)h$	$R=\frac{\omega}{\rho}$ $=\frac{bh+mh^2}{b+(2\sqrt{1+m^3})h}$

续表

断面形式	示意图	水流断面面积 ω	湿周 ρ	水力半径 R
不对称梯形		$\omega=bh+m_3h^2$ 式中： $m_3=\frac{m_1+m_2}{2}$	$\rho=b+kh$ $=\frac{\omega}{h}+(k-m_3)h$ 式中：$k=\sqrt{1+m_1^2}+\sqrt{1+m_2^2}$	$R=\frac{\omega}{\rho}$ $=\frac{bh+\frac{1}{2}(m_1+m_2)h^2}{b+(\sqrt{1+m_1^2}+\sqrt{1+m_2^2})h}$

表 14-5　明沟粗糙系数 n 值

序号	明沟类别	n
1	现浇混凝土	0.013～0.014
2	浆砌块石	0.017
3	干砌块石	0.020～0.025
4	土明沟（包括带草皮）	0.025～0.030

（二）明沟连接

梯形明沟与矩形明沟相连接，应在连接处设置挡土端墙；也可设置渐变段连接，其长度一般为梯形沟底宽的5～20倍。土明沟连接处应适当铺砌。梯形沟与盖板沟相连平面见图14-6。

明沟与涵管的连接应考虑水流断面收缩和流速变化等因素造成水面壅高的影响。涵管的断面应按明沟水面达到设计超高时的泄水量计算。涵管两端应设置端墙，并护坡和护底。管底可适当低于沟底，其降低高度宜为0.2～0.25倍管径，但该部分不计入过水断面。

明沟高低的连接，当高差小于0.5m时，有铺砌的明沟设置0.5m高的跌水即可。土明沟当流量小于200L/s时，可不加铺砌。当高差为0.5～1.0m且流量小于2000L/s时，有铺砌的明沟设置45°的缓坡段；如为土明沟，应用浆砌石铺砌，厚度不小于0.15m。不同沟底矩形明沟与盖板明沟连接断面见图14-7。

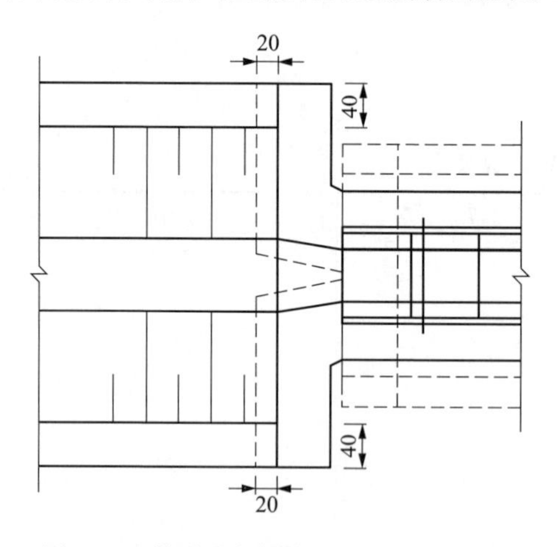

图14-6　梯形明沟与盖板明沟八字连接口

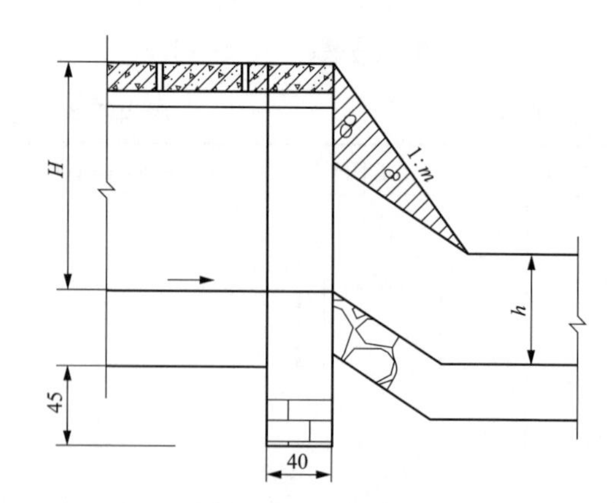

图14-7　不同沟底矩形明沟与盖板明沟连接断面

（三）跌水与急流槽

当明沟通过地形比较陡峭的地区时，由于水流的流速超过允许流速，造成较大冲刷。

一般可采用跌水、急流槽，连接上下游明沟。

一般场地的排水明沟，当高差在 0.2～1.5m 范围内时，可不进行水力计算，根据具体情况确定。

1. 跌水

根据落差大小，跌水分为单级跌水和多级跌水，如图 14-8、图 14-9 所示。单级跌水一般落差在 3～5m，是连接上下游明沟最简单的构筑物。沟底的突然下降部分即称为跌水。跌水由进水口、控制缺口、跌水墙、消力池和出水口连接段五部分组成。多级跌水一般落差在 5m 以上，主要为适应地形，避免过大的土石方工程而设置，每级的高度与长度之比大致等于地面坡度，且台阶高度不宜大于 0.6m。为缩短多级跌水平台长度，更好地适应当地地形，可在每一个阶梯上设置消力槛，以保证跌下的水能消减到最小。

图 14-8　跌水平面示意图

图 14-9　跌水剖面示意图

2. 急流槽

急流槽的作用是为了在很短距离内，水面落差大的情况下将水排走，如图 14-10、图 14-11。为降低出水末端的流速，使之与下游明沟的允许流速相适应，可采取以下措施：在护底人工增加粗糙度，如设置齿坎和齿槽，镶置石块；设置多个坡段，使纵坡逐渐放缓或将槽底逐渐放宽；急流槽末端设置消能设施，如跌水墙、消力池等。

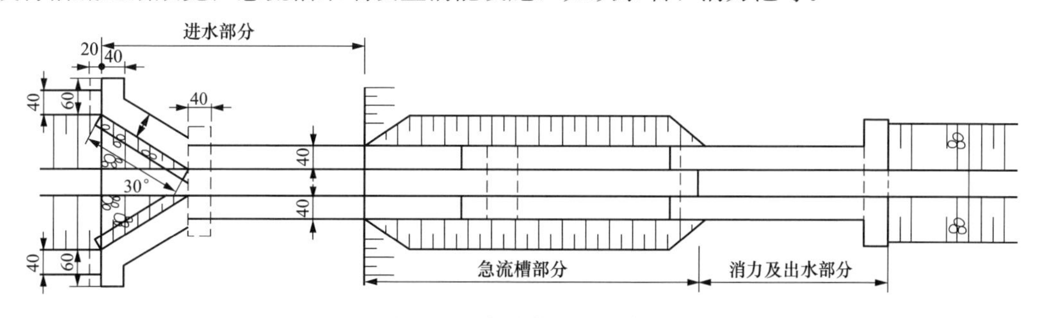

图 14-10　急流槽平面示意图

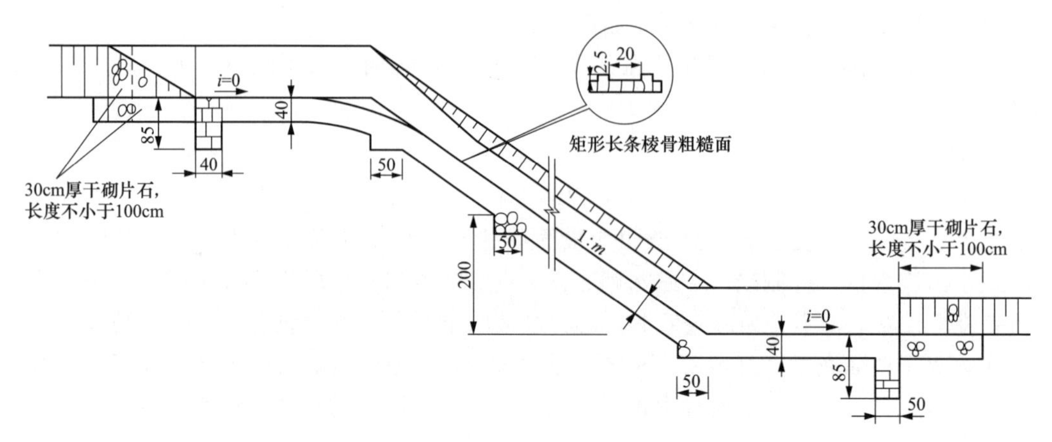

图 14-11　急流槽剖面示意图

3. 跌水与急流槽的构造措施

（1）渠槽及消力池的边墙高度至少高出计算水深 0.2m。

（2）进口及出口处护墙的厚度，浆砌片石时不小于 0.4m，混凝土时不小于 0.3m。高度一般为水深的 1～1.2 倍，且不得小于 1m；寒冷地区应伸至冻土层以下。急流槽出口断面示意见图 14-12。

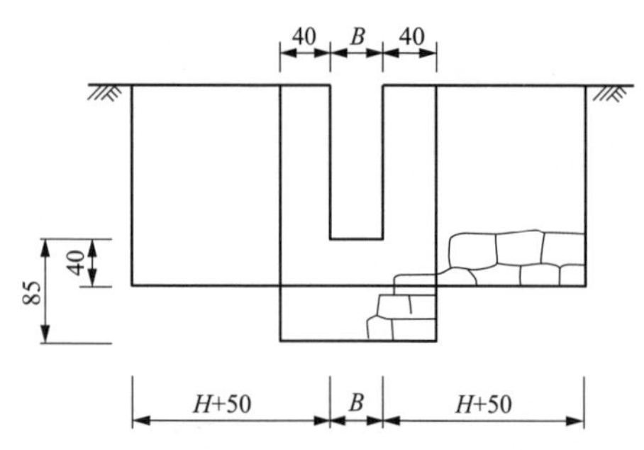

图 14-12　急流槽出口断面示意图

（3）进水槽及出水槽槽底应用片石铺砌，长度一般不小于 10m。个别情况下，在下游设置厚 0.2～0.5m、长 2.5m 的防冲铺砌段。

（4）出口导流翼墙的单侧平面扩散角，可取 10°～15°。

（5）急流槽比降应根据地形、地基土性质、跌差及流量大小确定，可取 1∶2.5～1∶5，急流槽倾角必须小于或等于地基土壤的内摩擦角。

四、场地排水注意问题

太阳能光热发电厂场地面积大，场地排水设计是需要值得重视的内容之一，好的场地排水设计与实施，可以使场地范围内的雨水得到有效的排放；反之，不合理的排水方式或由于节约初投资而降低排水设计标准的情况，将会给项目的安全运行带来巨大的隐患。

国内某项目厂址区域常年降水量稀少，蒸发量大。区域内地表树木稀少，主要以粉土、粉砂为主。地势东北高、西南低。厂址北侧为丘陵地貌，北侧受洪水影响，北侧设置截洪沟。根据总平面布置方案，厂址东侧边界为挖方区，东侧亦有少量坡面流汇向厂区。

厂址北侧有坡面洪水向厂址汇集，厂址北侧设计有东西走向的截洪沟。厂址区域地形东高西低，截洪沟将东北角冲沟洪水截入沟中，自东向西导出。截洪沟采用浆砌石梯形断面，厂址地势低洼侧设置挡水堰，以防洪水进入厂区内。

厂区内根据工艺系统要求，设置若干台阶。厂内排水采用有组织的排水明沟形式，将排水沟布置在每个平台的南侧，能够有效地收集各平台地表雨水。排水口与护坡、截洪沟交叉的位置，埋置涵管将雨水排出。项目共设置 3 个排水口。

项目在建设期间，场地排水出现了以下系列问题，并进行了及时改进。

（一）土质边坡局部冲刷严重

项目建设期间地表植被覆盖少，在暴雨天气时，出现土质边坡局部冲刷严重甚至坍塌的情况，给生产安全带来了隐患，如图 14-13 所示。

图 14-13　土质边坡局部冲刷示意图

改进措施：土质边坡宜采用土工格栅、砌筑护坡、植草护坡等处理方式，防止雨季时土质边坡水土流失。

（二）排水沟转弯半径不足

排水沟尽端过路后垂直连接南北向沟道，沟道转弯半径不够，水量大时，雨水从沟道溢出，造成沟道外侧被冲刷，如图 14-14 所示。

图 14-14　排水沟转弯半径不足雨水溢流示意图

改进措施：将此处过路涵管改为有盖板的过路排水矩形沟道，将转弯切角扩大，迎水面设置防溢挡墙。

（三）过路圆涵过水截面不足

过路涵管管径小于排水沟截面，导致水流流速下降，易被雨水携带的泥沙壅堵，瞬时雨量过大时影响排水效率，造成过路涵管处泥沙淤积，雨水溢出沟道，导致排水沟失去作用，大量雨水流入场区，如图 14-15 所示。

改进措施：过路圆涵管改为有盖板的过路矩形排水沟道。

图 14-15　过路涵管截面不足示意图

（四）排水口能力不足

厂区在南侧设计排水口，单管排放，施工时埋设管径过小，雨季瞬时雨量大时，泄水能力不足，造成厂内局部内涝，如图 14-16 所示。

图 14-16　排水口排泄能力不足示意图

改进措施：排水口改为排水明沟形式，沟道为梯形沟。同时，宜增加排水口数量，减少单个排水口排水量。

第四节　场地平整及土石方工程

在太阳能光热发电厂的初步设计审查批准后，建设单位首先要进行“四通一平”（通路、通电、通水、通信及场地平整）工程施工。“四通一平”工作中最重要的内容之一就是对场地进行平整。太阳能光热发电厂厂区用地面积大，自然地形往往是起伏不平的，很难满足场地设计要求，因此，厂区的自然地形就必须根据竖向设计要求进行整平改造。

太阳能光热发电项目中的槽式和线性菲涅尔式发电项目竖向设计对场地平整坡度的要求较高，而塔式发电项目的竖向设计可以根据厂区自然地形状况进行就地简单平整。

一、场地平整的方式

场地平整方式可分为连续式平整和重点式平整。

（1）连续式平整：对整个厂区或其某个区域进行连续平整，不保留原有自然地面。

（2）重点式平整：在整个厂区或其某个区域内，只对与建（构）筑物有关的场地进行平整，其余地段保持原有自然地面，以减少场地平整工程量。

发电区及槽式太阳能光热发电厂的集热场，通常采用连续式平整；塔式太阳能光热发电厂的定日镜区，通常采用重点式平整。

二、土石方工程

土石方平衡计算是一项比较繁琐、复杂、影响因素较多的综合性工作。需充分考虑集热场区占地大、地质条件、地基处理方案、施工方案、在建设过程中业主对方案的修改及许多其他不定因素的影响。

（1）塔式太阳能光热发电厂定日镜场区原则上不进行整体场平，对局部地区的土方要力求就地平衡，并适当考虑分期、分区平衡。发电区及其他设施区场地要和集热场区统一考虑土石方平衡。当厂区内的挖方量大于填方量时，可以考虑将多余土摊铺至定日镜场达到综合平衡，原则上不考虑外运。

（2）槽式太阳能光热发电厂对于集热器焦线方向的坡度和传热介质的坡度均有要求，一般需要进行全厂场地平整，土方工程量大，投资较高。场地平整设计时，在满足工艺要求的前提下，要尽可能地减少土方工程量，可采用分区设计，分区平衡，必要时，要与工艺专业配合，进行详细的技术经济比较后，方可确定最终方案。

在确定场地竖向布置形式及划分区块后，根据土方填挖平衡，运距最短，同时满足工艺要求的原则确定场平标高。由于电厂占地面积大，通常宽度大于 1km，场平时可考虑邻近区块土方平衡，缩短土方调配距离，同时保证区块之间连接顺畅，集热管道布置顺畅，道路使用方便。若厂区土方工程量显著不平衡时，应合理选择弃土场或取土场，并考虑复土还田的可能性。

（3）土石方工程量的综合平衡宜分期、分区考虑厂区挖填方量的平衡，后期工程土石方不宜在前期工程中一起施工，但应考虑后期开挖对前期工程生产运行的影响；除考虑发电、集热场区场地整平的土方外，还应包括下列工程的土石方量：厂区建（构）筑物的基槽余土量，防洪设施、厂外道路、沟道等的土石方量，场地或基础换填土石方量，土方松散量。土壤松散系数可按表 14-6 采用。

表 14-6　　土壤松散系数

土的分类	土的级别	土壤的名称	最初松散系数 K_1	最后松散系数 K_2
一类土（松散土）	Ⅰ	略有黏性的砂土、粉末腐殖土及疏松的种植土，泥炭（淤泥，种植土、泥炭除外）	1.08～1.17	1.01～1.03
		植物性土、泥炭	1.20～1.30	1.03～1.04
二类土（普通土）	Ⅱ	潮湿的黏性土和黄土、软的盐土和碱土，含有建筑材料碎屑、碎石、卵石的堆积土和种植土	1.14～1.28	1.02～1.05

续表

<table>
<tr><th>土的分类</th><th>土的级别</th><th>土壤的名称</th><th>最初松散系数 K_1</th><th>最后松散系数 K_2</th></tr>
<tr><td>三类土
（坚土）</td><td>Ⅲ</td><td>中等密实的黏性土或黄土，含有碎石、卵石或建筑材料的潮湿的黏性土或黄土</td><td>1.24～1.30</td><td>1.04～1.07</td></tr>
<tr><td rowspan="2">四类土
（砂砾坚土）</td><td rowspan="2">Ⅳ</td><td>坚硬密实的黏性土或黄土，含有碎石、砾石（体积在10%～30%，重量在25kg以下的石块）的中等密实黏性土或黄土，硬化的重盐土，软泥灰岩（泥灰岩、蛋白石除外）</td><td>1.26～1.32</td><td>1.06～1.09</td></tr>
<tr><td>泥灰石、蛋白石</td><td>1.33～1.37</td><td>1.11～1.15</td></tr>
<tr><td>五类土
（软土）</td><td>Ⅴ～Ⅵ</td><td>硬的石炭纪黏土，胶结不紧的砾岩，软的、节理多的石灰岩及贝壳石灰岩，坚实的白垩；中等坚实的页岩、泥灰岩</td><td rowspan="3">1.30～1.45</td><td rowspan="3">1.10～1.20</td></tr>
<tr><td>六类土
（次坚土）</td><td>Ⅶ～Ⅸ</td><td>坚硬的泥质页岩，坚实的泥灰岩，角砾状花岗岩，泥灰质石灰岩，黏土质砂岩，云母页岩及砂质页岩，风化的花岗岩、片麻岩及正常岩，滑石质的蛇纹岩，密实的石灰岩，硅质胶结的砾岩，砂岩，砂质石灰质页岩</td></tr>
<tr><td>七类土
（坚岩）</td><td>Ⅹ～Ⅻ</td><td>白云岩，大理石，坚实的石灰岩、石灰质及石英质的砂岩，坚硬的砂质页岩，蛇纹岩，粗粒正长岩，有风化痕迹的安山岩及玄武岩，片麻岩，粗面岩，中粗花岗岩，坚实的片麻岩，粗面岩，辉绿岩，玢岩，中粗正常岩</td></tr>
<tr><td>八类土
（特坚石）</td><td>ⅩⅣ～ⅩⅥ</td><td>坚实的细粒花岗岩，花岗片麻岩，闪长岩，坚实的玢岩、角闪岩，辉长岩、石英岩，玄武岩，最坚实的辉绿岩、石灰岩及闪长岩，橄榄石质玄武岩，特别坚实的辉长岩，石英岩及玢岩</td><td>1.45～1.50</td><td>1.20～1.30</td></tr>
</table>

注 挖方转化虚方时，乘以最初松散系数；挖方转化为填方时，乘以最后松散系数。

（4）土石方工程量应根据地形和竖向布置计算，当采用方格网法计算时，丘陵山区方格网尺寸宜为20m×20m；平原地区宜为40m×40m或20m×20m。

（5）场地回填土应分层碾压或夯实，填土工程压实系数：本期建设地段不应小于0.90，近期预留地段不应小于0.85。

第五节 厂区支护（或处理）工程

厂区支护（或处理）工程要贯彻“安全、环保、经济”的指导方针，体现“以人为本”的理念，并遵循“减载、固脚、强腰、排水”相结合的原则。

厂区竖向设计尽量做到土石方填挖平衡，减小征地和弃方；合理放坡、加固适度、有利排水，是提高边坡整体稳定性的有效手段；增强边坡固化，加固防护工程实用与美观相结合，力求工程与环境协调，提高工程社会效益；体现以人为本的设计理念，多在细部构造上下功夫，以方便施工，同时有利于工程建成后的维护。

选择合理的支护结构形式，要综合考虑工艺要求、场地用地条件、地质条件、道路引接、施工可行性及经济性等因素。支护结构形式主要有挡土墙和边坡。

一、挡土墙

挡土墙是用来抵御侧向土壤或其他类似材料发生位移的构筑物，其主要用于场地条件受限制或地质不良地段的坡度较陡（1∶0.4～1∶0）等地段，有利于节约用地，但建筑费用较高。

太阳能光热发电厂的用地面积较大，挡土墙多用于发电区熔盐储罐区以及发电区内用地紧张的区域。挡土墙结构形式有重力式、衡重式、悬壁式、扶壁式、加筋土式、锚定板式等多种形式，应用最多的是重力式挡土墙。

重力式挡土墙是以自重来维持挡土墙在土压力作用下的稳定，多用浆砌片（块）石砌筑，当地基较好、墙高不大，且当地有石料时，一般优先选用重力式挡土墙。

重力式挡土墙按墙背的倾斜方位分为仰斜、俯斜、垂直、凸形折线和衡重式五种类型，见图 14-17。

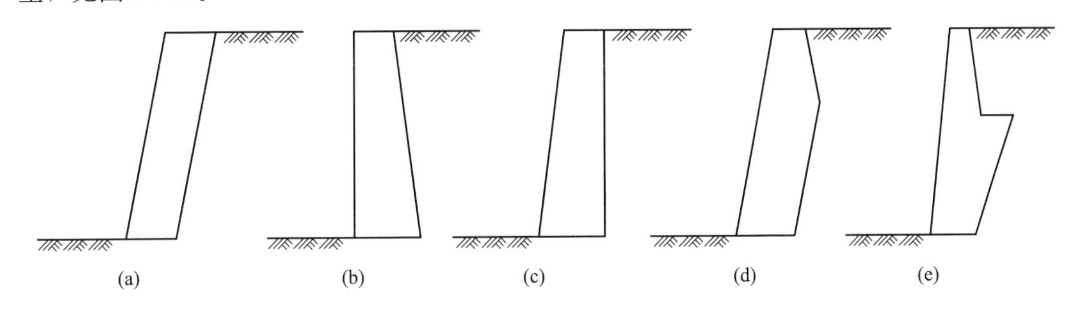

图 14-17　重力式挡土墙墙背形式

（a）仰斜；（b）俯斜；（c）垂直；（d）凸形；（e）衡重式

仰斜墙背可以紧贴开挖边坡，使主动土压力最小，墙身结构最经济，而且施工方便，对于地形平坦地段，可以优先选用。但该型挡土墙对于墙背填土地段，施工有一定困难，为此墙背倾斜度不宜大于 1∶0.25；另外，当地形比较陡时，用该型挡土墙，墙身高度将较高。该型挡土墙在实际工程中应用较多。

俯斜墙背需要回填土，而且填土容易，但是主动土压力最大，墙身断面较大，材料用量较多。地形陡时用这种挡土墙较合理。

垂直墙背主动土压力比俯斜小，比仰斜要大，处于两者之间。施工填土也较容易。

凸形墙背系由仰斜墙背演变而来，上部俯斜，下部仰斜，以减小上部断面尺寸。

衡重式墙背在上、下墙间设有衡重台，利用衡重台上填土的重力使全墙重心后移，增加了墙身的稳定。

采用重力式挡土墙时，土质边坡高度不大于 10m，岩质边坡高度不大于 12m，开挖土石方危及相邻建筑物安全的边坡不能采用重力式挡土墙。重力式挡土墙的类型应根据使用要求、地形、地质和施工条件等综合考虑确定，对岩质边坡和挖方形成的土质边坡优先采用仰斜式挡墙。

重力式挡土墙设计要进行抗滑移和抗倾覆稳定性验算，要符合 GB 50330《建筑边坡工程技术规范》的相关要求。

二、 护坡

相邻台阶采用放坡方式连接时，应根据工艺要求、场地条件、台阶高度、岩土的自然稳定条件及其物理力学性质等，经比较确定自然放坡或护坡，原则上首先考虑自然放坡，以节省投资，确有困难时考虑护坡或护坡与挡土墙结合的台阶连接方式。太阳能光热发电厂内，尤其是集热场内，台阶之间的连接通常采用造价低、施工简便的护坡连接方式。

1. 建（构）筑物与边坡坡顶的间距

建（构）筑物与边坡坡顶的间距，要考虑工艺布置要求、管沟布置、运行维护、消防、交通运输及施工等需要，除了上述因素外，还应考虑建（构）筑物基础侧压力对边坡的影响，以保持边坡的稳定；同时，这种间距与建（构）筑物基础宽度有关，当垂直于坡顶边缘线的基础底面边长 $b \leqslant 3m$ 时，其基础底面外边缘线至坡顶的水平距离 a 不得小于 2.5m（膨胀土不小于 5m），如图 14-18 所示，具体尺寸按式（14-8）、式（14-9）计算：

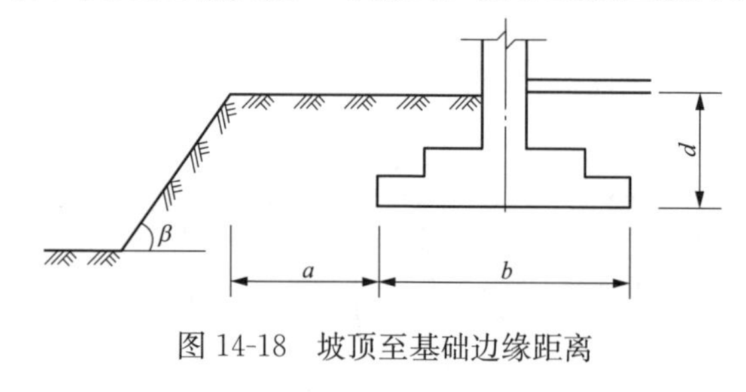

图 14-18 坡顶至基础边缘距离

条形基础
$$a \geqslant 3.5b - d/\tan\beta \tag{14-8}$$

矩形基础
$$a \geqslant 2.5b - d/\tan\beta \tag{14-9}$$

式中 a——基础底面外边缘线至坡顶的水平距离，m；

b——垂直于坡顶边缘线的基础底面边长，m；

d——基础埋深，m；

β——边坡坡角，(°)。

2. 建（构）筑物与边坡坡脚的间距

建（构）筑物与边坡坡脚的间距同样要考虑工艺布置要求、管沟布置、运行维护、消防、交通运输及施工等需要，尚应考虑采光、通风、排水及开挖基槽对边坡的影响，且不小于 2m。

3. 边坡的稳定坡度

建设场地的边坡包括挖方边坡和填方边坡两大类。场地挖、填边坡的坡度允许值，应根据地质条件、边坡高度和拟采用的施工方法，结合当地的实际情况和经验确定。

当边坡保持整体稳定的条件下，岩质边坡、土质边坡开挖的坡率允许值可根据工程经验，按工程类比的原则结合已有稳定边坡的坡率值分析确定。对无外倾软弱结构面的岩质边坡，放坡坡率按表 14-7 确定。对于无经验且地质均匀良好、地下水贫乏、无不良地质作用和地质环境条件简单时的土质边坡，边坡坡率允许值可按表 14-8 确定。

表 14-7　岩石开挖边坡坡度允许值

边坡岩体类型	风化程度	坡度允许值（高宽比）		
		$H<8m$	$8m\leqslant H<15m$	$8m\leqslant H<15m$
Ⅰ类	未（微）风化	1∶0.00～1∶0.10	1∶0.10～1∶0.15	1∶0.15～1∶0.25
	中等风化	1∶0.10～1∶0.15	1∶0.15～1∶0.25	1∶0.25～1∶0.35
Ⅱ类	未（微）风化	1∶0.10～1∶0.15	1∶0.15～1∶0.25	1∶0.25～1∶0.35
	中等风化	1∶0.15～1∶0.25	1∶0.25～1∶0.35	1∶0.35～1∶0.50
Ⅲ类	未（微）风化	1∶0.25～1∶0.35	1∶0.35～1∶0.50	—
	中等风化	1∶0.35～1∶0.50	1∶0.50～1∶0.75	—
Ⅳ类	中等风化	1∶0.50～1∶0.75	1∶0.75～1∶1.0	—
	强风化	1∶0.75～1∶1.0	—	—

注　1. 边坡岩体类型见 GB 50330—2013《建筑边坡工程技术规范》中表 4.1.4。

2. H——边坡高度。

3. Ⅳ类强风化包括各类风化程度的极软岩。

4. 全风化岩体可按土质边坡坡率取值。

表 14-8　土质开挖边坡坡度允许值

土的类别		坡度允许值（高宽比）	
		坡高在 5m 以内	坡高在 5～10m
碎石土	密实	1∶0.35～1∶0.50	1∶0.50～1∶0.75
	中实	1∶0.50～1∶0.75	1∶0.75～1∶1.00
	稍密	1∶0.75～1∶1.00	1∶1.00～1∶1.25
黏性土	坚硬	1∶0.75～1∶1.00	1∶1.00～1∶1.25
	硬塑	1∶1.00～1∶1.25	1∶1.25～1∶1.50

注　1. 表中碎石土的充填物为坚硬或硬塑状态的黏性土。

2. 对于砂土或充填物为砂土的碎石土，其边坡坡度允许值均按砂土或碎石土的自然休止角确定。

填土边坡时，如基底条件好，整体稳定，其边坡坡率允许值可按表 14-9 进行确定。位于斜坡上的填土要验算其稳定性。

表 14-9　填方边坡坡度允许值

填土类别	坡度允许值（高宽比）		压实系数
	坡高在 8m 以内	坡高在 8～15m	
碎石、卵石	1∶1.2～1∶1.50	1∶1.50～1∶1.75	0.94～0.97
砂夹石（碎石、卵石占全重的 30%～50%）	1∶1.2～1∶1.50	1∶1.50～1∶1.75	
土夹石（碎石、卵石占全重的 30%～50%）	1∶1.2～1∶1.50	1∶1.50～1∶2.00	
粉质黏土，黏粒含量≥10%的粉土	1∶1.5～1∶1.75	1∶1.75～1∶2.25	

遇有下列情况之一时，边坡的坡度允许值应另行设计：

（1）边坡高度大于表 14-9 列规定值。

（2）地下水比较发育或具有软弱结构面的倾斜地层时。

（3）岩层层面或主要节理面的倾向与边坡开挖面的倾向一致，且两者走向的夹角小于45°。

（4）设计地震烈度大于7度时。

4. 边坡防护类型

对场地边坡的挖填与防护工程是现代工程建设中的一个重要环节，处理不好便会因暴雨、洪水和风暴等因素造成边坡的冲蚀或损坏，不仅容易造成水土流失，严重时危及工程的安全及使用寿命。边坡整体稳定但其坡面岩土体易风化、剥落或有浅层崩塌、滑落及掉块等时，应及时进行坡面防护，边坡坡面防护工程应在稳定边坡上进行。

边坡坡面防护应根据工程区域气候、水文、地形、地质条件、材料来源及使用条件采取工程防护和植物防护相结合的综合处理措施。常用防护类型包括植草护坡、骨架内植草护坡、生态护坡、喷浆及喷射混凝土护坡、抹面护坡、干砌或浆砌片石护坡、护墙等。表14-10列出各种坡面防护工程类型及适用条件。图14-19～图14-21为典型的坡面防护形式。

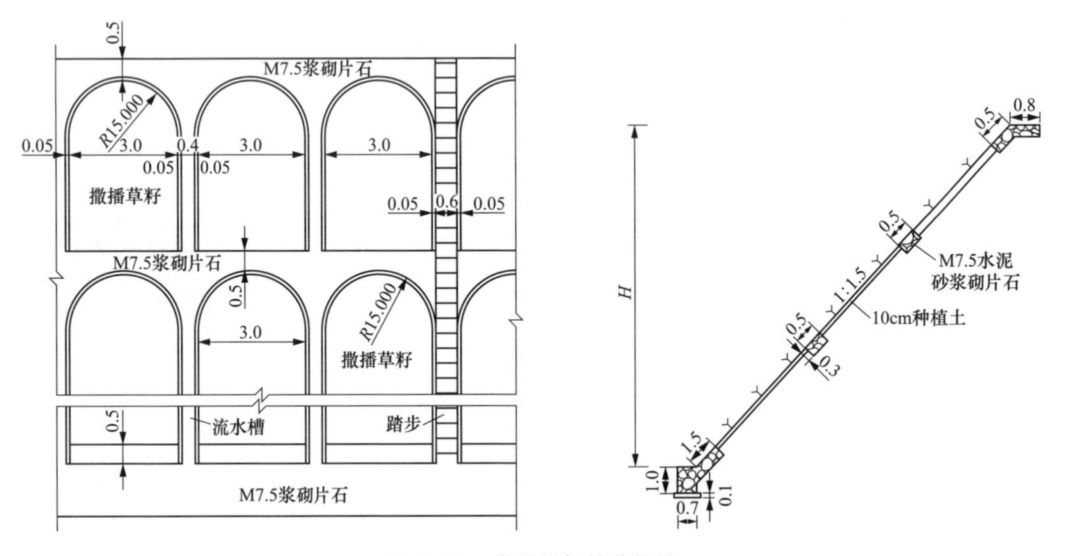

图14-19　拱形骨架植草护坡

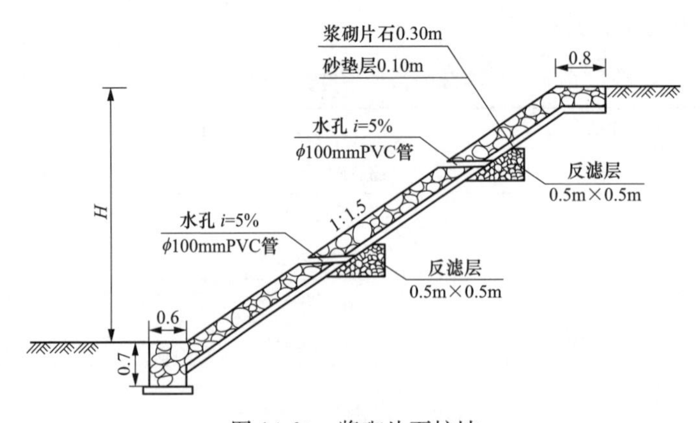

图14-20　浆砌片石护坡

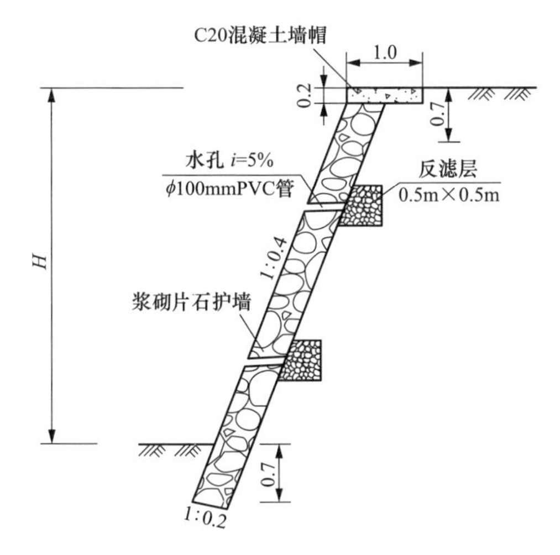

图 14-21　等厚浆砌片石护墙

表 14-10　　坡面防护工程类型及适用条件

防护类型	亚类	适用条件
植物防护	植草或喷播植草	可用于坡率不陡于 1∶1 的土质边坡防护。当边坡较高时，植草可与土工网、土工网垫结合防护
	铺草皮	可用于坡率不陡于 1∶1 的土质边坡或全风化、强风化的岩石边坡防护
	种植灌木	可用于坡率不陡于 1∶0.75 的土质、软质岩石和全风化岩石边坡防护
	喷混植生	可用于坡率不陡于 1∶0.75 的砂性土、碎石土、粗粒土、巨粒土及风化岩石边坡防护，边坡高度不宜大于 10m
骨架植物防护	—	可用于坡率不陡于 1∶0.75 的土质和全风化、强风化的岩石边坡防护
工程防护	喷护	可用于坡率不陡于 1∶0.5 的易风化但未遭强风化的岩石边坡防护
	挂网喷护	可用于坡率不陡于 1∶0.5 的易风化、破碎的岩石边坡防护
	干砌片石护坡	可用于坡率不陡于 1∶1.25 的土质边坡或岩石边坡防护
	浆砌片石护坡	可用于坡率不陡于 1∶1 的易风化的岩石和土质边坡防护
	护面墙	可用于坡率不陡于 1∶0.5 的土质和易风化剥落的岩石边坡防护

第十五章 厂区管线综合布置

太阳能光热发电厂有塔式、槽式、菲涅尔式、碟式等多种形式，不仅用地大，而且工艺系统也较为复杂，管线综合布置除了受常规工艺流程影响之外，还有储换热、辅助燃料等太阳能热发电特有的影响因素。

塔式和槽式太阳能光热发电是目前最成熟的商业化技术，且国内外已有多座在建或已建成的项目，其集热场和发电区的管线综合布置具有代表性和典型性，故本章将简要介绍塔式和槽式太阳能光热发电厂的集热场和发电区的管线综合布置。

第一节 厂区管线综合布置的基本原则

太阳能热发电厂主要分为集热场、发电区和其他设施区等区域，不同区域内管线的种类有所不同。因此，太阳能热发电厂的管线综合布置需要考虑的因素很多，布置工作是非常复杂的。管线综合布置要结合各区域总平面和竖向布置的特点，选择合理的管线走向和敷设方式，使管线综合布置在安全可靠的前提下，尽可能经济合理。

厂区管线综合布置一般应遵循以下基本原则。

（1）管线综合布置应结合各区域总平面和竖向布置的特点，选择合理的管线走向和敷设方式，根据电厂不同性质、不同区域分别进行管线布置。

（2）厂区管线综合布置要与电厂总平面和竖向布置统一规划，相互协调。管线综合布置一般以厂区总平面布置图和厂区竖向布置图为依据，应从整体出发，结合规划容量，统一安排各种管线的路由和位置，力求使管线间及管线与建（构）筑物之间在平面和竖向上相互协调，在考虑交叉合理，有利厂容的同时，还要考虑生产安全、施工和检修方便的要求。

（3）选择合适的管线敷设方式。太阳能光热发电厂厂区管线布置一般分为两大类：一类为管架敷设，另一类为地下敷设。管架敷设分为低支墩、高管架、高架多层，管架敷设的方式常应用于发电区、槽式太阳能热发电厂的集热场等区域；地下敷设分可采取直埋、沟道、排管三种，全厂各个区域均可采用地下敷设形式布置。

（4）确保安全及生产需要。全面考虑各种管线的性质、用途、相互联系及彼此间可能产生的影响，满足各管线平面、断面的技术要求。分析相邻管线之间、管线与建（构）筑物、道路之间在平面和竖向布置上可能产生的影响，妥善安排，避免干扰。有特殊要求的管线在布置上应考虑相应措施。具有可燃性、爆炸危险性及有毒介质（例如导热油管道、天然气管道、氢气管道）的管道不应穿越与其无关的建（构）筑物、生产装置、辅助生产及仓储设施、储罐区等。管道发生故障时，不致发生次生灾害。

（5）合理选择管线走向，尽量减少交叉。主干管线应靠近主要用户布置，并力求路径短捷。沿道路敷设的干管，应布置在支线较多的一侧，以节省支管的长度，减少与道路的交叉。

管线应尽量与道路平行布置，并力求顺直，转弯最少。尽量减少管线之间、管线与道路之间，尤其是自流管道与通行管沟之间的交叉。当交叉不可避免时，为缩短交叉部分的长度，彼此应呈直角相交，困难时交角不小于45°。

（6）注意节约用地。太阳能光热发电厂的发电区一般用地较小，管线综合布置时应尽可能紧凑，缩小管廊的宽度。平行道路的干管和进出建（构）筑物的支管尽量集中布置。管线之间、管线和建（构）筑物、道路之间的间距在满足相关规程规范的要求下，尽量采用小值。为了节约用地，管线的附属构筑物（如补偿器、阀门井、检查井、膨胀伸缩节等）应相互交错布置，避免冲突。在场地比较狭窄的困难地段，例如汽机房和储换热区之间，尽可能将敷设深度相近、性质无影响的管线排列在一起，有条件时，可共架、共沟、分层敷设。施工时可一次开挖，为机械化施工创造条件，并便于维修。

（7）合理衔接外部管线。位于工业（产业）园区的太阳能光热发电厂，其雨水管、污水管、生活给水管、中水管、天然气管等均应与外部规划管线相衔接，在厂区管线综合规划时必须要衔接好这些外部管线，使其符合规划要求。

第二节　厂区管线分类与分布

厂区管线有生产系统设施区内管线和厂区联络服务性管线，厂区管线主要包括各系统间动力供应、远程控制、介质供应及其生产附属设施间的联络管线和厂区公用的生产、生活、消防必须配套建设的管线。

一、厂区管线分类

（一）按功能特性分类

厂区管线按功能特性分为以下几种。

（1）循环水管：循环水供水管、循环水排水管、辅机冷却水管等。

（2）上水管：生产、生活、消防、绿化等给水管及生产或生活经过处理后用于清洗定日镜镜面、喷洒路面和地面的公用水管等。上述管道多为压力管。

（3）下水管：生产废水、生活污水、雨水管（沟）、含油废水管、事故油管、蒸发塘废水管等。上述管道多为无压力（自流）管。

（4）化学水管：加药水管（沟）、酸碱管（沟）、锅炉补给水、高悬浮废水管、高含盐废水管、反渗透浓水管、闭式水管、定排排污管、掺混水管等。

（5）热力管：厂用辅助蒸汽管或热水管等。

（6）暖气管：厂区内采暖的暖气管道。

（7）燃油管：锅炉助燃（启动）的供油管道、回油管等。

（8）传热管道：导热油管、硅油管、熔盐管、水工质光热项目的传热管道等。

（9）压缩空气管：主要是仪用和检修用压缩空气管等。

（10）电缆：电力电缆、控制和通信电缆等。

（11）氢气管：用于发电机冷却的氢气管。

（12）燃气管道：天然气管。

（二）按介质特性分类

厂区管线按介质特性分为以下几种。

（1）压力管：压力管的种类很多，除下水管及自流的循环进、回水沟外，一般都可归纳为此类。这类管线具有压力，管线在平面上可以转弯，在竖向上也可以根据需要局部凸起或凹下，这为解决管线的交叉矛盾提供了方便。从这方面讲，电缆沟也可归属为此类。

（2）无压力（自流）管：无压力（自流）管主要有各种下水管，如生活污水、雨水管线等，这类管道中的介质是靠坡度自流的，因此在竖向上要求保证有一定的坡度。因为管道下降后不经机械提升介质不能上升，管沟始终需要保持纵向坡度，所以管道越长埋深越深。因此这类管线在立面布置上变化的自由度很小。

（3）腐蚀性介质管线：主要是酸碱管等。此类管线宜尽量集中，防止渗漏，远离生产和生活给水管，并尽量采用管沟敷设，避免介质渗漏至土壤中。直埋时应尽量低于其他管线，架空时宜布置在其他管线的下方和管架的边侧，其下部不宜敷设其他管线。

（4）易燃、易爆管线：主要包括天然气管、导热油管、氢气管等。此类管线须考虑泄漏时对其他管线的干扰，应适当加大间距，并不宜布置在管沟内，以防止泄漏聚集形成爆炸性气体或引起中毒事故。

（5）高温管线：主要是熔盐管、蒸汽管、热水管。此类管线应与电力电缆、燃气管道等保持一定的间距。

二、厂区管线规格及分布

太阳能光热发电厂主要管线常用规格及路径见表 15-1。

表 15-1　　太阳能光热发电厂主要管线常用规格及路径

序号	管道、沟道名称	50MW 规格	动力形式	路径
1	循环水供水管	D920×8-D1420×10	压力	循环水泵房至主厂房， 循环水泵房至冷却塔
2	循环水排水管	D1420×10	压力	主厂房至冷却塔
3	辅机冷却水管	DN60-DN600	压力	从辅机冷却塔至主厂房
4	雨水管	D159×4.5-D325×6	自流	分布发电区、厂前区和 组装车间区道路侧
5	生活给水管	DN50-DN250	压力	综合水泵房至各车间、发电区至厂前区、 发电区至组装车间区
6	生活污水	DN100-DN300	自流	生活污水排放点至 生活污水处理设施
7	工业给水管	DN20-DN125	压力	综合水泵房至各车间
8	工业废水管	DN50-DN400	压力或自流	化水车间至工业废水处理间、 主厂房至工业废水处理间、 工业水池至化水车间
9	消防水管	DN100-DN400	压力	综合水泵房至全厂路网
10	绿化水管	DN50-DN100	压力	生活污水处理车间或工业废水处理间 至绿化用水点

续表

序号	管道、沟道名称	50MW 规格	动力形式	路径
11	镜面冲洗水管	DN80	压力	化水车间至镜场清洗水接口点
12	补给水管	DN50-DN300	压力	发电区外至工业消防水池
13	含油废水管	DN50-DN80	压力或自流	主厂房至工业废水处理间
14	事故排油管	DN100-DN300	自流	主厂房至变压器、变压器至事故油池
15	蒸发塘废水管	DN100-DN125	压力或自流	主厂房至蒸发塘（槽式）、 化水车间至蒸发塘（塔式）
16	除盐水管	DN50-DN100	压力	化水车间至主厂房、空冷平台、 机力塔、启动锅炉房等
17	工业废水回用水管	DN80	压力	工业废水处理间至综合水泵房
18	水箱溢流管	DN200	压力	机力塔或化水车间至主厂房
19	定排排污管	DN100	压力	化水车间至主厂房
20	高悬浮废水管	DN300	压力	化水车间至工业废水处理间
21	高悬回用水管	DN80	压力	化水车间至工业废水处理间
22	反洗水管	DN50	压力	化水车间至主厂房
23	闭式水管	DN89	压力	吸热塔至主厂房
24	润滑油管	DN57	压力	储油箱至主厂房
25	高含盐废水管	DN70-DN100	压力	化水车间或工业废水处理间至蒸发塘
26	循环水排污水	DN100	压力	主厂房至工业废水处理间、 机力塔至储换热区
27	压缩空气管	DN50-DN57	压力	空气压缩机房至主厂房
28	电缆沟	650×650-1400×1200		
29	暖气沟	800×800		
30	压缩空气管沟	800×600		空气压缩机房至主厂房
31	疏盐沟	1000×1000		熔盐罐至疏盐坑
32	蒸汽管沟	800×800		启动锅炉房至主厂房
33	化水管沟	650×650		化水车间至主厂房
34	主蒸汽管道	ϕ219～ϕ245	压力	SGS（蒸汽发生器）至主厂房
35	冷段管道	ϕ406～ϕ457	压力	SGS 至主厂房
36	热段管道	ϕ457～ϕ480	压力	SGS 至主厂房
37	熔盐管道	ϕ426～ϕ480	压力	SGS 至吸热塔
38	导热油管道	DN400-DN1200	压力	集热场至换热区，换热区至 SGS
39	辅助蒸汽管道	ϕ133～ϕ159	压力	SGS 至主厂房
40	空气预热器正常疏水	ϕ57	压力	SGS 至主厂房
41	有压放水管道	ϕ133	压力	SGS 至主厂房
42	连排至除氧器管道	ϕ57～ϕ108	压力	SGS 至主厂房
43	除氧器排污至定期排污管道	ϕ108	压力	SGS 至主厂房

续表

序号	管道、沟道名称	50MW 规格	动力形式	路径
44	空气预热器排气管道	ϕ25	压力	SGS 至主厂房
45	高压给水管道	ϕ245	压力	SGS 至主厂房
46	SGS 饱和汽去高压加热器管道	ϕ89	压力	SGS 至主厂房
47	冷却水供水管道	ϕ133～ϕ159	压力	SGS 至吸热塔
48	冷却水回水管道	ϕ133～ϕ159	压力	SGS 至吸热塔
49	空气预热器疏水管道	ϕ57～ϕ76	压力	SGS 至主厂房
50	加药管	ϕ18～ϕ20	压力	SGS 至主厂房
51	蒸汽取样管	ϕ14	压力	SGS 至主厂房
52	定期排污水管	ϕ76	压力	SGS 至主厂房
53	掺混水管	ϕ45～ϕ89	压力	SGS 至主厂房
54	厂用压缩空气管	ϕ45～ϕ76	压力	SGS 至主厂房、SGS 至吸热塔、启动锅炉房至主厂房
55	仪用压缩空气管	ϕ45～ϕ76	压力	SGS 至主厂房、SGS 至吸热塔、启动锅炉房至主厂房
56	启动蒸汽管道	ϕ89	压力	启动锅炉房至主厂房
57	启动锅炉除盐水管	ϕ89	压力	启动锅炉房至化水车间

在上述管道中，进出储换热区域、SGS 区、集热场内的管线是太阳能光热发电厂特有的管线，在电厂的工艺系统中起到至关重要的作用，在布置时应充分了解这些管线的性质和功能，优先考虑管位，并选择合理的敷设方式。

（一）集热场管线布置

1. 塔式太阳能光热发电厂集热场管线布置

塔式太阳能光热发电厂集热场的管线主要为定日镜场之间及至发电区的动力电缆、控制电缆，以及经过集热场至其他区域的管线。

定日镜场内的电缆有动力电缆和控制电缆两种。主动力电缆和主控制电缆从发电区向外呈辐射状布置，其中主动力电缆通过镜场配电室。各级联络电缆布置于定日镜每环（行）之间，见图 15-1。电缆除在跨越道路和排水沟（截洪沟）处可采用排管敷设外，一般采用直埋敷设。

经过定日镜场至其他区域的管线采用直埋形式敷设。包含发电区至厂前和其他设施区的工业水、生活水、消防管道，至蒸发塘废水管道等。上述管道一般布置在厂前和其他设施区、蒸发塘的定日镜场道路两侧，以便于检修。

2. 槽式太阳能光热发电厂集热场管线布置

槽式太阳能光热发电厂集热场的管线相比塔式太阳能光热发电厂要复杂得多，除电缆外，还有传热介质管线，见图 15-2。目前常用的传热介质管线主要有导热油管、硅油管、熔盐管道，这些管线在集热场内的布置基本上均采用地面支墩方式，满足管道检修放空要求。

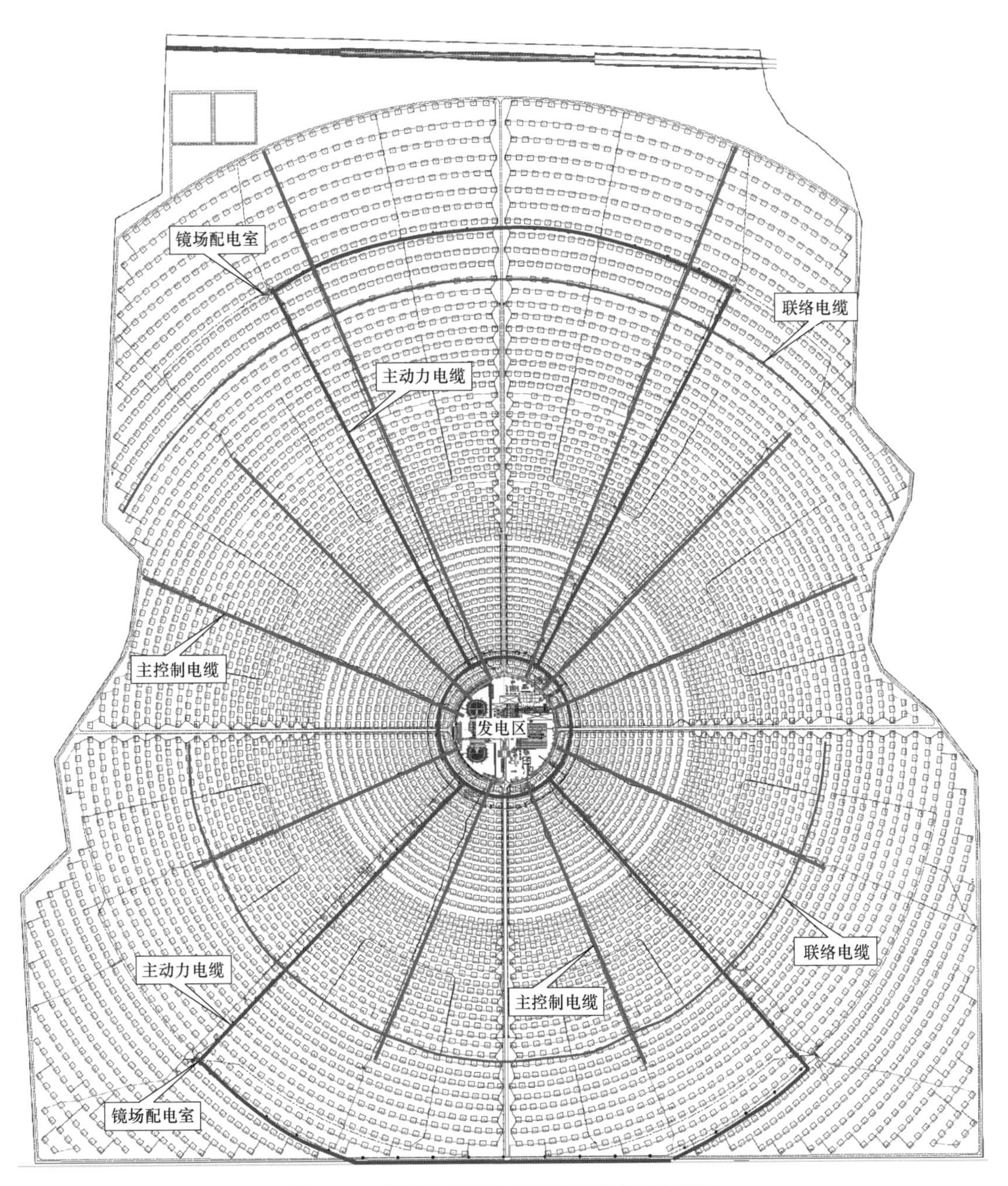

图 15-1　某塔式项目定日镜场直埋电缆布置图

导热油管线跨越道路时需采用管架支撑以保证净空，跨越台阶时采用矮支墩贴地敷设，如图 15-3 所示。

传热介质管线在集热场中的位置，需要根据集热场的布置来确定，可以布置在一个回路中部，也可以布置在两个回路之间，如图 15-4 所示。

由于受场地地形影响，在场地自然坡度较大时，为减少土方工程量，集热场将会是台阶布置，台阶的划分，有时是以一个完整回路为基准，或是半个回路，采用半个回路划分台阶时，集热单元间将会以管路进行连接。但这种布置形式，需要增加管路、阀门、介质的热耗平衡，特别是对于槽式熔盐，还要增加大量的电伴热及附属设施。

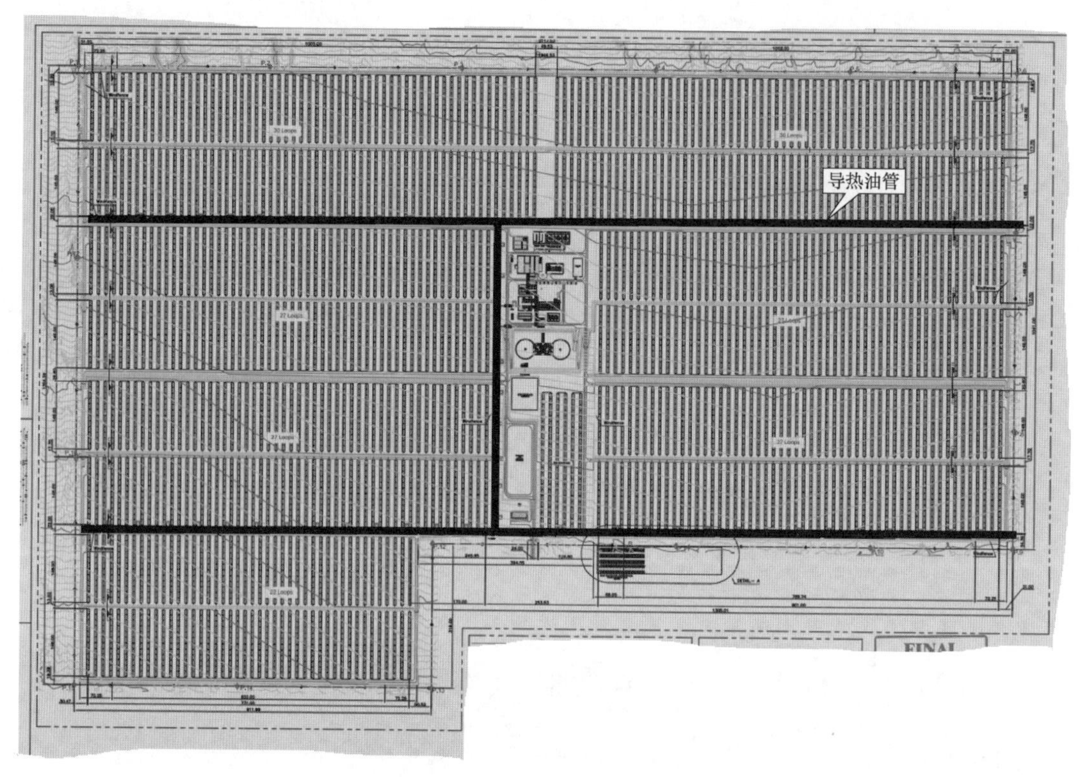

图 15-2 某槽式项目集热场导热油管布置图

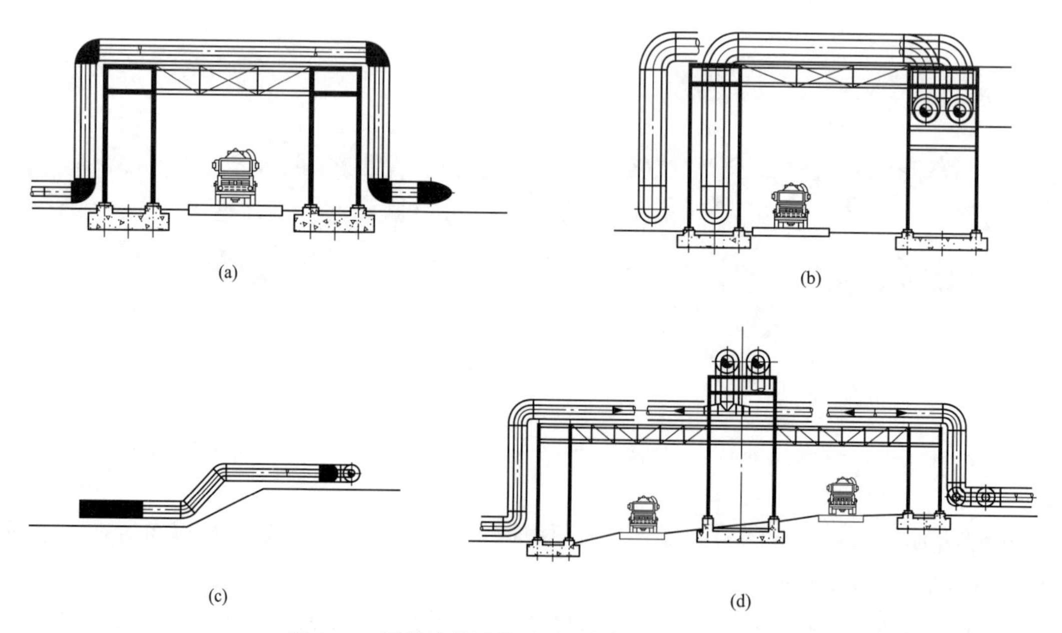

图 15-3 导热油管跨越道路和台阶典型剖面示意

(a) 管线跨越道路；(b) 管线在道路一侧布置并跨越道路；(c) 管线跨越台阶；(d) 管线正交且同时跨越道路和台阶

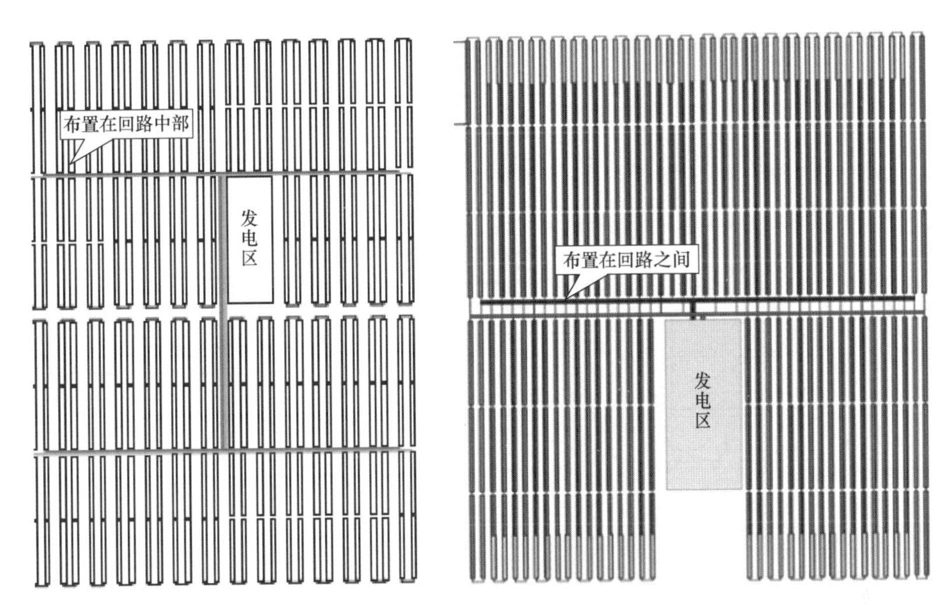

图 15-4 传热介质管线位置示意图

集热场内的电缆有中压电缆和低压电缆，中压电缆布置于集热场各台阶或回路之间，呈纵横排列；低压电缆布置于各台阶或回路内部，通常采用直埋形式。如图 15-5 所示。

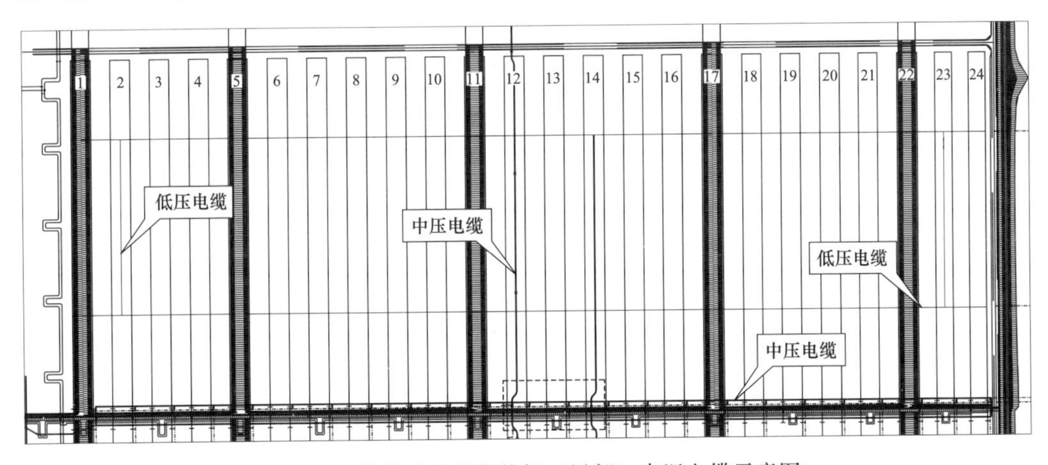

图 15-5 某槽式项目集热场（局部）直埋电缆示意图

（二）发电区管线布置

1. 塔式太阳能光热发电厂发电区管线布置

塔式太阳能光热发电厂发电区中汽机房、吸热塔和储换热设施是整个区域的生产核心，这几个车间或设施之间的管线最多，因此管廊主要围绕汽机房、吸热塔和储换热设施附近进行规划。典型塔式项目发电区主要管廊分布如图 15-6 所示。

（1）汽机房和储热设施之间管廊规划。该区域内管线一般最多，也是发电区最主要的管廊，通常有发电区的主干道、综合管架和其他地下设施，一般需要留足空间。综合管架上主要敷设冷热熔盐管道、汽轮机四大管道、化水加药管、化水取样管和电缆桥架。直埋和沟道敷设的管线主要利用路边空地进行布置，主要布置有电缆沟、消防水管、生活水

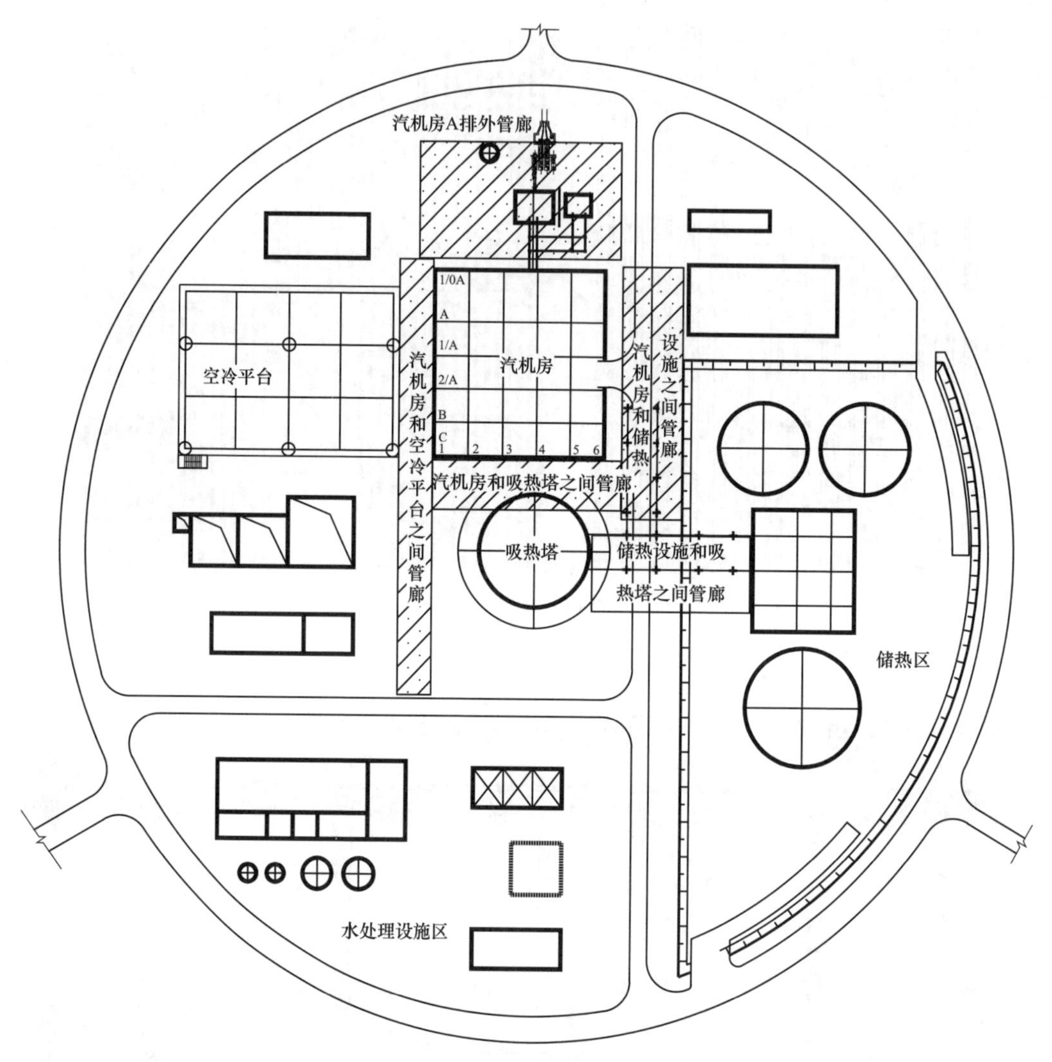

图 15-6 典型塔式项目发电区主要管廊分布图

管、工业废水管、工业给水管等，典型汽机房与储热区之间的综合管架剖面如图 15-7 所示。

（2）汽机房和空冷平台之间管廊规划。该区域内管线主要是辅助厂房至汽机房的联络管线，此部分管线布置易受到空冷排汽管道支柱的影响，不论是地下还是地上管线的布置均应注意避让。通常布置有生活给水管、工业给水管、生活污水管、电缆沟、暖气沟、工业废水管等。

（3）汽机房 A 排外侧管廊规划。

1）当汽轮机采用轴向排汽时：空冷平台、电气构筑物两者围绕汽机房呈 L 形布置，汽机房 A 排外仅布置有变压器和电气配电装置，这种情况下管线数量较少，主要为电缆沟、暖气沟和事故排油管等。

2）当汽轮机采用侧向排汽时：电气构筑物和空冷平台均位于汽机房 A 排外侧，这种情况下管线数量较多，主要有电缆沟、暖气沟、事故排油管、工业给水管、工业废水管

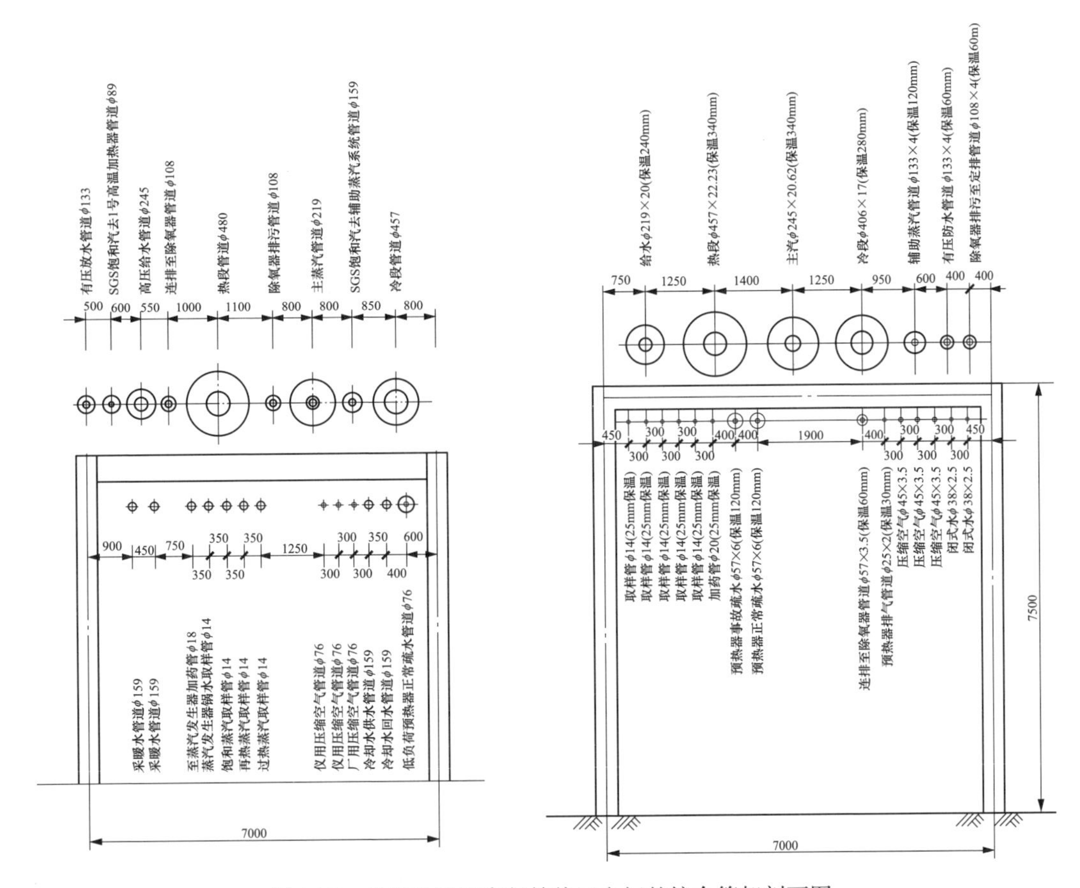

图 15-7　典型的汽机房与储热区之间的综合管架剖面图

等，与这些管线交叉的有母线支架基础、空冷排汽管道支架基础等，因此在这一侧布置的管线与地下设施的矛盾较多，可利用空冷平台下方空地迂回布置，同时结合工艺采用共架、共沟等灵活多样的敷设方式。

（4）储热设施（或汽机房）和吸热塔之间管廊规划。通常情况下，吸热塔位于发电区的中心，因此，储热设施、汽机房和发电区辅助设施分别布置在吸热塔的两侧，大量辅助设施至储热设施和汽机房的管道从此区域经过，主要包括辅机冷却水管道、工业废水管、生活水管、工业给水管、消防水管、生活污水管、补水管、压缩空气管及各种化学水管道、电缆沟、暖气沟等。当汽机房和储热设施分别位于吸热塔两个方向时，敷设四大管道和冷热熔盐管道的主管架也要布置在此区域内，典型的管架剖面见图 15-8。该管廊的管线和沟道较多，在布置时应注意管线、沟道、管架基础与吸热塔基础的关系。

（5）汽机房和化水车间之间管廊规划。汽机房和化水车间之间地下管线种类较多，在此通过的管线一般管径都不大，而且以压力管为主。主要布置有工业废水管、生活水管、工业给水管、消防水管、生活污水管，以及各种化学水管道、电缆沟、暖气沟等。此管廊可利用集热场至汽机房和吸热塔的主要道路两侧布置。同类、同性质或管线接口靠近的管线可集中布置，一般采用直埋敷设，用地紧张时也可采用管架或管沟敷设。

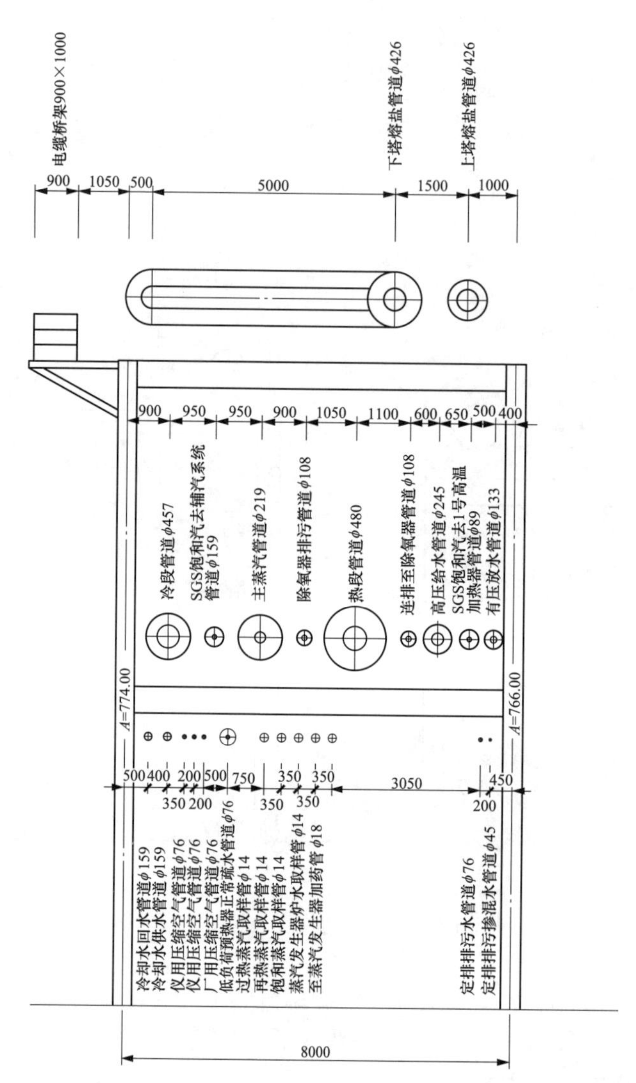

图 15-8 某项目储热设施至吸热塔之间的综合管架剖面图

2. 槽式太阳能光热发电厂发电区管线布置

槽式太阳能光热发电厂的发电区通常布置在集热场中部的狭长地带，其位置要以进入储换热区的传热介质管线流量尽可能平衡为原则。储换热区域位置确定了汽机房位置，进而确定了变压器、屋外配电装置、空冷平台等建（构）筑物的位置。其他辅助设施，均围绕汽机房布置。因此，围绕汽机房和储热设施附近的管线也最密集。根据发电区传热介质和储热介质是否相同，发电区布置格局不同，管线的分布也不同，一般管廊的分布如图15-9 所示。

（1）汽机房与储换热区之间管廊规划。该管廊是发电区最主要的管廊，主要布置从汽机房至储换热区的管线。主要有导热油管、冷热熔盐管、氮气管、压缩空气管、冷却水管、汽水管道及电缆等，一般采用综合管架敷设。管架宽度一般大于或等于 6m，布置时应处理好管架与其他设施之间的关系，管廊平面位置见图 15-10。当换热区和储热区分开布置时，由汽机房敷设至储热区的管架需要经过换热区，可考虑将蒸汽发生器平台支架作为管架使用。

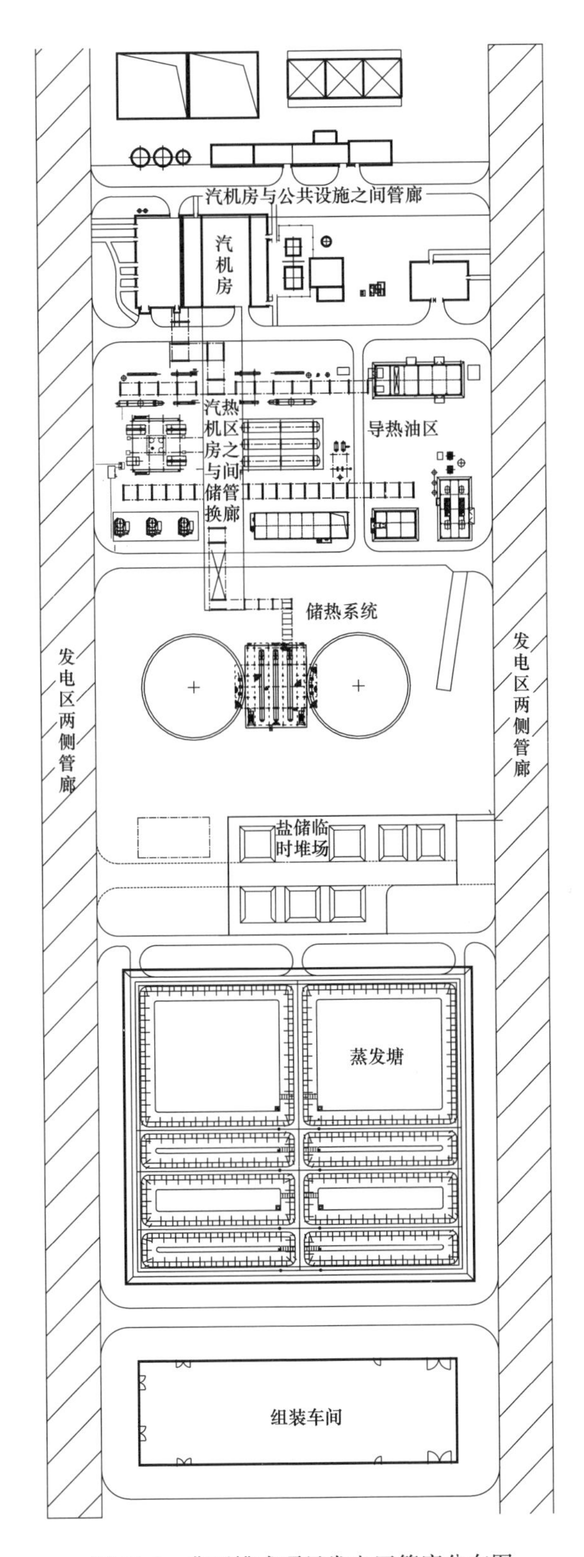

图 15-9　典型槽式项目发电区管廊分布图

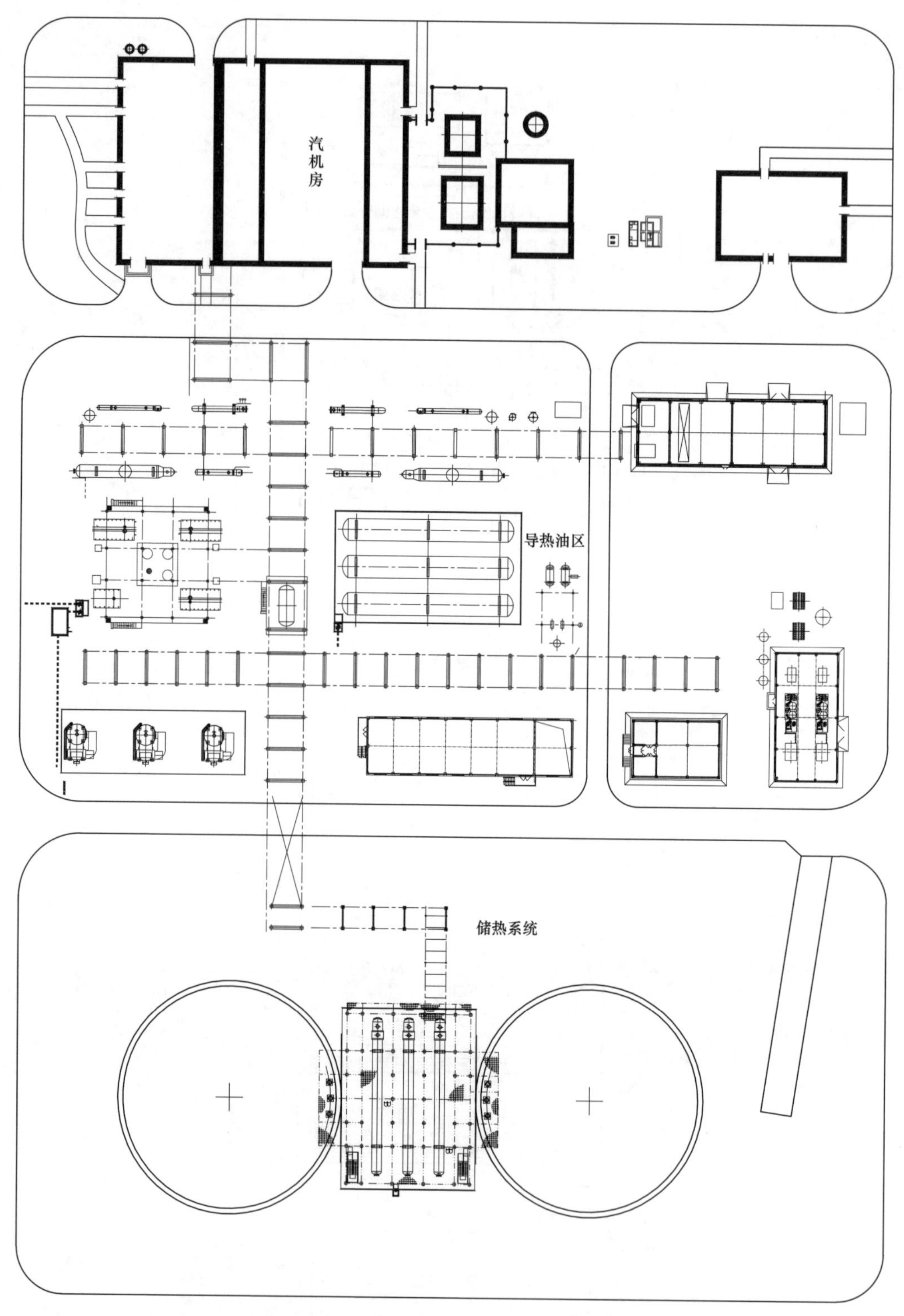

图 15-10　某槽式项目发电区管架平面布置图

某槽式项目汽机房与储换热区之间管架纵剖面图如图 15-11 所示。

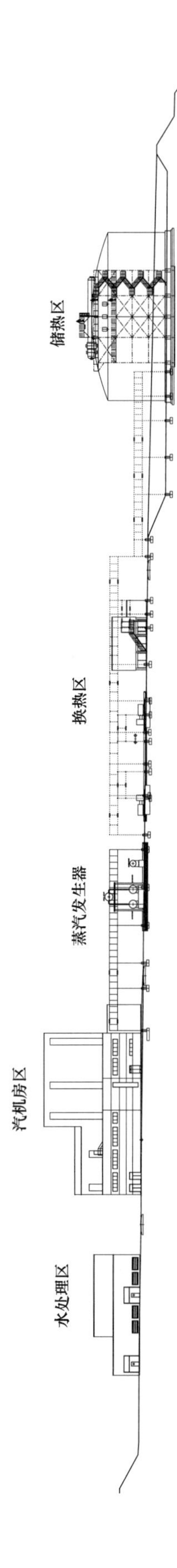

图 15-11　某槽式项目汽机房与储换热区之间管架纵剖面图

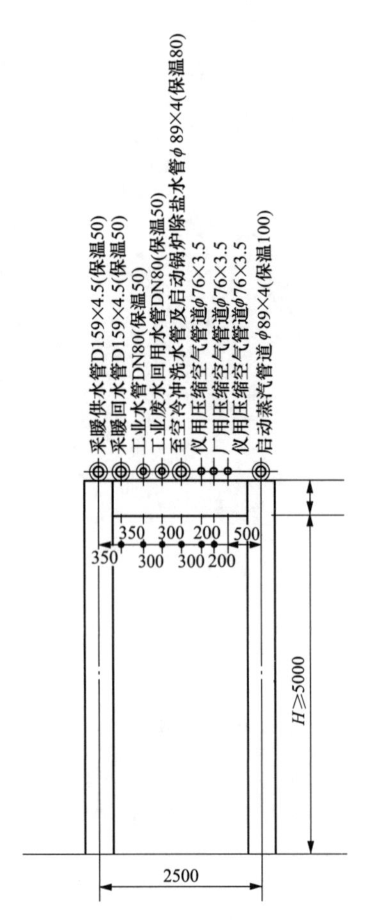

图 15-12 某槽式项目发电区管线综合管架剖面图

（2）汽机房与公共设施之间管廊规划。该管廊主要布置汽机房和空冷平台、供水设施、化学水处理设施、冷却设施等之间的联络管道。主要有辅机冷却水管、循环水管、消防水管、生活水管、工业水管、补水管、生活污水管、工业废水管、蒸发塘废水管、电缆沟、暖气沟、排水沟等，50MW项目管廊宽度一般约为25m。一般采用管架和直埋沟道相结合的敷设方式。这一区域管线种类较多，且建（构）筑物、设备、道路密集，应妥善处理好主次管道之间的关系，尤其避免次要管线和循环水管交叉过多，避免支管与道路相交过多，其中的综合管架剖面图见图15-12。

（3）发电区两侧管廊规划。该管廊主要布置在发电区周边道路两侧，道路内侧主要布置发电区各区域之间的生产、生活联络管道和雨水、消防管道。道路外侧一般情况下需要布置传热介质管线。

（三）其他设施区管线布置

（1）厂前区管线布置。塔式太阳能光热发电厂的厂前区一般和发电区分开布置，位于厂区入口处。厂前区的管线主要为厂前生活设施服务，主要布置生活类管道，包括雨水管、生活水管、生活污水管、消防水管、绿化水管、电缆沟、暖气沟等，采用直埋和沟道敷设。其中一部分管道由发电区或集热场接至厂前区，另一部分管道由厂外接入，需要合理安排厂前区对外管线的接口，减少交叉。

槽式太阳能光热发电厂的厂前区可与发电区合并设置，通常布置在发电区内进厂方向，发电区内各类生活类和服务类管道沿发电区两侧道路敷设进入厂前区，管线较短，采用直埋和沟道敷设。为了避免相互干扰，发电区的生产工艺管线不宜在厂前区范围内敷设。厂前区也可单独成区布置，布置在厂内，这种情况下厂前区的管线布置同塔式太阳能光热发电厂。

（2）蒸发塘区管线布置。塔式太阳能光热发电厂的蒸发塘区一般和发电区分开布置，位于电厂地势较低处。发电区化学水车间至蒸发塘的废水管，一般为重力自流管道，直埋敷设接入蒸发塘。

（3）组装车间区管线布置。由于槽式太阳能光热发电厂的组装车间一般作为永临结合建筑物，因此常常同发电区集中布置。进入组装车间区域的管线为生活类和服务类管道，具体为生活给水管、生活污水管、消防管和雨水管等。

第三节　厂区管线布置方式及要求

厂区管线布置要根据当地自然条件、管内介质特性、管径、工艺流程以及施工与维护等因素和技术要求经综合比较后确定合适的敷设方式。工程管线的敷设方式分为地上与地下敷设两种。

一、厂区管线敷设方式选择因素

厂区管线敷设方式的确定主要取决于输送物料的物理、化学性质，输送过程的运动状态，管线本身的结构、材料、技术条件，地形、地质、水文、气象，以及施工安装、检修管理、总平面布置等。一般对于岩石坚硬、地下水位较高、冬季不易结冰，有压、易燃、易爆气体管道，线路密集等情况，多采用地上敷设方式。反之，对于冬季严寒易结冰、地形平坦、地下水位较低，易开挖的土壤、腐蚀性不强等情况，多采用地下敷设方式。此外管线的敷设方式还与运行安全、美观要求、通道宽度等因素有关，要具体分析综合选用，必要时与有关专业研究确定。

地下敷设采用混凝土、砂垫层或直接覆土，其优点是施工简便、直接投资省，便于营造开阔的绿地景观，但占地大、不便于维护检修。地下管沟敷设采用带盖板的混凝土或钢筋混凝土结构，施工方便，但长期存在“跑、冒、滴、漏”的缺陷，检修维护时对电厂文明生产影响较大。

地上敷设用地节省、整齐美观、便于检修维护；施工挖方工程量小，受地下水的影响较小，有利于文明施工和缩短工期；当地下水具有腐蚀性时，有利于管道防腐；管线交叉容易解决，下部地面可绿化，检修维护条件较好。但施工工期较长，初投资较大。

二、厂区管线敷设方式及要求

（一）地上敷设方式

地上敷设方式分为管架、低支架、建筑物支撑式，敷设的管线以压力管为主。发电区内有条件集中架空布置的管线，优先采用综合管架进行敷设；通常导热油管、熔盐管采用架空敷设方式，位于集热场内时，采用低支架形式，与道路交叉时采用管架布置；天然气管、热力管采用管架敷设。

1. 地上管线布置一般要求

（1）不影响交通运输、人流通行、消防及检修，同时避免地上管线受机械损伤。

（2）不影响建筑物的自然通风、采光以及门窗的使用、厂区的美观。

（3）导热油管、熔盐管、天然气管不可在与其无生产联系的建筑物外墙或屋顶敷设；不可从存放易燃、可燃物料的堆场和仓库区通过。

（4）沿建（构）筑物外墙架设的管线宜管径较小、不产生推力，且建（构）筑物的生产与管内介质相互不应引起腐蚀、易燃等危险。

(5) 多管共架时要便于管道的安装和维修，管架荷载分布宜合理。

(6) 穿过厂内的电力架空线路，尽可能沿集热场边缘布置，并尽量减少穿过厂内的长度；与项目无关的高压架空线，一般不穿越厂区架设；电力架空线尽量不跨越建筑物，严禁在输电线路下面或沿输电线路架设天然气管道。

(7) 低支架敷设的管线需要符合下列规定：

1) 布置在不妨碍交通的地带；

2) 低支架敷设的管底外壁与地面的净距不小于0.5m，困难情况下导热油管道、熔盐管道及可燃易燃易爆管道不小于0.35m，其他管道不小于0.3m；

3) 沿边坡布置时，不影响边坡的稳定。

2. 地上管线的间距

(1) 架空管线的水平净距。地上敷设管线与建（构）筑物及各设施间需要满足水平净距的要求。厂区架空管线之间的最小水平净距要符合表15-2的规定；架空管架（管线）与建（构）筑物之间的最小水平净距宜符合DL/T 5032《火力发电厂总图运输设计规范》的规定。

表15-2　厂区架空管线之间的最小水平净距　m

名　称	热力管	熔盐管	导热油管	氢气管	天然气管	燃油管	电缆
熔盐管	0.25	—	0.25	0.25	0.25	0.25	1.0
导热油管	0.25	0.25	—	0.5	0.5	0.5	1.0

注　1. 表中净距，管线自防护层外缘算起。
2. 表中所列管道与给水管、排水管、不燃气体管、物料管等其他非可燃或易燃易爆管道之间的水平净距不小于0.25m，但当相邻两管道直径均较小，且满足管道安装维修的操作安全时可适当缩小距离，但不小于0.1m。
3. 热力管道为工艺管道伴热时，净距不限。
4. 动力电缆与热力管、熔盐管、导热油管净距不应小于1.0m，控制电缆与热力管、熔盐管、导热油管净距不应小于0.5m，当有隔板防护时，可适当缩小。

(2) 架空管线的垂直净距。厂区架空管线互相交叉时的垂直净距不小于0.25m，其中天然气管线与管径大于300mm的其他管道的垂直净距不小于0.30m，电力电缆与热力管、熔盐管、导热油管、可燃或易燃易爆管道交叉时的垂直净距不小于0.5m，当有隔板防护时可适当缩小。

(二) 地下敷设方式

地下敷设方式分为直埋、管沟及排管敷设三种。管沟和排管又可按其中敷设的管道种类分为专用管沟（只敷设一种管线）和综合管沟（敷设两种以上管线）。排管作为管沟的一种形式，仅结构横断面有所不同，而作用和性质基本相同。

可通行、半通行和不通行管沟的区别在于沟的高度。一般可通行管沟净高度不小于1.7～1.8m；半通行管沟净高度不小于1.0～1.2m；净高度在1.0m以下者为不通行管沟。管沟净高度要根据人员检修的情况合理确定。

1. 地下管线布置一般要求

(1) 性质相同和埋深相近的地下管线、管沟应集中平行布置，但不得平行重叠敷设。

(2) 地下管线交叉布置时，要符合下列要求：

1) 给水管布置要在排水管之上；

2) 可燃气体管要在除热力管外的其他管线上方通过；

3) 电缆要在热力管的下方，其他管线的上方通过；

4) 具有酸性或碱性的腐蚀性介质管道要在其他管线的下方通过；

5) 热力管要在电缆、可燃气体管及给水管的上方通过。

(3) 地下管线不可以敷设在有腐蚀性物料的包装、堆存及装卸场地的下面，且距边界水平距离不小于 2m。

(4) 电缆沟道中不得有可燃或易燃、易爆液（气）体管穿越。

(5) 地下沟道底面要设置纵、横向排水坡度，横向坡度宜为 1.5%～2%，纵向坡度不小于 0.3%，采用自流排水，在沟道内有利排水的地点及最低点设集水坑和排水引出管。

(6) 电缆沟要防止地面水、地下水及其他管沟内的水渗入，要有排除内部积水的技术措施，防止各类水倒灌入电缆沟内。

(7) 厂区内电缆采用排管时，排管顶部覆土不小于 0.5m，排管纵向排水坡度不小于 0.2%，电缆排管上部宜设有警示指示。

2. 地下管线共沟敷设的要求

(1) 热力管道不可与电力、通信电缆共沟。

(2) 动力电缆不可与燃油管道、导热油管道、熔盐管共沟。

(3) 有可能产生相互有害影响的管线不得共沟。

(4) 腐蚀性介质管道要布置在沟底，排水管应布置在腐蚀性介质管道的上方、其他管线的下方。

3. 地下管线的间距

地下管线与建（构）筑物、道路及其他管线的水平距离应根据工程地质、基础形式、检查井结构、管线埋深、管道直径、管内输送物质的性质等因素综合确定，符合下列规定：

(1) 地下管线、沟道不可平行敷设在道路下面，不应布置在建（构）筑物的基础压力影响范围内。

(2) 地下管线之间的最小水平净距及地下管线与建（构）筑物之间的最小水平净距需要符合 DL/T 5032《火力发电厂总图运输设计规范》的规定。

(3) 导热油管（沟）、熔盐管（沟）与地下管线的最小水平净距需要符合表 15-3 中的规定。

(4) 导热油管（沟）、熔盐管（沟）与建（构）筑物的最小水平净距需要符合表 15-4 中的规定。

表 15-3　　热油管（沟）、熔盐管（沟）与地下管线的最小水平净距　　m

名称	给水管	排水管	热力管（沟）	天然气管	压缩空气管	氢气管、氨气管	电缆（沟、排管）	酸、碱管（沟）
导热油管（沟）	1.0～1.5①	1.0～1.5②	1.0	2.0④	1.5	1.5	1.0③	1.5
熔盐管（沟）	1.0～1.5①	1.0～1.5②	1.0	2.0④	1.0	1.5	1.0③	1.0

注 1. 表中间距为自管壁、沟壁或防护设施的外缘或最外一根电缆算起。

2. 表中天然气管不适于聚乙烯燃气管道和钢骨架聚乙烯塑料复合管；天然气管的设计压力大于或等于1.6MPa，设计压力小于1.6MPa的天然气管与导热油管（沟）、熔盐管（沟）的距离按GB 50028《城镇燃气设计规范》的有关规定执行。

① 给水管管径直径小于200mm时，间距不小于1.0m；直径小于或等于400mm、大于或等于200mm时，间距不小于1.2m；直径大于400mm时，间距不小于1.5m。

② 生产废水管与雨水管管径小于800mm和污水管管径小于300mm时，间距不小于1.0m；生产废水管与雨水管管径大于或等于800mm、小于或等于1500mm以及污水管管径大于或等于400mm、小于或等于600mm时，间距不小于1.2m；生产废水管与雨水管管径大于1500mm和污水管管径大于600mm时，间距不小于1.5m。

③ 与直埋电缆的间距不小于2.0m。

④ 天然气管至导热油管沟和熔盐管沟外壁不小于4m。

表 15-4　　导热油管（沟）、熔盐管（沟）与建（构）筑物的最小水平净距　　m

名称	建（构）筑物基础外缘	道路	管架基础外缘	通信照明杆柱（中心）	围墙基础外缘	排水沟外缘	高压电力杆柱或铁塔基础外缘
导热油管（沟）	3.0	1.5	1.5	1.0	1.0	1.0	2.0
熔盐管（沟）	1.5	0.8	0.8	0.8	1.0	0.8	1.2

注 表中间距为自管壁、沟壁或防护设施的外缘算起。

（5）地下管线穿越道路时，管顶至道路路面结构层底的垂直净距不可小于0.5m；当小于0.5m时，应加防护套管（或管沟），套管（或管沟）的两端应伸出城市型道路路面、郊区型道路路肩或路堤坡脚线外不应小于1.0m，当道路的路边有排水沟时，伸出排水沟沟边以外不应小于1.0m。

4. 特殊地区的地下管线布置

（1）湿陷性黄土地区管道布置。室外管道宜布置在防护范围外。埋地管道与建筑物之间的防护距离见表15-5。

表 15-5　　埋地管道与建筑物之间的防护距离　　m

各类建筑	地基湿陷等级			
	Ⅰ	Ⅱ	Ⅲ	Ⅳ
甲			8～9	11～12
乙	5	6～7	8～9	10～12
丙	4	5	6～7	8～9

续表

各类建筑	地基湿陷等级			
	Ⅰ	Ⅱ	Ⅲ	Ⅳ
丁		5	6	7

注 1. 陇西地区（Ⅰ）和陇东一陕北一晋西（Ⅱ）地区，当湿陷性土层的厚度大于12m时，压力管道与各类建筑之间的防护距离，宜按湿陷性土层的厚度值采用。
2. 当湿陷性土层内有碎石土、砂土夹层时，防护距离可大于表中数值。
3. 采用基本防水措施的建筑，其防护距离不得小于一般地区的规定。
4. 防护距离的计算，对建筑物应自外墙墙皮算起；对高耸结构应自基础外缘算起；对水池应自池壁边缘（喷水池等应自回水坡边缘）算起；对管道、排水沟，应自其外壁算起。
5. 建筑物应根据其重要性、地基受水浸湿可能性大小和在使用上对不均匀沉降限制的严格程度，分为甲、乙、丙、丁四类，具体划分要求应符合GB 50025《湿陷性黄土地区建筑标准》的规定。

（2）膨胀土地区管道布置。

1）尽量将管道布置在膨胀性较小的和土质较均匀的平坦地段，宜避开大填、大挖地段和自然放坡坡顶处。

2）管道距建筑物外墙基础外缘的净距不小于3m。

第十六章 交通运输

太阳能光热发电厂的交通运输要以满足区域交通、减少对干道交通干扰为原则进行组织，主干道交通优先，支路交通停车让行，各路段以满足电厂设备运输、安装、检修、消防、运行的基本要求为原则。太阳能光热发电厂的交通运输以道路运输为主，道路是电厂对外联系的重要纽带，是电厂建设不可缺少的条件之一。对采用汽车运输辅助燃料的太阳能热电厂来说尤为重要，电厂道路可分为厂外道路和厂内道路。

厂外道路为电厂厂区与公路、城市道路、车站、水源地、燃料基地、材料基地等相连接的对外道路；厂内道路为发电区、集热场区等的内部道路。

第一节 厂外道路

对外交通运输对太阳能光热发电厂非常重要，它承担着电厂建设期间的设备材料运输以及运行后的人员、辅助燃料的运输。太阳能光热发电厂辅助燃料主要用于导热油防凝、提供启动蒸汽和冬季采暖供热。辅助燃料可以选用煤、油、天然气等原料，考虑太阳能光热发电厂为清洁能源发电的性质，目前基本都选用天然气或油作为辅助燃料。

当辅助燃料采用公路运输时，燃料运输所经公路等级、路径均需要满足其安全运输的要求。

厂外道路设计应节约用地，不占或少占耕地，便利农田排灌，重视水土保持和环境保护；应因地制宜、就地取材，充分利用工业副产品和废灰（渣），降低工程造价。厂外道路设计应兼顾沿线厂矿企业及地方交通运输的需要，绕避地质不良地段、地下活动采空区，不压或少压地下矿藏资源，不穿越无安全措施的爆破危险地段。

一、厂外道路设计基本原则

（1）太阳能光热发电厂厂外道路设计应根据电厂本期和规划容量，结合城镇或工业区规划、路网发展、厂址自然条件等因素，满足生产、施工和生活需要，统筹安排，从近期出发兼顾远期，合理组织人流、物流，使电厂交通运输顺畅、安全、经济、合理；进厂道路宜就近与城乡现有道路相连接，可按厂矿三级道路技术要求的前提下，结合大件设备运输厂商提供的资料及补充燃料的运输形式，最终确定进厂道路选线的参数，一般行车道宽度为6m。

（2）太阳能光热发电厂辅助燃料、材料及设备运输应因地制宜地合理选择运输方式；厂外取排水设施、辅助燃料管线的维护检修道路宜利用现有道路，当需新建时，可按辅助道路标准建设，行车道宽度为3.5m。

（3）厂内、外道路的平面线形、纵坡及设计标高要协调一致，相互衔接；进厂道路路基设计洪水频率宜按25年一遇；检修道路路基设计洪水频率可按具体情况确定。

(4) 太阳能光热发电厂道路设计需要符合 GBJ 22《厂矿道路设计规范》中的相关规定。

二、厂外道路设计的主要内容

太阳能光热发电厂厂外道路要满足电厂生产、检修、安装和其他交通运输的要求，主要设计内容包括路线平面设计、纵断面设计、横断面设计、路面结构层设计等。

厂外道路路线应随地形的变化布设，在确定路线平、纵面线位的同时，应注意横向填挖的平衡。横坡较缓的地段，可采用半填半挖或填多于挖的路基；横坡较陡的地段，可采用全挖或挖多于填的路基。同时，还要注意纵向土、石方平衡，以减少废方和借方。

平、纵、横三个面应综合设计，不应只顾纵坡平缓，而使路线弯曲，平面标准过低；或者只顾平面直捷、纵坡平缓，而造成高填深挖，工程量过大；或者只顾工程经济，过分迁就地形，而使平、纵面过多地采用极限或接近极限的指标。厂外道路各项主要技术指标按表 16-1 的要求采用。

表 16-1　　厂外道路主要技术指标

厂外道路等级	单位	三级	四级	辅助道路
计算行车速度	km/h	30	20	15
路面宽度	m	6.5	6.0	3.5
路基宽度	m	7.5	7.0	4.5
极限最小圆曲线半径	m	30	15	15
一般最小圆曲线半径	m	65	30	—
不设超高的最小圆曲线半径	m	350	150	—
停车视距	m	30	20	15
会车视距	m	60	40	—
最大纵坡	%	8	9	9

(一) 平面线形设计

平面线形应直捷、连续、顺适，并与周围环境相协调：其最小圆曲线半径，应采用大于或等于表 16-1 所列一般最小圆曲线半径。

改建道路利用原有路段时，设计行车速度为 30km/h 的三级厂外道路极限最小圆曲线半径可采用 25m。

在平坡或下坡的长直线段的尽头处，不得采用小半径的曲线，如受地形或其他条件限制需要采用小半径的曲线时，应设置限制速度标志。

(二) 纵断面设计

厂外道路的设计洪水频率，三级厂外道路可采用 1/25，四级厂外道路和辅助道路可按具体情况确定。

厂外道路纵坡均匀平顺、起伏平缓、平面与纵断面相协调、工程量经济合理，其纵坡不应大于表 17-1 的规定；连续上坡（或下坡）路段，任意连续 3km 路段的平均纵坡不应大于 5.5%。

厂外道路纵坡变更处，均应设置竖曲线；辅助道路在相邻两个坡度代数差大于 2%时，也应设置竖曲线。

厂外道路的竖曲线与平曲线组合时，竖曲线宜包含在平曲线之内，且平曲线应略长于竖曲线。凸形竖曲线的顶部或凹形竖曲线的底部，应避免插入小半径圆曲线，或将这些顶点作为反向曲线的转向点。在长的平曲线内应避免出现几个起伏的纵坡。

（三）横断面设计

路基应根据电厂使用要求、材料供应、自然条件（包括气候、地质、水文）等，结合施工方法和当地经验，提出技术先进、经济合理的设计。路基应具有足够的强度和良好的稳定性。对影响路基强度和稳定性的地面水和地下水，必须采取相应的排水措施。修筑路基取土和弃土时，应不占或少占耕地，防止水土流失，并宜将取土坑、弃土堆平整为可耕地或绿化用地。

（四）路面设计

电厂厂外道路路面的选择，主要考虑道路施工、材料选择、维修条件、气候等因素，通常采用耐久的、施工维修简单的水泥混凝土路面；在道路施工维修条件较好及沥青材料来源方便时，也采用沥青混凝土、沥青表面处治路面。用于检修及交通量少的辅助道路宜采用中、低级路面。

路面结构层应根据电厂道路使用要求、交通量及其组成、自然条件、材料供应、施工能力、养护条件等，结合路基进行综合设计，并参考条件类似的厂矿道路的使用经验和当地经验，提出技术先进、经济合理的设计。

第二节　厂 区 道 路

太阳能光热发电厂用地面积大，厂区道路与其他类型的电厂相比占比也大，主要分为发电区道路、集热场区道路两大部分。科学、有效、合理地进行厂区道路设计，在一定程度上会直接影响电厂的投资和运行效率。

一、厂内道路分类

厂内道路一般分为主干道、次干道、支道、车间引道及人行道。

（1）主干道：主要指集热场与厂前区、发电区的联络道路和厂前区、发电区内主要出入口的道路或交通运输繁忙的主要道路。

（2）次干道：主要指集热场内部的环状或辐射状联络道路和厂前区、发电区内次要出入口的道路或交通运输较繁忙的道路。

（3）支道：为满足运输、消防、检修维护和巡视的需要，在太阳能集热场内各环或各回路之间设置的便道。

（4）车间引道：车间、油库区、储热区等出入口与主、次干道或支道相连接的道路。

（5）人行道：行人通行的道路。

二、厂内道路的布置要求

厂内道路应满足太阳能光热发电厂工艺及消防要求。厂区应根据生产、运行维护、生活、消防的需要设置行车道路、消防车道、人行道和检修通道，并应符合下列规定。

（1）厂区主要出入口处主干道行车道宽度宜与相衔接的进厂道路一致或采用6m。

（2）进出发电区的道路不少于2条，进出发电区的主干道及发电区环形道路宽度通常采用6m，发电区内次要道路的宽度为4m，困难情况下也可采用3.5m。

（3）集热场周边设置环形道路，宽度不小于4.0m；为满足消防及清洗车辆通行和转弯等要求，一般在集热场内部进行分区，各分区间道路宽度采用4.0m。

（4）发电区、导热油罐区及易燃易爆区周围布置环形消防车道；当设置环形消防车道有困难时，需沿长边设置尽端式消防车道，并设回车道或回车场；回车场面积不小于12m×12m；供大型消防车使用时，不小于18m×18m。

（5）消防车道宽度不小于4.0m，其净高不小于4.0m，道路转弯半径需要满足消防车辆通行要求。

（6）塔式太阳能光热发电厂定日镜场内每环定日镜之间以及线性聚焦式太阳能光热发电厂集热场每个回路之间要设有检修通道。

三、集热场区道路布置

（一）集热场道路设计考虑因素

太阳能光热发电厂集热场区道路设计除符合有关现行国家标准外，道路布置形式、路面结构设计、道路附属设施设计还有其特殊性，需重点考虑以下因素。

1. 满足电厂设备运输、安装、检修、消防、运行的基本要求

目前大多数的太阳能光热发电厂，吸热器、传热、储热设施集中布置的发电区位于集热场区包围的中央区域，集热场区的道路需要考虑上述系统及集热场内各设备的运输、安装、检修和消防要求。

2. 要以集热场布置和效率影响最少为前提

塔式太阳能光热发电厂中定日镜场主通道道路和辐射道路，由于位于定日镜场内，占用定日镜场的有效用地面积，会减少效率相对较高的定日镜的数量，在一定程度上影响定日镜的布置和定日镜场的效率。

3. 满足集热器或定日镜的清洗要求

集热器或定日镜的清先对太阳能光热发电厂的经济性影响非常大，据国内某项目统计，由于当地风沙大、粉尘多，塔式光热发电厂定日镜反射比下降得较快，半个月由100%降为77%，日降幅约为1.45%，若不对定日镜进行频繁的清洗，由于反射比的下降，每天的发电量将降低1.45%，直接影响电厂的效益。

目前，定日镜清洗包括人工清洗和机械全自动清洗两种主要方式，广泛采用的是机械全自动清洗。满足清洗需求是定日镜场道路设计需要重点考虑的因素。

4. 满足水土保持及生态要求

我国太阳能光热发电厂多处于戈壁、荒漠化或半荒漠化地区，生态环境相对脆弱，地方上对于电厂要求不破坏地表植被，不造成水土流失为前提；水土保持要求相对较高，集热场区道路设计中也需要考虑这一因素。

5. 节省初投资，减少运行维护工程量

集热场区道路工程量也较常规电厂要大得多，合理进行道路布置、优化道路结构设

计、合理选择筑路材料，因地取材，减少道路工程量是减少工程总投资的主要措施之一。

（二）塔式太阳能定日镜场道路布置

定日镜场主通道道路和辐射道路的布置需要根据整个电厂的总体规划、定日镜场的设计及分区来统一考虑。定日镜场的主要通道道路和辐射道路可将定日镜场划分为不同的区域，并且均可作为发电区的对外通道。

1. 主通道及辐射道路布置

主通道道路的布置直接受发电区和厂前位置的影响，当两者位置确定时，主通道道路的走向也基本确定。辐射道路的设置则需要尽可能按定日镜场的分区进行均匀划分。

考虑发电区的消防要求，发电区的对外通道道路不得小于 2 条，即一条主通道道路，至少 1 条辐射道路。定日镜场辐射道路的数量无需太多，能满足进出需要即可，可设 1～3 条辐射道路。

主通道道路和辐射道路的走向除需要考虑电厂道路整体规划外，还需要考虑定日镜场效率分布，优先考虑道路穿越定日镜场的低效率区更为经济；且道路穿越定日镜场的长度越短越好。

为减少定日镜场的光学效率损失，道路在定日镜场中通道宽度的设置要在满足运行要求的前提下，尽量压缩通道的宽度。通道两侧的定日镜任意姿态下的净空宽度和高度需要满足道路限界的要求。主通道路面宽度通常为 6m，辐射道路的路面宽度可采用 4m。

2. 周边环形道路布置

周边环形道路位于定日镜场外侧与电站围栅之间，道路宽度通常为 4m。周边环形道路由于邻近围栅和定日镜，布置上需要考虑装载了定日镜时车辆的实际宽度，要在该道路和围栅及定日镜之间留有足够的安全通过宽度，即需要保证车辆运输定日镜时通过的最小水平净距和垂直净空的要求。

3. 定日镜间道路布置

除小型定日镜场外，大、中型定日镜场每环或每行定日镜之间均需要设置支路，用于消防、定日镜清洗、检修维护和日常巡视。大、中型定日镜场的定日镜间道路长度多达上百公里，优化道路布置是一项重要的工作。

通常情况下，定日镜间道路每环都要设置。在实际工程中可根据定日镜场的布置，靠近吸热塔的近环定日镜的环向间距相对外侧的定日镜环向间距要小，条件允许时，可考虑靠近吸热塔的近环定日镜相邻两环定日镜共用一条清洗道路的布置形式，即每隔一环设置一条清洗道路，外环定日镜依然按照每环设置。

定日镜间道路布置时应考虑定日镜的形式、旋转角度以及定日镜清洗车辆的相关参数，如清洗车辆吊臂长度、旋转角度及清洗喷洒高度等，保证在定日镜呈垂直清洗状态时，清洗车辆喷洒范围能够覆盖全部定日镜，且清洗车辆的通行与定日镜旋转互不干扰，以此来确定道路距定日镜的合理间距。道路宽度根据清洗和检修车辆的宽度确定，一般为 3.5～4.0m。

（三）槽式太阳能集热场道路布置

槽式太阳能光热发电厂集热场通常每个回路以传热主管道为轴线对称布置，传热主管道区域为管线通道及检修、运输、冲洗的主通道，根据不同的集热器尺寸以及集热器清洗车辆的相关参数（清洗车辆吊臂长度、旋转角度及清洗喷洒高度等），确保清洗状态时，清洗车辆喷洒范围能够覆盖到全部镜面，且清洗车辆的通行与集热器旋转互不干扰，以此来确定道路距集热器的合理间距；各分区间道路和外围环行道路，道路宽度宜为 4.0m，采用低等级路面。

四、厂区道路设计

1. 厂区道路纵断面、横断面设计

厂区主、次干道的计算行车速度宜采用 15km/h。厂内道路纵断面的设计，应以道路具有较好的行驶条件和利于场地排水为原则。

为使厂内道路具有较好的行车条件，尽可能采用较小的纵坡，厂内各类道路的最大纵坡不宜大于表 16-2 的数值。

表 16-2　　厂内道路最大纵坡

厂内道路类别	主干道	次干道	支道、车间引道
最大纵坡（%）	6	8	9

注　1. 当场地条件困难时，次干道的最大纵坡可增加 1%，主干道、支道、车间引道的最大纵坡可增加 2%。但在海拔 2000m 以上地区，不得增加；在寒冷冰冻、积雪地区，不应大于 8%。交通运输较繁忙的车间引道最大纵坡，不宜增加。

2. 经常运输易燃、易爆危险品专用道路的最大纵坡，不得大于 6%。

厂区道路横断面分为城市型及公路型两种。通常集热场区的道路采用公路型，发电区道路及主干道多采用城市型。

水泥混凝土路面，可采用直线形路拱；沥青路面和整齐块石路面，可采用直线加圆弧形路拱；粒料路面、改善土路面和半整齐、不整齐块石路面，可采用一次半抛物线形路拱。道路路拱坡度应以有利于路面排水和行车平稳为原则，根据路面面层类型和当地自然条件确定。各类路拱坡度见表 16-3。

表 16-3　　路拱坡度　　%

路面面层类型	路拱坡度
水泥混凝土路面	1.0～2.0
沥青混凝土路面	1.0～2.0
其他沥青路面	1.5～2.5
整齐块石路面	1.5～2.5
半整齐、不整齐块石路面	2.0～3.0
粒料路面	2.5～3.5
改善土路面	3.0～4.0

注　1. 在经常有汽车拖挂运输的道路上，应采用下限。

2. 在年降雨量较大的道路上，宜采用上限；在年降雨量较小或有冰冻、积雪的道路上，宜采用下限。

2. 厂区道路路面设计

厂内道路路面的选择，一般着重考虑道路施工、材料选择、维修条件及厂容要求。对

于太阳能光热发电厂发电区、其他设施区及进出发电区的主干道可采用水泥混凝土、沥青混凝土路面。

集热场内的各分区道路、周边环形道路及检修通道可采用中、低级路面，如图 16-1 所示。集热场内道路由于数量庞大，结构设计应以满足使用功能为前提，即以主要满足清洗车辆运行为基本要求；以初投资少、日后检修维护量小、对环境影响小为目标；建议采用低等级路面结构形式，场地地质条件允许，采用原土碾压夯实能满足要求时，尽可能采用此方案，不建议提高设计标准。

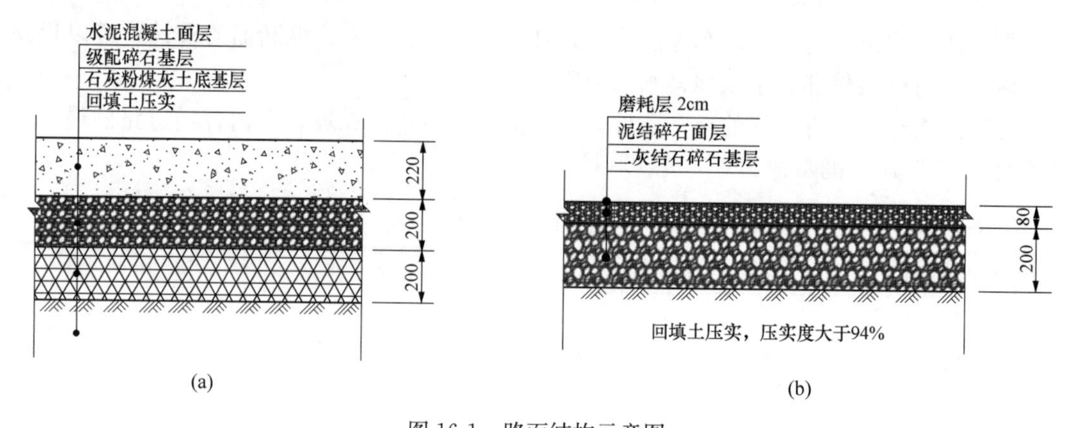

图 16-1 路面结构示意图

（a）水泥混凝土道路路面结构示意图；（b）泥结碎石道路路面结构示意图

场地地质条件较差，采用碾压夯实方案不能满足要求时，路面结构设计受集热场场地条件、清洗车辆要求、当地建筑材料供应情况、水保等诸多因素的影响，要进行多方案的技术经济比较和现场验证后选用经济合理、运行维护少的方案，如临时道路可采用加石灰夯实或碎石、洒水固结；永久道路可采用泥结碎石＋磨耗层的做法。

路面各层的结构及厚度需要按 JTG D40《公路水泥混凝土路面设计规范》和 JTG D50《公路沥青路面设计规范》中的相关规定计算确定。

厂区道路中的主干道、进厂道路等可考虑采用永临结合的路面，根据施工期道路的损坏情况，一般先施工一层水泥混凝土面层，待施工结束后按照路面设计标高施工第二层水泥混凝土或沥青混凝土。

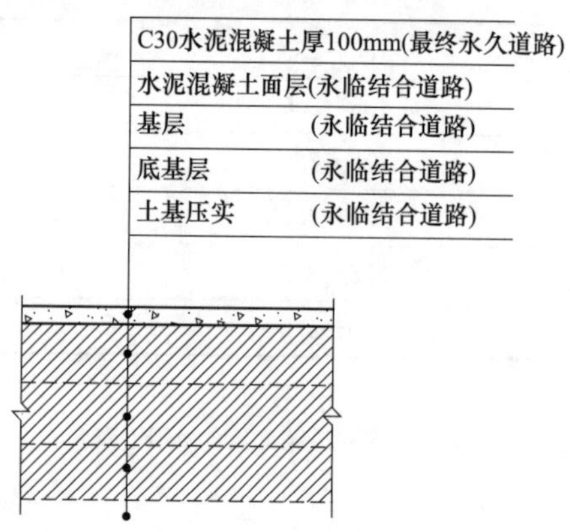

图 16-2 水泥混凝土路面加铺方案

加铺层铺筑前应更换破碎板，修补和填封裂缝，磨平错台，压浆填封板底脱空，清除旧混凝土面层表面的松散碎屑、油迹或轮胎擦痕，剔除接缝中失效的填缝料和杂物，并重新封缝。

对于设计方案为水泥混凝土路面的主干道，主干道作为永临结合道路时，施工道路的做法与永久道路完全相同，区别在于施工道路路面标高要比厂区道路最终设计标高低，用于施工结束后加铺第二层水泥混凝土路面或沥青混凝土。水泥混凝土路面加铺方案如图 16-2 所示。

对于设计方案为沥青混凝土路面的主干道，

主干道作为永临结合道路时，施工道路的面层做法可采用水泥混凝土面层。采用水泥混凝土面层，面层厚度宜为 150mm，其沥青加铺层厚度与永久道路沥青路面厚度相同。

水泥混凝土面层应设置纵、横缝，并灌入填缝料，其上应设置热沥青或改性乳化沥青、改性沥青黏结层等。沥青混凝土路面加铺方案如图 16-3 所示。

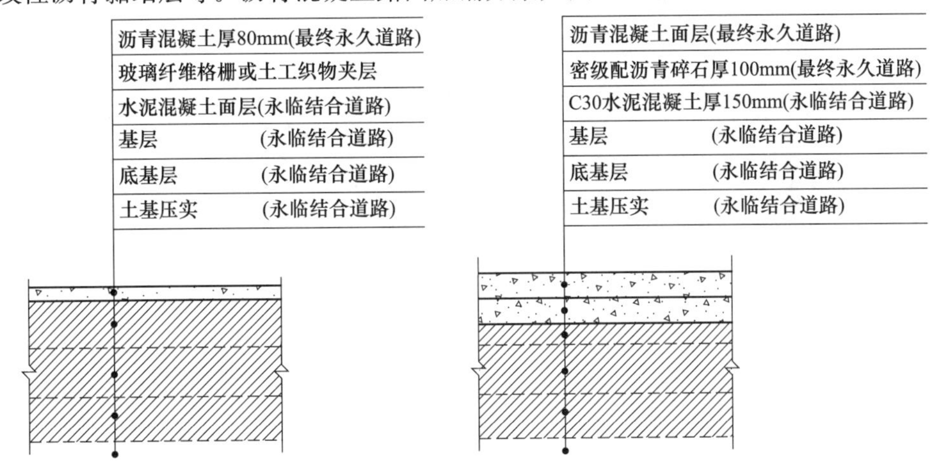

图 16-3　沥青混凝土路面加铺方案

五、厂区地坪

太阳能光热发电厂的厂内地坪设计需满足工艺要求，因地制宜地选用适宜的方案。

（1）发电区内应根据设备检修要求设置检修地坪。

（2）屋外配电装置区地坪可采用碎石、卵石铺砌或混凝土方砖或灰土封闭处理措施。

（3）变压器检修范围内的场地宜做混凝土地坪。

（4）直接空冷平台下宜采用现浇混凝土地坪或采用碎石、卵石铺砌。

（5）塔式定日镜之间应设检修地坪。

（6）槽式每两个集热器回路之间，需进行硬化处理，其硬化标准满足镜面清洗及集热器检修维护车的通行要求，宜采用鹅卵石或碎砾石硬化。

（7）碎石、鹅卵石或碎砾石这类地坪可用于有绝缘要求的区域、卸酸碱场地及空冷平台下。例如电厂位于干旱缺水区，附近有碎石来源，在发电区内，除了建筑、设备、道路以及部分混凝土地坪外，碎石地坪可以有效地节约用水、减少地面水分蒸发、减少扬尘等，如图 16-4、图 16-5 所示。

图 16-4　集热场场地

图 16-5 塔式太阳能光热发电厂发电区地坪

第十七章 技术经济指标

太阳能光热发电厂在可行性研究阶段需要做好厂址方案的比选，在总体规划图中列出厂址技术经济指标表，以评定厂址、总平面规划方案的合理性。

第一节　厂址技术经济指标

一、厂址技术经济指标项目和内容

厂址主要技术经济指标项目和内容见表 17-1。

表 17-1　厂址技术经济指标项目和内容

序号	项目		单位	数量	备注
1	厂址总用地面积		hm^2		
1.1	厂区围墙内用地面积		hm^2		
1.2	厂区围墙外边坡或边角用地面积		hm^2		
1.3	厂外道路用地面积		hm^2		
1.4	水源地用地面积		hm^2		
1.5	厂外截排洪设施用地面积		hm^2		
1.6	厂外工程管线用地面积		hm^2		
1.7	取、弃土场用地面积		hm^2		
1.8	施工生产区用地面积		hm^2		
1.9	施工生活区用地面积		hm^2		
1.10	其他用地面积		hm^2		
2	厂外道路路线长度		km		
3	厂外供排水管线长度	供水管	m		
		排水管（沟）	m		
4	厂址土石方工程总量	挖方	$10^4 m^3$		
		填方	$10^4 m^3$		
4.1	厂区土石方工程量	挖方	$10^4 m^3$		
		填方	$10^4 m^3$		
4.2	厂外道路土石方工程量	挖方	$10^4 m^3$		
		填方	$10^4 m^3$		
4.3	施工区土石方工程量	挖方	$10^4 m^3$		
		填方	$10^4 m^3$		
4.4	其他设施区土石方工程量	挖方	$10^4 m^3$		
		填方	$10^4 m^3$		

二、厂址技术经济指标计算

1. 厂址用地面积

厂址总用地面积为厂址各项用地之和，具体为以下各项内容。

（1）厂区围墙内用地面积按厂界围墙或围栅轴线计算。

（2）厂外道路用地面积包括厂区主要出入口的引接道路用地，其计算方法应按GB J22《厂矿道路设计规范》的规定计算。

（3）水源地用地面积按取水泵房及相关设施用地边界计算。

（4）厂外截排洪设施用地面积按最外边缘计算。

（5）厂外工程管线用地面积包括各种沟渠、沟道、管道用地；沟渠、沟道应按其外壁计算，管道应按其外径计算；沿地面敷设且并行的多管道应按最外边管道外壁之间宽度计算；架空管架按管架宽度计算。

（6）取、弃土场地用地面积按设计的弃、取土场边缘计算。

（7）施工区用地面积可按设计的用地面积计算。

（8）其他用地面积是指不可预计的用地面积及特定条件下的用地面积，在具体工程中，按实际列出用地项目名称和用地面积计算。

2. 厂外道路长度

厂外道路长度宜按引接道路干线路基边缘起计算，进入厂区的道路计算至厂区大门中心止。

3. 厂外供排水管线长度

厂外供排水管线长度由厂区围墙外 1m 起计算至水源地或排水口的长度，按单管（沟）计算，若为二次循环为补给水管线之长度。

4. 厂址土石方工程量

厂址土石方工程量为厂址各项土石方工程量之和。

（1）厂区土石方工程量包括厂区挖方工程量和填方工程量，在厂区土石方平衡中还应包括各建（构）筑物基础开挖、各种沟、管道、道路基槽开挖的基槽余土量。

（2）其他各项土石方工程量均需经过计算或取得依据。

（3）在具体的工程中，其他设施区需按实际列出该区域名称。

第二节　厂区技术经济指标

为评定厂区总平面布置方案的技术经济合理性，在可行性研究和初步设计阶段均要在厂区总平面布置图中和说明中列出厂区总平面布置技术经济指标。

一、厂区总平面方案技术经济指标

厂区总平面方案技术经济指标项目和内容见表 17-2。

表 17-2　　　　厂区总平面方案技术经济指标项目和内容

序号	项目		单位	数量	备注
1	厂区围墙内用地面积		hm^2		
1.1	发电区用地面积		hm^2		
1.2	集热场区用地面积		hm^2		
1.3	其他设施用地面积		hm^2		
2	厂区建（构）筑物用地面积		m^2		不含集热场
3	建筑系数		%		不含集热场
4	厂区道路路面及广场地坪面积				
4.1	集热场道路路面面积		m^2		
4.2	发电区及其他设施区道路路面及广场地坪面积		m^2		
5	发电区及其他设施区道路广场系数		%		
6	厂区土石方工程量	挖方	10^4m^3		
		填方	10^4m^3		
		基槽余土	10^4m^3		
7	厂区围墙长度		m		
8	厂区绿化用地面积		m^2		不含集热场
9	厂区绿地率		%		不含集热场

二、厂区总平面技术经济指标计算

1. 厂区建（构）筑物用地面积

厂区内建（构）筑物用地面积计算包括除集热场外的所有建（构）筑物面积。

（1）建（构）筑物面积按轴线计算。

（2）塔式太阳能光热发电厂厂区建（构）筑物用地面积计算还要包括吸热塔用地面积。

（3）露天设备场、堆场宜按实际用地面积计算。

（4）冷却塔、吸热塔宜按零米外径计算，周立式间接空冷塔宜按散热器外径计算。

（5）水池按池外壁计算。

（6）屋外配电装置按围栅或围墙轴线内用地面积计算，但需扣除围栅或围墙轴线内的道路用地面积。

2. 建筑系数

$$建筑系数=\frac{厂区内建(构)筑物用地面积}{厂区用地面积}\times 100\% \tag{17-1}$$

厂区用地面积不包括集热场用地面积。

3. 厂区道路路面及广场地坪面积

厂区道路路面及广场地坪面积中城市型道路宜按路面宽度计算，郊区型道路宜按路肩外缘计算，道路长度宜按路口交叉中心计算，广场地坪可按其图形计算；人行道不宜计入厂区道路，广场地坪是指有通行功能的地坪，检修地坪、防护地坪、堆场等不计入广场地坪。

4. 发电区及其他设施区道路广场系数

$$发电区及其他设施区道路广场系数=\frac{发电区及其他设施区道路路面及广场地坪面积}{发电区及其他设施区用地面积}\times 100\% \tag{17-2}$$

5. 厂区围墙长度

厂区围墙长度仅计算厂界围墙或围栅。

6. 厂区绿化用地面积

$$厂区绿地率=\frac{厂区绿化用地面积}{厂区用地面积}\times 100\% \tag{17-3}$$

厂区绿化用地面积计算范围不包括集热场，厂区用地面积不包括集热场用地面积。

第十八章 太阳能光热发电厂工程实例

2016年9月国家能源局公布了首批20个光热发电厂示范项目名单，我国的太阳能光热发电产业迎来了前所未有发展机遇。随着首批示范项目的开展，太阳能光热发电行业得到快速发展，带动了电力行业绿色低碳升级，截至2020年12月，我国已有3座实验电厂、8座商业化电厂建成并网发电，总装机容量超过500MW，我国企业在国外总承包建成和在建的电厂装机容量达到1000MW。这些项目的投运积累了一定的建设经验，为引领行业发展发挥了重要的作用，对后续项目的建设也将具有重要的借鉴意义，本章选取有代表性的工程实例进行介绍。

（一）实例一

1. 工程概况

该工程是我国首批光热示范项目之一，建设一台50MW塔式熔融太阳能光热发电机组，电厂出线一回110kV。项目于2017年9月正式开工，2019年12月29日一次并网成功。

厂址区域年均辐射量2015kWh/m^2，该项目定日镜场总采光面积约为69万m^2，单台定日镜反射面积为48.5m^2，定日镜数量为14 400台。吸热器中心标高为200m。

储热系统采用二元熔盐作为吸热和储热介质，储热时长为13h，储热容量为1516MWh，配置3台熔盐储罐，即1台低温熔盐储罐，2台高温熔盐储罐。

2. 电厂总平面布置

该工程厂区总平面布置分为发电区、厂前区、集热场三个区域。发电区围绕吸热塔进行布置，由汽机房、蒸汽发生器、熔盐储罐区及电控楼、空冷平台、变压器及配电装置、机械通风冷却塔，水设施区等组成。厂前脱开布置于集热场区的西南侧，也是整个厂区的西南侧。厂区出入口位于该区域的南侧，由南侧进入厂区，蒸发塘位于太阳能集热场的东南侧较发电区地势较低处，如图18-1所示。

厂区竖向设计仅对发电区和厂前区进行了整平，填方工程量为$2.7\times10^4m^3$，挖方为$2.4\times10^4m^3$，项目总用地面积为274.23hm^2。

（二）实例二

1. 工程概况

该工程是我国首批光热示范项目之一，建设一台100MW塔式熔融盐太阳能光热发电机组，电厂出线一回110kV。项目于2015年11月正式开工，2018年12月28日成功并网。

项目定日镜场总采光面积约为138.1万m^2，单台定日镜反射面积为115.72m^2，定日镜数量为11 935台，吸热塔高度为229.25m。

储热系统采用二元熔盐作为吸热和储热介质，储热时长为11h，项目最大储热容量为2379MWh，配置2台熔盐储罐、即1台低温熔盐储罐、1台高温熔盐储罐。低温熔盐储罐

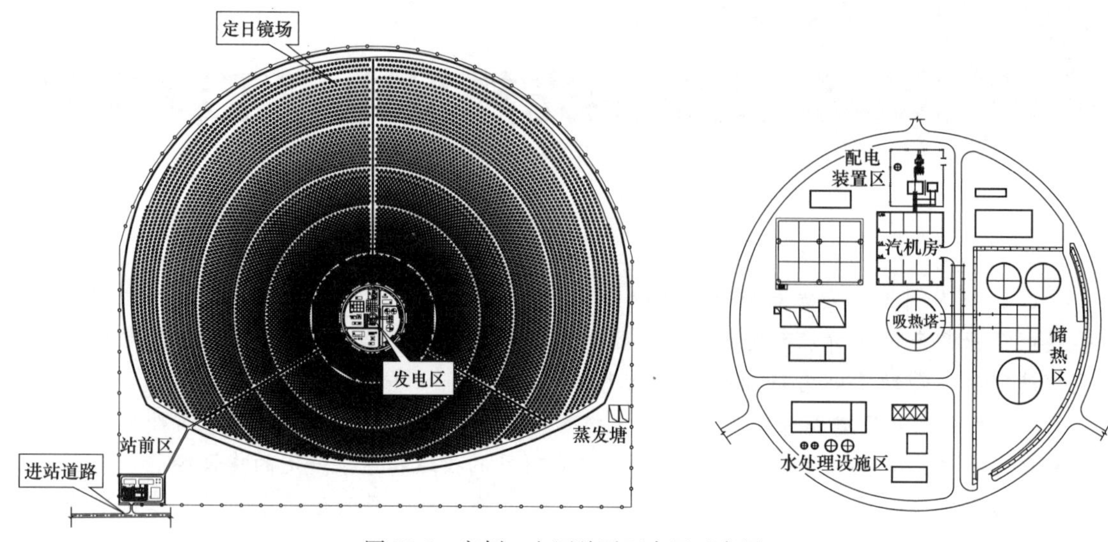

图 18-1 实例一电厂总平面布置示意图

高度为 15m，罐体直径长 37.39m，罐体储量为 29 432t；高温熔盐储罐高度为 14.8m，罐体直径长 39.25，罐体储量为 30 252t。

2. 电厂总平面布置

该工程厂区总平面布置分为发电区、厂前区、集热场三个区域。发电区围绕吸热塔进行布置，由汽机房、蒸汽发生器、熔盐储罐区及电控楼、空冷平台、变压器及配电装置、机械通风冷却塔、水设施区等组成，如图 18-2 所示。厂前脱开布置于集热场区的北侧，

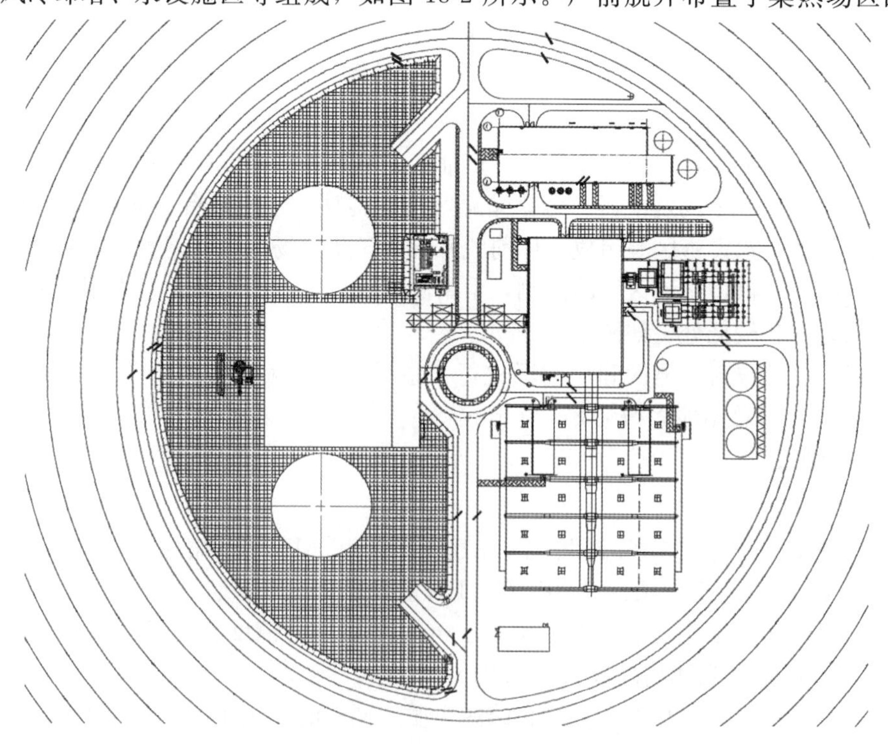

图 18-2 实例二 发电区总平面布置示意图

也是整个厂区的北侧。厂区出入口位于该区域的北侧，由北侧进入厂区。项目总用地面积为 784hm²。电厂总平面布置示意图如图 18-3 所示。

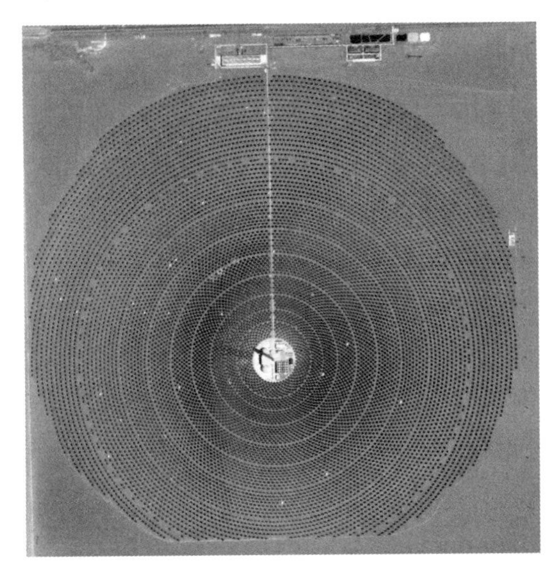

图 18-3　实例二电厂总平面布置示意图

（三）实例三

1．工程概况

该工程是我国首批光热示范项目之一，厂址区域年均辐射量约为 2043kWh/m²，工程采用槽式聚光集热器，建设一套 50MW 规模的中温、高压、一次再热的水冷汽轮发电机组。电厂出线一回 110kV，备用燃料采用液化天然气（LNG）。项目于 2014 年 7 月正式动工，2018 年 10 月 10 日投运。

该工程传热介质为导热油。集热场长 2.1km、宽 1.3km，分为 7 个区域，由 190 个槽式集热器标准回路组成，每个回路长 600m，每个集热器单元（SCE）长 12.274m、开口宽度为 5.78m，每个回路宽度为 17m，两个回路间距为 17m。

储热系统采用二元熔盐作为吸热和储热介质，储热时长为 9h，储热容量为 1300MWh，配置 2 台熔盐储罐，即 1 台低温熔盐储罐、1 台高温熔盐储罐。

2．电厂总平面布置

整个电厂按照功能分为发电区、集热场两个区域。汽机房区、储换热区、蒸发塘和集热器装配车间组成发电区，布置于整个厂区的中间，如图 18-4 所示。整个厂区用地面积为 245.85hm²，其中集热场用地面积为 233.55hm²，发电区用地面积为 12.3hm²。

厂址区域地貌为戈壁滩，地势北高南低，海拔约为 3000m，南北向自然坡度为 3%～4%，东西向自然坡度小于 1%。厂区集热场进行全面场地平整，南北向平整为 8 个平台，每条回路跨越两个平台。两个平台高差为 2.5～4m，采用自然放坡，坡比为 1∶1.5。每个平台东西向坡度为 0.4%、南北向坡度为 1%。集热场土方工程量挖方约为 $116\times10^4m^3$，填方约为 $111\times10^4m^3$。

集热场内每个边坡顶部、平台底部设排水沟，排水沟采用预制混凝土 U 形沟。各平

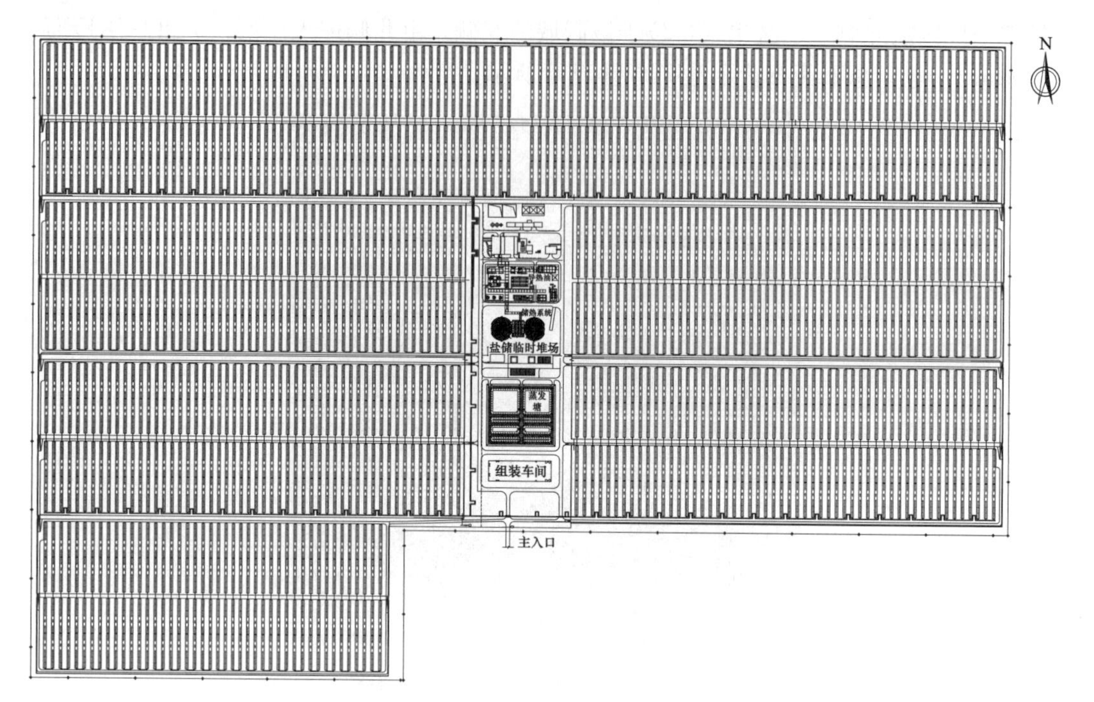

图 18-4　实例三厂区总平面布置图

台排水沟汇流至厂区东、西两侧及发电区东侧主排水沟后，通过主排水沟排至厂区围墙南侧后散排。

（四）实例四

1. 工程概况

该工程是我国首批光热示范项目之一，厂址区域年均辐射量约 2067kWh/m^2，工程采用槽式聚光集热器，建设一台 100MW 中温高压一次再热发电机组，采用直接空冷，电厂出线一回 110kV，备用燃料采用 LNG。项目于 2018 年 6 月正式动工，2020 年 1 月首次并网发电。

该工程传热介质为导热油。集热场长 2.6km、宽 1.7km，分为 16 个区域，用地面积约为 467.8hm^2，由 352 个回路组成，每个集热单元长 12m，宽 5.8m。

储热系统采用二元熔盐作为吸热和储热介质，储热时长 10h，储热容量为 1GWh，配置 4 台熔盐储罐，即 2 台低温熔盐储罐、2 台高温熔盐储罐。

2. 电厂总平面布置

厂区总平面布置分为发电区和集热场区两大区域，发电区位于集热场的中部，进厂道路由厂址北侧省道引接。

发电区位于集热场的中部，用地面积约为 13.05hm^2。发电区由北向南，依次为主厂房区、导热油区及熔盐储罐区。主厂房区由西向东主要布置有 GIS 配电装置、主变压器及高压厂用变压器、汽机房、除氧间等。储换热区位于主厂房区的南侧，分为四个部分，即导热油系统、蒸发系统、储热系统、公用工程系统。熔盐储热区位于区域的最南侧，其北侧为导热油系统。导热油系统东侧布置 LNG 罐区，北侧布置蒸汽发生系统，如图18-5、

图 18-6 所示。

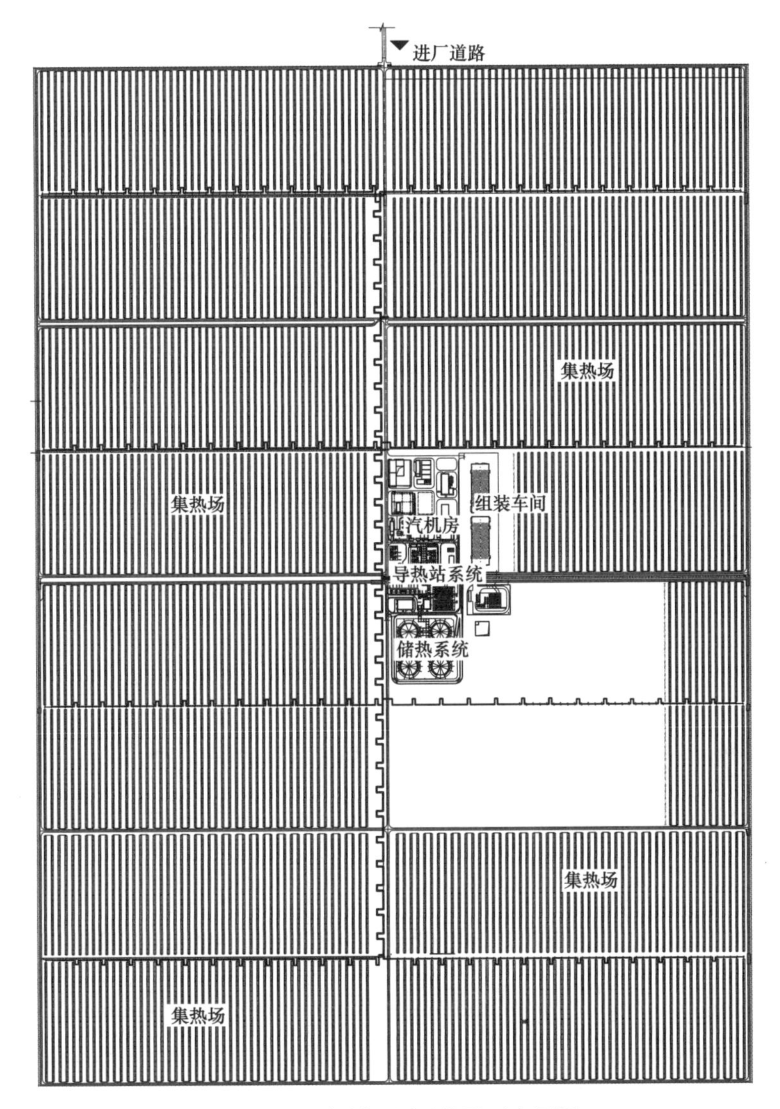

图 18-5 实例四厂区总平面布置图

本项目总用地面积约为 493.5hm²，海拔在 1220～1280m 之间，地势较平坦。

厂区竖向设计将场地分成 16 个区域、共 8 个平台，每个平台尺寸长约 1800.0m、宽 300.0m，厂区范围内整平后地形大体为北高南低，场地排水采用有组织的排水明沟形式，将排水沟布置在每个平台的南侧，在厂区的南侧设有弃土场。

（五）实例五

1. 工程概况

该工程是我国首批光热示范项目之一，工程采用线性菲涅尔太阳能集热回路，1 套储热系统、1 套蒸汽发生系统、1 套高温高压、1 台 50MW 一次中间再热汽轮发电机系统以及其他辅助设施。项目于 2018 年 6 月正式动工，2019 年 12 月 31 日首次并网发电。

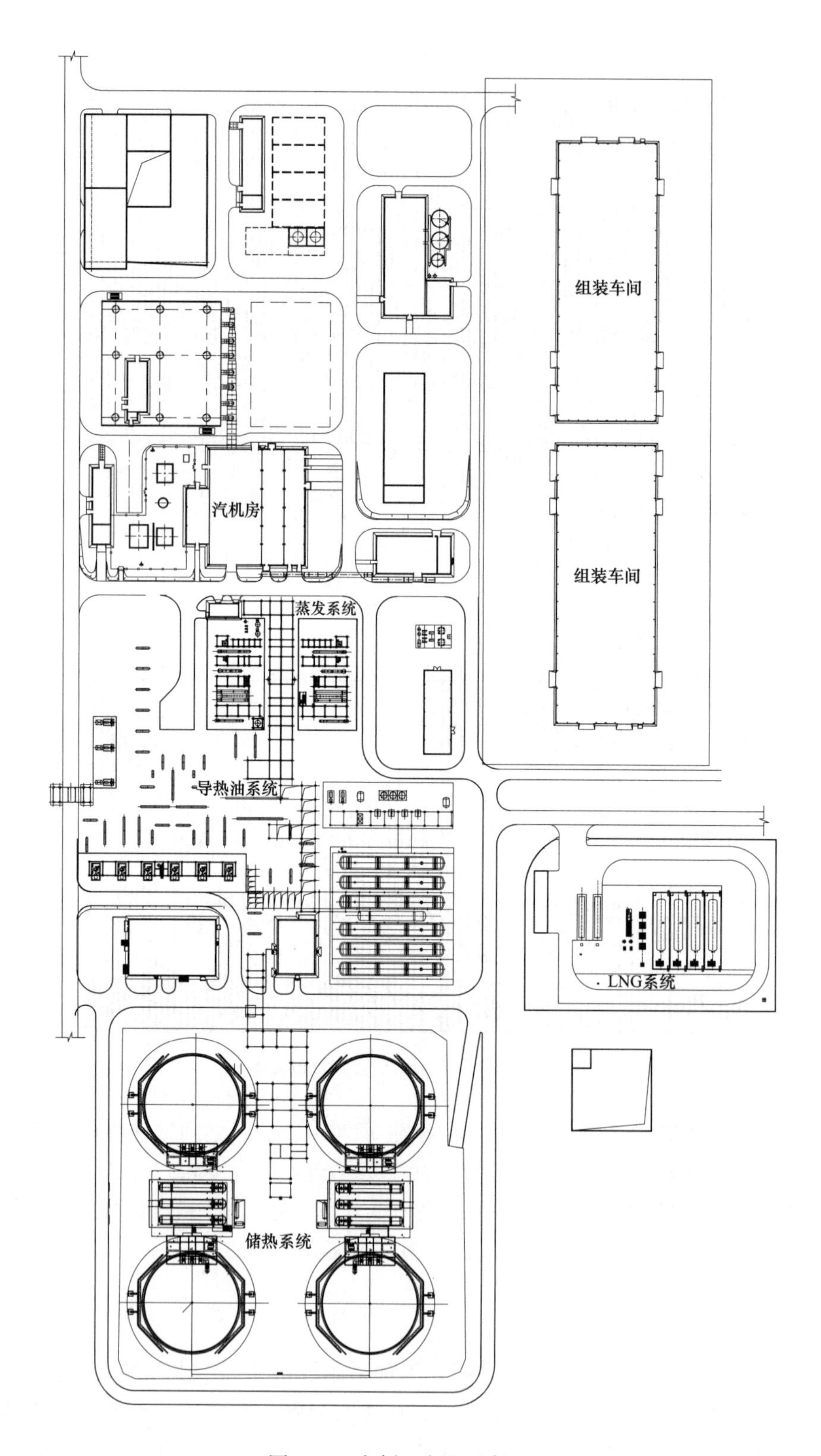

图 18-6　实例四发电区布置图

项目采用我国自主研发设计的线性菲涅尔式太阳能集热器。集热单元 SCE 长 8160mm，集热组件 SCA 由 12 个 SCE 组成，SCA 长 100m、宽 21m。每个集热回路由 11 个集热组件 SCA 构成，单个回路长 1118m；反射面积约为 15 890m^2。

项目采用二元熔盐（60%$NaNO_3$+40%KNO_3）作为吸热和储热介质，储热时长 15h，储热容量为 1807MWh。储热系统配置 2 台熔盐储罐、1 台高温熔盐储罐、1 台低温熔盐储罐。

2. 电厂总平面布置

该工程厂区总平面布置分为发电区和集热场区两大区域，发电区位于集热场的中部，进厂道路由厂址南侧道路引接。

发电区位于整个厂区中部靠南，靠近进厂道路，集热场区位于发电区东西两侧布置。发电区包含厂前及附属设施区、储热换热区、汽机房区，最北侧为其他设施区。

厂前及附属设施区位于整个发电区南侧，靠近进厂入口，储热换热区布置在厂前及附属设施区北侧，包含冷盐罐、热盐罐和换热设备，采暖锅炉房及空气压缩机房在储热换热区东侧。汽机房区紧邻储热换热区布置，蒸发塘及组装车间布置在整个发电区最北侧。

集热场区由 80 条线性菲涅尔集热回路组成，回路南北向平行布置，东西两侧均为 40 条回路，在回路两端头分别与冷、热熔盐主管连接，进口在集热场北侧，出口在集热场南侧，如图 18-7、图 18-8 所示。

图 18-7 实例五厂区平面布置图

图 18-8 实例五发电区示意图

发电区用地面积约为 10hm²，集热场区用地面积约为 251.5hm²，整个厂区总用地面积为 261.5hm²。

（六）实例六

1. 工程概况

该工程是我国首批光热示范项目之一，建设 1 套容量为 50MW 的超高压、高温、一次中间再热、空冷凝汽式汽轮发电机组；配套建设由 15 个以熔盐为传热介质的二次反射熔盐塔式聚光集热模块组成的聚光集热系统、1 套 100%蒸汽发生系统、1 套满足汽轮发电机组额定功率发电 9h 时长的熔盐储热系统。

项目于 2017 年 6 月正式动工，2021 年开始进行调试。

2. 电厂总平面布置

该工程厂区由 15 个圆形集热场和 1 个发电区构成。每个圆形集热场直径约为 466m，布置有 2603 面定日镜、1 座二次反射塔、1 个设计点热功率 17.1MW 的熔盐吸热器、1 座热熔盐缓冲罐及 1 台集热模块冷熔盐泵。单面定日镜有效镜面面积为 16m²，每个集热模块的定日镜采光面积约为 41 648m²，二次反射镜采用镜面铝材料，每个集热场二次反射镜面面积约为 3000m²。

发电区布置在整个厂区中部，职工宿舍等布置在发电区的东北部；发电区由南向北依次布置为发电设施区、储热及换热设施区、辅助与附属设施区，西侧布置储热及换热设施；蒸发塘位于发电区的北部。厂区出入口位于发电区的南侧，由南侧的国道引接，如图 18-9 所示。

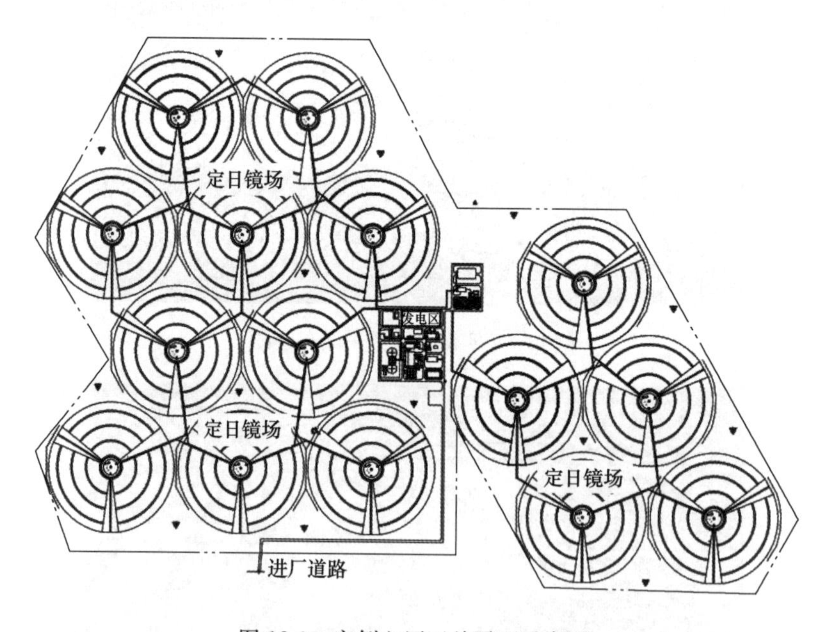

图 18-9　实例六厂区总平面示意图

厂区地形平坦、开阔，自然地面标高为 1402～1417m，地势南高北低，自然坡度约为 1%，1～10 号集热镜场区基本采用随自然地势平坡式布置，11～15 号集热镜场区自然地势起伏略大些，发电区竖向布置为平坡式。

该项目总用地面积约 370hm^2。

现场施工卫星图片如图 18-10 所示。

图 18-10　实例六现场施工卫星图片

参 考 文 献

［1］中国电力工程顾问集团有限公司，中国能源建设集团规划设计有限公司．电力工程设计手册　火力发电厂总图运输设计［M］．北京：中国电力出版社，2019.

［2］许继刚．塔式太阳能光热发电站设计关键技术［M］．北京：中国电力出版社，2019.

［3］王志峰，等．太阳能热发电站设计［M］．北京：化学工业出版社，2012.

［4］彭兢，石涛．塔式太阳能光热发电站定日镜场道路设计［J］．南方能源建设，2020，7（2）：70-74.

［5］孙鹏，彭兢．浅析塔式光热电站发电区总平面布置［J］．电力勘测设计，2019，03：65-69.

［6］石涛，彭兢．浅谈太阳能热发电厂厂区管线综合布置［J］．电力勘测设计，2023，（2）：223-230.

［7］国家太阳能光热产业技术创新战略联盟，中国可再生能源学会太阳能热发电专业委员会．中国太阳能热发电行业蓝皮书 2022.

第四篇　生物质发电

生物质能源是清洁可再生能源中，唯一可以替代化石能源转化成气态、液态和固态燃料以及其他化工原料或者产品的碳资源。生物质能直接或间接地来源于绿色植物的光合作用，取之不尽、用之不竭，是太阳能的一种表现形式。

生物质发电技术是一种集环保与可再生资源于一体的新型可再生替代能源，因此受到了各国政府的广泛重视。我国生物质具有储量丰富、分布广泛的特点，由于生物质燃料同时具有储能属性，合理有效地利用生物质对实现我国低碳/零碳的排放目标，构建以新能源为主体的电力系统具有重要作用。

第十九章 概述

生物质发电是可再生能源发电的一种，其主要是利用农业、林业和工业废弃物，甚至是城市垃圾为原料，采取直接燃烧或者气化及发酵等方式发电，主要包括农林废弃物直接燃烧发电、农林废弃物气化发电、垃圾焚烧发电、垃圾填埋气发电和沼气发电等。本章重点介绍秸秆等农林废物燃烧发电厂和垃圾焚烧发电厂的总图运输专业涉及的设计内容。

第一节　生物质发电技术发展概况

生物质发电技术是目前生物质能应用方式中最普遍、最有效的方法之一，在欧美等发达国家，生物质发电已形成非常成熟的产业，成为一些国家重要的发电和供热方式。

一、生物质发电在国外的发展状况

生物质发电技术起源于20世纪70年代，当时世界石油危机爆发，丹麦为了寻求能源独立与安全开始积极开发清洁可再生的替代能源，于是在全国大力推行生物质发电技术。自1990年后，欧美许多国家开始积极开展可再生能源，大力推行农业剩余物等生物质发电；特别是2002年约翰内斯堡可持续发展世界峰会以来，生物质发电保持持续增长，但主要集中在发达国家。

全球生物质发电装机容量已经超过110GW，可替代19 000多万t标准煤，其中在北欧地区，生物质能源利用的主导地位是生物质发电。在直燃发电方面，国外技术已经成熟。在丹麦、瑞典、芬兰和荷兰等国，以农林生物质为燃料的生物质发电厂已经有300多座，其中最大的英国Ely生物质发电厂，装机容量达38MW；在混合燃烧方面，2011年美国已经有300多家发电厂采用该技术，装机容量达6000MW；在气化发电方面，国外进行了相关探索，但由于设备改造困难、造价高昂等原因，现在大多为示范性项目，商业化项目较少。

二、生物质发电在我国的发展状况

生物质发电技术在我国起步发展较晚，直到1987年，我国才开始研究利用生物质发电。我国是一个农业大国，生物质资源丰富，拥有充足的可发展能源作物。为推动生物质发电技术的发展，我国实施了一系列生物质发电优惠政策，使得生物质发电产业引来爆发式增长，国家电网有限公司、五大发电集团等大型国有、民营以及外资企业纷纷投资参与我国生物质发电产业的建设运营。这些生物质能源企业的建立，完善了生物质能产业链，推动了节能减排，缓解了我国大气防治压力，对于能源产业革新和生态环境保护都具有重要作用。

目前，全国生物质发电装机容量达3798万kW，较上年增长30.6%，增速较上年提高 1.5 个百分点，生物质发电装机占全国电源总装机容量达 1.6%。其中，垃圾焚烧发电新增装机达 595 万 kW，占新增生物质发电装机的 70.2%，累计装机容量达到 2129 万 kW。2021 年，全国生物质发电量为 1637 亿 kWh，较上年增长 23.4%，占全国总发电量的 2.0%。

华北、华东、华中和南方地区生物质发电装机占全国生物质发电总装机的 85.7%。东北地区生物质发电装机快速增长，新增生物质发电装机达 119.5 万 kW，较上年增加 49.6%。西北地区生物质发电有待进一步开发。2021 年，华中地区新增垃圾焚烧发电装机达 168.8 万 kW，较上年增长 68.1%，占全国新增垃圾焚烧发电装机的 29.1%。生物质发电受资源条件和政策影响较大，随着国家补贴逐渐退坡，地方政策对生物质发电的影响将逐渐增加。资源富集地区和财政支持力度较大地区，生物质发电将更快发展。

全国生物质发电布局逐渐优化。山东、广东、浙江、江苏、安徽五省生物质发电装机容量合计约 1591 万 kW，占比约 41.9%，较 2020 年下降 4.3 个百分点。河北、河南、黑龙江、山东、浙江、广东、江苏七省新增生物质发电装机均超过 50 万 kW，合计占全国新增生物质发电装机的 58.2%。

生物质发电受地方政策影响，将从快速增长向高质量发展转变。《2021 年生物质发电项目建设工作方案》明确，未来生物质发电并网项目补贴资金实行央地分担，按东部、中部、西部和东北地区合理确定不同类型项目中央支持比例。预计到“十四五”末期，新建生物质发电项目电价补贴将全部由地方承担，生物质发电发展规模受地方政策影响将越加显著。未来新开工生物质发电项目将分类开展竞争配置，有效促进生物质发电技术进步和成本下降，推动生物质发电从快速增长向高质量发展转变。

生物质发电装机增速有望持续增加，热电联产为生物质发电提供新的增长空间。在双碳目标助力下，各地方政府和发电集团将积极推动生物质发电项目开发，生物质发电发展空间巨大。2021 年 2 月，国家能源局发布《关于因地制宜做好可再生能源供暖相关工作的通知》（国能发新能〔2021〕3 号），提出“因地制宜加快生物质发电向热电联产转型升级。同等条件下，生物质发电补贴优先支持生物质热电联产项目”，为生物质热电联产项目的开发建设创造了有利条件。未来三年，在国家相关政策支持下，生物质发电装机将继续增加，热电联产项目将为生物质发电提供新的增长空间。

加快完善生物质发电发展规划，逐步推动生物质发电市场化。生物质发电不仅能提供稳定可靠的可再生能源电力，还能为电力系统提供一定的调峰服务，是我国能源转型的重要力量。需加快完善国家生物质发电发展规划，以明确生物质发电的发展原则和目标，更有效地指引生物质发电发展。未来生物质发电补贴将逐步退坡，市场化是促进生物质发电高质量发展的重要方式，需制定并逐步完善生物质发电市场化相关政策，推动生物质发电市场化。

第二节 生物质发电的主要形式

目前国内外研究及利用最多、最成熟的生物质发电形式主要有生物质直接燃烧发电、生物质混合燃烧发电、生物质气化发电、沼气发电和垃圾发电。生物质发电主要形式如图 19-1 所示。

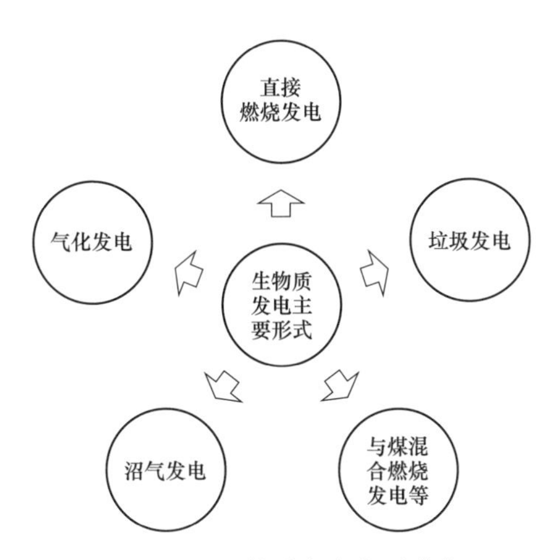

图 19-1 生物质发电主要形式

一、生物质直接燃烧发电

生物质直接燃烧发电与燃煤火力发电在原理上没有本质区别，主要区别体现在原料上，火力发电的原料是煤，而生物质直接燃烧发电的原料主要是农林废弃物和秸秆。生物质直接燃烧发电是指把生物质原料送入适合生物质燃烧的特定蒸汽锅炉中直接燃烧，产生热及高温高压的水蒸气，驱动汽轮机转动从而带动发电机发电。秸秆直接燃烧发电厂工艺流程如图 19-2 所示，秸秆入炉直接燃烧发电示意图如图 19-3 所示。

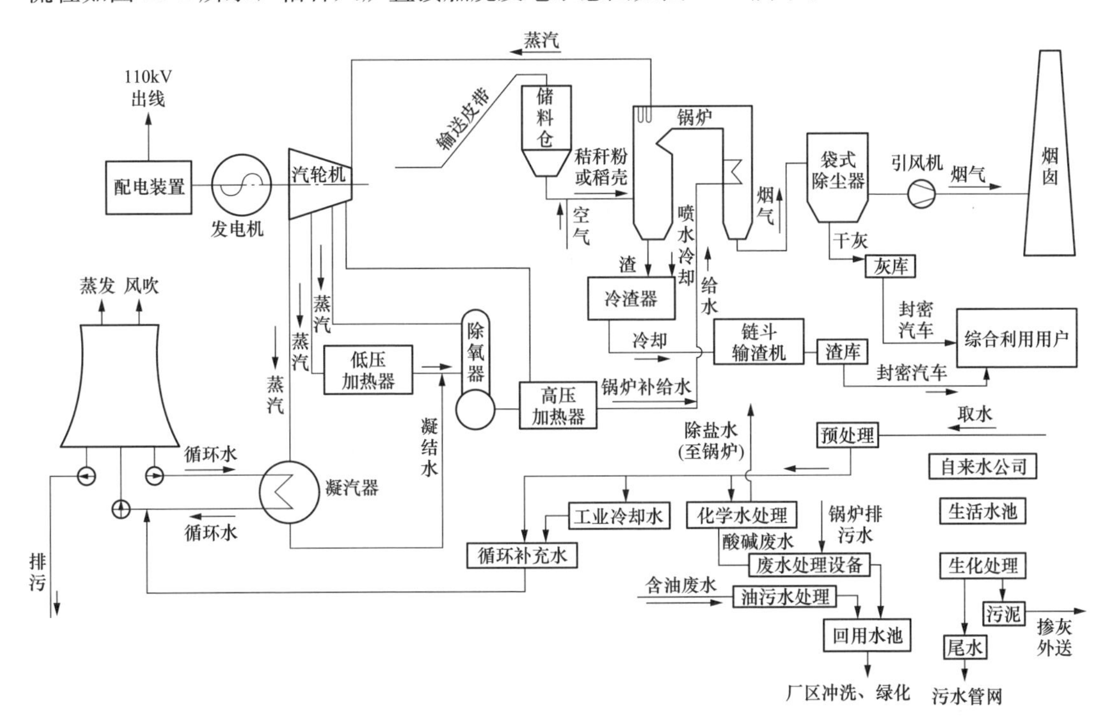

图 19-2 秸秆直接燃烧发电厂工艺流程

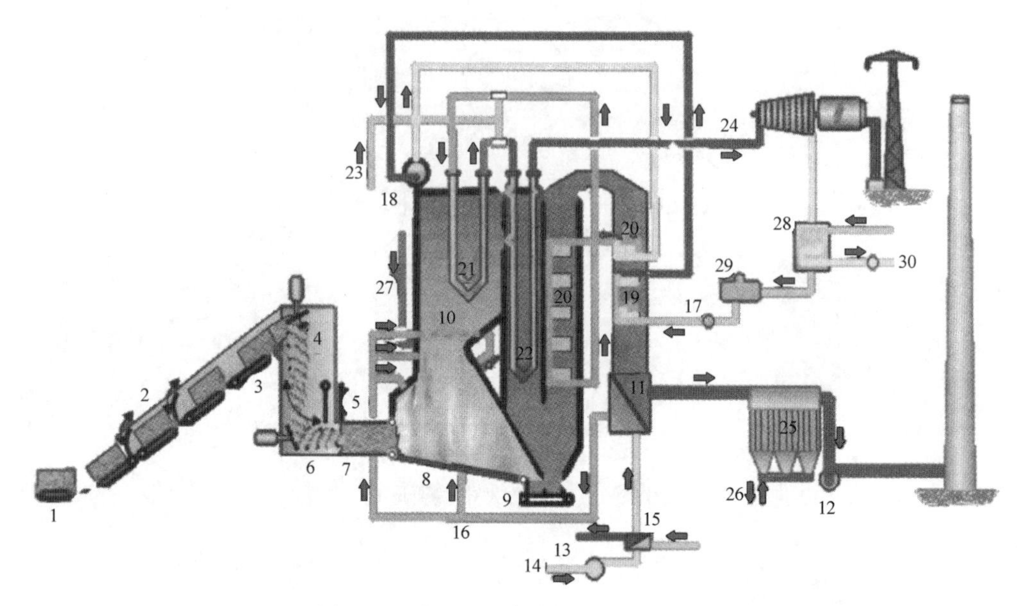

图 19-3 秸秆入炉直接燃烧发电示意图

1—称重机；2—输送带；3—储料仓；4—碎料机；5—控制门；6—螺旋给料机；7—进料口装置；8—炉排；9—除渣机；10—燃烧室；11—空气预热器；12—引风机；13—送风机；14—冷风道；15—暖风器；16—热风道；17—给水管道；18—汽包；19—省煤器；20——级过热器；21—二级过热器；22—三级过热器；23—减温水管道；24—汽轮发电机；25—除尘器；26—除灰装置；27—密封风管道；28—凝汽器；29—除氧器；30—循环水管道

生物质直接燃烧发电技术中主要的两种燃烧方式为固定床燃烧和流化床燃烧。该发电技术的关键因素在于对原料预处理、锅炉防腐、锅炉对多种生物质原料的适应性及蒸汽锅炉的高效燃烧和蒸汽轮机的效率等方面都有较高要求。固定床燃烧对生物质原料的预处理要求较低，生物质经过简单处理甚至无须处理就可投入炉内燃烧。流化床燃烧要求将大块的生物质原料预先粉碎至易于流化的粒度，其燃烧效率和强度都比固定床高。该发电技术相对较成熟，易实现大规模利用，但热值较低，发电效率不高于35%，适用于生物质资源比较集中区域，如谷米加工厂、木料加工厂附近，只要加工厂正常生产，谷壳、锯屑和柴枝等就可以源源不断地供应，为直燃发电提供物料保障。

二、生物质混合燃烧发电

生物质混合燃烧发电技术，即为生物质与煤混合作为燃料发电。混合燃烧的方式主要有两种：一种是直接将生物质原料与煤混合后送入锅炉燃烧，该方式对于燃料处理设备要求较高，不是所有燃煤电厂都能用；二是先将生物质原料在气化炉中气化生成可燃气体，再通入燃煤锅炉与煤混合燃烧，产生的蒸汽一同送入汽轮机发电机组发电。由此可见，在混合燃烧发电技术中，对生物质原料的预处理过程显得尤为重要。一般情况下，通过改造现有的燃煤电厂就可以实现混合燃烧发电，只需要在厂内增加储存和加工生物质燃料的设备与系统，同时对原有燃煤锅炉燃烧系统进行适当改造就能够实现。

生物质混合燃烧发电相对于直接燃烧发电具有一定的优势，其主要表现在经济优势和技术优势两个方面。生物质混合燃烧发电相对于直接燃烧发电巨大的经济优势表现在：一是可以在秸秆供应不足的季节降低对生物质原料需求量，避免农民哄抬生物质价格；二是相对于新建一座直燃生物质发电站，混合燃烧发电在原燃煤电厂基础上稍加改造，可以大大降低设备投资成本；三是在大型混合燃烧发电机组参数要远高于小型纯生物质机组，从而发电效率更高，相同的发电量下，混合燃烧的燃料消耗要比直燃降低一半。生物质混合燃烧发电相对于直接燃烧发电的主要技术优势表现在：一是受热面不易结焦或结焦量很低；二是发电效率高、煤耗低，在很低的掺烧比例下（5%～10%），就能使生物质比直燃得到更充分利用。

三、生物质气化发电技术

生物质气化发电技术是先利用高温热解气化反应和微生物的厌氧发酵反应将生物质转化为气体燃料，然后再将气体燃料净化后直接送入锅炉、内燃发电机、燃气机的燃烧室中燃烧进行发电。它是生物质能最有效、最洁净的利用方式之一，不仅能解决生物质高杂质难于燃用、低热值、分布分散等缺点，还能充分发挥燃气发电设备紧凑和污染小的优点。

生物质热解气化反应主要是利用高温对生物质进行处理，把生物质中的化学键破坏掉，使得那些大分子有机物能够以甲烷和一氧化碳的形式被释放出来成为具有很高燃点的可燃性气体。气化发电过程主要包括三个方面，一是生物质气化，在气化炉中把固体生物质转化为气体燃料；二是气体净化，气化出来的燃气都含有一定的杂质，包括灰分、焦炭和焦油等，需经过净化系统把杂质除去，以保证燃气发电设备的正常运行；三是燃气发电，利用燃气轮机或燃气内燃机进行发电，有的工艺为了提高发电效率，发电过程可以增加余热锅炉和汽轮机。生物质气化发电技术相比于传统的燃烧发电，对能源的利用率更高，在发电的过程中不会产生任何有害气体。

四、沼气发电

沼气发电是随着沼气综合利用的不断发展而出现的一种新型发电方式，也是沼气能量利用的一种有效形式。其主要原理是利用厌氧发酵技术，在高温厌氧条件下将有机废水以及养殖场的畜禽粪便直接装入密闭型发酵设备，在渗滤液环流作用下使干燥物料潮湿，经过几周时间，产生高质沼气（甲烷含量达70%～80%），供给内燃机或燃气轮机，带动发电机发电，也有的供给蒸汽锅炉产生蒸汽，带动汽轮机发电。

沼气发电技术主要应用在禽畜厂沼气、工业废水处理沼气以及垃圾填埋场沼气。沼气的热值决定了甲烷的含量，对发电率会产生直接的影响作用。这种发电技术在一些发达国家应用比较广泛，并且在国家能源结构中占有重要地位。在我国很多农村，该技术也得到了有效的大力推广，并且收益颇多。推广应用沼气发电，既解决了农村秸秆过剩问题也净化了农村的生态环境，相比于传统的秸秆燃烧，这种发电方式成本低、污染小，可以减少温室气体的排放，是增加农民收入的重要保障；可以改善农民生产生活条件，带来巨大的社会效益、生态效益、经济效益。但是沼气发电由于发电容量偏小，在氧化过程中气体效率不高，而且发电非常的不稳定，遇火容易发生爆炸，导致系统运行与管理期间自动化水平较低，产业化发展也极为缓慢，因此，还需要对其稳定性进行完善，才可以拥有一个广泛的应用前景。

五、垃圾发电

垃圾发电包括垃圾焚烧发电和垃圾气化发电，简而言之，垃圾发电就是将垃圾直接作为燃料或者将垃圾制成可燃气体作为燃料来进行发电的方式。垃圾发电不仅能够回收利用垃圾中的能量，达到节约资源的目的，同时还解决了垃圾的处理问题。

垃圾焚烧技术具有用地小、处理量大、可利用余热发电等优点，是目前城市生活垃圾的重要处理方式。垃圾焚烧发电和传统的燃煤发电在原理上相同，只是把燃料换成了垃圾，其实垃圾焚烧发电就是生物质直接燃烧发电的一种。目前比较成熟的垃圾焚烧技术主要有层状燃烧技术、流化床燃烧技术、旋转燃烧技术等，但垃圾焚烧必须具有一定条件：垃圾焚烧要具有一定的发热值，当垃圾中低位热值小于或等于3344kJ/kg时，焚烧需要掺煤或柴油助燃。垃圾低位热值大于5000kJ/kg，燃烧效果较好。城市生活垃圾低位热值一般在3344～8360kJ/kg范围内。而且垃圾焚烧后的灰渣处理也是一个难题，大部分发展中国家都面临着寻找灰渣填埋场地难、选址难、填埋成本高、二噁英等有害物质再次污染环境等风险问题。垃圾发电厂主要工艺流程示意图如图19-4所示，垃圾焚烧工艺流程图如图19-5所示。

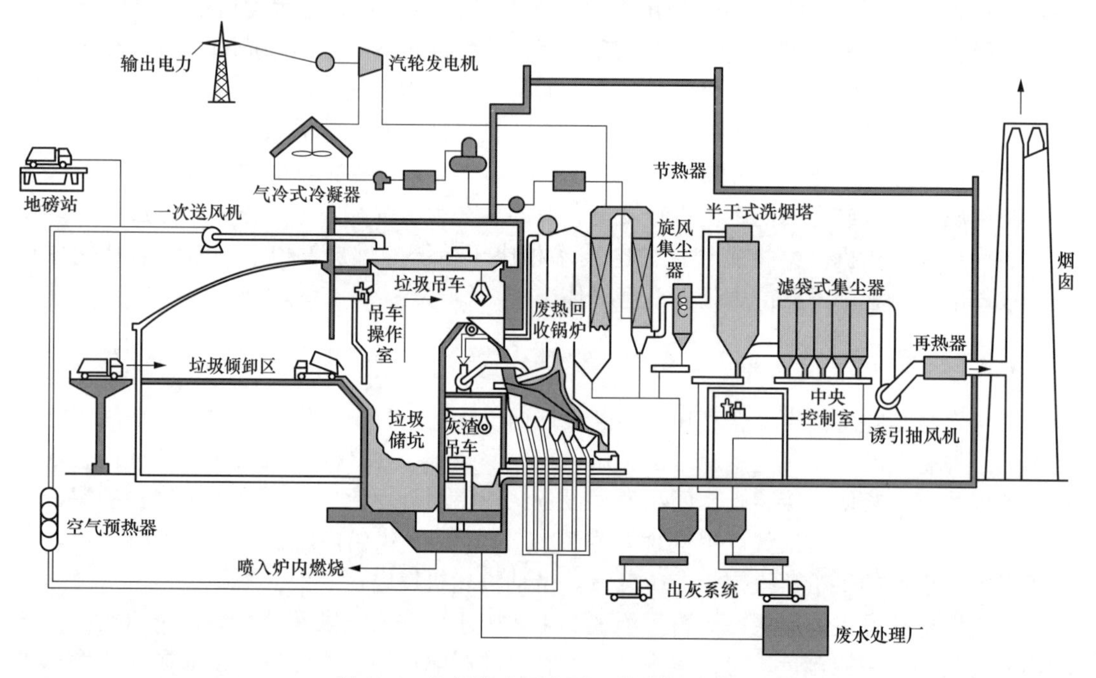

图19-4 垃圾发电厂主要工艺流程示意图

垃圾气化技术是指在密闭的容器中，将垃圾进行缺氧燃烧，利用空气和蒸汽作为混合气化剂，炉温控制在800℃，使垃圾释放出大量的一氧化碳、氢气、甲烷等可燃性的气体，在经过过滤和清洗后，可将该气体转化为电能或热能来进行利用。整个气化过程温度较低，不会大量生成氮氧化物；气化过程中产生的二噁英可以利用急冷设施配合活性炭吸附塔以及布袋除尘装置完全去除，最终可以使气化产生的可燃气体变为真正纯净的绿色能源。但是垃圾气化技术在处理垃圾时对热值有一定的要求，热值越高的垃圾越易于处理，热值太低或垃圾中无机物组成太高时，垃圾气化过程将会产生一定的困难；而且虽然垃圾气化技术能量利用率较高，但操作成本也相应较高，导致项目的经济性比一般垃圾焚烧发电项目差。

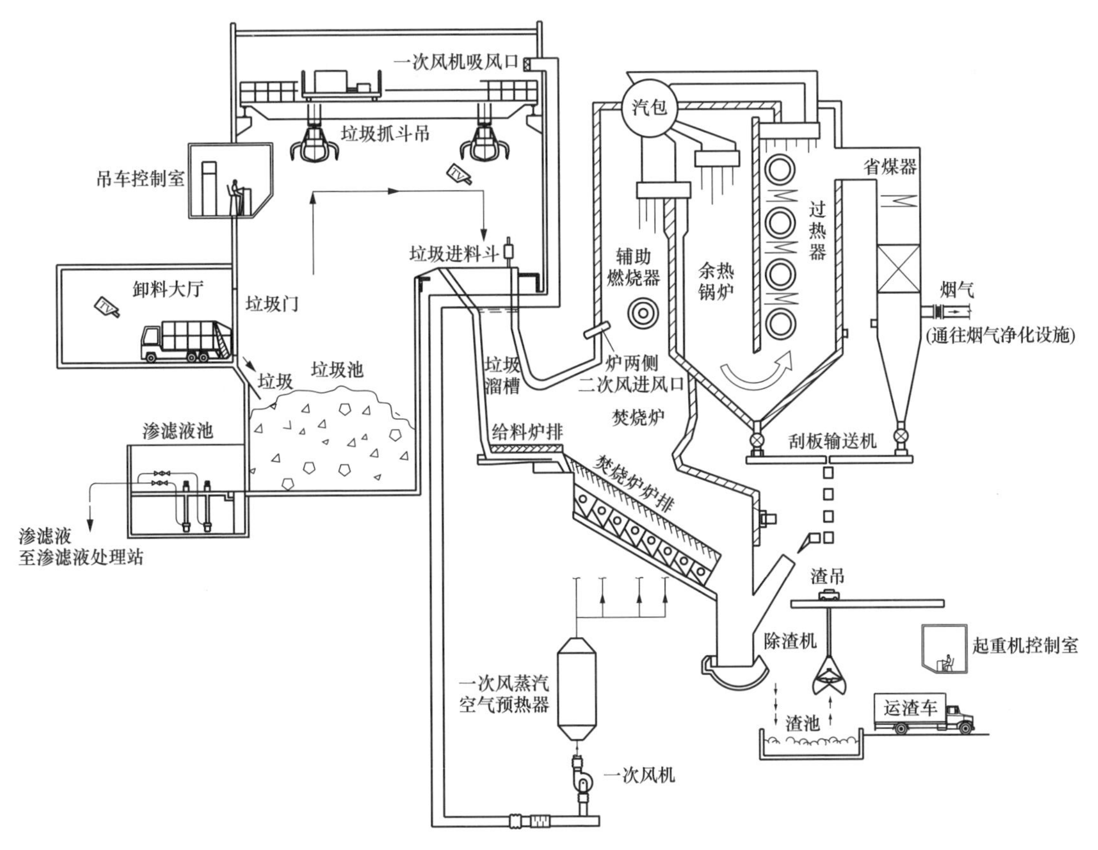

图 19-5　垃圾焚烧工艺流程示意图

第三节　国内外生物质发电项目建设情况

为推动生物质发电技术的发展，2003 年以来，国家颁布了《可再生能源法》，先后核准批复了若干个秸秆发电示范项目，并实施了生物质发电优惠上网电价等有关配套政策，从而使生物质发电，特别是甜高粱秸秆发电迅速发展。

生物质发电是生物质能的主要利用形式，近年来，为推动生物质发电，国家正式发布了一系列生物质能利用政策，包括《生物质能发展“十三五”规划》《全国林业生物质能发展规划（2011—2020 年）》等，并通过财政直接补贴的形式加快其发展。

在国家政策和财政补贴的大力推动下，我国生物质发电投资持续增长。数据显示，2020 年我国生物质发电投资规模突破 1600 亿元，全国已投产生物质发电项目 1353 个，较 2019 年增长 259 个，较 2018 年增长 451 个。

未来 10 年生物质能将迎来发展的关键时期，目前国际上，生物质的主要研究方向还是把生物质能转换为电力和运输燃料，希望可以做到在一定范围内减少或代替矿物燃料的使用。预计到 2030 年，生物质发电技术将完全市场化，届时将可以与常规能源进行公平竞争，生物质能所占比例也将大幅度提高，成为主要能源之一；同时生物质制取液体燃料技术也将成熟，部分技术进入商业应用，但生物质液体燃料的商业化程度将取决于石油供应情况和各国对环境要求的程度。到2050年这一时期，生物质发电和液体燃料将比常规的化石能源具有更强的竞争力，包括环境和经济上的优势，其将会成为综合指标优于矿物燃料占据主导地位的能源品种。

第四节　总图运输专业主要工作内容

生物质电厂总图运输设计专业的主要工作内容是根据不同的建厂外部条件和自然地形地质情况以及周边环境，结合具体工艺系统需要，做好全厂总体规划、厂区总平面布置、厂区竖向布置、厂区管线综合布置、交通运输、厂区绿化规划等项工作。生物质电厂总图运输设计专业的主要设计内容和深度与火力发电厂总图运输设计专业的主要设计内容和深度基本相同。

下面结合生物质电厂总图运输设计专业的特点，就项目前期论证工作和各个设计阶段的工作内容进行简单的说明。

初步可行性研究阶段，主要根据国家可再生能源中长期发展规划、当地国土空间规划，结合当地的生物质（秸秆、垃圾等）资源、土地资源、水资源等，对城乡规划、土地利用、交通运输、接入系统、环境保护和水土保持等建厂外部条件进行论证，初步落实厂址场地、交通运输等建厂外部条件。

可行性研究阶段，主要依据初步可行性研究报告及其评审意见，根据国家可再生能源中长期发展规划、当地国土空间规划，结合当地的生物质（秸秆、垃圾等）资源、土地资源、水资源等，对城乡规划、土地利用、交通运输、接入系统、环境保护和水土保持等建厂外部条件做进一步论证，并落实厂址场地、交通运输等建厂外部条件。同时要对厂区总平面规划布置提出初步方案设想。

初步设计阶段，主要依据可行性研究报告及其评审意见，结合当地的生物质（秸秆、垃圾等）资源、土地资源、水资源、交通运输、接入系统、环境保护和水土保持等建厂外部条件，与各专业协调配合，做好进厂道路、厂区总平面布置、竖向布置、管线综合设计、厂内道路设计、绿化规划等设计工作。

施工图设计阶段，主要依据初步设计及其评审意见，配合各专业做好厂区总平面布置、竖向布置、管线综合设计、厂内道路设计、绿化设计等具体工程实施方案的设计工作。

下面简述总图运输专业在生物质发电项目中各项工作所包含的基本内容。

一、厂址选择

生物质发电项目的厂址选择主要是要符合国家相关产业政策、城市（乡）建设和发展的总体要求，要避开生态资源、地面水系、文化遗址、风景区、居住区等敏感目标区域，要考虑有合理的服务半径和可靠的燃料来源，要充分考虑周围居民群众的接受度，要满足厂区防洪要求，保证厂区用地需求和扩建条件。在进行厂址选址时，要根据国家和地方可再生能源中长期发展规划，结合当地国土空间规划（城乡规划与土地利用）、当地的秸秆和垃圾资源、交通运输网络、水资源、接入系统、环境保护和水土保持、文物保护、矿产资源、机场、军事设施等方面的要求，开展厂址选择工作。

二、全厂总体规划

生物质发电厂总体规划主要工作内容是根据电厂规划容量、厂址自然条件和建厂条件，结合当地的生物质资源、国土空间规划（城乡规划与土地利用）、水资源、接入系统、交通运输网络、环境保护和水土保持、文物保护、矿产资源、机场、军事设施等方面的要求，以及其他各类保护地等，对电厂交通运输、厂区方位、水源地、供排水设施、接入系统、防排洪设施、环境保护、灰场、施工场地等做出规划性总体布置，说明厂址与邻近城镇、工业企业的关系，电厂规划容量、用地类型及用地规模，做好厂址的用地范围、防排洪规划、进厂道路的引接及路径、补给水源及管线的走向、电厂出线及出线走廊规划、施工区和施工单位生活区的规划布置方案，以及环境保护等方面所采取的措施等，提出全厂用地规模、拆迁工程量、土石方工程量以及进厂道路和补给水管线长度等厂址主要技术经济指标。

三、厂区总平面布置

生物质发电厂厂区总平面布置是在全厂总体规划的基础上，根据生物质资源、厂区自然地形与地质条件、交通运输网络等外部条件，综合考虑满足生物质发电厂生产工艺流程、有利施工、安全运行、检修维护等要求进行合理布置。

生物质发电厂厂区总平面布置的主要内容：厂区总平面布置按功能要求进行分区，一般分为配电装置区、主厂房区、储料区、辅助与附属设施区以及厂前建筑区等。

四、厂区竖向设计

生物质发电厂厂区竖向设计主要内容：根据规划容量和建设规模确定的防洪标准，做好防洪（涝）设计；厂区竖向布置要根据工艺系统要求、总平面布置格局、交通运输、雨水排放方向、土石方工程量平衡等综合考虑，因地制宜地确定竖向布置形式。

五、厂区管线综合布置

生物质发电厂厂区管线综合布置的主要内容：厂区各种工艺管线和电缆的敷设方式，一般以架空敷设为主，地下直埋为辅。

六、交通运输

生物质发电厂厂外交通运输设计的主要内容，根据电厂规划容量和本期建设规模，结合城镇体系或工业园区规划、交通运输网络及发展规划、厂址自然条件等因素，做好进厂道路的引接位置以及道路路径等交通运输设计。

七、厂区绿化规划

生物质发电厂厂区绿化规划的主要内容：在厂前公共建筑区、主厂房区、水务设施区等辅助与附属设施区域的周围进行绿化，合理选用树种；提出厂区绿化用地面积及厂区绿地率。

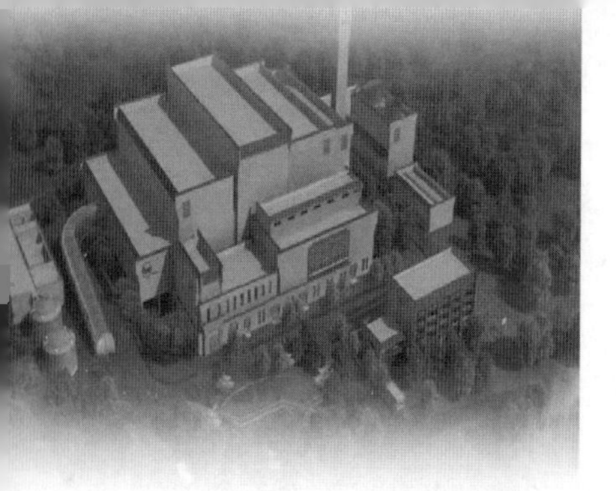

第二十章 厂址选择

生物质电厂厂址选择工作是生物质电厂工程项目建设程序中的重要一环。厂址位置一经确定，就不能轻易移动，厂址选择是否得当，对工业企业项目在各个地区的合理分布、城市和工业区的规划与建设、自然资源的开发利用和环境保护等，都具有深远的影响；同时，也直接关系到拟建企业的建设投资、建设工期和投产后的经济效益。生物质电厂厂址选择工作是一项政策性、技术性和经济性都很强的综合性工作。

第一节　厂址选择的基本原则和要求

厂址选择是在专项规划阶段，或是工程前期阶段根据国家政策、产业政策、土地环保政策，以及工程自身技术经济要求等因素，从宏观到微观层面遴选出满足各方面要求的最佳的建厂空间位置。生物质发电项目有自身的属性和特征，其建设主要目的是对厂址服务范围内的城乡生活垃圾和乡村农林废弃物进行消纳和资源化利用，同时，其产生的电能和热能又可作为资源接入电网和城市热网。因此，生物质电厂厂址选择的方法与传统的火力发电项目有很大的不同，要紧紧围绕生物质消纳这一主要目标进行，同时作为能源项目还要兼顾到项目自身的建厂外部条件。近年来我国生物质发电产业快速发展，已经建设了一大批生物质发电项目，且在厂址选择和建设方面积累了一定的经验，需要从中汲取经验和教训。

一般来说，生物质的厂址选择应遵循以下原则。

一、符合国家相关产业政策、城市建设和发展的总体要求

厂址选择首先应在国家相关产业政策和工程规程规范的指导下进行，涉及的政策性文件和规程规范主要有国家可再生能源中长期发展规划、国家发展改革委《关于进一步做好生活垃圾焚烧发电厂规划选址工作的通知》(发改环资规〔2017〕2166 号)、环境保护部《生活垃圾焚烧发电建设项目环境准入条件（试行)》(环办环评〔2018〕20 号)、环境保护部《关于进一步加强生物质发电项目环境影响评价管理工作的通知》(环发〔2008〕82 号)、CJJ90《生活垃圾焚烧处理工程技术规范》、建标 142《生活垃圾焚烧处理工程项目建设标准》、GB 18485《生活垃圾焚烧污染控制标准》等。

厂址选择还需要符合城市建设和发展的总体需求。项目建设应当符合国家和地方的主体功能区规划、城乡总体规划、国土空间规划、环境保护规划、生态功能区划、环境功能区划、城区环卫设施专项规划以及与生活垃圾焚烧发电有关的其他专项规划的要求。

厂址选择应符合当地农林生物质直接燃烧和气化发电类项目发展规划。一般来说适宜建厂地区，地方政府会根据当地农业状况、产业发展水平、土地政策等制定相应的农林生物质直燃或气化发电类项目发展规划。当规划鼓励或允许时，才考虑进行项目的选址。

生物质发电项目要打破本位思维，实现资源共享，探索跨地市、跨省域生物质焚烧发电项目建设，实现一定区域内共建共享。在中小城镇集中分布的地区宜进行区域性规划，集中建设垃圾处理设施。鼓励在京津冀、长三角等国家级城市群打破省域（市域）限制，探索跨地市、跨省域生活垃圾焚烧发电项目建设，实现一定区域内共建共享。

二、符合生物质电厂厂址选择的宏观要求

按照原建设部、国家环境保护总局、科技部《关于印发〈城市生活垃圾处理及污染防治技术政策〉的通知》（建城〔2000〕120号）的要求，垃圾焚烧发电适用于建设在进炉垃圾平均低位热值高于5000kJ/kg、卫生填埋场地缺乏和经济发达的地区。

生物质电厂应选择在生态资源、地面水系、文化遗址、风景区、居住区等敏感目标少的区域，以影响最小为原则，满足环境保护部《关于进一步加强生物质发电项目环境影响评价管理工作的通知》（环发〔2008〕82号）中明确的“根据正常工况下产生恶臭污染物（氨、硫化氢、甲硫醇、臭气等）无组织排放源强计算的结果并适当考虑环境风险评价结论，提出合理的环境防护距离，作为项目与周围居民区以及学校、医院等公共设施的控制间距，作为规划控制的依据。新改扩建项目环境防护距离不得小于300m”。

生活垃圾焚烧发电项目，要尽可能利用既有生活垃圾处理设施用地进行建设，优先采取产业园区选址建设模式，统筹生活垃圾、建筑垃圾、餐厨垃圾等不同类型垃圾处理，形成一体化项目群。

生物质发电项目以秸秆、灌木林和木材加工剩余物为燃料，根据国家相关规划，在粮食主产区建设以秸秆为燃料的生物质发电厂，或将已有燃煤小火电机组改造为燃用秸秆的生物质发电机组。在大中型农产品加工企业、部分林区和灌木集中分布区、木材加工厂，建设以稻壳、灌木林和木材加工剩余物为原料的生物质发电厂。因此，从宏观上看，秸秆电厂主要建设在农林业发达地区。我国主要农业产地有东北平原、黄淮平原、长江流域，以及华南水稻产区等；林业发达地区主要有东北大兴安岭、小兴安岭和长白山区域，西南横断山脉，南方及东部部分地区。

三、要有合理的服务半径和可靠的燃料来源

垃圾厂址选择应综合考虑垃圾焚烧设施的服务区域、服务区的垃圾转运能力、运输距离、预留发展等因素，以经济合理为原则。一般情况下垃圾焚烧发电厂的选址应尽量靠近垃圾集中产生源，使生活垃圾在分片收集后能就近进入垃圾焚烧发电厂进行处理，垃圾焚烧发电厂平均单程距离不宜大于30km。我国的垃圾运输方式基本上全部采用汽车运输，根据垃圾焚烧发电厂规模的不同，每天运量一般为400～1200t，垃圾运输车辆载重一般不大，通常在10t以内，正常运行每天至少约有上百次甚至几百车次交通量，因此，厂址与服务区之间良好的道路交通条件是必要的。

秸秆电厂厂址选择在微观上通常以50km为半径统计厂址范围的秸秆量，从而确定厂址位置和装机规模。

四、考虑当地民众的接受度

生物质电站燃料运输和日常运行会对周围环境造成一定程度的影响，项目的选址是较为

敏感问题，因此厂址选择要充分考虑周围居民群众的接受度。根据中国社会科学院的统计显示，2016年上半年，规模较大的环保类群体性事件至少有52起，其中千人以上规模的就有12起。事件诉因中，涉垃圾类的有19起。因此，厂址选择除了在物理空间上采取措施，尽量避开人员居民密集区的同时，在选址过程在社会学领域应强化信息公开，引导舆论导向，鼓励公众参与，提高透明度，避免发生社会问题。

五、满足防洪要求

垃圾焚烧发电厂的防洪标准国内尚无明确规定，GB 50201—2014《防洪标准》中对垃圾处理工程的防洪要求仅限于城市生活垃圾卫生填埋工程，不适用于垃圾焚烧发电项目。GB 50049《小型火力发电厂设计规范》的适用范围为"单机容量在125MW以下，采用直接燃烧方式。主要燃用固体化石燃料的新建、扩建和改建的火力发电厂的设计"。该规范并不直接适用于垃圾焚烧发电厂项目，但考虑垃圾发电项目作为城市配套设施的重要性和同时作为小型电源项目的工业属性，垃圾焚烧发电厂防洪标准可参照GB 50049《小型火力发电厂设计规范》执行，采用50年一遇的防洪标准，工程实践中也多按此标准执行。

对于秸秆电厂，一般来说，厂址按50年一遇设防。主厂房区域的室外地坪设计标高应高于50年一遇的洪水位以上0.5m，其他区域的场地标高不得低于50年一遇的洪水位。对位于山区的秸秆电厂，还应考虑防山洪和排山洪的措施，防排洪设施可按频率为1%的标准设计。厂址选择应尽量选择在设计洪水以上，当不能满足时，需根据厂址的具体情况因地制宜地采取防排洪措施。收储站的防洪标准没有必要按厂区标准执行，但也应该尽量选择在地势较高并且有良好的自然排水的地段。

六、满足厂区用地要求

（一）垃圾厂区用地面积

厂区可用地面积应能满足垃圾焚烧发电厂本期及扩建要求。厂址应有足够的用地面积，动迁少，避免占用基本农田，尽可能少占或不占耕地，征地费用低；根据《电力工程项目建设用地指标（火电厂、核电厂、变电站和换流站）》（建标〔2010〕78号），垃圾焚烧发电厂厂区建设用地基本指标的技术文件见表20-1。

表20-1　垃圾焚烧发电厂厂区建设用地基本指标的技术条件

序号	项目名称	技术条件
1	装机	2台凝汽或供热机组
2	主厂房布置	卸垃圾平台—垃圾处理车间—锅炉房及除尘装置（汽机间、除氧间）侧面布置
3	配电装置	35kV屋内布置
4	供水系统	二次循环冷却系统、机械通风冷却塔
5	燃料运卸	汽车运输
6	除尘	布袋除尘器
7	除灰	灰渣分除、干式除灰、灰渣汽车运输
8	工业、生活、消防水	常规水泵房、水池及储水箱

续表

序号	项目名称	技术条件
9	化学水处理	膜法预脱盐加离子交换除盐或全离子交换
10	点火油区设施	储油罐、油泵房、汽车卸油设施、油污水处理装置
11	污水处理	工业废水集中处理、生活污水采用生物处理
12	其他辅助、附属生产设施	空气压缩机站、雨水泵房、检修维护间、材料库等
13	厂前建筑	生产行政办公楼、检修宿舍、夜班宿舍、招待所、职工食堂、浴室等

符合表20-1所列技术条件的厂区建设用地基本指标见表20-2。

表20-2　　垃圾焚烧发电厂厂区建设用地基本指标

机组容量（MW）	厂区用地（hm^2）	单位装机容量用地（m^2/kW）
2×6	2.96	2.46
2×12	3.45	1.44

注　1. 本表是按照全部焚烧垃圾计算厂区用地面积。

2. 对于有掺煤混烧的垃圾焚烧发电厂，可根据审定的初步设计方案实际煤场的用地调整厂区用地指标；厂区内如设置临时堆渣场地，按审定的初步设计方案据实计列其用地面积。

（二）秸秆厂区用地面积

厂址要有适宜的厂区用地面积和施工场地面积。根据《电力工程项目建设用地指标（火电厂、核电、变电站和换流站）》（建标〔2010〕78号）的规定，秸秆电厂厂区建设用地基本指标的技术条件可参考表20-3确定。

表20-3　　秸秆电厂厂区建设用地基本指标的技术条件

序号	项目名称	技术条件
1	装机	1台或2台凝汽或抽凝机组
2	主厂房布置	汽机房—除氧间—锅炉房三列式布置或汽机房—锅炉房（除氧器在锅炉房）两列式布置，汽轮机纵向布置、锅炉室内布置，炉前上料，炉后布置烟囱
3	配电装置	110kV屋外布置或110kV发电机-变压器线路组
4	冷却系统	机械通风冷却塔
5	燃料运卸	厂外设燃料收购站，黄色秸秆打包，灰色秸秆破碎后用汽车运输入厂
6	燃料储存天数	燃料储存10天；黄色秸秆，设料仓、秸秆抓斗起重机（链条输送机）；灰色秸秆，设料棚，用螺旋给料机皮带输送
7	除尘	布袋除尘
8	除灰	灰渣全部综合利用，汽车运输，厂内设3天储量的事故灰库
9	工业、生活、消防水	常规水泵房、水池及储水箱
10	化学水处理	两级反渗透加全膜法，循环水加酸、加阻垢剂、加氯，或两级反渗透加混床
11	启动锅炉房	电加热锅炉或生物质燃料锅炉一台，设在主厂房区域
12	污水处理	工业废水集中在化学水处理区域处理，生活污水采用生物处理

续表

序号	项目名称	技 术 条 件
13	附属建筑	检修车间、材料库联合布置，值班宿舍设在综合办公楼内
14	厂前建筑	综合办公楼、职工食堂、浴室等联合建筑
15	地形	厂区自然地形坡度小于3%
16	地震、地质	地震基本烈度在度及以下，非湿陷性黄土地区和非膨胀土地区
17	气候	非采暖区

符合表20-3所列技术条件的厂区建设用地基本指标见表20-4。

表20-4　　稻秆电厂厂区建设用地基本指标

机组容量（MW）	黄色秸秆				灰色秸秆			
	厂区用地（hm^2）			单位装机容量用地（m^2/kW）	厂区用地（hm^2）			单位装机容量用地（m^2/kW）
	生产区	厂前建筑	合计		生产区	厂前建筑	合计	
1×12	3.40	0.30	3.70	3.08	3.66	0.30	3.96	3.30
2×12	5.16	0.30	5.46	2.28	5.60	0.30	5.90	2.46
1×15	3.56	0.30	3.86	2.57	3.66	0.30	3.96	2.64
2×15	5.40	0.30	5.70	1.90	6.39	0.30	6.69	2.23
1×25	5.35	0.30	5.65	2.26	6.35	0.30	6.65	2.66
2×25	8.67	0.30	8.97	1.80	11.26	0.30	11.66	2.30

注　1. 秸秆电厂厂区建设用地基本指标为厂区围墙内用地，不包括厂外的燃料收购站用地。
2. 实际工程中需要根据项目的技术条件进行调整。

农林业发达地区土地资源比较宝贵。厂址选择时应贯彻节约用地，保护耕地的理念，应避开基本农田，要优先使用荒地劣地，尽量不占或少占耕地林地。

受到秸秆产量的限制，一般来说厂址可建设的最大规模是确定的，除非有充分的依据，当剩余的秸秆量不足以支撑后期工程建设时，不应考虑预留扩建场地。

七、厂址选择其他需要注意的问题

（1）鼓励利用现有生活垃圾处理设施用地改建或扩建生活垃圾焚烧发电设施，新建项目鼓励采用生活垃圾处理产业园区选址建设模式，预留项目改建或者扩建用地，并兼顾区域供热。

（2）厂址应满足工程建设的工程地质条件和水文地质条件，不应选在地震断层、滑坡、泥石流、沼泽、流砂及采矿陷落区等地区。

（3）厂址场地地形要相对平坦。由于垃圾焚烧发电厂厂区面积较小、厂区各设施之间交通联系密切，厂区竖向布置不适合划分过多、过高的台阶，因此相对平坦的场地可有效地节省土石方工程量，降低工程投资。

（4）厂址应有满足生产、生活的供水水源和污水排放条件。垃圾焚烧发电厂正常运行产生的生活供水、生活排水、雨水一般接入城市供排水系统，由城市统一考虑。电站渗滤液、冲洗水经过厂内污水处理站处理达标后排入城市污水管网。

（5）噪声水平。电站运行过程中余热锅炉、发电机和水泵等设备均会产生一定分贝的噪声，通过合理进行厂区总平面布局，适度采取降噪措施，一般来说厂界噪声水平能够符合 GB 12348—2008《工业企业厂界环境噪声排放标准》2 类区所规定的限值。对于噪声特殊敏感的区域选址时，需要考虑采取特殊方案和降噪费用。工业企业厂界环境噪声排放限值见表 20-5。

表 20-5　工业企业厂界环境噪声排放限值　dB(A)

厂界外声环境功能区类别	时　段	
	昼间	夜间
0	50	40
1	55	45
2	60	50
3	65	55
4	70	55

（6）考虑地下水影响。垃圾焚烧发电厂正常运行时产生的渗滤液经处理达标后排放或回用，但非正常状态下或遭遇极端情况时仍有一定的泄漏风险，因此，为避免垃圾焚烧发电厂因废水泄漏对地下水造成污染，垃圾焚烧发电厂选址时应尽可能选择在地下水贫乏地区或环境保护目标区域的地下水流向下游地区。

（7）考虑供热距离。根据《热电联产管理办法》（发改能源〔2016〕617 号）的要求，鼓励热电联产机组在技术经济合理的前提下，扩大供热范围。以热水为供热介质的热电联产机组，供热半径一般按 20km 考虑，以蒸汽为供热介质的热电联产机组，供热半径一般按 10km 考虑。但是在实际工程中随着供热长输技术的进步和成本的降低，供热距离越来越长，具体工程中要视具体情况具体分析。

（8）考虑机场净空因素。垃圾焚烧发电厂的烟囱高度一般约为 80m，通常在机场侧净空 5.05km 以外、端净空 6.5km 以外不会对飞行净空产生影响，但根据 2021 年民航局发布的《运输机场净空区域内建设项目净空审核管理办法》的规定，在以机场基准点为圆心、半径 55km 范围内的建设项目，可能位于民用机场电磁环境保护区内，应当进行净空审核。净空影响报告应由具有民用航空电磁环境分析能力的专业机构编制，由中国民用航空地区管理局或其指派的派出机构进行净空审核。

（9）交通条件。为避免厂外主要运输线路上运输车辆洒漏、渗沥液滴漏和运输过程产生的恶臭污染，参考目前普遍使用的车辆装备水平，运输距离不宜超出 30km；否则，厂外污染急剧增加。由于垃圾车辆运输的特殊性，运输路径应避开城市居民集中区、村庄和其他人员较为密集区域，以最大限度地减少对城市正常生活的干扰。秸秆电厂交通量较大，运输成本较高。厂址附近应有完善的交通网络。秸秆的运输一般采用公路运输，当有较好的水路运输条件时，通过技术经济比较。也可采用水路运输或水陆联运。

（10）灰渣综合利用和处理能力。垃圾焚烧后产生的固体废物主要由两部分组成：①从焚烧系统中排出的炉渣、炉灰；②烟气净化系统中排出的飞灰。炉渣、炉灰产量一般为入炉垃圾的 20%左右。炉渣主要由熔渣、玻璃、陶瓷、金属、可燃物等不均匀混合物组成，炉渣的主要元素为Si、Al、Ca，其污染物含量低，炉渣经过一定的加工预处理后，可以作为建筑及路基材料使用，或作为填埋场覆盖材料利用。

飞灰产量根据燃烧工艺的不同而不同，一般为入炉垃圾量的5%以内。《危险废物污染防治技术政策》规定，生活垃圾焚烧飞灰按危险废物处理，飞灰必须单独收集，不得与生活垃圾、焚烧残渣等混和，也不得与其他危险废物混合。生活垃圾焚烧飞灰不得在产生地长期储存，不得进行简易处置，不得直接排放。实际工程中电厂厂内设置飞灰养护装置，燃烧产生的飞灰经飞灰养护装置处理达到合格标准后，采用专用的密闭运输车辆运输至厂外指定的填埋场进行填埋处理。

秸秆燃烧后的灰渣是较好的农业肥料，一般来说都可以通过市场化的途径，达到综合利用的目的。但同燃煤火力发电厂相同，在电厂选址时一般要考虑6个月的周转或事故备用干式储灰场。灰场宜尽量靠近厂区，并尽可能利用劣地、荒地、塌陷区、废矿坑等，并应满足环境保护及水土保持方面的各项要求。

（11）风向因素。生物质电厂尽可能设在城镇、居民点和重点保护的文化遗址及风景区常年最小频率风向的上风侧。

（12）禁止建设区域或不宜建设区。除国家及地方法规、标准、政策禁止污染类项目选址的区域外，以下区域一般不得新建或尽可能避免新建生活垃圾焚烧发电类项目。

1）城市建成区。

2）环境质量不能达到要求且无有效削减措施的区域。

3）可能造成敏感区环境保护目标不能达到相应标准要求的区域。

4）禁止在自然保护区、风景名胜区、饮用水水源保护区和永久基本农田等国家及地方法律法规、标准、政策明确禁止污染类项目选址的区域内建设生活垃圾焚烧发电项目。

5）在重点保护的文化遗址、风景区及其夏季主导风向的上风向尽可能避免建设垃圾发电站。

第二节　厂址选择方法及发展展望

2000年以后我国制定了多项政策鼓励生物质发电行业的发展，山东、江苏、河北等省纷纷规划建设了一批生物质发电机组，在建设过程中也总结出了一些宝贵的经验。但总体上生物质发电产业尚处于起步阶段。建设的方法和理论尚处于不断摸索和完善阶段，尤其是垃圾焚烧发电厂的选址还有很大的发展空间。

生物质发电厂选址不同于燃煤火力发电厂，相对其他外部条件，生物质发电厂对燃料的可获得性和运输成本更加敏感，由于电厂规模较小，对水源和电力送出条件的限制相对较弱。

一、厂址选择技术经济比较

厂址技术条件对比是厂址比选和得出推荐结论的重要依据，一般采用列表法进行比较，可参照表20-6格式进行。

表 20-6　　　　　　　　　　厂址方案主要技术条件比较表

序号	项目名称	厂址 A	厂址 B	比选结论	备　注
1	厂址位置				厂址地理位置及四周边界
2	规划的符合性				选址是否符合城乡总体规划和环境卫生专业规划要求，并通过环境影响评价的认定
3	土地利用				厂址土地性质、可用地规模、拆迁条件
4	燃料可获得条件				服务区域内的垃圾产量、垃圾转运能力、运输距离预留发展等因素
5	燃料运输条件				厂址与服务区之间的道路交通条件，运输道路穿越人员密集区情况
6	工程地质和水文地址				有无地震断裂带、滑坡、泥石流等地质灾害；是否满足防洪标准，有无措施
7	环境条件				是否在生态资源、地面水系、文化遗址、风景区等敏感目标少的区域；机场净空有无影响；与城市主导风向的关系，与城市地下水系的关系
8	供水和排放条件				生产、生活的供水水源和污水排放条件，市政配套是否齐全
9	电力供应和接入				厂址附近应有必需的电力供应，对于利用垃圾焚烧热源发电的垃圾焚烧发电厂，其电能易于接入地区电力网
10	供热条件				对于利用垃圾焚烧热源供热的垃圾焚烧发电厂，厂址的选址应考虑热能用户的分布、供热距离的可行性和经济性
11	灰渣综合利用和处理条件				厂址选择时应同时确定灰渣综合利用条件与危废处置能力
12	厂址 3km 人口密度				主要评价厂址对周围居民的影响程度
13	主要结论				

表 20-6 对相似的外部条件进行了归类处理，当厂址间差异较大时也可视工程具体情况分项列出，必要时做经济对比、定量分析。

二、垃圾产量计算方法

由于垃圾运输受到服务半径的限制，垃圾运输距离不可无限增加，因此，电厂建设的本期容量和规划容量与服务区内垃圾量现状和预测量密切相关。垃圾产生量的现状较容易获得，从环卫管理部门或垃圾处理场可直接获得数据。但是垃圾预测量较为复杂，一般可参照以下几个办法。

（1）城市总体规划中的环卫设施规划的垃圾预测值。受到规划年限的限制以及计算精度的影响，该值需要进一步复核。

（2）样本回归分析法。根据过去若干年垃圾历史资料进行数据分析，推测预测年份垃圾的产量。这种方法的缺点是需要取得足够多的历史数据，另外随着清运范围的不断扩大，偶发事件的影响都将会较大地影响预测的准确性。

（3）人均指标法。该方法实际工程中较为常用，计算公式为

$$R = R_0(1+r_1)^t \times S \times (1+r_2)^t \times 10 \tag{20-1}$$

式中 R——预测年生活垃圾日产生量，t/日；

R_0——基准年人均生活垃圾日产生量，kg/(人·日)；

r_1——人均生活垃圾产生量的年平均增长率，%；

t——预测年限，年；

S——基准年常住人口数量，万人；

r_2——人口数量的年平均增长率，%。

人均每日生活垃圾产量是根据当地垃圾产量和人口规模计算得到的，一般来说国内农村地区人均每日生活垃圾产量介于0.4～0.8kg之间，中小城市人均每日生活垃圾产量介于0.8～1.4kg之间，大中城市人均每日生活垃圾产量介于0.8～1.1kg之间。居民生活水平越高，燃气普及率越高，人均生活垃圾日产量越低。

电厂可获得的垃圾量还需要考虑收集率、可燃垃圾的比例等因素综合计算得出。

三、秸秆电厂厂址燃料量及运输成本计算

（一）厂址选择与燃料量

秸秆电厂的目的是将厂址附近一定范围内的秸秆收集用于发电，将生物质能转化为电能和热能。从而实现农村生物质废弃物的资源化利用。

由于农作物秸秆等生物质资源密度低、体积大，原料收购和运输成为制约生物质发电行业发展的突出问题。目前生物质电厂的燃料成本与总生产成本占比超过60%，其中运输成本占了较大比例，收集半径越大，运输费用越高，电厂的燃料成本也相应增大，利润也就越低。根据成本测算以及对目前在运行秸秆电厂的实地调查，生物质电厂秸秆资源最佳收储半径一般为30～50km，秸秆收集半径由30km增加到50km时，电厂的盈利能力将降低20%～30%，超过100km就很难实现盈利。工程实践中农林生物质焚烧发电项目生物质资源收集半径一般按50km进行测算。当然，经过调查、测算，如果当地运输发达，运输成本偏低，收集半径可以适当放大。收集半径确定后，厂址的空间位置与燃料的可获得性就密切相关。如果燃料源产地50km范围内另有其他生物质发电厂，则拟建项目投运后将与周边其他生物质电厂存在天然的竞争关系，燃料资源在市场机制的调节下会自发地向不同项目进行分配，这时候可以通过实地调查、协定协议等方法确定收集量，但这种方法工作量大，操作困难。本书提供按燃料原地距电厂距离计算收集系数，再利用收集系数与产地燃料量乘积计算燃料量的方法，供参考。

收集系数的计算方法：拟选厂址与燃料源地的距离与燃料源地距离其50km范围内所有秸秆电厂距离之和的比值的反比，再进行归一化处理得到的收集系数。

例如：A县、B县、C县、D县区域附近主要有甲、乙、丙、丁四个秸秆电厂。收集范围内的主要区域距离各个秸秆电厂的距离见表20-7。

表 20-7 收集范围内的主要区域距离各个秸秆电厂的距离 km

项目	A县	B县	C县	D县
甲厂	5	31	47	40
乙厂	34	9	40	60
丙厂	32	36	6	85
丁厂	48	57	16	100
总距离	119	76	109	100

注 其中大于 50km 不参与计算。

各县距离电厂的距离与总距离之比的反比见表 20-8。

表 20-8 各县距离电厂的距离与总距离之比的反比

项目	A县	B县	C县	D县
甲厂	23.80	2.45	2.32	2.50
乙厂	3.50	8.44	2.73	1.67
丙厂	3.72	2.11	18.17	—
丁厂	2.48	—	6.81	—

将表 20-8 数据进行归一化处理，得到各厂址对各县的收集系数，见表 20-9。

表 20-9 各厂址对各县的收集系数

项目	A县	B县	C县	D县
甲厂	0.71	0.19	0.08	0.60
乙厂	0.10	0.65	0.09	0.40
丙厂	0.11	0.16	0.60	—
丁厂	0.08	—	0.23	—
合计	1	1	1	1

将各燃料原地的产量乘以收集系数即得到该产地可获得的实际燃料量。当然实际工程中需要对总产量进行一定的折减。通过折减系数就可以计算出电厂的燃料可获得量。

通过以上方法可对拟建项目的备选厂址进行燃料量的计算，从而作为评估电厂燃料条件的依据。

（二）厂址与运输成本

经统计，秸秆电厂燃料费占电厂成本的 65%，燃料费中的收购费占 58%，运输费占 11%，其他损耗费、加工费、储存费合计占 31%。在秸秆燃料成本中，秸秆加工处理的费用、秸秆储存的费用和秸秆损耗基本固定，只有秸秆的收购费和运输费是可以通过优化选址来降低的，这两项费用占燃料费用的 69%，占运营成本的 45%，燃料费与当地区域物价水平有关，在某一区域中，燃料费基本固定，而运输费与厂址位置直接相关，当厂址位

于区域几何中心时，燃料的运输成本最低，见图 20-1。设有 n 个秸秆产区几何中心，厂址的运输成本可按下式计算，即

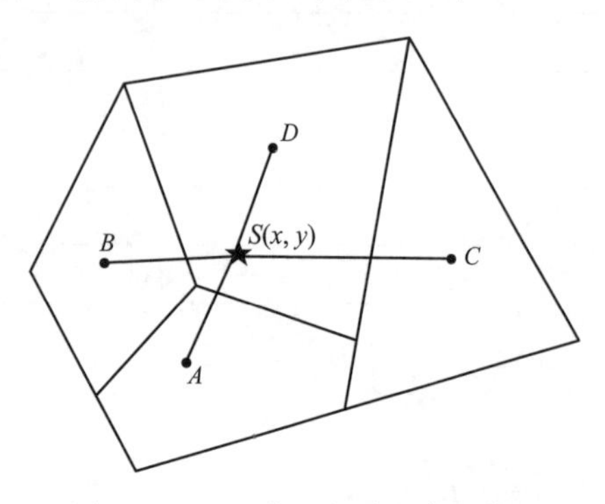

图 20-1　厂址位置与秸秆产区位置关系示意图

$$C=\sum_{t=1}^{n}Q_tR_tI \tag{20-2}$$

式中　C——总运输成本，元；

Q_t——第 t 产区产量，t；

R_t——第 t 产区中心距厂址距离，km；

I——运输单价，元/(km·t)。

理论上可以借助数学方法或计算机手段求出总运输成本 C 最小时的厂址 $S(x, y)$ 坐标。但在实际工程中可选择厂址不可能无限多，只要计算几个备选厂址就可以进行比较出运费最优的厂址了。

四、垃圾焚烧发电厂厂址选择工作的发展展望

厂址选择工作是一个动态发展的过程，当前我国正在大力推进垃圾分类工作，随着国民整体素质的提高，垃圾分类工作的进一步落实和细化，加之运输成本的降低、运输密封技术的发展以及燃烧技术的进步、垃圾焚烧发电厂的选址灵活度将会进一步加大，某些选址条件可能将不受本章所提出的原则和要求的限制。在 20 世纪 90 年代以后，由于实行了严格的分类以及回收再利用制度，日本垃圾焚烧发电厂所产生的危害已经大大减少，选址问题已不是垃圾焚烧项目建设的关键问题。日本垃圾焚烧发电厂选址以垃圾资源化处理为首要考虑目标，其次兼顾考虑垃圾的运输成本，这也是垃圾处理资源化利用需要。很多垃圾焚烧发电厂就坐落在城市繁华地区，有的甚至在政府办公楼附近。例如武藏野市，在选择垃圾处理中心的地点的同时，将选址方案也进行公开，并引导有关市民参加选择工作，通过调整双方利害关系、充分博弈、取得各方的同意。最后选址定在刚建立不久的市政府办公楼对面。

垃圾焚烧发电厂的建设也可与其他人文领域相结合，使其不仅仅作为工业项目来建设。著名的丹麦哥本哈根的 CopenHill 垃圾焚烧发电厂与体育运动和工业旅游结合了起来，每年都有几十万的游客到此体验滑雪、攀岩等运动，被称为“世界上最干净的垃圾电厂”“世界上最高的人造攀岩墙”“哥本哈根最大的建筑”等。大阪舞洲垃圾处理融入了动漫世界、梦幻城堡等元素，每年吸引了大量的游客参观游览。这些垃圾处理设施的建成标志着垃圾焚烧发电厂项目将不仅仅是工业园区中的一个基础设施，它打破了人们的固有认知，实现了环境、经济、社会的共赢。垃圾焚烧发电厂的建设方式未来有无限可能。

当然，我们国家有自己的特殊国情，厂址选择工作的理论和方法也需要随着国家政策调整、科学技术发展、国民整体素质的提升等因素做动态调整，逐步推进，切不可急于求成、盲目超前。

第二十一章 总体规划

生物质发电厂总体规划是指根据电厂规划容量、厂址自然条件和建厂条件，对电厂交通运输、厂区方位、水源地、供排水设施、接入系统、防排洪设施、环境保护、灰场、施工场地等做出规划性总体布置。

第一节　总体规划基本原则

生物质（秸秆和垃圾）发电厂的总体规划设计，应遵循以下设计原则。

（1）电厂的总体规划应按电厂的规划容量、分期建设规模，结合当地的自然条件、区域电力系统发展规划，统筹进行。

电厂的规划容量和建设规模是总体规划设计的基本依据，也是直接影响电厂总布置合理性的重要因素之一。只有明确规划容量，电厂能够按照规划容量连续建设，厂区总体规划设计才能做到合理，各期工程才能协调一致。

（2）电厂的总体规划应符合厂址所在地的城市规划、国土空间规划相关要求。

电厂用地应优先利用荒地和劣地，不得占用基本农田，不宜占用一般农田，电厂的总体规划必须贯彻节约集约用地的原则，必须严格按照国土空间规划确定的土地使用用途，严格控制厂区、施工区、厂外设施用地面积，并符合现行的国家和行业有关标准的规定。

（3）位于城市、园区的生物质、垃圾发电厂，厂区总体规划还需满足城乡、工业园区、港区等总体规划的要求，电厂的建设要与周边环境相协调。

（4）电厂总体规划应结合场地地形地貌、工程地质条件，合理规划主厂房、冷却塔等大体量建（构）筑物位置及方位，应优先选择地基承载力较高，宜采用天然地基的地段，尽量减少地基处理费用。

（5）电厂总体规划应统筹考虑各工艺系统的需求，合理规划厂区各建（构）筑物位置，符合工艺流程的要求，并满足电厂生产、交通运输、防火防爆、环保、水土保持等要求。

（6）电厂总体规划应正确处理近期建设和远期发展的关系。根据我国多年来电力工程项目建设的实际情况，一个电厂的规划容量往往不是电厂的最终容量，其建设规模与电、热负荷的增长、电网建设密切相关，扩建项目具有比新建项目周期短、投资省的优势，因此有时电厂虽已达到规划容量，但仍会继续扩建。因此在总体规划时，应在控制工程投资的前提下，合理预留再扩建的场地条件。

第二节　总体规划设计

生物质发电厂总体规划设计必须在充分调查研究和掌握现场资料的基础上进行，应做好以下几方面工作。

（1）掌握相关的法律、法规、产业政策、行业规程规范等。

（2）熟练掌握并能够灵活运用总图运输专业理论知识，具有综合分析、把握设计重点、优化设计方案的技能。

（3）熟悉生物质、垃圾发电厂的主要生产工艺流程，了解各主要专业的技术方案、布置形式及具体要求。

（4）与建设方应进行充分的沟通，了解建设方关于项目建设的想法及意见。

（5）深入现场切实做好调查研究，了解建厂条件，充分收集、掌握建厂相关资料。

（6）积极有效地与相关专业沟通、配合，综合各专业特点，合理规划建（构）筑物布置，满足相关专业要求。

一、总体规划设计内容

在初步可行性研究阶段、可行性研究阶段、初步设计阶段一般均要进行总体规划设计，各阶段总体规划设计的内容大体相同，但设计深度有所区别。

在初步可行性研究阶段，只需对厂区、道路、水源、燃料来源、出线条件、防排洪（涝）等主要内容作粗略的规划；在可行性研究阶段，则需对总体规划的各项内容，除明确厂址位置外，尚应进行厂区总平面规划布置，确定厂区方位，提出较准确的厂区用地边界，并落实厂区各项外部建厂条件；在初步设计阶段，厂址已经确定，电厂的建设规模、主设备参数、建厂条件基本落实，设计依据和相关资料均已较齐全，在此阶段应进行厂区总平面布置，提出推荐的总平面布置方案，确定厂区用地边界，进行详尽的总体规划设计。

地形图是总体规划设计的基础资料，在进行总体规划设计前，一般需要收集 1∶50 000、1∶25 000、1∶10 000、1∶5000 地形图，当受条件限制无法收集到地形图时，根据具体情况也可以采用总体规划图等替代。

根据各阶段内容深度规定，总体规划设计在图纸中主要表示以下内容。

（1）厂址位置（厂区边界）、厂区总平面布置格局规划、厂址（电厂）名称。

（2）拟接入变电站的位置、高压输电线路出线走廊规划、出线电压等级。

（3）水源地位置、供水管线（沟）路径规划。

（4）排水口位置、排水管线（沟）路径规划。

（5）厂区供水、补给水管线路径规划。

（6）厂外道路及引接点、厂外道路路径、道路桥涵等设施规划。

（7）厂内外供热管网接口规划。

（8）防排洪（涝）设施规划。

（9）施工区、施工生活区用地范围规划。

（10）厂址技术经济指标表。

二、总体规划设计步骤及具体要求

总体规划设计是一项综合性较强的工作，必须在掌握可靠的基础资料基础上，结合规程、规范及工艺系统要求进行，并宜遵循以下步骤。

(一) 收集基础资料

基础资料根据其特性分为一般性基础资料和常用基础资料。一般性基础资料与工程项目密切相关，因项目的不同而不同，具有很强的针对性，是进行总体规划设计的基本资料；常用基础资料具有广泛的适用性，是进行总体规划设计的辅助资料，多为相关行业规程、规范、条例中与电厂设计相关的一些数据、规定，电厂总体规划设计应遵照执行。

一般性基础资料的收集应结合工程项目，以做好总体规划为原则，从实际出发，减少盲目性。

新建的生物质、垃圾焚烧发电厂一般需要收集的基础资料如表21-1所示。

表21-1　需收集的基础资料

序号	项目	内容
1	地理位置	厂址所在地的位置、地域名称
2	区域概况及区域总体规划	行政隶属关系、矿产资源分布情况、河流交通概况、区域规划资料（城乡、工业园区、矿区等总体规划）
3	土地情况	土地利用总体规划资料、厂址拟用地土地性质
4	自然环境	风景名胜保护区、自然保护区级别及范围
5	文物古迹	文物古迹级别、范围及对电厂建设的限制要求
6	机场、电台、通信、地震台、军事设施	主管单位级别、范围及对电厂建设的限制要求
7	厂址周边设施	周边企业相对位置，厂址周边有无存放易燃、易爆液体及有害气体的厂房或仓库，易燃、易爆输气或输油管线，其他污染源、危险源等
8	已有发电设施、变电站	已有发电设施机组容量及主要工艺方案，已有变电站（规划变电站）位置、电压等级、进线情况，电厂出线走廊可能路径
9	地形图	宜为比例尺1∶10 000、1∶5000最新出版的地形图，受到条件限制也可以使用1∶50 000、1∶25 000地形图或区域规划图、交通图、卫星照片等
10	矿藏	厂址附近矿产种类、矿藏分布范围、采空区位置及尺寸、保安矿柱范围、塌陷区深度及发展趋势、矿区近远期开采规划、工业广场位置、矿区采用的坐标系统及高程系统
11	河道、水库	河道开发及利用情况、设计洪水位标准
12	洪水、内涝	当地市镇防洪标准，设计水位标高，历史洪水、内涝情况，当地防洪（涝）措施
13	海洋海岸	海岸标高，频率为1%（或2%）的高潮位，重现期为50年累积频率1%的浪爬高，当地挡潮防浪设施状况及规划
14	气象	地区性气候特点
15	公路	（1）厂址周边公路等级、路面结构、路面宽度、路基宽度、最大坡度、最小半径、桥梁等级、桥净宽、桥长、桥面标高、防洪标准及隧道的尺寸、长度、坡度。 （2）公路网发展规划、计划实现时间。 （3）专用道路连接条件包括连接位置、里程、标高，专用道路路径，沿线地形、地物、地质、占地、筑路材料来源。 （4）当地对修建专用道路的要求和意见

续表

序号	项目	内容
16	施工条件	(1) 施工场地的可能位置、面积大小、地形、地物、占地情况。 (2) 现有铁路、公路、水运技术条件，利用的可能性。 (3) 取土及弃土地区位置及影响
17	燃料来源	燃料来源点位置、储量、品种、产量供应（近期、远景）、运输距离等
18	供水水源	江、河、湖、海岸线情况［冲刷、淤积、水深及已有水工建（构）筑物、岸线规划］，专用水源情况（位置、标高、取排水口拟建位置）
19	供热规划	供热区域、管网接口位置
20	环境保护	环保部门对建厂的具体要求
21	人防	当地人防部门对建厂的要求
22	搬迁工程	厂址范围内建（构）筑物类型与数量，高低压输电线路、通信线路、坟墓、渠道、果木、树林等数量，拆除与搬迁条件
23	居民点及居民	建厂邻近的居民点名称、民族、户数、人口数量，住宅标准，建筑特点，文化、教育、医疗卫生设施规模、发展规划，可能利用的市政设施（包括消防设施）及规划设施
24	审查意见	本项目上一设计阶段的审查纪要或审查意见

（二）内业选址

根据初步收集的基础资料，在现场踏勘、收资之前，先在已有的建厂地区地形图（比例尺 1∶50 000、1∶25 000、1∶10 000、1∶5000）、厂址区域规划图、交通图等资料的基础上，根据规程规范、建设单位要求，进行初步的总体规划设计，标出可能建厂的位置，对电厂方位，公路引接、出线路径，防排洪（涝）、取排水方案等进行初步规划。

（三）现场踏勘及资料收集

总体规划设计与厂址区域自然条件密切相关，现场踏勘及资料收集是做好总体规划设计的基础。

现场踏勘前，应根据已收集的基础资料及内业选厂的工作情况，列出收资提纲。现场踏勘时尽可能携带地形图（或规划图、交通图），以对现场情况进行核对、修正、标注。

现场踏勘应做到“一看、二问、三记”。

“看”主要指细致观察厂址区域地形地貌、地物特征、厂址周围环境、厂址周边设施等，以获得对厂址区域外部建厂条件的直观认识，强化设计人员对于项目建设的理解；将在现场实地观察获得的外部建厂条件信息与内业选厂阶段进行的初步规划方案进行比较，调整规划方案，使项目建设与周边环境结合得更好；对已收集的基础资料进行核对、修正，特别要注意地形图的核对，因地形图测量时间常常较久远，出现图纸与现状不符的现象在所难免，要及时进行修正，当地形图与厂址现状差别较大时，后期可通过实地测量来修正地形图。总之，保证基础资料的完整性及时效性，是做好电厂总体规划的基本前提。

“问”主要指通过沟通和询问了解基础资料没有提供的内容，如当地政府对于项目建设的意见、从土地利用及城镇规划的角度而言对项目建设有无特殊要求、厂址周边设施现状及规划情况、建设方对于项目的一些想法等。

“记”则是对现场了解的内容进行及时梳理、记录、标注，以便后期查阅、补充、使用。

基础资料的完整性及时效性直接影响总体规划设计的优劣，现场踏勘的目的就是为了提高基础资料的完整性及时效性。如果现场踏勘资料收集不齐全，应将收资提纲提供给建设方，请建设方协助收集。

（四）初步确定厂区用地范围

确定厂区用地范围是一个非常复杂的工作，根据已收集的资料、现场踏勘情况，将影响电厂布置的因素、不确定的因素在地形图（或规划图、交通图）上进行标识，特别要注意电厂附近的机场，周边的河流、排洪沟、基本农田、高速铁路、高压输电线路、通信塔、养殖场，布置有易燃、易爆液体及有害气体厂房或仓库的企业，易燃、易爆输气或输油管线，地下矿藏等。根据法律、法规、规程、规范、产业政策、地方规定等，针对外部建厂条件，逐项分析，对于上述影响厂区布置的因素，尽可能按照相关规定避让或采取相应措施，以生产安全、工艺顺畅、投资省、运行费用低为原则，初步确定厂区的用地范围。

（五）总平面布置格局规划

在分析落实建厂外部条件的基础上，根据初步确定的厂区位置，进行厂区总平面布置格局规划。应在总体规划的指导下，结合电厂外部建厂条件，根据场地自然条件、工程地质条件、城镇或工业园区规划、燃料来源及运输方式、变电站位置、人流物流方向、交通运输、厂外管线路径、电厂工艺流程、电厂工艺方案等，结合法律、法规、规程、规范等相关要求，进行厂区总平面布置格局规划，特别要注意。

1. 主厂房位置的确定

厂区规划应以主厂房为中心进行合理布置；在地形复杂地段，结合地形特征，主厂房的长轴宜沿自然等高线布置；主厂房的固定端，宜朝向厂区主要出入口；主厂房方位的确定应重点考虑电厂的供水条件，尽量靠近水源布置，同时使排水顺捷，并能满足电厂分期建设的要求。当为扩建工程时，扩建厂房宜与原有厂房协调一致。

2. 生物质电厂秸秆仓库、露天、半露天堆场的布置

秸秆仓库、露天堆场、半露天堆场宜布置在炉侧或炉前，秸秆仓库宜采取集中或成组布置；露天堆场、半露天堆场宜集中布置在厂区边缘；单堆容量超过20 000t时，宜分设堆场，各堆场间的防火间距不应小于相邻较大堆场与四级耐火等级建筑的间距；秸秆仓库、露天堆场或半露天堆场的布置，宜靠近厂区物料运输入口，并应位于厂区常年最小频率风向的上风侧；燃料堆垛的长边应当与当地常年主导风向平行。

3. 冷却塔或冷却水池的布置

冷却塔或冷却水池宜靠近汽机房布置，并应满足最小防护间距要求；不宜布置在屋外配电装置及主厂房的冬季盛行风向上风侧。当电厂为新建时，一期工程的冷却塔，不宜布置在厂区扩建端。机械通风冷却塔单侧进风时，其长边宜与夏季盛行风向平行，并应注意其噪声对周围环境的影响。

（六）主要外部设施规划

1. 交通运输

发电厂交通运输规划分为人流交通规划和物流交通规划两部分。

（1）人流交通规划。根据电厂厂址周边公路现状、路网规划，结合总平面布置格局，以厂区人流出入口宜设在厂区固定端，并面向城镇及公路干道，道路引接顺畅、短捷，减少人流、物流交叉干扰，入厂主干道对景较好为原则，规划人流主要道路厂外引接点及路径。

（2）物流交通规划。生物质、垃圾焚烧发电厂物料运输主要采用公路运输的方式。公路运输需根据电厂厂址周边公路现状、路网规划，燃料、材料、灰渣等物料流向，结合总平面布置格局，以道路引接顺畅、短捷，减少人流、物流交叉干扰，减少对环境的污染为原则，规划物流厂外道路引接点及路径。

2. 厂外管线（沟）规划

根据总平面布置格局，初步确定厂内外管（沟）接口位置。厂外管线的路径应结合工艺要求和沿途自然条件合理选择，应避开地形、地质不利地段，减少拆迁量；厂外管线力求短直，避免迂回，宜沿道路或规划道路敷设。

3. 电力出线规划

根据总平面布置格局、电厂出线接入点位置，规划出线方向，结合不同电压等级的线路选择合适的出线廊道；当电厂周边有障碍物，出线走廊受限或出线走廊影响厂区边界时，应在地形图（或规划图、交通图）上规划厂址区域出线走廊路径至场地开阔处。

4. 防、排洪设施规划

防护对象的防洪标准应以防御的洪水或潮水的重现期表示。电厂的位置应尽可能布置在不受洪水、内涝威胁的区域。当厂区处于受洪水、潮水或内涝威胁的区域时，应确定可靠的防排洪（涝）措施。

（1）根据电厂防护等级和防洪标准，与水文气象专业配合，确定电厂所在区段的设计高水（潮）位。这个水位（潮位）不但关系电厂的安全，也影响防排洪工程的投资，确定和使用都要慎重。特别要注意壅水水位的确定，即多种洪涝危害同时发生时的高水位，如河水暴涨和山洪暴发同时发生所产生的壅水水位。

（2）根据确定的设计高水（潮）位，进行厂区的防排洪（涝）规划设计，结合电厂周边自然条件、地形情况、水文气象资料、已有防排洪（涝）设施等，考虑采取将厂区整体填高、厂区围墙与防洪墙相结合、在厂区周边修建排（截）洪沟、挡水堤、拦水墙等防排洪措施。电厂的防排洪（涝）措施应与电厂所在地区的防排洪（涝）规划相协调，要充分利用现有防排洪（涝）设施，如果需要改变已有防排洪（涝）规划，应提出详细的规划方案，报有关主管部门审批。

对位于内涝地区的发电厂，当按照防护等级和防洪标准难以确定厂址内涝水位时，可按照历史最高内涝水位设计。

防排洪（涝）规划要注意节约用地，不占或少占良田。防排洪（涝）设施宜在初期工程中按照规划容量一次建成。

5. 施工生产区及施工生活区规划布置

为了施工方便、安全，减少设备倒运费用，节省投资及施工工期，施工生产区宜布置在主厂房的扩建端。当扩建端场地狭窄，场地使用确有困难时，可以在电厂附近增选部分场地或调整施工顺序，利用厂内建设场地解决施工场地问题。

施工生活区不宜布置在主厂房扩建端，或紧靠本期工程施工区扩建端，宜布置在规划扩建工程的施工区以外，避免工程在规划容量内扩建时拆迁施工生活区；宜布置在施工生产区主导风向上风侧，减少施工生产区对生活区的环境影响。

（七）确定总体规划方案

总体规划设计各个步骤之间不是完全独立，而是相互联系、相互影响的，进行总平面布置格局规划要考虑外部设施规划，外部设施规划又会影响总平面布置格局，在外部设施规划的基础上再调整厂区用地边界，好的总体规划设计必然要经过多次反复优化，以确定最优的总体规划方案。

（八）多个厂址的总体规划设计

结合工程具体情况，根据上述总体规划设计的步骤及具体要求，在图中分别表示出与各个厂址相对应的厂区位置、公路、出线方向、取排水点、灰场、厂外管线路径、防排洪（涝）设施、施工场地，以及与电厂相关联的工矿企业、乡镇、工业广场等。

三、总体规划设计中应注意的问题

（一）周边设施对总体规划的影响

对于改、扩建项目，要充分收集厂区已有资料，掌握地上、地下设施布置，落实老厂已征土地、可利用场地，充分利用电厂已征土地，减少征地面积；总体规划要与老厂布置相协调，充分依托老厂已有设施，避免完全按新建工程项目进行总体规划；充分利用老厂出线走廊，减少用地，节省投资。

当电厂周边有输水、饮水灌渠时，应落实输水、饮水灌渠保护区红线范围，厂区围墙应位于其红线范围外。

当电厂周边企业生产、储存易燃、易爆、有毒物品时，电厂应按照相关规定与相邻企业间隔开一定距离，以满足相邻企业的防护距离要求。

生物质发电厂应根据城镇总体规划、国土空间规划、周边工矿企业、乡村分布情况等，落实项目建设用地边界。

防排洪规划涉及专业较多，总图运输、水文气象、水工工艺、水工结构专业均要参与，总图运输专业应起到引导、组织者的作用。防排洪规划方案宜在项目前期阶段予以落实，在“五通一平”阶段予以实施，有些项目到施工图阶段还在讨论防排洪规划方案，导致总体规划方案的调整。

对于改、扩建项目，容量改变后可能会提高电厂防护等级，设计人员应根据电厂建设最终容量，合理确定改、扩建项目场地设计标高，落实防排洪措施。

（二）本期与远期规划的关系

电厂建设规模明确后，应立足将本期总体规划设计做到方案合理、施工运行条件好、投资省、效益好，不能因为考虑远期规划，而大幅度增加本期工程建设投资或运行费用，更不能因为考虑远期规划造成本期工程总体规划不合理。电厂达到规划容量后再扩建的情况屡见不鲜，进行总体规划时，在控制工程投资的前提下，应合理预留扩建的场地条件。

（三）单位间的联系配合

对项目建设单位另行委托其他设计院设计的单项工程，如厂前建筑区、厂外道路、脱硫脱硝设施等，主体设计院应对单项工程设计进行全过程协调、把控，避免后期因单项工程设计方案变更而引起电厂总体规划设计方案的调整或大的改动。

第三节 厂址主要技术经济指标

可行性研究阶段，在总体规划图中和说明书中均应列出厂址技术经济指标表，以评定厂址和厂区总平面规划布置方案的合理性。

一、垃圾发电厂厂址技术经济指标

（一）厂址技术经济指标

厂址主要技术经济指标见表21-2。

表21-2 厂址主要技术经济指标

序号	项目名称		单位	数量		备注
				厂址一	厂址二	
1	厂址总用地面积		hm^2			
1.1	厂区围墙内用地面积		hm^2			
1.2	厂区围墙外边坡或边角用地面积		hm^2			
1.3	厂外道路用地面积		hm^2			
1.4	水源地用地面积		hm^2			
1.5	厂外截排洪设施用地面积		hm^2			
1.6	厂外工程管线用地面积		hm^2			
1.7	取、弃土场用地面积		hm^2			
1.8	施工生产区用地面积		hm^2			
1.9	施工生活区用地面积		hm^2			
1.10	其他用地		hm^2			
2	厂外道路路线长度		m			
3	厂外供水管线长度		m			
4	厂址土石方工程总量	挖方量	10^4m^3			
		填方量	10^4m^3			
4.1	厂区土石方工程量	挖方量	10^4m^3			
		填方量	10^4m^3			
4.2	厂外道路土石方工程量	挖方量	10^4m^3			
		填方量	10^4m^3			
4.3	施工区土石方工程量	挖方量	10^4m^3			
		填方量	10^4m^3			
4.4	其他设施区土石方工程量	挖方量	10^4m^3			
		填方量	10^4m^3			

（二）厂址技术经济指标的计算

1. 厂址用地面积

厂址用地面积为厂址各项用地面积的总和。

（1）厂区用地面积按照围墙轴线计算。

（2）厂外道路用地面积应包括厂区各个出入口外的引接道路用地。

（3）水源地用地面积应按照取水泵房及相关设施的用地边界计算。

（4）厂外截排洪设施用地面积应按照截洪沟最外侧沟壁边缘计算。

（5）厂外工程管线用地面积应包括各种沟渠、沟道、管线用地。

（6）取、弃土场用地面积按照取弃土场的边缘计算。

（7）施工区及施工生活区的用地按照边缘计算。

（8）其他用地可根据各个工程实际情况列出项目名称。

2. 厂外道路长度

厂外道路的计算均从引接道路的边缘开始计算。

3. 厂外供水管线长度

厂外供水管线从围墙外 1m 起计算至水源地，即补给水管线的长度。

4. 厂址土石方工程量

厂址土石方工程量为厂址各项土石方量之和。在厂区土石方平衡中应包括各建（构）筑物基础开挖，各种沟、管道、道路基槽开挖之土石方回填后余方工程量。

5. 其他各项土石方工程量

在具体的工程中，其他设施区应按实际列出该区域名称。

二、秸秆发电厂址主要技术经济指标

（一）厂址技术经济指标

秸秆发电厂址主要技术经济指标见表 21-3。

表 21-3　　厂址主要技术经济指标

序号	项目名称		单位	数量		备注
				厂址一	厂址二	
1	厂址总用地面积		hm^2			
1.1	厂区围墙内用地	厂区用地	hm^2			
		秸秆堆场用地	hm^2			
1.2	厂区围墙外边坡及边角地面积		hm^2			
1.3	厂外道路用地面积		hm^2			
1.4	厂外收储站用地面积		hm^2			
1.5	储灰场用地面积		hm^2			
1.6	厂外截排洪设施用地面积		hm^2			

续表

序号	项目名称		单位	数量		备注
				厂址一	厂址二	
1.7	厂外工程管线用地面积		hm^2			
1.8	取、弃土场用地面积		hm^2			
1.9	施工生产区用地面积		hm^2			
1.10	施工生活区用地面积		hm^2			
1.11	其他用地		hm^2			
2	厂外道路路线长度		km			
3	厂外供排水管线长度		km			
3.1	供水管		km			
3.2	排水管（沟）		km			
4	厂址土石方工程总量	挖方量	10^4m^3			
		填方量	10^4m^3			
4.1	厂区土石方工程量	挖方量	10^4m^3			
		填方量	10^4m^3			
4.2	厂外道路土石方工程量	挖方量	10^4m^3			
		填方量	10^4m^3			
4.3	厂外收储站土石方工程量	挖方量	10^4m^3			
		填方量	10^4m^3			
4.4	贮灰场土石方工程量	挖方量	10^4m^3			
		填方量	10^4m^3			
4.5	施工区土石方工程量	挖方量	10^4m^3			
		填方量	10^4m^3			
4.6	其他设施区土石方工程量	挖方量	10^4m^3			
		填方量	10^4m^3			

（二）厂址技术经济指标的计算

此部分中的各项指标计算方法与火力发电厂的厂址技术经济指标计算保持一致。需要额外注意以下几点不同之处。

（1）厂区围墙内用地。依据 GB 50762—2012《秸秆发电厂设计规范》中 6.3 要求，厂内燃料的储存量宜为 5～7 天。对于超过上述储量的秸秆堆放场地，可单独计列用地面积。

（2）厂外收储站用地面积。考虑秸秆燃料产出的季节性，及秸秆发电厂的地域、投资、征地等多方面因素，为了保证秸秆燃料的及时供应，有的项目会在厂外设置单独的燃料收贮站。对于收贮站的用地面积应包含收贮站站区围墙轴线范围内用地，以及围墙外边坡及边角地用地。

(3) 厂外道路用地面积。依据 GBJ 22《厂矿道路设计规范》要求，秸秆电厂的厂外道路包含了进出厂区的厂外引接道路用地、进出厂外收储站的引接道路用地，以及进出灰场、水源地等的专用道路用地。

另外，秸秆电厂的燃料运输方式通常采用汽车运输，因此指标中暂未计列厂外铁路专用线用地面积，如果有特殊运输需求，应相应增加厂外铁路专用线用地面积，计列内容与火力发电厂的厂址技术经济指标要求保持一致。

(4) 厂址土石方量。其中的厂区土石方量应包含厂区场地整平及土石方平衡两部分，厂区范围涵盖厂内燃料堆场用地。具体工程中如有其他设施区应按实际情况列出相应区域的土石方量。

第四节　总体规划设计实例

一、垃圾发电厂总体规划实例

(一) 实例一

1. 地理位置

某垃圾发电厂厂址位于华北平原中部，G340 国道北侧，交通便利。厂址属平原地貌，地形平坦开阔。自然地形较为平坦，厂区自然地形标高在 31.55～31.89m 之间。厂址周边 300m 范围内无村庄、居民点；厂址周边无其他工业企业。

2. 规划容量

该项目按照总规模 2000t/d 规划，分期建设，一期建设规模为 800t/d，留有二期工程扩建条件，二期建设规模为 1200t/d。本期新建处理规模为 2×400t/d，配置 2×400t/d 机械炉排生活垃圾焚烧炉＋1×18MW 汽轮发电机组，同步建设炉内脱硝（SNCR）及炉外烟气净化装置。

3. 厂区方位

厂区固定朝南，向北扩建。主厂房主立面（汽机房侧）朝南；卸料大厅在东侧，烟囱在西侧；35kV 主变压器在东侧，汽机房在西侧。人流入口布置在厂区西南侧，物流入口布置在厂区东南侧。

4. 电厂出线及出线走廊规划

目前暂按 35kV 出线接至厂址东北侧，距某 220kV 变电站直线距离约为 1.6km。

5. 燃料及运输

该期工程处理威县和清河县两县城城区及所辖乡镇的生活垃圾。垃圾的收集、运输由政府负责，并按约定的质量保证垃圾供应。本项目采用天然气作为点火及辅助燃料，天然气管线由政府铺设至该项目红线外 1m。

6. 电厂水源

电厂生活、消防及锅炉补给水用水采用市政自来水，其他生用水全部采用经深度处理后的污水处理厂的再生水，厂外管线线路长约 5km。

7. 电厂灰、渣处理

炉渣优先考虑综合利用，无法综合利用部分运往附近生活垃圾填埋场填埋。飞灰在厂内进行稳定化处理，达到 GB 16889《生活垃圾填埋场污染控制标准》的规定，再运往附近生活垃圾填埋场填埋。该项目投产后，可以利用绿源垃圾填埋场作为不可利用炉渣及稳定化处理后的飞灰填埋场。灰、渣运输道路可完全利用社会道路，不需要新建。

8. 厂区排水

该期建（构）筑物的生活污水及工业废水通过生活污水排水管道及工业废水管道汇至污废水提升泵站，经提升排至厂外市政污水排水管网。

厂区雨水由雨水口收集，汇流至雨水管道，通过重力汇至本期新建雨水泵房。通过雨水泵加压排至厂外市政雨水排水管网。

9. 施工生产及施工生活区规划

该工程施工区规划占地 1.66hm²，包含厂区空地可利用面积 0.36hm²，位于厂区西南围墙外的租地面积 1.3hm²。

电厂总体规划设计实例一见图 21-1。

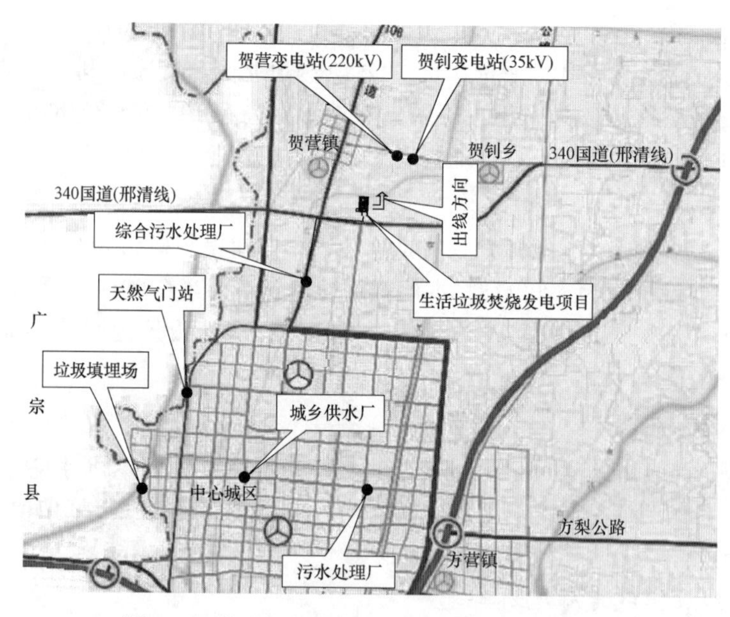

图 21-1 某垃圾焚烧发电厂总体规划设计实例一

（二）实例二

1. 地理位置

厂址位于湖北省西北部，自然地形起伏较大，多为山地地形。厂址用地范围线内自然标高为 452～506m（1985 年国家高程基准，下同），高差大。厂区范围内北侧存在一条自然形成的沟壑（呈鸡爪形），沟底自然标高为 452～461m，与周边地势高差较大。厂址西侧紧邻现有道路（土路，约3m宽），西侧0.5km处为龙鳞宫路，东侧0.7km处为安来高速。

2. 规划容量

该工程规划建设2×600t/d机械炉排炉，配套1套25MW汽轮发电机组及相应辅助设施，不考虑扩建。

3. 厂区方位

厂区为主厂房东西向布置，A排（主立面）朝南，燃料自西向东由垃圾坡道送至卸料大厅，循环水处理和渗滤液处理区分别布置在主厂房南侧和北侧，厂前区布置在厂区西南侧。人流出入口布置在厂区西侧偏南位置，主货流出入口布置在厂区西侧偏北位置，次货流出入口布置在厂区北侧，道路与飞灰填埋场道路相接。

4. 电厂出线及出线走廊规划

该工程电厂出线为1回35kV电压等级接入就近110kV变电站，同时从附近其他变电站引1回10kV线路作为全厂的保安电源。

5. 燃料及运输

该期工程处理县城城区及所辖乡镇的生活垃圾。垃圾的收集、运输由政府负责，并按约定的质量保证垃圾供应。经厂区内地磅计量后，通过垃圾坡道运输卸入垃圾储存池内。

6. 电厂水源

该工程循环水系统采用带机械通风冷却塔的二次循环供水系统；生产水源采用高桥坝水库的地表水，备用水源为市政自来水，生活用水由市政管网供给。

7. 电厂灰、渣处理

该工程炉渣考虑综合利用，采用密闭车输送至炉渣资源化综合利用厂进行综合利用。项目产生的飞灰采用“螯合剂固化法”稳定化处理并满足GB 5085.3—2007《危险废物鉴别标准—浸出毒性鉴别》的浸出毒性标准要求后，由专用密闭运输车运至厂区北侧填埋场地进行卫生填埋。

8. 厂区排水

该期建（构）筑物的生活污水及工业废水通过生活污水排水管道及工业废水管道汇至污废水提升泵站，经提升排至厂外市政污水排水管网。

厂区雨水由雨水口收集，汇流至雨水管道，通过重力汇至本期新建雨水泵房。通过雨水泵加压排至厂外市政雨水排水管网。

9. 施工生产及施工生活区规划

该期工程利用厂内空地（缓建）和厂址东北侧约0.5km处空地作为施工生产及生活区。

电厂总体规划设计实例一见图21-2。

（三）实例三

1. 地理位置

厂址位于安徽南部某平原地带内，距离市区规划建设区约12.8km，场地现状自然地

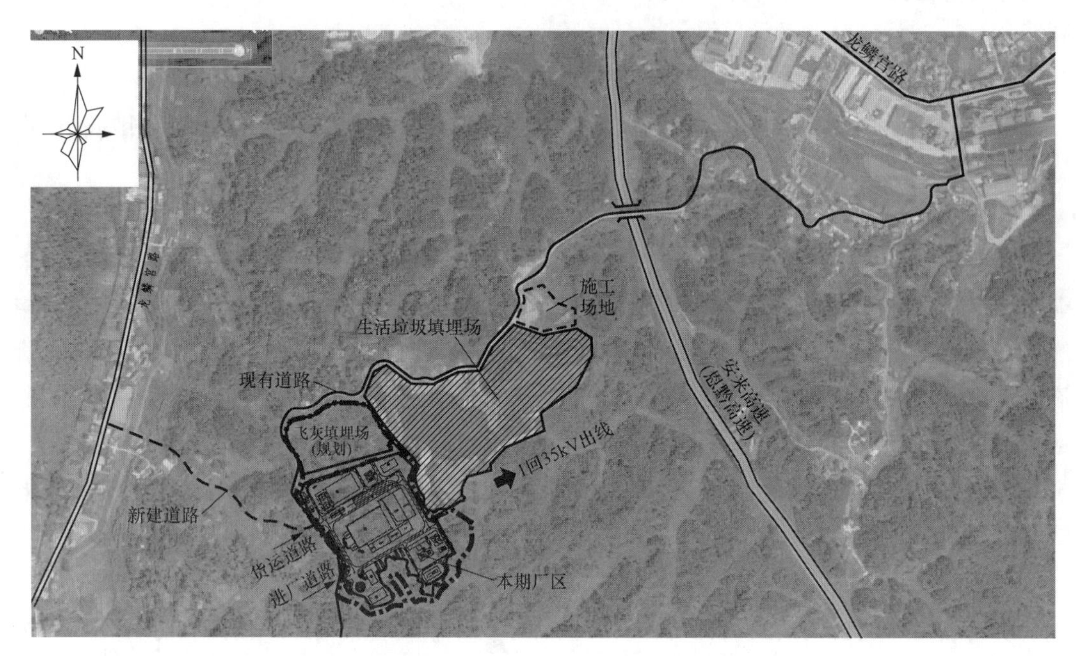

图 21-2　某垃圾焚烧发电厂总体规划设计实例二

面标高 41.0～41.7m 之间，设计地面标高为 41.5m。

2. 规划容量

该项目按照总规模 1600t/d 规划，分期建设，其中一期工程建设 2×500t/d 循环流化床垃圾焚烧炉＋2×12MW 汽轮发电机组；二期扩建 1 台 600t/d 机械炉排生活垃圾焚烧炉及附属设施。

3. 厂区方位

该工程主厂房 A 列朝南，固定端朝东，扩建端朝西。厂区人流出入口朝东，物料出入口朝南。

4. 电厂出线及出线走廊规划

该工程接入就近 110kV 变电站，同时从附近其他变电站引 1 回 10kV 线路作为全厂的保安电源。

5. 燃料及运输

该工程采用市区及附近乡镇的生活垃圾。城市生活垃圾的清收、转运由环卫局组织，并由其所属垃圾专用运输汽车运送至垃圾焚烧发电厂，经称重计量后运至垃圾坑内。

6. 电厂水源

该项目生产、生活水源采用皖河水。皖河位于厂区以南直线约 2km 处。

7. 电厂灰、渣处理

该系统采用湿式机械除渣形式。焚烧炉排出的底渣落入除渣机水槽中冷却后，由除渣机排入渣池中，经灰渣吊车抓斗装入自卸汽车运送至综合利用用户。飞灰通过稳定化合格后进入生活垃圾填埋场进行填埋。

8. 厂区排水

该工程排水实行雨污分流，厂区雨水集中排放，建筑屋面雨水通过落水管排至附近雨水井，地面雨水经道路雨水口收集后流入厂区雨水管网，最终排至市政已建的雨水管网。厂区生活污水排入生活污水管网，进入生活污水处理站处理后回收，用以绿化等。

9. 施工生产及施工生活区规划

施工生产区综合考虑利用厂区内扩建场地及周边空地，其中施工生产区用地面积约 1.4hm^2，施工生活区用地面积约 0.3hm^2。

电厂总体规划设计实例三见图 21-3。

图 21-3　某垃圾焚烧发电厂总体规划设计实例三

二、秸秆发电厂总体规划实例

（一）实例一

1. 地理位置

电厂位于东北地区某市区边缘，厂址西侧为农田，东侧及南侧邻近光伏发电站，北侧邻近养殖场。

2. 规划容量

该工程建设 2×130t/h 高温、超高压、再热、生物质循环流化床锅炉，以及 2×40MW 高温、超高压、再热、抽汽凝汽式汽轮发电供热机组。

3. 厂区方位

厂区由南向北依次为冷却塔、主厂房和燃料设施的三列式布置格局，主厂房固定端朝东，汽机房 A 列朝南，出线朝南，进厂道路位于厂区东侧。

4. 燃料来源及运输

电厂采用玉米秸秆燃料，运输方式为汽车运输。运输车辆通过厂外乡级以上公路及电厂进厂公路运抵厂内。

5. 水源及供水方式

电厂采用二次循环供水系统，生产水源取自污水厂再生水，生活用水取自城市自来水。

6. 电厂出线

电厂以 66kV 线路向南出线 2 回，送出线路采用架空线与电缆联合送出方式。

7. 施工区

施工生产区位于厂区西侧及南侧。施工办公区位于厂内燃料设施区东侧。

电厂总体规划设计见图 21-4。

（二）实例二

1. 地理位置

电厂位于北方地区，地貌主要为松嫩平原东部的低平原。厂址内地势平坦、开阔，起伏小，用地性质由一般农田转换为工业用地。厂址东侧为村屯，东南侧靠近两处养殖场。西侧为防风林带及农田，北侧为空地。厂址向南约 500m 为省道。

2. 规划容量

新建 2 台 130t/h 循环流化床锅炉配 2 台 40MW 抽汽凝汽式汽轮发电供热机组。

3. 厂区方位

厂区采用三列式布置，由东向西依次为配电装置、主厂房及储料设施。主厂房固定端朝南，汽机房 A 列朝东，出线朝东，主、次入口进厂道路均从南侧省道引接。

4. 燃料来源及运输

电厂采用玉米秸秆压块燃料，运输方式为汽车运输，由配套燃料压块车间配送车辆运送至厂内。运输车辆通过厂外乡级以上公路及电厂进厂公路运抵厂内。

5. 水源及供水方式

采用二次循环供水，电厂生产使用污水厂的再生水，生活用水使用城市自来水。

6. 电厂出线

电厂以 66kV 线路向东南出线 2 回，送出线路采用架空线与电缆联合送出方式。

7. 施工区

施工生产区位于厂区南侧及厂区内空地。

电厂总体规划设计见图 21-5。

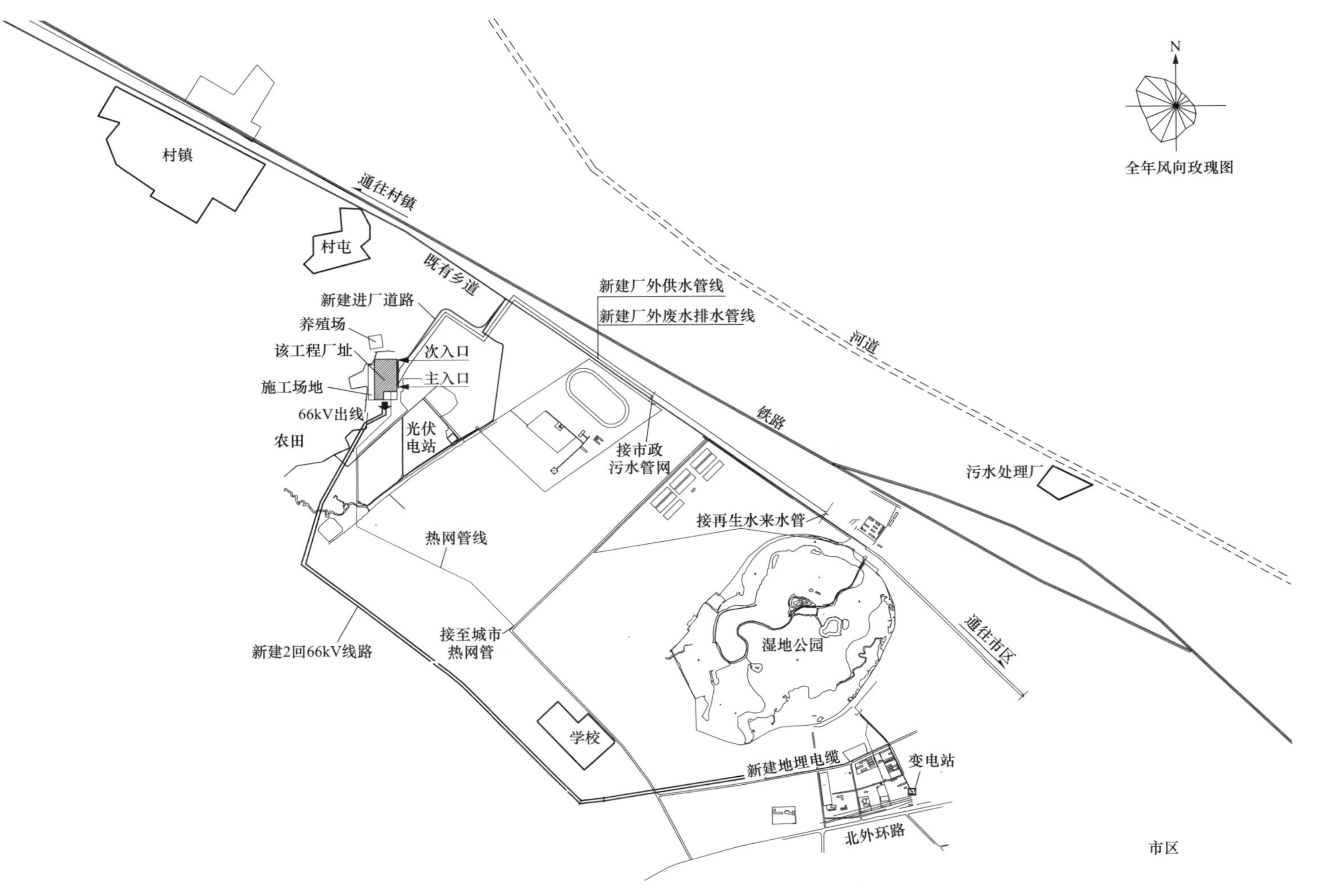

图 21-4 某秸秆电厂总体规划设计实例一

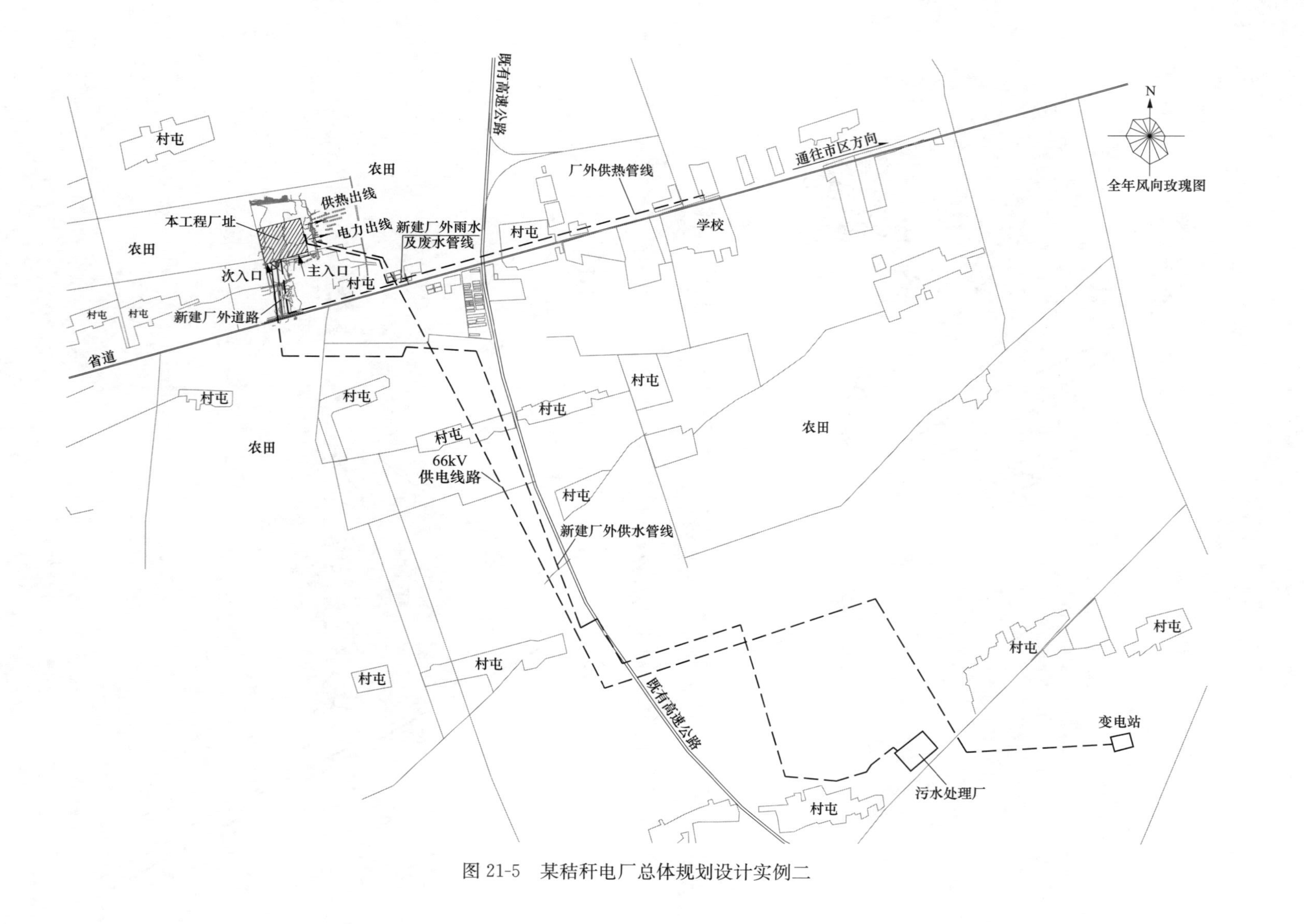

图 21-5　某秸秆电厂总体规划设计实例二

第二十二章
总平面布置

厂区总平面布置设计是在确定的厂址和总体规划的基础上，根据电厂生产工艺流程要求，结合当地自然条件和工程特点，在满足防火防爆、安全运行、施工检修和环境保护以及有利扩建等主要方面的条件下，因地制宜地综合各种因素，统筹安排全厂建（构）筑物的布置，从而为电厂的安全生产、方便管理、降低工程投资、节约集约用地创造条件。

第一节　总平面布置的基本原则和要求

生物质燃烧发电的原理及工艺流程与常规火力发电没有过大区别，主辅机设备均为传统的定型产品，其区别主要在于燃料的不同带来的相关系统及设备的差异，以及由此造成的总平面布置上的不同。同时，生物质发电厂与大、中型火力发电厂相比具有单机容量小、装机台数少、工艺相对简单、用地面积较小的特点。

一、总平面布置的基本原则

（1）厂区总平面布置应按规划容量和本期建设规模，统一规划、分期建设。秸秆发电厂附近应设若干个燃料收储站，负责电厂燃料的收购和储存。改建、扩建发电厂的设计，应充分利用现有设施，并应减少改建、扩建工程施工对生产的影响及原有建筑设施的拆迁。

（2）总平面布置应以主厂房为中心，以工艺流程合理为原则，功能分区明确，布局集中紧凑，方便生产检修，满足安全运行。应考虑厂区地形、上料设备特点和施工条件的影响，合理安排、因地制宜地进行布置。主要建（构）筑物的长轴宜沿自然等高线布置。在地形复杂地段，可结合地形特征，适当改变建（构）筑物的外形，将建（构）筑物合并或分散布置。

（3）建（构）筑物宜按生产性质和使用性质采用联合建筑、成组和合并布置，注重空间组合和建筑群体与周围环境相协调。

（4）主厂房、冷却塔、烟囱等荷重较大的主要建（构）筑物，宜布置在土层均匀、地基承载力较高的地段。需要抗震设防的发电厂、建筑物宜选择有利的地段，避开不利地段。

（5）主要建筑物和有特殊要求的主要车间的朝向，应为自然通风和自然采光提供良好条件。汽机房、办公楼等建筑物，宜避免西晒。办公楼等生活设施布置应考虑周边环境的影响。

（6）建（构）筑物和露天堆栈、作业场场地，宜按生产类别成组布置，建筑边界宜规整。

（7）生产过程中有易燃或爆炸危险的建（构）筑物和储存易燃、可燃材料堆场等，宜布置在厂区的边缘地带。

(8) 厂区各公用配电间位置的确定，应根据电源和负荷要求，使电力电缆短捷，并布置在相关的生产分区内，有条件时宜与其他车间合并建设。

(9) 生产区主要通道宽度，应按规划容量并根据通道两侧建（构）筑物防火和卫生要求、工艺布置、人流和车流、各类管线敷设宽度、绿化美化设施布置、竖向布置以及预留发展用地等经计算确定。

(10) 厂区总平面布置应考虑防爆、防振、防噪声。在满足工艺要求的前提下，宜使防振、防噪声要求高的建筑物远离振动源和噪声源。

二、总平面图布置的具体要求

（一）满足生产工艺流程要求

工业企业总平面图布置，满足生产工艺流程的要求始终是第一位的，生物质发电厂的总平面图布置也同样如此。其核心就是根据各工艺设施和建（构）筑物的特性及其之间的相互关系，包括工艺技术、工艺管线、火灾危险性、体量、荷重、功能、造价等，从技术和经济出发，以主厂房为中心，结合具体厂址条件，因地制宜，对所有工艺设施和建（构）筑物进行统筹安排、合理布局。使各种工程管线和交通路线短捷、顺畅，避免迂回，减少交叉。

满足生产工艺流程要求应兼顾厂外、厂内两个方面。

总平面布置首先要从工艺流程出发，根据厂址外部条件，以电厂出线顺畅，取、排水管线短捷，燃料运输通畅，出入方便为原则，合理确定厂区方位。厂区方位选择是决定总平面图布置格局的关键。厂区方位主要指主厂房的朝向和固定端、扩建端的方向。厂区方位选择应以主厂房为中心，主厂房的朝向要兼顾出线顺畅和有利景观两个方面；固定端应选择在扩建受限的一侧，宜朝向便于进厂道路引接的主人流方向或城镇；扩建端主要考虑扩建所需余地和施工的便利。

除了由厂址外部条件决定的工艺流程要求以外，地形、地质条件，水文气象条件，环境保护要求也会对厂区方位产生重大影响，比如地形、地质条件常常会影响固定端和扩建端的选择，风向、噪声、气味等也会影响到主厂房的朝向选择。就具体厂址而言，影响厂区方位选择的因素往往是多方面的，因此，需要进行多方案技术经济比较，选取最佳方案。

对于厂内，通常情况，由于循环水（冷却水）管线投资和运行费用较高，因此应优先考虑尽量减少循环水管线长度。秸秆发电厂还应使燃料输送皮带（栈桥）尽可能短捷、顺直，减少转运，节约投资和能耗。厂区人流、物流出入口应分开设置，避免相互干扰。物流出入口应顺应运输路径布置在燃料检斤和储存区。由于生物质燃料特别是垃圾燃料会散发难闻的气味，因此，燃料运输出入口应尽量远离厂区人员集中场所。生产行政办公楼、值班宿舍、食堂等建筑物通常组团形成厂前区，厂前区既是电厂人员生产、生活的主要场所，也是电厂的重要景观区，因此，厂前区的方位选择应以人为本，选择布置在进出方便、环境较好的人流出入口处。

（二）以总体规划为基础，与外部条件充分协调

生物质发电厂的总平面图布置应以总体规划为指导，以达到经济合理，有利于生产，

方便生活的目的为原则，使之与国土空间规划、接入电力系统规划、电力出线通道、水源、燃料运输、厂外道路、供热管网等外部条件充分协调、适应。为此，除了充分考虑厂内外工艺联系便捷、顺畅外，还要注意处理好以下两点。

（1）要符合城镇或工业区规划的要求。厂区应与城镇规划有机结合，避免发电厂的扩建与城镇发展发生矛盾；尽量避免电厂燃料运输、易燃易爆设施对城镇街道居民的影响；有难闻气味散发的燃料储存区、渗沥液处理设施，有水气飘散的冷却塔（自然通风冷却塔、机械通风冷却塔）要远离居民区。与城镇街道相邻的发电厂建筑物体型及立面要与周围建筑和环境相协调。厂区围墙要与街区建筑红线相一致，并满足建筑退线的要求；同时，也要避免形成不利于利用的三角地带，以免浪费土地。电厂出线通道要符合城镇规划的要求，并满足电厂出线走廊的宽度需求，避免出线通道对城镇功能规划区造成切割，高压输电线路不能跨越大的工厂、车站以及永久性建筑。

（2）满足厂内外交通运输的要求。总平面图布置在确定厂区出入口方位和标高时，要充分考虑道路引接方便，道路坡度应满足规范要求。燃料运输引接道路的长度要考虑运输车辆排队检斤对干线公路交通的影响，当引接长度较短时，可考虑加宽道路或在检斤区附近设置适当的停车场。

（三）以近期工程为主，预留扩建余地

（1）对于规划容量的考虑。生物质发电厂的规划容量根据城镇发展规划和产业发展规划确定，主要受周边燃料供应影响。

秸秆发电厂受产业发展影响较大，随着技术发展，秸秆的用途和处理秸秆的方式也多种多样，秸秆的收运和存储较为灵活。因此，对于秸秆发电厂，应以本期工程为主，发展用地与厂区燃料存储场地结合考虑。对于秸秆较为丰富且在一定时期内能够保持稳定，且用地受规划影响较小的厂址，可以适当扩大燃料存储场地，便于将来扩建或融入其他秸秆处理技术。

对于厂址条件优越，能够预见随着城镇发展规模的不断扩大，可以辐射更大人口范围的垃圾发电厂，宜更长远考虑预留发展的余地。比如安徽安庆某垃圾发电厂，原规划分两期建设，现拟扩建三期工程，由于预留条件不足，使扩建受到很大限制。

（2）远近结合，以近期工程为主。总平面布置应按照拟定的规划容量或扩建计划，以本期最优，近期合理，远期可行为原则统筹安排。要尽量减少前后期工程在施工和运行方面的相互影响，本期工程要为后期工程创造较好的施工和运行条件；后期工程能与原有工程协调适应，充分利用老厂的潜力，尽量不拆迁原有建筑和设施。初期工程的建（构）筑物要尽量集中布置在厂区固定端，布置在出线侧和炉后区的建（构）筑物要避免对扩建的影响；主要建（构）筑物的扩建方向宜保持一致，预留建设用地尽量规划在厂区的外缘。这样有利于初期工程早投产，早见效；有利于分期征用土地，并减少施工与运行相互干扰。同时，总平面布置也要为施工创造有利条件，如主要工程管线应避免穿越施工区，燃油灌区、氢气站等易燃易爆设施应与施工区保持一定的安全距离。

预留扩建余地除应满足主厂房和主要生产设施的要求外，还应满足辅助附属生产建筑物、工程管线、交通运输等要求。在前期方案阶段应从总体出发，按规划容量和分期建设要求对前后期所有建（构）筑物和工艺设施进行合理规划，并要特别注意主厂房区等管线密集区域的预留管廊空间应能满足扩建管线，以及施工与运行并举的安全需要，以保证后期工程的顺利实施和最终的总体合理。

总之，总平面布置应当秉持以近期工程为主、按规划容量统筹布置的原则，追求当电厂最终规模达到预定规划容量时是总体合理的目标，而不能过分强调预留超越规划容量扩建的灵活性。多数工程实践证明，认为“计划赶不上变化”，尽可能为将来发展预留条件的目标模糊的规划指导思想，不仅会对本期工程造成不利影响，往往还会造成更大的浪费。

（四）合理利用地形、地质条件

厂址的地形、地质条件，直接影响电厂的总平面布置。合理利用地形、地质条件，可有效减少土石方、边坡（挡土墙）、地基处理工程量，对节省投资和保证电厂长期安全运行起着重要作用。

在复杂地形、地质条件下进行总平面设计，首先要仔细研究地形图和地质资料，明确划分不同的地质分区。然后根据电厂的用地需求，因地制宜，不求规整，趋利避害，避开不良地质区，选择地质条件相对较好、地形相对平坦的区域作为利用场地。再结合外部条件划分确定功能分区。最后，在此基础上进一步调整、优化。

（1）顺应地形趋势，减少切割等高线，降低利用场地高差，可有效减少边坡高度，节省土石方和地基处理工程量。因此，在布置时，对于面积较大的长条形建（构）筑物或功能分区，应尽量使其长边方向平行等高线。对于面积不大的建（构）筑物或功能分区，应尽量组合成长条形，顺应等高线布置。对于单向斜坡场地或狭长场地，宜将厂区各功能分区布置成长条形，采用二列或一列布置。

（2）阶梯布置。在厂区用地高差得到总体合理控制的基础上，厂内再顺应地势采用阶梯布置，两者结合，可在很大程度上减少对自然的破坏，避免大挖大填、深挖高填，防破坏山体平衡，造成大面积滑坡。阶梯划分应根据地形、地质条件，按功能分区和工艺要求，综合考虑土石方、边坡和地基处理工程量及技术难度，交通运输要求等因素确定。例如：垃圾、秸秆发电厂主厂房布置在低台阶，燃料运输通道或燃料储存区布置在高台阶，既可使主厂房位于地质条件较好的挖方区，又利于缩短燃料运输坡道或栈桥长度，节省了投资的同时也减少了能耗。

（3）合理利用地质条件。对场地和地基条件进行合理选择是总平面布置设计的一个重要环节，地基条件的好坏直接影响建（构）筑物的土建投资和结构安全，也是衡量总平面布置是否合理的重要因素。主要生产建（构）筑物的布置，应避开断层、溶洞、采空区，以及可能发生滑坡、崩塌等不良地质构造的地段。主厂房、烟囱和冷却水塔等这些基础荷重较大的厂房和设备应尽量布置在土层均匀、地基承载力较大的地段。地下设施较深的建（构）筑物有主厂房、地下运料廊道、循环水泵房等，宜布置在地下水位较深的地段。

在地震区域，场地地基条件对建（构）筑物抗震设计会产生较大影响。根据有关资料，其影响可使地震基本烈度产生 1～2 度的差异。因此，主厂房、冷却塔、烟囱等主要建（构）筑物和其他体量大的车间应尽量选择在对建筑物抗震有利的地段，避开不利地段，尤其不应布置在危险地段。对建筑物抗震有利的地段，一般是指稳定的岩石、坚实均匀的稳定土、地形开阔平坦或平缓坡地等。对建筑物抗震不利的地段，一般是指饱和松砂、软塑至流塑的轻亚黏土、淤泥和淤泥质土、冲填土和松软的人工填土以及复杂地形等。对建筑物抗震危险的地段，一般是指发震断层的邻近地带和地震时可能发生滑坡、山崩、地陷等地段。

湿陷性黄土地区，主厂房、冷却塔、烟囱等主要建（构）筑物应尽量布置在排水畅通或地基土具有相对较小湿陷量的地段。

（五）紧凑布置，节约集约用地

总平面布置必须贯彻节约集约用地的国策，所谓节约集约用地，就是要在满足生产和安全要求的前提下，通过紧凑集中布置、联合或合并布置、重叠布置、采用占地小的先进工艺技术等措施提高土地利用率，达到节约用地的目的。

（1）紧凑布置，疏密得当。紧凑布置可最大程度地节约土地资源，减少各类管道、电缆、沟道、管架、燃料输送长度，道路及广场面积，最终达到减少原材料消耗、节约能源、降低造价和运行费用的目的。紧凑布置要以疏密得当为尺度，不要盲目追求过高的场地建筑系数和利用系数。要充分考虑建筑物的采光、通风、施工机械布置、施工安全等要求，努力在紧凑中求得在平面和空间上的良好组织。

首先，按照工艺流程的要求，围绕主厂房集中布置生产建（构）筑物和工艺装置是实现紧凑布置的有效途径。其次，在满足生产运行和安全卫生等要求的前提下，要尽量压缩厂房及管道之间的间距，必要时，可以采取重叠或立体交叉布置。例如，采用综合管架集中布置管线，利用主厂房区及烟道下的空间布置适宜的建（构）筑物或工艺设备，循环水管道布置在主变压器基础之下，架空管道支架与循环水管、下水管重叠布置等。

（2）按功能合理明确分区。发电厂的建（构）筑物和各种设施较多，可根据它们的生产特点、卫生和防火要求、运行管理方式、交通运输特点、动力的需要程度以及人流的多少等进行合理分区，并按区进行合理的规划和布置。以便于合理组织生产过程，缩短各种工程管线和运输线路，保证必要的卫生与防火间距，明确人流车流，创造较好的建筑群体，以达到改善运行管理条件，节省投资和节约用地的目的。例如渗沥液处理设施、燃油罐及油泵房和生产办公楼等不宜划在同一区内，若必须布置在一起，其间应以其他建筑隔开。又如冷却设施与屋外配电装置邻近布置时，其防护间距较大；若将冷却设施布置在锅炉房外侧，则防护用地就可以减少。类似这些在防火和卫生要求上相互对立的建（构）筑物，应避免紧靠在一起；这对于安全生产和减少防护用地等都有好处。

根据生物质发电厂的生产流程和管理体制，以及各建（构）筑物的功能要求，一般可划分为下列几个区。

1）主厂房；

2）配电装置；

3）燃料储存设施；

4）冷却设施；

5）化学水处理、循环水处理、净化站、污水站等；

6）检修维护、材料库；

7）危险品区域，如氨水罐、乙炔钢瓶间、燃油罐及油泵房等；

8）厂前行政管理和生活服务建筑。

以上各区包含的建（构）筑物，并非总平面布置设计的固定模式，实际设计中要根据每个工程的具体情况，因地制宜灵活处理。例如，从方便生产管理考虑，化学水处理室可与净水站布置在同一区；也可利用机械通风冷却塔的塔排之间的空地布置供氢站、生活污水处理设施等小型建（构）筑物。生物质发电厂一般属于小型发电厂，辅助生产建筑和工艺设施类别虽多，但大多规模和体量较小，因此，不宜过分强调分区布置。对于一些面积较小的设施，可利用主厂房区、冷却设施区空地布置，也可与邻近的辅助生产建筑联合布置。

各建（构）筑物和露天场地通常分区成列布置，各分区内部及区与区之间，建筑轮廓线要力求整齐。建筑物的宽度、长度要避免参差不齐，相差悬殊。建筑物及厂区、街区的平面形状，在满足使用要求的前提下，力求规正，尽量减少三角地带。

（3）采用占地小的先进工艺技术方案。我国人多地少，土地是宝贵资源，节约用地不能简单用投资大小衡量，要从节约资源的社会效益来考虑。节约用地要多措并举，采用占地小的先进工艺技术方案虽然可能会增加一定投资，但是可达到促进技术创新，节约土地资源的良好社会效益。总平面设计人员要根据工程特点和具体情况，引领工艺专业人员积极创新，优先采用占地小的先进工艺技术方案。如采用占地小的先进型机组、配电装置或组合电器，采用提升角度较大的燃料输送系统，燃油罐采用防火间距要求较小的卧式罐或地下储油罐等。

（4）联合或合并布置。即把一些性质或功能相近的车间集中布置在一个分区内，或合并成一座多功能建筑。如将净水站、化学水处理、废水处理、消防设施等整合集中布置，形成全厂水务管理区；将材料库和维修车间合并布置成一栋建筑；将生产、生活福利建筑集中设置为2个综合楼，即生产行政综合楼和生活服务综合楼等。建筑物联合或合并布置，有很好的节约用地效果，组合形成的内院不仅可以解决联合布置的大车间的通风和采光不足的问题，而且可以将原来堆放在外面的各种材料放在院内，并且还有了适当的露天操作场地。对建（构）筑物进行联合或合并布置时，由于分区内建（构）筑物较为集中紧凑，甚至形成较大体量，因此，要充分考虑交通运输和消防的要求，在地震区，还要考虑抗震要求。

（六）符合防火规定，确保安全生产

为了保障发电厂长期安全运行，总平面布置必须根据有关防火规定，保证建（构）筑物和其他设施之间的防火距离。为此，总图设计人员要全面了解全厂各建（构）筑物在生产或储存物品的过程中各自的火灾危险性及其应达到的最低耐火等级，本着预防为主的原则，充分考虑发生火灾时相邻建（构）筑物的相互影响，以及可能产生的财产损失和对人身安全的威胁，防止火灾和爆炸事故的蔓延和扩大。生物质发电厂各建（构）筑物和设施的防火间距按下列规范执行：GB 50016《建筑设计防火规范》、GB 50229《火力发电厂与变电站设计防火标准》、CJJ 90《生活垃圾焚烧处理工程技术规范》、GB 50762《秸秆发电厂设计规范》。

1. 火灾危险性分类

火灾危险性不同的建（构）筑物，在总平面布置中的要求也不同。按照生产过程中使用、加工物品（或物品在储存过程中）的火灾危险性，生产厂房和库房均分为五类。生物质发电厂各建（构）筑物在生产过程中的火灾危险性分类及其最低耐火等级见表22-1～表22-3。

表 22-1　主要生产建（构）筑物在生产过程中的火灾危险性分类及其最低耐火等级

序号	建筑物名称	生产过程中火灾危险性分类	最低耐火等级
1	主厂房（汽机房、除氧间、锅炉房）	丁	二级
2	垃圾卸料大厅、垃圾池	丙	二级
3	吸风机室	丁	二级
4	除尘构筑物	丁	二级
5	烟囱	丁	二级
6	干料棚、秸秆仓库	丙	二级
7	碎料室、运料栈桥、转运站、运料隧道	丙	二级
8	电气控制楼（主控制楼、网络控制楼）、继电器室	丙	一级
9	屋内配电装置楼（内有每台充油量大于 60kg 的设备）	丙	二级
10	屋内配电装置楼（内有每台充油量小于或等于 60kg 的设备）	丁	二级
11	屋外配电装置	丙	二级
12	油浸变压器室	丙	一级
13	总事故储油池	丙	一级
14	空冷凝汽器平台	戊	二级
15	脱硫吸收塔	戊	三级
16	脱硫控制楼	丁	二级
17	消石灰仓、生石灰仓	戊	三级
18	点火油罐和油泵房	乙	二级
19	灰库、渣仓	戊	三级
20	飞灰固化车间	丙	二级
21	岸边水泵房、循环水泵房	戊	二级
22	生活、消防水泵房，综合水泵房	戊	二级
23	稳定剂室、加药设备室	戊	二级
24	取水建（构）筑物	戊	二级
25	冷却塔	戊	三级
26	化学水处理室、循环水处理室	戊	二级

注　1. 除本表规定的建（构）筑物外，其他建（构）筑物的火灾危险性及耐火等级均应符合 GB 50016《建筑设计防火规范》的有关规定，火灾危险性应按火灾危险性较大的物品确定。
2. 电厂点火用油闪点不小于 60℃时，储油罐和油泵房、油处理室的火灾危险性应为丙类；当油处理室处理原油时，火灾危险性应为甲类。

表 22-2　辅助厂房在生产过程中的火灾危险性分类及其最低耐火等级

序号	建筑物名称	生产过程中火灾危险性分类	最低耐火等级
1	空气压缩机室（有润滑油）	丁	二级
2	天桥	戊	二级
3	雨水、污水、废水泵房	戊	二级
4	检修车间	戊	二级
5	渗沥液、污水、废水处理构筑物	戊	二级

续表

序号	建筑物名称	生产过程中火灾危险性分类	最低耐火等级
6	电缆隧道	丙	二级
7	柴油发电机房	丙	二级
8	供热首站	丁	二级
9	再生水深度处理构筑物	戊	二级
10	尿素制备及储存间	丙	二级
11	氨水储罐	丙	—

注 1. 除本表规定的建（构）筑物外，其他建（构）筑物的火灾危险性及耐火等级应符合 GB 50016《建筑设计防火规范》的有关规定。

2. 尿素制备及储存间采用水解时，火灾危险性应为乙类。

表 22-3　　附属建筑物在生产过程中的火灾危险性分类及其最低耐火等级

序号	建筑物名称	生产过程中火灾危险性	最低耐火等级
1	生产行政办公楼	—	二级
2	特种材料库	丙	二级
3	一般材料库	戊	二级
4	材料库棚	戊	二级
5	汽车库	丁	二级
6	消防车库	丁	二级
7	食堂、浴室	—	二级
8	夜班休息楼、周值班宿舍、检修宿舍	—	二级
9	警卫传达室	—	二级
10	非机动车停车棚	—	四级

注 1. 当特种材料库储存氢、氧、乙炔等气瓶时，火灾危险性按储存火灾危险性较大的物品确定。

2. 除本表规定的建（构）筑物外，其他建（构）筑物的火灾危险性及耐火等级均应符合 GB 50016《建筑设计防火规范》的有关规定。

2. 厂区总平面布置防火要求

厂区应划分重点防火区域。重点防火区域的划分及区域内的主要建（构）筑物见表 22-4。

表 22-4　　重点防火区域及区域内的主要建（构）筑物

重点防火区域	区域内主要建（构）筑物
主厂房区	主厂房（汽机房、除氧间、锅炉房）、集中控制楼、除尘器、吸风机室、烟囱、脱硫装置（干法）、靠近汽机房的各类油浸变压器
配电装置区	配电装置的带油电气设备、网络控制楼或继电器室
点火油罐区	油泵房、储油罐、含油污水室
燃料储存区	干料棚、秸秆仓库、转运站、运料隧道、栈桥
氨水区	氨水储罐
消防水泵房区	消防水泵房、蓄水池
材料库区	一般材料库、特殊材料库、材料棚库

厂区总平面布置应符合下列要求。

(1) 主厂房区、储油罐及油泵房区、燃料储存区周围应设置环形消防车道，其他重点防火区域周围宜设置消防车道。消防车道可利用交通道路。当设置环形消防车道有困难时，可沿长边设置尽端式消防车道，并应设回车道或回车场。回车场的面积应不小于12m×12m；供大型消防车使用时，不应小于18m×18m。

(2) 重点防火区域之间的电缆沟（电缆隧道）、运料栈桥、运料隧道及油管沟应采取防火分隔措施。

(3) 消防车道的净宽度不应小于4.0m，坡度不宜大于8%。道路上空遇有管架、栈桥等障碍物时，其净高不宜小于5.0m，在困难地段不应小于4.5m。

(4) 厂区的出入口不应少于2个，其位置应便于消防车出入。

(5) 厂区围墙内的建（构）筑物与围墙外其他建（构）筑物的间距，应符合GB 50016《建筑设计防火规范》的有关规定。

(6) 消防站的布置应符合下列规定。

1) 消防站应布置在厂区的适中位置，避开主要人流道路，保证消防车能方便、快速地到达火灾现场。

2) 消防站车库正门应朝向厂区道路，距厂区道路边缘不宜小于15.0m。

(7) 油浸变压器与汽机房、屋内配电装置楼、主控楼、集中控制楼及网控楼的间距不应小于10m。

(8) 厂区采用阶梯式竖向布置时，可燃液体储罐区不宜毗邻布置在高于全厂重要设施或人员集中场所的台阶上。确需毗邻布置在高于上述场所的台阶上时，应采取防止火灾蔓延和可燃液体流散的措施。

(9) 点火油罐区的布置应符合下列规定。

1) 应单独布置。

2) 点火油罐区四周，应设置1.8m高的围栅；当利用厂区围墙作为点火油罐区的围墙时，该段厂区围墙应为2.5m高的实体围墙。

3) 点火油罐区的设计，应符合GB 50074《石油库设计规范》的有关规定。

(10) 厂区管线与电力线路的综合布置应符合下列规定。

1) 甲、乙、丙类液体管道和可燃气体管道宜架空敷设；沿地面或低支架敷设的管道不应妨碍消防车的通行。

2) 甲、乙、丙类液体管道和可燃气体管道不得穿过与其无关的建筑物、构筑物、生产装置及储罐区等。

3) 架空电力线路不应跨越用可燃材料建造的屋顶及甲、乙类建筑物、构筑物；不应跨越甲、乙、丙类液体储罐区及可燃气体储罐区。

(11) 厂区内建（构）筑物、设备之间的防火间距不应小于GB 50229—2019《火力发电厂与变电站设计防火标准》中表4.0.14的规定；高层厂房之间及与其他厂房之间的防火间距，应在表4.0.14规定的基础上增加3m。

(12) 甲、乙类厂房与重要公共建筑的防火间距不宜小于50m。

(13) 当同一座主厂房呈凵形或Ш形布置时，相邻两翼之间的防火间距应符合GB 50016《建筑设计防火规范》中厂房的防火间距的有关规定。

(14) 厂区内建（构）筑物、设备之间的最小间距不应小于表22-5的规定。

表 22-5　　生物质能发电厂各建（构）筑物的最小间距　　m

序号	建筑物名称		乙类建筑耐火等级（单、多层）	丙、丁、戊类建筑耐火等级				屋外配电装置	主变压器或屋外厂用变压器油量（t/台）			自然通风冷却塔	机械通风冷却塔	制氢、供氢间	储氢罐 罐区总容量 $V(m^3)$		储油罐 罐区总容量 $V(m^3)$				行政生活服务建筑（单、多层）		铁路中心线		厂外道路（路边）	厂内道路（路边）		围墙
				单、多层			高层																					
			一、二级	一、二级	三级	四级	一、二级		5≤V≤10	10<V≤50	V>50				V≤1000	1000<V≤10 000	V≤50	50<V≤200	200<V≤1000	1000<V≤5000	一、二级	三级	厂外	厂内		主要	次要	
1	乙类建筑耐火等级（单、多层）	一、二级	10	10	12	14	13	25	25			15～30⑤		12	12	15	12	15	20	25	25		有出口时5～6，无出口时3		无出口时1.5，有出口但不通行汽车时3，通行车辆时6～9（根据车型）			5
2	丙、丁、戊类建筑耐等级 单、多层	一、二级	10	10	12	14	13	10	12	15	20			12	12	15	12	15	20	25	10	12						
		三级	12	12	14	16	15	12	15	20	25			14	15	20	15	20	25	30	12	14						
		四级	14	14	16	18	17	14	20	25	30			16	20	25	20	25	30	40	14	16						
	高层	一、二级	13	13	15	17	13	13	12	15	20	30⑤	30	15	15	18	12	15	20	25	13	15						
3	屋外配电装置		25	10	12	14	13	—	—			25～40⑥	40～60④	25	25	30	30	35	40	50	10	12	—		—			—
4	主变压器或屋外厂用变压器油量 V(t/台)	5≤V≤10	25	12	15	20	12	—	—						25	30	30	35	40	50	15	20	—		—			—
		10<V≤50		15	20	25	15														20	25	—		—			—
		V>50		20	25	30	20														25	30	—		—			—
5	自然通风冷却塔		15～30⑤					30⑤	25～40⑥			0.5D①	40～50③	20	20	20	20	20	25	30	湿冷塔30，间冷塔⑤		25⑨	15	25⑨	湿冷塔10，间冷塔5		10
6	机械通风冷却塔							30	40～60④			40～50③	②	25	25	25	25	25	30	35	湿冷塔35，间冷塔⑤		35⑨	20	35⑨	湿冷塔15，间冷塔5		15
7	露天卸秸秆装置或秸秆堆场储量 W（t）	10≤W<5000	15	15	20	25	15	50				25～30⑦	40～45⑦	25	20	25	注7				25		30	20	15	10	5	5
		5000<W<10 000	20	20	25	30	20							25							30							
		W≥10 000	25	25	30	40	25							32							40							
8	制氢、供氢间		12	12	14	16	15	25				20	25	—	15	25	30				25		30	20				
9	储氢罐总容积 V（m^3）	V≤1000	12	12	15	20	15	25						15	D⑧	25					25		25	20				
		1000<V≤10 000	15	15	20	25	18	30						15							30							

续表

序号	建筑物名称		乙类建筑耐火等级（单、多层）	丙、丁、戊类建筑耐火等级				屋外配电装置	主变压器或屋外厂用变压器油量（t/台）			自然通风冷却塔	机械通风冷却塔	制氢、供氢间	储氢罐		储油罐				行政生活服务建筑（单、多层）		铁路中心线		厂外道路（路边）	厂内道路（路边）		围墙
				单、多层			高层								罐区总容量 $V(m^3)$		罐区总容量 $V(m^3)$											
			一、二级	一、二级	三级	四级	一、二级		$5 \leqslant V \leqslant 10$	$10 < V \leqslant 50$	$V > 50$				$V \leqslant 1000$	$1000 < V \leqslant 10\ 000$	$V \leqslant 50$	$50 < V \leqslant 200$	$200 < V \leqslant 1000$	$1000 < V \leqslant 5000$	一、二级	三级	厂外	厂内		主要	次要	
10	储油罐罐区总容量 $V(m^3)$	$V \leqslant 50$	12	12	15	20	12	30				20	25	25	25		注 8				25		35 国铁 50	25	20	15	10	8
		$50 < V \leqslant 200$	15	15	20	25	15	35				20	25								25	25						
		$200 < V \leqslant 1000$	20	20	25	30	20	40				25	30								25	32						
		$1000 < V \leqslant 5000$	25	25	30	40	25	50				30	35	30							32	38						10
11	行政生活服务建筑（单、多层）	一、二级	25	10	12	14	13	10	15	20	25	湿冷塔 30，间冷塔⑤	湿冷塔 35，间冷塔⑤	25	25	30	25	25	25	32	6　7	9	有出口时 5～6，无出口时 3		无出口时 1.5，有出口不通行汽车时 3			5
		三级	25	12	14	16	15	12	20	25	30						25	25	32	38	7　8	10						
12	围　墙		5					—	—			10	15	5							5				2	1.0		—

注　1. 表中的储油罐按乙类油品地上固定顶储罐。储油罐区内各建（构）筑物、设施之间的防火距离按 GB 50074《石油库设计规范》的有关规定执行。
2. 生产工艺有特殊要求的建（构）筑物至厂内、外道路边缘的最小净距应符合现行有关规范的规定。
3. 与屋外配电装置的最小间距应从构架上部的边缘算起。
4. 表中油浸变压器外轮廓同丙、丁、戊类建（构）筑物的防火间距，不包括汽机房、屋内配电装置楼、主控制楼、集中控制楼及网络控制楼。
5. 表中氢气罐总容积应按其水容积（m^3）和工作压力（绝对压力，kg/cm^2）的乘积计算。总容积不超过 $20m^3$ 的氢气罐与所属厂房的防火间距不限。
6. 秸秆堆场总储量大于 20 000t 时，宜分设堆场；各堆场之间的最小距离不应小于相邻较大堆场与四级耐火等级建筑物的间距；不同性质堆场之间的间距不应小于本表相应储量堆场与四级耐火等级建筑物间距的最大值。
7. 秸秆堆场与储油罐最小间距不应小于秸秆堆场与四级耐火等级建筑物、储油罐与四级耐火等级建筑物间距的较大值。
8. 按 GB 50074《石油库设计规范》的有关规定执行。
9. 表中制氢、供氢间、储氢罐与厂内外铁路间距按非电力机车考虑。
10. 表中行政生活服务建筑是指生产行政综合楼、食堂、浴室、宿舍、消防车库、警卫传达室等建筑物。
11. 表中自然通风冷却塔距离的计算点为塔底零米标高斜支柱中心处；散热器塔内卧式布置的自然通风间接空冷塔（表中简称间冷塔），冷却塔距离的计算点为塔底零米标高斜支柱中心处，冷却塔进风口高度为冷却塔零米至风筒底部间的垂直高度；散热器周立式布置的自然通风间接空冷塔，冷却塔距离的计算点为散热器外围，冷却塔进风口高度为冷却三角进风高度。
12. 表中最小间距的计算方法应符合 DL/T 5032—2018《火力发电厂总图运输设计规范》附录 A 的有关规定。
①取相邻较大塔的直径。当采用非塔群布置时，塔间距可为 0.45D，但散热器塔内水平布置的自然通风间接空冷塔，塔间净距还不宜小于 4 倍较高塔的进风口高度，散热器垂直布置的自然通风间接空冷塔，塔间净距还不宜小于 3 倍较高塔的进风口高度。在场地条件受限时，塔间距可通过模型试验研究适当进行缩减，但对于逆流式自然通风冷却塔不应小于 4 倍进风口高度，对于横流式自然通风冷却塔不应小于 3 倍进风口高度。
②长轴位于同一直线上的相邻塔排净距不应小于 4m，长轴不在同一直线上相互平行布置的塔排净距不应小于塔的进风口高度的 4 倍。周围进风的机械通风冷却塔之间的净距不应小于冷却塔进风口高度的 4 倍。
③自然通风湿式冷却塔与机械通风湿式冷却塔之间的距离不宜小于自然通风冷却塔进风口高度的 2 倍加 0.5 倍机械通风冷却塔或塔排的长度，并不应小于 40m，必要时可通过模型试验确定其间距。
④在非严寒地区采用 40m，严寒地区采用有效措施后可小于 60m；机械通风间接空冷塔与屋外配电装置、变压器的间距不宜小于 30m。
⑤不包括主厂房、封闭式储料场；湿式冷却塔与主控楼、单元控制楼、计算机室等建筑物采用 30m，水工设施等建（构）筑物采用 15m，其余建（构）筑物采用 20m；散热器垂直布置的间接空气冷却塔与建（构）筑物的间距不宜小于建（构）筑物高度与 0.4 倍散热器高度之和；散热器水平布置的间接空气冷却塔与建（构）筑物的间距不宜小于建（构）筑物高度与 0.4 倍塔进风口高度之和；特别高大、同时体量也很大的建（构）筑物与间接空气冷却塔的间距宜通过专项研究确定。
⑥当湿式冷却塔位于屋外配电装置冬季盛行风向的上风侧时为 40m，位于冬季盛行风向下风侧时为 25m；当为间接空气冷却塔时，与屋外配电装置、变压器的间距不宜小于 30m。
⑦露天秸秆装置或秸秆堆场与冷却塔之间的距离，当冷却塔位于粉尘源全年盛行风向下风侧时取大值，位于上风侧时取小值。
⑧D 为相邻较大储氢罐直径。
⑨自然通风间接空气冷却塔与厂外铁路中心线和厂外道路路边的间距不宜小于 20m，机械通风间接空气冷却塔与厂外铁路中心线和厂外道路路边的间距不宜小于 25m。

在执行表 22-5 要求的同时，还应遵守下列规定。

1）两座厂房相邻较高的一面外墙为防火墙时，或相邻两座高度相同的一、二级耐火等级建筑中的相邻任一侧外墙为防火墙且屋顶的耐火极限不小于 1h，其最小间距不限，但甲类厂房之间不应小于 4m。

2）两座丙、丁、戊类建筑物相邻两面的外墙均为非燃烧体且无外露的燃烧体屋檐，当每面外墙上的门窗洞口面积之和各不超过该外墙面积的 5%且门窗洞口不正对开设时，其间距可减少 25%。

3）甲、乙类厂房与民用建筑（单、多层）之间的最小间距不应小于 25m；距重要的公共建筑，甲类厂房最小间距不应小于 50m，乙类厂房的最小间距不宜小于 50m。

4）戊类厂房之间的间距，可按表 22-5 减少 2m。

5）两座一、二级耐火等级厂房，当相邻较低一面外墙为防火墙且较低一座厂房的屋顶无天窗，屋盖耐火极限不低于 1h 时；或当相邻较高一面外墙的门窗等开口部分设有甲级防火门、窗或防火分隔水幕或按相应要求设有防火卷帘时其防火间距可适当减少，但甲、乙类厂房不应小于 6m，丙、丁、戊类厂房不应小于 4m。

6）数座耐火等级不低于二级的厂房（除高层厂房和甲类厂房外），其火灾危险性为丙类，占地面积总和不超过 8000m^2（单层）或 4000m^2（多层），或丁、戊类不超过 10 000m^2（单、多层）的建筑物，可成组布置，组内建筑物之间的距离：当高度不超过 7m 时，不应小于 4m；超过 7m 时，不应小于 6m。

组与组或组与相邻建筑的最小间距，应根据相邻两座中耐火等级较低的建筑，按表 22-5 执行。

7）油浸变压器与汽机房、屋内配电装置楼、主控楼、集中控制楼及网控楼的间距不应小于 10m。

当小于 10m 时，在变压器外轮廓投影范围外侧各 3m 内的外墙应为防火墙；当防火墙上无门、窗、洞口和通风孔时，间距可小于 5m；当防火墙上设有防火门窗时，间距不应小于 5m。

当上述建筑物墙外 5m 以内布置有变压器时，在变压器外轮廓投影范围外侧各 3m 内的外墙上不应设置门、窗、洞口和通风孔，且该区域外墙应为防火墙；当墙外 5～10m 范围内布置有变压器时，在上述外墙上可设置防火门，变压器高度以上可设防火窗。

油浸变压器与其他丙、丁、戊类建筑物（除民用建筑外）之间的距离应满足表 22-5 的相应要求。在场地困难时，其与变压器外轮廓投影范围外各 3m 内的外墙上为防火墙，同时设置甲级防火门，变压器高度以上设防火窗时，其间距可适当减少，但不得小于 5m。

屋外油浸变压器之间的间距由安装工艺确定。

8）架空高压电力线边导线应在考虑最大计算风偏影响后，边导线与丙、丁、戊类建（构）筑物的最小净空距离，110kV 为 4m，220kV 为 5m，330kV 为 6m，500kV 为 8.5m，750kV 为 11m，1000kV 为 15m。高压输电线不宜跨越永久性建筑物，当必须跨越时，架空高压电力线应在考虑最大计算弧垂情况下，导线与建筑物的最小垂直距离，110kV 为 5m，220kV 为 6m，330k 应为 7m，500kV 为 9m，750kV 为 11.5m，1000kV 为 15.5m。并应对建筑物屋顶采取相应的防火措施。

架空高压电力线与甲类厂房、甲类仓库、可燃材料堆垛，甲、乙类液体储罐、可燃、助燃气体储罐的最小水平距离不应小于杆塔高度的 1.5 倍，与丙类液体储罐的最小水平距离不应小于杆塔高度的 1.2 倍。

9）自然通风冷却塔与机械通风冷却塔之间的距离不宜小于自然通风冷却塔进风口高度的 2 倍加 0.5 倍机械通风冷却塔或塔排的长度，并不小于 40～50m，必要时可通过模型试验确定其间距。

空冷平台与机械通风（湿冷、空冷）冷却塔的净距不宜小于空冷平台和机械通风冷却塔进风口高度之和。

10）湿式自然通风冷却塔与主厂房之间的距离不宜小于 50m。在改、扩建厂及场地困难时可适当缩减，当冷却塔淋水面积小于或等于 3000m^2 以下时，不小于 24m；大于 3000m^2 时，不小于 35m。

11）冬季采暖室外温度在 0℃以上的地区，机械通风湿式冷却塔与屋外配电装置和道路之间的距离应按表 22-5 中数值减少 25%；冬季采暖室外计算温度在－20℃以下的地区机械通风湿式冷却塔与相邻设施（不包括屋外配电装置和散发粉尘的原料、燃料及材料堆场、道路）之间的间距应按表 22-5 中数值增加 25%，当设计规定在寒冷季节冷却塔不运行时，其间距不增加。

小型机械通风冷却塔与相邻设施之间的间距可适当减少，但不得小于 4 倍进风口高度。

12）空冷平台和运料栈桥下方布置建（构）筑物时，其建（构）筑物的外墙和屋面板应采取相应的防火措施。当变压器位于空冷平台下方时，在变压器水平轮廓外 2m 投影范围内上方应采取相应的防火隔离措施。

13）管道支架柱或单柱与道路边的净距不小于 1m。

14）厂内道路边缘至厂内铁路中心线间距不小于 3.75m。

15）总事故储油池至火灾危险性为丙、丁、戊类生产建（构）筑物（一、二级耐火等级）的距离不应小于 5m，至生活建筑物（一、二级耐火等级）的距离不应小于 10m。

16）A 排外储油箱防火间距按变压器防火间距考虑。

17）燃油处理室处理的油品为重油时，与其他建（构）筑物的间距按丙类二级考虑。

18）与厂区围墙外相邻建筑的间距应满足相应建筑的防火间距要求。

19）秸秆堆场与明火或散发火花地点的最小间距应按表 22-5 中四级耐火等级建筑物的相应规定增加 25%。

发电厂各建（构）筑物的最小间距的计算方法如下。

a. 建筑物之间的计算间距应按相邻建筑外墙的最近水平距离计算，当外墙有凸出的可燃或难燃构件时，应从其凸出部分外缘算起。

建筑物与储罐、堆场的最小间距，应为建筑外墙至储罐外壁或堆场中相邻堆垛外缘的最近水平距离。

b. 储罐之间的计算间距应为相邻两储罐外壁的最近水平距离。

储罐与堆场的计算间距应为储罐外壁至堆场中相邻堆垛外缘的最近水平距离。

c. 堆场之间的计算间距应为两堆场中相邻堆垛外缘的最近水平距离。

d. 变压器之间的防火间距应为相邻变压器外壁的最近水平距离。

变压器与建筑物、储罐或堆场的防火间距，应为变压器外壁至建筑外墙、储罐外壁或相邻堆垛外缘的最近水平距离。

e. 建筑物、储罐或堆场与道路、铁路的最小间距，应为建筑外墙、储罐外壁或相邻堆垛外缘距道路最近一侧路边或铁路中心线的最小水平距离。

f. 建筑物、储罐或堆场与汽车罐车装卸设施的最小间距，应为建筑外墙、储罐外壁或相邻堆垛外缘距汽车罐车装卸作业时鹤管或软管管口中心的最小水平距离。

（七）注意气象风向影响

厂址区域的气象风向条件对发电厂建（构）筑物的防火、通风，粉尘、噪声污染，冷却设施的冷却效果，水汽飘散等有重要作用，因此，总平面布置要充分考虑气象风向的影响，在设计中不可忽视。在总平面设计中，应充分研究当地风向；除应收集当地气象台站的观测资料外，尚须结合当地的自然条件，进行综合分析，注重实地调查，摸清当地盛行风向的规律，使各建（构）筑物的布置充分适应建厂地区的风向条件。

1. 障碍物对空气气流的影响

空气气流遇到障碍物后其方向、密度、速度发生变化，并在障碍物背风面产生复杂的湍流现象。如图 22-1 所示，当大气流过障碍物时，因受到阻碍，在障碍物迎风面下部，风速减弱并且有上升气流（遇到直立的障碍物时，其迎风面由于气流的撞击作用而使静压高于大气压，其风向与来风风向相反，伴随湍流涡动）；障碍物顶部，因为气流流线加密而风速加强；而在障碍物背风面，因气流流线辅助扩散，风速急剧减弱并且有下沉气流，由于重力和惯性作用，背风面气流往往成波状流动，称为尾流扰动区。尾流扰动区风速会降低，还会产生很强的湍流，且该区域空气循环流动，与周围大气仅有少量交换。在孤立的障碍物两侧气流，与顶部受到相同的影响，同样风速加强。

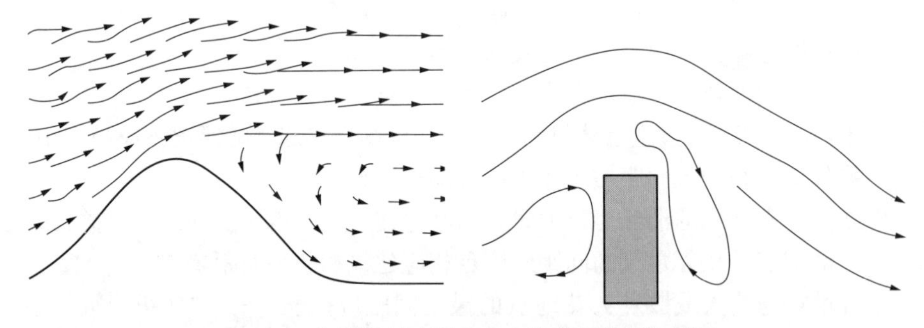

图 22-1 气流越过山丘和直立障碍物典型矢量图

理想状态下，对于一个地点来说，障碍物迎风面方向和所处位置上的气流通过面积和速度成反比。因为障碍物迎风面方向上的气流通过面积大于障碍物所处位置的气流通过面积，所以障碍物顶部和两侧（孤立的障碍物）风速高于其迎风面。障碍物背风面，从障碍物顶部和两侧流过的外侧气流基本不受影响继续往后流过，而内侧气流受到障碍物背风面空旷区影响：一方面，因背风面空旷区影响，面积增大而速度下降；另一方面，由于重力和惯性作用，气流波状流动，从而产生很强的湍流。所谓湍流是指风速、风向及其垂直分量的迅速扰动或不规律性。另外，受到外侧气流的保护，该区域空气循环流动而与周围大气仅有少量交换。

障碍物对空气气流的影响延续至山群时会发生峡谷效应。比如两座山体连线垂直于风向时，即风向与山谷走向一致时，山谷中的风速得到很大的增强。原因是气流受到单个山体阻碍后，山体两侧风速加强，两座山头之间的山谷中两侧的速度本已加强的风力继续叠加在一块，成为强度更大的风力，形成峡谷效应。

2. 障碍物对冷却塔的影响

障碍物对气流的改变会影响发电厂冷却塔的通风和散热，气流动力干扰会影响冷却塔的结构设计，进而影响冷却塔的结构安全和发电厂运行的热效率、经济性。因此，在进行总平面布置时，要特别重视冷却塔与周围建（构）筑物的距离是否符合要求。具体要求在上文中已有介绍，在此仅以空气冷却塔为例从空气流体力学原理加以解析（自然通风冷却塔同理），以便对有关要求的深入理解和在实际工程中灵活应用。

确定空气冷却塔与建（构）筑物之间相对位置时，主要把通风和气流动力干扰作为首要考虑因素。根据障碍物对空气气流的影响原理，合理确定空气冷却塔与建（构）筑物之间的相对位置，降低气流动力干扰影响。国内空气冷却塔与建（构）筑物的相互通风干扰研究一般都基于湿式冷却塔的研究成果，即

$$L_{min}=0.4H+h \tag{22-1}$$

式中　L_{min}——空气冷却塔与建（构）筑物之间最小避让距离，m；

H——空气冷却塔有效进风高度，m；

h——建（构）筑物高度，m。

式（22-1）的原理如图 22-2 所示：首先把冷却塔有效进风面看作为以冷却塔进风高度 H 为半径的扇形面，其次以冷却塔进风高度 H 为半径的扇形面与建（构）筑物影响高度 h 与短边的 45°三角区面不交叉时，可以认为空气冷却塔与建（构）筑物之间避免了基本的气流影响。根据几何原理，建（构）筑物影响气流的尾流扰动区水平距离等于其影响高度 h；以冷却塔进风高度 H 为半径的扇形面与建（构）筑物影响气流的尾流扰动区的 45°斜线的切线夹角为 45°，而扇形面半径延伸线连接至 45°斜线与地面交叉点时正好形成 22.5°夹角，tan22.5°=0.414 214。因此，空气冷却塔与建（构）筑物之间最小避让距离 $L_{min}=0.414\ 214H+h$，简化为 $L_{min}=0.4H+h$。

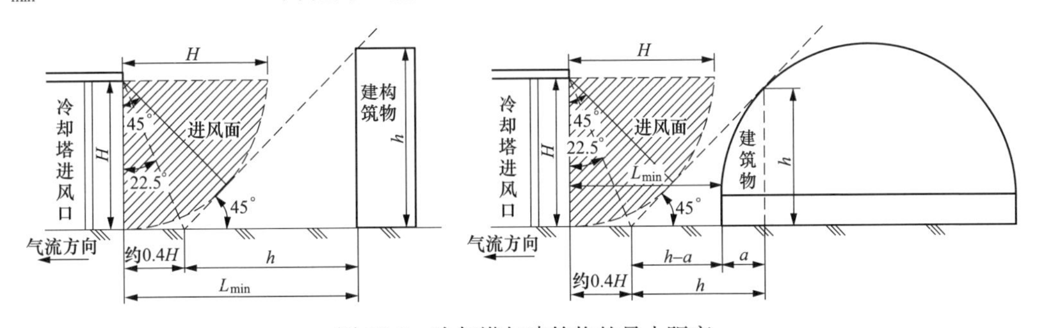

图 22-2　冷却塔与建筑物的最小距离

3. 合理利用气象风向，减少污染危害

生物质发电厂在生产过程中会散发一些污染物和难闻气味，如烟囱排放的有害气体和微粒，露天秸秆堆场的飘散物，燃料气味，氨水、酸碱的气味和挥发物，冷却设施逸出的水滴和蒸发的水汽等。这些有害物质和难闻气味、臭味，可能因为风的作用而扩散，造成

更大范围的污染。但是，通过总平面布置合理利用当地的气象风向，则可以借助风的稀释作用而减轻有害影响。

散发有害气体、粉尘的车间，应布置在其他生产车间特别是精密仪表车间、生产（工作）人员集中的建筑和生活居住建筑盛行风向的下风侧；若常年存在 2 个风频大体相等、风向基本相反的盛行风向地区，应按影响较严重的季节盛行风向或最小频率风向来决定其布置方位。如冷却设施散发的水汽冬季危害较大，则应布置在屋外配电装置等主要生产建筑物季节盛行风向的下风侧，燃料储存区应布置在冷却池等建（构）筑物最小频率风向的上风侧。散发有害气体、粉尘、余热等的车间，应布置在生产工作人员集中或生活居住建筑夏季盛行风向的下风侧；有明显的最小频率风向时，则应在最小频率风向的上风侧。在静风频率比较大的地区，考虑的问题应有所不同。所谓静风，是指小于 1.0m/s 的风速。故静风可理解为很微弱的风。在静风频率较大的地区，也应争取建（构）筑物的风向上处于合理的位置，但在静风频率较大的地区，仅注意风向是不全面的，因为在静风条件下，往往伴随着逆温，污染浓度会增加，扩散范围会相对减少。所以布置时要使污染源相对集中，并与其他建筑物保持较大的距离。粉尘、气味等由于风力作用造成的污染，在静风条件下则会减轻。

在山区，面向盛行风向的山坡称迎风坡；反之，称背风坡。迎风坡一侧的车间排出的气体和微粒可以顺风扩散，而背风坡一侧排出的有害气体和微粒不仅不易扩散，且越山风造成山背后的涡流，把从山坡向上吹的物质带向地面造成污染，尤其在风向与山脊垂直时最为严重（如图 22-3 所示）。在这种情况下，对烟气抬升高度和扩散以及冷却塔的冷却效果均有影响。因此，发电厂的烟囱、冷却塔宜离开背山坡一段距离布置。具体离开距离宜根据模型试验结果确定。

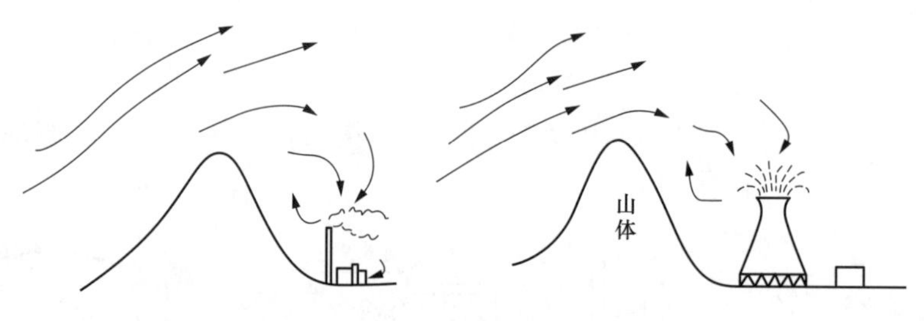

图 22-3　背风坡的涡流

4. 风向与防火安全

风向对于防火安全有重要的作用。在总平面布置中，通常应根据风向来选择并决定易燃易爆生产装置与其他建筑（特别是散发火花和明火车间）之间的位置，以防止火灾的发生和蔓延。在常年盛行风向比较固定的地区，发电厂的氢氧站、燃油设施等易燃易爆车间应布置在散发火花和明火地点盛行风向的上风侧，并位于主要建（构）筑物和生活居住建筑的下风侧。在存在 2 个风向频率大体相等、风向相反或最小风频比较明显的地区，火灾危险性较大的建（构）筑物、堆场或使用明火作业的车间，应布置在厂区主要建（构）筑物最小频率风向的上风侧。

5. 朝向与通风

发电厂建筑物的朝向，应根据厂区的地理位置和气象条件，并考虑建筑物的使用要求和建筑特点等综合因素确定。尽量使主要建筑物具有良好的自然采光和自然通风，并尽可能避免西晒。我国大部分城镇处于北半球中低纬度地区，从自然采光和过度日晒的角度看，建筑物宜坐北朝南，全国部分地区建筑朝向选择可参见表 22-6。

表 22-6　全国部分地区建筑朝向

地区	最佳朝向	适宜朝向	不宜朝向
北京	南偏东 30°以内 南偏西 30°以内	南偏东 45°范围内 南偏西 45°范围内	北偏西 30°～60°
上海	南至南偏东 15°	南偏东 30° 南偏西 15°	北、西北
石家庄	南偏东 15°	南至南偏东 30°	西
太原	南偏东 15°	南偏东到东	西北
呼和浩特	南至南偏东 南至南偏西	东南、西南	北、西北
哈尔滨	南偏东 15°～20°	南至南偏东 15° 南至南偏西 15°	西、西北、北
长春	南偏东 30° 南偏西 10°	南偏东 45° 南偏西 45°	北、东北、西北
沈阳	南、南偏东 20°	南偏东至东 南偏西至西	东北东至西北西
济南	南、南偏东 10°～15°	南偏东 30°	西偏东 5°～10°
南京	南偏东 15°	南偏东 25° 南偏西 10°	西、北
合肥	南偏东 5°～15°	南偏东 15° 南偏西 5°	西
杭州	南偏东 10°～15° 北偏东 6°	南、南偏东 30°	北、西
福州	南、南偏东 5°～10°	南偏东 20°以内	西
郑州	南偏东 15°	南偏东 25°	西北
武汉	南偏西 15°	南偏东 15°	西、西北
长沙	南偏东 9°左右	南	西、西北
广州	南偏东 15° 南偏西 5°	南偏东 22°30′ 南偏西 5°至西	
南宁	南、南偏东 15°	南、南偏东 15°～25° 南偏西 5°	东、西
西安	南偏东 10°	南、南偏西	西、西北
银川	南至南偏东 23°	南偏东 34° 南偏西 20°	西、北
西宁	南至南偏西 30°	南偏东 30°至南偏西 30°	北、西北

续表

地区	最佳朝向	适宜朝向	不宜朝向
乌鲁木齐	南偏东 40° 南偏西 30°	东南、东、西	北、西北
成都	南偏东 45°至南偏西 15°	南偏东 45°至东偏北 30°	西、北
昆明	南偏东 25°～56°	东至南至西	北偏东 35° 北偏西 35°
拉萨	南偏东 10° 南偏西 5°	南偏东 15° 南偏西 10°	西、北
重庆	南、南偏东 10°	南偏东 15° 南偏西 5°、北	东、西
厦门	南偏东 5°～10°	南偏东 22°30′ 南偏西 10°	南偏西 25° 西偏北 30°

从有利于通风的角度考虑，建筑物宜朝向夏季盛行风向，建筑物的迎风面同盛行风向的夹角；单独的或在坡地上的建筑物最好在 90°左右，平地建筑群的建筑物最好在 30°～60°。这样，风能自由地吹进建筑群里，使所有建筑物皆可获得较好的通风条件。

当建筑朝向不能同时满足日照和通风要求时，应根据两者中对生产影响较大的因素予以确定，并采取措施，减少和限制另一方面的不利影响，如从建筑平面、剖面以至建筑细部、绿化等方面进行处理。在北方严寒或风沙较大的地区，建筑物要避免面向有害且经常重复的风向，如大风雪等方向。

建筑物间的距离，除满足防火要求外，尚要保证后一幢建筑物的通风条件和必要的日照时数，这对分别处于南方炎热地区和北方寒冷地区尤为重要。

6. 环境噪声的控制

发电厂的噪声源主要有主厂房、冷却塔、空气压缩机室、破碎机室等，发电厂环境噪声影响的控制，主要依靠改进工艺，如研制和选择精度高、噪声低的设备，增设消声器，以及在噪声源周围设置防噪墙等措施，才能有效地减少环境噪声的影响。

总平面布置中控制环境噪声的措施如下。

（1）分类集中。根据发电厂环境噪声的传播特点，对带噪声源的建筑物和有防噪声要求的建筑物，在不妨碍工艺布置的条件下，宜分类集中布置。发电厂带声源建筑与防噪声建筑物的分类见表 22-7。

表 22-7　　带声源建筑与防噪声建筑物的分类

建筑类别	声源与防噪声	分类标准或所属建筑物
声源建筑	带强噪声源	声源噪声值在 90～115dB
	带一般噪声源	声源噪声值在 80～90dB
防噪声建筑	严格防噪声	主控制室、集中控制室、通信室、总机室、计算机室、值班宿舍等
	一般防噪声	办公室、会议室、化验室、医务室等

强噪声源宜集中布置在对安静区域影响较小的地段，如常年盛行风的下风侧、有密集

的树林作屏障和低洼处等。对防噪声要求较严格的建筑物宜布置在常年盛行风向的上风侧或侧风向，在强声源建筑和要求安静的建筑之间，可布置对安静要求不高或低噪声建筑。

（2）适当加大间距，变换建筑物布置方位。

（3）避免正对噪声源，要求安静的建筑物门、窗沿口避免正对强声源，减少窗洞面积数量。

（4）利用比较集中的绿化区降低噪声。

（八）交通运输方便，路线简洁顺畅

生物质发电厂的交通运输基本上是依托公路。运输线路布置是否合理，直接影响基建投资的经济性和运行的安全性。因此，其厂内外道路的布置应根据近远期规模、运输量并结合总平面布置的要求，进行统一考虑。

当不可避免地要与厂外铁路、通行量较大的道路发生交叉时，宜根据实际情况设立体交叉。

厂内各功能分区宜用道路加以划分，并注意满足各建（构）筑物之间的货流、人流和消防要求。运输线路要简洁、顺畅，避免迂回重复。主要道路与建（构）筑物的距离，应满足引道或支路连接的要求。

进厂主出入口和食堂、办公楼等人流集中的出入口附近宜设有一定面积的活动广场。进厂主干道和厂内主要道路应合理划分人流、车流的行走路线，尽可能避免相互干扰。

（九）建筑群体组合，整齐美观协调

总平面布置除了应满足工艺流程要求外，还要追求发电厂这一建筑群体的整体景观，处理好全厂的远视轮廓、厂区的空间组织和建筑群体及其与周围环境的协调等问题。

远视轮廓应从人们来往最为频繁，最容易看到并引起注目，以及在现存的或规划中有较高观瞻要求的方向，来改善人们的视觉感受。为了解决好远视轮廓，一是要将电厂的主体建筑（主厂房）充分暴露，以完整地反映发电厂的巨大规模和宏伟形象；二是要将高大的冷却水塔、烟囱和主厂房的相对位置选择得恰当，减少相互重叠，增加天际线的起伏变化，并使相互间及其本身或前后期配合得协调；三是远视轮廓与周围环境、地形地貌的有机配合。犹如移步异景，当视觉进入发电厂区域空间时，让人们立刻看到发电厂最具有景观特色的主厂房固定端与汽机房立面，以及整齐轻巧的屋外配电装置构架，会取得较好的远视轮廓效果。

空间组织是以建（构）筑物为主体，并通过建筑群体的组织和间距的选择、道路广场的布置，主要道路的对景，视觉间距的适当，以及绿化、美化设施等的布置，从立体上处理好空间组织。

建筑群体的协调是指厂内各建（构）筑物建筑形象的统一和变化的关系问题。因各建筑物的功能不同，其形式不能强求一致，但要求做到“主调统一”和“配调灵活”。

（十）有利检修维护，方便生活管理

发电厂设备、设施种类繁多，日常检修维护作业较为频繁，机组大修时生产检修人员及其活动占有相当的比重。因此，总平面布置要充分考虑检修维护作业方便，如处理不当，往往影响全厂总平面布置的合理性，甚至影响安全。

为此，总平面布置要注意两个方面：一是，要根据发电厂的大修特点和要求考虑一定的检修人员办公、居住条件；二是，要考虑好各车间的检修作业场地和交通运输通道，确保检修运输车辆能方便达到检修作业区。

生物质发电厂通常配置有全厂综合检修车间和用于存放备品备件及日耗器材的材料库房，为方便检修和材料运输，综合检修车间和材料库房宜靠近主厂房毗邻布置。汽轮机、锅炉、电气、燃运、化学等分场的检修场地原则上尽可能布置在有关生产建筑物内。发电厂一般不设变压器修理间，但应为变压器就地或在其附近检修留有必要的场地和检修时增设封闭设施的可能。

第二节 厂区建（构）筑物的平面布置

生物质发电厂新建工程主要的建（构）筑物包括主厂房（包括烟囱）、配电装置及变压器、冷却设施、水处理设施、雨水收集池、点火及助燃设施、汽车衡及控制室、综合楼（根据项目的不同为办公楼或生活楼）、门卫等。根据具体情况，有的项目可能设置中水深度处理站、氨水罐区、天然气调压站、乙炔站或乙炔瓶库等。另外，垃圾焚烧发电厂还有渗滤液处理站（包括火炬）、飞灰养护及固化车间、上料坡道等。下面分别介绍垃圾焚烧发电厂和秸秆发电厂的厂区主要建筑的布置情况。

一、垃圾焚烧发电厂主厂房区平面布置

根据 CJJ 90《生活垃圾焚烧处理工程技术规范》的相关规定：垃圾焚烧发电厂焚烧线的数量宜设置 2～4 条焚烧线，其规模宜按下列规定分类。

（1）特大类垃圾焚烧发电厂：全厂总焚烧能力在 2000t/d 以上。

（2）Ⅰ类垃圾焚烧发电厂：全厂总焚烧能力介于 1200～2000t/d（含 1200t/d）。

（3）Ⅱ类垃圾焚烧发电厂：全厂总焚烧能力介于 600～1200t/d（含 600t/d）。

（4）Ⅲ类垃圾焚烧发电厂：全厂总焚烧能力介于 150～600t/d（含 150t/d）。

垃圾发电厂的主厂房是集垃圾卸料、储存、焚烧、发电、灰渣处理、烟气处理及排放为一体的建筑，是垃圾焚烧发电厂平面布局的重点和核心；其他的辅助生产车间均是为其服务的，在满足交通、消防、管廊宽度的条件下，辅助生产车间均尽量靠近综合主厂房布置。在进行厂区总平面布置时，要首先根据具体工程的外部条件，正确确定综合主厂房的位置及方位。综合考虑工艺流程、用地形状、厂外道路、垃圾物料来向、电力出线、施工与扩建、主导风向等各方面的因素，正确处理好综合主厂房与其他各主要建（构）筑物的关系。

（一）主厂房位置布置原则

（1）垃圾发电厂的主厂房的布置要适应垃圾焚烧、电力生产工艺流程的要求，为电厂的安全运行和检修维护创造良好的条件，四周道路顺畅，管道连接方便，垃圾运输车辆出入流畅、短捷。

（2）综合主厂房区域的布置要符合全厂总体规划的要求，根据垃圾焚烧线及机组的规划容量统一规划布置、分期建设。

（3）主厂房宜布置在地层土性均匀、地基承载力较大的地段。

（4）汽机房、电控楼宜朝向发电厂主人流方向或城镇方向。

（5）要使高压出线方向与接入系统变电站的方位一致。

（6）垃圾运输坡道栈桥要与垃圾来料的方向相适应。

（二）主厂房工艺布置

垃圾焚烧发电厂的燃料为生活垃圾，从垃圾的卸料、储存、上料、焚烧到灰、渣及烟气处理均在综合主厂房里进行，其主要包括垃圾卸料平台、垃圾贮坑、垃圾焚烧间、烟气净化间、汽机房、电控楼、烟囱等。

垃圾运输车辆（一般是当地城市环卫部门的垃圾运输车辆）经过厂区的汽车衡称重后，通过垃圾运输坡道直接上至卸料平台。卸料平台尺寸需满足最大长度的车辆在卸料大厅内通行、卸料、掉头、转弯的要求。

垃圾卸料门处设置车挡、事故报警、红绿灯及其他安全设施，卸料门开启与垃圾抓斗吊上料相协调，抓斗吊作业时附近的卸料门关闭。卸料口装设大小合适的车挡，防止垃圾运输车掉进垃圾池。

卸料平台上部空间采用封闭结构（一般采用钢结构＋压型钢板＋钢屋架的轻型结构）。微负压设计，以防止卸料区臭气外逸以及苍蝇飞虫进入。

卸料平台的下方沿垃圾池侧设置渗滤液收集沟道。平台下位于垃圾池端部设置渗滤液收集池。卸料平台下方零米层根据工程的具体情况可以布置空气压缩机、化学水处理车间、化验室、药品储存间、配电间、备品备件间、通风机房等。

卸料平台设置冲洗水装置，为方便收集地面污水，平台在宽度方向设一定的排水坡度（一般为1%～1.5%），坡向垃圾池侧，运输车辆洒落的渗滤液，自流至地面地漏和卸料门前的排水口，由地漏收集口汇集通过管道导入渗滤液收集池。

焚烧厂房设有垃圾储坑。垃圾储坑用来储存垃圾燃料，尤其是在没有垃圾运输的时候提供储存，在计划或非计划停工的时候提供缓冲量。储坑尺寸大小与焚烧线的日处理垃圾量有关。

垃圾储坑中的垃圾由垃圾抓斗起重机送入焚烧炉进料斗。

垃圾焚烧装置与余热锅炉一起，组成垃圾焚烧炉。

垃圾倾倒入垃圾池后，垃圾吊将垃圾从垃圾池抓起并投入给料装置，将垃圾送入焚烧炉膛中着火燃烧直至燃烬。燃烧产生炉渣排入捞渣机后，送入出渣系统。垃圾在炉膛内燃烧产生大量的烟气和飞灰；烟气气流经余热锅炉后，从尾部烟道排出的烟气经过烟气净化系统处理后，经烟囱排入大气。

某日处理垃圾1×400t/d垃圾发电厂主厂房平面布置图如图22-4所示。

某日处理垃圾2×400t/d垃圾发电厂主厂房平面布置图如图22-5所示。

某日处理垃圾2×400t/d主厂房横断面示意图如图22-6所示。

（三）主厂房烟气净化及辅助设施

焚烧炉在焚烧生活垃圾过程中，会产生大量有害的粉尘、废渣、废气。为了防止垃圾焚烧处理过程中对环境产生二次污染，必须采取严格的措施控制烟气中污染物的排放。这就需要配置烟气净化系统。

烟气净化处理系统中大部分设施是主厂房的一部分，其设施主要是指从余热锅炉烟气出口至烟气从烟囱排出过程中，经过脱酸反应塔、烟道、除尘器、脱硝反应器等一系列的设施，外加一些辅助设施：如熟石灰粉仓、活性炭仓，有的工程还配备有碳酸氢钠（小苏打）仓等。

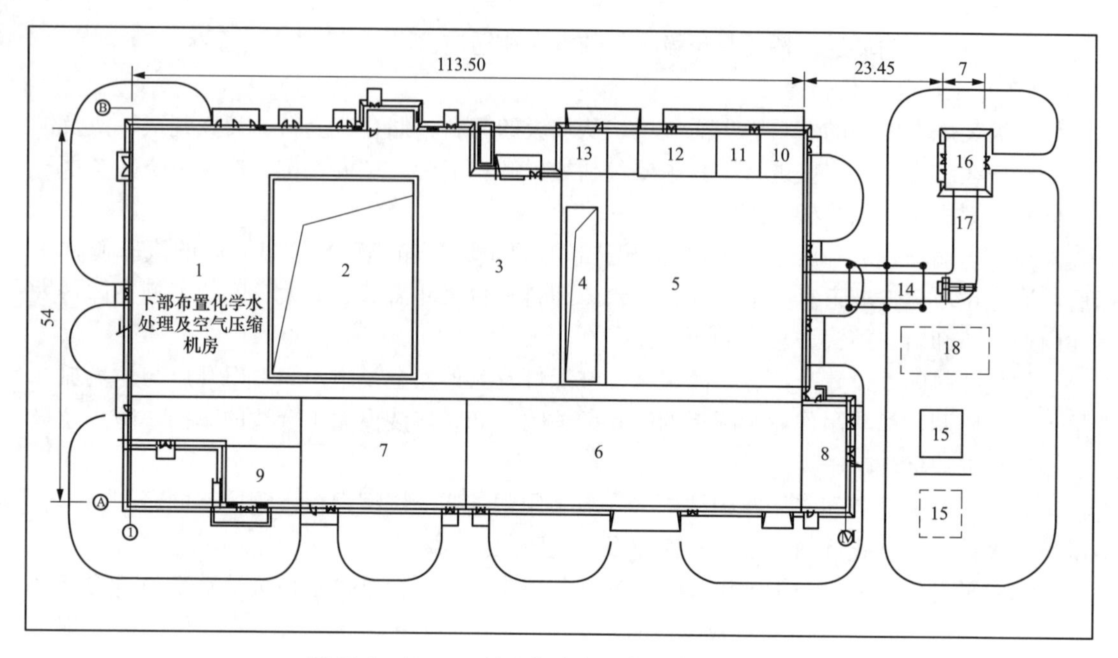

图 22-4 1×400t/d 垃圾发电厂主厂房平面布置图

1—垃圾卸料平台；2—垃圾池；3—焚烧跨；4—渣池；5—烟气净化及检修区域；6—汽机房；7—高低压配电室；8—35kV 配电装置室；9—入口门厅；10—活性炭间；11—石灰浆制备间；12—飞灰固化车间；13—除渣间；14—SGH 及 SCR；15—变压器；16—烟囱；17—烟道；18—顶留湿法脱酸场地

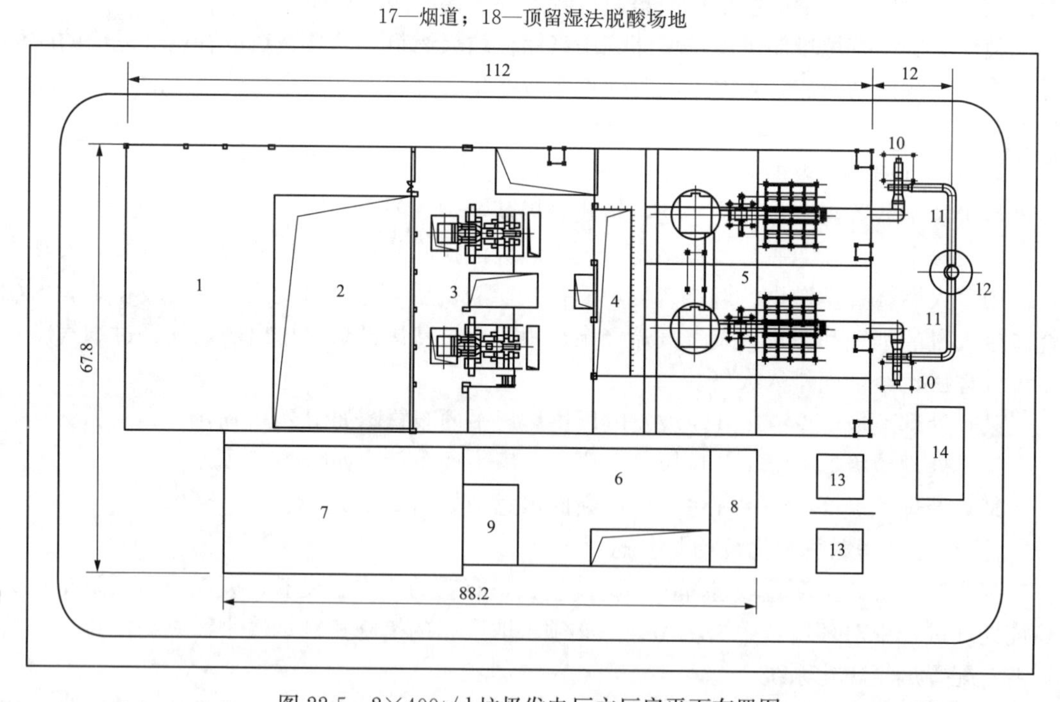

图 22-5 2×400t/d 垃圾发电厂主厂房平面布置图

1—垃圾卸料平台；2—垃圾池；3—焚烧跨；4—渣池及处理间；5—烟气净化及辅助设施区域；6—汽机房；7—高低压配电室；8—35kV 配电装置室；9—入口门厅；10—引风机；11—烟道；12—烟囱；13—变压器；14—顶留湿法脱酸场地

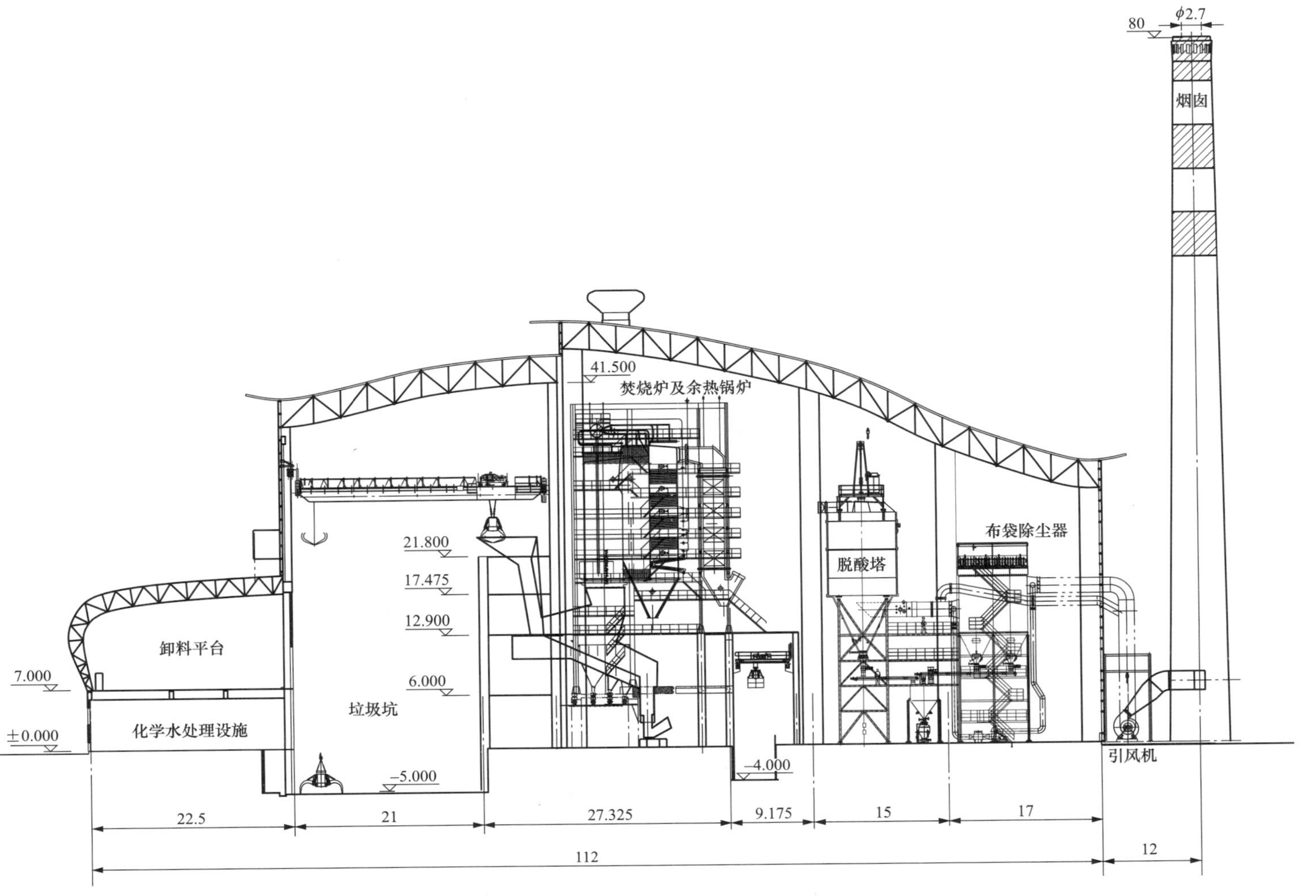

图 22-6　某 2×400t/d 主厂房横断面示意图

1. 烟气净化设施

烟气净化设施主要有脱酸反应塔、熟石灰储存及石灰浆液制备、活性炭储存罐、除尘器、烟道及其附件、飞灰稳定化处理设施。部分工程还有 SCR 脱硝设施。

2. 烟气中污染物的组成

垃圾焚烧产生的烟气中含有各种各样的污染物，主要包括：

(1) 颗粒物，如惰性氧化物、金属盐类、未完全燃烧产物等。

(2) 酸性气体，如 NO_x、SO_x、HCl 及 HF 等。

(3) 重金属，主要是 Hg、Pb、Cd 及 Cr、Zn 等单质与氧化物等。

(4) 残余有机物，包括未完全燃烧有机物与反应产物，如芳香族多环衍生物、烃类化合物、不饱和烃化合物、二噁英类等。

3. 烟气净化工艺方案

烟气净化工艺方案一般根据工程特点及环评要求进行选择。

常规工艺方案一般为炉内 SNCR 脱硝＋半干法（消石灰浆液）脱酸＋干法（消石灰或碳酸氢钠）喷射＋活性炭吸附＋布袋除尘器。但是经济发达城市和环境敏感地区，需增加设置脱硝效率更高的选择性催化还原脱硝（SCR）系统。该系统建（构）筑物一般布置在烟囱附近。

烟气净化工艺示意图如图 22-7 所示。烟气净化处理设施的布置如主厂房布置图，如图 22-4、图 22-5 所示。

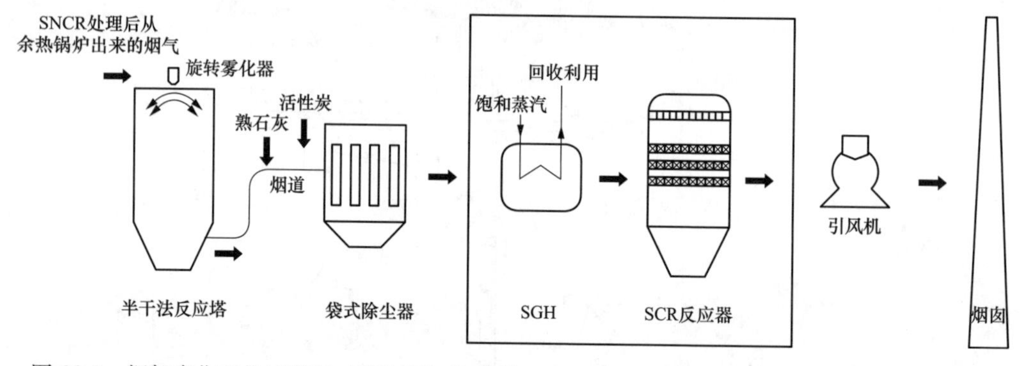

图 22-7 烟气净化工艺示意图（蒸汽烟气换热器 SGH 及 SCR 反应器为环境敏感地区要求配置）

（四）主厂房扩建的布置

垃圾焚烧发电厂的处理规模应根据环境卫生专业规划或垃圾处理设施规划、服务区范围的垃圾产生量现状及其预测、经济技术、技术可行性和可靠性等因素确定。

焚烧线数量和单条焚烧线规模应根据焚烧厂处理规模、所选炉型的技术成熟度等因素确定，宜设置 2～4 条焚烧线。

在确定焚烧线数量及单条焚烧线的规模后，焚烧线不同时建设时，厂区就要根据垃圾处理规模，预留扩建场地。其中最重要的就是要预留好主厂房的扩建位置。

垃圾焚烧发电厂的主厂房扩建时，一般不宜向一侧连续扩建，而是向一侧脱开扩建，这样有利于扩建工程垃圾坑的施工、灰渣及其辅料的运输。垃圾运输坡道可以从主厂房一侧进入卸料平台（如图 22-8 所示）或从中间进入卸料平台（如图 22-9 所示）。

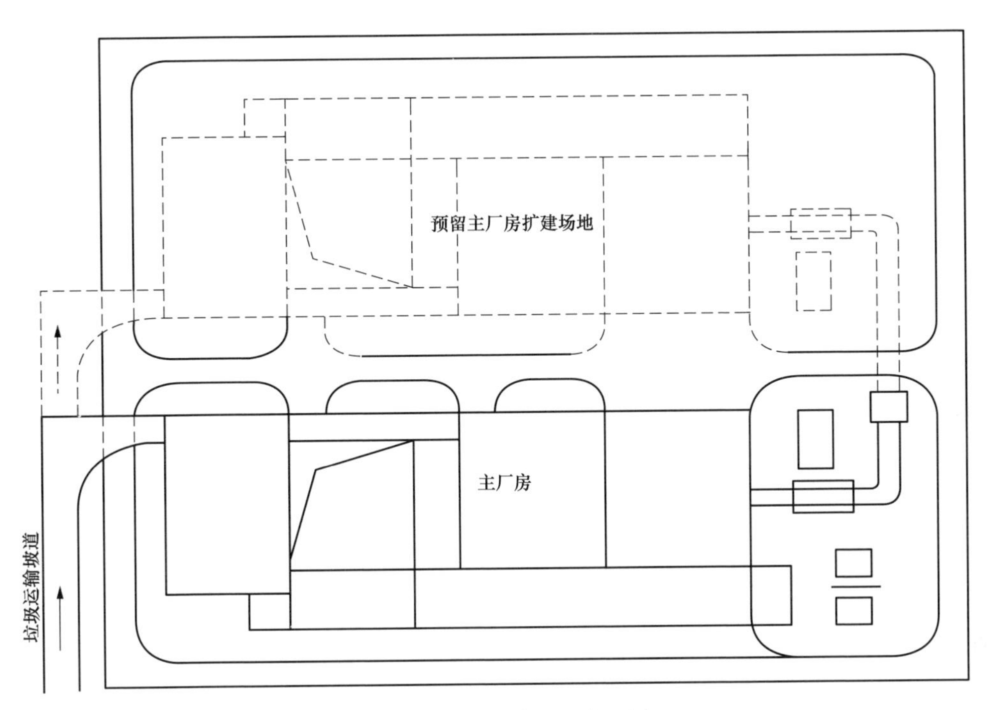

图 22-8　主厂房扩建平面布置图一

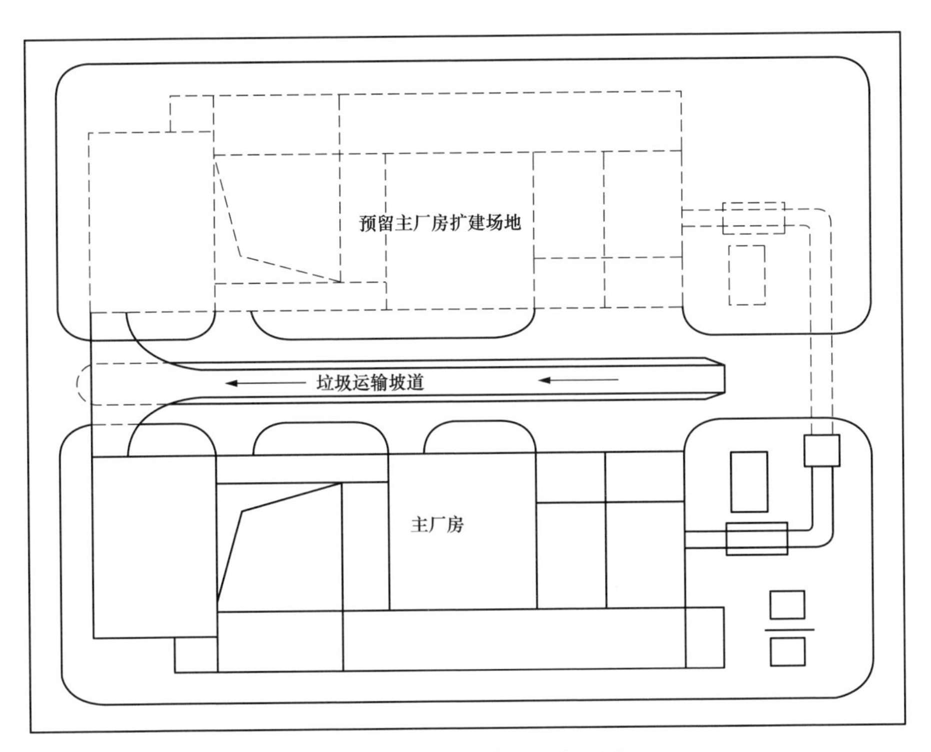

图 22-9　主厂房扩建平面布置图二

二、秸秆发电厂主厂房区平面布置

秸秆发电厂的主厂房一般由汽机房、除氧间、锅炉房、除尘器、引风机室、烟囱及脱硫、脱硝装置等部分组成，其中，汽机房、锅炉房、除氧间组成主厂房。本书中对于主厂房区中的炉后设施区如除灰、除渣、脱硫、脱硝等有专门论述，本章节主要介绍汽机房、锅炉房、除氧间构成的主厂房布置。

主厂房是秸秆发电厂中最核心、最主要的生产车间，其他生产车间均与主厂房有密切的联系，在满足防火、防护间距要求的条件下，均力求靠近主厂房。在进行厂区总平面布置时，要根据工程的具体条件，综合考虑生产流程、自然条件、防火、施工和扩建等各方面的因素，合理确定主厂房的位置，处理好与其他各主要生产建筑和辅助、附属建筑的关系。

（一）主厂房位置布置原则

（1）秸秆发电厂主厂房布置要满足电力生产工艺流程的要求，为发电厂的安全运行和检修维护创造良好的条件，四周道路通畅，与外部管线连接短捷。

（2）主厂房固定端宜朝向厂区主要人流入口方向或城镇。

（3）采用直接空气冷却系统时，主厂房布置方位应与直接空气冷却系统气象条件相协调。

（4）汽机房的朝向，要使高压输电线路出线顺畅。炎热地区，宜使汽机房面向夏季盛行风向。

（5）主厂房宜布置在地层土性均匀、地基承载力较高的地段。

（6）供热电厂的主厂房，宜靠近热、电负荷，并避免供热管线从扩建端引出。

（7）主厂房区域布置，要根据总体规划要求，考虑扩建条件。

（二）主厂房工艺布置

秸秆发电厂的主厂房既有按汽机房、除氧间、锅炉房顺列布置，也有汽机房、除氧间与锅炉房呈L形布置。两种布置方式示意图如图22-10、图22-11所示。

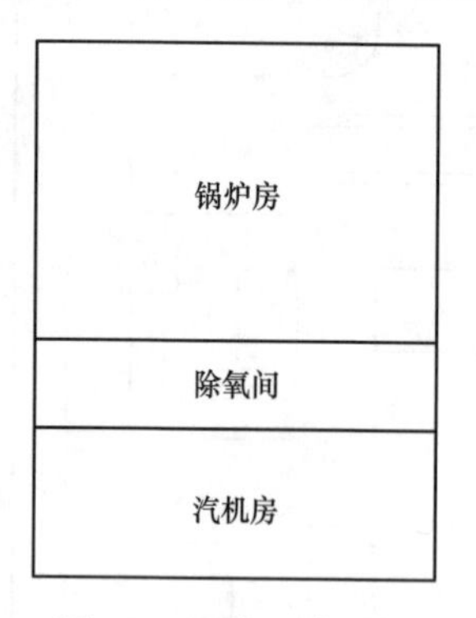

图22-10 主厂房顺列布置示意图

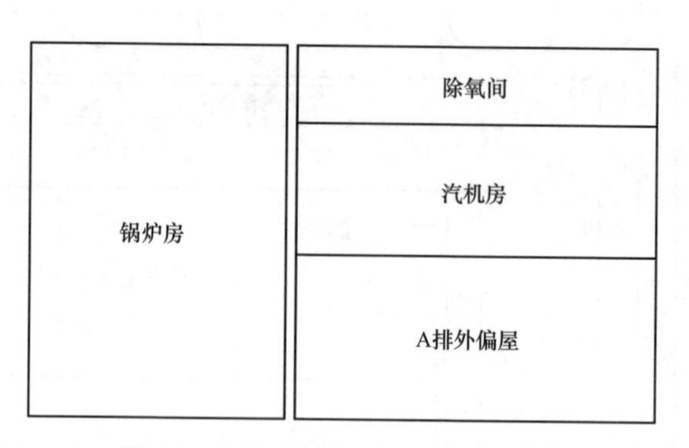

图22-11 主厂房呈L形布置示意图

由于秸秆发电厂单机规模小，电厂化学水处理车间、空压机房、热网首站等部分辅助设施布置在主厂房内或与主厂房毗邻布置。

1. 汽机房及除氧间布置

汽轮发电机组布置在汽机房内，按机组纵轴线和主厂房纵轴线相对关系，可分为相互平行的纵向布置和相互垂直的横向布置两种形式；按同时布置在汽机房内两台机组布置方向关系，可分为顺列和对称两种布置形式。秸秆发电厂汽轮发电机组绝大部分机组均采用纵向顺列布置。

根据装机规模、工艺条件、电子设备间布置方案等因素影响，除氧间可单独设置或与汽轮机框架或锅炉框架合并考虑。当除氧间与汽轮机或锅炉框架合并考虑时，可缩短四大管道长度，但会导致热控、电气等专业布置零散化。

汽机房跨度及长度尺寸见表 22-8。

表 22-8　　汽机房跨度及长度尺寸表

机组容量	机组数量（台）	汽机房跨度（m）	除氧间跨度（m）	汽机房长度（m）	备注
12MW 级	1	15	—	39	化学水处理及部分电控设施布置在汽机房内，除氧间布置在锅炉房内
30MW 级	1	13～13.5	8	30～38	
	2	13～13.5	8	64	
40MW 级	1	18	8	48	

2. 锅炉房布置

秸秆发电厂锅炉类型按照燃烧方式分为层燃锅炉（排炉）和流化床炉。秸秆发电厂锅炉形式对主厂房区域布置影响较大，国内秸秆锅炉主要引进丹麦 BWE 技术，受空气预热器形式及布置位置影响，秸秆炉排锅炉烟道出口由炉侧引出，在场地不受限制情况下，烟气除尘、脱硫等设施布置在锅炉侧面；后期经自主研发，循环流化床秸秆锅炉大规模应用，流化床锅炉烟道由炉后引出，烟气除尘、脱硫等设施布置在炉后。

（三）主厂房工艺布置与总平面布置的关系

主厂房工艺布置与发电厂的总平面布置有密切的关系。一方面，总平面布置要满足主厂房布置的要求；另一方面，主厂房布置也要适应总平面布置的有关条件。

一般情况下，主厂房布置主要是根据工艺生产过程本身的要求决定的，但在某些特定的情况下，也受总平面布置的影响，可根据总平面布置的需要进行一些调整。一般可以归纳为以下两个方面。

1. 主厂房内部各车间的组合

根据厂区布置及工艺要求，有时可将其他一些车间合并到主厂房中。由于秸秆电厂单机容量小，辅助生产车间设施规模小，秸秆电厂主厂房一般都与生产上相互联系紧密而又不相互影响的辅助设施联合布置。常见的是在汽机房的固定端或偏屋布置化学水处理室、空压机室、热网首站、循环水泵房等，在锅炉房布置空气压缩机等。

2. 根据厂区特点，适当调整主厂房平面布置

由于秸秆电厂单机容量小，主厂房体积小，占地面积小，通常情况下，不对主厂房的

工艺布置进行调整，当场地受限时，可通过调整锅炉尾部烟道走向，从而调整炉后除尘、脱硫设施位置，以适应场地条件。

（四）影响主厂房平面布置的主要因素

1. 安全防火因素

秸秆发电厂由于其燃料的特殊性，上料系统一般不设置转运站，因此，秸秆电厂主厂房上料系统接口方向即料场方向，故秸秆发电厂料场一般布置在炉前及炉侧。秸秆发电厂料场占地面积大且易燃，应布置在全年最小风频上风侧，因此，主厂房布置应根据已确定的厂址条件，充分考虑安全防火因素进行主厂房。

2. 地形、地质因素

主厂房位置一般是根据厂址地形、地质条件决定的。应适应厂址地形特点，经济合理地利用已定厂址。

当场地高差较大时，主厂房长边轴线大致平行于等高线布置，以减少场地土石方工程量；主厂房的基础埋置深度较深，一般在 3m 以上，尤其是汽机房、配电间及（设置在汽机房或 A 排外偏屋的）循环水泵，汽机房及除氧间埋置深度可达 4～5m，在保证足够的地基承载力的条件下，可以将汽机房布置在填方区（填土高度宜控制在 1～2m 内），有利于减少主厂房地下工程的土石方工程量；也可以利用自然地形高差，采取阶梯布置，降低输料栈桥提升高度，缩短输料栈桥长度。

当厂址地形比较平坦时，宜将主厂房布置在厂址中地形稍高处及地下水位较低处，以利于排水。但当采用直流供水时，为了降低供水扬程，减少运行费用，也可以将主厂房布置在标高较低处，此时需采取有效措施，防止地面雨水汇集到主厂房地段。

主厂房的基础荷载较大，应尽可能将主厂房布置在土质均匀、地基承载力较高、地下水位较低的地区。一般情况下，厂址地质情况变化不大，故地质条件对主厂房的布置影响较小，但对山区、河滩地、岩溶等地质情况复杂的地区，应慎重考虑地质条件的影响，尽可能将主厂房布置在地层均匀、地质条件好的地段，减少地基处理工程量，避免使主厂房布置在地基承载力相差悬殊的地段。在基岩面较浅时，应结合地形等各项条件，使主厂房长边轴线大致平行于基岩面等高线布置。

3. 电气出线

秸秆发电厂高压配电装置均布置在汽机房的外侧，主厂房的方位直接影响到电气出线的方向。因此，在安排主厂房方位时，应尽量考虑电气出线方便。

位于城区、工业区和紧邻宽阔水面的秸秆电厂，主厂房的方位应使高压输电线走廊符合城市和工业区规划的要求，不能跨越已建的或规划的居住区、工厂和规模较大的铁路车站。在厂址附近，如有较多的重要的通信线路通过（包括无线电通信），则对高压输电线走廊有时也有一定的限制。在山区，当厂房紧邻陡峻的高山时，应避免使汽机房面向高坡，以利出线。厂房紧邻水面宽阔的江、湖、河、海时，也不能向着水面方向出线。在上述几种情况下，主厂房方位的选择都要受到出线方向的限制，必须考虑出线走廊有足够的宽度。

4. 与热负荷关系

供热电厂与热负荷的联系要短捷方便，应根据热网管道布置和发展情况，尽量使固定端朝向热负荷的主要用户，以减少供热管道压力损失，降低供热管道投资，避免使供热管道从扩建端引出而影响扩建和施工。

5. 扩建条件

秸秆电厂受区域秸秆资源限制，其装机规模一般在项目规划阶段基本确定，超规划容量建设的情况很少。因此，确定主厂房方位时，应按规划容量留出扩建场地，在扩建方向不应布置任何永久性的建筑物，力求避免各种管线从扩建端引入，尤其避免各种管线横穿扩建场地。在考虑初期工程地形地质条件的同时，也要适当考虑后期的工程量，避免造成本期工程的地质条件很好，后期工程地质条件很差，或者填方很大、基础埋置很深等问题。

6. 其他因素对主厂房方位的影响

对于直接空气冷却机组而言，直接空气冷却机组平台的布置位置和朝向直接影响机组运行的可靠性和经济性，因此需要由当地夏季的主要风向频率、风速情况来确定直接空气冷却机组的方位。

（五）主厂房区域用地指标

主厂房区域用地指标宜控制在表 22-9 规定范围之内。

表 22-9　　主厂房区建设用地单项指标表

机组容量（MW）	汽轮机布置形式	主厂房跨度（m）			主厂房纵向尺寸（m）	单项用地（hm^2）
		汽机房	除氧间	锅炉房		
1×12	纵向	15.00	0	21.00	39.00	0.70
2×12	纵向	15.00	0	21.00	78.00	1.30
1×15	纵向	18.00	7.00	24.39	39.00	0.70
2×15	纵向	18.00	7.00	24.39	60.00	1.34
1×25	纵向	18.00	8.00	26.60	43.00	1.00
2×25	纵向	18.00	8.00	26.60	88.00	1.85

注　1. 主厂房区包括汽机房 A 列外侧电气设施、循环水泵房以及烟囱外侧的环形消防道路中心所围成的区域。
2. 1×12MW 机组和 1×15MW 机组主厂房区域包含化学水处理设施用地。
3. 本表内容按《电力工程项目建设用地指标》（火电厂、核电厂、变电站和换流站）（建标〔2010〕78 号）的相关规定，当发电厂所采用的各种机组容量主厂房布置的技术条件与本表中不同时，需按照要求进行调整。

（六）不同容量机组主厂房布置

不同容量机组主厂房布置图见图 22-12～图 22-23。

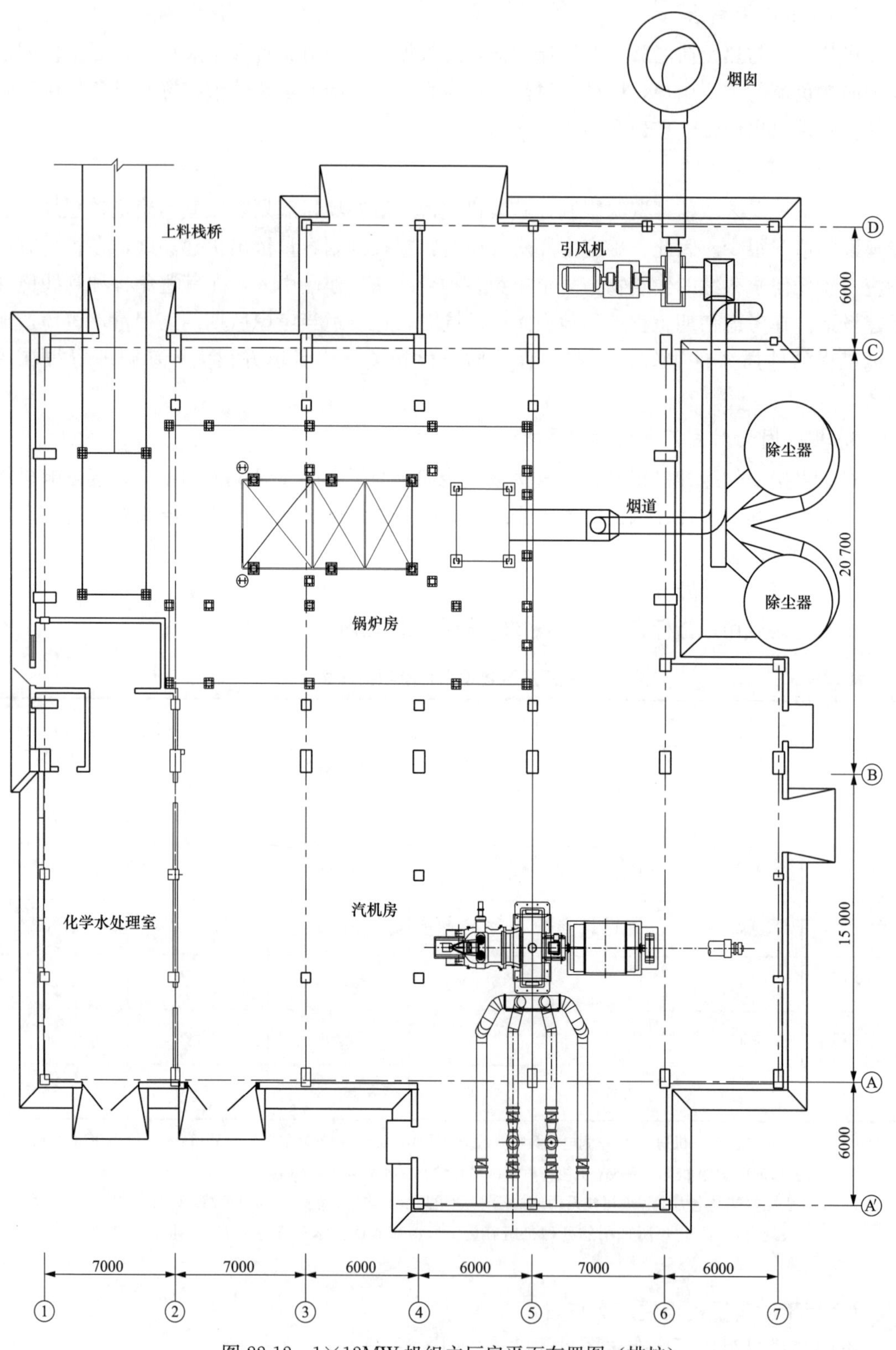

图 22-12 1×12MW 机组主厂房平面布置图（排炉）

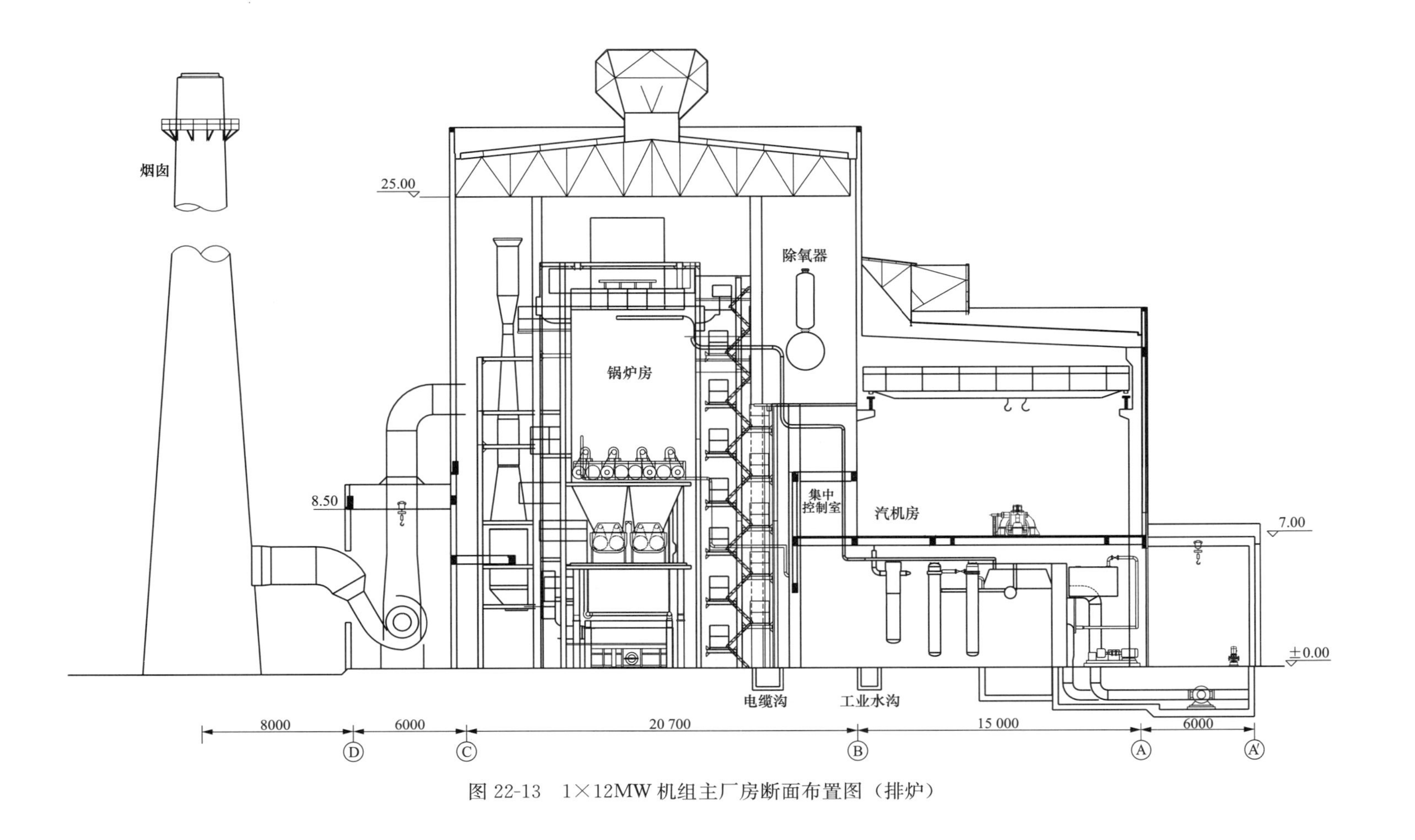

图 22-13　1×12MW 机组主厂房断面布置图（排炉）

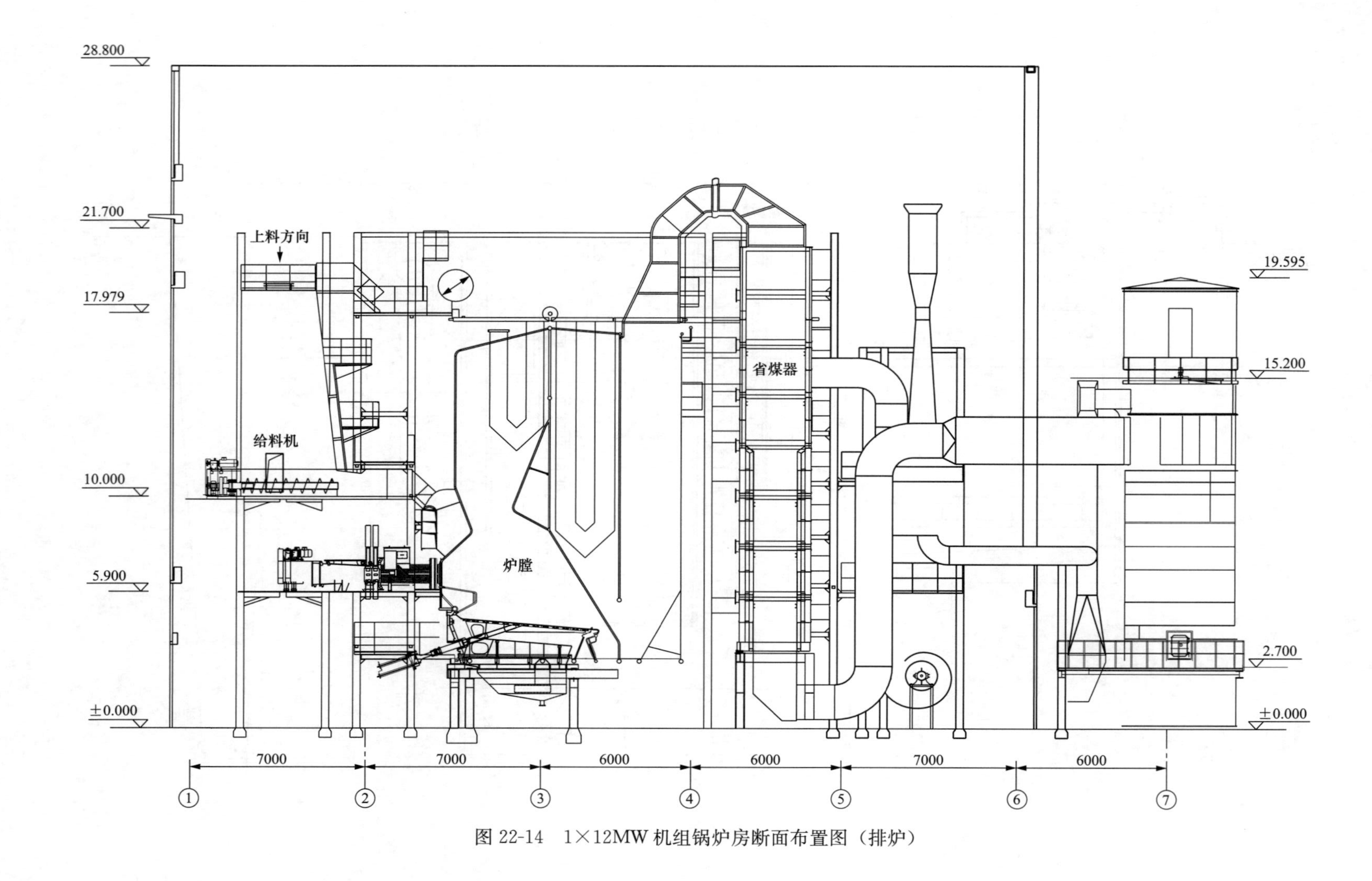

图 22-14 1×12MW 机组锅炉房断面布置图（排炉）

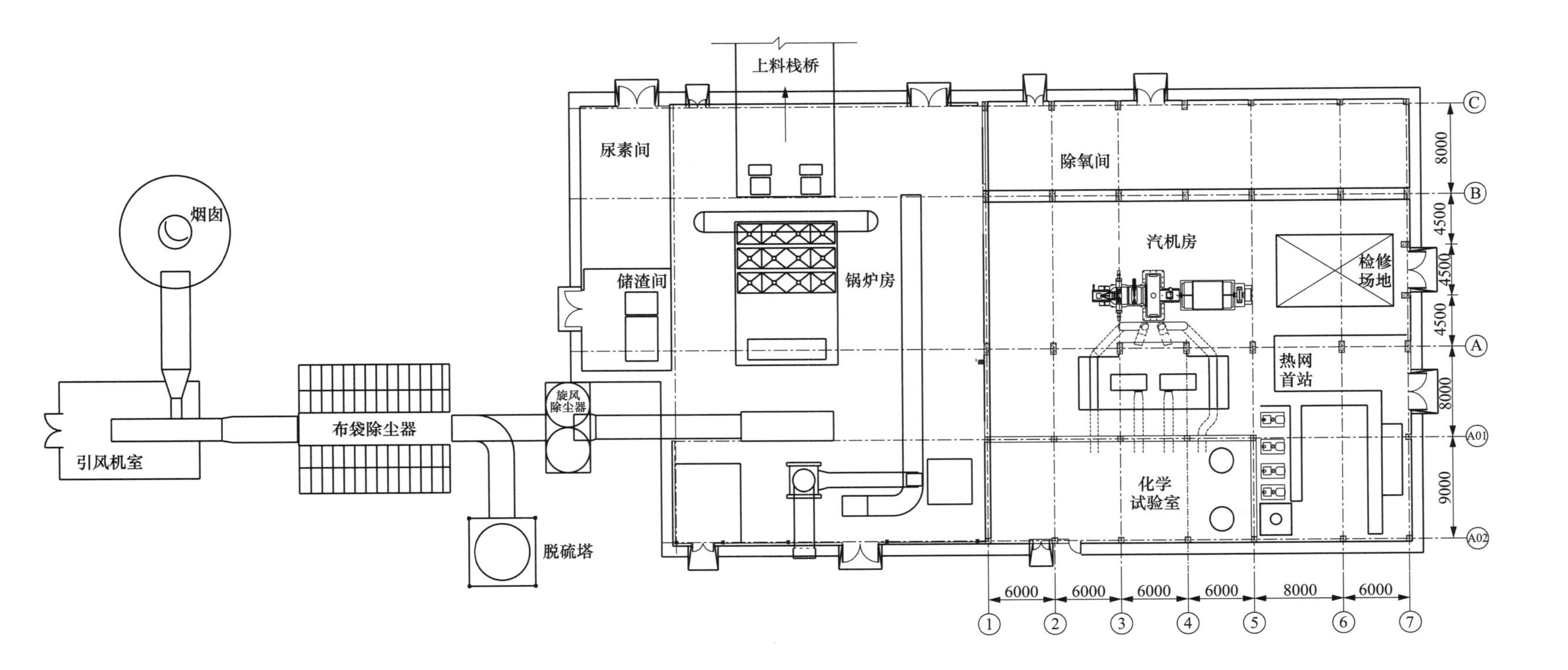

图 22-15　1×30MW 机组主厂房平面布置图（L 形布置、排炉）

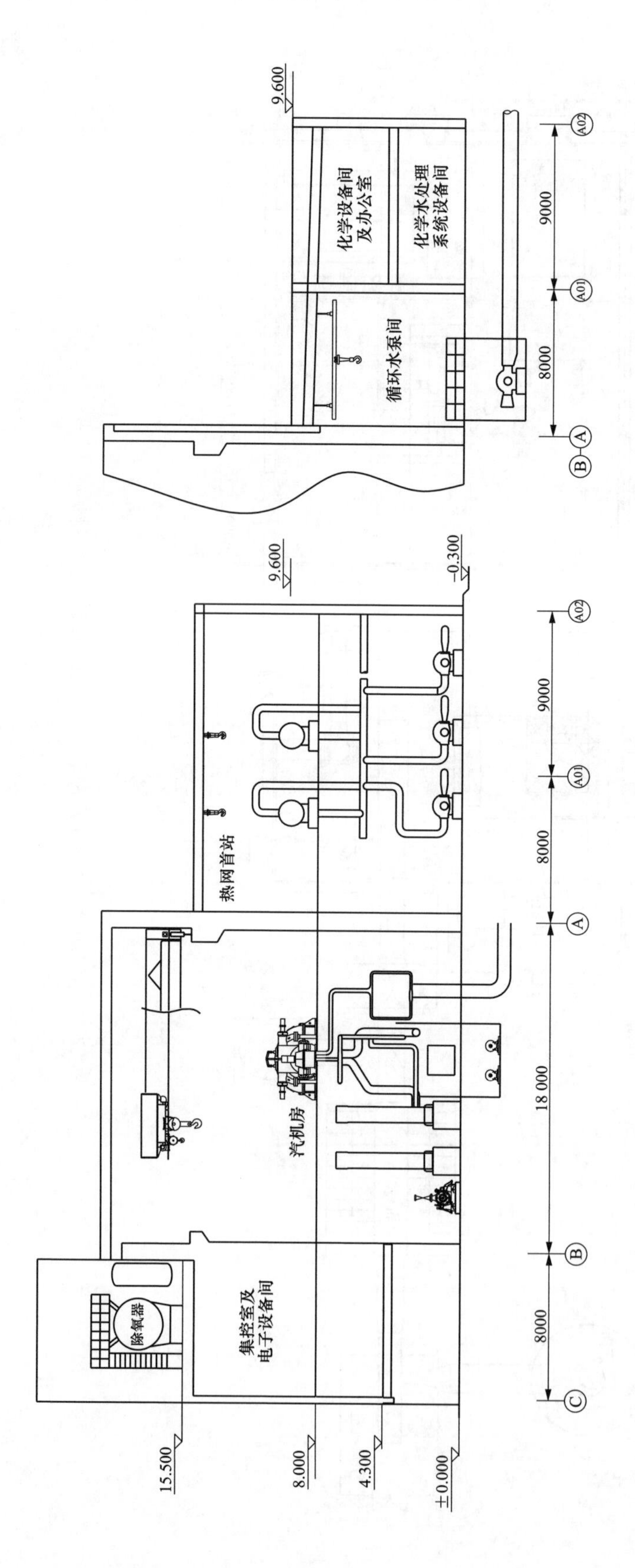

图 22-16 1×30MW 机组汽机房断面布置图（L 形布置、排炉）

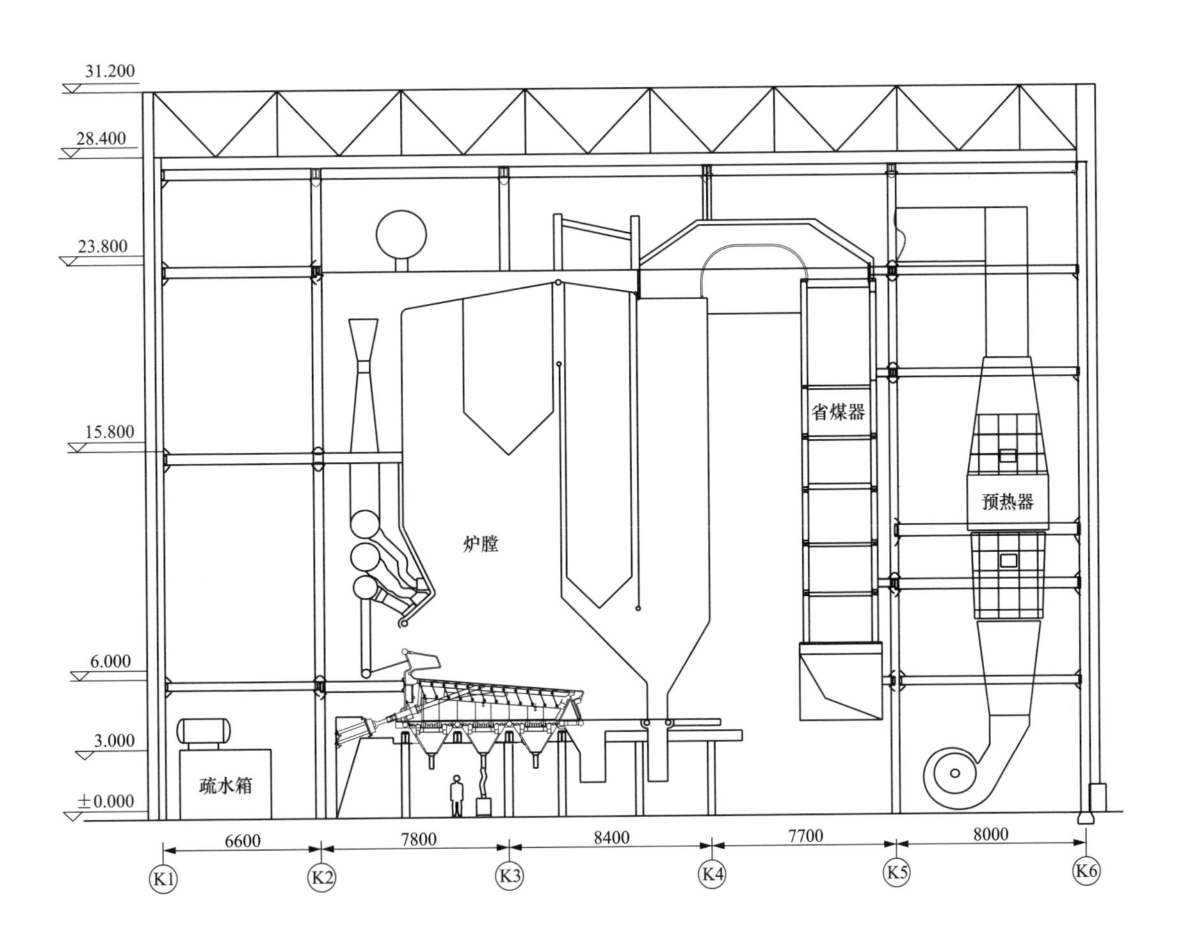

图 22-17　1×30MW 机组锅炉房断面布置图（L 形布置、排炉）

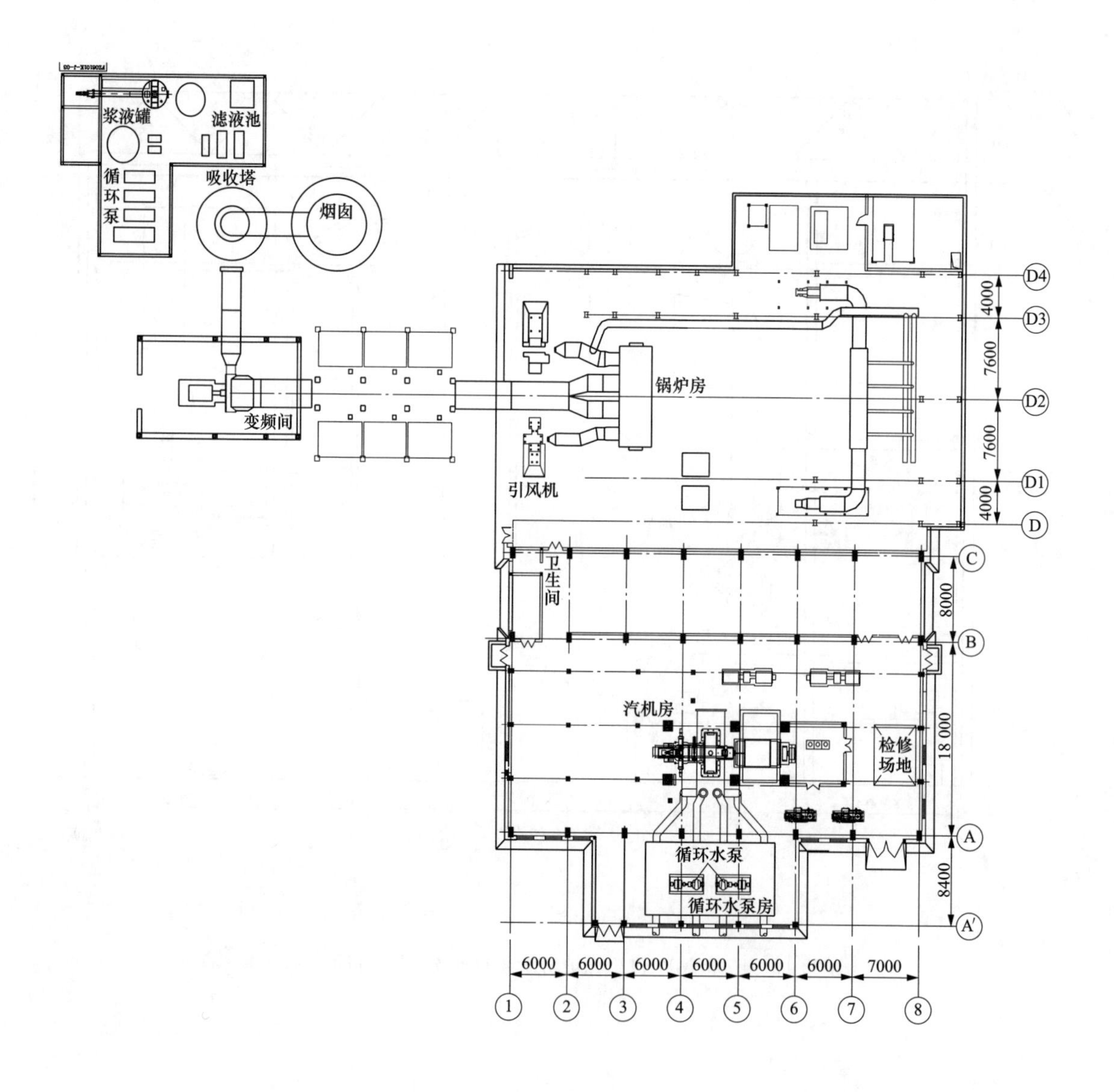

图 22-18 1×30MW 机组主厂房平面布置图（顺列布置、CFB 炉）

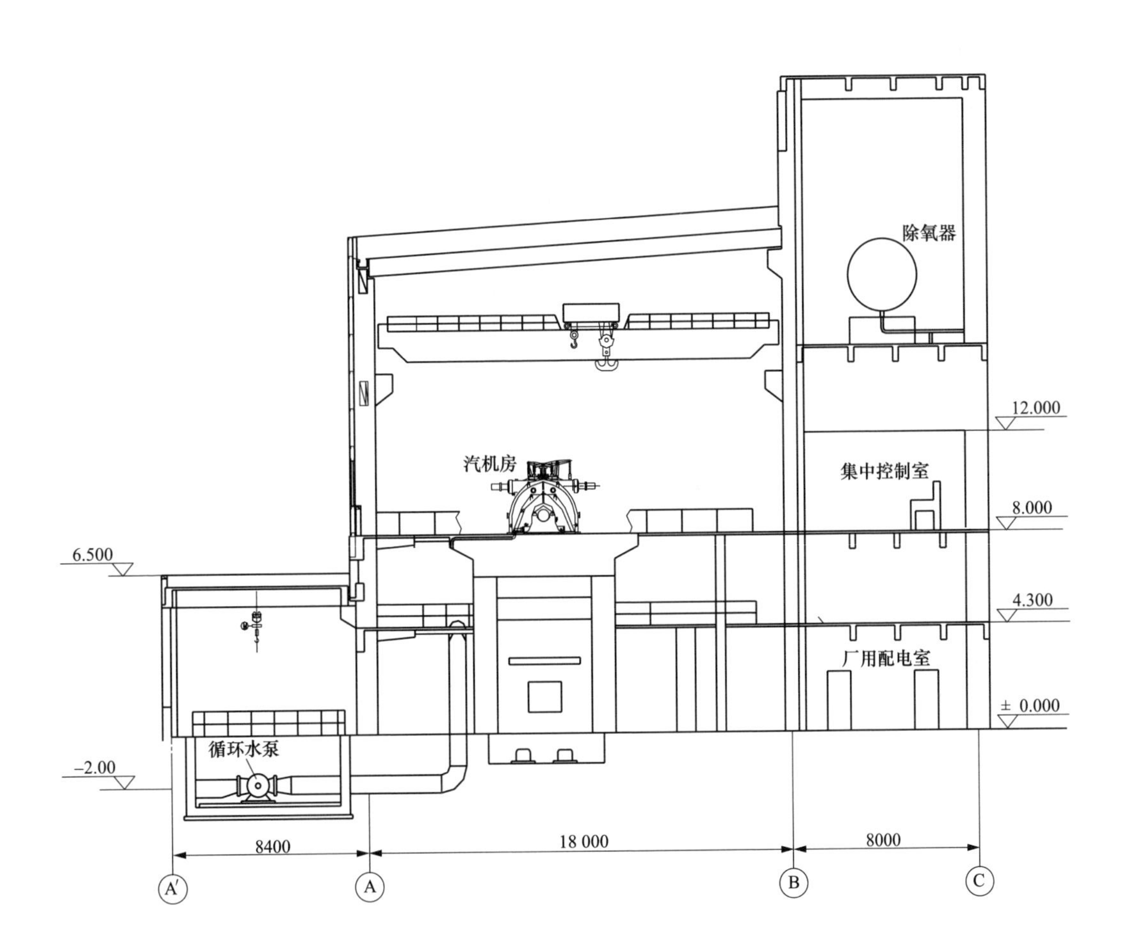

图 22-19　1×30MW 机组汽机房断面布置图（顺列布置、CFB 炉）

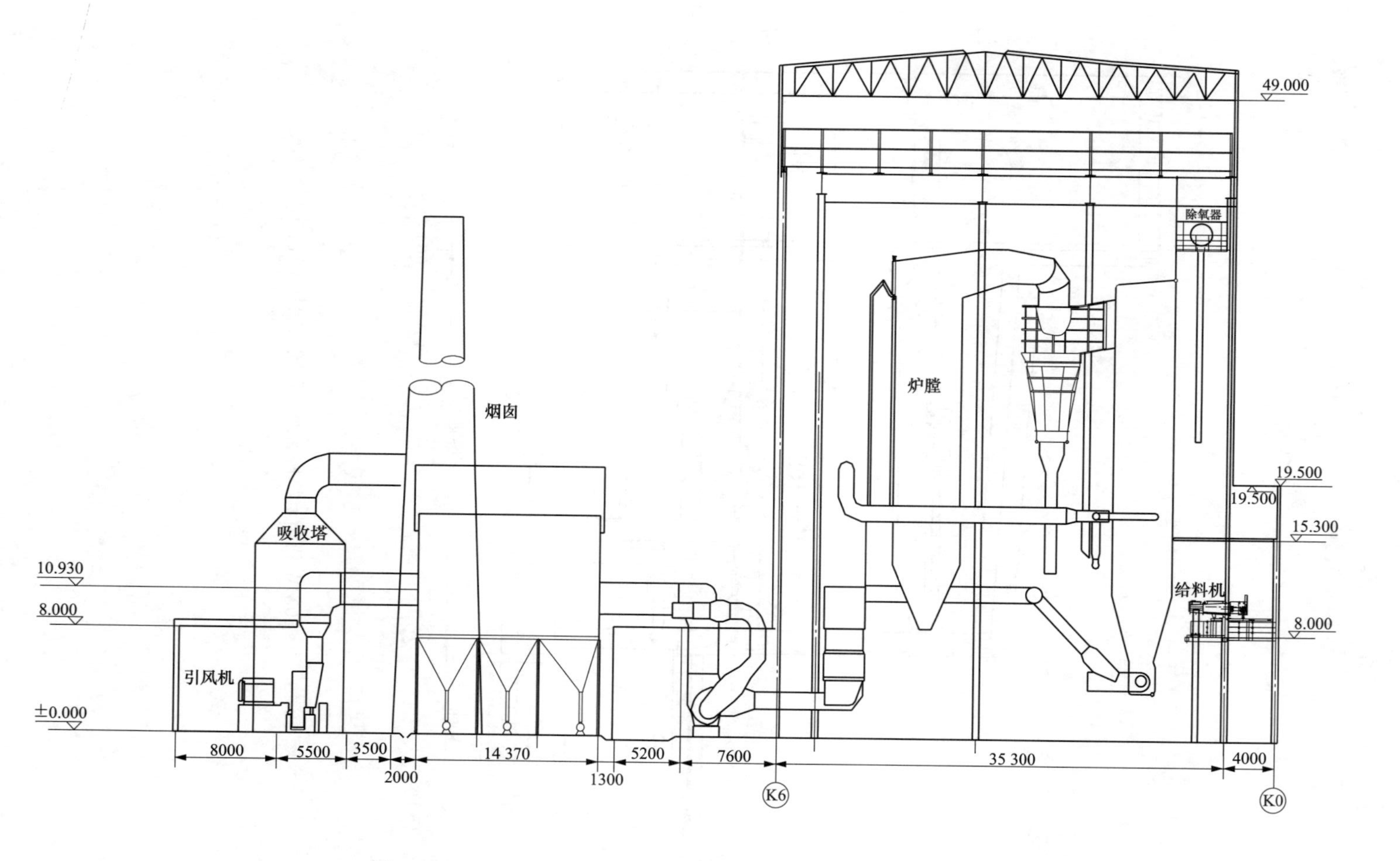

图 22-20　1×30MW 机组锅炉房断面布置图（顺列布置、CFB炉）

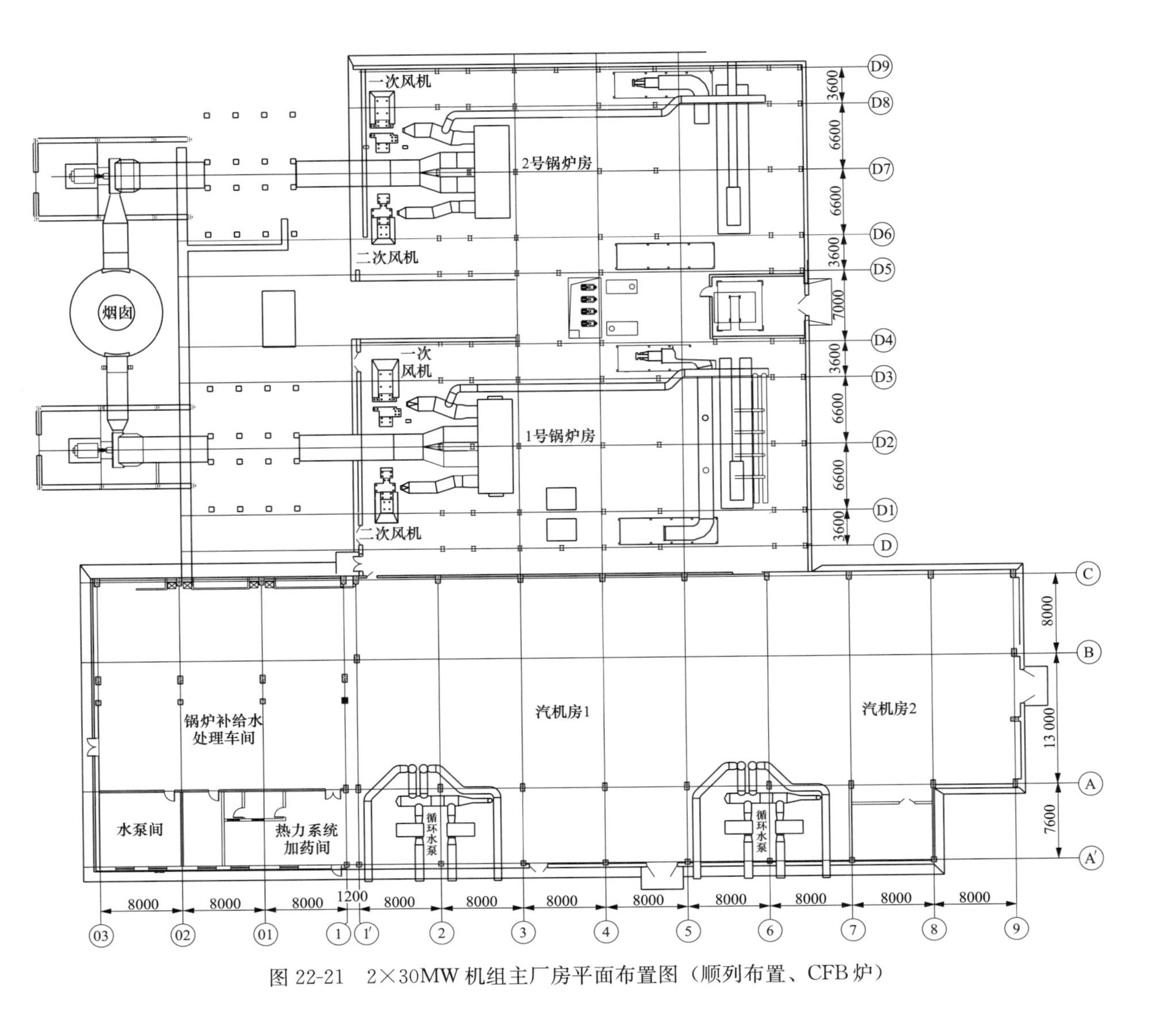

图 22-21　2×30MW 机组主厂房平面布置图（顺列布置、CFB 炉）

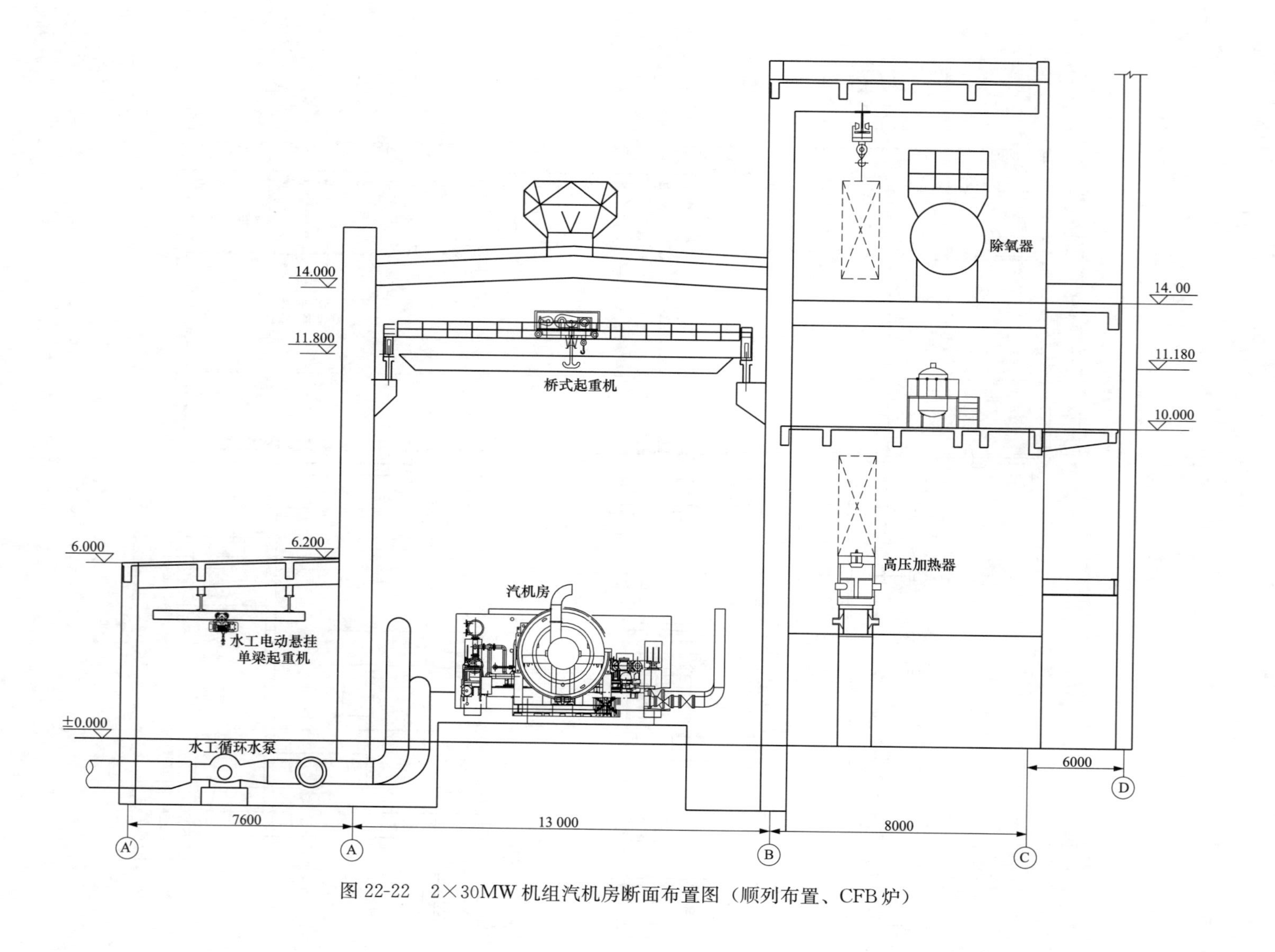

图 22-22 2×30MW 机组汽机房断面布置图（顺列布置、CFB 炉）

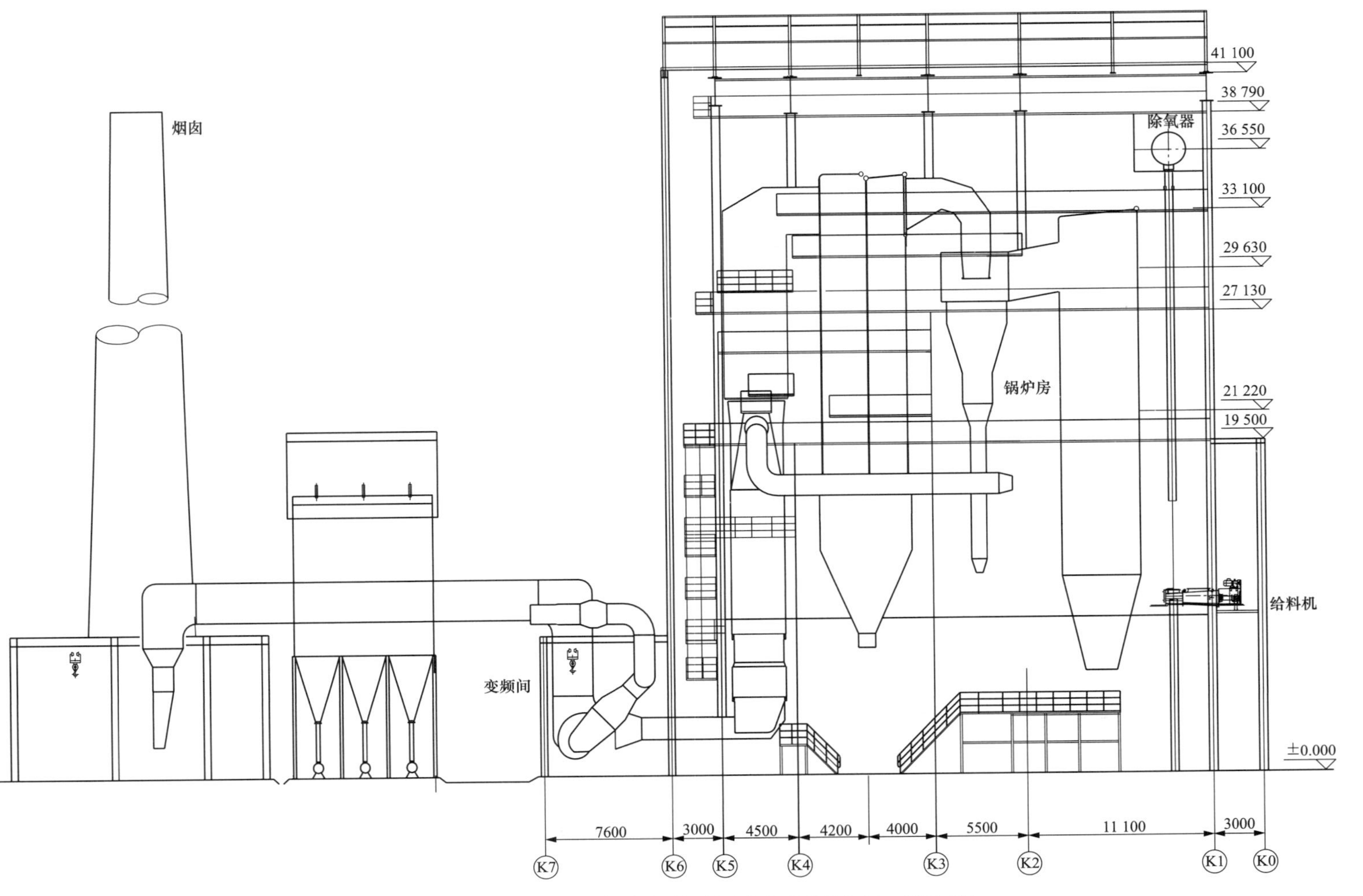

图 22-23　2×30MW 机组锅炉房断面布置图（顺列布置、CFB 炉）

（七）一体化主厂房布置

这里的主厂房一体化是指秸秆与垃圾焚烧发电厂合二为一的主厂房布置，在进行总平面布置时，两者综合在一起，形成一个秸秆与垃圾焚烧一体化的生物质电厂。

一体化项目总平面布置主要是解决秸秆焚烧发电主厂房与生活垃圾焚烧发电主厂房的综合布置、秸秆与垃圾的运输、储存、上料等之间互相配合及又互不干扰的问题。

在进行主厂房布置时，垃圾焚烧发电厂房一般采取常规的顺列式的布置方案，依次为垃圾卸料平台、垃圾坑、锅炉房、脱酸塔、布袋除尘器、引风机、烟囱。烟气净化设施紧靠焚烧间，采用室内配置。烟气净化主要设备与焚烧炉采取一对一配置，设备按烟气流向顺序布置。依次为脱酸反应塔、除尘器和引风机，焚烧炉出口与脱酸反应塔进口相接，引风机出口接至烟囱下部导入口。

秸秆焚烧线布置依次为上料皮带、锅炉房，炉后布置有烟道、旋风除尘器、脱硫塔、布袋除尘器、引风机及烟囱。为了与垃圾焚烧线有机结合在一起，该布置与常规顺序布置不同，脱硫、除尘设备与锅炉是折返式、平行布置，烟气流向与锅炉内部相反。

秸秆焚烧及烟气处理设施布置在垃圾焚烧及烟气处理设施的尾部，两者的汽机房、除氧间、控制室合并布置。锅炉补给水系统、加药系统及化学实验、分析系统均布置在垃圾卸料平台下面，形成综合主厂房。

秸秆焚烧炉与垃圾焚烧炉共配置一座相互独立的钢内筒烟囱，外包钢筋混凝土套筒。

秸秆与垃圾焚烧发电厂一体化布置示意图如图 22-24、图 22-25 所示。

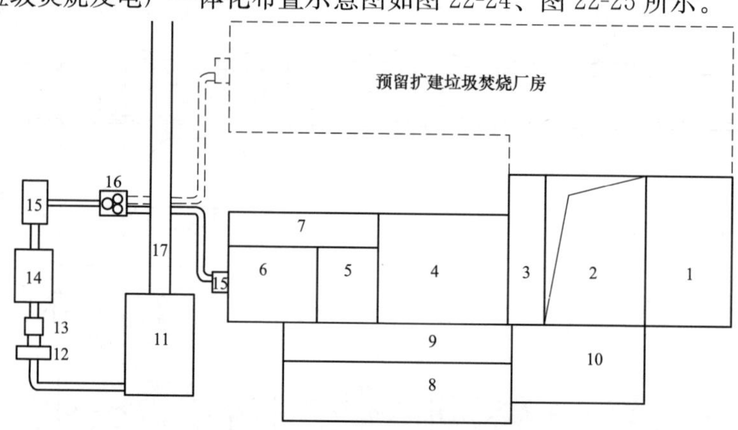

图 22-24 综合主厂房布置示意图

1—垃圾卸料平台（平台下为化学水处理设施）；2—垃圾坑；3—炉前平台；4—垃圾焚烧炉；5—脱酸塔；6—布袋除尘器；7—飞灰稳定及处理车间；8—汽机房；9—除氧间；10—主控楼；11—秸秆焚烧炉；12—旋风分离器；13—脱硫塔；14—布袋除尘器；15—引风机；16—烟囱；17—秸秆上料皮带

三、配电装置及变压器区平面布置

生物质发电厂厂区内的电气建（构）筑物一般包括高压配电装置、主变压器、启动备用变压器等。

（一）高压配电装置区布置

1. 高压配电装置简介

配电装置按其电气设备装设的地点，可分为屋内配电装置和屋外配电装置。将电气设备装设在屋内的称为屋内配电装置，将电气设备装设在屋外的称为屋外配电装置。

屋内配电装置的特点：①安全净距小并可以分层布置，占地面积小；②维护、巡视和

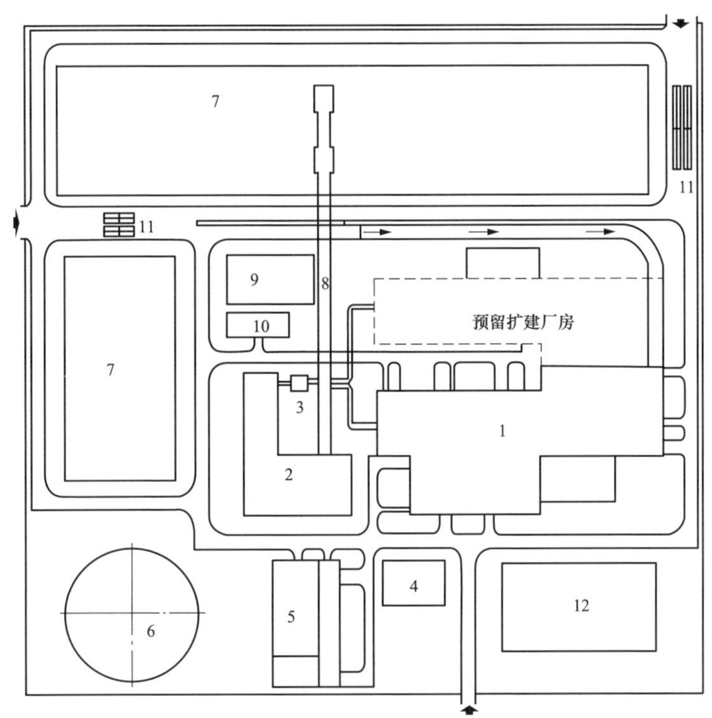

图 22-25　总平面布置示意图

1—垃圾焚烧主厂房；2—秸秆焚烧主厂房区域；3—烟囱；4—变配电区域；5—循泵房及净水站；6—自然通风冷却塔；7—料棚；8—秸秆上料皮带；9—渗滤液处理区域；10—飞灰稳定养护车间；11—汽车衡；12—厂前建筑

操作在室内进行，不受外界气象条件影响，比较方便；③外界环境（如气温、湿度、污秽和有害气体等）对设备影响小，减少维修工作量；④建筑投资较大。

屋外配电装置的特点：①土建工程量和费用少，建造时间短；②扩建方便；③相邻设备之间的距离较大，便于带电作业；④受环境条件变化影响较大，设备运行条件较差，电气设备的外绝缘要按屋外的工作条件来决定；⑤占地面积大。

配电装置按其组装方式，又可分为装配式和成套配电装置两种。在现场进行组装的配电装置称为装配式配电装置。在工厂预先将各种开关、互感器等安装成套，然后运到安装地点，则称为成套配电装置。

成套配电装置的特点：①电气设备布置在封闭或半封闭的金属外壳中，相间和对地距离可以缩小、结构紧凑，占地面积小；②大大减少现场安装工作量，有利于缩短建设周期，也便于扩建和搬迁；③运行可靠性高，维护方便；④耗用钢材较多，造价较高。

配电装置按设备形式的不同，可以分为三种：第一种为空气绝缘的常规配电装置，简称 AIS；第二种是母线采用敞开式，其他电气设备以断路器为核心，集隔离开关、接地开关、电流互感器、电压互感器为一体的 SF_6 气体绝缘开关的配电装置，简称 HGIS；第三种是 SF_6 气体绝缘金属全封闭配电装置，简称 GIS。其是气体绝缘封闭组合电气的简称，其特点在于结构紧凑，占地面积小，安全性、可靠性高，配置灵活，安装方便，环境适应能力强，维护工作量小。HGIS 是一种介于 GIS 和 AIS 之间的电气设备，其特点是母线不装于 SF_6 气室，是外露的，接线清晰、简洁、紧凑，安装及维护方便，运行可靠性高。

2. 高压配电装置设施平面布置原则

（1）进出线方便，与城镇规划相协调，宜避免相互交叉和跨越永久性建筑物。

(2) 位于汽机房外侧，当技术经济论证合理时，也可布置在变压器上方、厂区固定端或厂区围墙之外。

(3) 各种配电装置之间，以及它们和各种建（构）筑物之间的距离和相对位置，应按最终规模统筹规划。

(4) 配电装置的布置位置应结合出线方向，尽量缩短主变压器各侧引线长度，避免架空线路在厂内交叉。

(5) 宜布置在湿式循环水冷却设施冬季盛行风向的上风侧，或位于产生有腐蚀性气体及粉尘的建（构）筑物常年最小频率风向的下风侧。

(6) 不同电压等级的配电装置都需扩建时，最高一级电压配电装置的扩建方向，宜与电厂或主厂房扩建方向相一致。

3. 高压配电装置主要布置形式

受生物质资源量和经济运输半径限制，生物质发电厂多为 1 台或 2 台机组，且单机容量一般不大于 50MW，总装机规模不超过 80MW。当为单台机组时，高压配电装置不设置母线，多为变压器一线路组单元接线；当 2 台及以上机组时，高压配电装置多为单母线或双母线接线。由于生物质发电厂总装机规模小，高压配电装置电压等级一般采用 35kV 及 110kV（东北地区为 66kV），极少采用 220kV。

高压配电装置有屋外布置和屋内布置两种方式，采用的方式应根据具体条件确定。生物质发电厂配电装置一般多采用屋外 AIS 布置方式。在污秽等级高的地区，如附近有钢铁厂、水泥厂、化工厂等散发粉尘和有害气体的地区或场地受限地区，也可采用屋内布置或采用 GIS 设备，其技术更为先进，节约用地的效果更加显著。

不同规模和形式的配电装置平面布置见图 22-26。

（二）变压器区布置

生物质发电厂变压器主要为主变压器及启动备用变压器，不单独设置高压厂用变压器，厂用电由发电机出口引接。主变压器是利用变压器将发电机的端电压升高到输送电压，使相同的输送容量下电流减少、线路损耗小、线路压降小。由于生物质发电厂单机容量较小，主变压器均采用三相变压器。

垃圾发电厂的高压配电装置一般与汽机房组成联合建筑，将其布置在汽机房的一端。变压器布置在配电装置的侧面。

秸秆发电厂主变压器和启动备用变压器大多布置在主厂房 A 列柱外侧或配电装置内。主变压器布置在主厂房 A 列柱外侧可以缩短发电机小室至主变压器共箱母线的长度，减少电能损失和节省投资费用，提高运行的可靠性。布置在 A 排外的变压器布置图如图 22-27 所示，布置在配电装置内变压器平面布置图如图 22-28 所示。

（三）高压配电装置进线方式及与总平面布置的关系

生物质发电厂配电装置进线方式一般采用架空线进线或电缆进线，应根据厂区总平面布置的需要选取。

1. 架空线进线方式

按照配电装置与主厂房的相对关系，架空进线方式具体分类如下。

(1) A 列外布置方案。这是我国生物质发电厂最常用的一种布置方案，其主要优点是电气接线短捷顺畅，投资低。

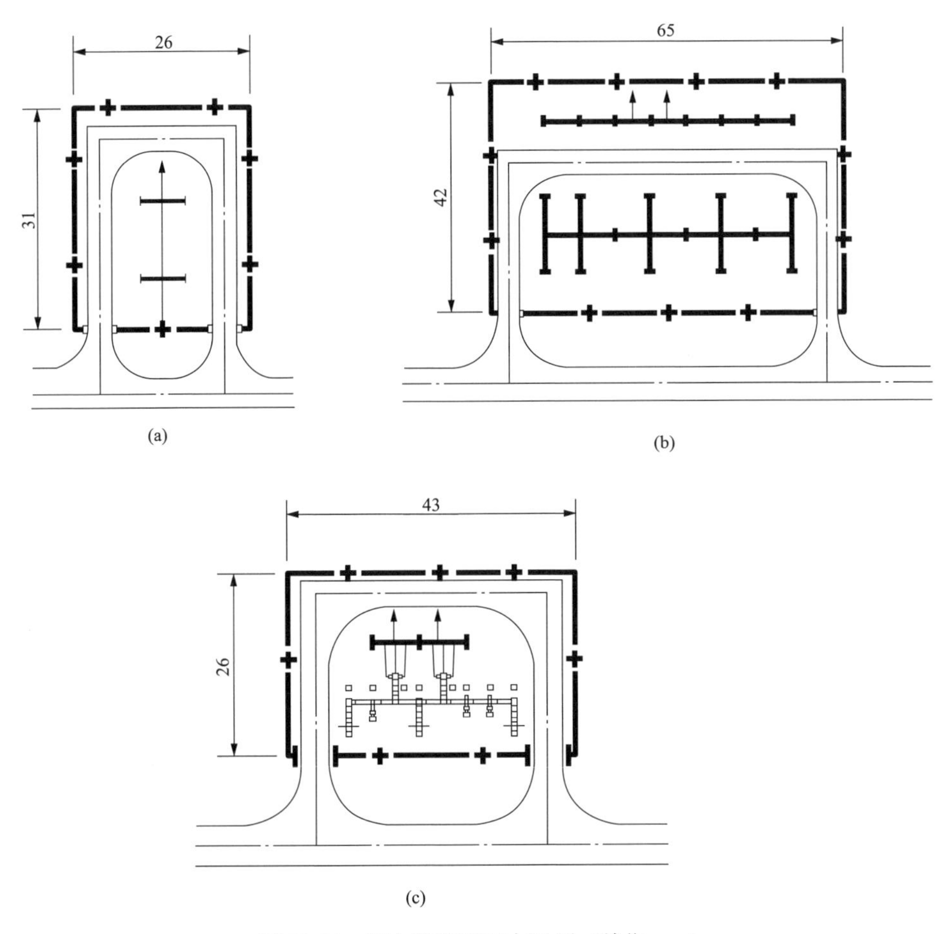

图 22-26　配电装置平面布置图（单位：m）
（a）66kV AIS 变压器-线路组单元接线；（b）66kV AIS 双母线接线；（c）66kV 户外 GIS 双母线接线

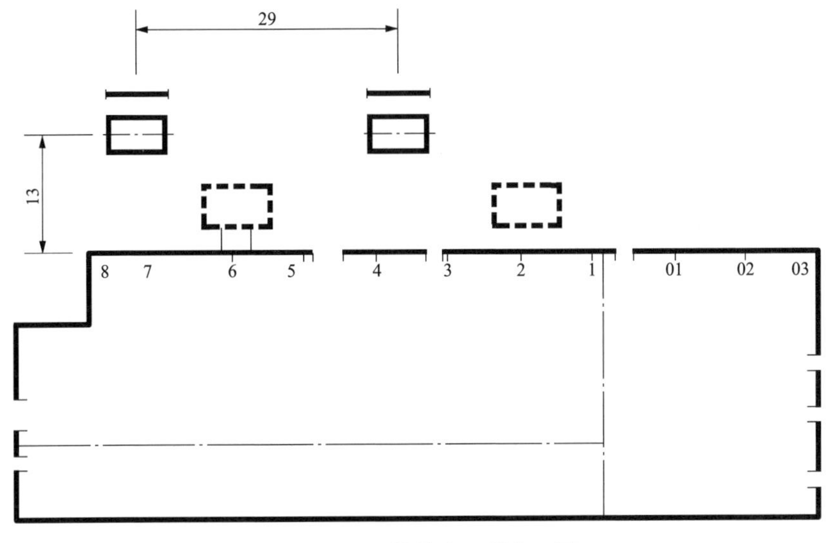

图 22-27　A 排外变压器布置图

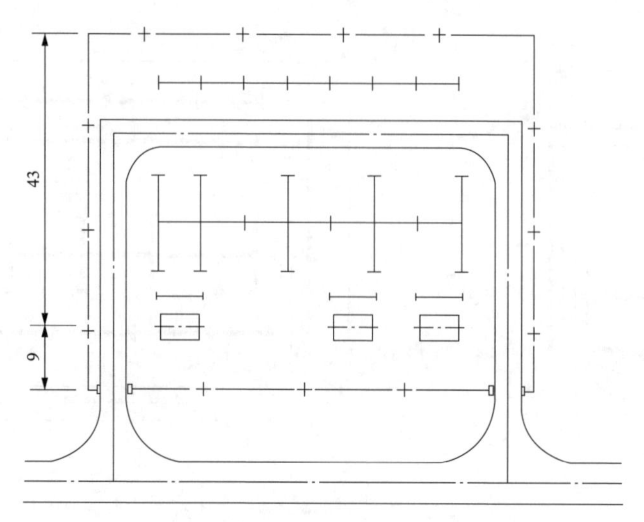

图 22-28 配电装置内变压器布置图

设计过程中，总图专业人员应与电气专业密切配合，根据厂区总平面布置的需要，确定高压配电装置合理的布置位置。

（2）冷却塔外侧布置方案。此方案在大中型火力发电厂应用广泛，在生物质发电厂应用极少。其最大优点是有利缩短循环水管长度，但变压器和配电装置之间通常需要通过铁塔或构架转角连接。

采用这种进线方式时，应满足 GB 50061《66kV 及以下架空电力线路设计规范》和 GB 50545《110kV～750kV 架空输电线路设计规范》的相关要求。在最大计算弧垂情况下，导线与建筑物之间的最小垂直距离，应符合表 22-10 规定的数值。

表 22-10　导线与建筑物之间的最小垂直距离

标称电压（kV）	35	66	110	220	330	500
垂直距离（m）	4.0	5.0	5.0	6.0	7.0	9.0

在最大计算风偏情况下，边导线与建筑物之间的最小净空距离，应符合表 22-11 规定的数值。

表 22-11　边导线与建筑物之间的最小净空距离

标称电压（kV）	35	66	110	220	330	500
距离（m）	3.0	4.0	4.0	5.0	6.0	8.5

（3）空气冷却平台外侧布置方案。这是采用直接空气冷却时的常规布置方案，重点在于架空线与空气冷却平台之间的配合工作，使其满足带电距离及偏角的要求。

当场地条件受限、布置困难时，在满足带电距离的前提下，也可以考虑将配电装置布置在空冷平台下方。

2. 电缆进线方式

这种进线方式适用于场地受限，导致无法架空进线的情况。当采用电缆进线时，配电装置位置相对灵活。

3. 进线方式实例

根据配电装置进线方式的不同，其典型的布置形式见图 22-29。

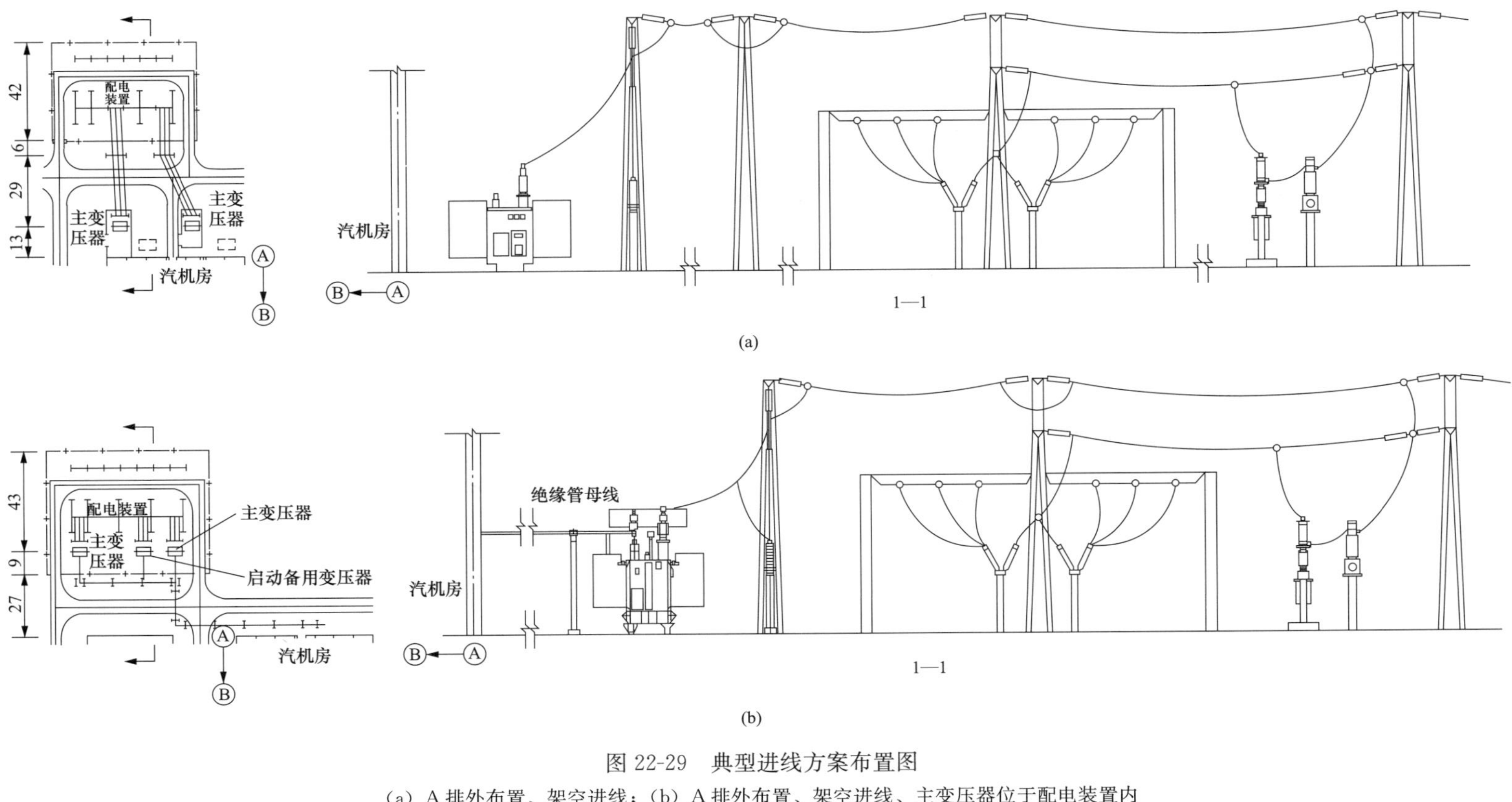

图 22-29　典型进线方案布置图

（a）A 排外布置、架空进线；（b）A 排外布置、架空进线、主变压器位于配电装置内

四、冷却设施

生物质发电厂在发电过程中会产生大量的废热，废热主要为汽轮机排汽凝结为水的过程中释放出的热量。冷却设施主要作用就是将电厂生产过程中产生的废热有效、及时地散发至自然界大气中去。

按照水源条件及水的利用方式，供水系统可分为直流供水系统、循环供水系统和混合供水系统。因直流供水系统存在温排放问题，对水体生物、水体环境影响比较大，目前较少采用。国内生物质电厂供水系统主要采用循环供水系统，而循环供水系统内的主要冷却设施为自然通风冷却塔和机械通风冷却塔。

（一）湿式自然通风循环冷却系统

1. 湿式自然通风循环冷却系统工艺流程

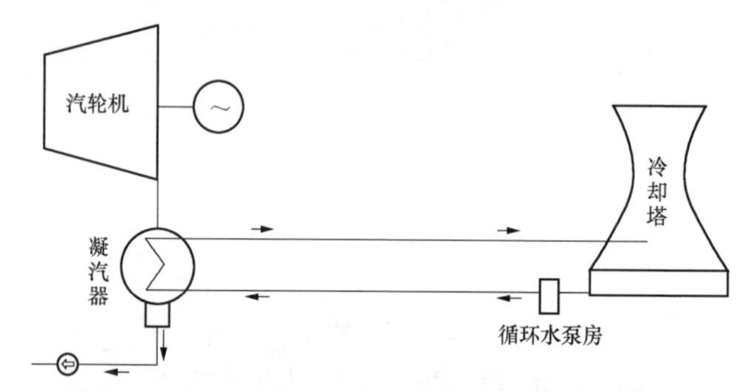

图 22-30　湿式自然通风冷却塔循环供水系统主要流程图

机组冷却水经循环水泵房升压后到达凝汽器及相关辅机，在凝汽器及相关辅机经过热交换升温后，经循环水排水管排至自然通风冷却塔，冷塔中被冷却介质（循环冷却水）与空气直接接触，进行汽水换热降温后进入塔下水池，再回流到循环水泵房前池，经循环水泵升压后重复进入凝汽器及相关辅机，形成循环系统。湿式自然通风冷却塔循环供水系统主要流程如图 22-30 所示。

2. 湿式自然通风冷却塔布置原则

湿式自然通风冷却塔在厂区总平面布置中占有重要的地位，其应与主厂房布置相结合，在满足防护间距要求的前提下，尽量缩短供排水管线长度，并应选择布置在地层均匀、地基稳定且承载力较高的地段，尽量减少冷却塔对周围环境的影响。

湿式自然通风冷却塔的飘滴和雾羽对环境的影响范围与风向关系很大，冷却设施应尽可能布置在主要生产建（构）筑物、屋外配电装置和主要道路最大频率风向的下风侧或冬季盛行风向的下风侧以减少其影响。有条件时，冷却塔应布置在粉尘源（如料场）的全年主导风向的上风侧。

尽量避免将冷却塔布置在高大建筑物中间的狭长地带，以减少湿热空气回流；冷却塔尽量远离生产行政办公区和生活福利设施，以减少噪声影响。

3. 湿式自然通风冷却塔主要形式

湿式自然通风冷却塔一般为双曲线型混凝土结构，其特点为无机械设备，不耗电，日常运行维护工作量小，运行稳定，占地面积较机力塔大，一次性投资高，高大的塔筒对环境易形成视觉障碍。多年来在设计、施工、运行等方面积累了较多的经验，目前在国内生物质发电厂中较为广泛。

自然通风冷却塔循环水流向下，空气流向上，被冷却介质（循环冷却水）和冷却介质（空气）相对逆向流动。我国湿式自然通风冷却塔采用最多的形式为逆流式，塔筒为钢筋混凝土双曲线旋转形壳体，塔筒荷重由壳体底部沿圆周均匀分布的支柱承受，支柱间构成进风口。底部为集水池。塔芯由淋水构架、淋水填料、配水系统和除水器等组成。冷却塔的淋水面积是以淋水填料顶部标高处的面积来定义的。逆流式湿式自然通风冷却塔平立面图见 22-31，内部结构见图 22-32。

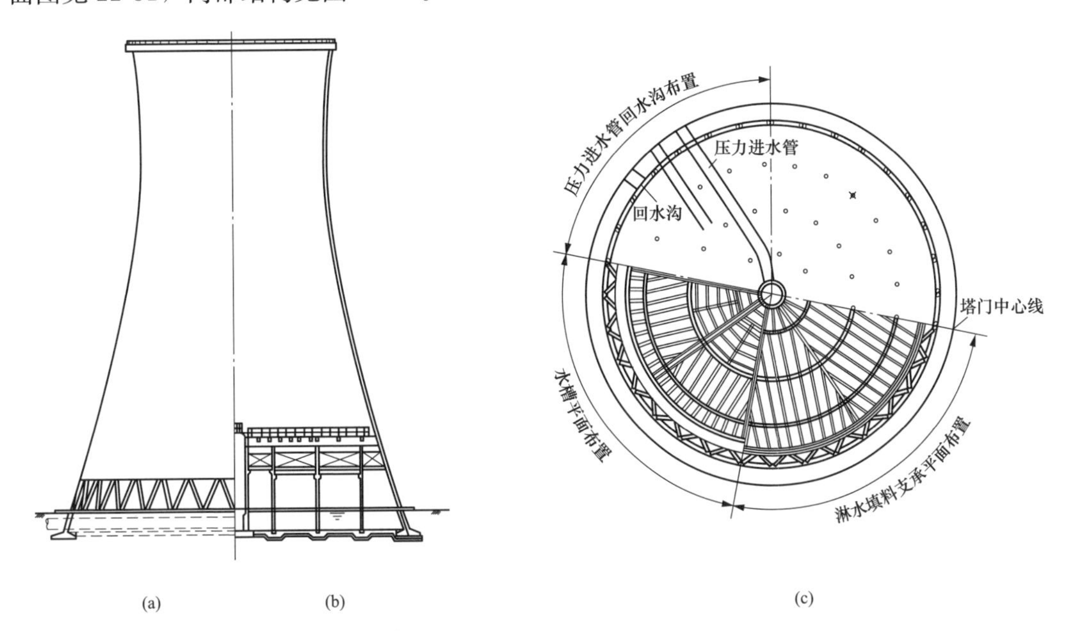

图 22-31　逆流式湿式自然通风冷却塔平立面图

（a）立面图；（b）剖面图；（c）平面图

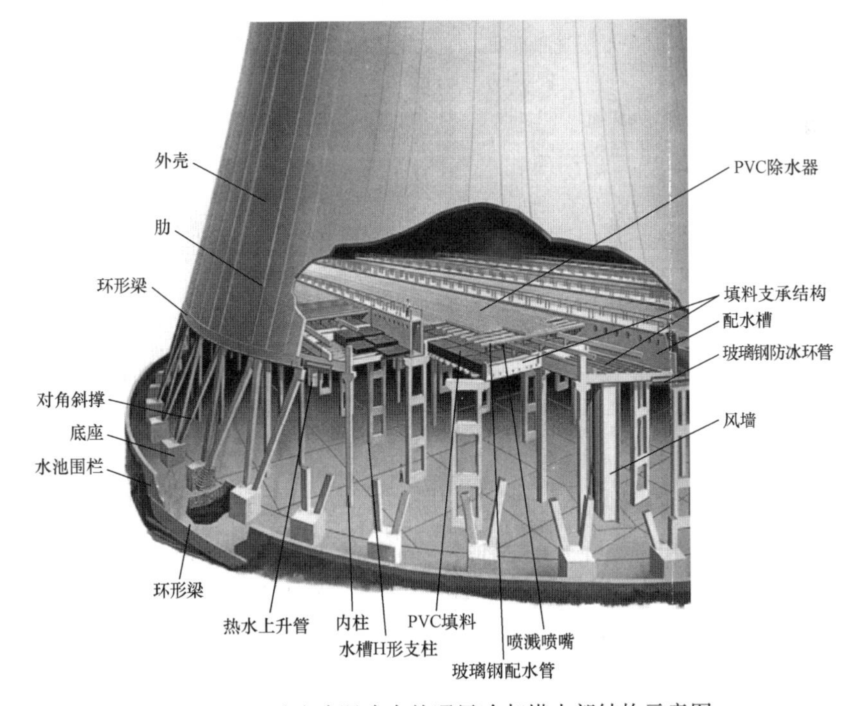

图 22-32　逆流式湿式自然通风冷却塔内部结构示意图

生物质发电厂相配的冷却塔淋水面积一般为500～2000m²。在通常情况下，1台机组配1座冷却塔，也有2台机组配1座冷却塔。不同淋水面积冷却塔典型参数见表22-12。

表22-12　不同淋水面积冷却塔淋水面积、零米（水面）直径、塔高、进风口高度参考表

序号	冷却塔淋水面积（m^2）	零米（水面）直径（m）	冷却塔高度（m）	进风口高度（m）
1	500	28.78	40	3
2	750	34.04	45	3
3	1000	38.02	52	3.5
4	1250	44.42	54	3.5
5	1500	48.00	55	4
6	2000	54.7	73.26	4.9

4. 湿式自然通风冷却塔布置与环境的关系

冷却塔对周围环境的影响，主要是由于在风力和热力作用下，水蒸气和小粒径水珠飘散出去所造成的。主要分两部分，一部分是从塔顶飘散出去的水汽和水珠；另一部分是在塔的下部进风口处被水吹散出去的水珠，这部分的影响范围在塔的附近地区。

如果水珠或水汽飘洒在屋外配电装置的露天设备上，会使绝缘强度降低，甚至发生闪络事故。当生物质发电厂位于工业大气污染较为严重的环境中时，水汽、飘尘等物质混合附着于电气设备上，其对电气设施的影响较大。因此，冷却设施对屋外高压配电装置的影响不只是一个冰冻问题，在大气污染严重、气候干燥，电气设备上沉积的污秽不能及时冲洗时，加上冷却设施散发出来的水雾影响，就有可能导致事故的发生。因此，不论南方与北方、气温高低，均应引起重视。

在北方地区的严寒季节里，水珠和水雾使道路、铁路产生较为严重的冰冻，影响交通安全。屋外配电装置的设备上也会结成冰溜。附近建筑物可能因受冻融而影响使用寿命。

此外，冷却塔飘散的水汽、水珠，与工业大气中的有害介质如酸、碱、盐类共同作用，会加速和加剧对露天设备和建（构）筑物的腐蚀破坏。

消除冷却塔水汽影响积极而有效的办法是装设除水器。目前我国设计的自然通风冷却塔和机械通风冷却塔，均考虑装设除水器。

除水汽影响外，还有冷却塔淋水装置淋水时形成的噪声问题。在总布置时，应适当注意考虑将生产办公楼、主控制楼等建筑与冷却塔保持一定的距离，以避免噪声的影响。

在多塔组合布置时，冷却塔顶的水雾汽流可能会遮挡阳光，减少经过地区的日照，在视觉环境要求较高的地区，高大的冷却塔也会被认为有视觉影响。

同时，环境条件对冷却塔设计和运行也会产生影响，自然通风冷却塔是依靠本身的体型造成的上升气流达到热交换的目的，因此风和大气温度随高度变化的情况对自然通风冷却塔空气动力和热力特性是有影响的。

自然通风冷却塔塔群布置对塔筒壳体风荷载分布也是有影响的，山区或丘陵地区的发电厂，自然通风冷却塔不宜贴近山坡或土丘布置，以免湿热空气回流，影响冷却效果。

5. 湿式自然通风冷却塔的布置方式

生物质电厂受区域生物质资源限制，其装机规模一般在项目规划阶段基本确定，超规划容量建设的情况很少。由于生物质发电厂机组数量少（一般不超过 2 台），辅助附属设施少，且受燃料的特殊性，上料系统不设置转运站，输料设施相对固定，因此，冷却塔作为生物质发电厂除主厂房以外最重要的设施，其布置方式相对单一，除场地条件受限外，一般均布置在汽机房外侧或厂区固定端，极少部分布置在炉侧，见图 22-33。

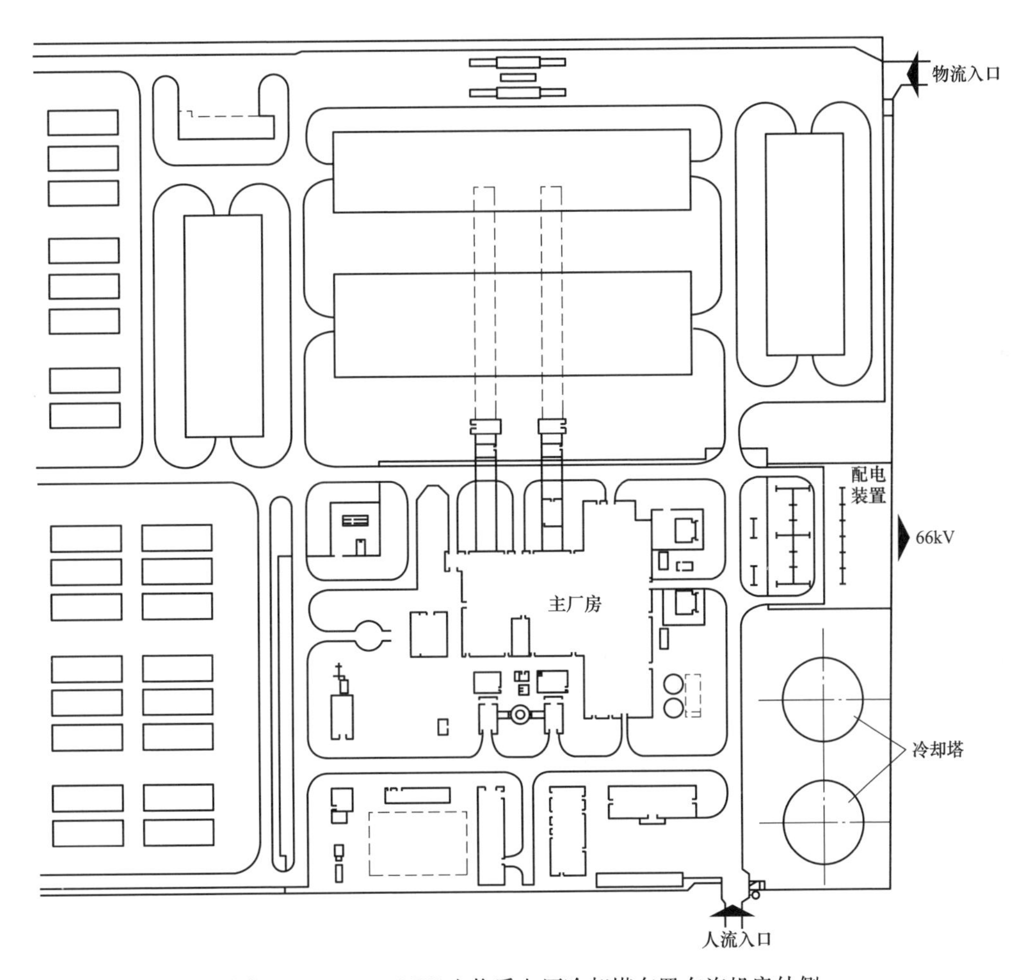

图 22-33　2×30MW 生物质电厂冷却塔布置在汽机房外侧

冷却塔布置在于汽机房外侧或厂区固定端，循环水管线短，投资低，运行费用少。

（二）湿式机械通风冷却系统

1. 湿式机械通风冷却塔工艺流程

机组冷却水经循环水泵房升压后到达凝汽器及相关辅机，在凝汽器及相关辅机经过热交换升温后，机组冷却水在冷却塔内与空气进行汽水换热降温后进入塔下水池，再回流到循环水泵房前池，经循环水泵升压后重复进入凝汽器及相关辅机。湿式机械通风冷却塔塔内空气流动的动力由风机提供，湿式冷却系统工艺流程简图如图 22-34 所示。

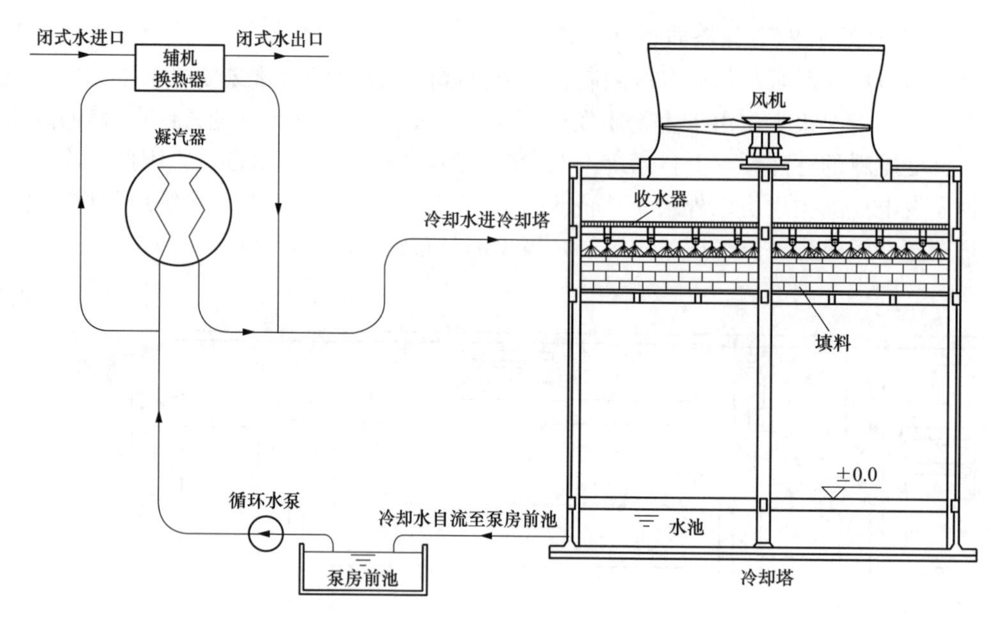

图 22-34　湿式冷却系统工艺流程简图

2. 湿式机械通风冷却塔分类

与湿式自然通风冷却塔相同，湿式机械通风冷却塔按照空气和水的流动方向分为逆流式和横流式。逆流塔中水与空气逆流接触，热、质交换效率高，需要的淋水填料体积小。横流塔水与空气横流交叉接触，热、质交换效率低，需要的淋水填料体积大，在相同的冷却要求下，占地面积较逆流塔大 20%～40%，故国内大容量机组多采用逆流式冷却塔。

（1）逆流式机械通风冷却塔。冷却塔示意图见图 22-35，主要参数参见表 22-13。

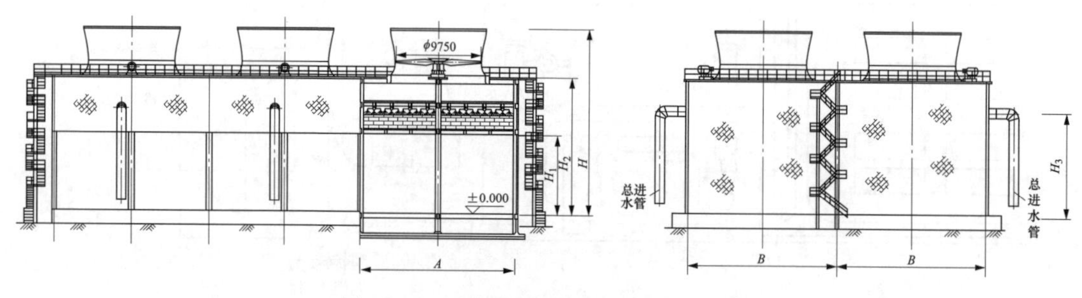

图 22-35　逆流式机械通风冷却塔示意图

表 22-13　　**$GFNS_4$ 型逆流式机械通风冷却塔主要参数**

塔 型	单塔循环水量（m^3/h）	总进水管管径 DN（mm）	配水管中心高度 H_3（mm）	单塔外形尺寸（mm）					标准点噪声［dB(A)］
				长度 A	宽度 B	塔高 H	填料底高度 H_1	平台高度 H_2	
$GFNS_4$-800	800	2×300	5110	8400	8800	10 500	2200	7200	≤75
$GFNS_4$-1000	1000	2×350	5610	9000	9400	11 400	2500	7500	≤75
$GFNS_4$-1200	1200	2×350	5610	10 000	10 400	11 900	2700	8000	≤75

续表

塔 型	单塔循环水量（m^3/h）	总进水管管径 DN（mm）	配水管中心高度 H_3（mm）	单塔外形尺寸（mm）					标准点噪声[dB(A)]
				长度 A	宽度 B	塔高 H	填料底高度 H_1	平台高度 H_2	
GFNS$_4$-1500	1500	2×400	5910	11 000	11 400	12 300	3000	8300	≤75
GFNS$_4$-2000	2000	2×450	6210	12 200	12 600	13 700	3600	8700	≤75
GFNS$_4$-2500	2500	2×500	6610	13 600	14 000	14 000	3700	9000	≤75
GFNS$_4$-3000	3000	2×500	6910	14 800	15 200	14 600	4000	9500	≤75
GFNS$_4$-3500	3500	2×600	7210	16 000	16 400	15 900	4600	10 400	≤75
GFNS$_4$-4000	4000	2×600	7910	17 000	17 400	16 700	5000	11 000	≤75
GFNS$_4$-4500	4500	2×700	8210	18 000	18 000	18 300	5200	11 600	≤75
GFNS$_4$-5000	5000	2×700	8210	19 000	19 000	18 310	5500	12 060	≤75

（2）横流式机械通风冷却塔。冷却塔示意图见图 22-36，主要参数参见表 22-14。

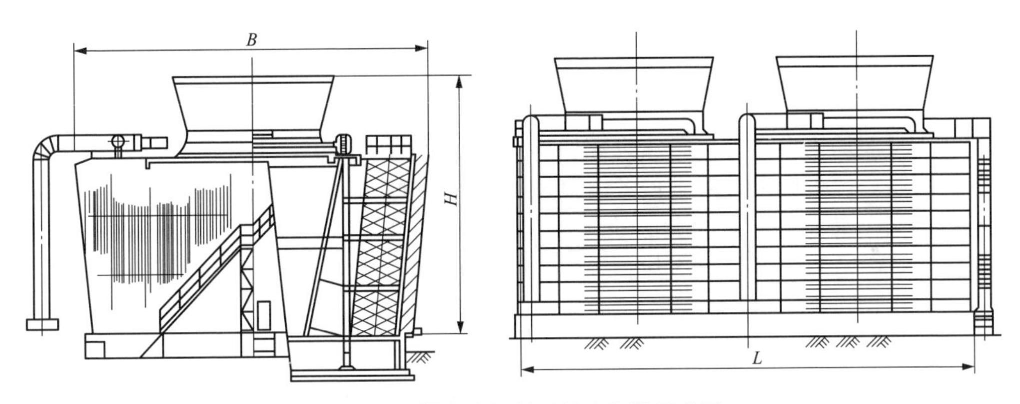

图 22-36 横流式机械通风冷却塔示意图

表 22-14　　横流混合结构机械通风冷却塔主要参数

塔型	单塔循环水量（m^3/h）	单塔外形尺寸			标准点噪声 [dB(A)]
		B(mm)	H(mm)	L(mm)	
10HH-500	500	5400	5400	12 000	≤75
10HH-750	750	7000	7000	13 200	≤75
10HH-1000	1000	8200	8200	14 800	≤75
10HH-1500	1500	10 600	10 600	17 200	≤75
10HH-2000	2000	11 000	11 000	18 800	≤75
10HH-2500	2500	12 000	12 000	20 400	≤75
10HH-3000	3000	13 500	13 500	20 600	≤75

续表

塔型	单塔循环水量 (m^3/h)	单塔外形尺寸			标准点噪声［dB(A)］
		B(mm)	H(mm)	L(mm)	
10HH-3500	3500	14 000	14 000	21 200	≤75
10HH-4000	4000	16 000	16 000	22 000	≤75
10HH-4500	4500	18 000	18 000	22 000	≤75

（3）近年来在部分生物质电厂工程中设计和选用的逆流机械通风湿式冷却塔的主要尺寸参见表 22-15。

表 22-15　　近年工程中设计和选用的逆流机械通风湿式冷却塔主要尺寸表

工程名称	单塔循环水量 (m^3/h)	主要外形尺寸				标准点噪声［dB(A)］
		单格塔塔长 B_1(m)	塔总长 B(m)	塔总高 H(m)	进风口高度 H_1(m)	
望奎 30MW 辽源 30MW	4965	12.40	24.80	12.05	3.00	≤75
赤峰 12MW 通辽黑山梅河口	2400	8.40	16.80	9.20	2.20	≤75

3. 适用条件

相对于自然通风冷却塔，湿式机械通风冷却塔占地面积小、土建工程量及投资较小，但运行费用高、风机设备日常维护工作量大、水汽和噪声的影响也比自然塔大，适用于地形狭窄的厂区，气温高、湿度大的地区及对噪声要求不甚严格的地区，既可用于主机冷却，也可用于空冷机组的辅机冷却。

湿式机械通风冷却塔耗电量大，而生物质发电厂上网电价高（0.75 元/kWh）且机组年利用小时数高（多为 6000h/a 以上），因此，除气温高、湿度大的地区外，12MW 及以上机组的生物质发电厂采用湿式机械通风冷却塔相对较少。

4. 湿式机械通风冷却塔布置原则

湿式机械通风冷却塔布置采用多座（格）塔连成一排，每格塔成正方形或矩形，由于生物质发电厂的单机容量多在 12～50MW，对应循环水量为 2500～9500t/h，故机械通风冷却塔多数采用单排布置、双侧进风的形式。

湿式机械通风冷却塔宜靠近汽机房布置，以缩短循环水管线长度；不宜布置在屋外配电装置及主厂房的上风侧；双侧进风塔的进风面宜平行于夏季主导风向；尽量避免将冷却塔布置在高大建筑物中间的狭长地带，以减少湿热空气回流；冷却塔尽量远离生产行政办公区和生活福利设施，以减少噪声影响。

布置在汽机房前的湿式机械通风冷却塔见图 22-37。

（三）冷却设施用地指标

当冷却设施采用湿式机械通风冷却塔时，建设用地单项指标宜控制在表 22-16 规定范围之内；当冷却设施采用湿式自然通风冷却塔时，建设用地单项指标宜控制在表 22-17 规定范围之内。

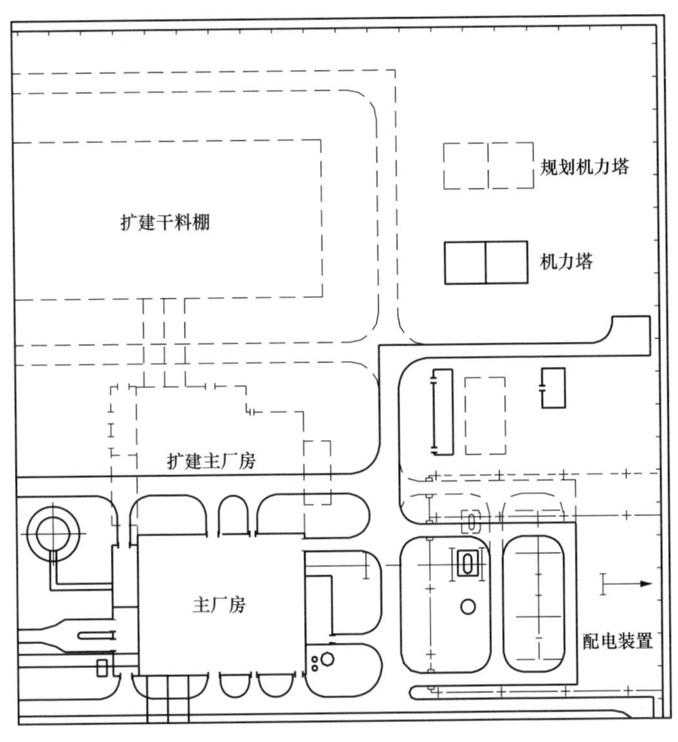

图 22-37　布置在汽机房前的湿式机械通风冷却塔

表 22-16　　**机械通风冷却塔区建设用地单项指标**

机组容量（MW）	技术条件及建设用地单项指标	
	机械通风冷却塔尺寸（m×m）	单项用地（hm^2）
1×12	18.27×9.25	0.20
2×12	31.70×17.50	0.24
1×15	18.27×9.25	0.20
2×15	31.70×17.50	0.32
1×25	31.70×17.50	0.32
2×25	2×31.70×17.50	0.40

注　1. 机械通风冷却塔的尺寸是指池最外边缘之间的尺寸。
2. 本表内容按《电力工程项目建设用地指标》(火电厂、核电厂、变电站和换流站)（建标〔2010〕78 号）的相关规定，当发电厂所采用的技术条件与本表中不同时，需按照要求进行调整。

表 22-17　　**湿式自然通风冷却塔区建设用地单项指标**

机组容量（MW）	技术条件及建设用地单项指标	
	淋水面积（m^2）	单项用地（hm^2）
1×12	600	0.60
2×12	1200	0.80
1×15	600	0.60

续表

机组容量（MW）	技术条件及建设用地单项指标	
	淋水面积（m^2）	单项用地（hm^2）
2×15	1200	0.88
1×25	1200	0.88
2×25	2000	1.06

注　本表内容按《电力工程项目建设用地指标》（火电厂、核电厂、变电站和换流站）（建标〔2010〕78号）的相关规定调整后的指标，当发电厂所采用的技术条件与本表中不同时，需按照要求进行调整。

五、燃料运输设施

垃圾焚烧发电厂和秸秆发电厂的燃料运输设施还是有所不同的，下面分别予以介绍。

（一）垃圾发电厂燃料运输设施

随着我国城镇化率的提升，生活垃圾产生量持续攀升。垃圾焚烧发电是生活垃圾实行减量化的有效途径之一。该处理过程包括垃圾的收集、运输、焚烧三个环节。

1. 垃圾收集与运输

垃圾焚烧发电厂燃料为城镇生活垃圾，主要由市政环卫部门负责收集。再由环卫部门用密闭自卸式垃圾专用车从厂区的物料入口经电子汽车衡称重后，沿垃圾运输坡道到达卸料大厅，运输车把生活垃圾通过卸料门卸至垃圾池。

通向垃圾卸料平台的坡道为双向通行时，宽度不宜小于7m；单向通行时，宽度不宜小于4m。坡道中心圆曲线半径不应小于15m，纵坡 i 不应大于8%。圆曲线处道路的加宽应根据通行车型确定。厂内垃圾运输坡道示意图如图22-38所示。

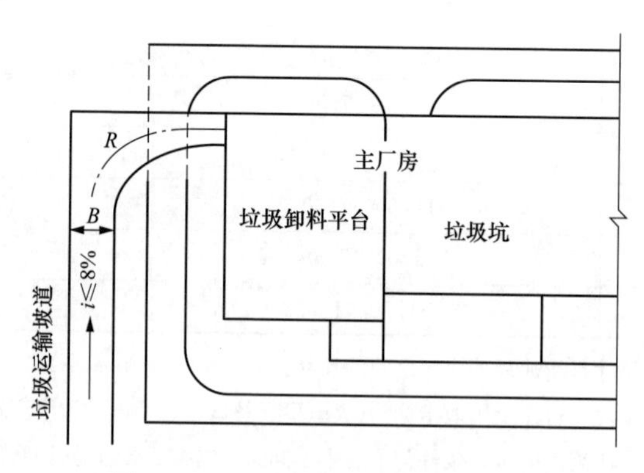

图22-38　厂内垃圾运输坡道示意图

注：双车道时，B 不小于7m；单车道时，B 不小于4m。转弯半径 R 不小于15m。

运输车多采用集装箱式的垃圾车，该种车辆常用于垃圾的转运环节，即将垃圾从转运站运往垃圾焚烧发电厂或处置地点。在进行相应的工程设计时，需根据各地区使用的垃圾车辆的实际情况进行交通量的测算。

以某电厂建设日处理量为2×400t的机械炉排生活垃圾焚烧炉为例，每天垃圾运输量为800t，如按运输车辆载重量为15t的垃圾车计算，每日垃圾运输量为54车次。如果以垃圾运输高峰为每天 4h 计算，则垃圾运输的车流密度为 14 车次/h。

2. 垃圾称重

为了对进出厂垃圾、灰渣及运营辅料实施必要的量化管理，厂内需要设置汽车衡，汽车衡的数量根据垃圾焚烧发电厂日处理垃圾的规模来确定。根据 CJJ 90—2009《生活垃圾焚烧处理工程技术规范》中 5.2.1 规定：设置汽车衡的数量应符合下列要求。

1）特大类垃圾焚烧发电厂应设置 3 台或以上；

2）Ⅰ类、Ⅱ类垃圾焚烧发电厂设置 2～3 台；

3）Ⅲ类垃圾焚烧发电厂设置 1～2 台。

垃圾焚烧发电厂物料运输比较频繁，为保证车辆的有序通行，大多采用全自动电子式地磅。

汽车衡规格：按垃圾车最大满载重量的 1.3～1.7 倍配置，称量精度不大于 20kg。

汽车衡的布置：汽车衡宜布置在物流出入口的附近及垃圾运输坡道前，汽车衡的位置宜与行车方向相适应，需有利于垃圾、灰渣车辆的称重、进出及其他辅料车辆的称重进出。其进车端道路平坡直线段的长度不宜小于 2 倍的车辆长度，困难条件下，不应小于一辆车长；出车端的道路应有不小于一辆车长的平坡直线段。汽车衡外侧应有保证其他非需称重车辆通过的道路。某垃圾焚烧发电厂汽车衡布置图如图 22-39 所示。

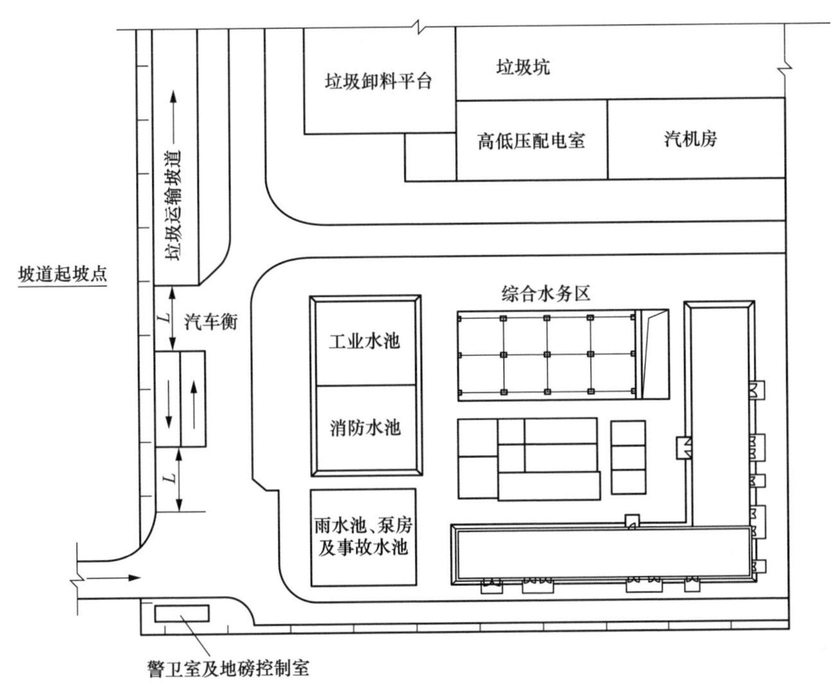

图 22-39　某垃圾焚烧发电厂汽车衡布置示意图

L—平直段长度，困难条件下不小于最大车车长

3. 卸料设施

经称量后的垃圾运输车按指定路线和信号灯指示经垃圾运输坡道驶入卸料大厅（平

台）。垃圾卸料大厅供垃圾车辆的驶入、倒车、卸料和驶出，以及车辆的临时抢修。卸料大厅平台长、宽除满足卸料车位外，还应满足最大长度的垃圾运输车一次掉头即可到达指定卸料口，一次转弯出去。

卸料门前装有红绿灯的操作信号，指示垃圾车卸料。

卸料门的控制方式一般为全自动启闭，并能实现自动控制功能。

（二）秸秆发电厂燃料运输设施

秸秆发电厂运料设施的功能是将收集到的农作物秸秆、林业废弃物等，通过接卸、储存、破碎、运输、混配等工艺，制备成合适尺寸和品质后输送到锅炉房燃用。运料系统包含厂内和厂外两部分。厂外部分是指燃料厂外输送部分，主要以公路运输为主。厂内部分包含卸料设施、储料设施、破碎设备、带式输送机系统及辅助设施。

1. 厂内燃料收储运系统布置原则

生物质发电厂总平面布置与燃料收储运工艺系统密切相关。确定厂区总平面方案时要考虑生物质燃料的特性、燃料输送工艺流程，结合厂址条件和总体规划的要求，因地制宜进行布置。

燃料收储运系统的布置主要考虑以下要求。

（1）便于燃料接卸，力求缩短输送距离，减少转运，降低提升高度。

（2）尽量减少对厂区主要建（构）筑物的污染。储料场地宜布置在厂区主要建（构）筑物最小频率风向的上风侧，并靠近厂区的边缘地段。

（3）减少地下建（构）筑物工程量。

2. 厂内燃料接卸设施

生物质燃料根据来料方式的不同可采取不同的接卸方式，主要分为打包料和散料两种。燃料的接卸多采用直接卸入秸秆储料棚库或露天、半露天燃料堆场。对于以硬质秸秆燃料为主的电厂，也可采用汽车卸料沟接卸。

汽车接卸设施的布置原则如下。

（1）宜设运料汽车专用出入口，其位置便于同路网连接，并应使人流、车流分开。

（2）汽车衡的布置应充分考虑车辆运行组织的顺畅，使重车和空车分流，宜靠近运料汽车专用出入口布置。

（3）考虑采样、检斤排队情况，为减少对社会公路的影响，当电厂燃料运输专用道路长度较短时，宜考虑重车停车待卸区。停车待卸区面积与采样、检斤设备的配置数量相适应，充分利用进厂道路两侧。

（三）储料设施

储料设施的主要功能是通过堆料设备储存一定量的生物质燃料，并根据需求通过取料设备将燃料送入锅炉，保证电厂安全稳定运行，同时对生物质燃料收购淡季、旺季的不均衡性起到调节和缓冲的作用。目前国内生物质电厂储料形式有露天储料堆场、半露天储料棚、封闭式储料仓等。

1. 生物质燃料储存设施的布置

设计宜根据厂址所处的区域位置、厂区面积、当地气候条件、环评审查意见以及相关规程规范选择适宜的储料方式。一般来说，国内生物质发电厂燃料存储多采用露天存储和半露天干料棚存储相结合的储料方式。

2. 贮料设施容量

厂内燃料储量按下列原则确定。

(1) 厂内燃料的储存量宜为5～7d燃料消耗量。

(2) 供热机组的燃料储存量应在 (1) 的基础上，增加5天的消耗量。

(3) 对于收储站布置在厂内的电厂，收储站储料场宜与厂内露天储料场合并布置，结合当地气象条件，燃料储量宜为20～30d燃料消耗量。

3. 贮料设施布置要求

由于生物质秸秆比重轻且易燃等特性，露天堆料场地的布置，尽量减少对厂区主要建（构）筑物的污染。应布置在厂区主要建（构）筑物最小频率风向的上风侧，并利于上料，尽量缩短厂内外输送距离，避免往返输送，减少转运并降低提升高度，简化系统。

干料棚一般紧邻锅炉房外侧布置，具有输料距离短、工艺流程简捷、减少转运次数等优点。

露天储料场地宜紧邻干料棚布置。当受场地条件限制或者扩建项目，露天储料场与干料棚脱开布置时，应充分论证燃料运输通道满足上料条件，必要时专题论证。

4. 贮料设施形式

(1) 干料棚。生物质燃料被雨水淋湿后含水量上升，不利于锅炉燃烧，设置干料棚是解决燃料质量的有效办法。

干料棚多为条形布置，根据消防要求，干料棚四周留有环行道路，棚内留有6m宽供运输车辆直接进入棚内卸料及消防道路。

秸秆根据打包形式，分为无秸秆捆与有秸秆捆。无秸秆捆抓斗起重机的干料棚的优点：大跨度，不设中间柱，方便车辆作业；可适当降低料棚高度。缺点是网架结构防火能力弱。无秸秆捆抓斗起重机的干料棚布置见图22-40。

有秸秆捆抓斗起重机的干料棚的优点：可对打包料整包装卸，卸料、上料、整备能力强。缺点是受跨度限制，料棚内设有中间柱，车辆作业受影响。有秸秆捆抓斗起重机的干料棚布置如图22-41所示。

(2) 露天储料场。为保证燃料淡季的供给，厂内设露天储料场，分垛堆放，垛与垛之间留有消防及汽车通道。

露天储料场的卸料和上料配有直臂抓斗机和单斗轻型装载机进行作业。轮式直臂抓料机功能是进行汽车卸车、堆垛以及燃料转运上料作业，装载机功能是进行料场内燃料的流转、给料作业。可用厂内已有的自卸轮式拖车等完成露天料场燃料向干料棚的倒运作业。

露天储料场设有消防、照明等必要的设施。

露天储料场地坪常见的做法有素土夯实、三合土碾压、现浇水泥混凝土、毛石混凝土。

料场区域雨水排水充分利用自然地形坡度，厂区场地坡度按照不小于0.3%、不大于6%进行规划设计。料场场地排水可采用暗管排水和明沟排水两种方式。

1) 暗管排水。料场区域场地采用暗管排水，可以结合生产区场地排水，统一排放。

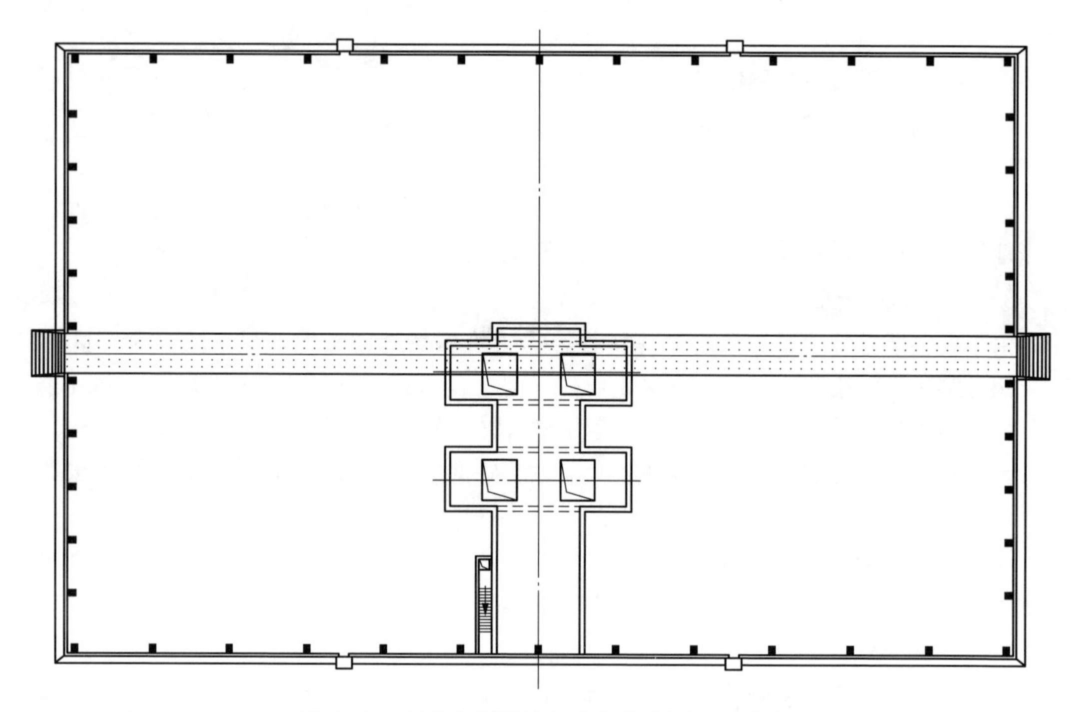

图 22-40　无秸秆捆抓斗起重机的干料棚布置图

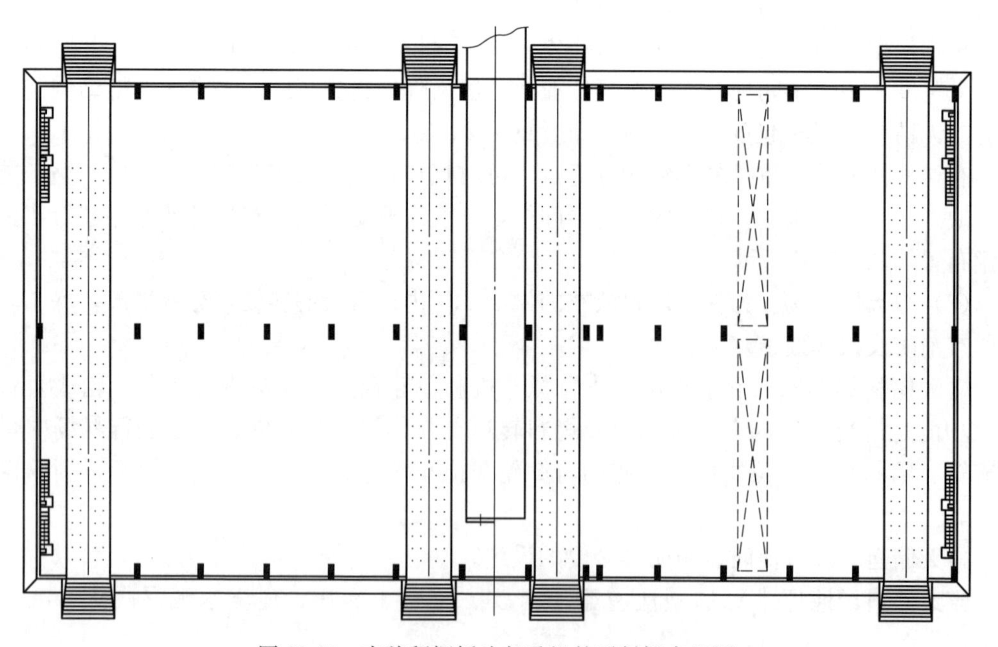

图 22-41　有秸秆捆抓斗起重机的干料棚布置图

暗管排水的优点：雨水管铺设受场地地形影响小，场地堆卸料作业影响小，雨水口设置灵活。缺点：易堵，且不好疏通；雨水口被秸秆碎屑封堵后，降低雨水排除能力。

2）明沟排水。露天储料场地明沟排水多设置成独立的雨水排水系统。

排水明沟宜沿路边单向设置，场地雨水排至路边的排水明沟，明沟遇过路段或行车场地时在明沟上加铺盖板，明沟排水汇至雨水池经水泵排出厂外。

排水明沟可用毛石砌筑、现浇钢筋混凝土，沟底宽度以利于疏通清理为原则，一般不小于 0.5m。

明沟排水的优点：易清理，方便维修、维护；缺点：受场地地形限制，北方寒冷地区易冻胀。

（3）露天储料场的封闭形式。随着环保要求的不断提高，为减少料场的秸秆碎屑污染，一般在露天储料场四周设置挡风抑尘网。

挡风抑尘网是为降低风速，在露天储料场四周竖立的一道道特殊的"网"，最初为欧美、日本等发达国家研究开发和广泛利用，目前国内电厂也已大规模应用。挡风抑尘网采用新型复合材料，依据空气动力学的原理，根据模拟实施现场环境的风洞实验结果进行结构参数的设计，加工成一定几何形状的挡风板，并根据现场条件将挡风板组合而成。经调查，挡风抑尘网综合抑尘效果非常明显。单层挡风抑尘网综合抑尘效果可达 65%～85%，双层挡风抑尘网其综合抑尘效果可达 75%～95%。挡风抑尘网立面及剖面图见图 22-42。

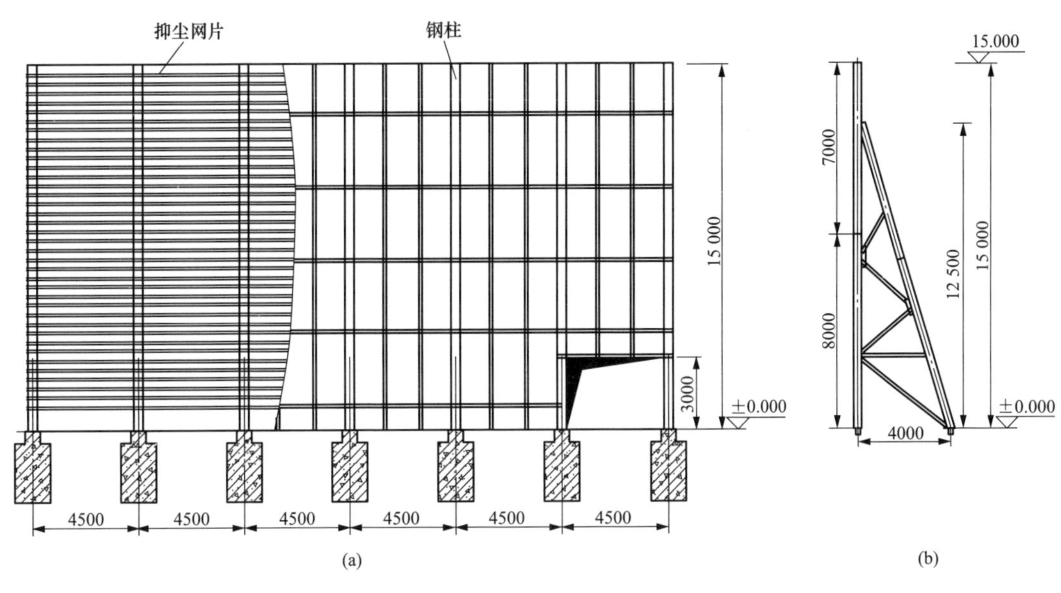

图 22-42　挡风抑尘网立面及剖面图

（a）立面图；（b）剖面图

（四）上料设施

1. 链式输送机上料

链式输送机系统主要用于方包打包料，整包上料，炉前解包。同时，电厂另设胶带运输机辅助上料系统，满足散料上料。链式输送机系统平面布置见图 22-43。

2. 链式输送机、胶带输送机联合上料

解包机布置在转运站内，打包料在转运站进行解包作业；散料由辅助上料系统送至转

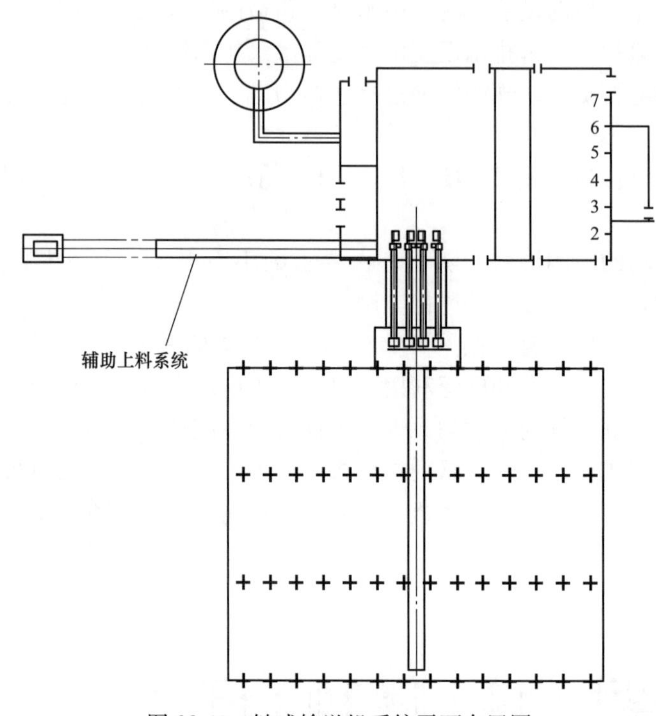

图 22-43　链式输送机系统平面布置图

运站，然后通过胶带输送机送至炉前。链式输送机、胶带输送机联合上料系统平面布置见图 22-44。

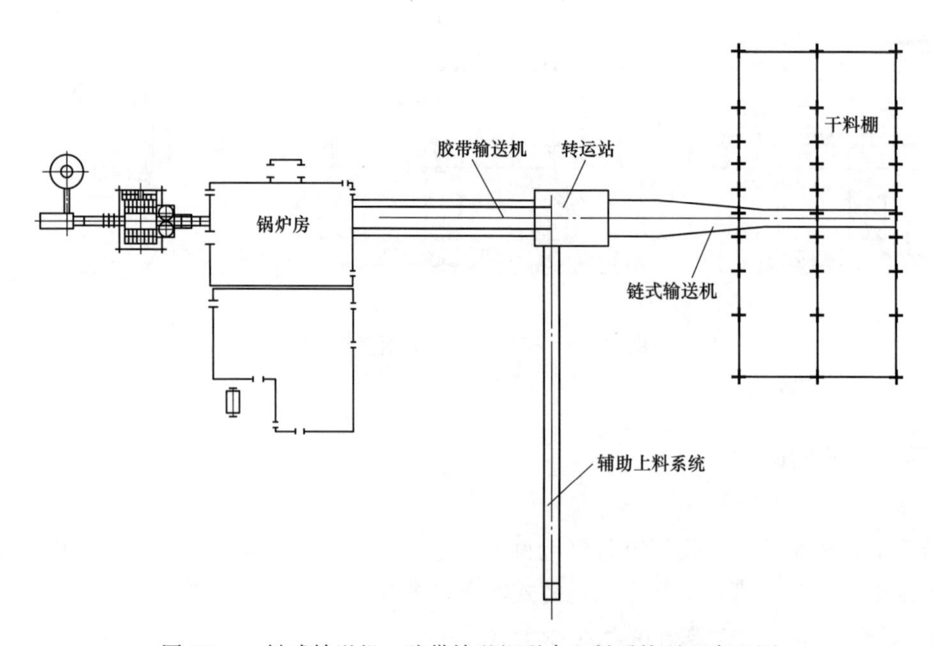

图 22-44　链式输送机、胶带输送机联合上料系统平面布置图

3. 胶带输送机上料

胶带输送机上料是秸秆电厂最常用的上料方式，上料系统设置一套双路生物质上料系统。胶带输送机上料系统剖面如图 22-45 所示。

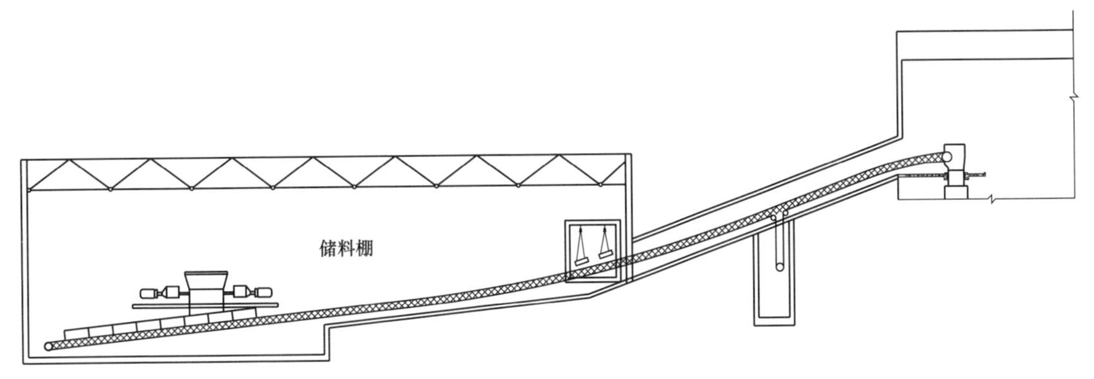

图 22-45　胶带输送机上料系统剖面图

（五）燃料收储运辅助设施

燃料收储运辅助设施包含取样、计量、校验、除铁、装载机及装载机库、料场综合楼等。

料场综合楼可单独设置，也可以与燃料收储运系统其他建筑物联合布置，料场综合楼布置要做到视野开阔，能够观看到露天储料场为佳。

装载机库要靠近储料场。北方地区，大门不宜正对寒冷季节的盛行风向。

（六）燃料设施区用地指标

燃料设施区建设用地单项指标宜按表 22-18 的规定执行。

表 22-18　　燃料设施区建设用地单项指标　　hm^2

机组容量（MW） \ 项目	黄色秸秆燃料设施单项用地	灰色秸秆燃料设施单项用地
1×12	1.53	1.79
2×12	2.20	2.64
1×15	1.69	1.79
2×15	2.32	3.31
1×25	2.61	3.61
2×25	4.75	7.44

注　1. 灰色秸秆用地包含部分燃料输送栈桥用地。

2. 本表内容按《电力工程项目建设用地指标》（火电厂、核电厂、变电站和换流站）（建标〔2010〕78 号）的相关规定，当发电厂所采用的技术条件与本表中不同时，需按照要求进行调整。

（七）燃料输送设施实例

实例中包含不同的露天料场布置、干料棚布置，不同的上料系统相对应的各种厂区总平面布置及燃料收储运系统布置方案。

1. 实例一：链式输送机上料

1×30MW 机组，预留 1×30MW 机组扩建场地，汽车来料，以玉米秸秆打包料为主，稻壳等其他散料为辅。打包料采用链式输送机整包上料、炉前解包；散料采用单路胶带机上料。燃料入口与空车出口不同门。具体布置如图 22-46 所示。

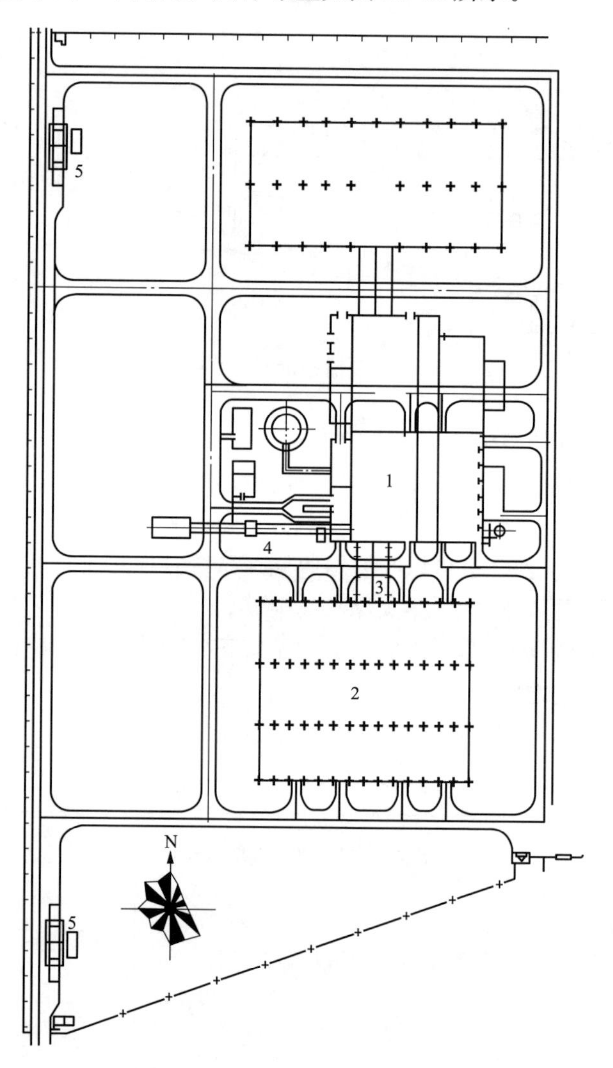

图 22-46 链式输送机上料布置图

1—锅炉房；2—干料棚 ；3—上料栈桥；4—辅助上料系统；5—汽车衡

布置特点：打包料与散料上料互不干扰；重车汽车衡与空车汽车衡分开布置，减少车辆拥堵；扩建条件好。

2. 实例二：链式输送机、胶带输送机联合上料

1×30MW 机组，汽车运料，主要以玉米秸秆为主要燃料，链式输送机、胶带输送机联合上料，同时，设有辅助上料系统；收储站与厂内料场集中布置。进厂道路电厂侧做停车待卸区。具体布置如图 22-47 所示。

布置特点：散料与打包料采取不同的上料方式，在转运站混料后送入锅炉；厂外设有

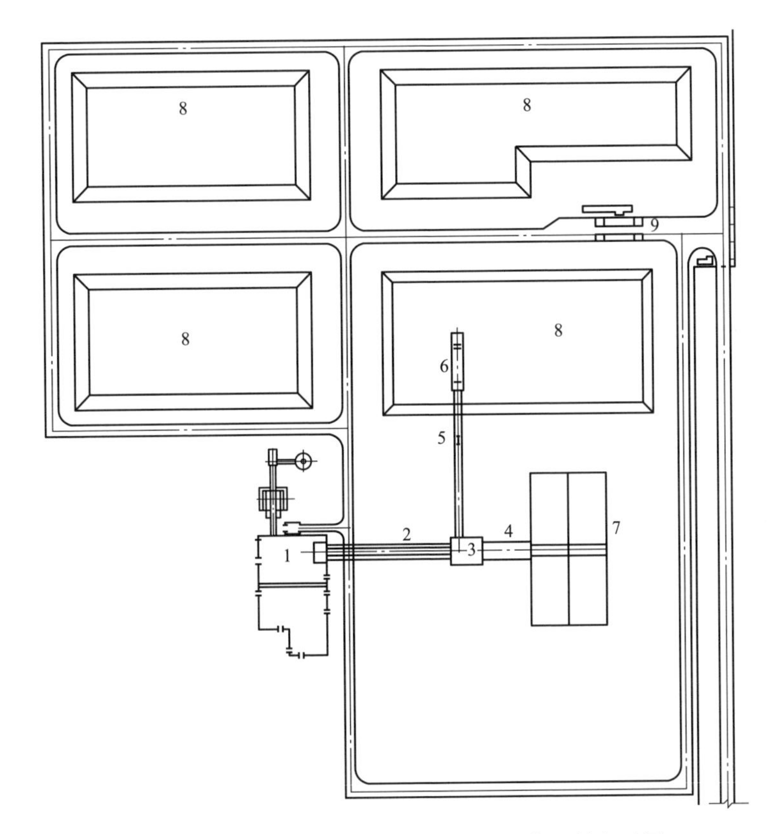

图 22-47　链式输送机、胶带输送机联合上料布置图

1—锅炉房；2—胶带输送机；3—转运站；4—链式输送机；5—辅助上料胶带输送机；6—落料斗；7—干料棚；8—露天堆料场；9—汽车衡

停车待卸区。

3. 实例三：胶带输送机上料

2×30MW 机组，汽车运料，燃料为农作物秸秆与林木质燃料，胶带输送机上料，收储站与厂内料场集中布置。露天储料场雨水采用明沟排除。具体布置如图 22-48 所示。

布置特点：两炉布置方案；燃料在干料棚混配后，胶带机上料；多料棚布置；露天储料场雨水采用明沟排除。

六、水务设施

生物质发电厂水务设施是电厂生产过程中的一个重要环节。水务设施主要包括原水水预处理设施、化学水处理设施、综合给水（工业水、生活水、消防水）设施、污废水处理设施等。

（一）原水水预处理设施

生物质发电厂水源根据水质不同一般会含有一定的杂质、有机物、矿物质等，需要采取有效的处理技术对不同水质的原水进行净化处理，以满足电厂后续工艺流程的用水质量，这就是原水预处理。

生物质发电厂水源的来源一般分为地表水和再生水。根据水源种类的不同可将水预处

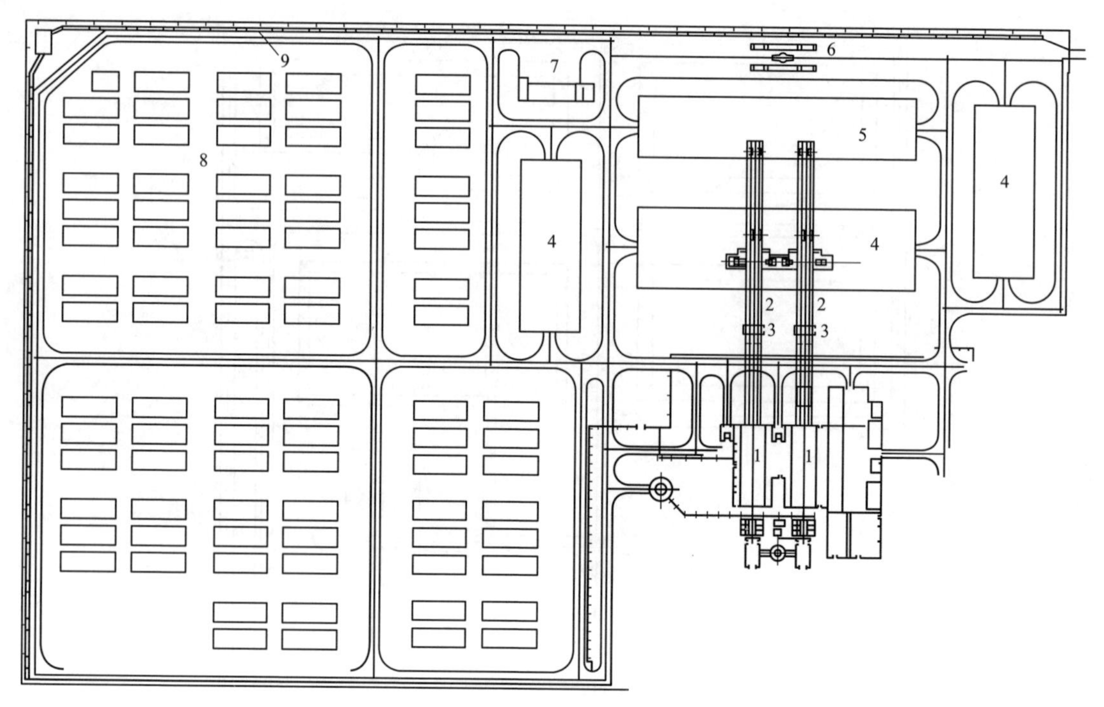

图 22-48 燃料收储运系统布置图

1—锅炉房；2—胶带输送机；3—除铁间；4—硬质燃料储料棚；5—软质燃料储料棚；6—汽车衡；7—装载机库；8—露天堆料场；9—料场排水明沟

理设施分为地表水预处理和再生水预处理。不同水源所含杂质种类和含量不同，水预处理工艺也就各不相同，所选设备及车间布置形式、车间占地尺寸等各方面也就不同。

水的预处理是水源进入电厂后的第一个水处理环节，处理后的水一部分进入锅炉补给水处理车间，进行进一步处理后作为锅炉补给水；另一部分用作电厂生产用水（包括开式循环水补水、转动机械轴承冷却水）、生活用水和消防用水。生物质发电厂生产过程中水的基本工艺流程如图 22-49 所示。

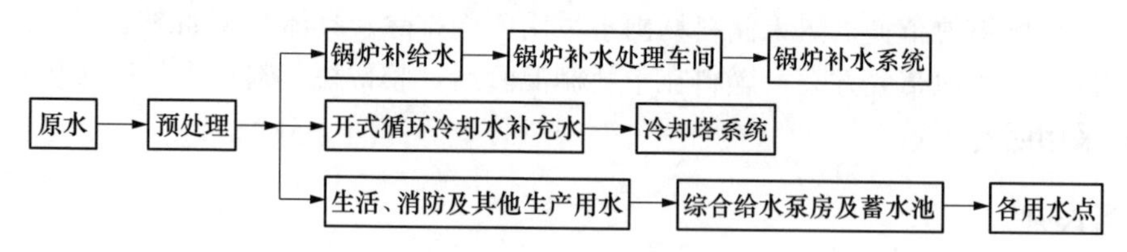

图 22-49 生物质发电厂生产过程中水的基本工艺流程示意图

1. 地表水预处理设施

地表水水源主要是来自江河、湖泊和水库的水，地表水通常含有较多的悬浮物和胶体杂质。地表水作为生物质发电厂生产用水水源时，一般需采取预处理措施，达到一定的水质指标后，才能用于电厂各工艺系统用水。

（1）地表水预处理工艺流程简介。地表水的预处理工艺流程通常为原水→混凝→沉淀澄清→过滤。主要设备有混合器、澄清过滤一体化设施、水池（箱）、水泵及辅助设备，如混凝剂加药单元、助凝剂加药单元等。

当水质较好时，原水也可直接进行过滤后用于电厂生产用水，因此对于具体工程，应首先了解原水水质以及电厂各系统对水质的要求，然后经过全面比较后确定地表水预处理工艺及车间尺寸。地表水预处理典型工艺流程如图 22-50 所示。

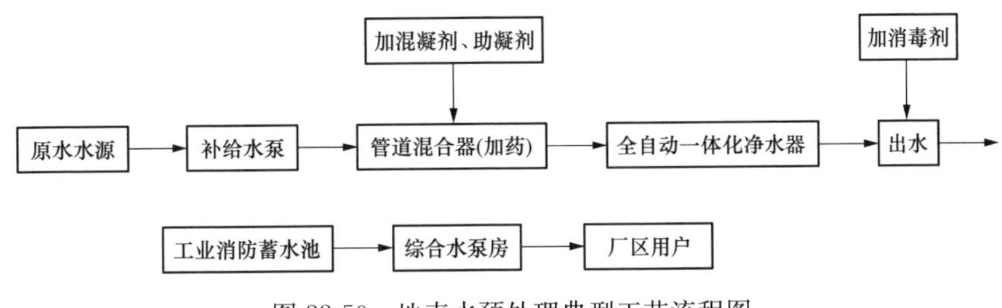

图 22-50　地表水预处理典型工艺流程图

（2）地表水预处理站平面布置。在生物质发电厂设计中，一般情况下可将地表水原水预处理站布置在厂区内。要处理好原水预处理站和综合给水泵房及蓄水池、锅炉补给水处理车间的位置关系，水预处理站与锅炉补给水处理车间、综合给水泵房及蓄水池均有较多的管道连接，原水预处理站的布置应使得原水进水和出水管道布置顺畅短捷，宜布置在原水管道的来水方向，避免原水进水管道在厂区内迂回。有条件的情况下，宜靠近锅炉补给水处理车间及综合给水泵房及蓄水池布置，或成组布置，形成一个综合的水务设施区域，便于运行管理。某 2×30MW 生物质发电厂以水库水作为生产水源，其原水预处理站平面布置如图 22-51 所示。

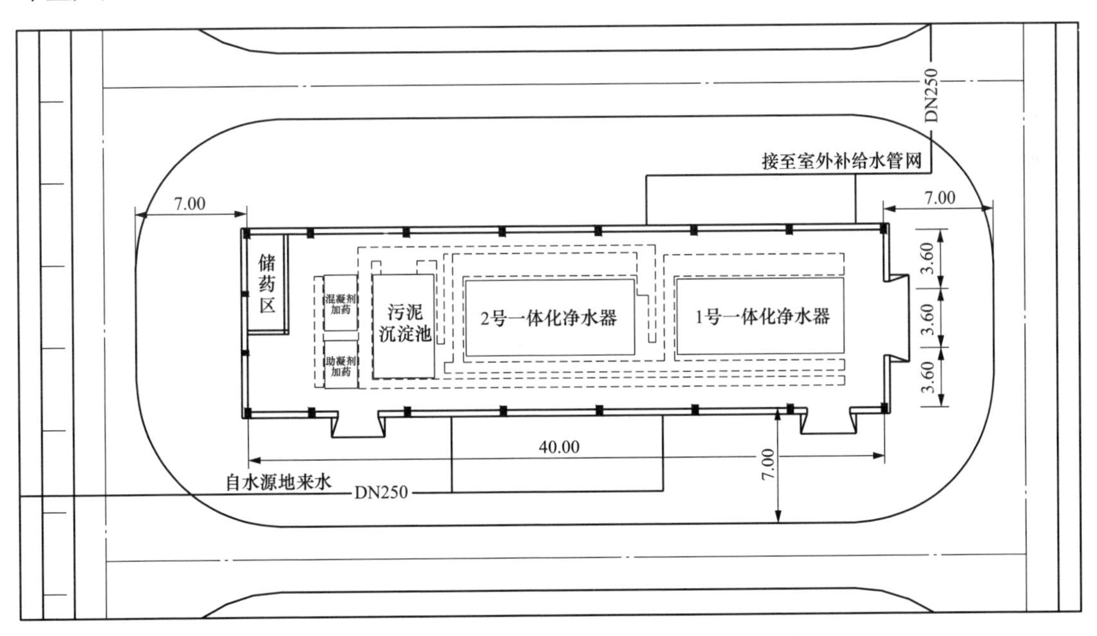

图 22-51　2×30MW 生物质发电厂原水预处理站平面布置图

2. 再生水深度处理设施

再生水指经污水处理厂适当处理后，达到一定的水质指标，满足某种使用要求的水。

生物质发电厂所使用的再生水普遍特点为钙镁离子含量高，少部分再生水含盐量高。

（1）再生水深度处理工艺简介。对生物质发电厂而言，再生水主要作为循环水系统补充水源、锅炉补给水处理系统补充水源或热网补给水等。

再生水钙镁含量高，根据生物质发电厂的用水特点，采用的工艺主要有两种，即石灰混凝澄清—介质过滤系统和膜生物反应器（MBR）处理系统。石灰混凝澄清—介质过滤系统能够较好地去除再生水中钙镁离子含量，在生物质发电厂中广泛使用，其工艺流程如图 22-52 所示。

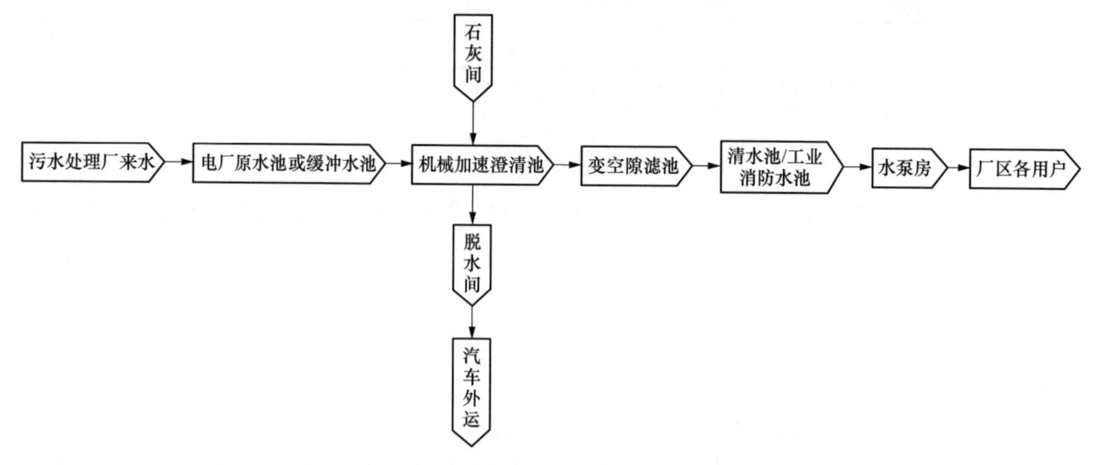

图 22-52　石灰混凝澄清—介质过滤系统工艺流程示意图

（2）再生水深度处理设施总平面布置。再生水深度处理设施可布置在电厂厂区内，也可布置在（提供再生水的）城市污水处理厂内。若布置在厂区内，在生物质发电厂不设生产废水处理设施时，其布置原则与地表水原水预处理设施相同；当设置生产废水处理设施时，其布置位置应根据水源来水方位及用水位置、环境卫生及管理维护、原料运输要求等因素综合确定，也可与其他污水处理设施集中布置在一个区域内。

以石灰混凝澄清—介质过滤系统为例，某生物质发电厂装机规模为 1×30MW，再生水深度处理能力为 160t/h，布置如图 22-53 所示。

3. 原水预处理设施用地指标

现行《电力工程项目建设用地指标》（火电厂、核电厂、变电站和换流站）（建标〔2010〕28 号）中没有原水预处理单项指标，也没有调整指标，当生物质发电厂在厂内设置原水预处理时，与现行《电力工程项目建设用地指标》（火电厂、核电厂、变电站和换流站）（建标〔2010〕28 号）存在差异，总图设计人员应按实际需要计划用地面积。

（二）化学水处理设施

化学水处理是对未达到预定的水质标准的原水进行化学处理的工艺，是发电厂生产过程中的一个重要环节。化学水处理设施包括锅炉补给水处理设施、循环水处理设施、循环水排污水处理设施、热网水处理设施等，其中，循环水排污水处理设施、热网水处理设施是否设置取决于机组类型、环保要求、是否供热及热网水质等因素。

1. 锅炉补给水处理

通常所说的化学水处理指的是锅炉补给水处理。锅炉补给水处理工艺主要有全离子交

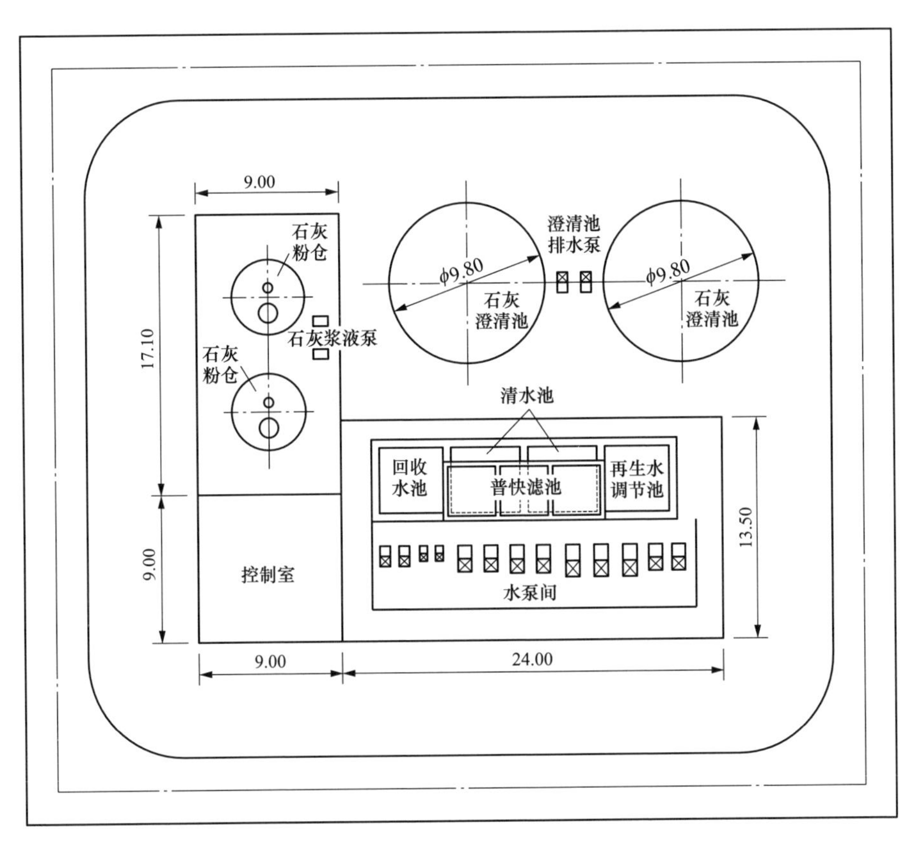

图 22-53　某电厂再生水深度处理设施布置图

换法、反渗透＋离子交换和全膜法三种工艺。由于生物质发电厂锅炉补给水量小，一般补水量为 10～20t/h，全膜法工艺简单、技术成熟、无酸碱废水排放，是大多数生物质发电厂锅炉补给水处理最常用的工艺。

（1）工艺流程简介。全膜法水处理工艺是将超滤、微滤、反渗透、EDI（电除盐）等不同的膜工艺有机地组合在一起，达到高效去除污染物以及深度脱盐目的的水处理工艺。全膜法工艺流程和平面布置示例分别见图 22-54 和图 22-55。

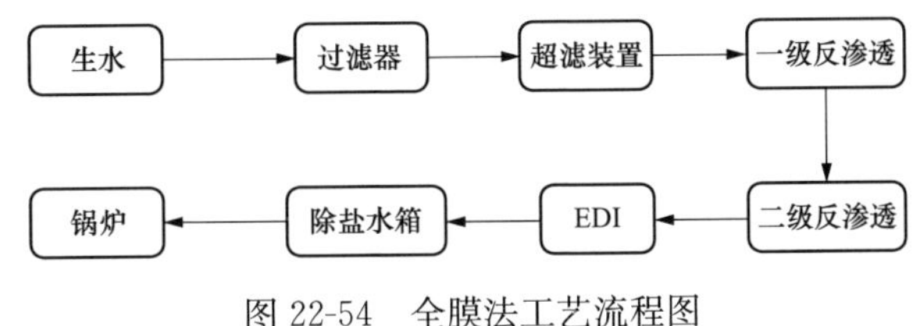

图 22-54　全膜法工艺流程图

（2）化学水处理室平面布置原则。

1）化学水处理室有化学水管与主厂房相连，为缩短管线长度、减少水质污染和有利防腐，化学水处理室宜靠近主厂房布置，并根据规划容量留有扩建条件。

2）可与综合给水设施及原水预处理设施联合布置，形成厂区水务中心。

3）布置时应避免卸存酸类、碱类、粉状等物品对附近建（构）筑物的污染和腐蚀，

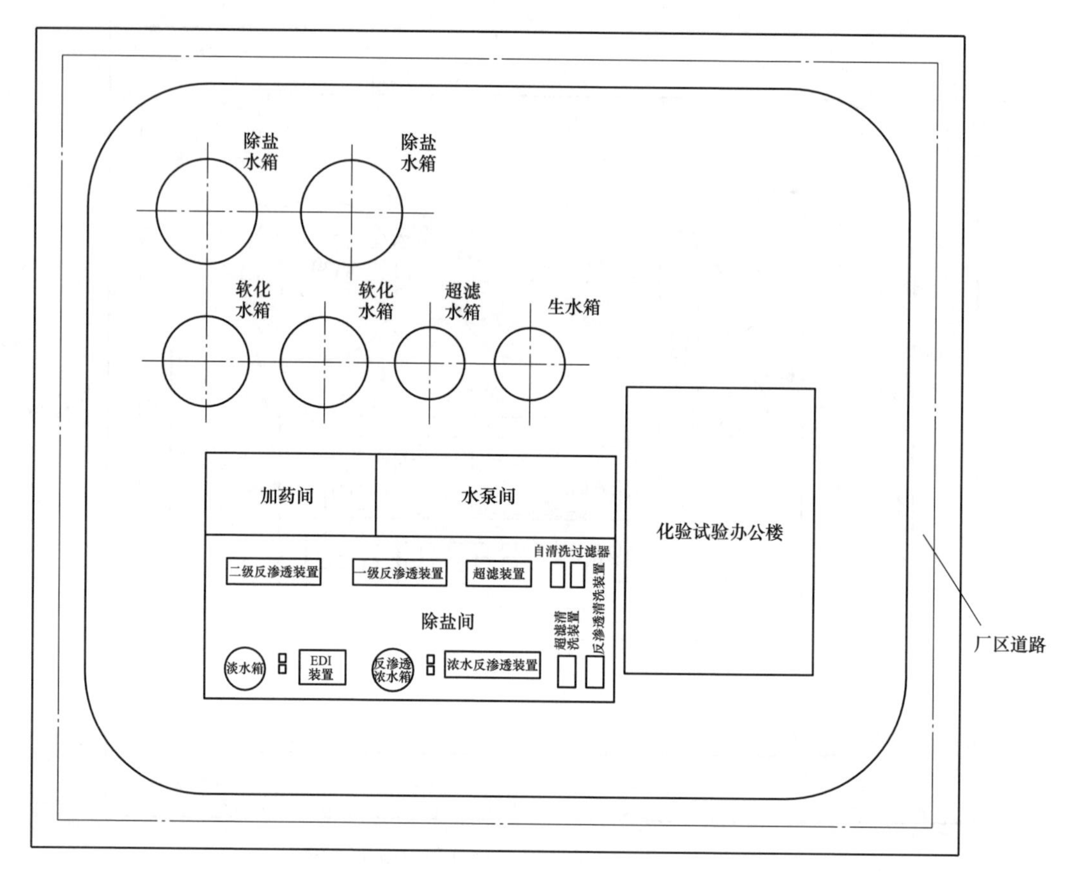

图 22-55 化学水处理室平面布置图（全膜法）

且便于运输。

(3) 化学水处理室平面布置方式。

1) 通常将化学水处理室布置在厂区固定端或公用设施端，并邻近主厂房，缩短化学水管道长度，布置参见图 22-56。

2) 将化学水处理设施布置在汽机房固定端，与汽机房毗邻，化学水处理室上部可布置控制室及电气配电间。该布置方案需化学专业与热机、电气、热控、结构等专业密切配合，此方案最大化地缩短化学水管道长度，减少厂区占地，故在生物质发电厂中也较为广泛采用，布置参见图 22-57。

垃圾焚烧发电厂中，化学水处理设施一般不设置独立的区域，系统所有设备基本布置于垃圾卸料平台下。包括热控电子设备间、配电间、油水分析室、普通化学品储存室等。

2. 循环水处理

生物质发电厂循环水处理主要加杀菌剂、阻垢剂。生物质发电厂循环水量小，不单独设循环水处理室，加药间一般布置在综合给水泵房内，也可布置在主厂房偏屋内。

3. 热网补水处理

热网补水一般采用一级反渗透的软化水，通常与锅炉补给水合并建设，不单独建设。

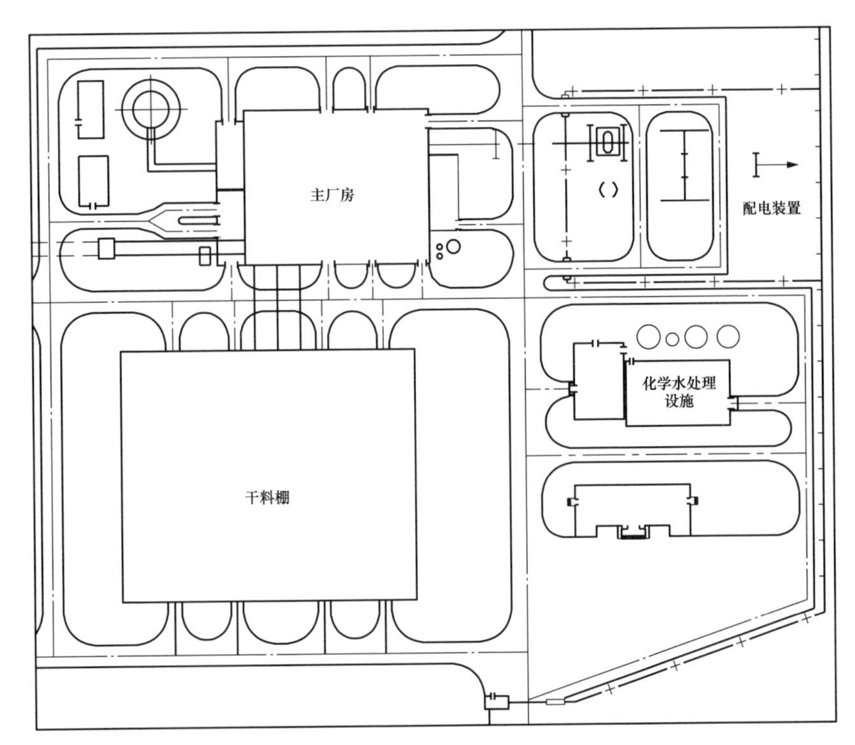

图 22-56 化学水处理设施布置在厂区固定端或公用设施端

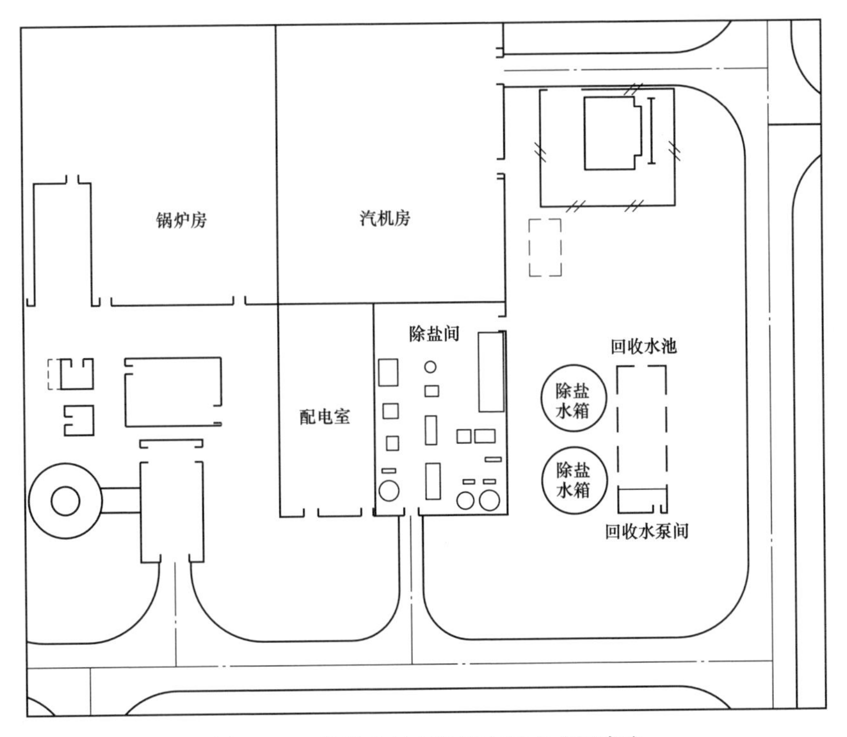

图 22-57 化学水处理设施布置在主厂房内

4. 化学水处理设施用地指标

化学水处理设施建设用地单项指标宜按表 22-19 的规定执行。

表 22-19 化学水处理设施建设用地单项指标

机组容量 (MW)	技术条件	单项用地 (hm^2)
1×12	化学水处理：两级反渗透加全膜法，循环水加酸、加阻垢剂、加氯或两级反渗透加混床	—
2×12		0.35
1×15		—
2×15		0.35
1×25		0.35
2×25		0.40

注 1. 1×12MW 机组和 1×15MW 机组化学水处理设施布置在主厂房区域。
2. 本表内容按《电力工程项目建设用地指标》（火电厂、核电厂、变电站和换流站）（建标〔2010〕78 号）的相关规定，当发电厂所采用的技术条件与本表中不同时，需按照要求进行调整。

（三）综合给水设施

1. 综合给水设施主要内容

综合给水设施包括工业、生活、消防水设施，主要供给电厂工业用水、循环水系统补充水、生活用水、消防用水等。上述设施单独布置，主要由工业、消防水池及相应的水泵及管网系统组成。其工艺流程如图 22-58 所示。

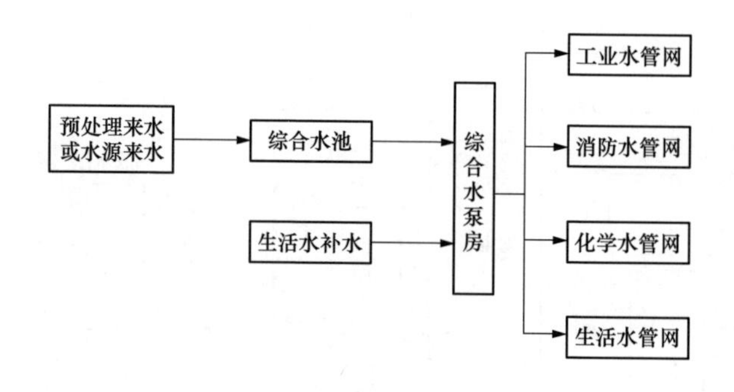

图 22-58 综合给水设施工艺流程示意图

综合水泵房和水池的位置，宜设在给水水源与供水集中的地点，宜位于厂区边缘、环境洁净、给水管线短捷，且与主要用户支管距离短的地段，宜靠近原水预处理设施及冷却塔，综合给水设施平面布置如图 22-59 所示。

2. 综合给水设施用地指标

工业、生活、消防水设施区建设用地单项指标宜按表 22-20 的规定执行。

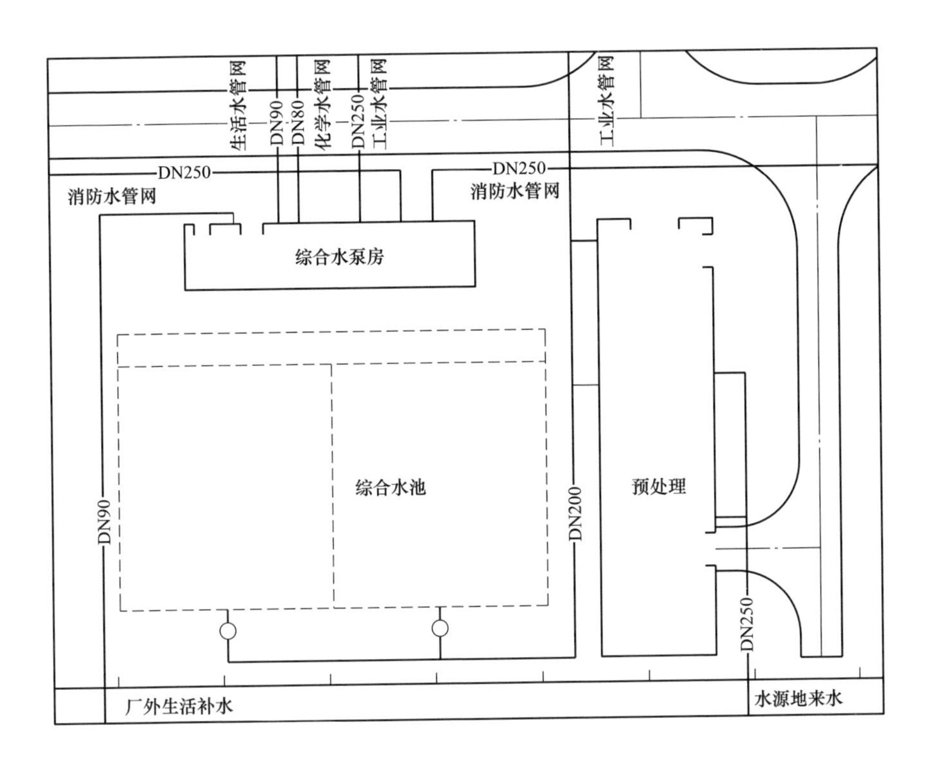

图 22-59　某 2×30MW 电厂综合给水设施平面布置图

表 22-20　　工业、生活、消防水设施区建设用地单项指标

机组容量（MW）	技术条件	单项用地（hm^2）
1×12	水工设施：常规水泵房、水池及储水箱、水预处理	0.30
2×12		0.35
1×15		0.30
2×15		0.35
1×25		0.35
2×25		0.40

注　本表内容按《电力工程项目建设用地指标》（火电厂、核电厂、变电站和换流站）（建标〔2010〕78 号）的相关规定，当发电厂所采用的技术条件与本表中不同时，需按照要求进行调整。

（四）污、废水处理设施

1. 工业废水处理

生物质发电厂的工业废水主要为化学水处理系统排水、循环水排污水及厂房地面冲洗废水（垃圾焚烧发电厂的垃圾渗滤液另行处理）等。与常规燃煤发电厂相比，生物质发电厂料场无须水喷雾抑尘，厂外不设事故灰场，无灰场洒水抑尘需求，一般不采用湿法脱硫、无大量脱硫用水需求，因此，生物质发电厂除循环水排污水部分用于道路喷洒、厂区绿化、灰渣加湿外，其余废水无梯级利用的用户，也无政策明确要求生物质发电厂需零排放，故生物质发电厂的工业废水一般不进行处理，直接排放至附近城市污水处理厂。

2. 生活污水处理系统

电厂的生活污水一般采用微生物法，主要去除COD（化学需氧量）、BOD（生化需氧量）、氨氮等成分，主要设施包括阀门井、调节池、初沉池、氧化池、二沉池、污泥池等。污泥用吸粪车运至厂外处理。生活污水处理工艺流程如图22-60所示。生物质发电厂生活污水处理站占地少，宜布置在人流集中设施区的常年盛行风向的下风侧。生活污水处理平面布置如图22-61所示。

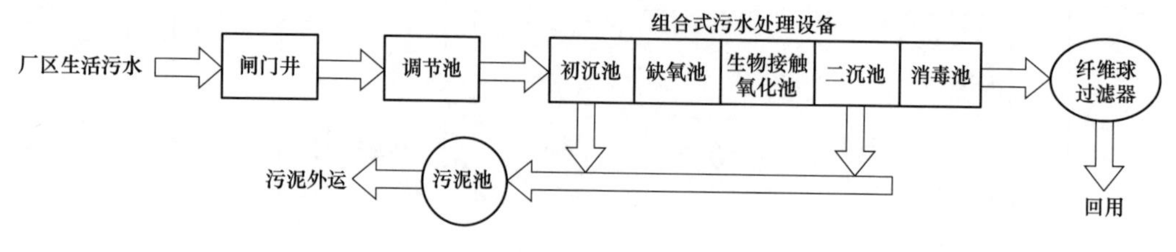

图22-60 生活污水处理工艺流程示意图

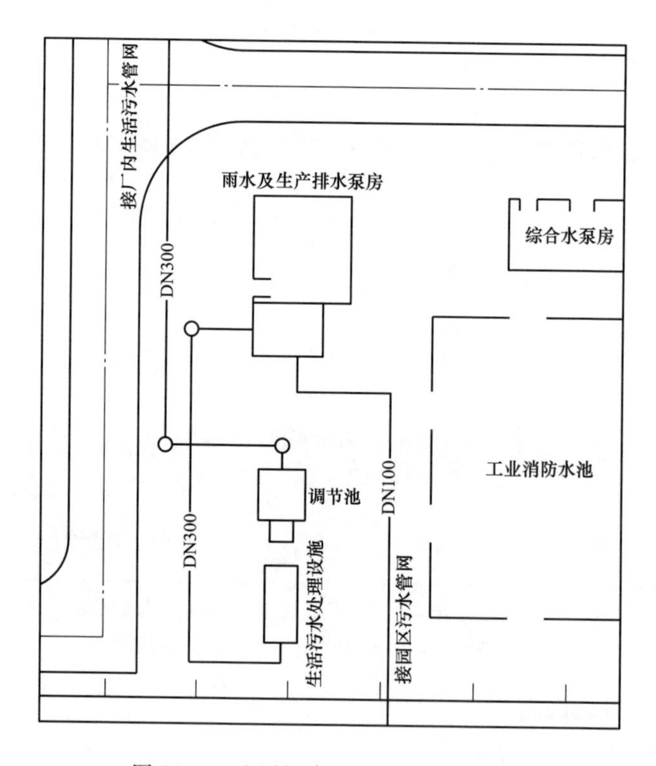

图22-61 生活污水处理系统平面布置图

3. 污、废水处理设施用地指标

废污水、排水处理区建设用地单项指标宜按表22-21的规定执行。

表 22-21　废污水、排水处理区建设用地单项指标

机组容量（MW）	技术条件	单项用地（hm^2）
1×12	废污水处理、生活污水采用生物处理	0.20
2×12		0.25
1×15		0.20
2×15		0.25
1×25		0.25
2×25		0.30

注　本表内容按《电力工程项目建设用地指标》（火电厂、核电厂、变电站和换流站）（建标〔2010〕78 号）的相关规定，当发电厂所采用的技术条件与本表中不同时，需按照要求进行调整。

七、脱硫设施

生物质发电厂在生产过程中会产生大量烟气，烟气中含有 SO_2、NO_x 及粉尘等污染物，随着我国经济的快速发展和环保意识的加强，对生物质发电厂大气污染物排放要求更加严格，因此生物质发电厂需设置一定的脱硫、脱硝及除尘设施以满足环保要求。

生物质发电厂的脱硫工艺根据锅炉炉型、SO_2原始浓度及电厂所在地电厂大气污染物 SO_2排放限值要求确定。生物质发电厂主要应用的脱硫工艺有 CFB 炉内脱硫和半干法脱硫。

（一）CFB（循环流化床）炉内脱硫

CFB 炉具有燃料适应广、负荷调节比宽、低温燃烧使 NO_x 生成量少、可用石灰石作脱硫添加剂低成本实现炉内脱硫等优势，在生物质发电厂应用广泛。CFB 炉内脱硫脱硫效率较低（最高可达 80%）、系统简单、投资低廉，在非特别排放限值地区的生物质发电厂广泛应用；此外，CFB 炉内脱硫可与炉外半干法脱硫联合，进一步降低 SO_2排放浓度，可以达到超低排放（SO_2排放浓度小于 35mg/m^3）的要求。

1. CFB 炉内脱硫工艺简介

CFB 锅炉采用炉内添加石灰石的方法来脱除 SO_2，即将炉膛内的 $CaCO_3$高温煅烧分解成 CaO，与烟气中的 SO_2发生反应生成 $CaSO_4$，随炉渣排出，从而达到脱硫的目的。CFB 炉内脱硫工艺流程如图 22-62 所示。

2. CFB 炉内脱硫总平面布置

生物质电厂 CFB 炉内脱硫所使用的石灰粉一般直接外购，汽车运输至电厂储存于石灰石粉仓内，石灰石粉仓一般布置在锅炉房内，总平面布置无须考虑石灰石（粉）仓的布置，仅需考虑石灰石粉的运输。

（二）半干法脱硫

半干法脱硫系统脱硫效率较高于 CFB 炉内脱硫，投资及运行费用均低于湿法脱硫，适用于各个地区排放限值要求较高的循环流化床锅炉，是生物质发电厂最常用的脱硫方式。

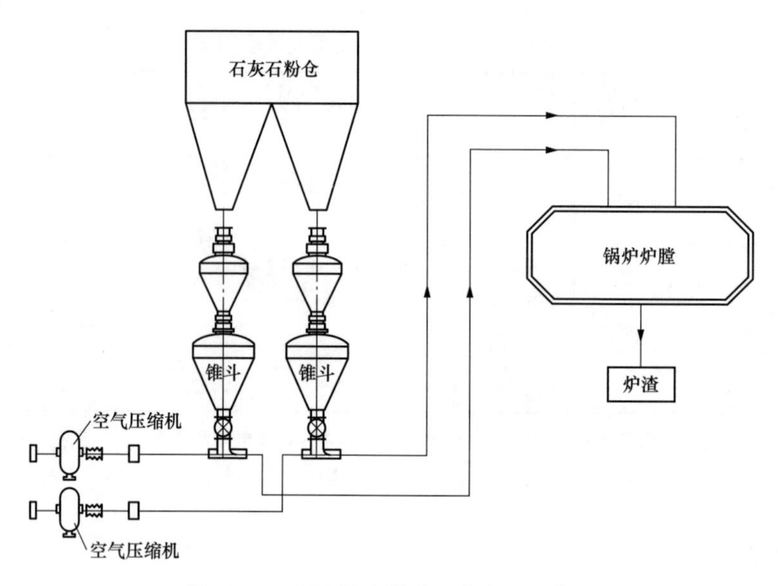

图 22-62　CFB 炉内脱硫工艺流程示意图

1. 半干法脱硫工艺简介

半干法脱硫的工艺流程：来自锅炉空气预热器出口的烟气经预除尘器除尘后从吸收塔底部进入并在塔内进行脱硫反应，脱硫后的烟气从塔顶引出进入布袋除尘器，除尘后的烟气经引风机、烟囱排入大气。半干法脱硫采用消石灰作为吸收剂，副产物为脱硫灰，主要为锅炉燃烧飞灰及脱硫反应产生的各种钙基化合物。半干法脱硫工艺流程如图 22-63 所示。

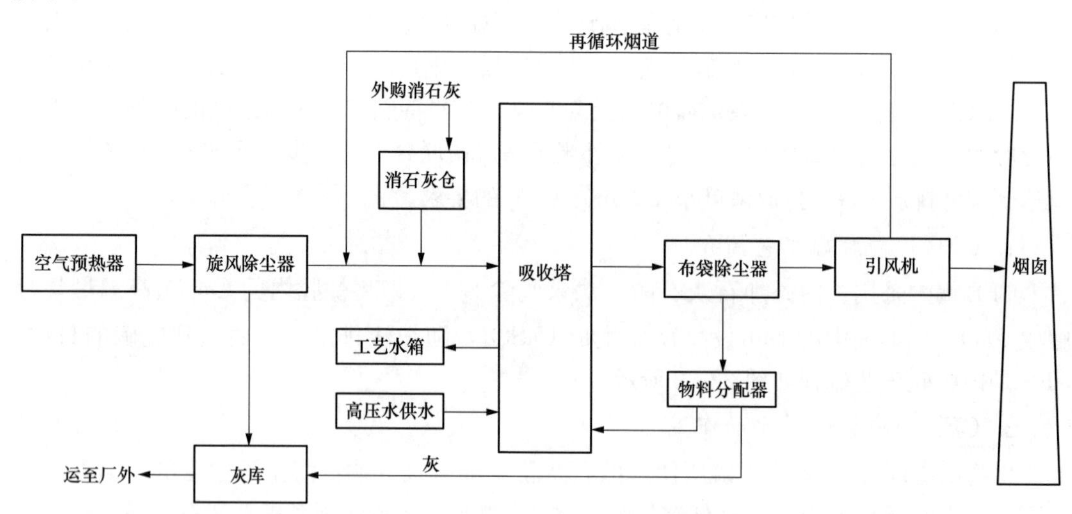

图 22-63　半干法脱硫工艺流程示意图

2. 半干法脱硫总平面布置

半干法脱硫工艺装置主要包括生石灰石粉仓（或消石灰粉仓）、吸收塔和布袋除尘器等，布置在空气预热器出口至锅炉引风机及烟囱之间。半干法脱硫平面及断面布置如图

22-64、图 22-65 所示。

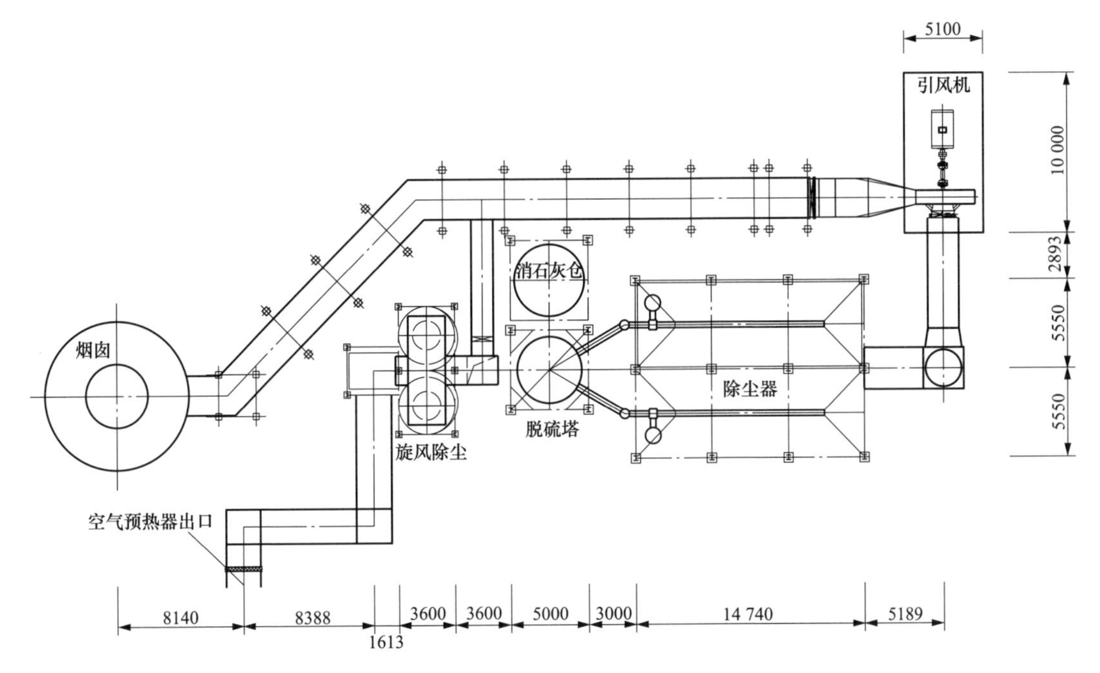

图 22-64　半干法脱硫平面布置图

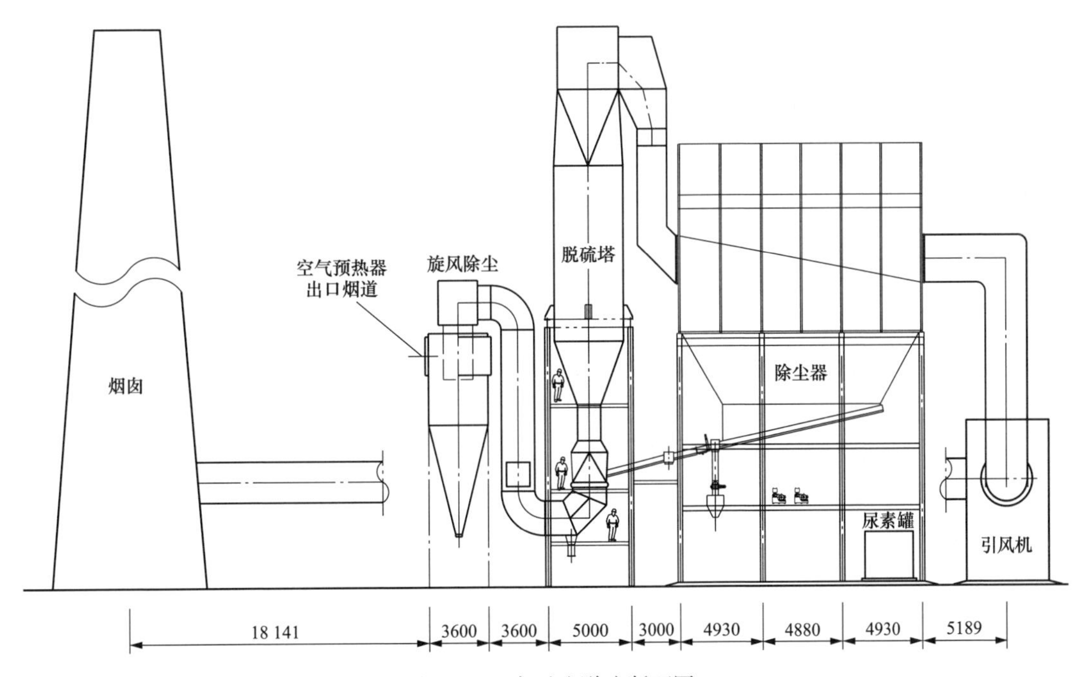

图 22-65　半干法脱硫断面图

八、脱硝设施

生物质发电厂烟气中除了排放的二氧化硫可造成酸雨污染外，氮氧化物的排放对环境的影响也比较严重，它能破坏大气同温层的臭氧层，同时它本身也是一种能产生温室效应的气体。

生物质发电厂的脱销工艺根据锅炉炉型、NO_x 原始排放浓度及电厂所在地电厂大气污染物 NO_x 排放限值要求确定。火力发电厂应用的脱硝工艺主要为选择性催化还原技术（SCR）和选择性非催化还原技术（SNCR）。秸秆电厂中燃料钾钠离子含量高，烟气中灰的软化温度低、黏度大，易造成 SCR 催化剂堵塞。SNCR 技术成熟稳定，投资及运行费用低且能够满足 NO_x 排放限值要求，因此，现阶段秸秆电厂的脱硝均为 SNCR 方式。

（一）SNCR 脱硝工艺简介

SNCR 脱硝还原剂一般采用氨水或尿素，其工艺流程：尿素经溶解后通过压缩空气作为输送介质将雾化尿素溶液喷射到炉膛内，在适当的炉膛温度下 NO_x 与还原剂反应生成 N_2、CO_2 和 H_2O。SNCR 脱硝工艺流程示意如图 22-66 所示。

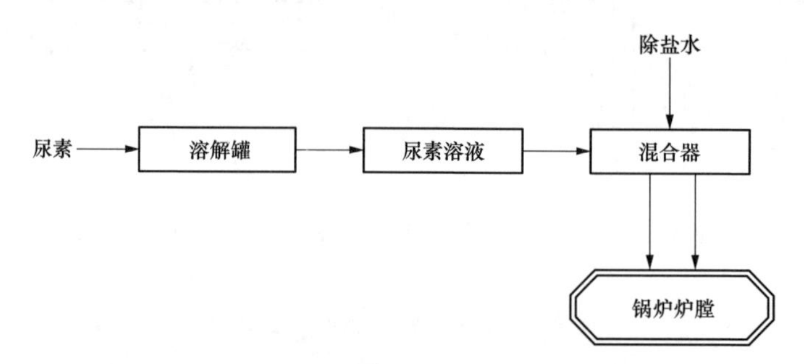

图 22-66　SNCR 脱硝工艺流程示意图

（二）SNCR 脱硝总平面布置

生物质发电厂 SNCR 脱硝所使用的氨水或尿素直接外购，脱硝剂制备一般布置在锅炉房内，总平面布置无须考脱硝剂制备车间的布置，仅需考虑氨水或尿素的运输。

九、除灰、渣设施

生物质电厂除灰、渣设施是用以收集、输送、存储锅炉内燃尽后所产生炉渣和飞灰的设施，通常采用灰、渣分除的除灰、渣系统。关于除灰、渣的方式及建构筑物的种类，垃圾焚烧发电厂与秸秆电厂稍有不同，分别叙述。

（一）垃圾焚烧发电厂除灰、渣设施

垃圾焚烧发电厂中灰、渣处理系统包括焚烧炉炉渣的处理、余热锅炉的清灰、烟气净化系统收集的飞灰处理等。

1. 渣处理系统

垃圾焚烧炉炉渣分三部分：一是垃圾经充分焚烧后，从燃烬炉排推出的炉渣；二是从炉排底部间隙中漏入渣斗中的炉渣；三是余热锅炉各烟道灰斗的积灰。三部分炉渣均排到渣池。渣池一般布置在综合主厂房的焚烧间尾部。渣池内的炉渣由布置在渣池上方的渣吊装入运渣车后外运至综合利用或填埋场。

除渣系统流程如图 22-67 所示。

主厂房除渣间出口处地面需硬化与道路相连，方便运渣车作业。

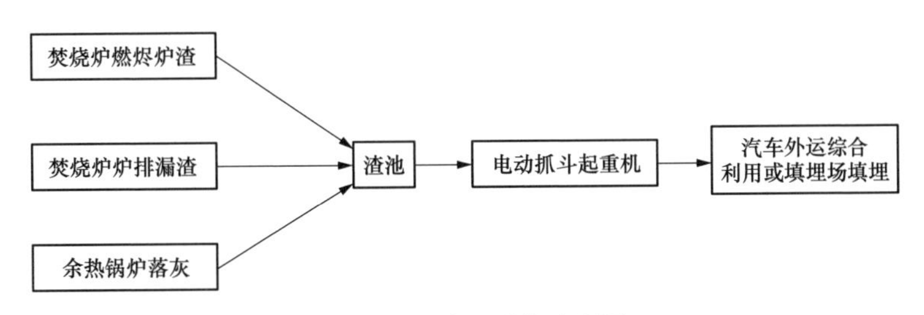

图 22-67　除渣系统流程图

2. 飞灰处理设施流程及布置

生活垃圾发电厂产生的飞灰成分比较复杂，变化范围也较大。其中大部分是硅酸盐和含钙、铝、铁、钾等金属的化学物质；另外，还含有多种重金属，如 Hg、Pb、Cd、Zn、Sb、Se 等，以及其他有毒有机物，如二噁英等。

飞灰属危险废物，必须单独收集至飞灰灰仓，再进行固化后，送至飞灰养护车间养护，养护并检测合格后由卡车外运，送入生活垃圾填埋场专区填埋处置。

飞灰输送及飞灰固化流程示意图如图 22-68、图 22-69 所示。

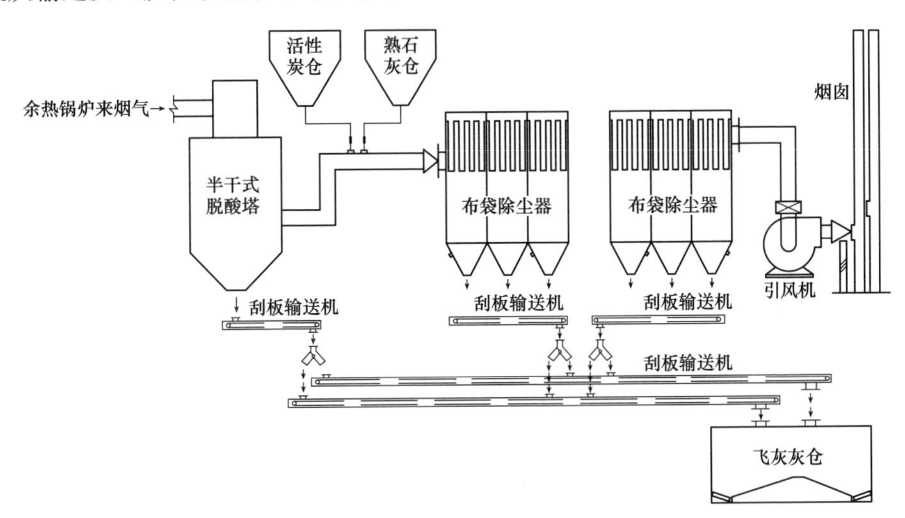

图 22-68　飞灰输送流程示意图

飞灰固化车间、石灰浆制备及供应间、干粉储存及喷射间、活性炭储存及喷射间为一体建筑，紧邻于烟气净化间布置。飞灰养护车间一般布置在主厂房附近靠炉后的位置。有条件时，飞灰固化及养护车间可以组合成联合建筑。

如某电厂飞灰固化及飞灰养护车间布置如图 22-70 所示。

(二) 秸秆电厂除灰、渣设施

1. 除渣系统

秸秆发电厂除渣系统分为干式除渣系统和湿式除渣系统，干式除渣系统常用设备为冷渣器和干式排渣机，湿式除渣系统常用设备为湿式排渣机。秸秆发电厂循环流化床锅炉均采用干式除渣系统。

(1) 工艺流程简介。除渣系统工艺流程见图 22-71。

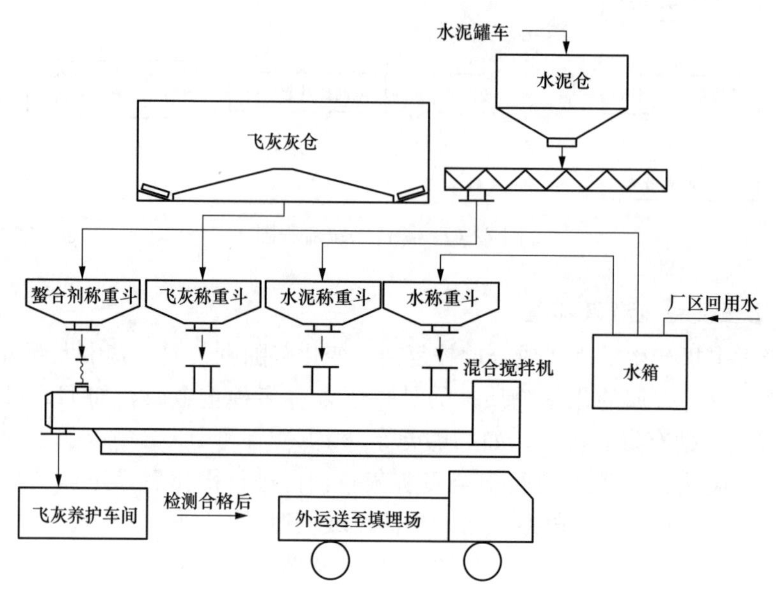

图 22-69　飞灰固化流程示意图

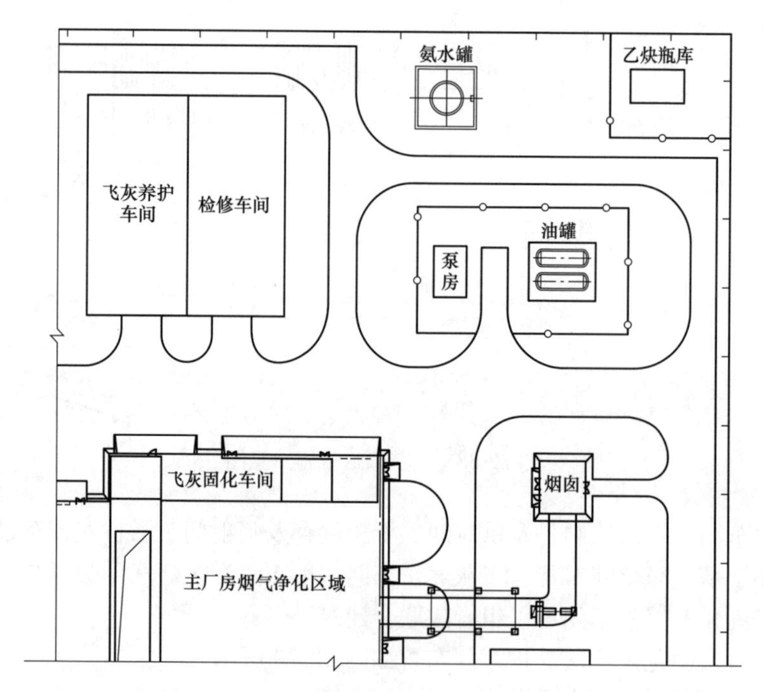

图 22-70　飞灰固化及飞灰养护车间布置示意图

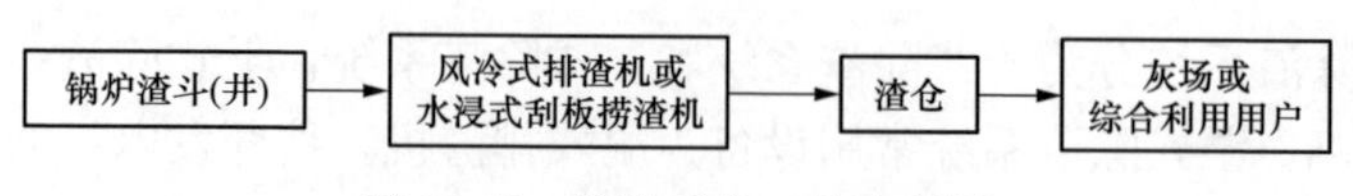

图 22-71　除渣系统工艺流程图

除渣系统平面图和断面图见图 22-72、图 22-73。

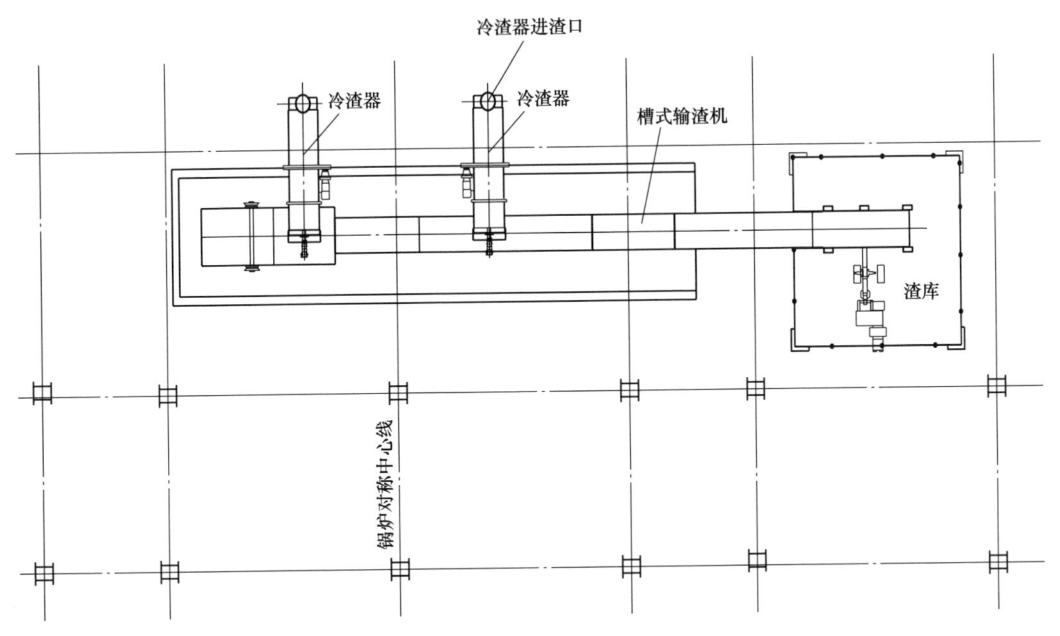

图 22-72　除渣系统平面布置图

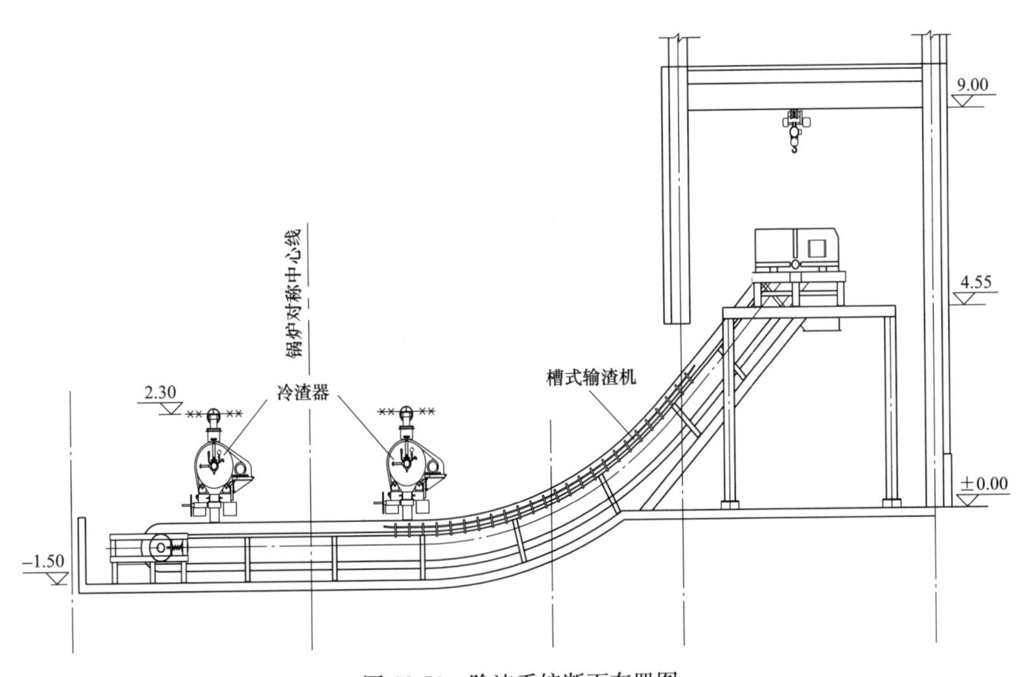

图 22-73　除渣系统断面布置图

(2) 除渣设施布置。秸秆发电厂渣库布置在锅炉房外侧，与锅炉房毗邻布置，在主厂房布置时统一考虑。某秸秆电厂渣仓布置见图 22-74。

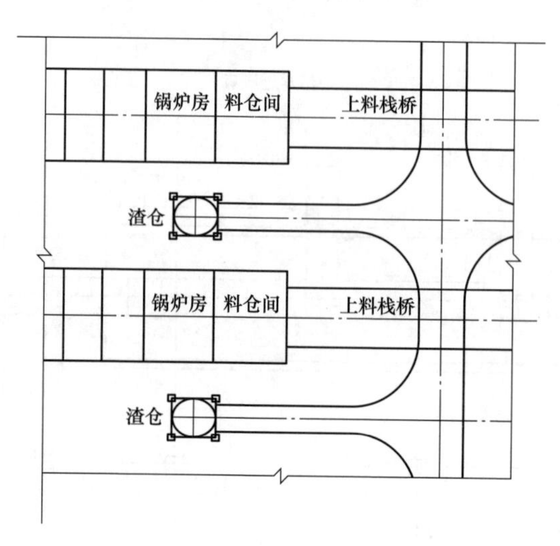

图 22-74 某秸秆电厂渣仓布置示意图

2. 除灰系统

除灰系统主要采用除尘器收集飞灰，通过气力输送系统输送至灰库储存。

(1) 工艺流程简介。气力除灰系统工艺流程见图 22-75。

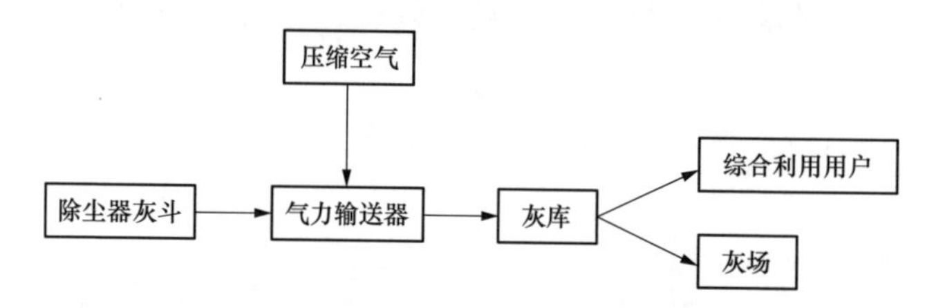

图 22-75 气力除灰系统工艺流程图

生物质发电厂由于其燃料的特殊性，烟气中灰分碱金属含量高，易黏结在电除尘器的电极上，导致其除灰效率低，因此秸秆发电厂一般不采用电除尘器。

根据国家的环保政策，早期建设的秸秆发电厂一般采用旋风除尘器+袋式除尘器相结合的方式进行除尘，其工艺流程为锅炉烟气经旋风除尘器预除尘后进入袋式除尘器除尘，后通过引风机经烟囱排入大气。随着人们生活水平的提高，国家环保政策趋严，秸秆电厂在两级除尘之间增加脱硫塔，进一步降低酸性气体的排放。其工艺流程为锅炉烟气→旋风除尘器→脱硫塔→袋式除尘器→引风机→烟囱→大气。

(2) 除灰设施总平面布置。除尘器布置在锅炉房和引风机室之间，在主厂房布置时统一考虑。灰库一般布置在主厂房区域内炉后靠近除尘器区域。灰库运输道路根据场地条件采用贯通式或尽端式，道路转弯半径需满足运灰车辆行驶要求，一般不小于 9m，建议考虑 12m 左右。某秸秆电厂除灰设施布置示意图如图 22-76 所示。

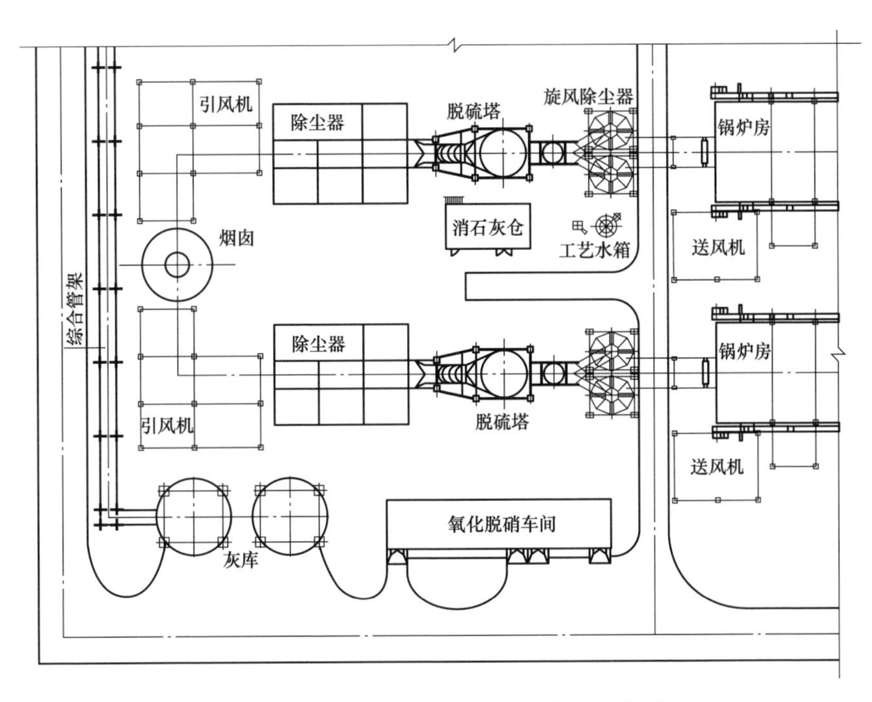

图 22-76 某秸秆电厂除灰设施布置示意图

十、乙炔站或乙炔瓶库

乙炔站或乙炔瓶库并不是每个生物质电厂都设置，主要根据工艺专业的需要或当地可燃气体的可获得情况进行确定。

乙炔气体通常用于机组检修、日常维护及运行生产中的激波冲灰。

激波冲灰（燃气脉冲）吹灰器是一种性能先进的除灰技术，是利用乙炔（煤气、天然气、液化气）等常用的可燃气体和空气，按一定的比例进行均匀混合送入燃烧室中燃烧。燃烧产生的气体压力在输出管的喷射处发射冲击波使受热面上的积灰脱落，将被污染受热表面上的灰尘颗粒、松散物、黏合物及沉积物除去，提高锅炉的效率。

乙炔站的布置要遵循 GB 50031《乙炔站设计规范》的相关规定，严禁布置在易被水淹没的地点，不宜布置在人员密集区域和主要交通要道处。与周围的建（构）筑物之间的防火间距应按 GB 50016《建筑设计防火规范》的规定执行。

乙炔站或乙炔罐区四周应设置围墙或栅栏，围墙或栅栏至乙炔站有爆炸危险的建筑物、电石渣坑的边缘和室外乙炔设备的净距，不应小于下列规定：

（1）实体围墙（高度不应低于 2.5m）为 3.5m。

（2）空花围墙或栅栏为 5m。

生物质电厂乙炔气体用量较小，一般采用市场外购的方式，不设置固定式乙炔气体发生站。仅仅设置乙炔瓶库，四周用栅栏围起，并设置环形消防通道。当设置环形消防通道有困难时，可设置带有回转场地的消防车道。某生物质电厂乙炔瓶库布置示意图如图 22-77 所示。

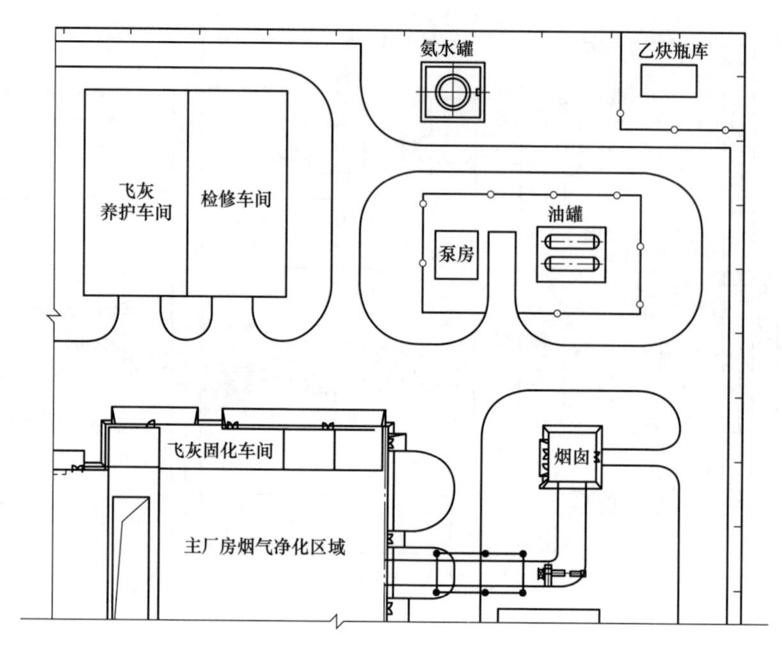

图 22-77　某生物质电厂乙炔瓶库布置示意图

十一、渗滤液处理设施

渗滤液为垃圾在堆放过程中因重力、发酵等物理、化学作用产生的废液，属于有害物质，如果不经过处理，对人们的身体健康以及生态系统都会造成影响，对其处理以及排放都有严格的要求。渗滤液处理是垃圾焚烧发电厂重要的一部分。

（一）渗滤液来源、产生及处理规模

生活垃圾焚烧发电厂中，渗滤液来源主要包括垃圾库垃圾渗滤液、垃圾运输通道及卸车平台冲洗水。垃圾渗滤液产率全年不均匀，按照经验值，气温湿热地区电厂渗滤液处理站规模按照不低于日处理生活垃圾量的40%考虑，干燥地区可稍低。

（二）渗滤液处理工艺

主工艺系统主要包括预处理、生化处理、深度处理；另外有相应的辅助工艺系统，一般包括浓缩液处理单元、污泥处理单元、除臭处理单元、沼气处理单元等。

（1）预处理：主要包括过滤、沉淀、调节等单元，用于除去渗滤液中的悬浮物、无机物及有机物的污染物。

（2）生化处理：利用微生物的代谢作用分解污水中的污染物，使污染物转化为无毒无害物质的净化方法。

（3）深度处理：经预处理及生化处理后，为达到排放或回用要求进一步除去水中污染物的水处理过程。主要包括化学软化、过滤及反渗透等单元，用于除去或分离渗滤液中有机物、悬浮物及盐分的污染物。

（4）辅助工艺处理系统。主要是对每个处理单元处理后剩下的浓水及产生的污泥、臭气及沼气进行进一步处理。

（三）渗滤液处理建（构）筑物的组成

渗滤液处理区域一般包括沉淀池、调节池、浓缩池、回用水池、硝化池及反硝化池、沼气处理装置、深度处理车间（包括化验室、加药间、储酸间、控制室、配电间、脱水机间、风机间等）、放散管等，有的工程还采用厌氧罐。

（四）渗滤液区域布置

（1）渗滤液处理站总占地面积根据项目的不同情况、调节池以及其他功能性水池的有效水深可适当调高，以减少占地。

（2）渗滤液处理系统集中布置，宜设置在办公及生活区的下风向，充分考虑处理过程中产生的恶臭、粉尘、噪声、污水等对周围环境的影响。

（3）采用厌氧罐时，需将厌氧罐设置在靠近运输道路的位置，方便现场施工安装。

（4）渗滤液站有条件时宜设置环形道路，以满足消防要求。

（5）干污泥输送管道、沼气管道、除臭管道、蒸汽管道、压缩空气管道、渗滤液原水管道等宜采用管架架空。

（6）渗滤液处理站产生甲烷等气体经脱水和脱硫后，可以送至焚烧炉用于辅助燃烧，同时该区域设有应急排气管。排气管布置时，需严格遵守 GB 50160《石油化工企业设计防火规范》的规定。

受工艺条件或介质特性所限，无法排入火炬或装置处理排放系统的可燃气体，当通过排气筒、放空管直接排向大气时，排气筒、放空管的高度一般要符合下列规定（渗滤液处理站排放的可燃气体一般为间歇排放）：间歇排放的排气筒顶或放空管口应高出 10m 范围内的平台或建筑物顶 3.5m 以上，位于排放口水平 10m 以外斜上 45°的范围内不宜布置平台或建筑物。

间歇排放可燃气体排气筒、放空管高度示意图如图 22-78 所示。

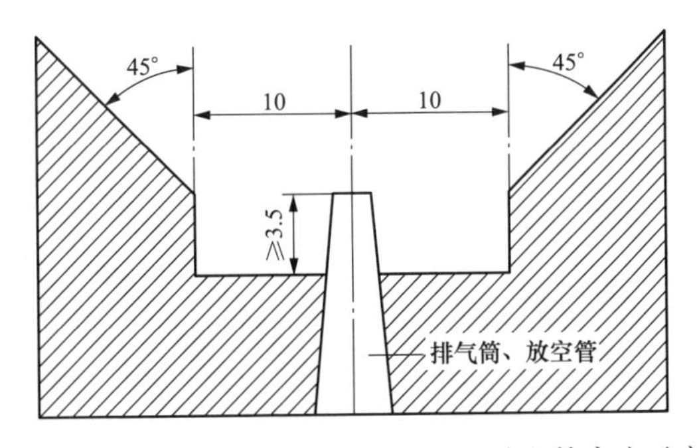

图 22-78 间歇排放可燃气体排气筒、放空管高度示意图

某垃圾焚烧发电厂（1×500t/d 生活垃圾焚烧炉）渗滤液处理站布置示意图如图 22-79 所示。

某垃圾焚烧发电厂（1×400t/d 生活垃圾焚烧炉）渗滤液处理站（带厌氧罐）布置示意图如图 22-80 所示。

十二、点火及助燃设施

点火及助燃辅助设施主要功能是满足锅炉的点火启动、锅炉升降负荷及低负荷稳燃等安全运行要求及环保要求。点火及助燃辅助燃料主要为轻柴油及天然气。

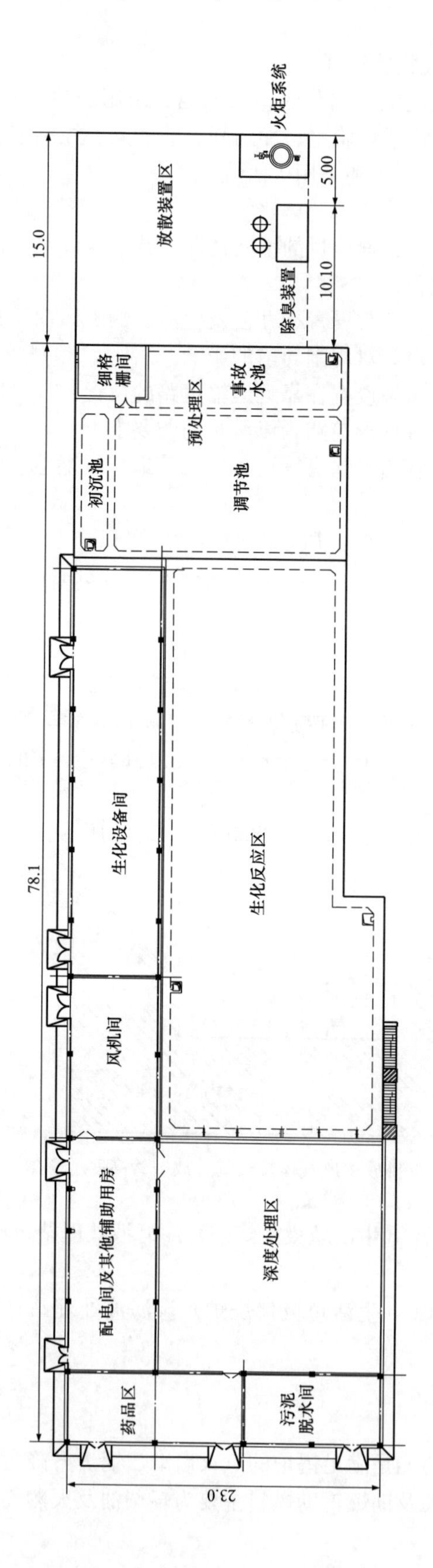

图 22-79　某垃圾电厂（1×500t/d生活垃圾焚烧炉）渗滤液处理站布置示意图

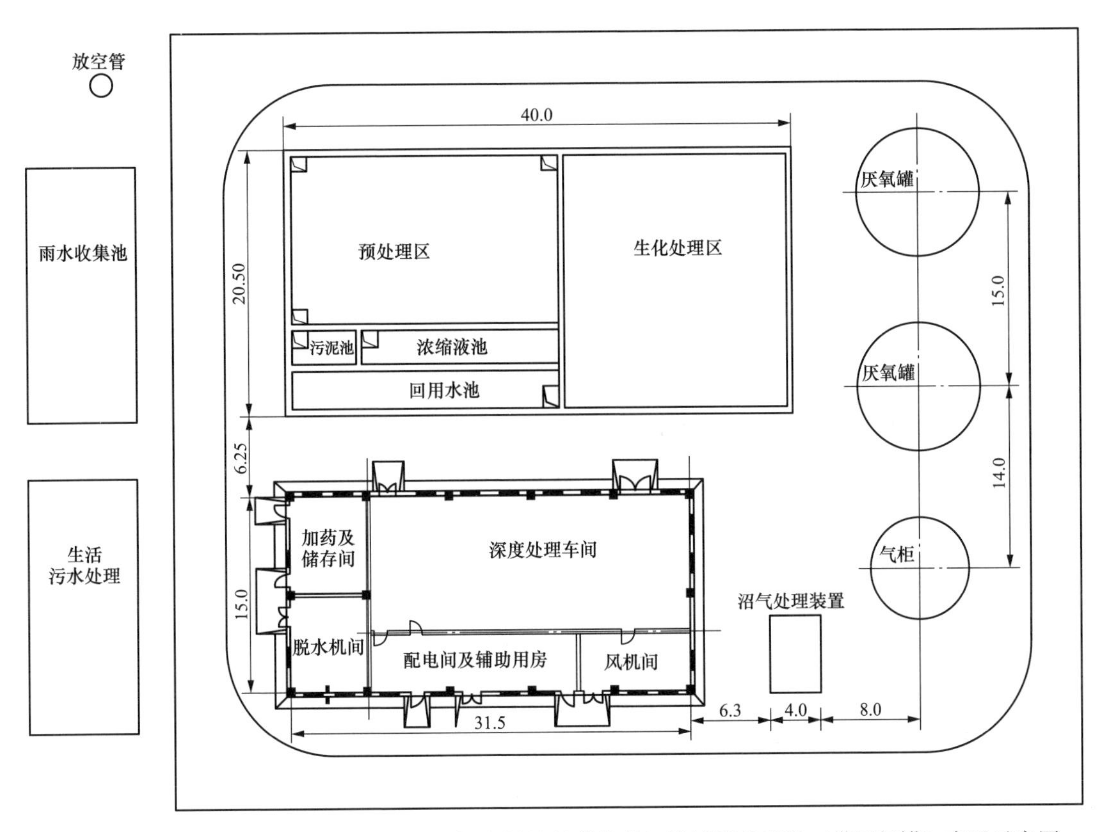

图22-80 某垃圾焚烧发电厂（1×400t/d生活垃圾焚烧炉）渗滤液处理站（带厌氧罐）布置示意图

（一）轻柴油

当采用轻柴油作为点火及辅助燃料时，厂区需设置相应的油罐及供油泵。燃油设施一般包括汽车卸油、储油罐、油泵等设施。

燃油设施布置时，需严格遵守相关规定。

（1）结合生物质发电厂总平面布置统一考虑，符合环境保护、防火分区及安全间距的要求。

（2）燃油设施布置时，与厂内及厂外的建（构）筑物间距应符合GB 50074《石油库设计规范》的相关规定。

（3）油罐区宜布置在地势较低且安全的边缘地带，当有安全防火及有防止液体外流的安全设施时，也可布置在地势较高处。

（4）燃油设施区四周应设置环形消防通道。当有困难时，可设置尽头式消防车道。

（5）燃油设施区应设置不低于1.8m高的非燃烧体实体围墙或栅栏。当布置在厂区边缘，其围墙与厂区围墙合并时，合并处围墙需设置为不低于2.5m高的非燃烧体实体围墙。

（二）天然气

采用天然气为点火及助燃多用于垃圾焚烧发电厂，由于电厂的用气量不大，天然气的气源基本来自市政天然气管网，自市政天然气管网进入设置在厂区内的天然气调压设施。

调压设施的设置要根据市政天然气压力的不同设置为调压站或调压装置。调压装置的布置要遵循 GB 50028《城镇燃气设计规范》的相关规定。

当厂内需要设置调压站时，要遵循以下规定。

(1) 调压站要与其他辅助建筑物分开布置，宜布置在有明火、散发火花地点的常年最小风频风向的下风侧。

(2) 天然气调压站在生产过程中的火灾危险性为甲类，最低耐火等级为二级。

(3) 应有消防通道通向调压站附近，有条件时，尽量设置环形道路。

(4) 天然气调压站布置在厂内时，应设置不低于 1.8m 高的非燃烧体围墙或围栅。当调压站布置在厂区边缘，其围墙与厂区围墙合并时，合并处需设置不低于 2.2m 高的非燃烧体实体围墙。

十三、其他辅助生产和附属建筑

该类辅助及附属设施主要包括材料库、检修维护间、空压机房，根据需要有的工程可能还设置有危废品库、启动锅炉房、初期雨水收集池、雨水泵房等。

(1) 辅助及附属设施可以根据功能特点，分区布置，有的可以组成联合建筑，如材料库与检修间可以联合布置。

(2) 垃圾焚烧发电厂空气压缩机房一般布置在垃圾卸料平台的底下。秸秆电厂的空气压缩机房宜布置在主厂房区域附近，也可与其他设施联合布置，如布置在主厂房内。

(3) 初期雨水收集池及雨水泵房可以布置在汽车衡及垃圾运输坡道附近，便于坡道、衡器附近道路冲洗水的收集。

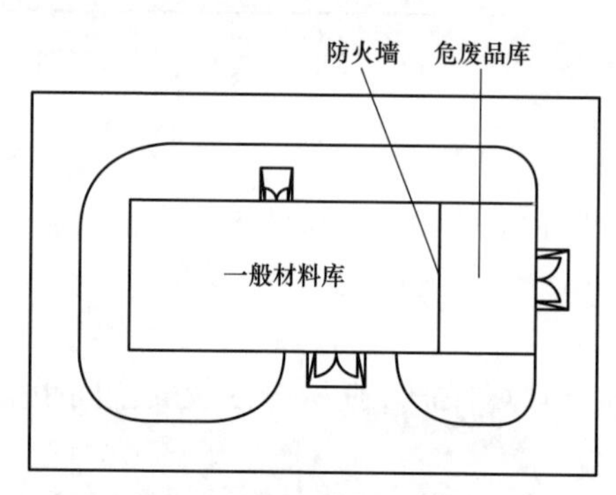

图 22-81 一般材料库与危废品库毗邻布置示意图

(4) 危废品库主要临时存放电厂相关的废弃的润滑油、事故油等，一般单独布置在厂区人流量较少的位置。也可以材料库毗邻布置，但应按照相关建筑防火规范的要求，设置防火墙等，如图 22-81 所示。

十四、厂前生产与行政办公生活服务设施

生产与行政办公及生活设施包括生产、行政办公楼、夜班宿舍、食堂、浴室、警卫传达室等。上述建筑除警卫传达室外，其他建筑可以布置在厂前组成联合建筑。厂前建筑一般布置在发电厂的主要出入口处。

（一）厂前建筑布置的原则

(1) 垃圾焚烧发电厂的厂前建筑应符合电厂总体规划，各建筑物的平面与空间组合应与周围环境和城镇建设相协调。

(2) 应满足功能要求，有利于管理，并面向城镇主要交通道路或居住区。

(3) 应按不同功能和使用要求组成联合建筑，尽量减少厂前用地。

(4) 尽量位于垃圾运输来向的最小频率风向的下风侧。

(5) 厂前需根据当地城市规划部门的要求，设置合理的机动车、非机动车停车位及充电桩。

有垃圾焚烧发电厂的建设投资方，厂前建筑的设置有自己的内部要求，如某集团对于Ⅱ、Ⅲ类焚烧厂不单独设置办公楼，办公楼布置在主厂房内，与电控楼联合布置，使生产、管理和办公形成一个有机的整体。

某生物质电厂厂前建筑布置示意如图 22-82、图 22-83 所示。

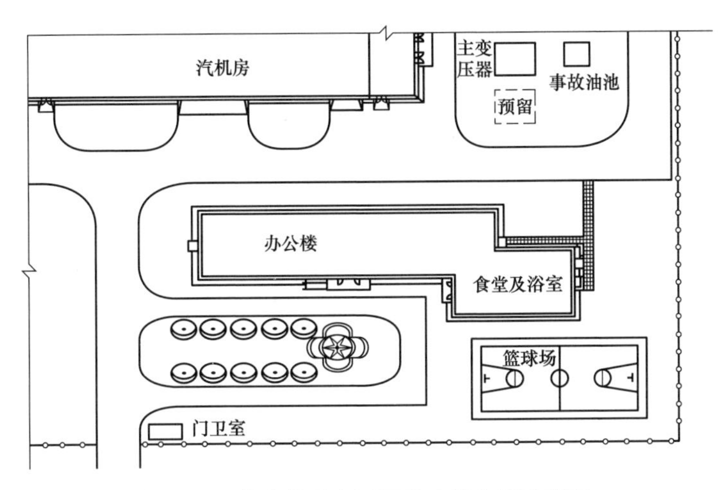

图 22-82　某生物质电厂厂前建筑布置示意图一

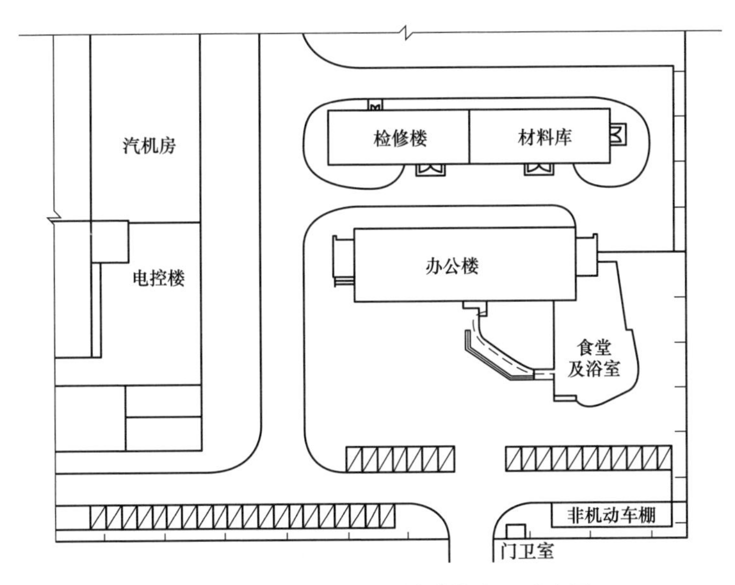

图 22-83　某生物质电厂厂前建筑布置示意图二

（二）附属建筑物面积

由于没有专门针对生物质发电厂辅助及附属建筑物建筑面积的相关规定，在工程设计过程中一般参照 DL/T 5052《火力发电厂辅助及附属建筑物建筑面积标准》相关规定。一些投资建设单位有自己内部的规定时，遵照其相关规定执行。

十五、围墙及出入口

发电厂厂区周边、变压器场地、屋外配电装置区、燃油设施区、天然气调压站区、乙炔瓶库四周一般均设置围墙或围栅，起到安全防护的作用，有部分秸秆发电厂料场区与主厂区之间设置围墙分开，以方便电厂的运行管理及安全防护。

（一）围墙

（1）围墙或围栅的设置，其形式及高度宜符合表22-22的规定。

表22-22　　围墙或围栅形式及高度

名称	结构形式	高度（m）	说明
厂区周边	非燃烧体实体围墙	2.2	①
变压器场地	围栅	1.5	共用厂区围墙时，共用处按厂区围墙标准设置
屋外配电装置	围栅	1.8	共用厂区围墙时，共用处设置2.2m高实体围墙
天然气调压站	非燃烧体实体围墙或围栅	1.8	共用厂区围墙时，共用处设2.5m高非燃烧体实体围墙
燃油设施区	非燃烧体实体围墙	1.8	
乙炔区	非燃烧体实体围墙或围栅	2.5	

① 在有的地区，城市规划部门对厂区围墙会做特许规定：如某电厂所在地的城市规划部门规定沿城市道路边禁止设置实体围墙。根据GA 1800.2—2021《电力系统治安反恐防范要求　第2部分：火力发电企业》中相关条款的规定：站（厂）周界应设置实体围墙，围墙外沿高度（含攀爬设施）应不小于2.5m。城市规划部门的相关规定与该防范要求有矛盾，这时需要与规划部门沟通，按反恐防范要求执行。

（2）在特殊地质条件下，如湿陷性黄土、软土区域及冻土等，应做好地基处理、围墙形式选择、基础及墙体设计等措施，保证围墙的安全稳定，消除安全隐患。

1）湿陷性黄土场地上，围墙宜划分为丁类建筑物，并满足GB 50025《湿陷性黄土地区建筑标准》的相关规定。设计时也应尽量减小管线布置、绿化浇灌对围墙的影响。

2）软弱地基及高填方场地上，宜采用换土垫层法对浅层软弱或不良地质进行处理。当软弱或不良地层较厚，无法全部置换时，下卧土层应满足强度与变形的要求。必要时根据GB 50007《建筑地基基础设计规范》验算软弱下卧层的地基承载力和变形计算。

3）冻土场地上，基础埋置深度不宜小于设计冻深，并满足JGJ 118《冻土地区建筑地基基础设计规范》的相关要求。

（二）厂区出入口

厂区出入口设置应使人流及物流分开，出入口的位置应便于与厂外道路的引接。

厂区至少需设置两个出入口，分别为人流出入口及物流出入口，避免人流及物流相互干扰。人流出入口为厂区主要出入口，宜设置在厂前建筑或汽机房附近，其位置宜面向城镇或公路干道，便于职工上下班。物流出入口主要为燃料、灰渣及生产辅料的运输，其位置应便于运输车的出入。

厂区出入口的设置尽量满足CJJ 152《城市道路交叉口设计规程》相关条款的规定。

改建交叉口附近地块或建筑物出入口要满足下列要求。

（1）主干路上，距平面交叉口停止线不小于100m，且右进右出。

（2）次干路上，据平面交叉口停止线不小于80m，且右进右出。

（3）支路上，距离与干道相交的平面交叉口停止线不小于50m，距离同支路相交的平面交叉口不小于30m。

根据CJJ 152《城市道路交叉口设计规程》的规定，电厂的出入口尽量避免设置在同一条城市道路上，如条件不允许，两个出入口之间的距离不宜小于150m。

出入口的设置还要遵循项目当地城市规划部门的规定，做到心中有数，项目报批时，避免总平面布置方案引起较大的修改。

十六、厂区臭气防治措施

本小节主要是针对生活垃圾焚烧发电厂。

垃圾焚烧发电厂主要是以生活垃圾作为燃料的电厂，在大家心目中，人们普遍认为该类型的电厂厂区一定臭气熏天，生活环境较差。其实只要采取一定的防臭技术，垃圾焚烧发电厂厂区环境跟普通电厂没有太大的区别。作为一名总图设计人员有必要了解一下这方面的知识。多向外界传播垃圾焚烧发电厂的好处，让不理解的人们理解、喜欢、支持垃圾发电。

（一）臭气源

生活垃圾堆积一段时间经过发酵会产生大量的酸性和碱性的污染物，同时滋生许多微生物，是蚊、蝇、蟑螂、老鼠栖息地，无论是堆放或是焚烧都容易产生恶臭气味，严重污染大气和人们的生活环境。垃圾焚烧发电厂通过厂区防臭、除臭分析，进行防臭、除臭的合理设计，采取相应的技术措施，可以减少臭味气体的数量和对人体的影响。

垃圾焚烧发电厂臭气源主要分布于以下位置：厂内垃圾运输通道区域、主厂房内部分区域，渗滤液处理站等。

（二）防臭、除臭方案

1. 垃圾运输通道区域臭气治理方案

（1）设计有效的收集及排污措施，使滴漏的渗滤液及冲洗水能及时有效地排至废水处理站，地面上不予残留，视车流情况合理安排清扫频率。

（2）条件允许情况下，可设置植物液喷洒装置，根据需要进行喷洒。

2. 主厂房防臭方案

（1）主厂房臭气源。主厂房的臭气发生在以下区域：卸料大厅、垃圾库、渗滤液收集间、锅炉间及其连接区域。

（2）主厂房防臭气措施。建筑设计上，将臭气区域与非臭气区域严格隔离（如参观通道、电梯等与垃圾库隔离），从源头上将臭气控制在其应在区域内。

卸料大厅设计为封闭形式且出入通道设置门斗和气闸间等措施，防止臭气外逸扩散。在卸料大厅和栈桥连接的大门设置空气幕，利用强制空气流动来阻断卸料大厅室内外空气流动（微负压）。

定期冲洗卸料平台，同时可考虑设置生物或者化学除臭系统，减轻卸料大厅臭气污染。

垃圾库作为全厂最主要的恶臭气体发生源，是全厂臭气控制的重点区域。垃圾库设计为一个相对封闭的空间，恶臭源主要是垃圾发酵产生的异味，为防止恶臭气体通过卸料门或者缝隙外逸，垃圾库通过机械排风方式维持负压以防止臭气向垃圾库外逸。通过一次风风机将臭气送入焚烧炉焚烧或启动除臭风机将垃圾库内的臭气通过活性炭吸附装置物理吸附（或者药液吸收法等）处理达到国家相关标准后高空排放。垃圾库除臭系统尽可能保持负压或者以负压为主，减少臭气外逸。

3. 渗滤液站防臭方案

渗滤液处理站产生的臭气通过风管送至垃圾库，与垃圾库内臭气一并处理。

4. 其他除臭防臭措施

（1）垃圾库土建结构上采用特殊工艺处理，防止臭气通过墙体、缝隙扩散至室外，又防止渗滤液渗入土壤污染地下环境。

（2）采用封闭式的垃圾运输车。

（3）定期对集水沟等各种沟道、收集井进行冲洗。定期对全厂臭气进行排查，厂区内有臭味时要立即找到臭气源，及时处理。

（4）定期对垃圾库喷洒灭菌、灭臭药剂。

（5）垃圾库与其他区域相通处，建筑专业设置气密室，通风专业向气密室送入室外新风，维持气密室处于微正压。

第三节　厂区总平面布置主要指标

一、厂区总平面布置主要技术指标

为体现厂区总平面布置方案的合理性，在厂区总平面布置图中需要列出厂区总平面技术指标，如表 22-23 所示。

表 22-23　　厂区总平面技术指标

<table>
<tr><th>序号</th><th colspan="2">类别</th><th>单位</th><th>数量</th><th>备注</th></tr>
<tr><td rowspan="3">1</td><td colspan="2">厂区围墙内用地面积</td><td>hm^2</td><td></td><td></td></tr>
<tr><td>(1)</td><td>本期工程用地面积</td><td>hm^2</td><td></td><td></td></tr>
<tr><td>(2)</td><td>规划容量用地面积</td><td>hm^2</td><td></td><td></td></tr>
<tr><td>2</td><td colspan="2">厂区内建（构）筑物用地面积</td><td>hm^2</td><td></td><td></td></tr>
<tr><td>3</td><td colspan="2">建筑系数</td><td>%</td><td></td><td></td></tr>
<tr><td>4</td><td colspan="2">厂区场地利用面积</td><td>hm^2</td><td></td><td></td></tr>
<tr><td>5</td><td colspan="2">利用系数</td><td>%</td><td></td><td></td></tr>
<tr><td>6</td><td colspan="2">厂区道路及广场地坪面积</td><td>hm^2</td><td></td><td></td></tr>
<tr><td>7</td><td colspan="2">道路广场系数</td><td>%</td><td></td><td></td></tr>
<tr><td rowspan="4">8</td><td colspan="2">厂区土石方工程量</td><td>$\times 10^4 m^3$</td><td></td><td></td></tr>
<tr><td>(1)</td><td>挖方</td><td>$\times 10^4 m^3$</td><td></td><td></td></tr>
<tr><td>(2)</td><td>填方</td><td>$\times 10^4 m^3$</td><td></td><td></td></tr>
<tr><td>(3)</td><td>基槽余土</td><td>$\times 10^4 m^3$</td><td></td><td></td></tr>
<tr><td>9</td><td colspan="2">厂区围墙长度</td><td>m</td><td></td><td></td></tr>
</table>

续表

序号	类别		单位	数量	备注
10	厂内循环水管长度	供水管	m		
		排水管	m		
11	厂区绿化面积		hm^2		
12	厂区绿地率		%		
13	其他项目（如挡土墙等）				

二、厂区总平面布置用地及报审

生物质发电厂厂区总平面布置时，应根据电厂的装机容量，统筹规划、远近结合、合理布置，积极采取有利于节约用地的各项措施。

总平面布置中厂区围墙内的用地面积宜符合《电力工程项目建设用地指标》（火电厂、核电厂、变电站和换流站）（建标〔2010〕78 号）的相关规定，根据生物质电厂建设的基本条件，快速判断出建设方或当地政府给出的地块是否满足电厂的建设用地。

位于城市建设区或规划区的建设项目在申请建设工程规划许可证时，需进行总平面规划报审工作，为体现工程建设的合理性，总平面规划报审时，图中一般含有技术指标表，指标表中一般含表 22-24 及表 22-25 的内容（地区不同，指标内容可能有差别）。

表 22-24　　总平面规划报审厂区主要技术指标

序号	项 目	单位	数量	备注
1	总用地面积（红线内）	m^2		
2	建（构）筑物占地面积	m^2		
3	建筑密度	%		
4	总建筑面积	m^2		
5	计算容积率面积	m^2		
6	容积率			
7	道路及地坪面积	m^2		
8	道路及地坪系数	%		
9	绿化面积	m^2		
10	绿地率	%		
11	停车位	个		
12	办公及生活服务配套设施用地面积	m^2		
13	办公及生活服务配套设施用地比重	%		
14	办公及生活服务配套设施建筑面积	m^2		
15	办公及生活服务配套设施建筑面积比重	%		
16	围墙长度	m		

表 22-25 厂区总平面规划报审建（构）筑物一览表

编号	名称	占地面积（m^2）	建筑面积（m^2）	计容面积（m^2）	火灾危险性	耐火等级	备注
1	主厂房						
2	检修间						
…	…						
总计							

第四节 总平面布置工程实例

一、垃圾焚烧发电厂总平面布置实例

近年来，国内的垃圾焚烧发电项目按照冷却方式主要有二次循环冷却以及空冷两种，下面按照不同的技术条件介绍几个具体工程实例。

（一）二次循环冷却系统

1. 实例一

某厂址位于湖北省西北部，厂址自然地形起伏较大，多为山地地形。该工程建设规模为 2×600t/d 机械炉排炉，配 1 套 25MW 中速汽轮发电机组及相应辅助设施，不考虑扩建。

厂区总平面布置格局，大致为主厂房东西向布置，A 排（主立面）朝南，燃料自西向东由垃圾坡道送至卸料大厅，循环水处理和渗滤液处理区分别布置在主厂房南侧和北侧，厂前区布置在厂区西南侧。

主厂房布置在厂区中心，化水车间、空压机室等均布置在主厂房中。垃圾坡道在主厂房北侧东西向穿过，在主厂房东北角进入卸料大厅。

附属辅助车间围绕主厂房布置，其中循环水处理区布置在主厂房南侧，油罐区布置在循环水处理区南侧，远离生产、办公区域，降低风险。渗滤液处理站布置在主厂房北侧，靠近垃圾坑。飞灰暂存间布置在厂区东北侧，靠近规划的飞灰填埋场，运输便捷。

厂前区布置在厂区西南侧，利用空地和边角用地布置厂前景观广场及停车位，办公生活便捷，环境条件好。

厂区共设置 3 个出入口，包括 1 个人流、2 个货流出入口，人流出入口布置在厂区西侧偏南位置，主货流出入口布置在厂区西侧偏北位置，次货流出入口布置在厂区北侧，道路与飞灰填埋场道路相接。

该工程拟对厂区西侧现有道路厂区段进行改扩建，另新建一条厂外道路自厂区西侧道路引接，向东至厂区西侧与该现有道路相接。厂外人、货均利用此新建道路进入厂区西侧现有道路后，再人、货分流，进入厂区。某二次循环供水垃圾焚烧发电项目总平面布置图见图 22-84。

该工程为地形复杂条件下的二次循环机组，厂区不考虑扩建。厂区总平面布置功能分区明确，工艺流程顺畅、合理，整个电厂布置依势而建，紧凑，用地节省；建（构）筑物

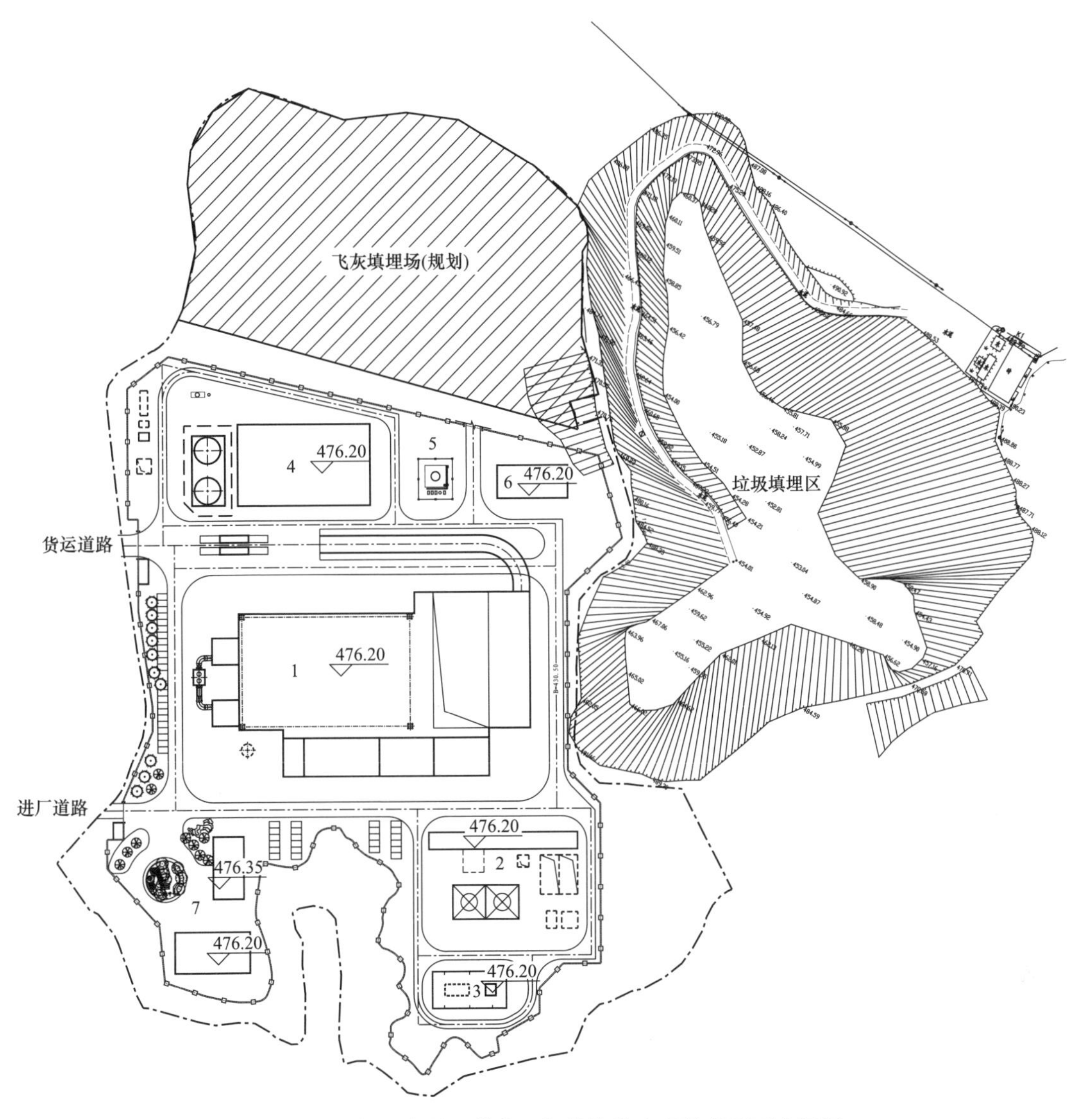

图 22-84　某二次循环供水垃圾焚烧发电项目总平面布置图

1—主厂房；2—冷却塔及水处理区；3—油罐区；4—渗滤液处理站；5—氨水区；6—飞灰暂存间；7—厂前建筑区

群体在平面和空间相互协调，重点突出，主次分明，土地利用率高。

2. 实例二

某垃圾焚烧发电项目位于华北平原地区，场地地形平坦。厂址属平原地貌，地形平坦、开阔。厂区自然地形标高在 31.55～31.89m 之间。厂址周边 300m 范围内无村庄、居民点；厂址周边无其他工业企业。

项目按照总规模 2000t/d 规划，分期建设，一期建设规模为 800t/d，留有二期工程扩建条件，二期建设规模为 1200t/d。本期新建处理规模为 2×400t/d，配置 2×400t/d 机械炉排生活垃圾焚烧炉＋1×18MW 汽轮发电机组，同步建设炉内脱硝（SNCR）及炉外烟气净化装置。

主厂房区布置在厂区中部，辅助生产区围绕主厂房布置，分散布置在厂区北侧和东侧区域。北侧区域自东向西布置有排污检测间、氨水区、污水及渗沥液处理站、飞灰暂存厂库、天然气调压柜及危废暂存间等。厂区东侧区域自北向南布置有污废水提升泵站、综合水泵房、机械通风冷却塔、雨水泵房及再生水深度处理站预留场地等。

办公生活区布置在厂区西南角，包括办公楼及食堂联合建筑、宿舍楼、停车场等。

人流入口布置在厂区西南侧，物流入口布置在厂区东南侧。

二期工程规划布置在本期厂区北侧，基本布置格局与本期相似。厂区总平面布置图见图 22-85。

结合项目工期条件，二期项目完全脱开扩建，该工程用地范围规整，厂区总平面布置功能分区明确，工艺流程顺畅、合理。

3. 实例三：某两机一塔二次循环垃圾焚烧发电项目总平面布置

某垃圾焚烧发电项目位于华东平原地带，一期工程建设 2×500t/d 循环流化床垃圾焚烧炉＋2×12MW 汽轮发电机组。二期工程扩建 1 台 600t/d 机械炉排生活垃圾焚烧炉及附属设施。其中一期工程已于 2011 年 12 月建成投产，二期工程于 2019 年 1 月建成投产。

已建厂区总体格局主要分为两个区，一区以主厂房为主体的主要建筑布置于厂区中心地带，二区以辅助及附属建筑分别布置于主厂房固定端的东侧。

一期工程采用二次循环自然通风冷却塔系统，其中主厂房布置在场地中部，固定端朝东，扩建端朝西，烟囱朝北。电控楼布置在汽机房的南侧，自然通风冷却塔、循环水泵房布置于厂区东北角，便于循环水管进出，料场布置于厂区西北角。辅助设施区分别布置于主厂房的东侧和北侧，生产综合楼等部分附属设施布置于电控楼东侧，既有人流出入口从厂区南侧县道引至厂前区，本期将改为从东侧引入，物流出入位于既有人流出入口西侧进入主厂房卸料区。

二期仅扩建 1 台 600t/d 机械炉排生活垃圾焚烧炉及附属设施，不新建汽轮机组、冷却塔，主厂房 A 排与一期主厂房 A 排对齐，本期机组不新增出线，利用一期出线。辅助设施及附属建筑尽量利用一期已建设施，部分就地扩建。

该工程为二次循环的两机一塔方案，厂区布置规整，功能分区明确，一期工程布置已充分考虑规划容量的总平面布置方案，为二期工程提供良好扩建条件，厂区总平面布置详见图 22-86。

（二）直接空冷系统

实例四：某空冷垃圾焚烧发电项目总平面布置

某垃圾焚烧发电项目位于青藏高原与黄土高原的过渡带，属高原大陆性气候。项目所在区域地貌类型属黑沟侵蚀剥蚀丘陵区。

项目建设规模为 3000t/d，建设 4×750t/d 焚烧线，配置 1×50MW 凝汽式汽轮机＋1×55MW 发电机及和 1×15MW 凝汽式汽轮机＋1×15MW 发电机。

厂区总平面将厂区分为六个主要的功能区：主厂房区、渗滤液处理站、水处理区、空冷平台区、附属设施区、厂前建筑区。

主厂房区位于厂区的中部，控制室、汽轮发电机房、升压站紧靠主厂房正立面布置，烟囱以及 SCR 预留均布置在厂房西侧；空冷平台布置在汽机房斜对面，缩短管道距离。

附属设施布置在主厂房区南北两侧：渗滤液处理区位于厂区最南侧，水处理区布置在主厂房西北侧；飞灰养护间、危废暂存间和氨水罐区位于主厂房区南侧空地上。

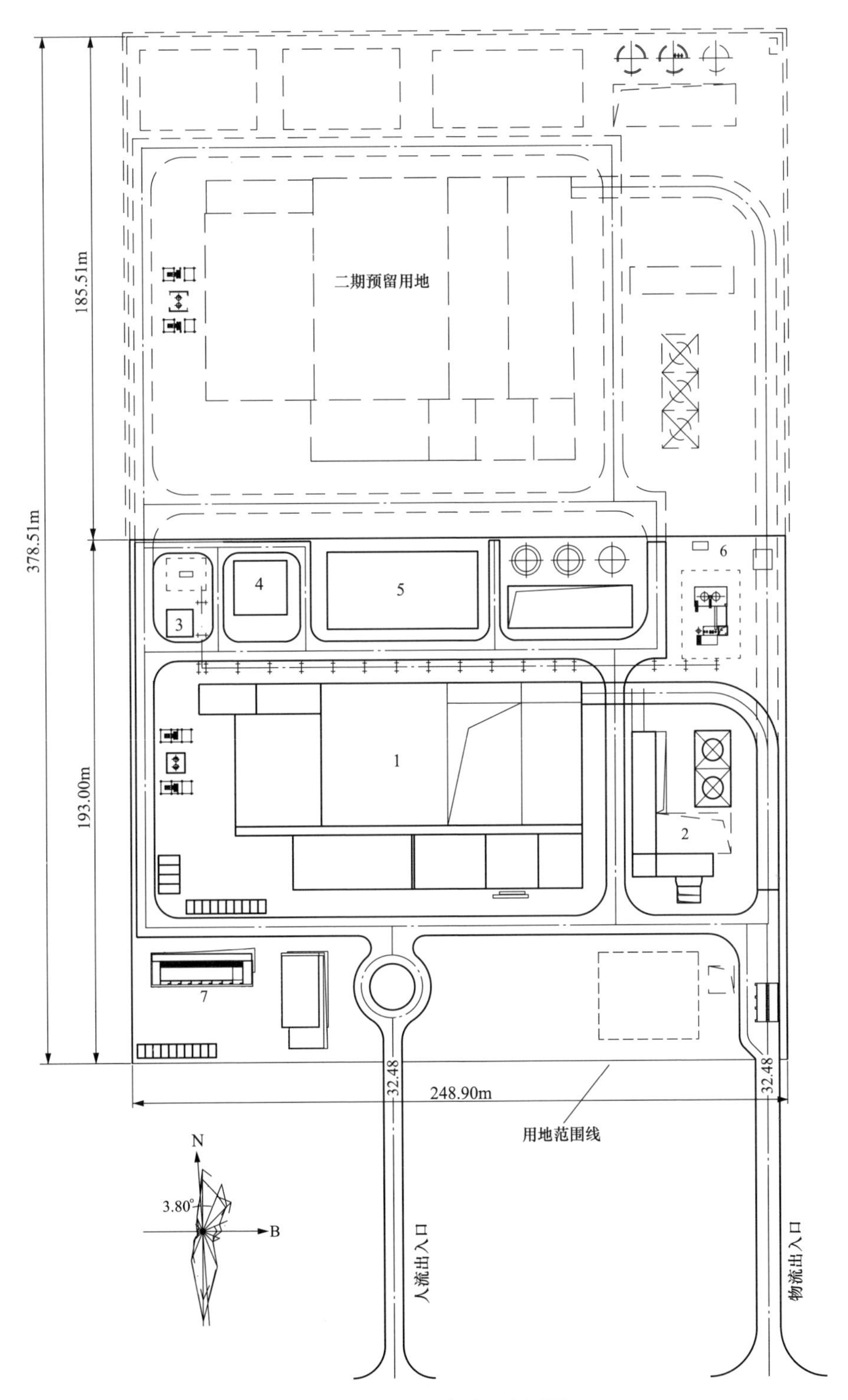

图 22-85　厂区总平面布置图

1—主厂房；2—冷却塔及水处理区；3—氨水区；4—飞灰暂存间；5—渗滤液处理站；6—油罐区；7—厂前设施区

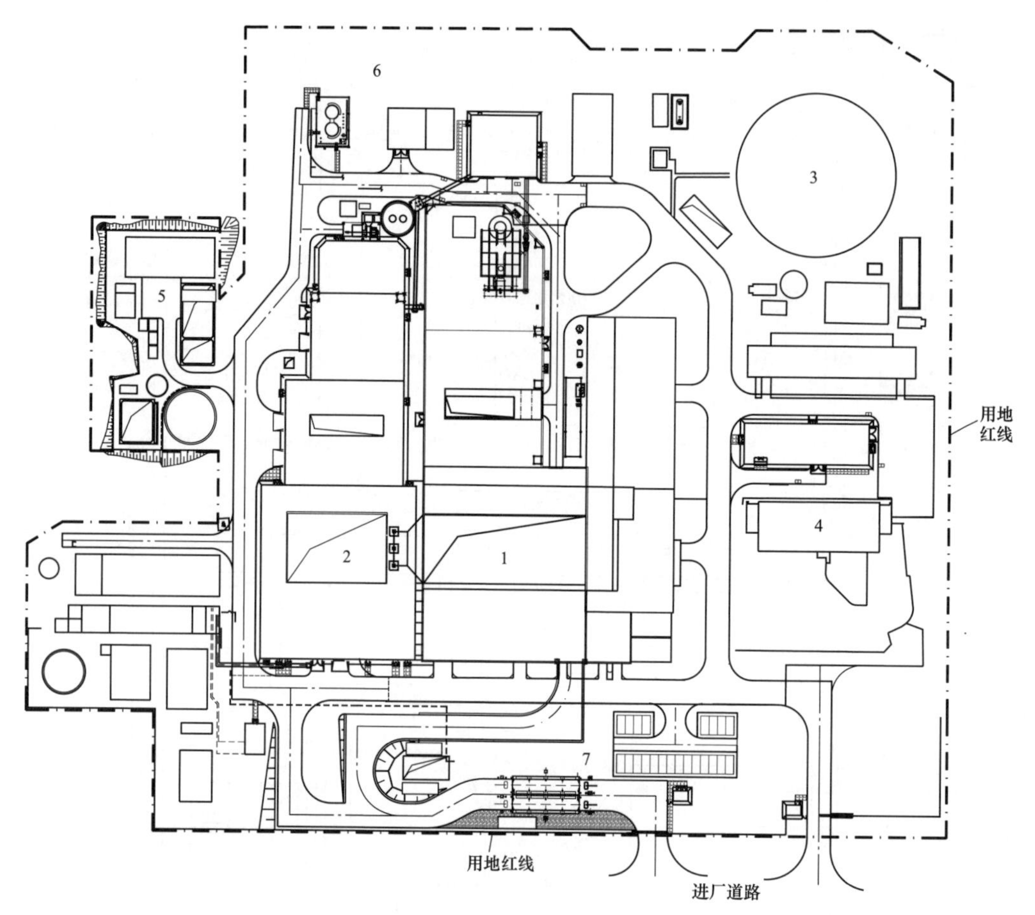

图 22-86 某两机一塔二次循环垃圾焚烧发电项目总平面布置图
1—一期主厂房；2—二期主厂房；3—冷却塔及水处理区；4—厂前建筑区；5—渗滤液处理站；6—附属设施区；7—垃圾坡道及汽车衡

厂前建筑区位于厂区东北侧，靠近主要出入口布置，动静分离。垃圾接收大厅位于生产区的东南侧。

项目结合外部规划道路，设置一个出入口连接厂外道路，采用绿化隔离带的方式将人流及商务车入口和物流及垃圾车出入口分开，互不干扰，又通过厂内道路紧密相连。

该工程为地形复杂条件下的空冷机组，部分台阶如渗滤液处理区域与主厂房区之间高差采用桩板挡墙处理，节省用地空间，厂区总平面布置结合地形条件因地制宜，功能分区明确，工艺简洁流畅，土地利用率高。

某空冷机组垃圾焚烧发电项目总平面布置详见图 22-87。

二、秸秆电厂总平面布置实例

1. 实例一：2×40MW 热电联产秸秆电厂、二次循环供水（自然通风冷却塔）电厂总平面布置

某电厂位于东北平原地区。厂址位于城市西北侧郊外空地，厂区西侧为农田，东侧及南侧邻近光伏发电站，北侧为一处小型养殖场。厂址范围内地类多为盐碱草地。电厂燃料、灰、渣均采用汽车运输，两台机组同期建成，不考虑扩建，2021 年底并网发电。

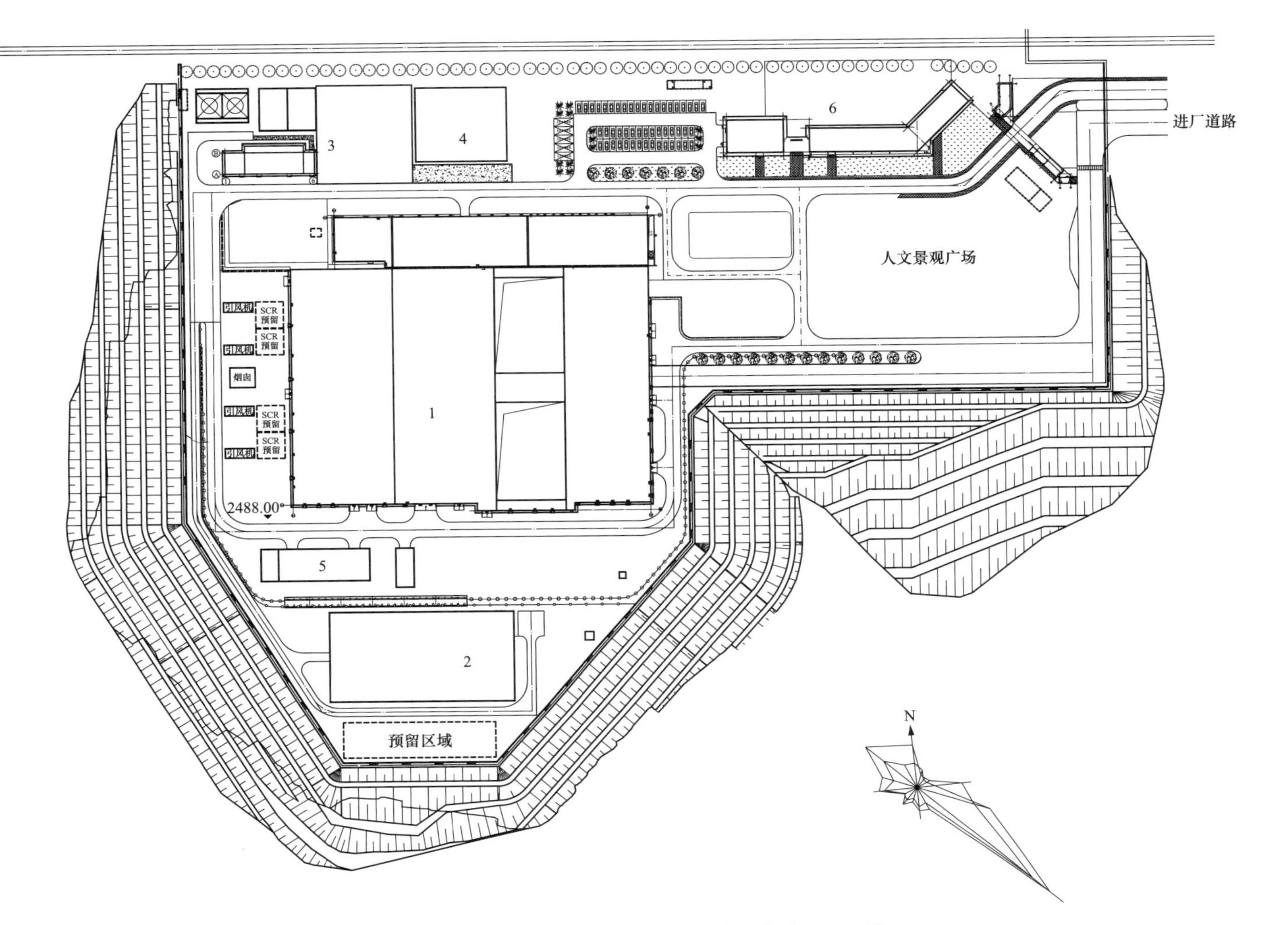

图 22-87　某空冷机组垃圾焚烧发电项目总平面布置图

1—主厂房；2—渗滤液处理站；3—水处理区；4—空冷平台；5—附属设施区；6—厂前建筑区

厂区总平面呈三列式布置，由南向北依次为冷却塔、配电装置及主厂房、储料设施。辅助及附属设施布置在主厂房东侧和锅炉房后侧。

项目采用二次循环供水，两机一塔，一座自然通风冷却塔布置在A排外。循环水泵房以披屋形式联合布置在汽机房A排前。

配电装置毗邻布置在主厂房A排前。变压器出线采用电缆经线路中转塔送出，电缆沟沿厂内道路边缘引出至围墙外，接入线路塔。

储料设施区布置在厂区北侧，建设一座半露天贮料棚。电厂设计燃料采用玉米秸秆压块燃料，拟从配套压块生产车间通过汽车运输送至厂内储料棚。该地区已配套建成压块车间，厂址与压块车间的平均运输距离为38.5km。电厂总平面布置图见图22-88。

该电厂厂区总平面布置方案集约、紧凑，功能分区明确，工艺流程顺畅、短捷，循环水系统采用两机一塔方案，将循环水泵房与汽机房联合，水处理设施区域集约联合，另将燃料储运结合配套压块车间生产设施，节约了厂区用地。

2. 实例二：2×40MW热电联产秸秆电厂，二次循环供水（机械通风冷却塔）电厂总平面布置

某电厂位于松嫩平原东部的低平原地区。厂址位于城区西侧约7km处，厂区东侧、东南侧靠近村屯，西侧为农田，北侧为空地。厂址内原为耕地。电厂燃料、灰、渣均采用汽车运输，两台机组于2021年底并网发电。

厂区总平面呈三列式布置，由东向西依次为配电装置、主厂房、储料设施。辅助及附属设施布置在主厂房南侧。

项目采用二次循环供水，机械通风冷却塔布置在主厂房固定端侧。循环水泵房及其他水处理设施均邻近冷却塔布置。

主变压器、备用变压器靠近汽机房A排布置，66kV敞开式配电装置布置在厂区东侧边缘。

储料设施区布置在厂区西侧，建设一座半露天储料棚，电厂燃料采用秸秆压块，由配套压块车间通过汽车运输送至厂内。

厂区布置协调周边环境，为厂区扩建预留空间，厂内布置规整，工艺流程合理，功能分区明确，布局紧凑。电厂总平面布置图见图22-89。

3. 实例三：1×40MW热电联产秸秆电厂、二次循环供水（自然通风冷却塔）电厂总平面布置

某电厂位于北方地区，地貌单元属于饮马河一级阶地，地形平坦、开阔。厂址地处城市北部经济开发区，东侧紧邻某玻璃厂，西侧为县道，南侧为市政道路，北侧为零星厂房，厂址征地边界周围有高压线路经过。电厂燃料、灰、渣均采用汽车运输，机组于2021年底并网发电。

该电厂周边外部条件较为复杂，在总平面布置中需要考虑新建建筑物及燃料堆垛与高压线路的避让间距。且厂址自然地面高差较大，总平面布置兼并考虑场地竖向设计。在综合考虑上述因素，以及厂外路的接口位置后，最终采用以下布置格局：厂区由南向北依次为厂前建筑、配电装置及主厂房、自然通风冷却塔及水处理设施，储料设施。厂区北侧及东侧空地布置秸秆燃料露天堆场。厂区竖向整体采用平坡式布置，厂前区部分采用阶梯布置方案。

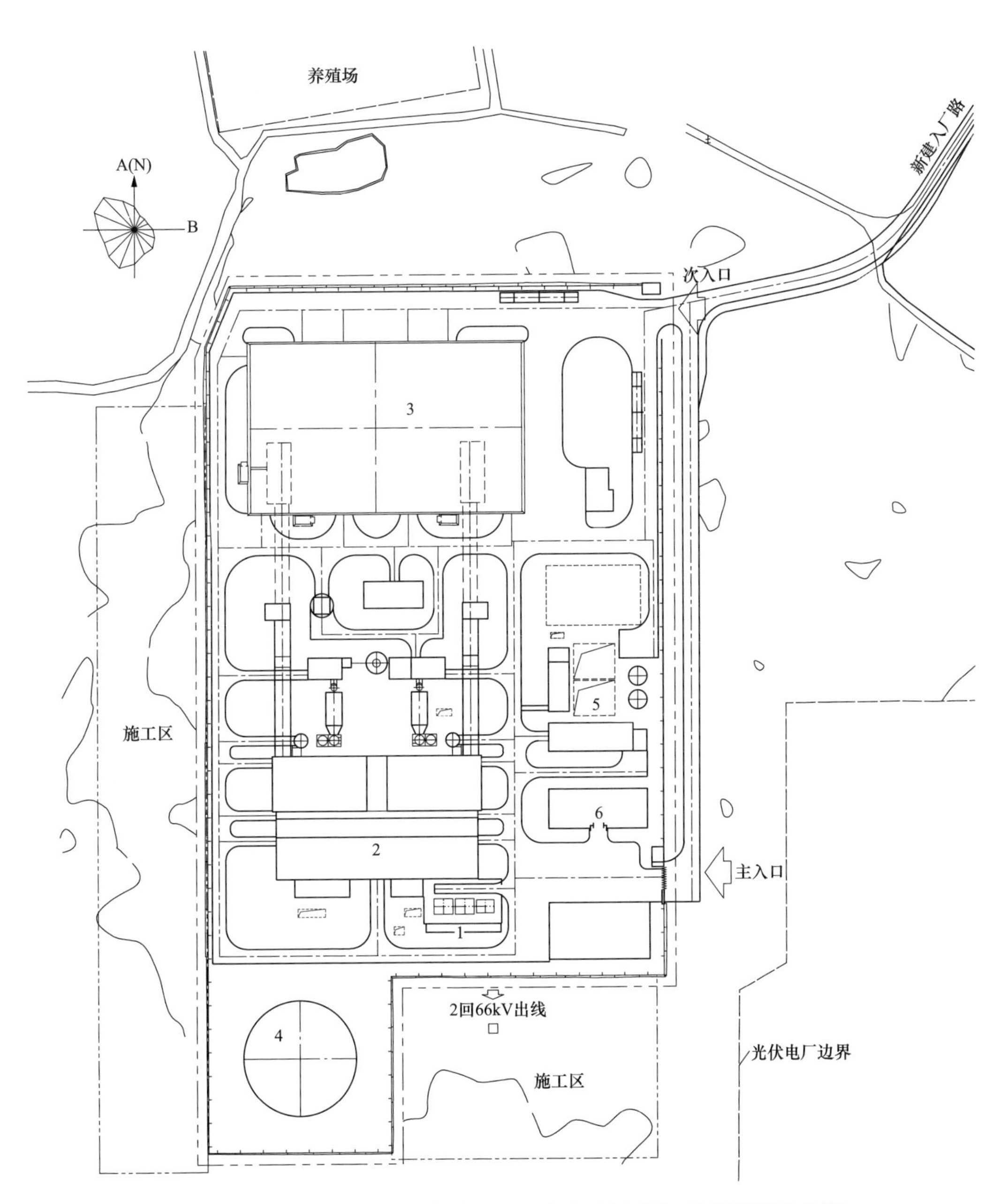

图 22-88　2×40MW 热电联产秸秆电厂总平面布置图（自然通风冷却塔）

1—配电装置；2—主厂房；3—储料设施；4—冷却塔；5—水处理设施区；6—厂前建筑区

项目采用二次循环供水，一座自然通风冷却塔布置在主厂房西北侧。化学水、再生水及其他水处理设施均邻近冷却塔布置。

变压器及 66kV GIS 配电装置布置在主厂房西侧。

该工程燃料采用秸秆散料，燃料采用汽车运输方式运至厂内，厂区布置一座半露天储料棚及两处露天堆场，在北侧露天料场内布置秸秆破碎设施。电厂总平面布置图见图22-90。

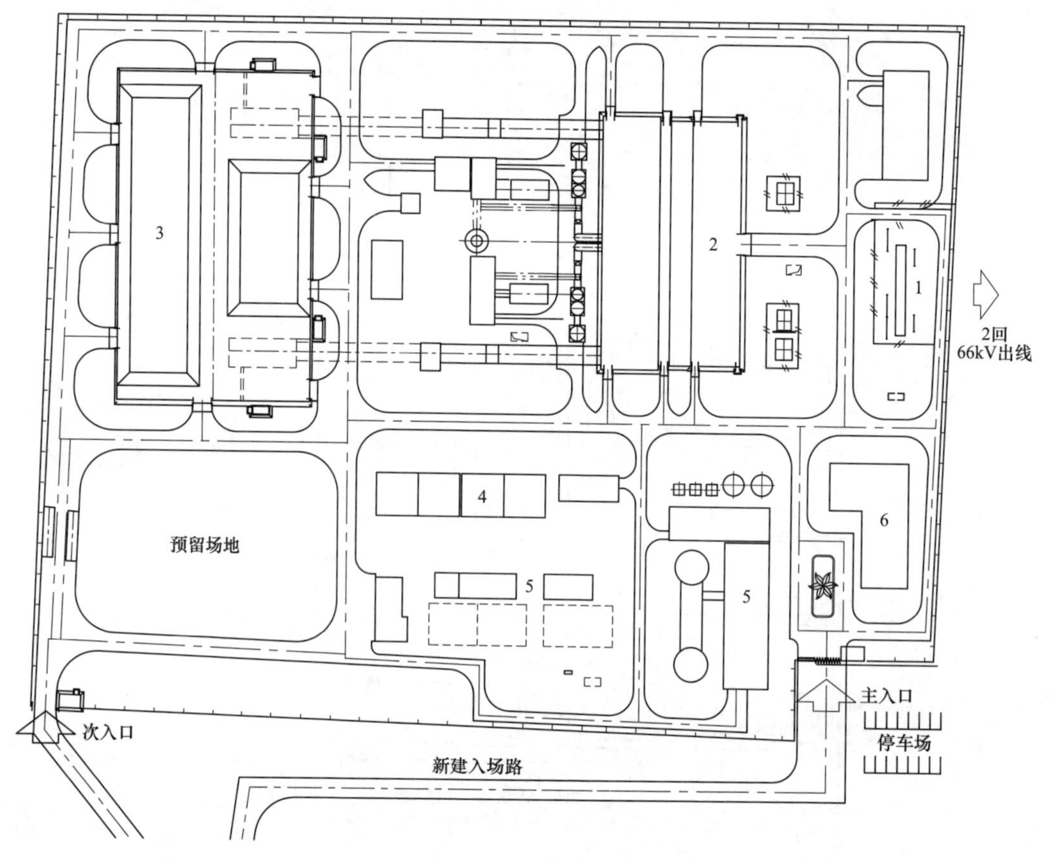

图 22-89 2×40MW 热电联产秸秆电厂总平面布置图（机械通风冷却塔）
1—配电装置；2—主厂房；3—储料设施；4—冷却塔；5—水处理设施区；6—厂前建筑区

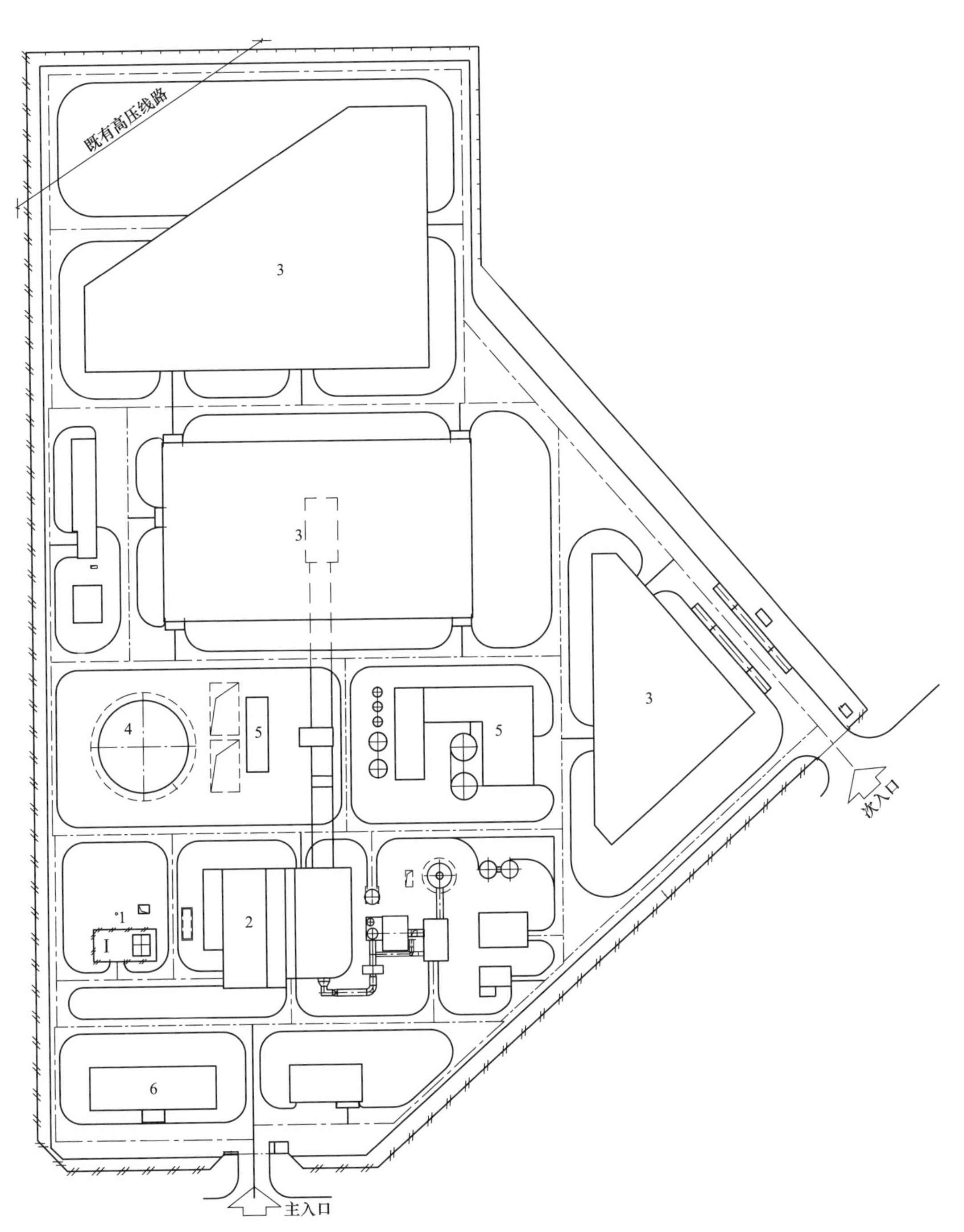

图 22-90　1×40MW 热电联产秸秆电厂总平面布置图

1—配电装置；2—主厂房；3—储料设施；4—冷却塔；5—水处理设施区；6—厂前建筑区

第二十三章

竖向布置

竖向布置的任务是确定建筑、设施与地面高程关系，主要根据厂区地形、工程地质和水文地质、水文气象（特别是洪涝水位）、工艺要求等，确定厂址各区及区内场地、建筑、设施、道路和挡土墙（边坡）的设计标高，场地排水坡向以及相关的工程量。

第一节　厂区竖向布置的基本原则和要求

厂区竖向布置在满足电厂安全经济生产、施工要求的条件下，应充分利用厂址地形、地质、水文气象自然条件，满足电厂防洪、防涝要求，尽量降低冷却水供水高度，土石方及基槽余土宜尽量平衡，填挖方、边坡及地基处理安全可靠、工程费用少，保护厂区周边原有植被，防止水土流失。

一、厂区竖向布置基本原则

（1）厂区竖向设计应满足电厂安全生产和施工、方便运行管理、节约投资、保护环境与生态。

（2）厂区竖向布置应与厂区总平面布置统一考虑，应与全厂总体规划中的道路、地下和地上工程管线、厂址范围内的场地标高及相邻企业的场地标高相适应。

（3）厂区竖向设计标高应与自然地形地势相协调，宜顺应自然地形，避免出现高挡土墙、高边坡，减少工程建设对厂址区域原有地形、地貌的破坏，充分利用和保护原有厂外排水系统。

（4）厂区竖向设计宜做到填、挖方及基槽开挖余土综合平衡，尽可能减少取、弃土用地，降低取水扬程和燃料提升高度。

二、厂区竖向布置一般要求

（1）电厂厂址标高，防洪、防涝堤顶标高，应符合下列规定。

1）厂址标高应高于重现期为50年一遇的高水（潮）位，当低于该水（潮）位或虽高于该水（潮）位，但受波浪影响时，厂区应设置防洪堤或其他可靠的防洪设施，并应在初期工程中按规划规模一次建成。充分利用现有的防排洪（涝）设施，必须新建时，经比选可因地制宜采用防洪（涝）堤、排洪（涝）沟和挡水围墙等构筑物。

2）对位于海滨的发电厂，其防洪堤（或防浪堤）的顶标高应按50年一遇的高水（潮）位加50年一遇波列、累积频率1%的浪爬高和0.5m的安全超高确定。经论证，在保证防洪堤安全且堤后越浪水量排泄畅通的前提下，堤顶标高的确定可允许部分越浪，并宜通过物理模型试验确定堤顶标高、堤身断面尺寸、护面结构。厂址标高高于设计水位，但低于浪高时可采取以下措施：厂外布置排泄洪渠道；厂内加强排水系统的设置；布置防浪围墙，墙顶标高按浪高确定。

3）对位于江、河、湖旁的发电厂，其防洪堤的顶标高应高于 50 年一遇高水（潮）位 0.5m；当受浪、潮影响时，应再加 50 年一遇的浪爬高。

4）对位于内涝地区的发电厂，防涝围堤的顶标高应按 50 年一遇的设计内涝水位加 0.5m 的安全超高确定；当设计内涝水位难以确定时，可采用历史最高内涝水位。

5）对位于山区或坡地的发电厂，应按 50 年一遇的标准采取防、排洪措施。

6）工矿企业自备电厂厂区的防洪标准应与该工矿企业的防洪标准相适应。

7）供热电厂厂区的防洪标准应与供热对象的防洪标准相适应。

8）秸秆发电厂收储站的标高宜按 20 年一遇防洪标准的要求加 0.5m 的安全超高确定。

9）受内陆河流洪水影响的发电厂，河道比降较大时，厂区竖向布置应考虑厂址段设计洪水位比降变化的影响。

（2）厂区竖向布置应根据生产工艺流程要求，结合厂区地形、地质、水文气象、交通运输、土石方量、地基处理及边坡支护等因素综合考虑，分别采用平坡式或阶梯式布置。

1）厂区不设防洪堤时，主厂房散水标高应高于 50 年一遇高水（潮）位 0.5m，厂区其他区域的场地标高不低于 50 年一遇高水（潮）位。当厂区采取满足防洪要求的可靠的防洪措施时，厂内场地设计标高可适当低于 50 年一遇高水（潮）位。

2）建（构）筑物、道路等标高的确定，应便于生产使用。基础、管道、管架、沟道、隧道及地下室等的标高和布置，应统一安排，做到合理交叉，维修、扩建便利，排水畅通。

3）应使本期工程和扩建时的土石方、地基处理、边坡支护、生产运行等费用综合最少，宜做到厂区、施工区、基槽余土以及配套工程的土石方综合平衡。当填、挖方量达到平衡有困难时，应落实取、弃土场地，并宜与工程所在地的其他取、弃土工程相结合。

（3）改建、扩建工程的竖向布置，应妥善处理新老厂场地、边坡、道路、工艺管线及排水系统的关系，结合现有场地及竖向布置方式统筹确定场地设计标高，使全厂统一协调。

（4）厂区竖向布置应充分利用和保护天然排水系统及植被，边坡开挖应防止滑坡、塌方。

（5）厂区场地排水系统的设计应根据地形、工程地质、地下水位、厂外排水口标高等因素综合考虑。

（6）发电厂竖向设计应充分考虑厂内外边坡、挡土墙的安全防护因素。挡土墙或边坡高度超过 2.0m 时，应在顶部设安全护栏。

三、影响竖向布置的主要因素

影响竖向布置的因素较多，如洪水位、地形和地质条件、工艺布置要求（主厂房设计标高与直流供水系统的运行经济性的关系、主厂房设计标高与循环供水系统冷却塔标高的最大限制高差）、交通运输要求、土建工程费用、施工的强度和速度、湿陷性黄土以及膨胀土地区的特殊要求等，实际工作中应根据工程的实际情况进行竖向设计。

（一）防排洪措施

当厂址标高低于洪水位时，如果当地回填材料费用较低，土源充足，可以通过提高场地标高至洪水位以上的措施避免洪水灾害；否则，竖向设计必须考虑截洪、防排洪和排水措施。

当厂址标高高于洪水位时，应根据现场实际地形和水文气象条件，确定排水设计，排水口的标高宜在设计洪水位以上，当实际条件无法达到上述要求时，应有防止洪水倒灌的可靠措施，如设防潮闸、排涝泵房等。

（二）地形和地质条件

地形和地质条件直接影响竖向布置的形式、建筑设施基础的埋深、建筑地面和场地标高的确定，以及交通运输设施的布置。

自然地形比较平坦的场地，解决好场地排水设计是竖向设计的主要工作；而对于坡地工业场地，竖向设计的主要工作是如何使工艺布置与地形相适应，土石方工程量、基础处理和边坡处理工程量最少，交通运输便捷。当场地上层土质较好，地耐力较下层高时，竖向设计应考虑少挖土；岩石地基应尽量少挖或不挖；如果地基基层下岩层走向与山体坡向相同或基层下有软弱夹层，开挖可能引起塌方、滑坡等地质灾害，而人工防护十分困难或工程量很大，竖向设计应该避免在此地段开挖。

（三）工艺布置要求

电厂建设是一个系统工程，电厂的所有车间通过管沟、电缆、栈桥和道路等与主厂房相接，为了节省基建投资和电厂运行、维护方便，应尽量使管线、电缆、燃料栈桥连接短捷。为此，应力争使主厂房和各车间布置在同一平台上；受场地条件限制时，应考虑将与主厂房联系密切的主要车间与设施布置在同一台阶上，如主变压器、启动变压器、厂用变压器、锅炉房、主控制楼等，布置时要考虑留有足够场地；同时处理好主厂房与冷却塔、冷却水泵房等主要车间的高程关系，合理确定主厂房和冷却设施标高。

1. 主厂房设计标高与直流供水系统运行经济性的关系

对于依靠江河水或海水直接冷却的电厂而言，冷却水从附近的江河或海通过循环水泵提升，这类电厂主厂房设计标高和海（江河）平面的高差显得十分重要。由于潮汐的影响，水位经常变化，泵的最大扬程必须按较低水位考虑。循环冷却水泵的主要功能是克服管道阻力（自循环水进水口至冷凝器出口）以及提升高度［自凝汽器顶面至最低的海（江河）平面的高差］，主厂房设计标高越高，泵的功率越大，所耗厂用电越多，水泵的运行费用也越高。循环冷却水泵厂用电年耗量的费用按下列公式计算，即

$$U_{s1}=N_{P}tb\times10^{-4} \tag{23-1}$$

$$N_{P}=\rho gHQ/(1000\eta_1\eta_2)=\rho HQ/(102\eta_1\eta_2)$$

式中 U_{s1}——循环冷却水泵厂用电年耗量费用，万元/年；

N_P——循环水泵电动机功率，kW；

t——水泵年利用小时数，h/年；

b——系统发电成本，元/kWh；

ρ——水的密度，淡水为1000kg/m^3，海水为1030kg/m^3；

g——重力加速度，m/s^2；

H——水泵扬程，m；

Q——水泵流量，m^3/s；

η_1——水泵效率；

η_2——电动机效率。

式（23-1）表明冷却水泵的年运行费用受水泵的扬程影响较大，主厂房设计标高提高，泵的扬程提高，机组年运行费用将随之增加。为此，一种利用虹吸作用的直流冷却水系统得到应用，这种系统的优势基于利用江河或海面上的大气压力可以提升大约10m水柱的原理，而循环水泵产生的压头足以克服在进入排水系统前的进水管道和凝汽器的管道阻力，自然会减少泵的运行费用。

但是，有些厂址场地标高较高，从凝汽器顶面至最低的海（江河）平面的高差超过10m水柱，此时，可以采用下述方法：①降低凝汽器的高度，使凝汽器顶面至最低的海（江河）平面的高差不超过7m（10m）水柱，如图23-1（a）所示；②建一个密封池，限定虹吸支管的长度，使凝汽器顶面至密封池水面的高差不超过7m（10m）水柱（火力发电厂水工设计技术规定：虹吸利用高度应通过计算确定，但不宜大于7m），如图23-1（b）所示。

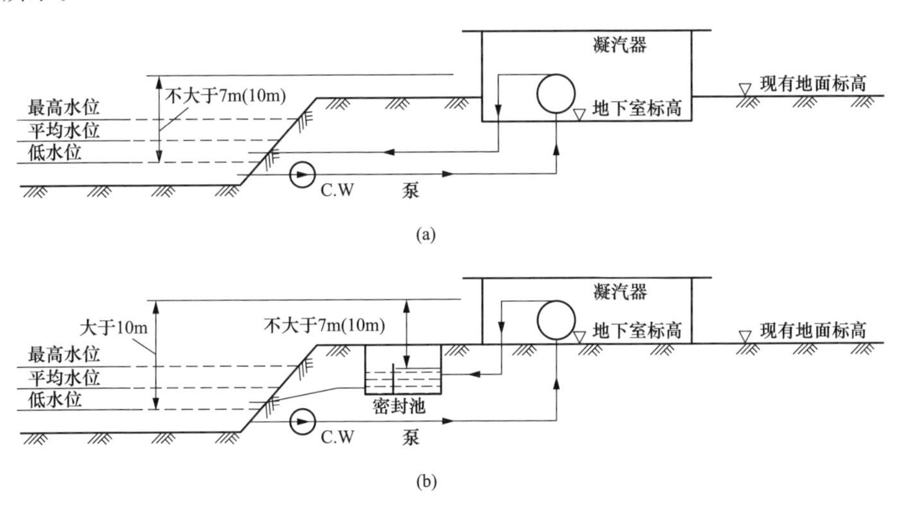

图23-1　主厂房标高与直流冷却水平面标高相对关系示意图

（a）降低凝汽器高度的方案；（b）建密封池方案

综上所述，主厂房设计标高的选择对电厂的初投资和循环水系统的运行费用影响较大。主厂房设计标高越高，循环水泵的年运行费就越高，但是场平挖方费用则越低。在主厂房设计标高较高时，可以考虑建尾水电站来回收部分能量。因此，主厂房设计标高的选择应结合循环水系统运行费、尾水电站初投资、尾水电站效益、场平挖方工程费、弃土费、地基处理费、边坡处理费、厂区征地以及填海造地等因素进行综合分析，寻求影响主厂房（厂区）标高确定的各因素的经济平衡点，确定安全性和经济性俱佳的主厂房（厂区）标高。

2. 主厂房设计标高与循环供水系统冷却塔标高的最大限制高差

湿式冷却塔及循环水泵房室内零米高程宜与汽机房内地坪相适应或结合地形确定高差，高差一般不宜超过5m。

当湿式冷却塔零米高程高于汽机房零米高程 5m 时，会对凝汽器的压力产生较大影响。

当湿式冷却塔零米标高低于汽机房零米标高时，具体高差应考虑塔的竖井标高或机力塔的喷水标高，以及管道阻力等因素，经工艺论证确定。

（四）与周边交通网络的关系

生物质发电厂生产、施工过程中与厂内外运输方式主要有运输燃料的公路及皮带运输，运输大件、重件、建筑材料、灰的公路运输，输送燃气、蒸汽、灰、油的管道运输。在公路、燃料皮带、管道运输方式中，燃料皮带及管道运输能适应不同标高的场地条件。公路运输可以在一定范围内适应不同标高的场地条件，但运输大（重）件道路纵坡不宜大于 4%。

（五）土石方及防护工程

竖向设计所涉及的土建工程费用，包括土石方工程、挡土墙和护坡工程及地基基础处理工程等费用。

竖向设计时，应避免深挖高填，减少土石方填挖工程量及运土工程量，并尽量做到填挖方量基本平衡。从技术经济上全面分析，应考虑挡土墙和护坡处理工程量，以及技术上的可行性等，综合比较确定。

首先应确定地基基础处理、挡土墙和护坡处理等技术上是可行的，然后根据现场的实际情况，计算有关工程量和费用，综合比较，力求技术上可行、经济上合理。实践表明，对于平原缺土地区的电厂，设计力求厂区填挖方量平衡；但对于山区（丘陵）电厂及部分移山填海的滨海电厂，挖方量（包括场地平整挖方量和基坑、沟槽余方）多于填方量，也是适宜的。设计考虑在保证总体设计合理、避免洪水威慑、地基基础和场地边坡处理可行、投资节省的前提下，考虑合理的填挖方量，并考虑弃土场的规划、开山填海和改土换填措施及相应的费用。

（六）施工进度要求

大量的土石方填挖工程量及运土工程量，以及大量的地基基础处理工程量（如打桩）、挡土墙和护坡处理工程量，必然增加施工强度并影响施工进度。竖向设计应考虑尽量减少上述工程量，并分期、分区安排场地处理工程施工。对非本期工程，如对生产施工无影响，暂时不施工；当填土区有大量地下工程时，可暂时不回填，厂区内独立山头，如无建筑物、设施，可以保留；需要填挖的土石方工程，也应合理安排土石方运距，避免重复运土。实践中这些因素是互为关联、相互制约的，需要通过技术经济比较综合确定一个最佳的竖向设计。

第二节　竖向布置形式

竖向设计一般常用的布置形式有平坡式布置和阶梯式布置，实际工程中，这两种形式主要根据场地的自然地形条件进行选用，并且这两种方法在有的工程中同时使用。

一、平坡式竖向布置

厂区场地平坦，自然地形坡度不超过 3%，一般采用平坡式竖向布置。坡向可根据场地范围、建筑布置、地下管沟及道路布置等，选用单坡、双坡或多坡布置。垃圾焚烧发电厂场地范围较小，可以采用单坡或双坡布置；生物质电厂场地范围较大，建筑布置、地下管沟及道路布置等较密集，为了减少场地整平工程量，实现建筑布置和地下管沟及道路布置的平稳衔接，可以采用多坡布置。其中，独立小区也可采用单坡或双坡布置。在场地建筑布置密集区，排水坡度一般选用0.5%～2%，最小坡度不应小于0.3%，最大坡度不宜大于6%。湿陷性黄土（膨胀土）地区，场地应避免积水，建筑物周围6(2.5)m范围设计排水坡不应小于2%，当为不透水地面时，可适当减小，在建筑物周围6m范围以外不宜小于0.5%。

二、阶梯式布置

通过提高设计坡度可以完成厂区场地连接，并能满足工艺布置、交通运输、场地排水等的要求时，应尽可能不设台阶。阶梯式布置能有效减少场地平整的土石方工程量，但增加了厂内外各台阶间管沟和交通运输连接的难度。当厂区场地条件受限制，并且自然地形坡度超过3%时，可以考虑采用阶梯式竖向布置。

台阶的划分原则应考虑工艺布置、管沟布置、厂内外交通运输连接合理、便捷，并结合场地施工条件等确定。实际设计时，通常按照电厂功能分区，如主厂房区、燃料设施区、燃油储罐区、冷却塔区、生产行政管理区等，结合现场自然地形和地质条件划分台阶。工艺设施联系密切的车间（如主厂房区）应尽量规划在同一台阶内。而在同一台阶内，一般仍然采用平坡式竖向布置。坡向可根据场地范围、建筑布置、地下管沟及道路布置等，选用单坡、双坡及多坡布置。

阶梯式布置要考虑台阶的连接和阶面的处理，并尽量减少台阶的数量。可以按照自然地形和地质条件，采用道路、边坡或挡土墙等连接方式，边坡连接可以减少土建工程量，节约投资，而挡土墙连接可以节约用地，或采用边坡与挡土墙结合的连接处理。台阶宜平行于自然地形的等高线布置，台阶连接处应避免设在不良地质地段。当基础埋设深度经济合理、地形和地质条件允许、台阶顶无重型建（构）筑物时，可提高台阶的高度，以减少台阶的数量。台阶划分应优先满足主厂房区布置需要，并尽可能考虑将相关建筑设施规划在同一台阶内。

三、竖向设计的表示方法

竖向设计时，采用设计标高法（箭头法）、设计等高线法和断面法表示。

（一）设计标高法（箭头法）

设计标高法是用设计标高点和箭头表示设计地面控制点的标高、坡向及地面水排水方向的表示方法。自建筑室外或设施附近（标高一般比室内零米地面低0.15～0.30m），指向接水点（标高为城市型道路路缘或排水明沟沟顶标高），并表示道路、排水明沟的变坡点标高和坡向，以及变坡点间的距离。点间距离视设计地面坡度和图的比例而定，当设计地面坡度较平坦时，点间距离可以取大一点（如20～40m）；当设计地面坡度较大时，点间距离宜取小值（如10～20m），以便管沟的准确设计和施工，见图23-2。

设计标高法（箭头法）设计工作量较小，修改简单，可以满足设计和施工要求，尽管在确定地面标高、管沟标高时较麻烦，但该方法仍然在国内外得到广泛应用，欧美、日本

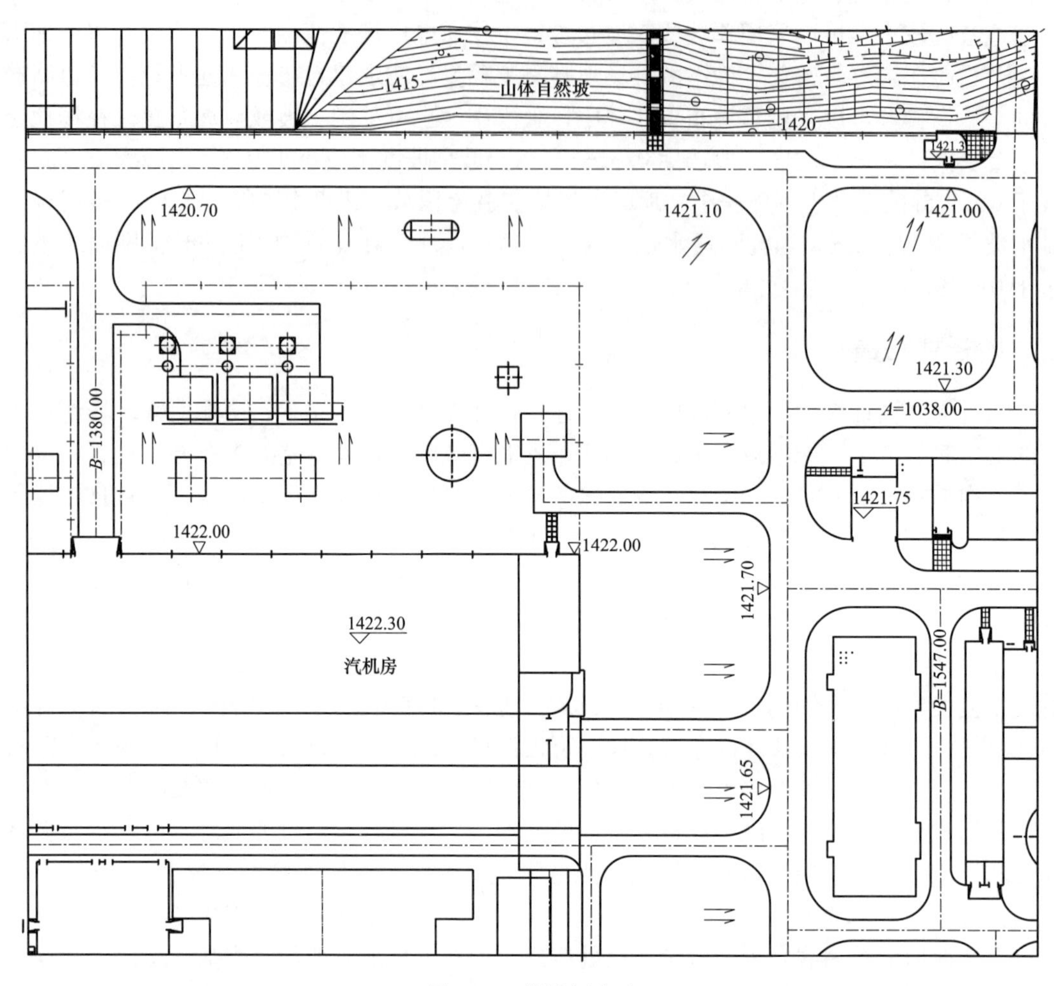

图 23-2 设计标高法

等国家，以及国内的钢铁、冶金、化工、轻工、建筑等系统的设计院均采用这种方法进行竖向设计。

（二）设计等高线法

设计等高线法是用设计等高线表示场地设计地面和道路的标高及坡向的方法。标高差可以根据坡度选用 0.1、0.2、0.25m 或 0.5m 的高差。

这种方法比较容易定出场地设计地面和道路的各点标高，但设计工作量大，特别是修改工作量大。当建（构）筑物和管沟布置密集、竖向布置复杂、标高法表达不清时，采用这种方法可以解决问题。

实际工程中，也有两种方法混合使用的。如场地设计、地面设计等用高线法，道路用标高法表示，见图 23-3。

（三）断面法

断面法是用断面表示厂区场地和建筑设施标高的方法，见图 23-4。这种方法简单易懂，可以反映重点地段的地形情况（高度、高差处理方法、坡度、尺寸等），用此方法表

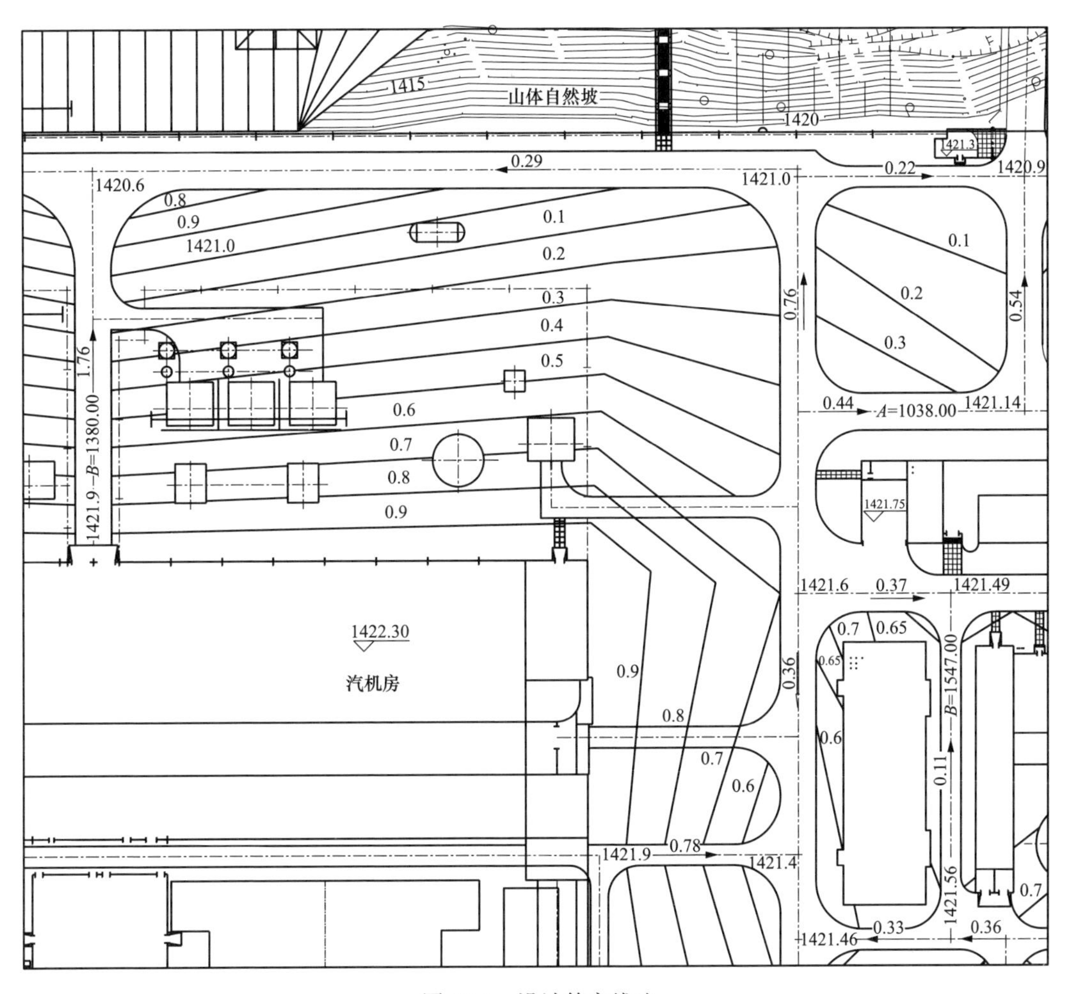

图 23-3　设计等高线法

达场地布局的台阶分布、场地设计标高及支挡构筑物设置情况最为直接，较适合场地较小的厂区或局部区域。

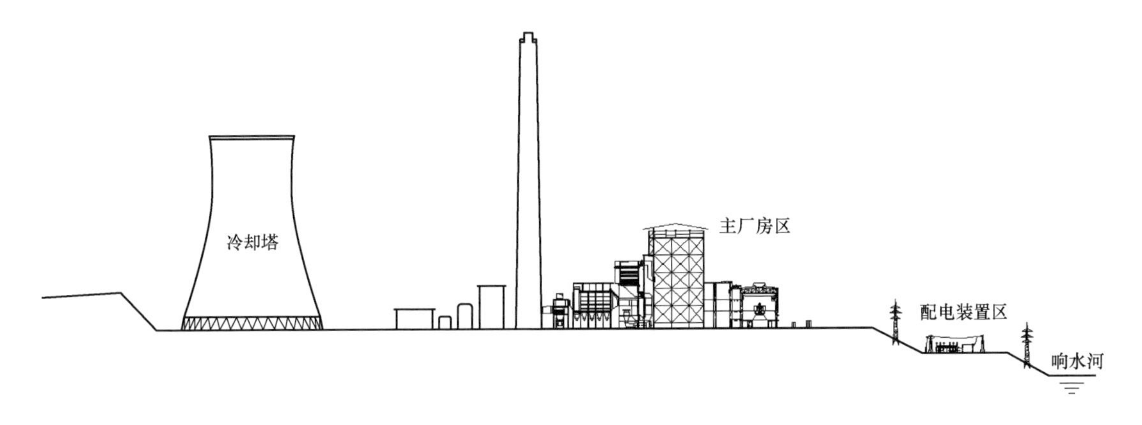

图 23-4　设计断面法

第三节　厂　区　排　水

发电厂厂区通常设置雨水排水系统对厂区场地雨水进行有组织的收集、排放，并使其能够及时顺畅地排至厂外。排水系统设计是否合理，直接影响电厂建设初投资及运行成本的高低，甚至关系到能否保证投产后的安全生产。

一、厂区排水设计原则和要求

(1) 厂区场地排水系统的设计应根据竖向布置、工程地质、地下水位、建筑密度、地下管沟布置、道路布置、环境状况和地质条件等因素，按电厂规划容量全面考虑，并使每期工程排水畅通。

(2) 厂区各功能分区的场地雨水应尽量分散、均衡、就近，并及时得到排放。场地排水不得经电缆沟或工业管沟再排至雨水排水系统。

(3) 对于阶梯布置的电厂，每个台阶应有独立的集水系统。对山区或丘陵地区的电厂，在厂区边界处应有防止山洪流入厂区的截、排水设施。

(4) 生物质燃料堆场、卸车设施区、灰库和渣仓区应设独立的排污水沟和污水处理池，污水、雨水排水应分开。

(5) 场地雨水排除方式应根据降雨量、地形、地质、建（构）筑物的布置密度、地下管线与厂区道路的布置等具体条件确定，使地面水能迅速排除，一般可分为雨水明沟、暗管或地面自然渗排三种方式。发电厂厂区宜采用暗管排水。

(6) 厂区场地排水系统应尽可能采用自流排水。

(7) 当厂区内被沟道封闭的场地或局部场地的雨水不能排出时，应设置渡槽或雨水口，并接入雨水下水道。

二、厂区排水设计

(一) 厂区场地排水方式

电厂厂区场地排水设计首先需要根据降雨量、厂区平面及竖向布置等工程实际情况，对排水方式进行选择，而排水方式一般可分为雨水明沟、暗管或地面自然渗排三种。为了便于设计人员选择最为符合工程实际条件的场地排水方式，下面对暗管、雨水明沟、地面自然渗排三种排水方式的特点及其适用性进行介绍。

1. 暗管雨水排水方式

暗管雨水排水方式是目前火力发电厂中应用最为广泛的一种排水方式。暗管雨水排水系统由雨水口、埋地暗管及管道检查井组成，其中雨水口起到了收集雨水的作用，设在场地竖向布置上的最低处，将周围地表雨水收集后，再通过与之连接的雨水管道排至厂外。根据雨水口设置位置不同，暗管雨水排水方式又分为道路雨水口＋暗管排水及场地雨水口＋暗管排水两种，布置示意图见图 23-5 和图 23-6。雨水口井盖、座平面及剖面图见图 23-7。

暗管雨水排水方式一般适用于以下情况。

(1) 建（构）筑物的布置密度较高、交通线路复杂或地下工程管线复杂的地段。

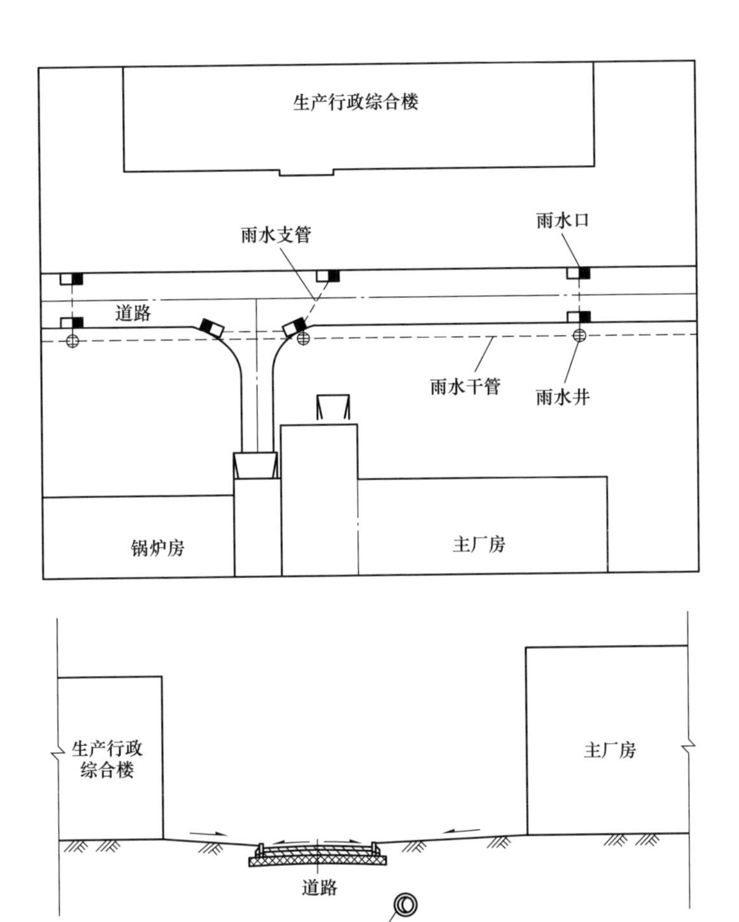

图 23-5　道路雨水口＋暗管排水布置示意图

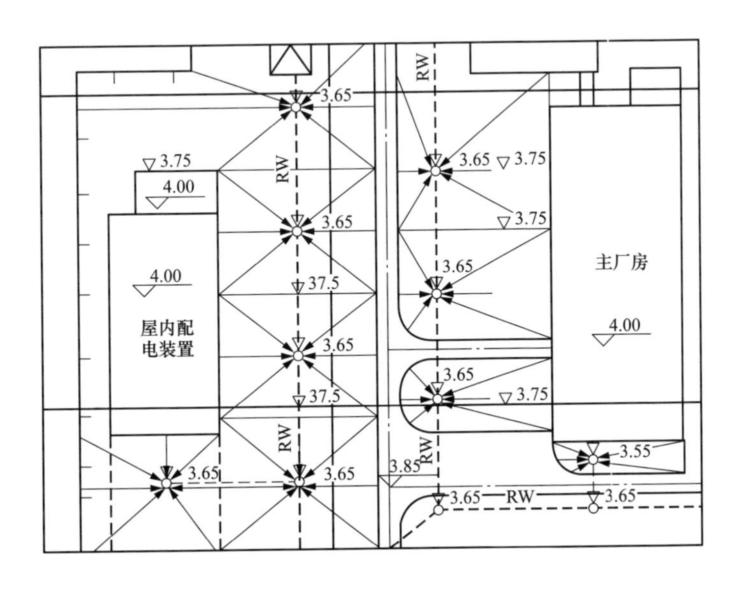

图 23-6　场地雨水口＋暗管排水布置示意图

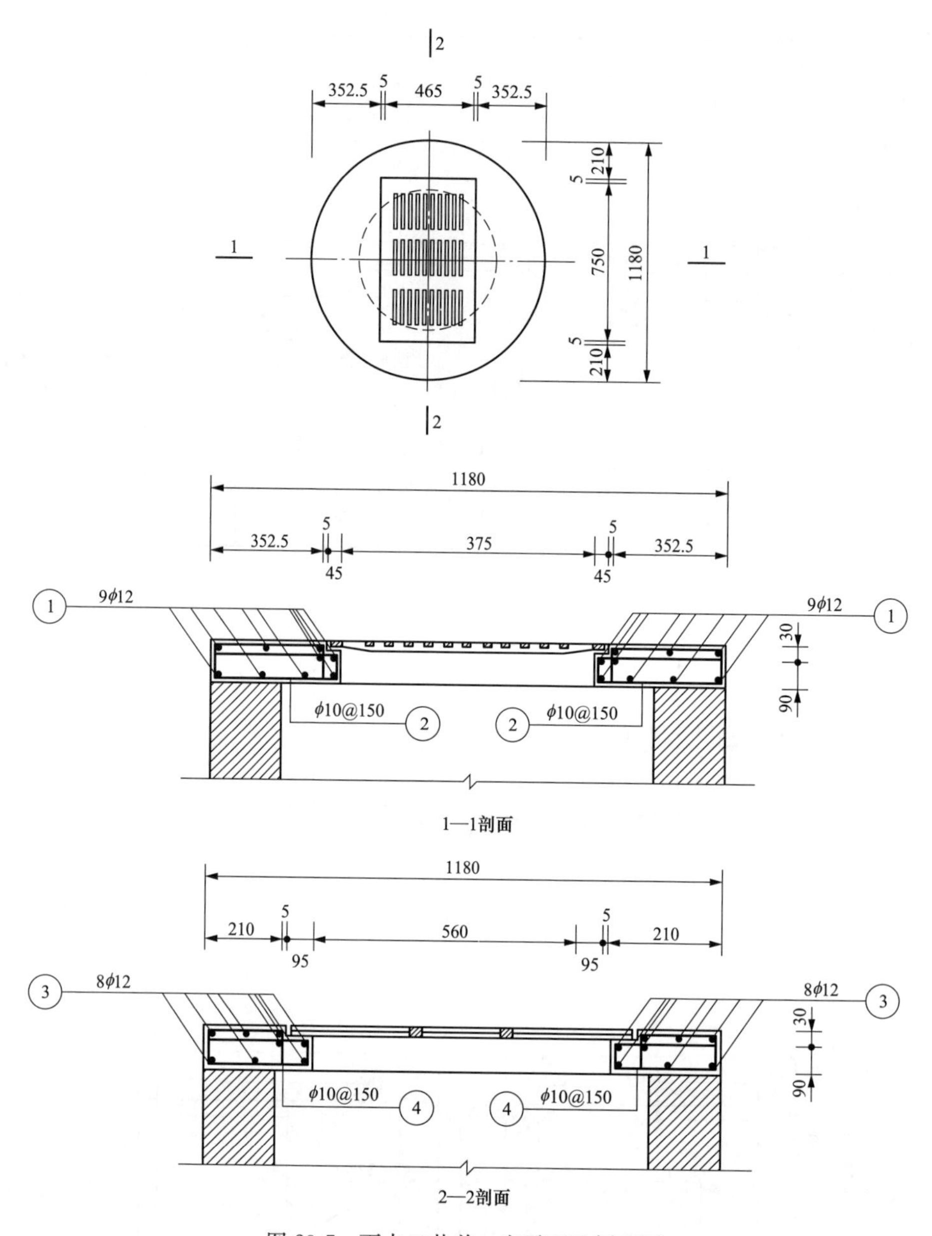

图 23-7 雨水口井盖、座平面及剖面图

（2）厂区采用城市型道路对环境美化或对环境洁净要求较高时。

（3）大部分建筑物屋面采用内排水时。

（4）场地平坦或地下水位较高等不适宜采用明沟排水的场地。

（5）湿陷性黄土、膨胀土等特殊土壤地区的场地。

（6）场地排水系统需要与城市（镇）雨水排放系统相适应时。

2. 雨水明沟排水方式

雨水明沟排水方式是在场地上有组织地设置排水明沟，通过沟道收集场地雨水，并利用沟道分散或集中排至厂外的排水方式。排水明沟除一般排水明沟外，还包括城市型道路路面排水槽，公路型道路和铁路侧沟（包括带盖板）、截水天沟等。目前，全厂采用明沟排水方式在国内电厂中应用较少。雨水明沟排水布置示意见图 23-8。

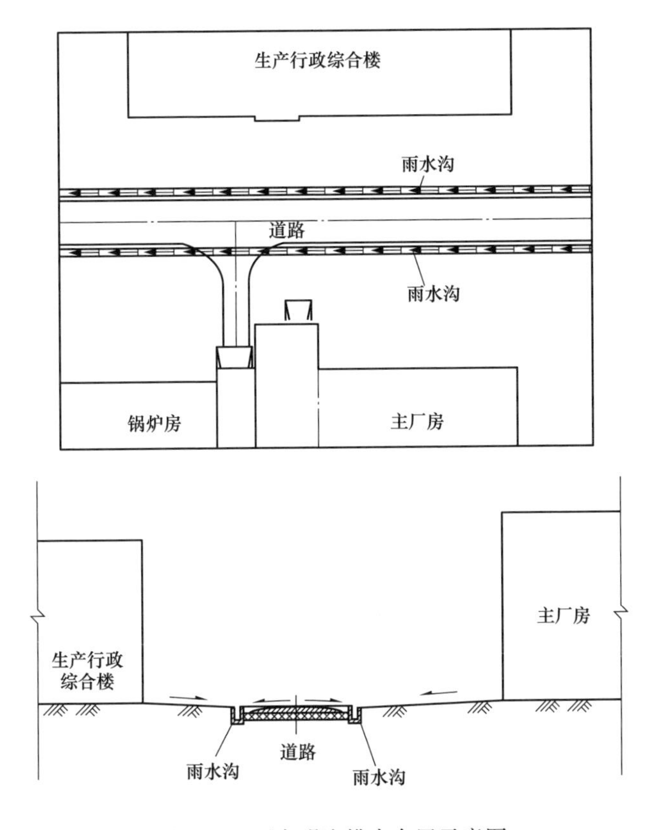

图 23-8　雨水明沟排水布置示意图

明沟排水方式一般适用于下列情况。

(1) 瞬时暴雨强度较大的地区，如热带气候地区。

(2) 排水落差小，场地可分区，并且各分区雨水可就近排至厂外的水沟或水域。

(3) 厂区用地面积较小的电厂。

(4) 有适于明沟排水的地面坡度。

(5) 多尘易堵、雨水夹带大量泥沙和石子的场地。

(6) 厂区边缘地段或埋设下水暗管较困难的岩石地段。

(7) 深厚填土（存在不均匀沉降概率大）及软土地区的场地。

3. 地面自然渗排方式

自然渗排方式是在厂区场地不设置任何排水设施，充分利用地形坡度、场地渗透和蒸发，对厂内和厂外不构成冲刷影响的均衡分散排水。

自然渗排方式一般适用于下列情况。

(1) 厂址规模较小，厂区自然排水条件较好。

(2) 雨量较小，土壤渗水性强的地区。

(3) 厂区边缘自然排水条件较好或局部设置雨水排水管沟有困难地段。

（二）设计重现期和排水计算

1. 雨水设计流量

我国目前采用恒定均匀流推理公式计算雨水设计流量。恒定均匀流推理公式基于以下假设：降雨在整个汇水面积上的分布是均匀的；降雨强度在选定的降雨时段内均匀不变；汇水面积随集流时间增长的速度为常数。其公式为

$$Q=q\varphi f \tag{23-2}$$

式中 Q——雨水设计流量，L/s；

q——设计暴雨强度，L/(s·hm²)；

φ——径流系数；

f——汇水面积，hm²。

注：当有允许排入雨水管道的生产废水排入雨水管道时，应将其水量计算在内。

2. 径流系数

径流系数可按表 23-1 的规定取值。汇水面积的平均径流系数按地面种类加权平均计算；区域的综合径流系数，可按表 23-2 的规定取值。

表 23-1 径流系数

地面种类	径流系数
各种屋面、混凝土和沥青路面	0.85～0.95
大块石铺砌路面或沥青表面处理的碎石路面	0.55～0.65
级配碎石路面	0.40～0.50
干砌砖石和碎石路面	0.35～0.40
非铺砌土路面	0.25～0.35
公园或绿地	0.10～0.20
储煤场	0.15～0.30

表 23-2 综合径流系数

区域情况	综合径流系数
城镇建筑密集区	0.60～0.70
城镇建筑较密集区	0.45～0.60
城镇建筑稀疏区	0.20～0.45

3. 设计暴雨强度

设计暴雨强度应按下式计算，即

$$q=167A_1(1+C\lg P)/(t+b)^n \tag{23-3}$$

式中 q——设计暴雨强度，L/(s·hm²)；

A_1、C、b、n——参数，根据统计方法进行计算确定；

P——设计重现期，年；

t——降雨历时，min。

在具有 20 年以上自动雨量记录的地区，排水系统设计暴雨强度公式按 GB 50014—

2021《室外排水设计标准》中附录B的有关规定编制。目前我国各地已积累了完整的自动雨量记录资料，可采用数理统计法计算确定暴雨强度公式。本条所列的计算公式为我国目前普遍采用的计算公式。

4. 雨水管渠设计重现期

雨水管渠设计重现期应根据汇水地区性质（广场、干道、厂区、居住区）、城镇类型、地形特点和气象特征等因素确定。在同一排水系统中可采用同一重现期或不同重现期。重现期一般选用0.5～3年，火力发电厂、重要干道、重要地区或短期积水即能引起较严重后果的地区，一般选用2～5年，并应与道路设计协调，特别重要地区和次要地区可酌情增减。

雨水管渠设计降雨历时，应按下式计算，即

$$t = t_1 + t_2 \tag{23-4}$$

式中 t——降雨历时，min；

t_1——地面集水时间，视距离长短、地形坡度和地面铺盖情况而定，一般采用5～15min；

t_2——管渠内雨水流行时间，min。

三、排水构筑物设计

（一）排水明沟

在进行排水明沟设计时，首先需要根据厂区总平面及竖向布置对沟道走向进行合理规划，确定排水明沟的平面布置方案，再结合工程实际情况（如防渗要求、是否临时排水设施等）对沟道断面形式、材质进行选择，最后通过水力计算得出沟道的断面尺寸。为便于设计人员的使用及参考，特将明沟的布置、断面形式、材料选用及计算等相关设计要求归纳如下。

1. 布置要求

（1）排水明沟一般平行于建筑物、铁路、道路布置。

（2）水流路径短捷。

（3）应尽量减少与铁路、道路的交叉，交叉时，宜垂直相交。

（4）土质明沟不宜设在填方地段，其沟边距建（构）筑物基础边缘，不宜小于3m，距围墙基础边缘不宜小于1.5m。

（5）铺砌明沟的转弯处，其中心线的转弯半径，不宜小于设计水面宽度的2.5倍；土质明沟，不宜小于设计水面宽度的5倍。

（6）跌水和急水槽，不宜设在明沟转弯处。

2. 断面形式

排水明沟断面一般采用矩形，在场地宽阔或厂区边缘地段，可采用梯形断面；在岩石地段及雨量少、汇水面积和流量较少地段，可采用三角形断面。沟深应大于计算水深加0.2m，沟的起点深度应不小于0.2m。矩形沟底宽不应小于0.4m，梯形沟底宽不应小于0.3m。

3. 沟道材料

（1）土沟：可用于沟内水流速较低、无防冲刷与防渗要求的地段。投资省，但断面尺寸大，易淤积，维修工作量大，不适于永久性工程。

（2）石砌沟：用于流速超过土沟允许极限，或为减少断面尺寸、减少渗水地段，适用于厂区、施工区排水。

（3）混凝土沟：用于水流速度过大或防渗要求高的地段，适用于厂区、施工区排水。

4. 无铺砌明沟

无铺砌明沟（土沟）建设费用小，但断面尺寸大且易淤积，维修工作量大，目前使用得较少。其边坡应根据土质情况，按表 23-3 选用。

表 23-3　　无铺砌明沟边坡

明沟土质	边　坡	明沟土质	边　坡
黏质砂土	1∶1.5～1∶2.0	半岩性土	1∶0.5～1∶1.0
砂质黏土和黏土	1∶1.25～1∶1.5	风化岩石	1∶0.25～1∶0.5
砾石土和卵石土	1∶1.25～1∶1.5	岩石	1∶0.10～1∶0.25

5. 铺砌明沟

（1）梯形明沟。梯形明沟的铺砌材料一般为干砌片石、浆砌片石，当流量过大或防水要求较高时宜采用混凝土铺筑。浆砌片石沟或干砌片石沟宜采用 Mu20 以上片石。浆砌片石沟采用 M5 水泥砂浆砌筑。干砌片石沟一般应设置垫层，垫层采用厚 10cm 的 C15 混凝土。混凝土沟采用 C25 混凝土，并设置 10cm 厚的垫层，明沟边坡一般采用 1∶1～1∶1.5。梯形明沟断面见图 23-9。

混凝土沟每隔 10m、浆砌片石沟每隔 15m，应设置伸缩缝，缝宽 2cm，用沥青麻丝填塞，表面用水泥砂浆抹平。在有地下水地段，混凝土及浆砌片石明沟沟壁需设泄水孔，泄水孔尺寸为 5cm×5cm，高出沟底 20cm 以上，间距 3～4m；同时沟壁外侧应设反滤层，厚 10～15cm，材料可为碎石、砾石或含土量小于 5%的沙砾。冻害地区，沟壁、沟底外侧应加设防冻层，防冻层的材料可用煤渣、矿渣、碎石、砾石、沙砾等。

当有横向水流对水沟坡顶有冲刷危险时，应由坡顶向外铺砌 0.3～1m。

（2）矩形明沟。矩形明沟的铺砌材料一般采用浆砌片石或混凝土。材料标号、伸缩缝、反滤层、泄水孔和保温层的设置等均与梯形明沟相同。矩形明沟断面示意见图 23-10。

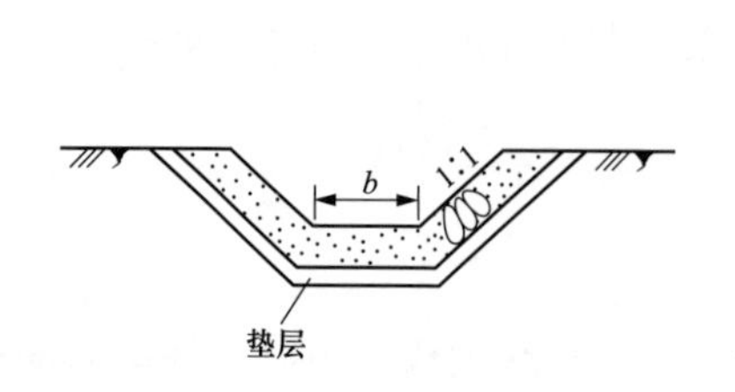

图 23-9　梯形明沟断面示意图

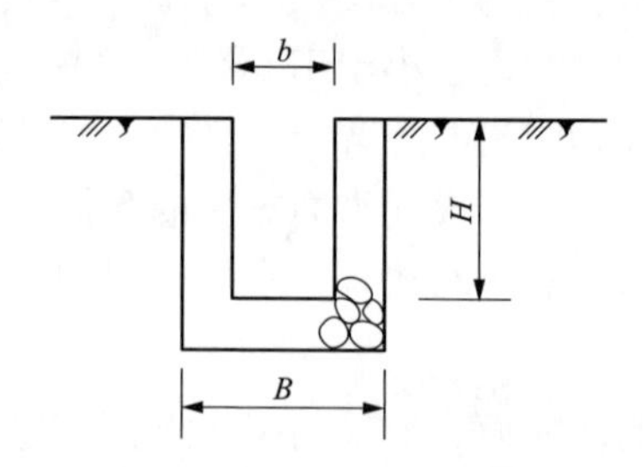

图 23-10　矩形明沟断面示意图

场地明沟盖板的活载仅考虑堆置材料、工具及行人等。按电力 5022《火力发电厂土建结构设计技术规程》的规定取 4kN/m^2。

（3）山坡截水明沟。山区电厂，为防止山坡上方的地面径流流入厂区，应在厂区边坡坡顶设置截水沟。一般禁止将截水沟排入厂区排水系统。当地面径流不大或设置截水沟有困难，且坡面有坚固的防护措施时，方可将山坡水排入坡脚下的排水沟内。

为了便于维护和清理，截水沟一般采用浆砌片石铺砌，砌筑砂浆强度等级不应低于M7.5，片石强度等级不应低于MU30。截水沟的底宽和顶宽不宜小于500mm，可采用梯形或矩形断面，其沟底纵坡不宜小于0.3%。

坡顶截水沟宜结合地形进行布设，其位置应尽可能选择在地形较为平坦、地质良好的挖方地段，并使水流以最短捷的路径排出，且距挖方边坡坡顶或潜在塌滑区后缘不应小于5m；填方边坡上侧的截水沟距边坡坡顶不宜小于2m。

截水沟转弯时的中心线转弯半径不宜小于沟内水面宽度的5～10倍。当截水沟宽度改变时，宜设置渐变段，其长度一般为沟宽的10～20倍。

截水沟可根据自然边坡系数，分别采用图23-11的构造和尺寸。

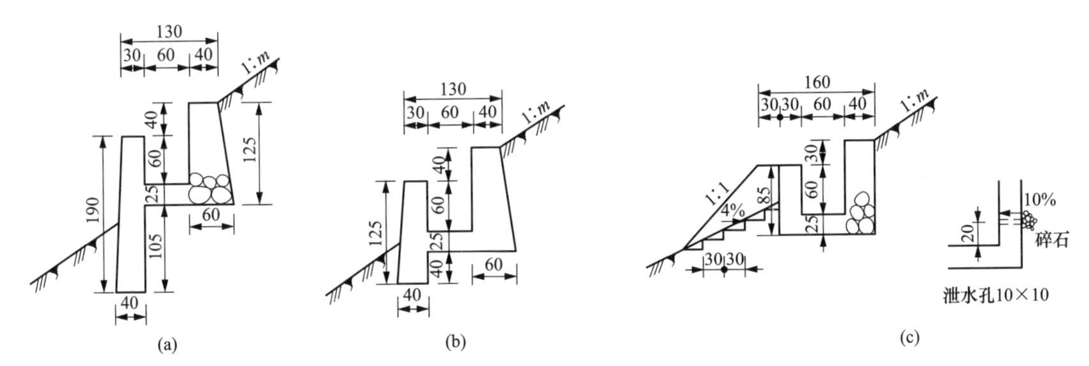

图23-11　60cm×60cm浆砌片石山坡截水明沟断面示意图

(a) m=0.75～1.0；工程量=1.44m^3/m；(b) 1.0<m<1.5；工程量=1.213m^3/m；(c) 1.5<m<2.0；工程量=0.865m^3/m

6. 排水明沟的水力计算

(1) 计算公式。对于具有规则形状断面与较缓坡度，且两者均无急剧变化的一般排水明沟，其水力计算可采用明渠均匀流速的基本公式，即

$$Q=\omega V \tag{23-5}$$

$$V=C\sqrt{Ri} \tag{23-6}$$

$$R=\omega/\rho \tag{23-7}$$

$$C=R^{\gamma}/n \tag{23-8}$$

式中　Q——流量，m^3/s；

ω——水流断面的面积，m^2；

V——水流断面的平均流速，m/s；

C——流速系数；

R——水流断面的水力半径，m；

i——水力坡降，以小数计。在均匀流速的情况下与沟底纵坡和水面坡度相同；

ρ——过流断面上流体与固体壁面接触的周界线长度，称为湿周；

γ——与R、n有关的指数，$\gamma=2.5\sqrt{n}-0.13-0.75\sqrt{R}(\sqrt{n}-0.10)$；

n——粗糙系数。

各种材料明沟的粗糙系数见表23-4。

表23-4 明沟的粗糙系数

序号	明沟类别	n
1	浆砌片石水泥砂浆抹面	0.013
2	现浇混凝土	0.014
3	浆砌片石	0.020
4	干砌片石	0.025
5	土明沟	0.030

（2）明沟断面水力要素计算公式。常用的明沟断面水力要素计算公式见表23-5。

表23-5 明沟断面水力要素计算公式

断面形式	示意图	水流断面的面积 ω	湿周 p	水力半径 R
矩形	0.2 h b	$\omega=bh$	$\rho=b+2h$ $=\frac{\omega}{h}+2h$	$R=\frac{\omega}{\rho}=\frac{\omega}{b+2h}$
对称梯形	0.2 1:m h b	$\omega=bh+mh^2$	$\rho=b+2h\cdot\sqrt{1+m^3}$ $=\frac{\omega}{h}+(2\cdot\sqrt{1+m^3})$ $-m/h$	$R=\frac{\omega}{\rho}=\frac{bh+mh^2}{b+(2\sqrt{1+m^3})h}$
不对称梯形	0.2 1:m_2 1:m_1 h b	$\omega=bh+m_3h^2$ 式中：$m_3=\frac{m_1+m_2}{2}$	$\rho=b+kh$ $=\frac{\omega}{h}+(k-m_3)h$ 式中：$k=\sqrt{1+m_1^2}$ $+\sqrt{1+m_2^2}$	$R=\frac{\omega}{\rho}$ $=\frac{bh+\frac{1}{2}(m_1+m_2)h^2}{b+(\sqrt{1+m_1^2}+\sqrt{1+m_2^2})h}$

（二）明沟的连接

窄沟与宽沟相接时，应逐渐加大沟底宽度。渐变段的长度一般为沟底宽差的5～20倍。梯形明沟与矩形明沟相连接，应在连接处设置挡土端墙。土明沟连接处应适当铺砌。

明沟与涵管的连接应考虑水流断面收缩和流速变化等因素造成水面壅高的影响。为了防止对涵管基础的冲刷，土明沟应加铺砌。涵管的断面，应按明沟水面达到设计超高时的泄水量计算。涵管两端应设置端墙和护坡。管底可适当低于沟底，其降低高度宜为0.2～0.25倍管径，但该部分不计入过水断面。

明沟与暗管连接时，应在暗管端设置挡土墙。为防止杂草等污染物进入暗管，暗管端还应设置格栅，栅条的间隙尺寸为100～150mm。土明沟应加铺砌，长度自格栅算起为3～5m，厚度不宜小于0.15m，高度不低于设计的超高高度。如连接处有高差且高差小于2m时，则按图23-12所示的断面要求连接，土明沟按所注长度进行加固。

明沟高低的连接，当高差小于0.3m时，有铺砌的明沟设置0.3m高的跌水即可。土明沟当流量小于200L/s时，可不加铺砌。当高差为0.3～1.0m且流量小于2000L/s时，有铺砌的明沟设置45°的缓坡段；如为土明沟，应用浆砌片石铺砌（厚度不小于0.15m），其构造尺寸见图23-13。

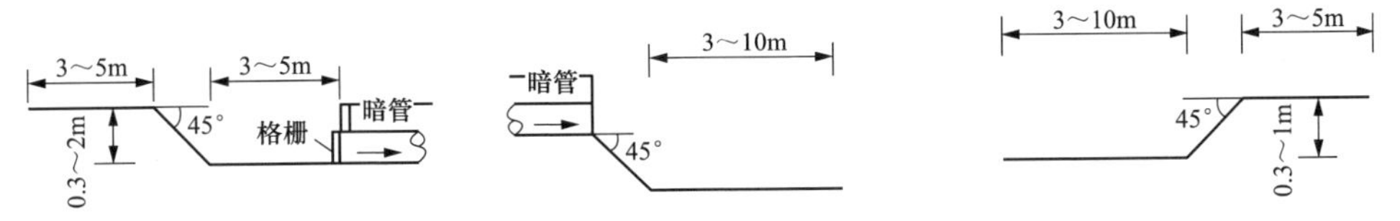

图23-12　暗管与明沟连接示意图

图23-13　土明沟跌水加固示意图

（三）跌水与急流槽

明沟通过地形比较陡峻的地区时，由于水流的流速超过允许流速，因而造成冲刷。为了防止渠道的冲刷，必须在陡坡地段上修建连接上下游明沟的构筑物，一般可采用跌水、急流槽。

有时也可在跌水和急流槽的槽底增加粗糙度，以减小水流的速度。一般场地的排水明沟，当高差在0.2～1.5m范围内时，可不进行水力计算，而根据具体情况决定。

1. 跌水

跌水一般分单级跌水和多级跌水。单级跌水是连接上下游明沟最简单的构筑物。沟底的突然下降部分即称为跌水。跌水由进水口、胸墙、消力池和出水口四部分组成。多级跌水（见图23-14）主要为适应地形避免过大的土方工程而设置，每级的高度与长度之比大致等于地面坡度。但根据计算所得出的多级式跌水平台往往很长，故这种跌水建筑很难适应当地的地形。为缩短平台长度，可在每一个阶梯上设置消力槛，以保证跌下的水能消减到最小。

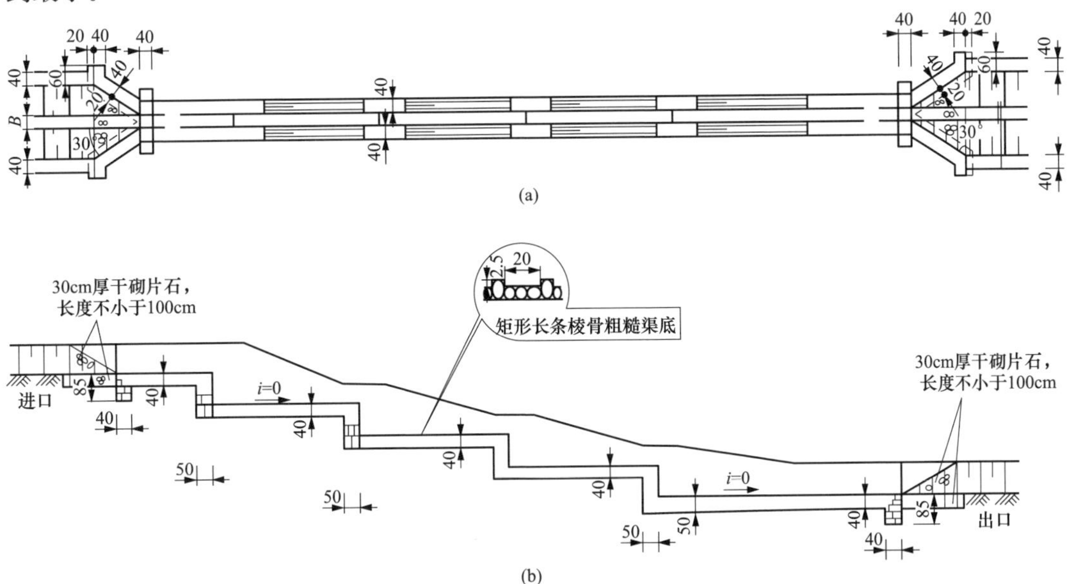

图23-14　多级跌水示意图（单位：cm）

（a）平面；（b）纵剖面

2. 急流槽

急流槽（见图 23-15）是为了在很短的距离内，水面落差很大的情况下将水排走。急流槽一般流速较大，为降低出水末端的流速，使之与下游明沟的允许流速相适应，可采取以下措施：在陡坡上增加人工粗糙，如设置折槛和齿槽，镶置石块；设置数个坡段，使纵坡逐渐放缓或将槽逐渐放宽；急流槽末端设置消能设施，如跌水胸墙、消力池等。

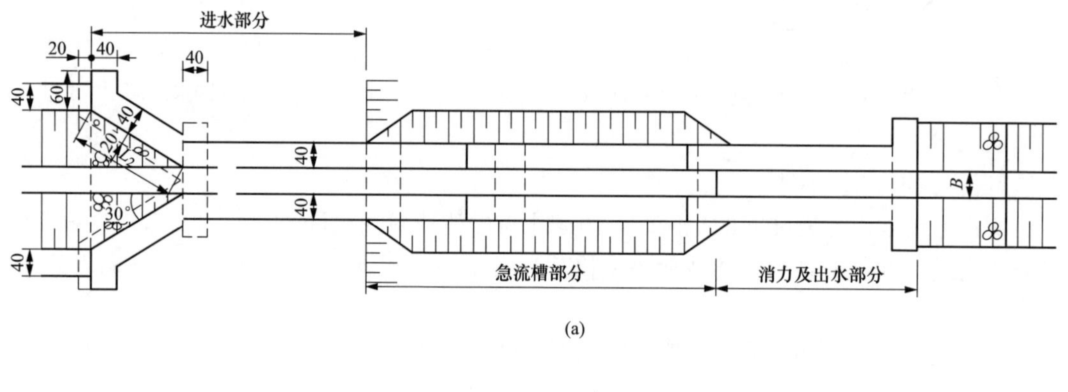

(a)

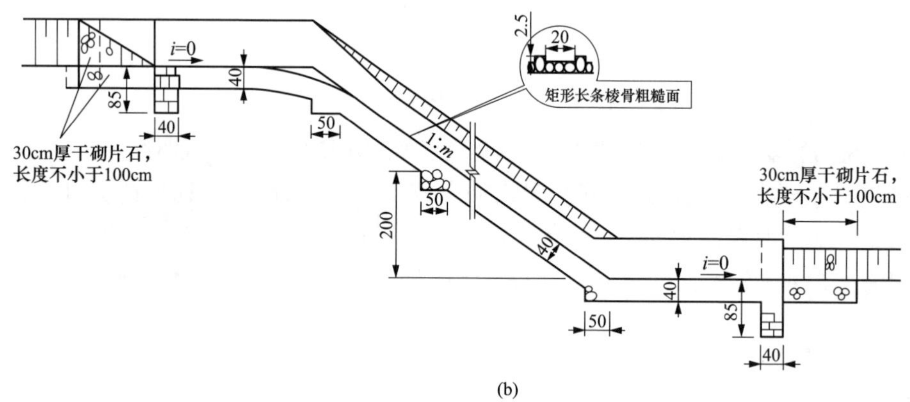

(b)

图 23-15　急流槽示意图（单位：cm）

(a) 平面；(b) 纵剖面

3. 跌水与急流槽的构造措施

在地质良好、地下水位较低、流量不大、每级跌水高度在 2m 以内时，建筑物除按照结构计算外，还应符合以下规定。

（1）进口及出口处护墙的高度一般为水深的 1～1.2 倍，且不得小于 1m；寒冷地区应伸至冻土层以下。护墙的厚度，浆砌片石时不小于 0.4m，混凝土时不小于 0.3m。

（2）渠槽及消力池的边墙高度至少高出水面 0.2m。其顶面厚度，浆砌片石时不小于 0.4m，混凝土时不小于 0.2m。

（3）消力槛顶宽不小于 0.4m，并做 5cm×5cm～10cm×10cm 大小的泄水孔，以便水流停止时排泄池内积水。

（4）渠槽底板厚度 t：跌水，单位流量 $Q<2m^3/s$ 时，$t=0.35\sim0.40m$；$Q=2m^3/s$ 时，$t=0.5m$（跌水墙高度小于 2.0m）。

（5）急流槽每隔 1.5～2.5m 需增设短护墙（深度 0.3～0.5m），并伸入基层，以防滑动。

(6) 进水槽及出水槽槽底应用片石铺砌，长度一般不小于 10m。个别情况下，在下游设置厚度 0.5～0.2m、长 2.5m 的防冲铺砌段。

第四节 场地平整及土石方工程

一、场地平整

(一) 场地平整的内容

生物质能的场地平整分为两个阶段，分别是项目主体工程开工前的初步平整，以及根据最终的竖向设计标高，为满足排水及交通要求对场地内各个建（构）筑物与道路之间进行的最终平整。

1. 场地初步平整

场地初步平整，就是指通过挖高填低，将原始地面改造成利于机具施工的平面，作为计算挖填土方工程量、进行土方平衡调配、选择施工机械、制定施工方案的依据。

2. 场地最终平整

在主体工程基本完成后，场地根据最终的竖向设计，进行挡土墙、护坡以及建（构）筑物与道路之间场地的平整，达到场地设计标高和设计排水坡度。

本小节所指的场地平整主要指场地初步平整。

(二) 场地平整方式及选择

场地平整方式可分为连续式平整和重点式平整两类。连续式平整：对整个厂区或其某个区域进行连续平整，不保留原有自然地面；重点式平整：在整个厂区或其某个区域内，只对建（构）筑物有关的场地进行平整，其余地段保持原有自然地面，以减少场地平整工程量。

场地平整方式的选择主要是依据确定的竖向布置形式。场地平整方式是竖向布置的一个重要内容，厂区竖向布置、厂区土石方平衡计算和厂区场地平整方式的选择紧密相关。

由于生物质能电厂占地较小，主要考虑以连续式平整为主，局部相对独立的区域（如秸秆电厂堆场等）可依据地形情况采用重点式或连续式平整方式。

二、土石方工程量计算及平衡

土石方工程量计算及平衡是厂区竖向设计的工作内容之一，全厂土石方工程量主要包括厂区及施工区土石方工程量、厂外道路及工程管线、截洪沟、建（构）筑物及地下设施基槽余土，以及场地清淤清表等工程量。

(一) 土石方工程量的计算

厂区土石方工程量计算主要有方格网法、断面法、局部分块计算法等。考虑到现阶段计算机的普及、现在开发出成熟的计算机软件计算土石方工程量，取代了手工计算，使土石方计算、经济技术比较更加快捷、精确，本小节对各种计算方法进行简单介绍，不做实例分析。

1. 方格网法

方格网法主要适用于场地地形比较平缓、竖向布置采用平坡式的厂区，或场地地形较复杂、采用阶梯式布置时，分块对每个阶梯区域进行方格网计算。方格网的大小应根据地形的复杂程度和要求的计算精度确定，对于场地不大的生物质电厂，其边长一般采用10～20m。

方格网的计算主要根据总平面布置确定的建筑坐标系，沿坐标系的基轴将场地分成适当大小的方格（10～20m），各方格交点处右上角为场地设计标高，右下角为自然地面标高，左上角为施工高程，填方为（＋），挖方为（－），用零点计算公式求得各有关边线上的零点，并换算成零线，最终根据有关公式计算出填挖方工程量。方格网不同图式和相应计算公式见表23-6。

表23-6　　方格网图式及相应计算公式

填挖情况	图式	计算公式	附注
零点线计算	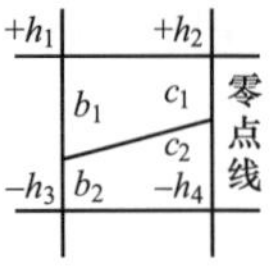 $+h_1$　$+h_2$　b_1　c_1　c_2　零点线　$-h_3$　b_2　$-h_4$	$b_1=a\dfrac{h_1}{h_1+h_3}$　$c_1=a\dfrac{h_2}{h_2+h_4}$ $b_2=a\dfrac{h_3}{h_1+h_3}$　$c_2=a\dfrac{h_4}{h_2+h_4}$	a——方格网边长，m； b、c——零点到一角的边长，m
方形网点填方或挖方	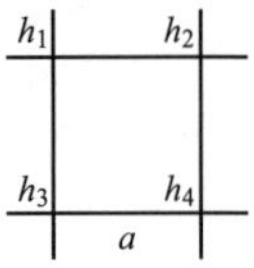 h_1　h_2　h_3　h_4　a	$V=\dfrac{a^2}{4}(h_1+h_2+h_3+h_4)$	V——填方或挖方的体积，m³
梯形二点填方或挖方	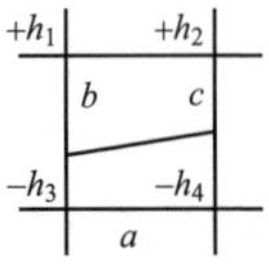 $+h_1$　$+h_2$　b　c　$-h_3$　$-h_4$　a	$V=\dfrac{a+b}{2}\cdot a\dfrac{\Sigma h}{4}=\dfrac{(b+c)a\cdot\Sigma h}{8}$	h_1、h_2、h_3、h_4——各点角的施工高程，用绝对值代入，m
五角形三点填方或挖方	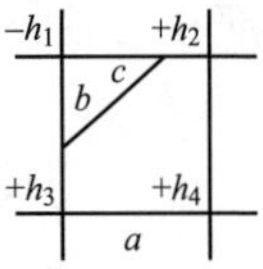 $-h_1$　$+h_2$　b　c　$+h_3$　$+h_4$　a	$V=\left[a^2-\dfrac{(a-b)(a-c)}{2}\right]\dfrac{\Sigma h}{5}$	h——填方或挖方施工高度总和，用绝对值代入
三角形一点填方或挖方	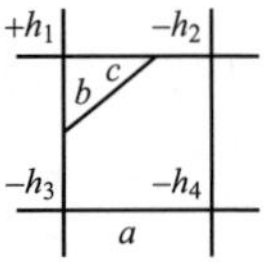 $+h_1$　$-h_2$　b　c　$-h_3$　$-h_4$　a	$V=\dfrac{1}{2}b\cdot c\dfrac{\Sigma h}{3}=\dfrac{bc\Sigma h}{6}$	

2. 断面法

断面法一般适用于山丘地区，地形起伏较大，竖向布置采用台阶布置。在布置断面时，根据厂区竖向布置图，宜将断面线垂直于自然等高线或主要建（构）筑物的长边。断面之间的距离根据地形的复杂程度确定，一般为20～50m。其方法：首先在场地平土范围内布置断面，按比例绘制每个断面的设计地面线和自然轮廓线，再进行计算。

3. 局部分块法

一般适用于自然地形和设计地面标高比较一致的区域：将场地按照自然地面标高和设计地面标高比较一致的地段或分为一个区域进行计算。

（二）土石方平衡

生物质电厂在考虑厂区土石方平衡时，除了厂区及施工区自身的土方工程量外，还应考虑场地清表、基槽余土以及厂外设施的土石方工程量，同时应结合松散系数及压实系数进行计算。

1. 土石方平衡的原则

土石方的平衡是一项比较烦琐、复杂，影响因素较多的综合平衡工作。最终的填、挖土石方量由于受到地质条件、地基处理方案、施工方案以及建设过程中方案的修改等诸多不确定因素的影响。一般情况下，综合各项因素后，挖方工程量或填方工程量超过10万m^3时，挖、填之差宜小于5%；挖方量或填方量在10万m^3以内时，挖、填之差宜小于10%。

厂区的土石方平衡应在分期、分区自身平衡的基础上结合全厂在经济运距之内的挖、填方平衡。考虑生物质类电厂整体相对独立且厂外相关设施较少，场地土石方平衡应重点关注厂区自身的平衡。

分期平衡：后期工程土石方工程量不宜在前期工程中一起施工。当后期工程为岩土，且比较坚硬，需要爆破松动后才能迁移时，宜根据爆破作业的安全距离要求在前期工程中统筹考虑，在确保安全的前提下可提前松动并保留至后期工程中迁移。

分区平衡：如果是仅以最终规模的土石方量进行全厂平衡，容易造成部分地区取、弃土困难和重复挖填的现象，影响施工进度，增加投资。因此，在考虑挖填关系时，应按照竖向布置，对挖、填区域进行分区，挖、填尽量就地平衡。分区平衡时应考虑土石方的迁移形式，力求土石方的迁移在经济运距内。适宜的土石方调运距离见表23-7。

表23-7　适宜的土石方调运距离

土石方调运方法	距离（m）	土石方调运方法	距离（m）
人工运土	10～50	自行式铲运机平土	800～3500
推土机	50以内	挖土机和汽车配合	500以上
拖式铲运机平土	80～800		

2. 土石方计算应考虑的因素

场地的整平标高的详细计算要考虑足以影响设计平土标高计算中挖、填方平衡的附加土石方工程量及其施工条件，才能达到实际上的基本平衡，附加土石方工程量主要考虑以下几种。

（1）土壤松散系数。由于土壤松散，挖方时，土方体积增大；填方压实时，土方体积减小。土壤的松散系数和压实系数随土壤的种类和压实的方法不同而异。在土石方平衡计算中应充分考虑土壤最初松散和最后松散系数。土壤松散系数见表23-8。

表 23-8　　　　　　　　　　　　　　　土壤松散系数

土的分类	土的级别	土壤的名称	最初松散系数 K_1	最后松散系数 K_2
一类土（松散土）	Ⅰ	略有黏性的砂土、粉末腐殖土及疏松的种植土，泥炭（淤泥）（种植土、泥炭除外）	1.08～1.17	1.01～1.03
		植物性土、泥炭	1.20～1.30	1.03～1.04
二类土（普通土）	Ⅱ	潮湿的黏性土和黄土、软的盐土和碱土，含有建筑材料碎屑、碎石、卵石的堆积土和种植土	1.14～1.28	1.02～1.05
三类土（坚土）	Ⅲ	中等密实的黏性土或黄土，含有碎石、卵石或建筑材料的潮湿的黏性土或黄土	1.24～1.30	1.04～1.07
四类土（砂砾坚土）	Ⅳ	坚硬密实的黏性土或黄土，含有碎石、砾石（体积在10%～30%，重量在25kg以下的石块）的中等密实黏性土或黄土，硬化的重盐土，软泥灰岩（泥灰岩、蛋白石除外）	1.26～1.32	1.06～1.09
		泥灰石、蛋白石	1.33～1.37	1.11～1.15
五类土（软土）	Ⅴ～Ⅵ	硬的石炭纪黏土，胶结不紧的砾岩，软的、节理多的石灰岩及贝壳石灰岩，坚实的白垩，中等坚实的页岩、泥灰岩	1.30～1.45	1.10～1.20
六类土（次坚土）	Ⅶ～Ⅸ	坚硬的泥质页岩，坚实的泥灰岩，角砾状花岗岩，泥灰质石灰岩，黏土质砂岩，云母页岩及砂质页岩，风化的花岗岩、片麻岩及正常岩，滑石质的蛇纹岩，密实的石灰岩，硅质胶结的砾岩，砂岩，砂质石灰质页岩		
七类土（坚岩）	Ⅹ～Ⅻ	白云岩，大理石，坚实的石灰岩、石灰质及石英质的砂岩，坚硬的砂质页岩，蛇纹岩，粗粒正长岩，有风化痕迹的安山岩及玄武岩，片麻岩，粗面岩，中粗花岗岩，坚实的片麻岩，粗面岩，辉绿岩，玢岩，中粗正常岩		
八类土（特坚石）	ⅩⅣ～ⅩⅥ	坚实的细粒花岗岩，花岗片麻岩，闪长岩，坚实的玢岩、角闪岩，辉长岩、石英岩，安山，玄武岩，最坚实的辉绿岩、石灰岩及闪长岩，橄榄石质玄武岩，特别坚实的辉长岩，石英岩及玢岩	1.45～1.50	1.20～1.30

注　挖方转化为虚方时，乘以最初松散系数；挖方转化为填方时，乘以最后松散系数。

（2）建（构）筑物基槽余土。建（构）筑物基槽余土包括建（构）筑物及设备基础和地下室余土量、地下管（沟）道、排水沟、道路路基和沟槽余土量、护坡、挡土墙基槽余土等。

（3）地基处理的换填土。当厂区地质条件较差时，需要将其挖除换土夯实（或级配合格的砂）或毛石混凝土换填；当出现软硬地基土交错或当基岩面有突变及场地存在比较厚的回填土不能作为基础的持力层时，需要将该土清除。采用填土夯实或毛石混凝土换填时，应与土建专业密切配合，据实计算出换填的土方量。

（4）当地可利用就地取材数量。当土石方量不能平衡，厂区需要大量填土，在厂区内挖土不经济时，应考虑利用当地材料考虑就地回填，以降低工程造价。

（5）利用场地开挖出的砂、石做建筑材料的数量。当场地挖方区域有材质较好的岩石时，场地竖向设计应根据地形、挖方深度和地质报告，对开挖出的能做建筑材料的岩石量进行计算，以利于在土石方平衡计算中扣除该部分挖方量。

（6）场地清表、清淤工程量及回填量。场地平整及竖向设计时，应考虑将场内的部分耕植土挖除后筛选，作为再回填厂区绿化用土。

（7）厂外其他土石方工程量。生物质能电厂厂外设施较少，灰渣处理多为政府指定的填埋场，厂外其他土石方工程量主要包括厂外道路、工程管线以及排洪沟等工程量，当纳入全厂土石方平衡经济时，应将该部分土石方量纳入全厂土石方平衡，对全厂的土石方量进行综合平衡计算。

第五节　场地处理工程

场地处理工程是指对于需要填方的场地通过各种地基处理手段对回填土进行压实处理，对于有软土、盐渍土、湿陷性黄土、膨胀土等特殊性岩土分布的工程场地，必要时还需针对特殊性岩土的特性、场地工程地质条件，结合工程建（构）筑物对地基基础的要求等，进行专门地基处理。

一、场地处理方法

（一）主要处理方法

一般场地主要的处理方法包括碾压及强夯两种方式。

1. 碾压

碾压法是利用压实原理，通过机械碾压，使地基土达到所需的密实度。其适用于碎石土、砂土、粉土、低饱和度黏土及杂填土等，对饱和黏性土如淤泥、淤泥质土及有机质土等应慎重采用。对于生物质电厂，考虑场地的抗洪或防内涝要求，建筑场地往往需回填到一定的高程，有的需要回填数米，碾压法是一种常用、简易的回填土压实手段。

2. 强夯

强夯法是用起重机械（起重机或起重机配三脚架、龙门架）将大吨位（一般 8～30t）夯锤起吊到 6～30m 高度后，自由落下，给地基土以强大的冲击能量的夯击，使土料重新排列，经时效压密达到固结，从而提高地基承载力，降低其压缩性的一种有效的地基加固方法。适用于碎石土、砂土、低饱和度的粉土和黏性土、湿陷性黄土、杂填土和素填土等地基。

当强夯振动对邻近建筑物、设备、仪器、施工中的砌筑工程和浇灌混凝土等产生有害影响时，应采取有效的减振措施或错开工期施工。

（二）特殊地质处理方法

1. 换填法

换填法适用于地下水埋置较深的浅层盐渍土地基和不均匀盐渍土地基，以及膨胀土等不良地质条件的场地，换填料一般应为非盐渍化的级配砂砾石、中粗砂、碎石、矿渣、粉煤灰等，换土厚度应通过变形计算确定。

2. 预压法

预压法适用于处理盐渍土中的淤泥质土、淤泥和吹填土等饱和软土地基。按加载方式的区别，预压法又分为堆载预压法、真空预压法和真空-堆载联合预压法等。

3. 强夯置换法

强夯置换法适用于处理盐渍土中的碎石土、砂土、粉土和低塑性黏性土地基以及由此类土组成的填土地基，不宜于处理盐胀性地基。

4. 隔断层法

隔断层法适用于在盐渍土地基中隔断盐分和水分的迁移，隔断层是由高止水材料或不透水材料构成的隔断毛细水运移的结构层，隔断层应有足够的抗拉强度和耐腐蚀性。

5. 垫层法

垫层法是一种浅层处理湿陷性黄土地基的传统方法，在湿陷性黄土地区使用广泛，具有因地制宜、就地取材和施工简便等特点，处理厚度一般为 1～3m，通过处理基底下部分湿陷性黄土层，可减少地基的湿陷量。

6. 其他方法

其他方法包括挤密法、预浸水法、桩基等方法，主要是针对建筑物的地基处理方法，均需在现场进行试验后，根据试验结果，进行设计。

二、支护工程

为保证边坡稳定及其环境的安全，需要对边坡采取结构性支挡、加固与防护。常用的支护方案主要有挡土墙及边坡两种。

(一) 挡土墙

挡土墙是用来抵御侧向土壤或其他类似材料发生位移的构筑物。挡土墙用于场地条件受限制或地质不良地段，如靠近建筑物（厂房、道路、水利设施等）场地有高差地段、高路堤地段、滑坡地段等。山区建厂时由于受地形条件的限制或不良地质等因素，修筑挡土墙的较多。由于坡度可以较陡（1∶0.4～1∶0），有利于节约用地，但建筑费用较高。

常见的挡土墙结构形式见表 23-9。

表 23-9　常见的挡土墙结构形式

类型	结构示意图	特点及适用范围
重力式	墙顶 墙面 墙背 墙趾 墙底	(1) 依靠墙自重承受土压力的作用。 (2) 形式简单，取材方便（浆砌片石或混凝土），施工简便，在电厂建设中用得较多。 (3) 墙高一般不高于 8m，用在地基良好非地震和不受水冲的地点

续表

类型	结构示意图	特点及适用范围
衡重式	上墙 衡重台 下墙	（1）利用衡重台上的填土和全墙重心后移增加墙身稳定。 （2）墙胸坡陡，下墙背仰斜，可以降低墙高，减少基础开挖量。 （3）适于山区、地面横坡陡的场地，也可用于路肩墙、路堑墙或路堤墙
钢筋混凝土悬臂式	立壁 墙趾板 墙踵板	（1）由立臂、墙趾板和墙踵板组成。 （2）适于石料缺乏地区以及软弱地基，用于高度不大于 6m 的挡土墙
钢筋混凝土扶壁式	扶壁 墙踵板 墙趾板	（1）由墙面板、墙趾板和扶臂组成。 （2）高度不大于 10m 的挡土墙考虑用扶臂式。 （3）受力条件好，断面尺寸较小，在高墙时较悬臂式经济
加筋土式	拉筋 墙面板 基础	（1）由面板、拉筋和填土组成的复合体结构，利用填土和筋带之间的摩擦力，提高了土的力学性能，使土体保持稳定，能够支承外力和自重。 （2）结构简便，造价低，工期短。 （3）能在软弱地基和狭窄工地上施工，但分层碾压必须与筋带分层相吻合，对填料有选择，对筋带强度、耐腐蚀性、连接等均有严格要求
锚杆式	土 岩石 挡板 锚杆 肋柱	（1）由锚杆、挡板和肋柱组成，依靠锚杆锚固在山体内拉住肋柱。 （2）基地受力小，基础要求不高。 （3）属轻型结构，材料节省；挡板和肋柱可以预制，施工方便。 （4）适于石料缺乏地区，以及挡土墙高度超过 12m 或开挖基础有困难地段，常用于抗滑坡及路堑墙
锚定板式	挡板 拉杆 肋柱 锚定板	（1）与锚杆式相似，只是拉杆的端部用锚定板固定于破裂面后的稳定区。 （2）结构轻便，柔性大；填土压实时，钢筋拉杆易弯，产生次应力。 （3）适用于缺乏石料，大型填方工程
板桩式	挡板 桩柱	（1）在深埋的桩柱间用挡土板拦挡土体；桩可用钢筋混凝土桩、钢板柱、低墙或临时支撑可用木板桩；桩上端可自由，也可锚定。 （2）适用于土压力大，要求基础深埋，一般挡土墙无法满足时的高墙、地基密实的地段

续表

类型	结构示意图	特点及适用范围
地下连续墙式	地下连续墙	（1）在地下挖狭长深槽内充满泥浆，浇筑水下钢筋混凝土墙；由地下墙段组成地下连墙，靠墙自身强度或靠横撑保证体系稳定。 （2）适用于大型地下开挖工程，较板墙可得到更大的刚度和深度

（二）护坡

当场地条件不受限制，为节约工程成本，不同场地台阶之间可采用放坡连接。

相邻台阶采用放坡方式连接时，应根据工艺要求、场地条件、台阶高度、岩土的自然稳定条件及其物理力学性质等，经比较确定自然放坡或护坡，原则上首先考虑自然放坡，以节省投资，确有困难时考虑护坡或护坡与挡土墙结合的台阶连接方式。膨胀土边坡设置护坡，可以用干砌或浆砌片石护坡。

边坡坡面防护应根据工程区域气候、水文、地形、地质条件、材料来源及使用条件采取工程防护和植物防护相结合的综合处理措施。常用防护类型包括植草护坡、骨架内植草护坡、生态护坡、喷浆及喷射混凝土护坡、抹面护坡、干砌或浆砌片石护坡、护墙等。

1. 一般植草护坡

适应于边坡不陡于1∶1.25，且坡面宜为黏性土壤或铺填10～20cm厚黏性土后草皮能很好生长的非黏性土和风化严重的岩石。可以采用种草（子）、移植草皮或喷种草子等方法施工；这种护坡方式投资较少，并有利于防尘及环境美化绿化，但对缺水干旱地区宜选择其他的护坡措施。

2. 骨架植草护坡

当边坡比较潮湿，含水量较大，易发生滑塌及冲刷比较严重时，单铺草皮易被冲毁脱落时，可采用骨架植草护坡。骨架材料可采用浆砌片石或水泥混凝土预制块，骨架内植草。

浆砌片石骨架护坡有方格形、人字形、拱形3种，适用于易受冲刷的土质边坡和风化极严重的岩石边坡，边坡防护范围大、边坡高的地段，边坡坡度不宜陡于1∶0.5。

3. 生态护坡

适用于边坡坡度缓于1∶0.75，每级坡高不超过8m的土质边坡。生态护坡包括三维植被网护坡和土工格室植草护坡。

三维植被网采用NSS塑料三维土工网，其纵横向拉伸强度不得低于4kN/m，抗光老化等级应达到Ⅲ级。土工网厚度为5mm，开孔尺寸为27mm×27mm，其开孔率为70%，也就是说30%的坡面被网覆盖以免受雨水的直接冲击。其优点是造价较低，施工方便，能满足一定的护坡绿化要求。缺点是由于网厚度只有5mm，所以在草皮未长成之前草籽易被风雨冲蚀，致使表面绿化效果参差不齐。同时，其网眼较大导致其与草根的连接和啮合作用较小，从而削弱了护坡的整体效果，所以护坡可靠度较低，在暴雨的冲刷下容易产生冲沟现象。

4. 喷浆及喷射混凝土护坡

对坚硬易风化，但还未遭严重风化的岩石边坡，为防止进一步风化、剥落及零星掉块，采用喷浆或喷射混凝土，使其在坡面上形成一层保护层。可用在高而陡的边坡上，尤其对上部岩层破碎而下部岩层完整的边坡和需要大面积防护且较集中的边坡，采用喷浆或喷混凝土防护更为经济。对成岩作用差的黏土岩边坡不宜采用。

5. 抹面护坡

适用于各种易风化而尚未严重风化的软岩层边坡，如泥岩、页岩、千枚岩、泥质板岩等。防护的边坡坡度不受限制，但坡面要求比较干燥。

6. 干砌或浆砌片石护坡

干砌片石护坡适用于土质及土夹石边坡，其坡面受地表水冲刷产生冲沟、流泥或边坡经常有少量地下水渗出，而产生小型溜坍等病害时采用。边坡坡度较缓，一般不陡于 1∶1.25。对土质路堑边坡下部的局部嵌补也可采用。

干砌片石厚度一般为 30cm，当边坡为粉土质土、松散的砂和黏砂土等易被冲蚀的土时，在砌片石的下面应设不小于 10cm 厚的碎石或砂砾垫层。

7. 护墙

适用于表面易于风化、破碎而没有滑塌问题，并且不宜大开挖为缓坡的稳定的岩石边坡。护坡坡度可以较陡（1∶0.3～1∶1.1），但墙体不考虑承受墙后侧压力，同挡土墙一样，护墙要设置伸缩缝和沉降缝，以及墙后排水设施。

第六节 厂区竖向布置工程实例

1. 实例一

某垃圾焚烧发电项目位于青藏高原与黄土高原的过渡带，属高原大陆性气候。项目所在区域地貌类型属黑沟侵蚀剥蚀丘陵区。所在的原始斜坡主要由东、西两侧山体组成，平面形态呈 V 形。山体在南侧相交，形成冲沟，冲沟内修建有混凝土谷坊坝，坝体顶部宽约 1.5m、底部宽约 5m、坝高约 5m，坝体顶部修建有梯形溢水口。区内海拔为 2480～2600m，总体地势向北倾斜，相对高差为 120m。

东侧原始斜坡走向为 3°～5°，高程为 2494～2640m，相对高差为 146m，坡体中上部坡度较缓，平均坡度为 34°，斜坡西侧山体中下部分布有开挖形成的集水坑，一般坑深 2.5m，内部多呈球形或者方形，一般半径为 1.5m，高程为 2470～2598m，相对高差为 128m，坡体整体上缓下陡，山体上部部分高达 65°。

场地东侧边界处发育一条冲沟，南北展布，呈 V 形，沟长约 115m，宽 5～10m，沟道上游下切较深，沟两岸土质斜坡较陡，坡度为 60°～70°，局部近似直立。沟道下游修建有梯形土石坝，坝体上宽 3m、高 10m，坡度为 45°，坝体右岸坝肩处修建溢洪渠。

根据工艺流程、场地特点、主厂房的布置方向，规划物流、人流通道的接入口和垃圾车进出料坑的方式等因素，将厂区分为四个主要的功能区：主厂房区、水处理区、渗滤液处理区、厂前及生活区。生活区位于厂区东北侧，主厂房区位于厂区的中部，渗滤液处理区位于厂区最南侧，水处理区布置在主厂房北侧。

根据项目地形特点以及总平面布置方案，该工程竖向设计采用台阶式的布置方案，具体台阶划分如下：主厂房区根据不同的功能分区采用不同设计标高——汽机房、空冷平台、集控楼以及升压站室内零米设计标高为2484.45m，焚烧厂房、飞灰养护间、危废暂存间、氨水罐区等室内零米设计标高为2488.45m；渗滤液区室内零米设计标高为2497.45m；水处理区室内零米设计标高为2488.45m，生活区室内零米设计标高为2484.95m。

厂区竖向布置特点鲜明，很好地利用了现有场地资源，在保证安全的前提下做到了厂区土石方工程量、地基处理工程量以及边坡挡墙工程量最小。垃圾焚烧发电项目竖向台阶式布置见图23-16。

2. 实例二

某生活垃圾焚烧发电项目拟建厂址位于华东某丘陵地带某生活垃圾卫生填埋场内，距省道S105约4km。厂址现状为未启用的飞灰填埋库区，为丘陵山区地形，形状不规则，占地面积约为141.21亩（1亩$=6.6667\times10^2m^2$），南北最长处约360m，东西最宽处约300m。

厂址地形高差较大，北侧和东侧地势较高，西南地势最低，最低处有一水塘，红线范围内自然地形标高为98～120m。厂址外东、西方向和东南方向为山体，基本为植被覆盖，北侧为垃圾填埋场。

主厂房布置在厂区中部，汽机房朝北，卸料平台向东，烟囱朝西。由东向西依次为卸料平台、垃圾库、锅炉房、除渣间、烟气净化设施、烟囱等；焚烧线北侧由东往西有110kV GIS室、参观大厅及展厅、集控室及高低压配电室、汽机房等；主厂房南侧靠西布置烟气净化及飞灰稳定公用车间；主厂房西侧烟道下布置CEMS小室、检修车间。主变压器、油泵房、化学水处理车间、尿素溶液制备车间、空压机室、材料库等均布置在卸料平台下。

在主厂房的北侧布置厂前建筑区和机械通风冷却设施区。为充分利用场地，厂前建筑区布置在该区域的西侧，办公楼、食堂和宿舍两栋建筑呈直角L形布置；冷却塔、中央水泵房和消防水泵房、消防水池布置在该区域的东侧，同时为了更好地隔声防噪，使厂界噪声达标，冷却塔布置在靠近厂内侧，泵房靠近北侧围墙布置。

主厂房区的南侧和东侧为辅助设施区，南部为渗滤液处理站和乙炔瓶库；东部由北向南布置变压器事故油池、地埋式油罐区、生活污水处理设施、原水软化处理车间、生产清洁废水处理车间及飞灰养护车间等。

该方案采用阶梯式竖向布置，由于厂区用地紧张，该方案分两个阶梯，台阶高度为2m，采用1∶1.5坡率植草护坡。厂前区及机械通风冷却设施区场地设计标高为118.00m，主厂房及其他辅助设施区场地设计标高为116.00m。

经土方计算，该方案土石方挖方量为$2.50\times10^4m^3$，填方量为$69.06\times10^4m^3$，需外购土方量约$66.56\times10^4m^3$。

垃圾焚烧发电项目竖向台阶式布置详见图23-17。

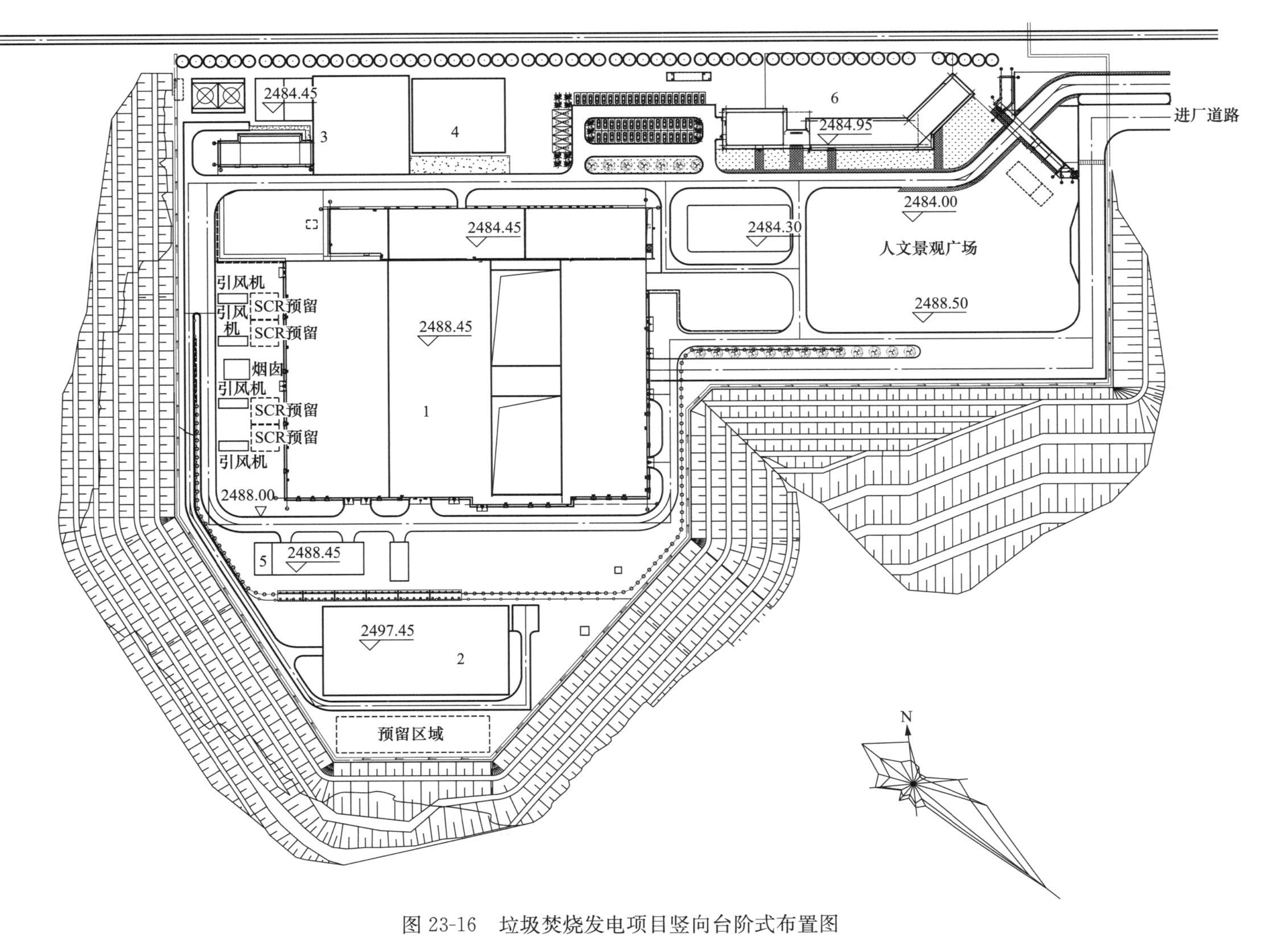

图 23-16　垃圾焚烧发电项目竖向台阶式布置图

1—主厂房；2—渗滤液处理站；3—水处理区；4—空冷平台；5—附属设施区；6—厂前建筑区

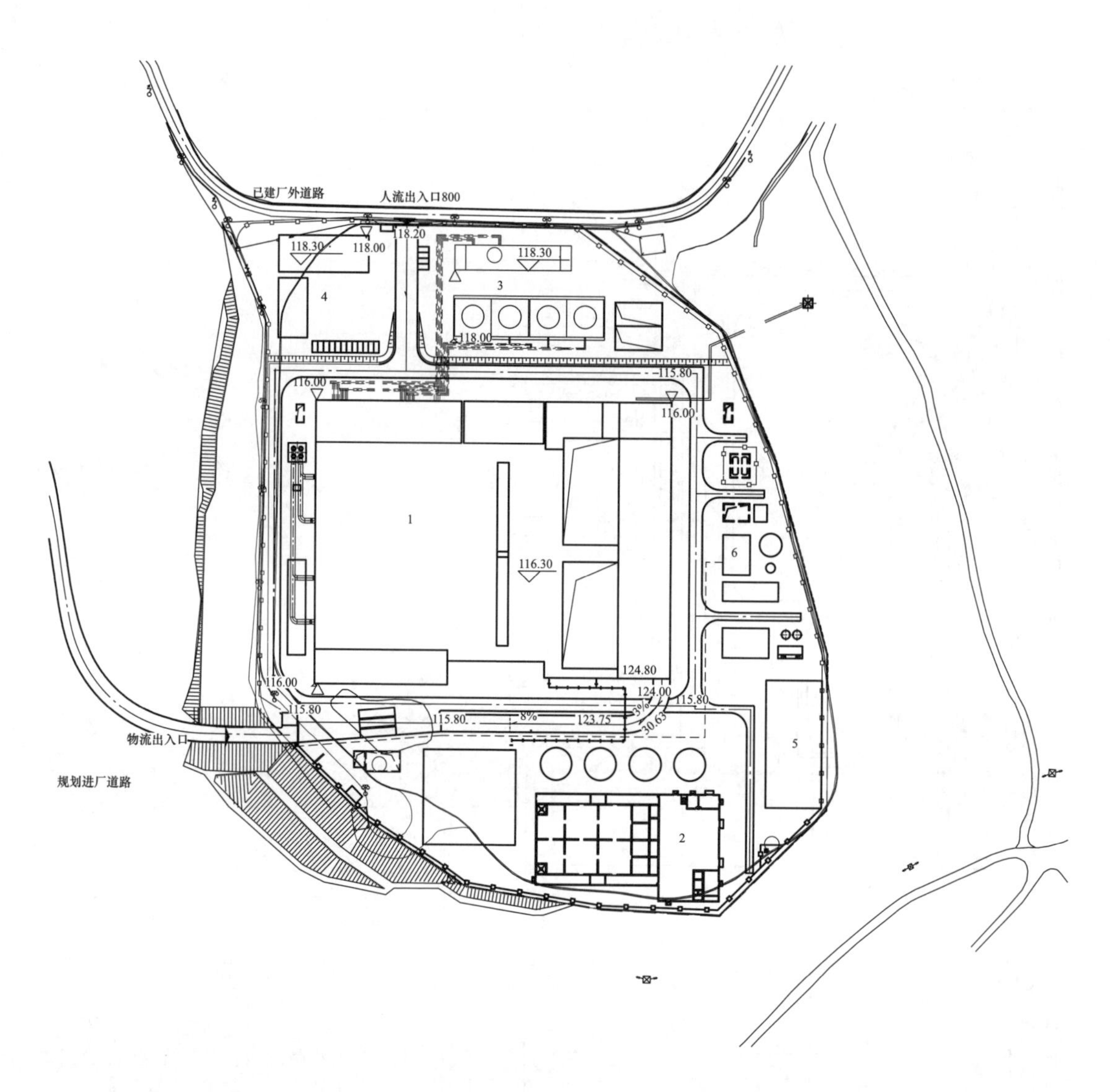

图 23-17 垃圾焚烧发电项目竖向台阶式布置图

1—主厂房；2—渗滤液处理站；3—冷却塔及水处理区；4—厂前建筑区；5—附属设施区；6—飞灰固化车间

3. 实例三

某生物质焚烧项目位于山西省原平市循环经济示范区内，厂址南侧为 S305 省道，西侧为园区主干道跨越大道、北侧为园区规划道路，根据现有资料，业主已经完成了厂址用地范围的确定，整个场地可用范围内呈近似正方形布置，边长约为 400m，用地范围线内面积约 16.0hm^2。

厂址所在位置整个可用范围内西高东低，自然标高在 974.0～990.0m，地势起伏稍大，厂址南侧有一条天然形成的泄洪通道从厂址南侧用地范围线内东西向通过，由于厂址占用泄洪通道，考虑本阶段暂时在原有泄洪通道位置进行埋管，进行临时排水，待工业园区建成后由工业园区统一规划。厂址不受 50 年一遇洪水及内涝水位侵袭。

厂区从北向南依次布置为附属辅助车间—主厂房区—料场区。主厂房区位于厂区中部，水处理区位于主厂房区东北方向，主厂区南侧布置有渗滤液处理站、固化间、尿素水解车间等。厂前区位于厂区西北方向、人流出入口附近，厂前景观较好。料场区位于厂区南侧，紧邻南侧用地范围线。

厂区考虑三个出入口：主入口朝西，建厂主干道接入跨越大道，物流主入口朝南，接入南侧 S305 省道，北侧为示范区规划支路，厂区北侧预留出入口，带支路形成后接入示范区支路，实行人、货分流，有利保证运行安全。

该工程用地范围线内场地自然标高为 974.0～990.0m，地势起伏稍大，厂区竖向设计采用台阶式布置方案，共分两个台阶：南侧料场区室内零米标高为 987.5m，主厂房区及其他附属车间区域室内零米标高为 985.0m，室内外高差为 0.3m。

厂区土石方工程量为挖方：$31.59\times10^4m^3$，填方：$31.71\times10^4m^3$。

厂址南侧有一条天然形成的泄洪通道从厂址南侧用地范围线内东西向通过，由于厂址占用泄洪通道，考虑本阶段暂时将原有泄洪通道从原有位置进行埋管，待工业园区建成后由工业园区统一规划。

电厂竖向布置详见图 23-18。

4. 实例四

某秸秆电厂位于松嫩平原和小兴安岭余脉交汇地带，属呼兰河流域中上游。厂址东侧紧邻教育砖场；南侧为哈伊公路；西侧有一变电站；北侧为城区土路。厂址区域为城区空地，场地地形坡度大，自然地面呈北高南低，标高在 180.00～197.00m 之间。厂址不受 50 年一遇洪水侵袭。

主厂房布置在厂区中央，汽机房朝东，锅炉房朝西，锅炉房西侧布置除尘、烟囱等设施。上料设施布置在主厂房北侧，布置有上料设施以及燃料堆场。厂前区布置在汽机房东侧，进厂公路从厂区南侧的哈伊公路接引。在厂前区布置有办公楼、检修楼及仓库、汽车库。电厂物流通道设在厂区西南侧，由哈伊公路接引。在厂区南侧，主入口和副入口之间，从东到西依次布置有 66kV 屋外配电装置、化学水室外设施、污水处理设施、雨排水设施、自然通风冷却塔、汽车衡设备。公用水泵房以及储水设施布置在厂区东南侧。

根据电厂总平面布置及厂址自然地貌，竖向布置采用台阶式，充分利用地形高差，合理划分台阶，避免高填深挖，在保证厂内运行顺畅的前提下结合土石方、边坡、地基处理等因素，全厂分为 2 个台阶，台阶之间根据高差和地质条件采用挡土墙、护坡连接。台阶划分如下：

（1）主厂房、冷却塔、屋外配电装置室内零米标高为 183.30m，料场标高为 190.20m。

（2）厂区土石方挖方为 $8.22\times10^4m^3$，填方为 $9.58\times10^4m^3$。基槽余土为 $1.2\times10^4m^3$。

电厂竖向布置详见图 23-19。

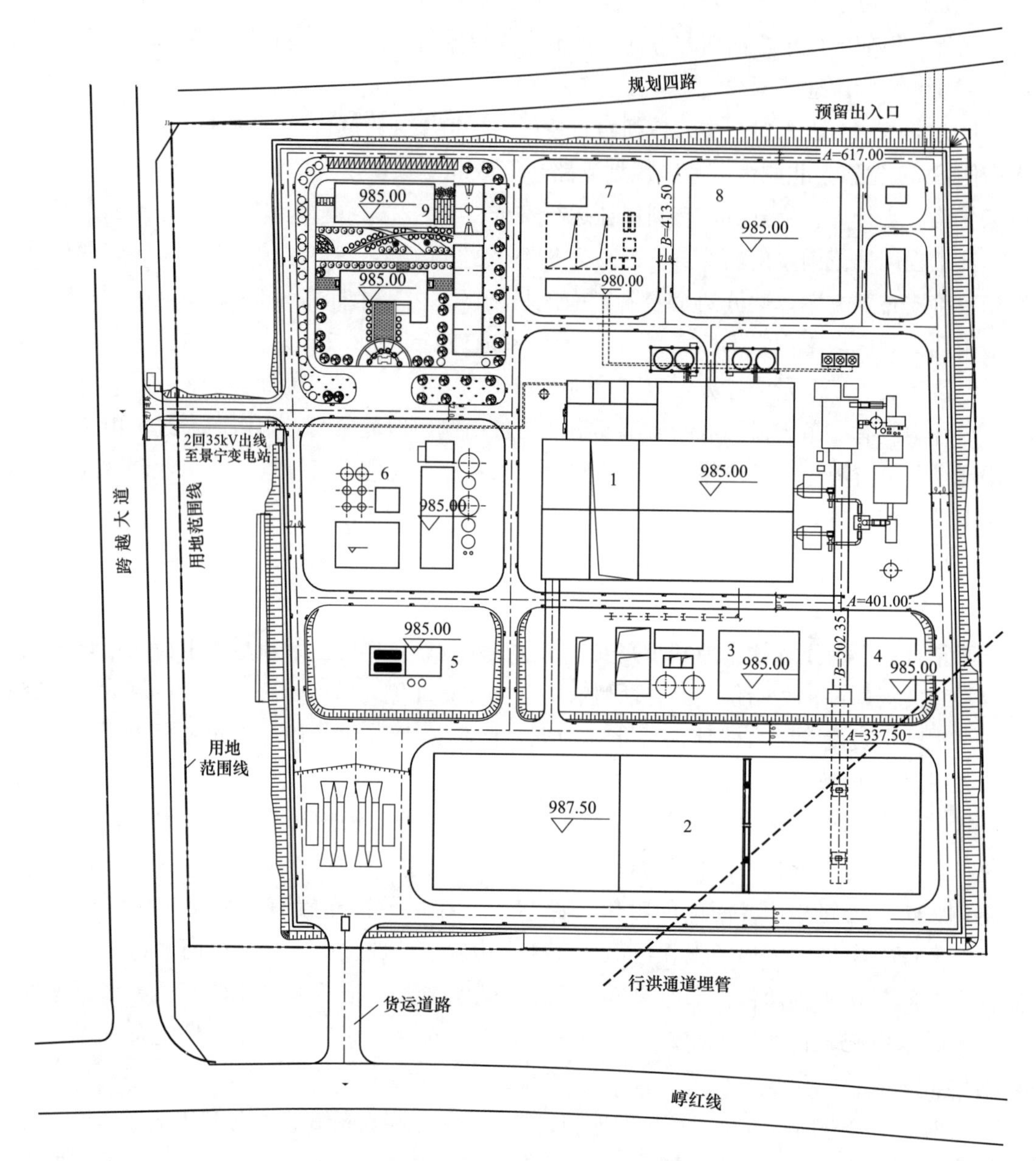

图 23-18 某生物质垃圾一体化发电项目竖向台阶式布置

1—主厂房；2—干料棚；3—渗滤液处理站；4—飞灰固化间；5—尿素水解车间；6—锅炉补给水处理站；7—综合水泵房及水池；8—临时灰渣库；9—厂前建筑区

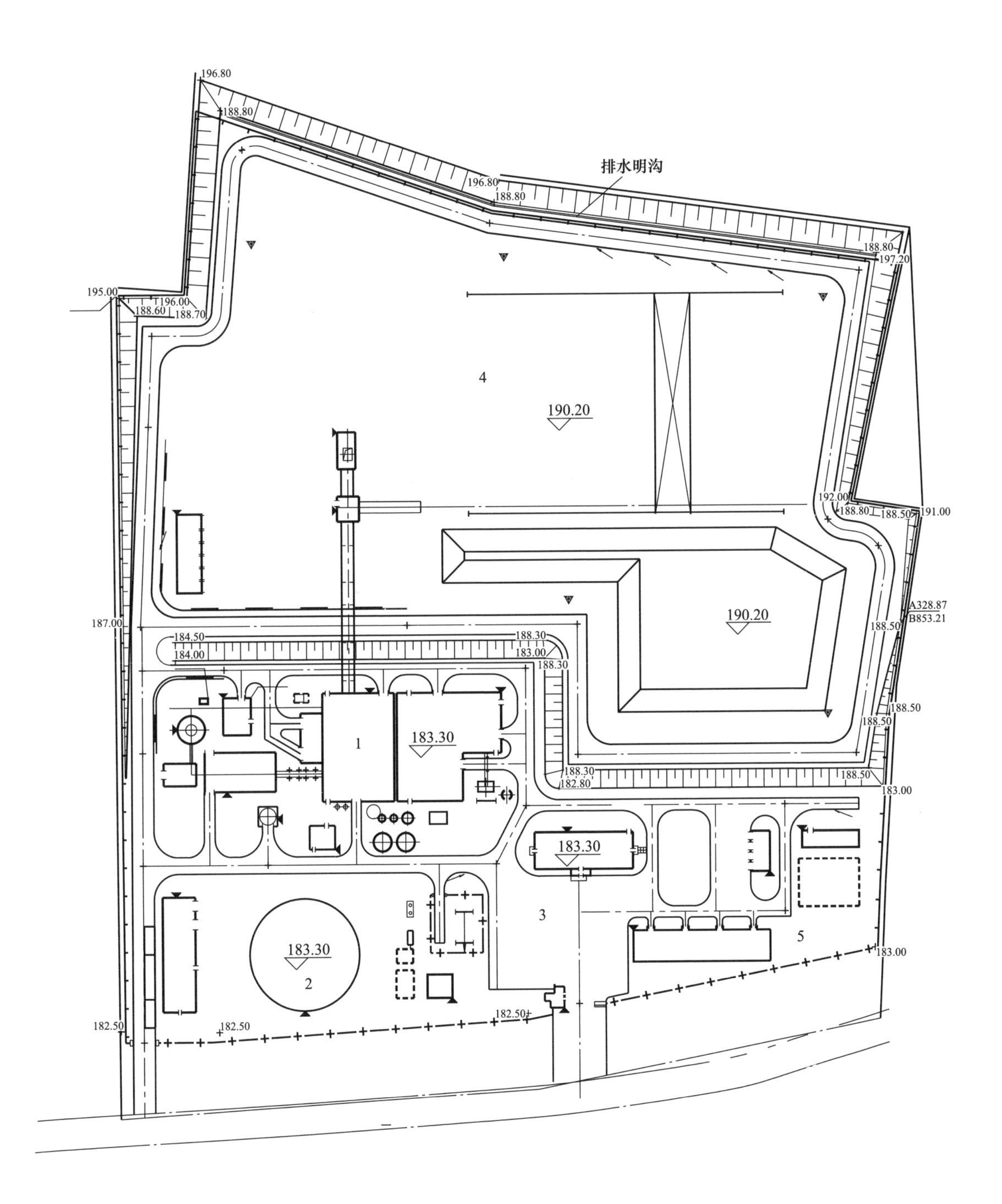

图 23-19　秸秆发电项目竖向台阶式布置图

1—主厂房；2—自然通风冷却塔；3—厂前建筑区；4—燃料堆场；.5—辅助设施区

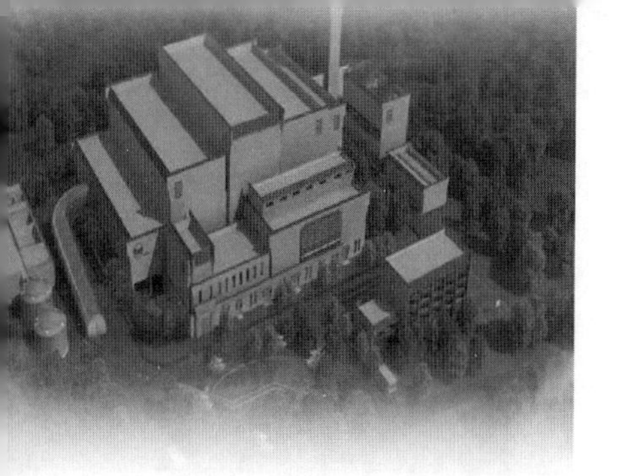

第二十四章
厂区管线布置

生物质电厂的管线综合布置就是根据厂区总平面布置和竖向布置方案，将各专业的管线进行总体规划设计，统一考虑，用最合理、经济、安全、科学的设计方案进行综合布置。在进行厂区管线综合布置设计时，如发现厂区总平面和竖向布置方案不尽合理时，应及时调整、优化厂区总平面和竖向布置。

第一节　厂区管线综合布置的基本原则

厂区管线综合布置一般应遵循以下基本原则。

(1) 与电厂总平面统一规划，相互协调。管线综合布置应从整体出发，结合规划容量、厂区总平面、竖向、道路和绿化，以及管线的性质、施工维修等基本要求进行统一规划，应尽量使管线之间及其建（构）筑物之间，在平面和竖向上相互协调，考虑节约集约用地、节省投资、减少能耗的同时，又要考虑安全生产，施工、检修维护方便，并不影响预留发展用地。在合理确定管线位置及其走向时，还应考虑绿化和道路的协调关系。

(2) 处理好近远期建设的关系。分期建设的电厂，管线布置应统筹规划，以近期为主、兼顾远期；厂区内的主要管架、管线和管沟应按规划容量统一规划，集中布置，并留有足够的管线走廊；主要管、沟布置不应影响电厂将来的扩建和发展；近期的主要生产性管线不宜穿越扩建场地；远期管线需穿越近期场地时，宜在近期预留管廊空间，满足安全运行和施工的要求。改建或扩建工程中新增加的管线一般应不影响原有管线的使用，必要时应采取相应的过渡措施，并应考虑施工要求及交通运输的正常运行。当管线间距不符合规定时，在确保生产安全并采取措施后，可适当缩小间距。

(3) 妥善衔接外部管线。在开发区或园区的电厂，其上下水、供热管道均应与外部规划相衔接，在厂区管线综合规划时就必须妥善衔接好这些外部的管线，使之符合规划、衔接方便。与厂区相接的外部管道主要有雨水、污水、自来水、中水、供热管道、天然气管道、电缆等。

(4) 选择合适的管线走向和敷设方式。根据管线的不同性质、用途、相互联系及彼此之间可能产生的影响，以及管线的敷设条件，合理地选择管线的走向和敷设方式，力求管线短捷、顺直、适当集中，管线较多时，应尽量利用综合架空管架和综合管沟的形式进行规划布置。互无影响的管线可同沟、同壁布置，也可沿建（构）筑物或其他支架敷设。

(5) 处理好管线综合布置的各种矛盾。厂区管线综合布置过程中，当管线在平面或竖向产生矛盾时，一般按照以下原则处理：管径小的让管径大的，有压力的让自流的，柔性的让刚性的，工程量小的让工程量大的，新建的让原有的，检修少的让检修多的，临时的让永久的，分支管线让主管线，无危险的让有危险的。

(6) 管线宜呈直线平行于道路、建（构）筑物轴线和相邻管线，应尽量减少交叉。厂区管线布置应尽量缩短主干管线的长度，以减少管线运行中电能、热能的长期消耗，为了减少交叉，方便施工检修，应尽量与道路、建（筑）物轴线和相邻管线平行敷设，一般布置在道路行车部分外或将管线分类布置在道路两侧，各种地下管线从建筑向道路中心线方向平行布置的顺序，一般根据管线的性能、埋深深度等决定。同时，干管宜布置在靠近主要用户和支管较多的一侧，尽量减少管线的交叉，减少管线与铁路、道路、明渠等的交叉，需交叉时，一般宜为直角交叉或按工艺要求的交叉角度交叉，在场地条件困难时，可采用不小于45°的交角。

（7）有特殊要求的管线布置应考虑相应措施。各种废水及污水管道应尽量与上水管道分开布置，避免管线附属构筑物之间的冲突。管线附属构筑物（如补偿器、阀门井、检查井、膨胀伸缩节等）应交错布置，避免冲突。具有可燃性、爆炸危险性及有毒介质的管道不应穿越与其无关的建（构）筑物、生产装置、辅助生产及仓储设施、储罐区等。管道发生故障时，不致发生次生灾害，特别是防止污水渗入生活给水管道或有害、易燃气体渗入其他沟道和地下室内，不应危及邻近建（构）筑物基础的安全，不损害建（构）筑物的基础（当管道内的液体渗漏时，不致影响基础下沉）。

第二节 厂区管线分类及分布

厂区管线由主系统设施区内管线和厂区联络服务性管线组成，主要包括各系统间动力供应、远程控制、生产介质物料供应及其生产附属设施间的联络管线和厂区性公用的生产、生活、消防必须配套建设的管线。厂区管线主要根据电厂总平面布置沿道路两侧布置，连接各个车间。

一、厂区管线分类

厂区管线一般按管线的功能特性及介质特性分类。

（一）按功能特性分类

厂区管线按功能特性分为以下几种。

（1）循环水管：循环水进水管、循环水排水管（沟）及箱涵。

（2）上水管：包括生产、生活、消防的给水管及生产或生活经过处理后用于喷洒路面和地面的公用水管。

（3）下水管：包括生产废水、生活污水、雨水管（沟）。

（4）除灰管：气力除灰管。

（5）化学水管：加药水管（沟）、酸碱管（沟）、锅炉补给水管。

（6）热力管：向厂外供热的管道（蒸汽管或热水管）或厂用辅助蒸汽管。

（7）暖气管：厂区内采暖的暖气管道。

（8）燃油管：锅炉助燃（启动）的供油管道，回油管。

（9）压缩空气管：主要是仪用和检修用压缩空气管等。

（10）电缆：电力电缆、控制和通信电缆。

（11）燃气管道：煤气管、天然气管等。

（12）脱硫介质管：石膏浆液管、石灰石浆液管、脱硫废水管等。

（13）脱硝介质管：氨气管、尿素管、氨水管。

（14）渗滤液处理管道：渗滤液管、沼气管、臭气管、渗滤液干污泥管。

（二）按介质特性分类

厂区管线按介质特性分为以下几种。

（1）压力管。压力管的种类很多，除下水管及自流的循环进、回水沟外，一般都可归纳为此类。这类管线具有压力，管线在平面上可以转弯，在竖向上也可以根据需要局部凸起或凹下，这为解决管线的交叉矛盾提供了方便。从这方面讲，电缆沟也可归属为此类。

（2）无压力（自流）管。无压力（自流）管线主要有各种下水管，如生活污水、雨水管线等，这类管道中的介质是靠坡度自流的，因此，在竖向上要求保证有一定的坡度。因为管道下降后不经机械提升介质不能上升，管沟始终需要保持纵向坡度，所以管沟越长，埋深越深。因此，这类管线在立面布置上变化的自由度很小。

（3）腐蚀性介质管线。主要是酸碱管、渗滤液管、臭气管、渗滤液干污泥管等。此类管宜尽量集中布置，应防止渗漏，远离生产和生活给水管，并尽量采用管沟敷设，避免介质渗漏至土壤中。直埋时应尽量低于其他管线，架空时宜布置在其他管线的下方和管架的边侧，其下部不宜敷设其他管线。

（4）易燃、易爆管线。主要包括天然气管、煤气管、油管、氨气管、沼气管等。此类管线须考虑泄漏时对其他管线的干扰，应适当加大间距，易燃易爆气体类管线不宜布置在管沟内，以防止泄漏聚集形成爆炸性气体或引起中毒事故。

（5）高温管线。主要是蒸汽管和热水管，此类管道应与电力电缆、燃气管道等保持一定的间距。

二、厂区管线规格及分布

生物质电厂主要管线常用规格参见表24-1。

表24-1 生物质电厂主要管线常用规格 mm

序号	管线、沟道名称	垃圾发电厂	秸秆发电厂	备注
1	循环水供水管	ϕ1020～ϕ2032	ϕ1200	循环水泵房至主厂房
2	循环水排水管	ϕ1020～ϕ2032	ϕ1200	主厂房至冷却塔
3	雨水管	ϕ300～ϕ1500	ϕ300～ϕ1200	全厂
4	生活给水管	ϕ100～ϕ150	ϕ100～ϕ150	综合水泵房至各用水车间
5	生活污水管	ϕ225～ϕ300	ϕ225～ϕ300	各用水车间至生活污水处理站
6	工业水管	ϕ250	ϕ250	综合水泵房至各车间
7	补给水管	ϕ250～ϕ350	ϕ250～ϕ350	厂外补给水泵房至原水处理站
8	消防水管	ϕ250	ϕ250	消防泵房至全厂
9	初期雨水沟（管）	300×300～500×500 ϕ300～ϕ500	300×300～500×500	垃圾车运输路线沿线 秸秆电厂灰渣场区
10	事故油管	ϕ89～ϕ325	ϕ89～ϕ325	汽轮机、变压器至事故油池
11	回用水管	ϕ65～ϕ108	ϕ65～ϕ108	至各回用水用水点
12	废水管	ϕ76～ϕ140	—	用水车间至渗滤液处理站

续表

序号	管线、沟道名称	垃圾发电厂	秸秆发电厂	备注
13	除盐水管	ϕ76～ϕ159	ϕ89～ϕ159	化水车间至主厂房
14	反渗透浓水管	ϕ57～ϕ108	ϕ57～ϕ108	化水车间至冷却塔
15	超滤进水管	ϕ76～ϕ273	ϕ76～ϕ108	综合水泵房至化水车间
16	渗滤液浓水管	ϕ38～ϕ108	—	渗滤液处理站至回喷装置
17	渗滤液产水管	ϕ57～ϕ159	—	渗滤液处理站至冷却塔
18	渗滤液管	ϕ108～ϕ219	—	渗滤液收集池至渗滤液处理站
19	污泥管	ϕ250～ϕ426	—	渗滤液处理站至垃圾库
20	沼气管	ϕ133	—	渗滤液处理站至焚烧炉
21	臭气管	ϕ700～ϕ1000	—	渗滤液处理站至垃圾库
22	灰管	—	ϕ80～ϕ140	电除尘至灰库
23	氨水管	ϕ32	ϕ32	氨水站至脱硝区
24	尿素溶液管	ϕ25	ϕ25	尿素站至脱硝区
25	压缩空气管	ϕ25～ϕ273	ϕ76	空压机房至全场用气点
26	油管	ϕ57～ϕ159	ϕ25～ϕ32	油罐区至锅炉
27	天然气管	ϕ219～ϕ426	ϕ50～ϕ100	厂外管道至锅炉
28	蒸汽管	ϕ108～ϕ426	ϕ219	汽机房至全厂热用户、厂外热用户
29	暖气管	ϕ100	ϕ100	采暖区
30	空调冷热水管	ϕ50～ϕ250	ϕ50～ϕ250	制冷加热站至全厂
31	电缆沟（mm）	400×400～1100×1000	400×400～1100×1000	全厂

电厂的主厂房是全厂的生产中心，从厂区引入主厂房的管线及从主厂房引出的管线最多，因此，主厂房周围的管线也最密集。一般厂区管线主要分布于汽机房A排外侧、主厂房与辅助生产区之间的道路侧以及厂区其他道路两侧。

（一）汽机房A排外侧

一般汽机房A排外侧布置的管线有循环水进排水管（沟）、工业水管、消防水管、生活给水管、生活污水管、雨水管、蒸汽管、暖气管（沟）、电缆沟等。与这些管线交叉的有电缆沟、事故排油管及热网管架等。在这一侧布置管线与地下设施的矛盾相对较多，对厂区总平面及竖向布置的影响较大。在平面上的矛盾有单项间距与总间距的矛盾，在竖向上有由于管线的交叉而引起的埋设深度与工艺本身要求的矛盾。A排外管线一般采用直埋和沟道布置，如图24-1所示。

（二）主厂房与辅助生产区之间的道路侧

生物质电厂的辅助生产设施应靠近主厂房布置，一般布置在主厂房A排外，或主厂房其他三个方向。主厂房与辅助生产设施之间的道路侧地下管线种类相对较多，道路两侧除消防水管、雨水管、生活给水管、生活污水管、工业水管等，其他管线可采用管架和直埋、沟道相结合的方式布置，如图24-2所示。

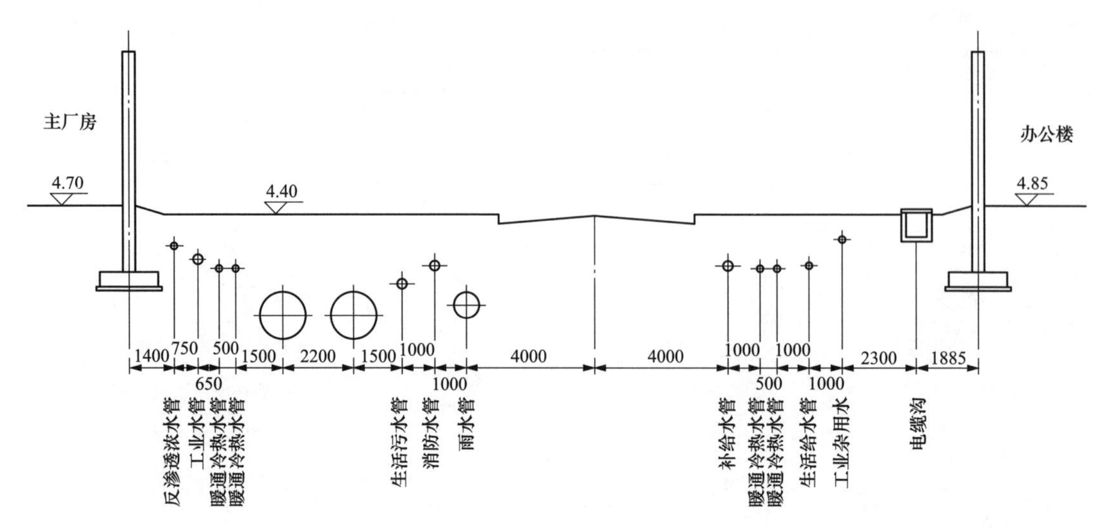

图 24-1　A 排外管线布置示意图（mm）

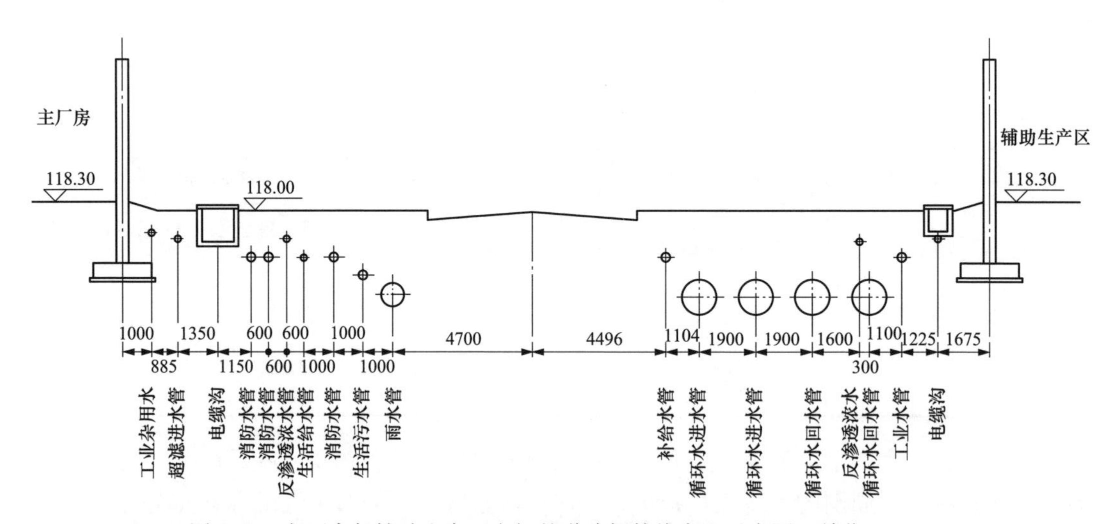

图 24-2　主厂房与辅助生产区之间的道路侧管线布置示意图（单位：mm）

在主厂房的扩建端，一般不宜布置永久性的管线，尤其是沟道和架空管架，以避免影响工程的扩建。除必要的消防水管和雨水管外，其他管线一般不在此处布置。

（三）厂区其他道路两侧

全厂性的管线干管都是沿道路设置的，如雨水管、消防管、给水管、污水管、电缆沟及暖气管（沟）等。

第三节　厂区管线布置方式及要求

厂区管线布置时应根据当地自然条件、管内介质特性、管径、工艺流程以及施工与维护等因素和技术要求，经综合比较后确定合适的敷设方式。为节约用地，便于检修，方便管理，凡有条件集中架空布置的管线和当地下水位较高，地基土壤具有腐蚀性或基岩埋深较浅且不利于地下管沟施工的区域及改、扩建工程场地狭窄、厂区用地不足时，宜优先采用综合管架进行敷设。地下水位较低、有条件集中地下敷设的管线，也可采用综合地下管廊进行敷设。

垃圾焚烧发电厂的厂区用地面积较小，主厂房区域模块化集约化，一般除烟囱和烟道，主厂房基本都是室内布置，大部分垃圾发电厂的化水车间、空压机房等布置在垃圾卸料平台下零米层，因此主厂房区域的管线也集中在室内区域。厂区其他辅助及附属设施相对较少，故垃圾发电厂厂区管线集中布置地段主要是汽机房A排外，以及主厂房与辅助生产区之间的道路侧。垃圾发电厂对厂容景观要求较高，厂前和主立面侧一般不设架空管架等。

秸秆发电厂的秸秆仓库、秸秆堆场占地面积较大，一般与主厂区之间设围墙分隔布置。秸秆仓库、秸秆堆场区一般沿道路侧埋设雨水管（沟）、消防管。主厂区的管道集中布置在主厂房A排外，主厂房环形道路侧、炉后区域。主厂房A排外和主厂房环形道路侧一般采用直埋和沟道相结合的布置方式，炉后管道优先利用锅炉和除尘器钢架架空布置管道和电缆等，也可管架、直埋和沟道相结合布置。

一、厂区管线敷设方式选择因素

电厂厂区内管线敷设方式的选择因素比较多，一般按下列因素来选择管线的敷设方式。

（1）应考虑管径、运行维修要求以及管内介质的特性。管线内输送的各种物质（液体、气体）有它自身的要求，因此对易燃、易爆、易腐及易冻等管线有其特定的敷设条件。如氨气管、天然气管、沼气管等易爆，从安全运行考虑，宜直埋或架空敷设。供热管、蒸汽管考虑运行维护方便，可采用沟道或架空敷设。酸碱管易腐蚀，需经常维护检修，宜采用沟道敷设。化学软化水管考虑运行期间的维护和检修，宜沟道或架空敷设。循环水供排水管管径大推荐采用直埋敷设，雨水管等重力流管线大多采用直埋敷设。

（2）应考虑管线路径所处的位置。架空热力管线或架空燃油管道应尽量避免穿越厂区主要出入口处。如须穿越时，则应采取适当措施。穿越厂区铁路和道路的管线，架空或地下敷设时，必须考虑运输、人行净空高度以及沟道荷载的要求。

（3）应考虑地区的气象条件。南方多雨地区的地下沟道排水不畅一直是现实中的常见问题。沟道内设计的排水点往往由于淤积或其他原因堵塞，造成长期大量积水，对电厂的日常运行、维护带来隐患。南方多雨地区尽量少用沟道敷设方式，减少沟道积水。在寒冷地区应考虑冻土对管线的影响，如果采用架空敷设应考虑管线的保温问题。

（4）因地制宜，适应场地条件。要考虑厂区工程地质。在湿陷性黄土地区布置管道时，应防止上、下水管道的渗透和漏水，以免影响建（构）筑物基础下沉，致使建（构）筑物遭受破坏。有条件时应尽量采用地上敷设，也可放在沟道敷设。

对场地紧张的电厂优选采用综合管架敷设方式，可节约大量管线用地。另外，管线布置需要良好的地形和地质情况，以便于管线的稳固性，对于不良地形应尽量避免，如塌方、软弱地质等，凡有条件集中架空布置的管线宜采用综合管架进行敷设，减少场地处理量。厂区管沟应尽量避免设在回填土地带，如设在回填土地段时，管（沟）垫层必须加以处理。

地下水位较高，土壤具有腐蚀性或基岩埋深较浅且不利于地下管沟施工的地区，宜优先考虑采用综合管架。

（5）满足方便管理、厂容厂貌的要求。大幅度地采用地面敷设方式，为运行中的日常巡视、维护提供了方便。厂前建筑区附近厂容厂貌的要求、局部的全地下敷设，使厂前建筑区视线宽阔，厂容美观；而在广阔的生产区，整齐、简洁的综合管架和地面支架，又自然而然地体现了大型电厂的工业气息和现代化形象。另外，有些电厂在城市区域内，对去工业化等景观要求较高，管线大部分采用沟道和直埋为主。

（6）方便施工。管线地下敷设的做法，存在大量的管道（沟道）交叉问题，设计烦琐，施工起来也经常反复，很难满足现阶段工期较短的要求。地面（支墩或管架）敷设的形式，有效地减少了地下交叉，节约了大量的土石方工程，而且在管架（支墩）的制作、安装上，达到很高的装配化、模块化程度，这些都充分地提高了效率，缩短了工期。

二、厂区管线敷设方式及要求

管线布置可采取地上和地下两大种敷设方式，地上敷设一般采用地面及架空两种敷设方式，地下敷设一般采用直埋和管沟。管线常用的敷设方式的适用条件见表 24-2。

表 24-2　　管线常用的敷设方式的适用条件

<table>
<tr><th colspan="3">敷设方式</th><th>图　示</th><th>适用条件</th></tr>
<tr><td rowspan="9">地上敷设</td><td rowspan="4">地面</td><td>平地布置</td><td>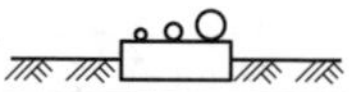</td><td>不影响交通的地段</td></tr>
<tr><td>沿斜坡布置（一）</td><td></td><td rowspan="3">利用斜坡布置管道</td></tr>
<tr><td>沿斜坡布置（二）</td><td></td></tr>
<tr><td>沿斜坡布置（三）</td><td>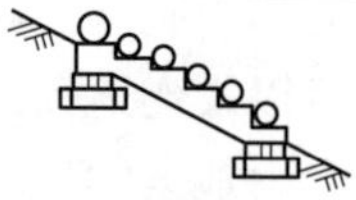</td></tr>
<tr><td rowspan="5">架空</td><td>墙架</td><td>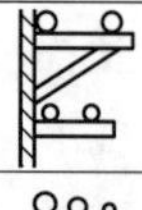</td><td>管道数量少且管径小</td></tr>
<tr><td>低管架</td><td>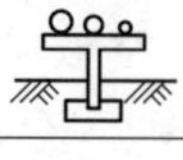</td><td rowspan="4">管架高度必须满足运输、人行的净空要求</td></tr>
<tr><td>高管架</td><td></td></tr>
<tr><td rowspan="2">高架多层</td><td>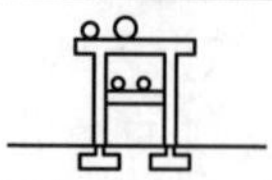</td></tr>
<tr><td>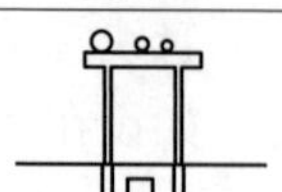</td></tr>
</table>

续表

敷设方式			图　　示	适用条件
地下敷设	直埋			适用自流、防冻、不经常检修的管线
	沟道	可通行	1.6～2.0	一般管线密集地段或化学水沟、电缆、暖气沟，寒冷和严寒地区较多采用覆土沟
		半通行	1.2～1.5	
		不通行	<1.00	
		不通行		

（一）地上敷设

电厂厂区地上敷设的管线基本为压力管。地上管线包括供热管网、垃圾焚烧发电厂的臭气管、沼气管，某些电厂的酸碱管和天然气管、暖气管或电缆等。地上敷设管线有以下优点：①占地小，土方工程量小；②不受地下水及大气降雨的影响；③维护检修和施工条件好；④竖向上各种管线交叉容易解决。

1. 地上管线布置一般要求

（1）不影响交通运输、人流通行、消防及检修，保证厂区正常运输（公路、铁路）和人流通行。架空管道跨越铁路、道路及人行道的最小垂直净距见表 24-3。

表 24-3　　架空管道跨越铁路、道路及人行道的最小垂直净距　　m

名　　称		最小垂直净距
铁路轨顶	一般管线	5.5
	易燃、可燃气体及液体管道	6.0
架空输电线路	一般管线	①
	易燃、可燃气体及液体管道	②
道路		5.0③
人行道		2.5

注　1. 表中净距，管线自最突出部分算起；管架自最低部分算起；道路与人行道均从路面算起。

2. 架空管架（管线）跨越电气化铁路的最小垂直净距为 6.6m。

① 架空输电线路跨越架空一般管线时的最小垂直净距：110kV 为 3m，220kV 为 4m，330kV 为 5m，500kV 为 6.5m，750kV 为 8.5m，1000kV 为 10m。

② 架空输电线路跨越架空可燃或易燃、易爆液（气）体管线时的最小垂直净距：110kV 为 4m，220kV 为 5m，330kV 为 6m，500kV 为 7.5m，750kV 为 9.5m，1000kV 为 18m。

③ 有大件运输要求或在检修期间有大型起吊设施通过的道路，应根据需要确定；在困难地段，在确保安全通行的前提下可小于 5m，但不得小于 4.5m。

（2）为不影响厂区运输及采光、通风要求。架空管道及其支架任何部分与建（构）筑物之间的最小水平净距见表 24-4。

表 24-4　架空管道及其支架任何部分与建（构）筑物之间的最小水平净距　m

建（构）筑物名称	最小水平净距
建筑物有门窗的墙壁外边或凸出部分外边	3.0
建筑物无门窗的墙壁外边或凸出部分外边	1.5
铁路（中心线）	3.8
架空输电线路	①
道路	1.0
人行道外沿	0.5
厂区围墙（中心线）	1.0
照明、通信杆柱中心	1.0

注 1. 表中距离除注明者外，管架从最外边线算起；道路为城市型时自路面边缘算起，为公路型时自路肩边缘算起。
2. 本表不适用于低架式、地面式及建筑物支撑式。
3. 易燃及可燃液体、气体介质管道的管架与建（构）筑物之间的最小水平净距应符合有关规范的规定。

① 架空输电线路与架空管架的最小水平净距应满足最大风偏情况下，110kV 为 3.5m，220kV 为 4.3m，330kV 为 5m，500kV 为 7.5m，750kV 为 7.5m，1000kV 为 10m。架空输电线路与可燃或易燃、易爆液（气）体管线管架的最小水平净距：开阔地区为最高杆（塔）高；当路径受限制时，在最大风偏情况下，110kV 为 4m，220kV 为 5m，330kV 为 6m，500kV 为 7.5m，750kV 为 9.5m，1000kV 为 13m。

（3）多管共架敷设时，管道的排列方式及布置尺寸应满足安全、美观的要求，并便于管道安装和维修，力求管架荷载分布合理和避免相互影响。

（4）沿建（构）筑物外墙架设的管线，宜管径较小，不产生推力，且建（构）筑物的生产与管内介质相互不能引起腐蚀、易燃等危险。

（5）厂区架空管线之间的最小水平净距应符合表 24-5 的规定。厂区架空管线互相交叉时的垂直净距不宜小于 0.25m。电力电缆与热力管、可燃或易燃易爆管道交叉时的垂直净距不应小于 0.5m，当有隔板防护时可适当缩小。

表 24-5　厂区架空管线之间的最小水平净距　m

名称	热力管	氢气管	氨气管	天然气管	燃油管	电缆	沼气管
热力管	—	0.5	0.5	0.5	0.5	1.0①	0.5
氢气管	0.5	—	0.5	0.5	0.5	1.0	0.5
氨气管	0.5	0.5	—	0.5	0.5	1.0	0.5
天然气管	0.5	0.5	0.5	—	0.5	1.0	0.5
燃油管	0.5	0.5	0.5	0.5	—	0.5	0.5
电缆	1.0①	1.0	1.0	1.0	0.5	—	1.0
沼气管	0.5	0.5	0.5	0.5	0.5	1.0	—

注 1. 表中净距，管线自防护层外缘算起。
2. 表中所列管道与给水管、排水管、不燃气体管、物料管等其他非可燃或易燃易爆管道之间的水平净距不宜小于 0.25m，但当相邻两管道直径均较小，且满足管道安装维修的操作安全时可适当缩小距离，但不应小于 0.1m。
3. 当热力管的蒸汽压力不超过 1.3MPa 时，其与表内除电缆外其他管道的净距减至 0.25m；当热力管为工艺管道伴热时，净距不限。
4. 沼气管与其他架空管道之间的间距无相关规范，其成分与天然气管道相近，故参照天然气管道标准。

① 动力电缆与热力管净距不小于 1.0m，控制电缆与热力管净距不小于 0.5m。

2. 特殊管线的架空敷设要求

易燃、可燃液体及可燃气体管道，不应在与其无生产联系的建筑物外墙或屋顶敷设，不应穿越用可燃和易燃材料建成的构筑物，也不应穿越特殊材料线、配电间、通风间及有腐蚀性管道的设施。这是为了防止管道内危险介质一旦外泄或发生事故，对与其有关的建（构）筑物造成危害，同时也防止上述建（构）筑物内部一旦发生事故，对危险介质的管道造成损坏，从而带来二次灾害。

蒸汽管有时需要考虑热膨胀补偿，在布置时也要特殊考虑。

（1）油管。电厂厂区中的油管主要路径是从油罐区敷设至锅炉（或燃油启动锅炉）。油管架空敷设时，若与道路平行布置，则距道路不应小于1m。另外，油管存在泄漏的安全隐患，因此油管在管架上宜布置在管架的最底层，且不应布置在电缆及热力管道的上方。

（2）天然气管。电厂厂区天然气管的主要路径是从调压站至燃气主厂房或燃气启动锅炉。

厂区架空天然气管道与建（构）筑物之间的最小间距见表24-6。

表24-6　厂区架空天然气管与建（构）筑物之间的最小间距　m

名　　称	天然气管
甲、乙类生产厂房或散发火花设施	10
丙、丁、戊类生产厂房	6.0①
铁路（中心线）	6.0
架空电力线路	本段最高杆（塔）高度②
道路	1.5
人行道外沿	0.5
厂区围墙（中心线）	1.5
通信照明杆柱（中心线）	1.0

注　当天然气管在管架上敷设时，水平净距应从管架最外边缘算起；道路为城市型时自路面边缘算起，为公路型时自路肩边缘算起。

① 当场地受限制时，架空天然气管道在按照GB 50251《输气管道工程设计规范》的规定采取了有效的安全防护措施或增加管道壁厚后，可适当缩短与丙、丁、戊类生产厂房之间的水平净距，但不得小于3m。

② 指开阔地区。当路径受限制时，在最大风偏情况下，厂区架空天然气管与架空电力线路边导线的最小水平净距：110kV为4m，220kV为5m，330kV为6m，500kV为7.5m，750kV为9.5m，1000kV为13m。

（3）氨气管。氨气管道一般供脱硝使用，管道路径是从液氨站至锅炉的脱硝装置。氨气管和氨气与其他架空管线的净距要求较高，因此一般布置于最上层或较上层的边缘。氨气管与其他管线的间距要求应满足表24-5的要求。

（4）压缩空气管。根据GB 50029《压缩空气站设计规范》的规定，架空压缩空气管与其他架空管线的净距应满足表24-7的要求。

表 24-7　　架空压缩空气管与其他架空管线的净距　　m

名称	水平净距	交叉净距
给水与排水管	0.15	0.10
非燃气体管	0.15	0.10
热力管	0.15	0.10
燃气管	0.25	0.10
氧气管	0.25	0.10
乙炔管	0.25	0.25
穿有导线的电线管	0.10	0.10
电缆	0.50	0.50
裸导线或滑触线	1.00	0.50

注　1. 电缆在交叉处有防止机械损伤的保护措施时，其交叉净距可缩小到 0.1m。
2. 当与裸导线或滑触线交叉的压缩空气管需经常维修时，其净距应为 1m。

（5）电缆。电缆在综合管架上采用电缆桥架的方式敷设，电缆桥架的宽度较宽，通常为 400～1000mm，一般将电缆布置在管架的最顶层且靠近电缆用户的一侧。电缆与管道之间无隔板防护时允许距离可参考表 24-8。

表 24-8　　电缆与管道之间无隔板防护时允许距离　　m

电缆与管道		电力电缆	控制及信号电缆
热力管道	平行	1.0	0.5
	交叉	0.5	0.25
其他管道	平行	0.15	0.1

（6）蒸汽管。电厂厂区中的蒸汽管管径较大。蒸汽管同时还需考虑热膨胀补偿，设计中常在管架上进行 π 形布置。π 形布置一般分为水平布置和垂直布置两种，因此，蒸汽管一般布置在管架下层的边缘，从而减少与其他管线的交叉。蒸汽管不应布置在电缆和油管的下方。

（7）沼气管。沼气是垃圾焚烧发电厂中渗滤液发酵产生的，管道路径从渗滤液处理站至焚烧炉。沼气与天然气成分接近，沼气管与其他架空管线的最小水平净距可参照天然气管的要求。

（8）臭气管。臭气为渗滤液发酵产生，管道路径从渗滤液处理站至垃圾库。臭气含极少量硫化氢、氨气等可燃气体，可燃气体含量低于爆炸或燃烧极限；臭气含少量水蒸气，水蒸气冷凝后靠管道坡度自流，因此，在竖向上要求管道有微小的坡度。管道最低点尽可能设在两端，冷凝污水可以回流至渗滤液处理站或垃圾库。臭气与其他架空管线的最小水平净距无相关规程规范，可参考压缩空气管道标准，与一般管道净距为 0.25m，与电缆间距为 0.5m。

3. 架空管道间距

（1）管架的层间距。根据工程经验，依据敷设不同的管道和气候条件，管架层高一般采用 1.2～1.8m 比较合适。某南方区域电厂管架每层的间距设计值为 1.0～1.2m，经过电厂管道安装和运行检修人员反映，管架的层间距为 1.0～1.2m 虽然可以满足基本要求，但在敷设管径较大的管道的区域层高略显不足，因此，在电厂后期机组的设计中管架层间距增加到1.2～1.5m。从施工和运行的反馈意见可知，管架每层间距1.5m是较合理的，能较好地满足安装和运行检修的要求。而在寒冷地区，管架上管道需要考虑保温，管架层高可再适当增大至1.8m。

（2）架空管线之间的间距。管道外壁或管道隔热层最突出部分与管架或框架的支柱、建筑物墙壁的净距取100mm。有侧向位移的管，要求保温的法兰、阀门、管道配件和管沟内并排布置的管道，应加大管道间距。

在管架上并排布置的大管道（$R \geqslant 200$mm）与小管道（$R \leqslant 75$mm）相邻布置时，在满足特殊管道等要求的前提下，管道之间的净距D可在150～200mm间取值，具体可按不同工程的实际情况确定。

两条小管道（$R \leqslant 75$mm）相邻布置时，在满足特殊管道等要求的前提下，管道之间的净距D可在100～200mm之间取值，具体可按不同工程的实际情况确定。

两条中等管道（$200\text{mm} \geqslant R \geqslant 75\text{mm}$）相邻布置时，在满足特殊管道等要求的前提下，管道之间的净距D在150～250mm之间取值，具体可按不同工程的实际情况确定。

（3）管架的宽度、层数。综合管架的宽度一般介于1.5～4.0m不等，具体宽度应结合管道的数量及种类按实际情况确定。针对生物质发电厂内管线的数量及特点并结合实际的工程中的设计经验，管架的层数一般为2～3层就能容纳下电厂中所有管线。

（二）地下敷设

1. 地下管线布置的一般要求

（1）便于施工与检修。地下管线（沟）不得平行布置在铁路路基下，不宜平行敷设在道路下面。当布置受限、用地困难时，可将不需经常检修或检修时不需大开挖的管道、管沟平行敷设在道路路面或路肩下面。直埋的地下管线，不应平行重叠布置。

（2）应尽量减小管线埋置深度，但应避免管道内液体冻结。

（3）地下管线、沟道不宜敷设在建（构）筑物的基础压力影响范围内及道路行车部分内。

（4）通行和半通行隧道的顶部设安装孔时，孔壁应高出设计地面0.15m。并应加设盖板。两人孔最大间距一般不宜超过75m，且在隧道变断面处，不通行时，间距还应减小，一般至安装孔最大距离为20～30m。

（5）电缆沟（隧）道通过厂区围墙或建（构）筑物的交接处，应设防火隔断（防火隔墙或防火门），其耐火极限不应低于4h。隔墙上穿越电缆的空隙应采用非燃材料密封。

（6）沟道应设有排除内部积水的技术措施。电缆沟及电缆隧道应防止地面水、地下水及其他管沟内的水渗入，并应防止各类水倒灌入电缆沟及电缆隧道内。地下沟道底面应设置纵、横向排水坡度，其纵向坡度不宜小于0.3%，横向坡度一般为1.5%。并在沟道内有利排水的地点及最低点设集水坑和排水引出管。排水点间距不宜大于50 m，集水坑坑底标高应高于下水井的排水出口顶标高200～300mm。当沟底标高低于地下水位时，沟道应有防水措施。

（7）地下沟（隧）道宜采用自流排水，当集水坑底面标高低于下水道管面标高时，可采用机械排水。

（8）地下沟道应根据结构类型、工程地质和气温条件设置伸缩缝，缝内应有防水、止水措施。混凝土、钢筋混凝土与砖地沟伸缩缝间距可按表24-9采用。

表 24-9　　混凝土、钢筋混凝土与砖地沟伸缩缝间距　　m

地沟温度条件			混凝土地沟		钢筋混凝土地沟	砌块地沟
			现浇地沟（配构造筋）	现浇地沟（无构造筋）	整体地沟	大于或等于 Mu10
不冻土层内			25	20	30	50
冻土层内	年最高、最低平均气温差	≤35℃	20	15	20	40
		>35℃	15	10	15	30

（9）不同性质地下管线（沟）宜按照下列要求进行敷设。

1）不宜或不应敷设在同一沟道内的管线可参考表 24-10 的规定。

表 24-10　　不宜或不应同沟敷设的管线

管线名称	不宜同沟	不应同沟
暖气管	燃油管	冷却水管、酸碱管、电缆
供水管	排水管、高压电力电缆	燃油管、酸碱管、电缆
燃油管	给水管、压缩空气管	酸碱管、电缆
电力、通信电缆	压缩空气管	燃油管、酸碱管

2）氨气管采用沟道敷设时，应采取防止氨气在沟道内积聚的措施，并在进出装置及厂房处密闭隔断，氨气管道不应与电力电缆、热力管同沟敷设。

3）给水管道布置在排水管道之上。

4）具有酸性或碱性的腐蚀性介质管道，应在其他管线下面。

5）天然气管、煤气管、氢气管、沼气管、臭气管不宜在沟内敷设。

6）地下厂区管线位置宜按下列顺序自建筑红线向道路侧布置：①电力电缆；②压缩空气管；③氢气管；④生产及生活等上水管；⑤工业废水管；⑥生活污水管；⑦消防水管；⑧雨水管；⑨照明及电信杆柱。

（10）地下管线交叉时一般应满足按照下列要求。

1）各种管线不应穿越可燃或易燃液（气）体沟道。

2）非绝缘管线不宜穿越电缆沟、隧道，必须穿越时应有绝缘措施。

3）可燃、易燃气体管道应在其他管道上面交叉通过。

4）热力管应在可燃气体管道及给水管道上面交叉布置。

5）电缆应在热力管下面其他管道上面通过。

6）地下管线（或管沟）穿越铁路、道路时，应符合下列要求。

a. 管顶至铁路轨底的垂直净距，不应小于 1.2m。

b. 管顶至道路路面结构层底的垂直净距不应小于 0.5m。

c. 穿越铁路、道路的管线当不能满足上述要求时，应加防护套管（或管沟），其两端应伸出铁路路肩或路堤坡脚以外，且不得小于 1m。当铁路路基或道路路边有排水沟时，其套管应延伸出排水沟沟边 1m。

2. 地下管线的间距

地下管线至与其平行的建（构）筑物、铁路、道路及其他管线的水平距离，应根据工程地质、基础形式、检查井结构、管线埋深、管道直径、管内输送物质的性质等因素综合确定。

（1）地下管线之间的最小水平净距见表 24-11。

（2）地下管线与建（构）筑物之间的最小水平净距见表 24-12。

表 24-11　地下管线之间的最小水平净距　　m

名称		给水管（mm）				排水管（mm）			热力管（沟）	天然气管	压缩空气管	氢气管、氨气管	电力电缆		通信电缆		油管（沟）	酸、碱、氯管（沟）	沼气管	
		<75	75～150	200～400	>400	生产废水管与雨水管<800（污水管<300）	生产废水管与雨水管800～1500（污水管400～600）	生产废水管与雨水管>1500（污水管>600）					直埋电缆	电缆沟（排管）	直埋电缆	电缆沟（排管）			低压≤0.01MPa	0.01MPa<中压≤MPa
给水管（mm）	<75	—	—	—	—	0.7	0.8	1.0	0.8	1.5	0.8	0.8	1.0	0.8	0.5	0.5	1.0	1.0	0.5	0.5
	75～150	—	—	—	—	0.8	1.0	1.2	1.0	1.5	1.0	1.0	1.0	1.0	0.5	0.5	1.0	1.0	0.5	0.5
	200～400	—	—	—	—	1.0	1.2	1.5	1.2	1.5	1.2	1.2	1.0	1.2	1.0	1.0	1.0	1.0	0.5	0.5
	>400	—	—	—	—	1.0（1.2）	1.2（1.5）	1.5（2.0）	1.5	1.5	1.5	1.5	1.0	1.5	1.2	1.2	1.0	1.0	0.5	0.5
排水管（mm）	生产废水管与雨水管<800（污水管<300）	0.7	0.8	1.0	1.0（1.2）	—	—	—	1.0	2.0	0.8	0.8	1.0	1.0	0.8	0.8	1.0	1.0	1.0	1.2
	生产废水管与雨水管800～1500（污水管400～600）	0.8	1.0	1.2	1.2（1.5）	—	—	—	1.2	2.0	1.0	1.0	1.0	1.2	1.0	1.0	1.0	1.0	1.0	1.2
	生产废水管与雨水管>1500（污水管>600）	1.0	1.2	1.5	1.5（2.0）	—	—	—	1.5	1.5	1.2	1.2	1.0	1.5	1.0	1.0	1.0	1.0	1.0	1.2
热力管（沟）		0.8	1.0	1.2	1.5	1.0	1.2	1.5	—	2.0①	1.0	1.5	2.0	1.0	2.0	0.6	1.0	1.0	1.0	1.0
天然气管		1.5	1.5	1.5	1.5	2.0	2.0	2.0	2.0	—	1.5	1.5	1.5	1.5	1.5	1.5	1.5	1.5	1.5	1.5
压缩空气管		0.8	1.0	1.2	1.5	0.8	1.0	1.2	1.0	1.5	—	1.5	1.0	1.0	0.8	1.0	1.5	1.0	1.5	1.5

续表

名称		给水管（mm）				排水管（mm）			热力管（沟）	天然气管	压缩空气管	氢气管、氨气管	电力电缆		通信电缆		油管（沟）	酸、碱、氯管（沟）	沼气管	
		<75	75～150	200～400	>400	生产废水管与雨水管<800（污水管<300）	生产废水管与雨水管800～1500（污水管400～600）	生产废水管与雨水管>1500（污水管>600）					直埋电缆	电缆沟（排管）	直埋电缆	电缆沟（排管）			低压≤0.01MPa	0.01MPa<中压≤MPa
氢气管、氨气管		0.8	1.0	1.2	1.5	0.8	1.0	1.2	1.5	1.5	1.5	—	1.0	1.5	1.0	1.0	1.5	1.5	1.5	1.5
电力电缆	直埋电缆	1.0	1.0	1.0	1.0	1.0	1.0	1.0	2.0	1.5	1.0	1.0	—	0.5	0.5	0.5	1.0	1.0	0.5	0.5
	电缆沟（排管）	0.8	1.0	1.2	1.5	1.0	1.2	1.5	1.0	1.5	1.0	1.5	0.5	—	0.5	0.5	1.0	1.0	1.0	1.0
通信电缆	直埋电缆	0.5	0.5	1.0	1.2	0.8	1.0	1.0	2.0	1.5	0.8	1.0	0.5	0.5	—	—	1.0	1.0	0.5	0.5
	电缆沟（排管）	0.5	0.5	1.0	1.2	0.8	1.0	1.0	0.6	1.5	1.0	1.0	0.5	0.5	—	—	1.0	1.0	1.0	1.0
油管（沟）		1.0	1.0	1.0	1.0	1.0	1.0	1.0	1.0	1.5	1.5	1.5	1.0	1.0	1.0	1.0	—	1.5	1.5	1.5
酸、碱、氯管（沟）		1.0	1.0	1.0	1.0	1.0	1.0	1.0	1.0	1.5	1.0	1.5	1.0	1.0	1.0	1.0	1.5	—	1.5	1.5
沼气管	低压≤0.01MPa	0.5	0.5	0.5	0.5	1.0	1.0	1.0	1.0	1.5	1.5	1.5	0.5	1.0	0.5	1.0	1.5	1.5	—	—
	0.01MPa<中压≤MPa	0.5	0.5	0.5	0.5	1.2	1.2	1.2	1.2	1.5	1.5	1.5	0.5	1.0	0.5	1.0	1.5	1.5	—	—

注 1. 表列间距均自管壁、沟壁或防护设施的外缘或最外一根电缆算起；管径系指公称直径；表中“—”表示间距由工艺根据施工、运行检修等因素确定。

2. 特殊情况下，当热力管（沟）与直埋电缆间距不能满足本表规定时，在采取隔热措施后可酌减且最多减少50%；当热力管为工艺管道伴热时，间距不限；仅供采暖用的热力沟与电力电缆、通信电缆及电缆沟之间的间距可减少20%，但不得小于0.5m。

3. 局部地段直埋电缆用隔板分隔或穿管后与给水管、排水管、压缩空气管的间距可减少到0.5m。

4. 表列数据按给水管在污水管上方制定。生活饮用水给水管与生产、生活污水管的间距应按本表数据增加50%；当给水管与排水管共同埋设的土壤为砂土类，且给水管的材质为非金属或非合成塑料时，给水管与排水管的间距不应小于1.5m。

5. 110kV及以上的直埋电力电缆应按表列数据增加50%。

6. 表中天然气管指设计压力大于或等于1.6MPa的天然气管，设计压力小于1.6MPa的天然气管与其他管线之间的距离按GB 50028《城镇燃气设计规范》的有关规定执行。

7. 臭气管与其他地下管线之间的最小水平净距参照压缩空气管标准，污泥管（沟）与其他地下管线之间的最小水平净距参照排水管标准。

① 天然气至热力管沟（外壁）的间距不应小于4.0m。

表 24-12 **地下管线与建（构）筑物之间的最小水平净距** m

名称	给水管（mm）			排水管（mm）				热力管（沟）	天然气管	压缩空气管	氢气管、氨气管	电力电缆		油管（沟）	酸、碱、氯管（沟）	沼气管	
	<150	200～400	>400	生产废水管与雨水管<800（污水管<300）	生产废水管与雨水管800～1500	污水管400～600	生产废水管与雨水管>1500（污水管>600）					直埋电缆	电缆沟（排管）			低压≤0.01MPa	0.01MPa<中压≤MPa
建（构）筑物基础外缘	1.0	2.5	3.0	1.5	2.0	2.0	2.5	1.5	13.5①	1.5	④	0.6⑥	1.5	3.0	3.0	0.7	1.0
铁路（中心线）	3.3	3.8	3.8	3.8	4.3	4.3	4.8	3.8	②	2.5⑤	2.5⑤	3.0（10.0）⑤	2.5⑤	3.8	3.8	5.0	5.0
道路	0.8	1.0	1.0	0.8	1.0	0.8	1.0	0.8	1.5	0.8	0.8	1.0⑥	0.8	1.5	1.0	1.0	1.0
管架基础外缘	0.8	1.0	1.0	0.8	0.8	1.0	1.2	0.8	1.5	0.8	0.8	0.5	0.8	1.5	1.5	1.0	1.0
通信照明杆柱（中心）	0.5	1.0	1.0	0.8	1.0	1.0	1.2	0.8	1.0	0.8	0.8	1.0⑥	0.8	1.0	1.0	1.0	1.0
围墙基础外缘	1.0	1.0	1.0	1.0	1.0	1.0	1.0	1.0	1.0	1.0	1.0	0.5	1.0	1.0	1.0	1.0	1.0
排水沟外缘	0.8	0.8	1.0	0.8	0.8	0.8	1.0	0.8	1.0	0.8	0.8	1.0⑥	1.0	1.0	1.0	1.0	1.0
高压电力杆柱或铁塔基础外缘	0.8	1.5	1.5	1.2	1.5	1.5	1.8	1.2	1.0（5.0）③	1.2	2.0	4.0⑥	1.2	2.0	2.0	1.0（5.0）	1.0（5.0）

注 1. 表列间距除注明者外，管线均自管壁、沟壁或防护设施的外缘或最外一根电缆算起；道路为城市型时，自路面边缘算起，为公路型时，自路肩边缘算起。

2. 表列埋地管道与建（构）筑物基础外缘的间距，均指埋地管道与建（构）筑物的基础在同一标高或其以上时，当埋地管道深度大于建（构）筑物的基础深度时，应按土壤性质计算确定，但不得小于表列数值。

3. 表中天然气管与建（构）筑物的间距除应符合 GB 50028《城镇燃气设计规范》的有关规定外，管道的安全设计还应满足 GB 50251《输气管道工程设计规范》的要求。

4. 臭气管与建（构）筑物之间的最小水平净距参照压缩空气管标准，污泥管（沟）与建（构）筑物之间的最小水平净距参照排水管标准。

① 指设计压力大于或等于 1.6MPa 的天然气管距建筑物外墙面（出地面处）的距离。当按 GB 50251《输气管道工程设计规范》采取有效的安全防护措施或增加管道壁厚后，与建筑物的距离可适当减小，但与建（构）筑物基础外缘的最小水平净距应为 3.0m；设计压力小于 1.6MPa 的天然气管与建筑物的水平净距应按 GB 50028《城镇燃气设计规范》的有关规定执行。

② 天然气管与铁路路堤坡脚的最小水平净距：设计压力小于或等于 1.6MPa 时，为 5m；设计压力小于或等于 2.5MPa 且大于 1.6MPa 时，为 6m；设计压力大于 2.5MPa 时，为 8m。

③ 括号内为与大于 35kV 电杆（塔）基础外缘的距离。

④ 氢气管、氨气管与有地下室的建筑物基础和通行沟道外缘的最小水平净距为 3.0m，与无地下室的建筑物基础外缘的最小水平净距为 2.0m。

⑤ 指距铁路轨外缘的距离；括号内为距直流电气化铁路路轨的距离。

⑥ 特殊情况下，可酌情且最多减少 50%。

（3）地下管线与建筑物基础之间的水平间距验算。

1）管线埋深大于建（构）筑物基础埋深时，其水平间距 L（见图 24-3）按式（24-1）计算。

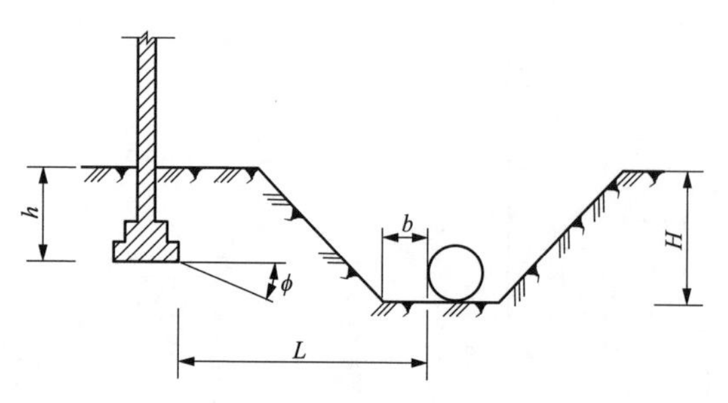

图 24-3　管线埋深低于建筑物基础底面

$$L=\frac{H-h}{\tan\phi}+b \tag{24-1}$$

式中　L——管线与建筑物基础边之间的水平距离，m；

H——管线敷设深度，m；

h——建筑物基础砌置深度，m；

ϕ——土壤内摩擦角，（°），见表 24-13；

b——管线施工宽度，m，见表 24-14。

表 24-13　　土壤内摩擦角 ϕ

土壤类别				当下列孔隙孔 e_0 时土壤的内摩擦角 ϕ						
				e_0=0.4～0.5	e_0=0.5～0.6	e_0=0.6～0.7	e_0=0.7～0.8	e_0=0.8～0.9	e_0=0.9～1.0	e_0=0.9～1.1
砂类土	粗　砂			40	38	36				
	中　砂			38	36	33				
	细　砂			36	34	30				
	粉　砂			34	32	26				
黏性土	粉质黏土	塑限含水量 W_p（%）	<9.4	28	26	25				
	亚黏土		9.5～12.4	23	22	21				
			12.5～15.4	22	21	20	19			
			15.5～18.4		20	19	18	17	16	
			18.5～22.4			18	17	16	15	
			22.5～26.4				16	15	14	
			26.5～30.4					14		13

表 24-14　　管线施工宽度 b

管径（mm）	b 值（m）
100～300	0.4
350～450	0.5
500～1200	0.6

2）埋深不同，无支撑管道之间的水平间距按式（24-2）计算，参见图 24-4。

$$L=m\Delta h+B \tag{24-2}$$

式中　L——管线之间水平间距；

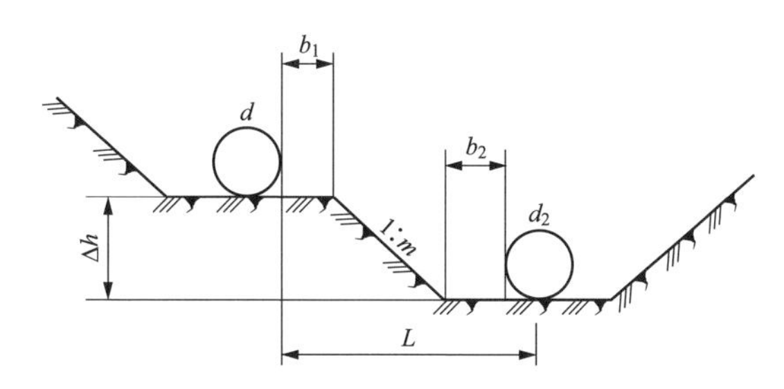

图 24-4 无支撑时，管线之间的水平间距

m——沟槽边坡的最大坡度；

Δh——两管道沟槽槽底之间高差，m；

B——验算时，取两管道施工宽度之和（$B=b_1+b_2$），见表 24-15。

表 24-15 **管线施工宽度之和 *B*** mm

项目		管径 d_1		
		200～300	350～450	500～1200
管径 d_2	200～300	0.7	0.8	0.9
	350～450	0.8	0.9	1.0
	500～1200	0.9	1.0	1.1

3. 循环水管布置

（1）循环水管的特点。循环水管作为厂内最主要的管线之一，通常采用一台机组配一条进水管、一条排水管（沟）。它具有以下特性。

1）管径大。循环水管常用直径尺寸为 1～2m。列于厂区管径之首，故平面及管线布置时最先考虑其路径。

2）埋深大。由于循环水管管径大，施工早，需考虑场地上其他管线与循环水管平面交叉问题，一般循环水管覆土深度约为 2m，开挖深度可达 4m。若考虑大件或重载交通通过时，还需要进行加固处理。

3）开挖和回填要求高。由于循环水管埋深大，根据地质条件的不同，考虑开挖坡度在 1∶1～1∶2 之间，特别是在扩建机组时，与周边的建（构）筑物需要考虑相应的施工距离。少数情况下，可采用支护桩进行处理。在回填时，为了确保压实度，管底需要铺垫 300mm 厚的粗砂垫层，管的两侧采用中粗砂分层夯实的方法。

（2）循环水管的敷设。循环水管是连接循环水泵房与汽机房的管线，因此循环水管的敷设取决于两者之间的相对位置关系。无论是直流冷却系统，还是循环冷却系统，循环水泵房相对主厂房通常有三种布置方式。

1）汽机房 A 排外。循环水泵房和冷却塔布置在汽机房 A 排外，循环水管垂直穿过 A 排外环形道路后，沿 A 排纵轴线进入主厂房，其循环水管线长度是各种布置方式较为短捷的一种，典型布置如图 24-5 所示。

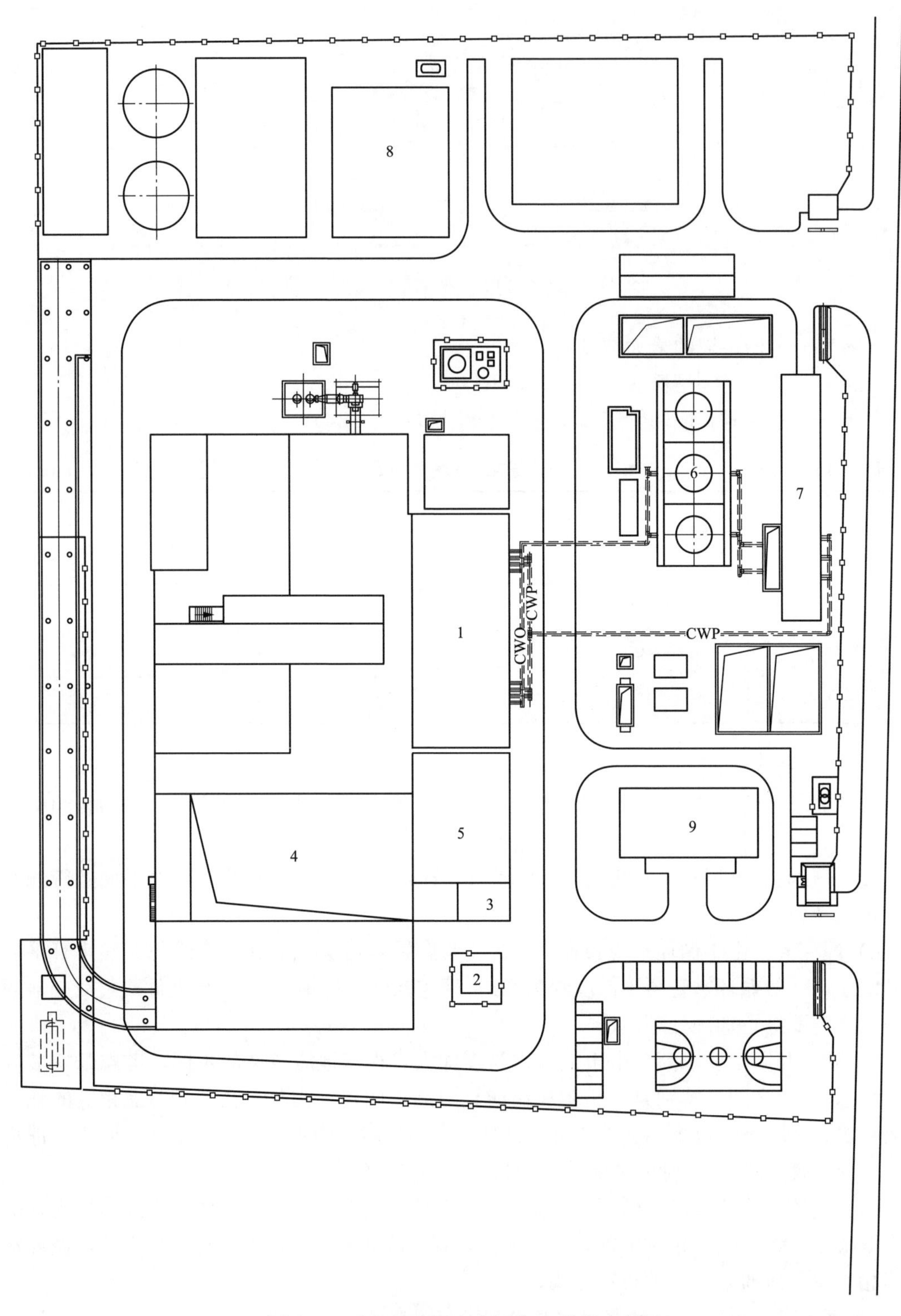

图 24-5 冷却塔布置在主厂房 A 排外实例图

1—主厂房；2—变压器；3—配电装置；4—垃圾库；5—集控楼；6—冷却塔；7—循环水泵房；8—辅助生产设施；9—厂前建筑区

2）主厂房侧面。循环水泵房和冷却塔布置在主厂房侧面。循环水管垂直穿过主厂房侧面环形道路后，沿A排纵轴线进入主厂房，布置如图24-6、图24-7所示。

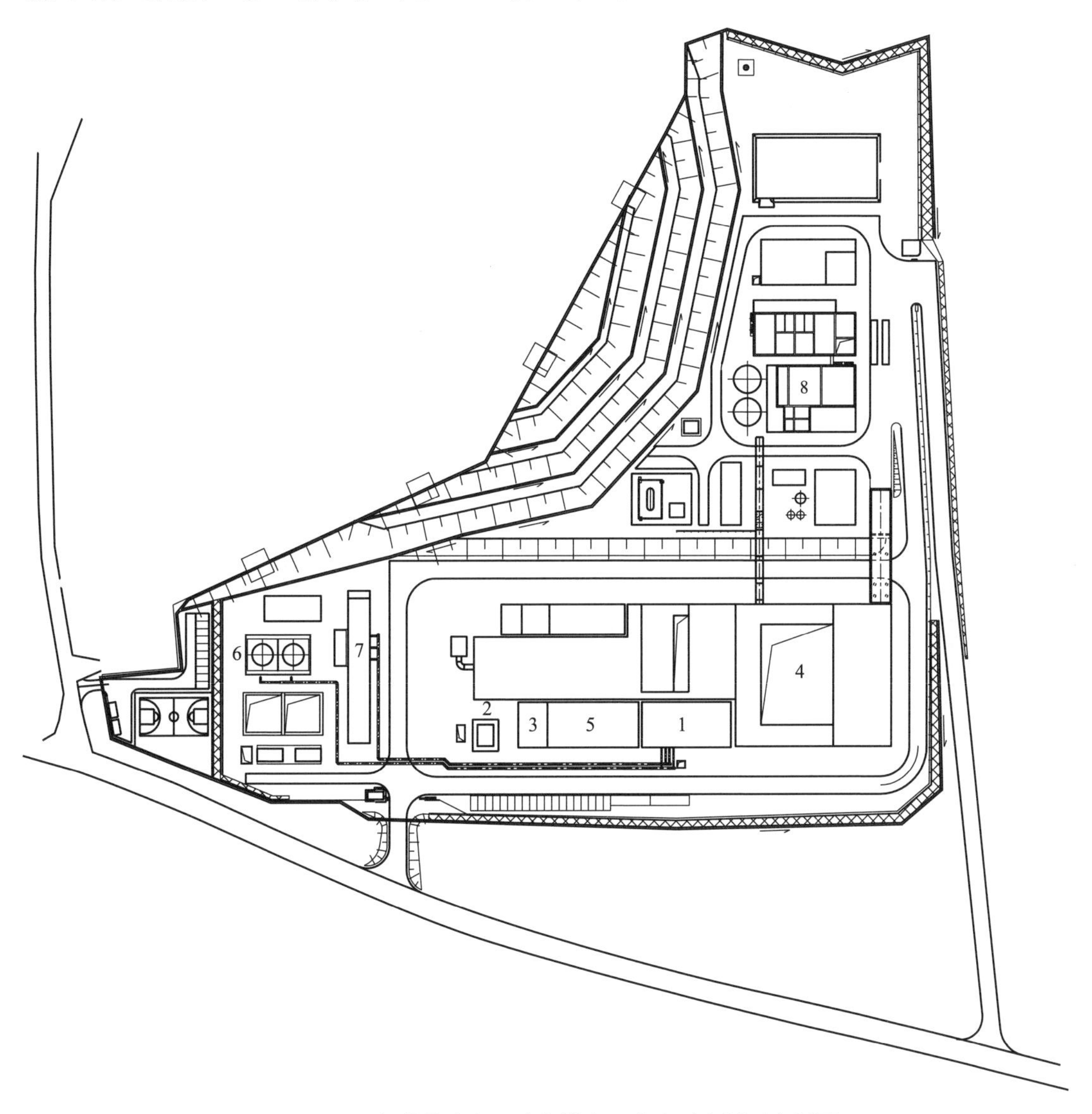

图24-6 垃圾焚烧发电厂冷却塔布置在主厂房侧面实例图

1—主厂房；2—变压器；3—配电装置；4—垃圾库；5—集控楼；6—冷却塔；7—循环水泵房；8—辅助生产设施

3）主厂房后侧。部分垃圾发电厂对景观的要求较高，汽机房A排外一般只布置厂前区建筑，冷却塔布置在主厂房的背面，其循环水管线长度是各种布置方式中最长的一种。

循环水泵房和冷却塔布置在炉后时，循环水管有两种布置路径。

a. 进排水管可绕至主厂房固定端，从A排外进入汽机房。

b. 进排水管也可以从炉后，直接穿过锅炉房进入汽机房。

某垃圾焚烧发电厂冷却塔布置在主厂房后侧，由于场地紧张，冷却塔叠加布置在循环水泵房上方，该方案循环水管从主厂房侧面绕到主厂房A排进入汽机房，布置如图24-8所示。

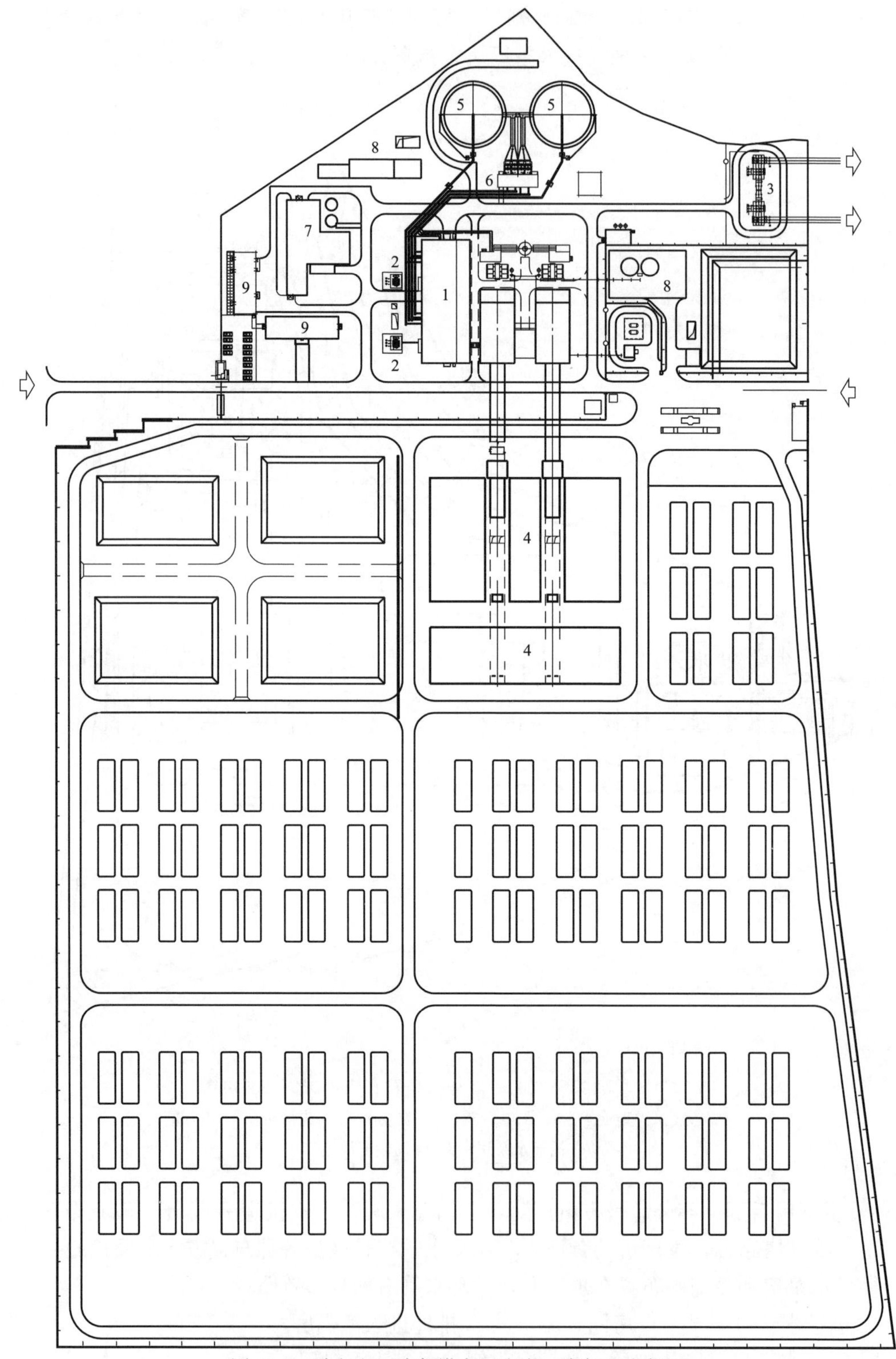

图 24-7　秸秆电厂冷却塔布置在主厂房侧面实例图

1—主厂房；2—变压器；3—配电装置；4—秸秆仓库；5—冷却塔；6—循环水泵房；7—水处理设施区；8—辅助生产设施；9—厂前建筑区

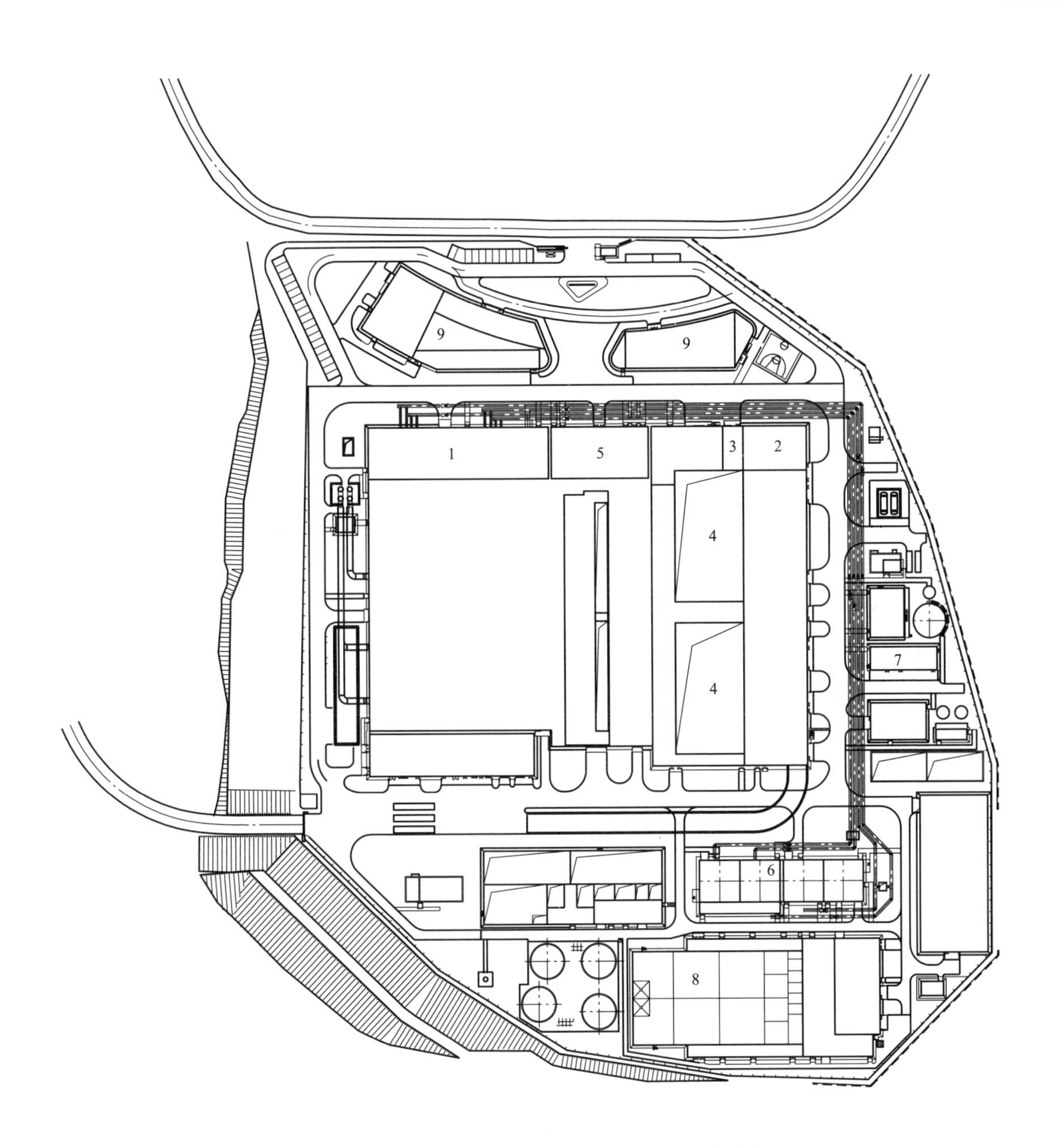

图 24-8　垃圾焚烧发电厂冷却塔布置在主厂房后侧实例图

1—主厂房；2—变压器；3—配电装置；4—秸秆仓库；5—冷却塔；6—循环水泵房；7—水处理设施区；8—辅助生产设施；9—厂前建筑区

循环水泵房布置在炉后，通常每根循环水管管线长度较前两种方式增长 100～200m，工程造价会增加。若采用冷却塔再循环系统，在环境影响评价许可的情况下，可采用烟塔合一方案。

某垃圾焚烧发电厂采用烟塔合一方案，将冷却塔布置炉后，其布置满足循环水及烟气系统的工艺要求。循环水管沿 A 排外向炉后引接入循环水泵房及冷却塔。布置如图24-9所示。

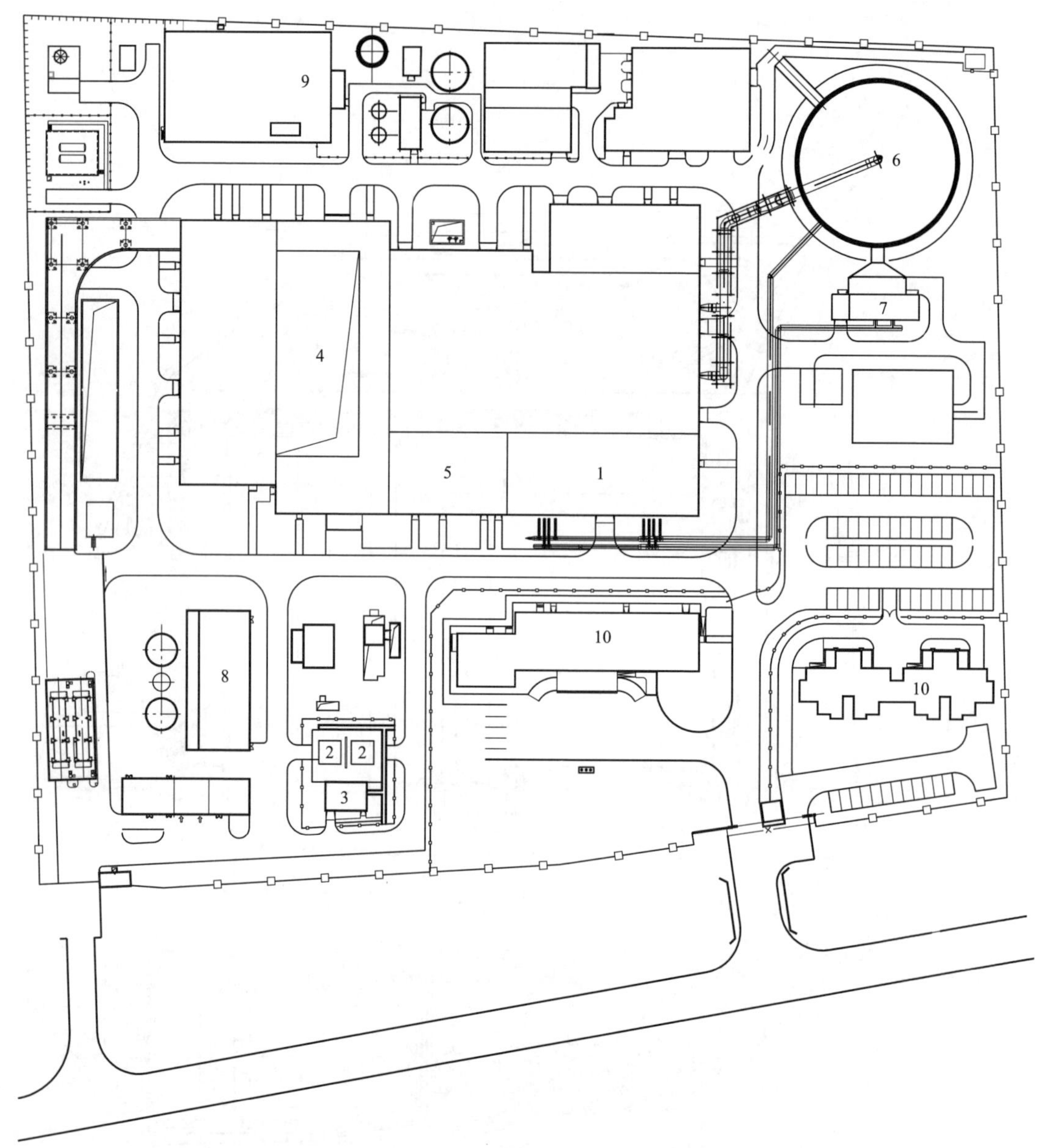

图 24-9 垃圾焚烧发电厂烟塔合一实例图

1—主厂房；2—变压器；3—配电装置；4—垃圾库；5—集控楼；6—烟塔合一；7—循环水泵房；8—水处理设施区；9—辅助生产设施；10—厂前建筑区

4. 特殊地区的地下管线布置

(1) 湿陷性黄土地区管道布置。室外管道宜布置在防护范围外。埋地管道与建筑物之间的防护距离见表 24-16。

表 24-16　　埋地管道与建筑物之间的防护距离　　m

各类建筑	地基湿陷等级			
	Ⅰ	Ⅱ	Ⅲ	Ⅳ
甲			8～9	11～12

续表

各类建筑	地基湿陷等级			
	Ⅰ	Ⅱ	Ⅲ	Ⅳ
乙	5	6～7	8～9	10～12
丙	4	5	6～7	8～9
丁		5	6	7

注　1. 陇西地区和陇东陕北地区，当湿陷性土层的厚度大于 12m 时，压力管道与各类建筑之间的防护距离，宜按湿陷性土层的厚度值采用。

2. 当湿陷性土层内有碎石土、砂土夹层时，防护距离可大于表中数值。

3. 采用基本防水措施的建筑，其防护距离不得小于一般地区的规定。

4. 防护距离的计算，对建筑物，宜自外墙轴线算起；对高耸结构，宜自基础外缘算起；对水池，宜自池壁边缘（喷水池等宜自回水坡边缘）算起；对管道、排水沟，宜自其外壁算起。

5. 建筑物应根据其重要性、地基受水浸湿可能性大小和在使用上对不均匀沉降限制的严格程度，分为甲、乙、丙、丁四类。

甲类建筑：高度大于 40m 的高层建筑、高度大于 50m 的构筑物、高度大于 100m 的高耸结构、特别重要的建筑、地基受水浸湿可能性大的重要建筑、对不均匀沉降有严格限制的建筑。

乙类建筑：高度 24～40m 的高层建筑、高度 30～50m 的构筑物、高度 50～100m 的高耸结构、地基受水浸湿可能性较大或可能性小的重要建筑、地基受水浸湿可能性大的一般建筑。

丙类建筑：除乙类以外的一般建筑和构筑物。

丁类建筑：次要建筑。

临时水管道至建筑物外墙的距离，在非自重湿陷性黄土场地，不宜小于 7m；在自重湿陷性黄土场地，不应小于 10m。

（2）膨胀土地区管道布置。

1）尽量将管道布置在膨胀性较小的和土质较均匀的平坦地段，宜避开大填、大挖地段和自然放坡坡顶处。

2）管道距建筑物外墙基础外缘的净距不应小于 3m。

第四节　厂区管线布置设计实例

生物质发电厂管线繁多，布置复杂。本节结合不同地区不同类型不同容量的工程厂区综合管线布置实例，对厂区管线种类、分布情况、敷设方式等内容，进行相关介绍。

一、北方地区 2×500t/d 垃圾发电厂实例

某垃圾发电厂建设规模为 2×500t/d 机组，已经建设 1 台机组，厂区管线采用直埋、管沟和架空三种方式。

管线主要位于 A 排外、扩建端和烟囱后区域。循环水供排水管、消防水管、雨水管、给水管、排水管等采用直埋。采用沟道敷设管线主要是蒸汽管、渗滤液管、污泥管、反渗透管和电缆沟。臭气管从渗滤液处理站至主厂房垃圾池，沿厂区西侧围墙和垃圾运输引桥架空布置，厂区基本不设管架。厂区管道布置如图 24-10 所示。

（1）A 排外：A 排至行政办公楼边 23.9m（中间有一条 7m 宽道路），共布置了 14 根管道和 1 条电缆沟。包含循环水管、雨水管、工业水管、消防水管、生活污水管、生活给水管、除盐水管、暖通冷热水管、超滤反洗回收水管等。A 排外管线布置断面图如图 24-11 所示。

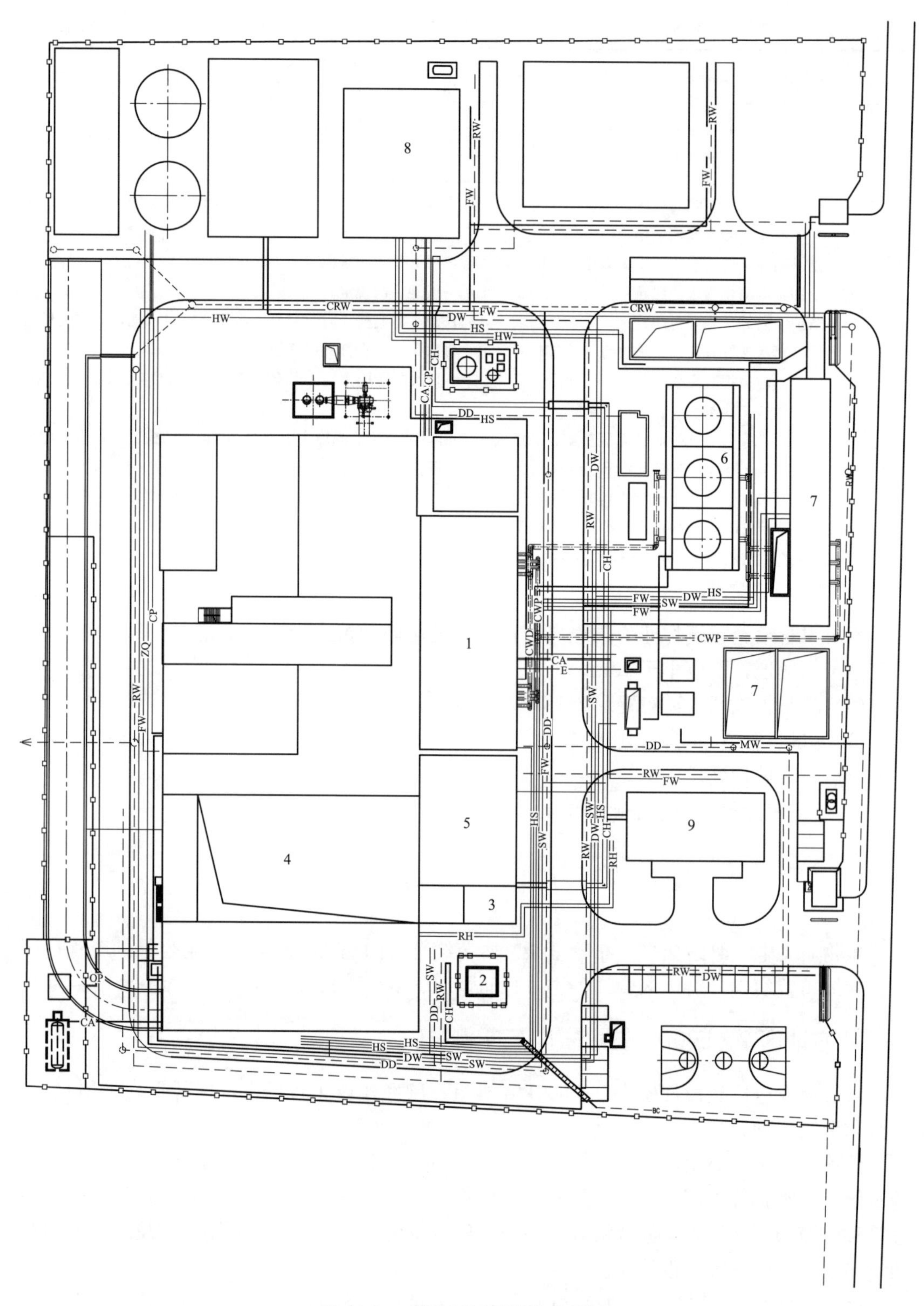

图 24-10　某电厂厂区管道布置图

1—主厂房；2—变压器；3—配电装置；4—垃圾库；5—集控楼；6—冷却塔；7—循环水泵房；8—辅助生产设施；9—厂前建筑区

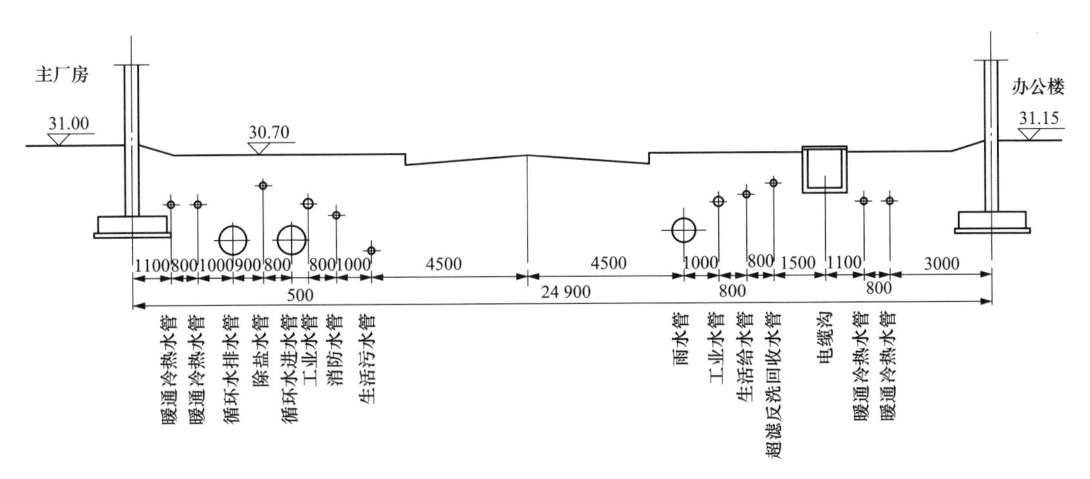

图 24-11　某电厂 A 排外管线布置断面图（mm）

（2）扩建端：从围墙至卸料平台和垃圾库边共 15.95m（中间有一条 7m 宽道路），布置了 3 根管。主要包含雨水管、消防水管、沼气管和综合管沟。综合管沟内布置渗滤液管、污泥管、反渗透管等，如图 24-12 所示。

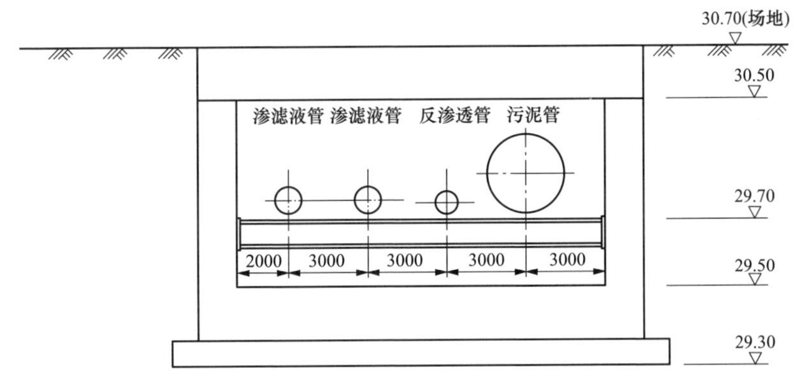

图 24-12　扩建端管沟断面图（m）

（3）烟囱后区域：烟囱后预留了脱硫场地，布置了氨水罐区，氨水罐区至渗滤液处理站之间共 22.9m（中间有一条 7m 宽道路），布置了 8 根管。主要包含雨水管、初期雨水管、消防水管、生活给水管、回用水管、生活污水管。

二、南方地区 6×850t/d 垃圾发电厂实例

某垃圾发电厂建设规模为 6×850t/d 机组，该工程设一座综合主厂房圆形围护结构，直径为 326m，将卸料平台、垃圾库、锅炉房、除渣间、烟气净化设施、引风机 6 条焚烧线的主生产线均布置在其中；其内还包括汽机房、化学水处理车间、空压机室、材料库、综合水泵房、循环水泵房、中央控制室和展览区、办公区等。主厂房布置在厂区中部，其他辅助及附属建（构）筑物均环绕主厂房布置。厂前生活区、污水处理站、中水处理设施、机械通风冷却塔、升压站布置在主厂房圆形围护结构外。

厂区管线采用直埋、管沟及架空三种方式。管线布置的主要原则如下。

(1) 厂前主要景观区管线均采用不露土设计，一般管线采用直埋，电缆和蒸汽管采用沟道布置。

(2) 主厂房圆形围护结构内，各类工艺管线以综合管架集中架空敷设为主，循环水管、雨水管（沟）、消防水管、生活污水管等直埋敷设，方便施工、便于检修、有利生产运行管理。

(3) 主厂房圆形封闭结构外，汽机房至变压器和升压站的封闭母线、电缆桥架采用管架架空敷设。主厂房至污水处理站的蒸汽管和臭气管采用架空敷设，渗滤液管、污泥管、酸碱管和废水管等采用综合管沟敷设。其余管道均直埋。

厂区管线综合布置如图 24-13 所示。

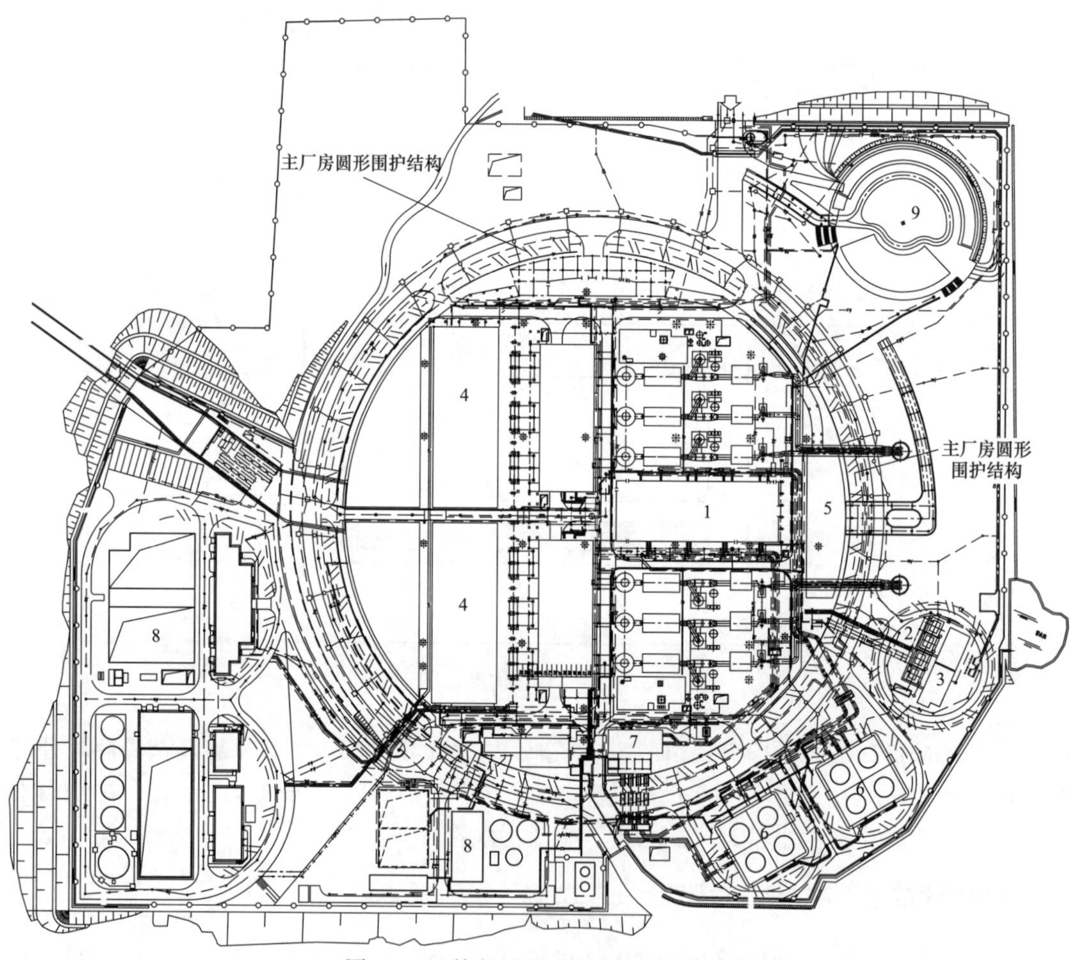

图 24-13　某电厂厂区管线综合布置图

1—主厂房；2—变压器；3—配电装置；4—垃圾库；5—集控楼；6—冷却塔；7—循环水泵房；8—辅助生产设施；9—厂前建筑区

1. 直埋

全厂道路侧均设埋地管线，汽机房区域、水处理区域是直埋管道集中区域。采用直埋的管线主要有循环水供排水管、消防水管、雨水管、生活污水管、部分给水管、工业水管、照明电缆等。汽机房区域管线平面布置和断面布置图见图 24-14、图 24-15。

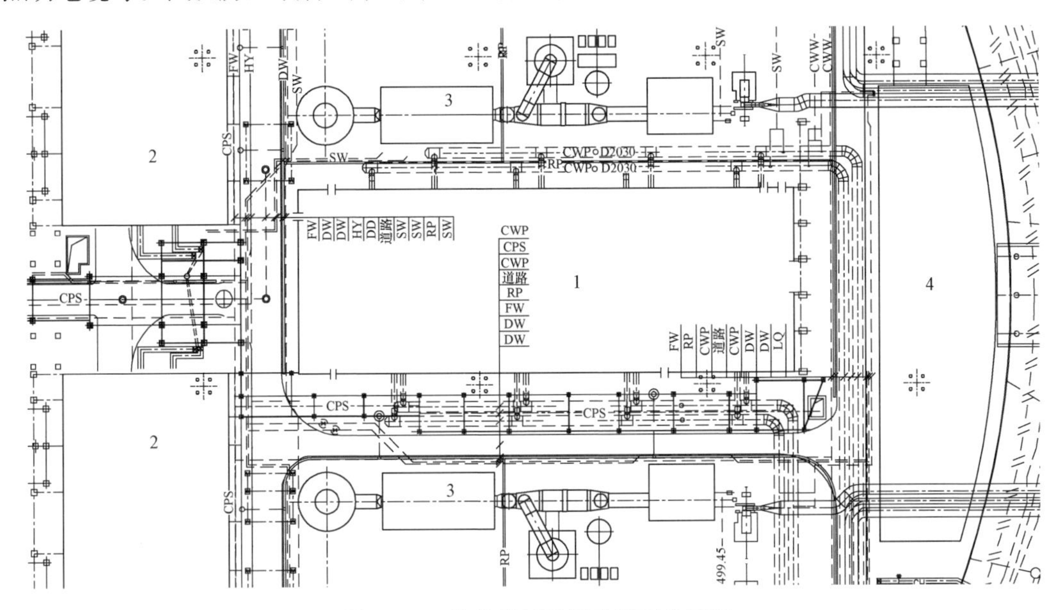

图 24-14　汽机房区域管线平面布置图

1—汽机房；2—出渣间；3—烟气净化装置；4—集控楼

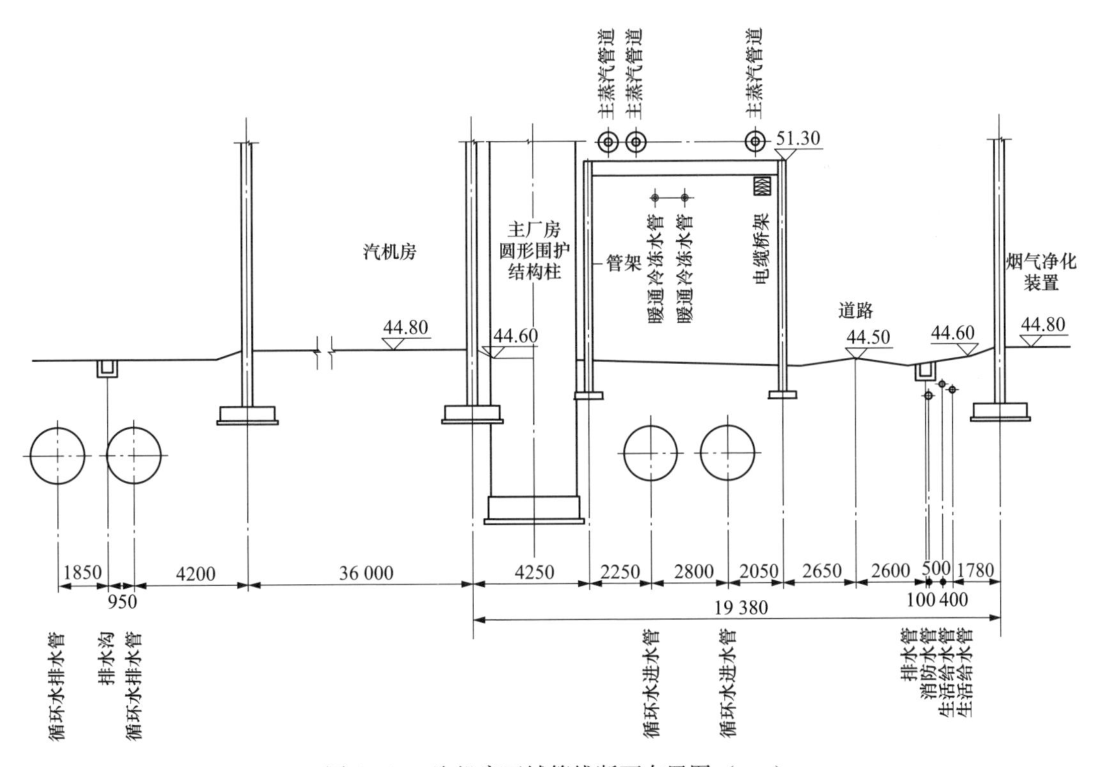

图 24-15　汽机房区域管线断面布置图（mm）

2. 沟道

采用沟道敷设的管线主要是蒸汽管、渗滤液管、污泥管、酸碱管、废水管以及部分电缆沟等。主厂房至污水处理站的部分管道采用综合管沟敷设。管沟的断面图如图 24-16、图 24-17 所示。

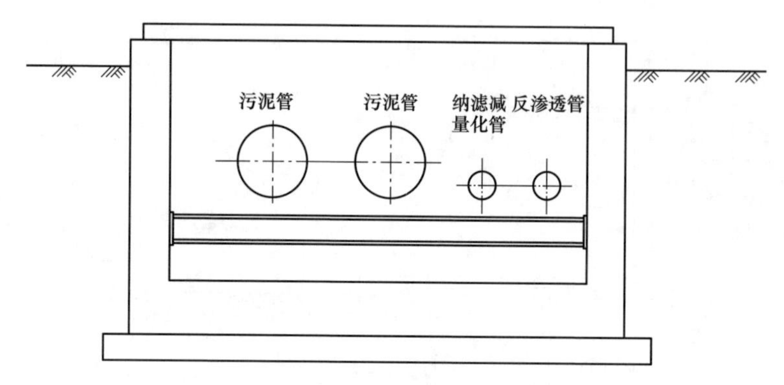

图 24-16 管沟 1 断面布置图

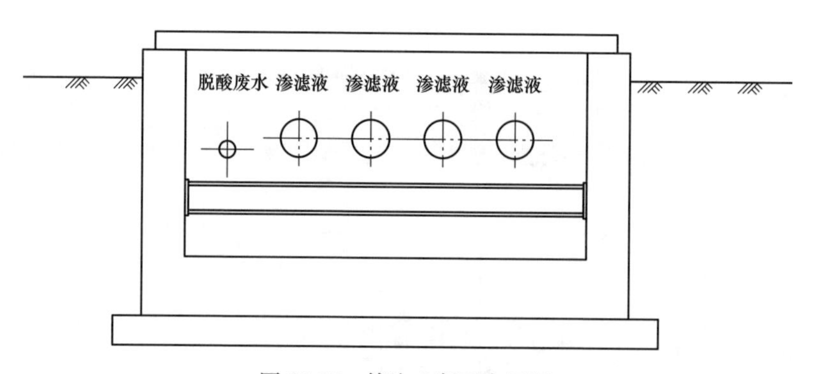

图 24-17 管沟 2 断面布置图

3. 架空管线

采用架空的管线主要有蒸汽管、天然气管、沼气管、臭气管、工业水管、压缩空气管、除盐水管、氨水管、电缆等。管架大部分为钢结构多层门形架，跨道路净空高度不小于 5.0m；局部地段也有单柱支架和低支墩沿地面敷设等。主要管架有 5 条，覆盖了主厂房区、污水处理站区和升压站区。沿途管线基本可采用架空敷设。管架布置如图 24-18 所示。

(1) 管架 1：在汽机房 A 排外布置了一条主管架，A 排前场地布置比较紧凑，管架宽度为 4m，共两层，层高为 2m。此处管架主要敷设蒸汽管、冷却水管和电缆等，具体见图 24-19。

(2) 管架 2：出渣间外布置了一条管架，管架立在出渣间的柱子上，宽度为 2.5m，两层，管架高度和层高均与出渣间相统一。此处管架主要布置蒸汽管、给水管、冷却水管、天然气管、沼气管、氨水管和电缆等，具体见图 24-20。

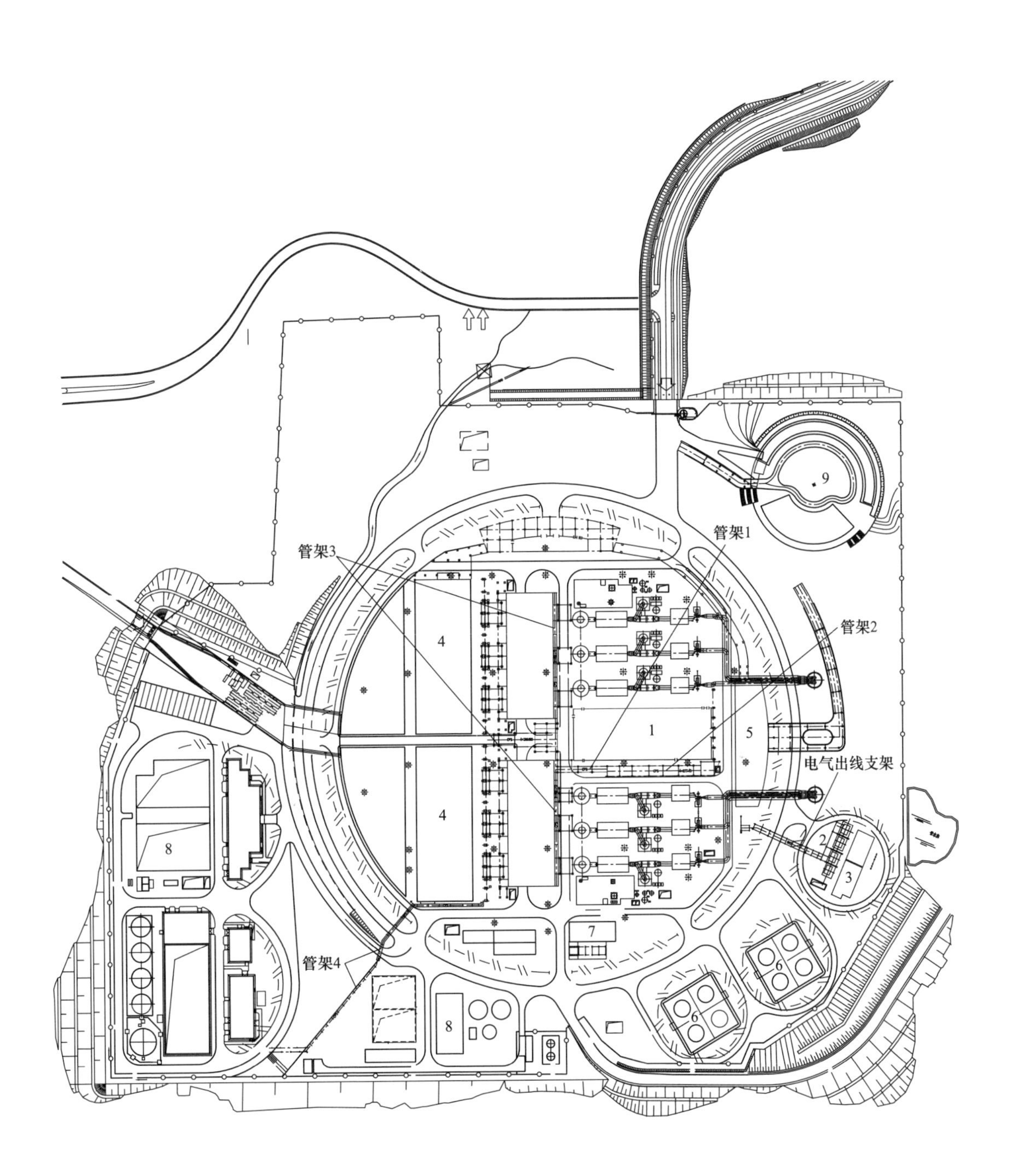

图 24-18　厂区综合管架布置图

1—主厂房；2—变压器；3—配电装置；4—垃圾库；5—集控楼；6—冷却塔；7—循环水泵房；8—辅助生产设施；9—厂前建筑区

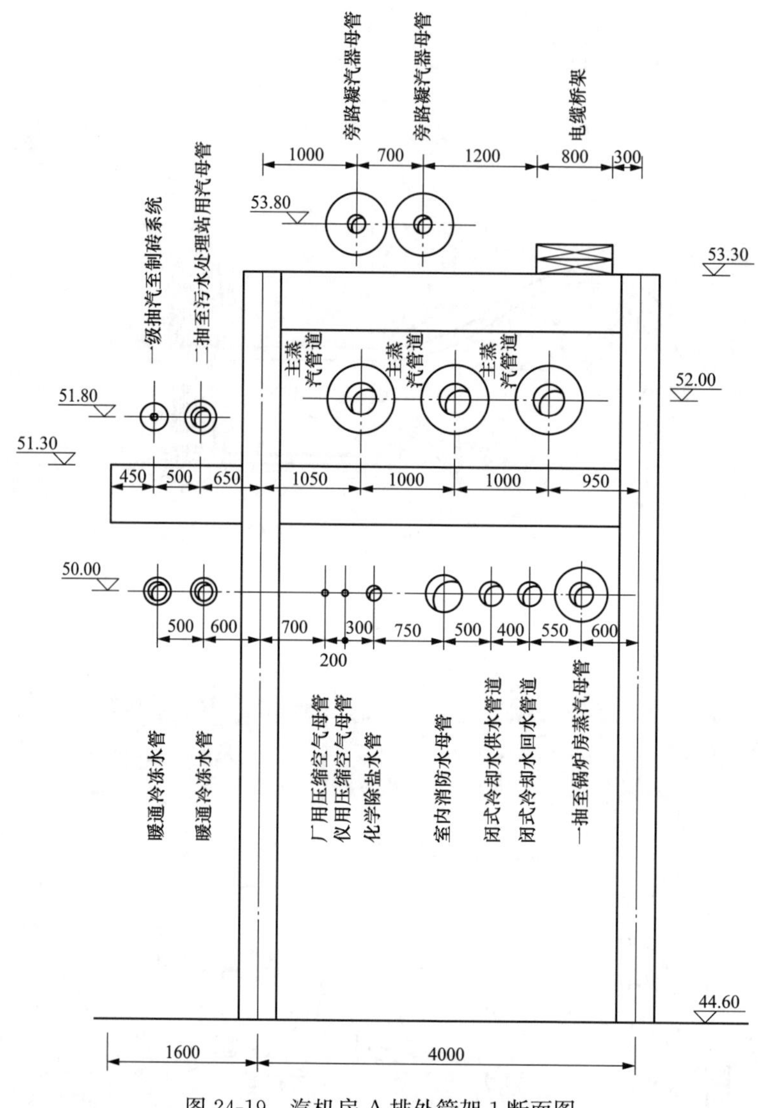

图 24-19 汽机房 A 排外管架 1 断面图

（3）管架 3：主厂房至污水处理站布置了一条管架，该管架布置了臭气管和蒸汽管，管架跨路段采用高支架，偏僻无交通处采用矮支墩沿地面敷设。具体见图 24-21。

三、北方地区 2×30MW 秸秆电厂实例

某电厂建设规模为 2×30MW 机组，厂区管线采用直埋、管沟及架空三种方式。厂区管线布置见图 24-22。

1. 直埋和沟道

采用直埋的管线主要有循环水供排水管，消防水管，生活上、下水管，雨水管，采暖管，冷却水管等，采用沟道敷设的管线主要是电缆和化学水管等，秸秆堆场区的雨水采用明沟排放。

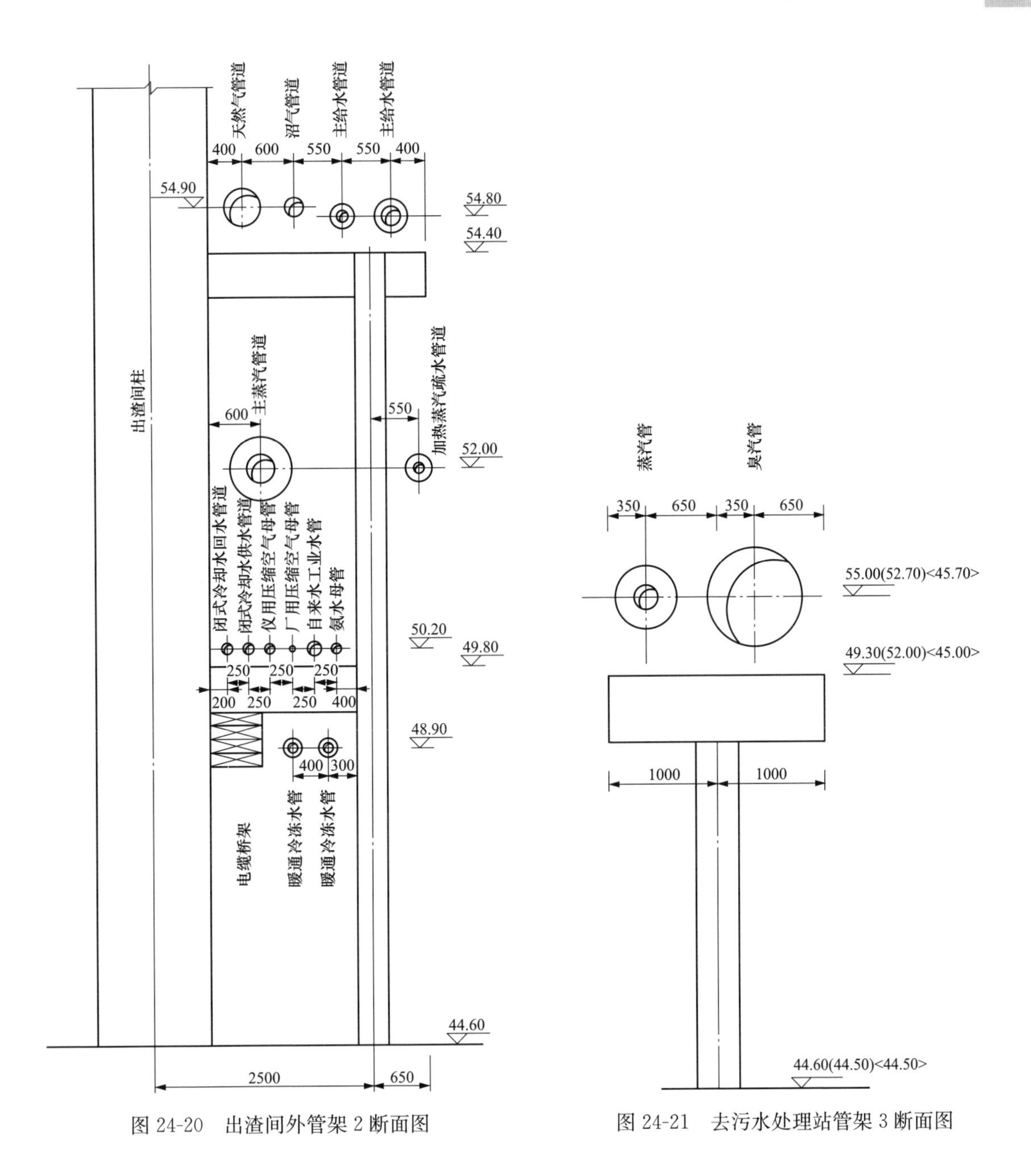

图 24-20　出渣间外管架 2 断面图

图 24-21　去污水处理站管架 3 断面图

道路边至直埋管线的距离主要为 1.0～1.5m，直埋管线至建筑物的距离大于或等于 2.0m，个别区域为 1.5m。管线之间的距离主要为 1.0m，个别管线为 0.8m，极端距离为 0.5m。

寒冷地区的管线埋深要在冻土层以下，防止液体冻结。

埋地管线主要位于汽机房前、烟囱后，以及厂区主要道路侧。

(1) 汽机房前：汽机房至化学水处理室有 43.0m（中间有一条 6m 宽道路），布置了 11 根管（沟）。包含循环进排水管、事故油管、电缆沟、生活污水管、消防水管、雨水管、采暖管等。汽机房前管线断面图见图 24-23。

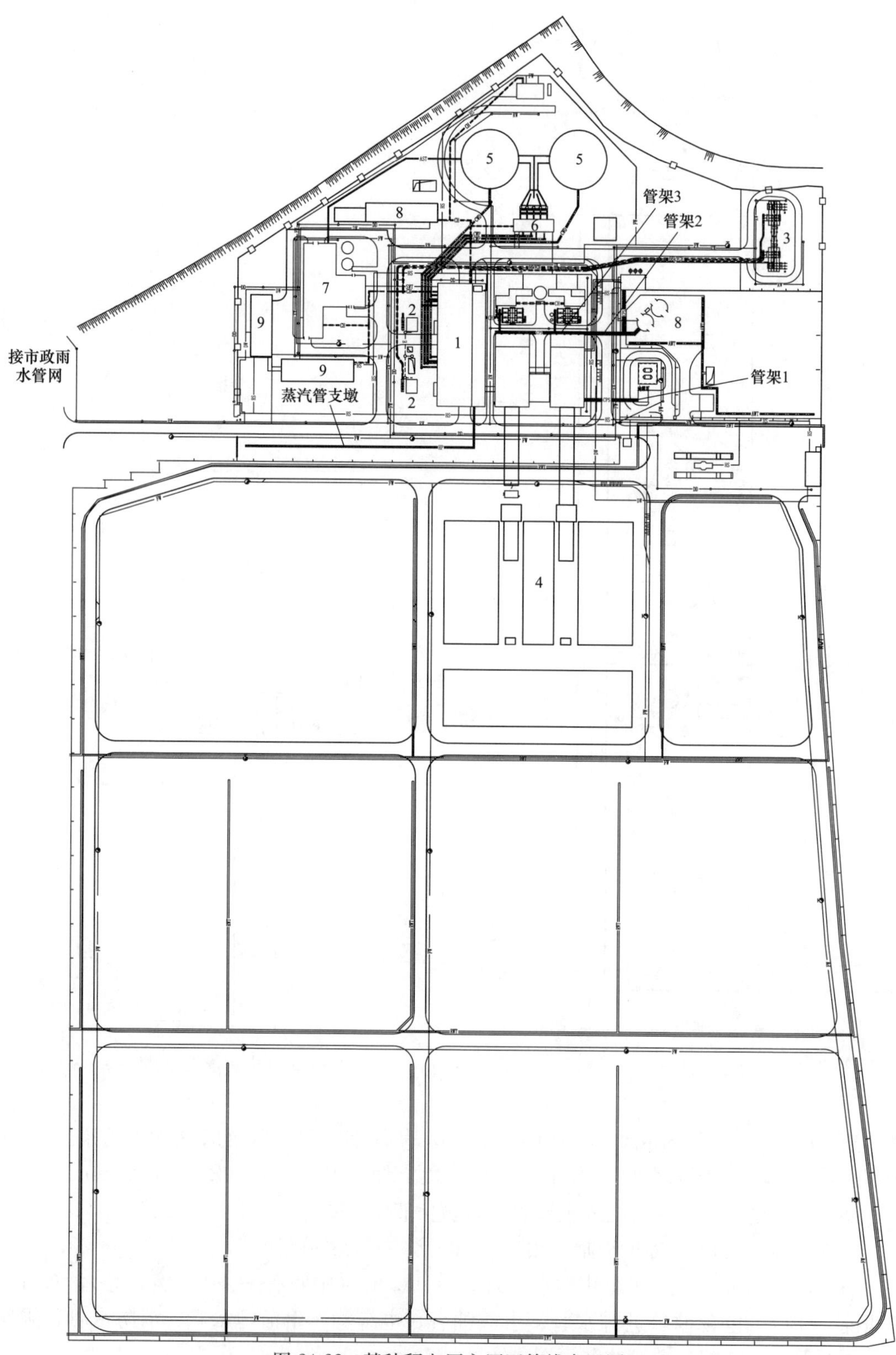

图 24-22 某秸秆电厂主厂区管线布置图

1—主厂房；2—变压器；3—配电装置；4—秸秆仓库；5—冷却塔；6—循环水泵房；7—水处理设施区；8—辅助生产设施；9—厂前建筑区

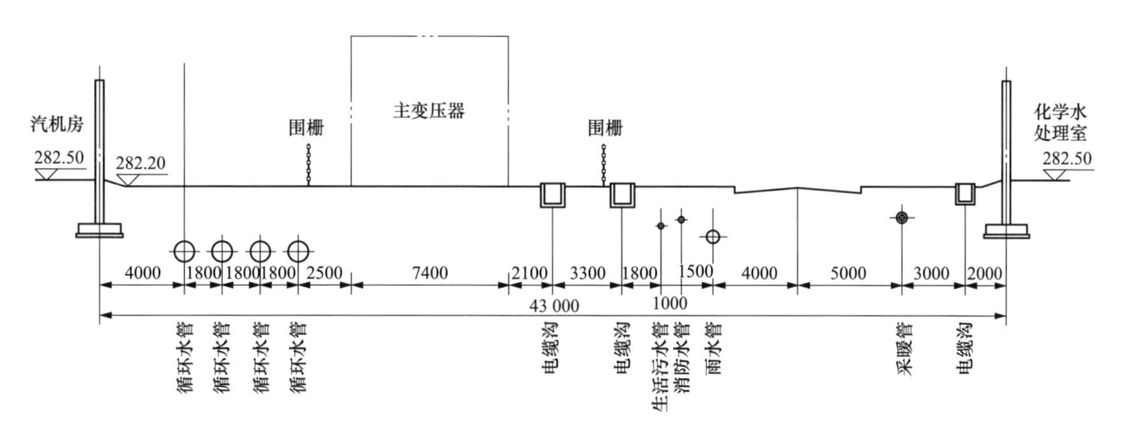

图 24-23　汽机房前管线断面图

（2）烟囱后：烟囱和汽机房侧面至循环水泵房边共 30.7m（中间有一条 6m 宽道路），布置了 10 根管，主要包括生活污水管、采暖管、电缆沟、生活水管、消防水管、雨水管等。烟囱后管线断面图具体见图 24-24。

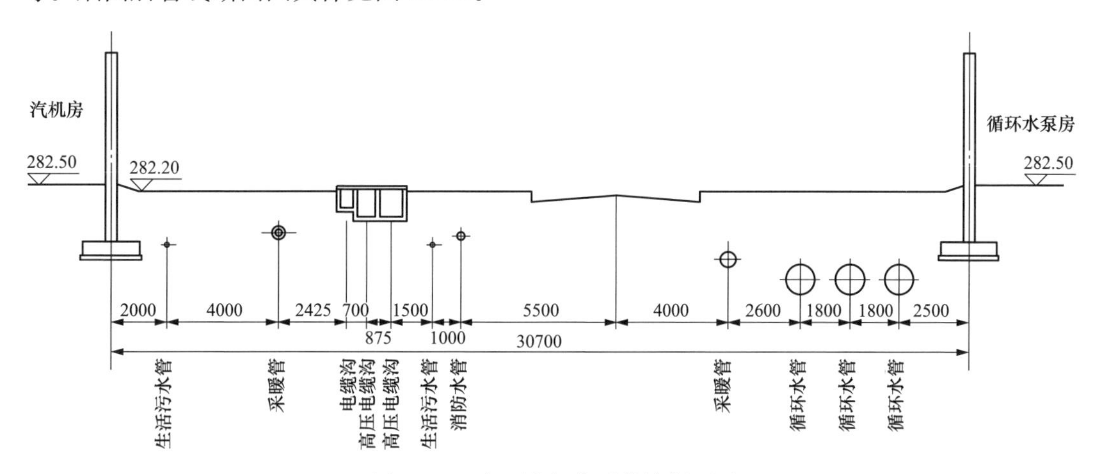

图 24-24　主厂房烟囱后管线断面图

（3）全厂主要道路侧根据用户需要布置雨水管、消防管、给水管、污水管、电缆沟及暖气管等。

秸秆堆场区的主要埋地管道是消防管，考虑秸秆容易堵塞雨水管道系统，秸秆堆场区的雨水系统采用明沟排放。沟道采用混凝土结构，在沟道末端设置格栅用于隔离杂物，经过格栅过滤的雨水排入市政雨水系统。

2. 架空管线

采用架空的管线主要有部分电缆、蒸汽管、灰管、油管、压缩空气管等。管架大部分为钢结构单柱型，跨道路净空标高为 5.0m，不影响各类车辆通行。管架层高 1.5m，有利于检修维护。

厂区主要管架基本在锅炉侧和炉后区域。锅炉和油罐区之间，锅炉和灰库、空压机房之间均设置了综合管架，汽机房至厂外的供热蒸汽管采用低矮支墩敷设。至各个功能区域的综合管架断面图如图 24-25～图 24-28 所示。

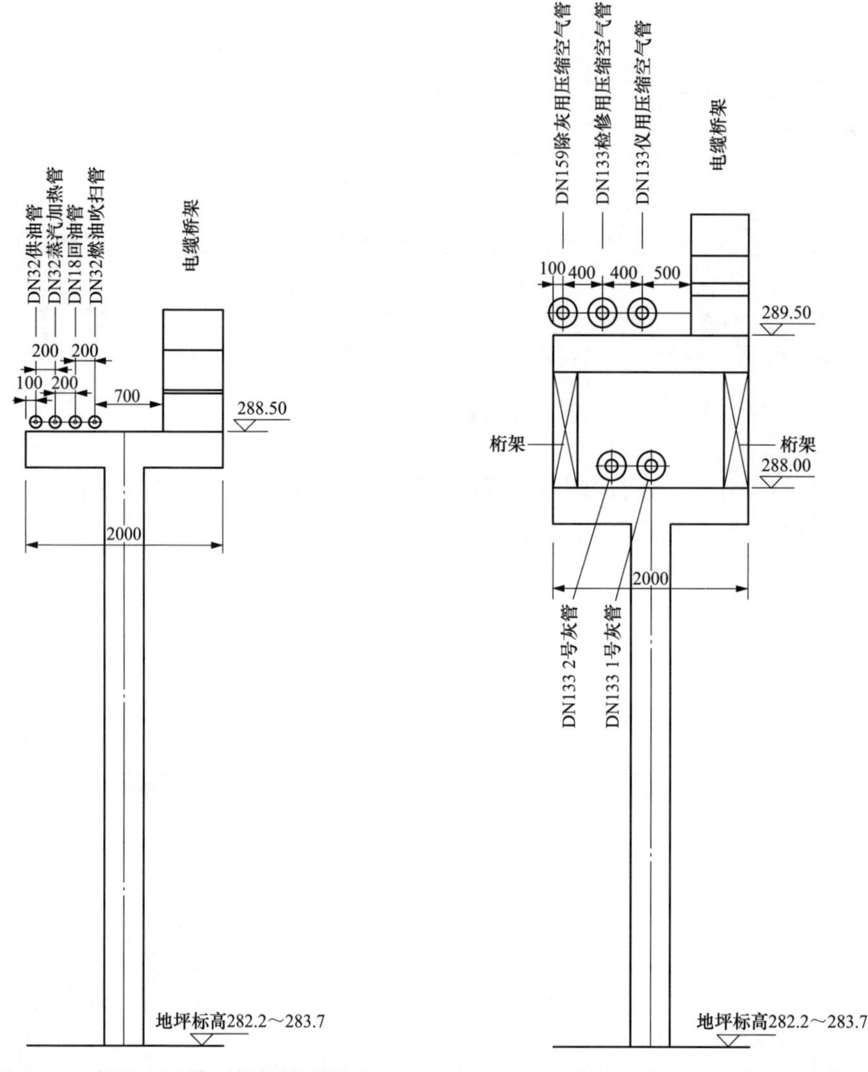

图 24-25　锅炉至油罐区管架断面图　　图 24-26　主厂房至灰库、空气压缩机房管架断面图

四、南方地区 1×30MW 秸秆电厂实例

某电厂建设规模为 1×30MW 机组，厂区管线采用直埋、管沟、架空三种方式。

1. 主厂区

主厂区汽机房和主厂房辅楼前、锅炉炉后是管道比较集中的地段。该工程管道主要采用直埋的敷设方式，循环水供排水管、消防水管、雨水管、给水管、排水管等均采用直埋。电缆采用沟道敷设。锅炉炉后管道利用锅炉和除尘器支架架空敷设。主厂区管线布置如图 24-29 所示。

(1) 汽机房前：汽机房前布置发电机出线小室和主变压器、事故油池等，因为只有一台机，主要管道和主变压器在平面上基本无矛盾。竖向上处理好管线交叉问题即可。汽机房至化学水处理室之间间距为 44.0m（中间有一条 6m 宽道路），共布置了 10 根管道、2

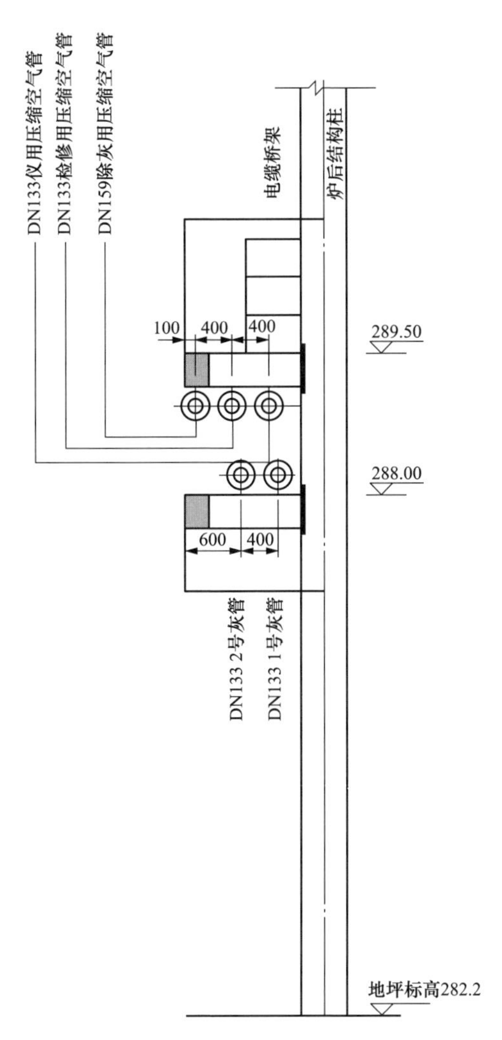

图 24-27　锅炉炉后管架断面图

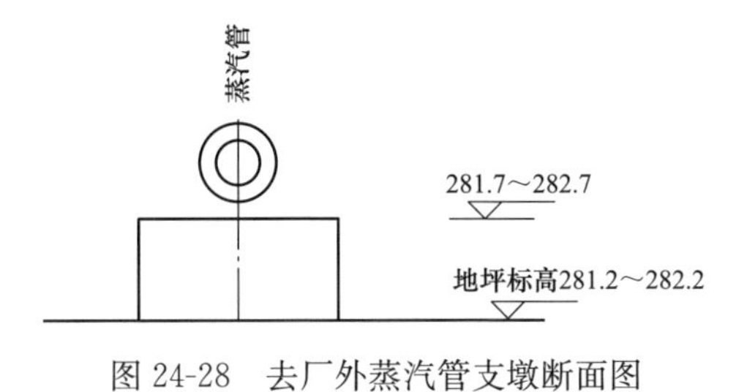

图 24-28　去厂外蒸汽管支墩断面图

条电缆沟，管道包含循环水管、冷却水管、生活给水管、消防水管、雨水管、供热管等。具体布置见图 24-30。

（2）主厂房辅楼前：主厂房辅楼至 110kV 屋外配电装置围栅之间距离为 18.5m（中间有一条 6m 宽道路），共布置了 5 根管道和 1 条电缆沟。管道包含雨水管、生活污水管、工业水管和压缩空气管等。具体布置见图 24-31。

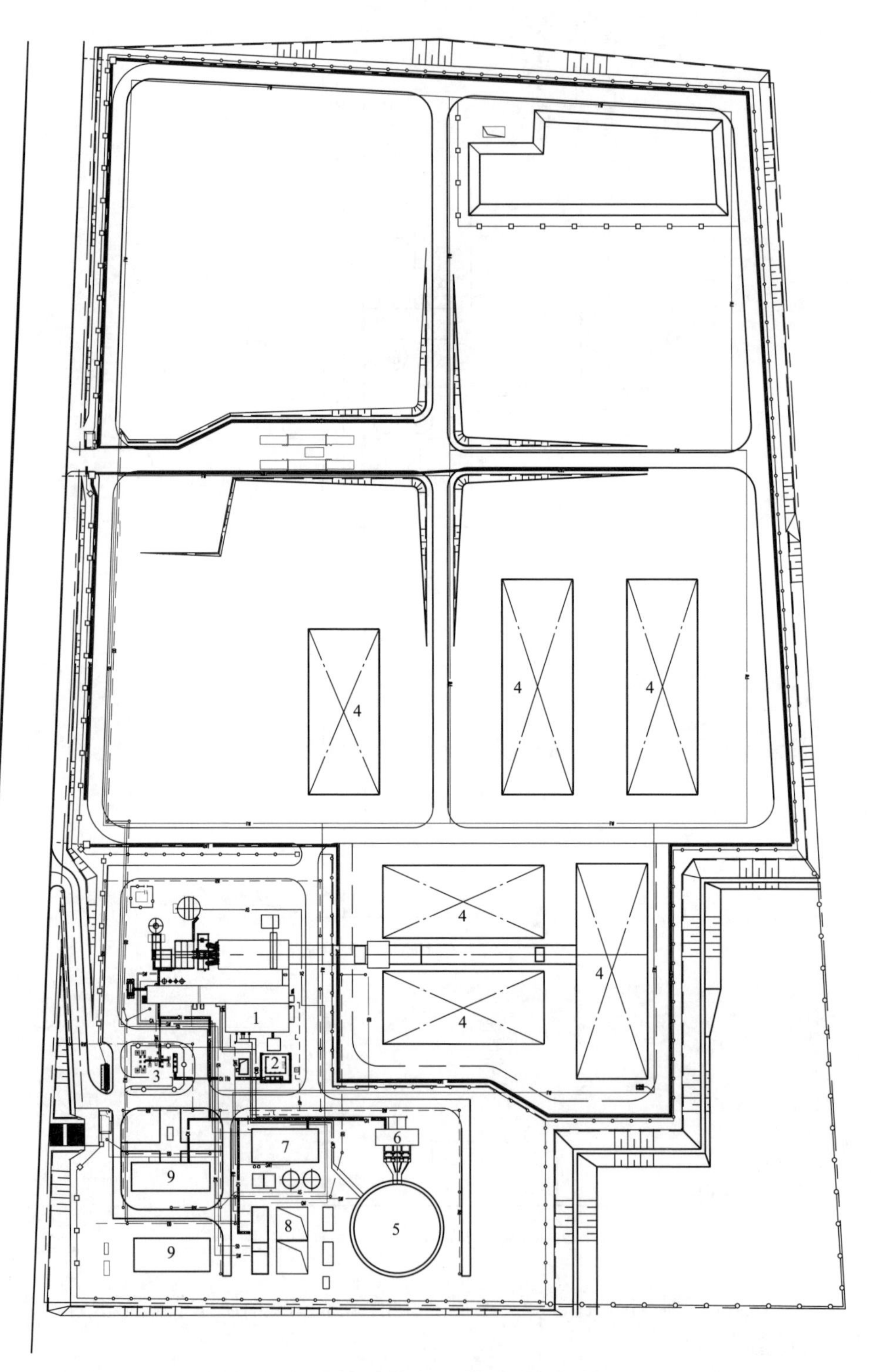

图 24-29 某秸秆电厂主厂区管线布置图

1—主厂房；2—变压器；3—配电装置；4—秸秆仓库；5—冷却塔；6—循环水泵房；7—水处理设施区；8—辅助生产设施；9—厂前建筑区

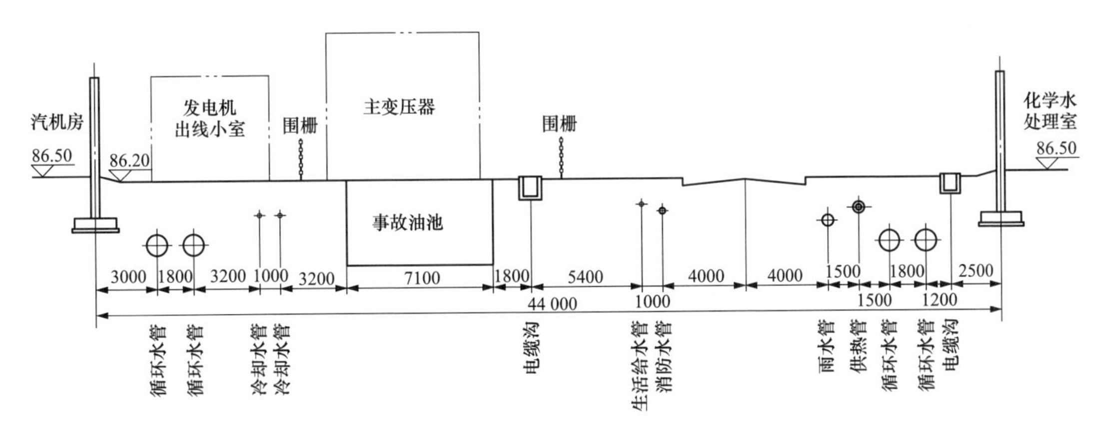

图 24-30　汽机房前管线断面图

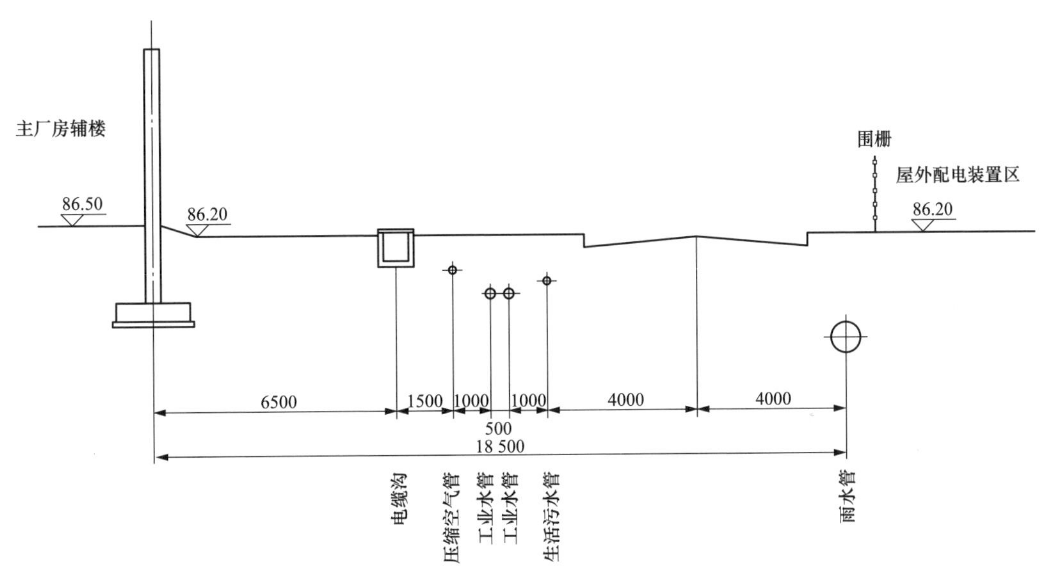

图 24-31　主厂房辅楼前管线断面图

2. 秸秆堆场区

秸秆堆场区的主要埋地管道是消防管，考虑秸秆容易堵塞雨水管道系统，秸秆堆场区的雨水系统采用明沟排放。沟道采用混凝土结构，在沟道末端设置格栅用于隔离杂物，经过格栅过滤的雨水排入市政雨水系统。

第二十五章
厂区道路

道路作为电厂建设中不可或缺的条件之一，对于以公路运输为主的生物质电厂则更显重要。电厂道路分为厂外道路和厂内道路。厂外道路包括电厂厂区与公路、城市道路相连接的进厂道路和通往本厂外部各种辅助设施（水源地、燃料堆场、总变电站等）的辅助道路。生物质电厂厂外道路的设计要求与火力发电厂基本一致，本章将着重介绍生物质电厂厂内道路设计。

第一节　一　般　规　定

生物质电厂常用的运输方式为公路运输。当有较好的水路运输条件时，可通过技术经济比选，采取水路运输或水陆联运。燃料运输路径不宜穿越城镇，不宜与主要公路平面交叉。

生物质电厂的主要进厂道路，要分别与通向城镇和燃料收储站的现有公路相连接，宜短捷，避免与铁路线交叉。当发生平交时，要设置道口及其他安全设施。进厂主干道的路面宽度一般在7～9m。当燃料运输道路与人流通行道路混用时，可通过技术经济分析后酌情加宽。

生物质电厂厂内道路依据道路的平面位置及车辆通行繁忙程度分为主干道、次干道、支道、车间引道及人行道。

厂内道路布置的基本要求如下。

(1) 应满足生产、消防、检修、运输、安装及环境卫生的要求。

(2) 在主厂房、室外配电装置、油罐区、秸秆仓库、露天堆场、半露天堆场周围应设环形消防道路。如设环形道路确有困难时，其四周仍应有尽端式道路和通道，并增设回车道和回车场。

(3) 厂区主干道宜采用城市型，燃料堆场周围道路可选用城市型或公路型。

(4) 路面结构形式可采用水泥混凝土路面或沥青混凝土路面。

(5) 路面结构设计的设计轴载宜采用100kN单轴双轮组荷载，对于主要通行运灰或燃料运输的大型重载汽车，应结合实际情况单独论证设计计算参数。

(6) 厂区道路布置应与竖向设计相协调，利于场地与道路的雨水排水。

(7) 厂区道路布置应与管线布置相互协调。

(8) 路面结构层设计可根据JTG D40《公路水泥混凝土路面设计规范》、JTG D50《公路沥青路面设计规范》或CJJ 169《城镇道路路面设计规范》。

第二节　厂区道路的技术要求

厂区道路设计要满足物料和人流的交通要求，同时还要符合消防需要。

一、道路平面

（一）计算车速

厂内主、次干道的计算行车速度宜按 15km/h 设计。

（二）道路宽度

依据规范要求，秸秆电厂的厂内秸秆运输道路宽度宜为 7～9m，其他主要道路宽度宜为 6m，次要道路宽度宜为 4m。厂区主要出入口处主干道的路面宽度宜为 7m。对于燃料运输作业较为频繁的区段，如汽车衡周围的排队称重场地、储料设施的主要出入口附近等，路幅宽度可结合电厂实际使用需求酌情增加，尽量为运输车辆进出堆料场地及进出厂区提供便利条件。

厂内主干道附近及人流密集处设置人行道，人行道路宽度可采用 1.5～2m，其他位置人行道宽度与通行大门宽度相适应。当人行道的纵坡大于 8%时，宜设置粗糙面层或踏步。

垃圾焚烧发电厂的道路宽度设置与常规火力发电厂道路设计要求基本一致，需要注意的是通往垃圾卸料平台的坡道，一般要求宽度不宜小于 7m，单向通行时不宜小于 4m。

（三）平曲线

厂内道路设计所采用的各种设计车辆的基本外廓尺寸可按表 25-1 的规定采用。

表 25-1　设计车辆外廓尺寸　m

车辆类型	总长	总宽	总高	前悬	轴距	后悬
小客车	6	1.8	2	0.8	3.8	1.4
载重汽车	12	2.5	4	1.5	6.5	4
铰接列车	18.1	2.55	4	1.5	3.3+11	2.3

注　1. 铰接列车的轴距（3.3+11）m：3.3m 为第一轴至铰接点的距离，11m 为铰接点至最后轴的距离。
2. 自行车的外廓尺寸采用长 1.93m、宽 0.6m、高 2.25m。

厂区道路的平面线性通常由圆曲线及直线组成，在圆曲线段可不设加宽及超高。厂内道路最小圆曲线半径，当作为消防车道时，不宜小于 9m；当行驶燃料运输车辆时，不宜小于 10m，具体应根据车辆种类确定道路的平面转弯半径；当行驶拖挂车时，不宜小于 20m。在平坡或下坡的长直线段的尽头处，不得采用小半径的圆曲线。如受场地条件限制需要采用小半径的圆曲线时，要设置限制速度标志等安全设施。

厂内道路的平面转弯处，可不设超高、加宽。厂内道路交叉口路面内边缘的转弯半径大小应根据车辆种类确定。按不同车种规定的交叉口路面内边缘最小转弯半径见表 25-2。

表 25-2　交叉口路面内边缘最小转弯半径　m

行驶车辆类别	路面内边缘最小转弯半径
载重 4～8t 单辆汽车	9
载重 10～15t 单辆汽车	12
载重 4～8t 汽车带一辆载重 2～3t 挂车	12
载重 15～25t 平板挂车	15
载重 40～60t 平板挂车	18

注　1. 车间引道及场地条件困难的主、次干道和支道，除陡坡处外，表列路面内边缘最小转弯半径，可减少 3m。
2. 行驶表列以外其他车辆时，路面内边缘最小转弯半径应根据需要确定。
3. 车间引道宽度应与车间大门宽度相适应，转弯半径不小于 6m。

厂内道路宜避免设置回头曲线。当受场地条件限制需要采用回头曲线时，可按辅助道路的技术指标设计。但最小主曲线半径应根据有无汽车拖挂运输，分别采用20m或15m，会车视距要根据双车道或单车道，分别采用30m或不考虑；双车道路面加宽值，要根据双车道或单车道，分别采用3m或1.5m。

（四）回车场

厂内设置尽头式回车场时，回车场尺寸不小于12m×12m；对于高层建筑不小于15m×15m；供重型消防车使用时不小于18m×18m。

（五）停车场

为了货物装卸及车辆停放，常在堆场、材料库、汽车库或消防车库附近设置停车场。停车场类型可选用平行式道旁停车场或装卸站台前停车场、垂直式道旁停车场或装卸站台前停车场、斜式（60°）道旁停车场等。

各类停车场尺寸见表25-3，停车场设计车型及外廓尺寸见表25-4，车辆停放纵、横向净距见表25-5。

表25-3　各类停车场尺寸

汽车类型	垂直式		平行式		斜式（60°）	
	b_1	L_1	b_2	L_2	b_3	L_3
普通汽车	3.5	13.0	3.5	16.0	4.0	12.1
中型汽车	3.5	9.7	3.5	12.7	4.0	9.3
小型汽车	2.8	6.0	2.8	7.0	3.2	5.9
微型汽车	2.6	4.2	2.6	5.2	3.0	4.3

注 1. 微型汽车包括微型客货车、机动三轮车。
2. 中型汽车包括中型客车、旅游车和装载4t以下的货运汽车。
3. 小型汽车为一般小轿车。
4. 普通汽车为一般载重车。

表25-4　停车场设计车型及外廓尺寸　m

设计车型	总长	总宽	总高
微型汽车	3.2	1.6	1.8
小型汽车	5.0	1.8	1.6
中型汽车	8.7	2.5	4.0
普通汽车	12.0	2.5	4.0

表25-5　车辆停放纵、横向净距　m

项目		设计车型	
		微型汽车、小型汽车	中型汽车、普通汽车
车之间纵向净距		2.0	4.0
背对停车时车间尾距		1.0	1.0
车间横向净距		1.0	1.0
车与围墙、护栏及其他构筑物间	纵净距	0.5	0.5
	横净距	1.0	1.0

(六) 道路与道路平交

(1) 道路与道路平交尽量采用正交，当斜交不可避免时，其交角的锐角应大于45°，连接半径能满足所通过车型的要求。

(2) 厂区道路与道路平交一般设在水平地段。在受地形限制时，也可设在较平缓的坡段。在紧接水平地段处的纵坡一般应不大于3%，困难地段应不大于5%。

(3) 道路与道路平交时，首先考虑主要道路的技术条件，如合理布置纵坡、道路排水。

(七) 视距

交叉口处的行车视距一般不小于20m，使司机视线能看见侧面来车。在司机视线范围内不应设置任何妨碍视线的建（构）筑物和植树；超过1.2m视线高度的障碍及遮挡物应予以清除，以保证行车安全，最小计算视距见表25-6。

表25-6 最小计算视距 m

视距类别	视距
停车视距	15
会车视距	30
交叉口停车视距	20

注 1. 当受场地条件限制、采用会车视距困难时，可采用停车视距，但必须设置分道行驶的设施或其他设施（如反光镜、限制速度标志、鸣喇叭标志等）。

2. 当受场地条件限制时，交叉口停车视距可采用15m。

(八) 道路与相邻建（构）筑物的最小距离

为保证道路的行车安全和减小道路对建（构）筑物的影响，道路与建（构）筑物间应保持一定的距离。其最小距离见表25-7。

表25-7 道路与相邻建（构）筑物的最小距离 m

序号	相邻建（构）筑物名称			最小距离
1	建筑物的外墙、构筑物的外边缘	当建筑物面向道路一侧无出入口时		1.5
		当建筑物面向道路一侧有出入口但无汽车引道时		3.0
		当建筑物面向道路一侧有出入口且有汽车引道时		7～9
		自然通风冷却塔		10
		机械通风冷却塔		15
		燃料堆场		10
		点火油罐、露天油库		10
2	标准轨距铁路中心线			3.75
3	窄轨铁路中心线			3.0
4	围墙	当围墙有汽车出入口时，出入口附近的围墙		6.0
		当围墙无汽车出入口	需设围墙照明电杆时	2.0
			不设围墙照明电杆时	1.5

续表

序号	相邻建（构）筑物名称		最小距离
5	树木	乔木	1.0
		灌木	0.5
6	各类管线支架		1.0～1.5

注 1. 表中最小净距：城市型厂内道路自路面边缘算起，公路型厂内道路自路肩边缘算起。
2. 跨越公路型厂内道路的单个管线支架外边缘至路面边缘最小净距，可采用 1m。
3. 生产工艺有特殊要求的建（构）筑物及管线至厂内道路边缘的最小净距应符合现行有关规定的要求。
4. 当厂内道路与建（构）筑物之间设置边沟、管线等或进行绿化时，应按需要另行确定其净距。
5. 当道路有不铺砌的明沟时，边沟外坡坡顶距离围墙不小于 1.5m，距离建筑物基础不小于 3.0m，铺砌的沟不受此限制。

消防车道距房屋距离一般不宜小于 5.0m，也不宜大于 25m。厂内道路纵坡应结合道路类别、地区自然条件分类及运输功能等条件进行设计。道路变坡点间的距离不宜小于 50m，避免锯齿形纵断面，道路纵坡限制坡长参见表 25-8。为了保证行车安全，厂内道路的平均纵坡不宜大于 5%。当厂内道路纵坡连续大于 5%时，应在不大于表 25-8 所规定的长度处设置缓和坡段。缓和坡段的坡度不应大于 3%、长度不宜小于 50m。

表 25-8　　纵坡限制坡长

纵坡（%）	限制坡长（m）
5～6	800
6～7	500
7～8	300
8～9	200
9～10	150
10～11	100

一般情况下，厂区主干道的最大纵坡不大于 6%，次干道的最大纵坡不大于 8%，支道及车间引道的最大纵坡不大于 9%。对于场地条件困难位置，纵坡数值可适量增加，但在海拔 2000m 以上地区不得增加，另外在寒冷、冰冻、积雪地区的厂区道路纵坡不应大于 8%。经常运输易燃、易爆危险品专用道路的最大纵坡不得大于 6%。垃圾焚烧发电厂的上料坡道中心圆曲线半径不宜小于 15m，纵坡不宜大于 8%。

厂内道路的最小纵坡为了方便排水，以不小于 0.3%为宜。转弯处的纵坡一般不考虑折减，但小半径转弯处及交叉口处，应采用较小的纵坡。

二、道路横断面

（一）横断面的形式

厂内道路横断面分为城市型及公路型两种。

城市型道路适用于附近有雨水排水系统、要求厂区环境整洁美观、在厂区建筑物密度较大的地带、采用公路型明沟较深，以及湿陷性黄土地区。城市型道路的占地少，场地布置紧凑、整洁美观，但造价较高。

公路型道路适用于道路附近无雨水排水系统、厂区边缘的地带、储料场附近易受含料渣雨水影响的道路，以及施工期道路和扩建道路。公路型道路造价较低，但占地较多。

（二）道路路拱及路拱坡度

水泥混凝土路面可采用直线形路拱，沥青路面和整齐块石路面可采用直线加圆弧形路拱，粒料路面、改善土路面和半整齐、不整齐块石路面可采用一次半抛物线形路拱。道路路拱坡度应以有利于路面排水和行车平稳为原则，根据路面面层类型和当地自然条件确定。各类路面路拱坡度见表 25-9。

表 25-9　　各类路面路拱坡度　　%

路面面层类型	路拱坡度
水泥混凝土路面	1.0～2.0
沥青混凝土路面	1.0～2.0
其他沥青路面	1.5～2.5
整齐块石路面	1.5～2.5
半整齐、不整齐块石路面	2.0～3.0
粒料路面	2.5～3.5
改善土路面	3.0～4.0

注　1. 在经常有汽车拖挂运输的道路上，应采用下限。
2. 在年降雨量较大的道路上，宜采用上限；在年降雨量较小或有冰冻、积雪的道路上，宜采用下限。

（三）道路净空要求

厂区道路的净空高度一般不小于 5m，在困难地段可采用 4.5m，有大件运输要求或在检修期间有大型起吊设施通过的道路，应根据需要确定。

三、路面结构设计

（一）路面分类

路面按性质可分为刚性和柔性两种。刚性路面一般指水泥混凝土路面。柔性路面主要指沥青混凝土、沥青表面处置路面。

（二）路面的选择

生物质电厂的路面选择，一般结合道路施工、材料选择、维修条件及厂容要求等，常采用耐久性好、施工维修简单的水泥混凝土路面。在地下埋有管线并经常开挖检修的路段，可采用水泥混凝土预制块路面或块石路面。在道路施工维修条件较好及沥青材料来源方便时，常可采用沥青混凝土、沥青表面处治路面。

（三）路面结构层设计

厂区道路的路面结构层设计根据道路性质、电厂年运输总量、大型车辆类型与载重、交通量及其组成、自然条件、材料供应、施工能力、养护条件及本地区路面使用经验等，核算路面结构层厚度。

1. 设计车辆与交通分析

（1）设计车辆。结合 GB 1589《汽车、挂车及汽车列车外廓尺寸、轴荷及质量限值》的要求，以及收集的电厂资料。秸秆电厂的燃料运输由于多利用社会运力，因此车型种类复杂，常用的燃料运输标准车型为六轴半挂车，灰渣运输车辆常用四轴自卸车。车辆平面示意图见图25-1。

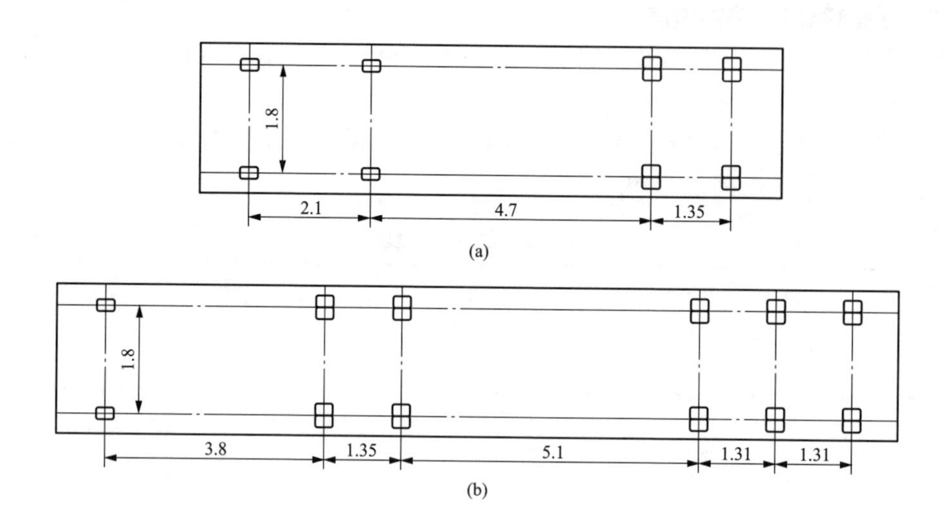

图25-1 车辆平面示意图
(a) 四轴自卸车；(b) 六轴半挂车

(2) 交通分析。秸秆电厂内的车辆通行主要以燃料运输车辆及灰渣运输车辆为主。交通量分析时主要对上述车型的交通量进行统计或预测，进而完成路面设计年限内累计标准轴载作用次数的计算。

依据JTG D50—2017《公路沥青路面设计规范》中表A.1.2，秸秆运输车辆类型属于9类车型（即6轴及以上半挂货车）；运灰车辆常用自卸车辆，车辆类型暂归为6类车型（即双前轴整体式货车）。以下列出关于设计基准期内设计轴载累计作用次数的参考数值，详见表25-10。

表25-10 水泥混凝土路面设计基准期内设计轴载累计作用次数

序号	电厂容量（MW）	年利用小时数（h）	年燃料消耗量（$\times10^4$t/年）	年灰渣量（$\times10^4$t/年）	设计基准期内设计轴载累计作用次数（万次）	
					秸秆运输车辆	灰、渣运输车辆
1	1×30	7200	21.41	1.3	8.17	0.5
2	2×30	7909	48.32	3.7	41.9	3.2
3	1×40	6500	24.1	3.5	20.8	2.1
4	2×40	6000	37.77	4.5	39.8	3.8

注 1. 表中年利用小时数、年燃料消耗量及年灰渣量均源于已建设电厂指标数据。其中2×40MW机组的燃料为秸秆压块燃料。
2. 表中每车运量按20t计算。

2. 水泥混凝土路面结构层设计

(1) 根据电厂规模、燃料运输量、灰渣量，计算运输车辆换算为标准轴载的累计作用次数。按表25-11确定交通荷载等级。

表 25-11　　　　　水泥混凝土路面交通荷载分级表

交通荷载等级	极重	特重	重	中等	轻
设计基准期内设计轴载（100kN）累计作用次数（$\times10^4$次）	$>1\times10^6$	1×10^6～2000	2000～100	100～3	<3

（2）依据 JTG D40—2011《公路水泥混凝土路面设计规范》（以下简称《水泥》规范），路面结构的组合应根据公路自然区划、公路等级、路基填料类型、地下水位条件及使用性能要求等确定，完成交通分析、混凝土板应力分析及厚度计算。参考表 25-11 中的水泥混凝土路面设计基准期内设计轴载累计作用次数，秸秆电厂内的交通荷载分级以中等荷载居多。现提供路面结构层做法参考，见表 25-12。

表 25-12　　　　　水泥混凝土路面结构层

基层	底基层	交通等级	路面结构层厚度（cm）		
			面层	基层	底基层
级配碎石	未筛分碎石、级配碎石（砾石）	轻、中等	21～25	20	20
	石灰土、二灰土、水泥土	轻、中等	20～25	20	20
二灰级配碎石或水泥稳定碎石	未筛分碎石、级配碎石（砾石）	轻、中等	21～25	20	20
		重	24～30	20	20
	石灰土、二灰土、水泥土	轻、中等	20～25	20	20
		重	24～29	20	20
	二灰级配碎石	中等	22～25	20	20
		重	23～29	20	20
水泥稳定碎石	水泥稳定碎石	中等	22～25	20	20
		重	23～29	20	20

3. *沥青道路结构层设计*

根据 JTG D50—2017《公路沥青路面设计规范》（以下简称《沥青》规范），道路的路面结构组合应根据交通荷载等级和路基状况等因素确定。

（1）交通分析。

1）厂内车辆交通量计算：根据电厂规模、燃料运输量、灰渣量，计算运输车辆换算为当量设计轴载累积作用次数。按表 25-13 确定交通荷载等级。

表 25-13　　　　　沥青混凝土路面设计交通荷载等级

设计交通荷载等级	极重	特重	重	中等	轻
设计使用年限内设计车道累计大型客车和货车交通量（$\times10^6$辆）	≥50.0	50.0～19.0	19.0～8.0	8.0～4.0	<4.0

以某电厂的两台 40MW 机组热电联产项目为例，按设计燃料耗量计算，电厂每天消耗生物质燃料 1285.68t。以每车运量 20t 计算，每日进厂的秸秆运输车辆约 77 辆。灰渣运输车辆的进厂时间不确定，按年灰渣总量 45 241t 计算平均每日的运输车辆数约为 6 辆。

2）方向系数按 0.55 选取。

3）车道系数：厂内储料设施周围道路多为双车道。车道系数按 2 条单向车道数的其他等级公路选取。车道系数按 0.75 选取。

4）车辆类型分布系数：运输车辆大部分以半挂式货车为主，占比大于 50%，公路的 TTC 分类属于 TTC1，结合之前确定的车辆类型，车辆类型分布系数分别选取 0.91（秸秆运输车辆）及 0.09（灰渣运输车辆）。

5）车辆当量设计轴载换算。轴载换算参数包括轴组系数、轮组系数和换算系数，三个参数受路面设计参数、性能模型等因素的直接影响。以秸秆运输车辆的 9 类车辆为例，沥青混合料层的层底拉应力按《沥青》规范中表 A.3.1-2 查询，车辆非满载车比例（PER_{9l}）按 0.55 选取，满载车比例（PER_{9h}）按 0.45 选取。查找《沥青》规范中表 A.3.1-3，9 类车辆中非满载车的当量设计轴载换算系数（$EALF_{9l}$）为 1.5，满载车的当量设计轴载换算系数（$EALF_{9h}$）为 5.1。9 类车辆的当量设计轴载换算系数（$EALF_{9}$）为 3.12。同理，可计算灰渣运输车辆 6 类车辆的当量设计轴载换算系数（$EALF_{7}$）为 3.7。

（2）当量设计轴载累积作用次数。根据上述确定的车辆当量设计轴载换算系数，可计算初始年设计车道日平均当量轴次及当量设计轴载累计作用次数。

按照上述方法计算出秸秆运输车辆及灰渣运输车辆的当量设计轴载累积作用次数为 2.1×10^{6} 辆。根据表 25-13 中可知，该电厂沥青路面结构承受的交通荷载等级为轻交通。

（3）沥青路面结构层设计。依据路面使用性能设计指标要求，分别验算以下几方面指标：沥青混合料层与无机结合料层的疲劳开裂损坏、沥青混合料层的永久变形量、路基顶面的竖向压应变，对于季节性冻土地区还要进行路面低温开裂控制。根据收集的电厂数据资料，现提供以下沥青混凝土路面结构层的参考做法，见表 25-14。

表 25-14　　沥青路面结构层

面层	基层	底基层	交通等级	路面结构层厚度（cm）		
				面层	基层	底基层
单面层	级配碎石（砾石）	未筛分碎石、填隙碎石	轻	4	20～30	20～36
				5	20～28	20～33
				6	20～26	24～30
				7	20～24	22～28
				8	20～23	20～26
	级配碎石（砾石）	石灰土、二灰土、水泥土	轻、中等	4	10	15～27
				5	12	27～29
				6	12	26～28
				7	12	25～27
				8	12	23～25
	二灰级配碎石（砂砾） 水泥稳定碎石（砂砾）	未筛分碎石、填隙碎石、级配碎石（砾石）	轻	4	20	25
				5	20	20～24
				6	20	20～23
				7	20	20～22
				8	20	20

续表

面层	基层	底基层	交通等级	路面结构层厚度（cm）		
				面层	基层	底基层
单面层	二灰级配碎石（砂砾） 水泥稳定碎石（砂砾）	未筛分碎石、填隙碎石、级配碎石（砾石）	中等	9	20	23～25
				10	20	22～24
	密级配沥青碎石 ＋级配碎石	未筛分碎石、填隙碎石	中等	8	20	23～30
				9	20	20～28
				10	20	20～25
双面层	二灰级配碎石（砂砾） 水泥稳定碎石（砂砾）	石灰土、二灰土、水泥土	中等	4＋8	20	28～34
				5＋10	20	32～38
			重	8＋10	20	34～37

（4）永临结合路面设计。厂内主干路采用永临结合路面结构时，结合施工期道路的损坏情况。一般先施工一层水泥混凝土面层，待施工结束后，按照路面设计标高施工第二层水泥混凝土或沥青混凝土。对于水泥混凝土路面加铺方案，可采用结合式水泥混凝土加铺层、分离式水泥混凝土加铺层、沥青加铺层方案。对于沥青混凝土路面加铺方案，可在施工期铺筑水泥混凝土面层，加铺层采用沥青混凝土。

四、地坪设计

（一）一般规定

厂内地坪的一般做法可参考火力发电厂地坪设计要求。

（1）屋外配电装置区的地坪可采用碎石、卵石或混凝土预制砖做法，变压器检修范围内采用混凝土或碎石地坪。

（2）除尘器、引风机、脱硫设施场地可采用混凝土地坪或混凝土预制块地坪。

（3）油罐区汽车卸油场地应采用现浇混凝土地坪等。

（4）燃料堆场区地坪宜采用混凝土地坪或碎石地坪。

（二）常用地坪做法

依据国家标准图集 23J 909《工程做法》的要求，常用的厂区地坪做法见表 25-15。

表 25-15　常用的厂区地坪做法

类型	构造做法（由上至下）	备注
草坪	（1）天然草坪。 （2）100～300mm 厚种植土。 （3）素土压实	
碎石地坪	（1）50～100mm 厚碎石或卵石。 （2）素土压实	
混凝土地坪	（1）60mm 厚 C25 混凝土，按 2m 分仓跳格浇筑。 （2）150 厚石灰土或二灰土。 （3）素土压实	（1）做法适用于人行区域。 （2）通车区域的地坪做法与厂区道路路面结构相同

续表

类型	构造做法（由上至下）	备注
混凝土砖地坪（人行区域）	（1）60mm厚混凝土路面砖，缝宽5～10mm，石灰粗砂灌缝，撒水封缝 （2）30mm厚1∶3干硬性水泥砂浆或中砂。 （3）200mm厚石灰土二灰土或级配碎石（砂砾），也可采用150mm厚水泥稳定碎石（砂砾）。 （4）素土压实	做法适用于人行区域
混凝土砖地坪（停车区）	（1）60～80mm厚混凝土路面砖，缝宽为5～10mm，石灰粗砂灌缝，撒水封缝。 （2）30mm厚1∶3干硬性水泥砂浆或中砂。 （3）250mm厚石灰土二灰土或级配碎石（砂砾），也可采用200mm厚水泥稳定碎石（砂砾）。 （4）素土压实	做法适用于停车区
嵌草砖地坪	（1）80mm厚嵌草砖，孔内填黄土拌草子种子。 （2）30mm厚1∶1黄土粗砂层。 （3）100mm厚1∶6水泥豆石（无砂）大孔混凝土。 （4）300mm厚天然级配碎砾石。 （5）素土压实	做法适用于停车区
花岗岩地坪	（1）100～120mm厚花岗石板。 （2）30mm厚1∶3干硬性水泥砂浆。 （3）150mm厚C25混凝土，按4～6m分仓跳格浇筑。 （4）150mm厚碎石灌M2.5混合砂浆。 （5）150mm厚3∶7灰土或200厚级配砂石。 （6）素土压实	做法适用于停车区

（三）厂内堆料场地的地坪做法

秸秆电厂内的贮料设施一般采用秸秆仓库、半露天堆场及露天堆场等形式。其中秸秆仓库及半露天料场内的地面设计可参照室内重载地面做法，露天堆场的地面设计可采用混凝土地坪或碎石地坪。

结合秸秆电厂的燃料运卸方式及堆场内的主要通行车辆类型，通常秸秆堆场的占地面积较大，且大部分场地需要进行硬化处理，投资较高。参考现有秸秆电厂设计经验，当露天堆场内选用混凝土地坪时，做法可采用简易硬化地坪，路面结构层可采用200mm厚C30混凝土及级配碎石层组合，面层厚度可结合车辆轴载核算调整。场地竖向应结合场地排水需求设计。

五、汽车衡的布置

生物质电厂的燃料运输车辆进出厂区时要完成称重计量，一般在厂内的物料运输大门附近设置汽车衡及配套设施。汽车衡的平面布置，首先考虑厂区总平面布置和厂内交通组织，并结合汽车衡的规格、数量，以及运料车辆的车型、日交通量及卸车方式等各方面因素综合考量。汽车衡的布置位置要合理方便，尽量使空、重车衡分道行驶。一般将重车衡布置在车道右侧，与车辆通行方向相协调；空车衡可结合车辆卸料后的出厂路径酌情调整位置，尽量不影响厂内其他车辆通行。当电厂将运料入口及运料出口分开设置时，可结合厂区的实际外部条件，将空、重车衡分别布置在两个出入口附近。几种常见的汽车衡布置方式参见图 25-2。

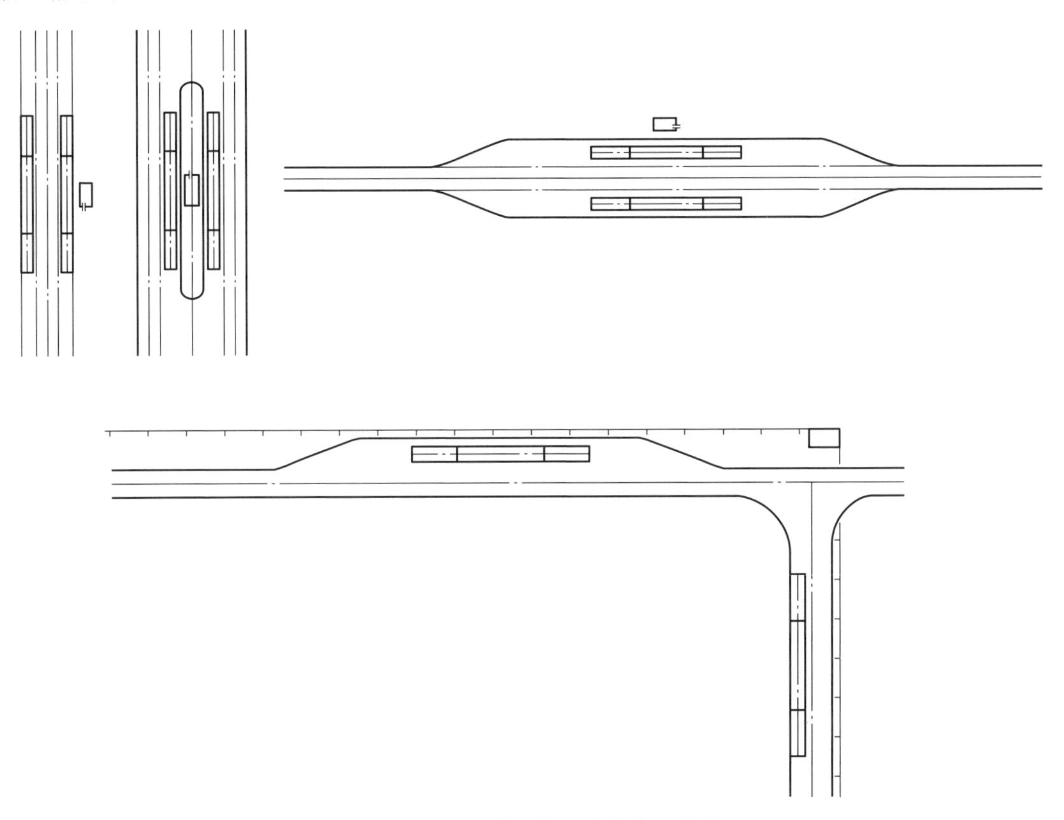

图 25-2　几种常见的汽车衡布置方式

汽车衡一般由水平秤台及斜坡引道两部分组成，邻近布置监控设备及汽车衡控制室。汽车衡周围的道路布置应满足以下要求：进车端道路平坡直线段长度不宜小于 2 辆车长，困难条件下不应小于 1 辆车长；出车端的道路应有不小于 1 辆车长的平坡直线段。汽车衡外侧应有保证其他车辆通行的宽度，并满足设备的布置要求。

汽车衡控制室一般紧邻汽车衡布置，尽量将控制室与汽车衡的中心轴线对齐。为了方便控制室内人员对上衡车辆的观察，可将控制室的室内零米标高与衡器标高相协调。当受场地条件限制时，对于控制室靠近出入口警卫室的，也可将两座建筑物合并建设。

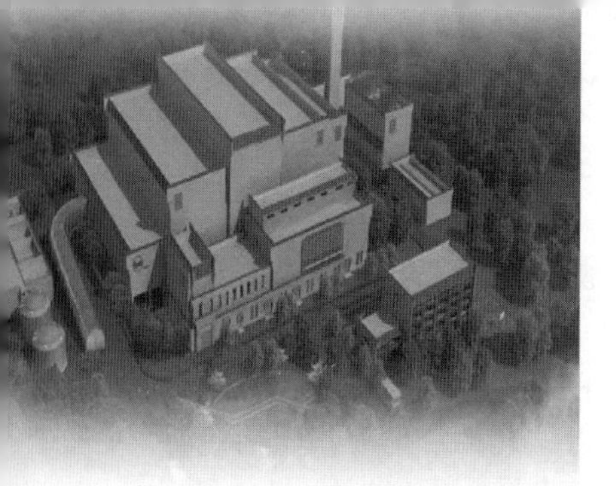

第二十六章 厂区绿化

厂区绿化设计是根据生物质发电厂的场地条件和周围环境等因素，通过设计构思和创意加工等手段，对厂区整体环境进行规划，让环境为建筑群体空间增添色彩，使厂区建筑群体形成一个和谐宜人、舒适美观的环境空间，并有助于改善劳动条件、保护人的身心健康，具有明显的社会经济意义。

第一节 一般规定

（1）生物质发电厂的绿化布置应根据规划容量、生产特点、总平面及管线布置、环境保护、美化厂容的要求和当地自然条件、绿化状况，因地制宜地统筹规划，分期实施。扩建和改建的生物质发电厂宜保留原有的绿地和树木。

（2）生物质发电厂的进厂主干道、厂区主要出入口、生产管理区、主要建筑入口附近、主厂房区、秸秆仓库、秸秆堆场周围等宜进行重点绿化。

（3）绿化布置的平面规划与空间组织，应与厂区建筑群体和环境相协调，合理确定各类树木的比例与配置方式。

（4）绿化布置应在不增加建设用地前提下，充分利用厂区场地和进厂道路两侧进行绿化。

（5）生物质发电厂的绿化规划应符合下列要求。

1）减轻生产过程所产生的烟、尘、灰、有害气体和噪声污染，净化空气，保护环境，改善卫生条件。

2）调节气温、湿度和日晒，抵御风沙，改善小区气候。

3）加固坡地堤岸，稳定土壤，防止水土流失。

4）美化厂容，创造良好的工作、生活环境。

5）不应妨碍生产操作、设备检修、交通运输、管线敷设和维修，不应影响消防作业和建筑物的采光、通风。

6）特殊地质条件地区，绿化浇灌不应影响建（构）筑物的基础稳定。

（6）厂区绿地率：不宜小于15%，不宜大于30%。

第二节 设计要求

（1）厂区主要出入口、主要建筑入口附近的绿化宜配置观赏和美化效果好的常绿树。

（2）汽机房外侧管廊等地下设施集中处的绿化，宜选择低矮、根系浅的灌木及花草。

（3）屋外配电装置场地的绿化应以覆盖地被类植物为主，并满足电气设备安全距离的要求。

（4）在不影响冷却效果和不污染水质的前提下，宜对冷却塔区的空地进行绿化。湿式冷却塔周围宜种植喜湿、常绿灌木及地被类植物。

（5）化学水处理室、酸碱罐区、渗滤液处理站周围应种植抗酸碱性强的树木。

（6）空气压缩机房两侧宜布置防噪绿篱，压缩空气、氢气储气罐的向阳面宜用绿化遮阳。对空气清洁度要求较高的建筑附近不应种植散布花絮、绒毛等污染空气的树木。

（7）燃油库区不应植树，消防车道与库区围墙之间不宜植树。

（8）液氨区、氨水区、乙炔瓶库区、天然气调压站围墙内不宜绿化。

（9）干灰作业场、飞灰稳定化车间、飞灰养护车间等散发粉尘的场所，宜选择抗 SO_2 性强、具有滞尘效果的常绿乔木。

（10）秸秆仓库、秸秆堆场与主厂区之间，渗滤液处理站与主厂房之间宜设置绿化隔离带。

（11）沿江、河、湖、海发电厂的堤坝及取、排水建（构）筑物的岸边宜进行绿化。

（12）挡土墙、护坡宜进行垂直绿化。

（13）道路两侧、围墙内侧、管架、栈桥下宜进行绿化，并满足运行检修及行车安全要求。

（14）厂区绿化应结合地下设施布置进行，并满足带电安全间距的要求。树木与建（构）筑物及地下管线的间距，应按表 26-1 确定。

表 26-1　树木与建（构）筑物及地下管线的间距　m

序号	建（构）筑物和地下管线名称	最小间距	
		至乔木中心	至灌木丛中心
1	建筑物外墙：有窗	3.0～5.0	1.5
2	建筑物外墙：无窗	2.0	1.5
3	挡土墙顶内和墙角外	2.0	0.5
4	高 2m 及以上的围墙	2.0	1.0
5	标准轨铁路中心线	5.0	3.5
6	道路路面边缘	1.0	0.5
7	排水明沟边缘	1.0	0.5
8	人行道边缘	0.5	0.5
9	给水管	1.0～1.5	不限
10	排水管	1.5	不限
11	热力管	2.0	2.0
12	天然气管	2.0	1.5
13	沼气管	0.75	0.75
14	压缩空气管	1.5	1.0
15	电缆	2.0	0.5
16	冷却塔	进风口高度的 1.5 倍	不限
17	天桥、栈桥的柱及电杆中心	2.0～3.0	不限

（15）绿化栽植或播种前，应对该地区的土壤理化性质进行化验分析，采取相应的土

壤改良、施肥和换土等措施，绿化栽植土壤有效土层厚度应符合表 26-2 规定。

表 26-2　　绿化栽植土壤有效土层厚度

项次	项目	植被类型		土层厚度（cm）	检验方法
1	一般栽植	乔木	胸径≥20cm	≥180	挖样洞，观察或尺量检查
			胸径＜20cm	≥150（深根） ≥100（浅根）	
		灌木	大、中灌木，大藤本	≥90	
			小灌木、宿根花卉、小藤本	≥40	
		棕榈内		≥90	
		竹类	大径	≥80	
			中、小径	≥50	
		草坪、花卉、草本地被		≥30	
2	设施顶面	乔木		≥80	
		灌木		≥45	
		草坪、花卉、草本地被		≥15	

（16）栽植基础严禁使用含有害成分的土壤，除有设施空间绿化等特殊隔离地带，绿化栽植土壤有效土层下不得有不透水层。

（17）园林植物栽植土应包括客土、原土利用、栽植基质等，栽植土应符合下列规定。

1）土壤 pH 值应符合本地区栽植土标准或按 pH 值为 5.6～8.0 进行选择。

2）土壤全盐含量应为 0.1%～0.3%。

3）土壤容重应为 1.0～1.35g/cm^3。

4）土壤有机质含量不应小于 1.5%。

5）土壤块径不应大于 5cm。

第三节　绿　化　布　置

一、绿化布置中点、线、面的结合问题

对于整个城镇的绿化规划而言，生物质发电厂厂区的绿化仅仅是一个点，厂区的绿化必须服从城镇绿化的总体布局。同时，厂区的绿化规划好坏与否也足以影响城镇绿化规划的质量，因为它是城镇绿化总体规划的一个组成部分。因此，在树种的选择、植物的配置方式以及艺术造型的处理等方面都要注意到与城镇绿化总体规划相协调，也就是要注意到点和面的统一。

就生物质发电厂厂区本身的绿化布置而言，也存在着点、线、面的关系。厂区主要入口处重点绿化区域、秸秆仓库和秸秆堆场附近的绿化隔离带以及扩建区和循环水给排水管道上的大片绿化构成了厂区的“绿化面”，干道两边的高大乔木、划分各生产区域的绿色屏障是厂区绿化中的“线”，办公楼周围绿篱中的独株观赏性植物、品种繁多的花卉以及姿态雄奇的百年大树，都是厂区绿化中的“点”。三者必须互相联系、互相延续、互相叠

加、互相映衬，既做到面中有点，突出重点，又做到线上有面，连贯不断，使整个厂区的绿化有机地结合在一起，浑然一体。

二、绿化配置方式的合理选用

绿化的配置方式主要应考虑降低有害气体和噪声向周围地区扩散。应根据其危害性大小，当地的风向、风速、地形等具体情况以及防护要求来配置。一般配置方式有不透风、透风及半透风三种。

（1）不透风绿化带。由枝叶稠密的乔木和大量的灌木混交种植而成。它可以显著地降低风速，使空气中的灰尘不被风力带走，而是逐渐下沉落地，有害气体由于风速突然减低而沿着地面流动，逐渐被植物吸收。另外，由于树木特别稠密，气流一旦越过，就会产生涡流，又立即恢复原来的速度，故这种配置方式的防风效果不及透风及半透风的绿化带，但吸收噪声和滞缓粉尘或有害气体的效果较好。

（2）透风绿化带由枝叶较稀疏的树木组成，其特点与不透风绿化带正好相反。

（3）半透风绿化带。在透风绿化带两旁种植灌木。透风式或半透风式的绿化带，由于枝叶稀疏，不会产生涡流，但是风通过树木时，枝干的阻力会减小风速，因而防风的效果要比不透风绿化带好。

鉴于上述三种绿化带的不同特点，在厂区绿化带的配置中常常采用混合布置，即采取组合的方式，一般将透风绿化带设置在厂区的上风侧，不透风绿化带设置在厂区下风侧；从而发挥最大的防护效率。此外，为了增强防护的效果，乔、灌木最好交叉种植，以减少各行间的空隙。

三、植物品种与种植间距的选择

1. 选择适宜的植物品种

（1）选择树种应根据当地环境和自然条件确定，宜符合下列要求。

1）具有较强的适应周围环境及净化空气的能力。

2）生长速度快，成活率高。

3）易于繁殖、移植和管理，维护量小。

4）观赏树的形态、枝叶应具有较好的观赏价值。

5）符合消防、卫生和安全要求。

（2）结合绿化经验及实际效果，应注意以下问题：

1）根据各种植物对环境的适应性、生长速度、抗有害气体、烟雾和粉尘的性能、耐火防爆的特点以及长成以后的高度、树冠的大小形状和观赏特点等选择树种。例如，对有害气体的抗性，要数大叶黄杨和女贞最好；隔声效果则以雪松为佳，但该树对 SO_2 的抗性稍差；泡桐生长速度快，但不是常绿树，冬季落叶；法桐、柳杉杀菌能力强，防火性能好；枫树树高叶密，防尘较好，而且秋季成片红叶又具有较强的观赏性；此外，榕树、广玉兰、龙柏、龙爪槐、海棠等观赏植物也都各具特色。

2）按照树木四季生长情况，合理配置常绿树与落叶树、针叶树与阔叶树，使绿化在不同季节里都能成为绿色屏障而发挥其应有的作用。例如，经常作为厂区主干道两旁的绿化物的悬铃木（即法桐），是一种高大的落叶乔木，高的可达 30m 左右，枝条舒展，树冠宽阔，有较好的遮阳作用。该树适应性较强，叶上绒毛较多能抗一般烟尘，具有防暑降温、防尘护路等作用。又如，大叶黄杨是一种抗有害气体较强的常绿灌木，一般作为绿篱或丛植于花坛及草坪的角隅与边缘，并可修剪成各种形状来点缀草坪。

此外，还要采取速生树和慢长树相搭配栽植的办法，种速生树可迅速成荫成材，但树的寿命短，需分批更新；更新时，用慢生树逐渐代替速生树，以全面达到绿化的效果。

3）采取乔木与灌木结合，树木与花果、草坪兼顾的办法。灌木一般生长速度快，易见收效。低矮稠密的灌木常常与高大的乔木相互搭配，组成抗污染和防风的绿化带。例如，女贞抗污染能力强，而且有一定的隔声能力，常可作为行道树、绿篱或配置在防尘、隔声绿带的小乔木层中。

2. 种植间距

树木种植间距应按表 26-3 确定。

表 26-3 树木种植间距 m

名称		种植间距	
		株距	行距
乔木	大	8.0	6.0
	中	5.0	3.0
	小	3.0	3.0
灌木	大	1.0～3.0	≤3.0
	中	0.75～1.5	≤1.5
	小	0.3～0.8	≤0.8
乔木与灌木		>0.5	

四、绿化造型艺术的运用

修剪是对树木进行艺术处理的一种重要手段，目的是使植物按人们预想的姿态定向生长，例如龙爪槐的形成，就是人的意志的体现。

根据艺术处理的要求，将植物修剪成各种不同的形状，如伞形、球形、锥形、菌形等。在绿化布置的不同区段，选择不同的形状，加以组合，使整个绿化布置丰富多彩。例如，在北京地区用侧柏、黄杨修剪成各种形状的单株和各种断面的绿篱，使绿化的造型更加丰富优美。又如扫帚苗本身是球形的灌木，可以修剪成各种形状，点缀在大片的绿地上，其色彩随着季节有很大变化，夏季呈翠绿色，秋天则由红变黄，使大片草坪增色不少。

五、重点区段的绿化布置

厂区绿化布置的区段主要是厂区道路及厂前主要出入口。

1. 厂区道路的绿化布置

道路绿化在整个厂区绿化中占很大比重，是构成厂区面貌的重要因素之一，而且又与管线布置关系极为密切，因此必须很好地处理，使之实用、经济美观，富有表现力。厂区道路的绿化应注意下列几点。

（1）防止道路扬起的尘土飞向两侧的车间。

（2）不影响道路照明及各种管线的敷设，不使高而密的树冠与照明、管线交错，以免互相影响，发生危险。

（3）在不影响附近建筑物天然采光的情况下，尽量覆盖或遮蔽建筑物的墙面及人行道。

（4）在道路交叉口附近不应布置妨碍司机视线的高大树木。

（5）应选择抗污染能力强、生长迅速、成活率高的品种。

（6）树木应根据厂区的空间艺术处理修剪成需要的形式，以满足美观要求。

（7）绿化带的矮篱、花墙和花带的长度，一般不宜超过100m，并在其间留出空隙，以便穿越。

厂区道路绿化的布置方式一般有如下几种：中间车行道，两边人行道，车行道与人行道以绿地间隔；一边车行道，另一边人行道或一条车行道兼人行道。

人行道两旁的绿化，通常为高大稠密的乔木，使之形成行列式的林荫，以减少阳光的直射。在狭长的道路上，为了避免由于种植同一种树木而形成单调感，以及为了打破狭长的封闭感，通常采用各种不同的树木间隔种植，每隔30m左右适当留出空地，铺设草坪和花坛。

在行车路交叉口处，一般在14～20m距离以内栽植不高于1m的树木，以免遮挡视线，影响行车安全。

厂区主干道与次要道路的绿化应有区别，主干道的树种应好一些，品种也应丰富一些；次要道路在树种选择上宜少一些和简单一些。

2. 厂区主要出入口区域绿化

厂区主要出入口处，一般宜将树木井然有序地沿马路成行布置，形成林荫大道，将行人引向厂区。入口大门的两侧一般宜布置单株的观赏植物，并配以门柱、花格、门灯等建筑小品，在传达室旁边布置条形花坛，以突出入口。炎热地区的出入口处，一般用大树冠乔木等来遮阳。办公楼前一般宜布置草坪、花坛及观赏性单株植物；有条件时还可以设置一些花卉盆景，使其成为厂区主要出入口区域的中心绿化区。食堂附近可适当布置小片的草坪和花圃，四周隔以黄杨绿篱，使之成为饭后休息散步的良好场所。车库停车场周围宜布置较高大的阔叶树，以减少日光对车辆的照射。

第四节 厂区绿化用地计算面积及绿地率

一、厂区绿化用地计算面积

厂区绿化用地计算面积（m^2）＝乔木、灌木绿化用地计算面积（m^2）＋花卉、草坪绿化用地计算面积（m^2）＋花坛绿化用地计算面积（m^2）。

（1）乔木、灌木绿化用地计算面积按表26-4计算。

表 26-4　　乔木、灌木绿化用地计算面积　　m^2

植物类别	用地计算面积
单株乔木	2.25
单行乔木	$1.50L$
多行乔木	$(B+1.50)L$
单株大灌木	1.00
单株小灌木	0.25
单行绿篱	$0.50L$
双行绿篱	$(B+0.5)L$

注　L 指绿化带长度，m；B 指总行距，m。

（2）花卉、草坪绿化用地及乔木、灌木、花卉、草坪混植的绿化用地计算面积按绿地周边界限所包围的面积计算。

（3）花坛绿化用地计算面积按花坛用地面积计算。

二、厂区绿地率

厂区绿地率计算公式为：

$$\text{厂区绿地率}=\frac{\text{厂区绿化用地计算面积}}{\text{厂区用地面积}}\times 100\% \tag{26-1}$$

第五节　厂区绿化实例

（1）实例一：某2×500t/d垃圾焚烧发电厂位于皖北地区，绿化用地面积约9300m^2，绿地率为20%。

建设单位聘请专业绿化设计单位对全厂绿化进行了设计。结合电厂所在地气候特点选用当地的树种，根据电厂的功能分区和绿化的不同要求，有侧重地进行厂区绿化，主要为主入口及厂前建筑区重点绿化，以观赏性植物为主，配以灌木、草坪；汽机房、卸料平台外侧选择低矮、根系浅的灌木及花草；渗滤液处理站区域选择抗酸碱性强的植物，水泵房及冷却塔区选择常绿喜湿地被。厂区绿化规划见图26-1。

（2）实例二：某秸秆发电厂位于南方内陆区域，主厂区（不含秸秆仓库、秸秆堆场区）绿化用地面积约8200m^2，绿地率为20%。

建设单位聘请专业绿化设计单位对全厂绿化进行了设计，主厂区除建（构）筑物、道路、硬化地坪外的所有区域均进行了绿化；厂前建筑区布置了花圃、草坪及观赏性植物；主厂房外侧至环形道路路边的范围，种植了草皮和间植低矮、根系浅的灌木及花草；其余环形道路两侧种植低矮乔木及绿篱；主厂区与秸秆仓库、秸秆堆场之间设置绿化隔离带；秸秆仓库、秸秆堆场区沿厂界围墙设常绿乔木。厂区绿化规划见图26-2。

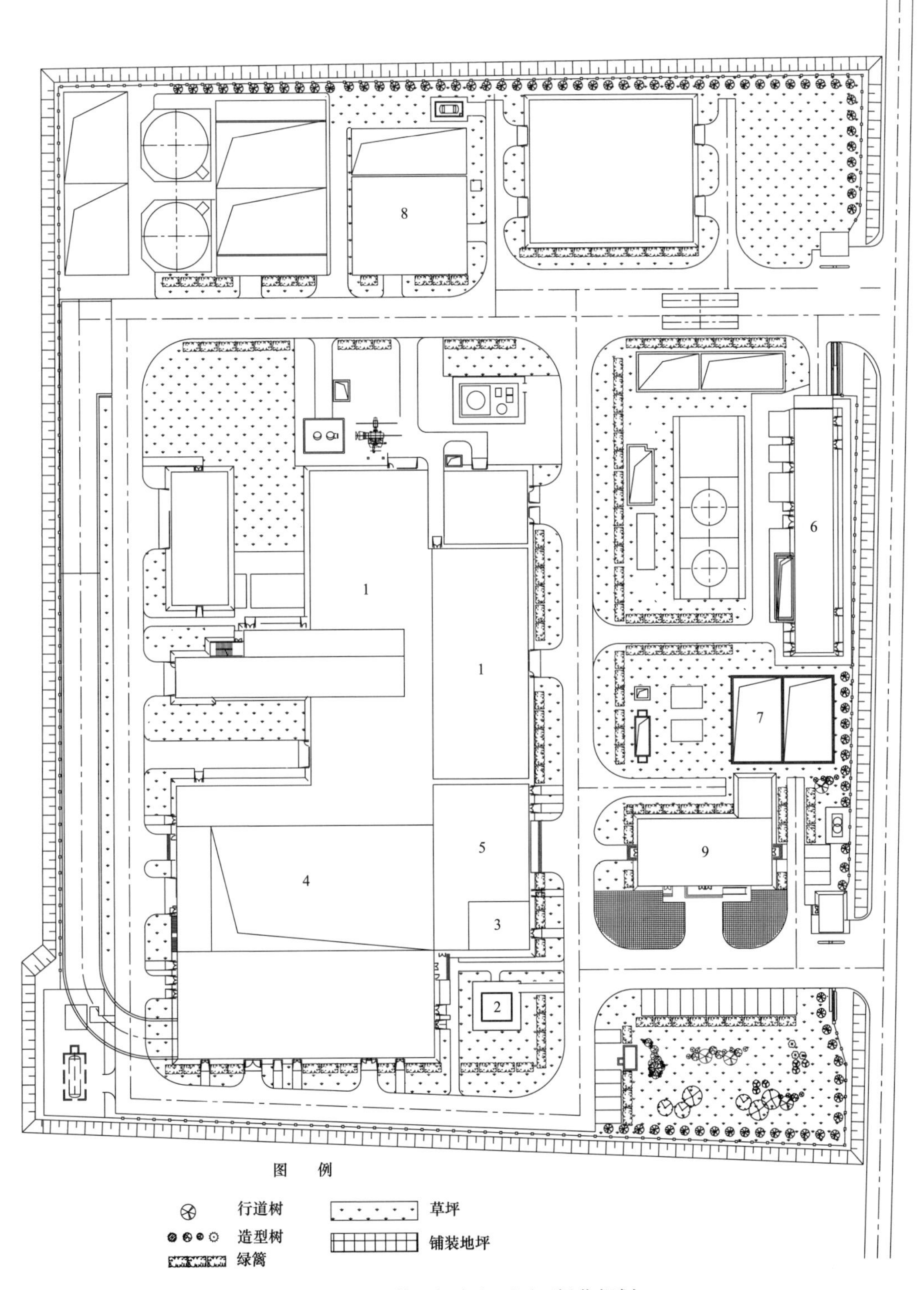

图 26-1　某垃圾发电厂厂区绿化规划

1—主厂房；2—变压器；3—配电装置；4—垃圾库；5—集控楼；6—冷却塔及水泵房；7—水处理设施区；8—辅助生产设施；9—厂前建筑区

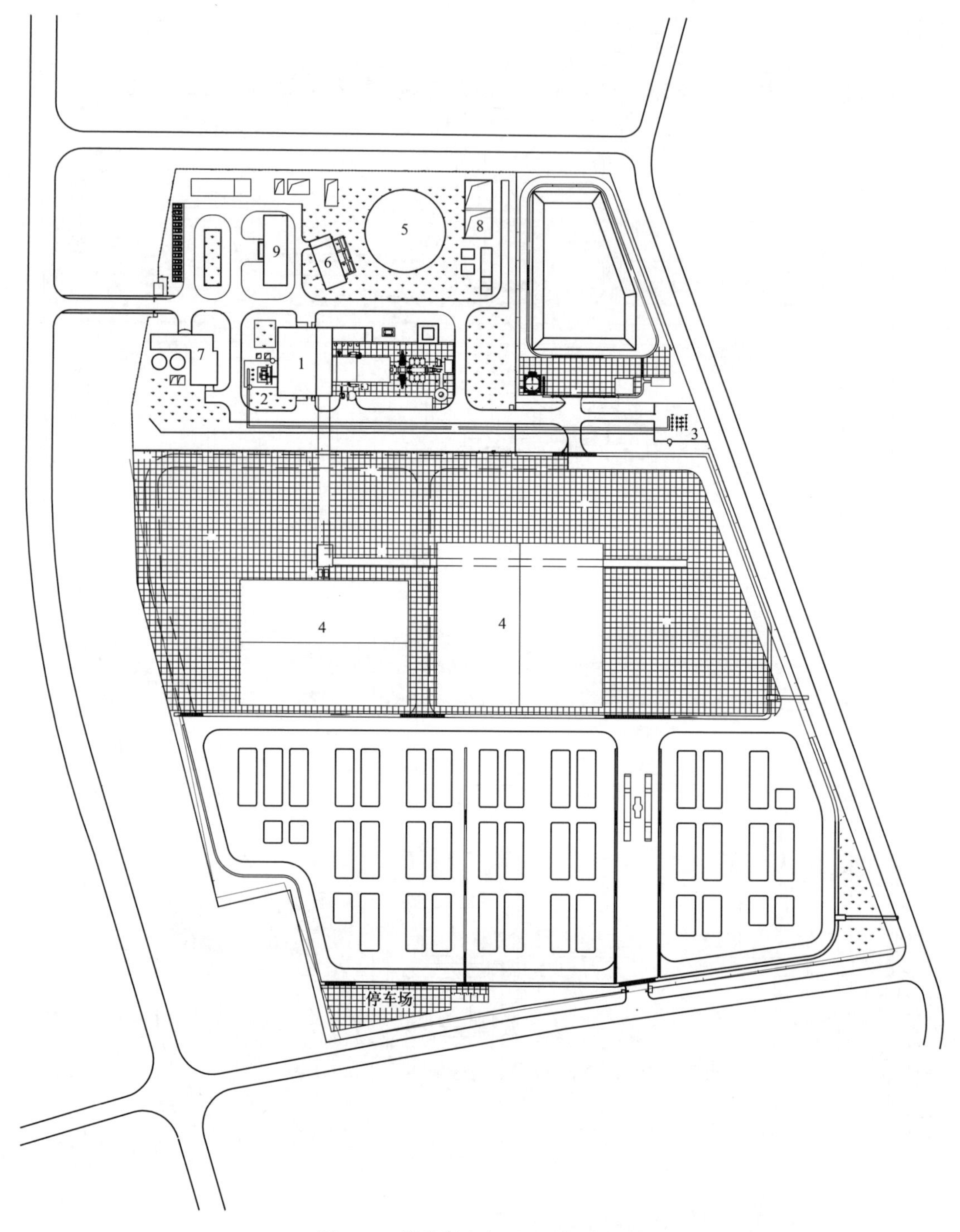

图 26-2　某秸秆发电厂厂区绿化规划

1—主厂房；2—变压器；3—配电装置；4—秸秆仓库；5—冷却塔；6—循环水泵房；7—水处理设施区；8—辅助生产设施；9—厂前建筑区

参 考 文 献

[1] 武一琦．电力工程设计手册火力发电厂总图运输设计［M］．北京：中国电力出版社，2019.
[2] 国家电力监管委员会．电力工程项目建设用地指标（火电厂、核电厂、变电站和换流站）［M］．北京：中国电力出版社，2010.
[3] 于永合．生物质能电厂开发、建设及运营［M］．武汉：武汉大学出版社，2012.

第五篇　储能

第二十七章 概述

在“双碳”目标背景下，我国电力系统将向以新能源为主体的新型电力系统转型。新型电力系统的核心显著特征是新能源在电源结构中占据主导地位，而新能源具有的随机性、波动性、间歇性等特点，不仅导致系统调节资源需求大，而且使系统大范围和长周期电力电量平衡难度显著加大，故对电网安全构成严重威胁。与传统电力系统相比，新型电力系统在持续可靠供电、电网安全稳定和生产经营等方面将面临重大挑战。储能作为电网一种优质的灵活性调节资源，同时具有电源和负荷的双重属性，可以解决新能源出力快速波动问题，在提供必要的系统惯量支撑、提高系统的可控性和灵活性等方面，都将发挥重要的补偿作用。近年来，在政策和市场机制层面的支持下，储能将跨入规模化发展阶段。

第一节　储能概念及意义

储能是指通过介质或设备把能量存储起来，在需要时再释放的过程，其本身不是新兴的技术，在传统电力系统模式下，储能受技术及成本等原因限制，发展较为缓慢。近年来在向新型电力系统转型的过程中，储能优势凸显快速增长，覆盖并满足电源侧、电网侧、用户侧、居民侧等多方面的需求。

一、储能的概念

能量的传递与转换是能量的主要利用形式，由于能量是状态量，获得的能量和需求的能量往往不一致，为了保证能量的利用过程能够连续进行，就需要对某形式的能量进行储存，也即是储能。

储能的主要任务是克服能量供应和能量需求在时间上或空间上的差别，采用一定的方法，通过一定的介质或装置，把某种形式的能量直接或间接转换成另外一种形式的能力储存起来，在需要的时候以特定的形式将能量释放。储能的应用分为能量型应用和功率型应用，能量型应用要求较长的释能时间，对响应时间要求不高；功率型应用要求有快速响应能力，对持续的释能时间要求不高。

二、储能的意义

在电力系统中，储能利用储能元件灵活地存储和释放电能，具备调峰、调频、备用电源、电力需求响应、紧急功率支撑、无功补偿、虚拟惯量、黑启动等应用功能，是支撑大规模发展新能源、保障能源安全的关键技术之一，具有提高新能源消纳比例、保障电力系统安全稳定运行、提高发输配电设施利用率、促进多网融合等多方面作用。应用储能技术，可打破原有电力系统发电、输电、变电、配电、用电必须实时平衡的瓶颈。

（一）储能在电源侧作用

我国以风能和太阳能为代表的可再生清洁能源发电在电力系统中的比例逐渐增大，发电并网时出力的随机性、波动性使得电力系统的安全性和稳定性受到威胁，导致电网无法完全消纳风电与光电，造成大规模弃风、弃光问题。储能技术在电源侧可平抑新能源出力波动、联合常规火电调峰调频，起到以下作用。

（1）克服新能源发电的预测误差，跟踪计划出力，降低系统备用容量，提高电网对可再生能源的接纳能力。在新能源资源富集地区，如内蒙古、新疆、甘肃、青海等，以及其他新能源高渗透率地区，配置合理储能的系统友好型新能源电站，推动高精度长时间尺度功率预测、智能调度控制等创新技术应用，可保障新能源高效消纳利用。

（2）平滑可再生能源发电的不确定性输出，有效降低其出力对电网的冲击，提高可再生能源发电的并网友好性。依托存量和“十四五”新增跨省跨区输电通道，在东北、华北、西北、西南等地区充分发挥大规模新型储能作用，通过“风光水火储一体化”多能互补模式，促进大规模新能源跨省区外送消纳，提升通道利用率和可再生能源电量占比。

（3）常规火电机组配置储能“峰填谷”，负荷高峰时放电、低峰时充电，实现能源与负荷的时空平移，提高能源利用效率与经济性，可延缓新机组的建设，提高整体经济性与环保性。

（二）储能在电网侧作用

随着电网结构及其负荷日益庞大、复杂，电能质量及传输通道堵塞问题日益突出。储能在解决电能质量问题、提升传输能力等方面，具有以下作用。

（1）在负荷密集接入、大规模新能源汇集、大容量直流馈入、调峰调频困难和电压支撑能力不足的关键电网节点，合理布局储能，可充分发挥其调峰、调频、调压、事故备用、爬坡、黑启动等多种功能，作为提升系统抵御突发事件和故障后恢复能力的重要措施。

（2）在输电走廊资源和变电站站址资源紧张地区，如负荷中心地区、临时性负荷增加地区、阶段性供电可靠性需求提高地区等，储能建设可延缓或替代输变电设施升级改造，降低电网基础设施综合建设成本。

（3）在相关政策和市场规则允许条件下，电力系统负荷低谷时消纳富余电力，负荷高峰时向电网馈电，增大电网调峰能力，并发挥机组启停快的优势，缓解电网调峰困难，满足电网运行中对于调频、调相和旋转备用等功能的需求，促进电力系统的经济运行。

（三）储能在用户侧作用

储能在用户侧主要应用于峰谷差电价套利，保证用户供电可靠性，改善电能质量，提高分布式能源就地消纳等方面。

（1）在实施分时电价的电力市场中，储能是帮助电力用户实现分时电价管理的理想手段，分时电价较低时储能，分时电价较高时释能，利用峰谷差降低整体用电成本。

（2）为用户最高负荷供电，可降低输变电设备容量，减少容量费用，节约总用电费用。

（3）提高分布式能源的就地消纳能力，增强用户端能源自给自足能力，改善用户侧发电的电能质量。

第二节 储能项目国内外发展概况

随着各国对可再生能源开发利用规模逐步增大，储能项目的发展与突破也成为各国关注的重点领域。目前各国已建设大量储能项目，并出台了相关政策和补贴措施，促进储能项目的研究与应用。

一、储能项目国外发展概况

据不完全统计，截至 2022 年底，全球已投运的储能项目累计装机规模已达 237.2GW，其中，抽水蓄能的累计装机规模最大，为 188.1GW；电化学储能的累计装机规模紧随其后，为 43.2GW。

美国是全球储能产业发展较早的国家，拥有全球近半的示范项目。目前在美国储能仍是以抽水蓄能为主，未来趋势向多功能、灵活性发展，电化学储能成为其发展的首选。

日本自福岛核电站泄漏事故后，开始大力发展可再生清洁能源。为提高电网对可再生能源的消纳能力，将储能技术作为优先选择的技术之一，装机规模在全球排至第三位，仅次于美国与中国。

欧洲国家高度关注能源转型，德国、英国、荷兰、法国等 11 个国家也纷纷部署储能项目，进行了大量的电化学储能、储热、储氢等研发、应用示范性项目。

二、储能项目国内发展概况

我国储能产业起步较晚，但发展较为迅速。据相关不完全统计，截至 2022 年底，我国已投运电力储能项目累计装机规模 59.8GW，占全球市场总规模的 25%，年增长率为 38%。从储能装机类型看，抽水蓄能最为成熟；电化学储能应用广泛、发展潜力大，近年得到飞速发展；其他储能（主要指压缩空气、飞轮等）目前容量有限，但发展也较为迅速。

“十三五”以来，我国新型储能实现由研发示范向商业化初期过渡，得到了实质性进步。电化学储能、压缩空气储能等技术创新取得长足进步，“新能源＋储能”、常规火电配置储能、智能微电网等应用场景不断涌现，商业模式逐步拓展，国家和地方层面政策机制不断完善，对能源转型的支撑作用初步显现。

我国也发布了促进储能发展的系列政策，并推出了一些具体的实施指导意见。国家能源局下发的《关于 2021 年风电、光伏发电开发建设有关事项的通知》中指出，市场化并网指超出保障性消纳规模仍有意愿并网的项目，通过自建、合建共享或购买服务等市场化方式，在落实抽水蓄能、储热型光热发电、火电调峰、电化学储能、可调节负荷等新增并网消纳条件后，由电网企业保障并网。国务院印发的《2030 年前碳达峰行动方案》中明确指出加快建设新型电力系统，加快新型储能示范推广应用。国家发展改革委、国家能源局联合印发《“十四五”新型储能发展实施方案》中的发展目标，到 2025 年新型储能由商业化初期步入规模化发展阶段，具备大规模商业化应用条件，到 2030 年新型储能全面市场化发展。可以预见，我国储能装机容量会保持高速的增长。

第三节　储能的技术路线

储能根据能量存储形式的不同，目前应用较为广泛的主要分为电化学储能、机械储能、化学储能、热储能以及电磁储能五大类。不同类型的储能项目，其选址条件、响应速度、电能损耗、调节效率、建设周期及成本等均有不同，适合不同的应用场景。

一、电化学储能

电化学储能利用电池实现电能的存储与释放，本质上是可逆的氧化还原反应，具有安装方便、响应速度快和技术成熟的优势。电池技术分类主要包括铅酸电池、锂离子电池、钠硫电池和液流电池等。电化学储能建设期较短，一般3～6个月，电站装机规模一般在1kW～100MW之间，其中采用铅酸电池储能效率一般能达到80％～90％，锂离子电池可达95％以上。

近年来电化学储能在技术上取得了重大突破，其投资成本较低、放电性能良好、循环次数多、适用范围广等优点作为发展最迅猛的技术。电化学储能主要缺点是安全性、寿命和环保问题，在生产和回收环节存在固有的电化学和重金属废物处理难题，且对运行环境要求较高，近年来发生的一些电化学储能电站事故也警示其存在一定的安全风险。

二、机械储能

机械储能是通过机械能与电能的相互转换实现能量的存储与释放，主要包括抽水蓄能、压缩空气储能和飞轮储能等。

抽水蓄能是迄今为止应用最为广泛的大规模、大容量储能技术，其装机容量占据主导地位，通常用于大规模电力网络削峰填谷和备用容量。在用电低谷或丰水期时段，将水送到上游把电能转为势能；在用电高峰时或枯水时段，将水从上游放下带动水轮机发电。抽能蓄能发展较为成熟，运行费用低，存储容量大，使用年限长，但需要人为调度和截留大规模水体，对周边地理环境要求高，具有一定潜在的生态环境影响。抽水蓄能建设期一般需要6～8年，电站装机规模一般在数百兆瓦至数千兆瓦之间，系统效率在70％～80％。

压缩空气储能利用电网负荷低谷时的剩余电力压缩空气，将其储存于高压储气库内，在用电高峰释放压缩空气，驱动膨胀机带动发电机发电。压缩空气储能建设期为1～2年，储能寿命长，装机容量较大，充放电次数多，安全性和可靠性较高，但储能密度比较低，需要很大的空气存储空间。近年来压缩空气储能得到较大的进步，装机从10～100MW均有项目建成，系统效率也不断提高。根据目前已建成的项目，10MW的系统效率可达60％左右，100MW级的系统效率可达70％左右。系统规模增加后，单位投资成本也持续下降，系统规模每提高一个数量级，单位成本下降达30％左右。

飞轮储能将电能与旋转体的动能进行相互转换，用电低谷时，不断加快飞轮速度将电能转变为机械能；用电高峰时，飞轮减速将机械能转变为电能。其优点主要为使用年限长、响应速度快、不受充放电次数限制、能量转换效率高等，但其成本高昂，运行噪声大，能量密度低，自放电率高。目前飞轮储能主要提供调频辅助服务。

三、化学储能

化学储能是通过电能驱动化学反应，进而实现能量存储的过程。目前主要指电解水制氢，以氢作为能量的载体，或将氢与二氧化碳反应成为合成天然气（甲烷），以合成天然气作为另一种二次能量载体。

化学储能涉及制氢、储氢、输氢、用氢4个环节，具有能量密度大、储存时间长、维护成本低、绿色无污染等优点，除发电外还可用于交通等其他方面。缺点在于电解水的过程中释放了大量的热能，导致其能量转换率一般只有70%左右，制合成天然气的效率在60%～65%，从用电到发电的全周期效率更低，仅能达到30%～40%。化学储能还需要考虑氢气使用的安全性问题。

四、热储能

热储能以储热材料为媒介，将电能、太阳能光热、地热等储存起来，在需要的时候释放，通常为显热储热、潜热（相变）储热和热化学储热三种形式。显热储热是以改变材料温度的方式实现热能的存储与释放，具有成本低和技术成熟的优势，已成熟应用。潜热储热是利用材料在相变时的吸热和放热过程储能，其储能密度高、温度变化小，是目前的研究重点，部分已实现商业化。热化学储热通过可逆热化学反应的方式实现热能存储，是目前储热密度最大的储热方式，仍处于技术研发阶段。

五、电磁储能

电磁储能主要包括超导储能、超级电容器储能。超导储能系统利用超导线图将电磁能直接储存起来，需要时再将电磁能返回电网，其优点是功率密度高、响应速度极快，但材料价格昂贵、能量密度低、维持低温制冷运行需要大量能量、应用有限。超级电容储能是在电极/溶液界面通过电子或离子的定向排列造成电荷的对峙而产生的，其优点是寿命长、循环次数多、充放电时间快、响应速度快、效率高，但电介质耐压很低、储存能量较少、能量密度低、投资成本高。

第四节 总图运输专业主要工作内容

在储能工程的设计过程中，总图运输专业的主要工作有站址选择及总体规划、总平面及竖向布置、管线布置、绿化规划等。

一、站址选择

站址选择关系到储能站布局的合理性，能否安全经济运行，直接影响建设进度和投资。站址选择中遗留的先天性原则问题，在建设和运行阶段是很难克服和改正的。因此，站址选择是一项非常重要的工作。

站址选择一般分为两个阶段进行。

1. 初步可行性研究阶段

根据电力发展规划、可再生能源发展规划、储能发展规划、储能服务对象以及项目单位的委托，在指定的一个或几个地区内，对建站外部条件进行调查研究，选择多个可能的站址，通过技术经济论证，择优推荐建站地区和站址顺序，并提出建站规模和装机方案的建议，作为可行性研究阶段工作的依据。

2. 可行性研究阶段

根据审定的初步可行性研究报告和项目单位的委托，在初步可行性研究阶段选址的基础上进一步落实建站外部条件，并进行必要的勘测和试验工作，在掌握确切的技术经济资料的基础上，进行多方案的比较，经全面的综合技术经济论证，提出推荐站址方案，作为项目单位决策的可靠依据。

二、站址总体规划

结合储能服务对象、用地条件和周围的环境特点，对站区、站内外高压输电进出线走廊、交通运输、水源地、供排水管线、施工场地、绿化、环境保护、防排洪、水土保持等各项工程设施，进行统筹安排和合理的选择与规划，处理好总体和局部、近期和远期、平面与竖向、地上与地下、物流与人流、运行与施工、内部与外部的关系，从而使电站的建设收到良好的社会效益、环境效益和经济效益。

三、站区总平面布置

总平面布置应符合国土空间规划的要求，在站址规划的基础上，结合地形因地制宜地进行设计，与储能服务对象紧密结合，朝向合理，工艺流程合理，分区明确。远近规划结合，留有发展余地。布置紧凑，节约用地。符合防火等规定，确保安全。交通流线合理，避免迂回。利于检修，方便管理。

四、站区竖向布置

根据地形、工程地质和水文地质、气象（特别是洪涝水位）、工艺要求等，确定站址各区及区内场地、建筑、设施、道路、地下管沟和挡土墙（边坡）的设计标高，场地排水坡向以及有关的工程量。

五、站区管线布置

从整体出发，结合规划容量，统一安排，流程合理，便于检修。使各种管线在平面和立面上相互协调、合理交叉。生产性管线不宜穿越扩建场地。综合考虑各种管线的特性、用途、敷设条件、相互连接及彼此之间可能产生的不利影响。选择合理经济的敷设方式和路径，使管线短捷、适当集中。

六、站区绿化规划

根据储能站规划容量、生产特点、总平面及管线布置、环境保护、美化站容的要求和当地自然条件、绿化状况，因地制宜地统筹规划，分期实施。绿化布置的平面规划与空间组织应与建筑群体和环境相协调，合理确定各类树木的比例与配置方式。绿化布置应在不增加建设用地的前提下，充分利用站区场地和进站道路两侧进行绿化。

不同类型的储能电站工艺流程、装机规模、用地面积相差较大，总图运输专业的具体工作要在上述要点的指导下，结合具体工程开展工作。

第二十八章

电化学储能

面对目前我国能源调整现状，智慧电网建设要求及离网、移动等特殊供电形式需求，电化学储能由于其自身高能量储存密度、充放电快速响应、环境适应性强、能够小型分散配置的特点，是目前几种主要储能路线的重要组成部分，具备广阔的应用前景及发展空间。

第一节　电化学储能主要工艺流程

电化学储能主要技术路线包括高性能铅炭电池、锂离子电池、钠离子电池、全钒液流电池等，本节将根据电池种类及应用前景对其主要工艺流程进行简要介绍。

一、电化学储能基本原理

电化学储能电站是指以可将化学能和电能进行双向多次转换并存储的电池为储能载体，实现电能转换、存储及供给的电站，由若干个电化学储能系统组成，同时包括并网、围护等设施。电化学储能系统包括电化学储存单元、汇集线路、升变压器等。电化学储存单元指由电化学电池、与其相连的功电池管理系统组成，能独立进行电能储存、释放的最小储存系统。电化学储能电站架构如图 28-1 所示。

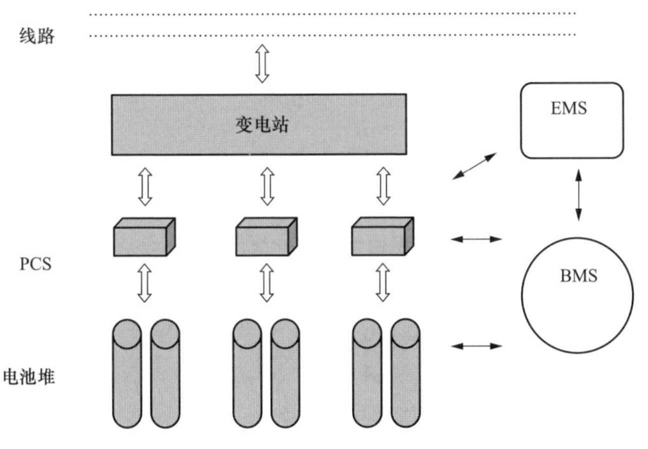

图 28-1　电化学储能电站架构

为实现电化学储能系统的应用，除电池本体技术外，还需要电化学储能系统集成技术支持。电化学储能系统集成技术主要包括电化学储能功率变换系统（变流器系统技术，PCS）、电池管理系统技术（BMS）及能量管理系统技术（EMS）。

二、电化学储能分类

（一）以储能电池分类

电化学储能电池的分类较多，主要参数及适用性不尽相同。GB 51048《电化学储能电站设计规范》中，涉及电化学电池分类为铅酸电池、锂离子电池、钠硫电池、液流电池。Q/GDW 1769《电池储能电站技术导则》中，涉及电化学电池分类为锂离子电池、全钒液流电池、钠硫电池。

1. 铅酸电池（铅炭电池）

铅酸电池是利用铅在不同价态间的固相反应，实现充放电的可充电电池。铅炭电池是传统铅酸电池的升级产品，又称先进铅酸电池，在铅酸电池基础上通过在负极加入炭材料，大幅提高其循环寿命，是目前成本最低的电化学储能技术。

2. 锂离子电池

以两种不同的能够可逆地插入及脱出锂离子的嵌锂化合物分别作为电池正极和负极的二次电池体，以锂离子为活性离子，充电时正极材料中的锂原子失去电子通过电解质向负极迁移，在负极与外部电子结合并嵌插储存于负极，放电时过程可逆。

3. 钠硫电池

钠硫电池属于钠基电池的一种，以硫为正极活性物质、钠为负极活性物质、氧化铝固态离子导电陶瓷材料为电解质。钠硫电池在放电过程中是电子通过外电路由负极到正极，通过固体电解质结合形成多硫化钠产物，充电时电极反应与放电相反。钠与硫之间的反应剧烈，两种反应物之间必须用固体电解质隔开，工作温度应保持在300～350℃。

4. 液流电池

通过电解液内离子的价态变化实现电能存储和释放。根据正负极活性物质不同，可分为铁铬液流电池、多硫化钠溴液流电池、全钒液流电池、锌溴液流电池等体系。其中全钒液流电池技术最为成熟，已经进入了产业化阶段。全钒液流电池以5价钒为正极活性物质、2价钒为负极活性物质、钒的硫酸溶液为电解质，具有优异的安全性和循环寿命。

5. 电化学电池主要特点

电化学电池特性及应用范围见表28-1。

表28-1　电化学电池特性及应用范围

项目	铅酸电池	锂离子电池	钠硫电池	液流电池
电池特性	安全性较高，循环寿命低，环保性存在问题	比能量高，成组寿命有待改进	比能量与比功率较高，高温条件下运行安全问题有待改进	安全性高，充放电性能好，环保性好，储能密度低
典型额定功率	1kW～50MW	1kW～1MW	100kW～100MW	5kW～100MW
应用范围	UPS系统、调峰应用、变电站事故电源、可再生能源储能	UPS系统、调峰应用、新能源并网、电网辅助服务	调峰应用、新能源并网、电网辅助服务	UPS系统、调峰应用、新能源并网、城市电网储能

传统电池技术以铅酸电池为代表，由于其对环境危害较大，已逐渐被锂离子、钠硫等性能更高、更安全环保的电池所替代。

目前电化学储能电池中以锂离子电池的装机规模为最大。锂离子电池比较有代表性种类包括以锰酸锂、钴酸锂、磷酸铁锂、镍钴锰三元材料、镍钴铝三元材料为正极的商品化电池。锂电池主要特性见表 28-2。

表 28-2　锂电池主要特性

项目	钴酸锂	锰酸锂	镍钴锰酸锂	镍钴铝酸锂	磷酸铁锂
标称电压	3.6	3.7	3.6	3.6	3.2
质量能量密度	150～200	100～150	150～220	200～260	90～120
失控温度	150	250	210	150	270
环保特性	无腐蚀性	无腐蚀性	无腐蚀性	无腐蚀性	无腐蚀性

注　当电池容量衰减至其初始容量的 80%，所经历的循环次数，即为循环寿命；DOD 为放电深度，即电池放电量占电池额定容量的百分比；C 为充放电倍率，衡量电池在单位时间内放出或充电能力参数。循环次数受不同的使用工况及电池制造工艺与材料影响相差较大，一般磷酸铁锂 100%DoD/0.5C>2000 次，100%DoD/1C>1000 次，80%DoD/1C>4000 次，三元锂电池稍低。

（二）以应用方向分类

电化学储能在电力领域中的应用方向粗分为发电侧、电网侧、用户侧，实际上随着承担功能相互交叉，几类方向间的分界也逐渐模糊。电化学储能在电力系统中既可参与一次调频，也可参与自动电压控制运行，提高系统电压稳定性和电压质量，对可再生能源发电起到辅助调频、调压作用，同时作为系统内备用电源，提升系统应对突发事件能力。

1. 发电侧电化学储能电站

（1）风能、光伏发电站配套：对光伏发电站以能量型应用为主，对风电站以功率型应用为主，可平抑风电及光伏发电波动性，提升其可控性，减小电网对新能源机组的调度难度，还可通过时移实现部分弃风、弃光回收功能。

（2）火力发电厂配套：主要担负辅助火电参与电网调峰调频、火电机组黑启动等功能。调峰主要是能量型的应用，而调频是典型的功率型应用。

2. 电网侧电化学储能电站

增加电力系统中灵活性资源，优化系统潮流，减少网损，提高供电质量和系统运行经济性，同时可调节电网中局部落后环节或者局部时间内用电激增引起电网局部阻塞，延缓输配电线路的升级改造，提高电网资产利用率。

3. 用户侧电化学储能电站

（1）负荷侧：应用场景广泛，主要应用于城市中、大型光储充一体化充电站，港口、工业园等用电负荷中心中的大型储能电站，岛屿、边防哨所等电力空白区及生态园区等智慧能源中的储能电站，数据中心、通信基站、政府楼宇、医院、学校、大型商业中储能系统等。对用户用电削峰或移峰，通过阶梯电价差为用户节约电费，也可对整个电力系统起到削峰填谷的效果。

（2）微电网及分布式发电：通过自身的能量管理系统，将分布式电源与储能系统、主电网协同控制，提高微电网稳定性和电能质量。电化学储能在微电网中既有能量型也包含功率型。

第二节　电化学储能国内外发展情况

电化学储能并不是一种新技术，早在19世纪，铅酸电池即被应用于城市供电系统，到20世纪70～80年代，全钒液流电池、锂电池等新型电池技术路线均已被提出，在21世纪电化学储存技术的研究和发展受到各国能源、交通、电力等部门重视，在技术性和经济性上均得到高速提升。

一、电化学储能国外发展情况

在全球储能累计装机小幅平稳增长的背景下，电化学储能飞速发展，据不完全统计，2014—2022年全球电化学储能累计装机规模从0.893GW迅速上涨至43.2GW，随着环保压力日趋严峻，更环保的锂离子电池大量应用已是大势所趋。从主要市场分布来看，全球新增投运的电化学储能项目主要分布在49个国家和地区，装机规模排名前十位的国家分别是中国、美国、英国、德国、澳大利亚、日本、阿联酋、加拿大、意大利和约旦，规模合计占全球新增总规模的91.6%。

主要发达国家和地区都加强了顶层设计战略主导，发展战略推陈出新。2018年9月，美国能源部为储能联合研究中心投入1.2亿美元（5年），以推进电池科学和技术研究开发。2018年5月，欧洲电池联盟发布战略行动计划，提出六大战略行动，启动预计规模为10亿欧元的新型电池技术旗舰研究计划，打造一个创新、可持续、具有全球领导地位的电池全价值链。

二、电化学储能国内发展情况

我国电化学储能发展迅速，据不完全统计，截至2022年底，500kW/500kWh以上的电化学储能电站772座、总功率为18.59GW，其中累计投运电站472座、总功率为6.89GW（在运405座、总功率为6.44GW，停用67座、总功率为0.45GW），在建电站300座，总功率为11.70GW。

根据国家发展改革委、国家能源局印发的《“十四五”新型储能发展实施方案》，明确提出开展钠离子电池、新型锂离子电池、铅炭电池、液流电池等关键核心技术、装备和集成优化设计研究，研发储备液态金属电池、固态锂离子电池、金属空气电池等新一代高能量密度储能技术。突破电池本质安全控制、电化学储能系统安全预警、系统多级防护结构及关键材料、高效灭火及防复燃、储能电站整体安全性设计等关键技术。突破储能电池循环寿命快速检测和老化状态评价技术，研发退役电池健康评估、分选、修复等梯次利用相关技术，研究多元新型储能接入电网系统的控制保护与安全防御技术。

第三节　电化学储能电站站址选择

电化学储能主要应用于电力系统辅助、调峰、提高新能源电量上网能力、分布式和微电网等领域，在站址选择时多以结合其他电源、电网设施，拟供给用户的现状条件或规划条件方式进行，一些大型用户侧储能电站也存在单独选址情况。

目前涉及电化学储能电站站址选择规范相对较少，主要包括 GB 51048《电化学储能电站设计规范》、Q/GDW 1769《电池储能电站技术导则》、Q/GDW 11265《电池储能电站设计技术规程》、T/CEC 373《预制舱式磷酸铁锂电池储能电站消防技术规范》、GB/T 51437《风光储联合发电站设计标准》。

目前电化学储能运行及盈利方式多处于试点阶段，受工程造价及运维费用影响，规模一般以系统专业根据调峰的需求确定。电化学储能电站可采取室外或室内及综合式布置方案。

电化学储能电站选址时主要遵循以下原则。

（1）地理位置：应根据电力系统网络结构、负荷分布、服务对象的整体规划进行，同时满足所在地规划管理、环境保护、消防安全等规定。一般都要求通过技术经济比较确定最佳的站址方案。

站址多选择在靠近负荷峰谷悬殊、随机性电源、重要用户等较为集中的区域，应远离住宅、学校、医院、办公楼、工厂等有公众居住、工作或学习的建筑物，留有必要的防噪声距离。如参与深度调峰的电站多建设在现有火力发电厂区附近，新能源配套电站多与配套变压站毗邻，大型用户侧多设于负荷集中的工业园、港口等规划范围内，面向分布式能源及微电网的小型电化学储能项目更宜紧贴用户设置。采取邻近选址可在一定程度上降低建设及运行维护成本。

（2）用地条件：节约集约用地是我国的基本国策，选址时应遵循节约集约用地的原则，合理使用土地，尽量利用荒地、劣地，不占或少占耕地和经济效益高的土地。对于在现有设施基础上增配的项目，尽量利用现有场地，尽可能不征或少征地。由于电化学储能电站的特性，特别是采用铅炭、锂电电池电站，电池组件及控制、配电设施的高度集装，使分散布置再通过网络统一调配在技术上可行，选址时可不拘泥于整装场地。如国网江苏镇江电池储能电站，利用 8 处退役变电站场地和在运变电站空余场地作为建设场地，由江苏省调统一调控。

（3）环境影响：可参照变电站要求，不宜设在多尘或有腐蚀性气体的场所，当无法远离时，不应设在污染源盛行风向的下风侧。当与有爆炸或火灾危险环境的建筑物毗连时，应符合 GB 50058《爆炸危险环境电力装置设计规范》的规定。

（4）地形地质：应具有适宜的地质、地形条件，应避开滑坡、泥石流和塌陷区等不良地质构造。宜避开溶洞、采空区、明和暗的河塘、岸边冲刷区、易发生滚石的地段，尽量避免或减少破坏林木和环境自然地貌。应避让重点保护的自然区和人文遗址。

（5）防洪安全：电源侧电化学储能电站场地设计标高不低于依托电源设计要求；电网侧不低于相应电压等级变电站设计要求；用户侧可参照电网侧及所在地规划要求确定。当站址场地设计标高无法满足上述要求时，应采取相应措施。

（6）交通运输：宜选择交通便利位置，道路应满足施工及消防车辆通过性要求。道路尽量采用联合设置、永临结合设置方式。进站道路宽度及转弯半径可参照相应电压等级变电站设计要求。

（7）施工条件：周边应有施工用电、用水供应条件，可靠度应能满足要求。水源和供水方式可结合当地条件选择，采用蓄水池供水时，容量要满足消防要求。

第四节　电化学储能电站总平面布置

电化学储能电站总平面图布置需要根据电站的定位与服务对象，结合场地条件、送出条件、交通运输条件等统筹进行。

一、电化学储能电站总平面布置原则

（1）应根据施工、运行维护需要，以近期经济合理、远期可行原则统筹规划。

（2）应与当地的城镇规划或工业区规划相协调，并充分利用现有的交通、给排水及防洪等公用设施。

（3）当靠近源侧、网侧或用户侧布置时，应与服务对象相结合，并尽量共建公用设施。

（4）应根据工艺流程、送出廊道规划、交通运输条件，并结合地质、地形、气象等自然条件确定。

（5）竖向设计应与总平面布置同时进行。

二、电化学储能电站各建(构)筑物的火灾危险类别及其最低耐火等级

电化学储能电站各建（构）筑物的火灾危险性分类及其耐火等级见表28-3。

表28-3　　电化学储能电站各建（构）筑物的火灾危险性分类及其耐火等级

序号	建（构）筑物名称		火灾危险性类别	最低耐火等级
1	主控通信楼		戊	二级
2	继电器室		戊	二级
3	屋内、外配电装置	每台设备充油量60kg以上	丙	二级
		每台设备充油量60kg及以下	丁	二级
		无含油电气设备	戊	二级
4	锂电池/钠离子电池		甲、乙①	二级
5	液流电池		丁②	二级

注　火灾危险性分类应执行最新标准。

①DB11/T 1893—2021《电力储能系统建设运行规范》中储能系统火灾危险性分类和安全风险提示，电池热失控后产生的可燃气体积聚存在火灾、爆炸风险。

②液流电池过充时储罐内有产生 H_2 可能性，积聚后存在爆炸风险。

三、电化学储能电站内建（构）筑物的最小间距

电化学储能电站内建（构）筑物的最小间距见表28-4。

表 28-4　电化学储能电站内建（构）筑物的最小间距

<table>
<tr><td colspan="2" rowspan="3">建（构）筑物名称</td><td colspan="2">丙、丁、戊类生产建筑</td><td colspan="2">生活建筑</td><td colspan="2">屋外配电装置</td><td colspan="2">电池室</td><td colspan="2">屋外电池预制舱（柜）</td><td rowspan="3">事故油池</td><td rowspan="3">站内道路（路边）</td></tr>
<tr><td colspan="2">单、多层</td><td colspan="2">单、多层</td><td colspan="2">每组断路器油量（t）</td><td rowspan="2">铅酸（铅炭）电池、液流电池</td><td rowspan="2">锂离子电池</td><td rowspan="2">铅酸（铅炭）电池、液流电</td><td rowspan="2">锂离子电池</td></tr>
<tr><td>一、二级</td><td>三级</td><td>一、二级</td><td>三级</td><td><1</td><td>≥1</td></tr>
<tr><td rowspan="2">电池室</td><td>铅酸（铅炭）电池、液流电</td><td>10</td><td>12</td><td>10</td><td>12</td><td>—</td><td>10</td><td>10</td><td>12</td><td>10</td><td>20</td><td>5</td><td rowspan="2">无出口时1.5；有出口但不通行汽车时3；有出口且通行车辆时根据车型确定</td></tr>
<tr><td>锂离子电池</td><td>12</td><td>14</td><td colspan="2">25</td><td colspan="2">10</td><td>12</td><td>12</td><td>25</td><td>25</td><td>5</td></tr>
<tr><td rowspan="2">屋外电池预制舱（柜）</td><td>铅酸（铅炭）电池、液流电池</td><td colspan="2">10</td><td>15</td><td>20</td><td colspan="2">5</td><td>10</td><td>25</td><td>—</td><td>15</td><td>5</td><td>1</td></tr>
<tr><td>锂离子电池</td><td>20</td><td>25</td><td>25</td><td>30</td><td colspan="2">10</td><td>20</td><td>25</td><td>15</td><td>—</td><td>5</td><td>1</td></tr>
</table>

预制舱式磷酸铁锂电池储能电站中，预制舱与站内建（构）筑物的最小间距见表 28-5。

表 28-5　预制舱与站内建（构）筑物的最小间距

<table>
<tr><td colspan="2">建（构）筑物名称</td><td>电池预制舱</td></tr>
<tr><td colspan="2">丙、丁、戊类生产建筑</td><td>10</td></tr>
<tr><td rowspan="3">屋外电池装置</td><td>无含油电气设备</td><td>—</td></tr>
<tr><td>每组断路器油量<1t</td><td>5</td></tr>
<tr><td>每组断路器油量≥1t</td><td>10</td></tr>
<tr><td colspan="2">油浸变压器</td><td>10</td></tr>
<tr><td colspan="2">事故油池</td><td>5</td></tr>
</table>

注　1. 预制舱式储能电站中建（构）筑物耐火等级不应低于二级。

2. 当采用防火墙时，预制舱与丙、丁、戊类生产建筑防火间距不限。

3. 电池预制舱应单层布置。预制舱间间距长边端不应小于 3m，短边端不应小于 4m；当采用防火墙时，防火间距不限；防火墙长度、高度应超出电池预制舱外廓各 1m。

4. 预制舱式储能电站应设置围墙。围墙与预制舱间间距不宜小于 5m，当小于 5m 时，应采用实体围墙，围墙高度不低于预制舱外廓。

5. 本表引自 T/CEC 373—2020《预制舱式磷酸铁锂电池储能电站消防技术规范》。

四、电化学储能电站平面布置

电化学储能电站处于高速发展阶段，相关总平面布置规程及系统内工程经验较少。电化学储能电池自身能量密度高，易于集成化，储能电站相对占地较小，布置形式灵活多变，在实际布置时可参考同电压等级变电站布置要求进行。

（1）根据储能电站性质及服务类型，灵活选择布置场地，场地尽量靠近服务对象，以节约线路输电损耗及运行管理费用。

（2）根据不同的工艺路线选择，确定不同储能设施布置要求，电化学储能电池类型不同，其主要设施（电池堆）的布置形式差别也较大，常见包括预制仓方式、储罐方式、室内建筑方式等。站区平面布置在场地情况影响较小的情况下布置方式需尽可能使工艺路线连接顺畅。

（3）注意按储能电站内各类单体火灾危险性等级确定防护间距，目前许多成套供应设备集成化后往往很难明确防火等级，总图设计人员需要与工艺专业配合，综合确定防火间距。对于规模较大的电化学储能电站，建议充分考虑区域划分。

（4）站内外道路在满足施工及检修要求后，充分考虑消防车辆通行要求，消防道路一般为不小于4.0m环形道路，环形道路设置困难时，道路尽端应具备回车场地，道路转弯半径按当地配置消防车辆要求确定。站区出入口数量、间距、依托道路要求，根据项目修建性详细规划及消防验收单位要求确定。

（5）设于电网侧或与变压站共建的项目，围墙可采用变电站要求设置，一般为实体围墙。在有规划要求的地区，围墙形式按当地规划要求确定。电站内带电设备区域与其他区域之间采用围栅分隔。

（6）站区绿化可采用管理区集中绿化或异地绿化形式满足规划中绿地率的要求，风沙较大的地区可考虑对设备间空闲场地进行硬化。

（7）对于偏远地区配套的储能电站，极端或恶劣天气情况，大件设备运输条件、工期对布置形式选择影响，也需要纳入总图设计人员考虑范畴。

第五节　电化学储能电站工程实例

根据目前收集的资料及了解情况，电化学储能电站工程多集中于新能源基地配套项目，以下列出北方地区建设的3座储能电站规划，供参考。

一、新疆某光伏发电站配套电化学储能电站（16.5MW/33MWh）

新疆某110MW光伏发电站配套3座35kV开关站、综合楼、电化学储能、组件支架安装及基础、检修道路等内容。光伏发电站全貌如图28-2所示。

电化学储能电站配置2套磷酸铁锂电池储能系统，分别为4MW/8MWh、12.5MW/25MW。储能系统主要由储能电池、变流器（PCS）及升压变压器组成。变流器可实现电能的双向转换：充电状态时，变流器作为整流器将电能从交流变成直流储存到储能装置中；放电状态时，变流器作为逆变器将储能装置储存的电能从直流变为交流，向电网供电。

储能电站分两个地块布置，4MW/8MWh电站建设于一期光伏场内洼地上，共包含2个2MW/4MWh单元，每个单元分别经过4台500kW变流器接入2MVA升压变压器的低压侧，经变压器升压至35kV后以1回路接入一期光伏35kV开关站。

12.5MW/25MWh电站建设于四期、五期光伏开关站南侧空地上。4MW/8MWh电站占地约0.45hm^2。光伏发电站配套的电化学储能电站平面布置如图28-3所示。

图 28-2　新疆某 110MW 光伏发电站全貌图

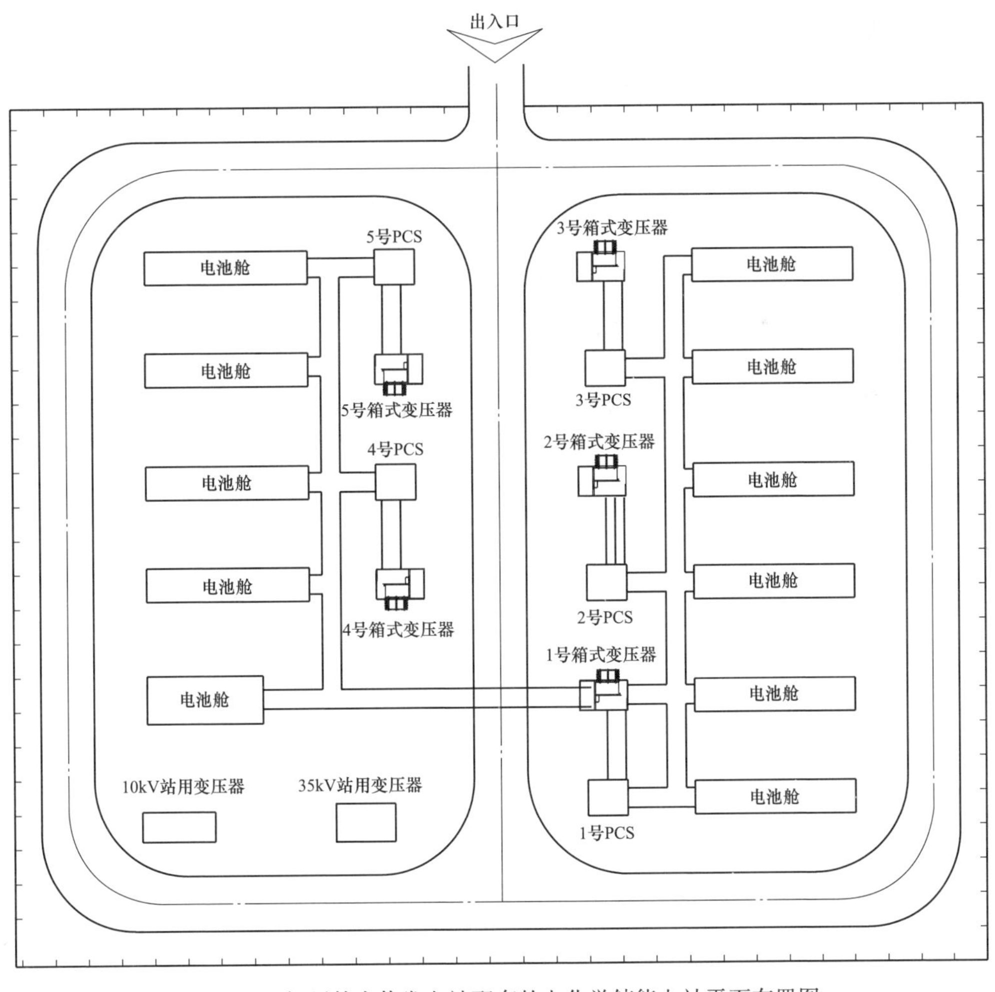

图 28-3　新疆某光伏发电站配套的电化学储能电站平面布置图

二、新疆某光伏发电站电化学储能电站（10MW/20MWh）

新疆某 60MW 光伏发电站配套工程包括新建一座 110kV 升压站、综合楼、电化学储能、组件支架安装及基础、检修道路等内容。光伏发电站全貌如图 28-4 所示。

图 28-4 新疆某 60MW 光伏发电站全貌

电化学储能电站配置 1 套磷酸铁锂电池储能系统，拟建设于 110kV 升压站西侧空地上，建设规模为 10MW/20MWh，以 2.5MW/5MWh 为一个单元，共计 4 个单元；每个单元分别经过 4 台 630kW 变流器接入 2.5MVA 升压变的低压侧。经变压器升压至 35kV 后经高压侧并接后以 1 回路接入 110kV 升压站 35kV 配电楼 35kV I 段母线。该储能项目占地约 0.28hm^2。电化学储能电站平面布置如图 28-5 所示。

三、内蒙古某绿色电站配套电化学储能电站（140MW/280MWh）

内蒙古某绿色电站为当地源网荷储一体化综合应用示范项目，拟建设电网友好型新一代“新能源+储能”电站，通过优化储能容量设计和运行模式，保障新能源高效消纳利

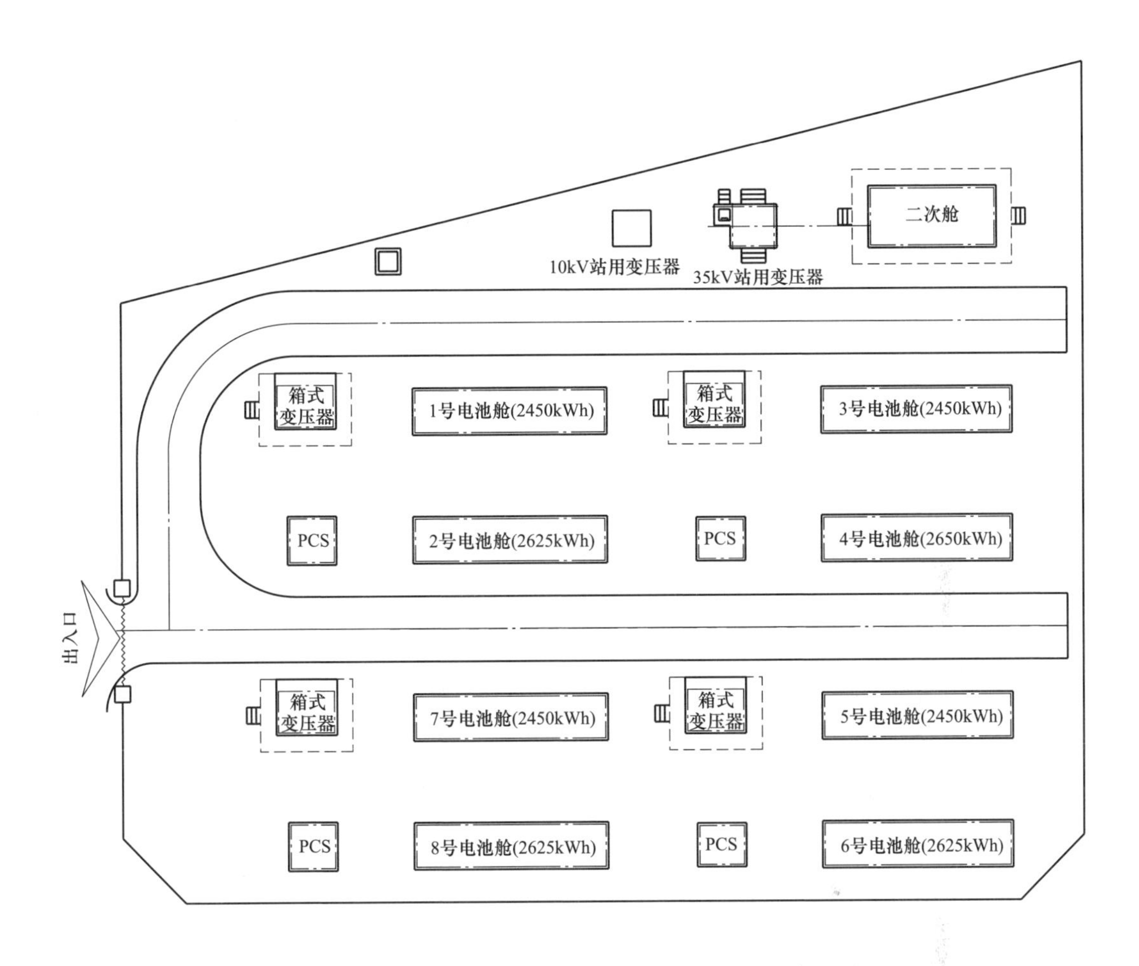

图 28-5 新疆某光伏发电站电化学储能电站平面布置图

用，降低公网调峰和容量支撑压力。通过优化储能配置，实现间歇性新能源提供地区高峰供电保障，顶峰能力约等效一台 600MW 级火电机组，保障自身消纳同时为电网提供一定调峰能力，不占用蒙西电网新能源消纳空间。

项目拟建设平价风电 1700MW＋光伏发电 300MW，配套建设 550MW×2h 储能系统，分为 4 个风光储单元。该储能站为其中一个风光储单元，建设规模为 140MW/280MWh，磷酸铁锂电池，全户外预制舱布置，其中 1500V 直流储能系统 90MW/180MWh，STATCOM 储能系统 50MW/100MWh。

储能预制舱设备尺寸（长×宽）为 12 800mm×3000mm。储能预制舱采用背靠背建设形式，每两台储能预制舱之间建一面高 4.2m、长 14.8m、宽 0.3m 防火墙，电池舱与防火墙之间间距为 0.5m，有效地节约了占地。该储能项目占地约 3.94hm²。该电化学储能电站平面布置如图 28-6 所示，建成后的鸟瞰图如图 28-7 所示，建成后的实际平面布置如图 28-8 所示。

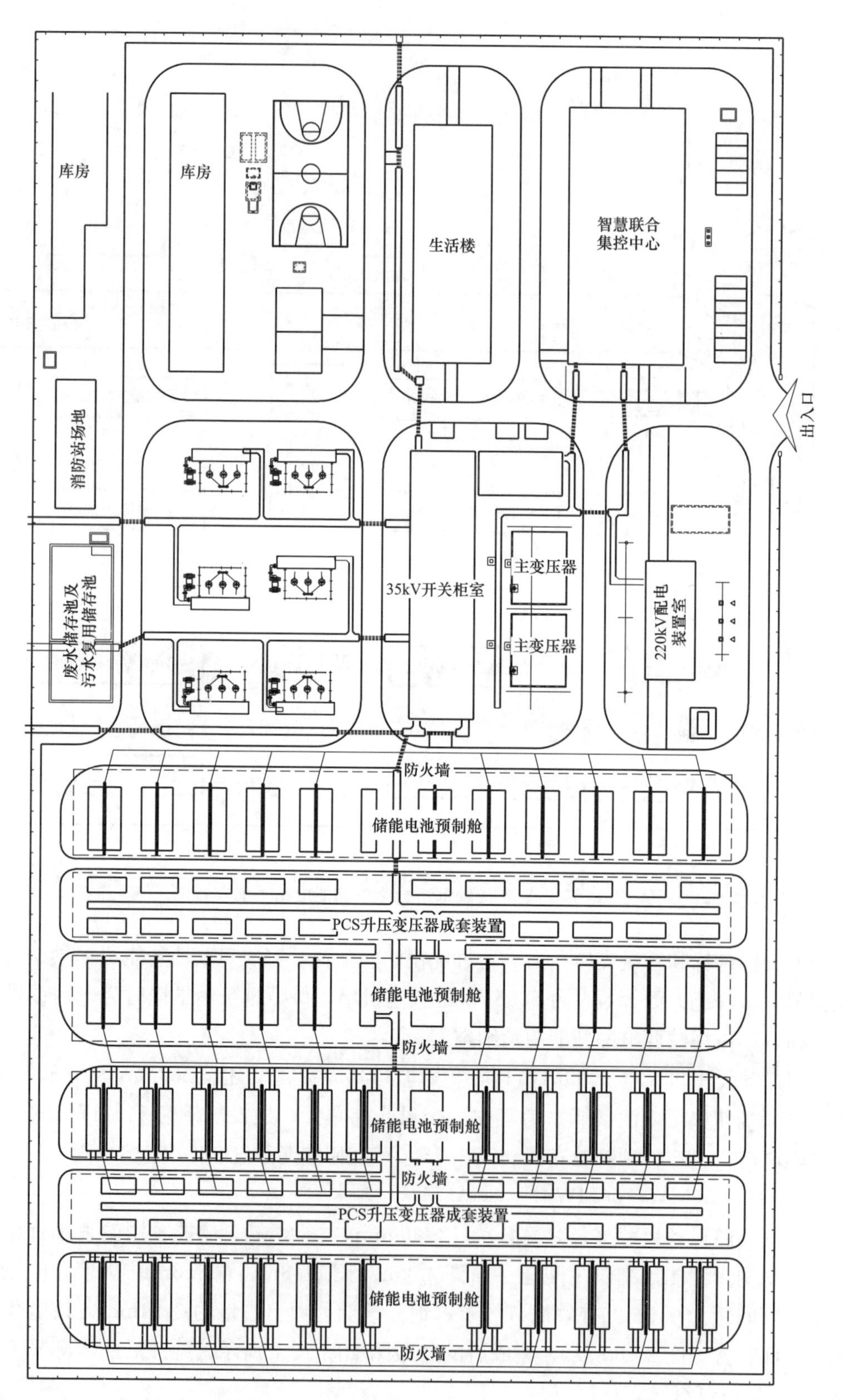

图 28-6　内蒙古某绿色电站配套电化学储能电站平面布置图

图 28-7 某电化学储能电站鸟瞰图

图 28-8 某电化学储能电站平面布置图

第二十九章

机械储能

机械储能是通过机械能与电能的相互转换实现能量的存储与释放，主要包括抽水蓄能、压缩空气储能和飞轮储能等技术。抽水蓄能、压缩空气储能具有储能寿命长、装机容量大的优点。目前抽水蓄能技术成熟，装机容量占据主导地位；压缩空气储能正处于快速发展过程中，目前建成投产项目也逐渐增多，随着单位投资成本持续下降，未来具有良好的发展前景；飞轮储能响应速度快、能量转换效率高，但成本高昂，应用较少。

第一节 抽 水 蓄 能

抽水蓄能将电能转换为水的重力势能存储，是目前唯一大规模运用于电力系统的储能技术，具有技术成熟、效率高（综合效率为70%～85%）、容量大、储能周期不受限制等特点；但需要合适的地理条件建造水库和水坝，建设周期长、初期投资巨大。

一、 抽水蓄能主要工艺流程

（一）抽水蓄能的基本原理

抽水蓄能电站又称蓄能式水电站，是迄今为止世界上应用最为广泛的大规模、大容量储能技术，利用电力负荷低谷时的电能从下水库抽水至上水库，将电能转换为水的势能储存起来，电力负荷高峰期从上水库放水至下水库发电，再将水的势能转换为电能的一种水电站。它可将电网负荷低时的多余电能，转变为电网高峰时高价值电能，适于调频、调相，稳定电力系统的周波和电压，紧急事故备用运行，可提高系统中火电站、核电站的效率。相比其他储能技术，抽水蓄能电站具有技术成熟、效率高、容量大、储能周期不受限制等优点，但需要合适的地理条件建造水库和水坝，建设周期长、投资大。抽水蓄能电站一般由厂房、水道、上水库和下水库等组成。抽水蓄能电站工艺流程图如图29-1所示。

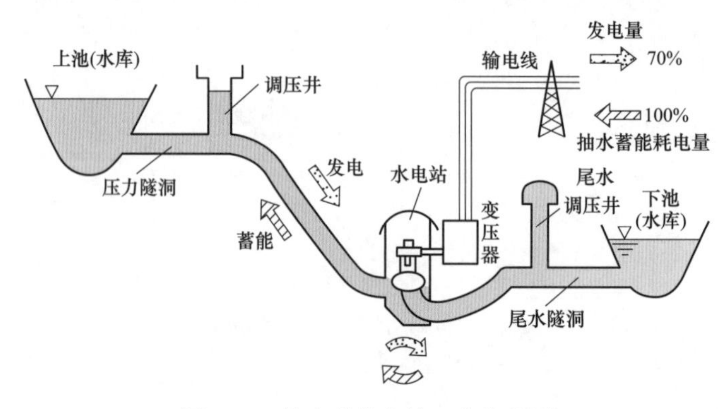

图29-1 抽水蓄能电站工艺流程图

（二）抽水蓄能电站的类型

1. 按开发方式分

（1）纯抽水蓄能电站。利用一定的水量在上、下水库之间循环进行抽水和发电；其上水库没有或有很少量的天然径流汇入，发电和抽水的水量基本相等；仅用于调峰、调频，必须与电力系统中承担基本负荷的火力发电厂、核电厂等电厂协调运行。目前我国已建和在建的天荒坪、十三陵、泰安、宜兴、文登等均属纯抽水蓄能电站。

（2）混合式抽水蓄能电站。上水库有一定的天然径流入库，发电用水量大于抽水用水量；电站内装有抽水蓄能机组和普通的水轮发电机组，既可进行能量转换又能进行径流发电，可以调节发电和抽水的比例以增加峰荷的发电量。国内已建的岗南、密云、潘家口、白山等均属混合式抽水蓄能电站。

2. 按调节周期分

（1）日调节抽水蓄能电站。承担日内电力供需不均衡调节任务，其上、下水库水位变化的循环周期为一日的抽水蓄能电站。以一昼夜为调节周期，在每天电网负荷高峰时发电，负荷低谷时抽水，调节库容一般按装机满发 5～6h 考虑。

（2）周调节抽水蓄能电站。承担周内电力供需不均衡调节任务，其上、下水库水位变化的循环周期为一周的抽水蓄能电站。以一周为运行周期，在周内负荷较大时增加高峰发电时间，在周末负荷低落时增加抽水时间，储存更多电能。所需调节库容较大，一般周调节库容按装机满发 10～20h 考虑。

（3）年调节抽水蓄能电站。承担年内丰、枯季节之间电力供需不均衡调节任务，其上、下水库水位变化的循环周期为一年的抽水蓄能电站。一般要求上水库具有较大库容，通常不需要建设下水库（利用径流丰沛的天然河流取水），在汛期利用系统多余电力将河流水量抽至上水库，在枯水期向系统供电。

二、抽水蓄能国内外发展情况

抽水蓄能发展至今已有超 100 年的历史，技术较为成熟，国内外已建成相当数量的工程，在现有储能装机中占主导地位。

（一）抽水蓄能国外发展情况

抽水蓄能电站发展至今已有超百年的历史。1982 年瑞士建成了世界上最早的抽水蓄能电站——苏黎世内特拉抽水蓄能电站。20 世纪上半叶抽水蓄能电站发展缓慢，到 1950 年全世界建成抽水蓄能电站 28 座、投产容量仅约 2GW。进入 20 世纪 60 年代后开始快速发展，20 世纪 60 年代装机容量增加 13.49GW，20 世纪 70 年代装机容量增加 40.16GW，20 世纪 80 年代装机容量增加 34.86GW，20 世纪 90 年代装机容量增加 27.09GW。20 世纪 50 年代以前，西欧各国领导世界抽水蓄能电站建设潮流；20 世纪 60 年代后期，美国抽水蓄能电站规模跃居世界第一；进入 20 世纪 90 年代后，日本超过美国成为抽水蓄能电站装机容量最大的国家。

据不完全统计，截至 2022 年底，全球已投运的抽水蓄能项目累计装机规模已达 188.1GW，另有超过 100 个抽水蓄能项目在建。

（二）抽水蓄能国内发展情况

我国抽水蓄能发展始于 20 世纪 60 年代后期的河北岗南水电站，通过广州抽水蓄能电站、北京十三陵抽水蓄能电站和浙江天荒坪抽水蓄能电站的建设运行，夯实了抽水蓄能发展基础。随着我国经济社会快速发展，抽水蓄能发展加快，项目数量大幅增加，分布区域不断扩展，相继建设了泰安、惠州、白莲河、西龙池、仙居、丰宁、阳江、长龙山、敦化等一批具有世界先进水平的抽水蓄能电站，设计、施工、机组设备制造与运行水平不断提升，已形成较为完备的规划、设计、建设、运行管理体系。据不完全统计，截至2022年底，我国已建抽水蓄能装机容量45.79GW，核准在建装机规模167GW，已纳入规划的抽水蓄能站点资源总量约823GW亿kW，规模位居世界首位。

“双碳”目标提出后，在配套低碳政策即将陆续出台的预期下，风电、光伏增长大幅提速。为了给波动的风光调峰，抽水蓄能的建设也将提速。2021年4月国家发展改革委发布《关于进一步完善抽水蓄能价格形成机制的意见》（发改价格〔2021〕633号），明确抽水蓄能的价格机制。2021年8月国家能源局发布《抽水蓄能中长期发展规划（2021—2035年）》，提出到2025年抽水蓄能投产总规模达62GW以上，到2030年抽水蓄能投产总规模达120GW以上，到2035年形成满足新能源高比例大规模发展需求、技术先进、管理优质、国际竞争力强的抽水蓄能现代化产业，培育形成一批抽水蓄能大型骨干企业，抽水蓄能将迎来爆发式发展。

三、抽水蓄能电站站址选择

抽水蓄能电站站址选择在选点规划阶段进行，抽水蓄能电站选点规划包括站点普查、规划比选站址选择。

根据国务院《关于发布政府核准的投资项目目录（2016年本）的通知》（国发〔2016〕72号）要求，抽水蓄能电站项目由省级按照国家制定的相关规划核准。根据国家能源局《关于印发抽水蓄能电站选点规划技术依据的通知》（国能新能〔2017〕60号）要求，国家能源局批准的选点规划或调整规划，是编制有关抽水蓄能电站发展规划、开展项目前期工作及核准建设的基本依据，即抽水蓄能电站站址选择在选点规划阶段进行，必须先纳入选点规划后才可开展后续前期工作。

抽水蓄能电站选点规划应根据国民经济和社会发展需要，贯彻可持续发展理念，坚持统一规划、综合平衡的原则，同电力发展规划保持一致，正确处理抽水蓄能电站开发与其他用水部门的关系，并与相关规划相协调。规划范围一般以省级或区域电网所覆盖的地区为宜，必要时也可进行局部地区的选点规划。抽水蓄能电站选点规划包括站点普查、规划比选站址选择。

（一）站点普查

（1）在地形图上根据抽水蓄能电站的基本要求，初步列出抽水蓄能电站可能站点。普查范围不大的地区可采用1∶10 000地形图；普查范围较大的地区可采用1∶50 000地形图，初步选出的站址再用1∶10 000地形图复核。

（2）采用不小于1∶10 000地形图和1∶200 000区域地质图，根据各可能站点的地理位置、地形地质条件，选出抽水蓄能电站初拟站点。

（3）对各初拟站点的地理位置、地形地质、上下水库的水源及淹没、环境影响、工程布置及施工交通等条件进行现场查勘、考察，筛选出普查站点作为普查成果并进行初步评价。

（4）已进行过普查的地区，需对普查成果进行复核。

（二）规划比选站址选择

根据抽水蓄能电站合理规模和布局要求，结合站点普查及复核成果，选择若干条件较好的站址作为规划比选站址。根据资源条件，规划站址装机合计规模一般应大于规划水平年新增经济合理规模，资源条件较好的地区宜按2倍左右考虑。

规划比选站址选择原则如下。

（1）装机规模：应适应电力系统发展需要，分布应满足电力系统布局及功能要求。

（2）地理位置：靠近负荷中心和枢纽变电站，送受电条件较好，以减少输电线路投资和降低能耗。对于大型区域电网，站址不宜过于集中，宜与分区负荷中心相对应，适当分散选择，利于电网的经济和稳定运行。

（3）地形地质：建设上、下水库有合适的地形，尽量避开具有重大工程地质问题的地区。上、下水库地形封闭性及成库条件好，不存在大规模渗漏，库岸边坡稳定。站址工程地质、水文气象、水源条件较好，地下岩石应多为砾岩、砂岩等，无地震隐患，无台风、海啸、龙卷风、洪水、干旱等灾害。

（4）上、下水库：最好有天然的上水库与下水库，可以节省大量的投资，利用天然高山湖泊只需加筑部分堤坝就可以形成水库，或利用高山盆地只需筑一部分堤坝就可以蓄水成水库，都是比较理想的方案。利用已建水库或天然水域作为上、下水库时，应考虑其相互影响。

（5）水头：抽水蓄能利用的是水的势能，上、下水库的高度差（水头）越大，所需的库容越小，输水道截面越小，机组直径越小，厂房面积也可以适当减少，可有效减少投资。目前许多大型抽水蓄能电站的上、下水库的平均高度差在500m以上，有的已达1000m以上。但过大的高度差不但很难找到合适的站址，而且设备能承受的压力也有限，目前单级的水泵水轮机最大工作水头为600～700m，超过这个高度就要采用多级水泵水轮机，若用冲击式水轮机与多级水泵虽然可运行在更高的水头，但要采用三机串联式机组。因此，上、下水库的平均高度差是选址时首要条件，一般应大于300m，以300～700m为宜。

（6）上、下水库水平距离：上、下水库之间的水平距离决定了修筑输水道的长度，输水道太长不但工程量大、投资大，而且输水的阻力也大，直接造成了水头损失。因此，上水库与下水库之间的水平距离是选址时第二重要条件，应适当小一些，一般以距高比不大于10且不小于2为宜。

（7）水库淹没：尽量减少对城市集镇、人口聚集区和耕地集中区等的淹没影响，协调好资源开发与区域经济发展的关系。避免淹没军事设施、风景名胜区、自然保护区、大型工矿企业、城镇或人口密集区域。

（8）环境影响：尽量避开环境影响敏感区域，降低对环境的影响程度。合理避让生态红线、自然保护区、风景名胜区、水源保护区、森林公园、地质公园等环境敏感区域，区分站点对敏感对象的实质影响，科学地处理好开发与环境保护的关系。

（9）水源条件：考虑抽水蓄能电站的运行特点和降水、蒸发等自然条件，选址时要求集水面积一般不小于$10km^2$。

（10）交通、施工条件：内、外交通便利，用水用电、施工场地等施工条件好。

四、抽水蓄能电站总平面布置

抽水蓄能电站总平面布置需要从全局出发，深入现场，调查研究，收集必要的基础资料，全面地、辩证地对待各种工艺系统要求，主动地与有关设计专业密切配合，共同研讨。从实际情况出发，因地制宜，进行多方面的技术经济比较，以选择占地少、投资省、建设快、运行费用低和有利生产、方便生活的最合理方案。

抽水蓄能电站总平面布置，需要根据施工、生产、运行维护和生活需要，结合站址及其附近地区的自然条件和建设规划，对枢纽建筑物布置、施工总平面布置、生产生活设施及附属（辅助）建筑物布置等进行研究，立足近期、远近结合，统筹规划。

（一）总平面布置原则

（1）抽水蓄能电站总平面布置要根据施工、生产、运行维护和生活需要，从近期出发，兼顾远景发展，统筹规划，应遵循“保护环境、节约用地、技术先进、功能完善、经济适用”的原则。

（2）抽水蓄能电站靠近或位于自然保护区、风景名胜区、地质公园及水源保护地等环境敏感区域时，总平面布置应与其相协调，通过合理优化布置，尽量减少对环境敏感区域的影响，对于当地有景观要求的站址，应做到与当地景观环境相协调，如已建的泰山抽水蓄能电站。

（3）抽水蓄能电站总平面布置应根据建设期和生产运营期安全、消防、环境保护及水土保持等的要求，结合地形、地质、气象等自然条件确定。

（4）抽水蓄能电站总平面布置应合理规划建设用地。施工总平面布置、生产生活设施及附属（辅助）建筑物布置应与枢纽建筑物布置相协调。

（5）抽水蓄能电站总平面布置应符合 NB/T 10072《抽水蓄能电站设计规范》、GB 50872《水电工程设计防火规范》、NB/T 35120《水电工程施工总布置设计规范》和 T/CEC 5012《抽水蓄能电站总平面布置设计导则》的规定，并遵守现行有关规程、规范的规定。

（6）抽水蓄能电站总平面布置应包括枢纽建筑物布置设计、施工总平面布置设计、生产生活设施及附属（辅助）建筑物布置设计。

（二）总平面布置

1. 枢纽建筑物布置设计

（1）抽水蓄能电站枢纽建筑物总布置应包括上水库、下水库、输水系统、厂房系统、开关站及出线场、补水工程、交通道路及其附属建筑物等。

（2）应将各单项水工建筑物按照其功能统一协调，合理布置。应在水文气象、泥沙、工程地质、施工环境等条件满足电站运行要求的基础上，通过综合分析技术经济、环境和社会因素来确定。

（3）应根据 DL/T 5212《水电工程招标设计报告编制规程》的规定确定枢纽布置中上水库、下水库、输水及发电等建筑物的结构形式、控制高程和结构尺寸。

（4）上、下水库布置。上、下水库的成库形式和工程布置，应结合自然条件，提出可供比较的方案，根据建库的各项基本资料，经技术经济比较选定。

1）纯抽水蓄能电站。

上水库：利用天然湖泊、垭口筑坝形成，台地筑环形坝、库盆开挖形成，利用原有水库改建等形式。

下水库：利用天然的湖海，利用已建水库，在河流上新建，在岸边、洼地筑环形坝或半环形坝、开挖等形成库盆等形式。

2）混合式抽水蓄能电站。利用河流的梯级水库，利用水库及其调节水池，在原水库下游筑坝新建水库，利用天然湖泊、河流等形式作为上、下水库。

（5）输水系统布置。

1）应能适应双向水流运动，使得水流平顺，水头损失小，并应兼顾施工条件，合理选择布置施工支洞位置，提高施工效率；输水系统可采用“一洞一机”或“一洞多机”的布置形式。

2）进出水口的布置及形式：上、下水库的进出水口，应适应抽水和发电两种工况下的双向水流运动，以及水位升降变化频繁和由此而产生的边界条件的变化；位置应根据输水系统的布置，结合地形、地质及施工条件等，布置在来流平顺、均匀对称，岸边不易形成有害回流或环流的地点；形式应根据电站枢纽布置、输水系统布置特点、地形地质条件、水力条件及运行要求等因素，因地制宜选择侧式、竖井式、塔式或其他形式。

（6）厂房系统布置。

1）地下厂房布置。

a. 应根据围岩结构面和地应力等条件，兼顾输水系统的布置，进行地下厂房布置及轴线的选择。

b. 引水管道和尾水管道进出厂房的方向与主厂房长轴夹角根据工程总布置的要求而定，在采用斜向进厂时，夹角不宜小于60°。

c. 主厂房内安装间和副厂房一般分设在厂房两端，地质条件较差需改善围岩稳定条件或者机组台数较多时，安装间宜布置在厂房中部。

d. 中控室及其相关设施可布置在副厂房内，也可布置在地面。

e. 主变压器的布置，应根据地形、地质条件、洞室群规模、电气设计及防火等，经综合比较选定。机组台数多的地下厂房，围岩条件允许，主变压器洞宜布置在主厂房洞下游侧，形成主厂房洞室、主变压器洞室、尾水事故闸门室三大洞室并列。当电站机组台数不多或由于地质条件限制，主变压器也可布置在主厂房的一端或两端。

f. 进厂交通洞线路布置应综合考虑地形地质条件和主要洞室布置、交通运输要求、对外交通条件等因素。进厂交通洞平均纵坡不宜大于6%，受条件限制时最大纵坡不应大于8%，进入安装间、主变压器洞前应设置平直段；断面尺寸和转弯半径应满足设备运输要求，若进厂交通洞兼做其他用途时，还应满足相应的使用要求。

g. 应根据水文地质条件进行渗流分析，估算厂房施工期可能最大渗水量，以及厂房投入运行后的渗流量和地下水位线，确定厂房周围排水洞布置。根据围岩特性和断裂构造合理布设排水孔，渗水通过厂房排水系统排放。当地下厂房外有低洼的地形可以利用时，渗水宜作自流排水洞排出。

h. 中间透平油罐室和油处理室宜布置在地下，可利用厂房下部施工支洞设置。油罐室和油处理室与主厂房之间应设置防火隔墙，并设独立的排风通道。当需设透平油油库、绝缘油油库时，宜布置在地面。

i. 地下厂房及附属洞室的布置设计应妥善解决防潮、防火、防淹、事故排烟、职业健康和人员紧急疏散的问题，按照“一洞多用”尽可能减少洞室数量的原则做好统一规划设计，确保地下厂房的安全。

j. 对于寒冷地区，地下厂房系统各露天洞口应采取防结冰措施。

2）地面厂房布置。

a. 抽水蓄能电站机组安装高程较低，厂房淹没度较大，下水库的水位变幅大。受地形、地质条件限制，经论证不宜建设地下式、半地下式厂房时，可布置地面厂房。常规与蓄能机组混合的厂房常采用地面式。

b. 厂房布置应考虑下水库水位的影响，厂房结构应能平衡基础范围内的扬压力以确保稳定性；厂房高度结合厂房起吊设施、安装间和对外交通的布置确定；厂房挡水高程应高于下水库的最高水位。

c. 与厂房周围水体接触的混凝土边墙、底板，必须采取防渗措施，应控制其变形和裂缝宽度。在迎水面墙内侧应设排水设施。

（7）开关站及出线场。

1）开关站应尽量靠近地下厂房布置，缩短出线距离，可布置在地面，也可布置在地下。地面开关站宜与出线场合并，宜布置在厂区公路附近的缓坡地面上，应尽量避免高边坡；地下开关站宜布置在主变压器洞内。

2）出线洞线路布置应综合考虑地形地质条件和主变压器、开关站及出线场布置等因素。出线洞形式可采用平洞、竖井、斜洞或上述几种形式的组合。出线洞形式、断面尺寸、转弯半径应满足电缆敷设、人员交通、通排风的要求。出线竖井高度不宜大于300m，出线斜洞的坡度不宜大于30°。

（8）补水工程：在水源条件下应满足抽水蓄能电站在上、下水库间循环用水所需的水量，否则应修建必要的补水工程。

（9）交通道路。

1）应统筹规划，保证电站施工期和运营管理期的交通运输需求，并兼顾所在地的社会经济发展需求。交通道路一般由上下水库连接道路、进厂道路、开关站道路、渣场道路和其他施工道路等组成。

2）道路等级及主要技术指标，应满足施工期主要车型、运输强度及重大件运输的要求。特殊重大件运输宜采取临时措施进场。交通工程设计应合理利用地方现有交通系统，新建与共用道路应符合当地交通规划要求。

3）需要分期修建的交通道路应满足不同阶段的使用功能。

2. 施工总平面布置设计

（1）应充分掌握和综合分析工程枢纽布置，主体建筑物规模、形式、特点、施工条件及所在地区社会、自然条件等因素，合理确定并统筹规划为施工服务的各种设施。施工总平面布置设计根据NB/T 35120《水电工程施工总布置设计规范》的规定，应包括料源料场、渣场、场内交通、施工工厂设施、营地及工程管理区等布置。

（2）因地制宜、因时制宜、有利生产、便于生活、节约集约用地、安全可靠、经济合理。

（3）应适应抽水蓄能电站特点，并考虑施工分标因素，采取上水库施工区、地下系统施工区、下水库施工区三个相对集中区及其他分散布置相结合的布置方案，并与上、下水库的交通及场内主要道路布置相结合。

（4）主要施工生产、生活设施布置场地应避开地质灾害或不良地质地段，并进行地基、边坡及地质灾害等工程地质条件评价，建筑物场地应满足承载力和稳定要求。

（5）分期开发的工程，应考虑一、二期工程在施工总布置上的衔接，在尽量利用一期工程施工布置的基础上，结合二期工程施工需要做适当调整。

（6）弃渣场地应利用土石坝坝后和上、下水库死库容。渣场宜集中设置并靠近主要开挖区，应做好渣场的防护和排水措施。

（7）库盆内渣场：布置于非全库防渗的水库死库容部位；考虑施工导流、场内施工道路布置、运行期与水库死水位的关系等因素；不影响沟谷的行洪安全，临时防护满足施工期渣场的安全稳定；不得对工程运行造成安全隐患，不影响枢纽建筑物的功能。

（8）充分合理利用开挖料，做好土石方平衡。根据开挖料利用要求，合理规划堆弃渣场，使填筑料和弃渣料运输顺畅、运距短。渣场设计应符合 GB 51018《水土保持工程设计规范》、NB/T 35111《水电工程渣场设计规范》、DL/T 5419《水电建设项目水土保持方案技术规范》、SL 575《水利水电工程水土保持技术规范》的规定。

（9）营地及工程管理区结合场地风向、日照、噪声、粉尘、水源、消防等环境因素，选择交通便利、相对独立的场地集中布置。

3. 生产生活设施及附属（辅助）建筑物布置设计

（1）按照功能要求及区域布置特点，宜包括生产管理区设施、生活文化区设施、仓储区设施、给排水设施、供电设施及厂区内主要交通道路等。

（2）各建筑物、设施布置应结合地形、地质、气象等自然条件合理规划，功能设置应兼顾工程建设期与生产运营期的需要。

（3）场地规划应满足 CJJ 83《城乡建设用地竖向规划规范》的规定，选址于地质条件良好、无山体滑坡和泥石流等自然灾害、不受爆破或其他因素影响的区域。防洪标准应满足 GB 50201—2014《防洪标准》和 NB/T 11012《水电工程等级划分及洪水标准》的要求。

（4）具备条件的区域宜实施封闭管理，宜根据不同区域技术要求和环境需求，设置管理区围墙。

（5）建筑设计应参照 GB/T 50378《绿色建筑评价标准》，并宜满足当地绿色建筑设计标准要求。

（6）生产管理区设施包括电站入口区设施及围墙、上水库区管理设施、下水库区管理设施、开关站区设施、生产办公区设施等。

1）电站入口区设施及围墙布置：电站入口区宜面向干道，应人流、车流顺畅，对内对外联系方便；选址宜场地平整，便于控制交通和有利于实施封闭管理。围墙布置应与生产管理区、生活文化区入口区设施统一设计。

2）上、下水库区管理设施包括管理用房、配电房、门卫室、监测采集用房、柴油发电机房、启闭机房、生活及消防水池等设施。

3）开关站区包括 GIS 室、继保楼、柴油发电机房、门卫室等建筑和设施。

4）生产办公区包括办公楼、中控楼、档案楼、中心试验室、车库、消防站等。

（7）生活文化区设施包括职工宿舍、检修队伍用房、内部招待所、职工食堂、文体活动中心、生活及消防用水泵房、锅炉房、物业管理用房等。

（8）仓储区设施包括永久设备仓库、恒温仓库、封闭仓库、封闭型建材仓库、敞棚仓库、露天堆场等。

五、抽水蓄能电站工程实例

截至2022年底，我国已建抽水蓄能装机容量45.79GW，这些项目的投运积累了一定的建设经验，为今后引领行业发展发挥了重要的作用，对后续项目的建设也将具有重要的借鉴意义，以下介绍几个具有代表性的工程实例。

（一）浙江某6×300MW抽水蓄能电站

浙江某抽水蓄能电站装机容量6×300MW，年发电量30.14亿kWh，年抽水所用电量41.04亿kWh。电站枢纽由上下水库、输水系统、开关站和地下厂房洞室群等部分组成，额定水头为526m。上水库：利用天然洼地挖填而成，设计最高蓄水位905.2m，总库容885万m^3；设计最低蓄水位863m，死库容50万m^3。下水库：坝址集水面积25.5km^2，多年平均年径流量2450万m^3，枯水年也能保证抽水蓄能电站用水；设计最高蓄水位344.5m，相应库容877万m^3；最低蓄水位295m，死库容72万m^3。上下水库天然高差590m，输水道平均长度1415.5m，输水道长度与平均发电水头比为2.5。输水系统包括上游输水洞共2条、内径7m，尾水洞共6条、直径4.4m。地下厂房包括主副厂房洞、主变压器洞、母线洞、尾水闸门洞和交通洞等，主副厂房洞长×宽×高为198.7m×21m×47.7m，主变压器洞长×宽×高为180.9m×18m×24m。500kV GIS开关站布置在下库左岸尾水隧洞出口上方的地面上，高程为350.2m，用地面积为110m×35m。该抽水蓄能电站鸟瞰图如图29-2所示。

图29-2　浙江某6×300MW抽水蓄能电站鸟瞰图

（二）安徽某2×250MW抽水蓄能电站

安徽某抽水蓄能电站装机容量为2×250MW，年发电量为17.62亿kWh，年抽水所用电量为22.74亿kWh。电站枢纽由上下水库、输水系统、地面开关站和地下厂房洞室群等部分组成，额定水头为190m。上水库位于浮山东部山坳，上水库西侧高程最高为230m，在上水库150m处有一台地，利用响水涧沟口筑坝成库，总库容为1663万m^3。下水库建于浮山东面山脚下的泊口河内的湖荡清地圈围筑堤而成，水流经泊口河可注入漳河，水资源丰富，总库容为1922万m^3。上下水库天然高差为220m，输水道平均长度为450m，输水道长度与平均发电水头比约为2.4。地下厂房包括主副厂房洞、母线洞、尾水闸门洞和交通洞等，主副厂房洞长×宽×高为175m×25m×55.45m。该抽水蓄能电站鸟瞰图如图29-3所示。

图29-3　安徽某2×250MW抽水蓄能电站鸟瞰图

（三）山东某6×300MW抽水蓄能电站

山东某抽水蓄能电站装机容量为6×300MW，设计年发电量为27亿kWh，年抽水用电量为36亿kWh。电站枢纽由上水库、下水库、水道系统、地下厂房洞室群、地面开关站等组成，额定水头为471m。上水库位于泰礴顶东侧宫院子沟沟首部位，正常蓄水位为625m，死水位为585m，正常蓄水位以下库容为924万m^3。下水库由拦河坝、左岸侧槽溢洪道、左岸泄洪放空洞组成，正常蓄水位为136m，死水位为110m，正常蓄水位以下库容为1109万m^3。

水道系统由引水系统和尾水系统两部分组成。引水系统、尾水系统均采用一洞两机的布置形式，共有3套独立的输水系统。引水系统建筑物包括上水库进/出水口、引水隧洞、高压管道、高压岔管、引水支管。尾水系统建筑物包括尾水支管、尾水事故闸门室、尾水混凝土岔管、尾水调压室、尾水隧洞、下水库进/出水口等。输水系统总长约3087m，引水系统长约1379m，尾水系统长约1708m。地下厂房采用中部布置形式，洞室群主要由进厂交通洞、地下厂房通风洞、地下厂房、母线洞、主变压器洞、出线洞、出线竖井、排水廊道、排风竖井组成。地下厂房由主机间、安装场和副厂房组成，呈一字形布置。主变压器洞平行布置在主厂房下游侧，与主厂房净距离为40m。主副厂房洞长×宽×高为209.5m×24.9m×53m，主变压器洞长×宽×高为203.41m×19.9m×20m。

地面开关站位于1号公路旁边，面积为110m×60m，布置有GIS开关楼、开关站副厂房、500kV出线场等，平台高程为330m，由4号公路直接进场。该抽水蓄能电站平面布置如图 29-4 所示。

图 29-4 山东某 6×300MW 抽水蓄能电站平面布置图

（四）山东某 4×300MW 抽水蓄能电站

山东某抽水蓄能电站装机容量为 4×300MW，设计年发电量为 20.08 亿 kWh，年抽水用电量为 26.77 亿 kWh。电站枢纽由上水库、下水库、水道系统、地下厂房洞室群、地面开关站等组成，额定水头为 375m。上水库位于刘家寨久俺沟沟源部位，正常蓄水位为 606m，死水位为 571m，正常蓄水位以下库容为 856 万 m^3，调节库容为 800 万 m^3，死库容为 57 万 m^3。下水库位于薛庄河右岸的鲁峪沟内，正常蓄水位为 220m，死水位为 190m，正常蓄水位以下库容为 1026 万 m^3，调节库容为 869 万 m^3，死库容为 157 万 m^3。

水道系统由引水系统和尾水系统两部分组成。引水系统、尾水系统均采用一洞两机的布置形式，共有两套独立的输水系统。引水系统建筑物包括上水库进/出水口（含引水事故闸门井）、引水隧洞、高压管道、高压岔管、引水支管。尾水系统建筑物包括尾水支管、尾水事故闸门室、尾水混凝土岔管、尾水调压室、尾水隧洞、下水库进/出水口（含尾水检修闸门井）等。输水系统总长约 3860m，引水系统长约 572m，尾水系统长约 3288m。

地下厂房采用首部布置形式，洞室群主要由进厂交通洞、地下厂房通风洞、地下厂房、母线洞、主变压器洞、出线洞、出线竖井、排水廊道、排风竖井组成。地下厂房由主机间、安装场和副厂房组成，呈一字形布置。主变压器洞平行布置在主厂房下游侧，与主厂房净距离为 40m。主副厂房洞长×宽×高为 173m×25.5m×53.5m，主变压器洞长×宽×高为 155m×21m×22m。

地面开关站位于地下厂房以南山坡上，面积为 158m×40m，布置有 GIS 开关楼、开关站副厂房、500kV 出线场等，平台高程为 344m。该抽水蓄能电站平面布置如图 29-5 所示。

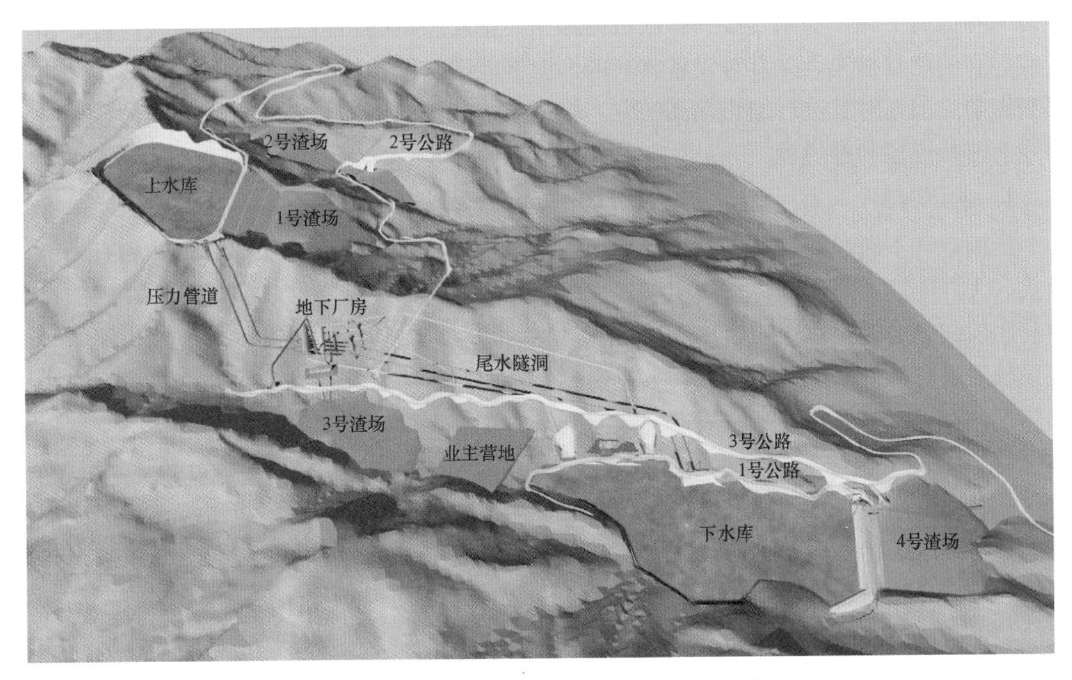

图 29-5 山东某 4×300MW 抽水蓄能电站平面布置图

第二节 压缩空气储能

压缩空气储能将电能转换为空气内能，将压缩空气存于储气室，储能寿命长、装机容量较大、充放电次数多、安全性和可靠性较高，但储能密度比较低，需要很大的空气存储空间。

一、压缩空气储能主要工艺流程

（一）压缩空气储能的基本原理

压缩空气储能（compressed air energy storage，CAES）概念形成于 1949 年，通过高压压缩空气的形式进行电力储能，为一种低成本、大容量的新型电力储能技术，是少数几种能够适用于长时间（数小时至数十小时）和大容量（几十至数百兆瓦）的储能技术之一。在电网负荷低谷期间，通过压缩机压缩空气，将电能转化为压缩势能，并将压缩空气输送至岩石洞穴、废弃盐洞、废弃矿井或者其他压力容器中存储起来；在电网高负荷期间，释放出储气库内高压气体，经过燃烧室或换热器加热，升高至一定温度送至涡轮膨胀机，将压缩空气所携带的压力势能和热能转变为膨胀机的旋转机械能输出，驱动发电机发电。

压缩空气储能是一项具有广阔应用前景的技术，目前制约其大面积发展主要是储气空间。

（二）压缩空气储能电站的类型

压缩空气储能电站在放气发电时，空气在储气库和进出调节阀经历绝热膨胀，温度随压力的降低而下降，如果直接到膨胀机内膨胀，则膨胀机的出口温度低于大气温度，由此造成显著的能量损失，并且对设备材料的低温性能提出严峻挑战。因此，需要在压缩空气膨胀做功之前，对其进行加热提高初温。根据系统热源的不同，压缩空气储能的主要技术路线有非补燃型和补燃型。

1. 非补燃型

压缩空气不通过补燃燃料的热量加热压缩空气，又可以分为无外部热源式和有外部热源式。无外部热源式通过将空气压缩过程中产生的压缩热存储在储热装置中，在释能过程中利用压缩热通过换热介质加热压缩空气，驱动膨胀机做功发电。外部热源式压缩空气储能系统通过存储外来热源（光热、工业余热等）加热压缩空气，作为无外部热源系统中压缩热量的补充，进一步提高压缩空气储能电站的发电容量。整个电站主要设备由空气压缩机、储气库、气-气热交换器、储热储冷区、空气膨胀发电机等组成。

非补燃型压缩空气储能工作流程：储能过程中，压缩过程采用多级压缩、级间冷却的方式，每级压缩结束后的出口空气进入级间换热器，在级间换热器中与导热介质进行热量交换，导热介质吸热后将热量储存，出口空气继续进入下一级压缩机。经过多级压缩、多次冷却，高压空气储存于储气库中，热量储存在储热区内。发电过程中，储气库的高压空气推动空气膨胀机做功，带动发电机对外输出电能，空气膨胀机采用多级膨胀流程，为了提高气体的做功能力采用级间加热的形式，利用储热装置将压缩热反馈给高压空气，提高系统的整体效率。导热介质经过多次换热温度降低后存在储冷区内。非补燃型压缩空气储能工艺流程如图 29-6 所示。

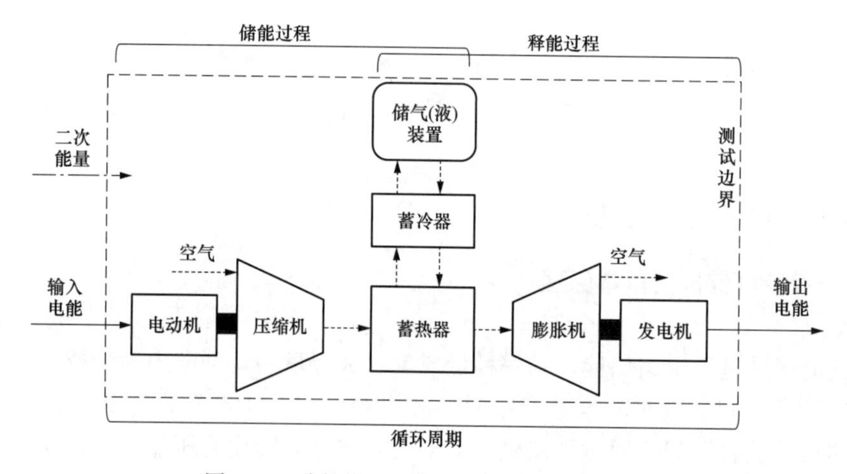

图 29-6 非补燃型压缩空气储能工艺流程图

非补燃型压缩空气储能，在理想情况下，压缩机的冷却热量 100%地加热膨胀机压缩空气，效率可达到 100%。实际中，冷、热介质储存器存在散热损失，换热器存在传热温差，压缩机、膨胀机中存在泄漏和流动损失，这些将使膨胀机的排气温度高于压缩机吸入大气环境温度。通过优化选择热存储介质和优化设计运行参数，该方式的实际能效达到 70%以上。

在同等规模容量下，非补燃型压缩空气储能系统的电能转换效率高于补燃型，且不使用化石燃料、无气体污染物排放，是一种环境友好的大容量储能技术。

2. 补燃型

补燃型压缩空气储能系统在发电过程多采用燃气补燃加热空气透平的入口空气，整个电站主要设备由空气压缩机、储气库、气-气热交换器、背压式热空气膨胀发电机、燃气膨胀发电机等组成。

补燃型压缩空气储能工作流程：储能过程中，向储气库注入压缩空气；发电过程中，利用燃气膨胀机的排气余热通过气-气热交换器对压缩空气进行加热，加热后的压缩空气进入背压式热空气膨胀机发电，背压式热空气膨胀机的排气进入燃气膨胀机，与天然气混合燃烧后进入膨胀机做功。由于燃气膨胀机取消了原燃气轮机自身的空气压缩机，使得进入燃气膨胀机天然气主要用于发电，因而大大提高了天然气的发电效率。补燃型压缩空气储能工艺流程如图 29-7 所示。

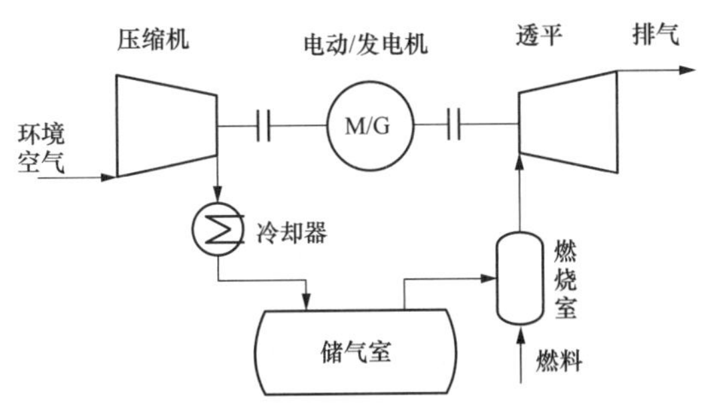

图 29-7 补燃型压缩空气储能工艺流程图

补燃型压缩空气储能系统在发电过程用燃气补燃，存在一定的环境污染等问题，但在膨胀机非工作时间段，如果电网需要调峰发电，燃气轮机可以快速响应，因比非补燃型具备更全面的应急能力。

二、压缩空气储能国内外发展情况

压缩空气储能国外研究较早，但实际投产并不多。我国压缩空气储能的研究起步较晚，但近年来工程实施的数量以及规模等级均走在了世界前列。

(一) 压缩空气储能国外发展情况

自 1949 年 Stal Laval 提出利用地下洞穴实现压缩空气储能以来，国内外学者对此开展了大量的研究和实践工作，已有两座补燃型大型压缩空气储能商业电站分别在德国和美国投入商业运行。日本、意大利、以色列等国家也先后开展了压缩空气储能电站的工程应用研究。

世界上第一座商业运行压缩储能电站是德国 Huntorf 电站，为第一代典型设计，于 1978 年投入商业运行。电站的储气库为 2 个地下岩洞，总容积为 310 000m^3，设计运行压力为 4.8～6.6MPa，最高储气压力为 10MPa。压缩机功率为 60MW，膨胀机的功率为 290MW，采用二级补燃加热，充气储能时间为 8h，放气发电时间为 2h。由于中间冷却的热量排放至大气环境，实际运行效率仅为 42%。

美国 Mclntosh 电站是第二座压缩空气储能电站，于 1991 年投入商业运行。储气库是位于地下 450m 的一个岩洞，容积为 560 000m^3，设计运行压力为 4.5～7.4MPa，压缩机功率为 50MW，膨胀机的功率为 110MW。机组可连续充气最高达到 41h，连续发电达到 26h。机组从启动到满负荷约需 9min。Mclntosh 电站也为第一代设计，采用了余热回收，利用膨胀机的排气余热加热来自储气库的空气，系统能效较 Huntorf 电站有了显著提高，实际运行效率可达54%。

第二代压缩空气储能系统由美国ES&P公司提出，压缩机与膨胀机采用各自独立的电动机。第二代压缩空气储能机组采用多台压缩机和单台膨胀机，并且引入了1台功率约为膨胀机1/3出力的燃气轮机，燃气轮机的排气加热储气库的出口空气。该系统选用老旧退役的燃气轮机，降低了建设成本，优化匹配后可使系统能效达到68%。美国按此方案在IAMU建设一个容量为268MW的压缩空气储能机组，配合容量为70～100MW风电项目。

非补燃型压缩空气储能技术在国外的启动较早，2008年欧盟就启动了先进绝热压缩储能研究项目，但研发进展一直较慢。德国、美国、日本等建设了小型示范装置，也制订了工程化开发计划，但真正实施的很少。

（二）压缩空气储能国内发展情况

中国科学院工程热物理研究在2009年提出超临界压缩空气储能技术，综合了常规压缩空气储能和液化空气储能技术，于2011年完成15kW原理样机设计；2013建成1.5MW示范系统，效率达52%；2018年完成国际首台10MW示范项目，效率达60%。清华大学联合中国科学院过程工程研究所，2014年建立了一套非补燃型压缩空气储能示范系统，电功率为500kW，效率为33%。

近年来，国内的压缩空气储能项目步入发展的快车道，已在贵州、山东、江苏、河北等地区建成多个项目。此类项目均采用了先进的非补燃型压缩空气储能技术，全过程无燃烧、无排放，具有规模大、效率高、成本低、环保好等优点，对构建新型电力系统和实现“双碳”目标具有重要的战略意义。

三、压缩空气储能电站选址

压缩空气储能电站尚处于起步发展阶段，目前尚无涉及站址选择的规范。考虑压缩空气储能主要应用于电力系统辅助及调峰、提高新能源电量上网能力、分布式和微电网等领域，选址时应结合电网设施、新能源电站等现状条件或规划条件方式进行。

压缩空气储能电站选址时主要遵循以下原则。

（1）装机规模：根据电网调峰、利用间歇性光伏能和风能的分布和容量等因素，论证储能电站建设必要性及规模。

（2）地理位置：多选择在靠近负荷峰谷悬殊、随机性电源、重要用户等较为集中的区域。大型电网侧压缩空气储能电站应尽量靠近电力使用负荷中心，保证电站具有便利的接、送电条件，还需满足选点所在地峰谷用电量差别大、有富余电能供给且电价差别明显。电站与风电、光伏发电等相结合时，应根据可再生能源所在位置确定选点位置，尽可能与变电站结合选址，以降低电能传输损耗。面向分布式能源及微电网的小型储能电站更宜紧贴用户设置。采取近邻选址可在一定程度上降低建设及运行维护成本。

（3）储气库：目前压缩空气主要考虑存储于地下储气库、人工硐室和地上钢制压力容器三种方式。压缩空气储能电站储气规模很大，采用地下储气库有优势，宜选址于建设地下储气库较好条件的区域，应充分考虑地质构造应力、抗震设防烈度、围岩岩质及岩体的完整性和稳定性等因素。采用地上钢制压力容器，应考虑高压容器、管道失效后存在的爆炸风险对周边的影响。

（4）地面站区：地面站址宜选择在拟选地下硐室或地下盐穴型储库附近，一般不宜超过 2km。地面站区选址应避开《地下硐室或盐穴安全稳定性评价》给出的地下硐室或地下盐穴型储库自身变形及其对地面建（构）筑物地基沉降影响的区域范围。

（5）高压空气管道：采用站外储气库的工程，连接储气库与电站之间的高压空气管道压力可高达 10MPa 左右，需重视其对沿途企业及村庄的影响。选址时宜使压缩空气管线短捷。

（6）环境影响：压缩空气储能电站对周边有一定的噪声污染，应尽量避开噪声敏感区域。

（7）水源：机组运行需要一定量的冷却水补给水，宜靠近水源。光伏能和风能丰富的北方和西北地区，大部分区域较为缺水，如该地区建设压缩空气储能电站，选址时需关注水源地。

（8）地质：压缩空气储能电站应避开地质灾害易发区域，严禁选择在岩溶强烈、滑坡、泥石流发育的地区或发震断裂地带；宜选择地势相对平缓、地质构造稳定的区域。

（9）防洪标准：压缩空气储能电站宜选择在不受洪水、潮水、内涝威胁的地带及不受潮涌危害的地区；位于山坡或山脚处时，应避开受山洪威胁的地段。当不可避免时，必须具有可靠的防洪、排涝措施。

一般 300MW 级及以上压缩空气储能电站，采用 100 年一遇的高水（潮）位防洪标准。300MW 以下压缩空气储能电站，采用 50 年一遇的高水（潮）位防洪标准。

（10）交通运输：压缩空气储能电站选址时要考虑有便利的交通运输条件。

四、压缩空气储能电站总平面布置

压缩空气储能电站一般用地面积不大，厂区总平面布置需要结合厂址附近地区的自然条件和建设规划，对储气库、储热区、交通运输、出线走廊等进行研究，立足近期，远近结合，统筹规划。

（一）厂区总平面布置原则

（1）应根据本期建设规模及机组配置形式，从近期出发，结合远期发展，统筹规划。布置以近期工程为主，适当留有发展余地。初期工程的建（构）筑物尽量集中布置，主要建（构）筑物扩建方向宜保持一致。分期建设时，尽量减少前后期工程在施工和运行方面的相互影响。

（2）符合国土空间规划的要求，应与城镇、工业区等相协调，成为一个统一和谐的整体，并充分利用现有的交通、给排水及防洪等公用设施。

（3）当靠近电源侧或用户侧布置时，电站总平面布置设计应与服务对象相结合，并尽量共建公用设施。

（4）建（构）筑物平面与空间组合，应做到分区明确、合理紧凑、有利生产、造型协调、整体性好。有条件时，辅助厂房和附属建筑宜采用联合布置、多层建筑和成组布置，并应与现有和规划建筑群体相适应。

（5）电站总平面设计应根据工艺流程、送出廊道规划、交通运输条件，并结合地质、地形、气象等自然条件确定。

（6）站区竖向设计应与总平面布置同时进行。

（二）建（构）筑物平面布置及要求

根据生产流程和运行管理方式等要求合理分区，压缩空气储能电站一般划分为以下区域：①储气库；②主厂房区（含压缩机及汽机房、换热区、变压器等）；③储热区（一般采用冷热水、导热油、熔盐等介质）；④配电装置；⑤水处理及冷却水设施；⑥天然气调压站；⑦检修维护、材料库；⑧厂前行政管理及生活服务设施等。

1. 储气库

压缩空气储能电站最大的难题之一就是压缩空气的存储技术。目前空气主要考虑地下储气库、人工硐室和金属材料高压容器三种方式。考虑储气规模较大，采用地下储气库成本及安全运行有优势，但需选址于建设地下储气库条件较好的区域；也可考虑人工硐室、金属材料高压容器，成本相对高，但对选址限制小。

（1）地下储气库。地下储气库尤其是盐穴储气库，埋深较深，仅在地面有井口及少量的控制设备，基本不占地表面积，对环境影响较小，基本不受诸如火灾及风暴等自然灾害的影响。储气库应选择在区域地质构造稳定，且无区域性的断裂带的地区，且拟建储气库区域地震烈度不宜大于 8 度。

理论上任何地层都可以建成地下储气库，然而从建设技术可行性和经济性角度出发，适合建设的岩石地层是有限的。目前，大规模压缩空气储能电站比较可行的地下储气库有盐岩洞穴、硬岩洞穴，利用废弃矿洞和孔隙介质含水层尚处于研究中。

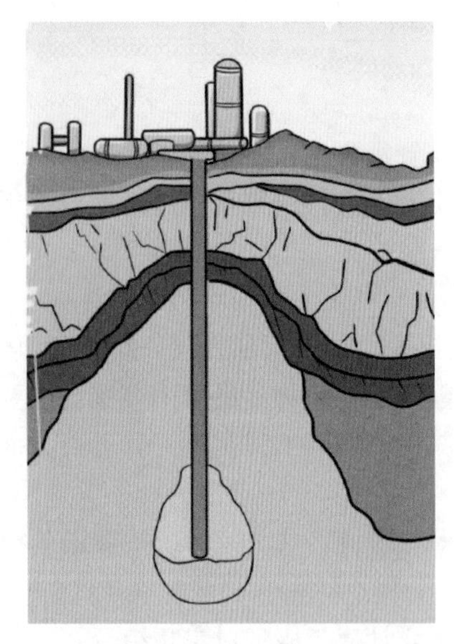

图 29-8 盐穴储气库示意图

1）盐岩洞穴。盐穴储气库一般选择在盐层厚度大、分布稳定的盐层或盐丘上。一般开采盐岩溶腔只要向地下盐岩层钻孔，注水使盐溶化即可形成空洞。开采盐岩溶腔的成本较低，为硬岩洞的 30%～60%。盐岩具有非常低的渗透率与良好的蠕变行为，能够保证储存溶腔的密闭性。力学性能较为稳定（损伤与损伤自我恢复），能够适应储存压力的变化（压缩空气电站频繁增减压）。但盐穴储气库也存在岩石强度低、洞穴稳定性差及流变特性等显著缺点。盐岩洞穴储气库采用深埋的方式来解决高压运行条件下的安全稳定性问题，因此，输气管道过长或口径过小均可能导致沿程的气压损失大，进而影响电站效率。盐穴储气库示意图如图 29-8 所示。

我国盐穴资源丰富，现有盐穴约 1.3×108m^3，其中大部分经过造腔后密封性良好，适宜于储存石油、天然气等重要战略物资。我国盐穴资源丰富，目前已利用的盐穴仅有 40 多个，仅占总量的 0.2%，绝大多数的盐穴资源处于闲置状态，可利用的空间巨大。适合建设地下储气库的盐矿为岩盐地层，我国岩盐矿藏主要分布在四川、重庆、湖北、江西、安徽、江苏、山东和广东局部地区，具有建设压缩空气储能电站的潜力。光和风能丰富的北方和西北地区，则缺少适宜于建设盐穴地下储气库的盐岩地层。

我国盐穴分布示意图如图 29-9 所示。

目前建成的山东肥城（10MW）、江苏金坛（60MW），以及正在建设中的河北应城（300MW）项目均采用地下盐穴作为储气库。

2）硬岩洞穴。硬岩洞穴地下储气库最大优点是洞穴围岩稳定性好，可浅埋，不足之处是密封技术难度高，建设成本相对较高。随着地下空间开发技术进步，大规模地下空间开挖成本大幅度降低、建设工期缩短以及高压气体地下密封技术出现，通过洞穴浅埋方案解决高压地下储库面临的技术和经济问题成为可能。

硬岩储气库依靠围岩来承受内压，采用复合式衬砌或水力条件方式来保证气密性。有研究指出在抗压强度 5～60MPa、内摩擦角 30°～ 40°的岩层中建设洞径为 4m 隧道式储气库只需要 60～120m 的埋深便可拥有足够的安全系数。满足上述强度指标的硬岩岩石地层在我国分布十分广泛，特别是在光伏能和风能丰富的北方和西北地区以及南方沿海地区都有大量分布。

硬岩洞穴储气库示意图如图 29-9 所示。

新开挖硬岩洞穴储气库的最大优点是适合建库的硬岩岩石类型多，且地层分布广泛，在有建库需求的地区一般都存在满足建库条件的各类硬岩地层，因此硬岩洞穴储气库的选址相对容易，且采用浅埋和增大电站运行压力区间的方式可以降低电站的建设成本，进而改善岩穴地下储气库一次性投资经济指标。新开挖硬岩洞穴储气库的最大缺点是其建库成本相对较高，需要设置专门的密封结构层防止高压气体渗漏。

硬岩洞穴储气库示意图如图 29-10 所示。

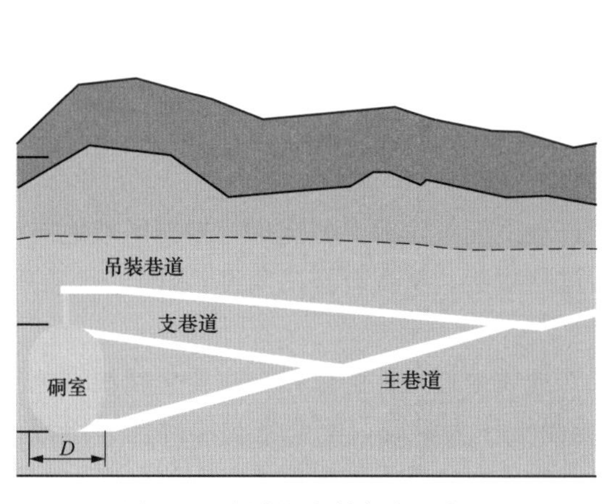

图 29-9 硬岩洞穴储气库示意图

图 29-10 硬岩洞穴储气库示意图

3）废弃矿洞。利用废弃矿井建设地下储气库能降低投资成本，因此国内外都在积极探索利用。我国作为矿产资源大国，在各种金属矿、非金属矿的开采过程中形成了数亿立方米的开采空间，大量的矿井已因资源的枯竭而报废。

目前利用广泛存在的废弃煤矿矿井及巷道，存在着空间稳定性不足、巷道坍塌和地面沉陷风险、埋深大带来的地下水处理难度大、煤矿瓦斯等有害气体处置等一系列问题需要研究解决。对于大规模的废弃金属矿来说，其伴生岩层的岩体质量相对较好、抗压强度高、变形模量大，巷道及竖井的稳定性较高，改造的技术难度和相关环境问题相对较小，因此更适合于改造成为压缩空气储能电站的地下储气库。

4）孔隙介质含水层。利用含水层进行储气，压缩空气被储存在渗透性强的多孔地层中，将地下水排出形成巨大气泡，由于空气-地下水界面的运动，储气压力相对恒定，有利于压缩机和膨胀机的运行。含水层储气库的最大不足是储气库的可控制性和可预测性较差，可适合做储气库的含水层勘探难度大，同时还存在含水层渗透性较低时限制了系统的注采规模、渗透性较高时容易引起空气和压力的损失、降低系统可持续时间等问题。孔隙介质含水层压缩空气储能示意图如图 29-11 所示。

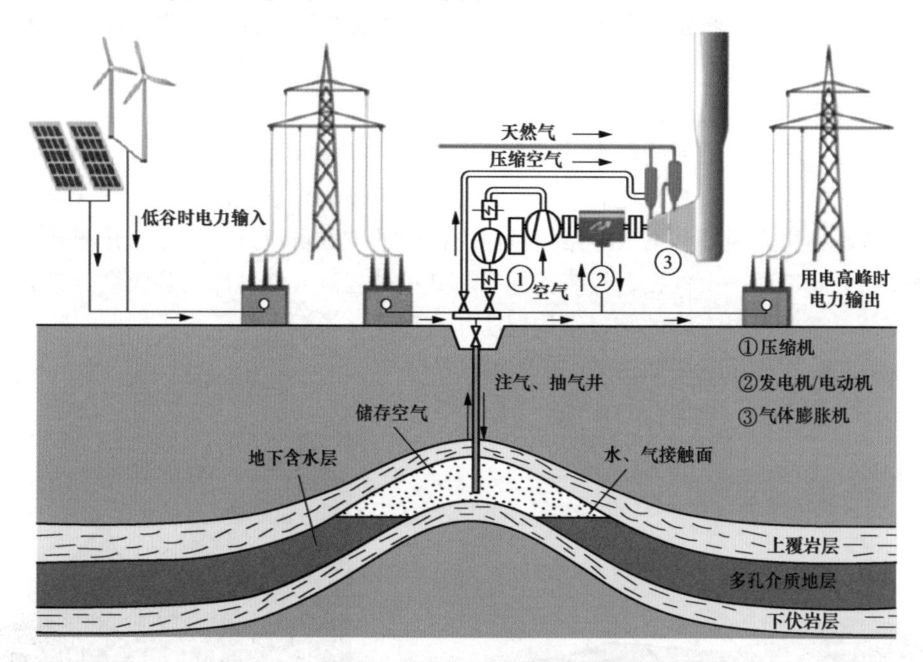

图 29-11　孔隙介质含水层压缩空气储能示意图

当对压缩空气储能电站进行区域规划时，地下储气库的类型选择宜根据区域地质条件等情况，从技术和经济角度进行对比分析后进行决策。从现有技术角度，盐岩洞穴的储气库研究和应用更丰富、成熟。

（2）人工硐室。人工硐室减弱了对于特殊地质地理条件的依赖，主要包括浅埋地下的人工内衬洞穴储气装置。人工内衬洞穴以混凝土作为衬砌，配合密封层和围岩组成。其中，高压储气所产的荷载主要由围岩承受，混凝土衬砌配合密封层确保密封良好。

相比天然洞穴，人工硐室具有选址灵活、储气压力更高、波动可利用范围大、系统转换效率高、埋深浅、易于检修等优点，但造价高，且循环变化的压力和温度载荷容易使具有硬脆性的衬砌层出现裂纹，从而导致密封失效。

目前国内多个采用人工硐室的压缩空气储能电站项目已开工建设。

(3) 金属材料压力容器。金属材料储气装置比较常见的有圆筒形储罐和球形储罐。相比储罐储气，直径较小的压力管道储气便于集成管网形成规模。管线钢钢管一般单根长度为100m左右，根据管径不同，壁厚在1～3cm时，即可承受10MPa以上的压力。采用管线钢钢管进行储气时，可以将其阵列化布置于地上，或浅埋于地下以节省地面空间。由于国产化管线钢钢管的批量化生产，将其用于压缩空气储能系统后的综合成本处于较合理的水平。目前已在贵州毕节（10MW）、河北张北（100MW）项目中得到应用。

2. 主厂房

非补燃型主厂房主要设备由空气压缩机、热交换器、空气膨胀发电机等组成。补燃型主厂房一般在主厂房区域增加燃气轮机，将原燃气轮机自身的空气压缩机部分取消，使其成为燃气膨胀机。

考虑主机设备、换热器数量较多，主机与换热器间联通的管路压力高、管径大且数量庞大，主厂房和换热器区域宜紧凑布置。一般将空气压缩机、空气膨胀机、发电空冷器、配电间、控制室等建设一座厂房，各级换热器靠近对应主机布置于厂房外。

主厂房区在布置时应重点考虑以下因素：根据总体规划要求，考虑扩建条件；适应生产工艺流程的要求，为运行及检修创造良好的条件；换热区靠近储热区，缩短储热介质的管道；厂房应靠近储气库的方向，缩短压缩空气管道；厂房尽量远离周边村庄等噪声敏感区域。

3. 储热区

储热区根据压缩环节的工艺，确定采用的储热介质为水、油或者熔盐。

压缩环节按热力过程和换热介质的不同主要分为中温绝热压缩和高温绝热压缩两种工艺路线。中温绝热压缩：段内冷却，冷却级数多，空气温度较低，通常最高不超过150℃，对材料及设备的制造难度要求较低，导热介质可以用水。高温绝热压缩：段间冷却，冷却级数少，空气温度较高，通常最高不超过340℃，对材料及设备的制造难度要求较高，导热介质可以用导热油、熔盐。

(1) 冷热水罐区。采用带有一定压力的热媒水作为储热介质。压缩过程中，热媒水和压缩空气换热升温后存在储热水罐中。膨胀过程中，热媒水和膨胀空气换热降温后储存在储冷水罐中。热水罐与冷水罐的设计耐压压力与热媒水的设计温度相关，因此大容量水罐的制造能力影响到等温压缩过程中热媒水的设计温度。

冷热水罐区域内水罐相邻布置，附近设有冷却水泵间。冷热水罐区宜靠近换热区，由于储存的是水，在消防、安全等方面没有特殊要求。

(2) 冷热油罐区。导热油作为传热和储热介质，采用改性三联苯介质。压缩过程中，导热油通过油冷器进行间接换热，高温空气温度降低，产出的高温导热油被压送到热油罐储存。膨胀过程中，高压空气通过油气加热器与热油罐储存的高温导热油换热升温后，膨胀做功，经过换热降温的低温导热油被压送冷油罐储存。

为防止系统内运行的导热油在高温运行过程中汽化造成挥发浪费或系统局部压力失调，同时避免高温导热油与空气接触发生氧化变质，在导热油储罐区设置氮气定压系统，通过维持储罐内、泵入口定压来保障导热油系统正常运行。

导热油罐区宜靠近换热区布置，缩短导热油管道长度。由于油罐区储存的总容量较大，且操作温度较高，需重视导热油罐区内、外各设施间的安全距离，合理设置消防车道。

(3) 熔盐储罐区。熔盐储罐区除储热介质不同外，储放热工艺流程基本相同。

4. 其他辅助设施

配电装置、水处理设施等工艺流程及布置要求基本同常规火力发电厂设施，不再赘述。

五、压缩空气储能电站工程实例

压缩空气储能国内外建成的项目较少，国内有贵州毕节（10MW）、山东肥城（10MW）、江苏金坛（60MW）、河北张北（100MW）、湖北应城（300MW）等示范项目。目前，压缩空气储能处于前期阶段的项目较多，可以预见我国压缩空气储能项目将得到长足的发展。

（一）江苏某 60MW 压缩空气储能电站

江苏某 60MW×5h 压缩空气储能项目为电网侧储能电站，采用先进的非补燃型工艺。压缩过程利用夜间谷电连续压缩运行 8h，白天连续发电运行 5h，系统设计效率约为 60%。

项目利用地下盐穴作为储气库，盐穴容积为 22 万 m^3，距离地面储能电站约 1.2km。整个地面储能电站分为主厂房区、储热油罐区、冷却塔区、净水站、仪用压缩机房及冷热水罐区、厂前建筑等几个主要区域，占地约 3.75hm^2。

考虑站址东侧有民房，主厂房、储热油罐区布置于站区西部，尽量降低噪声等影响。冷却塔区、净水站、仪用压缩机房及冷热水罐区、厂前建筑由南向北布置于站区东部。主厂房单独设置压缩机室和汽机房，在主厂房间布置换热设备。主机和辅机冷却采用带机械通风冷却塔的二次循环系统。

储能过程：使用电能驱动空气压缩机组，将环境空气压缩后储存入盐穴，空气、导热油通过油冷器进行间接换热，高温空气温度降低，低温导热油温度升高，完成压缩热的回收过程，产出的高温导热油被压送至热油罐储存。

发电过程：高压空气从盐穴中放出，通过油气加热器与热油罐中储存的高温导热油换热升温后，进入高压透平膨胀做功。高压透平排出的中压空气，经二级油气加热器与热油罐中储存的高温导热油再次换热升温后，进入低压透平膨胀做功，完成发电过程，低压透平排气直接排入大气。放热流程中经过换热降温的低温导热油被压送至冷油罐储存。该压缩空气储能项目鸟瞰图如图 29-12 所示。

（二）河北某 100MW 压缩空气储能电站

河北省某压缩空气储能电站，建设规模为 100MW，采用先进的非补燃型工艺，项目占地 5.7hm^2，系统设计效率约为 70.4%。该储能站充分利用周边风电和光伏发电站的弃风、弃光所发电能进行储能，在用电高峰将高压空气释放发电，以缓解电网调峰压力，实现可再生能源发电大规模消纳。

该项目压缩空气采用地面储气装置及地下储气系统。地面储气装置采用高压管线钢，占地约 2.9hm^2；地下储气装置分为二期，一期储气 3 万 m^3，发电 1h；二期储气 7 万 m^3，发电 3h。其中一期地下储气装置主要由 2 条人工硐室、1 条连接巷道、1 个竖井、1 个密

图 29-12　江苏某 60MW 压缩空气储能项目鸟瞰图

封门组成，2 条人工硐室洞长分别为 170m、215m，洞径为 10m；连接巷道长 58m，硐室端面尺寸为 5.5m×6m；竖井布置于连接巷道中部，井径直径为 7m，井深为 94m。该压缩空气储能电站鸟瞰图如图 29-13 所示。

图 29-13　河北某 100MW 压缩空气储能电站鸟瞰图

（三）湖北某 300MW 盐穴压缩空气储能电站

湖北某压缩空气储能电站建设规模为 300MW，采用先进的非补燃型工艺。利用废弃地下盐穴作为储气库，盐穴容积约为 65 万 m^3，运行压力范围按 7.0～9.0MPa 考虑。利用电网低谷电压缩运行 8h，在电网用电高峰期发电运行 5h，设计电-电转换效率超过65%。

项目利用的盐穴周围无断层通过，埋藏深度约为600m，顶板厚度约为100m。地面储能电站就近选址于盐穴区域上方，压缩空气管道短捷。电站分为注采井井口区、主厂房区、冷热水罐区、冷却塔区、水处理区、厂前建筑等几个主要区域，占地约为10.20hm²。

盐穴的旧井口口径较小，无法满足空气压缩需求，且常年腐蚀严重，稳定性较差，因此在旧井口附近合适的位置重新打井作为项目的注采井井口。重新选择注采井井口的过程比较复杂，时间跨度较长，厂区主要建（构）筑物除避开旧井口外，在旧井口周围预留出一定的新井口预选范围。老井封堵以及新的注采井施工时，在其周围留有碎石铺砌作为作业场地，并考虑前后施工顺序，避免施工交叉。

厂区主要设施在井口区域预留合适场地的条件下，冷热水罐区、冷却塔区、水处理区、配电装置、厂前建筑等围绕主厂房及换热区布置。

储能过程：使用电能驱动空气压缩机组，压缩后的高温空气与热水进行热量交换，热水吸热后储存在高温水储罐中。气水换热器和压缩机后设置冷却器，将空气冷却至40℃后储存到盐穴中。

发电过程：高压空气从盐穴中放出，经气水换热器加热后接至汽轮机膨胀做功。放热流程中经过换热降温的低温水被压送至低温水储罐。

该压缩空气储能电站的平面图和鸟瞰图如图29-14、图29-15所示。

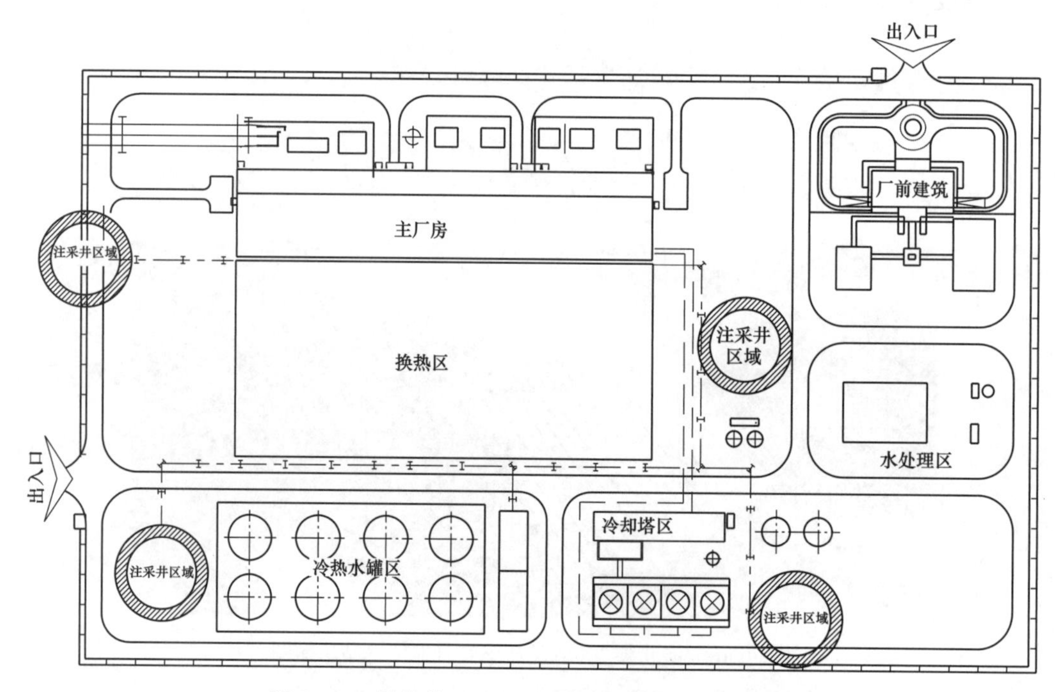

图29-14　湖北某300MW压缩空气储能电站平面图

（四）福建某300MW硬岩硐库压缩空气储能电站（工程前期阶段）

福建某压缩空气储能电站建设规模为300MW，采用非补燃型工艺，利用老旧煤矿建设地下硬岩硐库作为储气库，运行压力范围按18～12MPa考虑，利用电网低谷电压缩运

图 29-15 湖北某 300MW 压缩空气储能电站鸟瞰图

行 9h，在电网用电高峰期发电运行 6h，设计电-电转换效率超过 66.6%。

整个压缩空气储能电站主要分地下硬岩储气硐库和地面储能电站两个部分。

根据地形地质、地下硬岩资源和岩石力学等分析，基本确定硬岩储气硐库位置，该区域具有明显的中低山地构造，地面高程均在 930m 以上，基岩埋深 350～500m。地面电站考虑压缩空气管道连接、场地地形、道路引接、电力送出等条件，布置于储气硐库西南约 1.3km 处。站址总体规划如图 29-16 所示。

1. *硬岩储气硐库*

考虑站址区域硬岩有一定的深度范围，设计自由度较高，储气硐库考虑隧道式地下储气硐库和大罐式地下储气硐库两种方案。

（1）隧道式地下储气硐库。储气硐库布置于山体下，最大埋深约 500m，主要由三部分组成：4 条长约 350m 的储气主隧硐，上、下 2 层，净空直径为 12m；4 条连接同一层两个主隧硐的水平连接隧硐，上、下 2 层，长约 110m，净空直径为 12m；端部两根斜向的垂直隧硐，主要连接上、下 2 层主隧硐，长约 77.5m，净空直径为 12m；总设计储气容量约 22.6 万 m^3。

隧道式地下储气硐库平面布置如图 29-17 所示。

为增加开挖工作面，提高工作效率，布设交通隧道。主交通隧道自硐口（高程 680m）至底部的隧道式储气隧硐南端（高程 590m），主交通隧道距硐口 840m 处分叉至顶部储气隧硐北端（高程 660m）为支线隧道①，从主交通隧道距硐口 950m 处分叉至顶部储气隧硐（高程 660m）为支线隧道②。交通隧道通过密封塞与密封硐库连接。主交通隧道净空尺寸为 8m×7m（双车道设计），其余隧道净空尺寸为 5.25m×5m（单车道设计），累计长度约为 2.75km。

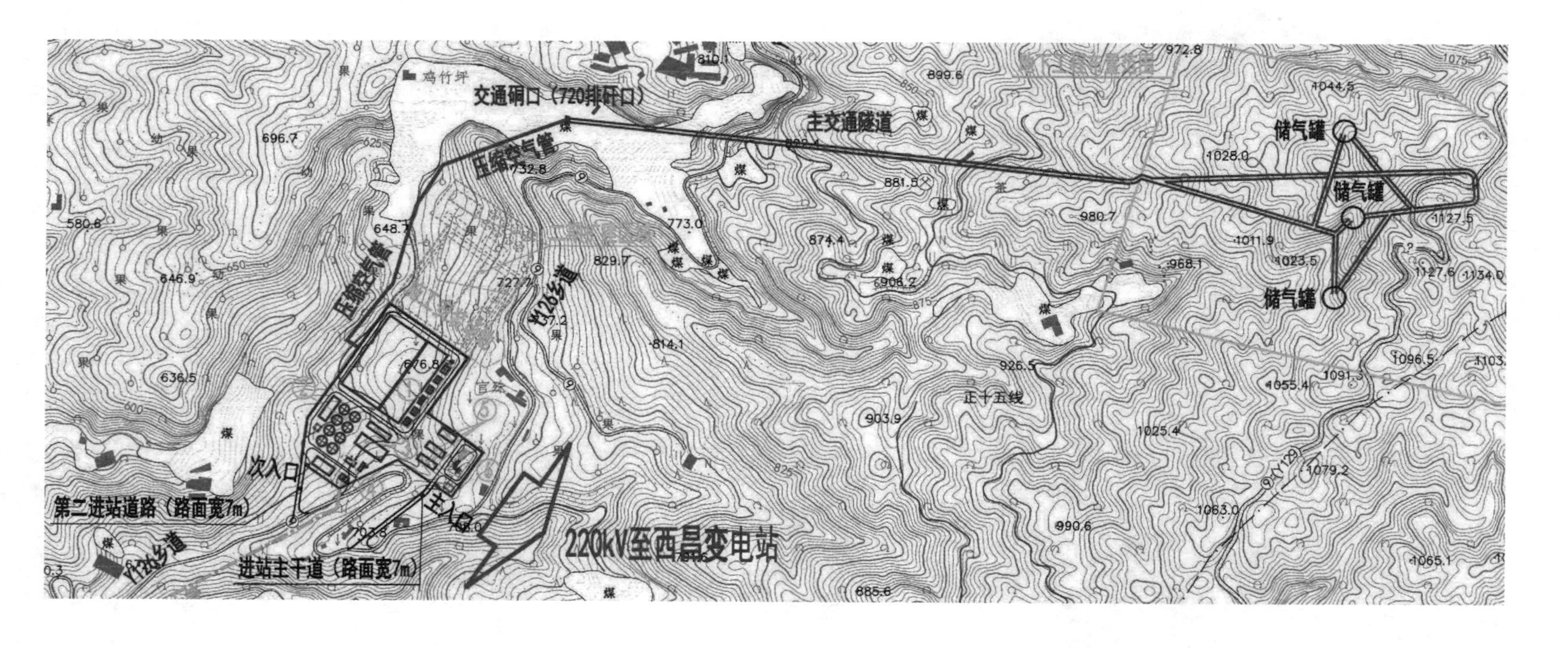

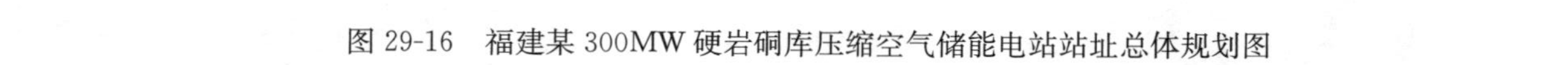

图 29-16 福建某 300MW 硬岩硐库压缩空气储能电站站址总体规划图

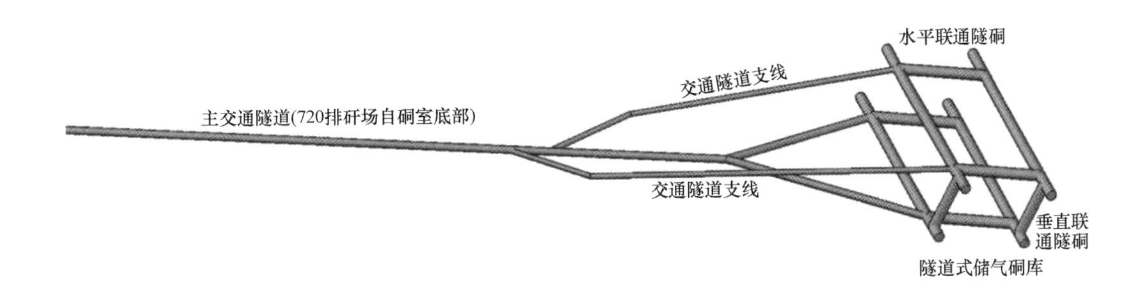

图 29-17 隧道式地下储气硐库平面布置图

（2）大罐式地下储气硐库。大罐式储气硐库埋设于岩层中，两个罐的间距均为 150m。主交通隧道自硐口（高程 680m）至大罐式储气硐库底部（高程 580m），主交通隧道距硐口 750m 处分叉至大罐式储气硐库顶拱（高程 665m）为交通隧道上层支线，主交通隧道距硐口 910m 处分叉至大罐式储气硐库顶部 20m 位置为吊装钢板用隧道（高程 690m）。交通隧道通过密封塞与密封硐库连接，累计长度约为 3.3km。

大罐式地下储气硐库平面布置如图 29-18 所示。

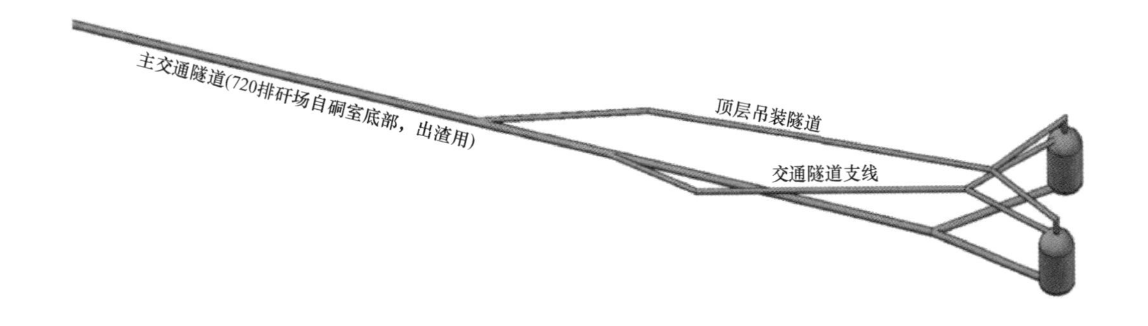

图 29-18 大罐式地下储气硐库平面图

2. 地面储能电站

地面储能电站主要设施基本同上述几个工程实例，规划为主厂房区、生产辅助设施区及站前区三个区域。

主厂房区布置在站区北部，冷热水罐区、冷却塔区、水处理区布置在站区南部，站前区及配电装置布置在站区东部。地面储能电站占地约 7.00hm^2。

该硬岩硐库压缩空气储能电站平面布置如图 29-19 所示。

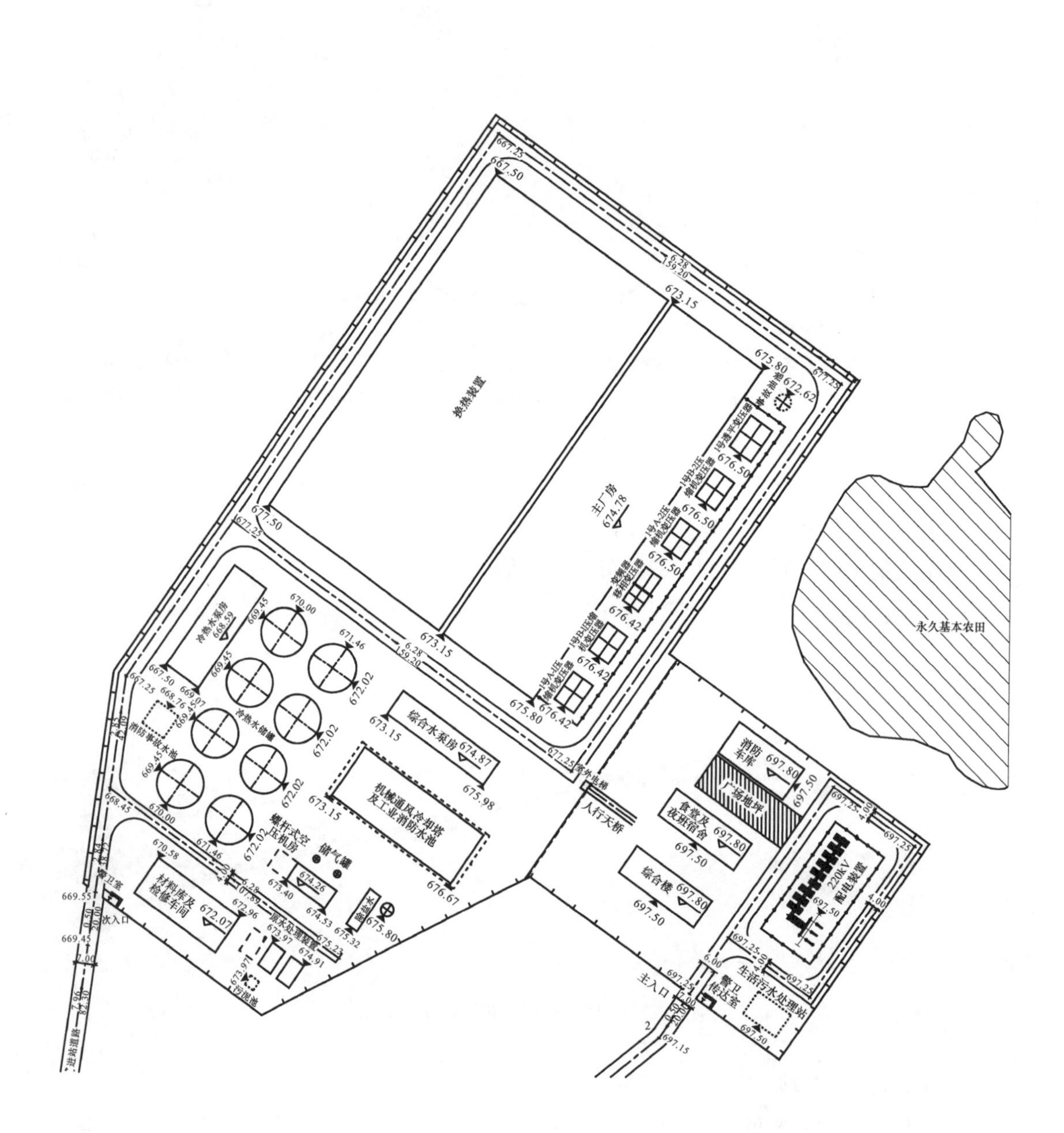

图 29-19　福建某 300MW 硬岩硐库压缩空气储能电站平面布置图

第三十章
化学储能

化学储能是通过电能驱动化学反应，进而实现能量存储的过程，目前主要指电解水制氢。国家发展改革委、国家能源局按照《中华人民共和国国民经济和社会发展第十四个五年规划和2035年远景目标纲要》《关于加快推动新型储能发展的指导意见》有关要求，相继印发了《“十四五”现代能源体系规划》《“十四五”新型储能发展实施方案》《氢能产业发展中长期规划（2021—2035年）》，明确氢能是未来国家能源体系的重要组成部分和用能终端实现绿色低碳转型的重要载体，氢能产业是战略性新兴产业和未来产业重点发展方向。针对传统制氢方式碳排放高的特点，利用富余核能、风能、水能、太阳能等可再生能源电解水制氢（也称绿氢）将为重点发展项目，也将在未来呈快速发展趋势。

第一节　电解水制氢主要工艺流程

电解水制氢是在直流电的作用下，通过电化学过程将水分子解离为氢气与氧气，分别在阴、阳两极析出。根据电解质不同，主要可分为碱性电解水（ALK）、质子交换膜（PEM）电解水、固体氧化物（SOEC）电解水三大类。目前可实际应用的电解水制氢技术主要有ALK与PEM两类技术，SOEC具有更高能效，但还处于实验室研发阶段。

一、碱性电解水制氢（ALK）

ALK技术通过正、负离子在水溶液中的运动实现产氢。该类电解槽通常采用KOH溶液为电解液，一对电极浸没于电解液中，并用隔膜进行隔离以防止气体渗透。当通以一定的直流电时，水分子在阴极被分解为H^+和OH^-，H^+得到电子进一步生成H_2，OH^-穿过隔膜到达阳极，在阳极失去电子生成H_2O和O_2，其电极反应式如下。

阴极为

$$4H_2O + 4e^- \longrightarrow 2H_2 + 4OH^-$$

阳极为

$$4OH^- \longrightarrow O_2 + 2H_2O + 4e^-$$

氢气与碱液混合物共同从阴极侧出气孔流出，通过气体分离系统后，碱液经过滤器除去机械杂质，再由循环泵打入电解槽，形成闭环系统以保证连续运行。此工艺所用设备为常压平衡设计，电极采用非贵金属，隔膜材料为非分子级微孔材料，因此设备成本较低。由于电解液中添加的氢氧化钾具有高腐蚀性，在检修排放时为了避免环境污染，需收集电解液回收利用或送至处理厂处理。

ALK制氢系统主要包括制氢系统、干燥净化系统、变配电系统、控制系统、除盐水制备系统、仪用压缩空气系统、氮气置换系统等多个子系统。

二、质子交换膜电解水（PEM）

PEM 制氢过程中，水分子在阳极上被分解为 H^+ 和 O_2，H^+ 可穿过 PEM 固体质子交换膜到达阴极，在阴极生成 H_2，其电极反应式如下。

阴极为

$$4H^+ + 4e^- \longrightarrow 2H_2$$

阳极为

$$2H_2O \longrightarrow 4H^+ + O_2 + 4e^-$$

此工艺所用设备为压差式设计，采用贵金属电极，利用 PEM 膜对气体的分离作用，用纯水作为电解液，不添加任何化学物质，可避免检修时的环境污染可能性。此外该技术无配碱系统，设备较为简化，在 0～100%功率范围内迅速响应，开机速度较快。但目前该技术所用设备成本较高。

PEM 制氢系统主要包括电解水 PEM 制氢工艺系统、变配电系统、控制系统、纯化干燥系统、压缩系统、制水系统、冷却系统等多个子系统。

第二节　电解水制氢发展情况

20 世纪 20 年代，碱性电解水（ALK）技术已经实现工业规模的产氢，应用于氨生产和石油精炼等工业需求。20 世纪 70 年代后，能源短缺、环境污染以及太空探索方面的需求带动了质子交换膜电解水（PEM）技术的发展，同时特殊领域发展所需的高压紧凑型碱性电解水技术也得到了相应的发展。碱性水电解技术已经完成了商业化进程，质子交换膜水电解技术还处于商业化初期。

一、三大电解水制氢技术解析

1. 碱性电解水制氢（ALK）商业应用成熟，优劣势明显

ALK 制氢技术较成熟，能源效率通常在 60%左右，运行寿命可达 20 年，成本较低。ALK 所用的碱性电解液易与空气中 CO_2 反应，形成碱性条件下不溶的碳酸盐，阻塞多孔的催化层，阻碍产物和反应物的传递，大大降低电解槽的性能。ALK 难以快速地关闭或者启动，制氢速度也难以快速调节，必须时刻保持电解池的阳极和阴极两侧上的压力均衡，防止氢氧气体穿过多孔的石棉膜混合进而引起爆炸。因此，ALK 难以与具有快速波动特性的可再生能源配合。

2. 质子交换膜电解水（PEM）制氢优势明显，逐渐成为主流

PEM 制氢技术正在迅速兴起并用于商业用途，其电解槽的投资成本已大幅下降，但目前仍高于 ALK 制氢。

与 ALK 制氢技术相比，PEM 制氢在运行中的灵活性和反应性更高。这种显著提高的运营灵活性可提高电解制氢的整体经济效益，尤其可以很好地结合可再生能源发电。

PEM 制氢以最低功率保持待机模式，并能在短时间按高于额定负荷（100%以上，高达 200%）的容量下运行。凭借优秀的调节功能，运营商可以在其为客户提供氢气的同时，仍然能够以较低的额外运营成本为电网提供辅助性服务。电解压力方面，PEM 制氢可以

在比 ALK 制氢（15bar，1bar=10^5Pa）更高的压力（30bar）下生产氢气，可以更好地适应下游高压需求的应用。

PEM 制氢设备简单、占地面积小，应用条件灵活。常规加氢站和加油站类似，占地面积大，建设成本高。采用 PEM 制氢的小微型制氢加氢站体积小，装运方便，非常适合在土地有限的大城市、临时场景、独立的产业园区中使用。

3. 固体氧化物电解水（SOEC）制氢技术可能效率最高，但尚不成熟

与 ALK 和 PEM 相比，SOEC 技术有望进一步提高电解水制氢效率。然而 SOEC 是一种不太成熟的技术，仅在实验室和通过小型示范规模发展。

目前其投资成本比较高昂，SOEC 的生产主要需要陶瓷和一些稀有材料作为催化剂层，同时对高温热源的需求可能也会限制 SOEC 的长期经济可行性（其可以采用的可再生能源只有聚光太阳能和高温地热）。

二、PEM 电解水制氢技术与应用进展

1. 欧美日 PEM 电解市场应用相对成熟，国内刚刚起步

美国 PEM 电解水技术于 20 世纪 70 年代被用作核潜艇中的供应氧气装置。20 世纪 80 年代，美国国家航天宇航局又将 PEM 电解水技术应用于空间站中，作宇航员生命维持及生产空间站轨道姿态控制的助推剂。近年来许多国家在 PEM 电解水技术的开发中取得长足的进步。欧盟、北美、日本涌现了很多 PEM 电解水设备企业，这些企业在某种程度上推动了 PEM 电解水的发展。

国内 PEM 电解水制氢技术尚处于从研发走向商业化的前夕。中国科学院大连化物所从 20 世纪 90 年代开始研发 PEM 电解水制氢，在 2008 年开发出产氢气量为 $8m^3/h$（标准状态）的电解池堆及系统，输出压力为 4MPa，纯度为 99.99%。从单机能耗上看，国内的 PEM 制氢装置较优，但在规模上与国外产品还有距离。

2. 国内 PEM 电解制氢发展瓶颈分析

（1）技术不成熟阻碍了 PEM 电解制氢的发展。国内 PEM 电解制氢设备的技术较国际先进水平差距较大，尤其在设备成本、催化剂技术、质子交换膜等方面。

（2）目前我国工业电价较高，电费占整个水电解制氢生产费用的 80%左右，较高的电价限制了 PEM 制氢推广应用。

三、电解水制氢发展趋势

1. 固体氧化物电解水（SOEC）技术

SOEC 在未来可能成为一种颠覆当前格局的技术，从提高能效角度来看，SOEC 技术采用固体氧化物作为电解质材料，可在 400～1000℃的高温下工作，具有能量转化效率高且不需要使用贵金属催化剂等优点，因而理论效率可达 100%。除了较高的转化效率外，还可以直接通过蒸汽和 CO_2 生成合成气，以用于各种应用，例如液体燃料的合成。利用与光热发电厂（可利用太阳辐射在现场同时生产蒸汽和电力，并且具有高容量系数）的协同作用，可确保所有输入能源完全为可再生能源。

2. 碱性固体阴离子交换膜电解水（AEM）技术

AEM 电解水技术将传统 ALK 与 PEM 水电解的优点结合起来。AEM 水电解中的隔

膜材料为可传导 OH^- 的固体聚合物阴离子交换膜，催化剂可采用与传统碱性液体水电解相近的 Ni、Co、Fe 等非贵金属催化剂，相比 PEM 水电解采用贵金属 Ir、Pt，催化剂成本将大幅降低，且对电解池双极板材料的腐蚀要求也远低于对 PEM 水电解的要求。目前该技术尚处于研发完善阶段，现阶段的研发集中于碱性固体聚合物阴离子交换膜与高活性非贵金属催化剂。

第三节　电解水制氢站址选择

电解水制氢作为储能手段，对于电网起到削峰填谷、降低波动性、提高稳定性的作用。风能、水能、太阳能等可再生能源及核能可作为一次能源，一部分向电网供电，另一部分用作制氢，通过氢气网络，广泛用于工业、民用、车辆、航空、船舶等场景，在站址选择时多以结合风水光等可再生能源、核能、电网设施、拟供给用户的现状条件或规划条件方式进行，一些大型用户侧制氢站也存在单独选址情况。

目前涉及制氢站站址选择规范相对较少，主要包括 GB 50177《氢气站设计规范》、GB 50516《加氢站技术规范》、GB/T 34584《加氢站安全技术规范》。

电解水制氢选址时主要遵循以下原则。

(1) 站址选择应符合国家可再生能源及核电中长期发展规划、国土空间规划、环境保护和水土保持、水源供应、机场、军事设施、矿产资源、文物保护、海洋保护、电网接入、交通运输等方面的要求。

(2) 站址选择应结合风能、水能、太阳能等可再生能源及核能等上游资源的整体规划并靠近用户侧，并应同时满足所在地规划管理、环境保护、消防安全等规定，并应设置在交通方便的位置，道路应满足施工车辆及消防车辆通过性要求。

(3) 站址选择应处于城镇常年最大风频风向的上风侧。不宜设在多尘或有腐蚀性气体的场所，当无法远离时，不应设在污染源常年最大风频风向的下风侧，并远离有明火或散发火花的地点。当与有爆炸或火灾危险环境的建筑物毗连时应符合 GB 50058《爆炸危险环境电力装置设计规范》的规定。

(4) 站址应遵循节约集约用地的原则合理使用土地，利用荒漠、戈壁、荒地、劣地及非耕地，不应占有永久基本农田，应避开生态红线，减少拆迁及人口迁移，宜保持原有水系、植被。对于在现有设施基础上增配的制氢项目，尽量利用现有场地，尽可能不征或少征地。

(5) 制加氢一体化项目选址宜靠近城市道路，但不应设在城市主干道的交叉路口附近，其中加氢部分应面向马路，为加氢车辆进出提供方便，制氢部分相对独立，结合《氢气站设计规范》GB 50177—2005 中 3.0.1：氢气站不得布置在人员密集地段和主要交通要道邻近处。因此，制氢部分宜布置在加氢部分内侧相对独立的区域。

(6) 站内的工艺设施与站外建（构）筑物的防火距离应满足 GB 50016《建筑设计防火规范》、GB 50177《氢气站设计规范》、GB 50516《加氢站技术规范》、GB/T 34584《加氢站安全技术规范》、GB 50058《爆炸危险环境电力装置设计规范》等相关要求。

(7) 地质、水文、交通、施工条件等要求基本同本篇第二十九章，本章不再赘述。

第四节 电解水制氢站站区总平面布置

电解水制氢站站区总平面布置是整个设计工作中具有重要意义的一个组成部分，是在已确定的站址基础上，根据生产工艺流程要求，结合当地自然条件和工程特点，在满足防火防爆、安全运行、施工检修和环境保护等主要方面的条件下，因地制宜地综合各种因素，统筹安排站区建（构）筑物的布置，从而为安全生产、方便管理、降低工程投资、节约集约用地创造条件。随着我国一批示范制氢项目的陆续建成投产，在站区总平面布置与设计方面已逐渐积累了一定的经验和教训。

一、总平面布置的原则

站区总平面布置需要从全局出发，深入现场，调查研究，收集必要的基础资料，全面地、辩证地对待各种工艺系统要求，主动地与有关设计专业密切配合，共同研讨。从实际情况出发，因地制宜，进行多方面的技术经济比较，以选择占地少、投资少、建设快、运行费用低和有利生产、方便生活的最合理方案。

站区总平面布置，需要根据电厂的生产、施工和生活的需要，结合厂址及其附近地区的自然条件和建设规划，对厂区供排水设施、交通运输、进线走廊等进行研究，立足近期，远近结合，统筹规划。

（1）总平面布置应根据施工、运行维护需要，以近期经济合理、远期可行原则统筹规划，用地可按最终规模一次性规划，分期征地，分期建设。

（2）总平面布置应与当地的城镇规划或工业区规划相协调，并充分利用现有的交通、给排水及防洪等公用设施。

（3）当靠近源侧、网侧或用户侧布置时，总平面布置应与服务对象相结合，并尽量共建公用设施。

（4）总平面布置应根据工艺流程、送出廊道规划、交通运输条件，并结合地质、地形、气象等自然条件确定。

（5）站区竖向设计应与总平面布置同时进行。站区的企业规模为小型企业，对应的防护等级应为Ⅳ类，防洪标准可按照10～20年考虑。此外，制氢项目大多利用风能、水能、太阳能等可再生能源，防洪标准可参照可再生能源防洪标准。由于用地较少，一般情况下采用平坡式的布置方式。

二、总平面布置的具体要求

1. 制氢部分

防火间距按GB 50177—2005《氢气站设计规范》中表3.0.2和表3.0.3执行。氢气站工艺装置内的设备、建筑物平面布置的防火间距按GB 50177—2005《氢气站设计规范》中表6.0.2执行，同时还要满足GB 50016《建筑设计防火规范》、GB 50177《氢气站设计规范》中相关规定的要求。

2. 加氢部分

站内设施之间的防火间距按GB 50516—2010《加氢站技术规范（2021年版）》中

5.0.1A 执行，同时还要满足 GB 50016《建筑设计防火规范》、GB 50516《加氢站技术规范》中相关规定的要求。

3. 冷却塔

根据工艺需求，制氢、制加氢一体化项目需设置机械通风冷却塔，供制氢加氢共同使用，该构筑物可根据具体用地条件，布置在加氢或制氢区域。

由于 GB 50177《氢气站设计规范》以及 GB 50516《加氢站技术规范》中未提及机械通风冷却塔与周围站内其他建（构）筑物的间距要求，参考 GB/T 50102《工业循环水冷却设计规范》中相关规定执行。

4. 道路及出入口

根据 DL/T 5032—2018《火力发电厂总图运输设计规范》中 8.3.18，制（供）氢站要设置环形消防通道，如设环形道路确有困难时，其四周仍要设置尽端式道路或通道。GB 50177《氢气站设计规范》以及 GB 50516《加氢站技术规范》中，并未对该区域设有环形通道有特殊要求。站内道路设置要符合下列规定。

（1）单车道宽度不要小于 4.0m，双车道宽度不要小于 6m。

（2）站内的道路转弯半径要按行驶车行确定，且不小于 9m；道路坡度不要大于 6%。汽车停车位不设置坡度。

（3）站内各个区域之间要有贯通的人员通道，通道宽度不小于 1.5m。

（4）氢气长管拖车、氢气管束式集装箱车位与压缩机之间不要设置道路。

5. 站区围墙

制氢部分宜设置不燃烧体围墙，其高度不要小于 2.5m。

加氢站的工艺设施与站外建筑物、构筑物之间的距离小于或等于 GB 50516—2010《加氢站技术规范（2021 年版）》中表 4.0.4A 的防火间距的 1.5 倍，且小于或等于 25m 时，相邻一侧要设置高度不低于 2.5m 的不燃烧实体围墙，加氢站的工艺设施与站外建（构）筑物之间的距离大于表 4.0.4A 中的防火间距的 1.5 倍，要设置非实体围墙。加氢站面向进、出道路的一侧宜开放或部分设置非实体围墙。

由于制加氢一体化项目的特殊性，未明确制氢部分以及加氢部分之间按照站内还是站外间距考虑，结合已建成以及正在执行的一体化项目，建议制氢部分与加氢部分之间按照站内间距考虑，加氢站与制氢站之间设置实体围墙。

第五节　电解水制氢工程实例

北京 2022 年冬奥会上，1000 余辆氢燃料电池车、30 多座加氢站为赛事提供了绿色出行保障服务。《氢能产业发展中长期规划（2021—2035 年）》提出“到 2025 年，燃料电池车辆保有量约 5 万辆，可再生能源制氢量达到 10 万～20 万 t/年”。“十四五”期间我国将有 40 余个再生能源制氢示范项目建成，为今后引领行业发展发挥了重要的作用，对后续项目的建设也将具有重要的借鉴意义，本节选取具有代表性的工程实例进行介绍。

一、武汉某化工园制加氢一体化项目

该项目位于武汉市化工园区内，该项目为制加氢一体站，一期建设制加一体的加氢母

站和子站，母站包括制氢规模为 200m³/h（标准状态）的碱性水电解制氢站 1 座、日加氢规模为 500kg/d 的加氢站 1 座；二期扩建母站制氢能力 1000m³/h（标准状态）。该项目效果图如图 30-1 所示。

图 30-1 武汉某化工园制加氢一体化项目效果图

二、宁夏某可再生能源制氢示范项目

该项目新建一座规划制氢容量为 4×500m³/h（标准状态）的制氢站，占地约 2.4hm²。采用 PEM 电解纯水制氢技术，本期制氢容量为 2×500m³/h（标准状态）并建设本期配套装机容量为 12MW 光伏发电场；二期制氢容量为 2×500m³/h（标准状态），二期制氢所需电能将由其他可再生能源项目提供。该制氢示范项目效果图如图 30-2 所示。

图 30-2 宁夏某可再生能源制氢示范项目效果图

三、北京某制氢示范项目

制氢站分两个阶段进行建设，第一阶段考虑安装一套 200m³/h（标准状态）的 PEM 撬装式制氢设施，二阶段采用 PEM 电解水制氢技术，建设规模为 3750m³/h（标准状态）级的制氢站及配套辅助设施，并预留扩建为 5000m³/h（标准状态）制氢装置的条件。该制氢示范项目总平面布置图如图 30-3 所示。

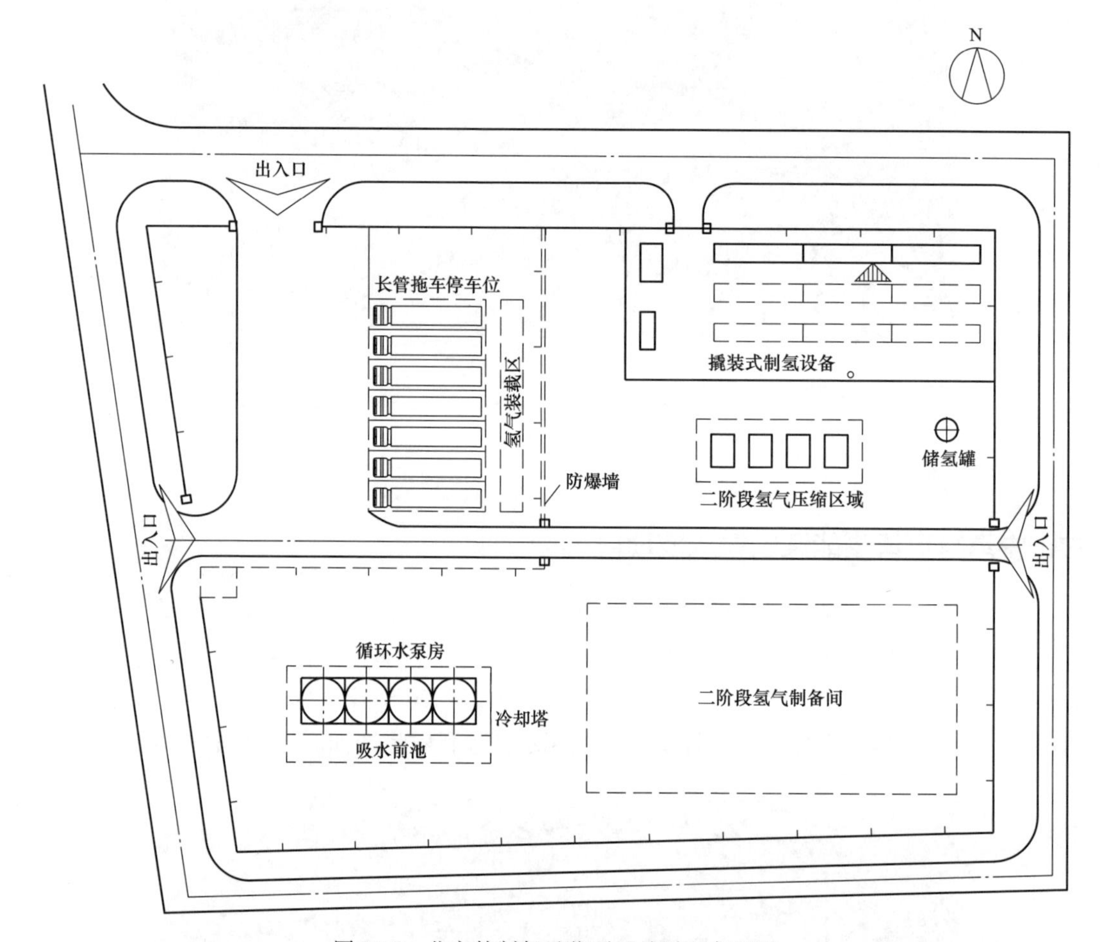

图 30-3 北京某制氢示范项目总平面布置图

四、 吉林某氢能产业园绿色氢氨醇一体化示范项目

该项目是国内第一个大型风光制氢氨醇一体化工程，2023 年 9 月开工建设，计划 2025 年 9 月全面投产。项目位于吉林某石油化学工业循环经济园区内，建设 750MW 风电、50MW 光伏、220kV 直供线及送出工程、64 套电解制氢装置、空分装置、20×10^4t 合成氨装置、2×10^4t 合成甲醇装置以及公辅工程等，采用轻度并网、宽负荷柔性合成氨等先进技术。该示范项目工艺示意图如图 30-4 所示。

氢氨醇一体化示范项目用地面积 29.80hm²，负荷总规模为 35×10^4kW，制氢规模为 6.4×10^4m³/h（标准状态），制氢能力为 4.56×10^4t/a，储氢能力为 20t，空分装置为 2×

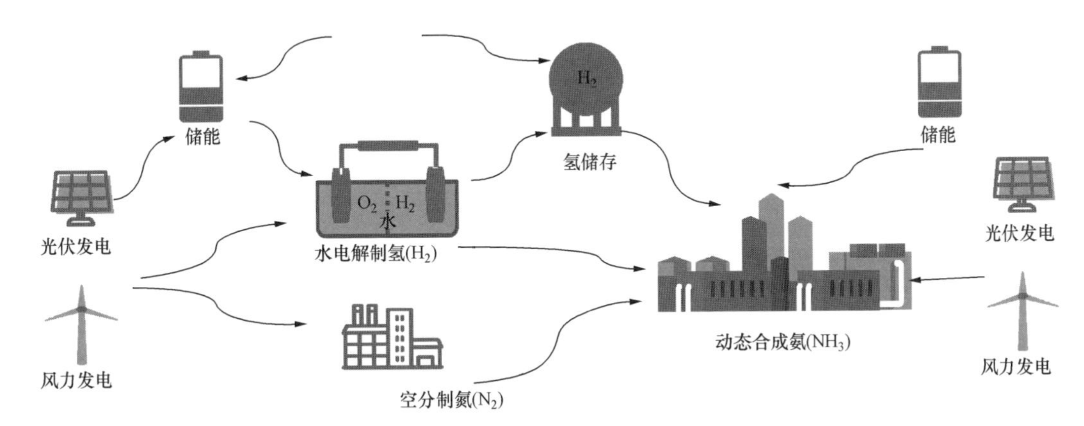

图 30-4　吉林某氢能产业园绿色氢氨醇一体化示范项目工艺示意图

$10^4m^3/h$（标准状态）氮气，合成氨规模为 $20\times10^4t/a$，合成甲醇规模为 $2\times10^4t/a$。按功能划分为生产装置区、储运区、公用工程区、辅助设施区、厂前建筑区 5 个功能分区。

（1）生产装置区：空气制氮［含空压站，规模为 20 000m^3/h 氮气（标准状态）、电解制氢［规模为 64 000m^3/h（标准状态），64 套 1000m^3/h 碱液电解槽（标准状态）］、合成氨装置（规模为 $20\times10^4t/a$）、合成甲醇（规模为 $2\times10^4t/a$）、火炬。

（2）储运区：氢气储存（14 个 2000m^3 氢气球罐）、氨储存（6 个 2000m^3 液氨球罐，预留 2 个）。

（3）公用工程区：冷冻站、脱盐水站、循环水站、消防水站、事故水池、初期雨水池、雨水监控池等。

（4）辅助设施区：中心控制室、现场机柜室、分析化验中心、总降变电所、电解制氢（一～四）变电所、化工区域变电所、空分装置变电所、备品备件及劳保用品库、危废库、化学品库、综合维修站、汽车衡等。

（5）厂前建筑区：办公楼、车库、食堂及倒班宿舍等。

该项目氢氨化工部分工艺流程图如图 30-5 所示，氢氨醇化工部分总平面布置图如图 30-6 所示、鸟瞰图如图 30-7 所示。

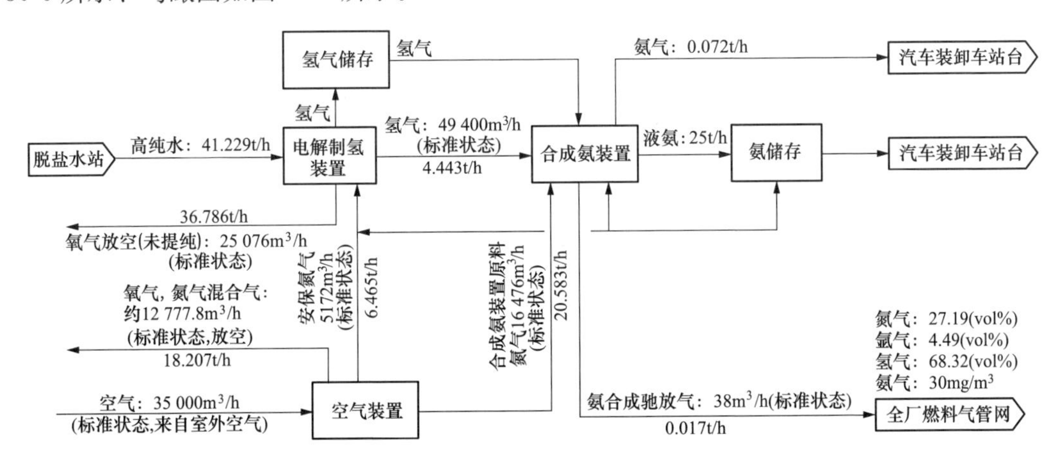

图 30-5　氢氨化工部分工艺流程图

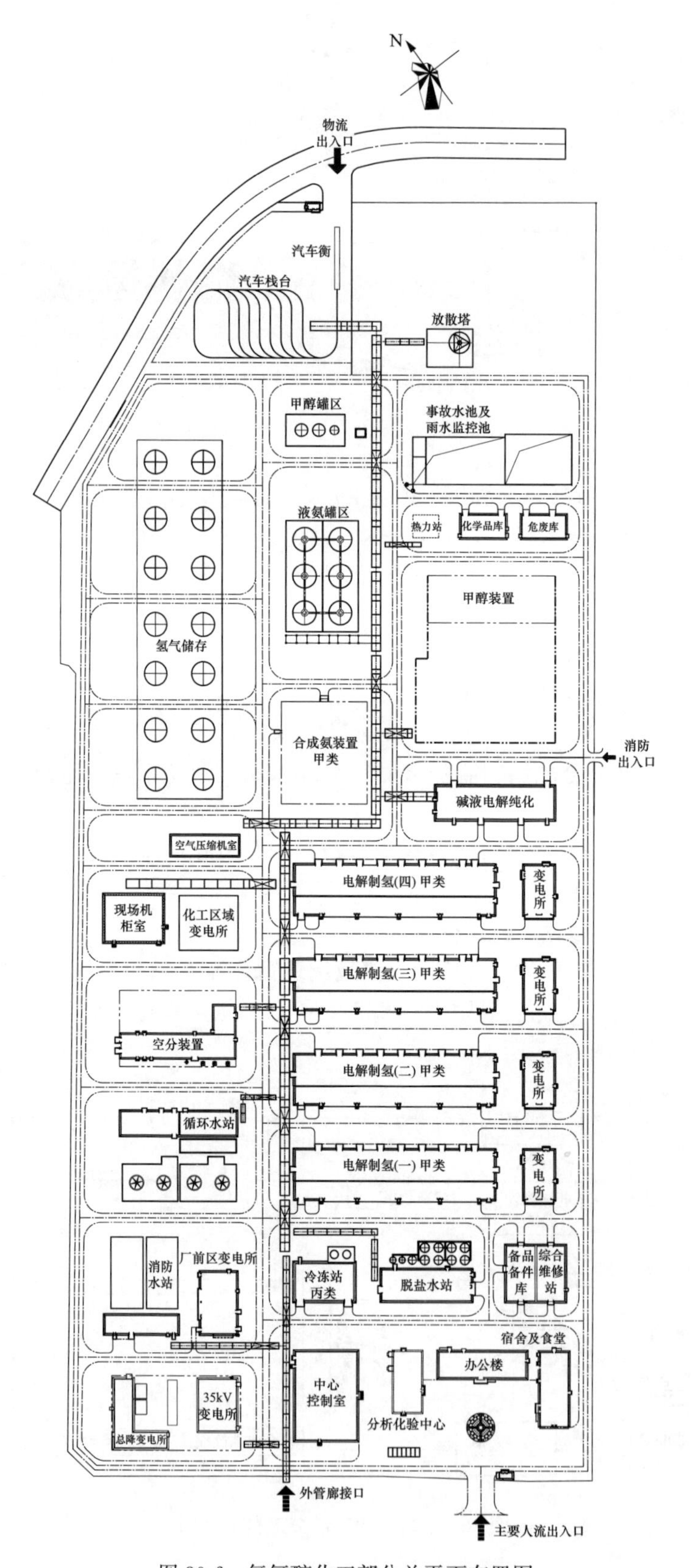

图 30-6 氢氨醇化工部分总平面布置图

图 30-7 氢氨醇化工部分鸟瞰图

五、 吉林某风光制绿氢合成氨一体化示范项目

该项目是国内第一个大型风光制氢氨一体化工程，2023 年 7 月开工建设，计划 2024 年 12 月全面投产。项目位于吉林某清洁能源化工产业园内，建设风光总装机容量 800MW、220kV 升压站一座、配套 40MW/80MWh 储能、新建 46 000m^3/h 混合制氢（标准状态，45 套 PEM 制氢系统，37 套碱液制氢系统）、18×10^4t 合成氨装置以及公辅工程等。

绿氢合成氨一体化示范项目用地面积约 30.05hm^2，制氢规模为 4.6×$10^4$$m^3$/h（标准状态），制氢能力为 3.20×$10^4$t/a，空分装置为 2×$10^4$$m^3$/h 氮气（标准状态），合成氨规模为 18×$10^4$t/a。按功能划分为生产装置区、辅助设施及公用工程区、储运区、行政办公区 4 个功能分区。

（1）生产装置区：空分装置［含空压站、氧气液化装置，规模为 20 000m^3/h 氮气（标准状态）］，电解制氢［规模为 46 000m^3/h（标准状态），37 套 1000m^3/h（标准状态）碱液电解槽及 45 套 200m^3/h（标准状态）PEM 电解槽］，合成氨装置（规模 18×10^4t/a），火炬。

（2）辅助设施及公用工程区：冷冻站、脱盐水站及副产蒸汽发电站、循环水站、消防水站、中心控制室、现场机柜室、事故水池、初期雨水池、雨水监控池、生活污水池、污水预处理站、分析化验中心、总降变电所、电解制氢（一～五）变电所、化工区域变电所、空分装置变电所、备品备件及劳保用品库、危废库、化学品库、综合维修站、汽车栈台等。

（3）储运区：氨储存（6 个 2000m^3 液氨球罐）、液化气罐区（2 个 30m^3 液化气卧罐）。

（4）行政办公区：办公楼、车库、食堂及倒班宿舍等。

绿氢合成氨一体化示范项目总平面布置图如图 30-8 所示，鸟瞰图如图 30-9 所示。

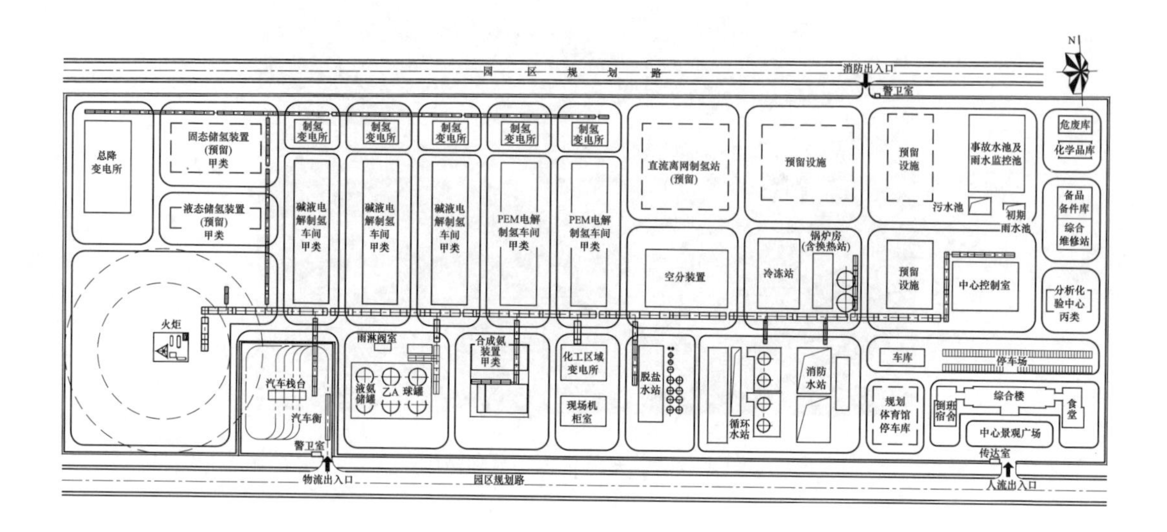

图 30-8　绿氢合成氨一体化示范项目总平面布置图

图 30-9　绿氢合成氨一体化示范项目鸟瞰图

第三十一章
热储能

热储能以储热材料为媒介，将太阳能光热、地热、工业余热、低品位废热等或者将电能转换为热能存在隔热容器的媒介中，需要的时候转化回电能，也可直接利用而不再转化回电能，力图解决由于时间、空间或强度上的热能供给与需求间不匹配所带来的问题，最大限度地提高整个系统的能源利用率。热储能技术可用于削峰填谷、克服新能源波动性、热管理、跨季节存储等目的。

第一节　热储能的主要方式

热储能技术不仅从技术上和经济上可以实现规模化，同时具有能量密度高、寿命长、利用方式多样、综合热利用效率高的优点。目前，热储能技术主要有三种储热方式，包括显热储热、潜热储热（也称为相变储热）和热化学反应储热。

一、显热储热

显热储热技术成熟、操作简单，是目前应用最广泛的储热方式之一。显热蓄冷蓄热材料是在相态不改变情况下，利用自身比热容和温度升降实现热量和冷量的蓄积或释放。其优点是储热系统集成相对简单，储能成本低；但是其储能密度很低，系统体积庞大，吸放热过程热损较大。

典型显热材料主要有液体和固体两种状态。液体材料主要有水、导热油、熔盐等，固体材料主要有岩石、混凝土、陶瓷、耐火砖等。典型显热材料技术特点见表31-1。

表 31-1　典型显热材料技术特点

材料	温度范围（℃）	密度（kg/m³）	比热容［kJ/(kg/℃)］	蓄能密度［MJ/(m³·℃)］	材料成本（元/kg）	材料能量成本（元/MJ）	成熟度	优点	缺点
水	0～100	1000	4.2	4.2	0.01	0.03	商业应用	经济易得、无毒无害、环境友好、不燃、循环稳定性佳	使用温度低、存在凝固、沸腾等现象
导热油	−30～400	700～900	2.2～3.6	1.54～3.24	2～80	1.6～105.7	商业应用	传热效率高、易于调控温度、基本无腐蚀	价格高、使用温度较低、易燃、蒸汽压大、易分解、寿命短
熔盐	130～850	1850～2100	1.5～1.8	2.00～3.78	3.5～20	4.1～19.3	商业应用	传热性能好、系统压力小、使用温度较高、价格低、安全可靠	容易凝固、冻堵管路、腐蚀性、部分有毒性

续表

材料	温度范围（℃）	密度（kg/m³）	比热容[kJ/(kg/℃)]	蓄能密度[MJ/(m³·℃)]	材料成本（元/kg）	材料能量成本（元/MJ）	成熟度	优点	缺点
岩石	<700	2000～2800	0.92	1.84～2.58	0.05～1.4	0.1～2.7	商业应用	廉价易得、无毒、不燃、热性能稳定、无腐蚀性	热效率较低、需要传热介质、循环稳定性较低
混凝土	<550	1100～1800	0.6～1.1	0.66～1.98	0.3～1	0.8～4.6	示范应用	化学性能稳定、传热性较好、价格便宜	高温开裂、蓄热密度较差、需要传热介质
耐火砖	<1200	1400～3000	1.0～1.2	1.4～3.6	7～12	6.1～12.5	商业应用	化学性能稳定、使用温度范围广、强度高	成本较高、需要传热介质

在蓄冷和低温蓄热领域，水是一种较为优秀的蓄冷蓄热材料，其比热容和蓄能密度均超过其他典型显热材料，且可以作为热量传递介质，减小热量的损失，主要应用在分布式能源系统中，利用余热进行制冷。在满足用户需求时，将余冷进行冷量储存；在余热制冷不足时，利用蓄冷或备用电制冷机进行供冷。低谷电蓄冷技术是分布式能源余热制冷全部供冷，并在低谷电时进行额外电制冷机制冷储存，在余热制冷不足时，利用蓄冷进行供冷。

在中高温蓄热领域，熔盐和耐火砖分别是较为适宜的液体和固体蓄热材料。熔盐主要包括硝酸盐、氯化物、碳酸盐和氟化物，具有温区大、比热容高、换热性能好等特点，通过传热工质和换热器加热熔盐将热量存储起来，需要时再通过换热器、传热工质和动力泵等设备将存储的热量取出以供使用的储能方法，被广泛应用于太阳能热发电领域。氟化物具有较高的热存储容量，被应用于太阳能空间站和熔盐核反应堆中，但也具有成本较高、热稳定性较差、有毒性等缺点。耐火砖具有化学性能稳定、使用温度范围广、强度高等特点，在电蓄热供暖领域得到了应用。

二、潜热（相变）储热

潜热储热具有能量密度高、相变过程温度近似恒定的优点，利用储热介质的相变过程来实现热量的储存与释放。优点是储能密度高于显热储热，系统所需体积相对较小；但是储热介质热稳定性较差，且与储热容器的相容性不高。

相变潜热材料由于蓄能密度远高于显热材料，成为目前最受关注的蓄冷蓄热技术。可应用于蓄热的潜热材料主要为水合盐、石蜡、脂肪酸、糖醇、硝酸盐等无机盐材料，其中水合盐和石蜡已经实现商业应用，脂肪酸处于示范应用阶段，但是，其成本较石蜡更高，循环稳定性不能满足实际应用要求限制了其应用。可应用于蓄冷的潜热材料主要有共晶盐水溶液、冰、气体水合物、水合盐、石蜡、脂肪酸等材料，其中共晶盐水溶液、冰、水合盐、石蜡等来料已实现商业应用，但是共晶盐水溶液和水合盐有较强的腐蚀性。

潜热储热技术主要用于清洁供暖、电力调峰、余热利用和太阳能低温光热利用等领域。

三、热化学反应储热

热化学反应储热是利用化学可逆反应原理，通过可逆反应中的反应热来实现热量的储存与释放。优点是储能密度最大、热损失小，适用于长期的能量储存；但是其吸放热过程复杂，不确定性较大，热化学反应过程较难控制。

热化学储热是目前储热密度最大的储热方式，目前技术成熟度不足，多数材料均处于实验室研究阶段，离大规模应用尚有较大距离。

总体来看，三种蓄热技术形式中，显热储热的成本最低。主要由于显热蓄热材料，如水、砂石、混凝土或熔盐等成本较低，存放介质的罐以及相关蓄放热设备的结构也较为简单，但蓄热材料的容器需要有效的热绝缘，对储热系统来说可能会增加不少的成本投资。潜热储热和热化学反应储热的系统成本要显著高于显热储热，且由于需要强化热传导技术与相应的设备使系统效率、蓄能容量等性能达到一定的标准，因此除材料之外系统其他设备成本也相对较高。

目前为止，显热储热技术已经得到充分发展，潜热储热技术也慢慢趋向成熟，已从实验室验证阶段发展到商业示范阶段，而热化学储热技术发展相对较慢，目前仍然处于实验原理验证阶段。

根据工作区间的不同，热能存储技术可分为零下（< 0℃）、低温（0～100℃）、中温（100～500℃）以及高温（>500℃）。热储能温度区间见图 31-1。

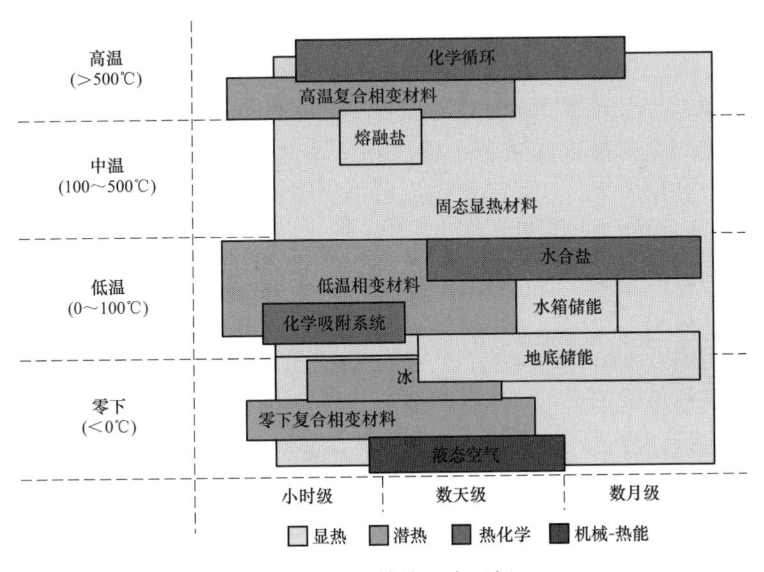

图 31-1　热储能温度区间

第二节　热储能的主要应用

目前，全球绝大部分的储热技术应用于区域供热系统以及建筑供热。供热领域的热储能项目数量多，但单个工程规模一般较小。近年来，与电力相结合的大型热储能项目逐步增多，通过与新能源、分布式、燃煤电厂耦合，热能被储存在隔热容器的媒介中，需要时转化回电能，也可直接利用而不再转化回电能。

一、新能源发电

国际上已经建成运行和正在建设的太阳能光热发电厂大多配置了储热系统。储热系统的引入进一步提高了纯太阳能热发电系统中太阳能贡献度，优化了系统性能。其工作流程为冷盐罐流出的低温熔盐经过熔盐泵加压后，送至太阳能集热塔吸热器吸热提高温度；之后高温熔盐全部流入热盐罐进行储热；然后进入蒸汽发生器加热给水产生蒸汽，释放热量温度降低后流回冷盐罐，进行下一次循环。

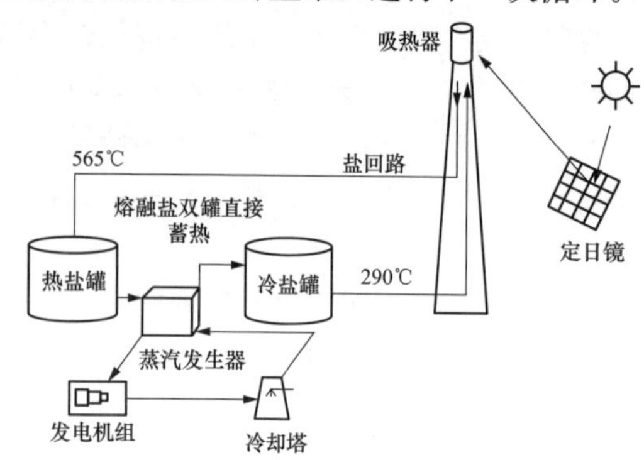

图 31-2 太阳能光热热储能流程图

太阳能光热热储能流程如图 31-2 所示。

近年来，风电、光伏等新能源电站配置热储能系统，利用弃风弃光电能，采用电加热器加热熔盐等方式，将电能转化为热能储存起来，再通过发电系统释放，或直接通过换热系统对外提供热能。

二、分布式能源系统

分布式能源冷热电三联供系统中，需求侧负荷波动现象普遍存在，其中电负荷的波动一般由电网来调剂，技术难度不大。而热负荷的波动性要复杂得多，因为热负荷不仅在需求侧存在波动性，而且由于热-电的耦合性，需求侧的波动性会加剧供给侧电负荷的波动。

在分布式能源系统引入蓄冷蓄热技术就可实现冷热负荷与电负荷的解耦，通过削峰填谷，既可适应用户侧负荷需求随季节、昼夜和适用时间呈现出的多周期变化规律及随机性，提高能源综合利用效率，还可消除引入可再生能源而造成的源侧不稳定波动，增加系统的安全性。

（1）平抑负荷波动，便于设备调节，提高系统效率。蓄热装置的使用稳定了余热锅炉的产汽负荷，进而稳定了燃气轮机的发电负荷，这不仅为机组调控带来了便利，更重要的是确保了燃气轮机高效发电。燃气轮机可采用稳定的发电负荷作为经济负荷来进行选型，保证其长期在最高效率附近运行，避免负荷波动导致的发电效率明显下降。

（2）降低设备设计容量，提高设备利用率，降低项目初投资。蓄热装置的使用便于设计人员以平均热负荷进行设备选型，有效避免了常规设计中利用最大热负荷进行设备选型导致的选型过大、设备利用率偏低的问题。

三、与燃煤供热机组耦合调峰

发电机组负荷较高，供热能力盈余时，系统转为储热，存储在高温熔盐罐中。换热后的高温蒸汽温度降低，进入供热联箱，供应热能用户。发电机组负荷低至供热参数无法保证时，系统将转为放热，即储热介质作为加热源，依次经过过热器、蒸发器、预热器，加热水产生供热蒸汽，供应热能用户。储热的火电机组调峰技术与现有的火电机组调峰技术相比，具有降低能耗、机组运行更节能可靠、改造成本低等优点。与燃煤供热机组耦合热储能流程如图 31-3 所示。

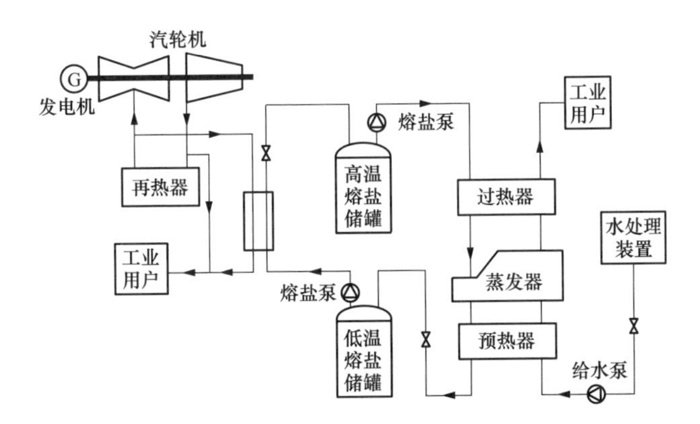

图 31-3 与燃煤供热机组耦合热储能流程图

四、电供热

作为重要的清洁采暖形式，电供暖在推广中遇到的突出障碍就是运行成本过高。储热技术能够大幅度降低电供暖的电费成本，对于推广电采暖具有重要价值。决定电供暖经济性的关键是充分利用廉价的谷电制热。

以熔盐储热供暖系统为例，在谷电时段，低温熔盐通过熔盐泵输送至熔盐加热器加热，成为高温熔盐进入高温熔盐储罐中存储；在用热时段，高温熔盐被熔盐泵抽出，流入熔盐一水换热器将市政用水换热成为热水，为住宅小区供暖或提供热水，熔盐降为低温流入低温熔盐储罐。

第三节 热储能站址选择及总平面布置

热储能站多以结合其他电源或用户进行建设，规模一般以其他电源规模、拟供给用户的需求确定。热储能站占地一般较小，内部工艺流程也较为简单，选址及总平面布置主要遵循以下原则。

（1）应根据其他电源分布、服务对象的整体规划进行，并应同时满足所在地规划管理、环境保护、消防安全等规定。

站址多选择在可利用热能富裕、随机性电源、重要用户等较为集中的区域。如参与光热发电厂配套的热储能，站址多与配套光热发电厂毗邻；面向分布式能源及微电网的热储能项目更宜紧贴用户设置。采取近邻选址可在一定程度上降低建设及运行维护成本。

（2）节约集约用地是我国的基本国策，热储能站应遵循节约集约用地的原则合理使用土地，尽量利用荒地、劣地，不占或少占耕地和经济效益高的土地。对于在现有设施基础上增配的热储能项目，尽量利用现有场地，尽可能不征或少征地。

（3）站址应具有适宜的地质、地形条件，应避开滑坡、泥石流和塌陷区等不良地质构造。宜避开溶洞、采空区、明和暗的河塘、岸边冲刷区、易发生滚石的地段，尽量避免或减少破坏林木和环境自然地貌。站址应避让重点保护的自然区和人文遗址，不压覆矿产资源。

（4）结合服务对象尽量选择交通便利位置，道路应满足施工车辆及消防车辆通过性要求。进站道路宽度及转弯半径可参照相应电压等级变电站设计要求。

（5）总平面布置应根据施工、运行维护需要，以近期经济合理、远期可行原则统筹规划，用地可按最终规模一次性规划，分期征地，分期建设。

（6）总平面布置应与当地的城镇规划或工业区规划相协调，并充分利用现有的交通、给排水及防洪等公用设施。

（7）靠近用户布置时，应与服务对象相结合，并尽量共建公用设施。

第四节　热储能工程实例

目前除供热领域的独立小型热储能项目外，投产的工程主要与新能源、分布式、燃煤电厂耦合的项目为主，设施较少，占地面积一般不大。

（一）太阳能光热发电厂配套热储能项目

目前太阳能光热发电厂大多配置了热储能系统，详见《第三篇 太阳能光热》，本节不再赘述。

（二）江苏某煤电耦合的熔盐储热项目

江苏某 2×660MW 煤电项目通过配置熔盐储热，实现深度调峰与供热供汽解耦，在保证 50t/h 工业供汽的情况下，机组深度调峰可以达到 30%以下，顶峰到 95%以上，机组调频能力也大幅度提高，释放更多的电量空间来帮助新能源消纳，保障电网安全稳定运行，助推以新能源为主体的新型电力系统。

该项目新建设施主要为熔盐储罐区（高低温熔盐储罐、储换热平台、集水坑、事故泄放池）、应急给水泵、升压给水泵等。机组向下调节出力时，启动储热功率模块，锅炉产生的部分过热蒸汽和再热蒸汽对熔盐进行放热，低温罐中的冷熔盐获得热量温度升高，并储存在高温罐中；当机组需要增加出力时，高温罐中的高温熔盐通过放热模块进行放热，放热模块产生的蒸汽回到汽轮机做功发电，释热后的熔盐温度降低回到低温罐中储存。煤电耦合的熔盐储热项目平面布置如图 31-4 所示。

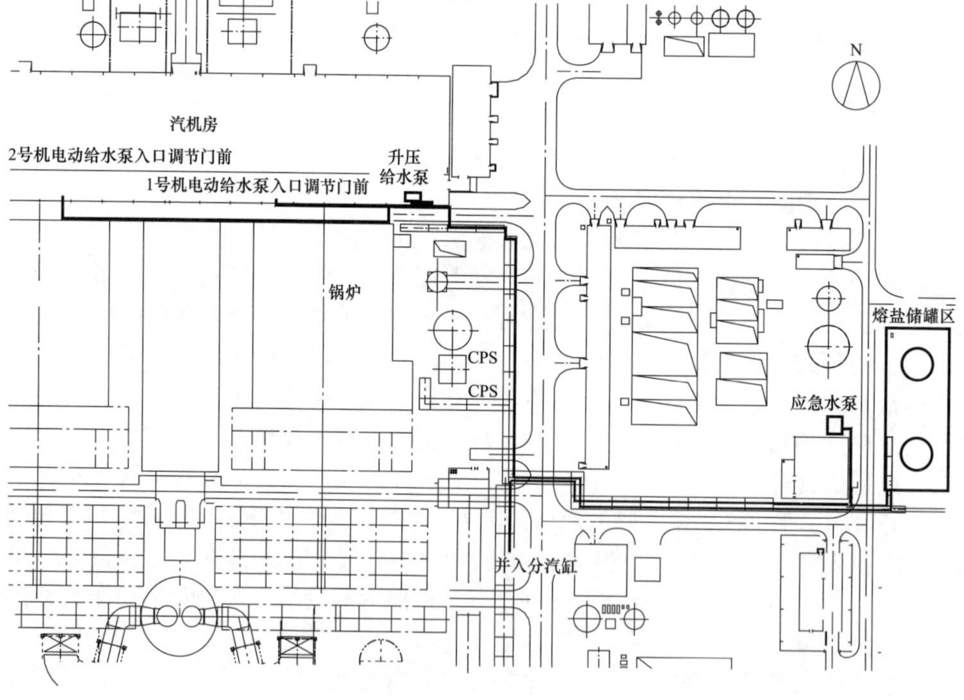

图 31-4　江苏某煤电耦合的熔盐储热项目平面布置图

(三) 赤峰某热电蓄热调峰灵活性改造项目

该项目电锅炉电源由开关厂 220kV 母线上接引，通过变压器接入电锅炉配电系统。将电锅炉与原热网系统连接，满足机组调峰期间对外供热需求，蓄热水罐具备蓄放热功能。该项目在满足供热需求的前提下，可有效降低上网电负荷，实现热电厂运行的热电解耦，极大地提高机组运行的灵活性。

热电蓄热总平面新建设施不多，主要新增电锅炉房车间 1 座（2 台 50MW 高压电极锅炉）、蓄热罐 1 座、变压器 2 座，并对相关电气设备进行改造。

该热电蓄热调峰灵活性改造项目平面布置如图 31-5 所示。

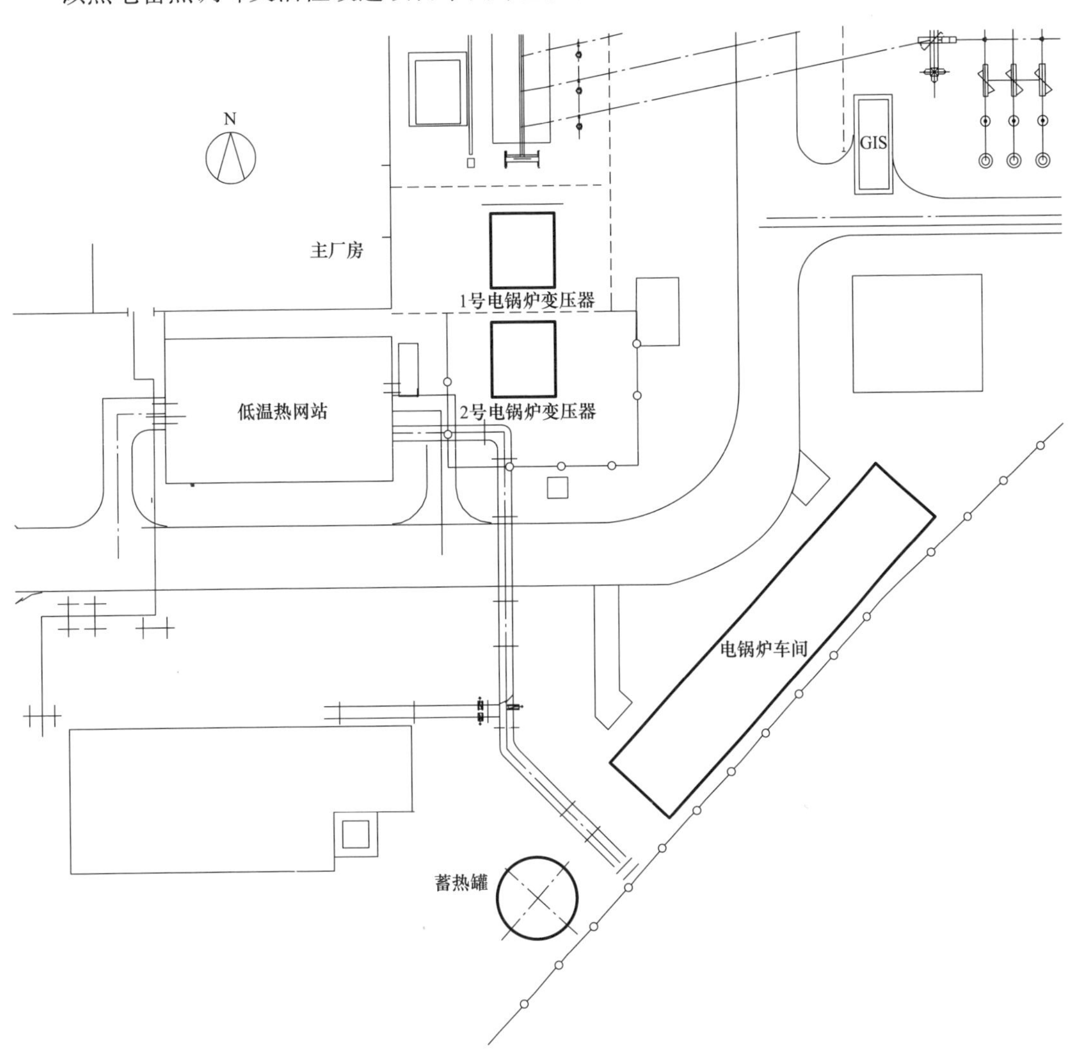

图 31-5　赤峰某热电蓄热调峰灵活性改造项目平面布置图

参 考 文 献

[1] 吴福保，杨波，叶季蕾．电力系统储能应用技术［M］. 北京：中国水利水电出版社，2014.

[2] 唐西胜，齐智平，孔力．电力储能技术及应用［M］. 北京：机械工业出版社，2021.

[3] 丁玉龙，来小康，陈海生．储能技术及应用［M］. 北京：化学工业出版社，2018.

[4] 国家电投集团氢能产业创新中心．氢能百问［M］. 北京：中国电力出版社，2022.

[5] 张春生，姜忠见．抽水蓄能电站设计［M］. 北京：中国电力出版社，2012.

[6] 蒋忠明，唐栋，李鹏，等．压气储能地下储气库选型选址研究［J］. 南方能源建设，2019，6（3）：5-12.

[7] 郭丁彰，尹钊，周学志，等．压缩空气储能系统储气装置研究现状与发展趋势［J］. 储能科学与技术，2021，10（5）：1486-1492.

[8] 黄用世．制氢加氢一体化项目的总图运输设计［J］. 电力勘测设计，2021，21（11）：22-28.

[9] 梁立晓，陈梦东，段立强，等．储热技术在太阳能热发电及热电联产领域研究进展［J］. 热力发电，2020，49（3）：8-14.

[10] 林俊光，仇秋玲，罗海华，等．熔盐储热技术的应用现状［J］. 上海电气技术，2021，14（2）：70-73.

第六篇　综合能源发电

能源是人类赖以生存的基础，是社会经济发展的重要物质基础，随着世界经济的迅速发展，煤炭、石油、天然气等化石能源资源消耗激增，环境问题与能源危机日益突出，已经成为当今世界人类所面临的最大威胁之一。如何在确保社会经济不断发展的同时，提高能源使用效率和减少环境污染，已成为当今世界各国共同关注的焦点。而打破传统各类能源系统相互独立的模式，在规划、设计、建设和运行阶段，对不同能源进行综合协调、优化，构建有机一体的综合能源项目，是我国进行能源转型的必然要求，是实现能源可持续发展的必经之路，也是提高能源系统效率的有效手段。

第三十二章 综合能源技术发展概况

据不完全统计，至今世界上至少有70余个国家先后开展了与综合能源技术相关的研究，目的是促进各国未来能源的可持续供应。而我国的综合能源发展起步较晚，综合能源的理论体系、技术体系、标准体系、产业体系正在不断探索和完善之中。

第一节 综合能源的概念和特点

综合能源是指将煤炭、燃气、水能、太阳能、风能、地热能、生物质能以及电化学储能、机械储能、化学储能、热储能以及电磁储能等多种能源形态，转化为消费主体所需的电、热、冷、气、水等能量形式。综合能源的合理规划不仅可以充分发挥不同能源形式的互补特性和协同效应，而且可以提高可再生能源消纳能力和综合能源利用效率、减小分布式电源随机性和波动性对电网的影响、提升系统灵活性和安全性、促进可再生能源发展应用，为用户提供高效、灵活、优质、经济的能源供应服务。

一、综合能源的概念

综合能源是一个绿色低碳的能源项目，是将一定区域内的煤炭、水、风、光以及新型储能项目等多类型能源资源进行整合，因地制宜地规划多类型电源协同运行，有效解决区域内可再生能源出力波动和消纳等难题，提高能源系统效率，降低能源生产与消费成本。

二、综合能源的特点

综合能源实现了多种能源的联合生产，与传统单一的能源供应形式相比，综合能源具有区域化、综合性、复杂性、互补性、互动性、协同性及低碳化等特点。

1. 区域化

在一定区域内以风能和太阳能为基础，整合各种可再生能源、煤炭、水资源等能源资源，做到横向一体化或纵向一体化或两者结合的共同发展，形成区域化的整体局面，达到共赢的目的。

2. 综合性

综合能源项目按照当地资源禀赋和电力系统要求进行整体规划、协调和优化，并最终实现一体化的综合能源系统，实现社会用能效率最优、促进可再生能源规模化利用，提高能源系统的灵活性、安全性、经济性，实现能源可持续发展。

3. 复杂性

综合能源涉及多种能源环节且形式特性各异，既包含易于控制的能源环节（如常规火力发电厂、水电站、储能系统等），也包含具有间歇性和难以控制的能源环节（如风力发电、光伏发电等)；既包含难以大容量存储的能源（如电能），也包含易于存储和中转的能源（如热能、氢能等）；因此，综合能源项目规划设计相对复杂，需要考虑的因素较多。

4. 互补性

综合能源的互补性是指实现不同能源主体之间的互动和供需之间的互补。如风力发电和光伏发电虽然单独运行都具有波动性、间歇性和随机性的特征，但是它们两者之间在时间上和地域上都有很强的互补性。白天太阳光最强时，风力较小；晚上太阳落山后，光照很弱，但由于地表温差变化大而风力加大。在夏季，太阳光强度大而风小；在冬季，太阳光强度弱而风大。太阳能和风能在时间上的互补性使风光互补发电系统在资源上具有最佳的匹配性。

5. 互动性

通常供电、供气、供热系统的负荷需求均存在明显峰谷交错现象，各供能系统如果只按自身峰值负荷进行单独设计与建设，由此将不可避免地出现设备利用率低下的问题。而综合能源系统可通过各子系统间的有机协调，提高设备利用率。如可利用供电系统低谷时段过剩电能产生热能并加以存储，在电力高峰时段使用，通过供电与供热系统的有机配合，从而达到实现同时提高供电与供热系统设备利用率的目的。

6. 协同性

根据用能需求和负荷预测情况，统筹考虑综合能源建设时序和模式，实现规划、建设、运营的协同，建立不同能源品种生产、输送、销售和使用全产业链的协同机制，实现各供能和用能系统间的有机协调与配合。

7. 低碳化

综合能源项目以提升能效、降低碳排放为目标，实现区域能源生产和消费清洁高效，促进能源绿色低碳发展。通过建立科学合理的调节机制，优先采用水电、风电、光伏发电以及新型储能项目等清洁发电和能源生产形式，实现清洁低碳的能源使用，促进能源绿色低碳发展。

三、综合能源的意义

（一）优化能源供应结构，助力“双碳”目标的实现

综合能源项目的实施，可以有效降低化石能源的消耗，有助于贯彻新发展理念，构建清洁低碳、安全高效的能源体系，提升清洁能源利用水平和电力系统运行效率，为如期实现2030年前碳达峰、2060年前碳中和奠定基础。

（二）发展火电综合能源，实现火电转型升级

在未来的一段时间内，火电项目将是我国不可或缺的能源供应形式。火电转型发展是我国能源革命的重要组成部分，发展火电综合能源项目是火电转型升级的重要途径。火电在提高效率、提高智能化水平、超低排放、灵活性改造等基础上，可以大力发展集中供汽、供热和供冷，替代散烧煤、分散小锅炉，减少大气污染，以满足城市和大型工业园区多种能源品种需求。

（三）转变能源供给方式，构建新型电力系统

综合能源是以清洁能源为供给主体，以确保能源电力安全为基本前提，以满足经济社

会发展电力需求为首要目标，以多能互补和源网荷储互动为支撑，具有清洁低碳、安全可控、灵活高效、开放互动的优势，有助于构建以清洁能源为主体的新型电力系统。

（四）创新能源管理方式，提高能源利用效率

与传统的大规模远距离能源传输和使用不同，综合能源的管理模式注重多样化的能源供应和能源使用，注重当地资源的开发，突出能源的综合利用和协同优化，通过能源供应的综合、互补和差异化，提高能源利用效率。

（五）实现分散与集中并举，提高能源供应的可靠性和经济性

综合能源作为我国电力系统的重要补充，改变了能源全部依靠大范围流动的状况，实现能源供应的分散与集中并举，分布式能源的发展丰富了能源使用的模式。

第二节 综合能源国外发展概况

世界各个国家和地区根据实际情况制定了适合自身的综合能源发展战略，包括欧洲、美国和日本等。

欧洲最早提出综合能源系统概念并付诸实施，其综合能源服务侧重于能源的协同优化，实现能源系统间的耦合和互动。英国政府和企业长期以来一直致力于建立一个安全和可持续发展的能源系统。除了国家层面集成的电力、燃气系统，英国也大力支持社区层面的分布式综合能源系统的研究和应用。与英国相比，德国的企业更重于能源系统和通信信息系统间的集成，例如智能发电、智能电网、智能消费和智能储能等各个方面，旨在建设以新型信息通信技术为基础的高效能源系统，实现分布式电源和复杂用户终端负荷的智能调控。

美国作为能源消耗大国，从管理和技术上为综合能源服务发展提供了基础。在管理上，美国能源部负责相关能源政策的制定，美国能源监管机构则主要负责政府能源政策的落实，抑制能源价格的无序波动，使各类能源系统间实现了较好的协调配合。在技术上，美国非常注重与综合能源相关理论技术的研发。在2001年即提出了综合能源系统发展计划，以促进分布式能源和冷热电三联供技术的进步和推广应用。2007年颁布了能源独立和安全法，要求社会主要供用能环节必须开展综合能源规划。

日本的能源严重依赖进口，因此，日本成为最早开展综合能源系统研究的亚洲国家。2009年日本政府公布了其2020、2030年和2050年温室气体的减排目标，构建覆盖全国的综合能源系统，实现能源结构优化和能效提升，同时促进可再生能源规模化开发，将综合能源列入实现这一目标的必由之路。日本主要的能源研究机构在此目标框架下开展了大量此类研究，并形成了不同的研究方案，如日本智能社区联盟，提出了社区综合能源服务（电力、燃气热力及可再生能源等），并在此基础上实现与交通、供水、信息和医疗系统的一体化集成。

第三节 综合能源国内开发政策及现状

目前我国经济已进入新常态，电力、油气等能源领域已处于深化改革的机遇期和攻坚期，清洁低碳化、系统智能化成为能源发展大趋势，以多能互补为代表的综合能源迎来了新的发展机遇，传统能源企业、电网企业、民营企业等纷纷进入综合能源领域，同时国家也发布了综合能源相关的系列政策，并推出了一些具体的实施项目，综合能源的发展进入了重要机遇期。但是综合能源发展仍处于起步阶段，开发模式、商业模式和盈利模式还处于探索阶段，用能方式和新兴市场正处于培育阶段，综合能源发展还需要进一步探索。

一、综合能源国内开发的背景

党的十八大以来，我国电力工业发展取得了举世瞩目的成就，有力支撑了经济社会平稳有序发展。然而，电力系统综合效率不高、源网荷等环节协调不够、各类电源互补互济不足等深层次矛盾日益凸显。一是以前的北方能源基地以送出煤电为主，清洁能源外送比例明显偏低；二是送端基地的各类电源缺乏统筹协调、上下联动、互补互济机制，能源资源综合利用存在壁垒；三是当前运行及规划中的送端新能源均未考虑配置一定规模的调峰机组及储能装置，完全依托配套煤电、送受端系统的调节性能；四是源网荷不协调导致安全保障难度和代价加大、清洁能源消纳困难、系统运行效率低。因此，需要积极推动综合能源发展模式，提升能源电力利用效率和发展质量，促进我国能源转型和经济社会发展。

另外，从我国自身实际需求出发，尽早探索和建立适用于我国的综合能源系统理论体系，对保证我国未来的能源安全、抢占能源领域技术制高点和扩大我国在国际能源领域的话语权，都具有重要的战略意义。

二、综合能源国内开发的政策

近年来国家对能源领域进行了重大改革，通过体制改革、战略规划、技术创新、能源清洁利用等措施，全方位、全系统地落实中央提出的“四个革命、一个合作”能源安全新战略，推动能源消费革命、能源供给革命、能源技术革命、能源体制革命，实现能源安全。能源主要政策包括以下几个方面内容。

（一）深化电力体制改革

2015年3月15日，中共中央、国务院印发《关于进一步深化电力体制改革的若干意见》（中发〔2015〕9号），标志着新一轮电力体制改革启动。改革的总体思路是在电力生产、运输、交易、消费产业链条上，对自然垄断部分实行管制，对非自然垄断部分予以放开，引入竞争机制。

2016年7月7日，国家发展改革委、能源局印发《推进多能互补集成优化示范工程建设的实施意见》（发改能源〔2016〕1430号），意见要求利用大型综合能源基地的风能、太阳能、水能、煤炭、天然气等资源组合优势，推进风光水火储多能互补系统建设运行。

2018年12月4日，国家发展改革委、国家能源局《关于印发〈清洁能源消纳行动计划（2018—2020年）〉的通知》（发改能源规〔2018〕1575号）。《行动计划》明确了2020年，确保全国平均风电利用率达到国际先进水平（力争达到95%左右），弃风率控制在合理水平（力争控制在5%左右）；光伏发电利用率高于95%，弃光率低于5%。全国水能利用率在95%以上；全国核电实现安全保障性消纳。为建立清洁能源消纳长效机制，确保实现消纳目标，《行动计划》从电源开发布局优化、市场改革调控、宏观政策引导、电网基础设施完善、电力系统调节能力提升、电力消费方式变革等进行梳理、汇总，全方位、全系统地落实“四个革命，一个合作”的要求。

2021年9月，国家发展改革委、国家能源局正式函复《绿色电力交易试点工作方案》，同意国家电网有限公司、南方电网公司开展绿色电力交易试点。该方案立足还原绿电绿色产品属性的逻辑起点，着眼绿色能源生产消费市场体系和长效机制构建，通过牵住流通环节电力交易的“牛鼻子”，激活绿色电力的生产侧和消费侧，促进多机制衔接融合，是电力行业助力“双碳”目标实现的重要举措。

2021年12月，国家能源局印发了《并网主体并网运行管理规定》。在新型电力系统建设加速推进的背景下，对完善并网管理规定提出了指导性意见，为下一阶段各省区并网运行管理规定的调整提供了基本遵循。该规定在传统发电厂的基础上，新增了对新能源、新型储能、负荷侧并网主体等并网技术指导及管理要求，以推动新型电力系统建设，促进推动能源低碳转型。

(二)“双碳” 目标要求

早在2015年，我国向联合国气候变化框架公约秘书处提交了《中国国家自主贡献》，文件即包含了“二氧化碳排放总量在2030年左右达到峰值并争取尽早达峰”。国家公布的《能源生产和消费革命战略（2016—2030）》提出，到2030年，能源消费总量控制在60亿t标准煤当量以内，即预计2030年前，最多还可增加约10亿t标准煤当量。

2020年9月22日，中国在第七十五届联合国大会一般性辩论上指出要加快形成绿色发展方式和生活方式，建设生态文明和美丽地球。中国将提高国家自主贡献力度，采取更加有力的政策和措施，二氧化碳排放力争于2030年前达到峰值，努力争取2060年前实现碳中和。

2020年12月12日，中国在气候雄心峰会上宣布，中国将提高国家自主贡献力度，采取更加有力的政策和措施，力争2030年前二氧化碳排放达到峰值，努力争取2060年前实现碳中和。并承诺：到2030年，中国单位国内生产总值二氧化碳排放将比2005年下降65%以上，非化石能源占一次能源消费比重将达到25%左右，森林蓄积量将比2005年增加60亿m^3，风电、太阳能发电总装机容量将达到12亿kW以上。

2021年3月11日，第十三届全国人民代表大会第四次会议批准“十四五”规划和2035年远景目标纲要，提出要积极应对气候变化，落实2030年应对气候变化国家自主贡献目标，制定2030年前碳排放达峰行动方案。完善能源消费总量和强度双控制度，重点控制化石能源消费。实施以碳强度控制为主、碳排放总量控制为辅的制度，支持有条件的地方和重点行业、重点企业率先达到碳排放峰值。推动能源清洁低碳安全高效利用，深入推进工业、建筑、交通等领域低碳转型。

2021年3月15日，中央提出实现碳达峰、碳中和是一场广泛而深刻的经济社会系统性变革，要把碳达峰、碳中和纳入生态文明建设整体布局，如期实现2030年前碳达峰、2060年前碳中和的目标。

在双碳目标要求下，需着力构建清洁低碳、安全高效的能源体系，提升能源清洁利用水平和电力系统运行效率，贯彻新发展理念，更好地发挥多能互补和源网荷储一体化在保障能源安全中的作用。

(三) 多能互补和源网荷储一体化发展要求

2021年2月，国家发展改革委和国家能源局在联合发布的《关于推进电力源网荷储一体化和多能互补发展的指导意见》（发改能源规〔2021〕280号）中指出，将通过优化整合本地电源侧、电网侧、负荷侧资源，以先进技术突破和体制机制创新为支撑，探索构建源网荷储高度融合的新型电力系统发展路径，主要包括区域（省）级、市（县）级、园区（居民区）级源网荷储一体化等具体模式。

2021年4月25日，国家能源局综合司向各省市发展改革委及能源局印发《关于报送“十四五”电力源网荷储一体化和多能互补工作方案的通知》，就“碳达峰”“碳中和”目标下推动电力源网荷储一体化和多能互补发布给出指导意见。根据文件的要求，为落实可再生能源消纳能力，源网荷储一体化项目应充分发挥负荷侧调节响应能力，开展对大电网调节支撑需求的效果分析。重点支持每年不低于20亿kWh新能源电量消纳能力的多能互补项目以及每年不低于2亿kWh新能源电量消纳能力且新能源电量消纳占比不低于整体电量50%的源网荷储项目。

三、综合能源国内发展现状

近年来，随着能源消耗增加和环境压力增大，综合能源逐渐受到政府和企业的重视，国家也出台相关政策积极推进综合能源项目建设，促使综合能源业务模式不断拓展。目前按照综合能源服务的市场参与主体，可大致分为三个梯队：第一梯队是主导者，主要为电网公司，第二梯队是传统的大型国有能源发电公司，第三梯队是积极参与者，主要是新成立的企业，既有国有企业，也有民营企业。部分项目具备良好的经济效益、环境效益、社会效益。

总体上看，能源综合服务既具有传统能源生产消费的技术和运营属性，又融合了新的商业模式和业态，更具有战略和商业属性。对能源行业来讲，综合能源是贯彻落实“四个革命、一个合作”能源安全新战略、推进能源转型的重要载体；对其他行业来讲，综合能源服务是以能源引领、促进高耗能行业清洁低碳发展的重要举措；对参与的企业来讲，综合能源服务是促进企业转型发展的重要抓手。但是，综合能源发展目前也存在一些问题，如行业缺乏整体发展规划，国家层面和地方层面的政策多是针对综合能源服务的某个单项业务，缺乏对整体业务的规划引导，支持政策需要继续完善；能源行业各领域之间存在壁垒，综合能源项目涉及的供气、供电、供水、供热等各类业务的设计和建设往往需要政府多部门审批，协调成本大，体制机制改革还需进一步探索；综合能源相关的技术标准、服务标准、管理标准等规范体系尚未建立，商业模式不成熟，缺少具有典型意义的示范项目，传统能源电力企业的发展思路仍停留在重资产、垄断型业务的发展思路上，缺乏对多技术路线、多业态融合的探索；产业链尚未形成，上下游企业间信息闭塞，沟通合作不强，行业内资源无法得到充分共享利用，缺乏专业跨界人才。

四、综合能源国内发展趋势

随着我国能源革命推进，能源生产和消费界限不再清晰，功能角色间可相互替代兼容。能源主体在供需和价格引导下自主决策能源供应、消费和存储，实现多能“供-需-储”垂直一体化。能源主体由单一能源的生产、传输、存储和消费，向集多种能源生产、传输、存储和消费为一身的自平衡体转变，并通过源侧风光水火储等多能互补系统和负荷侧终端一体化供能系统，实现多能协同供应和梯级利用，打破各类能源“相对独立，各自为政”壁垒，形成能源集成耦合网络。

第三十三章 综合能源技术路线

目前我国的综合能源组合形式多种多样，结合国家现有的能源政策及技术发展水平，针对目前综合能源的发展趋势，本章介绍的综合能源项目主要为多能互补一体化和源网荷储一体化项目，其中多能互补一体化主要强调的是电源侧的灵活调节作用，优化电源配比及确保电源基地送电可持续性，而源网荷储一体化强调的是发挥负荷侧调节作用，以先进技术突破和体制机制创新为支撑，构建源-网-荷-储高度融合的新型电力系统。

第一节 多能互补一体化

多能互补一体化技术侧重于电源大基地开发，主要是结合当地资源条件和能源特点，因地制宜地采用风能、太阳能、水能、煤炭等多能源品种发电互相补充，并适度增加一定比例的新型储能项目，统筹各类电源的规划、设计、建设、运营，来提升能源清洁利用水平和电力系统运行效率，更好地指导送端电源基地的规划开发工作。

一、基本概念

与常规的火力发电、水力发电等方式相比，风力发电、光伏发电的不同点在于有功出力的周期性、间歇性和随机性。这一特性决定了风力发电、光伏发电在并网运行时，其他常规电源必须为其有功出力提供补偿调节，以保证对用电负荷持续、可靠、安全供电，这种对风力发电、光伏发电有功出力的补偿调节，可以看成是对负荷波动的跟踪，称之为“调峰”。

而电网接纳风力发电、光伏发电的能力，受电网无功电压波动、输送能力、调峰能力等众多因素的影响，其中调峰能力是其最根本的制约因素。近年来我国风力发电、光伏发电迅速发展，但相应的弃光、弃风现象也越来越严重，其主要的原因为电网调峰能力无法满足对风力发电、光伏发电的补偿调节。为了解决风力发电、光伏发电的消纳问题并给电网提供一个稳定的电源，业内提出了多能互补一体化的概念。通过利用一体化中的各种能源发电特点，可以有效解决电网的“迎峰”问题，并具有较强的调峰能力。

多能互补一体化一般主要有两种模式：一是根据当地资源禀赋和电力系统要求，利用大型综合能源基地风能、太阳能、水能、煤炭、天然气等资源组合优势，推进“风、光、水、火、储”等多能互补一体化建设运行，强化电源侧的灵活调节作用、优化电源配比及确保电源基地送电可持续性；二是面向终端用户电、热、冷、气等多种用能需求，因地制宜、统筹开发、互补利用传统能源和新能源，优化布局建设一体化集成供能系统，通过天然气电热冷三联供、分布式可再生能源和能源智能微电网等方式，实现多能协同供应和能源综合梯级利用。从目前看，多能互补一体化多数以综合能源基地开发的形式为主。

二、多能互补一体化的组合类型

常见的多能互补一体化主要由“风、光、水、火、储”两种或者两种以上的能源形式组成的一体化联合发电站，如风光火储一体化、风光水储一体化、风光储一体化、风光热储一体化、光伏光热一体化等，下面简要介绍其技术方案。

三、主要技术方案

（一）风光火储一体化

1. 技术方案特点

风光火储一体化由风电、光伏、火电、新型储能等系统组成，火电机组除常规发电外，还主要负责调峰和热力供应。

我国以煤为主的资源禀赋，决定了煤电仍将长期承担保障电力安全的重要任务。截至2022年底，全国煤电装机规模为11.20亿kW，装机占比约为43.8%，2022年发电量为5.08万亿kWh，发电量占比约为58.4%。除此之外，火电机组具有稳定性好、持续时间长、可控性强等优点，发电技术相对成熟，在传统调峰方式中占据重要地位，将成为未来高比例新能源电力系统的重要组成部分。

2. 系统工艺流程

风光火储一体化一般通过建设合理规模的风电、光伏和储能装置，配合已建、在建的火电机组，实现“风、光、火、储”等多种组态时序出力，实现风光火储联合等多种发电运行方式自动组态、智能优化和平滑切换，不仅可以满足平滑出力、系统调频、削峰填谷等多种运行需求，更为实现新能源电源友好并网和大比例就地消纳提供技术支撑。

风光火储一体化项目建设有多能互补集成协调控制系统，对风光火储电站的信息实时采集，统一接收电网调度指令，并将风电、光伏、火电机组、储能系统作为一个电站整体，对项目内部进行优化，整体预测出力计划上报调度中心。此外，控制系统还会依据风速、光照强度以及负荷变化，协调控制光伏、风电的最大功率点跟踪以及蓄电池的充放电，保障电力系统的安全稳定运行。

风光火储一体化项目工艺流程如图33-1所示，某风光火储一体化项目典型运行模式如图33-2所示。

对于存量煤电的一体化项目，优先通过灵活性改造提升调节能力，结合送端近区新能源开发条件和出力特性、受端系统消纳空间，努力扩大就近打捆新能源电力规模。存量项目主要位于我国的大型传统煤电基地，截至2022年底，我国山东、广东、内蒙古、江苏、山西、河南、新疆、安徽八省（区）煤电装机容量均已超过5000万kW，占我国煤电总装机容量的一半以上。

对于增量煤电的一体化项目，将根据国家政策，重点依托沙漠、戈壁、荒漠，以及采煤沉陷区，围绕大型风电光伏基地，通过多能互补一体化形式，推进新能源基地化开发，创新运行机制，探索建立新能源基地有效供给和有效替代新模式，有效提升新能源可靠支撑能力和消纳水平，提升通道利用率，加快向系统主体性电源迈进。

3. 风光火储一体化的优势

“双碳”目标下，我国将持续大力推动新能源发展，新能源消纳压力将持续增长。同

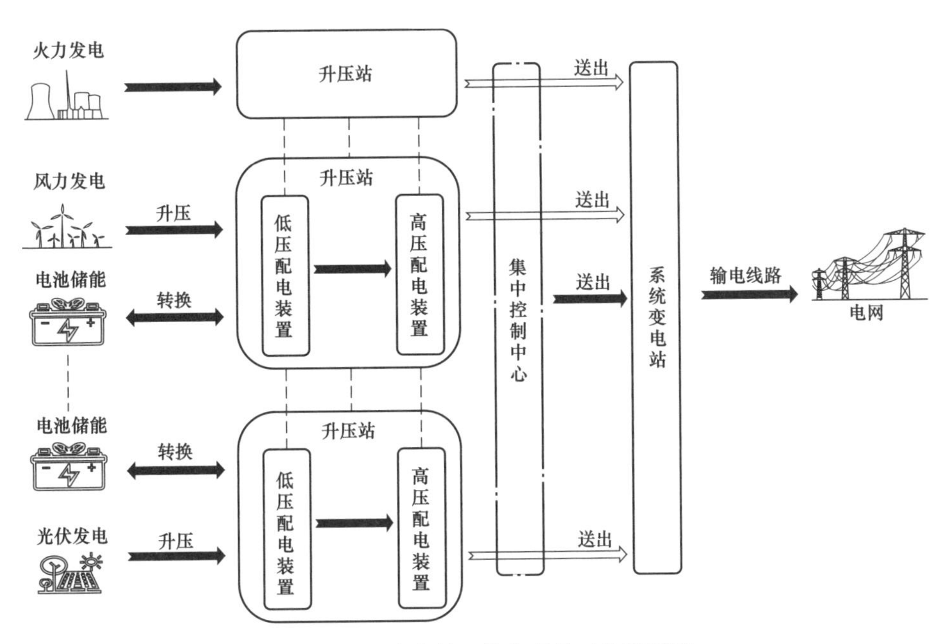

图 33-1　风光火储一体化项目工艺流程图

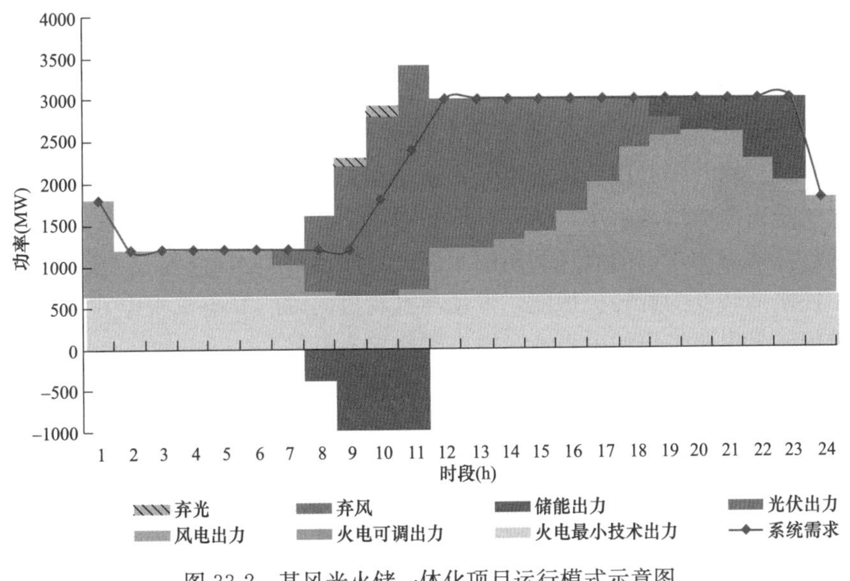

图 33-2　某风光火储一体化项目运行模式示意图

时，随着电力消费结构变化，负荷峰谷差逐步增大，对电力系统调节能力提出更高要求。为确保供电稳定和新能源消纳，需要系统内的火电和储能等调峰设施配套运行，尤其需配套大量的火电机组应急调峰。我国天然气调峰机组和抽水蓄能机组规模严重不足，煤电因具有“一次能源可储、二次能源易控”的特性，能够在确保电量供应的同时满足出力可靠性和可控性要求，可有效解决新能源间歇性强、波动大、预测难等随机性和不稳定性问题。在新型储能、燃料电池等调峰设施大规模经济推广应用前，煤电仍将是我国最适宜的调峰电源。所以，风光火储一体化的建设，可以充分发挥火电在电力托底保供中的“压舱石”作用，同时发挥火电对一体化项目中新能源开发消纳的支撑性和调节性作用，提升电力供应保障能力，这不仅是解决当前新能源消纳困境的有效途径，同时也是延续火电企业生命周期，实现电力绿色转型的必要选择，符合能源绿色低碳发展方向，也有利于全面推进生态文明建设。

（二）风光水储一体化

1. 技术方案特点

风光水储一体化由风力发电、光伏发电、水力发电、新型储能等系统组成，水力发电充当着一体化的“主体”角色，负责调峰和优化出力特性。

水力发电目前为我国装机容量排名第二的常规发电形式，在支撑电网稳定和保障能源安全领域发挥着重要作用。截至2022年底，全国水电装机规模3.7亿kW，装机占比约为14.3%，2022年发电量为1.31万亿kWh，发电量占比约为15.0%。同时，水力发电具有机组设备简单、操作灵活可靠、增减负荷方便、可快速启停等天然优势，将是未来新型电力系统中不可缺少的能源形式。

2. 系统工艺流程

在风光水储一体化项目中，风力发电和光伏发电依托于大型水电站的出力特性实现优化互补。一方面，风能、太阳能资源一般呈现冬春大、夏秋小的特点，而水电资源的来水量则是冬春较小、夏秋较大；另一方面，在枯水期，风能和太阳能可满负荷运行；而在丰水期，水电可满负荷运行，水电可为风电和光伏调峰，以弥补风电和光伏发电的短期波动，提高新能源的消纳能力。

水力发电的过程其实就是一个能量转换的过程。江河水流一泻千里，蕴藏着巨大能量，把天然水能加以开发利用转化为电能，就是水力发电。构成水能的两个基本要素是流量和落差，流量由河流本身决定，落差一般需通过适当的工程措施，人工提高落差，也就是将分散的自然落差集中，形成可利用的水能，然后通过引水道将高位的水引导至低位置的水轮机，使水能转变为旋转机械能，带动与水轮机同轴的发电机发电，从而实现从水能到电能的转换，发电机发出的电再通过输电线路接入电网。

风光水储一体化项目通过集中控制系统，对风光水储项目的信息实时采集，统一接收电网调度指令，将风力发电、光伏发电、水力发电、新型储能系统作为一个项目整体，对项目内部进行优化，预测整体出力，并计划上报调度中心。此外，集中控制系统还会依据风速、光照强度以及负荷变化，协调控制风力发电、光伏发电的功率以及新型储能系统的充放电，保障电力系统的安全稳定运行。

风光水储一体化项目工艺流程如图33-3所示。

从我国资源禀赋及装机分布来看，近80%的资源分布和60%以上的常规水电装机位于西部地区。对于存量水电的一体化项目，结合送端水电出力特性、新能源特性、受端系统消纳空间，研究论证优先利用水电调节性能消纳近区风光电力、因地制宜增加储能设施的必要性和可行性，鼓励通过现有水电站优化出力特性，实现多种能源发电就近打捆送出。对于增量水电的一体化项目，应按照国家及地方相关环保政策、生态红线、水资源利用政策要求，严控中小水电建设规模，以大中型水电为基础或结合抽水蓄能电站，统筹汇集送端新能源电力，优化配套储能规模。

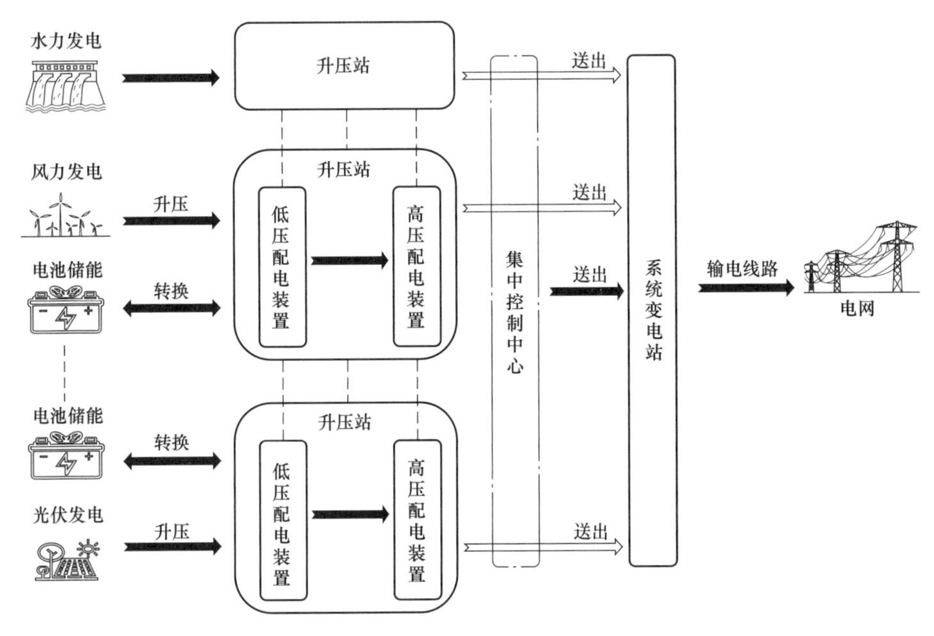

图 33-3　风光水储一体化项目工艺流程图

3. 风光水储一体化的优势

根据最新水力资源普查结果，我国水能资源技术可开发量为 6.87 亿 kW。截至 2022 年底，我国四川、云南两省水力资源开发程度分别为 59.3%、64.4%。西藏自治区水力资源开发程度仅为 1.7%，水力资源开发潜力巨大。

风光水储一体化项目中的风、光、水均为可再生能源，符合“绿色优先、协调互济”原则，属于绿色一体化项目，是未来能源发展的一种主流模式，符合电力高质量发展要求。该一体化项目的建设将有助于提升水电外送通道的利用率，统筹有序开发送端新能源资源，提高送受端电力电量保障能力。

（三）风光储一体化

1. 技术方案特点

风能和太阳能主要通过发电的形式进行利用，近年来，随着风力发电和光伏发电装机容量的逐步增大，两者在电网中所占比重越来越大。截至 2022 年底，全国风电装机规模为 3.7 亿 kW，装机占比约为 14.3%，2022 年发电量为 0.76 万亿 kWh，发电量占比约为 8.8%。全国太阳能装机规模为 3.9 亿 kW，装机占比约为 15.3%，2022 年发电量为 0.43 万亿 kWh，发电量占比约为 4.9%。然而，风能和太阳能资源相对能量密度较低，会受到季节、气候和地理特性的影响，稳定性较差，单一资源并网的风电场和光伏发电站的功率输出会随着外界能量的变化而发生涨落，给电网的稳定运行带来影响。

我国属于季风性气候，冬春季节风力资源充足，太阳能资源较弱，夏秋季节风力资源较弱，太阳能资源充足；白天太阳能资源充足，风力资源较弱，晚上风力资源充足，太阳能资源较弱。采用风光互补发电系统，可以较好地克服风能和太阳能供能的随机性和间歇性，改善供电质量。

风能资源和太阳能资源在时间上、总量上也具有较强的互补性，但在具体时刻上，特别是由于风资源波动性、太阳能资源时段性而造成两种发电方式并不能完全耦合，通过配置各种形式储能系统，可有效避免因风能和太阳能的波动性、间歇性和不稳定性而带来的供电稳定性和可靠性问题。

某地风能和太阳能资源年变化趋势如图 33-4 和图 33-5 所示。

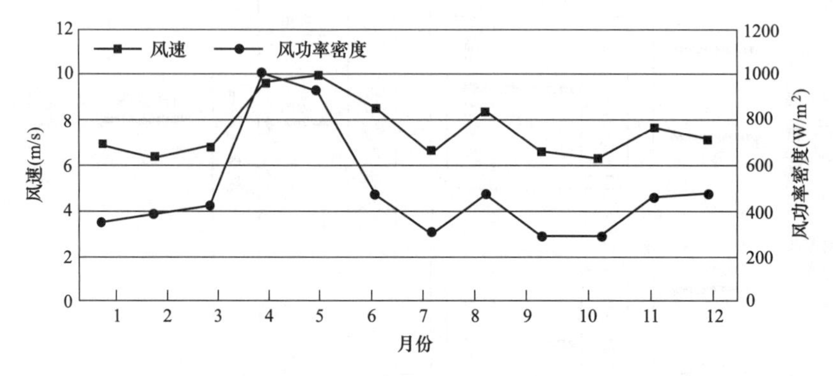

图 33-4　某地风能资源年变化示意图

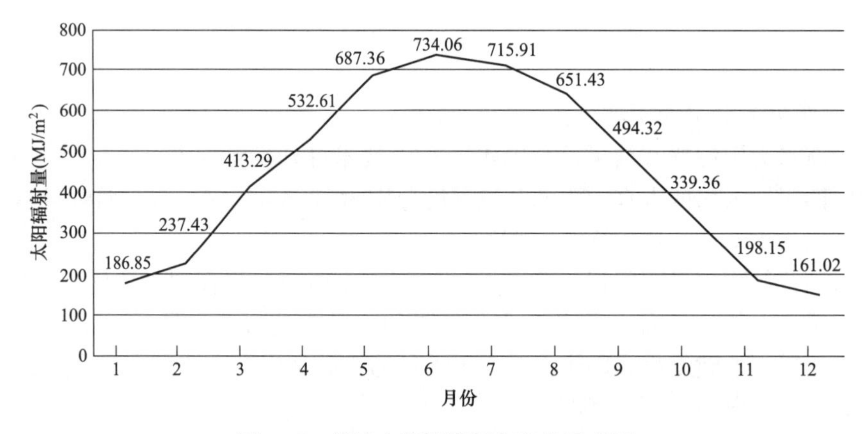

图 33-5　某地太阳能资源年变化示意图

2. 系统工艺流程

风光储一体化项目是指由风力发电、光伏发电与新型储能系统组成的联合发电站。

风力发电系统通过风力发电机将风的动能转换为电能，通常由风力发电机组群、机组单元变压器、集电线路、主升压变压器及其他设备组成。光伏发电系统通过光伏板的光伏效应将太阳辐射能转换为电能，通常由光伏阵列、逆变器、隔离升压变压器、集电线路及其他设备组成。储能系统，目前以电化学储能为主，主要发挥平滑功率输出、跟踪计划出力、削峰填谷作用。风光储一体化电站通过联合发电站集中控制中心实现站内风电、光伏、储能分系统的协调控制。

风光储一体化项目工艺流程如图 33-6 所示，某风光储一体化项目典型运行模式如图 33-7 所示。

3. 风光储一体化的优势

风能与太阳能均属于优质可再生能源，在我国资源极其丰富。我国陆地 10m 高度层

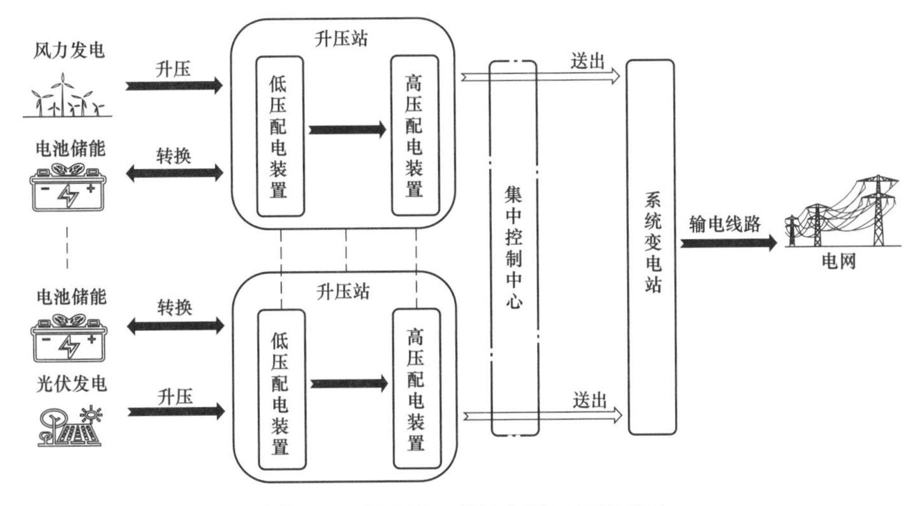

图 33-6　风光储一体化项目工艺流程图

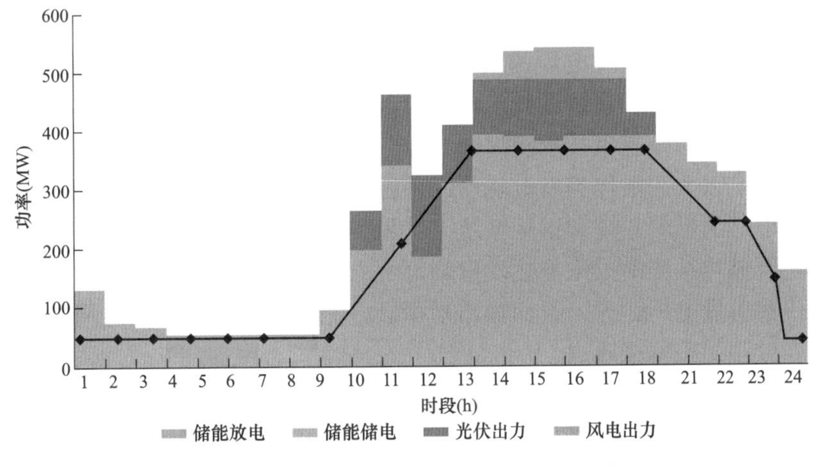

图 33-7　某风光储一体化项目运行模式示意图

可利用风能资源总量约为 2.26 亿 kW，海上风能总量约为 7.5 亿 kW，太阳能资源丰富地区占国土面积 96%以上，年日照小时数在 2200h 以上的地区约占国土面积的 2/3 以上。发展风力发电及太阳能发电对我国能源结构调整具有重要意义。

风光储一体化项目可以根据负荷需求及资源特性进行优化配置和最大功率跟踪，针对各种环境及用电需求，理论上通过风光互补系统仿真计算可做出系统优化、性价合理的配置方案，可以弥补风能和太阳能在资源上的不平衡性，获得比较稳定和可靠的电源。另外，通过风光互补合理地设计和匹配，实现由风光系统互补供电，基本不需外部电源作为启动电源，站址选择灵活，还可以对站区总平面布置进行优化，实现在风力发电机组阵列间布置光伏发电装置，能有效提高土地利用效率，对节约集约用地有重要意义。

（四）风光热储一体化

1. 技术方案特点

风光热储一体化由风力发电、光伏发电、光热发电等系统组成，光热发电充当着一体化的“主体”角色，负责调峰和优化出力特性。

依据对太阳能进行转化形式的不同，太阳能的利用可以分为光热发电和光伏发电两大类别。光伏发电是利用半导体伏特效应将光能直接转变为电能的一种技术。光热利用按温度可分为中低温和高温利用。中低温利用主要包括太阳能供暖制冷，高温利用主要包括太阳能热发电，本小节中的光热指太阳能热发电。光热发电技术主要包括槽式、塔式、线性菲涅尔式及碟式。截至2022年底，全国共建成光热发电项目约67万kW，其中全国首批光热发电示范项目共计建成8个，总装机容量为50万kW。

光热相比风电、光伏发电具有很多优势：可配备大规模、低成本、高效率储能系统，可实现连续24h不间断发电；其储能系统可通过电加热装置转化储存其他形式的新能源电量，减少弃风、弃光等可再生能源发电损失；对电网的冲击较小，可部分替代常规火电机组作为基荷电源，符合建设绿色智能电网的要求。

2. 系统工艺流程

风光热储一体化一般通过建设合理规模的风力发电、光伏发电、光热发电厂，并在光热发电厂熔盐储热系统中通过配置电加热系统后可提高风力发电、光伏发电的利用小时数和调峰能力，即利用弃风、弃光电能，采用电加热器加热熔盐，将电能转化为热能储存起来，在需要的时候通过光热发电厂的发电系统释放出来，或通过换热系统直接提供热能。这不仅可以满足平滑出力、系统调频、削峰填谷等多种运行需求，更为实现新能源电源友好并网和大比例就地消纳提供技术支撑。

光热发电技术以太阳能作为发电能量的来源，由集热系统、储热系统、蒸发系统来替代传统燃煤发电厂的燃料系统和锅炉系统。其最突出的优势在于可配置大规模、低成本的储热系统。配置储热系统的太阳能热发电站，一方面连续稳定运行时间长，可以作为基荷电站部分替代火力发电厂；另一方面输出平稳、电能质量高，可根据电网调度指令进行调峰调频，具有较强的电网亲和力。

风光热储一体化项目通过集中控制系统，对风光热储一体化电站的信息实时进行采集，统一接收电网调度指令，将风力发电、光伏发电、光热发电系统作为一个电站整体，对项目内部进行优化，预测整体出力，并上报调度中心。此外，集中控制系统还会依据风速、光照强度以及负荷变化，协调控制风力发电、光伏发电的出力大小及输出方向，保障电力系统的安全稳定运行。

风光热储一体化项目工艺流程如图33-8所示，某风光热储一体化项目典型运行模式如图33-9所示。

3. 风光热储一体化的优势

风光热储一体化项目利用的能源实际上只有风能和太阳能，均为可再生能源，符合“绿色优先、协调互济”原则，是很好的绿色一体化项目。通过一体化项目中配置的储热调节，将风电、光伏波动性的出力在一定程度上转化为能够调节的电源出力，小时级平稳功率输出，分钟级平滑功率曲线，提升组合电源电力品质，减小跟踪发电计划误差，通过多种电源优化组合、互补运行，减少弃风弃光。与传统新能源发电无法调节相比，光热发电厂由于配备储热系统，可以在日照资源较好的情况下发电并储存热量，在夜间负荷高峰时利用储存的热量进行发电，维持电站持续运行。光热可为新能源进行调峰，相应地将“化石能源”为“清洁能源”调峰转化成了“清洁能源”为“清洁能源”调峰。

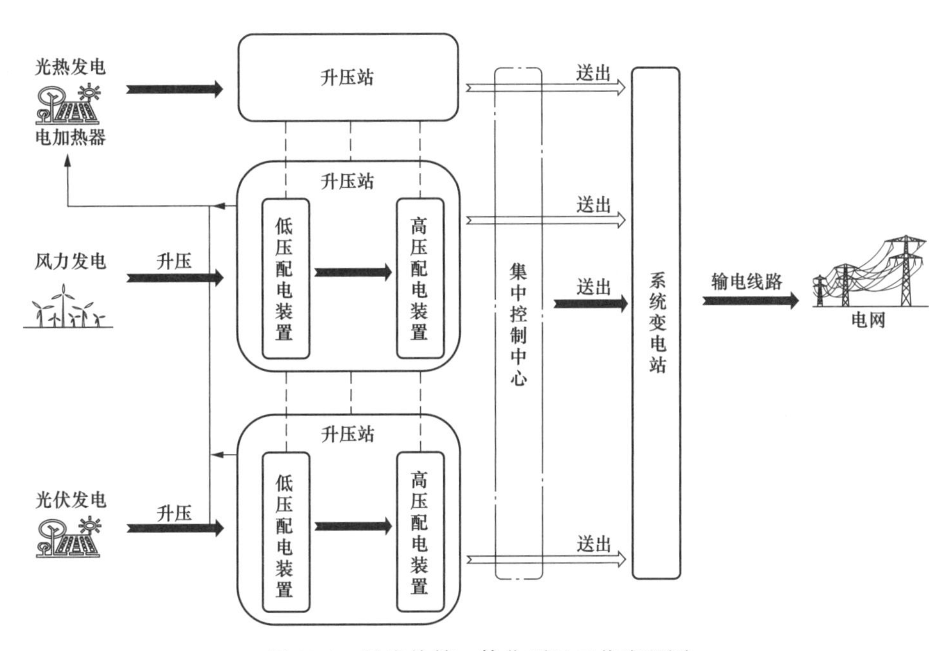

图 33-8 风光热储一体化项目工艺流程图

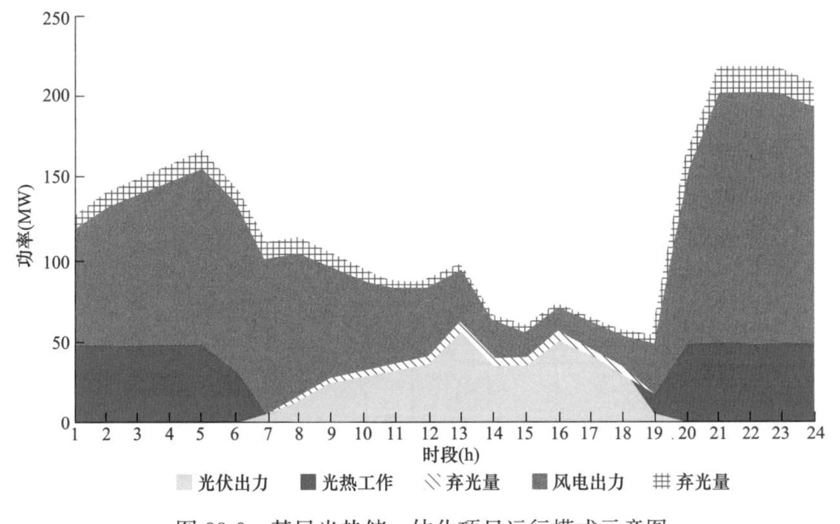

图 33-9 某风光热储一体化项目运行模式示意图

2021 年 10 月，国务院印发《2030 年前碳达峰行动方案》，提出“积极发展太阳能光热发电 推动建立光热发电与光伏发电、风电互补调节的风光热综合可再生能源发电基地”。我国已发布的第一批以沙漠、戈壁、荒漠地区为重点的大型风电、光伏基地建设项目中，有多个项目包含光热装机。未来几年，将有一批光热发电项目依托风光大基地开发建设，光热发电将迎来全新的开发空间。

（五）光伏光热一体化

1. 技术方案特点

光伏光热一体化电站指由光伏发电系统、光热发电系统组成的联合发电站。

光伏发电优势是应用场景广泛、光电转化效率较高、发电系统单位造价较光热更低、单一光伏系统多通过配置电化学储能方式实现连续运行。

光热发电利用聚光器将低密度的太阳能汇聚，生成高密度的能量，加热工作介质，产生蒸汽推动汽轮机做功发电。太阳能热发电系统所采用的热力循环模式与常规火力发电站基本是相同的。在光照条件较好时，太阳能热发电站可以直接产生满足电网品质要求的交流电。随着储热材料技术的发展，通过储热改善光热发电出力特性，白天将多余热量储存，晚间再用储存的热量释放发电，可以实现光热发电连续供电。但是相比光伏发电所需要的太阳能辐射资源及规模化程度的要求也更高。

光伏发电与光热发电之间并非替代关系，大型可再生能源基地多距离负荷中心较远，由于单一光伏发电站等效小时数低，单独远距离传输经济性差，在条件适宜地区建设规模化“光伏、光热”电厂，通过光热发电厂自带的储热系统在白天储存热量及消纳“弃光”电量，在夜间或光照度不好时通过光热发电系统供电，解决可再生能源发电不稳定的问题，同时提高电网利用率，实现可再生能源最大限度地消纳。

2. 系统工艺流程

光伏发电系统通过光伏板的光伏效应将太阳辐射能转换为电能，通常由光伏阵列、逆变器、隔离升压变压器、集电线路及其他设备组成。

光热发电系统利用太阳能集热器将太阳能收集起来，加热工作介质，产生过热蒸汽，驱动热动力装置带动发电机，从而将太阳能转换为电能。目前大规模应用的光热发电项目主要有槽式及塔式两类，线性菲涅尔式相对规模较小，而蝶式由于其模块化的特点，多在小场景中应用。光热发电系统主要由聚光集热子系统、换热及传热子系统、储热子系统、发电子系统、辅助能源子系统组成。

光伏光热一体化项目通过集中控制系统实现对光伏、光热分系统的协调控制。光伏光热一体化项目工艺流程如图 33-10 所示。

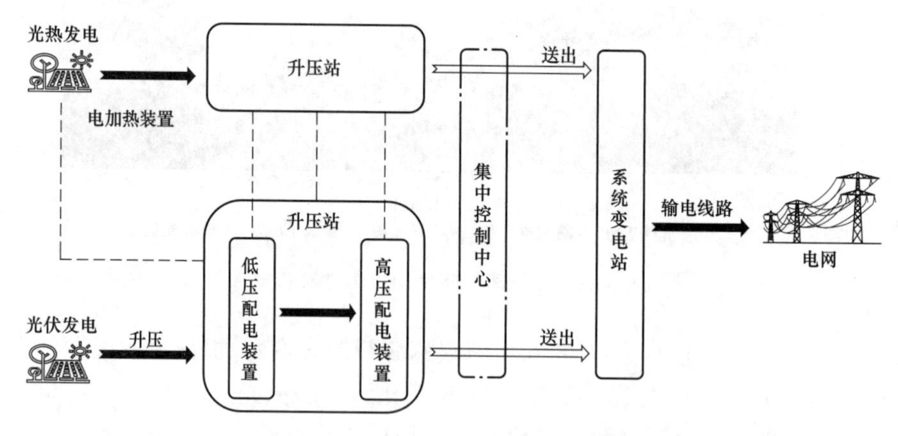

图 33-10 光伏光热一体化项目工艺流程图

3. 光伏光热一体化的优势

作为对最大可再生能源太阳能的主要应用方式，光伏光热两者协同互补对改善我国能源结构具有重要意义。

从光伏发电的角度看，由于光伏发电本身适应性及度电成本较低特性，在短期内，光资源应用领域中光伏发电装机规模还将继续扩大，但随着装机规模的不断上升，光伏发电不稳定性与电网侧对电源需求之间矛盾也会随之增大，而光热发电由于设置了不同规模的储热体系特点，通过光热发电系统与光伏发电系统组合可有效地提高供电质量。

从光热发电厂角度来看，目前制约光热发电厂实施的主要因素，除资源因素外，主要包括光热发电自主创新和技术升级以及相关政策等，具体体现在单位千瓦投资和度电成本远高于光伏发电，但由于光热发电具备的调峰能力，可在一定程度上替代火力发电，光伏光热一体化项目接入系统时，比同容量单一光伏发电站接入系统在电网稳定性上具备一定优势，同时还可满足用户高品质供热需求。

2023 年 5 月，新疆发布《关于加快推进新能源及关联产业协同发展的通知》，以风电、光伏与储热型光热发电一体化建设方式满足园区新增用电的项目，光伏与光热配置比例为 9∶1，风电与光热配置比例原则上不超过 6∶1。未来几年随着光热发电项目的逐步开发建设，各地将结合实际情况，出台促进光热发电相关支持政策，明确光热发电项目开发建设新要求，为光热发电项目发展提供新路径和新思路。

第二节 源网荷储一体化

随着我国新型电力系统的构建，提升电网系统的调节支撑能力、实现源网荷储各环节间协调互动显得尤为重要。源网荷储一体化更有利于实现因地制宜开发和利用当地能源资源，通过一体化的协同发展能够实现新能源资源的本地规模化开发，促进能源最大程度就地利用，引导能源消费习惯和结构优化，推动区域产业结构调整与转型升级。

一、基本概念

源网荷储一体化是通过优化整合本地电源侧、电网侧、负荷侧资源，以先进技术突破和体制机制创新为支撑，构建源-网-荷-储高度融合的新型电力系统的发展路径。源网荷储一体化强调电源侧与负荷侧的高度互动，是微电网、能源互联网等概念的进一步延伸。

源网荷储一体化涵盖重要的两个必备条件：一是先进技术突破，这其中包含多能互补技术、电力调度技术、储能技术等各个关键技术领域的创新和发展；同时充分发挥负荷侧的调节能力，进一步加强源网荷储多向互动，为系统提供调节支撑能力；另一个是体制机制创新，需要完善电力交易市场、健全电力辅助服务政策，激发市场活力，引导电源侧、电网侧、负荷侧和独立储能主动作为、合理布局、优化运行；此外还包含碳交易和绿证交易等各种配套政策的完善。源网荷储一体化系统结构如图 33-11 所示。

二、层级划分

国家发展改革委和国家能源局在联合发布的《关于推进电力源网荷储一体化和多能互补发展的指导意见》（发改能源规〔2021〕280 号）中指出，源网荷储一体化可以划分为三个层级，主要包括区域（省）级、市（县）级和园区（居民区）级源网荷储一体化。

（一）区域（省）级源网荷储一体化

依托区域（省）级电力辅助服务、中长期和现货市场等体系建设，公平无歧视引入电源侧、负荷侧、独立电储能等市场主体，全面放开市场化交易，通过价格信号引导各类市

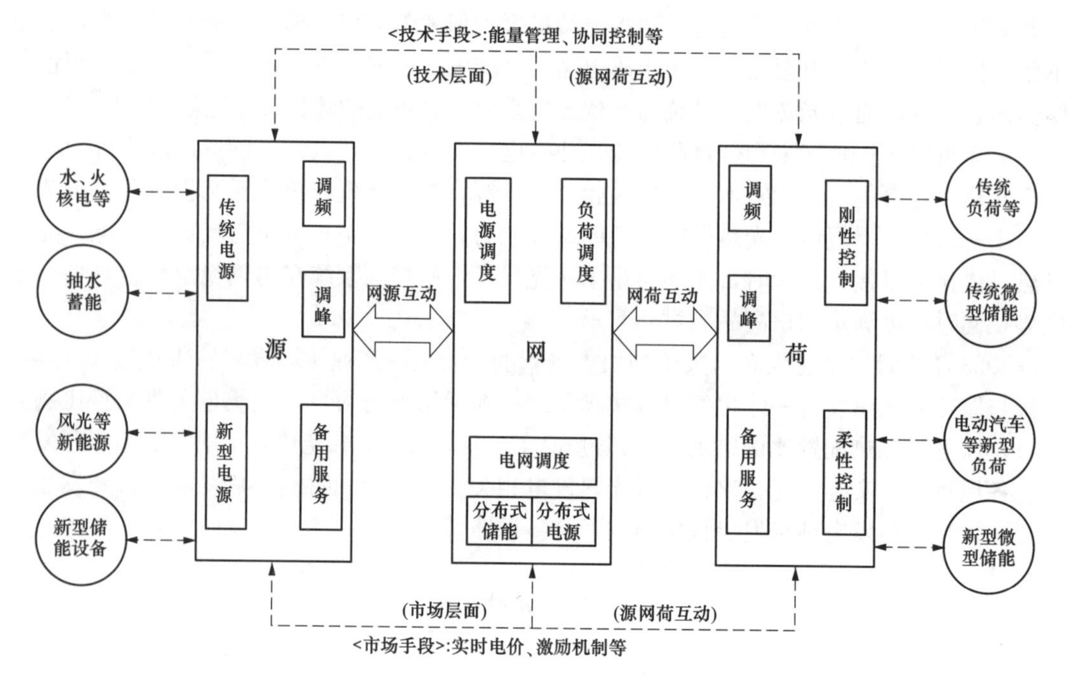

图 33-11　源网荷储一体化系统结构示意图

场主体灵活调节、多向互动，推动建立市场化交易用户参与承担辅助服务的市场交易机制，培育用户负荷管理能力，提高用户侧调峰积极性。电力市场的逐步完善将为区域（省）级源网荷储一体化创造条件，就目前而言，蒙西、山西、甘肃以及四川等四个资源丰富的电力外送区域（省），具备建设区域（省）级源网荷储一体化的外部条件。

（二）市（县）级源网荷储一体化

在重点城市开展源网荷储一体化，梳理城市重要负荷，研究局部电网加强方案，提出保障电源以及自备应急电源配置方案。结合清洁取暖和清洁能源消纳工作，开展市（县）级源网荷储一体化示范，研究热电联产机组、新能源电站、灵活运行电热负荷一体化运营方案。市（县）级源网荷储一体化体项目是目前发电企业主要关注的一类项目，此类项目分布范围广泛，体量适中，具有广泛的发展前景。

（三）园区（居民区）级源网荷储一体化

在城市商业区、综合体、居民区，依托光伏发电、并网型微电网和充电基础设施等，开展分布式发电与电动汽车（用户储能）灵活充放电相结合的园区（居民区）级源网荷储一体化建设。在工业负荷大、新能源条件好的地区，支持分布式电源开发建设和就近接入消纳，结合增量配电网，开展源网荷储一体化绿色供电园区建设，研究源网荷储综合优化配置方案，提高系统平衡能力。园区（居民区）级源网荷储一体化项目是分布最为广泛的一类项目，也是未来新型电力系统最为基础的组成形式，体量从居民区到工业园区各不相同，分布式和集中式电源均可参与，技术难度相对较小，也是最容易实现的源网荷储一体化形式。

总体来说，源网荷储一体化在一个区域范围内整合了电源侧、电网侧、负荷侧三个方面的内容，主要目的是为了更稳定、更有效、更可靠地消纳清洁能源，这意味着源网荷储一体化系统中清洁能源的占比相比传统的电力系统要高很多。随着电力交易市场的逐步完善、电力辅助服务政策的不断充实，使储能、电动汽车、清洁能源供暖、绿氢产业逐渐从导入期步入成长期，逐渐找到合适的商业模式。通过上述系统的建立，相信源网荷储一体化会成为今后电力系统新的基本组织形式。

三、主要技术方案

（一）电源端

面对电力系统发展的新形势，电源侧发展的技术路线主要有两个方向：一是行业内纵向优化，进一步挖潜增效；二是行业间横向合作，实现能源耦合发展。

（1）行业内纵向优化：需要开展电源侧的多能互补，推动各种电源形式的调节互补，加强火电灵活性改造、抽水蓄能电站建设等，以提升电力系统灵活性，实现风、光、水、火、储等一体化开发，不断提升清洁能源在电力系统中的占比。

（2）行业间横向合作：需要电力与其他能源品种的耦合，从单一能源供应转向综合能源服务，与当地经济社会需求相融合，拓展多种多样的应用场景，从而形成电、热、冷、气、水、氢等多能互补和多环节协同。同时需要打破行业间能源壁垒，开展跨行业合作，以能源耦合发展的方式，形成不同行业间能源利用形式的优势互补，实现资源梯级利用，进一步提高能源利用效率。

（二）电网环节

在我国大电网层面，因清洁能源资源区位和用电地区的位置差异，在清洁能源资源丰富区域采用大型能源基地配套调峰机组实现稳定外输效果，通过跨区域的特高压输电走廊的建设，实现资源区域和用电区域的电力平衡，由此将带来新一轮的特高压建设高潮。

配网建设将重点围绕扩容与升级展开，重点满足下游用电需求增长以及电力系统复杂化的趋势，升级过程将率先围绕重点城市群及核心负荷区域展开，呈现一定的区域阶梯性。

（三）需求侧

在新型电力系统下，需求侧（负荷侧）响应是指用户根据电力市场交易价格或激励政策，有计划地暂时调整自己的用电情况（包括减少和增加两种情况），从而促进电力系统稳定运行。需要加强电力负荷精细化管理，建立、健全电力市场交易制度和激励制度，发挥分时电价、尖峰电价、阶梯电价等价格调节作用，健全需求响应和碳排放考核机制，通过价格和技术共同推动用户优化能源消费行为，促进能源节约和高效利用。

（四）储能

储能可以比作电力系统的蓄水池，在电力系统进行电量与电力的实时平衡中起到关键作用。当前储能有两种主流方式：抽水蓄能及电化学储能。抽水蓄能适于调频、调相以及稳定电力系统的周波和电压。电化学储能有更广泛适用性，受地理环境等外部因素影响较小，目前占比逐渐上升。

随着电力以及其他高碳排放行业的减碳行动深入开展，氢能作为一种来源丰富、绿色低碳、应用广泛的二次能源，正在得到广泛认可并已进入快速发展期。氢能有助于可再生能源大规模消纳，实现电网大规模调峰和跨季节、跨地域储能，进而推进工业、建筑、交通领域的低碳化。此外，氢气也可直接作为燃料，掺入天然气中进行混烧或在纯氢燃气轮机中直燃，作为区域电力供应的应急和补充。

（五）源网荷储一体化技术

在源网荷储协调运营的技术框架下，简单介绍以下两种协调优化关键技术。

1. 广域能源优化配置规划技术

广域能源优化配置规划技术要求能够统筹兼顾、因地制宜地协调一定能源区域内的各种能源资源，在规划阶段，分析资源开发利用的具体模式，结合区域内铁路网、燃气供应网络、供热网络的整体情况，确定各种能源形式的容量及选址，设计相应的能源规划方案及系统运行方案，通过模型测算保证规划的合理性、可靠性，实现电力系统、铁路网系统、油气网系统的统筹协调。

这方面的研究重点主要是规划模型研究，未来将以现有的智能电网规划模型为基础进一步延伸，并且以模型为依据构建软件平台和信息处理分析系统。目前这方面的模型研究包括多类型能源协调互补优化模型、能源互联网示范工程规划设计模型、考虑供需双侧能源需求的清洁能源并网消纳模型等。

2. 智能云端大数据分析处理技术

云端信息处理技术将与大数据技术实现有机结合。在微观层面上，利用互联网营销技术、云存储和云计算技术，一方面，用户可以随时随地按自身需求订制信息服务，便捷地获取能源资源信息；另一方面，大数据信息处理技术能够在精确分析用户综合用能习惯的基础上，在多个用户之间进行比较分析，为用户提供能源综合利用优化方案，引导用户用能与能源供应相协调。

在宏观层面上，云端大数据技术将发挥数据汇总、分析、传输的职能，起到衔接各个技术模块的关键作用。规划前期，能源规划的基础数据通过大数据采集技术汇总到云端，由大数据可视化技术、大数据分析及展现技术分析计算各个规划方案的经济指标，与广域能源优化配置规划技术相结合，制定优化的规划方案；在系统运行过程中，各个能源模块之间的实时运行数据也将上传至云端，通过大数据分析技术、大数据展现技术等模拟仿真技术，预测能源模块之间的能量流，与多能流互补控制技术相结合，实现能源资源的实时优化调度与合理化分配。

第三十四章 综合能源项目总图运输设计主要工作内容

综合能源项目总图运输设计过程一般可分为规划和设计两个阶段。

综合能源项目规划阶段主要是根据国家及地方中长期能源发展规划、地方经济发展情况、电力系统规划、国土空间规划，并结合风能、太阳能、水能、化石能源等当地资源禀赋情况，因地制宜地确定项目规划总容量及各能源配比，一般以电力系统规划为主，总图运输专业属于配合辅助专业，主要对各能源站的场址分布、用地、出线、交通等内容进行规划，落实建厂主要外部条件。

综合能源项目设计阶段可分为可行性研究、初步设计、施工图、竣工图等设计阶段。在项目可行性研究等前期设计阶段，总图专业主要进行项目规划选址和站址总体规划，并绘制全厂总体规划布置图。在项目初步设计、施工图等详细设计阶段，总图运输设计内容与单个能源项目类似，具体设计内容详见本书前五个篇章，本篇将不再赘述。

第一节　综合能源选址要点

综合能源项目场址选择相比传统的火电项目，总图运输设计需要更多的综合性及多专业的协调工作，以电力系统规划为导向，进行多种能源形式站址选择，并充分考虑多种能源形式的相互联系。

风光储一体化项目选址类似于大型可再生能源项目，主要是结合区域规划及电网输送能力，寻找可再生能源场址并进行多能匹配。对利用存量常规电源的多能互补项目，选址时围绕既有的火电、水电项目，就近选择可再生能源进行优化组合，以提高整体供电可靠性和可再生能源占比。

源网荷储一体化项目选址除了要考虑当地资源禀赋以外，还应考虑用户端的需求，在满足综合供能经济性的前提下进行选址。

一、选址的基本原则

综合能源项目一般选址原则如下。

（1）综合能源选址应根据国家及地方中长期能源发展规划、地方经济发展情况、电力系统规划、国土空间规划，并结合风能、太阳能、水能等资源情况，综合考虑地区自然条件、交通运输条件、接入电网条件及其他因素确定。

（2）综合能源选址应从全局出发，根据当地国民经济和社会发展、产业发展、城乡规划、工业园区规划等综合确定，以满足当地社会经济发展的需要。

（3）综合能源选址应根据当地风、光、地热等资源条件，以及水源、多种燃料供应的情况，优先选择资源条件较好的区域。

(4) 综合能源选址应根据当地电网结构、电力负荷、电力外送通道等条件，对于就地、就近消纳的综合能源项目尽量选择靠近负荷中心，对于需要外送的多能互补能源基地项目尽量选择靠近外送通道。

(5) 综合能源总体规划应符合最新国家土地政策。项目用地应符合《中华人民共和国土地管理法》和《中华人民共和国土地管理法实施条例》的相关要求。综合能源总体规划时应按政策要求选用适合的土地类型，尽量利用沙漠、戈壁、荒漠等劣地和荒地。严控涉及“三条控制线”（生态保护红线、永久基本农田、城镇开发边界）的用地范围，涉及耕地、林地、草地以及其他自然保护地的应严格按照国家相关规定执行。

(6) 站址应选择在地质结构相对稳定地区，并与活动性断裂保持安全距离。站址所在地的抗震设防烈度应在9度及以下，应避开危岩、泥石流、岩溶发育、滑坡的地段和发震断裂地带等地质灾害易发区。

(7) 站址应避让重点保护的文化遗址，不应设在有开采价值的露天矿藏或地下浅层矿区上。站址地下深层压有文物、矿藏时，应对文物和矿藏开挖后站址的安全性进行评估。

二、选址的基本步骤和要求

本节暂以风能、太阳能为主要供能方式介绍新建综合能源项目总图运输专业选址的基本步骤和要求。其中有一些步骤及要求不仅仅与总图运输专业相关，为便于内容的完整性，在本节中也简单介绍了其他相关专业的内容。

（一）拟选址区域确定

根据委托方的要求确定拟选址区域，委托方可以是以新能源开发或者传统供电企业、有耗能需求的其他企业、政府部门等。选址区域一般为县级、地区级等，大型的综合能源基地也存在跨地区选址情况。

（二）初步确定总装机容量

按照委托方的要求，根据当地国民经济及社会发展情况，结合当地电网架构及接入条件，以及地区电网公司对上网和下网电量调度要求初步确定总装机容量。对于源网荷储项目，负荷测的供能要求也是重要参考指标。

（三）资源调查

1. 风资源调查

风电场宏观选址过程是从一个较大的地区，对气象条件等多方面因素进行综合考察衡量后，选择一个风能资源丰富，而且最有利用价值的小区域的过程。对于新能源高速发展的今天，风资源较好的地区大部分都已进行过风能资源的普查或测风工作。调查时可向当地有关部门（如发展改革委、气象局、电力部门等）咨询获取当地风场规划情况。同时一些研究机构或者公司推出的风资源图谱，也可作为参考资料。对于周边已建成风电场区域，除有条件时对建成风电场风力发电机组类型、发电量及发电曲线进行调研外，在已建风电场附近寻找地形条件相近似的可开发区域也是较好的选址方式。

2. 光资源调查

光资源在同一气候区域往往在较大的区域尺度内具有相似性，同时由于光资源开发往往需要占用很大的土地面积，无论是光伏发电还是光热利用，选址的重点在于寻找合适的场地及系统接入上。光资源的调查除类似于风资源调查收集区域当地新能源规划资料及以建成项目运行数据外，使用光资源数据库也具有较好的准确度。

3. 天然气资源调查

对于当地具备天然气供应条件，直接采用光热系统难以满足冷、热、汽等供能需求，或者自身及储能系统需额外热源供应的项目进行天然气资源调查，调查方式与燃气轮机电站类似。

（四）风、光及其他供能方式占比确定

根据资源调查情况初步确定风、光及其他供能方式在总装机规模中的占比，对于源网荷储及互补性要求较高的综合能源项目，需经系统、电气专业根据负荷曲线或者上网要求拟合出供电曲线，经过技术经济比较确定各种供能方式占比，同时也可初步确定储能规模。

（五）源侧场址选择

选择最有利的建设场址，以求增大整个项目机组的输出，提高供电及其他供能的经济性、稳定性和可靠性，最大限度地减少对各种能源利用、机组使用寿命和安全的影响，需要全方位考虑场址所在地交通、电网、土地使用、环境、地质、供能技术条件等因素。

1. 场址用地

根据资源调查结果及资源专业确定的布置方案，除通过现场踏勘外，利用各类卫星图软件标绘风电场、光伏发电场利用面积，同时调查基本地形情况。拟利用土地应经过国土资源部门确认符合当地国土空间规划。站址选择尽量利用荒地，避免占用农田及经济价值高的土地。采用风电＋、光伏＋形式时，在符合当地政策前提下，通过经济评价测算确定。

场址选择需要避开军事、文物、自然保护区等区域；需要满足机场等重要交通设施对净空高度、光污染要求。就目前情况，除光伏发电项目在经过专题论证后，可考虑将光伏发电区布置在采空塌陷区域外，其他综合能源设施建设均应考虑压覆矿及采空区因素影响。风电、光热站址还应避开候鸟迁徙路线。同时风电场在选址时应对场址范围内及周边的常驻、临时居民点进行排查。

在选址阶段，总图运输专业需配合勘测及结构专业，对场址选择安全性及土建工程造价做出初步评估，并纳入场址综合经济技术比选范围。

对于场址用地的风险排查内容可以概括为土地性质、规划要求、行政跨界、环评（含林业）要求、军事要求、文物及自然保护要求、压覆矿情况。

2. 交通运输

(1) 区域交通运输能力。对于综合能源项目，一般要求依托建成或规划中较高级别公路，在选择场址时应对场址区域道路交通情况进行调查。特别是以风力发电为主的综合能源项目，依托道路桥梁、转弯半径、涵洞、路上设施等对工程机组设备选择及建设经济性影响较大。对于设有光热系统、燃气轮机系统的综合能源项目，还应对大件设备运输条件进行调查，必要时通过专题报告确定。

(2) 场内道路。对于风电、光伏设置于丘陵、山区的综合能源项目，场内道路系统布置是总图运输专业重要规划内容，在选址时应结合地形条件、设备运输要求、运输方式、资源专业布置方案确定道路布置，必要时通过技术经济比选调整风力发电机组及光伏阵列布置方案。

（六）输变电系统及其他供能通道

对于多能互补大型能源基地建设的综合能源项目，往往位于开发程度较低的地区，输出方式主要为电力，总图运输专业除在场内输变电系统及其他供能通道布置时进行配合外，其他方面参与程度较低。而对于源网荷储形式建设的综合能源项目，总图运输专业往往需要在选址阶段结合工艺专业需求，根据现场踏勘情况初步确定升降变压器、其他供能配套设施、微电网及供能管线路径。一般汇集（升压）站结合源侧选址确定，降压站结合用户侧选址确定，输电线路及供能管线结合现状廊道及公路系统设置，并应符合规划要求。

（七）负荷侧选址

1. 负荷侧耗能企业

一般来说在源网荷储项目中新增负荷选址由其他专项研究确定，总图运输专业直接采用规划结论。但在实际项目开发过程中，有些当地政府往往要求电力设计单位根据当地城市或园区统一规划，结合耗能企业建厂基本要求、交通运输敏感程度等因素，初步划定耗能企业规划位置。在划定规划区域时，不但要符合当地政府管理要求，还应充分考虑供电、供能距离成本，并以经济评价指标确定规划方案。

2. 其他

负荷侧耗能企业一般布置在城市规划或工业园区规划范围内，这些企业在生产运行过程中存在不同能量转换与消耗及不同供能品质的需求，为能源梯级利用创造了条件，如余热供暖、供冷就常常被纳入源网荷储项目中。

不论是城市或者工业园区，为提升城市面貌，降低一次能源消耗及碳排放，同时也为提高源网荷储项目中新能源就地消纳，从政府及投资方层面均有在新增耗能企业及现有城市建筑改造因地制宜设置分布式光伏，同时在城市内推广建设电动汽车充电设施的诉求。在源网荷储项目选址阶段，该部分规划工作也需总图运输专业参与完成。

（八）关于场址技术经济比选

对于综合能源项目选址，无论是多能互补大型能源基地还是源网荷储型项目，由于它自身的多样性及复杂性，使得与传统火电项目选址相比，对总图运输专业来讲要求更高，综合性更强。特别是在通过经济技术比选确定场址选择及场区布置方案过程中仅仅通过本专业估算厂址工程量及简单运行成本分析，很难全面翔实地反映项目开发合适程度，这就要求总图运输专业根据经济评价意见从项目总体角度统筹调整场址选择与总体规划。

第二节　综合能源总体规划

总体规划是总图运输设计的重要内容，综合能源项目的总体规划应将综合能源项目各站址综合统一考虑，并对各项目的站址位置、用地范围、出线方向等内容进行规划，落实各项外部建厂条件。

综合能源总体规划是基于国家和地方产业政策、国土空间规划，根据地区水资源、煤炭资源、风能资源、太阳能资源、电力系统条件做出的规划性总体布置。总体规划工作要有全局观念，要从工程建设的合理性、工程技术的先进性、工程投资的经济性、技术发展的可行性、工程施工的便利性和安全性等方面进行全面衡量、综合考虑，要处理好总体和局部、近期和远期、能源转化与互补、运行与施工的关系，使各相关专业合理、有机地联系在一起，综合各种因素合理规划综合能源各项目位置，并协调好与外部工矿企业、城乡、村庄等的关系，与周边环境相适应。

一、总体规划的基本原则

综合能源总体规划应遵循以下基本原则。

（1）综合能源总体规划应符合现行国家和地方产业政策。根据相关政策要求合理选择系统组成，基于地区资源禀赋和电力系统要求研究确定系统配比，并满足平滑功率输出和电网调度要求。

（2）综合能源总体规划应符合国土空间规划。结合当地的自然和资源条件、电力系统发展远景，确定综合能源项目规划容量。综合能源总体规划应立足于当地国土空间规划，满足城乡、工业园区、矿区、港区总体规划的要求，与周边环境相协调，做到有利生产、方便生活，有利扩建、方便施工。

（3）综合能源总体规划应符合航空安全运行要求。综合能源总体规划应按《运输机场运行安全管理规定》《运输机场净空保护区域内建设项目净空审核管理办法》MH 5001《民用机场飞行区技术标准》《军用机场净空的规定》等文件要求核实是否影响航空安全运行。

（4）综合能源总体规划应节约集约用地，严格控制各站及总体用地面积，并符合建标〔2010〕78 号《电力工程项目建设用地指标（火电厂、核电厂、变电站和换流站）》、建标〔2011〕209 号《电力工程项目建设用地指标（风电场）》、TD/T 1075—2023《光伏发电站工程项目用地控制指标》《公路工程项目建设用地指标》（建标〔2011〕124 号）等现行有关标准的规定。

（5）综合能源总体规划应合理灵活利用站址自然条件。结合站址地形地貌、工程地质、水文气象等条件，合理规划综合能源各站址位置，统筹各站址之间的相互关系，最大限度满足综合能源工艺流程的要求。在满足生产、运行、交通、运输、施工、防火、防爆、环保、水土保持等标准的前提下，尽量缩短各项目之间的距离，降低工程造价。

（6）综合能源总体规划应符合环境保护和水土保持的要求。综合能源项目对周围环境产生的影响因素涉及火灾、爆炸、震动、噪声、光阴、倒塔等。综合能源总体规划应使项目对周围环境的影响尽量降低到最小，同时应优先将项目规划在环境保护的有利地段，使其符合环境保护的相关要求。

（7）综合能源总体规划应统筹考虑各站址的线路通道和公用设施，以减少工程整体占地、节省投资。功能相似的运行检修设施、办公服务设施等公用部分尽量合并设置，避免重复建设。

（8）综合能源总体规划应统筹考虑各站址之间的相互影响，最大限度减少他们之间的影响。如风力发电机组与光伏阵列同场布置时，应避免风力发电机组、电气设备及集电线路等对光伏组件的阴影遮挡。

二、总体规划的基本步骤和要求

本章介绍的综合能源主要是指以基地开发形式的综合能源项目，总体规划暂以大型风电、光伏等新能源基地类型进行叙述，具体步骤可以根据不同项目情况进行调整。

（一）基础资料收集

基础资料根据其特性分为一般性基础资料和常用基础资料。一般性基础资料与工程项目密切相关，因项目的不同而不同，具有很强的针对性，是进行总体规划设计的基本资料。常用的基础资料具有广泛的适用性，是进行总体规划设计的辅助资料，多为相关行业规程、规范、条例中与各站设计相关的一些数据、规定，综合能源总体规划设计应遵照执行。

一般性基础资料的收集应结合工程项目，以做好总体规划为原则，从实际出发，减少盲目性。一般性基础资料一般包括各场址区域内地形图（比例尺 1∶50 000、1∶25 000、1∶10 000、1∶5000)、卫星图、城市或园区规划图、交通规划图、土地利用总体规划图等资料。

（二）内业选址

根据电力系统等专业提出的综合能源项目各风电、光伏、储能等装机规模，并与资源、电气等相关专业配合，根据收集到的地形图、国土空间规划图等资料，按照规程规范、建设单位要求，进行初步的总体规划设计，标出可能选址的位置，初步确定各站用地面积，并对场址的用地范围、出线路径、道路引接等进行初步规划，选出几个合适的场址。

（三）现场踏勘及资料收集

总体规划设计与场址区域自然条件密切相关，现场踏勘及资料收集是做好总体规划设计的基础。

现场踏勘前，要根据已收集的基础资料及内业选址的工作情况，列出收资提纲。现场踏勘时尽可能携带地形图（或卫星图、规划图、交通图)，以对现场情况进行核对、修正、标注和落实建设条件。

（四）初步确定各项目场址用地范围

确定厂区用地范围是一个非常复杂的工作，根据已收集的资料、现场踏勘情况，将影响各站址布置的因素、不确定的因素在地形图（或卫星图、规划图、交通图）上进行标识，特别要注意各站址附近的机场、周边的河流、排洪沟、基本农田、高速公（铁）路、高压输电线路、通信塔、养殖场，布置有易燃、易爆液体及有害气体厂房或仓库的企业，易燃、易爆输气或输油管线，以及地下矿藏等，按照法律、法规、规程、规范、产业政策、地方规定等，针对建厂外部条件，逐项分析，对于上述影响厂区布置的因素，尽可能按照相关规定避让或采取相应措施，以生产安全、工艺顺畅、投资省、运行费用低为原则，初步确定各站址用地范围。

（五）确定总体规划方案

结合工程具体情况，根据上述总体规划设计的步骤及具体要求，在图中分别表示出与各个项目站址的相关内容。

综合能源项目的总体规划设计一般在图纸中主要表示以下内容。

（1）各站站址范围、各站布置格局规划、站址（电厂）名称。

（2）接入变电站位置、高压输电线路出线走廊规划、出线电压等级。

（3）厂外道路引接道路及引接点、厂外道路路径等设施规划。

（4）水源地位置、供水管线（沟）路径规划。

（5）站址技术经济指标表。

第三十五章 工程实例

综合能源项目与常规单体发电项目的区别主要在于项目能源类型的综合性和组合模式的多样性，在初步设计和施工图阶段总图运输设计与常规单体项目设计内容基本一致，在前期规划阶段，总图专业在进行项目选址和总体规划时则需重点考虑综合能源项目的综合性和协调互补性。

2021 年 2 月，国家发展改革委和国家能源局在联合发布的《关于推进电力源网荷储一体化和多能互补发展的指导意见》（发改能源规〔2021〕280 号）中指出，将通过优化整合本地电源侧、电网侧、负荷侧资源，以先进技术突破和体制机制创新为支撑，探索构建源网荷储高度融合的新型电力系统发展路径，综合能源项目迎来了发展机遇，各省市也明显加快了综合能源项目的申报和规划。通过这些典型项目的申报和规划，积累了一定的设计经验，本章收集了部分典型综合能源项目的规划实例，希望能对后续项目的规划、设计和建设有所帮助，下面进行简要介绍。

一、某风光水火储一体化实例

（一）项目概况

某区域为响应国家能源转型和绿色发展要求，进一步提升区域能源电力发展质量和效率，提高区域外送通道新能源年输送电量比例，充分发挥煤电、储能及抽水蓄能调节性能，发挥作为新能源资源富集的地区优势，优化能源结构，由当地某公司规划风光火储一体化基地项目。该项目通过分析某市境内煤炭资源、风能、太阳能和水资源、土地资源等总体概况，提出高效煤电、风力发电、光伏发电、储能（抽水蓄能和电化学储能）的多能互补一体化方案，提升该市能源电力发展质量和效率，促进能源行业转型升级。

该项目规划范围包括某市 3 个市辖区和 2 个县，总面积约 4559km^2。

在该项目规划中，总图专业主要是根据电力系统专业提出的煤电、风力发电、光伏发电、储能（抽水蓄能和电化学储能）的规划容量，结合资源和电气等专业的布置资料，对各能源项目进行全厂总体规划，落实各项目外部建设条件，并绘制全厂总体规划布置图。

（二）技术方案

该一体化项目为增量基地化开发外送项目，优先考虑满足输电通道可再生能源电量占比达到 50%、综合出力特性与电网受端负荷特性、安排送电曲线、不增加受端调峰压力；在受端负荷高峰时段，尽可能发挥电力支撑作用。

根据某市风光资源特性和拟定的送电曲线，综合考虑新能源资源利用与通道送电安全、新能源电量占比、储能配比等因素，推荐的一体化技术方案如下。

风电装机：1000MW；光伏装机：3200MW；火电装机：2×1250MW；配置储能：1000MW（抽水蓄能 400MW，电化学储能 600MW），规划总容量为 7700MW。

通过生产模拟计算，在上述电源方案配置下，通道新能源发电量占比达到 50%；新能源综合弃电率约为4%；火电的利用小时数为3040h，其中1月典型日24h消纳曲线如图35-1所示。

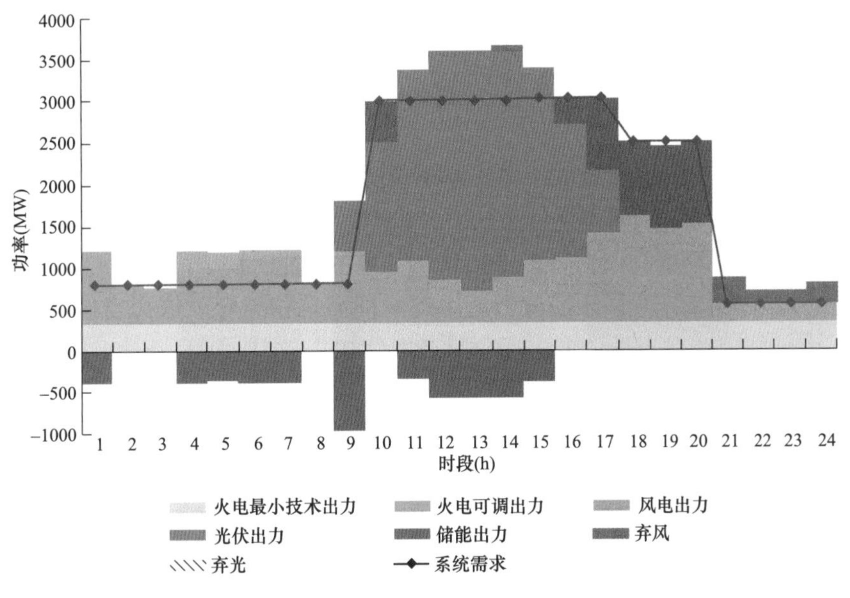

图35-1 1月典型日24h消纳曲线

（三）总体规划方案

风电场场址主要分布在某市郊区与矿区、A县、B县，风电总装机规模为1000MW。其中某市市郊规划风电200MW，规划面积约130km²；A县规划风电400MW，规划面积约300km²；B县规划风电400MW，规划面积约350km²。

光伏站址主要分布在某市郊区与矿区、A县，光伏总装机为3200MW。其中，某市市郊规划光伏1100MW，规划面积约13km²；A县规划光伏2100MW，规划面积约18km²。

火电装机规模为2×1250MW，厂址位于某市A县境内，厂址东南距某市城区约28km，西距A县城区约6km，厂区用地39.30hm²。

该项目规划配套建设储能规模为1000MW，包括抽水蓄能和电化学储能两种方式，其中电化学储能装机总容量为600MW/2400MWh。根据该工程风光装机与分布情况，电化学储能考虑按照容量等级分为100MW/400MWh六个子站，分别就近接入风电、光伏项目220kV升压站，不再单独设储能升压站。抽水蓄能电站位于某市A县境内，距A县城区约43km，装机规模为400MW，共安装2台单机容量200MW可逆式水轮发电机组。

结合电网发展，风电光伏建设220kV升压站汇集电力后，接入新建的两座500kV新能源汇集站，最后经火力发电厂新建的2回500kV线路接入电网系统。

二、某风光水储一体化实例

（一）项目概况

某黄河流域风光水储一体化开发基地示范项目位于某省某县境内，该项目积极探索水电梯级融合潜力，依托常规水电站，综合考虑梯级综合利用要求、工程建设条件和社会环境因素等，推进示范项目建设并适时推广。

该基地示范项目不仅能够降低煤电调峰幅度和系统煤耗量，缓解电力行业面临的二氧化硫排放压力，还能够改善水电、风电等可再生能源的供电质量，提高其季节性电能利用率，保证机组安全平稳运行，提高运行效益；有利于区域外电力的消纳，提高电网运行的经济性；促进清洁能源和可再生能源的发展，有利于实现节能减排，促进低碳经济发展，具有较为显著的环境效益，符合可持续发展要求。

（二）技术方案

该项目建设常规水电站、风电、光伏及化学储能项目。常规水电站分别为甲水电站容量为6×180MW，乙水电站容量为4×100＋20MW；光伏拟开发容量50万kW；风电拟开发容量50万kW；配置电化学储能装置15万kW，储能时长2h。该项目作为生态治理＋风光水储一体化项目，新能源开发与当地生态治理需求相结合，依托当地丰富的水资源、风能资源、太阳能资源和土地资源进行项目开发。初步考虑该项目新建2座220kV汇集站升压站，所发电力就近接入当地电网进行消纳。

（三）总体规划方案

该基地项目拟在县城规划风电500MW，面积约240km^2，场址中心距离县城城东北方向约15km，距拟规划的抽水蓄能电站约50km。根据县城周边环境资源及黄河流域重点生态区治理需求，拟在县城某区域结合生态治理规划500MW光伏。光伏规划区1位于县城西北侧约20km，光伏规划区2位于县城北侧约13km，生态治理光伏规划区1位于县城西南侧约30km，生态治理光伏规划区2位于县城西南侧约28km，项目区面积为89km^3。该基地拟配置新能源15%容量储能电池进行调峰调频等稳定性支撑，拟配置容量150MW/300MWh。该项目拟建设2座220kV汇集站，分别通过单回200kV线路接入某500kV变电站220kV侧。

某风光水储一体化基地项目总体规划方案如图35-2所示。

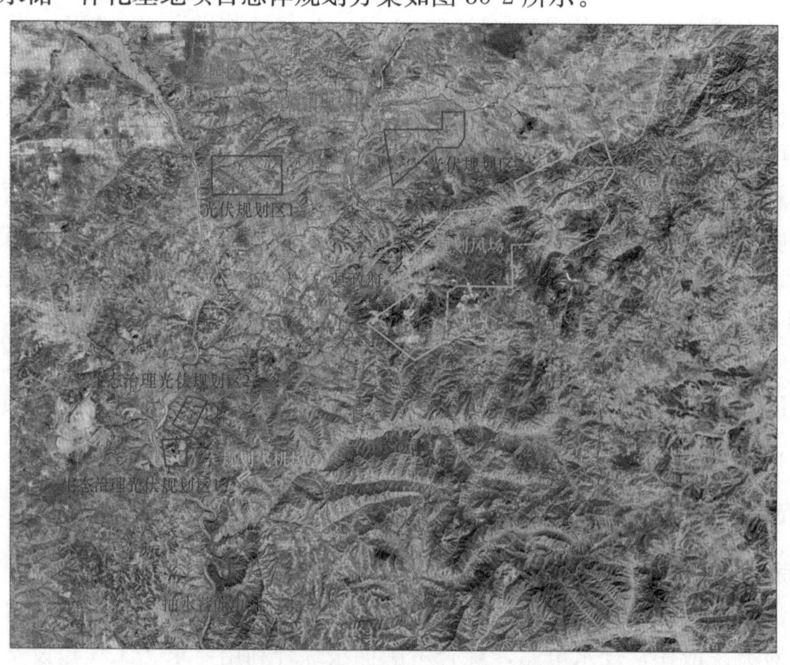

图35-2 某风光水储一体化基地项目规划方案图

三、某风光热储一体化实例

（一）项目概况

为了深入贯彻党中央、国务院要求，落实国家创新驱动发展战略，结合区域协同发展规划，某发电公司拟在西部某区域开发建设风光热储一体化示范项目，打造百万千瓦级一体化发电示范基地，协同电网实现调峰、调频，为我国大规模开发新能源电源基地提供示范样板。

（二）技术方案

该项目统筹考虑风能、太阳能资源、土地、接入及消纳条件等因素，依托在建的50MW槽式熔盐光热发电厂项目，充分发挥15h超长熔盐储热（储能）的调节作用，配套建设200MW风电、750MW光伏，按照风光热储一体化模式开发建设。配套新能源通过拟建的330kV汇集站以1回330kV线路接入电网。该项目建设综合能源管控系统和多能互补协调控制系统，对风光热储电站的信息进行实时采集，统一调度。将光热（含储热）、风电、光伏作为一个电站整体，整体预测出力计划上报调度中心，调度中心命令下达至330kV汇集站。

该风光热储一体化示范项目输送电力全部为新能源电量，综合弃电率控制在5%以内。

（三）总体规划方案

风电总规划装机容量200MW，场址主要分布在某省某县的戈壁A区西侧，在风场的西南侧布置110kV升压站，110kV向南出线接入规划的330kV汇集站的110kV母线侧，风电场占地约68.8km^2，进站道路拟考虑从场区西侧的国道G215引接。

光伏总规划装机容量750MW，规划三座250MW的集中式光伏发电站，每个250MW的光伏发电站在场区的西南角设一座110kV升压站，进站道路从南侧的县道X280处引接。110kV向西出线，接入规划的330kV汇集站的110kV母线侧。光伏总占地约1515hm^2。

在建的50MW槽式熔盐光热发电厂位于光热规划区的西北角，西距215国道和敦格铁路约2km，西距苏干湖约45km。50MW光热发电厂暂考虑槽式光热发电技术，在厂区的中部布置动力岛，110kV向西出线，接入330kV汇集站的110kV母线侧。

结合电网发展，风电光伏光热最终通过330kV汇集站汇集电力后，经1回330kV线路接入电网系统。

某风光热储一体化基地项目总体规划如图35-3所示。

四、某源网荷储一体化实例

（一）项目概况

某项目为典型的园区级源网荷储一体化项目，场址位于某县高新区内，结合园区周边新能源开发条件和电网条件，统筹区域内资源，新建风电、光伏、电化学储能、电锅炉及燃气轮机，充分发挥储能及燃气轮机的调峰性能，提升电源侧调节能力，形成稳定可靠的源网荷储一体化的供能系统，扩大清洁能源就地消纳规模。

该项目在保障能源供应安全的同时，创新商业模式，形成示范效应，推动该省能源战略转型。

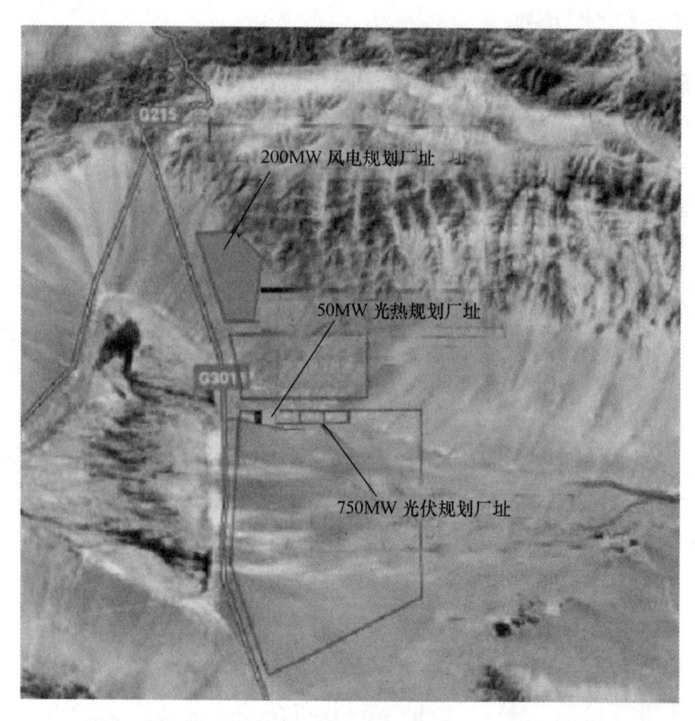

图 35-3　某风光热储一体化基地项目总体规划图

在该项目规划中，电力系统专业为主要专业，总图为配合专业，主要根据电力系统专业提出的风力发电、光伏发电、储能的规划容量，对各能源项目进行全厂总体规划，落实各项目外部建设条件。

该项目源网荷储一体化系统流程如图 35-4 所示。

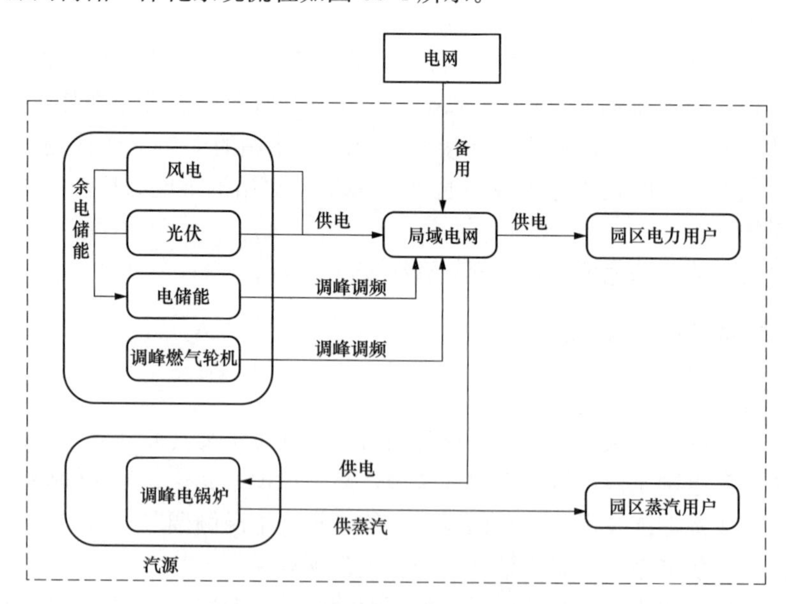

图 35-4　源网荷储一体化系统流程图

（二）技术方案

1. 项目规模与配比分析

通过分析园区周边新能源开发条件以及电力市场情况，结合电源开发建设时序，电源配比方案为风电 100MW、光伏 400MW、储能 140MW/280MWh、燃气轮机 80MW、30MW 电蒸汽锅炉，储能充放电能力为 90%，燃气轮机两班制运行。

从园区 2022 年电量平衡上看，2022 年所需用电总量为 13.5 亿 kWh，其中新增用电量 9.9 亿 kWh。根据规划电源利用小时数和发电量，规划电源年发电量为 8.81 亿 kWh。

2. 新能源规划方案

通过前期现场调研并与政府部门确认，建设场地主要为循环水池及铝厂北，总计可建设新能源规模为 500MW，其中光伏 400MW、风电 100MW。

3. 燃气轮机调峰系统

项目配置 1 台 80MW 级燃气-蒸汽联合循环机组用于配电网系统调峰。按建设 1 台 6F.01 型同容量燃气轮机，配置 1 台卧式、自然循环、无再热、无补燃余热锅炉+1 台凝汽式蒸汽轮机。采用两班制运行，以满足夜间新能源出力不足时系统调峰需求。

4. 调峰电锅炉

为提高新能源消纳能力，避免弃风弃光，依据系统调峰要求设置了 1 台 30MW 电蒸汽锅炉。电蒸汽锅炉暂按浸没式双筒高压电极蒸汽锅炉，设置电加热式蒸汽过热器，以适应工业园区用工业蒸汽负荷参数需求。

5. 储能系统配置

为了解决风能、太阳能并网引起的电网潮流、电压和频率的波动，提高电网对风光电力的接纳能力，项目同步配套建设储能装置。储能装置按新能源总装机的 28%配置，充电时间按 2h 考虑，选用磷酸铁锂电池作为储能系统电池。

储能系统采用集中式交流接入方式，立足整个风光场站的角度，对风光场站的并网功率进行控制和调节。储能系统采用单独的充放电控制器和逆变器来给蓄电池充电或者逆变，蓄电池充放电完全由智能化控制系统控制或受电网调度控制，使得系统运行更加方便有效。

6. 局域网建设方案

结合区域的负荷及周边新能源规划情况，新建 220kV 变电站，周边规划的新能源电源所发电力通过 220kV 送电线路输送至新建 220kV 变电站，然后再通过新建的 110kV 和 35kV 线路输将电力输送至各企业自备站。

7. 源网荷储一体化管控平台

该项目源网荷储管控平台基于覆盖区域的能源互联网，实现数据的共享和分析，从而使综合能源管理智能化、集成化、远程化、图形化；通过区域级性能计算及分析，实现对区域能源的总体集成和动态管理，达到多种能源优化配置、协同互补，提升能源使用效率和清洁能源消纳的目标。

（三）总体规划方案

1. 负荷特性分析

考虑工业负荷为连续生产工作制，全年 8760h 连续生产，典型工作日负荷曲线近似看为水平直线，如果突然断电且不能在短时间内恢复供电，将造成经济指标下降，并造成一定的经济损失。

2. 系统调节能力分析

该项目以规划的风电、光伏、电蒸汽锅炉和储能开展源网荷储一体化分析，通过协调控制，典型日项目所在区域电力供需情况如图 35-5 所示。

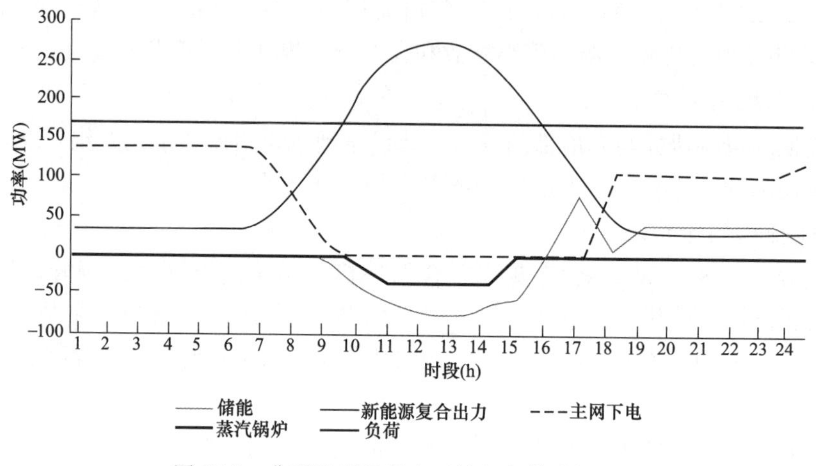

图 35-5 典型日项目所在区域电力供需情况图

在典型日状态下，项目所在区域规划电源所发电量将被所在区域的负荷完全消纳，同时，在项目所在地谷电时间段 23:00—08:00，项目所在区域局域网需要从主网调入 76 万 kWh 谷时电力，年消耗主网谷电约 2.77 亿 kWh，该项目在不增加系统调峰压力的同时，起到了“削峰平谷”中的“平谷”作用。

3. 系统调峰能力分析

项目规划新增新能源在典型日出力存在差值，差值可用项目规划新增的电蒸汽锅炉和储能装置进行调节，调峰达到平衡，因此，通过项目所在地的电源与用电负荷的组合，将不会占用系统的调峰能力。

参　考　文　献

[1] 电力规划设计总院．中国电力发展报告 2022 [M]. 北京：人民日报出版社，2022.

[2] 电力规划设计总院．中国能源发展报告 2022 [M]. 北京：人民日报出版社，2022.

[3] 中国电力工程顾问集团有限公司，中国能源建设集团规划设计有限公司．电力工程设计手册　火力发电厂总图运输设计 [M]. 北京：中国电力出版社，2019.

[4] 赵风云，韩放，齐越，等．综合智慧能源理论与实践 [M]. 北京：中国电力出版社，2020.

[5] 曾鸣，杨雍琦，刘敦楠，等．能源互联网“源-网-荷-储”协同优化运营模式及关键技术 [J]. 电网技术，2016，40 (1)：114-124.